W0257351

HANDBUCH DER BODENLEHRE

HERAUSGEGEBEN VON

DR. E. BLANCK

O. Ö. PROFESSOR UND DIREKTOR DES AGRIKULTURCHEMISCHEN UND
BODENKUNDLICHEN INSTITUTS DER UNIVERSITÄT GÖTTINGEN

DRITTER BAND

SPRINGER-VERLAG BERLIN HEIDELBERG GMBH
1930

DIE LEHRE VON DER VERTEILUNG DER BODENARTEN AN DER ERDOBERFLÄCHE

REGIONALE UND ZONALE BODENLEHRE

BEARBEITET VON

PROFESSOR DR. E. BLANCK-GÖTTINGEN · DR. F. GIESECKE-GÖTTINGEN · PROFESSOR DR. H. HARRASSOWITZ-GIESSEN
PROFESSOR DR. H. JENNY-COLUMBIA (U.S.A.) · GEH.-RAT PROFESSOR
DR. G. LINCK-JENA · PROFESSOR DR. W. MEINARDUS-GÖTTINGEN
PROFESSOR DR. H. MORTENSEN-GÖTTINGEN · PROFESSOR DR.
A. A. J. v. 'SIGMOND-BUDAPEST · PROFESSOR
DR. H. STREMME-DANZIG

MIT 61 ABBILDUNGEN
UND 3 TAFELN

SPRINGER-VERLAG BERLIN HEIDELBERG GMBH

1930

ISBN 978-3-642-47122-3   ISBN 978-3-642-47386-9 (eBook)
DOI 10.1007/978-3-642-47386-9

Vorwort.

Das Erscheinen des umfangreichen dritten Bandes des Handbuches gibt dem Herausgeber Gelegenheit zu der Feststellung, daß die Aufnahme durch die Fachpresse fast durchweg eine in hohem Maße befriedigende gewesen ist. Dem entspricht nach Mitteilung des Verlages auch der äußere Erfolg. Die von der Kritik gelegentlich geäußerten Wünsche nach möglichst raschem Erscheinen der weiteren Bände sollen berücksichtigt werden, soweit es in den Kräften des Herausgebers steht. Wer nicht selbst einmal die Herausgabe eines wissenschaftlichen Sammelwerkes dieser Art geleitet hat, macht sich wohl kaum eine richtige Vorstellung über das Maß von Mühe und Arbeit, das mit der gewissenhaften Erledigung der Herausgeberpflichten verknüpft ist. Je größer die Zahl der Mitarbeiter ist, um so schwieriger erweist es sich für den Herausgeber, das Ziel möglichst großer Einheitlichkeit zu erreichen. Schon aus diesem Grunde mußte darauf gesehen werden, nicht mehr Autoren zur Bearbeitung des Gesamtgebietes heranzuziehen, als es aus sachlichen Gründen unbedingt geboten war. Infolgedessen hat auch der Herausgeber noch in anderer Hinsicht bei dem dritten Bande, der die Zusammenfassung der Gesamtkenntnisse über die Verteilung und Ausbildung der Bodenarten an der Erdoberfläche bringen sollte, das von ihm angestrebte Ideal nicht völlig erreichen können, denn es ist trotz des diesem Teil der Bodenlehre eingeräumten größeren Umfanges nicht möglich gewesen, alle in Frage kommenden Erscheinungen einheitlich zu erfassen. Nur eine noch größere Zahl von Mitarbeitern hätte dieses erreichen lassen, worunter dann aber andererseits der allgemeine Zusammenhang gelitten haben würde, was jedoch aus dem oben angeführten Grunde unbedingt vermieden werden mußte. Es mag daher wohl hier und dort den Schein erwecken, als wenn einer besonderen Bodenart zu viel Beachtung geschenkt worden sein könnte, während andere Typen zu wenig oder kaum Beachtung gefunden hätten. Es darf demgegenüber aber wohl darauf hingewiesen werden, daß dieser Mangel auch als notwendige Folge der auf diesem Gebiet bodenkundlichen Wissens noch reichlich vorhandenen Lückenhaftigkeit unserer Kenntnisse eintreten mußte. Auch darf andererseits nicht verkannt werden, daß bisher kein Werk vorhanden ist, das gewagt hat, im vorliegenden großen Ausmaße die einschlägigen Fragen zu behandeln. Desgleichen erwies sich infolge dieser Verhältnisse die Einteilung des Gesamtstoffes als weder leicht durchführbar noch befriedigend, zumal bedauerlicherweise Wünsche eines Mitarbeiters dauernd berücksichtigt werden mußten, die den der Gesamtdarstellung Rechnung tragenden Verhältnissen nicht entsprachen. Trotzdem sei allen Mitarbeitern bestens dafür gedankt, daß es durch ihre rege und anstrengende Mithilfe gelungen ist, den vorliegenden Band unter so schwierigen Verhältnissen zum Abschluß zu bringen.

Schließlich ist es dem Herausgeber eine angenehme Pflicht, Herrn Privatdozenten Dr. F. GIESECKE für besondere Hilfe sowohl bei der Abfassung des Sachregisters als auch bei der zum Teil recht schwierigen Korrektur aufrichtigst zu danken. Gleicher Dank gilt Herrn Dr. F. KLANDER und Fräulein M. SCHÄFER für tätige Mithilfe.

Göttingen, im Dezember 1929.

E. BLANCK.

Inhaltsverzeichnis.

Inhaltsverzeichnis. VII

Seite

D. Die Verwitterung in ihrer Abhängigkeit von den äußeren klimatischen Faktoren.

Einleitung.

Kurzer Überblick über die historische Entwicklung der Bodenzonenlehre und Einteilung der Böden auf Grund der Klimaverhältnisse an der Erdoberfläche.

Von E. BLANCK, Göttingen.

Würde die Verwitterung der Gesteine an allen Orten der Erdoberfläche den gleichen Verlauf nehmen, so müßte jede Gesteinsart, wo es auch immer sei, den gleichen Boden als ihr Verwitterungsprodukt hervorbringen, und wenn man dieser Ansicht auch wohl zu den Zeiten der ersten Entwicklungsphase der wissenschaftlichen Bodenkunde fast allgemein huldigte, so ergab doch bald die unmittelbare Beobachtung in der Natur, wie sie auf Reisen in fernen Ländern erworben wurde, daß solches durchaus nicht immer der Fall sei. Vielmehr erkannte man im Vergleich mit der Bodenausbildung seiner Heimat tief einschneidende Unterschiede und sah sich dadurch gezwungen, dieselben äußeren Faktoren zuzuschreiben, indem man erkennen lernte, daß der Verwitterungsverlauf durch die jeweils herrschenden Klimabedingungen eine hervorragende Beeinflussung erfahren. Diese Erkenntnis mußte zu einer wesentlich anderen Auffassung von der Natur und den Entstehungsbedingungen der Böden führen, als sie bisher angenommen worden war, und brachte schließlich die erst am Ende des vorigen Jahrhunderts mehr und mehr fußfassende Lehre von der regionalen und zonalen Bodenbildung zustande, wie sie uns heute in schon fester umgrenzter Form in dem Bodenklimasystem RAMANNS und seiner Vorgänger entgegentritt. In bezeichnender Weise hat K. GLINKA dieses Verhältnis vom Boden zum Klima mit folgenden Worten zum Ausdruck gebracht: ,,Wenn wir die Verwitterungsprozesse theoretisch betrachten, so können wir von der chemischen Arbeit der Atmosphäre, des Wassers und anderer Faktoren einzeln sprechen, wenn wir aber von den theoretischen Betrachtungen zu der Natur selbst übergehen, so müssen wir unter den Verwitterungsprozessen die Gesamtheit einer Reihe von Kräften verstehen. Es sind komplizierte physikalisch-chemische Vorgänge, die in jeder oberflächlichen Gesteinsart unter dem Einflusse der atmosphärischen Faktoren einerseits und der Menge der die Erdoberfläche bewohnenden Organismen und der Produkte ihrer Lebenstätigkeit und Verwesung andererseits stattfinden''[1]. Diese äußeren Faktoren sieht er mit Recht als vor allem von der allgemeinen Energiequelle Sonne abhängig an, denn er sagt: ,,Die Erwärmung und Abkühlung, die mittels der Insolation und Wärmestrahlung hervorgerufen wird, die Bewegung der Atmosphäre, ihre Niederschläge, sowie auch die Intensität der chemischen Atmosphärenwirkung, dies alles sind Erscheinungen, die mit der Tätigkeit der

---

[1] GLINKA, K.: Die Typen der Bodenbildung, S. 4. Berlin: Gebr. Bornträger 1914.

Sonne verbunden sind. Die Sonne beherrscht auf der Erdoberfläche auch das Leben: sie bedingt die Verteilung der Tier- und Pflanzenkörper, beeinflußt die Entwicklungsstufe einzelner Repräsentanten des Pflanzen- und Tierreiches, bedingt ihre Konzentration, bringt mit Hilfe anderer Faktoren bestimmte Typen der Pflanzen- und Tierformationen zutage. Aber die Tätigkeit der Sonne ist nicht auf allen Teilen der Erdoberfläche von gleicher Intensität. Sie erwärmt und beleuchtet die tropischen Gegenden reichlich, die gemäßigte Zone viel schwächer, am wenigsten aber die Polargegenden. Diese Erwägungen genügen, um den Schluß ziehen zu lassen, daß die Böden auf der Erdoberfläche nicht gleich sein könnten, wenn auch die Erdkruste überall aus gleicher Gesteinsart bestände, und daß Gegenden mit gleichen Verwitterungsbedingungen gleiche Bodentypen haben müssen." Doch konnte dieser logische Schluß, wie es derselbe Autor gleichfalls mit Recht betont, erst gezogen werden, als die Forschung soweit vorgeschritten war, um eine richtige und klare Vorstellung vom Begriff des Bodens zu besitzen.

Betrachtet man den Boden lediglich als eine an der Erdoberfläche vorhandene, aus den oberflächlich zutage anstehenden Materialien durch Zerstörung hervorgegangene Ablagerung oder als Ackerkrume und damit als die die Pflanzen mit Nahrung versorgende Schicht, dann wird man in der Tat, wie GLINKA schreibt, „keine Gründe für eine Gesetzmäßigkeit in der Mannigfaltigkeit der Bodentypen auf der Erdoberfläche" erkennen und finden können. Erst tiefere Einsicht in die Bedingungen des Zustandekommens des Bodens als Naturobjekt in seiner Abhängigkeit von den äußeren Verhältnissen, insbesondere von denen des Klimas, vermochte dem Boden seine Stellung in der Natur als einem der Pflanze und dem Tier gleichwertigen Naturobjekt zu verschaffen, das sich ebenso wie diese in steter Abhängigkeit vom Klima auf der Erdoberfläche verteilt und damit geographischer Betrachtungsweise zugänglich wird. Eine solche Kenntnis oder Einsicht konnte aber nur dort erworben werden, wo, nicht wie in unserem eigenen engen Vaterlande, der Bodenbildungsprozeß unter weit voneinander abweichenden klimatischen Bedingungen zustande kommt und demzufolge geradezu auf einen solchen kausalen Zusammenhang und eine solche Wechselbeziehung hinwies. Es ist daher kein Zufall, daß die „Bodenzonenlehre" in dem unermeßlich großen russischen Reiche und in den Vereinigten Staaten von Nordamerika ihren Anfang nahm, denn hier mußte das Studium des Bodens in der Natur zu wesentlich anderen Ansichten vom Wesen der Bodenentstehung führen, als dies unter den engen geographischen Verhältnissen Deutschlands oder Mitteleuropas — der Wiege der Bodenkunde — geschehen konnte, zumal gerade in diesem letzteren Gebiet infolge des hier herrschenden wenig modifizierten und besonders gemäßigten Klimas, fast einem jeden Gestein des Untergrundes ein in seiner Art besonderer Boden an der Oberfläche entspricht, oder es konnten nur Forschungsreisen in weit voneinander gelegene Länder die Abhängigkeit der Ausbildung und Natur des Bodens vom Klima zur Feststellung bringen. Russischen und amerikanischen Forschern entging daher dieser Zusammenhang nicht, und Weltreisende mit einem Blick auch für scheinbar unwichtige Dinge, wie es der Boden nun einmal für die meisten Menschen ist, brachten Tatsachenmaterial in dieser Richtung bei. So knüpft sich denn an die Namen DOKUTSCHAJEFF[1], SIBIRCEFF[2],

---

[1] DOKUTSCHAJEFF, W.: Kartographie der russischen Böden. 1879. — Trav. Soc. Natural. St. Pétersbourg 10, 11, 12. — Tschernozème (terre noire) de la Russie d'Europe. St. Pétersbourg 1879.

[2] SIBIRCEFF, N.: Der Tschernosjem in verschiedenen Ländern. Vortrag 1898 (russ.). — Bodenkunde 3 (russ.). — Kurze Übersicht der wichtigsten Bodentypen von Rußland. Not. d. Inst. v. Nowo-Alexandria 11 (1898).

E. W. Hilgard[1] und F. v. Richthofen[2] die neuzeitliche Betrachtung des Bodens an, von der betonend gesagt werden muß, daß sie nicht nur zur Entwicklung einer besonderen Richtung in der Bodenkunde Veranlassung gab, sondern auch die bisher zumeist rein „beschreibende" und nur wirtschaftlichen Aufgaben dienende Bodenkunde zu einer selbständigen, naturwissenschaftlichen Disziplin erhob.

Infolge von zumeist sprachlichen Schwierigkeiten blieben aber die Ergebnisse der russischen Forschung zunächst Deutschland mehr oder weniger verschlossen, bis K. Glinkas Werk „Die Typen der Bodenbildung" eine allen verständliche Einsicht in diese Forschung brachte. Jedoch hatte schon etwas vorher Ramann[3] die Ideen Hilgards und der russischen Schule den deutschen Fachkreisen zugänglich gemacht, und ist es seinem weitgehenden Blick und seiner erfolgreichen Tätigkeit auf diesem Gebiet zu verdanken, daß sie alsbald auch bei uns Allgemeingut der Wissenschaft vom Boden geworden sind.

Nicht aber allein das Klima an sich, sondern auch alle davon abhängigen Faktoren, wie Pflanzenentwicklung, Mikroorganismentätigkeit, Verwesung organischer Reste, Anhäufung von Humus usw., erwiesen sich als von größter Bedeutung für die Ausbildung der Böden und führten zu den Gesetzen von der Entstehung der Bodentypen auf der Erde unter dem Einfluß des Klimas. Damit war aber ein fundamentaler Unterschied zwischen Boden und sonstigen Gesteinsbildungen erkannt worden, denn die Böden erwiesen sich im Gegensatz zu letzteren als gesetzmäßig an der Erdoberfläche verteilte Gebilde, ausgezeichnet in ihrem Aufbau durch besondere Komplexe mineralischer und organischer Neubildungen und durch ihre eigentümlichen Struktur- und Schichtungsverhältnisse, die in Gestalt von Bodenprofilen ihre besonderen Entstehungsbedingungen erkennen lassen, und das organische Leben auf der Erde steht schließlich in innigster Wechselbeziehung zu denselben. Dieses Verhalten veranlaßte Glinka zu dem Ausspruch: „Der Boden besitzt also, wenn er auch eine Gebirgsart ist, doch so besondere Eigenschaften, daß notwendigerweise die Methode zu seiner Erforschung eine andere sein muß, als die von Petrographen oder Stratigraphen angewandte[4]." Dies führte zur Unterscheidung der Bodenarten von Bodentypen nach Aufstellung des letzteren Begriffs. Die Bodenarten wurden nach Stremme[5] als das „Einteilungsergebnis der Erforschung des stofflichen Materials der Böden" aufgefaßt und als den Gesteinen entsprechend angesehen. „Die Bodentypen sind das Einteilungsergebnis der Erforschung der Bodenhorizonte und entsprechen den Schichtverbänden." „Bodenarten und Bodentypen bilden", so äußert sich der Genannte diesbezüglich, „den Inhalt der systematischen Bodenkunde, welche somit im kleinen einen ähnlichen Umfang hat wie Mineralogie und Petrographie auf der einen und Geologie auf der anderen Seite." Die in den Bodenarten entstehenden Horizonte führen ihre Anwesenheit auf die Wechselwirkung des Klimas, des organischen Lebens, der Oberflächengestaltung, des Wasserhaushaltes gemeinsam mit der stofflichen Eigenart der Bodenarten zurück, und es kommt auf diese Weise zu einer großen Anzahl von Einteilungsmöglichkeiten der Bodentypen auf Grund geographischer, klimatischer, hydro-

---

[1] Hilgard, E. W.: Über den Einfluß des Klimas auf die Bildung und Zusammensetzung des Bodens. Wollnys Forschgn. Agr.-Phys. 16 (1893), S. 82 ff. — Siehe auch: Die Böden arider und humider Länder. Internat. Mitt. Bodenkde 1, 413 (1911).

[2] Richthofen, F. v.: China 1877—1882. — Führer für Forschungsreisende. 1886.

[3] Ramann, E.: Bodenkunde, S. 391—407. Berlin 1905.

[4] Glinka, K.: a. a. O., S. 8.

[5] Stremme, H.: Grundzüge der praktischen Bodenkunde, S. 25, 55. Berlin: Gebr. Bornträger 1926.

logischer, morphologischer oder chemischer und sonstiger Prinzipien. Als *A*-Horizonte werden die Horizonte der humosen Oberkrume angesprochen, als *B*-Horizonte die unter diesen liegenden, meist rost- oder rotbraun gefärbten, aus der Oberkrume mit Sesquioxyden angereicherten Illuvialhorizonte. Der *C*-Horizont wird durch den unveränderten Untergrund gestellt. Die einzelnen Horizonte werden sodann nach Bedarf noch weiter gegliedert.

Im Jahre 1899 hat Dokutschajeff[1] die Formel: Boden = f (Klima, Organismen, Untergrund, Alter) aufgestellt, womit er zum Ausdruck bringen wollte, daß der Zustand eines Bodens von der gemeinsamen Wirkung von Klima, Organismentätigkeit, geologischem Untergrund und Alter abhängig sei. N. Sibirceff[1] hat sodann als erster die Rolle der einzelnen Faktoren aufzudecken gesucht und den Einfluß des Klimas als ausschlaggebend erachtet. Es ist auch sehr bezeichnend, daß A. Penck[2] seine bekannte Gliederung des Klimas in drei Klimareiche, ausgehend von der Art der jeweilig herrschenden Verwitterung an der Erdoberfläche und von dem Schicksal der Niederschläge, vorgenommen hat, wodurch ganz besonders deutlich die engen Beziehungen der in Rede stehenden Größen dargetan werden. Als humid bezeichnete er bekanntermaßen das Klima dann, wenn die fallenden Niederschläge nicht durch die Verdunstung aufgehoben werden, so daß der an Feuchtigkeit verbleibende Überschuß in Form von fließendem Wasser, d. h. in Gestalt der Flüsse, fortgeführt wird. Er benannte es arid, wenn die Verdunstung die fallenden Niederschläge nicht nur verzehrt, sondern selbst einen solchen Umfang erreicht, daß mehr verdunsten könnte, als durch die Niederschläge überhaupt zugeführt wird. Als nivales Klima wurde schließlich ein solches erkannt, in dem sich mehr schneeige Niederschläge einstellen, als durch Ablation an Ort und Stelle entfernt werden können, so daß hier an Stelle der Flüsse die Gletscher für die Abfuhr der Niederschläge sorgen. In dem Verhältnis der Temperatur zu den Niederschlägen und in der Verdunstung wurden somit die den Vorgang der Bodenbildung regelnden Faktoren zu erblicken gesucht, wozu sich allerdings noch einige andere lokaler Art gesellten. Ramann[3] hat dementsprechend Temperatur, Niederschlag und Verdunstung auch als Großwerte des Klimas bezeichnet, aber desgleichen auch darauf hingewiesen, daß nicht etwa nur die Höchst-, Mittel- und Mindestwerte der Temperatur entscheidend für den Bodenbildungsprozeß seien, sondern auch die Häufigkeit ihrer Schwankungen, die Zeitdauer ihrer Einwirkung über und unter dem Gefrierpunkt und auch ähnliches für die Niederschläge zu gelten habe. Als ganz besonders wichtig erweise sich aber das Verhältnis zwischen der Menge und Häufigkeit der Niederschläge zur Höhe der Verdunstung, ebenso wie die zeitliche Verteilung der letzteren über das Jahr. Nach ihm ist es die Höhe der Verdunstung, „welche den wichtigsten gestaltenden Einfluß auf die Pflanzenwelt und die Bodenbildung ausübt". Den typisch humid und arid ausgebildeten Klimagebieten der Erde schließen sich, abgesehen von dem bodenkundlich nur geringe Bedeutung besitzenden nivalen Klima, nun noch solche Klimareiche an, welche nicht während des ganzen Jahres unter gleichsinnigen Bedingungen stehen, also ein Wechselklima haben[4]. Eine derartige Veränderung klimatischer Verhältnisse kann aber nicht ohne Einfluß auf die

---

[1] Vgl. S. S. Neustruev: Genesis of soils. Acad. Sci. Leningrad **1927**, 98. — H. Jenny: Klima- und Klimabodentypen in Europa und in den Vereinigten Staaten von Nordamerika. Bodenkundl. Forschgn 1, Nr 3, 139 (1929).

[2] Penck, A.: Versuch einer Klimaklassifikation auf physiographischer Grundlage. Sitzgsber. Akad. Wiss. Berlin **1910**.

[3] Ramann, E.: Bodenbildung und Bodeneinteilung, S. 2, 3. Berlin 1918.

[4] Vgl. P. Kessler: Die Bedeutung der jährlichen Klimaschwankungen und des Reliefs für die Bodenbildung. Cbl. Min. usw. **1921**, 294.

Ausgestaltung des Bodens bleiben, sondern muß zu selbständigen Bodenformen führen, die nach dem Vorherrschen der einen oder anderen Klimabedingung als semiaride oder semihumide bezeichnet wurden. In solchen Gebieten jahreszeitlichen Klimawechsels, in denen tiefere Temperatur vorherrscht, werden zwar die sich bildenden Bodenformen den humiden Charakter beibehalten, aber erst mit Zunahme der Temperatur, wie sie sich im gemäßigten und heißen Klima einstellt, wird der Klimawechsel der Jahreszeiten in der Bodenausbildung schärfer zum Ausdruck gelangen. Aber es ist auch nicht gleichgültig, ob der humide Klimacharakter während des Sommers oder während des Winters vorwiegen wird, bzw. zu welcher Jahreszeit die ariden Bedingungen die Vorherrschaft erlangen werden. Alle diese möglichen Abstufungen in der Ausbildung des Wechselklimas müssen zu mehr oder weniger hervortretenden Eigentümlichkeiten in der Entwicklung der Böden führen, zumal auch noch das sog. Bodenklima seinen Einfluß geltend machen wird. Sie geben gemeinsam Veranlassung zur Vielgestaltigkeit der Böden derartiger Gebiete. Im allgemeinen ist man bisher besser unterrichtet über solche Böden, die man entsprechend besagter Einteilung als semiarid, d. h. halbtrocken, zu bezeichnen hat, wenn man darunter diejenigen versteht, die zu einem Teil des Jahres ariden, zu einem anderen Teil humiden Klimaeinflüssen ausgesetzt sind, von denen aber die ersteren überwiegen, so daß sie den Gesamtcharakter des Bodens, wie er in seinen Eigenschaften und in seinem Bau entgegentritt, bestimmen. Die semihumiden, also halbfeuchten Böden sind zwar gleichfalls reichlich vertreten, jedoch lassen sie sich viel schwieriger von den rein humiden Bodenformen abtrennen, so daß sie daher meist mit diesen vereinigt werden. Nach neuerer Auffassung nehmen die sog. Randböden innerhalb dieser Gruppe eine besondere Stellung ein.

Die Haupteinteilung der Böden wurde demnach zunächst nach Zugehörigkeit zum humiden und ariden Gebiet vorgenommen. Wesentliche Unterschiede ergaben sich für diese besonders in Richtung auf die Wasserbewegung im Boden und in Hinsicht auf die chemische Zusammensetzung der aus den mit Salzsäure aus den Böden erhaltenen Auszüge. Während die Bewegung des Wassers in den humiden Böden von oben nach unten vorherrscht, pflegt sie in den ariden Böden den umgekehrten Weg zu nehmen, und diese Vorgänge veranlassen zur Hauptsache die Ausgestaltung des Bodens, wennschon selbstverständlicherweise auch beide Bewegungsarten zeitweilig in jedem Boden erfolgen können. Daß aber die Wasserbewegung im Boden als Folge der klimatischen Verhältnisse zu gelten hat, bedarf wohl kaum des näheren Hinweises. Insbesondere hat E. W. HILGARD umfangreiches Analysenmaterial für die Verschiedenheit arider und humider Bodenbildungen beigebracht. Seinen Ausführungen ist zu entnehmen, daß den humiden Böden als Folge der in ihnen stattgefundenen Auswaschung, nämlich des Wasserstroms von oben nach unten, die Beschaffenheit von an Nährstoffen verarmten Böden zukommt, während die ariden Böden als nährstoffreich erscheinen, da die Bewegung des Wassers von unten nach oben für die Bereicherung des Bodens an Nährstoffen sorgt. Dieser Nährstoffreichtum vermag allerdings, gleichfalls als eine Folge der im ariden Gebiet herrschenden Klimabedingungen, nicht ohne weiteres für die Pflanze zur Ausnutzung und für die Kultur der Böden in Frage zu kommen, weil das hierfür notwendig vorauszusetzende belebende Element, Wasser, fehlt. Die Zahlen HILGARDS[1], die einen derartigen Zusammenhang rechtfertigten, erwiesen sich wie folgt:

---

[1] HILGARD, E. W.: a. a. O., S. 82. — Some physical and chemical pecularities of arid soils. Soc. Prom. Agr. Sci. **19** (1898). — Soils. New York 1914.

	Unlösl. in HCl	SiO$_2$	Al$_2$O$_3$	Fe$_2$O$_3$	CaO	MgO	K$_2$O	Na$_2$O	P$_2$O$_5$	Humus	N
Humider Boden (Feuchtboden)	84,17	4,04	3,66	3,88	0,11	0,26	0,21	0,14	0,12	2,91	0,34
Arider Boden (Trockenboden)	69,16	6,71	6,31	5,37	1,25	0,96	0,65	0,36	0,21	1,13	0,13

Besonders in den für die Pflanzenernährung wichtigen Mineralbestandteilen, wie Kali, Kalk, Phosphorsäure und Magnesia, zeigt sich ein wesentlicher Unterschied beider Bodenformen, aber auch der weit höhere Gehalt an Tonerde und Eisenoxyd in Verbindung mit dem der löslichen Kieselsäure und des geringen Gehaltes an in Salzsäure unlöslichen Bestandteilen der ariden Böden läßt die große Verschiedenheit deutlich vor Augen treten. Tritt dagegen der Stickstoff im ariden Boden zurück, so steht dies mit dem Gehalt an Humus als Folge der im ariden Gebiet für die Erhaltung der organischen Substanz weitaus ungünstigeren Bedingungen im unmittelbaren Zusammenhang. Spätere Analysenzusammenstellungen von G. N. COFFEY[1] bestätigen dieses unterschiedliche Verhalten. Zwar unterscheiden sich diese Analysenwerte von den HILGARDschen der Menge nach, stimmen aber insofern mit ihnen überein, als die ariden Böden gleichfalls nährstoffreicher als die humiden Böden ausgefallen sind. Die betreffenden Analysenergebnisse sowie die den Verwitterungsgrad der Böden kennzeichnenden Zahlen sind folgende:

Durchschnittliche chemische Zusammensetzung (Salzsäureauszüge) von ariden, Prärie- und humiden Waldböden nach G. N. COFFEY.

Region	Zahl der untersuchten Bodenproben	K$_2$O	P$_2$O$_5$	CaO	MgO
Arid	318	0,71	0,21	2,65	1,20
Prärie	215	0,43	0,18	1,09	0,51
Humide Waldböden . .	743	0,37	0,16	0,41	0,37

Durchschnittlicher Gehalt an Mineralien (ohne Quarz) von ariden, Prärie- und humiden Waldböden nach G. N. COFFEY.

Region	Zahl der Proben	Mineralien (ohne Quarz)	
		in der Sandfraktion des Bodens in %	in der Staubfraktion des Bodens in %
Arid	30	37	39
Prärie	40	20	29
Humide Waldböden . .	160	8	12

Demnach erweisen sich die humiden Gebiete in der Verwitterung energischer als die ariden Regionen, und die Sande der Waldböden sind quarzreicher als die der ariden Böden, welche Produkte vorwiegend physikalischen Gesteinszerfalles darstellen.

Da für bestimmte Gebiete der Erde größeren Umfangs das Klima bekanntermaßen eine im großen und ganzen feststehende Größe ist, so könnte die Anschauung erweckt werden, daß die Herausbildung der Bodenarten ein recht einfacher Vorgang sei, und daß das Auftreten desselben zufolge der geographischen Lage ohne weiteres als festgelegt zu gelten habe, so daß schon allein aus der Kenntnis letzteren Umstandes auf die Natur, Beschaffenheit und sonstige Eigenarten des Bodens geschlossen werden könnte. Woraus sich die Annahme ergeben würde, daß sich unter jeweilig verschiedener geographischer Breite stets

---

[1] COFFEY, G. N.: A study of the soils of the United States. Bull. U. S. Dep. Agr. Bur. of soils **85**, 114 (1912). — Siehe H. JENNY: a. a. O., S. 151.

Böden von einheitlichem Charakter vorfänden, soweit nicht innere Bodenbildungsfaktoren zur Geltung gelangten, so daß gewissermaßen über die ganze Erdoberfläche eine regelmäßige Verteilung der Bodenbildungen vom Äquator nach Nord und Süd stattfinden würde, ohne daß eine Abweichung von dieser Regel eintreten dürfte. Wenn man einer solchen Ansicht auch wohl zeitweise zugestimmt hat, so zeigten sich die tatsächlichen Verhältnisse doch weit verwickelter, wenn auch wohl dem Süden oder Norden oder der gemäßigten Zone besondere Bodenformen eigentümlich sind. Es treten nämlich innerhalb dieser einzelnen Gebiete auch Böden auf, die ihrer ganzen Natur nach einem anderen Verbreitungsgebiet angehören müßten. Jedoch stellte sich diese Erkenntnis erst in späterer Zeit heraus, nämlich als man mehr Gewicht auf solche Dinge zu legen verstand. Namentlich war es R. LANG[1], der auf seinen Reisen in tropischen Ländern Braunerden und Humuserden neben typischen Roterden und Lateriten auftreten sah und damit zu der Einsicht gelangte, daß es sich in solchen Fällen nicht nur um zufällige Ausnahmeerscheinungen handeln könne. Er glaubte vielmehr darin den Beweis erblicken zu müssen, daß von allen klimatischen Bodenbildungsfaktoren letzten Endes der Feuchtigkeit die wichtigste Rolle beizumessen sei. Auf Grund seiner Beobachtungen entwarf LANG infolgedessen ein wesentlich andersartiges Bild hinsichtlich der Verteilung der Böden an der Erdoberfläche, indem er die Auffassung zugrunde legte, daß sich unter bestimmten klimatischen Bedingungen in allen Breiten der Erde, unter kaltem wie unter gemäßigtem oder heißem Klima, gleichartige Bodentypen entwickeln könnten. War solches tatsächlich der Fall, und die Beobachtungen in der Natur sprachen hierfür, so war zunächst die Frage zu beantworten, welchen klimatischen Faktoren in ihrem Zusammenwirken eine derartige Gleichsinnigkeit in Verwitterung und Bodenbildung unter so verschiedenen Breiten zuerkannt werden müßte. LANG glaubte diese schwierige Frage dadurch beantworten zu können, daß er die Bodenbildung unter Bedingungen betrachtete, bei welchen die in Frage kommenden Faktoren bis auf einen oder einige wenige konstant seien.

Wenn dem Versuch LANGS[2] an dieser Stelle etwas mehr Raum gewährt wird als vielleicht erforderlich erscheint, so geschieht dieses aus dem Grunde, weil sein System unzweifelhaft den großen Vorzug bietet, in einfachster Weise und in großen Zügen die Abhängigkeit der Bodenbildung in ihrer Vielgestaltigkeit vom Klima darzutun und damit ein ausgezeichnetes didaktisches Hilfsmittel zur Würdigung der vorliegenden schwierigen Verhältnisse bietet, trotz der demselben anhaftenden fühlbaren Mängel. Zudem muß auch zugegeben werden, daß es der erste Versuch war, der zahlenmäßig alle Größen zu erfassen suchte. LANG führte den Begriff des sog. Regenfaktors ein, eines rechnerisch erhaltenen Wertes aus Niederschlagsmenge und Temperatur, der zum Wertmesser des möglichen Vorkommens oder Auftretens irgendeiner Bodenart an irgendeinem Orte der Erdoberfläche wurde. Aber außerdem erkannte er auch nebenbei noch andere Faktoren als von Wichtigkeit an, so z. B. den im Boden vorhandenen oder ihm zuführbaren Gehalt an Salzen, der bei Anwesenheit von Humus ganz besonders ins Gewicht fällt, ferner die örtliche Lage des Bodens in Hinsicht auf die Umgebung, die Wirkung des Windes, die relative Feuchtigkeit bzw. Verdunstung und die jährliche Verteilung der Niederschläge sowie die Bewachsung des Bodens mit Pflanzen. Steigert man unter Gleichbleiben aller sonstigen Faktoren, so

---

[1] LANG, R.: Geologisch-mineralogische Beobachtungen in Indien. Cbl. Min. usw. 1914, 257, 513, 545, 641. — Rohhumus- und Bleicherdebildung im Schwarzwald und in den Tropen. Jh. Ver. vaterl. Naturkde Württ. 71, 115 (1915).

[2] LANG, R.: Versuch einer exakten Klassifikation der Böden in klimatischer und geologischer Hinsicht. Internat. Mitt. Bodenkde 5, 312 (1915).

lehrte er, die Temperatur allein, so entwickeln sich, ausgehend vom Rohhumusboden aus diesem nacheinander Schwarzerden, Braunerden, Gelberden, Roterden bis zum Endglied Laterit. Eine derartige Reihenfolge von Bodentypen ergibt sich gleichfalls, wenn man anstatt der Temperatur die Feuchtigkeit unter sonst gleichen Voraussetzungen der Konstanz aller übrigen Faktoren sich verändern läßt. Die Zersetzung und Anhäufung der Humussubstanz ist vor allen Dingen abhängig von der Feuchtigkeit und steht im direkten Verhältnis zu ihrer Gegenwart, so daß die feuchtesten Böden auch die humusreichsten sind. Dementsprechend ist zu folgern, daß bei mittlerer Temperatur durch Zunahme der Feuchtigkeit die umgekehrte Reihenfolge in der Entwicklung stattfindet, was nichts anderes bedeutet, als daß Temperatursteigerung und Feuchtigkeitsabnahme in gleicher Weise auf die Bodenentwicklung einwirken. Mithin wird die Veränderung eines Faktors allein unter sonst gleichen Bedingungen einen Wechsel im Bodentypus verursachen, jedoch wird die Wirkung beider Faktoren aufgehoben werden, wenn Temperatur und Feuchtigkeit gleichzeitig zunehmen, d. h. wenn eine gleichsinnige Verschiebung beider stattfindet. Aus diesem Verhältnis folgerte Lang weiter, daß, wenn ein Boden von bestimmten Eigenschaften unter niederer Durchschnittstemperatur und niederen jährlichen Regenmengen gebildet wird, derselbe bei höheren Jahrestemperaturen existenzfähig bleiben wird, wenn auch der durchschnittliche Regenfall in einem ganz bestimmten Maße zugenommen hat. Damit wurde es möglich, Grenzlinien für die einzelnen Bodenarten in ihrem Vorkommen zu ziehen, indem sich für dieselben unter Annahme bestimmter Temperatur bestimmte Grenzwerte der Feuchtigkeit nach oben wie unten festlegen lassen. Er bezeichnete die derartig erhaltenen Werte als exakte im Gegensatz zu den früher nur allein üblichen allgemeinen Angaben, wie etwa feucht, warm usw. Für diesen Zweck benutzte er einerseits die jährlich niedergehenden Durchschnittsregenmengen, andererseits die jährlichen Temperaturmittel. Um aber auch für alle sonstigen Faktoren, die auf die Entwicklungsrichtung der Böden einzuwirken vermögen, konstante Verhältnisse voraussetzen zu können, suchte er die jeweils einem bestimmten Bodentypus günstigen, d. h. optimalen, natürlichen Bildungsverhältnisse zu benutzen. So suchte er festzulegen, unter welchem günstigen Einfluß der Exposition, der Verdunstung, der Beschaffenheit des Muttergesteins, der Durchlässigkeitsverhältnisse, der Mineralstoffzufuhr u. dgl. mehr gerade noch eine Bodenart und noch nicht die nächst „Minderwertige", d. h. minderwertig in bezug auf die dargelegte Reihenfolge, sich bildet. Als „Regenfaktoren" bezeichnete er, wie schon einmal erwähnt, die aus dem Verhältnis zwischen Feuchtigkeit und Durchschnittstemperatur errechneten Zahlenwerte und fand sie von auffälliger Konstanz, trotzdem sie aus den verschiedensten Verhältnissen beider Größen zustande kommen, wie dieses für die verschiedensten Gegenden der Fall ist. Unter Voraussetzung optimaler Bodenbildungsverhältnisse bilden sich somit nach ihm:

bei Regenfaktoren von	>		160	Rohhumusböden
,,	,,	,,	160—100	Schwarzerden
,,	,,	,,	100—60	Braunerden
,,	,,	,,	60—40	Gelberden bzw. Roterden und Laterit
,,	,,	,,	< 40	Böden ariden Klimas

Nicht aber will er damit gesagt haben, daß sich nun auch stets und ständig bei einer bestimmten Temperatur und einer bestimmten Feuchtigkeit an einem Orte ein ganz bestimmter Boden ausbilden muß, denn es treten auch noch weitere Faktoren in Mitwirkung, die eine Abweichung hervorbringen. So macht sich z. B. der Einfluß der Gesteinsbeschaffenheit, namentlich in Hinsicht der Menge der verfügbaren löslichen Mineralstoffe geltend, denn eine Verringerung der

Mineralkraft des Bodens wirkt bei humushaltigen Böden des humiden Klimas geradeso, wie wenn der Boden unter einer höheren Feuchtigkeit oder unter niedriger Temperatur stünde. Alle übrigen Faktoren beeinflussen die Bodenentwicklung im angedeuteten Sinne, wenn sie für den Boden keine optimalen, d. h. keine günstigen Verhältnisse schaffen, so daß LANG nachstehenden Satz als ganz allgemeingültige Regel aufgestellt hat: „Unter Voraussetzung bestimmter Temperatur und bestimmter Feuchtigkeit wird ein Boden, der unter sonst nicht optimalen Bildungsbedingungen sich befindet, stets minderwertiger sein, als der errechnete Regenfaktor anzeigt, d. h. der Boden verhält sich ebenso, wie wenn der Regenfaktor höher wäre. Erst durch die soeben dargelegte Einschränkung wird der volle Wert der Regenfaktoren für die Grenzen zwischen den einzelnen Bodengebieten klar erkennbar. Wohl vermögen bei einem für ein bestimmtes Gebiet errechneten Regenfaktor dort minderwertigere Böden sich zu entwickeln, als man nach dem Regenfaktor zu schließen erwarten könnte, im Mindestfalle stets Rohhumus, nie aber können höherwertigere Böden entstehen, als durch den Regenfaktor für den betreffenden Ort festgelegt ist[1].“ Damit war aber eine Erklärung für das Vorkommen von Bodenarten verschiedenen Charakters nebeneinander gegeben. Jedoch auch die Verteilung von Temperatur und Feuchtigkeit während der Jahresdauer erweist sich von wesentlichem Einfluß, und die Zeitdauer des Jahres, in der die Temperatur unter $0°$ sinkt, mußte bei der Berechnung der Regenfaktoren ausgeschaltet werden, da ja zu dieser Zeit der chemische Bodenbildungsvorgang ruht. Gleiches ergab sich für die in fester Form fallenden Niederschläge usw.

Gegen dieses System sind erhebliche Bedenken geäußert worden, so u. a. von H. STREMME[2]. Auch die Untersuchungen ALFRED MEYERS[3] haben dargetan, daß die den Anschauungen LANGS zugrunde liegenden klimatischen Größen nicht als ausreichend erachtet werden können, um das von ihm entworfene Einteilungssystem genügend zu stützen. MEYER hat anstatt des Regenfaktors den sog. NS-Quotienten einzuführen gesucht, indem er darauf hinwies, daß die Höhe der Temperatur als Maßstab für die Verdunstung, wie LANG es getan hat, nicht benutzt werden dürfe, denn die Verdunstung sei nicht allein von der Temperatur abhängig, sondern vielmehr eine Funktion der Temperatur, der Luftfeuchtigkeit, der Windstärke und des Luftdruckes, sie sei direkt proportional der Temperatur, dem Sättigungsdefizit der Luft, der Windgeschwindigkeit und umgekehrt proportional dem Luftdruck, und zwar immer gemessen direkt an der verdunstenden Oberfläche. Er bildete für den gedachten Zweck, wie schon angedeutet, gleichfalls einen Befeuchtungsfaktor, in welchem der Niederschlag auch als Zähler erscheint, aber als Nenner das Sättigungsdefizit als Maßstab der Verdunstung. Er nannte diesen „NS-Quotient“, und gibt derselbe, ebenso wie der Regenfaktor LANGS, einen ungefähren relativen Begriff von der Befeuchtung eines Ortes. Es deuten hohe Quotienten auf humide, niedere auf aride Klimate hin. Die NS-Quotienten wurden für das Jahr, für die mittlere frostfreie Zeit und die einzelnen Monate berechnet. Aus den Monats-NS-Quotienten wurden Mittelwerte für verschiedene Jahresabschnitte gebildet, um die Befeuchtungsverhältnisse derselben feststellen zu können. Die Jahres-NS-Quotienten aus Niederschlagsmenge und mittlerem Sättigungsdefizit ergaben für die einzelnen von RAMANN aufgestellten Bodentypen die nachstehend wiedergegebenen mittleren Werte[4]:

---

[1] LANG, R.: a. a. O., S. 340—341.
[2] STREMME, H.: Zur Kenntnis der Bodentypen. Geol. Rdsch. **7**, 330 (1917).
[3] MEYER, ALFR.: Über einige Zusammenhänge zwischen Klima und Boden in Europa. Chem. d. Erde **2**, 209 (1926).
[4] MEYER, A.: a. a. O., S. 237 u. 238.

Abgrenzung der Bodentypen nach mittleren NS-Quotienten.

1. Wüsten und Wüstensteppen . . . .   0— 100
2. Mediterrangebiet (über 15⁰ m. T.) . . . .   50— 200
3. Kastanienerden . . . .   100— 275
4. Tschernosjem . . . .   125— 350
5. Braunerden (5—15⁰ m. T.) . . . .   275— 500
6. Atlantische Gebiete (über 10⁰ m. T.) . . . .   375—1000
7. Heiden (unter 10⁰ m. T.) . . . .   375— 700
8. Nordgermanisch-skandinavische Gebiete (0—7⁰ m. T.) . . .   300—1200
9. Nordrussische Gebiete (unter 2⁰ m. T.) . . . .   400— 600
10. Tundren (0⁰ m. T.) . . . .   500— 600
11. Hochgebirge . . . . 1000—4000

Aus dem Niederschlag der frostfreien Zeit und dem Sättigungsdefizit des entsprechenden Jahresabschnittes ergab sich ein weiterer NS-Quotient, der infolge der wechselnden Länge der frostfreien Zeit in den verschiedenen Zonen auf einen Monat reduziert werden mußte, um vergleichbare Werte zu gewinnen. Dieses Befeuchtungsverhältnis benannte MEYER den reduzierten NS-Quotienten der frostfreien Zeit. Aus diesem Quotienten ergaben sich folgende mittlere Grenzwerte für die einzelnen Bodentypen:

Mittlere Befeuchtung der Bodentypen, gemessen am reduzierten NS-Quotienten der frostfreien Zeit.

1. Wüsten und Wüstensteppen . . . .   0,0—   5
2. Mediterrangebiete . . . .   3— 18
3. Kastanienerden . . . .   5— 10
4. Tschernosjem . . . .   8— 20
5. Braunerden und degradierte Tschernosjeme . . .   18— 30
6. Atlantische Gebiete . . . .   25— 80
7. Heiden . . . .   25— 50
8. Nordgermanisch-skandinavische Gebiete . . . .   20— 85
9. Nordrussische Gebiete . . . .   20— 30
10. Tundren . . . . über 20
11. Hochgebirge . . . .   40—350

Bei diesen Quotienten ist beachtenswert, daß die Grenze zwischen den Böden der ariden und humiden Klimate scharf hervortritt, weniger auffallend zeigen sich dagegen die Grenzen zwischen den einzelnen humiden Typen. R. ALBERT[1] hat die auf frostfreie Zeit reduzierten Regenfaktoren von rund 100 deutschen Stationen berechnet und diese Werte mit den von MEYER für den gleichen Zeitraum ermittelten NS-Quotienten verglichen und beide von recht befriedigender Übereinstimmung im Gegensatz zu LANGS Regenfaktoren erkannt. Er schlägt infolgedessen vor, die auf die frostfreie Zeit reduzierten LANGschen Regenfaktoren als Maßstab für die bodenklimatische Klassifizierung Mitteleuropas zu verwenden, zumal ihre Berechnung einfacher als die der NS-Quotienten sei. H. JENNY[2] hält den NS-Quotienten zwar für keinen Erfolg, doch muß trotzdem seiner Ansicht nach „ein mehr oder weniger universelles System, das klimatische Bodentypen durch exakte Klimadaten beschreibt, als ein logisches Postulat der Bodenklimatypenlehre betrachtet werden". Auch er spricht sich für Niederschlag, Verdunstung und Temperatur als die wichtigsten Klimafaktoren aus. Doch da sich die beiden ersteren zu einer Größe (Quotient oder Differenz) als Befeuchtung vereinigen lassen, so bleiben Befeuchtung und Temperatur als die beiden unabhängigen Variablen übrig, und zwar bestimmt die

---

[1] ALBERT, R.: Regenfaktor oder NS-Quotient? Chem. d. Erde 4, 27 (1929).
[2] JENNY, H.: Klima und Klimabodentypen in Europa und in den Vereinigten Staaten von Nordamerika. Bodenkundl. Forschgn. 1, 140 (1929).

Befeuchtung die Bewegungsrichtung der Verwitterungsprodukte, der Temperatur-
ausfall dagegen beeinflußt die Verwitterungs- und Zersetzungsgeschwindigkeit
der Gesteine und der organischen Substanz. Günstiger spricht sich dagegen
G. Wiegner[1] über die NS-Quotienten aus, wenn er sagt: „Die Werte der NS-
Quotienten entsprechen den tatsächlichen klimatischen und pedologischen Verhältnissen besser als die Regenfaktoren" und „Die Arbeit von A. Meyer ist
eine bedeutungsvolle Vorarbeit für das Studium der Beziehungen zwischen Klima
und Boden in der Schweiz geworden". Schließlich sei noch bemerkt, daß
F. Kerner-Marilaun[2] sowohl für die Terra rossa als auch für den Laterit versucht hat, den klimatischen Schwellenwert festzulegen, worauf hier nur aufmerksam gemacht sein möge, um die diesbezüglichen Bestrebungen kurz an-
zudeuten.

Wie außerordentlich verschieden das Verwitterungsprodukt ein und desselben Gesteins unter den abwechslungsvollen Einflüssen des Klimas ausfallen
kann, lehrt das bekannte Schulbeispiel der Verwitterung des Dolerits der eng-
lischen Lokalität Rowley-Regis in South Staffordshire im Vergleich zu dem
Doleritvorkommen von den West-Ghâts bei Bombay in Indien, das auch hier als
Beispiel gewählt und angeführt sein möge, obgleich die neuere Literatur auch
noch über andere Beispiele solcher Art verfügt. Diese Feststellungen H. Warths[3]
sprechen in markantester Weise für die Überlegenheit der Klimaeinflüsse über
diejenigen des geologischen Untergrundes, wenn eben der Klimacharakter des
Ortes extrem genug ist, um alle sonstigen Einflüsse auf die Bodenbildung auszuschließen bzw. zu übertrumpfen. Es bringt dieses Beispiel einen zahlenmäßigen
Beleg für die in Rede stehenden Verhältnisse und bedarf dasselbe keiner weiteren
Erläuterung, indem es zeigt, daß im Fall der Gesteinsaufbereitung im kühl-
feucht-gemäßigten England als Folge der dort herrschenden Klimabedingungen
aus dem Dolerit ein Komplex von Aluminiumhydroxyd und Kieselsäure, genannt
Ton, der die basischen Bestandteile absorbiert enthält, zur Bildung gelangt,
während sich im heiß-feuchten, tropischen Indien aus dem gleichen Gestein ein
im wesentlichen nur aus Aluminium- und Eisenoxydhydrat bestehendes Produkt
entwickelt. Man spricht im ersteren Fall von Ton-, im zweiten von Lateritverwitterung:

	Dolerit von Rowley-Regis		Dolerit von West-Ghâts	
	frisch %	verwittert %	frisch %	verwittert %
SiO_2	49,3	47,0	50,4	0,7
TiO_2	0,4	1,8	0,9	0,4
Al_2O_3	17,4	18,5	22,2	50,5
Fe_2O_3	2,7	14,6	9,9	23,4
FeO	8,3	—	3,6	—
MgO	4,7	5,2	1,5	—
CaO	8,7	1,5	8,4	—
Na_2O	4,0	0,3	0,9	—
K_2O	1,8	2,5	1,8	—
P_2O_5	0,2	0,7	—	—
H_2O	2,9	7,2	0,9	25,0
Summe:	100,4	99,3	100,5	100,0

---

[1] Wiegner, G.: Neuere Bodenuntersuchungen in der Schweiz. Schweiz. landw. Mh.
1927, H. 8.
[2] Kerner-Marilaun, F.: Klimatologische Analyse der Terra-rossa-Bildung. Sitzgsber.
Akad. Wiss. Wien, Math.-naturwiss. Kl. I, 132 (1923). — Der klimatische Schwellenwert
des vollständigen Lateritprofils. Ebenda 2a, 136 (1927).
[3] Warth, H.: Geol. Mag. 1905. — Vgl. W. Meigen: Geol. Rdsch. 2, 202 (1911).

Daß andererseits sogar aus den verschiedenartigsten Gesteinen unter den Klimaverhältnissen der Tropen dasselbe Endprodukt der Verwitterung, nämlich Laterit, hervorgeht, weist noch deutlicher als das voraufgegangene Beispiel auf die ausschlaggebende Wirkung des Klimas in besagter Richtung hin. Als zahlenmäßige Belege letzterer Art seien hier einige Analysenbefunde M. BAUERS[1] wiedergegeben:

	Granitlaterit %	Dioritlaterit %	Sandsteinlaterit %
SiO_2	52,06	3,88	25,80
Al_2O_3	29,49	49,89	54,06
Fe_2O_3	4,64	20,11	3,12
CaO	Spur	—	0,56
MgO	—	—	Spur
H_2O	14,40	25,98	16,42
Summe:	100,59	99,86	99,96

Die erste auf klimatisch-genetischer Grundlage aufgebaute Bodenklassifikation wurde im Jahre 1879 von DOKUTSCHAJEFF[2] für die Böden des europäischen Rußlands entwickelt, wenn er auch nach GLINKA[3] nicht der erste Forscher gewesen ist, der die Bedeutung des Klimas für die Fragen der Bodenbildung erkannt hat, sondern sich in dieser Hinsicht schon auf andere Autoren stützte. Sein Verdienst ist es aber, diese Erkenntnisse für eine Bodenklassifikation zuerst benutzt zu haben. Letztere lautete folgendermaßen, wobei unter A solche Böden zusammengefaßt wurden, die keine Veränderung durch andere Kräfte erfahren haben:

A. Normalböden.

I. Klasse. Die festländisch-vegetabilischen Böden.
   a) Graue Böden des Nordens.
   b) Tschernosjemböden.
   c) Kastanienfarbige Böden.
   d) Rote Salzböden (Ssolonetzböden).

II. Klasse. Die festländisch-moorigen Böden.

B. Anormale Böden.

III. Klasse. Durchgeschwemmte Böden.
IV. Klasse. Abgelagerte Böden.

1886 gab er aber dieser Einteilung nachstehende Form[4]:

A. Normale Böden.

I. Klasse. Festländisch-vegetabilische Böden.
   a) Hellgraue Böden des Nordens.
   b) Graue Waldböden.
   c) Tschernosjemböden.
   d) Kastanienfarbige Böden.
   e) Braune Salzböden.

II. Klasse. Festländisch-moorige Böden.
III. Klasse. Typische moorige Böden.

---

[1] BAUER, M.: Beiträge zur Geologie der Seychellen, insbesondere zur Kenntnis des Laterits. Neues Jb. Min. usw. **2**, 163 (1898); Sitzsber. Ges. Naturwiss. Marburg **1897**, 122.
[2] DOKUTSCHAJEFF: Arb. St. Petersburger Naturforsch.-Ges. **10** (russ.).
[3] GLINKA, K.: a. a. O., S. 21. Hier wie im folgenden sind wir gezwungen, den Angaben K. GLINKAS zu folgen (S. 21—46).
[4] DOKUTSCHAJEFF: Materialien zur Wertschätzung der Böden des Gouvernements Nishnij-Nowgorod **1** (1886) (russ.).

B. Übergangsböden.

IV. Klasse. Durchgeschwemmte Böden.

V. Klasse. Teilweise abgelagerte Böden.

C. Anormale Böden.

VI. Klasse. Abgelagerte Böden.

Gruppe C enthält Produkte, die noch nicht als eigentliche Böden angesprochen werden können, wohl aber mit der Zeit in solche übergehen.

F. v. RICHTHOFENS[1] Bodeneinteilung aus demselben Jahre wurzelt noch zu sehr in geologischen Anschauungen, als daß die klimatisch-genetischen Beziehungen der Böden zu besonderem Ausdruck gelangen. Ganz besonders fällt es aber auf, worauf auch GLINKA mit nachstehend wiedergegebenen Worten hingewiesen hat, daß bei ihm der Begriff des Bodens viel weitgehender gefaßt wird, als solches vom Bodenkundler meist als zulässig gilt. „Nach v. RICHTHOFEN brauchen die Böden keine eluvialen zu sein, nach DOKUTSCHAJEFF und der russischen Schule existieren nur Eluvialböden, alles andere gehört den mechanischen Ablagerungen an."

A. Typen des Eluvialbodens.

1. Zerfallenes Gestein.
    a) Unbewegte Trümmerblöcke.
    b) Trümmer der Bergstürze und Felsbrüche.
    c) Die Schutthalden der Gebirge.
2. Tiefzersetztes Gestein.
3. Eluvialböden der Tafelländer.
4. Gehängelehm.
5. Laterit.
6. Vegetationsboden: Humus, Moor, Torf.
7. Lösungsrückstände.

B. Typen des Aufschüttungsbodens.

8. Grobe Sedimente der Festlandsgewässer.
    a) Die Sturzkegel der Wildbäche.
    b) Schotterterrassen, Seeschotter, Strandschotter, Schotter und Kies der Wüste, Sand.
9. Die feinerdigen Sedimente der Gewässer des Festlandes.
10. Die chemischen Absätze der Süßwässer.
11. Die marinen Bodenarten.
12. Glazialschutt.
13. Vulkanischer Boden.
14. Äolische Aufschüttungen.
    a) Löß.
    b) Lößähnliche Bodenarten.
    c) Schwarzerde, Regur und ähnliche Bodenarten.

Als auf der Erdoberfläche verteilte Bodenregionen sah er die folgenden an. Auch hier tritt wiederum das geologische Moment noch allzusehr in den Vordergrund, so daß man bei v. RICHTHOFEN doch nur im großen und ganzen von einer Andeutung klimatisch-genetischer Bodenbeziehungen in seinem Klassifikationssystem sprechen kann.

1. Regionen der autogenen Bodenbildung durch kumulative Gesteinszersetzung (Eluvialregion).
    a) Regionen der fortschreitenden Lateritbildung.
    b) Regionen der kumulativen lehmigen Zersetzung.
    c) Regionen des kumulativen Gebirgsschuttes.
    d) Regionen des Tafellandeluviums.
2. Regionen des Ebenmaßes von Zerstörung und Fortschaffung.
3. Regionen der überwiegenden Denudation.
    a) Regionen der glazialen Denudation.
    b) Regionen der äolischen Denudation.
    c) Regionen der fluviatilen Denudation.
    d) Regionen der Abrasion.

---

[1] RICHTHOFEN, F. v.: Führer für Forschungsreisende. Berlin 1886.

4. Regionen der überwiegenden Aufschüttung.
  a) Regionen der marinen Aufschüttung.
  b) Alluvialböden der Ströme und Flüsse.
  c) Gletscherschuttland.
  d) Regionen des beweglichen Sandes.
  e) Regionen der feinerdigen äolischen Aufschüttung.
  f) Regionen der vulkanischen Aufschüttung.
5. Regionen der erodierten äolischen Aufschüttung.

Nach Glinkas Ausführungen war es Sibirceff[1], der die Lehre von der zonalen Verteilung der Bodentypen neu belebte und weiter entwickelte. Als Boden faßte er lediglich diejenigen oberflächlichen Horizonte der Gesteine auf, in welchen sich die allgemeinen dynamischen Vorgänge mit den biologischen untrennbar verbinden. Muttergestein, Organismen sowie die physikalisch-geographischen Bedingungen des Landes verursachen die Ausbildung des Bodentypus, jedoch sind es die klimatischen Bedingungen, die letzten Endes den Ausschlag geben, war der ihn für seine Auffassung beherrschende Gedankengang. Von diesen Faktoren betrachtete Sibirceff die Feuchtigkeit zwar auch als den wichtigsten derselben, denn „es ist ganz klar, daß schon in ein und derselben Temperaturzone die Verwitterung (auch qualitativ und quantitativ) bei verschiedenem Feuchtigkeits- und Trockengrad der Atmosphäre und der Gesteine verschieden verlaufen wird". Dennoch vermochte er aber auch nicht den großen Einfluß der Temperatur ganz zu leugnen bzw. herabzusetzen, wie es ihm die Bodenentwicklung der Tschernosjemgebiete unmittelbar zu erkennen lehrte. In seiner „Bodenkunde" vom Jahre 1898 stellte er als Postulat seiner theoretischen Erkenntnisse und Beobachtungen in der Natur folgendes Klassifikationsschema auf:

Klasse oder Abteilung A. Zonale Böden. Feinerdige Humusböden, vollständige Böden.

Typen: I. Lateritböden.
  „   II. Atmosphärisch-staubige Böden.
  „   III. Wüsten-Steppen-Böden oder die Böden der trockenen Steppe.
  „   IV. Tschernosjemböden.
  „   V. Graue waldige Böden.
  „   VI. Rasenpodsolböden.
  „   VII. Tundraböden.

Klasse B. Intrazonale Böden.

  „ VIII. Salzböden („Ssolonetz" und „Ssolontschak").
  „   IX. Moorböden.
  „   X. Humose Kalkkarbonatböden (Rendzinaböden).

Klasse C. Azonale, unvollständige Böden.
Unterklasse: Außerhalb der Flußtäler liegende Böden.

  „   XI. Skelettböden.
  „   XII. Grobe Böden.

Unterklasse: Alluvialböden.

  „ XIII. Überschwemmungsböden.

Die Böden seiner ersten Klasse stellen im allgemeinen eine auf der Oberfläche des Festlandes vorhandene zonale oder streifenartige Bodenverteilung dar, die den physikalisch-geographischen Territorialzonen entspricht, doch erkannte Sibirceff schon, daß die Regelmäßigkeit des klimatischen Schemas oftmals durch Luft-Meeres-Strömungen sowie örtliche Reliefeigenarten, Fest-

---

[1] Sibirceff, N.: Der Tschernosjem in verschiedenen Ländern. Öffentlicher Vortrag 1898 (russ.). — Bodenkunde 3, S. 28. — Kurze Übersicht der wichtigsten Bodentypen von Rußland. Not. Inst. Nowo-Alexandria 11 (1898) (russ.).

landsverteilung und andere Ursachen gestört werden könnte. Die intrazonalen Böden entstehen seiner Ansicht nach dort, wo die örtlichen bodenbildenden Kräfte über die allgemeinen zonalen das Übergewicht erhalten. Die azonalen, unvollständigen Böden finden sich an der Grenze der eigentlichen Böden und können daher bestimmten Zonen nicht angegliedert werden. K. GLINKA hat verschiedene Bedenken gegen dieses Einteilungsprinzip erhoben, vor allen Dingen, daß die Bezeichnungen „zonal" und „intrazonal" nicht passend gewählt worden seien, und wenn er sich auch mit der Terminologie zur Kennzeichnung der geographischen Verteilung der Bodentypen und ihrer Varietäten einverstanden erklärt, so scheint sie ihm für klassifikatorische Zwecke doch ohne Bedeutung zu sein.

Hinsichtlich der Weiterentwicklung der Bodenzonenlehre in Rußland weist GLINKA besonders darauf hin, daß trotzdem DOKUTSCHAJEFF und SIBIRCEFF für die Entwicklung der Böden das Studium des in der Tiefe anstehenden Muttergesteins für unentbehrlich gehalten haben, sie dennoch den Boden im engeren Sinne immer nur in Gestalt humoser Horizonte aufgefaßt wissen wollten, und daß sie, wie andere Forscher, in ihren Bodenbeschreibungen gewöhnlich nur solchen Veränderungen im Muttergestein Aufmerksamkeit geschenkt hätten, die in Zusammenhang mit den Bodenbildungsvorgängen gebracht werden konnten. Als Folge dessen wandten die russischen Forscher der achtziger und neunziger Jahre des vorigen Jahrhunderts den humosen Horizonten stets ihre besondere Aufmerksamkeit zu, indem sie deren Bau und Struktur einschließlich ihrer chemischen Zusammensetzung und physikalischen Eigenschaften aufs sorgfältigste untersuchten. Erst Ende der neunziger Jahre wies BOGOSLOWSKI[1] wiederum auf die Unentbehrlichkeit des Studiums der tieferen Verwitterungshorizonte und deren Verschiedenheit je nach ihrer Zugehörigkeit zur Steppenoder Waldregion hin, insofern als er betonte, daß man bei den Klassifikationsbestrebungen die gesamte Verwitterungsrinde der Erdkugel zu berücksichtigen habe. WYSSOTZKI[2] hat dann als erster versucht, die tiefen Horizonte der Verwitterungsrinde von Rußland nach chemischen Eigenschaften zu klassifizieren. Indem er die von ihm unterschiedenen Untergrundtypen mit den Bodenzonen und den Pflanzentypen des europäischen Rußlands verglich, gelangte er zu nachstehender Übersicht, von der er allerdings zugab, daß sie nicht streng durchführbar sei.

Untergrund	Boden nach SIBIRCEFFS Zonen	Vegetation
1. Ausgelaugt	Podsolige Böden	Gemischte ununterbrochene Wälder
2. CaCO₃ ist vorhanden	Graue waldige Böden	Laubwälder (dunkelfarbige Laubwälder, vorzugsweise Eiche auf dem Tonboden)
3. CaCO₃ und Gips	Tschernosjem (Schwarzerde)	Steppen, Wälder nur in den mehr ausgelaugten Hohlwegen
4. CaCO₃, Gips und NaCl mit Begleitern	Böden der trockenen Steppen und Salzböden („Ssolontschak")	Die in den Wüsten gelegenen Steppenformationen (Halbwüste)

B. AARNIO und H. STREMME[3] hielten diese Klassifikation aber doch für zu eng gefaßt, da bei dieser Behandlungsweise nur die Alkali- und Erdalkaliverbindungen

---

[1] BOGOSLOWSKY: Bull. du Comité géolog. de St. Pétersbourg 18.
[2] WYSSOTZKI: Pédologie 1899, No 1.
[3] AARNIO, B., u. H. STREMME: Zur Frage der Bodenbildung und Bodenklassifikation. Agrogeol. Meddelanden, Helsingfors 1924, Nr 17.

in Betracht gezogen seien. Sie sind der Meinung, daß man, um ein vollständiges System zu erhalten, sämtliche bewegliche Bodenbestandteile in Rücksicht zu ziehen habe. Allerdings seien bisher nur einige Hauptbodentypen so genau untersucht worden, daß man in diesen die Vorgänge erklären könne, dennoch seien die Hauptbodentypen in folgende größere Gruppen mit Umlagerung 1. der Sesquioxyde (Terra rossa, Podsol, Laterit), 2. Karbonate (Tschernosjem, Rendzina) und 3. der wasserlöslichen Salze (Salzböden), einzuteilen. In der 1. Gruppe werden die Böden z. T. durch leichtlöslichen Humus und durch freie Sesquioxyde, in der 2. durch schwerlösliche Humusstoffe und durch Erdalkalikarbonate, in der 3. durch Alkalisalze gekennzeichnet. Ihre Einteilung lautete infolgedessen folgendermaßen:

System der Böden nach Aarnio und Stremme.

1. Böden mit Umlagerung der Sesquioxyde.
    a) $\pm$ geringe Ausdehnung der Sesquioxydausscheidung.
       A. Großer Unterschied gegen das kalkige Muttergestein: Terra rossa und verarmte Kalkkrume.
       B. Geringer Unterschied gegenüber dem Muttergestein: Podsol u. a.
    b) Starke Ausdehnung und große Intensität der Sesquioxydausscheidung: Laterit verschiedener Autoren.
2. Böden mit Umlagerung der leichtlöslichen Stoffe, einschließlich der Karbonate.
    a) Geringe Karbonatmengen $\pm$ bewegt: Verschiedenfarbige Einhorizontböden (Tschernosjem).
    b) Große Karbonatmengen $\pm$ bewegt: Rendzina, Humuskalkböden.
3. Böden mit Umlagerung der wasserlöslichen Salze, Stoffausscheidung an der Oberfläche und in den Bodenhorizonten: Salzböden.
4. Böden mit Grundwasser.
    a) stoffausscheidend.
       A. in den Bodenhorizonten: Gley.
       B. an der Oberfläche: Rasenerz, See-Erz.
    b) stoffbildend und den Untergrund zersetzend: Anmoorige Böden, Pecherde.

Die auch von anderen Forschern als wesentlich für die Bodenbildungsprozesse erkannte „Befeuchtung" trat durch das Schema Wyssotzkis erneut deutlich in Erscheinung und zeigte Glinka, daß sie als ein bestimmendes Klassifikationsmerkmal benutzt werden konnte, trotzdem sie als eine Folge recht verschiedener Einflüsse zu gelten hat. Sie veranlaßten ihn, dieses Einteilungsprinzip seiner eigenen Klassifikation der Böden zugrunde zu legen. Über dieses Verhältnis äußerte er sich wie folgt: „Indem wir auf diese Weise die Anfeuchtung als wichtiges Klassifikationsmerkmal anerkennen, beanspruchen wir nicht die Originalität dieser Ansicht, sondern bedienen uns der Beobachtungen und Schlußfolgerungen der russischen und westeuropäischen Forscher. Auch unterschätzen wir nicht die Bedeutung der Temperatur, deren Einfluß in dem Bau der Böden zur Geltung kommt, nur in nicht so sichtbarer Form wie derjenige der Feuchtigkeit. Wenn wir zu den klassifizierenden Böden die von Dokutschajeff und Sibirceff herrührenden Benennungen geben, so verstehen wir unter den erwähnten Typen nicht nur die Humushorizonte, sondern die ganze Mächtigkeit der Verwitterungsrinde der gegenwärtigen Erdoberfläche[1]."

Bevor wir uns dem System Glinkas, das seit Erscheinen seines zusammenfassenden Werkes über die Typen der Bodenbildung weiteste Anerkennung gefunden hat, ganz zuwenden, müssen wir noch auf die Klassifikationsversuche Ramanns eingehen, die dieser auf Grund der Forschungen der schon genannten russischen Bodenkundler sowie E. W. Hilgards u. a.[2] durchzuführen

---

[1] Glinka, K.: a. a. O., S. 34.

[2] Middendorf, v.: Einblicke in das Ferghanatal. Mem. Akad. St. Petersburg, 7. Ser. 1881. — Russel, J. R.: Bull. U. St. geol. Surv. 1889, Nr 52. — Fuchs: Verh. k. k. geol. Reichsanst. 1875. — Außerdem G. Tanfiljew: Bodenkarte des europäischen Rußlands mit Beschreibung. Russ. Journ. f. Landw. 50. 1902.

gesucht hat. RAMANNS[1] diesbezügliche Bestrebungen gehen bis auf das Jahr 1901 zurück, wenngleich sie auch erst festere Gestalt in seiner Bodenkunde von 1905 erhalten haben. Hier gliederte er die Böden Europas, wie folgt:

Übersicht der klimatischen Bodenbildungen und ihrer herrschenden Pflanzen (in Europa) nach RAMANN.

I. Abteilung. Böden des Gesteinszerfalles (physikalische Verwitterung).

1. Unterabteilung. Im ariden Gebiet.

Durch Temperaturwechsel: Böden der Wüsten.

2. Unterabteilung. Im humiden Gebiet.

Wirkung des gefrierenden Wassers: Spaltenfrostböden.

Gruppe A. Im arktischen Gebiet.
Humusbildung: Nordische Moore, Moostundra.
Vegetation: Nordische Pflanzen.
Gruppe B. Im Hochgebirge.
Humusbildung: Alpine Moore, Alpenhumus, Azaleen- und Carextorf.

3. Unterabteilung. Durch Gletscherablagerungen.

Durch Druck zerstörtes Gestein. Gesteinsmehl. Moränen, Grande, Sande, Tone.

II. Abteilung. Böden der zersetzten Gesteine (chemische Verwitterung).

1. Unterabteilung. Im ariden Gebiet.

Nicht ausgelaugte Böden (meist feinsandig).

Gruppe A. Salzböden.
Humusbildung: Organische Ablagerungen der Salzseen.
Vegetation: Salzpflanzen.
Gruppe B. Gebiete mit kaltem Winter: Löß, Schwarzerde.
Vegetation: Steppenpflanzen.
Gruppe C. Gebiete mit warmem Winter: Roterden.
Vegetation: Wintergrüne Laubhölzer, Macchien.

2. Unterabteilung. Im humiden Gebiet.

Ausgelaugte Böden (meist tonreich).

Gruppe A. Vorherrschen der Kohlensäureverwitterung: Braunerden.
Meist Lehm und Tonböden.
Humusablagerung: Flachmoore.
Vegetation: Sommergrüne gemischte Laubhölzer.
Gruppe B. Vorherrschen der Humussäureverwitterung: Grauerden.
Meist kaolinhaltige Böden.
Humusablagerung: Kärrmoore, Hochmoore, Heideböden, Rohhumus.
Vegetation: Nordische Nadelhölzer, Heiden.

Hinsichtlich des Auftretens und der Verteilung der regionalen Bodentypen weist er zugleich darauf hin, daß ihre Grenzen in den südlicheren Gebieten meist scharf ausgebildet seien. Übergänge werden selten, aber es dringen die Hauptbodenarten fleckenweise in benachbarte Gebiete ein, wie z. B. die Schwarzerde in Norddeutschland oder die Roterden in ihren nördlichsten Verbreitungsgebieten. Übergänge fänden sich namentlich bei den nordischen Bodenarten, die chemische Zersetzung der Gesteine nehme hier ab, die Sprengwirkung des gefrierenden Wassers dagegen zu. Hier könne man nirgends scharfe Grenzen ziehen, zumal die diluvialen Ablagerungen noch dazu beitrügen, sie zu verwischen. Zwischen dem Klima der geographischen Zonen und den Regionen der

---

[1] RAMANN, E.: Europäische Bodenzonen. Bodenkunde (russ. Zeitschrift) **1901.**

Gebirge seien enge Beziehungen vorhanden, genau so wie in der Pflanzenwelt wiederholen sich auch in den Eigenschaften der Böden verwandte Züge.

In seiner Bodenkunde von 1911[1] hat Ramann eine nur wenig von der obigen abweichende Klassifikation gebracht, die erst im Jahre 1918 im nachstehend wiedergegebenen „System der Böden"[2] eine Vervollständigung erhielt. Einleitend bemerkt er hierzu in bezeichnender Weise, wennschon er sich bei der Schwierigkeit der Aufgabe der Mängel vollauf bewußt ist: „Ein naturwissenschaftliches System wird danach zu beurteilen sein, ob es die bisher bekannten Tatsachen unter gemeinsamen Gesichtspunkten zusammenfaßt; erfüllt es diese Forderung, so ist es brauchbar; es wird um so höher einzuschätzen sein, je vollständiger alle Eigenschaften der einzuordnenden Dinge zur Anschauung gebracht werden. Dies kann nur geschehen, wenn das System dem Werden der Dinge entspricht, also auf genetischen Grundlagen aufgebaut ist. Damit ist auch Aussicht auf längere Dauer eines Systems gegeben, sowie daß es weiteren Ausbaues fähig ist, also gestattet, neues wissenschaftliches Gut zweckmäßig einzuordnen[3]" (s. nebenstehende Tabelle).

Glinkas System legt dagegen, wie schon hervorgehoben, zur Hauptsache den Be- oder Durchfeuchtungsgrad der Böden als Einteilungsmerkmal zugrunde. Die nicht zu unterschätzenden inneren Einflüsse des Muttergesteins auf die Bodenausbildung zwingen ihn aber dazu, zwei Hauptgruppen aller Böden zu unterscheiden (wie solches auch schon Ramann durch seine Ortsböden gegenüber den zonalen Böden getan hat), nämlich die ektodynamischen von den endodynamischen. Bei der Ausbildung der ersteren sind die äußeren klimatischen Faktoren die entscheidenden, bei den letzteren die Eigenschaften des Muttergesteins. „Wenn wir das Klima", so führt er des näheren aus, „und überhaupt die äußeren bodenbildenden Kräfte in den Bodenbildungsprozessen als wichtige Faktoren betrachten, so müssen wir gestehen, daß in verschiedenen Fällen ihr Einfluß bei weitem nicht von gleicher Intensität ist. Die chemische Zusammensetzung oder die physikalischen Eigenschaften der Muttergesteinsart stören die vollständige Entwicklung des Bodentypus, der sich unter den gegebenen äußeren Bedingungen bilden sollte. Die humosen Karbonatböden (die Rendzinaböden), die zwischen den Podsolböden lagern und sich den Eigenschaften nach von dem Podsolbodentypus unterscheiden, geben für die durch die Muttergesteinsart hervorgerufene Beeinflussung des Bodenbildungsprozesses ein gutes Beispiel. Solche Beispiele zwingen uns, diejenigen Böden, deren Bau und Eigenschaften durch die inneren Bedingungen des Bodenbildungsprozesses (die Eigenschaften der Muttergesteinsart) sichtbar beeinflußt sind, in eine besondere Gruppe einzureihen. Wir schlagen vor, dieselben als endodynamomorphe Böden zur Unterscheidung von den ektodynamomorphen, in denen der Einfluß der äußeren Faktoren den der inneren überwiegt, zu bezeichnen. Auch die Skelettböden sind z. T. als endodynamomorph zu betrachten, und zwar diejenigen unter ihnen, auf welche die äußeren Bildungsbedingungen keinen sichtbaren Einfluß ausgeübt haben. Wenn dagegen den aus Granit entstandenen Böden die Eigenschaften des Tschernosjems oder den aus Tonschiefer entstandenen sichtbare Podsolspuren anhaften, so werden diese Böden selbstverständlich in die entsprechenden ektodynamomorphen Gruppen eingereiht.

„Die endodynamomorphen Böden können wir als zeitliche Übergangsbildungen ansehen. Auch die ektodynamomorphen Böden sind zeitliche Bil-

---

[1] S. 529—542,

[2] Ramann, E.: Bodenbildung und Bodeneinteilung, S. 110—111. Berlin: Julius Springer 1918.

[3] Dsgl. S. 107.

System der Böden.

	Feuchtböden (humide Böden)	Trocken-feuchte Böden (semihumid)	Trockenböden (aride Böden)	Feucht-trockene Böden (semiarid)
I. Kalte Zonen und Regionen	1. Arktisch: Rautenböden (Fließerden) 2. Boreal: Tundraböden. Ortsböden: Torfhügeltundra 3. Regional: Spaltenfrostböden, Bergwiesenböden, Bergtorfböden, auf Kalk: Alpenhumus	? ? ?	Böden des Innern von Grönland, Spitzbergen Regional: Wüsten und Hochländer Asiens	
II. Kühle gemäßigte Zone	A. Nordische Grauerden a) Nordische Sand-Humusböden b) Podsol c) Bleicherde-Waldböden Ortsböden 1. Unterwasserböden a) Mineralböden unter Wasser b) Mudde oder Faulschlammböden c) Humusböden α) Flachmoortorf β) Waldtorf γ) Hochmoortorf δ) Moderboden 2. Unter Einfluß des Grundwassers stehende Böden a) Gleiböden b) Wiesenböden c) Raseneisensteinböden 3. Böden mit fortdauernder Stoffzufuhr a) Aueböden b) Marschböden 4. Salzhaltige Böden des Bleicherdegebietes 5. Fließerden Regional: Grauerden verschiedener Formen		Die Bodenformen sind stark von der zunehmenden Verdunstung und abnehmenden Niederschlägen abhängig, Temperatureinfluß tritt zurück 1. Steppenschwarzerden Klima mäßig trokken { Tschernosjem, Prärieböden Klima stark trokken { kastan.-farbige Böden, durch Humus braun gefärbte Böden 2. Steppenbleicherden	
Gemäßigte Zone. Warme gemäßigte Zone	B. Braunerden Ortsböden Nach dem Grundgestein zahlreiche Ortsböden a) Massengesteine b) Schiefer c) Sandsteine d) Karbonatgestein e) Karstroterden	Randböden auf Kalkstein. Im Norden: humusreiche schwarze Böden, im Süden: Roterden		

System der Böden (Fortsetzung).

	Feuchtböden (humide Böden)	Trocken-feuchte Böden (semihumid)	Trockenböden (aride Böden)	Feucht-trockene Böden (semiarid)
III. Subtropisch	Gelberden (?)		Gelberden Roterden Subtropische Schwarzerden a) Regur b) Tirs c) Nordamerikanische südliche Prärien Rindenböden	Rindenböden, Wüstenböden
IV. Tropen	Laterit Roterden Rotlehme Tropische Braunerden Tropische Bleicherden	Savannenböden	Roterden	Tropische Wüstenböden

dungen und können bei der Änderung der äußeren Bedingungen (hauptsächlich der klimatischen) aus einem Typus in den anderen übergehen. Eine solche Erscheinung ist auf Tschernosjem beobachtet worden. Wenn dieser Boden dauernd von Wald, der die größere Feuchtigkeit der oberen Horizonte bedingt, bestanden wird, so verwandelt er sich in grauen, waldigen Lehm. Ein derartiger Übergang reicherer Böden in ärmere wird als Degradation bezeichnet. Theoretisch ist auch eine der Degradation entgegengesetzte Erscheinung möglich, d. h. der Übergang ärmerer Böden in reichere, vorläufig sind aber solche Fälle von niemandem mit Sicherheit festgestellt worden[1]." Daß endodynamomorphe Böden auch ohne Änderung äußerer Bedingungen einer Umwandlung fähig sind, wird von ihm sodann an einigen Beispielen gezeigt.

Die von ihm vorgelegte Bodenklassifikation bildet s. E. nach „naturgemäß nur einen kurzen, allgemeinen Abriß, der nach Möglichkeit unser Wissen von den Böden auf der Erdkugel zusammenzufassen bestrebt ist". Er betrachtet sie nicht als „letzte definitive Erkenntnis". In tabellarischer Form stellt sie sich, wie folgt[2]:

I. Teil. Ektodynamomorphe Böden.

1. Klasse. Böden von optimaler Befeuchtung.
   a) Laterite.
   b) Roterden.
   c) Gelberden.

2. Klasse. Böden von mittlerer Befeuchtung.
   a) Podsolige Böden.
   b) Graue Waldböden.
   c) Degradierte Tschernosjeme.

3. Klasse. Böden von mäßiger Befeuchtung.
   a) Tschernosjeme (und Regur?).

4. Klasse. Böden von ungenügender Befeuchtung.
   Gruppe A:
   a) Kastanienfarbige Böden.
   b) Braune Böden.
   c) Graue Böden.
   d) Rotfarbige Böden.

---

[1] GLINKA, K.: a. a. O., S. 34, 35.   [2] Ebenda S. 42.

Gruppe B: Die Wüstenkrusten.
a) Die braune Schutzrinde.
b) Die Kalkkruste.
c) Die Gipskruste.

5. Klasse. Böden von übermäßiger Befeuchtung.
Gruppe A:
a) Moorböden (Torf- und Schlammböden).

Gruppe B:
a) Böden der Bergwiesen.
b) Torfböden der trockenen Tundren und Berggipfel.

6. Klasse. Böden von zeitweise übermäßiger Befeuchtung.
a) Strukturförmige Salzböden („Solonetz").
b) Strukturlose Salzböden („Solontschak").
c) Solonetzartige Böden: Übergänge der Böden der Klassen 3 und 4 zu a.
d) Solontschakartige Böden: Übergänge der Böden der Klassen 3 und 4 zu b.

II. Teil. Endodynamomorphe Böden.

a) Rendzina.
b) Verschiedene Skelettböden.

Diese Bodenklassifikation soll in vorliegender Form nur eine Vorstellung von der Verschiedenartigkeit der Bodentypen in qualitativer und auch teils quantitativer Hinsicht erwecken. Da jedoch das Muttergestein von verschiedenem petrographischen Charakter und mechanischer Zusammensetzung sein kann, so hat eine vollständige Klassifikation auch noch eine Reihe sekundärer Merkmale zu berücksichtigen, wofür desgleichen GLINKA einige Beispiele gibt. G. WIEGNER[1] hat in ähnlicher Weise extremaride, aride, semiaride, semihumide, humide, extremhumide Böden und humide Böden im tropischen und subtropischen Klima unterschieden, jedoch kommen einheitliche klimatische Zonen nicht zum Ausdruck.

Demgegenüber vertritt P. KOSSOWITSCH[2] in Hinsicht auf die Einteilungsprinzipien eine wesentliche andere Auffassung. „Gegenwärtig wird es mir immer klarer," schreibt derselbe, „daß die Gesamtheit der unmittelbar wirkenden inneren Prozesse, die zur Entstehung der einzelnen Bodenarten führen, d. h. die im Boden tätigen physiko-chemischen und biologischen Prozesse in ihrer Gemeinschaft und in ihren verschiedenen Erscheinungsformen, als die natürlichste Grundlage für die Gruppierung der Böden anzusehen sind". Damit lehnt er alle diejenigen Bodenklassifikationen, die nur auf einem einzigen Faktor der Bodenbildung fußen, wie groß auch dessen Bedeutung sein möge, ab. Seiner Ansicht nach muß die genetische Bodenklassifikation auf die inneren Eigenschaften und Eigentümlichkeiten der Böden gegründet werden, schon insbesondere deswegen, weil der Boden als selbständiger Naturkörper zu betrachten sei. „Daher sind es nicht die äußeren Faktoren der Bodenbildung, wie Klima, Muttergestein, Lage, Vegetation, Tierwelt und Zeitalter, die als Grundlagen für eine solche Klassifikation herangezogen werden müssen; sie befinden sich außerhalb des Bodens, und mit ihrer Hilfe können wir uns nur das Verständnis der Bodenbildungstypen erleichtern, indem wir sie dazu benutzen, die Bedingungen der Entstehung der Böden zu beleuchten". Es sind infolgedessen nach ihm die am meisten charakteristischen Formen der bodenbildenden Prozesse, d. h. die Typen der Bodenbildung zunächst klarzustellen, worauf dann erst die Gruppierung der Böden nach den festgelegten Bildungstypen zu erfolgen hat. „Hieraus folgt

---

[1] WIEGNER, G.: Boden und Bodenbildung. Dresden u. Leipzig 1918.
[2] KOSSOWITSCH, P.: Die Bodenbildungsprozesse und die Hauptprinzipien der Bodenklassifikation. Verh. 2. Internat. agrogeol. Konf. Stockholm 1910, 232ff.

für die zeitgenössische Bodenkunde die vorherrschende Bedeutung des Studiums der Bodenbildungsprozesse überhaupt und, insbesondere, der Genesis der einzelnen Böden, denn nur dann können wir einem Boden seinen Platz in der Klassifikation anweisen, seine Eigentümlichkeiten und Eigenschaften erfassen und das Verhältnis eines Bodens zu anderen beleuchten, wenn wir die Bedingungen der Entstehung des betreffenden Bodens und die in ihm wirkenden Prozesse kennen."

Trotzdem aber die Typen der bodenbildenden Prozesse eines Gebietes aufs engste mit den allgemeinen physiko-geographischen Bedingungen desselben verknüpft sind, können infolge von Abweichungen einzelner Faktoren die bodenbildenden Prozesse auch ohne besagte Übereinstimmung zur Entstehung von für das Gebiet nicht typische Böden führen. Da aber die allgemeinen physiko-geographischen Bedingungen an der Erdoberfläche keine scharf umgrenzten Gebiete bilden, sondern sich als Folge der Veränderung ihrer einzelnen Faktoren allmählich ändern, so ist die allmähliche Veränderung der bodenbildenden Vorgänge und die damit verbundene, durch unmerklichen Übergang ausgezeichnete Ausbildung der Böden eine charakteristische und notwendige Erscheinung. „Daher kommt es, daß wir nur die charakteristischsten und ausgeprägtesten Erscheinungsformen präzisieren, wenn wir die Bodenbildungstypen mit ihren Abarten voneinander differenzieren und danach selbständige Bodenarten aufstellen; die charakteristischen Erscheinungsformen sind eben durch unendliche Übergänge mit zwischenliegenden Eigenschaften und Eigentümlichkeiten miteinander verbunden. Es ist klar, daß es in der Differenzierung der meisten Formen der Bodenbildung (der Typen, Untertypen und Abarten) theoretisch keine Grenzen gibt; daher kann die Feststellung solcher Schranken in der Praxis nur konventionell sein."

Zunächst sind es zwei Hauptklassen von Böden, die von KOSSOWITSCH auf Grund ihrer allgemeinen genetischen Eigenarten zu unterscheiden sind, 1. die genetisch-selbständigen oder eluvialen Bodentypen und 2. die genetisch abhängigen oder illuvialen Bodentypen. Als Bodenbildungstypen werden aufgestellt 1. Wüstenbildungstypus, 2. Halbwüstenbildungstypus, 3. Tschernosjembildungstypus, 4. Podsolbildungstypus, 5. Tundrabildungstypus, 6. Hochmoorbildungstypus und 7. Lateritbildungstypus, so daß sich ein System folgender Art ergibt[1]:

Genetische Bodenklassifikation nach den Bodenbildungstypen.
Klasse A. Genetisch selbständige Böden.

I. Böden des Wüstenbildungstypus.
 a) Kalk-, Gips-, Wüstenkrusten, braunschwarze Wüstenrinde.
 b) Trockene Salzböden.
 c) Sandige und kiesige Böden der Wüsten.

II. Böden des Halbwüstenbildungstypus.
 a) Helle Böden.
 b) Graubraune Böden oder schichten-säulen-förmige Böden.
 c) Kastanienböden.

III. Böden des Tschernosjembildungstypus.
 a) Tschernosjem oder Schwarzerde.
 b) Degradierter Tschernosjem.
 c) Rendzina oder schwarze Humus-Kalk-Böden.

IV. Böden des Podsolbildungstypus.
 a) Graue Böden.
 b) Podsol- oder Blei-Böden.

---

[1] KOSSOWITSCH, P.: a. a. O., S. 250.

V. Böden des Tundrabildungstypus.
   a) Tundraböden.
   b) Böden der Hochgebirge.
VI. Böden des Hochmoorbildungstypus.
   a) Hochmoore.
VII. Böden des Lateritbildungstypus.
   a) Gelberden.
   b) Lateritböden.

Klasse B. Genetisch abhängige Böden.

I. Böden, entstanden unter Beteiligung der Produkte des Halbwüstenbildungstypus.
   a) Strukturlose Salzböden.
   b) Säulenförmige Salzböden.

II. Böden, entstanden unter Beteiligung der Produkte des Tschernosjembildungstypus.
   a) Nasse strukturlose Salzböden.
   b) Säulenförmige Salzböden.
   c) Ausgelaugte Salzböden.
   d) Neutrale Moorböden.

III. Böden, abhängig vom Podsolbildungstypus.
   a) Podsol-Sumpfböden.
   b) Saure Niederungsmoorböden.

IV. Böden, entstanden unter Beteiligung der Produkte des Lateritbildungstypus.

Dieses Schema soll nur die Grundtypen wiedergeben, denn eine abgeschlossene allgemeine Bodenklassifikation kann seines Erachtens nach schon deshalb nicht aufgestellt werden, weil vorläufig das notwendige Material dazu noch fehlt.

Auch D. Vilensky[1] betont, daß die Bodeneinteilung noch immer keine befriedigende Lösung gefunden habe und geht bei seinen diesbezüglichen Untersuchungen von der Ansicht aus, daß sich der Boden als Naturkörper in der Art eines „feinen Epithels" über der Erdoberfläche der Lithosphäre ausbreitet und die „Pedosphäre" eine besondere Decke oder Hülle des Erdballes darstelle. Die „Pedosphäre" ist der äußerste Horizont der Lithosphäre, der durch die Einwirkungen der Atmosphäre, Biosphäre und Hydrosphäre Veränderungen unterworfen ist[2]. Er unterscheidet die vier bodenbildenden Hauptfaktoren: Lithosphäre, Atmosphäre, Biosphäre und Hydrosphäre, von welchen sich die Lithosphäre als ein passiver Faktor erweist, während die übrigen aktiv an der Bodenbildung beteiligt sind. Die Verschiedenheit der Faktoren an sich und die Art ihres Zusammenwirkens bedingt eine Verschiedenheit in der Bodenbildung. Diese Verschiedenheit steht im engen Zusammenhang mit den äußeren Umständen, deren wichtigster das Relief und die Wirkungsdauer der bodenbildenden Faktoren sind. In den verschiedenen klimatischen Erdzonen zeigen sich die genannten Faktoren nicht als gleichwertig, und es herrscht einer der Faktoren besonders vor. In der heißen Zone ist dies der Faktor Atmosphäre, in der gemäßigten der Faktor Biosphäre und in der kalten Zone die Hydrosphäre. Die Lithosphäre erweist sich dagegen als intrazonal, denn sie ist in allen Zonen an der Bodenbildung gleichmäßig beteiligt. Übereinstimmend mit der Vorherrschaft eines jeden Faktors ist es möglich, vier Hauptabteilungen der Bodenbildung zu unterscheiden. Es sind dies die thermogene, phytogene, hydrogene und halogene

---

[1] Vilensky, D.: Die Einteilung der Böden auf Grund analoger Reihen in der Bodenbildung. Mitt. internat. bodenkundl. Ges., N. F. 1, 242 (1925). — Die analogen Reihen in der Bodenbildung und ihre Bedeutung für den Aufbau einer genetischen Bodeneinteilung. Tiflis 1924 (russ.). — Concerning the principles of a genetic soil classification. Contributions to the study of the soils of Ukraina 6, 120. Charkov 1927.

[2] Siehe: Handbuch der Bodenlehre 1, S. 19. — Desgleichen E. Blanck: Lehrbuch der Agrikulturchemie, T. III: Bodenlehre, S. 7. 1928.

Abteilung mit sechs Zwischenstufen. Innerhalb dieser Abteilungen durchläuft der Boden eine Entwicklung, die so lange progressiv ist, bis der Boden seine Eigenschaften am ausgeprägtesten erkennen läßt, dann wird sie von dem Augenblicke an regressiv, wenn sich der Boden in einfache Bestandteile zu zerlegen beginnt. Die einzelnen Hauptstadien dieser Entwicklung heißen Typen, sie sind die Grundeinheit für die Einteilung der Bodendecke, sie sind in analoge Reihen einzuordnen, wodurch es möglich wird, die Bodenklassifikation in ein dem periodischen System ähnliches Koordinatensystem einzuordnen. Dementsprechend stellt sich die Bodeneinteilung Vilenskys folgendermaßen:

Abteilung	Reihe					
	A	B	C	D	E	F
	Typ	Typ	Typ	Typ	Typ	Typ
Thermogene (T)	Roterde tropischer Halbwüsten (TA)	Roterde der Trockensavannen (TB)	—	Roterde — Laterit (TD)	Degradierte Roterde (TE)	Aschenähnliche Roterde (TF)
Phytogene (P)	Grauerde (PA)	Braunerde (PB)	Kastanienbrauner Boden (PC)	Schwarzerde (Tschernosjem) (PD)	Grauer nußkörniger Waldboden (PE)	Aschenboden (Podsol) (PF)
Hydrogene (H)	Tundraboden (HA)	Halbmoorboden (HB)	—	Moorboden (HD)	—	Aschenähnlicher Moorboden (HF)
Halogene (G)	Trockener Salzboden (GA)	Prismatischer Alkaliboden (GB)	Pfahlartiger Alkaliboden (GC)	Schwarzer pfahlartiger Alkaliboden (GD)	Nußkörniger Alkaliboden (GE)	Aschenähnlicher Alkaliboden (GF)
Thermophytogene (TP)	Gelberden					
Thermohydrogene (TH)	Moorböden der heißen Zone					
Thermohalogene (TG)	Salzböden der heißen Zone					
Phytohydrogene (PH)		Rasenboden (PHB)	—	Schwarzer Wiesenboden (PHD)	Grauer nußkörniger Boden (PHE)	Aschenboden (PHF)
Phytohalogene (PG)	Alkalische Grauerde (PGA)	Alkalische Braunerde (PGB)	Alkalischer nußbrauner Boden (PGC)	Alkalischer Schwarzboden (PGD)	—	Alkalischer Aschenboden (PGF)
Hydrohalogene (PH)	Lichter Chlorid-Sulfat-Salzboden (PHA)	—	—	Schwarzer Karbonat-Salzboden (HGB)	—	—
Orogene (O)	Grauer Rasenboden (OA)	Bräunlichgrauer Rasenboden (OB)	Rasen-Wiesenboden (OC)	Schwarzer Wiesenboden (OD)	Grauer nußkörniger Boden (OE)	Aschenboden (OF)

Außer E. W. Hilgard hat sich auch die spätere amerikanische Forschung erheblich an der Lösung des Problems einer geeigneten Bodenklassifikation auf genetischer Grundlage beteiligt. Da aber ganz neuerdings H. Jenny[1] in einer zusammenfassenden Abhandlung auf die Untersuchungen der amerikanischen

---

[1] Jenny, H.: Klima und Klimabodentypen in Europa und in den Vereinigten Staaten von Nordamerika. Bodenkundl. Forschgn. 1, 139—189 (1929).

Forscher des näheren eingegangen ist, so dürfte dieser Literaturhinweis an dieser
Stelle genügen. Ferner sei darauf hingewiesen, daß C. F. MARBUT[1] die amerikani-
schen Böden in zwei Hauptgruppen zerlegt hat, von welchen er die erste „Pedo-
cals“, die etwa den ariden Böden entspricht, bezeichnet, die zweite Gruppe den
Namen „Pedalfers“ trägt und etwa den humiden Böden gleichzusetzen ist.
Maßgebend für seine Einteilung war die Anwesenheit eines Kalziumkarbonat-
horizontes, der mehr Kalk enthält, als das darunterliegende Muttergestein besitzt.
H. JENNY geht in seiner soeben erwähnten Publikation davon aus, daß klimatische
Bodenbetrachtungen das Verständnis für die geographische Verbreitung der
Böden außerordentlich erleichtern, und versucht infolgedessen einen Vergleich
der europäischen mit den amerikanischen Böden auf Grund der Klimaverhältnisse
zu geben, obgleich er sich bewußt ist, daß eine rein klimatische Behandlungsweise
nicht imstande sei, allen Böden in dieser Beziehung gerecht zu werden, sondern
gleichfalls die Meinung hegt, daß die Böden nur nach ihren Eigenschaften klassifiziert werden sollten[2]. Ein Klimabodentyp sei mindestens durch zwei Klimafaktoren — Befeuchtung und Temperatur — zu charakterisieren. In den Systemen
R. LANGS und A. MEYERS, die vorzugsweise mit Befeuchtungszahlen gearbeitet
hätten, gelange der Einfluß der Temperatur auf die Bodenbildung nicht genügend
zum Ausdruck, wohl aber hätte D. VILENSKY ein System vorgeschlagen, in dem
Befeuchtung und Temperatur gleichmäßig Berücksichtigung fänden. Hier würden
je fünf Befeuchtungsregionen durch Niederschlag-Verdunstungs-Koeffizienten ausgedrückt und fünf Temperaturzonen unterschieden. Jedem Bodentyp werde ein
bestimmter Befeuchtungs- und Temperaturzahlenbereich zugeordnet, und interessant sei die Feststellung, daß der Tschernosjem im Zentrum des gesamten
Systems stehe, insofern er einem Klima entspricht, das nicht zu kalt und nicht
zu warm, auch nicht zu trocken und nicht zu feucht ist. VILENSKYS System in
abgekürzter Form aus dem Jahre 1927 stellt sich nach H. JENNY, wie folgt:

Befeuchtung Temperatur	Arid	Semiarid	Schwacharid (Medium)	Semihumid	Humid
Polar —12° bis +4° C	Tundra- böden	Semimoor- böden (Semi bog soils)	Moor- und Sumpfböden (Bog)	—	Podsolierte Moor- und Sumpfböden
Kalt —4° bis +4° C	Torfböden (sward)	—	Schwarze Wiesen- böden	Degradierte Wiesen- böden	Podsolierte Böden
Temperiert 4 bis 12° C	Graue Böden	Kastanien- braune Böden	Tschernosjem	Degradierte graue Waldböden	Podsolierte Böden
Subtropisch 12 bis 20° C	—	Gelbe Böden der ariden Steppe	Gelberden	Degradierte Gelberden	Podsolierte Gelberden
Tropisch über 20° C	Rote Böden d. Halbwüste	Roterden	Laterite	Degradierte Roterden	Podsolierte Roterden

Aus nachstehender Tabelle JENNYS, in der die Klimawerte europäischer und
amerikanischer Bodentypen der temperierten Zone einander gegenübergestellt
worden sind, erkennt man, daß ähnlichen Bodenprofilen Europas und Amerikas

---

[1] MARBUT, C. F.: A scheme for soil classification. Proc. 1. Internat. Kongr. Soil Sci. 4,
1—31 (1928).

[2] Vgl. RIECE, T. D.: Should the various categories in a scheme of soil classification
be based on soil characteristics or on the forces and conditions which have produced them?
Proc. 1. Internat. Kongr. Soil Sc. 4, 108 (1928).

auch ähnliche Luftklimawerte entsprechen. Besonders gut ist die Übereinstimmung für die Befeuchtungszahlen, aber auch die Temperaturgrenzen stimmen ziemlich gut überein. Wenn auch einige Ausnahmen bestehen, wie z. B. hinsichtlich der braunen Waldböden, Wüsten- und Kastanienböden, so muß dennoch die Übereinstimmung als befriedigend angesehen werden. Jenny sieht diese Feststellung als einen schönen Beweis für die Richtigkeit der Ideen der russischen bodenkundlichen Schule an, aber fügt erläuternd hinzu: „man vergesse jedoch nicht, daß Europa nur eine beschränkte Zahl selbständiger Bodenklimatypen kennt und daß ein universelles Bodenklimatypensystem erst nach gründlicher Erforschung der Tropen und Subtropen aufgestellt werden kann. Streng genommen entspricht ja jeder Temperaturdifferenz und jeder Befeuchtungsdifferenz ein bestimmter Bodenzustand, und die sog. Bodenklimatypen, die im Felde beobachtet werden, sind wohl nichts anderes als auffällige Maxima oder Minima der allgemeinen Bodenklimafunktion“[1].

Übersicht der Bodenklimabeziehungen in den temperierten Gebieten von Europa und den Vereinigten Staaten von Nordamerika nach Jenny.

	Befeuchtung (NS-Quotient)		Temperatur ^{0}C	
	Europa	U.S.A.	Europa	U.S.A.
Graue Wüstenböden	0—100	30—110	4—12^{0}	7—11^{0}
Braune Wüstensteppenböden .	—	60—120	—	6—11^{0}
Kastanienerden	140—170	100—180	4—12^{0}	8—12^{0}
Tschernosjem	130—250 (350)	140—250 (320)	4—12^{0}	3—12^{0}
Trockengrenze, Europa. Hauptbodengrenze, U.S.A. . .	ca. 200	220—250	—	—
⌠Degradierte Tschernosjeme . .	(250—350)	—	—	—
⌡Prärieböden	—	260—350 (420)	—	—
⌠Braunerden	320—460	—	⌠4—12^{0} ⌡7—12^{0}	—
⌡Braune Waldböden	—	280—400	—	6—16^{0}
Podsole	400—1000	380—750	—4—7 od.12^{0}	4—10^{0}

Die nachstehend im vorliegenden Handbuch der Bodenlehre gewählte Einteilung der Böden hat sich bei der derzeitig noch recht wenig geklärten Sachlage darauf beschränkt, nach ganz allgemeinen geographischen und klimatischen Gesichtspunkten zu verfahren, ohne besondere Rücksicht auf das eine oder andere genetische Klassifikationssystem zu nehmen. Erst die Bestrebungen der internationalen bodenkundlichen Konferenzen, wie sie neuerdings angebahnt worden sind, werden in der Lage sein, nähere Einsicht zu vermitteln. Aber auch jene haben bisher noch nicht mehr als Richtlinien zu geben vermocht, so daß ein abschließendes Urteil zur Zeit noch nicht erlaubt erscheint. Infolgedessen ist einer ganz allgemeinen Einteilung ohne Anspruch auf innere Berechtigung der Vorzug gegeben worden. Von diesem Gesichtspunkte aus wünscht sie denn auch der Herausgeber beurteilt zu sehen, ebenso wie die voraufgegangenen einleitenden Erörterungen keinen Anspruch auf eine erschöpfende Behandlung der Frage nach der genetischen Einteilung der Bodenarten wie auch einer lückenlosen Verfolgung ihrer historischen Entwicklung machen sollen.

---

[1] Jenny, H.: a. a. O., S. 183.

Verteilung der Böden an der Erdoberfläche und ihre Ausbildung (regionale oder geographische Bodenlehre).

1. Böden der kalten Region.

a) Arktische Böden.

Von **W. Meinardus**, Göttingen.

Mit 8 Abbildungen.

Das polare Klima.

Zum Verständnis der Bildungsarten und Eigenschaften arktischer Böden ist es zweckmäßig, sich wenigstens in großen Zügen die allgemeinen Bedingungen zu vergegenwärtigen, unter denen sie stehen. Der wichtigste Erscheinungskomplex, der dabei in Frage kommt, wird zweifellos durch das Klima bestimmt. Seine Auswirkungen machen sich in mannigfaltigster Weise direkt oder indirekt im Verhalten der arktischen Böden bemerkbar und werden für deren Verbreitung maßgebend. Die Bezeichnung Arktische Böden bringt ja auch bereits in treffender Weise die enge Beziehung zu einem Klimabereich zum Ausdruck. Vielleicht wäre die Bezeichnung Polare Böden noch besser, weil ja auch in der Antarktis unter ähnlichen Verhältnissen Böden entstanden sind und entstehen wie in der Arktis. Doch haben jene wegen der dort überwiegenden Eisbedeckung des festländischen Bodens eine so geringe Ausdehnung, daß sie gegenüber den arktischen Böden nur eine untergeordnete Rolle spielen.

In Verbindung mit dem Klima sind die Oberflächenformen von großer Bedeutung für die Ausgestaltung der polaren Böden, denn das Relief bestimmt sehr wesentlich deren Lagerungsverhältnisse, indem es die Bewegungen von Schuttmassen auf geneigten Gehängen oder die Umlagerung, den Transport und die Aufschüttung durch das fließende Wasser und durch Gletscher maßgebend beeinflußt. Auch die Vegetation hat örtlich eine gewisse Bedeutung für die Bodenbildung, aber auch hierbei werden klimatische Verhältnisse indirekt wirksam.

Die besonderen Eigentümlichkeiten des polaren Klimas lassen sich in Kürze auf folgende Tatsachen zurückführen, wobei, wenn nichts anderes bemerkt ist, die Verhältnisse des Nordpolargebietes in den Vordergrund gestellt werden sollen. Jenseits des Polarkreises bleibt die Sonne einen gewissen Teil des Jahres dauernd über dem Horizont und einen entsprechenden, ungefähr gleich großen Teil dauernd darunter. Zwischen diesen Extremen liegen die Übergangsjahreszeiten mit täglichem Auf- und Untergang der Sonne. Allein, je näher dem Pol, um so kürzer werden die Übergangszeiten zugunsten der Zeiten des beständigen Tages und der beständigen Nacht, bis sie am Pol selbst verschwunden sind. Der Verlauf des Jahres läßt sich daher in höheren Breiten folgendermaßen gliedern.

Geographische Breite	Tag- und Nachtwechsel (Frühling)	Beständiger Tag (Sommer)	Tag- und Nachtwechsel (Herbst)	Beständige Nacht (Winter)	Sonnenhöhe 21. Juni		Chemische Lichteinheiten		
					Mittag	Mitternacht	direkt	diffus	Verhältnis
$66^0 33'$	180 (170)	1 (23)	183 (172)	1 (0)	$46^0 54'$	$0^0 0'$	—	—	—
70^0	119 (119)	64 (70)	121 (121)	61 (55)	$43^0 27'$	$3^0 27'$	503	350	1,44
75^0	82 (81)	102 (107)	83 (83)	98 (94)	$38^0 27'$	$8^0 27'$	446	371	1,20
80^0	52 (52)	133 (137)	53 (53)	127 (123)	$33^0 27'$	$13^0 27'$	401	386	1,04
85^0	25 (25)	160 (163)	26 (26)	154 (151)	$28^0 27'$	$18^0 27'$	—	—	—
90^0	0 (0)	186 (189)	0 (0)	179 (176)	$23^0 27'$	$23^0 27'$	362	398	0,91

Durch die atmosphärische Strahlenbrechung, die bei den niedrigen Temperaturen des Polargebiets am Horizont mehrere Grade betragen kann[1], wird die Zahl der Tage beständiger Nacht etwas verkleinert zugunsten der Tage, an denen die Sonne dauernd über dem Horizont steht. Die eingeklammerten Zahlen gelten bei Annahme einer Strahlenbrechung von $1/_2{}^0$ im Horizont.

Am Nordkap Europas bleibt, um ein Beispiel anzuführen, die Sonne mehr als zwei Monate dauernd über und zwei Monate dauernd unter dem Horizont; an der Nordküste Spitzbergens (80^0 nördlicher Breite) sind diese Zeiten etwa doppelt so lang.

Das Maß der Einstrahlung ist demnach in höheren Breiten im Laufe des Jahres weit größeren Schwankungen ausgesetzt als in niederen. Die direkte Sonnenstrahlung beschränkt sich auf eine gewisse Zeit des Jahres und kann nur dann die Temperaturverhältnisse beeinflussen. Anders verhält es sich mit der Ausstrahlung, die überall ununterbrochen wirkt, auch wenn Einstrahlung stattfindet. Aber je weiter nach dem Pol zu, um so länger wird die Zeit, in der die Ausstrahlung sich ausschließlich, ohne Gegenwirkung der Einstrahlung, auf die Temperaturverhältnisse geltend macht. Infolgedessen wächst der Temperaturunterschied der extremen Jahreszeiten mit zunehmender Breite bis zum Pol hin an.

Von Bedeutung wird aber ferner die Tatsache, daß im Polargebiet die Tageskreise der Gestirne gegen den Horizont wenig geneigt sind, so daß der Einfall der Sonnenstrahlen auf die Horizontebene um so flacher wird, je höher die Breite ist. Infolgedessen sind die Sonnenhöhen um Mittag und Mitternacht zu der Zeit, in der die Sonne dauernd über dem Horizont ist, um so weniger verschieden, je höher die geographische Breite ist (vgl. die obige Tabelle). Das hat zur Folge, daß die mittlere Tagesschwankung der Temperatur im Polargebiet während des Sommers klein bleibt. In den Übergangsjahreszeiten ist sie größer. Im Winter aber fällt die Einstrahlung ganz fort, so daß dann die Temperatur im Laufe des Tages keine ausgeprägte Periode mehr hat.

Der Weg der Sonnenstrahlen durch die Atmosphäre ist bei den niedrigen Sonnenhöhen im Polargebiet so lang, daß die Wirkung der Atmosphäre, d. h. die Absorption und diffuse Reflexion von Wärme und Licht um so mehr zur Geltung kommen kann. Nur ein Bruchteil der direkten Sonnenstrahlung erreicht die Erdoberfläche. Andererseits nimmt die diffuse Strahlung der Atmosphäre mit wachsender Breite immer mehr zu, so daß sie die direkte Sonnenstrahlung in der Nähe des Pols sogar übertrifft. Die Tabelle zeigt für den 21. Juni die Anzahl der sog. chemischen Lichteinheiten, die durch direkte Insolation und durch diffuse Reflexion der Erdoberfläche an diesem Tage zukommen[2]. In den Monaten vor und nach dem Sommersolstitium ist der relative Anteil des diffusen

---

[1] Hann, J.: Handbuch der Klimatologie 3, 3. Aufl., S. 602. 1911.
[2] Vgl. J. Hann: Klimatologie 1, 3. Aufl., S. 113. 1908.

Lichts noch größer. Dies wird bekanntlich für die Vegetationsverhältnisse im Polargebiet von großer Bedeutung, um so mehr als die diffuse Zerstreuung des Lichts in der Atmosphäre hauptsächlich die chemisch wirksamen kurzwelligen Strahlengattungen betrifft.

Die Absorption wirkt dagegen mehr auf die roten und ultraroten wärmenden Strahlen ein. Sie vermindert die unmittelbare Wärmestrahlung der Sonne gerade in den höheren Breiten um so erheblicher, weil bei den dortigen niedrigen Sonnenständen der Weg der Sonnenstrahlen durch die Atmosphäre durchschnittlich länger ist. Immerhin ist die Absorption aber, gleiche Sonnenhöhe vorausgesetzt, relativ kleiner als in den wärmeren Zonen, weil infolge der niedrigen Temperaturen der Wasserdampfgehalt der Luft, der die Stärke der Absorption wesentlich mitbestimmt, klein ist. Allerdings hat das auch zur Folge, daß die Ausstrahlung von der Erdoberfläche um so ungehemmter vor sich gehen kann. Hierauf sind die niedrigen Wintertemperaturen des Polargebietes hauptsächlich zurückzuführen.

Naturgemäß ist das Maß der Ein- und Ausstrahlung auch von dem Grad der Bewölkung abhängig. In dieser Hinsicht liegen die Verhältnisse im Polargebiet insofern ungünstig, als die Bewölkung gerade in den Sommermonaten groß ist und die Wolkendecke, auch wenn sie durchbrochen ist, gerade bei niedrigem Sonnenstand die Einstrahlung stark abschirmt. Dazu kommen im Sommer häufig Nebel, die das Maß der direkten Strahlung gerade zu der Zeit einschränken, in der die Sonne dauernd über dem Horizont steht. Im Winter ist die Bewölkung dagegen geringer, so daß dann die Ausstrahlung ihre Wirkung um so mehr geltend machen kann.

Zur Charakterisierung dieser Verhältnisse kann die folgende Tabelle dienen, die auf den Beobachtungen der schwedischen Station bei der Treurenberg-Bai an der Nordküste Spitzbergens (79⁰ 55′ n. Br., 16⁰ 51′ ö. L.) von August 1899 bis Juli 1900 beruhen[1].

Monate	Mittl. tägl. Sonnenstrahlung cal/cm²	Sonnenscheindauer Stunden	Bewölkung (0—10)	Dampfdruck mm	Tägliche periodische Temp.-Amplitude ^{0}C	Lufttemperatur ^{0}C	Bodentemperaturen		
							in 0,50 m ^{0}C	in 1,00 m ^{0}C	in 1,42 m ^{0}C
I	0	0	5,3	2,0	0,6	— 8,5	—10,0	— 9,3	— 9,2
II	0	0	5,1	0,6	1,4	—22,6	—14,1	—11,6	—10,8
III	15	76	4,3*	0,5*	2,2	—27,0*	—19,7*	—14,9*	—14,0*
IV	53	111	7,4	1,2	2,8	—16,5	—14,2	—13,5	—13,4
V	143	210	7,2	2,1	2,1	— 9,6	—11,3	—12,0	—12,2
VI	127	135	8,2	3,6	1,1	— 1,1	—2,4	— 6,2	— 7,4
VII	114	139	8,7	4,3	1,7	1,2	0,3	— 1,8	— 2,8
VIII	55	113	8,0	4,4	1,8	2,1	1,6	0,2	— 0,3
IX	40	110	6,5	3,8	1,5	0,3	0,4	— 0,1	— 0,5
X	0	1	8,2	1,7	0,4*	—10,5	— 4,7	— 3,2	— 3,0
XI	0	0	7,8	1,3	0,5	—13,5	— 8,7	— 6,9	— 6,6
XII	0	0	5,9	1,7	1,3	—11,9	—10,0	— 9,0	— 8,9
Jahr	—	895	6,9	2,3	1,4	— 9,8	—7,7	— 7,4	— 7,4
Amplitude .	—	—	4,4	3,9	2,4	29,1	21,3	15,1	13,7

Die Beobachtungen über die direkte Sonnenstrahlung (1. Rubrik der Tab.) sind besonders wertvoll. Sie zeigen, daß diese vor allem im Frühjahr groß ist, d. h. zu der Zeit, wo der Wasserdampfgehalt der Luft gering ist. Auch die Bodentemperaturen in verschiedenen Tiefen sind, weil sie das ganze Jahr hindurch

---

[1] Missions scientif. pour la mesure d'un arc de méridien au Spitzberg etc. Mission Suédoise T. II, Stockholm 1904. Ref. v. J. HANN: Met. Z. 1905, 189—191. Ferner: J. HANN: Klimatologie 1, 3. Aufl., S. 108. 1908.

ausgeführt wurden, von besonderem Interesse; es wird später darauf zurückzukommen sein.

Wie man sieht, liegt die Lufttemperatur im Norden Spitzbergens nur von Juli bis September über 0^0. Der kälteste Monat ist der März. Auffallend ist der verhältnismäßig warme Januar. Man erkennt, daß der jährliche Temperaturgang durch starke unperiodische Abweichungen im Beobachtungsjahr der schwedischen Expedition beeinflußt war. Das ist aber überhaupt ein Charakteristikum der höheren Breiten.

Für die Wirkung der Ein- und Ausstrahlung auf die Temperatur ist naturgemäß auch das Vorhandensein einer Schneedecke von großer Bedeutung. Abgesehen von Schneefällen, die auch im Hochsommer vorkommen können, bildet sich auf Spitzbergen die erste Schneedecke gewöhnlich im September, verschwindet dann aber noch vorübergehend wieder, ehe sie gegen Ende des Jahres von Dauer wird. Da Tauwetter während des Winters selten eintritt, wächst die Mächtigkeit der Schneedecke fortgesetzt bis in den März oder April an. So findet eine Aufspeicherung der winterlichen Niederschläge bis zum Frühjahr statt. Die Schneeschmelze beginnt schon bei Lufttemperaturen unter 0^0 im April; im Juni ist der Boden in den offengelegenen tieferen Teilen des Landes schneefrei. Einzelne Schneeflecke können an beschatteten Stellen auch in der Nähe des Meeresspiegels übersommern, wie andererseits unter örtlichen Bedingungen gewisse Stellen besonders dort, wo der Wind ungehindert angreifen kann, während des ganzen Winters auch schneefrei bleiben können.

Die Wirkungen der Schneedecke auf die Lufttemperatur und auf die Temperatur des Bodens sind in systematischer Weise auf Grund zahlreicher Beobachtungen im russisch-sibirischen Stationsnetz und an Polarstationen unter anderen von A. Woeikof eingehend dargestellt worden[1]. Weil der Schnee wegen seines Luftgehalts ein schlechter Wärmeleiter ist, wird die Schneeoberfläche durch Ausstrahlung sehr stark abgekühlt, während in den tieferen Schneeschichten und im Boden darunter der Wärmeverlust gemildert wird. Andererseits reflektiert die Schneeoberfläche die Sonnenstrahlen, so daß ihre wärmende Wirkung vermindert wird. Von größerer Bedeutung ist aber die Tatsache, daß im Frühjahr beim Schmelzen des Schnees Sonnenwärme verbraucht wird und für die Temperaturerhöhung verlorengeht. Weil die Schneehöhe sich gerade bis in das Frühjahr hinein vergrößert, so ist der Verbrauch an Sonnenwärme um so größer. Allerdings wird die Schneedecke im Frühjahr auch durch andere Faktoren angegriffen, so durch Regenfälle und Verdunstung oder durch die Zufuhr warmer Luft aus niederen Breiten. Da die Jahresniederschläge im Polargebiet überhaupt gering sind, d.h. meist kleiner als 200 mm, so kann durch Verdunstung ein relativ großer Teil des Schnees schon im Laufe des Winters aufgezehrt werden. Der dänische Grönlandforscher Lauge Koch beobachtete, daß im äußersten Norden Grönlands, wo der Jahresniederschlag kaum 100 mm beträgt, mehr als die Hälfte, ja aller Schnee im Laufe des Winters verdunsten kann, so daß nur sehr wenig Schnee für die Bildung von Gletschern, die entsprechend klein sind, übrigbleibt. Daher sind in Nordgrönland nicht weniger als 107 000 qkm nicht vergletschert[2]!

Wo Schnee schmilzt, wird die Temperatur der Frühjahrsmonate also stark beeinflußt, was auch darin zum Ausdruck kommt, daß in höheren Breiten das Frühjahr (März bis Mai) durchschnittlich erheblich kälter ist als der Herbst (September bis November).

[1] Woeikof, A.: Der Einfluß einer Schneedecke auf Boden, Klima und Wetter. Pencks Geogr. Abhdlg. 3, 3. Wien 1889.
[2] Koch, Lauge: Contributions to the glaciology of North Greenland. II. Thule-Exp. til Grønlands Nordkyst 1916—18, S. 353. Kopenhagen 1928.

Um das Gesagte zu illustrieren, seien in folgender Tabelle die Temperaturverhältnisse angegeben, die im Jahre 1882—83 an der von russischer Seite ausgerüsteten Polarstation in Ssagastyr an der Lenamündung beobachtet wurden[1]. Die Station lag in 73° 22′ n. Br., 126° 35′ ö. L.

1882/83	IX	X	XI	XII	I	II	III	IV	V	VI	VII	VIII
Lufttemperatur °C. . . .	0,1	−15,1	−27,9	−33,6	−36,9	−42,0*	−33,3	−21,0	− 8,8	0,7	4,9	3,5
Schneeoberfl.-Temperatur	—	—	−29,6	−36,3	−38,3	−43,8*	−34,8	−21,0	− 7.6	—	—	—
Bodentemperatur in 0,4 m	0,9	− 5,1	−14,8	−18,3	−21,7	−24,7*	−22,6	−18,5	−11,6	−2,2	2,5	2,0
Tägliche periodische Temperaturschwankung:												
Luft	1,4	1,5	1,0	1,0	0,5*	1,5	4,7	6,4	4,6	2,6	2,6	3,7
Schneedecke, Oberfläche	—	—	0,6	1,2	0,5*	1,2	4,7	8,1	6,7	—	—	—
Boden in 0,4 m Tiefe .	0,1	0,2	0,2	0,4	0,1	0,0*	0,2	0,2	0,7	0,3	0,5	0,3
Bewölkung (0—10) . . .	9,0	7,2	6,0	5,1	3,7	2,6*	3,3	5,2	8,6	8,4	7,6	8,5

Die Beobachtungen zeigen, daß die Temperatur der Schneeoberfläche außer im Mai einerseits niedriger war als die Lufttemperatur, andererseits als die Temperatur der Bodenschichten. Schon in 40 cm Tiefe ist die Bodentemperatur außer im Sommer weit höher als die Lufttemperatur, im Februar durchschnittlich um mehr als 17°! Das Jahresmittel der Bodentemperatur ist fast 6° höher als die Lufttemperatur. Die Schneedecke trägt also wesentlich zur Milderung der Kälte im Boden bei. „Eine um 5—6° höhere Jahrestemperatur in $1^1/_2$—2 m im Boden als in der unteren Luftschicht ist in den kälteren Teilen Nordamerikas und Sibiriens, wo Schnee liegt, Regel." Wo dagegen kein Schnee liegt, geht die Kälte stärker in die Tiefe, wie z. B. aus mehrjährigen Beobachtungen in Katharinenburg im Ural hervorgeht[2].

Auf den höheren Teilen der Polarländer wird die Schneedecke auch im Sommer nicht entfernt; so sammeln sich die Schneemassen zu mächtigen Lagen an, aus denen dann Gletscher oder geschlossene Eisdecken in die tieferen Regionen hinabziehen. Hier unterliegen sie der Ablation, d. h. Schmelzvorgängen die ebenfalls viel Wärme verbrauchen, zumal sie sich nicht auf die Frühjahrsmonate beschränken, sondern während der ganzen wärmeren Jahreszeit anhalten. Außer der Wärmebindung, die beim Schmelzen von Schnee- und Gletschereis stattfindet, wird Wärme verbraucht an solchen Stellen, wo lockerer, wasserhaltiger Boden vorhanden ist. Hier wird im Frühjahr und Sommer 1. Schmelzwärme zum Auftauen des Frostbodens, 2. aber auch Verdunstungswärme an der Oberfläche des schneefrei gewordenen durchfeuchteten Bodens verbraucht. Wo der Boden aus festen Gesteinen besteht, fällt diese Wirkung fort, so daß an solchen Stellen die Temperatur des Bodens unter dem Einfluß der Sonnenstrahlen namentlich bei günstiger Exposition an Abhängen hohe Werte erreichen kann (s. unten S. 45 f.).

Zusammenfassend kann man sagen: die Wärmestrahlung der Sonne wird trotz ihrer langen Dauer im Sommer in ihrer Wirkung auf die Temperatur der Luft und des Bodens beeinträchtigt, 1. durch den schrägen Einfall der Sonnenstrahlen, 2. durch ihren langen Weg in der Atmosphäre, 3. durch die starke Bewölkung und Nebelbildung im Sommer, 4. durch die Schneeschmelze im Frühjahr und Sommer, 5. durch die Eisschmelze im Boden, 6. durch die Verdunstung der Bodenfeuchtigkeit. Einen gewissen Ausgleich bietet die starke Diffusion des

---

[1] WOEIKOF. A.: Klima an der Lenamündung nach einjährigen Beobachtungen. Met. Z. 1886, 1—7.

[2] WOEIKOF, A.: Bodentemperatur unter Schnee und ohne Schnee in Katharinenburg im Ural. Met. Z. 1890, 381—383.

Sonnenlichts und der geringe Wassergehalt der Luft, der die Absorption der zugestrahlten Wärme vermindert. Die Wirkung der Ausstrahlung auf die Luft- und Bodentemperatur wird begünstigt 1. durch die lange Dauer der Winternacht, 2. durch die geringe Luftfeuchtigkeit und 3. durch das Vorhandensein einer Schneedecke. Dagegen hält diese den Boden auf höherer Temperatur.

Aus der geringen Wirkung der Einstrahlung ergibt sich schon an sich eine niedrige Lage der Temperaturen im Polargebiet. Aber diese wären weder im Sommer noch im Winter so niedrig, wie sie sind, wenn sie nicht eine Schneedecke hervorriefen, die ihrerseits durch Begünstigung der Ausstrahlung und durch Schmelzvorgänge zur weiteren Erniedrigung der Temperatur beitrügen. Eine gewisse Gegenwirkung gegen diesen Prozeß der Selbstverstärkung findet dadurch statt, daß einerseits durch Meeres- und Luftströmungen aus niederen Breiten Wärme in das Polargebiet hineingetragen und daß andererseits als Ersatz aus diesem eisbeladene kalte Meeresströmungen und Luftkältewellen in die gemäßigten Breiten vorgetrieben werden. Die Konvektion von Luft und Wasser zwischen der gemäßigten und polaren Zone setzt also dem dauernden Wachstum der Kälte im Polargebiet eine gewisse Grenze. Für die Lage der Bodentemperaturen kommt aber außerdem noch einerseits der Schutz der Schneedecke und des Eises, andererseits die Erdwärme in Betracht, die dem Anwachsen des Bodenfrostes nach unten hin eine Grenze vorschreibt, so daß der Gefrornis oder dem Zustand dauernd gefrorenen Bodens im Polargebiet nur eine verhältnismäßig geringe vertikale Ausdehnung zukommt[1].

Den sichtbarsten Ausdruck für die niedrige Temperatur der Polargebiete bildet die Vergletscherung großer Teile des Landes und die Vereisung weiter Meeresflächen. Infolgedessen hängt auch die Verbreitung und Beschaffenheit der arktischen Böden indirekt aufs engste mit der Frage zusammen, wieviel Landflächen durch dauernde Schnee- und Eisbedeckung den Blicken entzogen sind.

Nach einer Zusammenstellung von H. Hess[2], die vom Verfasser nach neueren Angaben etwas berichtigt worden ist, sind in den Polargebieten folgende Flächen dauernd vereist:

	Dauernd vereiste Fläche qkm	Schneegrenze m
Grönland	1 834 000	1000
Spitzbergen	56 000	600
Franz-Joseph-Land	17 000	200
Nowaja-Semlja	15 000	400
Amerikanischer Archipel	100 000	
Nordpolargebiet	rund 2 000 000	
Südlicher Meeresring	1 000 000	
Antarktis	14 000 000	im Meeresniveau
Südpolargebiet und Umgebung	rund 15 000 000	

Obgleich man auch Schnee und Eis zu den Bodenarten rechnen muß, so werden sie, dem Zweck des vorliegenden Handbuchs entsprechend, in diesem Abschnitt nicht behandelt werden. Infolgedessen scheiden die südpolaren Länder, die von einem breiten vereisten Meeresring umfangen werden, fast ganz aus der Betrachtung aus. Denn nur an wenigen randlichen Gebirgsstrecken,

---

[1] Siehe Kap. Frostboden, S. 34 ff.
[2] Hess, H.: Die Gletscher, S. 114. Braunschweig 1904.

an felsigen Vorsprüngen und auf vorgelagerten Inseln wird der Boden während kurzer Zeit des Sommers schneefrei. Alles übrige ist von einer geschlossenen Eisdecke überlagert, aus der nur vereinzelte Hochgipfel als „Nunatakr" hervorragen. Trotz der beschränkten Verbreitung schneefreien Bodens sind allerdings auch im Südpolargebiet höchst wertvolle Beobachtungen über die Verwitterungsprodukte der Gesteine, über die Wirkung von Gletschern, Schnee und Schmelzwassern, sowie von Stürmen als transportierenden und ablagernden Agenzien gesammelt worden, auf die im folgenden gelegentlich Bezug genommen werden soll.

Ganz anders liegen die Verhältnisse im Nordpolargebiet. Zwar sind hier auch die höher gelegenen Teile der Länder bis auf Bergrücken und Einzelberge dauernd unter Schnee und Eis begraben. Aber die Vergletscherung reicht hier, abgesehen von gletschererfüllten Tälern oder von einzelnen Randgebieten des grönländischen Inlandeises, nicht bis zum Meeresniveau hinab. Die klimatische Schneegrenze liegt in der Arktis fast überall mehrere hundert Meter hoch und sinkt, soweit bisher bekannt, nur in Nordostgrönland unter $81^{1}/_{2}^{0}$ n. Br. bis zum Meeresspiegel[1]. So bleibt auf den gebirgigen Inseln des Nordpolargebietes, besonders in Westgrönland, im westlichen Spitzbergen und im arktischen Archipel Nordamerikas unterhalb der Schneegrenze an den Abhängen und im niedrigen Flachland noch Raum für mehr oder weniger breite Flächen, die im Sommer schneefrei werden und das Studium arktischer Böden zulassen. Weit größere Verbreitung haben diese aber auf den ausgedehnten Flachlandstrecken, die das eurasiatische und nordamerikanische Festland im Norden umsäumen, in der festländischen Tundrazone. Denn auch diese steht noch ganz unter den Einflüssen des polaren Klimas mit seinen niedrigen Sommertemperaturen (Mitteltemperatur des Juli kleiner als 10^{0}), so daß hier zum großen Teil noch ähnliche physikalische Bedingungen für die Entwicklung der Böden vorherrschen wie auf den hochnordischen Inseln, soweit sie im Sommer schneefrei werden. Nur wird durch die Pflanzendecke, die sich stellenweise als Polarsteppe über weitere Flächen des nördlichen Sibirien und des arktischen Nordamerika ausbreitet, der Einfluß organischer Substanzen auf die Bodenbildung und Bodenbedeckung erheblicher als im Bereich der Kümmertundra im hohen Norden. Im ganzen schätzt H. WAGNER die Festlandflächen, die dem Tundrengürtel zuzurechnen sind, auf 5—6 Millionen Quadratkilometer[2]. Doch ist die Grenze gegen das südlich anschließende Waldland vielfach unscharf, da einzelne Waldinseln oder auch Waldstreifen längs der Flüsse in die Tundra vorgeschoben sind, während andererseits diese auch innerhalb des nördlichen Saumes der Waldzone in Form von versumpften Lichtungen vorkommt. So ist auch die Grenze der arktischen Böden nach Süden hin nicht scharf zu ziehen, vor allem, weil eine echt arktische Erscheinungsform des Bodens, die Gefrornis, noch weit in die gemäßigte Zone hineinreicht und den Zustand der oberen Bodenschichten und viele andere Erscheinungen, die damit zusammenhängen, wesentlich beeinflußt. Denn die Verbreitung des Dauerfrostbodens ist nicht so sehr von der Temperatur des Sommers, welche die Grenze der Tundra gegen das Waldland bestimmt, abhängig, als von der Wintertemperatur und den Schneeverhältnissen der kälteren Jahreszeit. Es wird sich also auch rechtfertigen, die Erscheinung des gefrorenen Untergrundes in ihrer ganzen Verbreitung in die Betrachtung der arktischen Böden einzubeziehen.

---

[1] MECKING, L.: Die Polarländer, S. 111. Leipzig 1925. Dieses Werk enthält eine vortreffliche Übersicht über die Natur der Polarländer.
[2] WAGNER, H.: Allgemeine Erdkunde, 10. Aufl., 3. T., S. 708. Hannover 1923.

Der Frostboden[1].

Eine Folge der klimatischen Verhältnisse im Polargebiet ist die bedeutungsvolle Erscheinung, daß unter einer gewissen Oberflächenschicht, die im Sommer auftaut, eine mehr oder weniger mächtige Bodenschicht liegt, die ständig gefroren ist. Während man für die Oberflächenschicht die Bezeichnung Auftauboden zu gebrauchen pflegt, wird die ständig gefrorene Schicht in der älteren Literatur wohl als Eisboden, in der neueren aber schlechthin als Frostboden oder besser Dauerfrostboden bezeichnet. Unter diesem folgen dann die Erdschichten, deren Temperatur bereits durch die Erdwärme beeinflußt wird, so daß sie ständig Temperaturen über 0 Grad aufweisen; das ist der Niefrostboden, nach der von R. Pohle vorgeschlagenen Bezeichnung. Von diesem um die Erforschung der russisch-sibirischen Arktis verdienten Geographen ist auch das Wort Gefrornis eingeführt, das dem russischen Merslota und dem schwedischen Tjäle entspricht und den Zustand und das Vorkommen ständig gefrorenen Bodens bezeichnet[2]. Aus dem Gesagten ergibt sich, daß das im Boden oder Felsgestein enthaltene Wasser sich in den verschiedenen Bodenhorizonten ganz verschieden verhalten muß. Im Auftauboden kommt das darin vorhandene Wasser während der kälteren Zeit des Jahres in gefrorenem Zustand vor, in der wärmeren wird es mit dem von der Oberfläche ausgehenden Tauprozeß flüssig und unter Umständen beweglich. Im Herbst schreitet der Gefrierprozeß sowohl von unten nach oben als auch von oben nach unten fort. Der Übergang von Eis zu Wasser und von Wasser zu Eis ist mit einer Volumenänderung verbunden. Das wird für die Verwitterungsvorgänge, den Bodenschub und für die Strukturformen des Bodens von Bedeutung.

Im Dauerfrostboden ist das Wasser ständig gefroren. Im lockeren Boden werden die Bodenbestandteile durch das Eis dauernd zu einer festen Masse verkittet. Sofern nicht Spalten und Risse klaffen, ist der Boden daher undurchlässig. Auch im Felsgestein sind die Poren und Spalten je nach dem Wassergehalt durch Eis verschlossen. Das Eis kann im Dauerfrostboden auch kompakt in Schichten oder einzelnen Linsen vorhanden sein, so daß es eine Felsart darstellt, die sozusagen einen gefrorenen Wasserhorizont im Boden bildet. Auf diese Vorkommnisse kompakten, reinen oder nur wenig getrübten Eises sollte man die Bezeichnung Bodeneis beschränken. Die Russen nennen es Potschwenny oder Podpotschwenny Ljod, die Amerikaner ground-ice oder underground-ice. Die weitverbreitete Wasserundurchlässigkeit des Dauerfrostbodens spielt in verschiedener Hinsicht für die Vorgänge über ihm, d. h. im Auftauboden, eine wichtige Rolle. Sie beeinflußt aber auch die Verhältnisse unter dem Frostboden, wie sich gleich zeigen wird.

Im Niefrostboden bleibt der flüssige Zustand des etwa vorhandenen Wassers erhalten. Es kann daher als Grundwasser alle Poren und Spalten des Untergrunds erfüllen. Aber durch die darüber lagernde, meist undurchlässige Schicht des Dauerfrostbodens steht das Wasser des Niefrostbodens oft unter einer Spannung, die dem artesischen Druck durchaus vergleichbar ist. Namentlich in gebirgigen Landschaften ist das der Fall. Es kann daher auch das Wasser des Niefrostbodens durch natürliche oder künstliche Öffnungen (Spalten, Bohrlöcher) des Dauerfrostbodens in höhere Schichten und bis zur Erdoberfläche vordringen. Hier kann es dann als Quellwasser oder Brunnenwasser zutage treten. Flüsse, die aus „Niefrostbodengerinnen" oder „Niefrostbodenseen" gespeist

---

[1] Vgl. zu diesem Kapitel die Abb. 1 auf S. 37 und Abb. 2 auf S. 43.

[2] Pohle, R.: Frostboden (Eisboden) in Asien und Europa. Pet. Mitt. 1924, 86—89; 1925, 167—169.

werden, führen auch während des strengen Winters Wasser. Aber dieses kann, wenn es an die Oberfläche kommt, bald gefrieren und ständig wachsende Eislager bilden, die nach v. MIDDENDORF[1] als „Aufeis" oder von den Russen als „Naledj" bezeichnet werden. Oder das artesisch gespannte Bodenwasser wird durch Spalten in den Schuttbelag von Talsohlen und Talhängen gepreßt, wo es dann eine Art von Eislakkolith bildet (podsemnaja [= unterirdische] oder pod-potschwennaja Naledj).

Der Niefrostboden kann aber auch ganz trocken sein. Nach GRIPPS Beobachtungen in der den Dauerfrostboden durchdringenden Grube Barendtsburg am Green Harbour-Fjord (Spitzbergen) ist dort der Niefrostboden als Felsgestein mit offenen Klüften ganz trocken. Da er hier mehr als 30 m unter dem Niveau des in 1 km Abstand befindlichen Meeres liegt, so kann die Trockenheit nur dadurch Bestand haben, daß der Untergrund des Green Harbour-Fjords gegen das Meer hin durch gefrorenen Boden abgedichtet ist. Das früher etwa in diesem Felsgestein vorhandene Wasser des Niefrostbodens ist nach der Vermutung von CLOOS verdunstet und in den Klüften des hangenden Frostbodens kondensiert. So soll sich die auffallende Tatsache erklären, daß der Dauerfrostboden selbst in sämtlichen Klüften mit Eis ausgefüllt ist, während das Gestein darunter trocken ist[2]. Wie an dieser Stelle, so sind auch sonst unter gewissen örtlichen Bedingungen Verhältnisse denkbar, in denen der Niefrostboden, auch wenn er nicht aus kompaktem Felsgestein besteht, trocken ist und keine selbständige Wasserführung aufweist.

Der Kernpunkt aller Fragen der Gefrornis liegt in dem Grade der Ausbildung des Dauerfrostbodens, die ihrerseits naturgemäß durch klimatische Einflüsse bestimmt ist. Über die Verbreitung der Gefrornis haben besonders russische Forscher eingehendere Studien gemacht, im Zusammenhang vor allem mit dem Bergbau Sibiriens, mit der Anlage der sibirischen Bahn und bei den Nachforschungen nach diluvialen Tierresten, die im Eisboden konserviert sind. Die Darstellung der Verbreitung der Gefrornis, die JATSCHEWSKI[3] auf Grund zahlreicher Einzeldaten 1889 gegeben hat, ist ebenso überholt wie die im Atlas des Asiatischen Rußland von 1914. Neuerdings hat dann der Direktor des Observatoriums in Irkutsk, W. B. SCHOSTAKOWITSCH, sehr eingehende Studien über den Frostboden und seine Wirkung in Sibirien veröffentlicht[4]. Eine systematische Behandlung erfuhr auch die Gefrornis im Bereich der russischen Sowjet-Union durch M. I. SUMGIN[5]. Die folgende Darstellung kann sich im wesentlichen auf die Ergebnisse von SCHOSTAKOWITSCH stützen und die Untersuchungen R. POHLES zur Ergänzung heranziehen.

Als man die Frage des ewig gefrorenen Bodens zuerst behandelte, kam man auf Grund theoretischer Überlegungen zu der Anschauung, daß für seine Verbreitung die Jahrestemperatur der Luft entscheidend sein müsse. Die Annahme, daß die Jahresisotherme von 0° als Grenzlinie des gefrorenen Bodens anzusehen

---

[1] MIDDENDORF, A. v.: Reisen in den äußersten Norden und Osten Sibiriens während der Jahre 1843 und 1844 I. St. Petersburg 1848.

[2] GRIPP, K.: Beiträge zur Geologie von Spitzbergen. Abh. Naturwiss. Ver. Hamburg, 21, H. 3, 7. Hamburg 1927.

[3] JATSCHEWSKI, L.: Über die Gefrornis und die Eisschichten Sibiriens. Istw. K. Russ. Geogr. Ges. 25, 341—351 (1889); Ref. Pet. Mitt. 1891, Lit. Ber. 26. — Vgl. auch J. HANN, Klimatologie, 3. Aufl., 3, S. 262f. 1911.

[4] SCHOSTAKOWITSCH, W. B.: Der ewig gefrorene Boden Sibiriens. Z. Ges. Erdkde Berlin 1927, 394—427 (mit Angaben der russischen Literatur).

[5] SUMGIN, M.: Die ewige Gefrornis des Bodens im Gebiet der SSSR., herausgeg. von NARKOMSEM u. d. fernöstl. Geophys. Observ. Wladiwostok 1927 (russ., engl. Res.). Ref. H. ANGER, Pet. Mitt. 1928, 271ff. Ferner Z. Ges. Erdkde Berlin 1929, 27—32.

wäre, wurde indes sehr bald von H. Wild[1] dahin berichtigt, daß der gefrorene Boden nur bei einer mittleren Jahrestemperatur von höchstens — 2° von Dauer sein könne. Die Beobachtungen über die Bodentemperaturen in Sibirien, die nun immer zahlreicher wurden, konnten aber auch diese Annahme nicht bestätigen. Heute weiß man, daß mehrere Faktoren für die Ausbildung entscheidend sind, außer der Lufttemperatur vor allem auch die Schneedecke, worauf schon besonders A. Woeikof[2] aufmerksam machte.

Die Schneedecke hat insofern eine Bedeutung, als sie ein schlechter Wärmeleiter ist und daher auch bei starker Abkühlung der Schneeoberfläche und der Luft den Boden gegen Abkühlung schützt[3]. Natürlich ist der Wärmeschutz um so größer, je stärker die Schneedecke ist, aber auch je eher sie sich im Herbst bildet. Denn es ist leicht einzusehen, daß die Abkühlung des Bodens durch eine frühzeitig gebildete Schneedecke noch wirksam gehemmt werden kann. Somit kann unter einer früh gebildeten Schneedecke, auch wenn sie im Laufe des Winters nur dünn bleibt, der Boden relativ wärmer sein, als wenn sich eine stärkere Schneeschicht erst am Schluß des Winters bildet.

Schostakowitsch benutzt diese Überlegungen dazu, zunächst auf empirischem Wege nach den Beobachtungen über die Lufttemperatur und die Schneedecke einerseits und das Vorkommen des Dauerfrostbodens andererseits einen einfachen Ausdruck für die gesuchten Beziehungen zu finden. Er stellt fest, daß man den Einfluß der Wintertemperatur durch die mittlere Temperatur von Dezember bis Februar und den Einfluß der Schneedecke durch deren Höhe (Zentimeter) im Januar erfassen kann, und daß das Verhältnis dieser beiden Werte zueinander ein Maß für die Ausbildung der Gefrornis ist. Der Quotient aus Wintertemperatur (A) und mittlerer Höhe der Schneedecke im Januar (B) wird um so größer (mit negativem Vorzeichen), je tiefer die Wintertemperatur und je geringer die Schneedecke im Januar ist. Um so günstiger sind die Bedingungen für die Bildung des Dauerfrostbodens.

Aus den Kenntnissen, die man über die Verbreitung des Frostbodens an zahlreichen Punkten Sibiriens gewonnen hat, kann man nun den Schluß ziehen, daß Dauerfrostboden nur dort vorhanden ist, wo der Quotient Wintertemperatur : Schneedecke den Wert — 0,5 überschreitet, d. h., absolut genommen, größer ist als 0,5. Mit dieser Feststellung hat man ein sehr nützliches Kriterium in der Hand, um zu entscheiden, lediglich auf Grund von Beobachtungen der Wintertemperatur und der mittleren Schneedecke im Januar, wo man Gefrornis des Bodens erwarten kann, auch wenn keine direkten Beobachtungen hierüber vorliegen. Nach M. Sumgin[4] ist allerdings der Zusammenhang zwischen der Verbreitung des Eisbodens und den klimatischen Elementen nicht so einfach, daß die Methode von Schostakowitsch überall anwendbar wäre. Auch der Grad der Gefrornis läßt sich durch den Quotienten Wintertemperatur : Januarhöhe des Schnees nicht so genau feststellen. Daher empfiehlt Sumgin noch eingehendere Untersuchungen nicht nur im Felde, sondern auch im Laboratorium.

Die tatsächlichen Beobachtungen über die Ausdehnung der Gefrornis konzentrieren sich in Sibirien einerseits auf den nördlichsten Teil, wo man fossile Reste des Mammut und anderer ausgestorbener Tiere im Eisboden gefunden hat, andererseits auf das Gebiet südlich von 58° n. Br., den Bereich der sibirischen Kulturzone. Durch die Anwendung des genannten Kriteriums lassen sich nun

---

[1] Hann, J.: Handbuch der Klimatologie, 3. Aufl., 3, S. 262. 1911.

[2] Woeikof, A.: Die Klimate der Erde 1, S. 64f; 2, S. 324ff. Jena 1887; Met. Z. 1895, 211ff.

[3] Siehe oben S. 30.

[4] Sumgin, M.: Über die ewige Gefrornis des Bodens. Z. Ges. Erdkde Berlin 1929, 27—32.

aber auch andere Gebiete, in denen die Beobachtungen spärlicher sind oder fehlen, dem Bereich der Gefrornis zuweisen. Dies führt zu einer Darstellung der Verbreitung des Dauerfrostbodens in Sibirien auf der beigegebenen Karte. Auf ihr sind die Linien gleicher Quotienten von 0,5 zu 0,5 eingezeichnet.

Das Gebiet der Gefrornis umfaßt danach einen großen Teil von Mittel- und Ostsibirien und greift südwärts noch über 50⁰ n. Br. bis in die Steppen der nördlichen Mongolei ein. Dagegen ist das Gebiet des oberen und mittleren Jenissei und das ganze Obgebiet mit Ausnahme des Tas-Busen frei von Gefrornis. Hier bleibt der Quotient kleiner als — 0,5, weil die Wintertemperaturen weniger tief liegen und die Schneemengen größer sind als weiter östlich. Die Freiheit

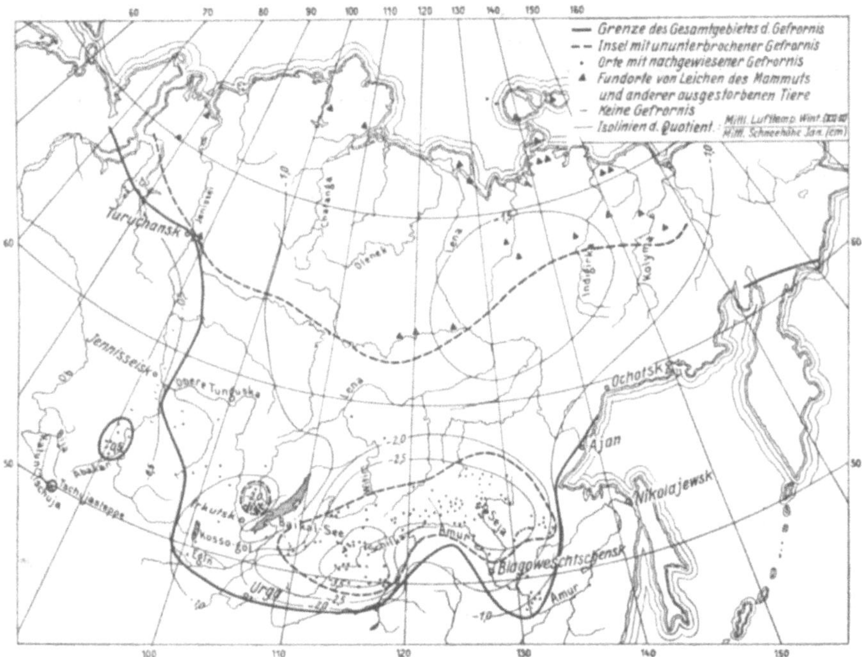

Abb. 1. Karte der Verbreitung der Gefrornis in Sibirien (nach SCHOSTAKOWITSCH). (Aus Z. Ges. Erdkde Berlin 1927, 399.)

des westlichen Sibiriens von Frostboden steht mit früheren Darstellungen über seine Ausdehnung insofern im Widerspruch, als sowohl im Atlas des asiatischen Rußland 1914, wie auch in vielen Hand- und Schulatlanten die „Eisbodengrenze" in Westsibirien so weit südlich gezogen ist, daß der untere und mittlere Ob und so auch das Gebiet zwischen Ob und Jenissei noch ganz dem Eisbodengebiet zugewiesen wird. Andererseits ist im östlichen Amurgebiet die Grenze weiter südlich zu ziehen als auf den älteren Karten (Abb. 1).

Nach der hier wiedergegebenen Karte von SCHOSTAKOWITSCH sind drei Hauptgebiete durchgängiger Gefrornis unterscheidbar. 1. Das nördliche Sibirien vom Tas-Busen im Westen bis mindestens zur Kolyma im Osten, 2. Transbaikalien und das westliche Amurgebiet, 3. eine kleine, aber sehr ausgeprägte und durch Bohrlöcher gut untersuchte Gefrornisinsel in der Nähe von Irkutsk, westlich des Baikal-Sees, während das Ufergelände des Baikal-Sees keinen dauernden Frostboden hat. Daß dieser aber darüber hinaus so weit nach Süden reicht, erklärt sich vor allem aus der Schneearmut des Winters.

Zur Veranschaulichung der Beziehungen zwischen den meteorologischen Elementen und der Gefrornis seien hier einige Zahlenwerte aus einer ausführlicheren Zusammenstellung von Schostakowitsch[1] wiedergegeben. Man sieht, daß der Quotient Wintertemperatur durch Schneehöhe teils infolge der Verschiedenheiten des ersten, teils des zweiten Faktors sich in dem Maße der Gefrornis auswirkt. Doch kommen nach Sumgin[2] auch Ausnahmen vor. Es wäre von Interesse, eine ähnliche Untersuchung für andere Frostbodengebiete durchzuführen. Außer dem sibirischen finden sich ja solche auch in Nordamerika bis etwa 53° n. Br. südwärts[3].

R. Pohle bezeichnet diese beiden Gebiete als kontinentale und stellt ihnen die polaren gegenüber, die durch die arktische Inselwelt und die nördlichsten Vorsprünge Asiens (Taimyrland, Tschuktschenland usw.) bezeichnet sind. Eine dritte Kategorie, die der alpinen Gefrornis, gehört den niederen Breiten an, wo sie im Bereich der Hochgebirge bis unterhalb der Schneegrenze ihre Verbreitung hat. Das Gebiet der Gefrornis innerhalb der russisch-sibirischen Region wird von Sumgin auf etwa 7 Mill. qkm geschätzt.

Ort	Breite	Östl. Länge	Winter-Temperatur (XII—II)	Schneehöhe (I) cm	Quotient
Westsibirien (keine Gefrornis):					
Turuchansk . . .	65,9°	87,6°	—26,1°	87	—0,3
Surgut.	61,3°	73,4°	—21,2°	70	—0,3
Tomsk	56,5°	88,0°	—17,9°	50	—0,4
Mittelsibirien (Gefrornis stark entwickelt):					
Wercholensk . . .	54,1°	105,6°	—27,5°	14	—2,0
Tunka	51,8°	102,5°	—23,9°	10	—2,4
Ostsibirien:					
Transbaikalien (Gefrornis ist vorhanden):					
Amalat	53,9°	113,6°	—27,6°	15	—1,8
(Gefrornis stark entwickelt):					
Tschita	52,0°	113,5°	—24,6°	8	—3,1
Nertschinsk . . .	52,0°	116,6°	—28,7°	8	—3,6
Borsja	50,6°	116,5°	—24,4°	5	—5,1!
Jakutengebiet (Gefrornis gut entwickelt):					
Nischne-Kolymsk .	68,5°	161,0°	—35,7°	33	—1,1
Werchojansk . . .	67,6°	133,4°	—47,0°	22	—2,1
Jakutsk	62,0°	129,7°	—39,6°	26	—1,5
Amurgebiet (Gefrornis stark entwickelt):					
Bomnak	54,7°	128,9°	—29,8°	8	—3,7[4]
Hinweise auf Gefrornis nicht bekannt:					
Ochotsk	59,1°	143,3°	—22,4°	25	—0,9
Ajan	56,1°	138,1°	—18,6°	50	—0,4
Chabarowsk . . .	48,5°	135,1°	—19,1°	25	—0,8?

Von großem Interesse ist die Frage, welche Mächtigkeit und welche Tiefenlage der Dauerfrostboden unter der Oberfläche hat. Von klassischer Berühmtheit ist die Bohrung, die Schergin 1828 bei Jakutsk versuchte, um Wasser zu finden. Der „Schergin-Schacht" wurde zuletzt 1837 bis 116,5 m Tiefe abgeteuft, ohne den gefrorenen Boden durchsunken zu haben. Nach den

---

[1] Schostakowitsch: a. a. O., S. 397 f. [2] Sumgin: a. a. O., S. 27—32.
[3] Vgl. z. B. Taf. Nr. 33 in Sydow-Wagners Schulatlas. [4] Nach Sumgin nur —1,3!

Temperaturbeobachtungen, die dann A. v. MIDDENDORF[1] im Auftrag der Petersburger Akademie von 1844—46 in diesem Schacht machte, schien der Schluß berechtigt, daß hier die untere Grenze des Frostbodens bzw. die Bodentemperatur von 0° erst in nicht weniger als 186 m Tiefe liegen könne. Jedoch sind die Temperaturbeobachtungen selbst nicht sicher genug, um eine so genaue Extrapolation zu gestatten. MIDDENDORF hat dann noch eine ganze Reihe anderer Bohrlöcher und Gruben angelegt, aber keine Stelle ergab eine so niedrige Temperatur und so tiefe Lage der unteren Frostfläche wie der Schergin-Schacht. Heute ist man über die vertikale Ausdehnung des Frostbodens in Sibirien recht gut unterrichtet, da weit mehr als 200 Beobachtungspunkte vor allem durch Brunnenbohrungen in den Bergwerksbezirken und an der sibirischen Bahn gewonnen sind. Das Ergebnis faßt SCHOSTAKOWITSCH nach einzelnen Landschaftsgebieten zu Mittelwerten in folgender Weise zusammen[2]:

Mittlere Tiefe (maximale Tiefe) der Grenzflächen der Dauerfrostschicht.

	Jakutien	Irkutskgebiet	Transbaikalien	Amurgebiet
Oberer Horizont .	7,25 (18,7)	6,37 (28,2)	6,17 (29,4)	6,44 (37,4)
Unterer Horizont .	20,98 (54,1)	18,72 (36,9)	25,74 (70,4)	23,02 (74,7)
Mächtigkeit . . .	9,01 (45,5)	12,22 (32,7)	22,78 (66,4)	22,80 (69,8)
Quotient (s. S. 35)	—1,4	—1,3	—3,4	—2,9

Bemerkenswert ist, daß die mittlere Tiefe der oberen Grenzfläche der Gefrornis in allen diesen Gegenden fast gleich groß ist, nämlich durchschnittlich $6^1/_2$ m. Dieser Wert ist im Vergleich zu den polaren Gebieten verhältnismäßig groß, was mit der hohen Sommertemperatur des inneren Sibiriens zusammenhängt.

Auf den polaren Inseln, wie Spitzbergen, ist der Boden bereits in der geringen Tiefe von wenigen Zentimetern bis $1^1/_2$ m gefroren und, während die Dicke der Frostbodenschicht in den sibirischen Bohrlöchern mit Ausnahme des Schergin-Schachtes nicht größer als 70 m im Amurgebiet gefunden ist (s. oben), kann man nach Beobachtungen in den Kohlengruben an der Advent- und Braganzabai für das mittlere Spitzbergen mit HÖGBOM 150 bis 300 m dafür annehmen[3]. K. GRIPP gibt im Einklang damit an, daß in der Grube Barendtsburg bei Green Harbour die untere Grenze der Frostzone im feinkörnigen Sandstein 30 m unter dem Meeresspiegel, d. h. 230 m unter der Bodenfläche liegt[4].

Die Lage der unteren Grenzfläche des Dauerfrostbodens hängt nicht nur von der Temperatur der Bodenoberfläche und sonstigen klimatischen Einflüssen ab, sondern auch sicher von der Wärmeleitfähigkeit des darunter liegenden Gesteins sowie vor allem von den Grundwasserverhältnissen im Niefrostboden. Denn wo Grundwasser in diesem vorhanden ist und zirkuliert, wird die untere Grenzfläche des darüber liegenden Dauerfrostbodens wohl nach oben hin verschoben. Diese Wirkung kommt aber für die eigentlich arktischen Böden nicht in Betracht, weil vermutlich das Grundwasser im tiefgelegenen Niefrostboden dort nur eine bescheidene Rolle spielt[5].

Von wesentlicherer Bedeutung für die Gestaltung arktischer Böden ist die Tiefe, bis zu der der Boden im Sommer auftaut, die Auftautiefe. Es ist daher

[1] MIDDENDORF, A. v.: Reisen in den äußersten Norden und Osten Sibiriens 1, 85 ff., 121. St. Petersburg 1848. — Vgl. auch die Zusammenstellung der Temperaturbeobachtungen im sibirischen Eisboden nach MIDDENDORF und älteren Autoren in E. E. SCHMID, Lehrb. d. Meteorologie, § 293 f. Leipzig 1860.

[2] a. a. O. S. 402.

[3] HÖGBOM, B.: Über die geologische Bedeutung des Frostes. Bull. Geol. Inst. Upsala 12, 261 (1914).

[4] GRIPP, K.: Beiträge zur Geologie von Spitzbergen. Abh. Naturwiss. Ver. Hamburg 21, H. 3, 7 (1927). (Vgl. oben S. 35).

[5] Siehe oben S. 35 die Beobachtungen GRIPPs in Spitzbergen.

hier am Platze, etwas über die Bedingungen des Auftauprozesses in den oberen
Bodenschichten anzugeben. Offenbar ist nicht nur die Lufttemperatur in der
wärmeren Jahreszeit für die Tiefe der Auftauwirkung maßgebend, es kommt
auch auf die Bodenoberflächentemperatur, die von der Lufttemperatur verschieden sein kann, an, ferner auf den Grad der Durchfeuchtung des Bodens,
da hiervon seine Wärmeleitfähigkeit abhängt; endlich ist auch das Maß und die
Häufigkeit der Temperaturschwankungen, die sich von oben her in den Boden
fortpflanzen, für den Grad der Erwärmung und für das Auftauen des Bodens
von Belang. Temperaturschwankungen im Boden um den Nullpunkt bringen,
wie A. Hamberg bemerkt, Verzögerungen in der Lage der oberen Grenzschicht
des Frostbodens zustande, wenn sie im Sommer abwärts und im Herbst aufwärts wandert[1].

Aber abgesehen von diesen allgemeinen Gesichtspunkten werden örtliche
Bedingungen von Bedeutung für die Auftautiefe des Bodens. Nach den Untersuchungen russischer Forscher kommt es dabei vor allem auf die Beschaffenheit
der Bodenarten an. Im Amurgebiet beobachtete Polynow[2] 1908 folgendes:
1. Im Grus der kristallinen Massengesteine ist Gefrornis nicht vorhanden. 2. Im
groben Sand und tonigen Boden mit Stückchen kristalliner Gesteinsarten ist
Gefrornis sehr selten. 3. Im Sandgeschiebe der Flußläufe schwankt die Tiefe
der Gefrornis zwischen 50 und 80 cm bis zu 1 m. 4. In moosigen Morästen liegt
Gefrornis in Tiefen von 25—50 cm. Auch die topographische Lage ist von Bedeutung für die örtliche Ausbildung der Gefrornis. Sie kann sehr stark in den
Tälern sein, wo die Lufttemperatur bei Windstille oder schwachen Winden im
Winter sehr tief sinkt, während sie auf benachbarten Höhen, die wegen des
Abfließens kalter Luft und wegen der stärkeren Luftbewegung wärmer sind,
ganz fehlen kann. So z. B. ist die Mächtigkeit des Frostbodens auf einer Paß-
höhe des Jablonoigebirges in 1019 m Höhe 3—8 m, am Fuße desselben Gebirges
bei der Station Sochondo in 690 m Höhe dagegen nicht weniger als 50 m.

Sukatschew[3] hat gezeigt, daß die topographische Lage auch in kleinem
Maßstab auf die Lage der Gefrornis einwirkt. Auf Erdhügeln der Tundra ist die
Auftautiefe im Sommer tiefer unter der Oberfläche gelegen als in der Ebene
dazwischen, wenn auch absolut genommen höher. So lag z. B. am 9. Juni in
einem 61 cm hohen Erdhügel die Auftautiefe in 85 cm, in der Niederung zwischen
den Erdhügeln aber schon in 64 cm Tiefe; absolut genommen befand sich freilich
die Auftautiefe im Erdhügel dann doch noch 40 cm [= 64 — (85 — 61)] über
der in der Niederung. Die Grenzfläche des Auftaubodens macht also die Unebenheiten des Reliefs in abgeschwächtem Maße mit, eine Tatsache, die ja auch
von den Geoisothermen bekannt ist. Wie die Auftautiefe mit der Jahreszeit
wechselt, ergibt sich aus folgenden von Sukatschew angeführten Beobachtungen:

	Hügel		Ebene	
	Auftautiefe	Gefrorene Oberfläche	Auftautiefe	Gefrorene Oberfläche
	cm	cm	cm	cm
6. Juni	55	—	21	—
7. September .	186	—	143	—
26. September .	154	15	118	17

---

[1] Hamberg, A.: Zur Kenntnis der Vorgänge im Erdboden beim Gefrieren und Auftauen usw. Geol. Fören. Förhandl. S. 584 ff. Stockholm 1915.
[2] Polynow, B. B.: Über die Gefrornis im Amurgebiet, S. 44. Semlewedenie 1910.
Zit. von Schostakowitsch: a. a. O., S. 403.
[3] Sukatschew: Zur Frage des Einflusses der Gefrornis im Boden. Bull. Acad. Sci.
St. Petersbourg, 6. Serie 5, 51—60. 1911.

Domratschews im Flußgebiet der Olekma (Transbaikalien) vom 6. Juni bis 26. September 1910.

Ende September war also bereits die oberste Bodenschicht wieder gefroren, während die Auftautiefe noch über 1 m tief lag. Der Frost wächst im Herbst von unten und von oben in den Boden hinein.

Von Bedeutung wird es, wenn die Wärmeleitung der oberen Bodenschichten im winterlichen Frostzustand eine andere ist als im Sommer. Das ist die Regel, wenn der Boden stark durchfeuchtet ist und wenn er etwa aus dicht verfilzten Pflanzenstoffen, Torfmooren, die wasserdurchtränkt sind, besteht. Im Winter ist dann der Boden bzw. die Pflanzenschicht von Eis durchsetzt gefroren und, weil das Eis ein guter Wärmeleiter ist, wird die Winterkälte leicht in die Tiefe geleitet und erniedrigt die Temperatur des Frostbodens. Im Sommer dagegen, wenn der Boden auftaut und später auch durch Verdunstung Wasser verliert und austrocknet, wird er wegen seines Wasser- und Luftgehalts zu einem schlechten Wärmeleiter und hemmt daher das Eindringen der Wärme in die Tiefen, zumal auch die Verdunstung noch Wärme entzieht. So werden die tieferen Bodenschichten mehr Kälte aufspeichern als Wärme empfangen, so daß die Gefrornis unter solchen Verhältnissen in geringerer Tiefe auftritt und eine größere Mächtigkeit erlangen kann. Aus denselben Gründen taut der Boden im Frühling viel langsamer auf, als er im Herbst gefriert. „Auf der Station Bomnak im Amurgebiet, wo die Erde sehr feucht ist, vergingen im Jahre 1910 vom Tage der positiven Lufttemperatur bis zu dem Tage, an dem die Gefrornis bis zu $1^1/_2$ m Tiefe schmolz, 126 Tage. Im Gegensatz dazu verstrichen vom Eintritt der negativen Temperatur im Herbst bis zum Gefrieren des Bodens bis zu 1,5 m Tiefe nur 36 Tage. Daraus geht hervor, daß das Auftauen bis 1,5 m Tiefe volle 90 Tage langsamer vor sich geht als das Gefrieren bis zur gleichen Tiefe[1]."

An anderer Stelle bemerkt Schostakowitsch: „Zweifellos hängt in manchen Gegenden die umfangreiche Ausdehnung der Gefrornis, wenn sie sehr nahe der Oberfläche liegt, hauptsächlich mit dem Vorhandensein einer mächtigen Moosdecke zusammen, so z. B. im Gebiet der ‚Mari‘, d. h. großer morastiger Flächen im Amurgebiet und besonders im Stanowoi-Gebirge im Sommer. In vielen Fällen genügt es, die Moosdecke zu beseitigen, um die Auftautiefe zu senken. In manchen Gegenden kann man dadurch sogar die Gefrornis vollständig beseitigen[2]." Die Beseitigung der Gefrornis durch solche Maßnahmen ist natürlich nur außerhalb ihres polaren Verbreitungsgebietes möglich. In der Arktis und so auch in den Tundren sitzt der Frost zu fest im Boden, um ihn künstlich bannen zu können. Innerhalb Sibiriens gibt es übrigens auch dort, wo die Gefrornis weite Flächen einnimmt, Stellen, an denen das ganze Jahr hindurch der Boden aufgetaut ist trotz der niedrigen Wintertemperaturen und trotz der Anwesenheit von Dauerfrostboden in der Tiefe. Solche Örtlichkeiten „mit ständiger Auftautiefe" bilden aber Ausnahmen, die durch unbekannte Ursachen bedingt sind. Im übrigen ist der „sommerliche Auftauboden" durchaus vorherrschend (vgl. Abb. 2).

Die Bedeutung einer Pflanzendecke für die Lage der oberen Grenze des Eisbodens kommt auch in folgender Erscheinung zum Ausdruck. Wo das unterirdische Grundwasser des Niefrostbodens auf Spalten und Klüften des Dauerfrostbodens nach oben dringt, ohne die Erdoberfläche zu erreichen, da gefriert es unterhalb dieser zu einem mehr oder weniger dicken „Aufeis" (Naledj). Beim weiteren Anwachsen können solche Eisschichten den überlagernden Boden mit seiner Pflanzendecke emporwölben, so daß sich rundliche Hügel bilden, in denen in geringer Tiefe unter der Oberfläche eine Eislinse liegt, die sich nach

---

[1] Schostakowitsch: a. a. O., S. 405. [2] a. a. O., S. 406.

den Seiten hin unterirdisch auskeilt. Der darüber liegende Bodenschutt und die Pflanzendecke (etwa Torfschichten oder Waldboden) schützen das Eis vor dem Schmelzen. Solche Hügel sind besonders im Jakutengebiet verbreitet. Sie können Höhen von mehr als 10 m bei einem Umfang von mehr als 200 m erreichen. Zuerst wurden sie für Grabhügel gehalten, aber beim Aufgraben entdeckte man immer eine Eisschicht. Schostakowitsch gibt eine sehr charakteristische Abbildung von einem solchen Hügel wie auch von Durchbrüchen des Grundwassers wieder. Letztere führen zur Bildung von Eismassen an der Oberfläche und können auch unter Umständen gerade in Wohngebieten auftreten, wo der Boden von oben erwärmt und daher gegen das Heraufdringen von Grundwasser weniger widerstandsfähig ist[1]. Abb. 2 gibt ein schematisches Profil durch die verschiedenen Erscheinungsformen der Gefrornis.

Der Schutz, den lockere Erdschichten für die darunter liegenden Eisschichten bilden, tritt in vielen charakteristischen Erscheinungen zutage, so daß hier noch mit einem Wort darauf eingegangen werden muß. Durch die Auflagerung von losem Aufschüttungsmaterial über Eis, das durch Aufeisablagerungen (Naledj oder Taryn), durch Flüsse, Gletscher oder auch Schnee gebildet wurde, kann das eingedeckte Eis für lange Zeit konserviert, ja sogar fossil gemacht werden. Denn durch die Auflagerungen von Schutt rückt die Auftautiefe und der Dauerfrostboden nach oben, so daß das Eis dem sommerlichen Schmelzprozeß entzogen wird.

So können Schneemassen, die örtlich zusammengeweht sind, wenn sie unter Schutt lagern, verfirnen, oder im Bereich von Flußtälern können Eisschollen, die bei Hochwasser über die Talsohle ausgebreitet und dann durch Flußschotter und Schlamm zugedeckt sind, unter Umständen in den Dauerfrostboden sozusagen aufgenommen werden. Oder das Eis von Gletschern wird unter Moränenschutt der Einwirkung des Auftauens im Sommer mehr oder weniger entzogen. Auch durch Staubablagerungen können Schneemassen der Ablation entzogen werden. Sind die Schuttauflagerungen nachweislich sehr alt, so darf man annehmen, daß die darin enthaltenen verschütteten Eismassen ebenfalls schon lange im Boden liegen.

Man hat solches fossiles Eis vielfach auf den Nordpolarinseln gefunden, so auf Spitzbergen, auf Nowaja Semlja, auf den Neusibirischen Inseln, aber auch auf dem Festland, selbst bis nach Finnland hinab[2]. In diese Kategorie von Eisvorkommnissen gehört auch das sog. Steineis oder Ureis (kamenny oder iskopajemy ljod der Russen). Seine Verbreitung beschränkt sich im wesentlichen auf den äußersten Norden Sibiriens von der Lena bis zur Kolyma-Mündung und die vorgelagerten Neu-Sibirischen Inseln, sowie auf die polare Westküste Alaskas zwischen Point Barrow und dem Kotzebue-Sund[3]. Hier sind von der Kotzebueschen Expedition 1816 an der Eschscholtz-Bai ($66\frac{1}{4}°$ n. Br.) anstehende Eiswände beobachtet und von Chamisso als Gebirgsart bezeichnet worden[4]. Das als solides, etwas unreines Gebilde auftretende Eis ist mit einer mächtigen Tonschicht bedeckt, welche Knochen und sonstige Überreste von Dickhäutern, Pferden und Büffeln umschließt; auch dünne tonige Lagen mit Sphagnum sind vorhanden, und stellenweise wächst darauf hochstämmiger Wald. Ähnliche Eismassen von einer Mächtigkeit bis zu 30 m sind später von Bunge,

---

[1] Siehe auch das Kapitel über den Anteil der Vegetation an der Bodenbildung, S. 72.

[2] Leibiskä: Fossiles Eis in einem fluviglazialen Hügel unweit von Åbo. Z. Gletsch. 8, 209—225 (1914).

[3] Vgl. die Karte der Verbreitung des Steineises und Abbildungen bei W. Köppen und A. Wegener, Die Klimate der geologischen Vorzeit, S. 118 ff. 1924. Dort sind auch nähere Angaben über die russische Literatur zu finden, ebenso in R. Pohle, Pet. Mitt. 1925, 169.

[4] Penck, A.: Die Eismassen der Eschscholtz-Bai. Dtsch. geogr. Blätter 4, 174 (1881). — Suess, Ed.: Antlitz der Erde 2, 616 (1888).

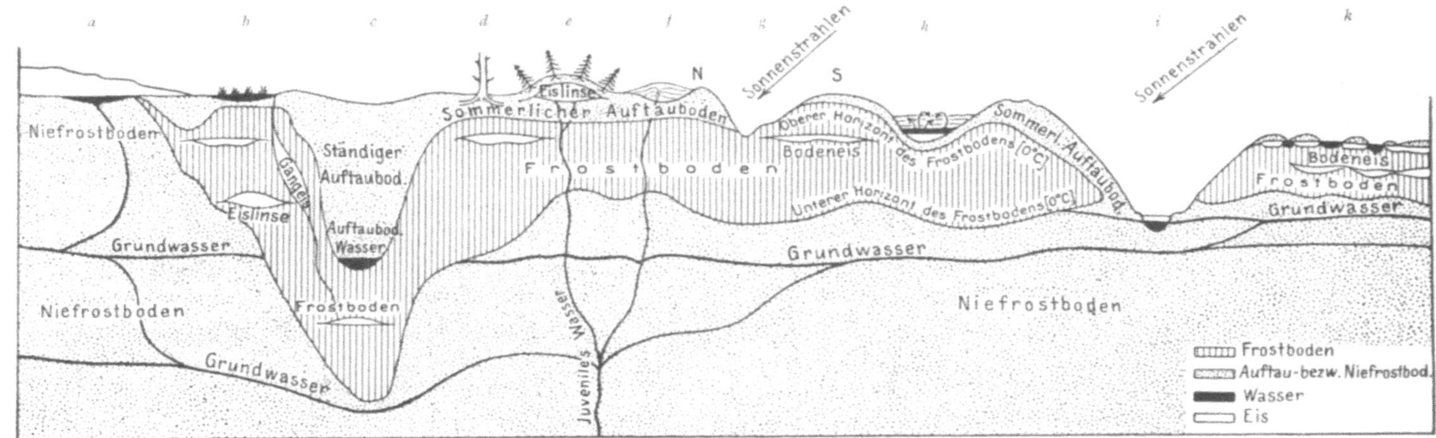

Abb. 2. Schematisiertes ideales Profil für die Erscheinungsarten der Gefrornis (nach Schostakowitsch und Fickeler). (Aus Z. Ges. Erdkde Berlin 1927, 424.)

Erklärung der Buchstaben *a* bis *k*.

a: Quotient (s. S. 35) kleiner als —0,5: kein Frostboden.

b: Torf- oder Moosdecke bzw. feuchter Boden begünstigen Frostboden. Bodeneis aus Wasser oder Schnee bzw. beiden.

c: Taufläche. Sommerliche Auftautiefe im Mittel 6,5 m. Ständige Auftautiefe im Maximum 38 m. Sommer: Auftaubodenwasser; Winter: Auftaubodeneis.

d: Baumwurzeln mit horizontaler Ausbreitung.

e: Quellungshügel. „Unterirdische Naledj" (Eislakkolith).

f: „Taryneis" über einer Quelle.

g: „Frostbodengerinne" mit unsymmetrischem Talprofil.

h: „Auftaubodengerinne bzw. -See". Sommer: Auftaubodenwasser und Niederschläge. Winter: Grundeis mit „Aufeis".

i: „Niefrostbodengerinne bzw. -See". Sommer: Grundwasser und Niederschläge. Winter: Grundwasser unter 0,70—2,35 m dickem Eis (ohne Grundeis).

k: Gewellte Seenlandschaft („Kesselfelder") durch Auftauen entblößter Bodeneisschollen.

v. TOLL u. a.[1] auf der Suche nach fossilen Säugetierresten an der festländischen Nordküste Sibiriens und auf den Neusibirischen Inseln entdeckt. Die Tatsache, daß die fossilen organischen Reste, unter denen sich auch Bestandteile hochstämmiger Birken und Erlen befinden, dem Steineis aufgelagert sind, beweist dessen hohes Alter, um so mehr, als jene Reste, die jünger sind als das Steineis, einer wärmeren Periode als der Jetztzeit angehören. Daß hier das Eis vor dem Abschmelzen bewahrt blieb, verdankt es einerseits der schützenden Decke erdiger Schichten, andererseits den niedrigen Sommertemperaturen, die z. B. auf den Neusibirischen Inseln den Boden nicht tiefer als 15—30 cm zum Auftauen bringen. Eine Schicht von dieser geringen Dicke würde also schon zur Konservierung des Eises ausreichen. Aber die heutige Deckschicht ist weit dicker, und die gefundenen fossilen Zeugen einer abgestorbenen Flora und Fauna liegen nicht im Steineis selbst, sondern im gefrorenen Boden über ihm. Eine geringe Verschlechterung der Sommertemperatur würde die Auftautiefe sozusagen ganz an die Oberfläche bringen, so daß die winterlichen Schneemengen übersommern und die Eisbildung über dem Steineis bzw. über der es bedeckenden Erdschicht wieder erneuern. Aber man hat eher Grund anzunehmen, daß das Steineis wenigstens stellenweise schon gegen seine ursprüngliche Mächtigkeit zusammengeschrumpft ist und vielleicht noch weiter an solchen Stellen, wo es nicht geschützt ist, abnimmt.

Über die Bildungsweise und über die Zeit, wann das Steineis entstanden ist, ist man verschiedener Ansicht. Einige Forscher, wie TOLMATSCHEW[2], POHLE, GRIGORJEW u. a. halten es für verfirntes Schnee-Eis, andere, wie v. TOLL, KÖPPEN[3], für Gletschereis. BUNGE sprach ihm eine sekundäre Entstehung in Bodenspalten zu und verglich es mit dem in Bodenspalten häufig auftretenden Gangeis[4]. Die Frage, ob die Gefrornis in Sibirien überhaupt als eine eiszeitliche Bildung anzusehen ist, die sich unter dem Schutz der Boden- und Pflanzendecke bis in unsere Zeit erhalten hat, oder ob die Gefrornis den heutigen klimatischen Bedingungen entspricht, wird ebenfalls verschieden beurteilt. SCHOSTAKOWITSCH glaubt durch seinen klimatischen Quotienten[5] bewiesen zu haben, daß die Gefrornis ihrer Verbreitung und Mächtigkeit nach aus den heutigen klimatischen Bedingungen zu erklären ist und durch sie erhalten wird. Dagegen wird von SUMGIN die Ansicht vertreten, daß die Gefrornis eine Eiszeitform darstellt, die einem rauheren Klima als dem heutigen ihr Dasein verdankt, daß das sibirische Klima in unserer Zeit allmählich wärmer geworden ist, und daß sich die Gefrornis infolgedessen in langsamem Rückgang befindet[6]. Die gut erhaltenen Mammut- und Nashornleichen usw. beweisen jedenfalls, daß der Boden zur Zeit ihrer Bildung schon gefroren war und von da an bis zur Gegenwart auch gefroren blieb. Die Ansichten hängen daher aufs engste mit der Frage nach dem Klima Sibiriens in der Eiszeit zusammen und können darum hier nicht näher erörtert werden. Nach W. KÖPPEN, der diese Erscheinungen vom Standpunkt der Polverschiebungen behandelt, wäre sogar die Möglichkeit nicht von der Hand zu weisen, daß das Steineis der neusibirischen Inseln nicht nur diluvial ist, sondern schon im mittleren Tertiär (Miozän) und in einer Zeit größerer Polnähe gebildet wurde[7].

---

[1] TOLL, E. v.: Die fossilen Eislager und ihre Beziehungen zu den Mammutleichen. Mém. acad. sc. St. Petersbourg 42, Nr 13 (1895). — Ferner in Sapiski: Russ. Geogr. Ges. 32 (St. Petersburg 1897). — Die russische Polarfahrt der „Sarja" 1900—02. Berlin 1909.

[2] TOLMATSCHEW bei R. POHLE: a. a. O. S. 169.

[3] KÖPPEN, W., u. A. WEGENER: a. a. O.

[4] SCHOSTAKOWITSCH, W. A.: a. a. O. 1927, S. 420. — POHLE, R.: Pet. Mit. 1925, 168.

[5] Siehe oben S. 35.

[6] SUMGIN-ANGER: a.a.O., Pet. Mitt. 1928, 272. — SUMGIN: Z. Ges. Erdkde Berlin 1929, 31 f.

[7] KÖPPEN, W.: Über Änderungen der geographischen Breite und des Klimas in geologischer Zeit. Geogr. Annaler, S. 297f. Stockholm 1920. — KÖPPEN, W., u. A. WEGENER: Klimate der geologischen Vorzeit, S. 115ff. 1924.

Arktische Verwitterungsböden.

Die physikalische Verwitterung.

Die physikalische Verwitterung äußert sich in einer mechanischen Lockerung und Zertrümmerung des Gefüges und weiterhin in einem Zerfall des Gesteins unter dem unmittelbaren oder mittelbaren Einfluß atmosphärischer Agentien. Ist die Lockerung und der Zerfall erst eingeleitet, so potenziert sich die Wirkung der Verwitterung in der Regel insofern, als die Angriffsflächen, die sich ihr bieten, größer werden.

Für die physikalische Verwitterung in polaren Gebieten kommt die Einwirkung von seiten der klimatischen Faktoren besonders deshalb in Betracht, weil bei der spärlichen Vegetation die Erdoberfläche unmittelbar der Verwitterung ausgesetzt ist. Jedoch führt andererseits die lange Dauer der Schneedecke eine nicht unwesentliche Unterbrechung oder Minderung der von der Atmosphäre ausgehenden, die Verwitterung fördernden Wirkungen herbei.

Außer der physikalischen Verwitterung, die eine Zerkleinerung des Bodenmaterials bis zur Bildung feinerdiger Bodenarten bewirken kann, trägt, wie wir sehen werden, auch die chemische Verwitterung bis zu einem gewissen Grade zu diesem Vorgang bei. Wichtiger erscheint aber noch für die Zertrümmerung und Zerreibung des Gesteinsmaterials eine Reihe von Vorgängen, die mit der Verwitterung im engeren Sinne wenig oder nichts zu tun haben, so vor allem die Schuttbewegung auf geneigten Flächen, die Erosion des fließenden Wassers, des Eises, des Windes und des Meeres, womit zugleich eine Umlagerung der entstandenen Trümmerprodukte verbunden ist, die zur Bodenbildung an sekundärer Lagerstätte Veranlassung gibt. Diese Vorgänge sollen hier außer Betracht bleiben oder nur gestreift werden, weil sie an andern Stellen dieses Handbuches behandelt sind[1].

Von den klimatischen Faktoren, die für die physikalische Verwitterung eine Rolle spielen, kommt zunächst der Temperaturwechsel an und unter der Erdoberfläche in Betracht, er bedingt eine starke Beanspruchung des Gefüges der Gesteine, einerlei von welcher Korngröße diese sind. Je häufiger und beträchtlicher die Temperatur in kurzer Zeit schwankt, um so bedeutender muß die Wirkung sein. Temperaturschwankungen werden vor allem durch den periodischen oder unperiodischen Wechsel von Ein- und Ausstrahlung hervorgerufen[2]. In dieser Beziehung ist es gerade in Polargebieten von Bedeutung, daß der Boden an Abhängen durch die direkte Sonnenstrahlung bei günstigen Einfallswinkeln stark erwärmt werden kann. Es kommt vor, daß unter solchen Verhältnissen die Bodenoberfläche Temperaturen aufweist, die um $30-40^0$ und mehr über die Lufttemperatur hinausgehen[3]. Sobald aber die Sonne etwa hinter Wolken oder Bergkämmen verschwindet, sinkt die Temperatur äußerst rasch, weil nun die Ausstrahlung und die Berührung mit der niedrigen Lufttemperatur ihren Einfluß ohne Gegenwirkung geltend machen kann. Da die Sonne in polaren Breiten eine flache und niedrige Bahn zum Horizont beschreibt, wirft sie lange Schatten, die im gebirgigen Lande über die Berghänge fortwandern und den Boden in stetem Wechsel bald der Sonnenwirkung entziehen, bald preisgeben. Dazu kommt, daß der Wechsel der Bewölkung, der Nebelbildung und -Auflösung wenigstens in den küstennahen Gebieten gerade im Sommer groß ist. Die

---

[1] Siehe Bd. 1: Die geologisch wirksamen Kräfte usw., S. 230—320. — Vgl. zum Folgenden auch E. BLANCK: Physikalische Verwitterung, Bd. 2 dieses Handbuches, S. 165—191. 1929.

[2] Siehe S. 28.

[3] DRYGALSKI, E. v.: Grönlandexpedition 1891—93. 1, 33. Berlin 1897.

Exposition der Gehänge nach Süden bedeutet für die Erwärmung des Bodens durch die direkte Sonnenstrahlung so wie in niederen Breiten auch im Polargebiet einen Vorteil. Aber solange die Sonne über dem Horizonte bleibt, ist auch an Abhängen mit nördlicher Exposition die Wärme- und auch die Lichtwirkung nicht unerheblich. Daß diese Verteilung der Sonnenstrahlung über alle Teile des Horizontes auch für die Entwicklung der Pflanzenwelt in höheren Breiten von großer Bedeutung ist, mag hier nur beiläufig in Erinnerung gebracht werden.

Zur Illustration der geschilderten Einflüsse auf die Bodentemperatur kann folgende Beobachtungsreihe, die G. Andersson mitteilt, dienen[1]. „An einem Südabhange der Van-Keulen-Bai im Belsund (Spitzbergen), 50 m über dem Meere, wucherte ein üppiger Pflanzenbestand von 22 verschiedenen Arten. Der aus Lehm bestehende Boden war sehr durchlässig und wurde gleichmäßig und reichlich von dem Schmelzwasser einer höher liegenden gewaltigen Schneewehe berieselt. Am 7. Juli, zwischen $^1/_2$ 12 und $^1/_2$ 1 Uhr mittags, als die Sonne schon 20 Stunden lang von einem im großen und ganzen unbewölkten Himmel herabgeschienen, ergab die Messung der Temperatur folgendes:

Lufttemperatur 1 m über dem Boden . . . . 4,7°C
Temperatur an der Oberfläche (3—5 mm tief) eines Polsters der Silene acaulis . 15,5°C
Temperatur unter den Blättern von nicht in Polstern wachsenden Pflanzen 14,5°C
Temperatur des einige Zentimeter tiefen Wassers zwischen den Polstern 9,9—10,2°C
Temperatur des Bodens in einer Tiefe von 8 cm, wo sich die Hauptmasse der
    Wurzeln befand . . . . 9,3°C
In der Tiefe von 25—30 cm war der Boden gefroren.

Die Temperaturschwankungen wirken in der Weise auf festes Gestein, daß sie eine Ausdehnung und Zusammenziehung der davon betroffenen Gesteinsschichten bewirken. Da nun aber die Temperaturschwankungen an der Oberfläche größer sind als im Innern, so entstehen Spannungen nicht allein in der Umhüllungsfläche, sondern auch in der Richtung senkrecht dazu. So mag es sich erklären, daß in vielen Fällen eine schuppen- oder schalenförmige Abblätterung von Gesteinsschichten auftritt, ein Vorgang, der bei manchen Gesteinen durch deren innere Struktur begünstigt wird. In andern Fällen äußert sich die Auslösung der Spannungen durch Risse und Spalten, die zu Kernsprüngen werden können, durch welche große Gesteinsblöcke in eckige Trümmer zerlegt werden. Auch beim lockeren Boden sind die Temperaturschwankungen nach der Tiefe hin abgestuft. Wie weit sie in den Boden eindringen, hängt einerseits von dem Ausmaß und der Schnelligkeit der Schwankungen, andererseits von der Bodenbeschaffenheit und dem Wassergehalt ab, welch letzterer die Wärmeleitfähigkeit des Bodens sehr wesentlich mitbestimmt.

Um ein Beispiel dafür zu geben, seien die Beobachtungen der Luft- und Bodentemperatur an der Snow-Hill-Station, die an der Ostseite des Grahamlandes in 64° 23′ s. Br., 57° 0′ w. L. von der schwedischen Südpolarexpedition unter O. Nordenskiöld von 1902/03 unterhalten wurde, ausgewählt. Die Messungen der Lufttemperatur wurden in 1,3 m Höhe über dem Boden, der 12 m über dem Meeresspiegel lag, vorgenommen. Die Erdthermometer befanden sich in einem lockeren, wasserdurchtränkten Boden, der im Winter zu einer festen Masse verhärtet, im Sommer aber bis zu einer Maximaltiefe von 50 cm aufgetaut war. Die Messungen der Bodentemperatur wurden in 30, 50 und 100 cm Tiefe vorgenommen. Hier wird nur die absolute Temperaturschwankung für einzelne Monate angegeben, weil diese Werte ausreichen, um die Verschiedenheit der Schwankung in verschiedenen Tiefen zu veranschaulichen.

---

[1] Andersson, Gunnar: Zur Pflanzengeographie der Arktis. Geogr. Z. 8, 6 (1902).

Absolute Temperaturschwankung an der Snow-Hill-Station (C⁰).

1902/03	Luft	30 cm	50 cm	100 cm
Mai	37,4	11,8	7,1	4,4
August	42,5	14,6	9,1	4,0
November.	22,0	10,1	8,4	5,8
Februar	11,3	3,5	0,6	0,3

Man sieht sehr deutlich die Abstufung der Temperaturschwankungen nach der Tiefe hin; im kältesten Monat August beträgt sie in 1 m Tiefe nur $^1/_{10}$, im wärmsten Monat Februar sogar nur etwa $^1/_{40}$ der Schwankung der Lufttemperatur. Wenn Beobachtungen auch von der Bodenoberfläche vorlägen, würde der Gegensatz noch größer werden. Übrigens erreichte die Temperatur im Hochsommer (Januar und Februar) in 50 cm gerade den Gefrierpunkt. So weit reichte die Schicht des aufgetauten Bodens, darunter befand sich der Dauerfrostboden[1] (vgl. auch die Tab. S. 50).

Außer den Temperaturschwankungen kommen auch Feuchtigkeitsschwankungen für die mechanische Verwitterung in Betracht, in welchem Maße, das richtet sich nach der Wasseraufnahmefähigkeit und Absorption des Gesteins oder Bodens. Bei abwechselnder Befeuchtung durch Schneeschmelzwasser, im Sommer auch durch Regen einerseits und durch Austrocknung, Erwärmung und Wind, besonders im Sommer, andererseits, gewinnen die Feuchtigkeitsschwankungen namentlich im lockeren Boden einen sichtbaren Ausdruck. Denn die Bildung von polygonalen Rissen im erdigen Boden kann wenigstens z. T. wie in unseren niederen Breiten der Austrocknung des Bodens zugeschrieben werden. Zum andern Teil aber sind solche Risse die Folgen tiefer Frosttemperaturen, die den eishaltigen Boden zusammenziehen. TH. TORODDSEN erwähnt aus Island, daß bei der Entstehung solcher Risse häufig knallartige Geräusche zu hören sind[2]. Daß auch der Wechsel von Tauen und Frieren im Boden ähnliche Folgen haben kann, wird in dem Kapitel über Strukturformen arktischer Böden erörtert werden.

Die Wirkung des Temperaturwechsels auf den Gesteinszerfall wird gemildert, solange der Boden mit Schnee bedeckt ist, weil dieser wegen seines Luftgehalts ein sehr schlechter Wärmeleiter ist. Die gerade in der kälteren Jahreszeit sehr starken Temperaturschwankungen machen sich daher nur örtlich an solchen Stellen bemerkbar, wo der Boden durch den Wind oder besondere orographische Verhältnisse, etwa an Steilabfällen und Felswänden, schneefrei bleibt. Hier werden die Schwankungen aber um so wirksamer, weil der Wind den Boden von feinerem Verwitterungsmaterial säubert und so für die Verwitterung immer neue Angriffsflächen schafft. Nach einer Untersuchung H. MORTENSENS über die klimatischen Verhältnisse des Eisfjords hat es übrigens den Anschein, daß dort wie auch wohl an anderen Stellen der nordischen Inseln die Hauptniederschläge erst in der zweiten Hälfte des Winters fallen, so daß die Frostwirkung der größeren Temperaturschwankungen im Herbst und Frühwinter in größerer Stärke stattfinden kann[3].

Da der Boden in den niedrigeren Lagen längere Zeit als in den höheren schneefrei bleibt, so ist es wahrscheinlich, daß die Temperaturschwankungen

---

[1] BODMAN, W.: Ergebnisse der schwedischen Südpolarexpedition 1901/03, II 2, 302—343; II 4, 37, 65/66 u. Tafel 9. Stockholm. — Vgl. auch die Temperaturamplituden in der Luft und im Boden nach den Tabellen von Treurenberg-Bai und Ssagastyr oben auf S. 29 u. 31.
[2] TORODDSEN, TH.: Polygonboden und „thufur" auf Island. Pet. Mitt. 59 II, 253 (1913).
[3] MORTENSEN, H.: Über die klimatischen Verhältnisse des Eisfjordgebietes. Chem. d. Erde 3, 630 (1928).

dort eine größere Rolle spielen, als hier. Mit der Annäherung an die höheren
Lagen und an die Schneegrenze muß der Einfluß der Temperaturschwankungen
ausklingen, bis er unter der dauernden Schnee- und Eisdecke mehr oder weniger
verschwindet. Daß für die Erscheinung des Spaltenfrostes andere Bedingungen
herrschen, wird sogleich zu erörtern sein.

Ähnlich wie die Schneedecke schützt die Vegetation den Boden vor
stärkeren Temperaturwechseln. Dies gilt nicht nur dort, wo eine geschlossene
Pflanzendecke vorhanden ist, sondern sogar für einzelne Polsterpflanzen,
deren vegetative Organe oft in geschützter Lage dem Einfluß der Temperaturschwankungen und der Windwirkung entzogen sind. Auch dort, wo auf ebenem
Gelände in der Tundra Moore und Torflager vorhanden sind, wird der darunterliegende Boden, ja auch schon die tiefere Lage der Pflanzenschicht selbst vor
Temperaturschwankungen größeren Stils bewahrt. J. Frödin ist der Ansicht,
daß ,,eine geschlossene Pflanzendecke einen geradezu ebenso großen wärme-
isolierenden Einfluß ausüben kann, wie eine Schneedecke von derselben Dicke[1].
An den Stellen einer derartigen Torf- oder Pflanzendecke, die dünner oder besser
wärmeleitend sind, als ihre Umgebung, dringt der Frost früher in den darunterliegenden Lehm ein." Dies gibt dann, wenn der Boden stark wasserhaltig ist
und gefriert, Veranlassung zu örtlichen Aufwölbungen des Bodens (Lehmhügel u. dgl. s. Kap. Vegetation und Bodenbildung, S. 72).

Für die physikalische Verwitterung sind solche Temperaturschwankungen
besonders wichtig, die um den Gefrierpunkt stattfinden, und daher ein abwech-
selndes Frieren und Tauen der im Gestein oder Boden enthaltenen Feuchtigkeit
bewirken. Durch die etwa 9—10% betragende Volumvermehrung beim Übergang vom flüssigen zum festen Zustand des Wassers werden die mit ihm erfüllten Poren, Fugen, Risse, Spalten und Klüfte im Gestein und lockeren Boden
erweitert[2]. Dieser als Spaltenfrost bekannte Vorgang muß naturgemäß im
Einzelfall erheblichere Wirkungen aufweisen, als die Temperaturschwankungen,
die sich ganz über oder ganz unter dem Gefrierpunkt halten. Denn bei diesen
tritt nur der geringe Ausdehnungskoeffizient der Gesteine und des vorhandenen
Wassers oder Eises in Kraft. So ist im Einzelfall die Zusammenziehung des
Eises bei weiterer Abkühlung mit der Volumenveränderung beim Gefrieren verglichen ohne wesentliche Bedeutung. Trotzdem ist zu bedenken, daß besonders
im Winter, wenn der Boden durch und durch gefroren ist und aus einer eis-
zementierten Masse besteht, große unperiodische Temperaturschwankungen sehr
häufig darauf einwirken und in größere Tiefen hinein wirksam werden können
als der Spaltenfrost, der sich auf die oberen Schichten des Bodens, nämlich
nur so weit, wie er auftaut, beschränkt. Da solche Temperaturschwankungen
weit häufiger als die Schwankungen um den Gefrierpunkt stattfinden, so können
jene mit der Zeit wohl eine größere Wirkung auf die Zerstörung des Gesteins
und der Bodenbestandteile hervorrufen, als der Spaltenfrost. Auf diesen Umstand weist u. a. Mortensen besonders hin und schließt mit den Worten: ,,Jede
einzelne Bodenschicht ist also im absoluten Zeitmaß dem Einfluß der unter 0°
vor sich gehenden Temperaturschwankungen viel, viel länger ausgesetzt als
der Regelation[3]." Immerhin ist zu bedenken, daß kurzzeitige Schwankungen
sich nicht tief in den Boden hinein fortpflanzen.

---

[1] Frödin, J.: Über das Verhältnis zwischen Vegetation und Erdfließen in den alpinen
Regionen des schwedischen Lapplands. Meddelanden Lunds Univ. Geograf. Instit. Ser. A,
Nr 2, S. 25. Lund 1918. Zugleich Lunds Univ. Årsskr., N. F. Avd. 2, 14, Nr 24.
[2] Vgl. Bd. 1 dieses Handbuchs, S. 188f. und Bd. 2, S. 174f.
[3] Mortensen: a. a. O., S. 628. — Vgl. u. a. auch W. Salomon: Die Spitzbergenfahrt
des Internationalen Geologischen Kongresses. Geol. Rundsch. 1, 307 (1910).

Der Spaltenfrost ist seiner Natur nach in den Polargebieten sehr stark an die jährliche Temperaturperiode gebunden. In der kälteren Jahreszeit und auch noch im Frühling, wenn der Schnee am höchsten liegt, sind Temperaturschwankungen um 0^0 im Boden ausgeschlossen. Erst wenn die Sonnenstrahlung im Frühling die dünner gewordene Schneedecke durchdringt, kann der Tauprozeß zunächst in der obersten Bodenschicht beginnen. Dann wird sich auch die Wirkung des Spaltenfrostes, die schon beim Gefrieren im voraufgehenden Herbst eintrat, bei der Lösung des Wassers und der damit verbundenen Volumverminderung bemerkbar machen, ähnlich wie die unliebsamen Wirkungen des Frostes in Wasserleitungen erst dann hervortreten, wenn das Eis schmilzt und die latenten Wunden, die durch den Frost gerissen sind, aufklaffen. Auf geneigten, exponierten Gehängen kann der Tauprozeß schon zu einer Zeit auftreten, wenn die Lufttemperatur noch weit unter 0^0 liegt. Mit fortschreitender Jahreszeit und mit wachsender Durchwärmung der obersten Bodenschichten werden diese dem Wechsel von Tauen und Frieren mehr und mehr entzogen. Aber nun wird dieser Vorgang in die tieferen Schichten fortschreiten, bis schließlich im Spätsommer die Tiefe erreicht ist, in der der Boden überhaupt nicht mehr auftaut und daher die Erscheinung des Spaltenfrostes ihr Ende findet. Die Tiefe der Schicht, die den Auftauboden nach unten begrenzt, ist von örtlichen Bedingungen stark abhängig. In Spitzbergen beträgt sie etwa $1/_2$—$1\,1/_2$ m[1]. A. HAMBERG macht darauf aufmerksam, daß in der unmittelbaren Nähe der frierenden oder schmelzenden Bodenschicht eine Temperatursenkung oder -steigerung wegen der Änderung des Aggregatzustandes und der dabei frei oder latent werdenden Schmelzwärme langsam fortschreitet, während sich dieselbe oberhalb und unterhalb der Schicht sowie in eingeschlossenen Steinen verhältnismäßig schnell fortpflanzt[2].

Im Herbst wird mit sinkender Temperatur der umgekehrte Vorgang eintreten, doch wird dann der Wechsel von Frost und Tauen bereits auch an der Oberfläche auftreten, wenn noch in der Tiefe unterhalb der im Sommer aufgetauten Schicht der Gefrierprozeß allmählich nach oben hin fortschreitet[3]. Somit scheint der Spätsommer und Herbst die günstigste Zeit für die Wirkung des Spaltenfrostes zu sein. Von verschiedenen Forschern wird berichtet, daß sich im Herbst unter der schon gefrorenen Oberflächenschicht durch blasenartiges Auftreiben der letzteren beim Gefrieren Hohlräume darunter bilden können, die beim Auftreten ein dumpfes Geräusch verursachen[4]. B. HÖGBOM hat in den ersten Frosttagen eines Herbstes „zugestürzte leere Höhlungen“ gefunden, „die aber nicht durch Auftauen, sondern durch Frieren der oberen Bodenschichten entstanden waren. Man bekam den Eindruck, daß die gefrorene Schicht durch ihre Volumenzunahme wie blasenartig aufgetrieben war. Es kommt übrigens im Vorwinter recht allgemein vor, daß der Boden einen hohlen Laut gibt, der auf derartige Aufblähungen deutet[5].“

Untersuchungen darüber, wie oft die Temperatur der Luft und des Bodens im Laufe des Jahres und der einzelnen Monate um den Gefrierpunkt schwankt, sind leider nur in sehr beschränkter Zahl gemacht worden. In der nachfolgenden Tabelle sind die Anzahl der Tage für einige Stationen zusammengestellt, deren Beobachtungen in dieser Richtung ausgewertet worden sind, wobei die inter-

---

[1] Siehe auch das Kapitel über den Frostboden S. 35.

[2] HAMBERG, A.: Zur Kenntnis der Vorgänge im Erdboden beim Gefrieren und Auftauen usw. Geol. Fören. Förh. **37**, 586. Stockholm 1915.

[3] Siehe oben S. 40.

[4] HAMBERG, A.: a. a. O., S. 603.

[5] HÖGBOM, B.: Über die geologische Bedeutung des Frostes. Bull. Geol. Inst. Upsala **12**, 305f. (1914). Diese Abhandlung ist für die Beurteilung der geschilderten Vorgänge besonders beachtenswert.

national vereinbarte Klassifizierung der Tage mit und ohne Frost gewählt worden ist. Frosttage sind solche, an denen das Temperaturminimum, gemessen am Extremthermometer, $< 0^0$ ist. Von diesen Tagen werden solche als Eistage bezeichnet, an denen auch das Temperaturmaximum unter 0^0 liegt, den ganzen Tag also Frost herrscht. Die Differenz der Zahl der Frost- und der Eistage ergibt dann die Tage, an denen die Temperatur zeitweise über und zeitweise unter 0^0 lag, an denen also ein Wechsel von Frost zum Tauen oder umgekehrt oder auch beides einmal oder mehrmals stattgefunden hat. Somit gibt dieser Unterschied die Frostwechseltage an. Es bleibt dann noch eine vierte Gruppe von Tagen übrig, an denen überhaupt kein Frost herrschte: frostfreie Tage.

	Frosttage	Eistage	Frostwechsel-tage	Frostfreie Tage
Framtrift	358	297	61	7
Green Harbour (Luft)	274	215	59	91
Gauß-Station (Luft)	364	311	53	1
Kerguelen (Luft)	140	20	120	225
Boden, Oberfläche	248	10	238	117
,, in 5 cm Tiefe	0	0	0	365
Snow Hill (Luft)	364	266	98	1
Boden in 30 cm Tiefe . . .	298	280	18	67
,, in 50 cm Tiefe . . .	363	356	7	2
,, in 100 cm Tiefe . . .	365	365	0	0

Framtrift (Mittlere Position)[1]	1894—96	82^0 40′ n. Br.	89^0 11′ ö. L.	H.	1,2 m
Green Harbour[2]	1912—26	78^0 2′ n. Br.	14^0 4′ ö. L.	H.	7,0 m
Gauß-Station[3]	1902—03	66^0 2′ s. Br.	89^0 38′ ö. L.	H.	2,0 m
Kerguelen[4]	1902—03	49^0 25′ s. Br.	69^0 53′ ö. L.	H.	16,0 m
Snow Hill[5]	1902—03	64^0 22′ s. Br.	57^0 0′ w. L.	H.	12,0 m

Auf folgende Tatsachen in der Tabelle sei besonders hingewiesen. Die Framtrift, die sich nördlich von 80^0 n. Br. abspielte, gab zum ersten Male Aufschluß über die polnahen Gebiete des nördlichen Eismeers. Die Lufttemperatur ging dort noch an 68 Tagen des Jahres über 0^0 hinaus und blieb sogar 7 Tage ganz über 0^0. Im Gegensatz dazu mag die „Gauß-Station" als Beispiel für die enorme Kälte des Südpolargebietes gelten. Ihre Beobachtungen unter dem südlichen Polarkreis ergeben, daß die Zahl der Frost- und auch der Eistage dort größer ist, als in der Nähe des Nordpols, und daß nur ein frostfreier Tag vorkam.

Green Harbour gibt die Verhältnisse für Spitzbergen wieder. Die Zahl der Frosttage machte hier insgesamt 9 Monate aus, Frostwechsel findet durchschnittlich an 59 Tagen statt, d. h. ebenso oft wie auf der Framtrift. H. Mortensen hat noch eine besondere Untersuchung über den Wechsel von Frost und Tauen durchgeführt, die die gewöhnlichen Angaben ergänzen kann[6].

Die Werte für die schwedische Snow Hill-Station sind von besonderem Interesse, weil dort auch der Frostwechsel im Boden selbst untersucht werden konnte, wie schon oben bei der Erörterung der Temperaturschwankungen bemerkt wurde (s. S. 47). Es zeigt sich folgendes: Die Zahl der Frosttage ist in 30 cm Tiefe geringer als die der Luftfrosttage (298 gegen 364), dagegen verhält es sich mit der Zahl der Eistage umgekehrt (280 gegen 266). Daraus folgt, wie die Tabelle

[1] Mohn, H.: Meteorology. Scient. Res. North Polar Exp. 1893—96, 6, 483.
[2] Mortensen, H.: a. a. O., S. 617 und 625.
[3] Meinardus, W.: Meteorologische Ergebnisse der Winterstation des „Gauß" 1902/03. Dtsch. Südp.-Exp. 1901/03, III 1, 71. Berlin 1911.
[4] Meinardus, W.: Meteorologische Ergebnisse der Kerguelen-Station 1902/03. Ebenda III 1, 370, 432. Berlin 1923.
[5] Bodman, G.: Ergebn. d. schwed. Südp.-Exp. 1901/03, II 2, 302—343; II 4, 37.
[6] Mortensen, H.: a. a. O., S. 624 f.

zeigt, eine weit größere Zahl von Frostwechseltagen in der Luft als im Boden in 30 cm Tiefe (98 gegen 18!). Es folgt aber ferner daraus, daß im Boden in 30 cm die frostfreie Zeit mit 67 Tagen des Jahres auffallend groß ist, sowohl gegenüber der Luft als auch den tieferen Schichten des Bodens. Hieraus darf man den wichtigen Schluß ziehen, daß der Übergang vom winterlichen Zustand der Gefrorenheit des Bodens zum sommerlichen Tauzustand und umgekehrt so rasch vor sich geht, daß nur an 18 Tagen die Temperatur um den Gefrierpunkt schwankt. Wenn man dies verallgemeinern darf, so heißt das nichts anderes, als daß Spaltenfrostwirkungen im Boden schon in geringer Tiefe selten auftreten, da hier der Boden im Sommer über 0° warm ist. In den tieferen Schichten an der Snow Hill-Station nimmt die Möglichkeit zu Spaltenfrostbildungen sehr rasch ab: in 50 cm Tiefe traten sieben, in 100 cm keine Tage mit Frostwechsel ein. Bemerkenswert ist, daß in dieser Tiefen bereits frostfreie Tage nicht mehr vorkommen.

Auf der Insel Kerguelen, die in der Westwindzone der südlichen Halbkugel gelegen ist, herrschen Verhältnisse, die nach Ausweis der Tabellenwerte wesentlich andere sind als in den Polargebieten. Und doch zeigen sich selbst in dieser niedrigen Breite ($49^1/_2°$) hinsichtlich der Frosttemperaturen des Bodens noch Anklänge an das polare Klima. Denn nicht weniger als 248 Bodenfrosttage sind an der Bodenoberfläche während des Beobachtungsjahres 1902—03 gemessen worden. Von diesen waren allerdings nur 10 Eistage. Aber gerade daraus ergibt sich, daß die Zahl der Frostwechseltage mit 238 ganz exorbitant groß war und daß somit die Gelegenheit zu Spaltenfrosterscheinungen dort bei weitem günstiger liegen als irgendwo in den Polargebieten! In der Tat geht auch aus den Beobachtungen der Naturverhältnisse auf Kerguelen diese Tatsache sehr deutlich hervor. E. WERTH hat darüber ausführlich berichtet und nachgewiesen[1], daß dort eine sehr starke Zertrümmerung des Felsgesteins durch mechanische Verwitterung stattfindet. Da die Temperaturschwankungen an sich in dem ozeanischen Klima Kerguelens sehr gering sind, so können diese allein für den Verwitterungsvorgang nur wenig in Betracht kommen. Es ist eben der Spaltenfrost, der hier das ganze Jahr hindurch seine Wirkung ausübt, selbst im Sommer kann er mindestens jeden vierten Tag auftreten (23 Tage Frostwechsel an der Bodenoberfläche!).

Aber der grundsätzliche Unterschied des Kerguelen- und Polarklimas gibt sich darin zu erkennen, daß dort bereits in 5 cm Tiefe überhaupt kein Frost mehr auftritt und also auch kein Dauerfrostboden vorhanden ist. Man kann sich denken, daß sich die Spaltenfrostwirkung, zu der an der Bodenoberfläche an 238 Tagen, in 5 cm Tiefe aber an keinem einzigen Tage Gelegenheit gegeben ist, um so konzentrierter in der obersten Bodenschicht durchsetzt. WERTH beschreibt die Verwitterungserscheinungen, die dadurch entstehen, wie z. B. außer dem Zerfall der Gesteine die Bildung von „Ausfrierlöchern" an der Oberfläche von Felsen und Blöcken, die zeitweise mit Wasser gefüllt sind, das durch den Wechsel von Frieren und Tauen zur Bildung und Vergrößerung der Schalen und Höhlungen beiträgt. Dieser Vorgang wird noch dadurch befördert, daß der Wind das losgesprengte Material aus den Löchern entfernt und dadurch ihre Wandungen weiteren Verwitterungseinflüssen preisgegeben werden.

Übrigens wird die Bildung von Verwitterungslöchern auch aus den polaren Gebieten selbst geschildert. So beschreibt z. B. E. PHILIPPI eine „Bienenwabenstruktur" an den kristallinischen Schiefern, den Graniten und Gneisen der älteren erratischen Blöcke, die auf dem Gaußberg am Rande des Inlandeises südlich von der Gauß-Station vermutlich in der Diluvialzeit abgelagert sind[2].

---

[1] WERTH, E.: Aufbau und Gestaltung von Kerguelen. Dtsch. Südp.-Exp. 1901/03, II, 170f.
[2] PHILIPPI, E.: Geologische Beschreibung des Gaußbergs. Dtsch. Südp.-Exp. II, 58 (1906).

Auch aus dem Nordpolargebiet liegen Beobachtungen vor, die eine solche löchrige Zerstörung des Gesteins anzeigen. B. Högbom hat solche Vorkommnisse in Spitzbergen beschrieben und abgebildet[1], ist aber der Ansicht, daß die Frostverwitterung ohne Zutritt von Salzlösungen solche Verwitterungsformen kaum hervorbringen könne. Auf die Salzbildungen wird an einer späteren Stelle eingegangen (S. 58 u. 66 f.).

Diese Betrachtung leitet zu der Frage hinüber, in welcher Weise die physikalische Verwitterung, mag sie nun vorwiegend durch Temperaturschwankungen oder durch Spaltenfrost bedingt sein, auf die verschiedenen Gesteine einwirkt. Von vornherein ist anzunehmen, daß unter sonst gleichen Bedingungen der Ablauf der Verwitterung sehr wesentlich von der Beschaffenheit und Struktur des Gesteins oder Lockerbodens abhängig ist. Da sich die Verwitterungserscheinungen im lockeren Boden nur in abgeschwächtem Maße geltend machen können, so soll hier hauptsächlich von dem Verhalten des festen Gesteins die Rede sein, einerlei ob es als anstehender Fels oder in mehr oder weniger großen Blöcken der Verwitterung preisgegeben ist. Die Porosität und die davon abhängige Hygroskopizität sowie die Durchlässigkeit des geklüfteten Gesteins ist in polaren Breiten von besonderer Bedeutung, weil davon die Wasseraufnahme und also auch die Spaltenfrostwirkung abhängig ist. Geschichtete und poröse Gesteine sind deshalb dem Zerfall am meisten ausgesetzt. So sind Schiefer und plattige Sandsteine oft in Scherben zersprungen, die weite Flächen bedecken können. Bei Kalkstein, Dolomit und Quarzit sind feine Risse oder Kluftsysteme die Ausgangsstellen für die Frostverwitterung. Bei den geschichteten Gesteinen werden tektonische Störungen der Lagerung von Bedeutung, wenn die Schichtköpfe frei ausstreichen und das Wasser dann um so leichter in die Schichtfugen eindringen kann. Auffallend ist, daß Gipse sich im polaren Klima gegen die mechanische Verwitterung besonders widerstandsfähig erweisen, und wo sie an Abhängen ausstreichen, als Leisten hervortreten. Diese Erscheinung ist gewiß nur dadurch zu begründen, daß die Löslichkeit des Gipses bei den niedrigen Temperaturen und der absolut trockenen Luft gering ist.

Bei den Eruptivgesteinen kommen die Strukturverhältnisse (Farbe, Beschaffenheit, Größe der Mineralbestandteile) für die Wirkung der physikalischen Verwitterung wesentlich in Betracht. Um einige Beispiele anzuführen, erwähne ich die Beobachtung von B. Högbom[2] an einer aus Diabas bestehenden Felsfläche. Sie war durch Frostwirkung in ein unregelmäßiges Feld von zerbrochenen Gesteinstafeln zerlegt. Die Tafeln waren dann z. T. hochgehoben und dabei gegeneinander verschoben. Die Hebung der Tafeln ist, wie Högbom näher ausführt, durch den Wechsel von Frieren und Tauen des eingedrungenen Kluftwassers erfolgt, ähnlich wie auch das Auffrieren von Blöcken in lockerem Boden eine häufige Erscheinung im Gebiet des Frostbodens ist.

Über die Gneisverwitterung hat unter anderen E. v. Drygalski in Grönland Beobachtungen gemacht, die den Vorgang an einem archäischen Gestein veranschaulichen können[3]. Er unterscheidet vier Verwitterungsformen des Gneises, die für die Gestaltung der Oberfläche bestimmend sind: 1. die Zerteilung des anstehenden Felsgesteins in große quaderförmige Blöcke durch drei sich schneidende Kluftsysteme, die in der polygonalen Struktur des Gneises begründet sind, 2. das Abplatzen tafelförmiger Platten oder Schalen von 2—20 cm

---

[1] Högbom, B.: Wüstenerscheinungen auf Spitzbergen. Bull. Geol. Inst. Upsala 11, 249 f. (1912).

[2] Högbom, B.: Die geologische Bedeutung des Frostes. Bull. Geol. Inst. Upsala 12, 274 (1914).

[3] Drygalski, E. v.: Grönlandexpedition 1892/93, I, 31—35.

Stärke, 3. die Abschälung einer obersten, wie poliert aussehenden, wenige Millimeter dünnen Haut, die man leicht mit der Hand abnehmen und zerbröckeln kann, 4. die Zersetzung der anstehenden Felsen zu Grus (Zersetzung vielleicht durch den Gehalt an Schwefelkies). Die zweite, vielleicht auch die dritte Verwitterungsform wird auf die Spannungen zurückgeführt, die sich durch die starken Abstufungen der Temperaturschwankungen von der Felsoberfläche nach dem Innern des Gesteins ergeben müssen. Die unperiodischen Temperaturschwankungen sind hier besonders im Winter groß. Wo der Felsboden aus L a v a besteht, bilden sich häufig Sprünge längs der Kluftsysteme, die durch die innere Struktur der Lava bedingt sind. Durch das Absprengen und Herabstürzen größerer Blöcke entstehen dann die gerade für Lavagestein charakteristischen Steilwände, an deren Fuß sich das abgesprengte Material zu Schutthalden sammelt, so z. B. auf Island und auf Kerguelen.

Daß der Spaltenfrost, wenn erst die Zerklüftung durch ihn selbst oder durch Temperaturschwankungen in den oberen Gesteinschichten eingesetzt hat, auch in größere Tiefen hinein wirksam werden und eine Aufspaltung herbeiführen kann, wird durch viele Beobachtungen bezeugt. Högbom hat im nördlichen Schweden bei Hornträsk einen Quarzitfels gefunden, der buckelförmig aufragt und von 5—8 m tiefen, weit klaffenden Spalten durchzogen ist, die sich vorzugsweise den steilstehenden Schichtflächen angepaßt haben. Der Fels ist von allen Seiten her stark angegriffen, „große Stücke sind abgespaltet und mehr oder weniger umgekippt oder herabgesunken und gehen in dem saumartig umgebenden flachen Trümmerfeld ihrem Untergang entgegen". Auch bei diesem Vorkommnis sind die losgespaltenen Felsstücke mehr oder weniger vertikal verschoben, wie man an der noch erhaltenen rundgeschliffenen Oberfläche sehr deutlich bemerken kann. Högbom ist der Ansicht, daß diese Verschiebungen nur durch tiefliegende Frostwirkungen erklärlich sind, und daß wahrscheinlich unten im Feuchtigkeitsniveau des Felsens die Frostsprengung viel weiter gegangen ist als in den oberen Teilen[1].

Der Zerfall der Gesteine geschieht unter dem Einfluß der physikalischen Verwitterung in der Regel in Form von eckigen, scharfkantigen Blöcken und Scherben. Jedoch kommen auch abgerundete Formen vor, wenn das Gestein seiner inneren Struktur nach rundliche Absonderungsformen begünstigt. Im übrigen ist die Wahrnehmung, daß eckige Gesteintrümmer in den polaren Gebieten durchaus vorherrschen, ein Beweis dafür, daß die chemische Verwitterung nur eine sehr untergeordnete Rolle spielen kann. Denn diese greift naturgemäß an den Ecken und Kanten am meisten an. Daß beim Transport von Verwitterungsmaterial aus den eckigen, scharfkantigen Trümmern abgerundete Formen hervorgehen können, versteht sich von selbst.

Es wurde schon bemerkt, daß, wenn die Frostverwitterung erst wirksam eingeleitet ist, sie rascher in den Kern des Gesteins eindringt, weil nun einerseits das Eindringen von Wasser in die gebildeten Klüfte erleichtert ist, und andererseits die Angriffsflächen für die Frostwirkung vermehrt sind. So erklärt es sich auch, daß isoliert auf dem Boden liegende Blöcke sehr stark von den Seiten her angegriffen werden. Die abgesprengten Teile sammeln sich dann rings um jeden Block zu einem Haufwerk von Bruchstücken an und können schließlich nach oben anwachsend den noch unversehrten Teil unter sich begraben. Auf der Blomstrand-Halbinsel hat der Verfasser erratische Blöcke, die auf der von diluvialen Gletschern abgeschliffenen Kalksteinplatte lagen, in verschiedenen Stadien der Zerstörung vorgefunden; einige bildeten nur noch ein loses Haufwerk von Schutt, andere waren schon zu feinerem Grus zerfallen, der sich in der

---

[1] Högbom, B.: Beobachtungen aus Nordschweden über den Frost als geologischer Faktor. Bull. Geol. Inst. Upsala **20**, 278 f. (1925—27).

Form des Strukturbodens kreisförmig um rot gefärbte feinerdige Rückstände der Verwitterung geordnet hatte. Auch die „Pierres rémarquables" an der Möllerbucht, die auf dem Prinz-Olaf-Vorland liegen, zeigen die erwähnten Spuren starker Zerklüftung und Abwitterung[1].

Nicht immer wird sich der Ablauf der Verwitterungserscheinungen, der zur vollständigen Zerstörung und Aufbereitung des Felsgesteins zu mehr oder weniger feinkörnigem Verwitterungsschutt führt, ungestört vollziehen. Nur auf nicht geneigtem, ebenem oder flachem Gelände bleiben die Verwitterungsprodukte, wie sie an Ort und Stelle gebildet sind, erhalten. Und selbst dieser Verwitterungsboden in situ erfährt häufig einen Materialverlust dadurch, daß Schmelzwasser oder Regenwasser die feinsten Bestandteile nach irgendeiner Richtung entführt oder daß der Wind sie davonträgt. Hierüber wird noch an einer späteren Stelle Näheres auszuführen sein. Es bildet sich unter solchen Einflüssen ein Verwitterungsrückstand, der meistens aus gröberen Gesteinsteilen besteht, die mehr oder weniger lose übereinanderliegen. So beobachtet man auf den Höhen oberhalb der Adventbai in Spitzbergen ein weites Scherbenfeld, das aus den Schichten des tertiären Sandsteins ausgewittert ist.

Wo der Boden geneigt ist, wird der Verwitterungsschutt durch die Wirkung der Schwerkraft abwärts geführt, ein Vorgang, der sich gerade in den Polargebieten in der charakteristischen Form des Erdfließens abspielt, worauf hier nicht weiter eingegangen wird. An geneigten Gehängen wird auch die spülende Wirkung des Schmelzwassers namentlich unterhalb der Schneegrenze ansetzen und die feinsten Bodenbestandteile aus dem Verwitterungsschutt abwärts führen. Wo sich das Schmelzwasser zu Bächen und Flüssen sammelt, wird der Transport verstärkt, ebenso dort, wo Gletscherbäche unter und vor den Gletschern im Sommer eine stärkere Wassermenge führen. Dort, wo eine Ablagerung der durch Erdfließen, Wasser und Eisbewegung oder durch den Wind herbeigeschafften Bodenmassen stattfindet, beschränkt sich die physikalische Verwitterung naturgemäß darauf, dieses allochthone Material weiter zu zerkleinern, während die von ihm entblößten Stellen der Verwitterung neue Angriffsflächen bieten[2].

<h2 style="text-align:center">Die chemische Verwitterung.</h2>

Nach den in der Arktis herrschenden klimatischen Verhältnissen ist von vornherein kaum zu erwarten, daß die chemische Verwitterung der Gesteine und ihres Detritus einen so beträchtlichen Grad erlangen kann, wie es in den humiden Gebieten der gemäßigten und tropischen Zone der Fall ist. Man hat sogar bis vor kurzem in Zweifel gezogen, ob überhaupt die Gesteinsverwitterung und die Bodenbildung in arktischen Gebieten in nennenswerter Weise durch chemische Vorgänge beeinflußt wird. Die Anzeichen der physikalischen Verwitterung traten den Erforschern polarer Gebiete mit so überwältigender Klarheit entgegen, daß sie den etwaigen Spuren der chemischen Verwitterung keine sonderliche Beachtung schenkten. Eine ähnliche Auffassung hatte man auch in den ariden Gebieten der niederen Breiten gewonnen, wo ebenfalls die mechanische Zertrümmerung und der Zerfall der Gesteine zu Grus und Sand das hervorstechendste Merkmal der Kleinformen des Bodenreliefs darstellt. Erst eingehendere Untersuchungen über die Beschaffenheit des Gesteins haben hier wie dort zu einer Revision der bisherigen Anschauungen geführt und dazu gezwungen, den extremen Standpunkt, daß nur die physikalische Verwitterung in den Wüsten und im Polargebiet eine zerstörende Wirkung ausübe, zu verlassen.

---

[1] Meinardus, W.: Charakteristische Bodenformen auf Spitzbergen. Sitzgsber. Naturhist. Ver. Rheinl.-Westf., Bonn 1912, 23, 32.

[2] Siehe Bd. 1 dieses Handbuchs: Die geologisch wirksamen Kräfte usw., S. 230—320.

Es ist das Verdienst des Herausgebers dieses Handbuches, E. BLANCK, zuerst nachgewiesen zu haben, daß die chemische Verwitterung in der Tat auch in polaren Gebieten eine Rolle spielt, wenn auch im Vergleich mit der physikalischen Verwitterung eine durchaus untergeordnete. Seine ersten Untersuchungen geschahen an einigen Bodenproben, die von A. SIEBERG und K. SAPPER an verschiedenen Stellen des westlichen Spitzbergen (in der Magdalenenbai, Crossbai und Adventbai) genommen waren[1]. Die untersuchten Bodenproben waren verschiedenartiger Herkunft und Zusammensetzung. Es handelte sich bei ihnen teils um primären Verwitterungsboden aus Granit, teils um Moränenboden, teils um äolischen Staub. Aus der sehr eingehenden Beschreibung der Gesteinsproben und ihrer chemischen Analyse können hier nur die Hauptergebnisse angedeutet, wegen aller Einzelheiten aber muß auf die Originalabhandlung verwiesen werden, zumal die sogleich zu erwähnenden neueren Untersuchungen BLANCKS einen tieferen Einblick in diese Verhältnisse ermöglicht haben.

Die chemische Analyse jener Böden ergab, daß mit einer Ausnahme (von 6) die in Salzsäure löslichen Anteile den von E. W. HILGARD für humide Böden aufgestellten Durchschnittswerten weit näher standen, als denen, die nach ihm für aride Gebiete charakteristisch sein sollen. Nur eine Bodenprobe ließ eine Verwandtschaft mit den ariden Böden niederer Breiten erkennen. Somit erschien der Schluß gerechtfertigt, daß, entgegen der landläufigen Auffassung, die chemische Verwitterung und die chemische Aufbereitung der Böden wenigstens in Spitzbergen neben der rein physikalischen einen gewissen Anteil an der Bodenbildung haben. Allerdings erschien diese Schlußfolgerung aus den vorhandenen spärlichen Bodenproben ihrem Bearbeiter selbst noch nicht so gesichert, daß sie zu bestimmteren Vorstellungen über die Anteilnahme der chemischen Verwitterung an der Gesteinszerstörung oder gar zu einer Verallgemeinerung Veranlassung geben konnte. Verschiedene äußere Schwierigkeiten hatten zudem die Durchführung der Untersuchungen im Laboratorium erschwert. Immerhin haben ihre Ergebnisse dazu beigetragen, die Annahme von der Bedeutungslosigkeit chemischer Verwitterung in arktischen Gebieten stark zu erschüttern.

Einen erheblichen Schritt weiter führen jetzt aber die Untersuchungen E. BLANCKS über Bodenproben, die er selbst im Bereich des Eisfjords, und zwar auf dessen Südseite von der Westküste bis zur Adventbai 1926 gesammelt hat[2]. Das Südufer des Eisfjords ist ein für diese Zwecke besonders geeigneter Boden, denn dort sind die verschiedensten geologischen Formationen und Gesteinsarten am Aufbau des Reliefs beteiligt. Die Bodenproben sollten möglichst an solchen Stellen entnommen werden, wo der Zusammenhang mit dem zugehörigen Muttergestein deutlich und sicher erkennbar war, um die verschiedenen Verwitterungsstufen des Gesteins untersuchen zu können. Jedoch vermochte dieser Forderung nicht in allen Fällen genügt zu werden, weil der Boden entweder nicht mehr an primärer Lagerstätte vorhanden oder mit fremden Bodenarten vermischt war. Die von E. BLANCK und A. RIESER ausgeführte experimentelle Untersuchung, die im Agrikulturchemischen Institut zu Göttingen vorgenommen wurde, erstreckte sich auf Verwitterungsprodukte von Sandsteinen verschiedener Art, von Tonschiefer und Phyllit, von Diabas, von kalkhaltigen Schiefergesteinen und auf Schwemmlandboden. Somit durften die Ergebnisse von vornherein einen vielseitigen Aufschluß über die Faktoren erwarten lassen, die neben der mechanischen

---

[1] BLANCK, E.: Ein Beitrag zur Kenntnis arktischer Böden, insbesondere Spitzbergens. Chem. d. Erde 1, 421—476 (1919). Der Verf. gibt auch eine systematische Übersicht über die früheren Anschauungen hinsichtlich der Bodenbildung in der Arktis.

[2] BLANCK, E., A. RIESER und H. MORTENSEN: Die wissenschaftlichen Ergebnisse einer bodenkundlichen Forschungsreise nach Spitzbergen im Sommer 1926. Chem. d. Erde 3, 588—698 (1928).

Verwitterung bei der Bodenbildung in Spitzbergen maßgebend sind, zumal auch der Einfluß organischer Substanzen (Humus) in die Untersuchung einbezogen werden konnte.

Dies rechtfertigt es wohl, wenn man von den über 40 Bodenuntersuchungen Blancks einige an dieser Stelle ausführlicher wiedergibt.

1. Die erste Untersuchungsreihe gilt einem tertiären quarzitischen Sandstein, der nahe der Adventbai an der Abdachung des Nordenskiöld-Plateaus zutage tritt. Probe Nr. 17 (nach Blancks Bezeichnung) wurde von der obersten Spitze des anstehenden, verhältnismäßig noch frischen Gesteins entnommen und zeigt eine dunkelgrauschwarze bis grünliche Färbung. Probe Nr. 18 ist etwas stärker verwittert, stellenweise rotbraun oder tiefschwarz angelaufen. Schichtung ist weder bei dieser, noch bei der vorigen Probe erkennbar. Probe Nr. 19 ist eine Sandsteingeröllprobe des gleichen Materials wie Nr. 17; auch sie ist angegriffen, aber im allgemeinen doch nicht sehr stark. In diesen drei Proben liegt ein möglichst frischer Tertiärsandstein mit Stufen zunehmender Verwitterung oder Umwandlung vor. Probe Nr. 20 stellt den zugehörigen Sandboden in und auf den Schichtfugen des zertrümmerten Sandsteins dar und gibt somit den allmählichen Übergang vom frischen Gestein zum Boden wieder. Die Proben Nr. 21 und 22 vervollständigen das Bild, insofern als sie denselben Boden in humoser Ausbildung zeigen. Ihre Entnahmestellen lagen etwas tiefer auf dem Plateau. Sie sind grauschwarz gefärbt im Gegensatz zu Probe 20, bei der braun gefärbte, bis zu 1—2 cm große Gesteinsbruchstücke in dem hellbraun gefärbten Sand enthalten sind. Die Bauschanalyse der Proben 17—22 ergab nachstehendes Resultat:

	Gestein			Boden		
	Nr. 17	Nr. 18	Nr. 19	Nr. 20	Nr. 21	Nr. 22
				Anteil unter 2 mm		
	%	%	%	%	%	%
SiO_2	73,33	72,87	71,89	68,71	68,97	66,16
TiO_2	0,40	0,48	0,50	0,30	0,35	0,35
Al_2O_3	11,05	11,49	11,78	10,34	12,47	11,14
Fe_2O_3	0,59	1,91	1,93	4,26	3,85	5,48
FeO	4,50	4,60	4,70	2,10	2,15	2,30
CaO	2,88	1,16	1,59	1,20	1,03	0,74
MgO	1,01	0,91	0,71	0,77	1,15	1,16
K_2O	2,71	2,48	2,69	2,60	2,93	2,15
Na_2O	1,18	0,73	0,99	1,01	0,71	0,93
P_2O_5	—	—	—	0,13	0,02	0,13
SO_3	—	—	—	0,48	0,44	0,33
CO_2	0,40	0,35	0,41	0,16	0,22	0,27
Organische Substanz . .	0,26	0,29	0,55	1,27	0,67	1,12
Hydr. H_2O	1,22	1,81	1,49	3,57	2,99	3,40
Feuchtigkeit	0,51	1,08	0,94	1,93	2,11	4,43
Mn_3O_4	—	—	—	1,24	—	—
Summa:	100,04	100,16	100,17	100,07	100,06	100,09

„Aus diesen Befunden ist eine Oxydation des Eisens und eine Entkalkung des Gesteins beim Verwitterungsvorgang zu entnehmen, desgleichen ist eine Zunahme der organischen Substanz und der Feuchtigkeit einschließlich des Hydratwassers bei der Aufbereitung des Gesteins festzustellen. Dabei erscheint es beachtenswert, daß schon das Gestein organische Substanz aufweist, was nur darauf zurückgeführt werden kann, daß sich diese beim Verwitterungsprozeß stark mitbeteiligt hat, denn das Gestein als solches ist natürlich frei von organischer Substanz." Daß eine chemische Verwitterung vorhanden ist, ergibt sich noch deutlicher, wenn man die Analysenzahlen auf wasserfreie Substanz um-

rechnet[1]. Die Zunahme bzw. das Vorhandensein von SO_3 und P_2O_5 in den Bodenproben Nr. 20, 21 und 22 kann wohl nur durch die Mitwirkung der im Boden
reichlicher vorhandenen organischen Substanz erklärt werden.

Einen Aufschluß über die Löslichkeitsverhältnisse der Bodenbestandteile
und ihren Verwitterungsgrad bieten die Auszüge der Bodenproben mit Salzsäure
und Schwefelsäure[2]. Auch hieraus ergibt sich ein, wenn auch nur geringer, Grad
chemischer Verwitterung. Denn die Mengen der löslichen Bestandteile sind sehr
gering, abgesehen von Eisen, Kalk und Magnesia. Die Ergebnisse der Schlämmanalyse nach ATTERBERG und der Bestimmung der Hygroskopizität der Böden
nach RODEWALD-MITSCHERLICH sollen bei dieser wie den nachfolgenden Proben
aus Raumrücksichten übergangen werden.

2. Eine Reihe von Bodenproben sind dem quarzitischen Kreidesandstein entnommen, der ebenfalls in der Nähe der Siedlung an der Adventbai
vorkommt. Das Schlußergebnis der Analyse und des HCl-Auszugs und H_2SO_4-
Auszugs ergibt folgendes: ,,Auch hier ist es wieder das Eisen, das etwa zu 80°/o
in HCl löslich ist, CaO und MgO in etwas geringerer Menge, desgleichen SiO_2 und
Al_2O_3 nur sehr wenig, während K_2O und Na_2O so gut wie überhaupt nicht löslich
sind. Das nämliche gilt für den H_2SO_4-Auszug. Die Löslichkeitsverhältnisse
des Kreidesandsteins sind also genau die gleichen, wie die des Tertiärsandsteins.

3. Aus derselben Gegend sind Proben eines kalkhaltigen Kreidesandsteins gesammelt, der das ganze Gelände mit Scherben bedeckt, unter und
zwischen denen eine mehr oder minder stark mit Rohhumus überzogene Erde
ansteht. Der Kalksandstein ist im frischen Zustand schwarzgrau und dicht, ohne
Schichtung, äußerlich mit einer rostroten Rinde überzogen. ,,Um eine möglichst
einwandfreie Verwitterungsfolge dieses Sandsteins zu erhalten, ließen wir die
Rinde von dem Gestein abschleifen, so daß ein völlig unangegriffener, schwarzgrau gefärbter Kern (Probe Nr. 5) für die Analyse gewonnen wurde. Die etwa
1 mm dicke Rinde konnte dagegen leicht vom Kern abgespalten und für sich
analysiert werden (Probe Nr. 5a). Schließlich konnte noch der äußerste rotbraune Überzug für sich leicht entfernt und untersucht werden (Probe Nr. 5b).
Der dieser Gesteinsprobe unterlagernde Boden, der zweifellos sein Material der
Substanz der Kalksandsteinscherben verdankt, besteht z. T. aus plattig und
eckig ausgebildeten, aber schon etwas mehr gerundeten, kleineren Gesteinsbruchstücken, z. T. aus erdigem Boden (Probe Nr. 6)''. Die Bauschanalysen der Proben
Nr. 5, 5a, 5b und 6 ergaben folgende Bestandteile:

	Nr. 5 %	Nr. 5a %	Nr. 5b %	Nr. 6 (unter 2 mm) %
SiO_2	25,48	29,67	36,51	57,29
TiO_2	0,44	0,45	0,40	0,44
Al_2O_3	5,31	6,41	5,92	13,21
Fe_2O_3	1,27	12,34	38,41	2,08
FeO	10,46	—	—	6,32
CaO	23,28	22,70	4,95	4,57
MgO	5,43	2,44	1,25	1,84
K_2O	1,78	1,58	—	3,45
Na_2O	0,97	1,24	—	0,37
P_2O_5	—	—	—	0,22
SO_3	—	—	—	0,18
CO_2	24,23	17,15	—	0,34
Organische Substanz . .	0,36	0,40	—	1,30
Hydr. H_2O	0,37	3,59	8,18	3,67
Feuchtigkeit	0,67	2,04	4,48	4,80
Summa:	100,05	100,01	100,10	100,08

---

[1] a. a. O., S. 644. [2] a. a. O., S. 646.

Als Hauptergebnis dieser Analyse kann man hervorheben, daß die rotbraune Rinde in Übereinstimmung mit der Umwandlung der beiden vorher besprochenen Sandsteine durch Oxydation des Eisenoxyduls und Entfernung der Karbonate charakterisiert wird, nur daß dieser Vorgang hier viel krasser in die Erscheinung tritt. Zugleich ist aber auch eine namhafte Vermehrung der Kieselsäure vor sich gegangen, dagegen merkwürdigerweise nur ein geringes Anwachsen der Tonerde. Kali und Natron haben anscheinend keine nennenswerte Veränderung erfahren.

Auch die Probe Nr. 6, die den Verwitterungsboden des Kalksandsteins darstellt, zeigt eine Lösung und Fortfuhr der Karbonate, der naturgemäß ein Anwachsen der Kieselsäure und Tonerde entspricht. Dagegen ist die Oxydation des Eisenoxyduls gering, weil vermutlich die organische Substanz und Feuchtigkeit hier eingewirkt haben. Auch das Natron erscheint vermindert, nicht aber das Kali. Daß P_2O_5 und SO_3 in diesem Boden (Nr. 6) vorhanden sind, ist wieder auf die Anwesenheit der organischen Substanz zurückzuführen. Der HCl- und H_2SO_4-Auszug derselben Probe beweisen auch wieder die hohe Löslichkeit des Eisens (nahezu 80 %), der Magnesia und des Natrons, eine geringere des Kalis in HCl. Der Boden Nr. 6 weist daher gemeinsam mit dem den Verwitterungsstufen zugehörigen Sandstein (Nr. 5, 5a, 5b) eine stärkere Beeinflussung durch chemisch wirksame Kräfte auf als die vorher untersuchten Proben.

4. Von besonderem Interesse ist die Untersuchung eines an der Kraftstation des Lagerplatzes von Longyear-Byen anstehenden Quarzits der Kreideformation, der von weichen Tonschieferlagen durchzogen ist, die sowohl frisch als auch stark zersetzt erscheinen. Auch der harte und feste Quarzit zeigt Zersetzungserscheinungen und ähnelt dann den weichen tonigen Schichten. Außerdem kommen aber auch weiße Ausblühungen so reichlich vor, daß sie ohne große Schwierigkeit abgehoben werden können (Abb. 3).

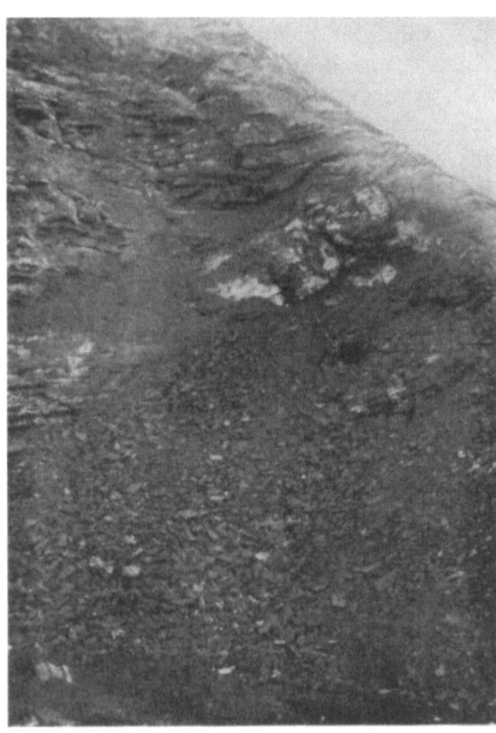

Abb. 3. Ausblühungen im Steinbruch bei der Kraftstation von Longyear-Byen (nach E. Blanck). (Aus Chem. d. Erde 3, 656.)

Die für die chemische Untersuchung des Quarzits und seiner tonigen Zwischenschichten entnommenen Proben charakterisiert E. Blanck folgendermaßen[1]:

Probe Nr. 8: Anstehender, frischer Quarzit.

Probe Nr. 12: Desgleichen, aber auf den Absonderungsschichten mit hellgelben Überzügen versehen.

---

[1] Blanck, E.: a. a. O., S. 657.

Probe Nr. 10.: Vollkommen zersetzter Quarzit, innerlich und äußerlich z. T. gelbgrün gefärbt.

Probe Nr. 9: Schwarzer, frischer Tonschiefer.

Probe Nr. 14: Derselbe, aber zerfallen in kleine splitterige Bruchstücke bis zu $2^1/_2$ cm groß.

Probe Nr. 11: Stark umgewandelte graugelblichgrüne, mürbe Gesteinsmasse, vermutlich von Nr. 10.

Probe Nr. 13: Gelblich gefärbte Ausblühungen auf den mürben Gesteinsschichten.

Probe Nr. 15: Weiße Ausscheidungen.

Die Umwandlung des Quarzits (s. Tabelle) in seinen drei ersten Stufen (Nr. 8, 12, 10) ist durch eine starke Oxydation des Eisens, sowie durch eine

	Nr. 8 %	Nr. 12 %	Nr. 10 %	Nr. 9 %	Nr. 14 %
SiO_2	70,33	74,21	73,45	54,87	55,86
TiO_2	0,30	0,28	0,36	0,60	0.75
Al_2O_3	6,87	9,27	10,20	15,15	19,27
Fe_2O_3	2,41	2,28	4,01	1,66	0,88
FeO	5,34	1,97	0,79	7,51	6,11
CaO	4,30	1,52	1,22	3,77	3,09
MgO	1,95	0,83	0,50	1,90	2,03
K_2O	3,43	2,94	2,87	3,58	3,14
Na_2O	1,28	2,00	2,06	0,57	1,41
SO_3	—	—	—	—	—
P_2O_5	—	—	—	—	—
CO_2	2,38	0,33	0,43	1,01	1,01
Organische Substanz . .	0,03	0,11	0,07	0,45	0,53
Hydr. H_2O	1,02	2,73	2,61	7,78	4,14
Feuchtigkeit	0,45	1,56	1,54	1,28	1,81
Summe:	100,09	100,03	100,11	100,13	100,03

Auswaschung des Kalkes und der Magnesia in Gestalt der Karbonate erkennbar; Kieselsäure, Tonerde, Titansäure und Natron haben eine Erhöhung erfahren. Anders die Umwandlung des Tonschiefers (Nr. 9 und 14): er zeigt keine Oxydation des Eisens und auch nur eine geringe Entkalkung und Veränderung des Magnesiagehaltes. Das Eisen ist dagegen in erheblicher Menge zur Lösung und Fortfuhr gebracht, während die Tonerde und auch das Natron eine beträchtliche Vermehrung erfahren haben. Rechnet man die Verhältniszahlen auf die wasser- und humusfreie Substanz um, so kommt das noch klarer zum Ausdruck.

Die oben erwähnte stark umgewandelte graugelblichgrüne, mürbe Gesteinsmasse wurde ebenfalls untersucht; sie enthielt einen erheblichen Anteil von Schwefelsäure und auch etwas Phosphorsäure. Hieraus erklären sich auch die Ausblühungen des Gesteins, die anzeigen, daß Lösungen im Gestein zirkuliert haben und an der Oberfläche des Bodens zur Ausscheidung gekommen sind.

Die Proben Nr. 13 und 15, die diese Ausblühungssalze enthalten, zeigen folgende Zusammensetzung:

	Nr. 13 %	Nr. 15 %		Nr. 13 %	Nr. 15 %
Al_2O_3 . . .	23,25	—	Na_2O . . .	0,31	18,57
Fe_2O_3 . . .	1,00	—	$(NH_4)_2O$ . .	6,78	—
CaO	—	—	SO_3	49,12	53,14
MgO . . .	1,61	12,47	Cl	—	Spur
K_2O	Spur	5,78			

„Es handelt sich also um Sulfate von verschiedener Zusammensetzung, die in der Tat erkennen lassen, daß Aluminium, Natrium, Magnesium und Kalium eine Wanderung im Gestein vollführt und daher eine Auflösung durch die Schwefelsäure erfahren haben. Derartige Ausblühungen sowie im Gestein wandernde Lösungen sind uns auch aus anderen Gegenden bekannt geworden[1] und liefern im allgemeinen den Beweis für eine sich lebhaft vollziehende chemische Verwitterung. Insbesondere ist der Nachweis von Ammon in Probe 13 wichtig, weil die Gegenwart dieses Stoffes auf die Mitwirkung der organischen Substanz hinweist (Humusverwitterung)“ ... „Sicherlich läßt das vorliegende Verwitterungsprofil des kretazischen Quarzitgesteins eine viel stärkere chemische Verwitterung erkennen, als dies bei den bisher von uns beschriebenen Kreidesandsteinen der Fall war. Es erlaubt uns daher jedenfalls den sicheren Schluß, daß eine chemische Verwitterung auch auf Spitzbergen, also unter den Verhältnissen des arktischen Klimas, stattfindet, wenn ihre Veranlassung vielleicht auch nur in der Gegenwart von leicht angreifbaren Schwefeleisenverbindungen zu sehen ist[2]“.

Die weiteren Sandsteinproben, die von E. Blanck untersucht sind, ergeben im allgemeinen immer wieder ein ähnliches Resultat, so daß darauf verzichtet werden kann, sie hier im einzelnen anzuführen. Dagegen erscheint es angebracht, die Untersuchungen einiger anderer Gesteinsarten zu erwähnen.

Zunächst das Ergebnis der chemischen Analyse eines Tonschiefergesteins der Triasformation, das in der Nähe von Cap Diabas zwischen der Advent- und Sassenbai ansteht. Es handelt sich um einen schwarzen metamorphosierten Tonschiefer von noch ziemlich frischem Aussehen und einer Mächtigkeit von nur 30 cm (Probe Nr. 29a). Der in einzelne plattige Schieferbruchstücke und in einen hellbraunen Sand zerfallene Boden, an dem vielleicht eine den Tonschiefer unterlagernde tonige Sandsteinschicht beteiligt ist, wird durch die Probe Nr. 29b dargestellt. Nr. 29e bildet den Verwitterungsboden, so daß die Verwitterungsfolge durch die Zusammensetzung des Muttergesteins (Nr. 29a und b) und des Bodens (Nr. 29e) wiedergegeben wird.

	Nr. 29a Tonschiefer %	Nr. 29b Zerfallener Tonschiefer %	Nr. 29e Boden $>$ 2 mm %	Nr. 29e Boden $<$ 2 mm %
SiO_2	64,68	64,78	61,00	61,58
TiO_2	0,58	0,60	0,70	0,72
Al_2O_3	14,11	14,96	15,93	17,09
Fe_2O_3	1,44	1,58	5,17	4,29
FeO	5,25	5,12	3,20	1,88
Mn_3O_4	Spur	Spur	Spur	Spur
CaO	2,42	1,64	1,60	2,08
MgO	2,91	2,81	2,64	1,53
K_2O	1,81	1,89	2,87	2,62
Na_2O	2,07	1,79	1,17	1,18
SO_3	—	—	—	0,24
CO_2	1,91	0,12	0,17	0,19
P_2O_5	—	—	—	0,31
Organische Substanz . .	0,09	0,09	0,09	0,29
Hydr. H_2O	2,27	3,86	3,87	4,64
Feuchtigkeit	0,53	0,79	1,69	1,48
Summe:	100,07	100,03	100,10	100,12

---

[1] Vgl. E. Blanck und Mitarbeiter. Tharandter Forstl. Jb. **73**, 38, 93 (1922), **75**, 89 (1924); Chem. d. Erde **2**, 49, 447 (1926). — Vgl. auch unten S. 66f.

[2] Blanck, E.: a. a. O., S. 660.

Der Einfluß der Verwitterung macht sich in diesen Proben nur durch die Oxydation des Eisens bemerkbar, während im übrigen, abgesehen von einer geringen Abnahme der Kieselsäure und Zunahme der Tonerde, keine wesentlichen Veränderungen erkennbar sind. Die HCl-Auszüge des Bodens Nr. 29e lassen wohl eine erhebliche Löslichkeit der Eisenverbindungen erkennen, auch für Kalk und Magnesia gilt ähnliches, aber die Alkalien zeigen sich auch hier so gut wie unangegriffen, und die Tonerde wie die Kieselsäure sind gleichfalls nur wenig löslich. Dagegen weisen die Schwefelsäureauszüge einen hohen Gehalt an Tonerde auf.

Die Untersuchungen eines Phyllits der Hekla-Hook-Formation bieten nichts wesentlich Neues. Dagegen soll die chemische Analyse des Diabas, der bei Kap Diabas etwa 30 m über dem Meere ansteht, hier noch aufgeführt werden, weil er charakteristische Verwitterungserscheinungen nicht nur hier, sondern auch in anderen Teilen des Polargebiets zeigt. „Das Gestein (Probe Nr. 28a) ist ein normal ausgebildeter, ziemlich frischer Diabas von schwarzer Färbung, auf dessen Absonderungsflächen ein feiner Überzug von Eisenoxyden bemerkbar ist. Auf dem Gestein lagert ein dem Aussehen nach schwach humoser, ziemlich trockener, hellbraun gefärbter Sandboden (Nr. 28b) auf, der in seinem Anteil über 2 mm Korngröße eckige Bruchstücke des Diabasgesteins von verschiedenster Größe und reichliche Wurzelrückstände enthält. Aus einer 7 m langen und 2 m breiten mit Vegetation (Moose und Gräser) bedeckten Runse wurde eine zweite, humose und feuchtere Bodenprobe (Nr. 28c) entnommen." Die Bauschanalysen der Proben Nr. 28a (Gestein), 28b (Boden) und 28c (Boden) ergaben folgendes, wobei die auf die wasser- und humusfreie Substanz bezogenen Verhältniszahlen hier ebenfalls mit angeführt werden:

	Gesamtanalyse			Wasser- und humusfreie Substanz		
	Nr. 28a Diabas %	Nr. 28b Boden %	Nr. 28c Boden %	Nr. 28a %	Nr. 28b %	Nr. 28c %
SiO_2	49,93	60,36	59,86	50,64	67,37	67,26
TiO_2	1,36	0,56	0,58	1,38	0,62	0,65
Al_2O_3	15,09	11,88	14,16	15,30	13,26	15,91
Fe_2O_3	4,09	5,73	4,11	4,15	6,40	4,62
FeO	10,11	2,10	1,98	10,25	2,34	2,22
Mn_3O_4	4,10	1,20	Spur	4,16	1,33	Spur
CaO	8,30	2,41	2,82	8,42	2,69	3,16
MgO	2,52	1,64	1,50	2,56	1,82	1,69
K_2O	1,34	2,02	2,05	1,36	2,26	2,30
Na_2O	1,59	1,04	1,11	1,61	1,15	1,25
SO_3	—	0,18	0,26	—	0,20	0,30
CO_2	0,21	0,25	0,13	0,21	0,28	0,15
P_2O_5	—	0,20	0,40	—	0,22	0,45
Organische Substanz . .	Spur	1,43	2,11	—	—	—
Hydr. H_2O	0,70	6,31	5,77	—	—	—
Feuchtigkeit	0,69	2,77	3,19	—	—	—
Summe:	100,03	100,08	100,03	100,08	99,94	99,96

Als wichtigstes Ergebnis läßt sich folgendes hervorheben: „Aus dem Vergleich der Zusammensetzung des Gesteins (28a) und der beiden Böden (28b und 28c) geht hervor, daß Entkalkung, Oxydation und Fortfuhr von Eisen und Mangan sowie Verringerung der Titansäure und auch der Magnesia und des Natrons zur Hauptsache den Verwitterungsvorgang kennzeichnen, so daß nur die Kieselsäure und merkwürdigerweise auch das Kali relativ erhöht erscheinen, während die Tonerde in ihrer Menge keine Veränderung erfahren hat. In Wahrheit ist aber auch sie in Mitleidenschaft gezogen worden, weil sonst, wenn sie nicht durch die Verwitterung angegriffen worden wäre, ihr Gehalt gleich dem der Kieselsäure relativ zugenommen haben müßte. Es liegt also hier entschieden die Feststellung eines chemischen Verwitterungsvorganges analog den Verhältnissen unter südlicheren Breiten vor."

Beim Salzsäureauszug tritt wieder die Unlöslichkeit der Alkalien zutage, während die übrigen Bestandteile mit Ausnahme der Kieselsäure z. T. nicht unbeträchtlich löslich sind. Der Schwefelsäureauszug der Proben 28b und 28c ergibt wieder eine relativ große Menge Tonerde.

Die Untersuchung einer anderen Diabasprobe, deren Gestein an seiner Oberfläche bereits mit einem dünnen braunen Überzug bedeckt war, zeigte für die daraus hervorgegangenen z. T. humosen Verwitterungsböden ähnliche Beziehungen, wie die vorher genauer charakterisierten.

Aus der Untersuchung der Verwitterung kalkhaltiger Schiefergesteine kann hervorgehoben werden, daß an ihnen ebenfalls eine, wenn auch geringere Entkalkung und eine Oxydation des Eisens als wesentliche Merkmale erkennbar sind.

Endlich sind noch Bodenproben den Schlickbildungen des Longyear-Flusses entnommen, die aus sehr feinen, grauschwarz gefärbten Detritusmassen bestehen und nach der Schlämmanalyse und auch der chemischen Untersuchung als sandige Bildungen erkannt sind, während tonige Bestandteile darin ebenso zurücktreten, wie in den um dieselbe Zeit aus dem Longyear-Fluß und einem Wasserleitungsbach geschöpften Wasserproben. Nach Zusammensetzung und Beschaffenheit sind diese Schwemmlandprodukte den primitiven Verwitterungsböden ähnlich, was den geringen chemischen Einfluß des Wassers bestätigt.

Nach der Mitteilung der Ergebnisse der einzelnen, den verschiedenen Gesteinsarten angehörigen Bodenproben faßt Blanck die Hauptresultate seiner Untersuchungen etwa folgendermaßen zusammen[1]. Es bestätigt sich von neuem, daß es sich bei der Bildung der Verwitterungsprodukte in dem Untersuchungsgebiet nicht schlechthin um einen physikalischen Aufbereitungsprozeß handelt, sondern daß auch die chemische Verwitterung Anteil daran hat. Jedoch ist dies in einem erheblich geringeren Ausmaß als unter anderen klimatischen Verhältnissen der Fall. Denn es werden eigentlich nur ganz bestimmte, und zwar die leicht angreifbaren Bestandteile der Gesteine von der chemischen Verwitterung betroffen. Dabei tritt zwar die lösende Wirkung des Wassers in Erscheinung, aber doch nur insofern, als sie unterstützt durch die Wirkung von Kohlensäure und Sauerstoff zur Geltung gelangen kann. Die hydrolytische Wirkung des Wassers, die ungleich größere Folgen für den chemischen Abbau der Gesteine nach sich zieht, macht sich nur in geringem Maße bemerkbar, und zwar, wie Blanck annimmt, wohl aus dem Grunde, weil die Zeitdauer, während welcher höhere Temperaturen auf Spitzbergen herrschen, zu kurz ist, um jene Einflüsse, welche die weit energischer wirksame hydrolytische Verwitterung ausmachen, anzubahnen.

Hinsichtlich der einzelnen Gesteinsarten wird festgestellt, daß die sandigen Gesteine und Quarzite im wesentlichen nur eine Umwandlung in ihrem Anteil an Karbonaten und Eisenverbindungen erfahren haben. Das zeigt sich u. a. in der Bildung einer rotbraunen eisenschüssigen Rinde bei einem kalkhaltigen Kreidesandstein in der Adventbai[2]. Sie ist durch Oxydation des Eisenoxyduls und durch Entfernung der Karbonate gebildet, wobei gleichzeitig die Kieselsäure angereichert ist. Da die Alkalien bei dieser, wie auch bei anderen Proben im großen und ganzen so gut wie unberührt geblieben sind, so kann die Hydrolyse des Wassers nicht sehr groß gewesen sein. Immerhin läßt sich aber

---

[1] Blanck, E.: a. a. O., S. 689—698.   [2] Siehe oben Probe Nr. 5.

aus der Zusammensetzung der Quarzitproben Nr. 8, 12 und 10[1] entnehmen, daß bei ihrer Umwandlung die Hydrolyse des Wassers mitgewirkt haben dürfte. Auch beim Diabasgestein zeigt sich die Entkalkung und Enteisung, gepaart mit gleichzeitiger Oxydation des Eisens, die in einem feinen bräunlichen Überzug sichtbar war. In dieser Hinsicht kann eine Beobachtung von A. DUBOIS eine Bestätigung geben; er fand, daß der Diabas in der Gegend des Mont Lusitania bei der Sassenbai an der Luft rostbraune Farbe angenommen hat und in eckige Blöcke und schließlich in einen braunroten Staub zerfällt[2].

Bei den kalkhaltigen Gesteinen tritt die Entkalkung und Oxydation des Eisens nicht so deutlich hervor, wie bei den erstgenannten Gesteinen. Daß die chemischen Einflüsse relativ gering sind, zeigt sich endlich auch in der Beschaffenheit der Schwemmlandprodukte und in der Tatsache, daß die im Flußwasser gelösten Bestandteile ganz zurücktreten.

Andererseits wieder erweist sich die chemische Verwitterung durch organische Substanzen bei einigen Bodenproben als deutlich wirksam. Das relativ reichliche Auftreten von P_2O_5 und SO_3 steht damit in Zusammenhang[3] und auch die an einigen Proben gefundenen Ausblühungen von Sulfaten und Alaunen sind wohl auf die Mitwirkung organischer Substanz zurückzuführen. Jedoch können hier auch lokale Bedingungen eine Rolle spielen. Daß Salzausblühungen im Polargebiet nicht zu den Seltenheiten gehören, wird weiter unten noch durch Angaben aus anderen Gebieten belegt werden. Was die mechanische Beschaffenheit des Bodens angeht, so läßt sich feststellen, daß die von BLANCK untersuchten Bodenarten sämtlich eine „sandige" Ausbildung, niemals eine „tonige" Beschaffenheit im Sinne der ATTERBERGschen Typen der Schlämmanalyse haben. Von Bindigkeit war nichts zu bemerken, obgleich die nach der Schlämmanalyse ermittelten Anteile an Rohton (feinsten Teilen von weniger als 0,002 mm Korngröße) in einigen Fällen nicht unbeträchtlich (bis 10 %) und auch die Hygroskopizitätswerte für „sandige" Böden, vielleicht in Verbindung mit einem gewissen Humusgehalt, recht erheblich hoch sind.

Die Frage, welche Stellung die untersuchten spitzbergischen Böden zu den HILGARDschen Charakteristiken arider und humider Böden einnehmen[4], läßt sich aus folgender Tabelle ersehen, in der die spitzbergischen Böden unter Ausschluß der Kalkböden zu Mittelwerten zusammengefaßt sind, denn auch die HILGARDschen Angaben schließen die Kalkböden aus. Die Werte beziehen sich auf die Zusammensetzung des Salzsäureauszuges.

	Aride Böden %	Humide Böden %	Spitzbergische Böden %
SiO_2	7,27	4,21	1,80
Al_2O_3	7,89	4,30	2,41
Fe_2O_3	5,75	3,13	4,69
CaO	1,36	0,11	0,66
MgO	1,41	0,23	0,84
K_2O	0,73	0,22	Spur
Na_2O	0,27	0,09	Spur
P_2O_5	0,12 (0,21)	0,11 (0,12)	0,20
Humus	0,75 (1,13)	2,20 (2,91)	1,67
N	0,10 (0,13)	0,12 (0,34)	0,12
SO_3	—	—	0,17

---

[1] Siehe oben S. 59.

[2] DUBOIS, A.: La Région du Mont Lusitania au Spitzberg. Bull. Soc. Neuchâteloise de Géogr. **21**, 60 (Neuchâtel 1911).

[3] Siehe oben S. 57.

[4] HILGARD, E. W.: Die Böden humider und arider Länder. Internat. Mitt. Bodenkde **1**, 415 (1911).

Aus dem Vergleich ergibt sich, daß die Werte für die spitzbergischen Böden hinsichtlich der Kieselsäure, Tonerde und der Alkalien unter den Mittelwerten sowohl der humiden wie ariden Böden liegen. Hinsichtlich des Eisens und Kalkes, der Magnesia und Phosphorsäure liegen sie dagegen weit über den Werten der humiden Böden, ohne aber die für das aride Gebiet geltenden zu erreichen. „Aus dem Ausfall der Zahlen für Kieselsäure, Tonerde, Alkalien und Humus auf eine Zugehörigkeit der arktischen Böden zum humiden Bodentypus zu schließen, geht ebensowenig an, wie aus den Werten für Fe_2O_3, CaO, MgO, P_2O_5 die Zugehörigkeit zum ariden Typus entnommen werden darf; denn in ersterem Falle handelt es sich ganz sicherlich nicht um Werte, die ihren geringen Ausfall einer Auswaschung des Bodens verdanken (vgl. die Bauschanalyse der Böden und zugehörigen Muttergesteine). Auch im Falle der Erdalkalien haben wir es z. T. mit noch nicht ausgewaschenen Resten von Karbonaten aus dem Gestein zu tun, während P_2O_5 und SO_3, die für aride Verhältnisse sprechen könnten, dem Humus bzw. der organischen Substanz ihre Anwesenheit verdanken. Mit andern Worten, die von Hilgard aufgestellten Werte können keine Gültigkeit für die arktische Bodenwelt beanspruchen, und alle sich aus diesen Befunden ergebenden Schlußfolgerungen im Sinne ihrer Verwendbarkeit als Anzeichen für humide oder aride Klimabedingungen fallen damit in sich zusammen[1]".

Eine ähnliche Schlußfolgerung läßt sich auch aus dem von van Bemmelen als Kriterium eingeführten Molekularverhältnis $Al_2O_3 : SiO_2$ im Verwitterungssilikat A (Salzsäureauszug) ziehen. Wenn dieses Verhältnis kleiner als $1:3$ ist, soll tonige Verwitterung vorliegen, wenn es größer ist, lateritartige. Das erwähnte Verhältnis würde bei den spitzbergischen Böden, bei denen es meistens $1: < 2$ ist, in der überwiegenden Mehrzahl (21 von 25) lateritische Verwitterung anzeigen, was nach Lage der Dinge für Spitzbergen und für arktische Breiten überhaupt nicht in Frage kommen kann. Auch das Verwitterungssilikat B (Schwefelsäureauszug) der spitzbergischen Böden bestätigt diesen Schluß.

Hiernach unterliegt es keinem Zweifel, daß in den untersuchten spitzbergischen Böden eine besondere Bodenform vorliegt, die sich nicht in das bisherige Schema einpaßt, und die E. Blanck schon 1919, wo er im Anschluß an die damaligen Bodenuntersuchungen diese Frage berührte[2], als „nivale Bodenform" bezeichnet hat.

Auch K. O. Björlykke hat vor kurzem Analysen zweier Bodenproben Spitzbergens veröffentlicht[3]. Allerdings tragen die von diesem Forscher untersuchten beiden Bodenproben ein stark lokales Gepräge. Immerhin erscheint es gerechtfertigt, die Ergebnisse hier kurz anzuführen. Die erste Bodenprobe stammt von einer Stelle zwischen den Häusern und dem Meere bei Hjorthamn in Adventbai. Das Moor, wo die Probe genommen wurde, liegt nur wenige Meter über dem Meeresspiegel. Wahrscheinlich besteht der Untergrund aus Flußschlamm, vom Adventfluß bei einem etwas höheren Meeresniveau abgesetzt. Das Gebiet ist von einer 10—15 cm dicken Torfschicht bedeckt, auch in 60 cm Tiefe fand sich eine (3 cm dicke) Torfschicht. Nach der Schlämmanalyse besteht der Boden aus einem feinen Sandboden, nur das Mittelstück ist reich an Kies und kleinen Steinen, die teils abgerundet, teils scharfkantig sind. Die chemische Analyse, von S. Heggenhougen ausgeführt, hat folgende Ergebnisse gehabt. Für die nachher zu betrachtende Bodenprobe von der Kingsbai werden die entsprechenden Werte gleich mit angeführt.

---

[1] Blanck, E., u. a.: Ergebnisse einer bodenkundlichen Forschungsreise nach Spitzbergen. Chem. d. Erde 3, 695. — Vgl. auch E. Blanck: Ebenda 1, 456 (1919).

[2] Blanck, E.: Chem. d. Erde 1, 448 (1919).

[3] Björlykke, K. O.: Bodenprofile aus Svalbard (= Spitzbergen). Bodenkundliche Forschungen 1, 96—108 (1928).

	Probe von Hjorthamn (Adventbai)		Probe von Ny-Aalesund (Kingsbai)	
	a (0—25 cm) %	c (40—50 cm) %	A (0—25 cm) %	C (40—50 cm) %
Fe_2O_3	5,98	6,61	2,36	2,19
CaO	0,53	0,56	0,15	0,14
K_2O	0,04	0,04	0,05	0,06
P_2O_5	0,14	0,14	0,04	0,06
N	0,12	0,16	0,09	0,03
Hygroskop. H_2O	1,93	2,65	0,85	0,57
Glühverlust . .	6,16	7,92	2,86	1,70

Aus der Analyse der Probe aus Hjorthamn folgert BJÖRLYKKE: ,,Die chemische Analyse gibt nicht den Eindruck einer deutlichen Verwitterung. Der Kalk- und Eisenoxydgehalt ist eine Kleinigkeit geringer in der oberen Schicht ... der Phosphorsäure- und Kaligehalt ist derselbe in der oberen, wie in der unteren Schicht des Profils. Zieht man in Betracht, daß der Boden in der Natur als Moor bezeichnet worden ist, so muß man sagen, daß der Humusgehalt gering ist und wesentlich aus Wurzelfasern zu bestehen scheint". Da diese Probe als Schwemmlandprodukt unter Moorboden zu charakterisieren ist, so ist diesem Ergebnis offenbar keine allgemeine Bedeutung beizulegen.

Das zweite Bodenprofil ist auf der Fläche bei Ny-Aalesund an der Kingsbai zwischen dem Meer und der Godthaapgrube entnommen. Die Proben gehören zu einer auf einer marinen Terrasse (permokarbonischem Flint) gelegenen Erdschicht, deren oberer Teil aus Steinen und Kiesen mit etwas Erde besteht, während man tiefer auf marinen Lehm, voll von Muscheln, stößt. Auf der Terrasse wachsen spärlich verteilt Moosarten, Flechten und einige Blütenpflanzen. ,,Der Boden, der im trockenen Zustand eine gleichmäßige bräunliche Farbe zeigt, muß seiner mechanischen Zusammensetzung nach als ein sand- und steinhaltiger Kiesboden bezeichnet werden, der in der allerobersten Schicht einzelne feine Wurzelfasern enthält. Er scheint durch mechanische Zerbröckelung aus einer dichten und harten Steinart gebildet zu sein und ist wahrscheinlich unter einem höherstehenden Wasserstand geebnet und ausgewaschen". BJÖRLYKKE zieht aus der chemischen Analyse wiederum die Folgerung, daß eine augenfällige Verwitterung auch in diesem Profil nicht nachgewiesen werden kann. ,,Allerdings ist der Phosphorsäure- und Kaligehalt etwas geringer in der oberen als in der unteren Schicht, aber die Stoffe, welche am leichtesten löslich sind, Kalk und Eisenverbindungen, sind in etwas größeren Mengen in der oberen Schicht vorhanden". Allgemein ist zu folgern, daß diese Bodenproben beide durch örtliche Bedingungen (Flußanschwemmung bzw. marine Einflüsse) in ihrer Beschaffenheit wesentlich bestimmt sind. Daher kann ihnen auch nicht ein gleiches Gewicht wie den Ergebnissen der BLANCKschen Untersuchungen zuerkannt werden, zumal es sich in ihnen nicht um Proben handelt, die einem Verwitterungsprofil entstammen.

Von den drei Bodenprofilen der Bäreninsel, die BJÖRLYKKE untersucht hat, gehört die erste einem vom Meer ausgewaschenen ,,Moränenlehm" an. Der Boden zeigte einen ausgeprägten Reichtum an Kalk, und zwar mehr in der oberen Schicht (bis 40 cm) als in der unteren (40—50 cm). Das zweite Bodenprofil von der Nordostseite der Bäreninsel ruht auf Kalkstein und besteht aus scharfkantigen Kalksteinbruchstücken. Hier ist der ganze Boden, abgesehen von einer 4—5 cm dicken Humusschicht, kalkreich, was also nichts über Auswaschung besagt. Das dritte Profil liegt an der Nordküste der Insel in etwa 30 m Meereshöhe über einem kalkhaltigen Sandstein des Mittelkarbon und zeigt deutlich unter

einer humusreichen Deckschicht eine Zunahme des Kalkes und Eisenoxydes
nach unten. Die chemische Analyse von S. Heggenhougen ergibt nämlich
folgendes:

	A (0—25 cm)	B (25—40 cm)	C (40—50 cm)
Fe_2O_3	0,73	1,53	2,88
CaO	0,49	2,55	3,00
K_2O	0,02	0,01	0,02
P_2O_5	0,05	0,05	0,06
N	0,90	0,08	0,04
Hygroskop. H_2O . .	5,65	0,59	0,54
Glühverlust	25,76	3,81	4,03

Der Glühverlust zeigt, daß die obere Bodenschicht sehr humusreich ist.
In der Tat besteht das Profil bis zu 25—28 cm Tiefe aus einer dunkelgrauen bis
schwarzen sandreichen, humushaltigen Schicht mit einzelnen größeren Sand-
steinstücken. Darunter kommt eine gelbbraune Bodenart, welche im trockenen
Zustande harte Klumpen bildet — entweder eine Moränenbildung oder ein Verwitterungsprodukt des darunterliegenden kalkhaltigen gelblichen Sandsteins des
Mittelkarbon. Daß der Kalkgehalt und die Eisenverbindungen nach unten hin
zunehmen, deutet auf ein Auswaschen der Stoffe aus den oberen Bodenschichten
hin. „Dieses Profil erinnert also etwas an den Boden in humiden Gebieten, und es
geht sowohl aus dem Äußeren durch den Humusreichtum der obersten Schicht
als auch aus dem stofflichen Gehalt hervor, daß hier eine Bodenbildung stattgefunden hat. Diese kann man als eine Übergangsform zwischen dem sterilen
Skelettboden auf Spitzbergen und dem Boden im nördlichen Norwegen betrachten". Indessen erscheint dieser Schluß anfechtbar, weil es nicht sicher ist,
daß ein gewachsenes Bodenprofil vorliegt.

Die Ergebnisse der bisherigen chemischen Analysen arktischer Böden zusammenfassend, kann gesagt werden, daß die chemische Verwitterung in den
arktischen Regionen zwar eine gewisse Rolle spielt, aber keineswegs groß genug
ist, um die charakteristischen Verwitterungsstufen humider Böden zu entwickeln.

Aus den vorhergehenden Darlegungen ergibt sich schon, daß unter gewissen
Umständen Salzausscheidungen an der Oberfläche von Gesteinen und Böden
erscheinen. Es liegen nun eine ganze Reihe von Beobachtungen aus arktischen
und selbst antarktischen Gebieten vor, die das bestätigen. Es sei hier nur auf
einige hingewiesen, die besonderes Interesse haben.

B. Högbom beschreibt Salzausscheidungen (Salzeffloreszenzen) von der
Adventbai, bei Kap Thordsen, in der Braganzabucht und auf Kap Conventz
am Belsund[1]. Der Boden der Deltaebene, die sich an die Adventbai anschließt,
erscheint bisweilen ganz weiß oder grauweiß, wie von Reif bedeckt. Die Salzkruste kann bis zentimeterdick und noch dicker werden, namentlich an den
Ecken und Kanten oder den Spalten des Polygonbodens. Das Salz ist Natriumsulfat. Nach den Untersuchungen von E. Blanck handelt es sich dagegen um
Magnesium- und Natriumsulfat mit geringen Mengen von Kaliumsulfat (19,90 %
MgO, 12,08 % Na_2O, 55,69 % SO_3, 0,71 % K_2O)[2]. Auf Kap Thordsen erscheint
ein Salzanflug hoch oben an den Felswänden der Trias. Das trockene Klima
dürfte eine Ursache der Salzausscheidung sein. Die Salzausblühungen entstehen
oder verschwinden mit dem Witterungswechsel. Sie erinnern an Wüstenerscheinungen, ebenso die Gitterskulptur der Gesteine. Überhaupt bemerkt Högbom

---

[1] Högbom, B.: Wüstenerscheinungen auf Spitzbergen. Bull. Geol. Inst. Upsala 11,
247 ff. (1911).
[2] Blanck, E.: a. a. O., S. 660.

zu dem Einfluß der Salzverwitterung auf die Gesteine, daß sie ganz charakteristische Erscheinungen, die an die Verwitterung in den Wüsten erinnern, bewirkt[1]. Auf den Salzebenen der Braganzabucht zeigen die meisten Sandsteinblöcke typische Wüstenverwitterung, während die Granitgeschiebe davon ganz unberührt zu sein scheinen. So ist der Jurasandstein im Innern ganz aufgelockert und mürbe, während die Außenflächen glatt und hart sind ... Die in dieser Weise verwitterten Steine liegen hier dicht am Seeufer, und das für die Verwitterung nötige Salz dürfte aus dem Meereswasser aufgesogen sein. „Daß die Frostverwitterung ohne Zutritt von Salzlösungen diese Verwitterungsformen hervorbringen könne, ist kaum anzunehmen."

Auch E. PHILIPPI, der die Gesteine des Gaußbergs am Rande der Antarktis untersucht hat, weist auf die Bedeutung von Salzlösungen hin, die durch vom Meere herbeigewehte Salze bei starker Verdunstung entstehen können[2]. Auch er vergleicht die Verwitterungserscheinungen am Gaußberg mit der Wüstenverwitterung und stellt als Faktoren, die gewissen Bezirken der Polargebiete und den Wüsten gemeinsam sind, folgende auf: 1. starke Sonnenbestrahlung bei Tag, Ausstrahlung in der Nacht, 2. stellenweise exzessive Trockenheit, die die chemische Verwitterung hindert und (im Polargebiet zusammen mit hohen Kältegraden) eine Konzentration von Salzlösungen herbeiführt, 3. starke und häufige Winde. Neben diesen parallelgehenden Faktoren kommen aber auch gegensätzliche in Betracht. Denn der Spaltenfrost fehlt in der Wüste und das Auftreten von Schnee und Eis und von Schmelzwassern im Polargebiet führt eine ganze Gruppe von Erscheinungen herbei, die den Wüsten fremd sind.

Auch im Bereich des Viktorialandes in der Antarktis kommen Salzausblühungen vor; hauptsächlich ist Natriumsulfat in einzelnen Moränen gefunden worden. E. DAVID berichtet, daß Salzkrusten nach der Schneeschmelze im Sommer auf einem alten Seebecken sichtbar werden, und „zahlreiche Bodensenken von kleiner Ausdehnung zeigen mit einer lebhaften Salzeffloreszenz, die den Boden überzieht, die Lage früherer Wassertümpel an"[3].

Das größte Interesse aber können wohl die Vorkommnisse von abflußlosen Salzseen in den Trockengebieten Südwestgrönlands beanspruchen, die von O. NORDENSKJÖLD eingehender beschrieben sind[4]. Sie liegen in dem auffallend warmtrockenen Steppengebiet am Rand des Inlandeises zwischen Godthaab und der Discobucht (64—69° n. Br.) in einer flachwelligen Landschaft, die sich an den Inlandeisrand unmittelbar anlehnt. Diese Salzseen waren schon den Eskimos bekannt, ehe sie I. A. D. JENSEN näher untersucht hat[5]. JENSEN veröffentlichte eine chemische Analyse des Wassers des Salzsees Tarajornitsok (Juli 1884), aus welcher hervorgeht, daß der Salzgehalt nicht vom Meere stammen kann, denn der Magnesiagehalt ist im Salzsee 5mal so groß wie der im Meere, der Kaligehalt sogar 5—6mal. Man muß daher annehmen, daß er durch Auswaschung von kali- und magnesiahaltigen Gesteinsarten unter dem Einfluß von Regen zustande kommt. Eine solche Auswaschung geht noch ständig vor sich, was durch die Untersuchung einiger Ausblühungen von den alten Tonschiefern bewiesen werden kann. JENSEN teilt auch noch einige andere Salzanalysen mit, die einen hohen Schwefelsäuregehalt zeigen und auf Natriumsulfat schließen

---

[1] HÖGBOM, B.: a. a. O., S. 250.

[2] PHILIPPI, E.: Geologische Beschreibung des Gaußbergs. Dtsch. Südp.-Exp. II, 63. Berlin 1906.

[3] DAVID, E.: In E. H. SHACKLETON, The Heart of the Antarctic, 2, 328 (London 1909).

[4] NORDENSKJÖLD, O.: Einige Züge der physischen Geographie und der Entwicklungsgeschichte Südgrönlands. Geogr. Z. 1914, 515 f.

[5] JENSEN, I. A. D.: Undersøgelse af Grønlands Vestkyst (64—67° n. Br.). Meddelelser om Grønland 8, 59 ff.

lassen. Auch Sulfate von Magnesia und in geringerer Menge von Kali sind vorhanden. Somit scheint kein Grund vorzuliegen, zu bezweifeln daß sie in der Hauptsache Auslaugungsprodukte der chemischen Verwitterung des Gesteinsuntergrundes darstellen. Bei Itivnek fand O. Nordenskjöld das Salz als Ausblühungen in kleineren Einsenkungen auf einem undurchlässigen Ton und bemerkt dazu, daß hier die Niederschlagmenge ziemlich bedeutend ist, ein Beweis, daß die Salzausblühungen beständig erneuert werden.

Im Zusammenhang damit steht dort die außerordentlich starke Verwitterung des Gneis und Granit zu skelettartigen Gebilden, in die sich Blöcke auflösen. Zum Teil sind auch pilzähnliche Formen vorhanden, z. T. halbkugelförmige Schalen in das Gestein eingesenkt, die es auch ganz durchsetzen können. Die Entstehung ist nach Nordenskjölds Ansicht nur teilweise auf Windwirkungen zurückzuführen. Ein wesentlicher Anteil kommt den freien Salzen zu, die die Auflösung in hohem Grade erleichtern.

Wir haben es hier also mit einer Verwitterungsform zu tun, die als chemisch zu bezeichnen ist. Der Endzustand der Verwitterung des Gneises wird durch einen groben Sand bezeichnet, wobei dieser durch Oxydation eine mehr oder weniger intensive braune Farbe annimmt. Es scheint, daß diese Verwitterung, wo sie am stärksten ist, teilweise mit einer Oxydation von eingesprengtem Schwefelkies zusammenhängt. Ein chemisch etwas abweichender Prozeß lag an einer Stelle vor, wo sich der Boden im Zusammenhang mit einer augenscheinlich im frischen Zustand schwefelkiesreichen Einlagerung im Gneis mit einer bis zentimeterdicken Kruste aus reinem Schwefel bedeckt zeigte[1].

Wenn man zusammenfassend zwischen den Wirkungen der physikalischen Verwitterung und denen der chemischen einen Vergleich zieht, so bestätigt sich die Anschauung, daß im polaren Gebiet die chemische Verwitterung eine weit geringere Rolle spielt, als die physikalische. Die Gründe hierfür liegen zweifellos in den klimatischen Verhältnissen, die einerseits eine besonders ausgeprägte günstige Situation für die Wirkung der Faktoren schaffen, die bei der physikalischen Verwitterung eine Rolle spielen, andererseits aber chemische Veränderungen der Gesteine und Zersetzungserscheinungen erschweren. Wenn aber trotzdem die Wirkungen der chemischen Verwitterung in arktischen Gebieten unverkennbar sind, so darf man vermuten, daß sie das Ergebnis sehr langer Einwirkungen der für die chemische Verwitterung maßgebenden Faktoren sind.

Für das geringe Maß der chemischen Verwitterung ist zunächst die Tatsache in den Vordergrund zu stellen, daß während des größeren Teils des Jahres der Boden gefroren und mit Schnee bedeckt, somit der Wasserwirkung und der inneren Wasserzirkulation vollkommen entzogen ist. In den Sommermonaten bleibt die Temperatur niedrig, weil ein erheblicher Teil der Sonnenwärme zur Schneeschmelze und zum Auftauen des Bodens verbraucht wird. Die niedrige Sommertemperatur verhindert, daß eine wirksame hydrolytische Tätigkeit des Wassers zustande kommt. Von besonderer Bedeutung ist dann aber auch die Tatsache, daß die Wasserzirkulation im Boden auch im Sommer bereits in geringer Tiefe ihr Ende findet, weil eine ständig gefrorene, daher undurchlässige Schicht ein tieferes Eindringen in den Boden verhindert. Infolgedessen ist auch die Fortführung etwa gelöster Stoffe nach unten hin nicht möglich, so daß die Ausbildung eines Bodenprofils, wie es den humiden Gebieten eigen ist, nur in beschränktem Maße und dann nur unter günstigen lokalen Bedingungen zustande kommen kann. Jener Umstand trägt aber andererseits dazu bei, daß wenigstens örtlich die Bedingungen für Salzausblühungen günstiger sind. Denn

---

[1] Nordenskjöld, O.: a. a. O., S. 515.

dort, wo die Salze, die etwa im Gestein enthalten sind oder vom Meere herbeigeführt werden, weder nach der Tiefe noch nach den Seiten hin forttransportiert
werden, also z. B. auf ebenem Gelände oder in abflußlosen Hohlformen, da
können sie durch die Verdunstung des Wassers angereichert und zum Ausblühen
gebracht werden. Wenn dagegen ein Abfluß des Wassers stattfindet, etwa in
Form von Schmelzwassergerinnen auf dem undurchlässigen, ständig gefrorenen
Untergrund, so wird ein Ausblühen der Salze kaum zustande kommen können.

Die Salzausblühungen in polaren Gebieten sind oft mit denen in Wüsten
verglichen worden. Aber es ist schon bemerkt worden[1], daß die Bedingungen,
unter denen die Salzausblühungen hier und dort auftreten, doch z. T. sehr
verschiedenartig sind. Gleichartig ist vielleicht das Auftreten der Verdunstung
bei geringen Niederschlägen, verschiedenartig sind aber vor allem die Temperaturverhältnisse und die Bedingungen der Wasserzirkulation im Boden. Jedenfalls
ist es von Interesse, daß es nicht nur in heißen Gebieten Konzentrationen des
Salzgehaltes gibt, sondern auch in kalten, so daß Schlußfolgerungen auf das
Klima aus dem Vorhandensein von Salzschichten in geologischen Formationen
mit großer Vorsicht zu ziehen sind[2].

Um die Bedeutung der klimatischen Faktoren für die chemische Verwitterung
in höheren Breiten anschaulich zu machen, können noch folgende Beobachtungen
dienen. Daß eine nur wenig erhöhte Sommertemperatur und eine geringe Vermehrung der Niederschläge bereits eine stärkere chemische Verwitterung bedingen, zeigt das Ergebnis von Untersuchungen, die E. BLANCK und Mitarbeiter
an mehreren, auf der Insel Hindö (Vesteraalen, Nordnorwegen) aufgenommenen
Verwitterungsprodukten von granitischen Gesteinen und kristallinen Schiefern
vorgenommen haben. Hier in 69^0 n. Br., im Gebiet des feuchten atlantischen
Klimas, ist in den Verwitterungsstufen des Granits eine geringe Entkieselung
und nur eine im Boden erfolgte stärkere Entbasung festzustellen, so daß er
sich in seinem Verwitterungsvollzug weit mehr den unter gemäßigten Breiten
herrschenden Bedingungen der chemischen Aufbereitung anschließt, als den Verhältnissen des arktischen Gebiets, für welches eine nur ganz schwache hydrolytische Tätigkeit des Wassers und somit keine Entkieselung und keine Entbasung mit Ausnahme des Kalks nachzuweisen ist. Gneisartige Granite und
kristalline Schiefer sind an der norwegischen Küste schon stark hydrolysiert[3].

Die Tatsache, daß ein ständig gefrorener Boden für die Verwitterungsvorgänge von wesentlicher Bedeutung ist, zeigt ein Vergleich der oben geschilderten Verhältnisse mit denen auf der Kergueleninsel ($49^1/_2^0$ s. Br.). Hier
herrschen zwar auch sehr niedrige Sommertemperaturen (Temperaturmittel des
wärmsten Monats nur $7,0^0$), und doch ist die chemische Verwitterung sehr erheblich, offenbar weil der Unterboden niemals gefroren ist[4]. Das mit den reichlichen Niederschlägen in den Boden gelangende Wasser kann zu allen Jahreszeiten in die tieferen Schichten durchsickern, so daß ein Auslaugen der oberen
stattfindet. E. WERTH bemerkt dazu etwa folgendes[5]. Wesentlich unter Mitwirkung der Vegetationsdecke kommen die z. T. ausgedehnten Lager von Rasen-
Eisenerz (Sumpferz) zustande, die auf dem basaltreichen Kerguelen eine große
Verbreitung zu haben scheinen. Mit Hilfe der aus dem Zerfall der abgestorbenen
Pflanzen hervorgehenden Kohlensäure laugt das Sumpf- und Grundwasser den

[1] Siehe S. 67.
[2] HARRASSOWITZ, H.: Klima und Verwitterungsfragen. N. Jb. f. Min. usw. **47**, 495—515.
[3] BLANCK, E., F. GIESECKE und H. KEESE: Beiträge zur chemischen Verwitterung auf
Hindö, Vesteraalen, N.-Norwegen. Chem. d. Erde **4**, 76/77 (1928).
[4] Vgl. S. 51.
[5] WERTH, E.: Aufbau und Gestaltung von Kerguelen. Dtsch. Südp.-Exp. 1901/03,
II, 174f.

eisenhaltigen basaltischen Boden aus und setzt das Metall an geeigneten Stellen
in Form von schlackigen, löcherigen Brauneisensteinkrusten wieder ab. Das Erz
ist von rostbrauner Farbe und glänzendem Bruch. Den Brauneisenstein trifft
man beim Graben in mächtiger Ausbildung z. B. auf der Grenze zwischen einem
lockeren Boden, (Bimssteinboden usw.) und dem unterlagernden Felsen. Nach
den petrographischen Untersuchungen der Kerguelengesteine durch R. Reinisch[1]
zeigen die im Brauneisenstein enthaltenen Basaltstücke eine gelblichgraue
Oberfläche, die größeren von ihnen bergen noch einen kleinen Kern von frischem
schwarzen Basalt usw. So sind auf Kerguelen die Vorgänge der chemischen Verwitterung trotz der niedrigen Temperaturen, die dort herrschen, sehr deutlich
ausgeprägt und beherrschen in gewissem Maße auch den Bodencharakter.

Bei der Beurteilung der Frage, wieweit die chemische Verwitterung in den
arktischen Regionen heute eine Rolle spielt, darf man die Tatsache nicht außer
acht lassen, daß die heutige Beschaffenheit der arktischen Böden und das verwitterte Aussehen mancher Gesteine nicht nur das Ergebnis der Verwitterungserscheinungen der jüngsten Vergangenheit darstellen, sondern daß in ihnen sich
die ganze Reihe von Einflüssen verkörpert, die unter Umständen seit sehr langen
Zeiten auf sie eingewirkt haben. So wird man Bedacht darauf nehmen müssen,
auch die klimatischen Verhältnisse der Vorzeit für die Erklärung der
heutigen Befunde heranzuziehen. Erschwert wird aber gerade dieser Weg zur
vollen Erkenntnis der Vorgänge dadurch, daß die starke mechanische Abtragung
die Verwitterungsprodukte sehr bald von ihrer ursprünglichen Bildungsstätte
entfernen kann. Am ehesten darf man wohl erwarten, daß auf den ebeneren
Teilen der Hochflächen die Verwitterungsprodukte ihre Lage am längsten ungestört beibehalten, weil hier die Wirkungen aller abtragenden Faktoren am
geringsten sind, und die Verwitterungsprodukte daher auch eine relativ stabile
Lage haben. Auf solchen primären Lagerstätten werden daher die Spuren der
Verwitterung sich ungestört aus früheren Zeiten am besten erhalten haben. Auf
den Abhängen dagegen, wo die Erscheinungen der Solifluktion eine ständige
Umlagerung der aufbereiteten Gesteinsmassen hervorrufen, werden auch die
Spuren der Verwitterung früherer Zeiten lange verwischt sein. Auf den niedrig
gelegenen wenig geneigten Flächen des Bodens verhält es sich dagegen hinsichtlich der Konservierung älterer Einflüsse wieder günstiger, soweit nicht
die Aufschüttung des von den Gehängen oder aus den Tälern herabgeführten
Detritus auch heute noch anhält. Als störendes Moment kommt gerade in
den höheren Breiten die Tatsache in Betracht, daß in der letzten Epoche der
Erdgeschichte das Land in aufsteigender Bewegung begriffen war. Die aus
dem Meere aufgestiegenen Terrassen tragen also Böden, die entweder Meeres-
absätze sind oder die vom Meerwasser mechanisch und chemisch angegriffen
wurden.

Aus solchen Erwägungen heraus, ist es berechtigt die Frage aufzuwerfen,
inwieweit die bisherigen Untersuchungen über den Anteil der chemischen Verwitterung an der Bodenbildung den Schluß zulassen, daß die heutigen klimatischen
Verhältnisse dafür maßgebend gewesen sind. Nach Ansicht des Verfassers
wirken in den Böden Spitzbergens und der nordpolaren Länder überhaupt zum
mindesten noch Einflüsse jener gar nicht so weit zurückliegenden postglazialen
Klimaepoche nach, die durch eine größere Wärme ausgezeichnet war und in
einem sog. Klimaoptimum gipfelte. Den Zeugen einer solchen gegenüber der
Jetztzeit warmen Epoche begegnet man in vielen Teilen der gemäßigten, aber
besonders auch der polaren Breiten. Gerade hier hat man durch fossile Funde

---

[1] Reinisch, R.: Petrographische Beschreibung der Kerguelengesteine. Dtsch. Südp.-
Exp. 1901/03, II, 217, 221.

mit Bestimmtheit Schlüsse auf ein wärmeres Klima der jüngsten geologischen Vergangenheit ziehen können[1]. In Skandinavien ist der Betrag der Wärmesteigerung gegenüber der heutigen nach pflanzengeographischen Befunden auf 2,5° C während der sommerlichen Vegetationsperiode geschätzt worden. Wenn man mit G. Andersson annimmt, daß ein ähnlicher Temperaturüberschuß in den Sommermonaten in Spitzbergen vorhanden war, so folgt daraus, daß damals die Zeit des Jahres, in welcher der Boden schneefrei und aufgetaut war, nicht unerheblich länger und damit auch die Wirkung gerade der chemischen Verwitterung stärker war als heute. Dies um so mehr, als auch die Vegetation damals weitere Flächen des Bodens bedeckt haben muß, so daß auch die sog. biologische Verwitterung in jener nacheiszeitlichen Periode stärker wirksam sein konnte. G. Andersson bemerkt ausdrücklich, daß z. B. alle Torfbildungen auf Spitzbergen jetzt aufgehört haben, und daß die vorhandenen Torflager auf ein wärmeres Klima hinweisen. Über die Pflanzendecke Spitzbergens bemerkt er, daß ein großer Teil der dort lebenden Arten, obgleich sie meistens an den klimatisch bevorzugten Örtlichkeiten stehen, keine reifen Samen entwickeln. Die Pflanzenarten aber, die dort in ziemlich später postglazialer Zeit lebten und jetzt meist verschwunden sind, deuten gemäß ihrer heutigen Verbreitung zweifellos auf eine größere Wärme auf Spitzbergen hin. In ähnlicher Weise haben die dänischen Forscher Ad. S. Jensen und P. Harder aus der Verbreitung fossiler mariner Organismen den Schluß ziehen können, daß diese warme Periode auch auf den andern polaren Inseln in postglazialer Zeit geherrscht haben muß. Da die betreffenden Funde in einer nicht sehr großen Höhe über dem Meeresspiegel gemacht sind, die Landhebung aber ziemlich rasch vor sich ging, so erscheint der Schluß gerechtfertigt, daß jene Organismen erst in einer relativ späten Periode der Postglazialzeit hier gelebt haben[2].

Die Zeit des Klimaoptimums liegt vielleicht nicht mehr als 8000 Jahre zurück[3]. So kann seine morphologische Wirkung einesteils wohl noch in den Bodenarten gleichsam magaziniert, andernteils auch wohl in den Verwitterungserscheinungen implizite enthalten sein, die sich als Rindenbildungen, Salzausblühungen u. dgl. an einzelnen Gesteinen zeigen. Harrassowitz weist darauf hin, daß Verwitterungsrinden sich fossil außerordentlich gut erhalten können und knüpft daran die Forderung, daß bei allen bodenkundlichen Arbeiten sorgfältig darauf geachtet werden solle, ob ein Bodenprodukt der Jetztzeit angehöre oder fossilen Charakter besitze[4].

Wieweit die Wirkungen der diluvialen Eiszeit sich noch in dieser Hinsicht in den Bodenverhältnissen der Arktischen Inseln bemerkbar machen, muß dahingestellt bleiben. Vermutlich waren in der Eiszeit die unmittelbaren Verwitterungsvorgänge nicht so stark wie in der Postglazialzeit und heute, weil damals jedenfalls die Schnee- und Eisbedeckung der polaren Gebiete weit ausgedehnter und also auch die Einwirkung der Temperaturschwankungen und des Spaltenfrostes entsprechend eingeschränkt war. Dafür waren aber die Wirkungen der glazialen Abtragung um so stärker und ausgedehnter als heute. Das Problem der Deutung

---

[1] Vgl. die umfassende Zusammenstellung aller Beweismittel in: Die Veränderungen des Klimas seit dem Maximum der letzten Eiszeit, Stockholm 1910; und darin besonders G. Anderssons Abhandlungen, z. B. S. 409—417.

[2] Jensen, Ad. S., u. P. Harder: Postglacial changes of climate in arctic regions as revealed by investigations on marine deposits. In: Die Veränderungen des Klimas seit dem Maximum der letzten Eiszeit, S. 399—407. Stockholm 1910.

[3] Vgl. u. a. W. Köppen und A. Wegener: Die Klimate der geologischen Vorzeit, S. 232—251. Berlin 1924. Geogr. Z. 1925, 360.

[4] Harrassowitz, H.: Die Klimate und ihre geologische Bedeutung. Ber. Oberhess. Ges. Natur- u. Heilk., Naturwiss. Abt., N. F. 7, 212—230. Gießen 1916—1919.

der heutigen Bodenverhältnisse aus den Bedingungen ihrer Bildung ist nach alledem schwieriger, als es auf den ersten Blick erscheint, und es wird eine Aufgabe der Forschung sein, die Beteiligung vorzeitlicher Faktoren an der Bodenbildung besonders zu beachten.

Der Anteil der Vegetation an der Bodenbildung.

Wie schon aus dem Kapitel über die chemische Verwitterung im arktischen Gebiet hervorgeht, ist der Anteil, den die organische Substanz an der Verwitterung von Gesteinen nimmt, sehr unbedeutend. Zum Teil liegt das daran, daß unter den gegebenen klimatischen Verhältnissen der Polargebiete die Vegetation überhaupt eine beschränkte Verbreitung hat und nur mit niedrigwachsenden Pflanzen vertreten ist, andererseits daran, daß der Boden wegen seiner niedrigen Temperatur und wegen der kurzen Zeit, in der er aufgetaut ist, für chemische Vorgänge, die von den Pflanzen ausgehen könnten, wenig empfänglich ist.

A. Meyer äußert sich hierüber in seinem bekannten Werk über einige Zusammenhänge zwischen Klima und Boden folgendermaßen: „Als eine der vielen Ursachen des Fehlens von Wald in der polaren Tundra ist der schon in geringer Tiefe jahraus jahrein gefrorene Untergrund zu betrachten. Der Abbau der Humusstoffe geht während des kurzen Sommers nur langsam vor sich. Dadurch treten alle vorkommenden Pflanzen als mehr oder weniger ausgeprägte Torfbildner auf. Der Hauptvegetationstyp der Tundren ist das Sphagnummoor, das seinerseits wieder oft durch Flechten überwuchert und abgetötet wird. Das Hochmoor siedelt sich über dem physikalisch zertrümmerten Gestein an[1]." Die Anreicherung von Humus hängt mit der Durchnässung des Bodens, die ihrerseits eine Folge der Undurchlässigkeit des gefrorenen Untergrundes ist, eng zusammen. Aber der Abbau der Humusstoffe findet unter den gegebenen Bedingungen außerordentlich langsam statt, so daß auch ihre Einwirkung auf den Untergrund nur eine sehr bescheidene sein kann.

Das Bodenrelief spielt innerhalb der Tundrazone insofern eine besondere Rolle, als auf den Bodenerhebungen, auch wenn sie nur unbedeutende Bodenwellen bilden, der Boden trockener ist und daher andere, Trockenheit liebende Pflanzen gedeihen, als in den von Bodenfeuchtigkeit stärker gesättigten Bodensenken. So bildet sich ein Gegensatz aus zwischen der Felsen- oder Flechtentundra und der Moortundra, und die Pflanzenrückstände bestehen in dem einen Falle aus Trockentorf, in dem anderen aus Hochmoortorf. Daneben kommen besonders im Überschwemmungsbereich der Flüsse, aber nur in beschränkter Ausdehnung, noch Wiesenmoore vor.

Daß die Pflanzendecke durch die Regelationsvorgänge im Boden beeinflußt werden kann, ist eine vielfach beobachtete Erscheinung. J. Frödin beschreibt diese Wirkungen eingehender nach seinen Beobachtungen in Schweden[2]. Der Gefrierprozeß im lockeren Boden macht sich häufig dadurch geltend, daß auf Moor- und Heideboden runde nackte Flecken sich bilden, die über die sonst zusammenhängende Pflanzendecke zerstreut sind. Sie haben einen Durchmesser zwischen 0,5 und 5 m und ragen 5—20 cm über die sie umgebende Pflanzendecke hervor. Diese „Lehmbeulen", die der Landschaft ein besonders charakteristisches Gepräge verleihen, durchsetzen die Torfdecke und hängen unten mit

---

[1] Meyer, A.: Über einige Zusammenhänge zwischen Klima und Boden in Europa. Chem. d. Erde 2, 293 ff. (1926).

[2] Frödin, J.: Über das Verhältnis zwischen Vegetation und Erdfließen in den alpinen Regionen des schwedischen Lappland. Lund Univ. Årsskr., N. F. Avd. 2, Bd. 14, Nr 24, S. 21 ff. (Lund 1918).

dem Lehmbett zusammen, auf dem der Torf ruht. Die Ursache solcher Bildungen sehen Frödin und andere Forscher darin, daß der stark wasserhaltige Lehm sich beim Gefrieren erweitert, so daß er sich nach aufwärts schiebt und einen kleinen Hügel (Tundrahügel) bildet. Zuerst wird das an solchen Stellen eintreten, die eine dünnere Torf- oder Pflanzendecke tragen und daher besser wärmeleitend sind als ihre Umgebung[1]. Die Pflanzen- und Torfdecke wird nun, wie Frödin folgert, auf den kleinen Hügeln hauptsächlich durch Winderosion dünner. Dieser Faktor spielt gerade bei Eintritt des Winters, wenn der Boden trocken und das Erosionsvermögen des Windes dank dem mitwehenden Schnee besonders groß ist, eine bedeutende Rolle. Infolge der von Jahr zu Jahr fortschreitenden Verdünnung der Vegetationsdecke wirkt der Prozeß jedesmal mit größerer Intensität, bis sie definitiv zerstört ist. Im Frühling kann, wenn die gefrorene Lehmmasse an der Spitze auftaut, diese mit Schmelzwasser gesättigt werden und wie ein Brei über die Vegetation der Umgebung hingleiten, wobei die Ränder der Torfdecke ein wenig aufgewölbt oder gefaltet werden. Es können sich auch auf solchen Erdhügeln kleine Schlammströme entwickeln.

Thorrodsen und M. Gruner beschreiben solche Bildungen auf Island und nennen sie Bülten (isländisch thufur = niedrige Haufen, dänisch tue)[2]. Gripp hat solche Gebilde der Gegend des Green Harbour auf Spitzbergen beobachtet und bringt sie in Zusammenhang mit der Bildung des Strukturbodens[3]. A. de Quervain beschreibt diese Erscheinungen aus der Gegend von Holstensborg in Westgrönland[4]. Die Vegetationsdecke wird durch solche „Erdquellen", wie er sie nennt, zerrissen; die schlammige Erde fließt von der Aufbruchstelle über den bewachsenen Boden fort. Diese und andere Erscheinungen lassen das Bild der Tundra nicht so einfach erscheinen, wie man es früher angenommen hat. E. Blanck hat die Ansichten über die Bodenbildung in der Tundra übersichtlich zusammengestellt[5]. Danach scheinen im Gebiet der Tundra bereits Anklänge an den podsoligen Bodentypus vorzukommen[6]. Hierauf wird in einem anderen Teil dieses Werkes näher eingegangen.

Über die Ausdehnung der Tundra orientiert man sich heute wohl am besten nach dem Werk von P. Krische über die Bodenkarten[7]. Auf der von ihm wiedergegebenen Karte des europäischen Rußlands, die von L. Prassolov (Leningrad 1927) entworfen ist, wird durch Signaturen unterschieden, wie weit die Böden der Tundra im europäischen Rußland reichen. Sie nehmen nur einen sehr schmalen Küstenstrich im äußersten Norden für sich in Anspruch, südlich davon schließen sich Sumpf- und Moorböden schon im Bereich der Waldzone an. Die russischen Forscher unterscheiden im Gebiet der Tundra verschiedene Ausbildungsformen, nämlich die trockene Tundra mit dünner Torfschicht, die sumpfige Tundra, die sich südlich anschließt und schließlich als Spezialform die „Torfhügel" auf sumpfiger Tundra[8]. Im Anhang von Krisches Werk ist die von Glinka (Leningrad) entworfene Weltübersichtskarte der Bodenarten

---

[1] Siehe auch oben S. 48.

[2] Thorrodsen, Th.: Polygonboden und „thufur" auf Island. Pet. Mitt. 1913 II, 253—255. — Gruner, M.: Die Bodenkultur Islands. Arch. f. Biontol. III 2, 64—84 (Berlin 1912). — Grigoriew, A. A.: Typen des Tundra-Mikroreliefs. Geogr. Z. 1925, 345—359.

[3] Gripp, K.: a. a. O., S. 7. S. auch unten S. 90.

[4] Quervain, A. de: Schweizer Grönlandexpedition 1912/13. Denkschr. d. Schweiz. Naturforsch. Ges. 53 b, S. 173—175. Zürich 1920.

[5] Blanck, E.: Ein Beitrag zur Kenntnis arktischer Böden usw. Chem. d. Erde 1, 438 ff. (1919).

[6] Blanck, E.: a. a. O., S. 443.

[7] Krische, P.: Bodenkarten und kartographische Darstellungen der Faktoren der landwirtschaftlichen Prod. verschiedener Länder, S. 39 ff. Berlin 1928.

[8] Krische, P.: a. a. O., S. 41.

wiedergegeben, die dem ersten internationalen bodenkundlichen Kongreß in Washington 1927 als letzte Arbeit des verdienten Forschers vorgelegt wurde. Sie dürfte am besten die Ausdehnung der Tundra nach dem heutigen Stand der Kenntnisse wiedergeben.

Äolische Bodenbildungen. Kryokonit.

Daß in den arktischen Gegenden sich auch äolische Ablagerungen an der Bildung und Zusammensetzung der Böden beteiligen, ist nicht zu verwundern. Denn es fehlt im Verwitterungsschutt, in den Schutthalden und in der Fließerde der Gehänge, in den Moränen der Gletscher und in den Schwemmlandbildungen der Bäche und Flüsse nicht an feinerdigem Material, das vom Winde aufgenommen, verfrachtet und abgelagert werden kann. Daß die geringe Flächenausdehnung der Vegetationsdecke diese Vorgänge nur begünstigt, liegt auf der Hand, doch schließt auf der anderen Seite die lange Schneebedeckung des Bodens naturgemäß die Wirkung des Windes auf den Boden im allgemeinen für die ganze Dauer der kälteren Jahreszeit aus. Ausnahmen von dieser Regel werden sogleich zu erwähnen sein.

Günstig für den Transport äolischer Substanzen ist der Umstand, daß wenigstens in den Randgebieten der arktischen Länder, besonders auf Inseln, die Luftbewegung in der Regel nicht unbedeutend ist; stärkere Winde, ja Stürme sind hier keineswegs selten. Dabei machen sich lokale Bedingungen vielfach geltend. So sind starke Winde besonders häufig, wo ein ausgeprägtes Relief die Stromlinien der Luft in bestimmte Bahnen lenkt, wie es z. B. in den tief eingeschnittenen, zum Meere geöffneten Talzügen der Fjorde und an gebirgigen Küsten der Fall zu sein pflegt. Auch die höheren Teile des Landes, vor allem die Hochflächen, werden oft von stärkeren Luftströmungen überweht. Dort, wo eisbedeckte Höhen oder gar kontinentale Inlandeisflächen vorhanden sind, kommt es an deren Rändern zu lokalen Fallwinden, die für die Wirkung auf den Boden um so bedeutsamer sind, weil sie ihn als verhältnismäßig trockene Winde treffen und ihm mit der Feuchtigkeit auch die Konsistenz nehmen. Ferner ist es nicht ohne Bedeutung, daß z. B. die Küstengebiete Grönlands, Islands und Spitzbergens, um nur die wichtigsten Inseln zu nennen, oft von Stürmen heimgesucht werden, die mit den Luftdruckwirbeln im Bereich des isländischen Minimums und seiner Verzweigungen auftreten. In welcher Weise die Luftströmungen durch das Relief und durch die starke Gliederung einer Küste in ihrer Richtung beeinflußt werden können, zeigt eine Kartenskizze, die C. Samuelsson in seinen grundlegenden Studien „Über die Wirkungen des Windes in den kalten und gemäßigten Erdteilen" für das Gebiet des Eisfjordes von Spitzbergen veröffentlicht hat[1]. Sie zeigt, wie dort die Winde von den benachbarten, meist eisbedeckten und daher stark abgekühlten Hochflächen und Gebirgskämmen in die Täler und Buchten hinabwehen, um sich in der großen „Entlüftungsrinne" des Fjordes zu vereinen und westwärts dem Meere zuzustreben.

Ein anderes Beispiel ist aus dem südwestlichen Grönland bekannt geworden, wo Otto Nordenskjöld in der Nähe des Eisrandes Staubablagerungen fand, die alle Hügel und Plateaus in großer Ausdehnung mit lößähnlicher Feinerde vielleicht 1—2 m dick überziehen. Die Entstehung dieser Ablagerungen schildert er so: „Drunten im Tal fließt der Gletscherfluß, der bei jedem Hochwasser große Massen Gletscherschlamms auf der Oberfläche des Tales ausbreitet. Wenn der Boden

---

[1] Samuelsson, C.: Studien über die Wirkungen des Windes in den kalten und gemäßigten Erdteilen. Bull. Geol. Inst. Upsala **20**, Nr. 3, S. 57—230 (1926); mit sehr reichhaltiger Literaturübersicht.

ausgetrocknet ist und starker Wind weht, so ist die Luft dick von feinen Staubpartikeln, die dann durch die Vegetation festgehalten werden[1]." Über die Beschaffenheit dieses Bodens weiter unten Näheres[2].

Daß der Wind nicht nur im Sommer, wenn der Schnee von weiten Flächen verdunstet und abgetaut ist und wenn Trockenperioden eintreten, günstige Bedingungen für seine Wirksamkeit vorfindet, sondern auch noch im Herbst, wenn die Temperatur des noch schneefreien Bodens bereits unter 0^0 gesunken ist, darauf macht C. SAMUELSSON besonders aufmerksam[3]. Auch A. WEGENER erwähnt, daß nach seinen Beobachtungen in Grönland „die Befreiung der Staubteilchen von der Verklebung weniger durch Austrocknen des flüssigen Lehmbreies — wobei meist harte Platten entstehen — als durch Gefrieren und unmittelbares Verdampfen des darin enthaltenen Eises geschieht, was namentlich im Herbst, wenn der Boden wärmer ist als die Luft, in größerem Maßstabe geschieht[4]."

Der räumliche Ausdehnungsbereich der Windwirkung in polaren Gebieten wird aber örtlich auch dadurch vergrößert, daß durch den Wind selbst der Boden an vielen Stellen auch im Winter von Schnee frei gehalten wird, ein Umstand, der um so mehr in Betracht kommt, als solche dem Winde ausgesetzten Stellen vegetationslos zu bleiben pflegen. O. STOLL äußert sich auf Grund seiner Erfahrungen beim Ebeltofthafen (Spitzbergen) hierzu folgendermaßen[5]: „Wer nur in den Sommermonaten in arktischen Gebieten weilt, geht leicht einer Reihe von Beobachtungen verlustig, die sich nur in den übrigen Zeiten wahrnehmbar abspielen. So bleiben z. B. große Teile des Gebirges während des größten Teiles des Jahres schneefrei, wobei Gefälle wie Windwirkungen bei dem selten flockigen Schnee die Ursache sein können. Selbst ebene Flächen können zeitweilig bis zur Wintersonnenwende von der sie bedeckenden Schneedecke bloßgelegt werden. So bringen winterliche Stürme oft als typische Fallwinde feine Teile der verwitterten Oberflächenschichten, die sich dem Schnee auflagern und später in ihm oder im Gletschereis Staubschichten bilden." SAMUELSSON nennt die Stellen, die während des ganzen Jahres schneefrei und daher dem Winde ausgesetzt bleiben, „B a r f l e c k e n". In Spitzbergen finden sie sich nicht nur an steileren Bergwänden, sondern auch auf Hochflächen z. B. an der Südseite des Eisfjords. Es ist bemerkenswert, daß aus diesem Grunde die Vergletscherung hochgelegener Flächen schwerer zustande kommt und daß sie, wenn sie stattfindet, häufig nicht das Ausmaß erreicht, welches sie in geschützteren Teilen des Landes, in Tälern und Buchten, zeigt.

Indem der Wind das feinere Verwitterungsmaterial fortführt, bleibt ein gröberer Verwitterungsrückstand zurück, der aus dem vom Wind nicht transportablen Material besteht und einen S t e i n p a n z e r von mehreren Dezimetern Mächtigkeit bilden kann. Es tritt dann in dem vom Winde nicht fortgeführten, aus Kiesen, Scherben, Gesteinssplittern und Blöcken gebildeten Material eine gewisse feste Lagerung ein, die der weiteren Windwirkung ein Ziel setzt. So schützen hier wie auch in den Wüstengebieten Geröllpanzer oder auch Steinpflaster den Untergrund vor weiterer Abtragung[6]. SAMUELSSON charakterisiert diesen Vorgang folgendermaßen nach Beobachtungen bei Kap Boheman am

---

[1] NORDENSKJÖLD, O.: Einige Züge der physischen Geographie und der Entwicklungsgeschichte Südgrönlands. Geogr. Z. **1914**, 517ff..

[2] Siehe S. 81. [3] SAMUELSSON, C.: a. a. O., S. 141.

[4] KÖPPEN, W., und A. WEGENER: Die Klimate der geologischen Vorzeit, S. 167. Berlin 1924.

[5] STOLL, O.: Zur Entstehung des Strukturbodens in polaren Gebieten. Veröff. Dtsch. Observ. Ebeltofthafen, Spitzbergen, H. 7, S. 8. Braunschweig 1917.

[6] Vgl. auch S. PASSARGE: Grundlagen der Landschaftskunde, **3**, 142, und in diesem Handbuch **1**, 294ff.

Eisfjord Spitzbergens: „Es zeigte sich, daß nach dem Sturm eine gewisse Stabilisierung eingetreten war, auf die Weise, daß flachere Platten von Schiefer und Sandstein sich gerade für einen Wind von dem Typ und der Richtung angeordnet hatten, wie er bei diesem Sturm geherrscht hatte. Außer dem groben Material von Steinen und Blöcken, das auf dem kahlen Boden eine zusammenhängende Decke bildete, lagen die flachen Scherben auf eine solche Weise, daß sie einander gewissermaßen dachziegelartig deckten und schräg aufeinander lagen usw. Da diese Anordnung auf einen NNW-Wind deutete, der eine solche Stärke besaß, daß er die Scherben wohl zu bewegen, nicht aber fortzuführen vermochte, ist es deutlich, daß die vorherrschenden und gewaltsamsten Winde von dieser Seite kommen. Ein südlicher oder südöstlicher Wind, der gegen die aufragenden und entgegengewendeten Kanten der Scherben blasen, sie leicht aufheben und in diese Scherbendecke Unordnung bringen würde, kommt offenbar nicht vor. Man ist, wie mir scheint, berechtigt, daraus den Schluß zu ziehen, daß auf dem aus heterogenem Material bestehenden Boden die Deflation das feinere Material wegführt, so daß zuerst ein Schutzlager aus gröberem Material gebildet wird und daß dann nach und nach eine Stabilisierung der verschiedenen Teile dieses Schutzlagers eintritt[1].“

Ähnlich äußert sich unter anderen H. Philipp: „Sehr auffallend ist das feste Gefüge des Schuttpflasters; an einigen flachen Kuppen war die Verschotterung des Bodens wie eingewalzt[2].“ Er macht dann darauf aufmerksam, daß diese „Hamadadecke“ auch noch in anderer Weise schützend auf den Plateaucharakter eines Berges einwirkt. „Denn bei gelegentlichen Niederschlägen oder bei starker Schneeschmelze kann das abfließende Wasser sich nicht oberflächlich vereinigen und hier Rinnen und Furchen eingraben, die sich bei jeder Erneuerung des Vorgangs vertiefen, sondern das Wasser zerrieselt zwischen den einzelnen Steinen und bildet zeräderte, wirkungslose Gerinnsel oder führt zu einer allgemeinen Durchweichung des Bodens, die bei geneigtem Terrain den Anlaß zu den wichtigen Erscheinungen der Solifluktion gibt.“ So bleibt in den tieferen Lagen unter der Schutzdecke das feinerdige Material der Abtragung durch den Wind und das Wasser entzogen. Daß diese Erscheinungen stark an die Wüstenbildungen in den Trockengebieten der Erde erinnern, kann der Verfasser aus eigener Erfahrung bestätigen. Der von den Winden fortgeführte Staub kommt in der Regel dort zur Ablagerung, wo die Windstärke nachläßt. Solche Stellen können sich bereits in unmittelbarer Nähe der Ursprungsstätten des Staubes, z. B. in Lee von Barflecken, finden, wie Samuelsson von Kap Boheman am Eisfjord berichtet, jedoch sind das nur Ausnahmen[3]. Im übrigen sammelt sich der Staub naturgemäß hauptsächlich vor und hinter Hindernissen und in Bodensenken an, vorausgesetzt, daß die Windstärke nachläßt. Ein großer Teil davon wird jedoch auch durch ablandige Winde ins Meer hinausgeweht.

Da der schneefreie Raum zeitlich und örtlich beschränkt ist, wird der äolische Staub in den polaren Gebieten in der Regel keine ausgedehnteren selbständigen Bodenablagerungen bilden, sondern sich mit dem vorhandenen Erdreich verbinden und beim nächsten Regen oder in der Schneeschmelzperiode vermengen. Reine Dünenbildungen sind im Polargebiet selten und beschränken sich meist auf die Küstengebiete. In manchen Fällen wird sich der Staub schon in der Luft mit treibendem Schnee vermischen und dann mit diesem irgendwo zur Ablagerung kommen. Nicht selten tritt dann seine Anwesenheit durch eine mehr oder weniger

---

[1] Samuelsson: a. a. O., S. 144.

[2] Philipp, H.: Geologische Beobachtungen. Ergebnisse der W. Filchnerschen Vorexpedition nach Spitzbergen 1910. Pet. Mitt. Erg.-H. 179, 19f. (1914).

[3] Samuelsson: a. a. O., S. 144f.

starke Färbung des Schnees in Erscheinung. Wiederholt sich die staubvermischte Schneeablagerung von Zeit zu Zeit, so kommt es zur Bildung von Staubschichten im Schnee, die dann, wenn Schmelzprozesse eintreten, als Schmutzstreifen erkennbar werden oder die ein Schnee- oder Gletscherprofil mit solchen Streifen und Bändern durchziehen. SAMUELSSON gibt ein solches gebändertes Schneeprofil aus der Gegend des Green Harbour wieder[1].

Besondere Beachtung haben die Staubablagerungen gefunden, die zuerst A. E. NORDENSKIÖLD auf dem grönländischen Inlandeis beobachtete und mit dem Namen Kryokonit (Eisstaub) belegt hat[2]. Die Anwesenheit von Kryokonit macht sich durch das Einschmelzen des Staubes in die Eisoberfläche als Folge der Wärmeabsorption der dunklen mineralischen Bestandteile durch die Sonnenstrahlung bemerkbar. Dabei entstehen im Schnee oder Eis sog. Kryokonitlöcher, die oft scharenweise auftreten, so daß der Boden wie ein Sieb oder ein Schwamm aussehen kann. Eine genauere Beschreibung der Kryokonitlöcher gibt unter anderen E. v. DRYGALSKI, der sie an der Westseite Grönlands nördlich der Disko-Bucht im Bereich des Karajakgletschers genauer studiert hat[3]. Die im Sommer mit Wasser gefüllten Löcher haben gewöhnlich eine zylindrische Form, deren Breite im Juni meist 5—10 cm und deren Tiefe 40—50 cm beträgt. Im Lauf des Spätsommers und Herbstes ändert sich die Tiefe, da die Eisoberfläche, die die Löcher umgibt, im Sommer allmählich erniedrigt wird. Die auf dem Boden der Löcher befindlichen Staubteile rücken dementsprechend bei diesem Schmelzvorgang mehr an die Eisoberfläche heran, bis sie im Herbst auf dieser erkennbar werden. Im folgenden Sommer wird der Staub dann wieder eingeschmolzen und bildet im Eise einen neuen Staubhorizont. Statt der zylindrischen vertikalen Ausbildung der Staublöcher hat man auch schräggestellte und nierenförmige Bildungen gefunden[4].

Als NORDENSKIÖLD 1870 die ersten Kryokonitspuren auf Grönlands Inlandeis sammelte, glaubte er, daß es sich um kosmischen Staub handelte. Jedoch hat die genauere Untersuchung der NORDENSKIÖLDschen Staubproben durch LASAULX, LORENZEN, LINDSTRÖM, WÜLFING u. a. diese Ansicht nicht bestätigt, vielmehr ergeben, daß es sich um einen terrestrischen Ursprung des Staubes handelt, der durch den Wind von irgendwoher auf das Eis herbeigetragen wurde. Man hat dann auch erkannt, daß der Kryokonit in der Regel nur da angetroffen wird, wo schneefreie Gelände in nicht zu großer Ferne liegen, und hat festgestellt, daß die mineralische und chemische Zusammensetzung des Staubes mit den benachbarten Felsarten in der Regel verwandt ist. Auch die Tatsache, daß organische Substanzen, nämlich Bestandteile pflanzlichen und tierischen Ursprungs, an der Zusammensetzung der untersuchten Staubproben beteiligt sind, beweist ihre irdische Herkunft. NORDENSKIÖLD hat daher auch selbst später seine Ansicht vom kosmischen Ursprung des Kryokonits berichtigt, wenn auch nicht ganz fallen gelassen, da in der Tat nach Ausweis der chemischen Analyse Bestandteile darin enthalten sind oder sein können, deren Ursprung vielleicht meteorischer Art ist.

Es seien zunächst Angaben über seine Verbreitung gemacht. Man hat gefunden, daß Kryokonit besonders im westlichen Grönland häufiger vorkommt, und zwar bis zu 100 km und mehr von der Westküste landeinwärts. Dies ist an sich erklärlich, weil im Westen Grönlands schnee- und eisfreie Strecken gelegen

---

[1] SAMUELSSON: a. a. O., S. 103.

[2] NORDENSKIÖLD, A. E.: Öfversigt af Vet. Akad. för Handl. 1 (1884); sowie Grönland, S. 197 ff. Leipzig 1886.

[3] DRYGALSKI, E. v.: Grönlandexpedition 1, 93—103.

[4] KAYSER, OLAF: The inland ice. Grönland 1, 283 f. Kopenhagen 1928. Dort ist auch eine sehr anschauliche Abbildung eines Kryokonitlöcherfeldes nach STEENSTRUP wiedergegeben (S. 282).

sind, und außerdem Gebirgskämme und Gipfel als Nunataks über die Inland-
eisfläche hinausragen. So kann von diesen Stellen aus Staub aufgenommen und
auf die binnenländischen Eisflächen verteilt werden. Dagegen ist das Innere und
der Osten Grönlands, wie zuerst Nansen feststellte, sehr arm an Kryokonit in
Übereinstimmung mit der Tatsache, daß an der Ostseite Grönlands keine breite
zusammenhängende Küste und auch nur wenige das Eis überragende Gipfel vorhanden sind, von denen der Staub kommen könnte. Nahe der Westküste fand
Nansen Kryokonit in geringen Beträgen bis etwa 30 km Abstand vom Eisrande.

Die anderen Beobachtungen von Kryokonit betreffen vor allem Vorkommnisse in Spitzbergen, von wo sie z. B. H. Philipp beschrieben hat[1] (Abb. 4).
Er weist besonders darauf hin, daß die Schmelzwirkung des Staubes und die

Abb. 4. Kryokonitlöcher vom oberen Postgletscher, Spitzbergen (nach H. Philipp).
(Aus Pet. Mitt. Erg.-H. 179, Taf. XI, 1 [1914].)

Bildung von Kryokonitlöchern wesentlich zur Ablation der Gletscher beitragen
kann, und daß dies vor allem in den höheren Teilen der Gletscher, wo die Insolation weniger durch atmosphärische Dunstschichten geschwächt ist und daher
auch die Schmelzwirkung eine größere ist, der Fall sein muß. Eine von K. Sapper
von den Schneefeldern des Südplateaus der Adventbai abgehobene Staubprobe,
deren chemische Analyse E. Blanck ausgeführt hat (s. unten), beweist das Vorkommen solcher Ablagerungen auch an dieser Stelle. Vgl. auch die Beobachtungen
von Stoll, Samuelsson u. a.

Auch im Bereich der Antarktis sind manche Beobachtungen über
Staubablagerungen dieser Art gemacht worden. So erwähnt O. Nordenskjöld
Kryokonitlöcher vom Snow-Hill-Gletscher, die grobem Kies (nicht Staub oder
feinem Sand) ihre Entstehung verdanken, der von benachbarten Nunataks durch
Stürme dorthin gelangt sein muß. Seine Beschreibung dieses Kryokonitlöcher-

---

[1] Philipp, H.: Z. Dtsch. Geol. Ges., Monatsber., 64, 489—505 (1912); Pet. Mitt.
Erg.-H. 179, 32, Abb. Taf. XI, 1 (1914).

feldes möge hier Platz finden[1]: „Auf einem kleinen Gebiet trifft man eine Menge Löcher gewöhnlichen Aussehens, zylindrisch, mit lotrechten Wänden und einem Durchmesser, der zwischen 2 und über 50 cm wechselt ... Die Tiefe ist nicht beträchtlich, in den größeren Löchern ungefähr 30, höchstens 40—50 cm. Auf dem Grunde liegt eine Decke von grobem Kies (nicht Staub oder feinem Sand) gewöhnlich nur einige Zentimeter hoch. Im Sommer waren sie mit Wasser gefüllt, im Winter natürlich gefroren, wobei oft Hohlräume entstehen, in denen sich sehr schöne Eiskristalle entwickeln.‟

Aus der Gegend des Viktorialandes beschreibt E. David Staublöcher (wells), die durch Einschmelzen von Staub in Eis entstanden sind. „Es war eigenartig (bei einem Eisberg) zu sehen, welche sehr geringen Staubmengen genügen, um diese Löcher zu graben bis zu einer Tiefe von mehreren Fuß. Beim weiteren Fortgang des Schmelzens des Eises rücken die kleinen Gesteinsstückchen, die bis $1\frac{1}{2}$ Zoll im Durchmesser haben, allmählich in langen Reihen oder Bändern abwärts[2].‟ Auch in der Nähe des Gaußberges sind von E. v. Drygalski Kryokonitlöcher am Rande des Inlandeises beobachtet worden. Der Staub, der durch die dort vorherrschenden Ostwinde von der Oberfläche des Gaußberges aufgenommen wird, fand sich im Nordwesten des Berges und war hier in flache Löcher eingeschmolzen; auch Sand und Steine waren mit dem Eis verschmolzen[3].

Nunmehr möge eine Zusammenstellung der chemischen Analysen einiger Staubproben, die von den Eis- oder Schneeoberflächen in Grönland bzw. Spitzbergen abgehoben wurden, folgen. Die ersten drei Proben stammen von dem von A. E. Nordenskiöld mitgebrachten Kryokonit. Sie sind auf Veranlassung von Nordenskiöld durch Lindström analysiert worden. Die erste

Chemische Analyse von Kryokonit aus Grönland und Spitzbergen.

	I	II	III	IV	V	VI	VII
SiO$_2$	62,25	61,49	62,08	53,05	60,19	59,57	68,60
Al$_2$O$_3$	14,93	14,89	14,79	13,46	11,89	12,67	11,35
Fe$_2$O$_3$	0,74	—	—	} 7,59	9,93	8,05	8,90
FeO	4,64	4,98	4,54				
MnO	0,07	0,06	Spur	—	Spur	—	—
CaO	5,09	4,75	4,65	4,25	4,59	5,34	1,15
MgO	3,00	2,44	2,32	3,72	2,95	2,08	1,55
K$_2$O	2,02	1,71	1,73	2,56	nicht be-	nicht be-	1,70
Na$_2$O	4,01	3,44	3,52	3,27	stimmt	stimmt	1,60
P$_2$O$_5$	0,11	0,08	nicht be-	0,31	Spur	Spur	—
Cl	0,06	—	stimmt	—	—	—	—
Glühverlust . .	3,20	6,74	6,75	4,04	5,58[4]	5,55[4]	6,30
CO$_2$				0,04			(1,60)[5]
N				0,45			
Humus				5,93			
H$_2$O				1,22			
Summe:	100,12	100,58	100,38	99,89			101,15

I, II, III Nordenskiöld-Lindström: Grönland, Inlandeis; IV v. Drygalski-Gans: Grönland, Inlandeis, Karajak; V, VI Mercanton-Mellet: Grönland, Inlandeis; VII Sapper-Blanck: Spitzbergen, Adventbai.

[1] Nordenskjöld, O.: Die schwedische Südpolexpedition und ihre geographische Tätigkeit. Wiss. Erg. d. Schwed. Südp.-Exp. 1901—03 I, 127 (Stockholm 1911).
[2] David, E.: a. a. O., S. 90—92.
[3] Drygalski, E. v.: Der Gaußberg usw. Dtsch. Südp.-Exp. I, 400 f.
[4] Organische Substanz und Wasser. Die Alkalien wurden, obgleich qualitativ nachweisbar, nicht bestimmt.
[5] Feuchtigkeit.

Analyse (I) bezieht sich auf den Staub von 1870, die zweite (II) auf den von 1883, die dritte (III) ist an einem Material ausgeführt, aus dem durch einen Magneten die magnetischen Teile, wie Nordenskiöld annahm, sämtlich entfernt sein sollten. Da aber die Zusammensetzung der Proben II und III sehr ähnlich ist, so kommt E. A. Wülfing zu der Vermutung, daß bei der Sonderung des äußerst feinen Pulvers in einen vermeintlich magnetischen und unmagnetischen Teil weniger die magnetische Kraft als vielmehr Adhäsionskräfte zur Geltung kamen, so daß also aus diesem Grunde substantiell beide Proben sich gleichbleiben mußten[1]. Diese Vermutung wurde von Wülfing dann auch durch Kontrollversuche bestätigt. Die Diskussion der Nordenskiöldschen Staubproben führte dann Wülfing zu dem Schluß, daß in Übereinstimmung mit der Ansicht von Lasaulx und anderen Petrographen dieser Staub den Detritus eines kristallinen Gebirges darstellt[2]. Er besteht nämlich zum größten Teil aus Feldspat, Quarz, Glimmer und gemeiner Hornblende. Die beigemengte organische Substanz, die etwa ein Zwanzigstel des ganzen Pulvers ausmacht, ist stickstoffhaltig und enthält kleine Mengen von Humussäure. Die vierte Probe (IV) ist 1892 von E. v. Drygalski auf dem Inlandeis des Karajak aufgenommen und von Gans analysiert worden, wobei nur die feinsten Bestandteile (Korngröße unter 0,05 mm = 94,8 %) der Gesamtprobe zur Verwendung kamen[3]. Wegen des Gehalts an organischer Materie muß auf die Originalmitteilung verwiesen werden, in der auch die chemischen Analysen des benachbarten Moränenmaterials und der Meeressedimente angeführt sind.

Die Proben V und VI sind bei Gelegenheit der Schweizerischen Grönlandexpedition 1912/13 an der Westseite Grönlands auf dem Inlandeis östlich der Disko-Insel in der Nähe der Station (69,7° n. Br., 50,3° w. L.) in 790 bzw. 960 m Höhe gesammelt und von P.-L. Mercanton beschrieben, später von R. Mellet, Lausanne, chemisch untersucht worden[4]. Von Interesse ist die Art des Vorkommens des Staubes, welchem diese Proben entnommen sind. Man fand außer den zahlreichen Kryokonitlöchern, die in der Nähe der Station etwa ein Drittel der Eisfläche einnehmen, auf ihr einen Hügel, der wegen seiner dunklen Farbe weithin sichtbar war. Bei näherer Untersuchung handelte es sich um einen nur 1 m hohen, 2 m breiten, rundlichen, kegelförmigen Erdhaufen, dessen Kern aus Eis bestand. Die dunkle Haube aber bildete ein stellenweise schwärzlicher und rötlicher, ausgetrockneter Staubboden in einer Stärke von 1 dm. Nach Ansicht Mercantons war die Substanz hier an einer niedrigen Stelle der Eisfläche vorher zusammengespült und hatte beim Schmelzvorgang (nach Analogie der Gletschertische) das Eis vor Abtragung geschützt. Ähnliche Schmelzkegel sind auch von anderen Stellen arktischer Länder, so z. B. von H. Philipp in Spitzbergen und H. Spethmann in Island, gefunden. Es konnten mehrere Kilogramm des Kryokonit von jenem Erdhügel mitgenommen werden (Analyse S. 79, Nr. V).

Die zweite Probe (Probe Nr. VI der Tab. S. 79) wurde 22 km vom Eisrand entfernt nahe der Schneegrenze in 960 m Höhe gesammelt. Die mineralogisch-petrographische Untersuchung ergab in Übereinstimmung mit den vorher genannten Proben, daß auch diese aus einem sehr feinen Staub bestanden (Korngröße unter 0,1 mm = 99,95 %). Die petrographische Zusammensetzung wies auf kristallinische, vorwiegend dioritische Gesteine hin, die im westlichen Grönland

---

[1] Wülfing, E. A.: Beitrag zur Kenntnis des Kryokonit. N. Jb. f. Min., Geol. u. Paläont. 7, 152—174 (Stuttgart 1891).

[2] a. a. O., S. 172.

[3] Drygalski, E. v.: Grönlandexpedition, I, 432—443.

[4] Mercanton, P.-L.: Travaux de l'escoude occidentale. Erg. d. Schweiz. Grönlandexpedition 1912—13. Denkschr. d. Schweiz. Naturforsch. Ges. 53b, 281—288 (1920).

weit verbreitet sind. Damit war der äolische Charakter der Staubproben erwiesen, ganz abgesehen davon, daß auch organische Substanzen darin vertreten waren. In ihrer Zusammensetzung sind die Proben unter sich in naher Übereinstimmung und zeigen auch einige Ähnlichkeit mit der DRYGALSKISCHEN, z. T. auch mit den NORDENSKIÖLDSCHEN.

Von Interesse ist noch, daß die Untersuchung einiger mit dem Magneten aus der Masse herausgezogenen, kugeligen oder eiförmigen Bestandteile keine bestimmte Entscheidung darüber ergab, ob diese kosmischen Ursprungs wären. Ein Vergleich mit den kleinen kugeligen Substanzen, die der „Challenger" vom Tiefseeboden gesammelt hat und die man für Meteorkügelchen hält, zeigte nur eine äußere Übereinstimmung; die innere Struktur ist verschieden. Einige können meteorischen Ursprungs sein, aber die Hauptmasse ist zweifellos äolisches Sediment. Auch die Radioaktivität weist darauf hin.

Die Probe Nr. VII (Tab. S. 79) bezieht sich auf die schon erwähnte von K. SAPPER auf den Schneefeldern des Südplateaus der Adventbai gesammelte Staubmenge. Sie wurde von BLANCK einer chemischen Analyse unterzogen und mit den von WÜLFING veröffentlichten Analysen der NORDENSKIÖLDSCHEN Proben verglichen[1]. Das Ergebnis BLANCKS ist in Kürze folgendes: Seine Probe zeigt namentlich hinsichtlich der SiO_2, Eisenverbindungen, CaO und Na_2O erhebliche Verschiedenheiten gegenüber den grönländischen Proben I, II, III. Auch die Reaktion war verschieden, sauer bei den grönländischen, neutral bei der Probe aus Spitzbergen; auch die Farbe war eine andere, ebenso der Geruch. Daß die Proben, die von BLANCK verglichen wurden, eine andere Zusammensetzung und Beschaffenheit haben, ist nicht zu verwundern, da sie ganz verschiedenen Gebieten entnommen sind, die sich hinsichtlich ihres geologischen Aufbaus und Gesteinsmaterials wesentlich unterscheiden. Der äolische Staub von der Adventbai stammt wahrscheinlich von den tertiären Schichten, die das dortige Tafelland aufbauen, während die grönländischen Proben ihre Herkunft von den dortigen kristallinischen Gesteinsarten nicht verleugnen.

Endlich seien noch die Ergebnisse der Untersuchungen mitgeteilt, die an den von O. NORDENSKJÖLD im südwestlichen Grönland in der Nähe des Eisrandes auf der Südseite Isortoks gesammelten Staubproben vorgenommen wurden[2]. Es handelt sich um eine sehr feinerdige Ablagerung, die sich aber von echtem Löß durch die geringe Festigkeit unterscheidet. Auf Wunsch NORDENSKJÖLDS hat A. ATTERBERG eine mechanische Analyse dieses Staubs und einiger echter Lößerden vorgenommen, deren Resultate in folgender Tabelle zusammengestellt sind:

Mechanische Analyse von Staubablagerungen (Löß) durch A. ATTERBERG[3].

	Sudwest-Grónland %	Heiligenstätt b. Wien %	Hájós (Ungarn) %
Sand ($>$0,2 mm)	1,5	2,4	1,1
Feinsand (0,2—0,06 mm) . .	48,1	25,4	33,3
Mehlsand (0,06—0,02 mm) .	40,9	45,4	45,5
„Mjuna" (0,02—0,002 mm) .	7,9	15,6	10,7
Ton ($<$0,002 mm)	1,6	11,2	9,4
	100,0	100,0	100,0
$CaCO_3$	0	35,0	27,6

---

[1] BLANCK, E.: Beitrag zur Kenntnis arktischer Böden usw. Chem. d. Erde 1, 464 bis 467 (1919).
[2] NORDENSKJÖLD, O.: Einige Züge der phys. Geographie usw. Südgrönlands. Geogr. Z. 1914, 517—519. — Siehe oben S. 67 u. 74.
[3] Geogr. Z. 1914, 518.

Der grönländische Staub ist etwas grobkörniger als die anderen und kalkfrei; er ist ein gelblicher, ungeschichteter, leicht zerfallender, außerordentlich feiner Sand, gleich dem schwedischen sog. Mo (= Mehlsand).

Der Unterschied zwischen dem grönländischen Staub und dem Löß von Heiligenstätt und Hájós besteht darin, daß die feineren Partikel (< 0,06 mm) bei ihm nur die Hälfte, bei den anderen aber etwa zwei Drittel der Gesamtprobe einnehmen. Ferner zeigt sich ein wesentlicher Unterschied darin, daß die grönländische Probe kalkfrei ist. Auf diesen Unterschied glaubt Nordenskjöld die verschiedene Festigkeit der verglichenen Proben zurückführen zu können. „Atterberg sieht es als möglich an, daß sie (die Festigkeit) gerade dadurch entstehe, daß $CaCO_3$ zerteilend auf einen Teil der feinen Silikatpartikel des Lößes einwirkt und dadurch Produkte kolloidaler Tonnatur hervorgebracht habe. Es wäre also wahrscheinlich, daß der Löß da, wo er von einem kalkarmen Silikatgestein herstammt, weniger fest als sonst wäre, und es ist möglich, daß normaler Löß in dem Maße, wie er ein Windsediment ist, ursprünglich wie diese grönländische Erdart ausgesehen und erst nachher durch Verwitterung und andere spätere Veränderungen seinen jetzigen Charakter erhalten hat." Daß diese Betrachtungen für die Auffassung der Lößbildung im Bereich ihres diluvialen Vorkommens von Bedeutung sein können, liegt auf der Hand.

Strukturformen arktischer Böden.

Die in diesem Kapitel behandelten Formen des Bodens sind mehr oder weniger regelmäßig gestaltete Kleinformen, die meistens gesellig auftreten und dann weiten Flächen ihren Charakter aufprägen können. Da ihre äußere Umgrenzung in gewissen Fällen vieleckig ist, so ist für sie zunächst die generelle Bezeichnung Polygonboden in der Literatur üblich geworden. Daneben sind auch noch andere Ausdrücke, wie Rautenboden (schwedisch Rutmark), Quarréboden, Facettenboden, Steingärtchen usw. in Gebrauch gekommen, die teils für die Gesamtheit dieser Erscheinungen, teils für bestimmte Sonderformen angewandt werden. Die nähere Untersuchung hat dann eine schärfere Unterscheidung der vorkommenden Formen und eine Klassifikation derselben zunächst in zwei, von Högbom näher bezeichnete Typen herbeigeführt[1].

Der erste Typus wird dadurch charakterisiert, daß eine Sortierung unhomogenen Bodenmaterials stattfindet in der Weise, daß rundliche Flächen fein- bis grobkörnigen, im Sommer meist feuchten Bodens von Kränzen oder Streifen großstückigen, steinigen Materials umschlossen werden. Diese Formen können einzeln für sich, aber auch vergesellschaftet auftreten, so daß sie oft weite Flächen einnehmen. Während die geschlossenen Formen auf verhältnismäßig ebenem, horizontalem Boden vorkommen, sind in die Länge gezogene, langgestreckte parallele Bodenstreifen an Abhängen häufiger. Für diesen Typus der fraglichen Kleinformen, den Högbom Typus I des Polygonbodens nannte, wurde von W. Meinardus die Bezeichnung „Strukturboden" eingeführt[2]. Dadurch soll zum Ausdruck kommen, daß der Boden eine bestimmte Struktur angenommen hat, ohne daß über Umrißgestaltung und Entstehung etwas ausgesagt wird. Diese kann, wie gesagt, sehr verschieden sein. Daher ist auch die Bezeichnung Polygonboden für diese Form ungeeignet; sie würde nicht einmal für die Formen auf ebenem Gelände passen, weil diese rundlich und nicht viel-

---

[1] Högbom, B.: Einige Illustrationen zu den geologischen Wirkungen des Frostes auf Spitzbergen. Bull. Geol. Inst. Upsala 9, 41—59 (1908/09).

[2] Meinardus, W.: Beobachtungen über Detritussortierung und Strukturboden auf Spitzbergen. Z. Ges. Erdkde Berlin 1912, 250—259. — Über einige charakteristische Bodenformen auf Spitzbergen. Sitzgsber. Naturhist. Ver. Rheinl.-Westf., Bonn 1912, 1—42.

eckig sind. Die Bezeichnung „stone-polygons", die I. S. HUXLEY und N. E. ODELL neuerdings vorgeschlagen haben[1], eignet sich aus diesem Grunde ebensowenig zur Bezeichnung der fraglichen Formen. Dasselbe gilt für die Verwendung des Wortes Brodelboden oder Brodelstellen, die K. GRIPP gebraucht. Denn durch diese Bezeichnung wird bereits etwas über die Art der Bildung des Bodens ausgesagt, ohne daß es schon feststeht, daß der Boden, der die angegebenen Erscheinungen zeigt, in allen Fällen die von GRIPP angenommene Entstehung hat.

Der zweite Typus der Bodenformen verdient die Bezeichnung Polygonboden dagegen mit vollem Recht. Denn hier findet tatsächlich eine polygonale Teilung des Bodens statt; dieser besteht aber zum Unterschied vom Strukturboden vorwiegend aus Material, das homogen und feinerdig ist. Steine fehlen darin oder sind selten. Die Entstehung dieses echten Polygonbodens, der stets flächenhaft auftritt, hängt mit den beim Eintrocknen oder Gefrieren entstehenden bekannten Kontraktionserscheinungen zusammen, so daß die Begrenzung der Polygone von Rissen oder Spalten gebildet wird. Von HÖGBOM wurde dieser Typus „Zellenboden" oder „Spaltennetz" genannt[2], von O. NORDENSKJÖLD „polygonaler Spaltenboden", von HUXLEY und ODELL „fissure-polygons". Wenn man sich daran gewöhnen wollte, den Namen Polygonboden auf diese wirklich polygonale Formengruppe zu beschränken und nicht auch für den Strukturboden zu gebrauchen, so würden keine Verwechslungen der beiden verschiedenen Formen vorkommen. Aber leider wird der Name oft noch im erweiterten Sinne auch für Strukturboden selbst angewandt, so daß in manchen Beschreibungen eine große Verwirrung herrscht. Vielleicht findet die von H. KAUFMANN vorgeschlagene Bezeichnung „Texturboden" Anklang, wodurch angedeutet werden soll, daß es sich um die zellige Anordnung des Bodens handelt[3].

Zunächst einige Bemerkungen über diesen echten Polygonboden oder Zellenboden. Da sich feinerdiges Bodenmaterial hauptsächlich im Schwemmlandboden der Flüsse vorfindet, so ist hier das Hauptverbreitungsgebiet des eigentlichen Polygon- oder Zellenbodens. Seine Verbreitung ist keineswegs an die polaren Gebiete gebunden, er kommt auch in niedrigen Breiten vor und ist deshalb schon lange Gegenstand der Beobachtungen gewesen. Auch die Entstehungsursache dieses Bodens ist schon oft erörtert und meist darin erkannt worden, daß die Austrocknung des Bodens die Bildung von Rissen in meist hexagonalen Liniensystemen hervorruft. Aber es besteht wohl kein Zweifel darüber, daß in den kälteren Zonen auch Frostwirkungen darin zum Ausdruck kommen.

Die Frage, ob Übergangsformen zwischen dem Strukturboden und dem Polygonboden vorhanden sind, dürfte zu bejahen sein. Das ist ja auch nicht zu verwundern, denn man kann sich leicht vorstellen, daß in solchen Fällen, wo nur sehr wenige Steine dem erdigen Material beigemischt sind, Formen entstehen, die den Strukturboden dem Polygonboden ähnlich machen, indem die Steinumfassung undeutlicher wird, und an ihre Stelle etwa Erdrisse treten.

Eine Klassifikation des echten Polygonbodens in verschiedene Gruppen erscheint kaum erforderlich. Man könnte höchstens daran denken, den nackten

---

[1] HUXLEY, I. S., u. N. E. ODELL: Notes on surface markings in Spitzbergen. Geogr. J. **63**, 207—229 (1924).

[2] HÖGBOM, B.: Die geologische Bedeutung des Frostes. Bull. Geol. Inst. Upsala **12**, 308 (1914). — HÖGBOM übernimmt zwar den Namen Strukturboden, ordnet diesen aber mit dem „Zellenboden" zusammen dem Oberbegriff Polygonboden unter. Dadurch wird die Absicht, den Strukturboden als besondere Form neben den Polygonboden zu stellen, vereitelt. In seiner letzten Veröffentlichung [ebenda **20**, 259, Anm. (1927)] scheint HÖGBOM sich obiger Auffassung zu nähern. Vgl. auch W. SALOMON: Arktische Bodenreformen in den Alpen. Sitzgsber. Heidelberg. Akad. Wiss., Math.-naturwiss. Kl. **1929**. 5. Abh.

[3] KAUFMANN, H.: Rhythmische Phänomene der Erdoberfläche, Braunschw. 1929.

Polygonboden von dem mit Pflanzen eingefaßten zu unterscheiden. Denn die Rinnen zwischen den einzelnen Polygonfeldern sind oft von Pflanzen besiedelt, so daß die Zerteilung des Bodens und seine Aufteilung in kleine Flächen um so deutlicher hervortritt. Gerade durch diese Anordnung der Vegetation hat der Polygonboden frühzeitig die Aufmerksamkeit vor allem der Botaniker auf sich gezogen. In der Tundra Nordsibiriens hat sie Kjellman gefunden und mit der Bezeichnung Rutmark belegt[1]. Hierüber sind auch die Untersuchungen Th. Wulffs auf Spitzbergen, speziell in der Wijde-Bucht, von grundlegender Bedeutung geworden[2].

Die Größen der einzelnen Zellen des Bodens können sehr verschieden sein, es gibt solche von wenigen Dezimetern Durchmesser und auch Riesenpolygone

Abb. 5. Polygonboden (Zellenboden, an der Billen-Bai, Spitzbergen) (nach G. Schulze). (Aus Z. Ges. Erdkde Berlin 1912, 264.)

von 10—20 m und mehr. Daß auch die Risse bis zu 10 m tief und 3 m breit werden können, schildert K. Leffingwell nach Beobachtungen in Alaska[3].

Dadurch, daß die Spalten des Polygonbodens im Sommer die Schmelzwasser in sich aufnehmen und diese sich darin fortbewegen, können Erosionserscheinungen auftreten, die den Boden höckerig machen und tiefere Spalten zwischen den stehenbleibenden Erdpfeilern erzeugen[4]. Die klaffenden Risse zwischen den einzelnen Feldern füllen sich dann im Winter mit Eis, das in der Gestalt von „Eiskeilen" beim Gefrieren einen seitlichen Druck auf die eingeschlossenen

---

[1] Kjellman, F. R.: Om Växtligheten på Sibiriens Nordkust. Öfversigt Vet. Akad. Stockholm 36, 5—21 (1879). — Auch: Wiss. Erg. d. Vega-Exp., S. 80—93. Leipzig 1882.

[2] Wulff, Th.: Botanische Beobachtungen aus Spitzbergen. Lund 1902.

[3] Leffingwell, K.: Ground-ice wedges the dominant form of ground-ice in the north coast of Alaska. J. of Geol. 23, 635ff. (1915). — Siehe auch P. Kessler: Das eiszeitliche Klima usw., S. 104. Stuttgart 1925. (Grundriß und Aufriß von Frostspalten.)

[4] Högbom, B.: Über die geolog. Bedeutung des Frostes. Bull. Geol. Inst. Upsala 12, 320—327 (1914).

Felder ausübt und sie aufwölbt[1]. Daher zeigt der Polygonboden häufig gewölbte Formen, die aber auch unabhängig davon dadurch entstehen können, daß das in den erdigen Feldern selbst enthaltene Wasser gefriert (Abb. 5).

Die verschiedenartigen Formen des **Strukturbodens** haben dazu geführt, eine Reihe von Untergruppen zu unterscheiden. Es sind folgende: 1. **Stein-ringe oder Steinkränze, 2. Steinnetze oder Steinnetzwerk, 3. Schutt-oder Erdinseln auf Blockfeldern, 4. Steinstreifen oder Steinbänder (Blockstreifen), Streifenboden, 5. Schuttwülste und Schutterrassen.** Die beiden ersten Kategorien kommen hauptsächlich auf horizontalem, die beiden letzten auf geneigtem Boden vor; die Erdinseln auf Blockfeldern, auf horizontalem oder geneigtem Boden. Als sekundäre Form kommen innerhalb der Steinnetzmaschen noch sekundäre Steinlinien oder bei geneigtem Boden

Abb. 6.   Steinringe am Südufer der Kingsbai, Spitzbergen (nach A. Miethe).
(Aus Z. Ges. Erdkde Berlin 1912, 24.)

Steingirlanden oder **Steinbögen** hinzu. Übergänge von einer zur anderen Kategorie sind vorhanden[2]. Zur Charakterisierung dieser verschiedenen Formen sollen zunächst hauptsächlich nach den Beobachtungen von Meinardus auf Spitzbergen im August 1911 einige genauere Beschreibungen folgen[3].

1. Am Zeppelinhafen der Kingsbai in Spitzbergen (78° 55′ n. Br. 12° 2′ ö. L.) liegen auf einer ziemlich ebenflächigen, nur wenig über das Meeresniveau er-hobenen Fläche eine große Zahl **kranzförmiger Gebilde**, deren wulstartig er-höhte Umrahmung aus hellfarbigen, eckigen Gesteinsbrocken (Länge höchstens 5—10 cm) besteht, während das umschlossene Feld mit dunklem, feinerdigem Material angefüllt ist (Abb. 6). In der Regel ist hier jeder Steinring vollständig von seinen Nachbarn getrennt, in einigen Fällen berühren sich zwei Kränze, wobei eine gewisse Verdrückung der Umrißformen zu beobachten ist, als ob die

---

[1] Leffingwell, K.: a. a. O.
[2] Meinardus, Wilh.: Charakteristische Bodenformen auf Spitzbergen, a. a. O., S. 16 f.
[3] a. a. O., S. 2 ff.

Gebilde sich gegenseitig an der Vollendung der normalen Kreisform behindert hätten. Der Durchmesser der Innenfläche beträgt $1^1/_2$ m, die Steinwälle haben eine Breite von 30—50 cm, sie überragen die inneren Feldflächen etwa 5 cm, die äußere Umgebung aber etwa 30 cm. Das Material der Steinwälle, aus hellgrauen Kalksteinsplittern bestehend, ist durchweg trocken, das Material der von ihnen umschlossenen Felder wird dagegen von einer dunkelfarbigen, weichen, erdigen, feuchten Bodenkrume eingenommen, in der größere Gesteinssplitter ganz zurücktreten. Einige Felder sind etwas gewölbt. In diesen Fällen ist der Boden gewöhnlich rissig. An der Peripherie der Erdfelder drängen sich kleine Moospolster zusammen, aber die Steinwälle selbst sind vegetationslos; erst außerhalb der Wälle sind wieder Moospolster angesiedelt. Ein Querschnitt, der durch Anlegung eines Grabens quer durch einen Steinkranz gezogen wurde, zeigt, daß die geschilderte Sonderung des Detritus bis 50 oder 60 cm Tiefe ausgebildet ist. Erst in tieferen Schichten erscheint das Material planlos gemischt. Die Durchfeuchtung des Bodens im inneren Feld findet sich auch in der Tiefe; auch der an der Oberfläche trockene Gesteinswall liegt über feuchten Gesteinsbrocken, an denen erdiges Material haftet. Der Frostboden wurde nicht beobachtet, muß also tiefer als etwa $^3/_4$ m liegen. In der Nähe dieser einige 100 qm umfassenden Stelle liegen auf höhergelegenen Terrassen ähnliche Steinkränze. Die steinige Umwallung ist auf der obersten Terrasse mit dunkelgrünen Moosen überwachsen, so daß Moosringe die feinerdigen, vegetationslosen, dunkelbraunen Felder umschließen. Diese Formen sind offenbar älter als die Steinringe in der Nähe der Küste.

Ähnliche Formen sind auch von anderen Beobachtern gefunden und beschrieben worden, doch sind sie in dieser geometrisch einfachen Gestalt doch wohl verhältnismäßig selten.

2. Auf dem Vorland des Prinz-Olaf-Gebirges an der Möller-Bai (Crossbai) auf Spitzbergen (79^0 17′ n. Br. 11^0 59′ ö. L.) fand Verfasser auf ebenfalls niedrig gelegenem Gebiet ein Steinnetzwerk entwickelt, das sich bis zum Fuße des Gebirges hinzieht. Die Maschen dieses Netzes haben recht verschiedene Größen ($3 \cdot 7^1/_2$ m, $1^1/_2 \cdot 6$ m, $4 \cdot 4^1/_2$ m, $2 \cdot 3$ m usf.); einige zeigen elliptische Formen, deren große Achse in der Richtung des schwachen Gefälles liegt. Die Blöcke des Steinnetzes haben meist Faust- bis Kopfgröße, etwas kleinere kommen vor, größere sind selten. Sie liegen, fest und dicht gepackt, schuttfrei und trocken aufeinander. Die Breite der Steinstreifen ist etwa 30—50 cm; stellenweise schieben sich auch größere Blocklager zwischen die Felder. Die Blöcke bestehen überwiegend aus gerundeten granitischen Gesteinen.

Die von dem Steinwerk umschlossenen Felder zeigen dasselbe Verhalten wie bei den oben erwähnten Steinkränzen; sie sind in manchen Fällen in zwei oder drei Unterfelder unregelmäßig zerteilt durch Risse, die von kleineren eckigen oder gerundeten Gesteinsbrocken hier und da erfüllt sind. Die Vegetation ist nur spärlich auf den Feldflächen, dagegen etwas reichlicher und polsterartig angesiedelt am Rande der Felder oder an den Rissen, die sie durchziehen.

Daß dieses Steinnetzwerk schon längere Zeit ausgebildet und dann unverändert geblieben ist, wird dadurch bewiesen, daß die Blockreihen alle nach derselben Seite hin, nämlich in der Richtung nach Osten, nackt sind und die helle Farbe des Granits zeigen, während sie auf der anderen Seite, weil mit einer Flechte bewachsen, dunkel erscheinen. Aus ähnlichen Beobachtungen in anderen Gebieten läßt sich der Schluß ziehen, daß die unbewachsene Ostseite der Gesteinsblöcke länger von Schnee bedeckt ist als die mit Flechten bewachsene, was auch mit der Tatsache in Einklang steht, daß die Ostseite des benachbarten, nordsüdlich streichenden Haakon-Gebirges stärker vergletschert ist als seine Westseite. Übrigens befand sich zwischen dem Haufwerk von Blöcken an einigen Stellen Wasser in der Tiefe, eine Beobachtung, die auch von anderen Beobachtern, so z. B. neuerdings von HUXLEY und ODELL[1], ausdrücklich bestätigt wird. Da das Wasser in Bewegung ist, so wird es eine gewisse Spülwirkung ausüben und den Umstand erklären, daß feineres erdiges Material in der Umrandung der Erdfelder so gut wie ganz fehlt (Abb. 7)[2].

3. Erdinseln auf Blockfeldern sind sehr häufig beobachtet worden. Sie bestehen in erdigen Anhäufungen, die dem Blockmaterial in rundlicher Form aufgelagert sind. Verfasser sah sie auf einer Blockhalde am Abhang des Olaf-Gebirges auf Spitzbergen. Der Gegensatz zwischen den durch die physikalische Verwitterung zersprengten eckigen, schieferigen Gesteinstrümmern, die wirr und ungeordnet übereinanderliegen, und den nur $^1/_2$ bis 1 qm großen Feldern mit ebenem feinerdigen Boden ist sehr auffallend (Abb. 8)[3].

4. Steinstreifen treten in den polaren Gebieten an Abhängen sehr häufig auf und bewirken eine Gliederung derselben in der Richtung des Gefälles, so daß man von einer Parallelstruktur des Bodens sprechen kann. Dadurch wird der Eindruck erweckt, daß das Material nicht nur in feinkörnige Erde und steinige Bestandteile geschieden ist, sondern daß auch eine Abwärtsbewegung des Schuttes, deren Stromlinien durch die Streifen vorgezeichnet zu sein scheinen, stattfindet. Daß ein Abwärtswandern des Schutts tatsächlich stattfindet, läßt sich aber auch durch direkte Beobachtungen und mittelbare Anzeichen erkennen. Nach G. ANDERSSON nennt man diesen Vorgang Solifluktion oder Erdfließen (weniger gut Erdfluß oder Bodenfluß), die von der Bewegung ergriffene Masse: Fließerde oder auch Wanderschutt. Solche Erscheinungen haben eine fast universelle Verbreitung, aber in den Polargebieten treten sie mit besonderer Deutlichkeit und Stärke hervor. Daß die Abwärtsbewegung durch die Schwerkraft hervorgerufen wird, steht natürlich außer Frage, doch ist der Mechanismus dieser Bewegung im einzelnen durch sehr verschiedenartige Bedingungen geregelt, auf die an dieser Stelle nicht eingegangen werden kann. Indessen muß hervorgehoben werden, daß die streifige Struktur der Fließerde wohl in den meisten Fällen nur eine andere Ausbildungsform des Strukturbodens ist, die an sich unabhängig davon ist, ob der Boden bewegt wird oder nicht. So sind die Steinstreifen auf Gehängen nichts anderes als durch die Bodenbewegung in die Länge gezogene gestreckte und zerrissene Steinkränze. Die Steingirlanden und Steinbögen, die in der Richtung des Gefälles nach abwärts konvex sind, bilden gleichsam eine Übergangsform. Diese Auffassung des Zusammenhanges der Steinstreifen mit den ebenen Formen des Strukturbodens, d. h. den Steinkränzen, ist wohl zuerst von O. NORDENSKJÖLD[4] klar erkannt und hervorgehoben, später dann auch von anderen Forschern vertreten worden.

O. NORDENSKJÖLD beschreibt den „Streifenboden", den er auf Snow-Hill beobachtet hat, folgendermaßen: „Die Grenze zwischen den Streifen ist ziemlich scharf, man sieht jedoch, wie in den gröberen Steinstreifen die größten Steine in der Mitte liegen. Die Steine, die aus platten Scherben bestehen, stehen in diesem Falle öfters auf der Kante, liegende Steine trifft man besonders in der Mitte von breiteren Streifen und an Knotenpunkten, überhaupt auf ebenerem Boden, während dagegen an Stellen, wo der Abhang steil und die Streifenstruktur

---

[1] HUXLEY, J. S., u. N. E. ODELL: a. a. O., S. 212.

[2] Siehe auch die vorzüglichen Abbildungen in J. FRÖDIN: Geografiska studier in Stora Lule älvs källomrade. Sveriges Geol. Undersökn. årsbok 7, S. 261 f. Stockholm 1913.

[3] MEINARDUS, W.: a. a. O., S. 5.

[4] NORDENSKJÖLD, O.: Die Polarwelt, S. 63. 1909 (in schwedisch schon 1906). — Ferner: Schwed. Südp.-Exp. 1, 191 (1911).

scharf entwickelt ist, fast alle Steine auf der Kante stehen. Häufig bemerkt man, daß das feinere Material flache Rücken bildet, während die Ränder mit größeren Steinen gleich wie eingesenkt erscheinen." An einer anderen Stelle bemerkt er, daß das feinere sandige Material im Gegensatz zu der ganz trockenen Steinmasse von Feuchtigkeit durchtränkt ist, die auch im Sommer bei einer Tiefe von nur wenigen Zentimetern in der Regel gefroren ist. „Was die Verteilung selbst angeht, so sieht man zwar oft, wie Streifen ineinander übergehen können, ich habe aber keine Anordnung gefunden, die typisch an ein verzweigtes Flußsystem erinnert; wenn ein Streifen stark zur Seite abbiegt, sieht man oft, wie die daneben liegenden gleichzeitig dieselbe Bewegung ausführen." Nordenskjöld macht dann auf einige abweichende Erscheinungen aufmerksam,

Abb. 7. Steinnetzwerk auf Erdmanns Tundra, Spitzbergen (nach B. Hogbom).
(Aus Geol. Fóren. Förhandl. Stockholm 1911.)

sog. Frostbeulen, die aus kleinen streifenartig geordneten isolierten Hügeln gefrorener Sandmasse bestehen und von trockenen Steinpartien umgeben sind. Sie wurden besonders am Fuße einer Schneewehe im Frühjahr beobachtet[1].

Diese Erscheinungen werfen ein Licht auf die Entstehung der Sonderung des Materials nach der Korngröße. Die gröberen Teile werden von den wasserdurchtränkten feineren beim Gefrieren zur Seite geschoben. Auch die aufrechte Stellung der Gesteinsscherben und -platten am Rande von Steinstreifen, Steinkränzen und Erdinseln deutet darauf hin, daß hier Druckrichtungen von innen nach außen an der Bildung der Formen beteiligt sind.

Daß die streifige Struktur von Böschungen derselben Erscheinungsart angehört, wie Steinkränze und Steinnetzwerk an flachen Stellen, ergibt sich aber auch aus den vielfach erwähnten Beobachtungen, daß Steinkränze, die auf hohen Böschungsstufen liegen, dort, wo die Böschung anfängt, elliptisch in der Richtung des Gefälles verlängert sind und daß sich dann in der Böschung selbst die Parallelstruktur anschließt. Andererseits beobachtet man die umgekehrte Anordnung

---

[1] a. a. O., S. 192.

der Strukturformen am Fuß von Böschungen: Übergang von der Streifenstruktur zur geschlossenen Form. Mit Rücksicht auf diese Verhältnisse erscheint
es nicht zulässig, die Solifluktion mit dem Vorgang der Sortierung des Bodenmaterials in ursächliche Verbindung zu bringen. Beide Erscheinungen folgen
ihren eigenen Gesetzen; das, was beobachtet wird, ist die Resultante aus beiden
Ursachenkomplexen. Die Entstehungsursache des Strukturbodens kann also
auch nicht in Wirkungen der Schwerkraft gesucht werden, während letztere für
die Erscheinungen der Solifluktion die maßgebende bewegende Kraft ist.

Daß der Strukturboden ein Oberflächenphänomen ist, erkennt man an den
künstlichen Aufschlüssen und Profilen, die man hergestellt hat. Den ersten
Aufschluß darüber scheinen die Beobachtungen von MIETHE und MEINARDUS[1]
gebracht zu haben. B. HÖGBOM bemerkt[2], er habe durch verschiedene Gra-

Abb. 8. Schuttinsel im Blockfeld (nach B. HÖGBOM). (Aus Bull. Geol. Inst. Upsala 20, 251 (1927).)

bungen selbst bestätigen können, ,,daß die deutliche Sortierung (sich) bis zu ein
paar Dezimetern (Tiefe) fortsetzt, um weiter nach unten allmählich verwischt
zu werden, so daß tiefer Boden aus gemischtem Material besteht, mit auffallend großem Gehalt an feinerem Material, eine Erscheinung, die mit Auf-
frierungsphänomenen zusammenhängen dürfte. Die Sortierung gehört offenbar
der Regelationszone des Bodens an, und daß sie in den oberflächlicheren Schichten
am besten durchgeführt worden ist, mag wohl davon abhängig sein, daß die
Regelationssaison für diese (Schichten) die am längsten dauernde ist." HÖGBOM
macht weiterhin Bemerkungen über die Beziehungen zwischen der Bodensor-
tierung und der Lage der Tjäle (Frostboden), die, wie besonders HUXLEY und
ODELL hervorheben[3], von Bedeutung sind, aber hier nicht weiter erörtert werden
können. O. NORDENSKJÖLD bemerkt, daß die ganze Erscheinung (des Strukturbodens) auf Snow Hill schon in einer Tiefe von wenigen Dezimetern aufhört.
Die Anordnung in deutliche Streifen läßt nach, das ganze Material wird gleich-

---

[1] Siehe oben S. 86.
[2] HÖGBOM, B.: Die geologische Wirkung des Spaltenfrostes, S. 312.
[3] a. a. O., S. 212.

mäßiger und zugleich feinkörniger. Er bezweifelt nicht, daß in einer Tiefe, wo der Boden nie auftaut, d. h. ungefähr einen halben Meter unter der Oberfläche[1], der Gegensatz zwischen Stein- und Sandstreifen vollkommen verschwindet. Durch Quergrabungen suchte er festzustellen, ob die Steinstreifen auf dem Abhang eine Bewegung hätten. Aber von Sommer 1902 bis Frühjahr 1903 war keine besondere Veränderung eingetreten, wenn es auch nicht ausgeschlossen ist, daß sich die feinkörnigen Streifen im Verhältnis zu den anderen etwas bewegt hatten.

Auch K. Gripp machte Querschnitte durch die sog. „Brodelstellen", die er bei Green Harbour studierte[2]. Doch war daran nicht erkennbar, wie tief die Sortierung reichte. An einer Stelle war die Sortierung in feineren und gröberen Feuersteinkies an der äußeren Wandung bis 80 cm Tiefe noch deutlich vorhanden. Übrigens zeigen die von ihm abgebildeten Schnitte durch Tundrahügel zwar eine Aufwölbung von erdigem Material und eine aufrechte Stellung von Gesteinsplatten darin, die das von Gripp angenommene Aufwärtsbewegen des Bodenmaterials von unten her nach oben andeuten. Aber in diesen Beispielen hat man es anscheinend nicht mit dem typischen Strukturboden zu tun, da die Umwallung der aufgewölbten Erdinsel aus Moos und Moostorf besteht und nicht aus grobkörnigem Gestein. Es handelt sich hier offenbar um Formen anderer Art, die mit den von Frödin, Hamberg, Thoroddsen u. a. geschilderten Aufwölbungen des Untergrundes zu Lehmhügeln Ähnlichkeit haben, und bei denen angenommen wird, daß sie durch die Ausdehnung des feinerdigen wasserdurchtränkten Bodens beim Gefrieren entstehen[3].

Auch in anderer Hinsicht ergeben sich noch Schwierigkeiten bei der Anwendung der Grippschen Hypothese, daß eine Vertikalzirkulation des Schutts im Strukturboden vor sich gehe und die Sortierung des Detritus bewirke; z. B. fehlt in den Steinringen in der Kingsbai im Innern der umschlossenen Erdschicht jegliches Steinmaterial[4].

Die Querschnitte, die Huxley und Odell durch zwei „Steinpolygone" auf Prinz-Karl-Vorland (Spitzbergen) gezogen haben, sind leider ohne Maßstab wiedergegeben. Auch hier ist aber eine Scheidung der erdigen und steinigen Bestandteile vorhanden; bis zu welcher Tiefe konnte nicht festgestellt werden, da der gefrorene Boden, obgleich es Hochsommer (Juli) war, schon in sehr geringer Tiefe erreicht wurde[5]. Beide Forscher machen bei ihrem Erklärungsversuch der Strukturbodenbildung besonders auf die Auftaurinne (gutter) aufmerksam, die sich unterhalb der Steinringe im Frostboden bildet und für die Zirkulation des Schmelzwassers und für den Forttransport feinerdigen Materials eine Rolle zu spielen scheint.

Die Größe der Steinringe oder Steinmaschen kann sehr verschieden sein. Durchmesser von wenigen Dezimetern, aber auch von vielen Metern kommen vor[6]. Die Breite der Steinpackungen ist auch verschieden und richtet sich wohl vor allem nach dem Verhältnis der Steine und des erdigen Materials in dem ursprünglichen, noch nicht sortierten Boden. Eine allgemeine Regel aber scheint zu sein, daß die Unterteilungen der größeren Polygonflächen in solche zweiter und dritter Größe (sekundäre und tertiäre Polygonfelder nach der Bezeichnung von Huxley und Odell) von kleineren Steinen eingefaßt werden als das Hauptpolygon. Die Größe der Steine nimmt mit der Ordnung ab[7]. So berichten die

---

[1] Siehe oben S. 51.
[2] Gripp, K.: Beiträge zur Geologie von Spitzbergen, a. a. O., S. 11—13. Hamburg 1927.
[3] Siehe oben S. 72.   [4] Siehe oben S. 86.
[5] a. a. O., S. 211.   [6] Siehe oben S. 86.
[7] Siehe oben S. 86 die Beobachtungen des Verfassers an der Möllerbai.

genannten Forscher, daß in einem Fall die äußeren Steine eines Steinkranzes ein bis zwei Fuß, die sekundären ein bis zwei Zoll Größe hatten und die tertiären Flächen von sehr kleinen Steinen umgeben waren[1]. Es gibt, wie HÖGBOM erwähnt, aber auch Steinnetzwerke, in denen die Blöcke durchschnittlich 50 kg schwer sind, jedoch einzelne Blöcke mehrere hundert Kilogramm wiegen müssen und trotzdem in die Sortierung einbezogen sind[2]. Blöcke von dieser Größe sind aber wohl die Ausnahme, denn in Spitzbergen scheinen sie nicht mehr als Faust- oder Kopfgröße zu erreichen. Daß solche schweren Gewichte zu Steinringen oder Steinstreifen zusammengeschoben werden, zeigt immerhin, welch große Kräfte bei dem Vorgang der Bildung des Strukturbodens mitwirken. Sie können wohl nur in dem Vorgang der Regelation gesucht werden, wenn auch nicht ausgeschlossen ist, daß durch die Summation kleiner Kräfte anderer Art, z. B. vertikale Dichteunterschiede des Wassers in der Nähe seines Dichtemaximums (4^0 C), wie Low und GRIPP annehmen, eine nennenswerte Wirkung im Laufe der Zeit ebenfalls erzielt werden kann. Aber wo nachweislich Regelation stattfindet, wird man guttun, diesen Vorgang als den wirksamsten bei der Sortierung des Detritus in den Vordergrund zu stellen.

Man wird annehmen dürfen, daß die Steinwälle der Verwitterung besonders stark ausgesetzt sind und daß die einzelnen Bestandteile, Blöcke und Gesteinssplitter, im Laufe der Zeit immer mehr zerfallen. Auf diese Weise würde sich der Strukturboden dem Polygonboden allmählich angleichen. Vielleicht ließe sich so eine Entwicklungsreihe von einem Blockfeld, auf dem nur einzelne kleine Erdinseln liegen, bis zum Polygonboden, der kaum noch Steine enthält, aufstellen. Diese Ansicht wird durch Beobachtungen nahegelegt, die B. HÖGBOM im nördlichen Schweden gemacht hat[3]. Bei Soitola am Tornefluß in Nordschweden fand er einen niedrigen Gabbro-Felsrücken, der aus einem Blockfeld herausragt. „Der ursprüngliche Felsboden ist bis auf jenen zurückgebliebenen Mittelrücken zertrümmert und in ein autochthones Blockfeld umgewandelt. Der etwas aufragende Felsenrest wird nunmehr von den Seiten her angegriffen und geht jetzt allmählich dem Untergang entgegen; an den Kanten werden große Felsbrocken abgespalten, welche, mehr oder weniger umgekippt und gesunken, sich mit den umgebenden Blockmassen vereinigen.“ Und nun kommt das Interessanteste: „In den randlich gelegenen Teilen des Feldes, wo wie gewöhnlich feineres Material hinzukommt, treten erst einzelne Schuttinseln auf, danach folgt ein grober Strukturboden, der weiter in ziemlich regelmäßigen Polygonboden mit spärlichem und kleinstückigerem Gesteinsmaterial übergeht. Diese Abtönung eines Blockfeldes in Blockstreifen und Strukturboden, läßt sich hier, wo die Ufer (des Flusses) einer deckenden Vegetation entbehren, besonders gut verfolgen.“ Von Interesse sind auch folgende Beobachtungen, die zeigen können, wie fest die Formen eines Steinnetzes gefügt sind. „In dem im Frühling und Sommer unter Wasser liegenden Strukturboden sind einige Schrammen oder kleine Rinnen zu beobachten, die durch den Eisgang im Frühling entstanden sind. Was die Wassererosion betrifft, so kann geschlossen werden, daß das strömende Wasser derartige Strukturbildungen nicht merkbar vertilgen kann; und doch ist bei Hochwasser hier (über dem Strukturboden) die Strömung dermaßen stark, daß man schwerlich im Boot dagegen rudern kann.“ Auf dem Blockfeld und dem Strukturboden von Soitola kann man also offen-

---

[1] a. a. O., S. 210 f.

[2] HÖGBOM, B.: Über die geologische Bedeutung des Frostes. Bull. Geol. Inst. Upsala 12, 312 (1914).

[3] HÖGBOM, B.: Beobachtungen aus Nordschweden über den Frost. Bull. Geol. Inst. Upsala 20, 270—272 (1927), mit instruktiven Geländeaufnahmen.

bar alle möglichen Entwicklungsformen vom Blockfeld bis zum feinerdigen Polygonboden verfolgen. Was hier nebeneinanderliegt, gibt sozusagen einen Querschnitt auch durch die zeitliche Entwicklung. Auch Fr. Nansen hat die verschiedenen Stadien der Entwicklung des Strukturbodens auf dem Prinz Karl-Vorland Spitzbergens nebeneinander beobachten können[1].

Auch Huxley und Odell vertreten die Ansicht, daß der Strukturboden (stone-polygons) eine Entwicklungsreihe durchmacht[2]. Die Steine in den Steinringen werden durch Verwitterung und Zerfall immer kleiner und schmaler und gehen schließlich in die Form des erdigen Materials über, das sie umschlossen haben. Ein Beispiel dafür findet sich in der Murchison-Bai im Nordostland Spitzbergens[3].

Die Verbreitung des Strukturbodens ist in den höheren Breiten und auch in den Hochgebirgen der niederen Breiten viel größer, als man vielleicht noch vor 20 Jahren gedacht hat. Es ist verwunderlich, daß diese eigenartigen, so charakteristischen Bodenformen trotz ihres scharenweisen Auftretens von den Forschern nicht eher beachtet wurden. Die erste, literarisch nachweisbare genauere Beobachtung und Beschreibung stammt wohl von dem schwedischen Geologen und Zoologen Sven Lovén, der auf der Bloomstrand-Halbinsel an der Kingsbai in Spitzbergen strukturbodenartige Bildungen erwähnt, die er Menschenwerken verglich. Die Ähnlichkeit mit künstlichen Steinsetzungen, wie sie bei den Gräbern der Steinzeit gefunden werden, ist in manchen Fällen allerdings auffallend, ohne daß man daraus etwa den Schluß ziehen darf, daß der Strukturboden in Spitzbergen, wo er solche Formen hat, künstlich hergestellt ist oder gar Zeltlagerplätze darstellt[4]. Die Literatur über den Strukturboden ist in den letzten beiden Jahrzehnten außerordentlich angeschwollen. Zusammenfassende Übersichten liegen vor[5].

Ohne die einzelnen Gebiete hier aufzuzählen, kann man wohl behaupten, daß der Strukturboden in den polaren und subpolaren Gebieten sehr weit verbreitet ist. Nach den bisher bekannten Vorkommnissen zeigt sich, daß die Gebiete, in denen Strukturboden beobachtet ist, in klimatischer Hinsicht durch folgende Merkmale gekennzeichnet sind: 1. Die Lufttemperatur liegt während der längsten Zeit des Jahres unter dem Gefrierpunkt und steigt während des Sommers in den Monatsmitteln nur wenige Grade über Null; 2. Niederschläge fallen vorwiegend in Form von Schnee, der im Laufe des Frühlings und Sommers in den tieferen Regionen der Polargebiete schmilzt und Wasser zur Durchtränkung des Bodens liefert. Die Bodenverhältnisse sind durch folgende Merkmale bezeichnet: 1. Der Boden besteht aus gröberem und feinerem Gesteinsmaterial; 2. er ist in den oberen Schichten (auf Spitzbergen etwa 20—100 cm tief) während der Sommermonate aufgetaut; 3. die Wirksamkeit fließenden oder sickernden Wassers (Abspülung, Ausspülung des Bodens und Ablagerung) ist auf eine kurze Zeit des Jahres beschränkt. In biologischer Hinsicht ist zu bemerken, daß auf dem Strukturboden nur eine spärliche, niedrig wachsende und flach wurzelnde oder auch gar keine Vegetation vorhanden ist. Sie besteht gegebenenfalls häufig aus Moosen und Flechten, die sich an der Innenseite von Steinwällen oder auf ihnen zusammenschließen.

---

[1] Nansen, Fr.: Spitzbergen, S. 118f., Abb. 10—18. Leipzig 1922.
[2] a. a. O., S. 222f.   [3] a. a. O., S. 228 (mit Bild Nr. 5).
[4] Meinardus, W.: Charakteristische Bodenformen auf Spitzbergen, a. a. O., S. 13, 18 und 38.
[5] Übersicht über die ältere Literatur bis 1912 bei W. Meinardus, a. a. O., S. 38—41; bis 1914 bei Högbom in Bull. Geol. Inst. Upsala 12, 383—389, und Literatur von 1914 bis 1924 bei J. Sölch, Geogr. Jb. 40, 137—142 (1924/25). — Siehe auch K. Sapper, Erdfließen und Strukturboden in polaren und subpolaren Gebieten. Geol. Rdsch. 4, 103—111 (1913).

Daß der Strukturboden an das Vorkommen gemischten gröberen und feineren Gesteinsmaterials gebunden ist, versteht sich nach seiner Definition und Zusammensetzung von selbst. Solches unhomogenes Bodenmaterial findet sich an folgenden Stellen: 1. dort, wo anstehendes Gestein durch Verwitterung zerstört wird und in verschieden große Bestandteile zerfällt (Verwitterungsboden); 2. in Schutthalden am Abhang von Erhebungen; 3. im Moränenschutt; 4. im Alluvialboden von Flußtälern; 5. auf ehemaligen Strandterrassen des Meeres oder auf Uferterrassen von Flüssen; 6. im vulkanischen Aufschüttungsboden (so auf Island).

Für alle diese Arten unhomogenen Bodenmaterials lassen sich Beispiele in den polaren Gebieten finden und zugleich Strukturformen des Bodens nachweisen[1]. Eine wesentliche Bedingung ist es aber, daß die bezeichneten Böden im Laufe des Jahres schneefrei werden und auftauen, daß sie also unterhalb der Schneegrenze liegen. Oberhalb derselben ist zwar der Boden den Blicken durch die Schneedecke entzogen, aber man darf annehmen, daß eine Sortierung des Bodenmaterials nach der Korngröße hier nicht stattfinden kann.

Von einigen Forschern wird hervorgehoben, daß der Strukturboden dort fehlt, wo der Boden durchlässig ist. So betont THORODDSEN[2], daß in Island Polygone (Strukturböden) nicht zu finden sind, wo der Erdboden aus tonfreiem Sand besteht und ebensowenig da, wo der zunächstliegende Untergrund sehr porös ist, so daß sich das Wasser nicht sammeln und kein eigentliches Bodeneis bilden kann. Die Anwesenheit toniger Substanzen im Boden hat offenbar insofern eine Bedeutung, als sie die Wasseraufnahme des Bodens steigert und damit die Wirkungsweise der Regelation verstärkt. H. KINZL bemerkt, daß im schlammreichen Grundmoränenmaterial der ostalpinen Gletscher die Bedingung für die Bildung von Strukturboden günstiger ist als im Obermoränenmaterial, dem die erdigen Bestandteile mehr oder weniger fehlen[3].

Auf die zahlreichen Theorien über die Bildung des Strukturbodens und der verwandten Formen (Erdhügel, Lehmhügel, Torfhügel, Palsen usw.) kann hier nicht näher eingegangen werden. Nur einige allgemeine Bemerkungen mögen noch folgen, die für die Richtung, in der man die Erklärung der Erscheinungen zu suchen hat, beachtet werden sollten. Die Strukturformen des arktischen Bodens sind periglazial, d. h. ihr Verbreitungsgebiet schließt sich unmittelbar an die Gebiete an, die heute dauernd Schnee- und Eisbedeckung haben. Das Klima ist im Verbreitungsgebiet der Strukturformen dadurch charakterisiert, daß während der wärmeren Jahreszeit die Temperatur des Bodens bis zu einer gewissen Tiefe (Auftautiefe) über 0^0 steigt und daß im Felsgestein und im lockeren Boden Temperaturschwankungen um den Gefrierpunkt stattfinden, die dort, wo Wasser vorhanden ist, von Regelationserscheinungen begleitet sein müssen. Letztere machen sich im festen Gestein durch die Wirkungen des Spaltenfrostes erkennbar, im lockeren wassererfüllten Boden führen sie zu einer Lagenänderung des Bodenmaterials.

Die Lagenänderung des Bodenmaterials hat dort, wo homogenes, d. h. gleichkörniges durchfeuchtetes Material vorliegt, die Bildung von Spaltennetzen (Zellenboden, Polygonboden im engeren Sinne) zur Folge. An diesem Vorgang kann die wechselnde Austrocknung und Durchfeuchtung des Bodens neben der Frostwirkung modifizierend mitwirken. Wo gemischtes, verschiedenkörniges Bodenmaterial vorhanden ist, erfolgt eine Sonderung der größeren von den kleine-

---

[1] Siehe W. MEINARDUS' Ausführungen, a. a. O., S. 31 f.

[2] THORODDSEN, TH.: Polygonboden und „thufur" auf Island. Pet. Mitt. 2, 254 (1913).

[3] KINZL, H.: Beobachtungen über Strukturboden in den Ostalpen. Pet. Mitt. 1928, 263.

ren Bestandteilen, die auf horizontalen Flächen zu den geschlossenen, auf Abhängen zu den gestreckten und streifigen Formen des Strukturbodens führt. Die Regelation (Frieren und Auftauen des Bodens) spielt bei diesen Vorgängen eine mehr oder weniger entscheidende Rolle. Noch andere Kräfte können mitwirken, wie z. B. die durch Temperatur- und Dichteunterschiede des Wassers im Auftauboden hervorgerufenen Gleichgewichtsstörungen, die nach Low und Gripp zu konvektiven Bewegungen der Bodenbestandteile Anlaß geben sollen.

Eine Erscheinung des periglazialen Klimas ist ferner der Dauerfrostboden. Bei Anwesenheit von Wasser werden in ihm die etwaigen Felsspalten und die Poren des lockeren Bodens durch Eis verschlossen. Gangeisbildungen können in den Felsspalten und Bodenklüften auftreten, Eislinsen (Eislakkolithe) und Eisschichten den gefrorenen Lockerboden erfüllen. Die Anwesenheit von Dauerfrostboden hat für die darüberliegende hangende Bodenschicht, die im Sommer auftaut, insofern eine Bedeutung, als der Dauerfrostboden als eisdurchsetztes Kältemagazin dem Eindringen der sommerlichen Wärme von oben Widerstand entgegenstellt. Außerdem aber setzt der Dauerfrostboden als wasserundurchlässige Schicht der Zirkulation des Wassers im Boden eine untere Grenze. Das Schmelz- und Regenwasser des Sommers kann nicht in die Tiefe gelangen und muß daher in den oberen Schichten alle Poren durchdringen. Der Auftauboden wird mit dieser Wasserdurchtränkung bewegungsfähig und dies ist naturgemäß eine wesentliche Vorbedingung für die Bildung von Strukturformen des Bodens. Aus dieser Überlegung folgt aber auch, daß statt des Frostbodens auch undurchlässiger Felsboden die Funktion des Wasserstauers übernehmen kann. Deshalb bildet sich der Strukturboden auch über Felsgestein, eine Tatsache, auf die besonders Nansen hingewiesen hat[1].

Der Strukturboden fehlt dementsprechend dort, wo das Wasser die Möglichkeit hat, in die Tiefe abzusinken, also etwa an solchen Stellen, wo der Dauerfrostboden überhaupt fehlt oder wo er durch aufquellendes Grundwasser aus der Region des Niefrostbodens örtlich unterbrochen ist. Der Strukturboden kommt aus dem gleichen Grunde aber auch da nicht zur Ausbildung, wo tonarmer, stark durchlässiger Boden vorhanden ist, der das ihm zugeführte Wasser nicht festhält. Wenn aber auch das Vorhandensein eines undurchlässigen Untergrundes und eines durchfeuchteten Bodens über ihm eine notwendige Vorbedingung für die Bildung des Strukturbodens ist, so folgt daraus noch keineswegs, daß hierin allein die Ursache seiner Bildung gesucht werden darf. Denn sonst müßte er sich überall finden, wo Wasser über undurchlässigem Untergrund den Boden erfüllt. Entscheidend für die Existenz des Strukturbodens wird auch von diesem Gesichtspunkte aus das Vorhandensein von Vorgängen, die dem periglazialen Klima spezifisch eigen sind und zugleich den Boden beeinflussen. Das ist die Schneeschmelze, die das Wasser für den Boden zur Verfügung stellt und ihn damit durchtränkt, und fernerhin der Frostwechsel im Boden, der die Kräfte der Regelation auslöst. Auch das Erdfließen ist in seiner charakteristischen Ausbildung und Erscheinungsweise eng mit diesen spezifisch periglazialen Erscheinungen insofern verknüpft, als durch die Schneeschmelze und Regelation, wie auch durch den sog. Frostschub der Boden beweglich gemacht wird und der Schwerkraft folgend abwärts wandert, während er gleichzeitig durch die Sortierung des Detritus eine streifige Struktur erhält.

Bekanntlich hat man seit dem genaueren Studium dieser und anderer periglazialer Formen des Bodens und seiner Abtragung in den Polargebieten auch in den periglazialen Gebieten der ehemaligen Vergletscherung

---

[1] Nansen, Fr.: Spitzbergen, S. 119.

Europas und Nordamerikas nach deren Spuren gesucht. Daß diese Forschungen von bedeutendem Erfolg gewesen sind, und weitere wichtige Aufschlüsse über die Bodenformung in den Gebieten ehemaliger Vergletscherung versprechen, ergibt sich aus den zahlreichen morphologischen Untersuchungen, die im Laufe von kaum zwei Jahrzehnten besonders in Nord- und Mitteleuropa gemacht sind[1]. Daß man aber nicht ohne weiteres das präglaziale Klima der heutigen Polargebiete mit seinen Folgeerscheinungen als Muster für das Klima am Rande der diluvialen Eisdecken in Europa und Nordamerika ansehen darf, wird von vielen Forschern mit Recht ganz besonders hervorgehoben und u. a. von P. KESSLER ausführlich begründet[2]. Auch HÖGBOM, der schon frühzeitig die Anwendung der periglazialen Untersuchungen in den Polargebieten auf die Vorzeiterscheinungen diluvialer Gebiete erkannt hat, hält es nicht für sicher, ob die Äußerungen der periglazialen Erscheinungen in Mitteleuropa in der Eiszeit denen in Nordschweden oder in arktischen Regionen ganz ähnlich waren. „Der Felsboden war nämlich von alter Zeit her tief verwittert, wodurch er für Frostsprengungen meist weniger empfindlich war." Dagegen sind die Blockströme in den deutschen Mittelgebirgen auch nach seiner Auffassung ziemlich sicher auf die Eiszeit, d. h. auf Frostsprengung und Bodenschub zurückzuführen[3].

Daß in den Hochgebirgen der niederen Breiten unter ähnlichen (nicht gleichen!) klimatischen Bedingungen heute ebenfalls Strukturformen des Bodens beobachtet werden, ist schon öfter erwähnt. Man hat sich hier aber erst richtig auf die Suche nach solchen Formen begeben müssen, um sie zu finden, da ihre räumliche Ausbreitung auf dem steileren Gehänge beschränkter ist, und weil unter den anderen Verhältnissen der Bestrahlung und der Wasserführung des Bodens vielleicht andere Faktoren wirksamer auf diesen einwirken. Doch wird neuerdings von vielen Vorkommnissen des Strukturbodens z. B. in den Alpen berichtet, während Verfasser für dieses Gebirge 1912 nur das Zeugnis eines Autors angeben konnte[4]. Daß sich seitdem der Kreis der Beobachter erheblich vermehrt hat, beweist eine Abhandlung von H. KINZL[5]. Besonders wertvoll ist die Beobachtung, daß im Gebiet der Hohen Tauern Strukturboden in Form von Steinringen innerhalb der Endmoränen von 1850 vorkommt, so daß jene seitdem erst entstanden sein können. Je näher die Steinringe dem heutigen Gletscherrande liegen, desto jünger sind sie. Gerade die schönsten von ihnen liegen auf Flächen, die erst um 1900 oder noch später eisfrei geworden sind. Leider fehlt noch eine genaue Beschreibung dieser in jüngster Zeit entstandenen Bildungen und ihrer Umwelt, so daß man schwer beurteilen kann, wie weit sich diese Beobachtungen über das Bildungstempo des Strukturbodens etwa verallgemeinern lassen. Zu dieser Frage möchte der Verfasser am Schluß noch bemerken, daß viele Strukturformen des Bodens in Spitzbergen den Eindruck hohen Alters machen. Manche sind von Moospolstern umkleidet, die nicht in kurzer Zeit entstanden sein können; auch die Färbung und Bewachsung einzelner Gesteins-

---

[1] KESSLER, P.: Das eiszeitliche Klima und seine geologischen Wirkungen im nichtvereisten Gebiet. Stuttgart 1925. Zusammenfassende systematische Darstellung und kritische Beurteilung der bisherigen Beobachtungstatsachen mit reichlichen Literaturangaben.

[2] a. a. O., S. 144 ff.

[3] HÖGBOM, B.: Beobachtungen aus Nordschweden über den Frost als geologischen Faktor. Bull. Geol. Inst. Upsala **20**, 263 f. (1927).

[4] TARNUZZER, CHR.: Die Schuttfacetten der Alpen und des hohen Nordens. Pet. Mitt. **1911** II, 262—264. Die älteste Beobachtung stammt von C. HAUSER. Jb. Schweiz. Alp. Kl. **1** (1864).

[5] KINZL, H.: Beobachtungen über Strukturboden in den Ostalpen. Pet. Mitt. **1928**, 261—265. — Vgl. auch die Literatur bei J. SÖLCH im Geogr. Jb. **40**, 137—142 (1924/25). Während des Druckes erschien: SALOMON, W.: Arktische Bodenformen in den Alpen (s. S. 83, Anm. 2).

blöcke erweckt den Eindruck, daß Veränderungen in der Struktur des Bodens nur äußerst langsam vor sich gehen können[1]. Es bedarf noch eingehender direkter Beobachtungen über die Verschiebung der Bodenteile gegeneinander etwa durch Anwendung von Farbstreifen oder anderen Markierungen, um das Maß der Veränderungen feststellen zu können. K. Gripp erwähnt, daß acht von ihm mit blauer Farbe bespritzte „Brodelflecken", obgleich sie mit sehr weichem Erdreich erfüllt waren, im Laufe eines Jahres keine Änderung gezeigt haben[2].

b) Hochgebirgsböden.
Von H. Jenny, Columbia, Mo. (U. S. A.).
Mit 4 Abbildungen.

Die Literatur über Gebirgsböden ist im allgemeinen groß, denn die verschiedensten naturwissenschaftlichen und technischen Disziplinen haben sich mit Gebirgsböden in irgendeiner Weise abgegeben, aber die rein bodenkundliche Literatur, die sich mit dem Gebirgsboden als Selbstzweck befaßt, ist nicht reich.

Nach A. Penck[3] liegen 5,8% der Erdoberfläche über 1000 m Höhe. Die Frage, von welcher Höhenlage an die Böden als Gebirgsböden zu bezeichnen und welches ihre Hauptmerkmale sind, ist noch nicht diskutiert worden. Im folgenden werden meist nur die Böden solcher Gebirgsmassive in Betracht gezogen, die über die obere klimatische Waldgrenze hinausragen. Da die Verwitterungsprozesse irgendeines Gesteins von Temperatur und Befeuchtung weitgehend beeinflußt werden, sei zuerst das Gebirgsklima kurz charakterisiert. Für Einzelheiten muß auf die klimatologische Fachliteratur verwiesen werden[4].

Besondere Merkmale des Gebirgsklimas und die Wirkungen desselben.

Im Mittel nimmt die Jahrestemperatur mit je 100 m Steigung um 0,5°C ab, also für 4000 m Höhendifferenz (Zentralalpen) etwa 20°C Differenz in mittlerer Jahrestemperatur auf eine Horizontaldistanz von nur 50—100 km. Der Reduktionsfaktor hängt jedoch von lokalen Bedingungen und von der Jahreszeit ab, so z. B.[5]

Kaukasus und Armenien . . . . . 0,45°C	Pikes Peak (Colorado, U.S.A.) . 0,63°C
Alpen . . . . 0,58°C	Kalifornien (Colfax Summit) . . 0,75°C

Schwankungen in der Jahreszeit:

	Nördliche Breite	Winter	Frühling	Sommer	Herbst	Jahr
Erzgebirge	50,5°	0,43° C	0,67° C	0,68° C	0,58° C	0,59° C
Schweizer Alpen	47°	0,45° C	0,67° C	0,73° C	0,52° C	0,59° C

[1] Siehe oben S. 86.
[2] Gripp, K.: Beiträge zur Geologie von Spitzbergen 1927, 16, und Anm. daselbst.
[3] Penck, A.: Morphologie der Erdoberfläche I, 141. Stuttgart: Engelhorn 1894.
[4] Hann, J.: Handbuch der Klimatologie. Stuttgart: Engelhorn 1908—11. (Klimatographie von Österreich.) — Maurer, Billwiler und Hess: Das Klima der Schweiz. Frauenfeld 1909. — Desgl. Schröter, C.: Das Pflanzenleben der Alpen, 2. Aufl. 1923. — Schimper, A. F. W.: Plant Geography upon a physiological basis. Oxford at the Clarendon Press, 1903. — Lundegardh, H.: Klima und Boden in ihrer Wirkung auf das Pflanzenleben. Jena: G. Fischer 1925. — Köppen, W.: Klassifikation der Klimate. Pet. Mitt. 64, 193 (1918). — Penck, A.: Versuch einer Klimaklassifikation. Sitzgsber. kgl. preuß. Akad. Wiss. Berlin I, 236 (1910). — Zahlenmaterial über Niederschlag, Verdunstung und Befeuchtung bei Meyer, A.: Über einige Zusammenhänge zwischen Klima und Boden in Europa. Chem. d. Erde 2, 209 (1926). — Brockmann-Jerosch, H.: Vegetation der Schweiz, Lief. 1. Zürich 1925. — Über Methodik: Rübel, E.: Geobotanische Untersuchungsmethoden. Berlin: Bornträger 1922.
[5] Schimper: a. a. O., S. 691.

Typisch für das Hochgebirge sind die großen täglichen Temperaturschwankungen, die oft 70⁰ C betragen. CAYLEY[1] beobachtete, daß sein Solarthermometer in Leh bis auf 101,7⁰ C stieg. PRZHEVALSKY[2] verzeichnete in Tibet 16,3⁰ C auf der Sonnenseite seines Zeltes und — 8,0⁰ C auf der Schattenseite. Die Erwärmung der Hochgebirgsböden ist intensiver als diejenige der Talböden. Von MARTINS[3] stammt eine diesbezügliche Übersicht wie folgt:

	Bagnères 551 m	Pic du Midi 2877 m	Differenz
Mittlere Lufttemperatur	22,3⁰ C	10,1⁰ C	—12,2⁰ C
Mittlere Bodenoberflächentemperatur	36,1⁰ C	33,8⁰ C	— 2,3⁰ C
Maximum Lufttemperatur	27,1⁰ C	13,2⁰ C	—13,9⁰ C
Maximum Bodenoberflächentemperatur	50,3⁰ C	52,3⁰ C	+ 2,0⁰ C

In beiden Fällen handelt es sich um die gleiche schwarze Modererde. Zeit: September. Horizontaldistanz der Beobachtungsorte 14,5 km. Die gleiche Gesetzmäßigkeit findet J. MAURER[4] in den Schweizer Alpen:

Höhe über Meer	Jahresbodentemperatur in 1,2 m Tiefe	Überschuß der Bodentemperatur über die Lufttemperatur
600 m	9,0⁰ C	0,5⁰ C
900 m	7,8⁰ C	1,0⁰ C
1200 m	6,5⁰ C	1,3⁰ C
1500 m	5,3⁰ C	1,7⁰ C
1800 m	4,0⁰ C	2,0⁰ C
2100 m	2,7⁰ C	2,3⁰ C
2400 m	1,3⁰ C	2,5⁰ C
2700 m	0,0⁰ C	2,7⁰ C
3000 m	—1,3⁰ C	2,9⁰ C

Wichtig für die Bodenerwärmung ist auch die Exposition; Zahlenmaterial dafür findet sich bei G. KRAUS[5], A. KERNER[6], F. v. KERNER[7], A. GRISCH[8], E. RAMANN[9] F. SHREVE[10], C. G. BATES[11] u. a. Eine Vorstellung über die Temperaturverteilungen in verschiedenen Gebirgen gibt am besten die Lage der Null ⁰-Jahresisotherme wieder, wie nachstehende Übersicht zeigt:

Gebirge	Höhe der 0⁰ C-Isotherme
Anden bei Quito (Südamerika)	5100 m
N. W. Himalaya	4700 m
Pikes Peak (U. S. A.)	3200 m
Pic du Midi (Pyrenäen)	2480 m
Schweizer Alpen	2200 m
Tauern	2050 m
Ben Nevis (Schottland)	1250 m

[1] CAYLEY, siehe SCHIMPER: a. a. O., S. 692.

[2] PRZHEVALSKY, siehe SCHIMPER: a. a. O., S. 692.

[3] MARTINS, siehe SCHIMPER: a. a. O., S. 694.

[4] MAURER, JUL.: Bodentemperatur und Sonnenstrahlung in den Schweizer Alpen. Met. Z. 1916, 193.

[5] KRAUS, G.: Boden und Klima auf kleinstem Raum. Jena: G. Fischer 1911.

[6] KERNER, A.: Über Wanderungen des Maximums der Bodentemperatur. Met. Z. 1871.

[7] KERNER, F. VON: Änderungen der Bodentemperatur mit der Exposition. Sitzgsber. Akad. Wiss. Wien 1891.

[8] GRISCH, A.: Beitrag zur Kenntnis der pflanzengeographischen Verhältnisse am Bergünerstocke. Bot. Zbl., Beih. 22, 2 (1907).

[9] RAMANN, E.: Bodenkunde, 3. Aufl., S. 512. Berlin: Julius Springer 1911.

[10] SHREVE, F.: Soil temperature as influenced by altitude and slope exposure. Ecology 5, 128 (1924).

[11] BATES, C. G.: The transect of a mountain valley. Ecology 4, 54 (1923).

Die Gebirge erhalten mehr Niederschläge als die benachbarten Ebenen. Mit steigender Höhe nimmt die Niederschlagsmenge zu, jedoch nur bis zu einer bestimmten Höhe, die von allgemeinen klimatischen Bedingungen und lokalen Umständen abhängig ist. Über dieser Höhe nehmen die atmosphärischen Niederschläge rasch ab. Diese Maximallinie wird für den Himalaja zu 1270 m, für Java zu 600—1200 m, für die Schweiz zu vielleicht 3500 m angegeben. Mehrere Niederschlagsdiagramme von H. Brockmann-Jerosch[1] veranschaulichen die Gesetzmäßigkeit der zunehmenden Niederschläge mit der Höhe in den Zentralalpen.

Mit der Abnahme des Luftdruckes in großen Höhen steigt bei gleichbleibender Temperatur die Verdunstung. Infolge der tiefen Temperatur der Gebirge fällt hingegen der Dampfdruck des Wassers, so daß die Verdunstungsmöglichkeit abnimmt. Die Verdunstungsverhältnisse im Gebirge sind sehr wechselnd, wie die Arbeiten von J. Maurer und O. Lütschg[2], W. Lüdi[3], H. Müller[4], E. Wetter[5] zeigen.

Bodenkundlich wichtig ist vor allem die Befeuchtung, d. h. Niederschlag minus Verdunstung. Als Ersatzwerte werden bekanntlich vielfach Regenfaktor[6] und NS-Quotient (Niederschlag dividiert durch abs. Sättigungsdefizit der Luft)[7] benützt. Ihre Brauchbarkeit wird im Gebirge durch das wechselnde Relief manchmal stark beeinträchtigt. An der Befeuchtungsgröße gemessen, lassen sich trockene und feuchte Gebirgsmassive unterscheiden, wie nachstehende Tabelle

Befeuchtung trockener und feuchter Gebirge.

Arid (U. S. A.)			Humid (Schweiz)		
Ort	Höhenlage	NS-Quotient	Ort	Höhenlage	NS-Quotient
Carson City, Nevada .	1530 m	60	Davos Platz . . .	1561 m	735
Grd. Junction, Colorado	1570 m	40	Sils Maria, Engadin	1811 m	780
Modena, Utah	1800 m	72	Arosa	1835 m	608
		Jährl. Niederschlagsmenge			Jährl. Niederschlagsmenge
Belmont, Nevada . .	2620 m	220 mm	Säntis	2500 m	2508 mm
Tres Piedras, N. Mexico	3450 m	910 mm	Jungfrau	3440 m	2840 mm
Pikes Peak, Colorado .	4680 m	750 mm			

zur Wiedergabe bringt. Wie man sieht, verwischen sich mit zunehmender Höhe die Gegensätze, z. B. hat der Gipfel des Pikes Peak je nach Annahme der Luftfeuchtigkeit (70—80%) einen NS-Quotienten von 900—1400, während die Talstation Pueblo (1540 m), die etwa 70 km entfernt ist, einen NS-Quotienten von nur 58 hat. Stellenweise sind die perhumid gelegenen Hochgebirgsböden pseudoarid (A. Penck); sie verschlucken die gesamte Regenmenge (Frosterden, Blockhalden).

---

[1] Brockmann-Jerosch: Vegetation der Schweiz. Lief. I. Zürich 1925.

[2] Maurer, J., u. O. Lütschg: Einige Ergebnisse über die Verdunstungsgröße freier Wasserflächen im schweizerischen Hochgebirge. Schweiz. Wasserwirtschaft Nr 6, 1924; Ref. Pet. Mit. 1925, 119.

[3] Lüdi, W.: Die Ergebnisse von Verdunstungsmessungen im Lauterbrunnental und in Bern in den Jahren 1917—1920. Veröff. Geobot. Inst. Rübel 3. 1925.

[4] Müller, H.: Ökologische Untersuchungen in den Karrenfeldern des Sigriswilergrates. Jb. phil. Fak. II, Univ. Bern. 1922.

[5] Wetter, E.: Ökologie der Felsflora kalkarmer Gesteine. Jb. St. Gall. naturw. Ges. 1918.

[6] Lang, R.: Verwitterung und Bodenbildung, S. 108. Stuttgart: E. Schweizerbart 1920.

[7] Meyer, A.: Über einige Zusammenhänge zwischen Klima und Boden in Europa. Chemie d. Erde 2, 209 (1926).

Allgemeine Eigenschaften der Hochgebirgsböden.

Tiefe Temperatur und vielfach hohe Befeuchtung beherrschen den Gang der Verwitterungsprozesse im Gebirge. Die Gebirgsböden haben daher gewisse Ähnlichkeiten mit den Böden hoher Breiten[1]. Jedoch sind reine, ungestörte Polygonböden, wie sie aus der Arktis gemeldet werden, nach N. KREBS[2] in den Alpen relativ selten zu finden, trotz den Beobachtungen von CHR. TARNUZZER[3] und A. ALLIX[4]. Der Einfluß der Temperatur auf die Bodenbildung macht sich in physikalischer, chemischer und biologischer Hinsicht folgendermaßen bemerkbar. Die ausgedehnte physikalische Gesteinsverwitterung im Hochgebirge ist eine Folge der Spannungserscheinungen in den Gesteinen, die durch die großen schroffen Temperaturschwankungen maximale Ausmaße erreichen.

Abb. 9. Die Zone des physikalischen Gesteinszerfalls (Rocky Mountains, 4000 m ü. d. M.).

Dazu gesellt sich die zerstörende Kraft des Spaltenfrostes, d. i. die Sprengwirkung des gefrierenden Wassers, da sich bekanntermaßen das Wasser beim Gefrieren um ca. 9% ausdehnt. Die Wirkung ist am stärksten, wenn die Temperatur in der Nähe des Nullpunktes schwankt, wie es in gewissen Höhenlagen täglich der Fall ist. Böden in der Nähe und oberhalb der Schneegrenze bilden daher ein Haufwerk von großen und kleinen Blöcken, sog. Frosterden,

---

[1] BLANCK, E.: Verwitterung und Bodenbildung auf Spitzbergen. Forsch. u. Fortschr. 3, 44 (1927). — MIETHE: Spitzbergen. Berlin: Reiner 1925. — GRIPP: Über Frost- und Strukturboden auf Spitzbergen. Z. Ges. f. Erdk. Berlin 1926, Nr. 7 u. 8. — TAMM, O.: Bodenstudien in der nordschwedischen Nadelwaldregion. Stockholm 1920. — HESSELMANN, H.: Kartographie der schwedischen Böden. Mémoires sur la cartographie des sols (Murgoci) 1924, 234. — BJÖRLYKE, K. O.: On survey, investigation and mapping in Norway. Ebenda 1924, 186.

[2] KREBS, N.: Klimatisch bedingte Bodenformen in den Alpen. Geogr. Z. 31, 98 (1925).

[3] TARNUZZER, CHR.: Die Schuttfacetten der Alpen und des hohen Nordens. Pet. Mitt. 1911, 262.

[4] ALLIX, A.: Nivation et sols polygonaux dans les Alpes françaises. La Géogr. XXXIX, 430 (1923).

die sich manchmal als mächtige Blockströme zu Tale wälzen[1]. Böden an Steilhängen in tieferen Lagen bilden ähnliche vegetationsarme Schuttkegel und Schutthalden[2]. F. MACHATSCHEK[3] bezeichnet die nivale Zone geradezu als die Zone der größten Verwitterung[4]. Erwähnt sei auch die subglaziale Verwitterung unter Gletschern infolge lokaler Verflüssigung des Eises durch lokale Druckzunahme. Nach W. VON LEININGEN[5] verwittern porphyrische und melaphyrische Tuffe besonders leicht; wenig Boden bildet dagegen quarzreicher Aplit, Quarzit und Serpentin; Tonphyllite und tonige Sandsteine bilden nasse, undurchlässige Böden. J. STINY[6] beobachtet in Gebieten langsamer Verwitterung relativ steile, humusarme und nährstoffarme Böden, in Gebieten rascher Verwitterung jedoch tiefere Böden, die auf der Schattenseite leicht feucht und kalt werden. Chemische und physikalische Analysen von hauptsächlich physikalisch verwittertem Gletschersand und -schlamm sind von G. SCHRECKENTHAL[7] ausgeführt worden (siehe nachstehende Tabelle), die Proben stammen vom Schwarzensteingletscher im Zillertal (Tirol) und vom Morteratsch-Berninagletscher im Oberengadin (Schweiz). Der sog. Rohton (unter 0,002 mm) ist zum größten Teil durch natürliche Abschwemmung weggeführt worden. Der Schwarzensteinschlamm wird in seiner physikalischen Zusammensetzung mit Lößanalysen verglichen und als Windablagerung betrachtet. Vegetation siedelt sich auf dem hauptsächlich physikalisch verwitterten Boden unterhalb der Vegetationsgrenze rasch an. Die Analyse eines vom Gletscher seit ca. 60 Jahren verlassenen Bodens im Baltschiedertal zeigte einen Humusgehalt von 6,41% und enthielt 0,45% Stickstoff[8].

Analysen von Gletschersand und Schlamm.

| | Schwarzenstein | | | | Morteratsch-Bernina | |
| | Gletschersand | | Gletscherschlamm | | Gletscherschlamm | |
	Gesamtanalyse	HCl-Auszug	Gesamtanalyse	HCl-Auszug	Gesamtanalyse	HCl-Auszug
SiO_2	77,46	—	68,01	—	65,13	—
Al_2O_3	11,46	1,03	14,63	4,49	8,71	1,35
Fe_2O_3	1,97	1,12	4,74	3,90	5,37	2,71
P_2O_5	0,093	0,064	—	—	—	0,13
MnO	—	0,035	—	—	0,05	0,031
Ni	0,005	0,0029	—	—	0,002	0,001
CaO	3,66	0,26	2,76	0,66	2,71	0,86
MgO	0,64	0,1	0,91	0,57	1,34	0,60
Glühverlust . .	0,25	—	5,64	—	0,9	—
Wasser bei 105^0	—	—	1,1	—	0,14	—
Humus	—	—	1,32	—	—	—
N	—	—	0,193	—	—	—

Alkalien nicht bestimmt.

[1] Vgl. TARNUZZER, CHR.: Von den Steinströmen im schweizerischen Nationalpark. Natur u. Techn., H. 9 (1924); ferner WALDBAUR, H.: Schuttglättung und Steinströme im Oberengadin. Pet. Mitt. 1921, 195.

[2] PIWOWAR, A.: Über Maximalböschungen trockener Schuttkegel und Schutthalden. Vjschr. naturforsch. Ges. Zürich 1903.

[3] MACHATSCHECK, F.: Die Alpen. Wissenschaft u. Bildung. 29 (Leipzig 1916).

[4] Weitere Ausführungen in PENCK, A.: a. a. O., S. 66. — HEIM, A.: Über die Verwitterung im Hochgebirge. Basel 1879 und in den allgem. Lehrbüchern d. Geologie u. Bodenkunde, wie MILCH, RAMANN, PUCHNER.

[5] LEININGEN, W. Graf zu: Über Humusablagerungen im Gebiete der Zentralalpen. Naturwiss. Z. Forst- u. Landw. 10, 465, 513 (1912).

[6] STINY, J.: Gesteine aus der Umgebung von Bruck a. d. Mur. Feldbach 1917.

[7] SCHRECKENTHAL, G.: Einige Eigenschaften vom Gletschersand und Schlamm. Fortschr. Landw. 2, 662 (1927).

[8] COAZ, I.: Erste Ansiedlung phanerog. Pflanzen auf von Gletschern verlassenem Boden. Bern 1887.

Für je 10^0 C Temperaturfall nimmt die Reaktionsgeschwindigkeit vieler langsam verlaufender Prozesse bekanntlich zwei- bis dreimal ab (VAN'T HOFFsche Regel). Die geringe Verwitterungstiefe alpiner Böden, die meist viel weniger als 1 m beträgt, ist nicht nur eine Folge der fortwährend wirkenden Denudation (vgl. z. B. Messungen von A. HEIM[1]), sondern ist auch bedingt durch die langsam verlaufenden Gesteinsverwitterungsprozesse infolge tiefer Temperatur. In gleicher Weise werden die mikrobiologischen Zersetzungsprozesse gehemmt, so daß sich organische Substanz bis zu 1 m Mächtigkeit anhäuft (alpine Humusböden). I. KÜRSTEINER[2] und besonders M. DÜGGELI[3] haben gezeigt, „daß die Ungunst des alpinen Klimas keineswegs die Mikroflora des Bodens zurückzudrängen vermag", so daß es sich um eine Beschränkung der Lebenstätigkeit handeln muß. W. v. LEININGEN betont die Bedeutung der Pilzmyzelien für die Humuszersetzung saurer Gebirgsböden. Ferner steigt mit fallender Temperatur die Löslichkeit der Kohlensäure in Wasser, die Karbonate als Bikarbonate wegführt und manchmal eigenartige Oberflächenformen (Karren) bewirkt. Zur Vervollständigung sei noch die rein mechanische Gesteinszertrümmerung durch Eis, Wasser, Bergstürze, Rutschungen erwähnt[4]. Auch dem Schnee kommt bodengestaltende Wirkung zu[5].

Die großen Wassermengen, die durch den Boden sickern, führen die Verwitterungsbasen weg und bilden saure Böden. Beifolgende Tabelle veranschau-

Bodenreaktion in der alpinen Stufe der Zentralalpen.

Geologische Unterlage	Alkalische Böden $p_H > 7$	Neutrale Böden $p_H = 7$	Saure Böden $p_H < 7$
Silikatgesteine (98 Proben)	0 %	0 %	100 %
Kalkreiche Sedimente (126 Proben) .	13 %	7 %	80 %

licht die Verbreitung saurer und alkalischer Böden in den Zentralalpen[6]. Silikatgesteinsböden reagieren ausnahmslos sauer, Böden aus Kalk zu 80%. Alkalische und neutrale Kalkböden sind immer junge Böden und werden sauer, sobald die Vegetation üppiger wird. H. NIKLAS und F. VOGEL[7] berichten, daß die p_H-Werte (KCl-Auszüge) alpiner Weideböden in Bayern (84 Analysen) zwischen 4,01—7,0 liegen, mit einem Kulminationspunkt zwischen 6,01—6,5. Die Urgesteinsböden des Bayerischen Waldes und des Fichtelgebirges (280 Proben) haben Reaktionszahlen zwischen 3,51—6,51, mit einem Maximum bei 4,51—5,0. Weiteres p_H-Zahlenmaterial veröffentlichten F. CHODAT[8], I. L. SAGER[9] über westliche Zentral-

---

[1] HEIM, A.: Geologie der Schweiz. Leipzig 1919—22.

[2] KÜRSTEINER, I.: Über den Bakteriengehalt von Erdproben der hochalpinen und nivalen Region. Jb. S. A. C. **63**, 210 (1923).

[3] DÜGGELI, M.: Studien über die Bakterienflora alpiner Böden. Veröff. geobot. Inst. Rübel 3. Zürich 1925.

[4] Vgl. RAMANN, Bodenkunde, S. 103. — PUCHNER, H.: Bodenkunde für Landwirte. Stuttgart: Ferd. Enke 1923. — HEIM, A.: Verwitterung im Hochgebirge. Basel 1879. — WINKLER, A.: Bodenbeweglichkeit und ihre Bedeutung für die Landwirtschaft. Fortschr. Landw. **2**, 555 (1927); ferner viele Angaben in geologischen, geographischen und technischen Fachzeitschriften.

[5] KREBS, N.: vgl. Anm. 4, S. 99.

[6] JENNY, H.: Die alpinen Böden. In: Vegetationsentwicklung und Bodenbildung in der alpinen Stufe der Zentralalpen von J. BRAUN-BLANQUET, unter Mitwirkung von H. JENNY. Denkschr. schweiz. naturforsch. Ges. Zürich **63** (1926).

[7] NIKLAS, H., u. F. VOGEL: To what extent ist the Lime content and reaction of a soil related to the manner of its formation? Proc. Int. Soc. Soil Sc. New Series 1, Nr. 4, 206 (1925).

[8] CHODAT, F.: La concentration en ions hydrogenes du sol et son importance pour la constitution des formations végétales. These Univ. Genève **1924**.

[9] SAGER, I. L.: Studies in Soil Acidity. Cambridge 1923.

alpen und I. v. Wlodek und K. Strzemienski[1] über das Tatragebirge. Saure Reaktion erstreckt sich in Silikatböden durch das ganze Profil, auf Kalkböden nur auf die oberen Schichten, im allgemeinen nimmt die Azidität mit zunehmender Tiefe ab. Nach H. Niklas und F. Vogel haben von Bayerischen Alpweidelehmen 14% der Böden eine Gesamtazidität (Daikuhara) von über 15 cm³ (für 100 g Feinerde), 8% eine solche von 5,1—15,0 cm³, 18% eine solche von 5,0 cm³ und 60% keine Gesamtazidität. Von Urgesteinsböden haben 29% eine Gesamtazidität von über 15 cm³, 24% eine solche von 5,1—15,0 cm³, 41% eine solche von 5,0 cm³ und 18% haben keine Titrationsazidität. Besonders hohe Werte erreichen die Humusböden der Zentralalpen, bis zu 74,37 cm³ Gesamtazidität. In den alpinen Bodenprofilen zeigen die Humushorizonte die größte nach W. Brenner[2] gemessene Pufferung, besonders gegen Alkalizusatz. Die tieferliegenden humusärmeren Horizonte sind bedeutend nachgiebiger. I. Braun-Blanquet[3] zeigte zahlenmäßig, daß innerhalb alpiner Pflanzengesellschaften die Zahl der azidiphilen Arten zunimmt, diejenige der basiphilen abnimmt, wenn die Bodenazidität steigt. Die nachstehende Tabelle über die Sukzession Firmetum → Elynetum → Curvuletum gibt zahlenmäßige Auskunft über die innige Verknüpfung von Vegetationsentwicklung und Bodenbildung im Hochgebirge[3].

Vegetationsentwicklung und Bodenreaktion (2300—2900 m Höhe).

	Firmetum —→	Elynetum —→	Curvuletum
Reaktionsmittelwert	p_H 7,19 ± 0,04	p_H 6,05 ± 0,07	p_H 4,82 ± 0,03
Variationsbreite für 100 Exemplare	p_H 7,7 — 6,7	p_H 7,0 — 5,0	p_H 5,4 — 4,2
Gesamtazidität (90) cm³ $^1/_{10}$ NaOH (100 g Erde)	0,00	12,80	72,18
Bodentyp	Kalkrohböden	Entkalkte Böden (Rendzina)	Humusböden und Podsole
Humusmächtigkeit	0—5 cm	10—30 cm	10—100 cm

Weitere Zusammenhänge zwischen Gebirgsböden, Pflanzen- und Tierwelt findet man in den zahlreichen botanischen, zoologischen und mikrobiologischen Beschreibungen des Hochgebirges[4].

[1] Wlodek, I. v., u. K. Strzemienski: Untersuchungen über die Beziehungen zwischen der Pflanzenassoziation und der Wasserstoffionenkonzentration in den Böden des Chocholowskatales. Bull. Ac. polon. Sc. et lettres, S. B. **1924**.

[2] Brenner, W.: Über die Reaktion finnländischer Böden. Mémoires sur la nomenclature et la classification des sols, Helsinki **1924**, 115.

[3] Braun-Blanquet, I.: Die alpinen Pflanzengesellschaften. Denkschr. schweiz. naturforsch. Ges. Zürich **63**, 2 (1926).

[4] Wichtige Beobachtungen in C. Schröter: Das Pflanzenleben der Alpen, mit vielen Literaturnachweisen. — Ferner sind wertvolle Angaben in den „Beiträgen zur geobotanischen Landesaufnahme der Schweiz" (Verlag Rascher & Co., Leipzig u. Zürich) und in den Veröffentlichungen des geobotanischen Instituts E. Rübel in Zürich enthalten. — Weitere Daten in Glinka, K.: Typen der Bodenbildung. Berlin: Bornträger 1914. — Schimper, A. F. W.: vgl. Anm. 4, S. 99. — Ferner weitere Literatur über ältere Arbeiten in Warming, E.: Oecology of Plants. Oxford 1909. — Einige neuere Arbeiten: Zollitsch, L.: Zur Frage der Bodenstetigkeit alpiner Pflanzen. Flora **22**, 93 (1927). — Fries, Th. C. E.: Die Rolle des Gesteinsgrundes bei der Verbreitung der Gebirgspflanzen in Skandinavien. Upsala 1925. — Tengwall, T. A.: Über die Bedeutung des Kalkes für die Verbreitung einiger schwedischer Hochgebirgspflanzen. Swensk. Bot. Tidskr. **10**, 28 (1916). — Tursky, F.: Die alpine Flora in ihrer Abhängigkeit vom Klima und Boden des Hochgebirges. Z. Dtsch.-Österr. Alpenv. **52**, 1 (1921). — Über Gebirgsmoore vgl. Früh, I., u. C. Schröter: Die Moore der Schweiz. Bern 1904. — Schreiber, H.: Vergletscherung und Moorbildung in Salzburg. — Milk, L.: Die Torfmoore Deutsch-Österreichs. Z. Moorkult. u. Torfverwertg. **1911** u. **1919**. — Pevalek, I.: Geobotanische und algologische Erforschung der Moore in Kroatien und Slavonien. Südslaw. Akad. Wiss. Zagreb **1924**. — Leiningen, W. Graf zu: Beschreibung von Mooren in der Umgegend von Schongau mit besonderer Berücksichtigung ihrer Wald-

Zusammengefaßt können Frosterden und alpine Humusböden als Gebirgsböden im engeren Sinne bezeichnet werden. Im Gegensatz zu ariden und humiden Böden paßt die Bezeichnung **nivale und subnivale Böden** (Terminologie nach PENCK[1]) oder auch Kälteböden.

Die speziellen **Verwitterungsböden der Gebirgsböden** sind die der kalkhaltigen Sedimentgesteine, der Silikatgesteine und die alpinen Humusböden.

Die Böden der kalkhaltigen Sedimentgesteine.

J. STINY[2] hat die verschiedenen geologischen Schichten der nördlichen Kalkalpen in Deutschösterreich vom forst- und landwirtschaftlich-bodenkundlichen Standpunkte aus eingehend beschrieben und führt unter anderen folgende Analysen bodenbildender Gesteine an:

Gesteinsanalysen aus den nördlichen Kalkalpen.

Wettersteinkalk nach HEGI		Hochgebirgskorallenkalk nach JOHN		Flysch nach AIGNER	
Kalkerde . . .	51,2 %	Kohlensaurer		Kalkerde . .	32,31 %
Bittererde . . .	6,9 %	Kalk . . .	99,50 %	Bittererde . .	1,49 %
Kohlensäure . .	42,5 %	Kohlensaure		Tonerde . .	5,39 %
Tonerde und		Magnesia .	0,63 %	Eisenoxyd .	2,79 %
Eisenoxyd . .	0,2 %	Eisenoxyd und		Alkalien . .	1,42 %
		Tonerde .	0,06 %	Kieselsäure .	28,36 %
		Gangart . .	0,06 %	Kohlensäure .	25,16 %
				Wasser . . .	2,83 %

Die physikalischen und chemischen Eigenschaften der entstehenden Böden sind vielfach vom Kalk- und Silikatgehalt des Muttergesteins abhängig. — Über die Merkmale von Terrassenlehmen in Oststeiermark äußert sich A. WINKLER[3]. GRAVIGNE, GILLET und DENZER[4] besprechen die Böden von Gex (franz. Jura). Grundlegend ist das umfangreiche Werk von J. THURMANN[5] über die Böden des Juras. Ausführliche Gesteinsanalysen von kalkhaltigen Sedimentgesteinen

vegetation. Naturw. Z. Land- u. Forstwirtsch. 4 (1906); Die Waldvegetation präalpiner bayrischer Moore, insbesondere der südlichen Chiemseemoore. Ebenda München 1907 und 7, 160 (1909); Über Humusablagerungen in den Kalkalpen. Ebenda 529 (1908); Über Humusablagerungen im Gebirge der Zentralalpen. Ebenda 10, 465 (1912). — Zoologische Studien, u. a.: KELLER, C.: Humusbildung und Bodenkultur unter dem Einfluß thierischer Tätigkeit. Leipzig 1887. — DIEM, C.: Untersuchungen über die Bodenfauna in den Alpen. Jb. Naturw. Ges. St. Gallen 1901/02. — MENZEL, R.: Über die mikroskopische Landfauna der schweizerischen Hochalpen. Archiv f. Naturg. 1914. — Von mikrobiologischer Literatur seien erwähnt DÜGGELI, M.: Studien über die Bakterienflora alpiner Böden. Festschr. Karl Schröter, Veröffentl. geobot. Inst. Rübel 3. Zürich 1925. — KÜRSTEINER, I.: Über den Bakteriengehalt von Erdproben der hochalpinen und nivalen Region. Jb. S. A. C. 63, 210 (1923). — BASSALIK, K.: Über die Silikatzersetzung der Bodenbakterien. Z. Gärungsphysiol. 2, 3 (1913). — CONSTANTIN u. I. MAGRON: Contribution à l'étude des racines des plantes alpines et de leurs mycorrhizes. C. r. Paris 182, 26 (1926). — RAMANN, E.: Regenwürmer und Kleintiere im deutschen Waldboden. Internat. Mitt. f. Bodenkde 1, 137 (1911). — FRANCÉ, R. H.: Das Edaphon. Stuttgart 1921. — FISCHER, H.: Gibt es Edaphon? Ebenda 13, 193 (1923). — HEINIS, FR.: Über die Mikrofauna alpiner Polster- und Rosettenpflanzen. Festschr. Zschokke, Basel 1920.

[1] PENCK, A.: Versuch einer Klimaklassifikation. Sitzgsber. kgl. preuß. Akad. Wiss. Berlin 1, 236 (1910).

[2] STINY, J.: Böden unserer nördlichen Kalkalpen. Zbl. ges. Forstwes. 47, 317 (1921).

[3] WINKLER, A.: Über Bodenverhältnisse in Oststeiermark. Fortschr. Landw. 3, 252 (1928).

[4] GRAVIGNE, GILLET et DENZER, Etude scientifique des terrains des fourrages et des laits du Pays de Gex. Congr. on Alpine Pasture at Gex, S. 35. Dijon 1924.

[5] THURMANN, J.: Essai de phytostatique appliqué à la chaîne du Jura. Bern 1849.

der Schweiz findet man bei U. Grubemann und L. Hezner[1], die auch die zugehörigen Verwitterungsböden analysiert haben.

Analysen von Gebirgskalksteinen und deren Verwitterungsprodukte (Schweiz).

	Mergelkalkstein Oberer Dogger Stanserhorn		Kalkstein Lägern		Kalkstein Schrattenkalk Bürgenstock	
	a) frisch	b) Boden	a) frisch	b) Boden	a) frisch	b) Boden
SiO_2	27,86	71,35	1,65	40,27	0,29	33,80
TiO_2	0,20	0,55	0,04	0,56	—	0,42
P_2O_5	0,10	0,43	Spur	0,21	0,05	0,63
Al_2O_3	3,64	9,78	0,46	11,79	0,29	3,20
Fe_2O_3	1,54	3,73	0,38	4,18		5,01
MnO	0,02	0,03	Spur	0,12	Spur	0,09
MgO	4,44	0,96	0,11	1,52	0,15	0,62
CaO	31,39	0,46	54,23	16,87	55,57	23,36
Na_2O	0,78	0,94	0,28	0,39	0,34	0,86
K_2O	2,48	4,32	0,36	1,88	0,22	1,16
$+H_2O$	0,16	5,59	—	5,41	—	11,51
$-H_2O$	—	1,88	—	3,52	—	3,26
CO_2	27,32	—	42,76	13,67	43,39	16,52
Org. Substanz	0,29	mit Bitumen	—	—	—	mit Bitumen
SO_3	0,09	0,10	0,06	0,19	Spur	0,24
	100,31	100,12	100,33	100,58	100,30	100,26

Phot. Wehrliverlag Kilchberg (Zch.).

Abb. 10. Landschaftsbild aus den Zentralalpen (Engadin).

Talboden: 1700—1800 m ü. d. M. Jahrestemp. 1° C, jährliche Niederschlagsmenge 800 mm, Jahres-NS-Quotient 700.
Waldgrenze: 2100—2300 m ü. d. M.
Schneegrenze: 2900—3000 m ü. d. M.

Höchste sichtbare Gipfel: 3300—4300 m ü. d. M.
Bodentypen: F = Frostboden. H = alpine Humusböden. P = Podsolböden.

[1] Grubemann, U., u. L. Hezner: Zusammenstellung der Resultate über die von 1900 bis 1915 im mineralogisch-petrographischen Institut der E.T.H. ausgeführten chemischen Gesteins- und Mineralanalysen. Vjschr. naturforsch. Ges. Zürich 61 (1916).

P. Niggli[1] bildet Molekularwerte dieser Analysen und bemerkt dazu u. a. folgendes: „Der Doggermergel vom Stanserhorn wurde zu einem sandigen, eisenschüssigen Lehm. Im Verwitterungsprodukt ist Eisen relativ etwas angereichert, Kieselsäure etwas verringert. Das Verhältnis von $MgO:CaO$ ist zugunsten von MgO stark verschoben worden, es ist im ursprünglichen Gestein molekular 0,2:1, im Verwitterungsprodukt 3:1. Im salzsäurelöslichen Anteil verhalten sich $SiO_2:Al_2O_3$ wie folgt: frisch 0,5:0,1, zersetzt 4,7:20,5. Man erkennt den großen Gehalt an ‚löslicher‘ Tonerde. Der Schrattenkalkboden vom Bürgenstock ist noch sehr kalkreich. Ein Teil des CaO ist durch Bindung mit SiO_2 und Al_2O_3 unlöslich geworden.

Als Ganzes ergibt sich für diese karbonatführenden Sedimentgesteine eine ziemlich gleichartige Verwitterung. In erster Linie geht $CaCO_3$ als Bikarbonat in Lösung. Kieselsäure findet sich noch sehr reichlich im Boden, Fe_2O_3 und Al_2O_3 sind aber widerstandsfähiger.“

Analysen von Kalk-, Dolomit- und Mergelböden auf höheren feuchteren Lagen zeigen, daß die Tendenz zur Auswaschung der Karbonate und Anreicherung der Sesquioxyde zunimmt, wie aus folgender Tabelle hervorgeht:

Analysen von Kalkböden im Hochgebirge.

In HCl löslich	Profil Alp Murtèr[2] 2450 m			Profil Alp Murtèr[2] 2250 m			Profil Murtaröl[3] 2570 m			
	A_1	A_2	C	A_1	A_2	C	A_1	A_2	B	C
$Al_2O_3 + Fe_2O_3$	—	15,16	11,68	—	13,03	1,94	—	11,18	13,50	1,39
CaO	—	1,44	3,85	—	0,38	46,00	—	0,30	0,25	33,58
MgO	—	0,33	0,59	—	0,05	0,75	—	0,30	0,00	0,54
K_2O	—	0,09	0,03	—	0,12	0,00	—	—	—	—
P_2O_5	—	0,15	0,06	—	0,21	0,00	—	0,11	0,24	0,00
H_2O (110°C)	5,78	4,40	1,10	11,21	6,41	0,30	10,20	3,40	4,10	3,03
CO_2	0,00	0,00	0,30	0,00	0,00	36,10	0,00	0,00	0,00	28,40
Humus	25,70	2,05	2,00	35,32	17,85	0,00	22,43	0,51	2,95	0,00
p_H	5,8	6,6	6,7	6,0	6,9	7,6	5,0	5,7	6,5	7,8
	$A_1 = 0—10$ cm, Humus $A_2 = 10—14$ cm, gelber, toniger Boden $C = 14—?$ cm, dunkle, bituminöse Schiefer			$A_1 = 0—25$ cm, Humus $A_2 = 25—65$ cm, dunkelgrauer Ton $C = 65—?$ cm, Kalkfels			$A_1 = 0—35$ cm, Humus $A_2 = 35—38$ cm, hellgrauer, sandiger Ton $B = 38—45$ cm, gelbbrauner, sandiger Ton $C = 45—?$ cm, Kalkfels			
Vegetation	Elynetum			Elynetum			Curvuletum			

Das letzte Profil zeigt deutlich den Übergang zur Podsolierung. Die mittlere Jahrestemperatur der Stellen der Probeentnahme ist schätzungsweise 0° C, die Niederschlagsmenge 1000—1200 mm.

Die Verwitterungsböden der alpinen Sedimentgesteine (Zentralalpen) sind in Übereinstimmung mit den Beschreibungen und Analysen von B. Aarnio und H. Stremme[4], K. Glinka[5], K. v. See[6], S. Miklaszewski[7] als Rendzina be-

---

[1] Niggli, P.: Die chemische Gesteinsverwitterung in der Schweiz. Schweiz. Mineralog. u. Petrograph. Mitt. 5, H. 2, 322 (1926).

[2] Jenny, H.: a. a. O., S. 329. [3] Jenny, H.: a. a. O., S. 335.

[4] Aarnio, B., u. H. Stremme: Zur Frage der Bodenbildung und Bodenklassifikation. Mémoires sur la nomenclature et la classification des sols, S. 71. Helsinki 1924.

[5] Glinka, K.: Die Typen der Bodenbildung, ihre Klassifikation und geographische Verbreitung. Berlin: Gebr. Bornträger 1914.

[6] See, K. von: Beobachtungen an Verwitterungsböden auf Kalksteinen. Ein Beitrag zur Frage der Rendzinaböden. Int. Mitt. f. Bodenk. 11, 85 (1921).

[7] Miklaszewski, S.: Contribution à la connaissance des sols Rendzina. C. r. de la conférence extraordinaire agropédologique à Prague 1922, 312.

zeichnet worden, doch ist die Frage noch nicht endgültig geklärt. Über die Schichtmächtigkeiten dieser Schweizer-Rendzina gibt nachstehende Tabelle Auskunft:

Horizontmächtigkeiten von alpinen Kalkböden.

	Rendzina					Rendzinapodsole		
Humushorizont A_1	12 cm	25 cm	13 cm	20 cm	15 cm	8 cm	35 cm	3 cm
Horizont A_2 . . .	4 cm	40 cm	11 cm	15 cm	17 cm	2 cm	3 cm	5 cm
Horizont B	—	—	—	—	—	25 cm	10 cm	18 cm
Muttergestein C . .	Rätkalk und Mergel							Serpentin mit Kalk

Rendzinaböden der Alpen sind in feuchteren Lagen fruchtbare Alpweiden.

Die Böden der Silikatgesteine.

P. Niggli[1] untersuchte die Verhältnisse am Anfange der Verwitterung und veröffentlichte folgende Analysen aus dem Zentralalpenmassiv:

Analysen von Silikatgesteinen und ihren Verwitterungsprodukten (Zentralalpen).

	Gneis San Vittore Lumino, Misox		Augengneis Val Morobbia, Giubiasco		Verrucano Murg, Walensee		Sericitgneis Amsteg, Reußtal		Biotitschiefer bis Biotitgneis, Giubiasco		Amphibolit westl. Schloß Unterwalden, Bellinzona	
	a) frisch	b) stark zersetzt	a) frisch	b) Grus	a) frisch	b) Boden	a) frisch	b) Boden	a) frisch	b) Grus	a) frisch	b) Sandboden
SiO_2 . .	70,55	69,90	65,23	63,70	66,12	70,30	61,20	66,54	56,87	57,68	50,53	48,55
TiO_2 . .	0,50	0,46	0,62	0,57	0,81	0,43	1,09	0,54	1,14	1,14	0,83	0,90
P_2O_5 . .	0,18	0,19	0,24	0,20	0,31	0,23	0,33	0,46	0,16	0,28	0,15	0,16
Al_2O_3 . .	14,64	14,40	17,18	16,00	14,52	12,63	16,19	13,38	19,34	17,84	18,74	21,79
Fe_2O_3 . .	1,52	2,16	1,48	1,61	5,82	4,23	0,27	4,47	1,89	3,26	3,89	5,24
FeO . .	1,71	0,98	2,32	1,74[*]	—	—	6,64	—	6,09	4,28	6,52	4,10
MnO . .	0,04	0,04	0,06	0,05	n. b.	Spur	0,10	0,11	0,17	0,10	0,13	0,08
MgO . .	0,52	0,52	1,35	0,86	1,10	1,06	3,62	1,87	2,49	2,80	5,70	4,14
CaO . .	2,53	2,42	4,56	3,07	1,62	2,85	1,36	1,21	1,74	2,26	9,86	6,12
Na_2O . .	3,98	3,76	3,55	3,17	2,21	1,63	2,64	2,82	2,65	2,77	2,50	2,39
K_2O . .	3,53	3,83	2,62	3,07	4,69	2,87	3,51	3,87	5,47	3,31	0,56	0,79
$+H_2O$.	0,23	1,01	0,52	3,78	3,05	2,77	3,11	4,23	1,66	4,33	0,51	3,92
$-H_2O$.	0,00	0,17	0,15	0,89	0,08	0,67	0,11	0,05	0,11	0,41	0,00	0,00
CO_2 . .	0,00	0,00	0,00	0,00	n. b.	0,89	0,00	n. b.	0,00	0,00	0,00	0,00
Org. Substanz .	n. b.	n. b.	n. b.	ca. 1 %	n. b.	n. b.	n. b.	n. b.	n. b.	n. b.	n. b.	n. b.
SO_3 . .	n. b.	n. b.	n. b.	n. b.	0,15	0,20	0,28	0,41	n. b.	n. b.	S. Spur	S. Spur
	99,93	99,84	99,88	99,71	100,58	99,76	100,45	99,96	99,78	100,46	99,92	99,82

* Fraglich, da Humus anwesend.

Die mittleren Jahrestemperaturen dieser Orte liegen zwischen 8,5 und 11° C, die jährlichen Niederschlagsmengen sind über 1200 mm. Für die ersten Verwitterungsvorgänge ist nach P. Niggli folgendes charakteristisch: Oxydation des Eisens und Wasseraufnahme leiten den Verwitterungsprozeß ein. Quarz, Kalifeldspat, natronreicher Plagioklas, Muskovit, zum Teil auch Biotit sind in diesen klimatischen Verhältnissen sehr widerstandsfähig. Besonders bemerkenswert ist, daß in diesen Gesteinen unzweifelhaft eine kleine Wegfuhr konstatiert werden kann, wobei SiO_2 sehr wenig in Mitleidenschaft gezogen wird, während von dem Eisen und auch von der Tonerde eher mehr in Lösung gehen. Ein allgemeingültiges Verwitterungsschema kann für diese Böden nicht gegeben werden, die verschiedene Zersetzbarkeit der Einzelmineralien macht sich in den

---

[1] Niggli, P.: a. a. O., S. 322.

unfertigen Böden bemerkbar. Doch weisen sie gewisse Analogien mit der zur Bleicherde führenden sog. Solverwitterung auf. — In größerer Höhe nimmt die Podsolbildung zu, wie aus einer Analyse von W. Graf zu Leiningen[1] hervorgeht.

Podsolanalyse aus dem Oberengadin, Schweiz
(nach W. Graf zu Leiningen).

Gehalt salzsäurelöslicher Stoffe in % des lufttrockenen Bodens an:

	Bleichsand	Ortstein	Untergrund
SiO_2	0,1166	0,4240	0,3914
Fe_2O_3	0,8599	4,8023	1,9550
Al_2O_3	0,9884	4,8975	1,9184
Mn_3O_4	0,0374	0,0960	0,0994
CaO	0,0931	0,3638	0,4782
MgO	0,0841	0,2834	0,2718
K_2O	0,1088	0,2317	0,1793
Na_2O	0,3582	0,5026	0,5223
P_2O_5	0,0067	0,1277	0,0084
In Salzsäure löslich	2,6532	11,7290	5,8242
Verlust bei 100^0	1,1850	5,7680	0,2840
Glühverlust	6,1458	26,6100	1,0701
Mineralsubstanz (einschließlich der löslichen Bestandteile) . .	93,8542	73,3900	98,9299

H. Jenny hat aus derselben Gegend (Pontresina, 1730 m ü. M.) ein ähnliches Profil analysiert. Von klimatischen Daten dieser Gegend seien erwähnt: Mittlere Jahrestemperatur $1,0^0$ C, jährliche Niederschlagsmenge 800 mm, NS-Quotient 707, Waldgrenze bei 2150—2300 m, Schneegrenze bei 2900—3000 m Höhe. Die Umlagerung der Sesquioxyde kann sehr große Werte annehmen, wie aus der nachfolgenden Tabelle ersichtlich ist. Das Eisenpodsol stammt von Zernez, Unterengadin, 1500 m ü. M., mittlere Jahrestemperatur 5^0 C, jährliche Niederschlags-

Eisenpodsol und Humuspodsol aus den Zentralalpen.
Analyse der lufttrockenen Substanz:

In HCl löslich	Eisenpodsol (Zernez)[2]				Humuspodsol (Val Sesvenna)[3]			
	A_1 %	A_2 %	B %	C %	A_1 %	A_2 %	B %	C %
$Al_2O_3 + Fe_2O_3$	—	3,99	17,00	9,70	—	1,79	4,56	2,91
CaO	—	0,24	0,50	10,90	—	0,22	0,74	0,29
MgO	—	0,34	0,37	3,73	—	0,00	0,00	0,00
P_2O_5	—	0,00	0,07	0,00	—	0,00	0,10	0,10
H_2O 110^0	5,41	1,20	2,00	0,81	8,40	3,00	4,40	2,72
CO_2	0,00	0,00	0,00	3,21	0,00	0,00	0,00	0,00
Humus	28,85	2,87	3,51	2,68	27,50	4,61	11,22	6,12
p_H	6,0	6,4	6,8	7,2	5,5	5,4	5,4	6,3

	Eisenpodsol (Zernez)	Humuspodsol (Val Sesvenna)
	$A_1 = 0$—15 cm, dunkelbrauner Humus $A_2 = 15$—30 cm, hellgr. Schicht $B = 30$—50 cm, dunkelgelbes Gerölle $C = 55$—? cm, dunkelgr. Schutt mit Geröll, Bergsturzgebiet	$A_1 = 0$—3 cm, braunschwarzer Humus $A_2 = 3$—13 cm, rötlichweiße Erde $B = 13$—18 cm, schokoladebraune Schicht $C = 18$—? cm, Gesteinstrümmer mit Humus (Moräne)
Vegetation	Koniferenmischwald	Curvuletum

[1] Leiningen, W. Graf zu: vgl. Anm. 5, S. 100. [2] Jenny, H.: a. a. O., S. 334.
[3] Jenny, H : a. a. O., S. 335.

menge 650 mm, NS-Quotient 575. Oberhalb der Waldgrenze treten oft Humuspodsole auf, mit starker Humusanreicherung im B-Horizont. Nachstehendes Profil wurde im Val Sesvenna (2520 m) gefunden. Die extrapolierten Klimadaten sind: — $1{,}0^0$ C mittlere Jahrestemperatur und 1200—1500 mm Niederschlag.

Im allgemeinen ist die Mächtigkeit der einzelnen Horizonte sehr gering. Diese sind aber innerhalb des wenig mächtigen Solum-Horizontes deutlich ausgebildet. Exposition und Vegetation beeinflussen die Podsolierung sehr stark. An sonnigen Südhängen sind Podsole seltener als an schattigen Nordhängen. H. Burger[1] findet im Hochgebirge Podsole mehr unter Arve und Fichte als im Lärchenwald. B. Ramsauer[2] beobachtet im Salzachtale Braunerden unter Wiesen, aber degradierte Braunerde unter Waldbestand. V. Malychef[3] analysierte Böden aus den waldigen Gebirgen von Nordwesttunis, die er podsolige Böden nennt. Die jährliche Niederschlagsmenge beträgt je nach Höhenlage 700—1500 mm, die mittlere Jahrestemperatur $14{,}4$—$18{,}7^0$ C.

Podsolanalysen aus den Gebirgen von Tunis.

% lösliche Stoffe in kochender HCl:

	Sandsteinboden			Tonboden		
	A_1	A_2	B	A_1	A_2	B
Fe_2O_3	1,15	0,99	1,99			
Al_2O_3	0,91	0,67	1,50	3,61	5,88	7,52
P_2O_5	0,03	0,01	0,02			
CaO	0,06	0,01	0,01	0,09	0,04	0,02
Humus (nach Simon)	5,47	0,84	nichts	5,89	2,1	Spur
Total wasserlöslich	0,23	0,12	0,07	0,21	0,1	0,06
Wasserlösliche Mineralstoffe	0,07	Spur	0,02	0,06	0,02	0,02
Aktive Azidität in g KOH (nach Gedroiz)	neutral	0,005	0,004	0,003	0,007	0,004
Austauschazidität in g CaO (nach Gedroiz)	neutral	0,003	0,103	0,004	0,015	0,124
p_H Comber	5,5—6	5—5,5	ca. 5	5—5,5	ca. 5	4—4,5

$A_1 = 7$—35 cm, dunkelgrau. $A_2 = 7$—35 cm, graugelblich. $B = 20$—75 cm, braun, allmählicher Übergang zu C.

Die alpinen Humusböden[4].

In der Nähe und besonders oberhalb der Waldgrenze finden sich zahlreiche Bodenarten, die sich unter dem Sammelbegriff „alpine Humusböden" vereinigen lassen. Sie schließen ein sog. Bergwiesenböden, torfige Berggipfelböden, Rohhumusböden, tundraähnliche Hochgebirgsböden, Alpenmodererden, Rasenerden, Pioniervegetationsböden, Humuspolsterböden, Gebirgstrockentorf, Alpenhumus, Flechtenhumus, Alpenmull usw.

Die alpinen Humusböden sind ausgesprochene Klimaböden. Sie sind unabhängig von der geologischen Unterlage und scheinen in allen höheren Gebirgen der Welt vorzukommen. Auf Grund von bodenkundlicher und pflanzengeographischer Literatur läßt sich folgende Übersicht der mutmaßlichen Verbreitung und Höhenlage alpiner Humusböden zusammenstellen:

[1] Burger, H.: Podsolböden im Schweizerwald. Z. Forstwes. **77**, 255 (1926).

[2] Ramsauer, B.: Bodenuntersuchung und Bodenkarte des Schulgutes Oberalm. Verlag des Landes-Meliorationsamtes Salzburg 1924, Ref. Int. Mitt. f. Bodenk. **1924**, 178.

[3] Malychef, V.: Sur les sols podsoliques du nord-ouest de la Tunisie. C. r. Paris **184** 466 (1927).

[4] Der Begriff „alpin" ist nicht auf die Alpen allein beschränkt, sondern wird im internationalen Sprachgebrauch allgemein zur Bezeichnung einer klimatischen Höhenstufe (Waldgrenze bis Schneegrenze) verwendet.

Übersicht der Verbreitung und Höhenlage alpiner Humusböden.
(Auf Grund von Boden- und Vegetationsbeschreibungen).

	Höhe in m ü. M.		Höhe in m ü. M.
Europa		**Afrika**	
Schweiz	2300—3000	Atlas	1900—2300
Karpathen (Tatra) . .	ca. 2200	Natal	3500
Pyrenäen.	ca. 2500—2750	Kilimandscharo	2600—4500
Ätna.	ca. 2900	**Nordamerika**	
Sierra Nevada	ca. 3600	Pikes Peak.	3600—4680
Kaukasus	2500—3000	Mt. Washington . . .	1500—1900
Asien		**Zentralamerika**	
West-Himalaja	3660—3900	Popocatepetl	ca. 3000—4000
Altai	ca. 2000	**Südamerika**	
Turkestan	2000—3000	Chile (37° S)	2200
Java	2800—3000	Anden (Äquator) . . .	4000—4800
Borneo.	3500	**Japan**	
Neuseeland	1350—1500	Vulkan Ontake	2000—3000

Die alpinen Humusböden schließen sich an die Frosterden des Hochgebirges an. Sie sind dort die Zersetzungsprodukte der Vegetationspioniere und bedecken fleckenhaft Felsen, Schutthalden und Skelettböden in einer Mächtigkeit von wenigen Zentimetern bis zu 20 bis 30 cm. In tieferen, der Vegetation günstigeren Höhenlagen bilden sie mehr oder weniger zusammenhängende Rasenplätze und sind manchmal über 60 cm mächtig (Abb. 11). In der Nähe der Waldgrenze und in der montanen Stufe verlieren die alpinen Humusböden ihre Selbständigkeit und gehen in die mehr oder weniger mächtigen Humushorizonte von Podsolen, Humuskalkböden und Braunerden über. Sie können aber in der Waldregion lokal immer noch bis zu 1 m mächtig werden[1].

E. EBERMAYER beobachtete, daß sich die

Phot. H. Habegger.

Abb. 11. Alpiner Humusboden in 2600 m Höhe in den Unterengadiner Dolomiten (Schweiz).
A_1-Horizont 60 cm mächtig; A_2-B-C-Horizonte gehen nahezu unkenntlich ineinander über; p_H 4—5; Jahrestemperatur etwa —1°C; jährliche Niederschlagsmenge etwa 1000 mm. Vegetation: Carex curvula vorherrschend.

---

[1] LEININGEN, W. Graf zu: Über Humusablagerungen in den Kalkalpen. Naturwiss. Z. Forst- u. Landw. **6**, 529 (1908); **7**, 8, 160, 249 (1909).

Humusarten der bayerischen Alpen nicht in die von dem dänischen Forscher P. E. Müller[1] charakterisierten Gruppen einreihen lassen. Er und Graf Leiningen[2] betonen, daß die Alpenhumusanhäufungen für die Waldentwicklung günstig seien. Letzterer definiert Alpenhumus folgendermaßen: „Alpenhumus umfaßt alle ausgeprägten, für die Alpen charakteristischen Ablagerungen von Humus (mit Ausnahme der Moore), welche an Ort und Stelle entstanden sind (autochthon) und nur so viel Asche enthalten, als den humusbildenden Materialien und der Verstaubung entspricht. Die Hauptmenge ist moderartig, aber manchmal auch rohhumusartig, torfartig und pulverig. Farbe hell bis dunkelbraun und schwarz. Mit zunehmendem Kalkgehalt wird der Alpenhumus dunkler gefärbt. Die bedeutendsten Ansammlungen von Alpenhumus liegen auf Kalk." Graf Leiningen beschränkt sich in seinen Untersuchungen hauptsächlich auf den Alpenhumus in Wäldern bis 1500 m Höhe.

K. Glinka[3] spricht von Böden der Berggipfel und unterscheidet torfige und Bergwiesenböden. Torfige Bergböden (Kaukasus 2700 m): Der oberflächliche Horizont besteht fast ausschließlich aus zusammengeflochtenen Graswurzeln und ist von schwarzbrauner Nuance. Die Feinerde besteht beinahe zur Hälfte aus organischen Stoffen. Die Nuance des folgenden Horizontes wird bräunlich und nach der Tiefe zu allmählich heller. Bergwiesenböden etwas tiefer gelegen, von Bogoslowski in der Krim und auf dem Pilatus bei Luzern im Jahre 1902 beobachtet. Der obere Horizont dieser Böden ist humusreich, bisweilen von schwarzer Farbe und nach Struktur und Farbe dem Tschernosem ähnlich. Der ihn unterlagernde Lehm enthält jedoch keine Spuren von Kalziumkarbonat, dessen Vorkommen für den Tschernosem charakteristisch ist. S. A. Zakharov[4] unterscheidet in Georgien eine Zone der Hochgebirgsböden im Kaukasus (1200 mm Niederschlag) mit reichen, alpinen und subalpinen Langgraswiesen (Swaneti) und eine Hochgebirgsbodenzone von Adjhjaro-Jmereti und Trialety (800 mm Regenmenge) mit alpinen und subalpinen Gräsern. Das Studium der Geographie und Topographie der Bergwiesenböden wird als ein besonders wichtiges theoretisches Problem genannt. Nach H. Jenny[5] sind die alpinen Humusböden der Zentralalpen dadurch gekennzeichnet, daß in ihrem Profil, der aus zersetzten Pflanzenbestandteilen und Flugstaub bestehende A_1-Horizont über die anderen Horizonte dominiert.

Von 99 analysierten Humusböden der Zentralalpen liegen die häufigsten Werte bei 20—40% Humus (Glühverlust minus Wasser [110°] minus CO_2), je nach Art der Vegetation, wie aus nachstehender Tabelle hervorgeht[6].

Humusgehalt alpiner Böden,
nach Dekaden, Häufigkeiten und Vegetation geordnet.

	Humusgehalt							
	0—10%	10—20%	20—30%	30—40%	40—50%	50—60%	60—70%	70—80%
Zahl der Proben								
Firmetum	1	4	8	5	0	0	0	0
Elynetum	0	0	4	10	4	3	2	0
Curvuletum	0	4	24	13	7	7	3	0
Total	1	8	36	28	11	10	5	0

[1] Müller, E. P.: Studien über die natürlichen Humusformen. Berlin: Julius Springer 1887.
[2] Leiningen, W. Graf zu: Über Humusablagerungen in den Kalkalpen. Naturwiss. Z. Forst- u. Landw. 6, 529 (1908); 7, 8, 160, 249 (1909).   [3] Glinka, K.: a. a. O., S. 176.
[4] Zakharov, S. A.: The principal results and fundamental problems of soil investigation in Georgia. Ann. of State Polyt. Inst. 1. Tiflis 1924. Ref. Proc. Internat. Soc. Soil Sc. N. s. 1, 273 (1925).
[5] Jenny, H.: a. a. O., S. 341.   [6] Jenny, H.: a. a. O., S. 321.

Es handelt sich hier um Analysen von Humusböden und nicht um Analysen von reinem Humus. Die mittlere Jahrestemperatur der Gegenden der Probenahme ist etwa 0^0 C und weniger. NEUSTRUJEW[1] gibt für torfige Berggipfelböden (Alatau) folgende Werte: Glühverlust 16,58%, Humus 9,40%, mechanisch gebundenes Wasser 4,47%. Bergwiesenböden des Karatau ergeben folgende Analysenresultate:

Analysen von Bergwiesenböden des Karatau.

Ort der Probeentnahme	Tiefe in cm	Humus	H_2O bei 100^0 C	Chem. geb. Wasser	Glühverlust
	%	%	%	%	%
In der Nähe des Berges Myn-Dshil-ka im Karatau. Absol. Höhe un-gefähr 1800 m	0—3	25,24	5,06	2,99	27,98
	6—10	6,96	2,56	1,99	8,84
	20—30	3,30	2,00	2,78	6,04
	55—60	1,38	1,57	2,10	3,48
	87—95	1,16	1,63	2,25	3,41
Donulek-ssas in dem Talassischen Alatau in ungef. 2500 m absol. Höhe	0—2	28,62	6,62	4,49	32,64
	3—8	13,91	4,57	2,89	16,58
	8—13	8,60	4,04	1,96	10,40

Aus der Arbeit über das Wallis von A. MEYER[2] sind folgende Zahlen entnommen: Höchste Humusgehalte der Böden bei 2200—2300 m, nämlich 14,45% Humus mit 0,75% Stickstoff. In den ariden Kaskadengebirgen (U.S.A.) wird der Stickstoff- und Kohlenstoffgehalt der Böden mit zunehmender Höhenlage größer (von 300 m mit 0,045% N und 0,495% C, bis 800 m mit 0,202% N und 2,590% C), was nach F. S. SIEVERS und H. F. HOLTZ[3] durch die reichere Vegetation der feuchteren Höhenlagen bedingt ist. W. v. LEININGENS reiner alpiner Waldhumus der Kalkalpen enthält 86,72—95,59% verbrennliche Stoffe im wasserfreien Material. Reiner Humus von Böden in den Zentralalpen enthält 40,00—91,78% verbrennliche Stoffe inklusive CO_2. Aus den Angaben auf S. 101 u. 102 ist ersichtlich, daß die Azidität alpiner Humusböden sehr groß werden kann. W. v. LEININGENS Waldhumusböden enthalten 0,0505—0,1410% Säurewasserstoff auf lufttrockene Substanz berechnet (analysiert von GULLY). Wasseraufschlämmungen von alpinen Humusböden der Zentralalpen sind schwach gelbgrünlich gefärbt und, im Ultramikroskop gesehen, äußerst fein dispers. Die Bäche und Flüsse dieser Gebiete sind keine Schwarzwässer, wie in der Literatur behauptet worden ist. Nach E. EBERMAYER ist Alpenhumus reich an Kali und Phosphorsäure. Den Arbeiten Graf v. LEININGENS sind nachstehende Tabellen (S. 112) entnommen.

Derselbe bemerkt dazu: ,,Der Kali- und Phosphorsäuregehalt ist im Alpenhumus aus den Zentralalpen ein höherer, der Kalkgehalt ein niederer als im Kalkalpenhumus. Der Einfluß der Gebirgsart ist also unverkennbar; dennoch handelt es sich bei den Humusablagerungen aus beiden Gebieten um ganz analoge Bildungen''[4]. Die Frage, wie weit die alpinen Humusböden den Tundren des Nordens gleichgesetzt werden dürfen, kann noch nicht beantwortet werden. Graf W. v. LEININGEN und besonders L. TSCHERMAK[5] betonen, daß der Alpenhumus als besondere klimatische Bodenbildung ausgeschieden werden sollte. Hohe Feuchtigkeit und tiefe Temperatur schränken die mikrobiologische Tätig-

---

[1] NEUSTRUJEW, N., u. K. GLINKA: a. a. O., S. 176.

[2] MEYER, A.: a. a. O., S. 325.

[3] SIEVERS, F. J., and H. F. HOLTZ: The influence of precipitation on soil composition and on soil organic matter maintenance. Wash. Agr. Exp. Sta. Bul. 1923, 176.

[4] LEININGEN, W. Graf zu: vgl. Anm. 1, S. 109.

[5] TSCHERMAK, L.: Alpenhumus, das Gesetz seiner Bildung. Zbl. ges. Forstw. 47, 65 (1921).

Analysen von Humus aus den Kalkalpen.

	In 100 Teilen wasserfreien Materials sind enthalten:							
	Unverbrennliche Stoffe	Verbrennliche Stoffe	Säureunlösliche Stoffe	Säurelösliche Stoffe	CaO	P_2O_5	N	K_2O
Humus, 35 cm, unter Buche, 780 m, auf Dolomitschutt. Stark sauer. Ort: bei Garmisch	7,26	92,74	3,52	3,74	2,19	0,142	2,29	0,0884
Humus, 40 cm, unter Fichte, 973 m ü. d. M.								
0—15 cm, hellbr., stark sauer	4,60	95,40	1,84	2,76	1,79	0,156	2,25	0,0439
15—30 cm, dunkelbr., stark sauer	4,41	95,59	1,51	2,90	2,09	0,109	2,06	0,0244
30—40 cm, fast schwarz, schw. sauer, auf grobem Kalkschutt. Ort: am Eibsee	7,44	92,56	2,86	4,58	3,65	0,105	2,01	0,0545
Humus, 25 cm, unter Fichte, Kiefer, Bergkiefer, 993 m ü. d. M. Ort: Nähe Eibsee								
0—10 cm, hellbr., rohhumusähnlich, sauer	5,78	94,22	2,52	3,26	2,44	0,151	1,49	0,0777
10—20 cm, dunkelbr., schwach sauer, Untergrund grober Kalkschutt	11,58	88,42	4,58	7,00	5,88	0,187	1,93	0,0641
Humus, 25 cm, auf Dolomitblock, dunkelbr., sauer, Preisel- und Heidelbeeren	8,12	91,88	2,32	5,80	4,84	0,127	2,27	0,0510
Humus, 100 cm, unter Rhododendron, aus 20 cm Tiefe, 1632—1999 m ü. d. M. Ort: bei Kufstein	13,28	86,72	1,14	3,96	1,17	0,070	1,65	0,0470
Humus, unter Bergkiefer, gleiche Stelle	5,73	94,27	0,63	1,58	0,71	0,045	1,46	0,0210

Analysen von Humus auf Silikatgesteinen der Zentralalpen.

	Die Trockensubstanz enthält in %									
	Verbrennliche Stoffe, inkl. CO_2	Unverbrennliche Stoffe	In HCl löslich	In HCl unlöslich	K_2O	Na_2O	CaO	MgO	P_2O_5	N
Humus, schokoladebraun, pulverig, unter Azalea procumb. usw. auf Granitgrus	90,68	9,32	2,78	6,54	0,128	0,159	0.625	0,147	0,226	2,00
Humus, aus Heidelbeere in Buchenwald b. Klosters, Granit	86,84	13,16	2,28	10,88	0,126	0,246	0,173	0,328	0,236	1,76
Humus, auf Podsol, Wald, bei Preda, Albulabahn	91,78	8,22	1,93	6,29	0,118	0,063	1,047	0,169	0,155	1,52
Humus von Carex curvula, Flüelapaß, auf Silikatgestein	40,00	60,00	—	—	0,317	0,335	0,288	0,409	0,264	1,37
Humus, moderartig, in schattiger Schlucht, auf Granit, Arlberg	88,24	11,76	2,93	8,83	0,168	0,064	1,192	0,160	0,217	1,88

keit ein. Experimentelle Versuche über Temperatur- und Feuchtigkeitseinflüsse auf die Humuszersetzung hat E. Wollny[1] ausgeführt. L. Tschermak forscht nach den Ursachen, warum die alpinen Humusböden stärker zersetzt sind als analoge Humusablagerungen in nördlichen Breiten. Große Intensität der Insolation, relativ hohe Bodenwärme und der mit der Höhe zunehmende Wärmeüberschuß des Bodens gegenüber der Luftwärme sollen die Verwesung sehr günstig beeinflussen, die aber doch zu lange Zeit im Laufe eines Jahres gehemmt

---

[1] Wollny, E.: Die Zersetzung der organischen Stoffe und der Humusbildungen. Heidelberg: Verlag C. Winter 1897.

wird. Nach den Untersuchungen im Schweizer Nationalpark[1] verläuft eine lückenlose Bodenentwicklung im Hochgebirge nach folgendem Schema:

Silikatrohböden —➤ Braunerde, schwach podsolige Typen,

Kalkrohböden ——➤ Rendzina, degradierte Rendzina

⎱ ➤ Podsolböden —➤ Alpine Humusböden.

Einerseits reichert sich Humus infolge tiefer Temperatur fortwährend an, anderseits werden die Verwitterungsprodukte durch die hohen Niederschläge ausgewaschen und entfernt, so daß das anfänglich wenig mächtige Rohboden-profil zu einem typisch alpinen Humusboden-profil wird (Abb. 11). Parallel damit nimmt die Versauerung des ganzen Profils stetig zu. In sehr hohen Lagen liegen Hu-musansammlungen di-rekt auf Rohböden ohne

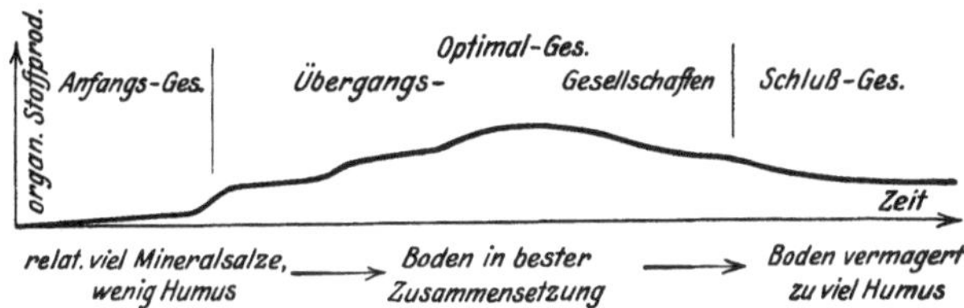

Abb. 12. Produktion von organischer Substanz von verschiedenen Pflanzen-gesellschaften auf alpinen und subalpinen Podsolböden (Schema nach Lüdi).

sichtbare Braunerde-, Rendzina- oder Podsolhorizonte. Zur Bildung mächtiger Humusschichten ist die Staubzufuhr für das Pflanzenwachstum wichtig.

W. v. LEININGEN findet im Alpenhumus pro Hektar bei einer Tiefe von 0,5 m 1800—17000 kg säureunlöslichen Mineralstaub. Hingegen sind die von H. JENNY[2] gemessenen Flugstaubmengen aus dem schweizerischen Nationalpark aus ver-suchstechnischen Gründen möglicherweise zu hoch ausgefallen. Eine allge-meine Übersicht einiger Boden-, Vegetations- und Humustypen in den Kalk-alpen sowie zwei Florenlisten veröffentlichte Graf LEININGEN. Viel wertvolles Material über die gegenseitige Beeinflussung von Vegetation und Humusbildung hat J. BRAUN-BLANQUET[3] gesammelt. Abb. 12 von W. LÜDI[4] stellt die relative Stoffproduktion verschiedener Pflanzengesellschaften dar.

Kartierung der Gebirgsböden.

Die Böden europäischer Gebirge sind im Maßstabe 1:10000000 von H. STREMME[5] in die internationale Bodenkarte von Europa eingezeichnet worden. Für Nordamerika liegen verschiedene detailliertere Karten von trockenen Gebirgsgegenden vor (Bureau of Soils, Washington D. C.), jedoch ohne besondere Beachtung der Profile oder Angabe der Verwitterungsprozesse. Für Afrika hat C. F. MARBUT[6] eine Bodenkarte konstruiert. Karten kleinerer Gebiete mit Gebirgskartierungen haben V. AGAFONOFF[7], A. ALONSO DE JLERA[8], A. AMSLER[9],

[1] JENNY, H.: a. a. O., S. 297 1f. und Denkschr. schweiz. naturforschend. Ges. 63, Abh. 2, S. 317 (1926).
[2] JENNY, H.: a. a. O., S. 188 ff. und Denkschr. schweiz. naturforschend. Ges. 63, Abh, 2, S. 325 (1926).
[3] BRAUN-BLANQUET, J.: a. a. O. S. 319.
[4] LÜDI, W.: Die Untersuchung und Gliederung der Sukzessionsvorgänge in unserer Vegetation. Festbd H. Crist. Verh. naturforsch. Ges. Basel 35, 277 (1923).
[5] STREMME, H.: Allgemeine Bodenkarte Europas. Danzig 1927.
[6] SHANTZ, H. L., and C. F. MARBUT: Vegetation and Soils of Africa. Amer. Geogr. Soc. Research Series, No 13 (1923).
[7] AGAFONOFF, V.: Les zones des sols de France. Rev. Botan. appliquée et d'Agri-culture coloniale 7, no 72, 513 (1927).
[8] ALONSO DE JLERA, A.: Die Verteilung der landwirtschaftlichen Hauptbodenarten und der Bodentypen in Spanien. Ernährung d. Pflanze 23, Nr 24 (1927).
[9] AMSLER, A.: Übersichtskarte der Böden des Kantons Aargau. Landw. Winterschule Brugg, Schweiz. 1925.

G. BONTSCHEW[1], K. GLINKA[2], G. MURGOCI[3], V. NOVAK[4], B. RAMSAUER[5], E. SCHUSTER[6], A. STEBUTT[7], P. TREITZ[8] veröffentlicht. Die Liste bietet keine Gewähr für Vollständigkeit. Über den Stand der Kartierung in verschiedenen Ländern bis zum Jahre 1924 gibt am besten G. MURGOCI[9] Auskunft. Ferner sei auf die Verhandlungen des ersten internationalen Kongresses für Bodenkunde in Washingten D. C. 1927 hingewiesen. Eine Skizze: ,,Vermutetes Endstadium der Bodenbildung in schematischer Darstellung auf einem NS-Profil der Schweiz" hat H. BROCKMANN-JEROSCH[10] veröffentlicht.

Die vertikalen Bodenzonen.

Im Jahre 1899 ist von DOKUTSCHAJEW auf Grund der Erforschung der Böden von Kaukasien die Lehre der senkrechten Bodenzonen aufgestellt worden. Später wurden die Beobachtungen auch für die Gebirgssysteme von Altai und Turkestan bestätigt. In jüngerer Zeit sind die vertikalen Bodenzonen auch in den Gebirgen Javas, in den Zentralalpen und in den Rocky Mountains beobachtet worden. Die Entwicklung der Böden in Verbindung mit der Entwicklung der Oberflächenformen während eines Erosionszyklus bei gleichbleibenden klimatischen Zuständen ist von S. S. NEUSTRUJEW[11] diskutiert worden.

Im folgenden sind einige Gebirgsbodentypenserien angeführt, soweit Angaben erhältlich waren. K. GLINKA[12] beschreibt in seinem bekannten Buche drei schöne Gebirgsserien:

Kaukasus (ALI-BECK):

1000 m Höhe ü. d. M.	Ortschaft Erivan. Wüstensteppen, Grauerden, die teilweise aus lockeren Ablagerungen, teilweise aus Basaltlaven entstanden sind.
In größerer Höhe: 1800 m	Typische Tschernosjeme, die in der Umgebung von Daratschitsschag einer Degradation sichtbar unterliegen und in typische graue Waldböden übergehen (mit Eichenwald bedeckt). Noch höher liegen sehr gut entwickelte, podsolige Böden, stellenweise auch Rendzina.
3000 m	Dunkel gefärbte Bergwiesenböden, die ihrerseits wieder in die braunen torfigen Böden der Berggipfel übergehen.

[1] BONTSCHEW, G.: Verteilung der Bodentypen Bulgariens und der europäischen Türkei. Ernährung d. Pflanze 23, Nr. 18, 281 (1927); vgl. P. KRISCHE: Bodenkarten, S. 77. Berlin 1928.

[2] GLINKA, K.: a. a. O., die Tabelle am Ende des Buches.

[3] MURGOCI, G.: La cartographie des sols en Roumanie. Mem. sur la cartogr. des sols (MURGOCI) 1924, 181.

[4] NOVAK, V.: Schematische Skizze der klimazonalen Bodentypen der Tschechoslowakischen Republik. Věstn. českoslov. Akad. zeměd. (tschech.) 1 (1925).

[5] RAMSAUER, B.: Bodenuntersuchung und Bodenkarte des Schulgutes Oberalm. Verl. d. Landes-Meliorationsamtes Salzburg, 1924. Ref. Internat. Mitt. Bodenkde 1924, 178.

[6] SCHUSTER, E.: Landschaft und Mensch. Ernährung d. Pflanze 24, 4 (1928).

[7] STEBUTT, A.: Bodenkarte Jugoslaviens. Ernährung d. Pflanze 11 (1927).

[8] TREITZ, P.: Die Bodenregionen im geschichtlichen Ungarn und die Stellung der Hauptbodentypen zu der allgemeinen Bodenklassifikation. Mém. sur la nomenclature et la classification des sols S. 185. Helsinki 1924.

[9] MURGOCI, G., u. A. OPRESCO: Mémoires sur la cartographie des sols. Publiés par la 5ième Commission internationale d'études pédologiques. Bukarest 1924.

[10] BROCKMANN-JEROSCH, H.: Die Vegetation der Schweiz, Lief. 1. Zürich 1925.

[11] NEUSTRUJEW, S. S.: Böden und Erosionszyklen (russisch). Ref. Pet. Mitt. 72, 31 (1926).

[12] GLINKA, K.: a. a. O., S. 340 ff.

Turkestan:

SEMENOW[1] teilt den transilischen Ala-tau in sechs Vegetationszonen ein:
1. Die 150—600 m über dem Meeresspiegel sich befindende Steppenzone. 2. Von
600—1350 m auf dem nördlichen und bis 1500 m auf dem südlichen Gehänge
sich erstreckende Kultur- oder Gartenzone. 3. Die Nadelhölzer- oder Subalpin-
zone von 1350—1500 m bis 2280—2400 m hoch. 4. Die untere Alpinzone oder
die der alpinen Sträucher. 5. Die obere Alpinzone oder die der alpinen Gräser.
Die letzten zwei Zonen (4 und 5) lagern zwischen 2280—2400 m bis 3150—3300 m.
6. Die Zone des ewigen Schnees. Bodenkundlich werden folgende Gruppen
abgegrenzt:

Syr-Darjagebiet:

250—700 m	Grauerden und die sie begleitenden verschiedenartigen Solon-tschakböden.
800—1500 m	8—10° C mittl. Jahrestemperatur, mehr als 300 mm Niederschlag. Die Plateaus und die offenen Gehänge besitzen eine Steppenflora. Kastanienfarbige Böden. Tschernosjem fehlt fast völlig, weil sich in diesen Höhen keine Plateaus vorfinden.
1800—3000 m	Gebirgswiesenböden, dichter Blumenteppich. Zwei Varietäten: a) dünne Schicht, unmittelbar auf den Steinen lagernd, b) 1—5 cm mächtiger, wurzelreicher Horizont, darunter hell-braun gefärbte, tonige Böden.

Siebenstromland (Lepsinskkreise), PRASSOLOW[2] beobachtet:

600 m	Zone der hellbraunen Lehme, Sande und der Solontschakböden.
600—800 m	Trockene Artemisia-, Gramineen- oder Strauchsteppen mit ka-stanienfarbigen Lehmen.
800—1200 m	Tschernosjemsteppe.
1200—2000 m	Tschernosjemartige, zuweilen Degradationsmerkmale aufweisende Gebirgsböden mit hochgewachsenen Gräsern.
2000—3000 m	Ausgelaugte, mit kleingewachsenem Gras bedeckte Gebirgswiesen.

Solche Reihenfolgen der Zonen sind nur auf den offenen Gehängen oder
Plateaus deutlich zu beobachten. In den Tälern wechseln die Zonen und werden
nach oben und unten verschoben. Im östlichen Teile gehen die feuchten Gebirgs-
wiesen in die trockene Hochgebirgssteppe über.

Altai-Gebirge:

Auf einer Expedition im Altaigebirge beobachtete W. P. SMIRNOFF[3] eine drei-
fache Zonenverteilung. 1. Eine Breitenverteilung, die den Flußtälern entspricht
und deutlich von Süden nach Norden auftritt. 2. Eine vertikale Verteilung, die
von der Höhe der Gebirgszüge abhängt. 3. Eine von der geographischen Höhe
bedingte Verteilung.

Vorgebirge:	Rezente Waldsteppe mit reichhaltigem Bodenkomplex. (Früher vollständig Wald.) Tschernosjemtypen.
Höhere Gebirgsteile:	Allmählicher Übergang zu typischen Waldböden, Podsolen und Halbmoorböden.

Auf dem Gebirgsprofil vom westlichen Altai bis an die Grenze der Mongolei
ist folgende Höhenverteilung bemerkbar:

[1] GLINKA, K.: a. a. O., S. 351.
[2] PRASSOLOW u. K. GLINKA: a. a. O., S. 355.
[3] SMIRNOFF, W. P.: Über die in den Gebirgsgegenden Rußlands vorkommenden vertikalen Bodenzonen. Internat. Mitt. Bodenkde 4, 405 (1914).

	West-Altai	Ost-Altai	China
Kastanienfarbige Böden	100—200 m ü. d. M.	1000 m ü. d. M.	1600—2300 m ü. d. M.
Tschernosjem und ähnliche Typen	350—450 m ü. d. M.	1200 m ü. d. M.	—

Es besteht also außer der vertikalen Zonenverteilung noch eine besondere, gewissermaßen Höhenzonalität von Westen nach Osten (die Niederschläge nehmen gegen China zu ab, 300 mm), so daß absolut gemessen die Kastanienerden des Ostens höher liegen als die Podsole des Westens. Es versteht sich aber von selbst, daß in jedem bestimmten Gebirgsteil die Podsolböden immer höher liegen als die Kastanienerden desselben Gebirgsteiles.

Wallis-Schweizeralpen:

A. MEYER[1] bringt folgende Angaben über die regionale Verteilung der Böden im mittleren Wallis:

Kolline Stufe 375—800 m ü. d. M.

Stufe des Nußbaumes und der Weinrebe. Arider Klimacharakter, kalte Winter und warme Sommer. Klimadaten für Siders (552 m): mittlere Jahrestemperatur 9,3⁰ C, jährliche Niederschlagsmenge 536 mm. NS-Quotient 217.

Nesterartiges Lößvorkommen, Steppenvegetation. Tschernosjem sollte sich hier vorfinden, wird aber in typischer Ausbildung nicht gefunden. Profil bei Raron:

A 5 cm: Pflanzennarbe in dunkelgrauem bis schwarzem, humosem Lehm,
A_1 20 cm: Dunkelgrauer, staubiger Lehm mit vielen Wurzeln.
A_2 20 cm: Etwas heller als A_1, wenig Wurzeln,
A_3 20 cm: Graue Lehme.
C_1 15 cm: Gelbbraune Lehme.
C_2:   Malm und Dogger.

Nach dem Salzsäureauszug zu schließen, ist die chemische Verwitterung nicht sehr weit vorgeschritten. MEYER nennt diesen Trockenboden Schwarzerde nach STREMME.

Bei Ecône finden sich Salzkrusten und Salzausblühungen (42 % Natriumsulfat). Diese sollen teils klimatisch, teils lokalgeologisch bedingt sein.

Montane Stufe 800—1400 m ü. d. M.

Region des Getreidebaues und der Weinrebe. Jahrestemperatur 4,6—7,8⁰ C. Jährliche Niederschlagsmenge an der Nordflanke bis gegen 1000 mm, dagegen in den penninischen Alpen meist unter 750 mm, im Oberwallis bis 1550 mm.

Die Böden sind graubraun in den Oberflächenschichten, gelbbraun und grau in den tiefern Schichten. Humusgehalt gering, 5,10 % im A-Horizont von Außerberg (1050 m). Die Böden lassen im Feldprofil noch keine starke Auswaschung erkennen. Es sind Braunerden bzw. Übergangsglieder von Steppenböden zu Podsolen. In der Analyse läßt sich beginnende Auswaschung der Sesquioxyde feststellen, z. B. Trockenhügel bei Außerberg (1050 m), Salzsäureauszug:

	A_1	A_2	B
$Fe_2O_3 + Al_2O_3$.	6,93 %	3,67 %	7,40 %
CaO	0,81 %	0,50 %	0,54 %

Untergrund: serizitisierter Gneis.

Im feuchteren Oberwallis ist die Auswaschung schon mit bloßem Auge wahrnehmbar.

---

[1] MEYER, A.: a. a. O., S. 309.

Subalpine Stufe 1400—2150 m ü. d. M. Waldgrenze	Nadelholzregion. Jahrestemperaturen 4,6—0,0⁰ C. Bodenbildung je nach der Zunahme der Niederschläge verschieden. Im ariden Zentralwallis herrschen trockene Böden mit braunen und grauen Farben vor.

Gebiete höherer Befeuchtung haben in unteren Lagen braune Erden, in höheren Lagen bereits Humusansammlungen (bis 30 cm Mächtigkeit an der Furkastraße 1590 m und 12,02 % Humus bei 1400 m), Trockentorfablagerungen und ausgebleichte Oberhorizonte. Nahe der Waldgrenze typische Podsolierung. Die Profile sind durch die starke Neigung der Gebirgshänge in der Hauptsache verwischt, so daß die Bleicherdehorizonte nur selten beobachtet werden können.

Alpine Stufe über 2150 m ü. d. M.	Stufe der Alpweiden. Weiteres Ansteigen der Niederschläge, Temperatur fällt, z. B. St. Bernhard (2476 m): Mittlere Jahrestemperatur — 1,7⁰ C, jährliche Niederschlagsmenge 1258 mm, NS-Quotient = 1140. Gemäß der Vegetationseinteilung werden drei Bodengruppen unterschieden:

    1. Strauchgürtel,
    2. Wiesengürtel,
    3. subnivale Unterregion.

Humusprozente nehmen zu, bis 14,45 %, in der Strauchgürtelregion (2300 m). Typische Podsole bei 2400 m (Wiesengürtel Furkapaßhöhe), Profil:

    5—8 cm schwarze Sande mit vielen Faserwurzeln,
      10 cm graue Sande mit wenigen Wurzeln,
      20 cm braune Sande mit einzelnen Rostflecken.

Mächtigkeit der Humusschichten geringer als in der subalpinen Stufe.

Subnivale Stufe 2650 m ü. d. M.	Dammerdebildung geringer, Humuspolster stellenweise. In der Hauptsache Schutthalden und Blockfelder, in Kalkgebieten oft Schratten. Schneegrenze von 2700 m (Diablerets) bis 3200 m (Monte Rosa).
Hochalpine Stufe bis 4600 m ü. d. M.	Mechanische Gesteinszertrümmerung, Schnee und Eis.

Val Camonica-Serie:

Südhang der Zentralalpen, Oberitalien (H. Jenny). Val Camonica oder Ogliotal, nordwestlich von Brescia. Länge von Norden nach Süden 80—100 km, Höhendifferenz 3400 m, Niederschlagsmenge meist über 1000 mm. Sämtliche Profile auf Moränen und fluvioglazialen Ablagerungen.

100—200 m ü. d. M.	Gelbe und rote Erden. Nordrand der Poebene, südlich Iseo. Ferrettisierte Böden der Moränen und Schotter des Oglio- und Etschgletschers (Motta di Ghedi, 96 m; Monterotondo; Nordhang des M. Orfano; über Verbreitung der Ferretto siehe A. Penck[1]). 100—400 cm tief verwittert.

Niederschlagsmenge von Brescia (170 m): 999 mm, NS-Quotient 286, Jahrestemperatur 12,9⁰ C.

200—700 m ü. d. M.	Braunerden. Talboden, von Iseo (198 m) bis Edolo (690 m). Die Moränen, die Talböden und Hänge bedecken, bilden mehr oder weniger entkalkte Braunerden, je nach dem Alter ihrer Ablagerung, und je nach ihrer Zusammensetzung. Tiefe der Verwitterungsschicht 60—100 cm. Braunerdeböden finden sich auf Urgestein an Südhängen bis über 2000 m hinauf (nördl. von Edolo). Auf Kalk in höheren Lagen Rendzina.
700—{1500 2000 m ü. d. M.	Podsolböden. Schöne Podsole in den Moränen und Schottern auf dem Aprica-Paß (1181 m, 1240 mm Niederschlag). Bleicherden bis 20 cm, Orterden 15—30 cm mächtig. Ferner am waldigen (Kastanien) Nordhang des M. Faeto (1416 m) bei Edolo, wo sich schwache Podsolierung bis auf den Talboden (700 m) feststellen läßt, Tiefe der Verwitterungsschicht im allgemeinen 20—80 cm.

---

[1] Penck, A., u. E. Brückner: Die Alpen im Eiszeitalter. Leipzig 1909.

1500⎫
2000⎭—2700 m ü. d. M. Alpine Humusböden. Mächtigkeit gering, 2—10 cm, manchmal auch mehr. In Vertiefungen und Mulden ist lokale Moorbildung häufig (M. Padrio, 2152 m; Tonale-Paß, 1884 m). Auf Moränen und besonders auf Kristallinem. Grenzen je nach Exposition verschieden.

2700—3500 m ü. d. M. Frosterden, Schnee und Eis. Höchster Gipfel 3507 m (Adamello). Über 3000 m meist nur Frost- und Windverwitterung, darunter Übergangszone zur Alpweide. Eis vielfach von Moränen ganz zugedeckt. Vegetation stellenweise.

Tropische Serie, Java:

Einem kurzen Bericht über Klima und Bodenbildung in Java von M. W. Senstius[1] sind folgende Angaben über vertikale Bodenzonen in feuchten Gebieten entnommen.

0—200 m ü. d. M. Äquatoriale, tropische Tiefländer mit mittlerer Jahrestemperatur von 25° C. Reis, Zuckerrohr, Tabak. Humus wird durch die hohe Temperatur nahezu vollständig zersetzt. Laterite und Gelberden.

200—1000 m ü. d. M. Tropisches Hügelland. Mittlere Jahrestemperatur 15° C. Tee und Kaffeekulturen. Kein Humus in der Bodenlösung.

1000—1800 m ü. d. M. Tropische Hochlandzone. Mittlere Jahrestemperatur 10° C. Waldvegetation. Humus reichert sich allmählich an. Zwischenstadien von Laterit, Roterden und Podsolen. Die Wässer enthalten mehr oder weniger Humus.

über 1800 m ü. d. M. Tropische Hochgebirgszonen. Niedere offene Wälder, viele Moose. Heller gefärbte Böden, Humus reichert sich mehr an.

3400 m ü. d. M. Mittlere Jahrestemperatur 5° C. Nahezu vegetationslose Gebiete.

4300 m ü. d. M. Mittlere Jahrestemperatur 0° C. Schneelinie.

R. Lang[2] bemerkt, daß er in Java am Vulkan Bromo bei 2700 m Rohhumus gefunden habe.

Pikes Peak, Rocky Mountains, Colorado, U. S. A. (H. Jenny).

1500—2000 m ü. d. M. Kastanienfarbige Böden (C. F. Marbut) der Steppen von Colorado. Mittlere Jahrestemperatur ca. 10° C. Jährliche Niederschlagsmenge 250—400 mm, NS-Quotienten 60—100. Teilweise alkalireiche Böden.

2000—3500 m ü. d. M. Koniferenwaldböden, sehr trocken und skelettreich. Farbe des Muttergesteins dominierend. Nahe der Waldgrenze, bei 3400 m, lassen sich braune 20—30 cm mächtige orterdeähnliche Horizonte erkennen. Typische Bleicherden nicht gefunden, allgemein wenig Humus.

3500—4300 m ü. d. M. Skelettböden, Blockhalden und alpine Humusböden. Humusschicht nur 2—10 cm mächtig, Farbe dunkelbraun bis schwarz. Gipfel: mittlere Jahrestemperatur — 7,0° C., jährliche Niederschlagsmenge 750 mm, NS-Quotienten 900—1400, je nach Annahme der Luftfeuchtigkeit.

In den kanadischen Rocky Mountains (z. B. Mt. Signal 2250 m, Maligne Gruppe), wo die Temperatur tiefer und die Niederschlagsmenge größer ist, bilden sich alpine Humusböden schon in einer Höhe von 2100—2200 m aus.

---

[1] Senstius, M. W.: The Formation ol Soils in Equatorial Regions, with Special Reference to Java. Im Bull. VI der Amer. Soil Survery Association S. 149 (1925). Siehe auch: Mohr, E. C. T.: De Grond van Java en Sumatra. Amsterdam 1922.

[2] Lang, R.: Versuch einer exakten Klassifikation der Böden in klimatischer und geologischer Hinsicht. Internat. Mitt. Bodenkde 5, 312 (1915).

2. Böden der gemäßigten Region einschließlich der Subtropen.

a) Böden der kühlen, gemäßigten Region.

α) Die Bleicherdewaldböden oder podsolige Böden.

Von H. STREMME, Danzig.

Mit 2 Abbildungen und 3 Tafeln.

In den kühlen gemäßigten Regionen sind alle Hauptfaktoren vorhanden, welche auch in den übrigen Regionen die Böden bilden: Klima, Relief, Pflanzenverein, Wasseransammlung, Gesteinseigenschaften, Dauer der Bildung und menschliche Arbeit[1]. Diese Hauptfaktoren der Bodenbildung sind aufs innigste miteinander verflochten. Von keinem kann man sagen, er sei wichtiger als der andere. Bei allen mit Ausnahme des Klimas ist der direkte Einfluß auf den Bodentypus unmittelbar zu erkennen. Nur bei dem Klima ist der Einfluß mittelbar. Es wirkt bei allen anderen Faktoren mit und wird von ihnen modifiziert. Deren Wirkung läßt sich kurz in folgender Übersicht darstellen:

Pflanzenvereine (Organismenvereine): Typen der Wüsten, Wüstensteppen, Steppen, Prärien, Trockenwälder, Regenwälder, Heiden.

Wasseransammlungen: Absätze, Verdichtungen, anmoorige Humusformen, Moore, Marschen.

Gesteinseigenschaften: Mächtigkeit der Profile in durchlässigen Gesteinen meist größer als in undurchlässigen, in quarzreichen, festen Gesteinen wie Quarzit, z. T. Granit, Porphyr, oft geringer als in quarzarmen oder quarzfreien, am geringsten bei Kalkstein, Dolomit, Gips, welche die Bodenbildung stark beeinflussen (Rendzinabildung).

Dauer der Bildung: Bei kurzer Dauer schwache Horizontbildung, bei längerer stärkere Horizontbildung, bessere Differenzierung der Horizonte.

Menschliche Arbeit: Beeinflußt die übrigen Faktoren und kann die Bodentypen bei geeigneten Maßnahmen völlig verwandeln.

Relief: In den Senken Wasseransammlungen, auf Ebenen gute Ausbildung der Pflanzenvereinstypen, ferner Windsedimente; auf geneigten und steilen Flächen Abtrag der Bodenhorizonte (Entstehen von Bodenruinen und Abschlämmassen), Anreichern der Skeletteile (skelettreiche und Skelettböden), Durchragen felsigen Untergrundes.

Von den Bodentypen, welche diesen Hauptfaktoren entsprechen, finden sich zahlreiche in den kühleren gemäßigten Regionen. Vergleichen wir diese Region Europas mit einer neueren Bodenkarte, so kommen hierfür in Betracht z. B. die nach HANN wiedergegebene Temperaturkarte Eurasiens in DIERCKES Schulatlas (41. Aufl. 1912, Nr. 25) und die Allgemeine Bodenkarte Europas der Unterkommission bei der V. Kommission der Internationalen Bodenkundlichen Gesellschaft (Danzig 1927). Auf der genannten Klimakarte wird die kältere gemäßigte Zone begrenzt durch die 0°-Isotherme des kältesten Monats im Süden und die 0°-Jahresisotherme im Norden. Nach der Bodenkarte kommen in dieser Zone Europas vor: Skelettböden mit podsoligen Böden und Rendzina, die verschiedenen Typen des Regenwaldes (podsolige Böden), die grauen Böden der Waldsteppe, die schwarzen und kastanienfarbigen Böden der Steppe, die grauen und braunen Wüstensteppenböden, die verschiedenen Böden der Wasseransammlung, die Rendzina. (Die Typen der verschiedenen Dauer der Bodenbildung sind auf der Karte nicht ausgeschieden. Von den durch die menschliche Arbeit hervorgerufenen nur die der Entwaldung auf den südeuropäischen Gebirgsländern, die mit den Skelettböden vereinigt sind.)

---

[1] GLINKA, K. D.: Dokuchaievs' Ideas in the Development of Pedology and Cognate Sciences. Ac. Sc. U.S.S.R. Pedol. Invest. 1, 2/3. Leningrad 1927. — STREMME, H.: Erläuterung zu: Allgemeine Bodenkarte Europas 14—22. Danzig 1927. — NEUSTRUEV, S. S.: Genesis of Soils. Acad. Sc. U.S.S.R. Russ. Pedol. Invest. 3, 4—32. Leningrad 1927.

Hier sind nachstehend nur die ausgesprochenen Typen der Regenwälder und der Heide zu behandeln:

Die Bleicherdewaldböden oder podsoligen Böden.

Die Bezeichnung „Podsol" ist eine russische Volksbenennung aus pod = Boden und sola = Asche zusammengesetzt. Sie bezieht sich auf die oft weißen oder grauen Farben, die den Oberboden der Regenwälder unter der obersten dunklen Krume kennzeichnen. Bisweilen ist die Farbe auffällig weiß und erinnert in der Tat an weiße Holzasche. Podsol entspricht danach dem deutschen Wort „Bleicherde", welche auch oft — wegen der bleigrauen Farbe entstellt — „Bleisand" genannt wird. Während Bleicherde[1] ziemlich eindeutig auf die Bleichheit des charakteristischen Waldbodenhorizontes hinweist, ist die von E. RAMANN gebrauchte Bezeichnung „Grauerde" zu unbestimmt, da die graue Farbe in unzähligen Nuancen die weitaus häufigste Bodenfarbe bei fast allen Bodentypen ist. Die Verwendung der Farbnamen zur Bezeichnung der Böden führt überall zu Mißverständnissen und sollte nur mit genauerer Präzisierung durch die Angabe der Pflanzenvereine usw. verwendet werden. Ortstein wird ein verdichteter harter Bodenhorizont genannt, welcher sich oft unter dem „Bleichsand" oder „Podsolhorizont" findet, keineswegs aber immer mit jedem Bleichsand oder Podsol verbunden sein muß. Sowohl die Bleichung wie auch die Verhärtung sind nur zwei Merkmale des Waldbodentypus, die beide oft fehlen. Daher haben die russischen Bodenforscher die Bezeichnung „podsolige Böden" für die ganze Gruppe eingeführt.

Morphologie, Einteilung, Profile.

Die morphologischen Eigenschaften der Böden, welche der direkten Beobachtung in der Natur zugänglich sind, dürfen als die theoretisch wie praktisch wichtigsten angesprochen werden. Die Horizontgliederung, der Bau der Horizonte, ihre Struktur, ihre Farbe, ihre Textur, ihr Feuchtigkeitsgrad, die Ausbildung und Umwandlung der mineralischen und organischen Stoffe sind die hauptsächlichen morphologischen Eigenschaften[2]. Auf ihrer Feststellung und Untersuchung beruht ein großer Teil der modernen Bodenforschung, nämlich das zunächst in Rußland von DOKUTSCHAJEFF und seiner Schule durchgebildete System der genetischen Bodentypen, das im Laufe der letzten Jahrzehnte auch mehr und mehr in anderen Ländern Fuß gefaßt hat. Die sorgfältige Beschreibung aller in der Natur erkennbaren Bodeneigenschaften ist die Hauptmethode dieser Richtung, die sich auch in der Praxis mehr und mehr bewährt. Dafür ein Beispiel: ein großer Teil der landwirtschaftlichen Arbeiten ist darauf gerichtet, dem Boden Krümelstruktur zu geben oder zu erhalten, ihn zu lockern, den Humuszustand zu verbessern und dazu auch die Reaktion durch Kalken und Mergeln neutral oder alkalisch zu gestalten. Durch diese Maßnahmen wird künstlich jeder Boden in einen Steppenboden umgewandelt, veranlaßt durch die rein praktische Erfahrung, daß die Mehrzahl der Kulturgewächse auf solchen Böden am besten gedeiht. Es sind zumeist von Natur Steppen- oder Vorsteppenpflanzen. Die meisten der obengenannten Eigenschaften sind am besten durch die direkte Beobachtung zu ermitteln. Aufgabe der morphologischen

---

[1] Dieser bodenkundliche Begriff Bleicherde ist nicht zu verwechseln mit einer anderen Bezeichnung „Bleicherde", die vom Techniker für Tone geprägt worden ist, welche zum Bleichen von Ölen, Fetten und dergleichen benutzt werden. Es liegt jedoch kein Grund vor, die über ein halbes Jahrhundert in der bodenkundlichen Forschung bestehende Bezeichnung aufzugeben, da sie sich allgemein eingebürgert hat und zu einem feststehenden Begriff geworden ist. Der Herausgeber.

[2] Vgl. S. A. ZAKHAROV: Achievements of Russian Science in Morphology of Soils. Acad. Sc. U.S.S.R. Pedol. Invest. 2. Leningrad 1927.

Untersuchungsmethode ist es nun, diese Beobachtungen systematisch und exakt durchzuführen. Hierdurch wird festgestellt, welche Bodeneigenschaften dem landwirtschaftlichen Endziel nicht entsprechen und somit verbessert werden müssen. Bei exakter Aufnahme durch geeignete Kartierung läßt sich eine quantitative Übersicht über die auszuführenden Arbeiten geben.

Wir können mit K. GLINKA[1] die folgende Einteilung der Podsolböden vornehmen.

a) Die gewöhnlichen Bleicherde-Wald- und Heideböden (Podsol, podsolig, schwach podsolig), und zwar 1. mit Orterde, 2. mit Ortstein.

b) Die podsoligen Wiesenböden (Übergang zu den Grundwasserböden oder Gleypodsolen, anmoorigen Podsolen, Torfpodsolen, Moorböden).

c) Die verborgen podsoligen Waldböden an der Tundragrenze.

d) Die sekundär podsolierten Parkwaldböden der Waldsteppe.

Von manchen Autoren werden auch gewisse Sodaböden als Typen der alkalischen Podsolierung[2] oder als Steppenbleicherden bezeichnet[3]. Es findet sich oft bei Sodaböden eine stark ausgelaugte maus- oder hellgraue Ausbildung der Oberkrume. In dieser werden durch die Soda die Humusstoffe, Tone, ,,Bodenzeolithe" peptisiert und in einen tieferen Horizont hineingeschwemmt, der schwarz, klumpig und verdichtet, nach dem Austrocknen sehr zäh und hart ist. Ohne Zweifel liegt hier eine gewisse äußere Ähnlichkeit mit den Waldpodsolen vor, wenn auch die Bodenprozesse ganz anders verlaufen. Besser werden die Bezeichnungen Podsol und Bleicherde auf die hier zu behandelnden Waldböden beschränkt. Wer die grauen Sodaböden draußen sieht, wird an Bleicherdewaldböden überhaupt nicht denken. Die Unterschiede sind viel größer als die geringfügige äußere Ähnlichkeit. In der Literatur werden durch solche Namenmischungen leicht Unklarheiten hervorgerufen.

Die morphologischen Kennzeichen der vier Podsolgruppen lassen sich übersichtlich zu folgender Tabelle[4] vereinigen:

Übersicht über die morphologischen Kennzeichen der Podsolböden.

	Bleicherde-Waldböden	Wiesenpodsole	Verborgen podsolige Waldböden an der Tundragrenze	Sekundär podsolierte Waldböden der Waldsteppe
Anordnung und Folge der Horizonte	$A\begin{Bmatrix}A_0\\A_1\\A_2\end{Bmatrix}\quad A\quad A$ $B\quad B\quad B$ $C\quad C^{\underline{Oa}}\quad CCa$ CCa	$A\begin{Bmatrix}A_0\\A_1\\A_2\end{Bmatrix}\quad A\quad A\quad AG$ $B\quad B\quad\quad CG$ $\quad\quad BG$ $CG\quad BG\quad C\text{--}CG$ CG	—	$A_{A_2}\quad ACa\quad A_{A_2}$ $B\quad BCa\quad B$ $C\quad CCa\quad C^{\underline{Oa}}$ CCa
Ausbildung der Horizonte	A und B deutlich schichtartig, die Horizontgrenzen oft infolge Wurzelwirkung und an Steinen kegelförmig nach unten ausgebogen A_2 zumeist deutlich, kann auch fehlen	Die Horizonte deutlich schichtartig. Sowohl C wie B können durch Grundwasserabsätze völlig verändert sein. Bisweilen kein B mehr vorhanden	mehr oder weniger deutlich, Podsolierung (A_2-Horizont) kaum vorhanden	A und B deutlich schichtartig A_2 nur schwach angedeutet oder fehlend

[1] GLINKA, K.: Genesis und Geographie der russischen Böden. (L'exposition panrusse d'agriculture et des métiers.) S. 17—25. Petrograd 1923.

[2] STEBUTT, A.: Landwirtschaftliche Hauptgebiete des Königreichs S.H.S, S. 94. Belgrad 1926.

[3] RAMANN, E.: Bodenbildung und Bodeneinteilung (System der Böden), S. 92—94. Berlin 1918.

[4] Z. T. nach H. STREMME: Erläuterungen zur allgemeinen Bodenkarte Europas, S. 15. Danzig 1927.

Übersicht über die morphologischen Kennzeichen der Podsolböden.
(Fortsetzung.)

	Bleicherde-Waldböden	Wiesenpodsole	Verborgen podsolige Waldböden an der Tundragrenze	Sekundär podsolierte Waldböden der Waldsteppe
Mächtigkeit der Horizonte	Das Gesamtprofil kann viele Meter erreichen; die Tiefe richtet sich nach der Durchlässigkeit der Gesteine und dem Alter des Profils (Dauer d. Bodenbildung)	Das Profil ist mehr zusammengedrängt als bei den podsoligen Waldböden, die Humusauflage oft stärker	zumeist gering, nur wenige Zentimeter bei den einzelnen Horizonten	im ganzen nicht tief, selten mehr als 1 m
Farben der Horizonte	A (A_1) schwärzlich, schwarzgrau, schwarzbraun, (humos), oft A_2 mit weißlicher, weißgrauer, bleigrauer, violettgrauer, schwarzbrauner Farbe (Ackerböden hell, violettgrau, gelbgrau, braungrau, grau) B rostgelb, rostbraun, rostrot, rot, schwarzbraun, (durch Humus) schwarz, (durch Mangan) weißlich (Ton z. B. bei Basalt) weißliche Kalkausscheidungen oft bei schwach podsolierten Böden in C	Farben ähnlich wie bei den podsoligen Waldböden. Die Grundwasserabsätze in C und B sind grau oder graugrün (durch Ton), weiß (durch Kalkkarbonat u. a.), rostig und rot (durch Eisenoxydhydrate), schwarz (durch Mangansuperoxyd), grün und gelbgrün (durch Eisensulfate), bei Luftabschluß schwarz u. tintenschwarz (durch Eisensulfid), weiß bzw. blau durch Vivianit) u. a.	Nuancen des Braun	A aschgrau, schwarzgrau, hellgrau, im unteren Teil von A (A_2) oft schwache Aufhellung (Bleichung, Ackerböden braungrau, trocken, gelbgrau B Gemisch von humus- (schokolade-) braunen, rostbraunen, roströtlichen, oft auch manganschwarzen Flecken, weißliche Kalkausscheidungen bei den entkalkten Böden unter B
Struktur	A_0 und A_1 bilden in Wäldern oft horizontal schichtartige Filze und Decken A_1 und A_2 oft schichtig, feinschichtig, blätterig. Krümelung selten. Bindigkeit gering. B oft schichtartig, oft dichte harte Bänke, auch streifig, konkretionär	A und B ähnlich den normalen Waldpodsolen G in der Regel prismatisch, die unregelmäßigen Prismen teils senkrecht und oft grob, ziemlich klumpig, teils (bei Luftzutritt) schräg und quer zerlegt, kleinere Grundwasserabsätze auch streifig, konkretionär, um Wurzeln konzentrisch	locker, körnig, konkretionär, fleckig, glattkörnig	A gekrümelt, bisweilen erbsen-, nußartig, selten nicht gekrümelt, locker B polyedrisch, erbsen-, nußartig prismatisch, bisweilen in Sanden verdichtet

Übersicht über die morphologischen Kennzeichen der Podsolböden.
(Fortsetzung.)

	Bleicherde-Waldböden	Wiesenpodsole	Verborgen podsolige Waldböden an der Tundragrenze	Sekundär podsolierte Waldböden der Waldsteppe
Textur	Wurzellöcher, bei Tonen u. andern feinkörnigen Gesteinen, Poren	Wurzelgänge, Röhren, Poren	Poren	Tierhöhlen, Wurmröhren, Wurzellöcher, Poren. In B oft zahllose feine Poren von Wurzeln, Würmchen u. a.
Stoffbildung und Stoffumlagerung	Humusbildung, $\pm$ starke Umlagerung der Karbonate, der Sesquioxyde, der Tone; Enttontwerden der Oberkrume, Zurückbleiben des Quarzes	Humusbildung meist stärker als bei den gewöhnlichen Waldpodsolen. Die Stoffwanderung nach unten behindert. Niederschläge aus dem Grundwasser von unten her. Im stagnierenden Grundwasser besondere Neubildungen (Eisenoxyd, Vivianit)	—	Humusbildung; z. T. Umlagerung der Sesquioxyde; z. T. Umlagerung (und im Ackerboden spätere Oxydation) von Eisenoxydulverbindungen; geringes Durchschwemmen von Ton
Änderungen bei der Umwandlung in Ackerboden	Allmähliches Verschwinden des A_2-Horizontes, Entstehen bzw. Herstellen der Krümelung (bei guter landwirtschaftlicher Arbeit), bei den schwach- und mittelpodsolierten Formen Veränderung des B-Horizontes durch aufsteigendes Wasser, z.B. Verdrängen des Eisenrostes durch abgeschiedenen $CaCO_3$, Konzentration des Eisenrostes in kugelschaligen rostbraunen oder roten Konkretionen, Ausscheiden von porösem Wurzelkalk, Beinbruchsteinen (Osterkollen)	Soweit die Horizonte denen der Waldpodsole gleichen, sind die Veränderungen durch die Ackerkultur die gleichen. Infolge Senkens des Grundwasserspiegels tritt Austrocknung und Oxydation der feuchten und bei Luftmangel erfolgten Absätze ein. Dabei bildet sich u. a. Schwefelsäure, die zeitweise schädlich wirken kann	—	Leicht Rückwandlung in Steppenschwarzerde; zahlreiche Wurmröhren mit dunklem Humus gehen durch B

In der ersten Reihe der Tabelle sind die Horizonte mit Buchstaben bezeichnet, und zwar in der Weise, wie sie von K. GLINKA, H. STREMME u. a. benutzt werden. Mit A wird hierbei stets die humose Krume in ihren einzelnen Teilen bezeichnet, A_0 ist die Auflage aus Pflanzensubstanz, A_1 der dunkle obere Teil der eigentlichen Krume, A_2 der Podsol- oder Bleichhorizont. Mit B werden die rosthaltigen Illuvialhorizonte bezeichnet (B_1, B_2 usw.), mit C der Gesteinsuntergrund, mit G die Grundwasserabsätze oder die vom Grundwasser beeinflußten Horizonte. Diese Bezeichnungsweise ist vielfach angenommen und bewährt sich durch ihre Einfachheit und Übersichtlichkeit gut in der Bodenlehre.

Im einzelnen ist die Tabelle durch Profile folgendermaßen zu erläutern:

Die normalen Bleicherde-Waldböden[1].

Die Ausbildung der Bleicherde-Waldböden ist nach jeder Richtung hin überaus mannigfaltig. Auf dem mineralischen Boden liegt oft ein Auflagehumus in Form von gewöhnlicher Waldstreu, von Moder, von Faserhumus, von Rohhumus. In der Regel ist die Mächtigkeit der Auflage nur wenige Zentimeter, aber Rohhumus kann bis zu einem halben Meter und vielleicht noch größere Mächtigkeit erlangen, dabei feucht werden und dem nassen Torf nahekommen. Die humose Oberkrume kann dunklere und hellere Humusfarben vieler Nuancen haben. Der humose Anteil kann dem Rohhumus noch recht nahestehen, aber auch viele andere Formen haben.

Der eigentliche Podsolhorizont, die Bleicherde, ist ebenfalls sehr verschieden ausgebildet. Oft sieht man bei Rohhumusdecke und humusreichen Krumen nur ein schwaches Hellerwerden, z. B. von Schwarz zu Dunkelgrau oder Schwarzbraun zu Dunkelgraubraun oder selbst dies ist nur stellenweise bemerkbar. Oft ist es dagegen ein sehr deutlicher Farbunterschied bis zu starken Gegensätzen von Schwarz in A_1 zu Weiß in A_2. Dementsprechend ist auch bei diesem Horizont die Zahl der Nuancen sehr groß; Schwarz, Braun, Gelb, Violett, selbst Grün kommen als Nuancen zu Grauweiß vor. Ebenso schwankt die Mächtigkeit von Flecken und wenigen Zentimetern bis zu vielen Dezimetern und einem Meter oder mehr. Auf diese Ausbildung des Podsols hat auch das Relief einen gewissen Einfluß. In ebenen Lagen ist der Horizont mehr gleichmäßig über größere Flächen verbreitet. Im kuppigen Gelände fehlt er öfter auf den Kuppen oder ist dort sehr schwach entwickelt, tritt erst an den Hängen hervor und wird in Senken am mächtigsten. In stark zerschnittenen, aber vollständig bewaldeten oder wenigstens nicht überwiegend aus Skelettböden und nackten Gesteinen bestehenden Gebirgen, namentlich Schiefergebirgen, wie dem Rheinischen Schiefergebirge, den polnischen Mittelgebirgen, der gebirgigen Landschaft an der atlantischen Küste Norwegens kommt es vielfach nicht zur Ausbildung guter Podsolhorizonte, obwohl man es nach dem Klima, dem Pflanzenverein und der sonstigen Art der Bodenbildung erwarten müßte.

Von großem Einfluß auf die Ausbildung des Podsolhorizontes ist das Alter der Bodenbildung. Junge Waldböden pflegen einen viel geringeren Podsolhorizont zu haben als alte. Die starke und sehr starke Podsolierung und Ortsteinbildung in den Heiden südlich und östlich um die Nordsee herum ist sicherlich durch die frühere Bodenbildung auf der altdiluvialen Landschaft gefördert worden. Doch kommt sie recht ähnlich in den Heiden südlich der Ostsee vor, welche auf jungdiluvialen Gesteinen gebildet sind. Ebenfalls von einer gewissen Bedeutung für die Mächtigkeit des Podsols ist die Art der Auflage. Rohhumus

---

[1] Richtiger würde immer von Bleicherde-Wald- und Heideböden zu sprechen sein, denn beide Pflanzenvereine haben das typische Podsol-Orterde oder Ortstein-Profil, allerdings nicht das gleiche. Aber der Einfachheit halber wird nur von Waldböden gesprochen.

pflegt sie zu fördern. Bisweilen entspricht der Mächtigkeit der Rohhumusdecke die des Podsolhorizontes. Doch dies ist nicht immer der Fall.

Unter starken Bleichhorizonten pflegt der folgende *B*-Horizont oft mit einer schwarzen Zone zu beginnen, welche durch Humus stark gefärbt ist. Sie schmiegt sich als eine scharf abgesetzte Zone an die helle Bleichzone an und macht alle ihre Auszackungen mit. Bei vielen stark oder wenigstens mittel podsolierten Böden kann fast der ganze *B*-Horizont durch dunklen Humus gefärbt sein (Humuspodsol von B. FROSTERUS), während oft eine rostfarbige Zone darunter folgt oder überhaupt der ganze Horizont nur die Eisenrost- und Eisenoxydfarben hat (Eisenpodsol von B. FROSTERUS). Sowohl der Humus- wie der Rosthorizont können weich und zerreiblich, die Farben gleichmäßig verteilt oder in einzelnen Bändern angeordnet sein, in Lehmen konkretionär oder in faustgroßen Knauern, in Sanden auch hart und fest, und ganze bis zu mehreren Metern mächtige Bänke von Ortstein bilden. Diese Bänke können an der Luft leicht zergehen, aber auch so fest sein, daß sie einen dauerhaften Eisenrostpanzer, eine Panzerdecke bilden. Außer der schwarzen Humusfarbe kommt auch schwarze Farbe von Mangansuperoxyd in Streifen, Flecken, Konkretionen usw. vor. Die Farben des Eisenrostes schwanken von Gelb über Braun zu Rot. Weiße Flecken werden oft durch ausgeschiedene Kieselsäure oder Ton oder Tonerde hervorgerufen, vielleicht auch durch Mineralzersetzung oder durch Übrigbleiben ursprünglich weißer Gesteinsteile. Die Mächtigkeit der Rosthorizonte ist überaus verschieden, wobei Einflüsse des Gesteins, des Klimas, des Alters, des Reliefs zu erkennen sind. Fast immer lassen sich die einzelnen Einflüsse gut auseinanderhalten.

Sehr bemerkenswert und praktisch von großer Bedeutung ist die Struktur der Podsolböden. Die schwarzen Zonen der Krume lassen sich oft wie ein Pelz abheben, bisweilen sind sie in feuchtem Zustande etwas schmierig, in trockenem locker. Nur selten, besonders in vergrasten Wäldern, findet man ausgesprochene Krümelung. Die Bleicherde ist oft schichtig oder blätterig. Es backen in horizontaler Richtung die einzelnen Teile vielfach zusammen, d. h. sie bilden dünne Krusten. Ganz Ähnliches gilt für den *B*-Horizont, bei welchem die Horizontalstruktur zumeist noch viel ausgeprägter ist. Als Ackerböden zeigen die Podsolböden die in der Landwirtschaft wenig geschätzte Verkrustung, deren Verbesserung ein wichtiger Teil der Bodenarbeit und Bodenpflege gewidmet ist. Bemerkenswert sind die Unregelmäßigkeiten in der Horizontalerstreckung, welche überall in den Podsolböden, namentlich den *B*-Horizonten, auftreten. An den Baumwurzeln oder auch an größeren Steinen biegen die rostigen Lagen des *B*-Horizontes nach unten aus, oft in spitzen Hohlkegeln oder auch in breiteren „Töpfen". In guten Aufschlüssen kann man bisweilen beobachten, wie von der Spitze solcher auf diesen stehenden Hohlkegeln Wasserbahnen oder Roststreifen in den Untergrund laufen.

Es folgt nun eine Anzahl von Profilen, geordnet nach der Stärke der Podsolierung und dem Vorkommen des harten Ortsteins. Wir bezeichnen bei den Kartierungsarbeiten als schwach podsoliert solche Böden, bei welchen der Podsolhorizont kaum erkennbar bis nur wenige Zentimeter mächtig ist, als mittel podsoliert solche mit Podsolhorizonten bis zu 20 cm Mächtigkeit, während bei den stark podsolierten die Mächtigkeit größer ist. In der russischen Literatur werden die mit kaum erkennbarem oder fehlendem Podsolhorizont als schwach podsolig, mit Flecken und schwachen Streifen als podsolig und die deutlich podsolierten als Podsole bezeichnet.

Beginnende Podsolierung auf Dünensand unter 25 jährigem Pinusbestande. Försterei Steegen, Freie Stadt Danzig, Jagen 244. Aufgenommen durch W. HOLLSTEIN 1928.

Auf der Vordüne, wenig abschüssige Stelle. Pinus silvestris in sehr lichtem Bestande, 3—4 m hoch, einzelne höhere und ältere regellos dazwischen. Bodendecke zur Hälfte Streu von Nadeln, Zweigen, Zapfen, Schuppen, zur Hälfte Polster von Cladonia rangiferina. Sehr spärlich Büschel von Weingaertneria canescens, Keimlinge von Epilobium; wenig andere Flechten. Kiefern stark von Flechten befallen (Cladina-Typus).

A_0—A_1 von 0—2 cm Tiefe Polster von Nadeln, Flechten, Rindenteilen, am Grunde eine 2—3 mm dicke, schwarzbraune, schmierige Schicht aus größtenteils nicht mehr erkennbaren organischen Bestandteilen, mit weißem Pilzgeflecht, in kleinen Lappen zusammenhängend und abziehbar. In und auf dem Horizont zahllose, winzige, lebhaft grüne Flechten, auch Moose von 2—3 mm Höhe.

A_2 von 2—4—5 cm Tiefe. Dünensand von bläulichgrauer Farbe, durch feinste Wurzelfasern merklich zusammengehalten, wird nach unten heller.

B von 5—18 cm Tiefe. Sand mit den meisten kleineren Kiefernwurzeln von im ganzen noch gräulichem (humosem) Ton, enthält jedoch bräunlichrostige Schatten von etwas mehr Zusammenhang, auch stärker graue Flecken und schwarze krümelige Reste von Wurzeln (mit Neigung zu wagerechter Anordnung).

C von 18 cm an schwach gelblicher Dünensand, enthält noch ab und zu Kiefernwurzeln und schwärzliche, humose verrottete Wurzelreste.

Schwache Podsolierung jungen Alters unter Rohhumus ohne Ortstein. Malingsbo, Dalarna, Schweden. Aufgenommen durch O. Tamm[1]. Schöner, gutwüchsiger Nadelmischwald, moosreich, auf einem vor etwa 100 Jahren mit Sand bedeckten, trockenen Moor. Das Alter bestimmt durch Zählen der Jahresringe an einigen Strünken. Bodenflora hauptsächlich: Aïra flexuosa mit Hylocomium proliferium und parietinum, Hypnum crista castrensis, Dicranum-Arten, einige Flecken von Polytrichum commune. Einige Stellen mit Vaccinium vitis idaea, an einem Punkte Myrtillus nigra. Seltenes Vorkommen von Godyera repens, Trientalis europaea, Majanthemum bifolium, Solidago virgaurea.

A 4 cm, Rohhumus.

A_2 ca. 2 cm, aber unregelmäßig. Bleicherde, deutlich, wenn auch nicht so scharf wie in älteren Profilen.

B etwa 5 cm Orterde, schwächer ausgeprägt als in alten Profilen.

C gelber Sand.

Über dem Moor ebenfalls Ausscheidungen, aber in umgekehrter Reihenfolge, oben Rost, unten Bleichung.

Schwache bis mittlere Podsolierung. Kreis Luga, Gouvernement St. Petersburg, Rußland. Aufgenommen 1888 durch Gieorgiewski[2].

A_1 12,5—15 cm, weißlichgrauer, feinerdiger Horizont.

A_2 7,5—12,5 cm, in natürlichem, bodenfeuchtem Zustande dichte, etwas blätterige Masse von fast weißer Farbe; in trockenem Zustande noch weißer, und zerfällt in feines, mehlartiges Pulver; einige braune Konkretionen.

B 20 cm, dichte, tonige Masse mit zahlreichen, dunklen und braunen Konkretionen, die Farbe des Horizontes ist bunt; weißliche Flecken wechseln mit rötlichen und gelblichen Streifen und Adern wenig veränderten Muttergesteins.

C dichter Geschiebeton von rotbrauner Farbe.

Schwache bis mittlere Podsolierung. Kreis Dorogobusch, Gouvernement Smolensk, Rußland. Aufgenommen 1909 durch G. Tumin[2].

A_1 14 cm, hellgrau mit dunkler Nuance, teilt sich beim Zerbröckeln leicht horizontal. Einige runde, eisenhaltige Konkretionen von 1—2 cm Durchmesser.

A_2 11 cm, weißlicher, feinschichtiger, poröser Horizont. Die Dicke der Schichten beträgt 1—2 mm. Die Poren sind eiförmig, von 1—2 mm Länge und 0,5—0,75 mm Breite. Eisenhaltige Konkretionen kommen auch hier vor, sind aber viel seltener als in A_1.

B_1 120 cm, braun mit weißlichen Flecken und Streifen, schichtig. Die Zahl der weißen Flecken nimmt nach unten ab, die Schichten werden schwächer. In 90 cm Tiefe erscheinen schwache Rostflecken, die weißlichen Flecken werden bis 120 cm Tiefe beobachtet. Die eisenhaltigen Konkretionen sind sehr selten.

B_2—C brauner, lößartiger Lehm mit Rostflecken.

---

[1] Tamm, O.: Markstudier i det Nordsvenska barrskogsområdet, S. 258—260. Stockholm 1920.
[2] Aus Glinka, K.: Die Typen der Bodenbildung, S. 69. Berlin 1914.

$\quad$ **Mittlere Podsolierung unter Rohhumus ohne Ortstein.** Okusuzuya, Süd-Sachalin, Japan. Aufgenommen von T. WAKIMIZU[1] 1925. (Mitteltemperatur in Südsachalin 0,9—4,1°, durchschnittliche atmosphärische Feuchtigkeit 80 %.) Wald mit Abies saghaliensis Mast und Picea ajanensis Fisch.

A_0 $\quad$ 25—30 cm, schwarzer Rohhumus, scharf nach unten begrenzt.

A_2 $\quad$ 8—20 cm, grauweißer Bleichsand. Die schwankende Mächtigkeit hängt von der Dicke der Rohhumusschicht und dem dadurch bedingten Grade der Auslaugung ab, ferner vom Relief, da in Depressionen und um große Baumstümpfe herum die Mächtigkeit zunimmt. Scharf nach unten begrenzt.

B $\quad$ 20—50 cm, gelbbrauner, etwas lehmiger Sand. Die Sandkörner sind von Kolloidstoffen bedeckt und verkittet.

$(B_2?)\ C$ $\quad$ etwa 10 m gelbbrauner, ungeschichteter Sand, bisweilen unregelmäßig von gelben Eisenoxydstreifen durchzogen. Einzelne Stücke von Biotitgranit (20—100 cm im Durchmesser) treten im unteren Teil des Horizontes auf. Nach der mikroskopischen Untersuchung dürfte der Sand aus der Zersetzung des Granites hervorgegangen sein. Sowohl der Bleichsand wie der C-Horizont enthält Diatomeen der Gattungen Coscinodiocus, Actinocyclina und Synedra, und zwar meist weniger als 10 % der Gesamtmasse.

$\quad$ **Mittlere bis starke Podsolierung ohne Ortstein.** Bei Neuhaus, Weg nach Katzhütte, Thüringen, Bl. Gräfenthal (Lfg. 55 der Preuß. Geol. Landesanstalt). Aufgenommen durch H. HOFFMANN 1914.

A_1 $\quad$ 12 cm, faserhumusartiger Humushorizont, Filz von Moos, Beerkräutern, Nadeln und Gräsern; an großen Wurzeln mächtiger.

A_2 $\quad$ 30 cm, heller, fleischfarbener Ton mit mehr als 50 % Skelett aus kantengerundeten Tonschieferstücken bestehend.

B_1 $\quad$ 2 cm, schwach dunkelbraune „torfige“ Humusorterde zwischen Steinen.

B_2 $\quad$ 25 cm, intensiv gelbbrauner Horizont, der nach unten allmählich heller wird, Ton und Skelett.

B_3 $\quad$ 2 m, heller, gelber, auch rötlicher Ton zwischen scharfkantigen großen Tonschieferblöcken.

C $\quad$ grünliche kambrische Tonschiefer, z. T. quarzitisch.

$\quad$ **Mittlere bis starke Podsolierung ohne Ortstein.** Steinheid in Thüringen. Porzellanerdebruch. Aufgenommen durch H. HOFFMANN 1914. Nadelwald, vorwiegend Tannen; Beerkräuter, Moose, Heide.

A_1 $\quad$ 5—30 cm, schwarzer Humusfilz von Moos und Beerkräuterwurzeln, faserhumusartig.

A_2 $\quad$ 50—22 cm, heller, weißlichgrauer Bleichsand, in dem einzelne Sandsteinstücke eingebettet sind.

B $\quad$ 7—8 cm, schwarzrostbraune Orterde mit Anreicherung von Eisenrost und Humus, weich und zerreiblich. Unregelmäßige, z. T. tafelige Sandsteinstücke, um die sich die illuvialen Eisenrost- und Humusstoffe herumlegen.

C $\quad$ zerfallener Sandstein der mittleren Buntsandsteinformation; oben kleine Trümmer, die nach unten zu allmählich größer werden.

$\quad$ **Starke Podsolierung ohne Ortstein.** Teutoburger Wald bei Detmold. Steinbruch im verkieselten Flammenmergel auf der Grotenburg, etwa 100 m vom Hermannsdenkmal. Profil aufgenommen durch C. CASADO, H. STREMME, W. WOLFF 1927. Junger Fichtenbestand mit Vaccinium myrtillus, Calluna.

A_0—A_1 $\quad$ ca. 5—10 cm, schwarzer Rohhumus mit Vaccinium und Callunaresten, wird nach unten feinsandig.

A_2 $\quad$ 30—100 cm, zahlreiche Pflanzenwurzeln mit Schluffknöllchen hängen von oben her hinein; feinsandig-schluffige Feinerde von bräunlich-violett weißgrauer Farbe zwischen steinigen Skelettstücken des klüftigen Flammenmergels, die z. T. weit auseinander klaffen.

---

[1] WAKIMIZU, T.: Podsol in South Saghalien. J. Fac. Sci., Imp. Univ. of Tokyo II Geol. Min. Geogr. Seism. I II, 25—33.

B_1 35—60 cm, tonig, rostig, mit schwarzen Humusflecken ehemaliger Wurzeln, die Gesteinszwickel durch rostigen Ton verklebt. Wenige, starke Baumwurzeln.

B_2—C bis 3 m aufgeschlossen: verkieselter Flammenmergel mit Rostflecken.

Starke Podsolierung mit starkem Ortstein. Osdorf bei Altona, Holstein. Im Gebiet der Altmoräne. Aufgenommen durch W. Wolff[1] 1927. Unland mit Poa ovina, Calluna vulgaris, Erica tetralix, Scorzonera humilis, Hieracium pilosella. Sand- und Kiesgrube an der Luruper Grenze westlich Lurup.

A_1 20—30 cm, stark humoser Sand.

A_2 bis 30 cm unregelmäßiger Bleicherdehorizont, darin eine Steinsohle.

B_1 3 m, brauner Humus- und Eisenortstein in ziemlich grobem Sand mit sehr viel Steingeröllen. Der Ortstein stürzt in Blöcken bis 2 m Länge und 1 m Dicke ab; unter ihm wird loser Sand herausgegraben.

B_2—C loser entkalkter Sand, sehr mächtig.

Sehr starke Podsolierung mit starkem Humusortstein. Karlum, westliches Schleswig. Gebiet der Altmoräne. Aufgenommen von C. Emeis 1908. Die Mächtigkeit aus der Photographie berechnet von H. Stremme[2] 1926. Heide. Etwa 13 cm aufgeworfene Heidesoden.

A_1 17—44 cm, hell- bis dunkelgrauer humoser Sand, oben z. T. als Bleisand ausgebildet.

A_2 55—80 cm, feinschichtiger Bleisand, darin unten eine dunkle Eisenrostkonkretion.

B 40—60 cm, dunkler Humusortstein mit 5—6 festen Bändern, dazwischen schichtige, nicht verfestigte Zwischenlagen.

(B_2) C hellgelber Sand.

Die vorstehenden Bodenprofile sind mit Ausnahme der beiden letzten, welche aus der Heide stammen, aus Wäldern genommen. Werden die Wälder gerodet, so unterliegen die Profile einer oft erheblichen Umgestaltung, namentlich wenn sie unter Ackerkultur kommen. Schon die Umwandlung eines Waldbodens in den einer Dauerweide kann ein Profil beträchtlich ändern, wie das folgende Beispiel zeigt.

Schäfers Ziegeleigrube bei Remscheid, Rheinprovinz.
Aufgenommen durch H. Stremme, August 1913.

Grünland-Dauerweide auf der Westseite am Hang		Gemischter Laubwald (Buche, Eiche) mit Ilex aquifolium; Nordseite, Kuppe.	
A	20 cm, graubrauner, sehr lockerer, sandiger Lehm, etwas steinig, wurzelreich.	A_1	20 cm, graubrauner, sandiger Lehm, wurzelreich.
		A_2	18 cm, weißer oder grauweißer, sandiger Lehm.
B_1	55 cm, rostbrauner, feuchter, etwas steiniger Lehm.	B_1	16 cm, rostfarbiger steiniger Lehm, reich an schwarzen Manganflecken.
B_2	60 cm, mürbe, scharfe, grobe Schiefertrümmer mit Feinerde in den Zwischenräumen, graubraun, rostfleckig oder durch und durch rostig (Haken der steilstehenden Schiefer).	B_2	2,50 m, mürbe, grobe Schiefertrümmer mit Lehm in den Zwischenräumen, graubraun, rostfleckig, reich an schwarzen Manganflecken.

B_3 3—4 cm, oben mürber, nach unten allmählich fester und härter werdender Schiefer, rostfleckig oder durch und durch rostig (steil aufgerichteter Schiefer).

C blauer devonischer Schiefer, stellenweise Graphit und Pyrit führend; von Quarzadern durchsetzt.

---

[1] Wolff, W.: Über den Boden von Schleswig-Holstein. Schleswig-Holstein-Hansische Monatshefte **2**, S. 5 des Sonderdruckes (Lübeck 1927).
[2] Aus H. Stremme: Grundzüge der praktischen Bodenkunde, Taf. 4. Berlin 1926.

Das Profil unter dem Grünland hat einen etwas anderen Charakter als das unter dem Laubwald, weil es am Hange durch das Heruntergezogenwerden der Schieferhaken und ihrer Decke verkleinert ist. Aber der typische Unterschied zwischen dem Walde und dem Grünland, der immer wieder beobachtet werden kann, ist das Fehlen des Podsolhorizontes unter diesem.

In Ackerbodenprofilen kann man beobachten, daß sich ein starker und selbst ein mittlerer Podsolhorizont Jahrzehnte hindurch hält, solange er nicht dauernd unter den Pflug genommen und mit Stalldung versehen wird. Allmählich verschwindet er aber, wobei das Fortwehen durch den Wind, die Tätigkeit der Bodenwühler und der Kleinlebewesen neben der menschlichen Arbeit einen starken Anteil haben können. Wenn nicht intensive Bodenverbesserungen durch Stallmistgaben, Kalken oder Mergeln und Maschinenarbeit getrieben wird, bleiben besonders in Gebieten stärkerer Podsolierung eine hellviolettgraue „Leichenfarbe" des Bodens und die Neigung zum Verkrusten als Überreste des Podsolhorizontes noch lange (jahrhundertelang) bestehen, obwohl dieser selbst verschwunden ist.

Der B-Horizont verändert sich zunächst nicht so stark wie der A-Horizont, weil er nicht unmittelbar von der landwirtschaftlichen Arbeit erfaßt zu werden pflegt, es sei denn, daß tief rigolt wurde oder die Anlage einer Röhrendränage, das Heraufholen von Ortstein, Mergelschichten und andere Arbeiten ihn durchwühlen. Gehen solche tiefgreifenden menschlichen Eingriffe nicht vor sich, so sind zwei natürliche Arten der Veränderung häufig. Im hügeligen Gelände verliert die Krume den natürlichen Schutz, den ihnen die Bäume und Wurzeln gegen das Abgespültwerden bieten. Bei Ackerböden wird sie, falls nicht besonderer Schutz durch die Anlage von Böschungen, Rainen usw. gewährt wird, an Kuppen und Hängen stark abgewaschen, so daß der Rohboden (B-Horizont) mit seinen Rostfarben oder das Untergrundgestein frei gelegt wird. Die Grasvegetation und die landwirtschaftliche Arbeit wandeln dann diese in Ober- oder Ackerkrume um. Die Krume ist meist schwach humos und ähnelt im ganzen der eines mangelhaft entwickelten Steppenbodens, der im Ertrag stets hinter den entsprechenden Böden mit guter Krume zurückbleibt.

Die zweite Veränderung erfolgt von unten durch das höherliegende Grundwasser. Man sieht z. B. beim Aufgraben von Profilen in benachbarten Wald- und Ackerlandparzellen, daß in jenem das Grundwasser noch im C-Horizont steht, während es bei diesem in den B-Horizont gedrungen ist. Tiefwurzelnde Kulturpflanzen mit starkem Wasserbedarf wie die Betaarten halten das Grundwasser niedriger als z. B. Getreidearten. Das Grundwasser zieht oberhalb seines Spiegels im B-Horizont kapillar hoch oder wird von Pflanzenwurzeln hochgehoben. Rings um die Pflanzenwurzeln herum kommt es zur Ausscheidung von Kalkröhren, bisweilen auch von Roströhren mit konzentrischem Ringaufbau. Bisweilen wird durch Absatz aus Kapillarwasser der ganze B-Horizont kalkkarbonathaltig, selbst bis in den A-Horizont steigt der kohlensaure Kalk hinein. Dabei wird der Rost verändert, seine Hauptmenge konzentriert sich in oft faustgroßen oder etwa walnußgroßen, ziemlich regelmäßigen Kugeln mit konzentrisch-schaligem Bau und oft lebhaft roter Farbe, während der Horizont selbst nur noch einen leichten gelben oder bräunlichen Rostschimmer behält.

Die podsoligen Wiesenböden und Übergänge zu den Grundwasserböden (Gley-, anmoorigen Böden, Torfpodsolen).

„Der Bau der podsoligen Wiesenböden unterscheidet sich bedeutend von dem der waldigen Böden. Ihr Profil zeigt uns folgendes Bild: 1. Dunkelgrauer, im feuchten Zustande schwarzer Horizont, große Mächtigkeit. 2. Schmutzig-

grauer oder weißlicher Horizont. Auch beträchtliche Mächtigkeit. 3. Bräunlichgrauer Horizont, der selten dargestellt ist, da die Grundgewässer oft zu dieser
Tiefe steigen und die Bildung der sog. Gleihorizonte verursachen.

Die podsoligen Wiesenböden nähern sich in ihrem Bodenprofil den torfig-
podsoligen oder glei-podsoligen Böden, die einen allmählichen Übergang von den
Podsolböden zu den Moorböden darstellen. Die glei-podsoligen Böden sind gewöhnlich am Unterteile der Abhänge, als Übergang zu Torflöchern und auf
den sumpfigen Ebenen vorhanden. Bei solchen Böden ist der oberflächliche
Horizont oft torfig und darunter liegen Gleihorizonte. Die letzteren entstehen
unter dem Einflusse der zur Oberfläche steigenden Grundgewässer und nur teilweise unter dem Einflusse der von der Oberfläche durchsickernden Feuchtigkeit.
In den nördlichen Regionen enthalten die Grundgewässer gewöhnlich Eisen und
organische Substanzen; wo das Wasser in seinem Steigen mit dem Luftsauer-
stoffe zusammentrifft, fällt das Eisen in Form von Hydraten, welche rötliche
und bräunlichrote Adern und mehr oder weniger horizontale Streifchen im Boden
bilden. Zwischen ihnen liegen bläuliche und grünliche Flecken und Adern von
Eisenoxydulverbindungen[1]."

Die russische Bezeichnung Gley oder Glei entspricht dem deutschen Klei,
Ton, und ist durch G. Wyssotzki zunächst für die tonigen Grundwasserabsätze
in die Literatur eingeführt worden, hat sich aber dann auf alle Grundwasserabsätze übertragen. Dauernde Feuchtigkeit (Bodenwasser, Wasseradern, Grundwasser) üben auf die Podsolierung einen erheblichen Einfluß aus[2]. Die Mächtigkeit der Horizonte, ihre Struktur, Farben, Absätze werden anders. In der
Vegetation treten mehr die Arten mit hohem Wasserbedürfnis auf, die Mehrzahl
der Tiere verschwindet. Die im vorigen Kapitel zuletzt beschriebenen Änderungen
des Waldbodens durch höhersteigendes Grundwasser im B-Horizont können auch
schon in Waldböden selbst beobachtet werden, wenn nämlich einzelne Wasseradern in ihnen auftreten. Kalkausscheidungen, Humusausscheidungen durch
verrottende Wurzeln, ein Zusammenballen des Eisenrostes sind Folgen davon.
Stehendes Grundwasser gibt außer kalkigen auch rostige, manganhaltige und
tonige Absätze. Die Stagnation bewirkt Abschluß der Luft, welche ein sehr wichtiges chemisches Agens in allen Bodenhorizonten ist. Das Eisen tritt mit Oxydul-
oder Mischfarben auf, farblos, grün, blau, schwarz. Schwarz ist sowohl der
Mangan- (Braunstein-) Absatz als auch der des Eisensulfids, die beide sehr häufige
Grundwasserbildungen sind. Der Farbton ist bei beiden verschieden, bei Mangan
samtschwarz bis rostschwarz, bei Eisensulfid grauschwarz bis tintig. Betupfen
mit starker Salzsäure gibt bei Mangan Chlorgeruch, bei Sulfid Schwefelwasser-
stoffgeruch. Auch Humus ist oft vertreten und ebenfalls schwärzlich. Er hat
zumeist figurierte Bestandteile in sich. Ist er fein verteilt, so ist er in feuchtem
Zustande plastisch und gibt selbst reinem Sand Knetbarkeit. Bei Luftzutritt
zu Eisensulfid bilden sich Eisensulfate mit grünlichen Farben und leicht kennt-
lichem Geschmack, Eisenoxyd und Schwefelsäure. An der Luft blauwerdender
Vivianit ist auch oft vorhanden. Bemerkenswert ist die Struktur der vom Grundwasser abgesetzten oder stark beeinflußten Horizonte. Sie ist meist prismatisch.
Die unregelmäßigen Prismenflächen sind senkrecht gestellt. Im allgemeinen kann
man bemerken, daß die Prismen um so gröber und gleichmäßiger sind, je weniger

---

[1] Glinka, K.: Genesis und Geographie der russischen Böden, S. 18, 19. 1923.
[2] Frosterus, B.: Zur Frage nach der Einteilung der Böden in nordwesteuropäischen
Moränengebieten; besonders V. Versuch einer Einteilung der Böden des finnländischen
Moränengebietes. Helsingfors 1914. — Wityn, J.: Die Hauptphasen des Podsolbildungs-
prozesses. Vortrag auf dem 4. internat. Kongr. d. Bodenkunde in Rom 1924. Riga 1924.
— Wityn, J.: Die Sande und die Sandböden in Lettland. Riga 1924. — Stremme, H.:
Grundzüge der praktischen Bodenkunde, S. 161—206. Berlin 1926.

die Luft Zutritt hat. Bei Luftzutritt werden sie kleiner, unregelmäßiger, durch quere und schräge Flächen zerlegt. Häufig kommen runde, nicht durch Pflanzen oder Tiere hervorgerufene Poren vor, bei denen auch Frostwirkung eine Rolle spielen kann.

In Mittel- und Süddeutschland werden gewisse, vom Grundwasser beeinflußte Wald- und Heideböden Molken-, Klebsand- und Misseböden genannt, über welche O. GRUPE[1], K. VOGEL V. FALKENSTEIN[2], O. v. LINSTOW[3], W. HOPPE[4], M. BRÄUHÄUSER[5] u. a. berichtet haben. Im einzelnen geben die folgenden Profilreihen und Profile Auskunft über derartige Übergänge. Zunächst eine Reihe von vier Profilen, welche B. FROSTERUS an den Hängen der sandigen Randmoräne „Salpausselka" bei Starkom, Kirchspiel Karis, Südwestfinnland, aufgenommen hat, man vergleiche hierzu die Abb. 13. Das erste Profil ist ein reines Podsolprofil ohne Grundwasserwirkung, das zweite kommt mit dem C-Horizont ins Grundwasserniveau, das dritte mit dem B-Horizont, das vierte unter dem A-Horizont. Am Fuß des Sandrückens liegt ein Sphagnummoor (IV), dessen randliche Teile (III) mit Mischwald (Birken, Kiefern, Tannen) bewachsen sind.

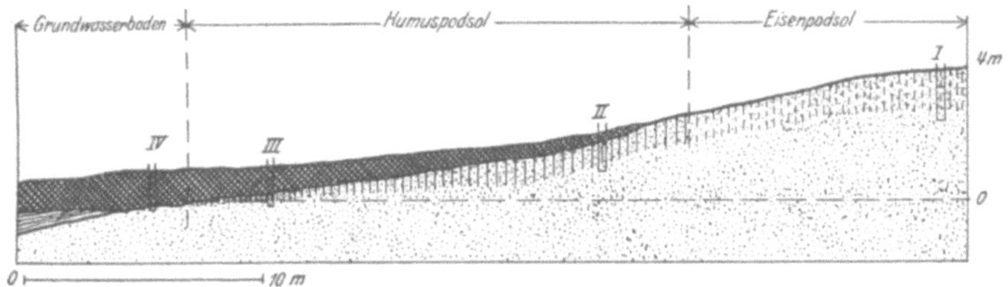

Abb. 13. Schematisches Profil im Sand am Gehänge der Randmoräne „Salpausselka" beim Dorf Starkom, Kirchspiel Karis. I—IV Entnahmestellen der Bodenproben.
(Nach B. FROSTERUS. Helsingfors 1914.)

Der Torf keilt als ein dünnes Lager an dem Rücken (II) aus. An der Böschung des Sandrückens (I) ist der Rohhumus ganz dünn und von Waldresten gebildet.

Bei dem vom Grundwasser nicht berührten Profil I hat der illuviale B-Horizont eine gelblich-rötliche Ockerfarbe und ist fast 1 m mächtig. In II nähert sich das Grundwasser der Oberfläche auf 65 cm. Der A-Horizont wird jetzt fast 4mal so stark und ist in drei Horizonte gegliedert. Der B-Horizont ist nur noch halb so mächtig wie bei I, aber ebenfalls wieder in drei Unterabschnitte gegliedert. In den beiden oberen treten, nach unten abnehmend, Humusfarben hervor, entsprechend der stärker humosen Decke. In III ist die recht mächtige Auflage schon richtiger Moostorf, aber noch nicht dauernd naß, so daß unter ihm noch ein B-Horizont, oben humusreich, unten schwach rostig, folgt. Profil IV hat keinen B-Horizont mehr, das Wasser reicht bis in die Oberkrume. — Bei dieser Profilreihe ist zugleich der Einfluß des Reliefs außer dem des Wassers bemerkbar.

---

[1] GRUPE, O.: Die Brücher des Sollings, ihre geologische Beschaffenheit und Entstehung. Z. Forst- u. Jagdwes. 1909. — Zur Entstehung des Molkenbodens. Internat. Mitt. Bodenkde 1923, 99.
[2] VOGEL V. FALKENSTEIN, K.: Die Molkenböden des Bram- und Reinhardswaldes im Buntsandsteingebiet der Oberweser. Internat. Mitt. Bodenkde 1914, 105; 1915, 77.
[3] LINSTOW, O. v.: Zur Herkunft des Molkenbodens. Internat. Mitt. Bodenkde 1922, 173.
[4] HOPPE, W.: Über Molkenböden im oberen Buntsandsteingebiet des Odenwaldes. Cbl. Min. 1925, 384—392.
[5] BRÄUHÄUSER, M.: Erläuterungen zu den Blättern Simmersfeld und Schramberg der Württembergischen Geologischen Landesanstalt.

I	II	III	IV
A, von 0—2 cm, ziemlich stark verwester brauner Waldmull	A, v. 0—5 cm, ziemlich stark verwester moorig. Rohhumus mit wohlerhaltenen Equisetumteilen, glänzenden, wasserhellen Quarzkörnern und rauhen grauen Feldspatsplittern A_1, 5—10 cm, dunkel gelblichgrauer Sand mit unscharfer Begrenzung nach oben; reich an grau angelaufenen Feldspatkörnern. Hier und da Kohlenreste. Die Grenze nach unten ziemlich scharf	A, von 0—54 cm, fast unverwester braunschwarzer Moostorf mit Equisetum und Ästen von Betula und Pinus	AG, von 0—70 cm, unverwester nasser Moostorf
A_2, 2—5 cm, schwach braungefärbter grauer Sand mit deutlicher Grenze nach unten	A_2, 10—18 cm, schmutzig gelblich olivengrauer Sand, dessen Farbe allmählich in eine		
B, 5—50 cm, braunroter Sand, der nach unten v. 50—100 cm eine gelbliche Farbe annimmt und allmählich in einen	B_1, 18—25 cm, schwarzbraune übergeht; nach unten Übergang zu B_2, 25—38 cm, kastanienbraue$\mathbf{r}$ Sand, der noch weiter nach unten gelblicher wird und von schmalen dunkelbraunen Streifen und Adern durchsetzt ist B_3, 38—65 cm, schwach schmutzig gelber Sand, nach unten zu grau	B, 54—60 cm, humusreicher dunkelbrauner Sand, nach unten zu v. 60—62 cm in gelblichgrauen Sand übergehend	
C, 100 cm, grauen Sand übergeht	CG, 65 cm, Grundwasserniveau	CG, 62 cm, Grundwasser im grauen Sand	CG, 70—120 cm, grauer Sand im Grundwasser 120 cm, grauer wassergefüllter Ton

Ein Grundwasserprofil im podsolierten Litorinaton von Paimio am Spurilafluß[1] zeigt folgende Horizonte:

A	von 0—23 cm, braungrauer, sandiger Mull, dessen untere Grenze unscharf ist.
A_2	23—27 cm, grauer, sandiger Ton, übergehend in (27—32 cm) gelbgrauen feinen Sand mit ziemlich deutlicher Grenze gegen
B	32—45 cm, ockerbraunen, halbfeuchten, plastischen Ton, ohne Grenze übergehend in

---

[1] Frosterus, B.: Zur Frage nach der Einteilung der Böden in nordwesteuropäischen Moränengebieten. IV. Beitrag zur Kenntnis der Bodenbildung in Tonen der humiden Gegenden, S. 5—7. Helsingfors 1914.

BG   45—120 cm, feuchten, grauen Ton mit zahlreichen Roströhrchen und braunen Klümpchen, die in horizontalen Streifen angeordnet sind. Drei deutlichere solche Streifen kommen vor bis ca. 45, 50 und 80 cm Tiefe.

G   120—175 cm, grauer, halbnasser Ton mit einzelnen Roströhrchen. Deutliche Schichtung ist nicht zu sehen; die ganze Zone ist aber von zahlreichen vertikalen Kluftflächen durchzogen, so daß eine Art parallelepipedische Absonderung der Tonmasse entstanden ist.

      175—195 cm, An der Unterlage dieser Zone sind die Kluftflächen alle mit einer rostfarbigen Schicht überzogen, die eine scharfe Grenze nach oben und unten bildet. Die vertikale Tonwand sieht hier in einem 20 cm breiten Bande wie rotbemalt aus.

CG   195—230 cm, blauer, nasser Ton, stellenweise tintenschwarz gefärbt. Roströhrchen fehlen, aber feine graue Pflanzenwurzeln kommen vor und haben dann, wo sie in dem schwarzen Ton liegen, diesen ausgebleicht, so daß feine graue Streifen in verschiedenen Richtungen die schwarzen Partien durchqueren. Keine parallelepipedische Absonderung, in trockenem Zustande muschelig. Schalen von Mytilus edulis. In den grauen Streifen kleine, schön blaue Vivianitkörner.

Das Profil zeigt ganz typische Grundwassererscheinungen. _CG_ ist der nasse Litorinaton, der infolge des Luftmangels tintenschwarzes Eisensulfid und den blauen Vivianit aufweist. Darüber ist bis _BG_ die Zone des Kapillarwassers mit den Roströhrchen um Wurzeln herum und den Rostausscheidungen auf den Kluftflächen. In _BG_ sind die braunen Rostklümpchen wohl bereits z. T. illuvial von oben gekommen und unter dem Einfluß des Kapillarwassers konzentriert, z. T. aber auch am Grundwasserspiegel von diesem abgesetzt. In _B_ besteht keine stärkere Grundwasserwirkung mehr, doch ist dieser echte _B_-Horizont des mittelpodsolierten Bodens stark zusammengedrängt. Wenn ein solcher schwarzer Tongley näher der Oberfläche liegt, so bildet sich ein Sulfatboden, der oft grünliche Farben (von Eisenvitriol) hat und bei stärkerer Durchlüftung rostig und schwefelsauer wird. Derartige Böden sind sehr häufig. Bei dem Schwanken des Wasserspiegels während des Jahres haben sie einen beständigen Wechsel der Durchlüftung und des Säuregehaltes.

Das nachfolgende Profil zeigt eine Bohnerzbank als Absatz des Grundwassers in verlehmten Keuperletten. Die Erzbohnen bestehen aus Brauneisen und Braunstein.

      Lehmgruben am Bahnhof Ebenhausen in Franken. Mitgeteilt von H. STREMME[1].

_A_   30—40 cm, humusbrauner Lehm; obere 10—15 cm, mit vereinzelten Geschieben; hart, hell, ausgetrocknet, untere 10 cm deutlich schichtig.

B_1 etwa 115 cm gut von _A_ abgesetzter, rostbrauner, manganfleckiger schwerer Lehm bis Ton, unten besonders reich an Eisen- und Manganflecken.

G_1 40 cm, Bohnerzbank in lehmiger Grundmasse. Die rostbraunen bis 2 cm großen Bohnen z. T. innen hohl und manganschwarz. Aus der Bohnerzbank treten Quellen heraus.	B_2	an anderer Stelle der Lehmgrube braunschwarzer bis gelber, schichtiger Lehm.
G_2—_C_ hellgrauer Ton mit einzelnen Eisenrostflecken.	_C_	gut geschichtete, harte, graugrüne Keuperletten.

Das nächste (letzte) Profil zeigt bei mittlerer bis starker Podsolierung, welche durch die Ackerkultur beeinträchtigt wird, einen völlig durch Grundwasser umgewandelten _B_-Horizont über Geschiebemergel.

---

[1] STREMME, H.: Laterit und Terra rossa als illuviale Horizonte humoser Waldböden. Geolog. Rundsch. 5, 486 (1915).

Mergelgrube an der Laurentikirche auf der Nordseeinsel Föhr. Mitgeteilt von H. Stremme[1]. Unter einem Roggenacker.

A_1 19—20 cm, schwarzer Humussand, wenige Geschiebe.

A_1—A_2 16—17 cm, kaffeebrauner, allmählich verblassender Humussand.

A_2 19—20 cm, weißer Sand mit braunen horizontalen kurzen Humusstreifen.

G_1 40 cm, grauer bis grünlichgrauer kleihaltiger Sand mit Rostflecken und einzelnen großen kaffeebraunen Humusflecken. Einzelne große Geschiebe von Gneiß und Feuerstein. Gneiß bisweilen völlig verwittert.

B mit G_2 26 cm, grauweißer Sand mit Rostflecken und schwarzen Humusflecken, feucht.

G_3 7 cm, rostroter schmieriger nasser Klei. Keiner der bisherigen Horizonte braust mit Säure auf.

C blaugrauer Geschiebemergel mit weißlichen Kalkflecken, braust stark mit Salzsäure auf.

Die Absätze sind in den beiden Profilen Eisen- und Manganoxyde und Ton, vielleicht auch Humus. Mangan, das im Grundwasser und als Grundwassersubstanz sehr häufig vorkommt, ist z. B. auch von M. Helbig[2] und M. J. Gleissner[3] als Grundwasserabsatz im Rheintal beobachtet worden.

Die verborgen podsoligen Waldböden an der Tundragrenze.

„Beobachtungen über die Verbreitung der podsoligen Böden in Rußland zeigten, daß nach Norden zum Tundragebiete hin das deutliche Bild der Podsolierung verdunkelt wird. Der Boden zerfällt in dieselben drei Horizonte, wie bei den oben beschriebenen waldigen Podsolen, sie sind aber nicht so deutlich. Zum erstenmal wurde diese Varietät in den Gouvernements Jenisseisk und Tobolsk gefunden und untersucht. Im jungfräulichen Zustande haben diese Böden folgendes Profil:

A_0 Waldstreu aus halb verwesten Pflanzenresten, Nadeln und Blättern, leicht mineralisiert bis zur Tiefe von 6—7 cm.

A_1 schmutzigbrauner, kaum podsolierter Horizont, feinkörnige Struktur, ziemlich locker und ohne Spuren von Schichtung, aber reich an feinen Ortsteinkörnchen. Mächtigkeit 7—8 cm.

A_2—B viel heller, obgleich von derselben hellbräunlichen Nuance, mit wolkenähnlichen breiten hellen Flecken. Die Struktur ist plattkörnig mit vielen Poren. Es werden feine Ortsteinkörnchen beobachtet. Seine Mächtigkeit beträgt 23 cm.

B Dunkler gefärbt in demselben bräunlichen Ton, bedeutend dichter als die oberen Horizonte. Von deutlich grobkörniger Struktur, die mit der Tiefe von 130 cm verschwindet.

Böden mit diesen morphologischen Merkmalen werden nördliche verborgen podsolige Böden genannt[4]."

Die sekundär podsolierten grauen Waldböden der Waldsteppe.

Die sekundär podsolierten grauen Waldböden der Waldsteppe sind fortgeschrittene Stadien der Veränderung (Degradation) der schwarzen Steppenböden (Tschernoseme). Die Podsolierung, d. h. Ausbleichung der unteren Krume ist meist nur schwach ausgebildet oder auch oft nicht zu sehen. In dieser Hinsicht stimmen sie mit den schwach podsoligen Böden überein. Aber sie unter-

---

[1] Stremme, H.: Die Verbreitung der klimatischen Bodentypen in Deutschland. Branca-Festschrift, S. 43. Berlin 1914.

[2] Helbig, M.: Neuere Untersuchungen über Bodenverkittung durch Mangan bzw. Kalk. Verh. Ges. dtsch. Naturforsch. 1913, Spez. Tl. Leipzig 1914. Weitere Untersuchungen über Bodenverkittungen durch Eisen und Mangan bzw. Tonerde und Kalk. Chem. d. Erde 4, 12 (1928).

[3] Gleissner, M. J.: Über rezente Bodenverkittungen durch Mangan bzw. Kalk. Dissert., Karlsruhe 1913.

[4] Glinka, K.: Genesis und Geographie der russischen Böden, S. 19. 1923.

scheiden sich von ihnen durch die Ausbildung des rostfarbigen Rohbodens, B-Horizontes. Während er bei den schwachpodsoligen Böden den Eisenrost in feiner gleichmäßiger Verteilung oder in Streifen aufweist, kommt dieser bei den grauen Waldböden in Flecken neben schokoladebraunen, nicht mit Wurzelresten durchsetzten Humusflecken vor. Die Humusflecken sind Überreste des Humusgehaltes der ehemaligen Tschernosemkrume. Sie sind der Farbe nach sofort von dem oft auch bei podsoligen Böden im B-Horizont vorkommenden Humus zu unterscheiden. Dieser ist schwarzbraun oder gelbbraun und gleichmäßig verteilt, oder es sind verrottete Wurzelreste vorhanden. Da deren B-Horizont ausgesprochen braun, rostbraun und schokoladebraun gefleckt ist und der A-Horizont als Ackerboden zumeist schokoladebraune Farbe hat, so wird er auch vielfach (P. TREITZ, C. F. MARBUT, K. LUNDBLAD) in Anlehnung an E. RAMANNS „Braunerden" als „brauner" Waldboden bezeichnet.

Die Profile dieser Böden kommen in mehreren verschiedenen Ausbildungen vor. Teils sind sie vom A- bis zum C-Horizont kalkhaltig, alle brausen mit Salzsäure auf. Teils sind A- und B-Horizonte für die Salzsäureprobe entkalkt. Bei karbonatfreien Gesteinen sind alle Horizonte karbonatfrei. Karbonathaltige Profile hat P. TREITZ 1926 der Unterkommission für die Bodenkarte Europas der Internationalen Bodenkundlichen Gesellschaft bei Sz. Mihaly im Komitat Zala, Ungarn, gezeigt. In einem dichten Eichenwalde waren die unteren Zentimeter der dunkelgrauen, 20—30 cm mächtigen Krume schwach, aber deutlich aufgerichtet. Darunter kam ein olivgrüner lehmiger Horizont von etwa 50 cm Mächtigkeit, der in Löß übergeht. Auf einem benachbarten Weizenacker war die Krume schokoladebraun, der B-Horizont mit Humus- und Rostflecken versehen und vieleckig zerfallen. Beide Profile brausten von oben bis unten mit Salzsäure auf. Nach P. TREITZ sind $^4/_5$ des Eisengehaltes des Waldbodens als Eisenoxydulverbindungen vorhanden, $^1/_5$ als Eisenoxyd. Im Ackerboden ist das Verhältnis umgekehrt. Da dieser aus jenem entstanden ist, so wurde im Ackerboden das Eisen weitgehender oxydiert.

Ein ähnliches Profil hat K. SCHLACHT[1] 1926 im Kaiserstuhlgebirge aufgenommen.

Graubrauner Laubwaldboden mit Podsolierung im Steppengebiet. Laubwäldchen am Lilienhof, Kaiserstuhlgebirge, Baden. Straßeneinschnitt.

30—40jährige Eichen, Buchen, Birken, Hasel, Hopfen, Rubus, Urtica dioica, Euphorbia dulcis und amygdaloides (westpontisch-mediterrane Waldpflanze), Mercurialis perennis, Campanula cervicaria, patula, persicifolia, Echium vulgare, Saponaria officinalis, Ligustrum vulgare, Ajuga chamaepitys (mediterrane Waldpflanze), Leucrium scorodonia (atlantisch), Lathyrus sativus, Melandryum album, Dianthusarten.

A 30 cm	A_0	5 cm, mehr oder weniger zersetzte humose Waldstreu, vom letzten Regen noch feucht, auf der Unterseite speckig glänzend, im Vertikalschnitt von braunem, humosem Aussehen.
	A_1	15 cm, graubraun, humos, lehmig, von Bodenwühlern stark bearbeitet, so daß die Absonderung schwammig ist, mit vielen Hohlräumen. Wurmexkremente. Mit HCl wenig brausend.
	A_2	10 cm, heller graubraun, mit HCl brausend, auf Bruchflächen öfter dunklere Stellen von humosem Material. Beim Graben noch krümelnd.
B		20 cm, rötlichbrauner Lehmlöß, wenig porös, beim Graben widerstehend, in klumpige Stücke zerfallend. Eisenrost- und Humusflecken. Mit HCl brausend.
CCa		20 cm, gelber Horizont, blättrigporös infolge horizontaler Karbonatanreicherung, beim Graben widerstehend, braust mit HCl sehr stark und anhaltend auf.
C		gelber, feinröhrig-poröser, kalkhaltiger Löß.

---

[1] STREMME, H., u. K. SCHLACHT: Über Steppenböden des Rheinlandes. Chem. d. Erde 3, 34 (1927).

Hier ist im Laubwald an dem der Luft ausgesetzten Straßeneinschnitt ein rostfarbiger B-Horizont vorhanden. Ob auch hier von der Straße entfernt der olivgrüne Horizont auftritt, wurde nicht untersucht. Ähnliche Profile in Ackerböden sind bei Steterburg in Braunschweig, bei Prenzlau in der Uckermark beobachtet worden.

Der zweite Typus ($CaCO_3$ nur in C) kann durch folgende Profile belegt werden:

Grauer Waldboden der südrussischen Waldsteppe. Der graue Waldboden gibt nach K. Glinka[1] im Profil folgendes Bild (Gouvernement Poltawa).

A_0 — Waldstreu, 2,5—5 cm mächtig, aus schwach verfaulten, dunkelbraun gewordenen Blättern, kleinen Ästen, Baumfrüchten und anderen Resten der Waldvegetation. Zuweilen beobachtet man leichte Klumpen einer formlosen, organischen Masse.

A_1 — Von dunkelgrauer, braungrauer bis hellgrauer Farbe und feinkörniger oder sehr feinkörniger Erbsenstruktur. Nach der Tiefe werden die Farben heller und die Erbsenkörner größer. Sie erreichen in 24—26 cm Tiefe Walnußgröße.

A_2 — Aschgrauer, sog. nußartiger Horizont. Zerfällt in trockenem Zustande bei jeder Erschütterung sehr leicht in kleine, eckige, an der Oberfläche mit weißlichem und aschenartigem Pulver bedeckte Klumpen (Nüßchen). Ihr Durchmesser wird mit der Tiefe größer und der Boden dichter. Die Mächtigkeit des Horizontes A_2 beträgt 47—48 cm.

B_1 — Rötlichbrauner, dichter Lehm, der in den oberen Teilen Humusfarbe und Nußstruktur beibehalten hat. In den Spalten und Poren werden dunkelbraune Anflüge beobachtet, die für durch den Wald beeinflußte Böden charakteristisch sind. Die Mächtigkeit des Horizontes beträgt 0,7—1,4 m.

B_2 — Bräunlicher, stark kalkhaltiger Lehm, der stellenweise in gänzlich weißen, harten Mergel übergeht.

C — Gelber Löß (Muttergesteinsart).

Der eben beschriebene Boden stellt noch kein Endstadium der Degradation dar. In den Regionen, wo er verbreitet ist, namentlich an der nördlichen Grenze der Tschernosemzone und mitten in der Zone längs der steilen Ufer der Steppenflüsse, wird noch eine Varietät des degradierten Bodens beobachtet. In kesselförmigen Einsenkungen mitten in diesen Regionen kommen Böden mit folgendem Bodenprofile vor:

A_1 — Grauer oder braungrauer Farbe, strukturlos. Die Schwankungen der Mächtigkeit finden statt zwischen 9—29 cm.

A_2 — Grau, gewöhnlich mit weißlicher Nuance, zerfällt in die an der Oberfläche mit feinkörnigem, weißlichem Staube bedeckten „Täfelchen" und „Blättchen". Die Mächtigkeit beträgt 17—27 cm.

A_2 — Braungrau mit dunklen, schmutzigen und weißlichen Flecken bedeckt. Zerfällt in „Täfelchen" und „Nüßchen", oft auch nur in „Nüßchen". Mächtig 9—29 cm.

B — Rotbrauner, dichter Horizont.

B_2 — Kalkhaltiger Horizont.

Diese Varietät unterscheidet sich von den grauen Waldböden dadurch, daß sie in den oberen Horizonten alle typischen Merkmale der podsolierten Böden (der lehmigen Podsole) trägt. Wären alle Nüßchen des Horizontes A_2 in Täfelchen zerfallen, so hätten wir da einen Podsol sekundärer Entstehung, der sich von den primären durch die rötliche Färbung des Horizontes B_1 und durch die Entwicklung des kalkhaltigen Horizontes B_2 unterscheidet. Die rote Farbe des Horizontes B_2 kann erklärt werden durch das Einschwemmen der Eisenoxyde in eine kalkreiche Gesteinsart.

Die Degradation der sandigen und sandig-lehmigen Tschernoseme beginnt mit dem Zerfallen des unteren Teiles des Horizontes A in mehrere, fast hori-

---

[1] Glinka, K.: Typen der Bodenbildung, S. 90.

zontale, ziemlich breite Streifen, die vom homogengefärbten Horizont abgesondert werden. Im Laufe des Prozesses zerfallen auch diese Streifen in eine Reihe schmälerer Streifchen, die tiefer sinken und schlängelig werden. Je mehr sie sich voneinander abreißen und tiefer in den Boden dringen, desto mehr bekommt das Bodenprofil eine bunte, eigentümliche, ,,zebraartige'' Färbung. Mit der Tiefe verlieren die Streifchen ihren Humusstoff, werden reicher an Eisenoxyden und bilden schließlich eine Reihe bräunlicher Eisenadern, teils parallele, teils sich durchkreuzende. Diese Adern wurden ,,Pseudofibern'' genannt. (WYSSOTZKY) Der podsolige A_2-Horizont ist schon gewöhnlich formiert zum Schluß des Prozesses, so daß man das Profil des podsoligen Bodens vor sich hat. Die Anwesenheit von Pseudofibern weist also auf die sekundäre Entstehung der sandig-lehmigen und sandigen Podsole hin (K. GLINKA[1]).

Graubraune Waldböden mit Humus und Polyederstruktur im B-Horizont, entkalkt auf kalkhaltigen Gesteinen. Alt-Kückendorf bei Angermünde, Prov. Brandenburg. Aufgenommen durch K. HEYKES und H. STREMME 1927.

1. Kleines Birkengehölz auf einer Kuppe der Moränenlandschaft. Feiner schwachlehmiger Sand.

A	30—40 cm, gleichmäßig bräunlichgrau, kein A_2.
B	ca. 20 cm rostig, humos, mit feiner Polyederstruktur.
C	kalkhaltig.

2. Mergelgrube nahe am Forsthaus, Ackerboden. Toniger Geschiebemergel.

A	30—35 cm, braungrau, feinsandig-lehmig.
B	80 cm, rostig, humos, manganfleckig, sehr schöne Polyederstruktur.
C	kalkig, mit vielen Kalkkonkretionen.

3. Neuer Wegeinschnitt am Forsthaus. Kiefern-Buchen-Mischwald.

A	20—30 cm, dunkelgrau, humos.
B	ca. 1 cm, rostig, humos, manganfleckig, Polyederstruktur.
C	Geschiebemergel mit Kalkstreifen und Kalkpuppen.

Ähnliche Profile wurden bei Bonn, bei Fritzlar, bei Nauen, bei Wriezen, bei Danzig, bei Schöppenstedt in Braunschweig u. a. a. O. beobachtet.

Das Vorkommen kalkfreier Böden auf kalkfreien Gesteinen wird durch die folgenden Profile aus Schweden und aus Deutschland belegt.

Graubraune Waldböden mit Humus und Polyederstruktur im B-Horizont. Hissön in Småland. Aufgenommen durch K. LUNDBLAD[2] 1920. Buchenwald mit Fagus silvatica; Oxalis acetosella, Viola riviniana, Milium effusum. Auf einer ebenen Moränenterrasse. Die Moräne ist eine sandige, steinreiche Urgesteinsmoräne ohne Kalkstein.

A_0	2—3 cm, Buchenlaub.
A_1	10—12 cm, typischer Mull mit ausgeprägter Klumpstruktur, locker, Übergang in B unscharf.
B	40—50 cm Braunerde. Humusdurchmischte Mineralerde von brauner Farbe. Klumpstruktur. Locker, leicht grabbar.

Junger Eichen- und Buchenwald nördlich Sangerhausen. Aufgenommen durch H. STREMME u. W. WOLFF 1927. Buntsandsteinletten.

A_1	10—15 cm, gut gekrümelte, deutlich humose, lederbraune, feinsandige Krume, Wurzeln.
A_2	7 cm, heller, lederbraungrau, Wurzeln.
B_1	25 cm, polyedrisch zerfallene rote Buntsandsteinletten mit Rost-, Humus-, wenig Manganflecken auf den Klüftchen. Wurzeln.
B_2	50 cm, erbohrt übergehend in C, teils rote, teils gelbe zersetzte Letten.

---

[1] GLINKA, K.: Genesis und Geographie der russischen Böden, S. 22—24. 1923.
[2] LUNDBLAD, K.: Ett bidrag till kännedomen om brunjords- eller mulljordstypen egenskaper och degeneration i södra Sverige. Meddel. Stat. Skogsförsöksanstalt 21, S. 15/16. Stockholm 1924.

Ziegeleigrube am Bahnhof Sangerhausen, Ackerland. Aufgenommen durch H. Stremme u. W. Wolff 1927. Bunte Letten des unteren Buntsandsteins.

A ca. 20 cm, dunkelbräunlich, graue (trocken hellgraue), gut humose, schwach gekrümelte, sandig-lehmige Krume, in den unteren Teilen etwas rostig im Gesamtfarbton; wurzelreich.

B 4—6 cm, rostfleckig, humos, mehr humos als rostig, mehr lehmig als A.
        4—15 cm, polyedrisch, schwarze humose Wurmröhren und Wurzelröhren, fein porös; stellenweise

B_2 16 cm, rostiger als B_1, etwas tonig, fein porös, scharfe Polyeder.

C grüne Letten. Die Wurmröhren gehen hinein, auch Rost auf Klüften.

Übergang der sekundär podsolierten zu den podsoligen Waldböden. Die sekundär podsolierten Böden kommen wohl stets in Gebieten vor, in welchen einerseits noch schwächer degradierte Steppenböden und Steppenböden selbst, andererseits aber bereits die echten podsoligen Waldböden (ohne Vieleck- oder Nußstruktur und Humus im B-Horizont) verbreitet sind. Vielfach gehen wohl die letzteren aus sekundär podsolierten Böden hervor. Man sieht z. B. auf Sandhügeln oben noch diese, an den Hängen dagegen unter deutlicheren Podsolhorizonten keine braunen Humusflecken mehr. Auf schwerem Bodengestein (Löß, Lößlehm, Geschiebelehm usw.) kann an Hängen über einen kaum veränderten B-Horizont mit Vieleckstruktur und Humusflecken eine ziemlich erhebliche Podsolierung der Krume auftreten. Der B-Horizont verliert allmählich seine Struktur und die Humusflecken und dehnt sich stärker aus. Dem Verfasser sind solche Übergänge in Danzig, in Pommerellen, in der preußischen Provinz Brandenburg und in Oberhessen bekannt geworden.

Übergang der B-Horizonte podsoliger Waldböden zu „Roterden". Die B-Horizonte der podsoligen Böden haben zumeist die Rostfarben der Eisenoxydhydrate, die zwischen Gelb, Kreß (Orange) und Rot schwanken. Nicht selten sind sie blutrot oder weinrot und in der Farbe von den „Roterden" nicht zu unterscheiden. Als „Roterden" werden genetisch sehr verschiedene Böden bezeichnet. Sie sind in Rumänien, in Kroatien, von E. Blanck[1] in Mähren als B-Horizonte von Waldböden auf Kalkstein festgestellt worden. In Ungarn ist in vielen Fällen Kohlensäureexhalation die Ursache der Rotfärbung von B-Horizonten. W. Wolff[2] weist für Spanien auf die Bindung vieler Vorkommen der Roterde an ursprünglich rote Gesteine hin. Die rote Farbe mancher spanischen Flußalluvionen führt P. Treitz[3] auf Eisenabsatz aus dem Grundwasser zurück[4].

In den Waldböden des nordamerikanischen Staates Nordkarolina (bei Greensboro) sieht man häufig gelbrote, braunrote und reinrote Farben auf steilstehenden Schiefern schichtweise miteinander wechseln. Weiter südlich in den Staaten Tennessee und Georgia überwiegt im allgemeinen die rote Farbe in den B-Horizonten der oft stark podsolierten Waldböden. So kann kein Zweifel sein, daß viele „Roterden" nichts anderes sind als die B-Horizonte von Waldböden, bei welchen aus noch nicht sicher festgestellten Ursachen die Farbe der Eisenoxydhydratniederschläge rot ist. Zumeist wird größere Jahresmitteltemperatur oder sonstige stärkere Erwärmung angenommen. Es ist jedoch auch möglich, daß andere Ursachen wie Einwirkung gewisser, die Zerteilung verändernder chemischer Stoffe in Frage kommen.

---

[1] Blanck, E., F. Kunz u. F. Preiss: Über mährische Roterden. Landw. Versuchsstat. 101, 246 (1923).
[2] Wolff, W.: Exkursionen nach Andalusien, in die Umgebung von Madrid, in das katalonische Kaligebiet und in die südöstlichen Pyrenäen. Z. Berg-, Hütten- u. Salinenwes. im preuß. Staate, Berlin 1926, 74.
[3] Treitz, P.: Spanien. C. r. 1. Internat. Bodenkongreß, Washington 1927.
[4] Stremme, H.: Erläuterung zur Allgemeinen Bodenkarte Europas, S. 18. Danzig 1927.

Pflanzenvereine.

Die typischen Pflanzenvereine der podsoligen Böden in den kühlen gemäßigten Regionen sind die sommergrünen Laubwälder, die Nadelwälder und die Heide.

In K. GLINKAS Typen der Bodenbildung[1] ist bei der Verbreitung der podsoligen Zone im europäischen und im asiatischen Rußland auch die Walddecke kurz erwähnt. Die Seenregion im europäischen Rußland hat verschiedenartige Waldvegetation. Die tiefen Sande sind mit Fichtenwaldungen bedeckt, die von Moränenton flach unterlagerten, mit Fichten- und Birkenwaldungen. Die leichten Lehme tragen Tannen. Erlensträucher kommen sowohl auf den leichten Lehmen wie auf den Sandebenen vor. Auf mittelschwerem Lehm gedeihen nur Birken, auf den schweren die Eiche untermischt mit Esche und Hasel. In der Grenzregion gegen die Randstaaten (Teile der Gouvernements Smolensk, Witebsk, Wilna, Mohilew, Twer, Moskau, Jaroslaw, Wladimir, Wologda) beginnen die Laubhölzer, besonders die Birke, seltener die Eiche, vorzuherrschen. Von den Nadelhölzern sind die Tanne, weniger die Fichte verbreitet. In den Grenzgebieten gegen die Waldsteppe und Steppe (von den Gouvernements Lublin und Radom an über Kiew, Ural, Tula, Rjäsan, Nishnij Nowgorod bis nach Tambow und Simbirsk) sind nur auf tiefem Sande Fichten anzutreffen, sonst scheinen die Laubwälder, besonders mit Eiche zu überwiegen. Die nordöstlichen Gebiete haben dagegen anscheinend mehr Nadelhölzer.

Charakteristisch für die podsoligen Gebiete des asiatischen Rußlands ist dichter, undurchdringlicher Wald, reich an Mooren, „Taiga" genannt. Die Waldungen bestehen teils aus Tannen, teils aus Fichten und Birken. In Transbaikalien besteht oft ein Unterschied im Unterholz der Birkenwälder. Die nördlichen Abhänge der Täler haben Rubus saxatilis, Vaccinium vitis idaea, die südlichen Abhänge Pulsatilla vulgaris, Lilium tenuifolium, Koeleria cristata, Potentilla tanacetifolia, Tanacetum sibiricum, Leontopodium sibiricum. Jene haben feuchte „Laubtaiga", deren Böden in höchstem Grade podsoliert sind. Daran schließen sich auf den nordöstlichen und nordwestlichen Abhängen Laubbirkenwälder, deren Unterholz sich aus den zwei Typen mischt, während ihre Bodenausbildung sich noch eng an die der nördlichen Abhänge anschließt. Weiter nach Westen und Osten und darüber hinaus nach Süden fortschreitend findet man minder dichte Birkenwälder, die auch auf Tonböden die Vertreter des feuchten und schattigen Unterholzes verloren haben und weniger podsoliert sind. Auf den südlichen Abhängen sind die Birkenwälder in helle Birkenhaine mit prächtigen Birkenkronen verwandelt, in die schon nicht selten Vertreter der Steppenflora eindringen und deren Böden kaum noch podsoliert sind.

A. v. KRÜDENER[2] hat die russischen Wälder mehr vom Standpunkte des Forstmannes, aber unter Berücksichtigung der Bodentypen untersucht. Er unterscheidet unter den Waldzonen die Vortundrazone, die Vorsteppenzone, die Waldsteppenzone und die Rasenbleicherdezone. „In der Vortundra bilden die kurze Vegetationsperiode, die andauernde Schneedecke, der fast ständige Zustand des Gefrorenseins des Untergrundes und die geringe Tiefe des Auftauens ein Pessimum für die Entwicklung einer Baumflora, die daher vielerorts sogar nur eine Übergangsform zur Strauchflora darstellt, im übrigen aber durch durch-

[1] GLINKA, K.: Die Typen der Bodenbildung, ihre Klassifikation und geographische Verbreitung, S. 243—255 u. 289—311. Berlin 1914.
[2] KRÜDENER, A. v.: Waldtypen als kleinste natürliche Landschaftseinheiten bzw. Mikrolandschaftstypen. Pet. Mitt. **72**, 150—158 (Gotha 1926). — Auch Z. Forst- u. Jagdwes. **1926**. — Waldtypen, Klassifikation und ihre volkswirtschaftliche Bedeutung 1 (Neudamm 1927).

weg niedrigstämmige Nadelholzwaldungen und insular vorkommenden hochstämmigen Wald nur auf Stellen mit ganz außergewöhnlich günstigem Wachstumsverhältnis charakterisiert wird." In dieser Zone kommen die obengenannten „verborgen podsoligen Waldböden" vor.

In der Vorsteppenzone übersteigt die Verdunstung in bedeutendem Maße den Vorrat, welchen der Boden durch die Niederschläge an Feuchtigkeit erhält. Der Boden ist schwach ausgelaugt, häufig sind Salze im Boden- oder Grundwasser. „Die Baumflora, meist aus Eiche und Ulmenarten bestehend, ist an die Schluchten gebunden, an Bodensenkungen und ihre Ränder, endlich an die Täler von Wasseradern mit geringerem Salzgehalt und stärkerer Auslaugung des Grundes. In die offene Steppe dringt sie nur da vor, wo wassertragende Horizonte sich der Oberfläche nähern oder der „tote Horizont" kein absoluter ist, in dem hier von Zeit zu Zeit doch eine Wassertransgression vor sich geht. Auf diese Weise entstehen Streifen, Inseln und Haine, welche sich als einzelne Flächen auf dem Gesamtbilde der Steppe absondern. Die Böden sind degradierte Tschernoseme und graue (braune), sekundär podsolierte Waldböden. In der Waldsteppenzone befinden sich Verdunstung und Durchfeuchtung infolge der Niederschläge mehr oder weniger im Gleichgewicht. Doch hat bald die eine, bald die andere Erscheinung das Übergewicht, ja nach der Jahreszeit, der näheren oder entfernteren Lage zur nördlichen oder südlichen Zonengrenze, zur Ostsee, der westeuropäischen Ebene oder dem asiatischen Kontinent, ferner in Abhängigkeit von geologischen Boden- und Untergrundsverhältnissen, endlich auch zufälligen Faktoren, wie z. B. zeitweilig stärkerer Insolation. An sich wäre die Gesamtniederschlagsmenge in der Vegetationsperiode genügend, wenn sie gleichmäßig verteilt wäre. Aber sie kommt zumeist in großen Zwischenräumen und als Platzregen nieder, von welchem ein großer Teil durch schnelles Abströmen der Vegetation verlorengeht. Die Böden der Waldsteppenzone sind mäßig ausgelaugt, es sind degradierte Schwarzerden und dunkle und graue Wald- und Waldsteppenböden (sekundär podsoliert). Die an organischen Stoffen so reichen Steppenböden werden unter dem Einfluß des ständig vorrückenden Waldes tiefen Änderungen unterworfen. Die Baumflora besteht aus einem Gemisch von tiefwurzelnden Bäumen und Sträuchern und bildet bedeutende Massive nicht nur von Laub-, sondern — auf sandigen Böden — auch von Nadelwäldern (Kiefern).

Die Rasenbleicherde-Waldzone hat zwei Teile. Der eine schließt sich nördlich an die Waldsteppenzone an. Bei ihm erreicht der Gefrierzustand noch nicht eine solche Tiefe, daß die Baumarten mit tiefgehender Bewurzelung auf kalten, schweren und festen Bodengesteinsarten wie Ton und Lehm ein flaches Wurzelsystem ausbilden mußten. Der Wald ist hochstämmig, nur in Brüchen und Sümpfen kurzstämmig. Im zweiten Teil der nordischen Waldzone sind die Tiefwurzler fast ausnahmslos an leichtere, sich schnell erwärmende Bodenarten (Sand und lehmiger Sand) gebunden. Der Wald in diesem Teile ist Nadelwald, der nicht durchweg hochstämmig ist. Beide Zonenteile haben gemeinsam, daß in ihnen nur ein mehr oder weniger bedeutender Teil der Niederschlagsmenge verbraucht wird und sie in breitem Doppelgürtel, dessen innere Ränder oft ineinander übergehen, durch Bleichsandböden gekennzeichnet sind.

In den Waldzonen unterscheidet A. v. Krüdener als Waldtypen die Heiden auf Sand, die Anheiden auf lehmigen Sand, die „Lehmen" auf Lehm, ferner eine große Zahl von feuchten und nassen Typen, bei welchen das Wasser die Typen unmittelbar beeinflußt. Auf hochgelegenem, trockenem Sande mit tiefem Grundwasser findet sich die trockene Heide mit Pinus, ohne Unterholz. Die dünne Bodenschicht besteht aus Trockentorf, die Bodendecke aus Xerophyten (Cladoniaarten, Islandmoos), Bärentraube (Arctostaphylus), Lycopodium complanatum,

Veronica spicate, Anthyllis vullneraria, Nordus stricta, hier und da Calluna. Das Regenwasser wird von den Flechten aufgesogen, alle bodenbildenden Prozesse gehen nur oberflächlich vor sich, daher auch das flache Wurzelsystem der Kiefer. Nach Abholzen oder Zerstörung der Kiefer bilden sich Krüppelbestände von Birke und Espe oder der Sand gerät auch in Bewegung.

Auf der Ebene mit relativ frischem Sande und kapillar erreichbarem Grundwasser oder auch feinkörnigem Sande steht die frische Rohhumusheide mit Kiefer, Birke als schwächere Beimischung, Fichte und Espe im Nebenbestand, Eiche, Linde als unterdrücktes Unterholz. Rohhumus- und Bodenbildung schwach ausgeprägt, Bleichsand vorhanden (oder wenig bemerkbar). Die Bodendecke bilden grüne Moose (Hypnum, Dicranum, Leucobryum). Von den Beerensträuchern herrscht die Preißelbeere (Vaccinium vitis idaea) vor, daneben die Heidelbeere (Vaccinium myrtillus). Lycopodium clavatum, Ramischia secunda, Pyrola umbellata, Anemone pulsatilla, Pteris aquilina, Calluna. An Gräsern besonders auf Lichtungen Calamogrostis epigeios, Nardus stricta, Festuca ovina. Unterholz je nach der Gegend: Wacholder, Cytisus, Genista, Evonymus verrucosa. Nach Abtrieb entsteht meist ein Mischbestand von Kiefer, Birke, Fichte oder eine Birken- oder Espenheide.

Eine niedrigere Lage, verhältnismäßig nahes Grundwasser, direkt von den Kiefernwurzeln erreichbar, lassen die feuchte Rohhumusheide entstehen. Starke Rohhumus- und ausgesprochene Bleisandbildung als deutlicher Horizont, darunter ein bräunlicher, huminsäuregefärbter Einwaschungs- bzw. Ortsteinhorizont. Der Untergrund durchlässiger, feuchter, gelber Sand. Darunter im Bereich des auf- und absteigenden Grundwassers weißlicher Sand mit Eisenoxydulverbindungen. Holzbestand: Kiefer, Fichte, Birke; Espe als Nebenbestand. Eiche, Linde gedeihen besser. Die Bodendecke aus grünen Moosen unter Vorherrschaft von Polytrichum, Heidelbeere vorherrschend über Preißelbeere; Lycopodium annotinum, Orebis, Calluna. Unterholz Wacholder, daneben Rhammus frangula. An die feuchte Rohhumusheide schließen sich mehrere Arten der „gedüngten" Heide an, die als Standort feuchter sind, und bei welchen die Laubhölzer stärker hervortreten. Sie gehen zu den Typen allmählicher Versumpfung oder Entsumpfung hinüber. Hierher gehören: Die anmoorige Kiefernheide mit ausgeprägtem Bleichsand und Humusortstein; Baumbestand Kiefer, Fichte im Unterholz, Rhammus frangula, Salix. Das Kiefernheidebruch schon im Flachmoor. Die Kiefernübersumpfheide eine im Hochmoor verschwindende Kiefernheide.

In ähnlicher Weise werden die „Lehmen" von den trockenen bis zu den feuchten und nassen eingeteilt. Sie sind mehr die Standorte der Laubhölzer: Eiche, Ulme, Esche, Ahorn, Linde, Hainbuche, ferner — wo diese klimatisch nicht mehr gedeihen — der Fichte.

In Finnland ist durch A. K. CAJANDERS Waldtypenforschung viel wertvolles Material zusammengebracht worden. Es sind hauptsächlich Podsoltypen eines mittleren Grades und Grundwasserpodsoltypen vorhanden. An Waldtypen unterscheidet A. K. CAJANDER[1] die Gruppen der Hainwälder, der frischen Wälder und der Heidewälder. Die Hainwälder sind die üppigsten. In ihnen sind die Moose spärlich entwickelt, Flechten fehlen fast vollständig, Kraut- und Grasvegetation sind reichlich und üppig, die Reiser treten sehr wenig, die Sträucher stärker hervor, den Bäumen nach sind sie Mischwälder, es herrschen die Laubhölzer vor. Der Humus ist milde, Auswaschung gering. An Typen sind vorhanden 1. der Saniculatyp (mit Sanicula europaea). Baumbestand vor-

---

[1] CAJANDER, A. K., u. Y. ILVESSALO: Über Waldtypen II. Acta forest. fam. **20**, 1—77 (Helsingfors 1921).

wiegend Birken, Schwarzerle, Esche mit Beimischung von vielen andern Laubhölzern, an Sträuchern der Haselstrauch, der bisweilen reine Bestände bildet. Aus einem solchen hat B. Aarnio[1] „braunen", d. h. sekundär podsolierten Waldboden ohne Bleichhorizont beschrieben. In seiner vollständigsten Ausbildung tritt dieser Typ auf den frischen kalkhaltigen Böden Ålands auf. 2. Der Aconitumtyp (mit Aconitum lycoctonum). Baumbestand vorwiegend Birken, Espe, Grauerle, Fichte, Ahorn, Linde, seltener Ulme. Er kommt in den gebirgigen fruchtbaren, kalkhaltigen Gegenden nördlich des Ladogasees am vollständigsten vor. 3. Der Vaccinium-Rubus-Typ (mit Vaccinium vitis idaea und Rubus idaeus und saxatilis), schon ein Übergang zu den Heidewäldern. Baumbestand bald Kiefer, bald Birke oder Espe. An Sträuchern ist Juniperus am häufigsten. Die Moose reichlicher. 4. Der Oxalis-Majanthemum-Typ (mit Oxalis acetosella und Majanthemum bifolium). Baumbestand ursprünglich vorherrschend Fichte, infolge der Kultur bald Birke, bald Grauerle, bald Espe, seltener Kiefer. In frischen fruchtbaren Tälern und sonst auf Moränen- und Tonboden Südfinnlands. 5. Der Farntyp (mit Phegopteris, Polystichum, Athyrium, Onoclea, ferner Equisetum silvaticum). Im Baumbestand vorherrschend ursprünglich Fichte, z. T. Schwarzerle, jetzt bald Birke, bald Grauerle, Fichte, bisweilen Schwarzerle und Espe. In den fruchtbareren Gegenden des südlichen Finnlands in feuchten Tälern. 6. Der Geranium-Dryopteris-Typ (mit Geranium silvaticum und Phegopteris dryopteris). Baumbestand gemischt Birke, Fichte, Kiefer, Espe. An der Grenze der frischen Wälder. In Nordfinnland auf fruchtbaren Hängen und Niederungen mit kalkhaltigem Boden.

Die frischen Wälder sind durch üppige Moosvegetation ausgezeichnet (Hylocomium vornehmlich), ferner durch sehr reichliche Heidelbeervegetation. Kräuter und Gräser spärlich. Holz ursprünglich Fichte, jetzt auch Kiefer und Laubhölzer, z. T. bestandbildend beigemischt. Der Boden ist frischer Moränenboden mit mehr oder weniger starker Podsolierung und Auswaschung, der Humus Rohhumus. Die Typen sind: 1. Der Oxalis-Myrtillus-Typ, ein Übergang zwischen dem Oxalis-Majanthemum-Typ und dem MyrtillusTyp. Verbreitung wie ersterer, nur häufiger und auf frischem, kräftigem Boden der Moränenhügel und -hänge. 2. Der Pyrolatyp (mit Pyrolaarten und unter den Beerensträuchern Vorherrschen der Preißelbeere, während die Heidelbeere oft fehlt). Moosdecke fast ununterbrochen. Auf Lehm- und Tonboden Südfinnlands. 3. Der Myrtillustyp, der wichtigste Waldtyp Südfinnlands (mit Myrtillus nigra). Moordecke fast ununterbrochen. Auf Moränenboden. Auch auf dem besten, kalkhaltigen Moränenboden des südlichen Lapplands. 4. Der Dickmoostyp (mit dicken, üppigen Hylocomiumpolstern). Flechtenbeimischung stets vorhanden. Baumbestand langsamwüchsige Fichten mit Birken untermischt, vereinzelt alte Kieferüberhalter. In den Gebirgen Nordfinnlands.

Die Heidewälder sind trockene Kiefernwälder, bisweilen auch mit Fichte und Birke. Der Boden wird von einem zusammenhängenden Moos- oder Flechtenteppich bedeckt. Die Humusschicht ist im allgemeinen dünn und ziemlich trocken, die Auswaschung meist weniger intensiv. An Typen gibt es: 1. Den Vacciniumtyp (mit Vaccinium vitis idaea am reichlichsten), steht noch den frischen Wäldern, besonders dem Myrtillustyp nahe. Auf ziemlich trockenen, nicht zu sterilen Geröllböden des mittleren Finnlands. 2. Den Empetrum-Myrtillus-Typ (mit Empetrum nigrum und Myrtillus nigra) vikariiert für den vorigen in Nordfinnland und Lappland. 3. Den Callunatyp (mit vorherrschender Calluna vulgaris). Moos- und Flechtenvegetation fast gleich vorwaltend. Verbreitung ähnlich dem

---

[1] Aarnio, B.: Braunerde in Fennoskandia. Mitt. internat. bodenkundl. Ges., N. F. 1, 77—84 (1925).

Vacciniumtypus, aber auf steileren, trockeneren, vor allem sandigeren Böden. 4. Den Myrtillus-Cladina-Typ (mit Myrtillus-nigra- und Cladina-Arten), auf trockeneren Böden als der Empetrum-Myrtillus-Typ. Sehr verbreitet, besonders im nördlichen Gebiet. 5. Den Cladinatyp (mit Cladinaarten). Der Boden von weißen Renntierflechten bedeckt. Am typischsten auf Sandboden in Lappland und Nordfinnland. Außer diesen eigentlichen Waldtypen kommen noch Moorwälder vor.

In Schweden sind CAJANDERS Waldtypen und ihr Zusammenhang mit Böden durch H. HESSELMANN[1], O. TAMM[2], K. LUNDBLAD[3] eingehend untersucht worden. Die besten Buchenwälder mit Asperula und Oxalis haben schwach podsolierten „braunen" Waldboden mit geringfügiger Umlagerung des Kieselsäure- und des Tonerdegeles aus der Oberkrume, während die des Eisenoxydhydrates nicht erkennbar ist. Im Buchenwald vom Oxalis-Majanthemum-Typus liegt eine Mullerde als Auflagehumus über der „Braunerde", welche stärkere Umlagerung der Gele zeigt. Der Buchenwald des Myrtillustypus hat Rohhumus, Bleicherde und Ortstein. Ganz allgemein neigt in Schweden am meisten CAJANDERS Myrtillustypus bei allen Waldarten zur Podsolierung und Ortsteinbildung, welche sowohl im Oxalis-Majanthemum- als auch im Vaccinium- und im Calluna-Typus seltener und geringfügiger sind.

In Dänemark hat C. H. BORNEBUSCH[4] eine größere Anzahl Typen unterschieden. Seine „Grundtypen" in alten wohldurchforsteten Wäldern mit gutem, mildem Humusboden sind die folgenden:

Im Laubholz	Im Eichengebüsch	Im Nadelwald (hauptsächlich Fichte)
	Cladina ?	Cladina
	Trientalis ?	Calluna
	Majanthemum	Vaccinium
Oxalis	Convallaria-Anemone	Myrtillus
Anemone-Oxalis		
Anemone-Asperula		
Galeobdolon-Asperula		Ferner kommen vor:
Mercurialis-Corydalis		Kiefer mit Laubholzflora,
Circaea-Asperula		Fichte mit Oxalis.
Mercurialis-Anemone		
Primula		
Geum rivale		
Feuchte Senken und Moore		

Im Nadelwald sind es die gleichen wie CAJANDERS in Finnland. Auch die Bonität hat die gleiche Reihenfolge. Der Cladinatypus ist sehr arm und nur für dürftige Kiefern geeignet. Der Myrtillustypus entspricht in der Qualität dem Oxalistypus der Buchenwälder und ist für Fichte und Kiefer gleich gut geeignet. Außer diesen Koniferentypen sind noch solche mit reichem Bestand an Aira flexuosa und in den Dünen mit Carex arenaria vorhanden. Die Typen des Eichengebüsches in Jütland sind im ganzen arm und entsprechen der Bonität nach bei etwas anderer Flora denen des Nadelwaldes. Die beste Bonität dieser beiden Waldarten kommt der geringsten des Buchenwaldes gleich, welche durch

---

[1] HESSELMANN, H.: Jordmånen i Sveriges skogar. Skogsvårdsför. folkskr. 1911, 27, 28.

[2] TAMM, O.: Markstudier i det nordsvenska barrskogsområdet. Medd. Stat. Skogsförsöksanst. H. 17, Nr 3 (1920) u. a. Arb.

[3] LUNDBLAD, K.: Ett Bigrad till kännedomen om brunjords- eller mulljordstypens egenskaper och degeneration i södra Sverige. Ebenda H. 21, Nr 1 (1924).

[4] BORNEBUSCH, C. H.: Skovbundstudier 4—9. Det forstlige Forsøgsvæsen i Danmark 8, 181—287 (1925).

das Vorkommen eines reinen Bestandes von Oxalis gekennzeichnet ist. Auch in den andern Typen mit immer besser werdender Qualität kommt zunächst noch Oxalis vor. Der Circaea-Asperula- und der Mercurialis-Anemone-Typ gehen schon in die feuchteren Böden hinüber und sind auf feuchteren Standorten von schlechterer Qualität. Der feuchtere Circaeatyp geht in den Primulatyp mit Primula elatior und Ficaria verna hinüber, welcher für Eiche paßt, weniger für Buche und Esche, welche letztere auf dem feuchteren Mercurialistyp gut gedeiht. Ebenso auf dem Geum-rivale-Typ, welcher z. T. mit Mercurialis gemischt ist. Wenn die feuchten Senken und Moore kalkhaltig sind und frisches, sauerstoffhaltiges bewegtes Grundwasser haben, so gedeihen Esche und Erle. Sind sie arm an Kalk und haben sie stagnierendes Grundwasser, so werden sie von Birken und Koniferen bestanden.

Außer diesen „Grundtypen" unterscheidet Bornebusch noch „Zustandstypen", in welchen nicht die guten Bedingungen der „Grundtypen" herrschen, z. B. durch Luftzug in den Außenbezirken der Wälder oder in alten hochstämmigen Beständen das lokale Waldklima oder durch mangelhafte Beschattung der Boden schlechter geworden ist. Dann entstehen die Rohhumustypen, von welchen der Myrtillus-Trientalis-Typ der schlechteste ist und sich auf dem ärmsten Boden (vom Oxalistypus) findet. Auf gutem Buchenboden ist der Rohhumus weniger nachteilig. Er ist dann durch Majanthemum bifolium, auf feuchtem Mergelgrund durch Pteridium aquilinum gekennzeichnet. Wo die Blätter vom Winde fortgeweht und nur geringe Mengen für die Humusbildung übriggeblieben sind, bilden sich die Polytrichumtypen, eine ganz dünne Lage von Trockentorf, bedeckt mit Aira flexuosa, Dicranum scoparium und Polytrichum attenatum. Wenn in geschlossenen Buchenwäldern der Humus zwischen saurem und mildem steht, z. B. sich nach Aushieb oder infolge von Bodenpflege Trockentorf in milden Humus verwandelt, so wird Oxalis vorherrschend. Wo Sonne und Wind die Außenbezirke erschöpfen, findet man den Poazustand mit Waldwiesengras, während im Falle des Windzuges in inneren Teilen eines alten Buchenwaldes der Melicazustand eintritt und Melica uniflora den Hauptanteil an der Flora erhält. Ist die Verschlechterung der Oberkrume weniger ausgesprochen, so trifft man Milium effusum und Stellaria holostea. Auch zuviel Licht auf dem Waldboden begünstigt die Grasentwicklung, besonders wenn noch geringer Laubfall dazukommt. Auf armem Sandboden trifft man dann Agrostis tenuis und Holcus mollis, auf gutem Buchenboden Dactylis glomerata, auf feuchtem Boden Aira caespitosa. Es entwickelt sich ein Zustand, bei welchem der Boden seine Porosität verliert. Kahlschläge müssen dann vermieden werden. Auch unter offenen Bäumen, wie gelegentlich Eiche und Esche, welche zuviel Licht zulassen, entwickelt sich die Grasflora; sie sollte durch Büsche und Schattenbäume ersetzt werden. Wo große Humusmengen nach dem Ausforsten sich schnell verändern, so daß sich große Mengen salpetriger Säure bilden, erscheinen die Typen der Nitratpflanzen, in armen Böden Chamaenerium und Senecio silvatica, in guten Böden Urtica dioica und Rubus idaeus.

Über die Waldarten im Deutschen Reich hat eingehend W. Wangerin[1] berichtet, während der kartographische Vergleich zwischen der Verbreitung der Waldarten und der der Bodentypen durch H. Stremme[2] ausgeführt worden ist. Neuerdings sind durch E. Werth[3] weitere Anregungen hinzugekommen. Im

---

[1] U. a. W. Wangerin: Die deutsche Landschaft in ihrem pflanzengeographischen Wesen. In: Deutschland S. 166—212. Leipzig 1928.

[2] Stremme, H.: Grundzüge der praktischen Bodenkunde S. 82/83 u. 298, Taf. 10 (1926).

[3] Werth, E.: Klima und Vegetationsgliederung in Deutschland. Mitt. Biol. Reichsanst., H. 33. Berlin 1927.

Gebiete der stärksten Podsolierung Deutschlands mit regional verbreitetem Ortstein haben wir die „Heide" (nicht im Sinne v. KRÜDENERS für die Wälder auf Sandböden, sondern im Sinne der Botaniker für eine baumarme Vegetation) mit der atlantischen Strauchflora: Erica tetralix, Genista anglica, Ulex europaeus, Lobelia Dortmana, Myrica gale, Litorella uniflora, Myriophyllum alterniflorum, Cicennia filiformis, Scutellaria minor, Hypericum elodes. Es ist ein Gebiet mit weniger als 10% Waldfläche, hauptsächlich mit Eiche als vorwiegendem Anteil. Die Gebiete der mittleren Podsolierung mit lokalem Ortstein sind in Westdeutschland und im Westbaltikum durch die Buche als Hauptvertreter der mitteleuropäischen Floragruppe, im Südbaltikum durch die Kiefer-Buchengemeinschaft, in Südostdeutschland und im Ostbaltikum durch die Fichte gekennzeichnet. Im norddeutschen, im oberrheinischen und im mittelfränkischen Kieferngebiet sind neben mittleren Podsolierungsstufen besonders die schwächere Podsolierung und die sekundär podsolierten grauen („braunen") Waldböden verbreitet. Im rheinischen Gebiet kommen zu den Kiefernwäldern auch die mediterranen Floren (z. B. mit Buschwäldern der Edelkastanie) auf den schwach und sekundär podsolierten Typen vor.

In der Schweiz ist eine Anzahl wertvoller Arbeiten[1] erschienen, welche in besonders eingehender Weise den Zusammenhang zwischen der Bodenbildung und dem Pflanzenbestande behandeln.

In den Vereinigten Staaten von Amerika sind die Waldböden der Oststaaten die verschiedenen podsoligen Typen, bei welchen nach Süden zu allmählich immer mehr die rote Farbe der „Roterden" sich als B-Horizont einstellt[2]. Die afrikanischen Wälder und Waldböden sind von H. L. SHANTZ und C. F. MARBUT kartenmäßig dargestellt worden[3].

Im ganzen ergibt die Beobachtung und Kartierung den folgenden Eindruck über den Zusammenhang zwischen den Waldarten und den Bodentypen. Die Bäume wirken mit ihrem großen Wurzelnetz und ihrer langen Entwicklung als dauernde Sickerrohre, welche die Auslaugung und Umlagerung der molekular, kolloid und suspendiert löslichen Stoffe fördern. In der gleichen Richtung wirken die dauernde Durchfeuchtung und geringere Austrocknung der Waldkrume und der bedeutende Wasserverbrauch der tiefliegenden Saugwurzeln. Der Stärkegrad des Vorganges ist in erster Linie durch Klima und Dauer, in zweiter Linie durch die Muttergesteinsart bedingt. Die Baumart richtet sich nach ihrem Wasserbedarf und ist damit ebenfalls in erster Linie klimatisch, in zweiter Linie (bei gleichem Klima) durch die Muttergesteinsart bedingt. Ein Einfluß des Bodentyps auf das Gedeihen der Waldbäume ist bei dem Ortstein als Waldverwüster deutlich. Nicht klar ist bisher der etwaige Einfluß der übrigen Ausbildungen des Bodentyps auf das Gedeihen der Baumart und ebensowenig der etwaige Einfluß der Baumart auf die Entwicklung des Bodentyps und seiner Ausbildung. Die den Waldtyp bestimmende Bodenflora ist z. T. nicht die Ursache, sondern

---

[1] SIEGRIST, R., u. H. GESSNER: Über die Auen des Tessinflusses. Veröff. Geol. Inst. Sübel, H. 3. Zürich 1925; Bodenbildung, Besiedlung und Sukzession der Pflanzengesellschaften auf den Aareterrassen. Mitt. Aarg. naturforsch. Ges. 17, 87—140. Aargau 1925. — BRAUN-BLANQUET, J., u. H. JENNY: Vegetationsentwicklung und Bodenbildung in der alpinen Stufe der Zentralalpen. Denkschr. Schweiz. naturforsch. Ges. 63, II. Zürich 1926.

[2] Waldkarten in Atlas of American Agriculture. SHANTZ, I. E. H. L., und R. ZON: Natural vegetation. Washington 1924. — Bodenkarte C. F. Marbuts in: BAKER, O. E.: A Graphic Summary of Amer. Agriculture 1920. Yearb. Dep. Agri. Nr 878. Washington 1926.

[3] SHANTZ, H. L., und C. F. MARBUT: The Vegetation and Soils of Africa. Amer. Geogr. Soc. Res., Ser. 13. New York 1923.

die Wirkung oder Folge des Intensitätsgrades des Bodentyps und innerhalb des gleichen Intensitätsgrades der Muttergesteinsart. Die vielen noch unklaren Erscheinungen im Zusammenhange von Bodentyp und Pflanzenverein bei den Waldböden sind nur durch sehr genaue Boden- und Florenkartierung unter Berücksichtigung der Waldbonität zu erklären.

Analysen.

Analysen hierher gehöriger Böden sind in großer Zahl vorhanden. Doch ist die Zahl derer, welche die notwendige morphologische Beschreibung aufweisen, bereits erheblich kleiner. Eine Sammlung von solchen ist durch B. Aarnio und H. Stremme[1] veröffentlicht worden. Es mögen hier zwei der sorgsamen Waldbodenprofilanalysen O. Tamms[2], sodann die Ortsteinanalyse M. Helbigs[3] aus dem Schwarzwalde folgen.

Timrå, Medelpad in Schweden. Gutwüchsiger Fichtenwald, mit Kiefern untermischt, Myrtillustypus, auf feinem bis mittlerem Flußsand, ebene Delta-

Analysenproben, Mischung aus zwei typischen gleichen Profilen.

	Bleicherde		Rosterde		Flußsand	
		humus- und wasserfrei		humus- und wasserfrei		humus- und wasserfrei
SiO_2	74,66	78,89	72,13	74,84	73,78	75,10
TiO_2	0,41	0,43	0,44	0,45	0,32	0,32
Al_2O_3	10,64	11,24	11,44	11,90	12,20	12,46
Sil. Fe_2O_3	1,29	1,37	2,98	3,08	2,53	2,58
Lim. Fe_2O_3 . . .	0,13	0,13	0,82	0,86	0,37	0,37
CaO	2,00	2,11	2,38	2,47	2,17	2,21
MgO	0,44	0,46	1,18	1,23	1,09	1,10
Na_2O	2,18	2,30	1,96	2,05	2,34	2,38
K_2O	2,83	2,99	2,76	2,88	3,16	3,21
P_2O_5	0,07	0,08	0,22	0,23	0,27	0,27
H_2O	1,55	—	1,76	—	1,37	—
Humus	3,74	—	1,84	—	0,20	—
	99,94	100,00	99,81	100,00 (*99,99*)	99,80 (*100,00*)	100,00
Al_2O_3-Überschuß .		+ 0,60		+ 1,53		+ 1,65

Aus den Analysen berechnete Mineralzusammensetzung:

Quarz	48,4	44,4	41,4
Kalifeldspat	17,7	17,0	18,9
Natronfeldspat	19,4	17,3	20,1
Kalkfeldspat	10,0	10,9	9,3
Glimmer	2,9	6,1	5,7
Limonit	0,1	1,2	0,4
Apatit	0,2	0,5	0,6
Ton als „Kaolinkomplex"	1,3	3,6	3,6
	100,0	101,0 (min. Subst + 1% H_2O, von H. Stremme berechnet)	100,0

---

[1] Aarnio, B., und H. Stremme: Zur Frage der Bodenbildung und Bodenklassifikation. Geol. Komm. Finnland, Agrogeol. Meddel. 17. Helsingfors 1924.

[2] Tamm, O.: Markstudier i det nordsvenska barrskogsområdet. Medd. Stat. Skogsförsöksanst. H. 17, Nr 3, Stockholm 1920.

[3] Helbig, M.: Über Ortsteine im Gebiete des Granits. Naturw. Z. Forst- und Landwirtsch. 1—18 (1909).

terrasse 6—7 m ü. d. M. Das Alter des Bodens etwa 600 Jahre. Wald seit etwa 500 Jahren.

A_0 2—3 cm Rohhumus,
A_1 etwa 4 cm Humusboden,
A_2 2—4 cm Bleicherde, holzaschenweiß, scharf ausgeprägt,
B 7—8 cm Rosterde, stark rostgefärbt,
C fein- bis mittelkörniger Flußsand.

Die bei der Bleicherdebildung in Lösung gebrachten Mengen verschiedener Stoffe stellen sich in Prozenten der Mutterablagerung (Verwitterungsgrad) wie folgt:

	Ausgelaugt	Verwitterungsgrad (in % der ausgelaugten Menge von der totalen)
Total SiO_2	7,63	10
Silik. SiO_2	7,63	22
Al_2O_3	2,85	24
Silik. Fe_2O_3	1,41	55
Total CaO	0,41	19
Sil. CaO	0,16	9
Apatit-CaO	0,25	74
MgO	0,71	65
Na_2O	0,41	17
K_2O	0,65	20
P_2O_5	0,20	74
	14,68	

Die Trennung der Mineralkörner mit THOULETscher Lösung und Berechnung ihres Anteils unter dem Mikroskop ergibt:

	Bleicherde	Flußsand
Spez. Gew. < 2,75 Quarz, Feldspäte u. a.	94,68	88,60
2,75—3,05 Glimmer u. a. . . .	2,76	8,21
> 3,05	2,56	3,22
	100,00	100,03
Hiervon Hornblende	0,9	0,9
Biotit	0,3	1,5
Muskowit	1,2	1,4
Magnetit, Titaneisen	0,4	0,2

Die Unterschiede zwischen der Bleicherde und dem Flußsand sind recht gut zu bestimmen. Es findet eine Anreicherung des Quarzes auf Kosten der übrigen Bestandteile statt. Bei der Rosterde ist eine deutliche Anreicherung von Limonit und eine Zersetzung der Feldspäte (noch stärker als im Bleichsand) festzustellen. Die Berechnung der übrigen Bestandteile ist unsicher.

Noch eingehender als die vorstehende Untersuchung ist O. TAMMS Analyse eines Profils von Rokliden in Norrbotten. Hier handelt es sich um einen alten ausgelichteten, trägwüchsigen Fichtenwald. Schwacher Nordosthang auf normaler Urgesteinsmoräne. 250 m ü. d. M. Ausgeprägter Myrtillustypus.

A_1 etwa 10 cm Rohhumus, zäh, verfilzt.

A_2 11,6 ± 0,53 cm (50 Messungen) Bleichsand, sehr ausgeprägt, aschenfarbig, im unteren Teil bisweilen etwas Limonit.

B_1 15 cm dunkelrostbrauner Ortstein $\rbrace$ oder unverfestigte Orterde.
B_2 40 cm hellerer Ortstein

(Wo der Wald in versumpften Fichtenwald übergeht, verschwindet der Ortstein.)

C graue, sehr harte Moräne, im versumpften Walde viel lockerer.

	Bleicherde		Oberer Ortstein		Unterer Ortstein		Höherer		Tieferer	
							Teil der Moräne			
	zwischen 10 u. 30 cm		30 u. 45 cm		45 u. 75 cm		90 u. 100 cm		200 cm Tiefe	
	Feinerde unter 2 mm Korngröße									
	60%		63%		73%		68%		69%	
		ohne Humus u. Wasser		ohne Humus u. Wasser		ohne Humus u. Wasser		ohne Humus u. Wasser		ohne Humus u. Wasser
SiO_2	75,30	77,32	70,95	74,58	71,30	74,91	73,28	74,34	73,16	74,25
TiO_2	0,47	0,49	0,42	0,44	0,38	0,40	0,38	0,39	0,39	0,39
Al_2O_3 . . .	11,52	11,84	12,21	12,85	12,61	13,25	13,58	13,78	13,32	13,52
Silik. Fe_2O_3	1,97	2,02	1,99	2,09	2,43	2,53	2,21	2,24	2,34	2,37
Lim. Fe_2O_3	0,08	0,08	0,97	1,02	0,23	0,24	0,20	0,20	0,38	0,39
CaO	1,54	1,58	1,91	2,01	1,80	1,89	2,03	2,06	1,86	1,93
MgO	0,63	0,65	0,98	1,03	0,80	0,84	0,84	0,85	0,89	0,93
Na_2O . . .	2,70	2,77	2,79	2,93	2,69	2,82	2,87	2,91	3,05	3,10
K_2O	3,14	3,22	2,86	3,01	2,88	3,02	3,10	3,14	3,05	3,10
P_2O_5 . . .	Sp.	Sp.	0,02	0,02	0,08	0,08	0,07	0,07	n. b.	n. b.
SO_3	0,03	0,03	0,024	0,02	0,018	0,02	0,023	0,02	0,023	0,02
H_2O	0,84	—	1,95	—	2,57	—	1,33	—	1,33	—
Humus . .	1,35	—	2,48	—	1,68	—	0,57	—	0,45	—
	99,57	100,00	99,56	100,00	99,47	100,00	100,48	100,00	100,24	100,00
Al_2O_3-Übersch.		+0,90		+1,15		+2,06		+1,98		+1,64

Aus den Analysen berechneter Gehalt an verschiedenen Mineralien:

Quarz	43,4	36,1	40,3	37,0	37,1
Kalifeldspat	19,1	17,8	17,9	18,5	18,4
Natronfeldspat	23,4	27,1	23,8	25,2	26,2
Kalkfeldspat	7,8	10,0	9,0	9,8	9,1
Glimmer	4,2	5,3[1]	5,5[1]	4,8	5,1
Limonit	0,1	1,0	0,3	0,2	0,4
Apatit	Sp.	0,04	0,2	0,2	0,2
Ton als „Kaolinkomplex"	2,0	2,6	3,9	4,3	5,3
	100,0	99,94 ber. v. H. Stremme	100,0 ber. v. H. Stremme	100,0	100,0

	Limonit enthaltende Bleicherde 12—20 cm tief	Ohne Limonit 6—12 cm tief
Silik. Fe_2O_3	0,99	1,45
Lim. Fe_2O_3	0,82	0,05

Die Eisenbestimmung von Bleicherdeproben aus verschiedener Tiefe ergab:

	Tiefe unter Rohhumus			
	2 cm	8 cm	14 cm	18 cm
Total Fe_2O_3 . . .	1,14	1,45	2,21	4,41

Die bei der Bleicherdebildung in Lösung gebrachten Mengen verschiedener Stoffe in Prozenten des Muttergesteins sind folgende. — Verwitterungsgrade (Prozente der gelösten Mengen im Verhältnis zu den totalen der Einzelstoffe).

---

[1] Die erhebliche Menge des magnesiumhaltigen Minerals, kurzweg als „Glimmer" bezeichnet, im Ortstein dürfte auf die Neubildung der von B. Polynov in den B-Horizonten festgestellten Magnesiumaluminiumsilikate, Palygorskite genannt, zurückzuführen sein. Sie sind sehr beständig, gehen aber mit Salzlösungen den Basenaustausch ein.

	Aufgelöst	Verwitterungsgrad		Aufgelöst	Verwitterungsgrad
Total SiO_2 ..	8,42	11	Apat. CaO ..	0,09	100
Silik. SiO_2 ..	8,42	22	MgO	0,30	35
Al_2O_3	3,69	27	Na_2O	0,55	19
Sil. Fe_2O_3 ...	0,52	23	K_2O	0,40	13
Tot. CaO ...	0,71	34	P_2O_5	0,07	100
Sil. CaO ...	0,62	31			

Die Analysen der abgeschlämmten Tonmenge (Korngrößen unter 0,002 mm)
ergab:

	Bleicherde			Moräne		
	Ton in % der ganzen Erde					
	2			5		
	ohne Humus und Wasser			ohne Humus und Wasser		
SiO_2	37,73	56,74	4,1	46,43	52,23	3,6
TiO_2	3,19	4,80		0,94	1,06	
Al_2O_3	15,55	23,39	1	22,02	24,77	1
Sil. Fe_2O_3	5,32	8,01		6,88	7,74	
lim. Fe_2O_3	n. b.	—		2,99	3,36	
CaO	0,52	0,78	0,06	1,25	1,41	0,10
MgO	0,98	1,47	0,16	3,02	3,40	0,35
Na_2O	1,01	1,52	0,11	1,73	1,95	0,13
K_2O	2,19	3,29	0,16	3,64	4,09	0,18
hygr. H_2O	4,94	—		2,08	—	
chem. geb. H_2O .	6,69	—		6,80	—	
Humus	21,85	—		3,12	—	
	99,97	100,00		100,90	100,0	
Al_2O_3-Überschuß .	—	+ 15,90		—	+ 14,55	

(CaO, MgO, Na_2O, K_2O der Bleicherde: } 0,49; der Moräne: } 0,76)

Der Gehalt an Gelen (bestimmt durch Auszug mit saurem Kalium- [oder
Ammonium-] Oxalat) betrug:

	Bleicherde 10—30 cm %	Ortstein 30—45 cm %	Ortstein 45—75 cm %	Untergrund 90—100 cm %
SiO_2	0,03	0,09	0,33	0,13
Fe_2O_3 ...	0,43	1,42	0,70	0,41
Al_2O_3 ...	0,18	0,37	1,31	0,61
	0,64	1,88	2,34	1,15

Die vorstehenden Analysen lassen die deutliche Anreicherung des Quarzes
im Bleichsand auf Kosten der übrigen Bestandteile erkennen. Im oberen Ortstein sind in der Hauptsache das limonitische Eisenoxyd und Humus angereichert,
von den Mineralien Kalifeldspat und Apatit zersetzt. Im unteren Ortstein ist
etwas Limonit, der Quarz und mehr Tonerde angereichert, die Feldspäte zersetzt. Aus der Bleicherde sind die tonigen Bestandteile der Moräne ausgelaugt.
Ihr Rest, der zu mehr als $^1/_3$ aus Humus besteht, ist auch in seinem mineralischen
Teile wesentlich verändert. Die Titansäure ist darin stark angereichert, was auch
schon die Totalanalyse des Bleichsandes erkennen läßt, in welcher eine relativ
stärkere Anreicherung der Titansäure als der Gesamtkieselsäure erkennbar ist.
Ferner ist das Verhältnis der Tonerde zur Kieselsäure und zu den Basen ver-

ändert. Die Kieselsäure ist vermehrt, die Basen vermindert. Ferner ist der Ton der Bleicherde reicher an hygroskopischem Wasser.

Die Vorgänge der Sandpodsolierung von Timrå und die der Moränenpodsolierung von Rokliden sind im ganzen einander sehr ähnlich. Irgendwelche wesentlichen Unterschiede bestehen nicht. Sie zeigen den Typus der mittleren Podsolierung mit Orterde- und mit Ortsteinbildung. Die Ursache der Verfestigung zu Ortstein ist aus der Analyse nicht ersichtlich. Der dunkelrostbraune Ortstein von Rokliden hat 0,6% mehr Humus und 0,2% mehr limonitisches Eisenoxyd als die Orterde von Timrå, der hellere Ortstein dagegen 0,16% weniger Humus und 0,59% weniger limonitisches Eisenoxyd. Das Mehr an Tonerde in Rokliden (0,8 bzw. 1,2%) ist auf die Mineralien zu verrechnen. Entsprechend dem Charakter der Moräne sind die Feldspäte in dieser nicht unwesentlich zahlreicher als im Sand, und der Quarz tritt etwas zurück.

In Finnland bildet sich unter starker Rohhumusdecke und bei starker Löslichkeit der Humusstoffe in Wasser Humuspodsol anstatt des sonst häufigeren Eisenpodsols, d. h. im B-Horizont findet statt der Rostausscheidung eine solche von dunklem Humus statt. Nach den Feststellungen von B. Aarnio[1] wird im B-Horizont der Humuspodsole neben dem Humus die Tonerde stark angereichert, nicht dagegen das Eisenoxyd. Bei schwächerer Podsolierung sind die Vorgänge schwächer, bisweilen sogar durch die Analysen nicht mehr feststellbar.

Bei stärkerer Podsolierung sind die Vorgänge stärker ausgeprägt, wie die nachstehenden Analysen M. Helbigs[2] und M. Münsts[3] eines Ortsteinprofils auf dem Granit des Schwarzwaldes erkennen lassen.

Profil vom Moolbronnen im Schwarzwald.
Die Totalanalysen nach Umrechnung auf glühverlustfreie Substanz.

| | A_2 | | | B_1 | | | B_3-C | | |
| | | in HCl löslich | | | in HCl löslich | | | in HCl löslich | |
	Total	nach HELBIG	nach MUNST	Total	nach HELBIG	nach MUNST	Total	nach HELBIG	nach MUNST
SiO_2	81,46	0,10	1,01	62,83	2,21	5,82	69,61	0,12	5,17
Al_2O_3	10,22	}1,54	0,68	18,56	12,26	9,88	15,24	}8,15	5,55
Fe_2O_3	1,38		0,54	4,80	1,57	1,76	2,33		2,16
MnO	0,11	0,11	—	4,14	0,56	—	1,12	0,24	—
CaO	0,17	0,12	0,03	0,78	0,18	0,09	0,97	0,20	0,06
MgO	0,57	0,06	0,03	0,63	0,34	0,29	0,69	0,14	0,37
K_2O	3,90	0,09	0,07	4,48	0,21	0,29	5,20	0,22	0,27
Na_2O	3,64	0,12	0,02	4,63	0,16	0,11	5,47	0,05	0,09
P_2O_5	0,29	0,03	0,16	0,89	0,13	0,74	0,58	0,09	0,47
SO_3	—	0,05	0,01	—	0,26	0,07	—	0,05	0,03
Summe	101,74	2,22	2,55	101,76	18,07 / 17,88	19,05	101,21	9,26	14,67
Ferner:									
TiO_2	0,04	—	—	0,02	—	—	—	—	—
Glühverlust . . .	8,28	9,10	—	35,20	38,17	—	10,32	11,33	—
H_2O bei 100—105°	1,36	2,71	—	10,06	13,89	—	2,90	4,81	—
Bei der Elementaranalyse { H_2O .	—	4,07	—	—	23,68	—	—	9,22	—
{ C . .	—	3,47	—	—	10,80	—	—	2,55	—

<hr>

[1] Aarnio, B.: Über die Ausfällung des Eisenoxyds und der Tonerde in finnländischen Sand- und Grusböden. Geol. Komm. in Finnland, Geotekt. Meddel., Helsingfors 1915, Nr 16.

[2] Helbig, M.: Über Ortstein in Gebieten des Granits. Naturwiss. Z. Forst- u. Landw. 1909, 1—8.

[3] Münst, M.: Ortsteinstudien im oberen Murgtal. Mitt. geol. Abt. württ. Pat.-Landesamts Stuttgart 1910, Nr 8, 30.

Auf die Mineralien umgerechnet ergeben die Zahlen der Analysen:

	A_2	B_1	B_3-C
Quarz	45,0	15,7	17,0
Orthoklas	23,1	26,4	30,7
Albit	30,6	39,1	46,2
Dunkle Gemengteile, Biotit, Magnetit	2,4	5,0	5,0
MnO	0,1	4,1	1,1
Apatit	0,3	1,2	1,2
Darüber hinaus P_2O_5	0,1	0,3	—
Freie Fe_2O_3	—	2,5	—
Freie Al_2O_3	—	5,4	—
	101,6	99,7	101,2

Das Profil im Verwitterungsschutt des Hauptgranits vom Moolbronnen, Murgschifferschaftswald (Blatt Baiersbronn der geologischen Spezialkarte Württembergs, am nördlichen Kartenrand) war nach M. Münst in 640 m Meereshöhe und ebener Lage:

A_1 von 0—5 cm. Rohhumus.
A_2 von 5—40 cm. Bleichsand.
B_1 von 40—60 cm. Braunroter, sehr fester Ortstein.
B_2 von 60—75 cm. Gelber, wenig fester Teil der Ortsteinzone.
B_3—C von 75 cm ab. Verwitterungsschutt des Zweiglimmergranits.

(Der Wald hat III/IV Bonität. Bestand nach M. Helbig bis 150 jähriger Femelbestand von Fichte und Tanne, mit spärlichem Unterwuchs von Beerkräutern, Moosen, Farnen.)

Hier ist eine tiefgreifende Zersetzung erfolgt, welche sowohl in der Bleicherde wie im Ortstein an Intensität die der schwedischen Profile bedeutend übertrifft, aber im ganzen auf der gleichen Linie liegt.

Insgesamt ist also typisch für die Vorgänge bei der Podsolierung: Anreicherung der Titansäure und des Quarzes, der sehr klar ist, keine Überzüge zeigt, in der Bleicherde, in welcher sonst alle übrigen Mineralien Verminderung erfahren. Im B-Horizont werden die Sesquioxyde (Al_2O_3, Fe_2O_3, Manganoxyde, die Phosphorsäure, die Schwefelsäure) angereichert, desgleichen oft der Humus. Die Feldspäte und viele andere Mineralien werden zersetzt. Der Quarz ist oft von Rost, Mangansuperoxyd oder Humus umkleidet.

Die Umlagerungsvorgänge vollziehen sich beim Humus und den Sesquioxyden, wahrscheinlich auch bei der Phosphorsäure in kolloider Form, bei dem Eisen vielleicht auch z. T. in Form von Ferroverbindungen, über welche jedoch bestimmte Feststellungen noch fehlen. Nach den Analysen und Experimenten von I. M. van Bemmelen, M. Münst, G. Rother, B. Frosterus, K. K. Gedroiz, O. Tamm, B. Aarnio u. a. wandern unter dem Einflusse der kolloiden Humuslösungen die in molekularer, kolloider oder emulsionsartiger Zerteilung befindlichen oder neuentstehenden Stoffe aus der Krume aus und werden z. T. im illuvialen B-Horizont, in welchem Zersetzung der Mineralien stattfindet, ausgefällt. Z. T. wandern sie tiefer. Kohlensaurer Kalk scheidet sich bei den schwächeren und z. T. den mittleren Podsolierungsstufen unter dem B-Horizont wieder ab, bei den übrigen wird er dagegen ebenso wie die übrigen molekular gelösten und z. T. die kolloid gelösten dem Grundwasser zugeführt. Die Verdichtung der Sesquioxyde und des Humus zum Ortstein ist ein kolloider Vorgang, der rein chemisch nicht zu erklären ist.

Von russischen Autoren sind auch wässerige Auszüge von Podsolböden untersucht worden. K. Glinka[1] teilt die folgenden Zahlen nach S. A. Zak-

---

[1] Glinka, K.: Die Typen der Bodenbildung, S. 83. Berlin 1914.

harov (Sacharoff 1906) eines podsoligen Granitbodens von Jakutsk in Sibirien mit:

Auf 100 g lufttrockenen Bodens	Farbe des Wasserauszuges		
	A_1 gelb	A_2 schwach gelb	B farblos
In g NaOH ausgedrückte Azidität.	0,0064	0,0033	0,0017
Trockener Rückstand.	0,0807	0,0480	0,0254
Darin anorganische Substanz . . .	0,0139	0,0100	0,0082
Glühverlust	0,0668	0,0380	0,0172
SiO_2	0,0008	0,0016	0,0010
$Al_2O_3 + Fe_2O_3$	0,0038	0,0018	0,0008
CaO	0,0014 ⎫	0,0020 ⎫	0,0015 ⎫
MgO	0,0001 ⎪	0,0012 ⎪	0,0008 ⎪
K_2O	0,0005 ⎬ 0,0031	0,0005 ⎬ 0,0047	0,0014 ⎬ 0,0043
Na_2O	0,0017 ⎭	0,0010 ⎭	0,0006 ⎭
P_2O_5	0,0002 ⎫	Spuren ⎫	Spuren ⎫
Cl	0,0052 ⎬ 0,0067	0,0019 ⎬ 0,0033	0,0023 ⎬ 0,0033
SO_3	0,0013 ⎭	0,0014 ⎭	0,0010 ⎭

Der Säuregrad nimmt von oben nach unten ab, zugleich und auch in entsprechenden Stufen mit der Menge der Sesquioxyde. Der Gesamtgehalt an Säureradikalen (P_2O_5, Cl, SO_3) ist genau wie der Säuregrad in A_1 doppelt so groß wie in A_2, nimmt dagegen nicht mehr als dieser nach B hin ab. An Gesamtgehalt der Basen (Erdalkalien und Alkalien) ist der Auszug aus A_1 ärmer als die einander nahestehenden von A_2 und B.

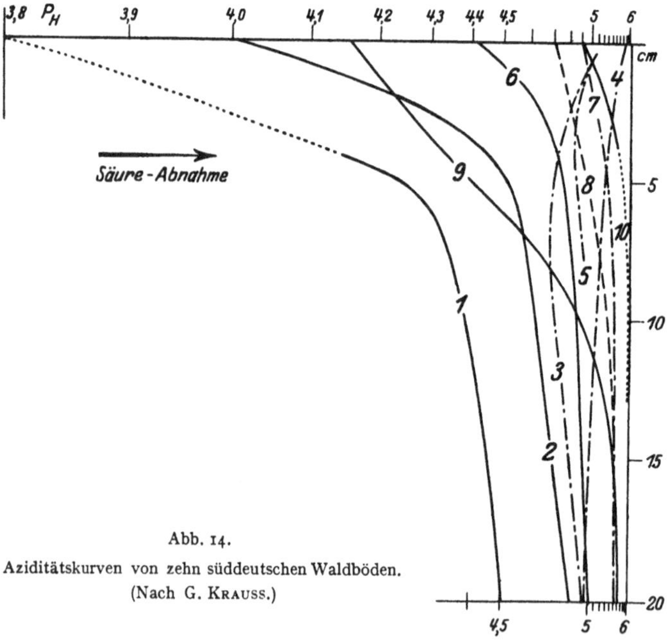

Der Säurecharakter der Waldböden ist in der letzten Zeit von vielen Autoren untersucht worden. Nebenstehendes Diagramm der kolorimetrischen Säureuntersuchung von G. Krauss[1] an zehn süddeutschen Waldböden bis 20 cm Tiefe zeigt bei den Böden 1, 2, 6, 9, 10 unter Picea excelsa die Abnahme der zumeist ziemlich starken Azidität von oben nach unten,

Abb. 14.
Aziditätskurven von zehn süddeutschen Waldböden.
(Nach G. Krauss.)

desgleichen bei Nr. 8, einem ehemaligen Ackerboden mit 60jährigem Fichtenbestand. Die Böden 3, 4 und 5 unter Fagus silvatica zeigen eine Zunahme der Azidität von oben nach unten, doch nicht gleichmäßig weiter, sondern bei 3 und 5 in einiger Tiefe wieder Abnahme. Nr. 7 ist ein Boden unter Fagus silvatica, der von oben nach unten Abnahme der Azidität zeigt. Die Profile gehen nicht tief

---

[1] Krauss, G.: Kurze Bemerkung zur Bodenazidität von Waldböden. Act. IV. Conf. internat. Pédol. 2, 477—79. Rom 1924 (1926).

und sind auch nicht nach Horizonten gegliedert. Bei den Bleicherde- und Ortsteinböden im mittleren Holstein hat G. MÖLLER[1] festgestellt, daß die Wasserstoffionenkonzentration, die aktuelle Azidität, von oben nach unten fortschreitend in
fast allen typischen Ortsteinböden ein Fallen der Säuregrade zeigt. Etwas anders
verhält sich die Titrationsazidität. Diese ist fast ohne Ausnahme auch im Rohhumus am größten, aber im Bleichsand am kleinsten. In der schwarzbraunen,
oberen Ortsteinschicht steigt die Titrationszahl wieder bedeutend an und fällt
von der braunroten unteren Ortsteinschicht allmählich ab. G. MÖLLER bringt das
regelmäßige Fallen der aktuellen (elektrometrischen) Azidität mit den absinken-
den Wasserströmen zusammen, welche die Humusstoffe in den oberen Bodenschichten auflösen oder mitreißen oder durch Hydrolyse mineralische Bodenteile
dissoziieren. Kohlensäure kann keinen nennenswerten Einfluß ausüben. Die Titrationsazidität läuft mit den Glühverlustkurven parallel, woraus deutlich hervorgehe, daß sie im höchsten Grade von den Humusstoffen abhängig sei. Im ganzen
haben die zahlreichen Arbeiten über die Bodenazidität der Waldböden gezeigt,
daß die Oberböden bald stark, bald schwach sauer, bald neutral, bald alkalisch
sind, und daß der Säuregrad, nach den verschiedenen Methoden ermittelt, nach
unten bald zu-, bald abnimmt. Viele Autoren haben ein starkes Schwanken
der Azidität nach der Jahreszeit und über größere Zeiträume beobachtet. Über
die Ursache der Sauerkeit ist man sich im allgemeinen unklar.

Die physikalischen Eigenschaften der Waldböden, nach Horizonten gegliedert, sind durch finnische Arbeiten gut bekannt geworden. Aus den Erläuterungen zu den agrogeologischen Karten der finnischen bodenkundlichen Staats-
anstalt (früher bodenkundliche Abteilung der Geologischen Landesanstalt) folgt
eine kleine Auswahl der Analysen von B. FROSTERUS[2] und B. AARNIO[3], welche
keiner weiteren Erklärung bedürfen.

Podsolprofile in Sandböden.
Wasserdurchlässigkeit.

	cm	mm H$_2$O in 24 Std.
Sandprofil H Nr 2 Ackerboden, ehem. Waldboden B. AARNIO, Karte Nr 3, Mustiala	A_1 in 20—30 A_2 in 40—50 B in 60—70 B in 80—90 C in 105—115	32 888 1 488 1 272 21 120
Sandprofil H Nr 1: Ackerboden, ehem. Waldboden B. AARNIO, Karte Nr 3, Mustiala	A_1 in 15—25 B_1 in 30—40 B_2 in 45—55 C in 60—70	456 984 1 680 1 860

Wasserkapazität, spezifisches und Volumgewicht, Total- und Luftporosität.

	cm	Wasserkapazität		Spe-zifisches Gewicht	Volum-Gewicht	Porosität	
		Vol.-%	Gew.-%			Total	Luft
Sandprofil H Nr 2 B. AARNIO, Karte Nr 3, Mustiala	A in 3,5—7 B in 55—58,5 C in 112—115,5	46,27 32,67 39,13	34,71 23,36 25,91	2,58 2,66 2,68	1,34 1,39 1,49	48,07 47,74 44,65	1,80 15,07 5,52
Sandprofil H Nr 3: B. AARNIO, Karte Nr 3, Mustiala	A in 5—8,5 B in 25—28,5 C in 50—53,5	38,11 37,71 37,23	28,71 20,03 25,13	2,60 2,67 2,68	1,33 1,58 1,48	48,85 40,82 47,77	10,74 3,11 7,54

[1] MÖLLER, G.: Über Bleicherde- und Ortsteinböden im mittleren Holstein und ihre
Kulturfähigkeit. Diss. Hamburg 1927.
[2] Agrogeol. Karte 2. Militiebostelle Gumnäs Odnäs 1916.
[3] Agrogeol. Karte 1. Immola 1917; 3. Mustiala 1920.

Hygroskopizität, mechanische Zusammensetzung und Wassergehalt bei 110^0.

	cm	Hygro-skopizi-tät %	cm	$\vee$ 0,002 mm	0,002 bis 0,02 mm	0,02 bis 0,1 mm	0,1 bis 0,2 mm	0,2 bis 2 mm	$\wedge$ 2 mm	Wasser-gehalt bei 110^0
Sandprofil H	A_1 in 0—35	3,75	0—25	0	15	28	32	21	—	2,50
Nr 2:	A_2 in 35—52	1,56	25—40	4,40	22,50	12	27,5	26	1,60	1,60
B. Aarnio,	B in 55—80	1,31	—	—	—	—	—	—	—	0,87
Karte Nr 3,	C in 90—100	0,55	—	—	—	—	—	—	—	—
Mustiala	C in 174—180	0,45	—	—	—	—	—	—	—	—

Podsolprofile in Lehmböden.

Wasserdurchlässigkeit.

	cm	mm H_2O in 24 Std.
Lehmprofil E Nr 4:	A_1 in 15—25	472
Ackerboden, ehem. Waldboden	B_1 in 30—40	2676
B. Aarnio, Karte Nr 1, Mustiala	B_1 in 30—40	1980
	B_2 in 45—55	2700
	C in 60—70	270
Lehmprofil H Nr 5:	A_1 in 10—20	780
Ackerboden, ehem. Waldboden	B in 40—50	6168
B. Aarnio, Karte Nr 1, Mustiala	C in 50—60	

Wasserkapazität, spezifisches und Volumgewicht, Total- und Luftporosität.

	cm	Wasserkapazität Vol.-%	Wasserkapazität Gew.-%	Spe-zifisches Gewicht	Volum-Gewicht	Porosität Total	Porosität Luft
Lehmprofil H Nr 5:	A in 5—8,5	42,57	36,67	2,57	1,19	53,61	11,12
B. Aarnio, Karte Nr 3,	B in 28,5—32	47,44	38,84	2,68	1,40	47,76	0,32
Mustiala	C in 58,5—62	39,85	23,12	2,70	1,42	47,40	7,55

Hygroskopizität, mechanische Zusammensetzung, H_2O bei 110^0.

	cm	Hygroskopizität %
Lehmprofil H Nr 5:	A in 0—20	4,38
B. Aarnio, Karte Nr 3, Mustiala	B in 20—40	2,48
	C in 45,5—49	1,61
	in 98—101,5	0,75

	cm	H_2O bei 110^0	$\vee$ 0,002 mm	0,002 bis 0,02 mm	0,02 bis 0,1 mm	0,1 bis 0,2 mm	0,2 bis 2 mm	$\wedge$ 2 mm	Summe
Lehmprofil III:	A_1 in 0—15	2,30	16	24	30	15	7	5	97,00
B. Aarnio,	A_2 in 18—30	2,75	13,5	34,2	19,1	14,2	19,1	—	97,10
Karte Nr 3,	B in 40—60	3,11	16	15,85	38,68	18,73	10,09	—	99,35
Mustiala	C in 80—90	2,02	6	6,3	46,1	8,9	23,7	6,1	97,10

Konsistenzeigenschaften (Fließgrenze, Ausrollgrenze, Plastizität nach A. Atterberg).

	cm	Fließgrenze %	Ausrollgrenze %	Plastizität %
Lehmprofil H Nr 5:	B in 28—31,5	28,99	23,04	5,95
B. Aarnio, Karte Nr 3, Mustiala	C in 58,5—62	26,76	19,81	6,95

Podsolprofile in Tonböden.

Wasserdurchlässigkeit.

In mehreren Tonprofilen, von B. AARNIO in Karte Nr 3, Mustiala, mitgeteilt, ist die Durchlässigkeit des Ackerbodens mit 109—48000 mm in 24 Std. angegeben, die des Tones selbst in dem untersuchten einen Falle mit 28. In Karte Nr 1, Immola, ist bei zwei Tonprofilen die Durchlässigkeit von B 6, die von C 4 und 4,5.

Wasserkapazität, spezifisches und Volumgewicht, Total- und Luftporosität.

	cm	Wasserkapazität		Spe-zifisches Gewicht	Volum-Gewicht	Porosität	
		Vol.-%	Gew.-%			Total	Luft
Tonprofil H Nr 4:	A_1 in 5—8,5	43,14	32,75	2,57	1,32	48,67	5,53
B. AARNIO, Karte Nr 3,	A_2 in 29,5—33	46,40	33,33	2,73	1,39	49,08	2,68
Mustiala	C in 75—78,5	38,97	24,13	2,69	1,65	38,66	—
Tonprofil H Nr 5:	A_1 in 5—8,5	54,67	48,08	2,61	1,14	56,32	1,65
B. AARNIO, Karte Nr 3,	A_2 in 23,5—27	43,36	27,57	2,72	1,57	42,28	—
Mustiala	C in 110—113,5	41,28	26,75	2,72	1,54	43,38	2,10
Tonprofil Nr 68:	B in 28,5—32	37,24	84,50	2,44	1,54	36,88	—
B. AARNIO, Karte Nr 1,	C in 62,5—66	39,19	24,76	2,64	1,58	40,17	0,98
Immola							
Tonprofil Nr 69:	B in 28,5—32	40,30	26,45	2,63	1,52	42,58	2,28
B. AARNIO, Karte Nr 1,	C in 68,5—72	38,97	25,89	2,56	1,51	41,40	2,43
Immola							

Konsistenzeigenschaften.

	cm	Fließgrenze %	Ausrollgrenze %	Plastizität %
Tonprofil H Nr 4:	A_1 in 5—8,5	32,21	23,68	8,53
B. AARNIO, Karte Nr 3, Mustiala	A_2 in 25—28,5	21,98	16,50	5,48
	B in 29,5—33	39,92	21,15	18,77
	C in 75—78,5	26,35	16,25	10,10

Hygroskopizität, Wassergehalt bei 110°, mechanische Zusammensetzung.

Im Tonprofil 105, Mustiala, gibt B. AARNIO für die Horizonte A_1, A_2, B (G) und C die folgenden Zahlen für die Hygroskopizität an: 5,14%, 2,58%, 7,17% (9,43%) und 14,82%. Von dem gleichen Profil, welches in 60—150 cm durch einen Grundwasserhorizont (G) ausgezeichnet ist, lauten die Zahlen für den Wassergehalt bei 110° und die mechanische Zusammensetzung:

cm	H_2O bei 110°	< 0,002 mm	0,002 bis 0,02 mm	0,02 bis 0,1 mm	0,1 bis 0,2 mm	0,2 bis 2 mm	< 2 mm	Summe
A_2 in 20—45	1,52	10,7	21,8	46,34	18,94	1,2	—	99,08
B in 45—55	3,75	16	17	32	19	8,4	0,6	93,0
C in 215—240	—	46,6	24,7	18,2	2,9	2,7	—	95,1

Die chemisch-physikalische Vorstellung der Entstehung der Bleicherde-Waldböden.

Über die Entstehung der Podsolböden sind mehrere Vorstellungen vorhanden[1]. Nach K. GLINKA[2] laugt die beträchtliche Feuchtigkeit der Waldböden die Basen, insbesondere das Kalzium, aus dem Humus aus, der infolgedessen in die Solform übergeht und beweglich wird. Als Sol erhält er die Eigenschaft, Mineralsole und Suspensionen gegen Ausfällung zu schützen. Sie werden zusammen in tiefere Horizonte gespült, wo sie ausfallen entweder infolge des Über-

---

[1] NEUSTRUEV, S. S.: Genesis of Soils. Ac. Sc. U.S.S.R. Russ. Pedol. Investig. 3. Leningrad 1927.
[2] GLINKA, K.: Disperse Systeme der Böden. Leningrad 1924 (russisch).

ganges des Kapillarwassers in Häutchenwasser oder, wo die Sole mit Elektrolyten in Berührung kommen. Eisenoxyd, welches sich im allgemeinen leicht von Ferro- und andern Silikaten trennt, geht zusammen mit Kalzium in die Pseudolösung über. Vor der Auslaugung hat dieses die Rolle eines Humusbewahrers. Ist das Kalzium fort und damit der Humus löslich geworden, so tritt die von B. Aarnio experimentell nachgewiesene Erscheinung auf, daß Eisenoxyd und Humus sich in bestimmtem Verhältnis ausfällen, in anderen gelöst halten. Die Ausfällung geschieht zwischen $1 Fe_2O_3 : 0,2$ Humus bis $1 Fe_2O_3 : 3$ Humus. Bei der Tonerde ist die Ausfällung zwischen $1 Al_2O_3 : 1$ Humus bis $1 Al_2O_3 : 30$ Humus vorhanden. Die Ausfällung findet im B-Horizont statt. Der seiner Basen beraubte A-Horizont verliert gleichzeitig auch den feinen Kolloidton und die Suspensionen. K. Glinka hält es für wenig wahrscheinlich, daß sich die Alumosilikate bei der Podsolbildung zersetzen und freie Tonerde bilden, da diese im Ortstein oder B-Horizont nicht in freien Konkretionen auftritt. Die Kieselsäure bleibt im A_2-Horizont als feines Quarzpulver zurück. Eine Anhäufung amorpher Kieselsäure als Überrest der Zersetzung der Alumosilikate findet im A_2-Horizont nicht statt.

Etwas anderer Meinung ist K. K. Gedroiz[1]. In dem Feuchtigkeitsbereich der podsoligen Waldböden werden die in der organischen Substanz und in den Alumo-Kieselsäurekomplexen absorbierten Basen (Ca, Mg usw.) durch Wasserstoff ersetzt. Infolgedessen sind die salzähnlichen Bestandteile in Säuren verwandelt, ohne daß die Reaktion in einer wahren Lösung stattgefunden hätte. Der absorbierende Komplex ist kolloider Natur (Korngröße unter 0,0025 mm). Die Reaktionen gehen molekular an der Oberfläche der Bodenteile vor sich, obwohl sie stöchiometrischen Beziehungen unterworfen sind. Infolgedessen ist kein Grund zur Annahme einer Hydrolyse des Mineralteiles mit ihrer Umbildung in die Lösungsform vorhanden. Die Basen trennen sich als Oxyde vom absorbierenden Komplex und werden als Karbonate aus dem Boden fortgeführt. Der Ersatz der Basen durch Wasserstoff geht nicht nur im Humus vor sich, sondern kann auch in humusfreien Gesteinen erfolgen. Am beständigsten sind die mit Ca und Mg gesättigten Komplexe, die mit Wasserstoff sind wesentlich unbeständiger, die mit Na gesättigten aber am unbeständigsten. Wasserstoff schützt auch nicht in der gleichen Weise gegen Zersetzung wie Ca und Mg. Infolge der dispergierenden Wirkung des Wasserstoffes bringt er den absorbierenden Alumosilikatkomplex in Bewegung, und er zerlegt auch den Alumosilikatkern in die Oxyde. Infolgedessen werden aus dem A-Horizont nicht nur die Basen entfernt, sondern auch die Hydrate der Eisen- und Aluminiumoxyde und die Kieselsäure. Anhäufungen der freien amorphen Kieselsäure im A_2-Horizont sind nicht beobachtet. Der Humatteil des absorbierenden Komplexes wird im Verlaufe der Podsolierung intensiv zerstört und wieder erneuert, während der Mineralteil dauernd abnimmt. Der Sättigungsgrad des absorbierenden Komplexes mit Basen ist in den verschiedenen Bodenhorizonten verschieden. Im Horizont A_1 ist die absorptive Fähigkeit am höchsten infolge des Gehaltes an organischen Stoffen. Im Horizont A_2 ist sie am niedrigsten; hier ist der absorbierende Komplex am meisten zerstört, die organischen Stoffe sind entfernt, der absolute und relative Gehalt an Wasserstoff ist beträchtlich niedriger als in A_1. Im B-Horizont wird die absorptive Fähigkeit wieder größer, hauptsächlich infolge der Vermehrung der tonigen Bestandteile im mineralischen Anteil, während der absolute und relative Gehalt an Wasserstoffionen abnimmt. Der absorbierende Komplex des

---

[1] Gedroiz, K. K.: Der absorbierende Bodenkomplex und die absorbierten Bodenkationen als Grundlage für eine genetische Klassifikation der Böden. Veröff. d. Nosowka Landw. Versuchsstat. 1925, Nr 38 (russisch mit deutscher Zusammenfassung).

Podsolbodens enthält außer H, Ca und Mg auch Al, welches wahrscheinlich aus dem Alumosilikatkern freigeworden ist, und NH_4 als Ergebnis der Ammoniakbildung in der organischen Substanz. Beide sind in der Bodenlösung in erheblicher Menge enthalten, infolgedessen sind sie auch im Boden absorbiert. Das Al gibt mit löslicher Kieselsäure sowohl in A wie in B Niederschläge von zeolithartigem Charakter, die die Fähigkeit zu Austauschreaktionen besitzen. Soweit K. K. GEDROIZ[1] Vorstellung von der Podsolbildung.

Die Annahme der Zerlegung des Alumosilikatkerns ist durch den Nachweis freien Aluminiumhydroxydes im Ortstein durch HEMMERLING[2] bestätigt worden.

Die verschiedene Ausbildung des B-Horizontes ist mehrfach der Gegenstand besonderer, auch experimenteller Untersuchungen gewesen. FILATOV[3] versuchte experimentell den Ursprung der eisenhaltigen Adern und Bänder durch Niederschlag von Eisenoxydhydrat an der Grenze von Schluffschichten in Sand nachzubilden. Nach TIURIN[4] ist in den Ortsteinbändern eine gewisse Menge, bis etwa 7%, an tonigem Material ($<$ 0,001 mm) angehäuft, von welchem 10 proz. Salzsäure 30% und 10 proz. Sodalösung bis 36% auflösen. Infolge der Anwesenheit dieses Tons hält TIURIN die Ortsteinbänder für den Absatz auf feinen Tonschichten, welcher ursprünglich im Gestein vorhanden war. In durchlässigen Sanden kann eine Lösung, welche die Sole der Sesquioxyde und des Humus enthält, in beträchtliche Tiefe dringen. Der Niederschlag von Eisen und Humus in Form besonderer Streifen kann auf einen Wechsel in der Textur zurückgehen, welcher, dem Auge an sich nicht wahrnehmbar, auf diese Weise deutlich wird. AFANASIEW[5] fand in der Tat eine schichtige Struktur von lößähnlichen Absätzen in Weißrußland. Aber auf der andern Seite kann das Vorkommen solcher Streifen nach dem Prinzip der LIESEGANGschen Ringe bei kolloiden Niederschlägen erklärt werden. — TUMIN[6] und andere Autoren halten weder die Ortsande noch die Konkretionen für charakteristische Erscheinungen der Podsolierung. Nach TUMIN ist die Anwesenheit von Reduktion und Oxydation der Eisenbestandteile für die genannten Bildungen unerläßlich.

Dazu ist die Überlagerung eines Moorbildungsvorganges über dem Podsolierungsvorgang notwendig[7]. Während einer jeden Bodenbildung sind Zeiten einer übermäßigen Befeuchtung vorhanden. Während deren stehen die Horizonte unter anaeroben Bedingungen, welche die Reduktion der Eisenoxyde und ihre Umwandlung in lösliche Formen fördern. Die Wiederausfällung dieser Bestandteile findet statt, wenn der Boden austrocknet und die Bildung des unlöslichen Eisenhydroxydes möglich wird. Die kolloide Lösung enthält auch Humussubstanzen, welche zusammen mit dem Eisen ausfallen. Soweit die Zusammenstellung der russischen Literatur durch S. S. NEUSTRUEV[8], welche als Ergänzung zu den in dem Abschnitt „Analysen" gebrachten Belege dienen möge. Vielfach berührt sie sich mit den bereits dort erwähnten Vorstellungen anderer Autoren und ergänzt sie auch in manchen Punkten.

---

[1] GEDROIZ, K. K.: Der adsorbierende Bodenkomplex und die adsorbierten Bodenkationen als Grundlage der genetischen Bodenklassifikation. Veröff. Nosowka agrikulturchem. Versuchsstat. 1925, Nr 38.

[2] HEMMERLING, V.: Metamorphose der Böden. Ber. 3. allruss. Zusammenkunft d. Bodenforscher, Moskau 1922.

[3] FILATOV, M.: On the problem of the genesis of ortsand. Russ. Pedologist 1922, Nr 1—3.

[4] TIURIN, J.: Sandy soils under pine forests near Kasan. Bull. Kas. Exper. Stat. 1922.

[5] AFANASIEW, J.: Outlines of the soils of Belorussia. Gorki 1925.

[6] TUMIN, G.: Grad von Podsolierung und Bleichung. J. exper. Landw. 12, Nr 1.

[7] Bereits M. FAYE hat 1837 ähnliche Ansichten geäußert. — Vgl. R. ALBERT: Beitrag zur Kenntnis der Ortsteinbildung. Z. Forst- u. Jagdwes. 42, 336/37 (1910), wo diese Ansichten eingehend widerlegt werden.

[8] NEUSTRUEV, S. S.: Genesis of Soils. Russ. Pedol. Inv. 3 (Leningrad 1927).

Die Ursache des Hartwerdens der Humus- und Rosteinschwemmungen als
Ortstein wird auch damit nicht erklärt. In Schweden und Finnland sind vielfach die Ortsteine nicht reicher an Humus und Sesquioxyden als andere, nicht
verfestigte B-Horizonte, während andererseits nach M. Helbigs Analyse des
Schwarzwälder Ortsteins dieser eine sehr intensive Umlagerung zeigt. Im ganzen
dürfte für die Erklärung der Verfestigung R. Albert[1] das richtige treffen, wenn
er darauf hinweist, daß die Ortsteinbildung mit der Wasserführung im Boden
in engem Zusammenhange steht. Die Ortsteinzone stellt vielfach eine Trocken-
zone im Boden dar, in welcher den kolloiden Niederschlägen des B-Horizontes
das Wasser durch Verdunstung entzogen wird. Dies ist besonders in Dünensanden der Fall. Dagegen hält R. Albert die tiefgelegenen Ortsteinbildungen
in Mulden für vorwiegend chemische Ausfällungen an der Treffstelle der von
oben eindringenden Lösungen mit dem an Basen reichen aufsteigenden Grundwasser. Die Verfestigung ist hier das Ergebnis erheblicher Abscheidungen von
oben und unten.

Die Verbreitung der Bleicherde-Waldböden.

Wenn man ein Bild über die Verbreitung der Bleicherde-Waldböden gewinnen
will, so muß man zwischen lokaler und regionaler bzw. zonaler Verbreitung
unterscheiden. Die letztere ist im großen und ganzen durch das Klima bedingt,
wenn auch nicht so restlos, daß man von einer Gegend etwa nur klimatische
Daten braucht, um auf das Vorkommen der Podsolböden mit Sicherheit schließen
zu müssen. Die lokalen dagegen sind vom Klima weit weniger abhängig oder
ganz unabhängig.

Ein Beispiel für Vorkommen dieser Art hat N. A. Dimo[2] im Gebiet der
Halbwüste des Kreises Zarizyn im russischen Gouvernement Saratow kartiert.
Auf der Übersichtskarte des südlichsten Teiles des Kreises ($1 : 84\,000$) überwiegen stark die kastanienfarbigen Trockensteppenböden in Komplexen mit
Salzböden (Solonetz). In einer Vertiefung des Plateaus und auf dem Boden
einer breiten trockenen Rinne, die zur Wolga hingeht, ist Podsol angegeben,
in der Rinne schließt sich an den Rändern des Podsolstreifens schwach degradierter Wüstensteppenboden an. In den zahlreichen anderen Rinnen ist zumeist
nur dieser angeführt. Die Rinnen sind mit einem dichten urwaldähnlichen
Gebüsche bedeckt, in welchem A. Keller an Bäumen Acer tataricum, Ulmus
effusa, Crataegus monogyna, Evonymus verracosus, Rhamnus cathartica festgestellt hat. Seltener kommen vor Acer platanoides, Prunus chamaecerasus und
eine Salixart. Das Unterholz besteht aus Amygdalus nana, Prunus spinosa,
Rosa canina und cinnamonea, Sambucus racemosa, Viburnum opulus. Die
Kräuter sind vertreten durch Asperula aparine, Ballota nigra, Chenopodium album
oder Hesperis matronalis, Lactuca sagittata, Melica altissima, Silena noctiflora.
Auch Humulus lupulus, Aspidium telypteris u. a. kommen vor (vgl. Tafel 18
dortselbst). Einige Profile des Podsols sind eingehend beschrieben und z. T. analysiert worden, so daß an ihrer richtigen Bestimmung kein Zweifel ist. Hier hat die
Waldvegetation mitten in der trockenen Steppe die Podsolierung an Stellen
hervorgebracht, welche von Natur zur Wasseransammlung neigen und weniger
durch die Verdunstung ausgetrocknet werden als die Hügel, Hänge und Ebenen

---

[1] Albert, R.: Beitrag zur Kenntnis der Ortsteinbildung. Z. Forst- u. Jagdwes. **42**,
327—41 (1910). — Vgl. auch M. Helbig: Zur Entstehung des Ortsteins. Naturwiss. Z.
Forst- u. Landw. **1909**, 81—86. — Leiningen, W. v.: Bleichsand und Ortstein. Abs. Naturhist. Ges. Nürnberg **19**, 1 (1911). — Niklas, H.: Bleichsand und Ortstein. Naturwiss. Z.
Forst- u. Landw. **10**, 369—79.
[2] Dimo, N. A., u. B. A. Keller: Im Gebiet der Halbwüste (des Kreises Zarizyn im
Gouv. Saratow) 1907.

der Hochfläche. Das Vorkommen von Zarizyn ist keine seltene Annahme, sondern typisch und allgemein für die Steppen und Wüstensteppen[1].

Die zonale Verbreitung der Podsolböden auf der Erde und ihre Ursache läßt sich am besten durch einen Vergleich zwischen je einer Klimakarte, einer Vegetationskarte und einer Bodentypenkarte der Erde ermitteln. Es wurden gewählt die Klimakarte W. Köppens[2], die Vegetationskarte A. Hayeks[3] und eine hier erstmalig veröffentlichte Bodentypenkarte W. Hollsteins (s. Tafel I, II, III am Schluß des Bandes). Nach der letzteren, welche die von K. Glinka[4] in vielen Punkten wesentlich verbessert und ergänzt hat, ist die Podsolzone auf die Nordhalbkugel beschränkt. Einigermaßen gut bekannt ist nur die Eurasiens, die amerikanische ist es bereits wesentlich weniger. Die eurasische Podsolzone beginnt im Norden der Pyrenäenhalbinsel, zieht sich durch den größten Teil von Frankreich, Großbritannien, Deutschland, Dänemark, Skandinavien, Polen, die Ostseeländer, Rußland, durch das ganze nördliche Asien hindurch bis zum Großen Ozean und auf die japanischen Inseln. Die nordamerikanische Podsolzone beginnt im Osten am Atlantischen Ozean zwischen der Halbinsel Maryland und nördlich Neufundland und zieht sich mit einer bedeutenden zweizipfligen mittleren Ausbiegung nach Süden bis an den mittleren Mississippi, dann westwärts weit nach Norden ausgebogen über die Felsen- und Kaskadengebirge weg zum Großen Ozean, wo sie ihr Ende findet, von südlich der Insel Vancouver bis zum Yukon. In Eurasien entspricht die Zone W. Köppens Klimabezirken Cfb 7, $Dfb + c$ 8, Dw a—d 9. Cf 7 sind die feuchttemperierten Klimate unter den warm gemäßigten Regenklimaten, D sind die subarktischen Klimate, w 8 die wintertrockenkalten, f 9 die feuchtwinterkalten, $c + b$ ist das sommerkühle Buchenklima, dessen wärmste Monatstemperatur unter 22° liegt. Mehr als 4 Monate haben mehr als 10°. Es ist beständig feucht, d. h. genug Regen oder Schnee in allen Monaten vorhanden. Eine kühle, aber nicht sehr kalte Jahreszeit mit regelmäßigem Schneefall und Frost ist vorhanden, doch kommt es nicht zu einer dauernden Schneedecke im Winter, sondern in diesem wechseln beständig kälteres und wärmeres Wetter ab.

Dagegen sind die subarktischen oder borealen Klimate D durch einen ausgesprochenen Winter mit langer Schneedecke und einen echten, wenn auch kurzen Sommer ausgezeichnet. Die Isotherme des kältesten Monats hat $> -3°$, die des wärmsten $> +10°$. Df ist beständig feucht in allen Monaten (Regen oder Schnee), Dw hat trockene Sommer. Dw ist in seinen periodischen Wind- und Regenverhältnissen tropisch, in seinen Temperaturverhältnissen polar, in beiden aber ausgeprägt kontinental. Auf der Karte schließen sich an Cfb ostwärts Dfb und Dfc an, erst in Transbaikalien Dwd—a, an der Küste des Großen Ozeans überwiegt wieder Df. Während nun Cfb in Eurasien ziemlich durchgehends die verschiedenen Podsoltypen hat, ist dies bei Df und Dw nicht der Fall, sondern diese umfassen noch ziemlich vollständig die schwarzen Steppenböden Eurasiens, ja sie gehen sogar stellenweise noch in die trockeneren Gebiete der kastanienfarbigen Steppenböden hinein. Ganz ähnlich ist es in Nordamerika. Hier ist das Podsolgebiet hauptsächlich durch Dfa—c gekennzeichnet. Im Süden greift es aber überall auf Cfa, Cx und Cfb über. Dfa hat ebenso wie Cfa im

---

[1] Keller, B. A.: Russian progress in geobotany as bases upon the study of soils. Acad. Sc. of U.S.S.R. Pedol. Invest. 13. Leningrad 1927. — Glinka, K., erwähnt Ähnliches. — Viele russischen Karten, z. B. solche von Neustruev, A. Pankov, W. Ribakov u. a. haben ebenfalls podsolierte Typen in Steppengebieten festgestellt.

[2] Köppen, W.: Klassifikation der Klimate nach Temperatur, Niederschlag, Jahreslauf. Pet. Mitt. 64, 193, 243. Gotha 1918. — Die Klimate der Erde. Berlin u. Leipzig 1923.

[3] Hayek, A.: Allgemeine Pflanzengeographie. Berlin 1926.

[4] Glinka, K.: Schematische Bodenkarte der Erde. Annuaire géol. et min. de la Russie 10, 69—75. Nowo Alexandria 1908.

wärmsten Monat eine höhere Mitteltemperatur als 22°. *C x* wird als Übergang zu dem benachbarten Steppenklima bezeichnet. Sowohl in *C x* als auch in *D f a* und *D f b* sind auch hier wieder die schwarzen Steppenböden vollständig vertreten und auch hier stimmt wieder die Grenze zwischen diesen und den kastanienfarbigen Steppenböden nicht mit der zwischen den feuchten und den trockenen Klimaten überein.

Vergleicht man die Bodentypenkarte mit der Vegetationskarte, so zeigt das Podsolgebiet Eurasiens als Vegetationsformen die Nadelwälder, die sommergrünen Laubwälder und die Heiden, während das Podsolgebiet Nordamerikas hauptsächlich durch Nadelwälder, nur im Mississippigebiet durch die sommergrünen Laubwälder gekennzeichnet ist. Die Grenze gegen das Steppengebiet stimmt in Europa ziemlich gut mit der der schwarzen Steppenerde überein, in Asien und Nordamerika weniger. In Nordamerika greifen die Prärien, die mit den Steppen zusammengenommen sind, auf das Gebiet der podsoligen Böden über, und in Asien dürfte es ähnlich sein.

Bemerkenswert ist bei dem Vergleiche der drei Karten des weiteren, daß alle Wälder mit Ausnahme der Hartlaubgehölze, aber einschließlich der Heiden entweder die Podsolböden oder Roterden bzw. Laterit haben. Die tropischen Regenklimate haben überwiegend Wälder und rote Böden. Der Laterit liegt ganz ausgesprochen im Gebiete der tropischen Regenwälder und der feuchten Urwaldklimate.

β) Die Braunerden.

Von H. STREMME, Danzig.

Mit 10 Abbildungen.

É. RAMANNS Definitionen.

In der 2. Auflage seiner ,,Bodenkunde[1]" sagt E. RAMANN im Kapitel über die Farbe des Bodens (S. 281—283): ,,Für die Einteilung der Böden nach Verwitterungsgebieten bietet die Farbe einen wichtigen Anhaltspunkt. In Gebieten der Verwitterung durch Humussäuren herrschen helle, graue Farben (Grauerden), im subtropischen rote Farben (Roterden) vor; die Böden Mitteleuropas kann man nach den überwiegenden gelben und braunen Färbungen B r a u n e r d e n nennen; die charakteristische Bodenart der ariden Gebiete ist die Schwarzerde." Das Kapitel über die klimatischen Böden enthält dann eine weitere Kennzeichnung der Braunerden, die als Gruppe der Böden, welche durch Vorherrschen der Verwitterung durch Kohlensäure entstanden sind, neben den durch Humussäure gebildeten unter den Böden der humiden Gebiete (ausgelaugte Böden) genannt werden: die Braunerden ,,zeichnen sich durch wechselnden Gehalt an Ton, braunem Eisenoxydhydrat und Eisenoxydsilikat aus. Es sind mäßig ausgelaugte Bodenarten, in denen Chloride und Sulfate, sowie der größte Teil der Karbonate weggeführt worden sind". Sie ,,sind Bodenarten gemäßigter Klimate mit mittelstarker Verwitterung und mittlerer Auswaschung. Ist auch ein gemeinsames Verhalten unverkennbar, indem Lehm- und Tonböden vorherrschen, so macht sich doch das Grundgestein in hervorragender Weise bemerkbar, und hierdurch wird eine Mannigfaltigkeit der Böden veranlaßt, welche in extremeren Klimaten nicht zu beobachten ist".

,,Die vorherrschende Verbreitung der Braunerden umfaßt das mittlere Europa (Frankreich, Ostseite von England, einen großen Teil von Deutschland,

---

[1] RAMANN, E.: Bodenkunde, 2. Aufl., S. 283, 404. Berlin 1905. Ähnlich in der 3. Aufl. 1911.

Österreich, Südschweden [zum Teil] und Teile von Mittelrußland). Die Breite des Gebietes verengert sich nach Osten, es findet am Ural die Ostgrenze. Die Böden sind in der Regel mäßig humushaltig. Ansammlungen von humosen Stoffen finden sich zumeist nur an kühlen, feuchten Orten und weit verbreitet im Wasser als Flachmoore. Hochmoor tritt auf bereits vorgebildetem Flachmoor auf, ist aber auch hier verhältnismäßig selten. Herrschende Vegetation ist der gemischte sommergrüne[1] Laubwald, der auf trockenen oder nährstoffarmen Böden durch die Kiefer ersetzt wird. Eine Gliederung dieses Gebietes in Unterabteilungen ist gegenwärtig kaum möglich. Die Böden sind so ungemein mannigfaltig, daß es am ratsamsten ist, sie nach dem Grundgestein einzuteilen; besonders bemerkbar macht sich der Kalkgehalt; er übt unter den herrschenden Verhältnissen den größten Einfluß auf Boden, Humusbildung und Vegetation."

In dem später[2] veröffentlichten „System der Böden" stehen die Braunerden unter den Feuchtböden (humiden Böden) als die Böden der gemäßigten Zone und der warmen gemäßigten Zone. Als „Ortsböden", d. h. als solche, deren Entstehung nicht nur auf das Klima allein, sondern zum Teil auf andere örtliche Faktoren zurückgeht, werden zahlreiche durch das Grundgestein veranlaßte angegeben: a) Massengestein, b) Schiefer, c) Sandsteine, d) Karbonatgestein, e) Karstroterden. Ferner werden in den feuchten Tropen tropische Braunerden und unter den Trockenböden (ariden Böden) außer den kastanienfarbigen auch durch Humus braun gefärbte Böden aufgeführt. Im Text geht E. RAMANN ausführlicher auf die Braunerden ein: „Braunerden sind Bodenformen, deren färbender Bestandteil ein gelb bis rotbraun gefärbtes Eisenhydroxyd ist. Die Braunerden sind Bodenformen vorherrschend humider Gebiete; ihr Humusgehalt ist meist nicht hoch, genügt aber, um der Färbung des Bodens einen unreinen, schmutzigen Ton zu geben. Braunerden sind in West- und Mitteleuropa verbreitet, sie sind aber auch in den Tropen nachgewiesen[3]." Des weiteren läßt er sich vernehmen: „Die Braunerden entstehen bei mäßiger Verdunstung und mittelhohen Temperaturen in gemäßigten Klimaten. In den Tropen bilden sich ähnliche Böden unter ausgesprochen humiden Bedingungen ohne jahreszeitlichen Wechsel. Die Braunerden sind die herrschende Bodenform von West- und Mitteleuropa, gehen aber z. B. in Italien weit nach Süden. Das Braunerdegebiet Europas wird nach Norden durch Grauerden, nach Osten von Schwarzerden, nach Süden von Gelb- und Roterden begrenzt.

Das Klima der Braunerdegebiete hat jahreszeitlichen Wechsel. In der warmen Jahreszeit reichen die Niederschläge nicht aus, um auf pflanzenbestandenem Boden Sickerwässer zu bilden. In warmen und trockenen Jahren herrschen schwach aride Bedingungen, so daß die Wirkungen der steigenden Wasserbewegung im Boden kenntlich werden. Es tritt dies namentlich in der Anreicherung an Kalk im Bodenwasser hervor, Ausscheidungen von Kalkkarbonat in nennenswerter Menge sind sparsam oder werden nur in Böden mit günstiger Wasserleitung, wie im Löß, regelmäßig beobachtet. Für die Mehrzahl der Braunerden überwiegt die Auswaschung entschieden; die leichtlöslichen Salze und die Erdalkalikarbonate werden ausgewaschen, während Phosphate und die Sesquioxyde (Eisenoxyd, Tonerde) dem Boden verbleiben.

Der Humusgehalt der Böden ist bei mittelschnellem Abbau der humosen Stoffe und starker Bildung organischer Substanz durch die Pflanzen gering bis mittel, selten hoch. Die Menge der vorhandenen Humusstoffe reicht jedoch

---

[1] Versehentlich steht bei RAMANN „immergrüne".
[2] RAMANN, E.: Bodenbildung und Bodeneinteilung (System der Böden), S. 44, 79—82, 92, 110—III. Berlin 1918.
[3] Ebenda S. 44.

aus, den Böden einen unreinen, schmutzigen Farbenton zu verleihen (im Gegensatz zu den reinen Färbungen der humusarmen Gelb- und Roterden). Die Färbung der Böden schwankt von gelbbraun bis rotbraun und beruht auf wechselndem Gehalt an gelbbraunen und braunen Eisenoxydhydraten; hellere gelbbraune oder dunklere braunrote Färbungen sind nicht selten. Rote Färbungen der Böden treten auf, wenn das Grundgestein ausgeschiedenes Eisenoxyd enthält. Die herrschende Humusform der Braunerden ist die innige, nur durch chemische Hilfsmittel trennbare Mischung der humosen Stoffe mit den Mineralteilen des Bodens. Der Boden reagiert neutral oder schwach basisch; es fehlen ihm daher die aufquellbaren Humusstoffe. Mit verdünnter Ammoniakflüssigkeit behandelt ergeben sich gelbliche bis gelbbraune (meist durch Tonteile getrübte) Flüssigkeiten, die nicht nachdunkeln oder erst bei längerer Einwirkung auf den Boden dunklere Färbungen annehmen.

Bezeichnend für die Braunerden ist außer der Form des Eisenoxydhydrates der Gehalt an wasserhaltigen kieselsauren Tonerdesilikaten, den Tonsubstanzen. Geringe Mengen Ton reichen bereits aus, dem Boden Bindigkeit zu geben, die Braunerden sind daher bindige Bodenarten. Die Krümelung der Böden ist im allgemeinen nicht erheblich, im landwirtschaftlichen Betriebe bedarf es daher regelmäßiger Bearbeitung der Böden und Zufuhr organischer Dünger, um die lockere Lagerung des Bodens zu sichern.

Die Braunerden entstehen unter dem Einfluß eines gemäßigten und stark wechselnden Klimas, regenreiche und regenarme Jahre treten auf, so daß die Auswaschung im Boden bald mehr, bald weniger stark wirksam ist. Die orographische Gliederung der europäischen Braunerdegebiete ist sehr reich, zahlreiche Gebirge durchziehen das Gelände, die Ortseinflüsse erlangen unter diesen Umständen große Bedeutung. In keiner anderen Bodenformation übt das Grundgestein ähnlichen Einfluß auf die Bodeneigenschaften aus wie im Braunerdegebiet. Diesen Verhältnissen entspricht, daß Fallou, dem der erste Versuch der Einordnung der Böden aus wissenschaftlicher Grundlage zu verdanken ist, seine Einteilung im wesentlichen auf das Grundgestein aufbaute. Fallou[1] machte seine Studien vorwiegend in Mitteldeutschland.

In Osteuropa treten infolge der kontinentalen Lage die klimatischen Unterschiede schärfer hervor als im gemäßigten Mittel- und Westeuropa, dort grenzen Bleicherden und Schwarzerden oft unvermittelt aneinander, das Zwischenglied der Braunerden fehlt oder scheint wenig charakteristisch zu sein[2].

---

[1] Fallou, F. A., u. a.: Die Hauptbodenarten der Nord- und Ostseeländer des Deutschen Reiches naturwissenschaftlich wie landwirtschaftlich betrachtet. Dresden 1875.

[2] „K. Glinka (Typen der Bodenbildung, 1914, und mehrere Aufsätze in Potschwowedenie) vertritt die Auffassung, daß die vom Verf. unterschiedenen Braunerden den Verwitterungsschichten der Bleicherden (Horizont B) entsprechen und keine selbständige Bodenform seien. Der Horizont B der Bleicherden ist ein ‚Anreicherungshorizont‘ und hat aus überlagernden Schichten Zufuhr von Verwitterungsprodukten und von kolloid zugeführten Stoffen empfangen. Der Horizont B der Bleicherden setzt daher die Überlagerung mit einer ausgewaschenen oder doch mit einer Schicht humoser Stoffe voraus. Es ist daher nicht einzusehen, wie Böden von den Eigenschaften B der Bleicherden überhaupt die oberste Bodenschicht eines verwitternden Grundgesteins sein können.

Dem Verf. sind jedoch viele Beispiele bekannt, bei denen unter dem Einfluß ungünstiger Humusformen und Wechsel der Pflanzendecke (z. B. Fichte an Stelle früherer vorhandener Laubhölzer, Beerkrautdecken und Heide an Stelle anderer Formen der Laubstreu) Anzeichen einer Umbildung von Braunerden in Bleicherden auftreten. Es macht sich dies dadurch kenntlich, daß im Boden Stellen mit gesteigertem Wasserabfluß, verrottenden Wurzeln u. dgl. ausgebleicht werden. Nicht selten findet man Bodenteile, die allseitig vom Rohhumus umschlossen, ausgebleicht sind, oder eine dünne oberste Bodenschicht ist ganz in Bleicherde übergeführt; Vorkommen, welche von den russischen Forschern als ‚schwach podsolig‘ bezeichnet werden. Es sind dies Umbildungen von Braunerden in Bleicherden, die ähnlich zu beurteilen sind wie die ‚degradierten Schwarzerden‘.“

Analysen von Braunerden liegen in großer Zahl vor; es fehlt jedoch an Untersuchungen genauer Bodenprofile, die Einblick in die Verwitterungsvorgänge gewähren. Die Schichtenfolge der Braunerden zeigt schwach bis mäßig humosen Oberboden (A), der sich meist wenig scharf vom Unterboden (B) absetzt. Der Untergrund (C) ist auf Böden, die aus der Verwitterung anstehender Gesteine hervorgegangen sind, meist mit eckigen Gesteinstrümmern durchsetzt, die nach der Tiefe zunehmen, so daß oft eine Schicht von Gesteinsgrus das Grundgestein überlagert. Die klimatischen Verhältnisse in Braunerdegebieten begünstigen das langsame Abrutschen in zusammenhängenden Massen an Berghängen (Gekriech).

Die Braunerden sind sowohl durch den Einfluß des Grundgesteins wie auch der Ortslage reich an Ortsböden, die oft auf kurzer Entfernung wechseln, so tragen Basaltklippen, Diabasgänge und ähnliche Einzelvorkommen oft Böden, die sich deutlich von den benachbarten Bodenformen unterscheiden. Sieht man die Werke von FALLOU und C. GREBE[1] durch, so sind es zumeist „eisenhaltige Lehmböden" und „eisenhaltige Tonböden", d. h. Braunerden, welche die Gesteinsverwitterung liefert. Ausgesprochene Sandböden von Braunerdecharakter scheinen zu fehlen. Die Niederschlagsmengen reichen im Gebiete wohl überall aus, um reine Sandböden der löslichen Stoffe zu berauben, um dadurch die Bildung aufquellbarer Humusstoffe und von Bleicherden zu gestatten[2]."

An späterer Stelle nimmt E. RAMANN[3] für die von ihm geschaffene Bezeichnung „Braunerden" die Priorität in Anspruch gegenüber den von K. GLINKA als „Braunerden" bezeichneten humusbraunen Halbwüstenböden, die E. RAMANN für grundverschieden von seinen durch Eisenhydrat gefärbten Braunerden erklärt.

Chemische Untersuchungen mit Profilbeschreibungen.

Die von E. RAMANN noch vermißte Untersuchung ganzer Bodenprofile ist von R. BALLENEGGER[4], K. LUNDBLAD[5] und B. AARNIO[6] ausgeführt worden, allerdings nicht an solchen aus Mitteleuropa, sondern aus Ungarn bzw. Südschweden und Südwestfinnland. Neuerdings hat H. JENNY[7] eine Übersicht über die entsprechenden Böden der Vereinigten Staaten gegeben.

Die Analysen R. BALLENEGGERS sind Teilanalysen, Salzsäureauszüge, die hier wiedergegeben werden mögen, weil sie den allgemeinen Typus der Bodenbildung gut erkennen lassen. R. BALLENEGGER nennt die Braunerde braunen Waldboden, wie E. RAMANNS Braunerde sinngemäß auch von P. TREITZ, C. F. MARBUT und anderen Autoren genannt wird. Profil I ist ein Boden unter Buchenwald, Profil II ist ursprünglich auch unter Buche gebildet, wurde aber zur Zeit der Probeentnahme beackert.

---

[1] GREBE, C.: Forstliche Gebirgskunde, Bodenkunde und Klimalehre. Wien 1852.

[2] RAMANN, E.: Bodenbildung und Bodeneinteilung, S. 79—82.

[3] Ebenda S. 92.

[4] BALLENEGGER, R.: Über die chemische Zusammensetzung ungarischer Bodentypen. Jber. kgl. ungar. geol. Reichsanst. 1916, 599—601, Budapest 1920.

[5] LUNDBLAD, K.: Ett Bidrag till Kännedomen om Brunjords- eller Mulljordstypens Egenskaper och Degeneration i södra Sverige. Medd. Statens Skogsförsöksanst. 1924, H. 21, Nr 1. 48 S.

[6] AARNIO, B.: Braunerde in Fennoskandia. Mitt. internat. bodenkundl. Ges., N. F. 1, 77—84 (1925).

[7] JENNY, H.: Klima und Klimabodentypen in Europa und in den Vereinigten Staaten von Nordamerika. Bodenkundl. Forschgn, Beiheft Mitt. internat. bodenkundl. Ges. 1, 169—172 (1929).

	I Karád (Komitat Somogy)						II Nagykanizsa (Komitat Zala)					
	A 0—10 cm		B 40—50 cm		C 80—90 cm		A 0—22 cm		B 50—60 cm		C 140—150 cm	
	%	Mol.-Zahl.	%	Mol.-Zahl.	%	Mol.-Zahl.	%	Mol.-Zahl.	%	Mol.-Zahl.	%	Mol.-Zahl.
SiO_2	3,41	1,40	4,90	1,16	4,66	1,86	3,68	1,09	4,48	0,86	4,79	1,28
Al_2O_3	4,14	1,00	7,16	1,00	4,25	1,00	5,71	1,00	8,86	1,00	6,39	1,00
Fe_2O_3	2,91	0,45	4,96	0,44	3,11	0,46	3,49	0,39	5,88	0,42	4,41	0,44
MgO	0,70	0,43	1,21	0,43	2,52	1,51	0,83	0,37	1,41	0,41	2,36	0,94
CaO	0,49	0,22	0,58	0,15	12,43	5,32	0,46	0,15	0,50	0,10	5,42	1,54
Na_2O	0,30	0,12	0,29	0,07	0,34	0,13	0,11	0,03	0,16	0,03	0,46	0,11
K_2O	0,48	0,13	0,77	0,12	0,52	0,13	0,65	0,12	0,70	0,09	0,67	0,11
CO_2	—	—	—	—	10,97	5,99	—	—	—	—	5,13	1,86
SO_3	0,03	—	0,01	—	0,01	—	—	—	—	—	—	—
P_2O_5	0,05	—	0,16	—	0,12	—	0,02	—	0,04	—	0,05	—
MnO	0,11	—	0,09	—	0,06	—	0,04	—	0,04	—	0,02	—
Insgesamt gelöst	12,62	—	20,13	—	38,99	—	14,99	—	22,07	—	29,70	—
Geb. H_2O . . .	1,70	—	3,65	—	2,64	—	2,51	—	4,22	—	2,82	—
Feuchtigkeit . .	2,77	—	3,92	—	1,10	—	1,17	—	2,35	—	1,70	—
Humus	1,64	—	0,11	—	—	—	1,86	—	0,43	—	—	—
Nicht gelöst . .	81,27	—	72,19	—	57,27	—	79,47	—	70,93	—	65,78	—
	100,00		100,00		100,00		100,00		100,00		100,00	

R. Ballenegger findet, daß die beiden Böden einen gut ausgebildeten Akkumulationshorizont B haben, in welchem infolge Anreicherung der Tonerde auf 1 Mol. Al_2O_3 weniger Kieselsäure (1,40 bzw. 1,16 bzw. 1,86 in I A, B, C und 1,09 bzw. 0,86 bzw. 1,28 in II A, B, C) und weniger Basen (0,90 bzw. 0,77 bzw. 1,11 und 0,67 bzw. 0,63 bzw. 0,86) entfallen als in den beiden anderen Horizonten. Darin stimmen die Profile mit dem eines grauen (podsoligen) Waldbodens unter Eiche überein, welches R. Ballenegger aus dem Bihargebirge beschrieben hat. Die Salzsäurelöslichkeit beträgt bei dem grauen Waldboden:

A_1 . . . . . 12,78 % B_2 . . . . . 22,72 %
A_2 . . . . . 17,45 % C . . . . . 21,57 % (karbonatfreier Ton)
B_1 . . . . . 21,54 %

In A_1 kommen auf 1 Mol. Al_2O_3 1,3 Mol. SiO_2 und 0,58 Mol. Basen, dagegen in B_2 sind die Verhältniszahlen 1 : 0,73 : 0,33 und in C 1 : 1,31 : 0,43. Ein durchgreifender Unterschied ist in den Gesamtmengen sowohl der Salzsäureextrakte wie der Verhältniszahlen zwischen den grauen und den braunen Waldböden nicht zu erkennen. Der Hauptunterschied liegt im C-Horizont, welcher bei den braunen Waldböden kalkhaltiger Löß, bei den grauen ein hellgrauer, kalkfreier Ton ist. Beide Typen faßt R. Ballenegger als die Produkte einer sauren Verwitterung auf. „Durch die bei der Vermoderung der Laubdecke im Walde entstehenden sauren humosen Substanzen und die Kohlensäure werden im Oberboden die Silikate zersetzt, die Basen, teils an Kieselsäure, teils an Kohlensäure gebunden, ausgelaugt, und die Eisen- und Aluminiumhydrate wandern in Form von Kolloidlösungen unter der schützenden Wirkung humoser Substanzen ebenfalls abwärts; in den Untergrund gelangt, schlagen sie sich sodann nieder, weil die Basen des Untergrundes noch nicht in dem Maße ausgelaugt sind wie jene des Oberbodens; im Untergrunde sind genügend Elektrolyte vorhanden, um die kolloidale Eisen- und Aluminiumhydratlösung zu koagulieren. Hierauf deutet der Umstand, daß sich das Maximum der Akkumulation an der Grenze des Muttergesteins befindet (B_2). Mit Zunahme der Auslaugung wird das Muttergestein gegen die Tiefe zu allmählich ärmer an Basen, der Niederschlagshorizont kommt immer tiefer zu liegen und der Akkumulationshorizont wird demzufolge immer mächtiger[1]."

Von den braunen Waldböden gibt R. Ballenegger keine nähere Profilbeschreibung, während die des grauen Waldbodens gut die Podsolierung erkennen läßt.

K. Lundblad hat einen Vergleich zwischen der Braunerde und dem Podsol der schwedischen Wälder ausgeführt und auch den allmählichen Übergang zwischen den beiden Typen studiert. Die Braunerde ist bezeichnend für die besten schwedischen Buchenwälder und in etwas anderer Ausbildung auch für die Eichen- und Eichenmischwälder. Der Waldpodsol hingegen ist der charakteristische Typus für die moosreichen Nadelwälder. Die morphologischen und chemischen Unterschiede der Braunerde vom Podsol werden von K. Lundblad folgendermaßen gekennzeichnet: „Im Gegensatz zum Podsol fehlt der Braunerde eine Auslaugungsschicht. Das Gegenstück der Bleicherde wäre vielleicht am ehesten der Mull (die Waldstreu eines Braunerdeprofils würde also sowohl der Streu- wie der Rohhumusschicht des Podsolprofils entsprechen). Der Mull sowie die darunterlagernde Braunerde, zwischen denen ziemlich oft, besonders in Buchenwäldern mit ihrem an Mineralerde reichen Mull, die Grenze äußerst unbestimmt ist, haben einen relativ hohen Gehalt an Gelen, ungefähr gleich groß in beiden Schichten, aber meistens geringer als in der Anreicherungsschicht des Podsols. Dies ist ganz natürlich, da kein Transport von irgendeiner Auslaugungsschicht aus zum Mull und zur Braunerde stattfindet. Mull und Braunerde unterscheiden sich also voneinander chemisch nur durch ihren verschiedenen Gehalt an Humus. Der Humusgehalt variiert stark in den verschiedenen Profilen, ist aber immer am größten im Mull; jedoch überschreitet er im besten Buchenwaldmull selten 10%. Zum Vergleich sei erwähnt, daß der Mull des kräuterreichen Fichtenwaldes sehr oft über 50% Humus enthält[2]."

K. Lundblad hat 9 Profile miteinander verglichen, davon 6 aus Småland, wo ausgeprägte Braunerde mit normal podsoliertem Boden abwechselt. Hier stößt man auch auf degenerierte Braunerden. „In manchen Fällen war unzweckmäßige Behandlung des Buchenwaldes die Ursache der Degeneration, die zur Bildung eines Buchenrohhumus führte. In anderen Fällen wurde der Bodenzustand verändert, indem Nadelbäume auf altem Buchenwaldboden aufkamen, entweder von selbst oder durch Pflanzung[3]." Von den 6 Profilen aus Småland ist Nr. 1 eine typische, Nr. 2 eine weniger ausgeprägte Buchenwaldbraunerde, Nr. 3 eine durch Buchenrohhumusbildung, Nr. 4 eine durch Fichteneinpflanzung degenerierte Braunerde, Nr. 6 eine degenerierte Braunerde aus einem Nadelmischwald auf altem Buchenwaldboden und Nr. 5 ein normales Podsolprofil aus einem für die Gegend typischen Nadelmischwald von ursprünglichem Typus. Das Profil Nr. 7 stammt aus einem Eichenwald mit Braunerde in Östergötland. Nr. 8 und Nr. 9 sind 2 nordländische Podsolprofile, von O. Tamm[4] aufgenommen und beschrieben.

Von diesen 9 Profilen werden die nach O. Tamms[5] Methode durch Extraktion mit einer Lösung von saurem Ammonoxalat gewonnenen Gehalte an anorganischen Gelen miteinander verglichen, was zu den nachfolgenden 3 Kurventafeln (Abb. 15—17) führte. Dazu bemerkt K. Lundblad: „Aus den Kurven des ge-

---

[1] Ballenegger: a. a. O., S. 600.

[2] Lundblad, K.: a. a. O., S. 47.   [3] Lundblad, K.: a. a. O., S. 47.

[4] Tamm, O.: Markstein i det nordsvenska barrskogsområdet. Medd. fr. Stat. Skogsförs. 17, 49—300 (1920).

[5] Tamm, O.: Om bestämming av de oorganiska komponenterna i markens gelkomplex. Medd. fr. Stat. Skogsförs. 19, 385—404 (1922).

samten Gelgehaltes (SiO$_2$, Al$_2$O$_3$, Fe$_2$O$_3$) erhellt der charakteristische Unterschied
zwischen Podsol und Braunerde. Während die Kurven für die Braunerden sehr
flach verlaufen, in der ganzen oberen Bodenschicht ungefähr denselben Gelgehalt,
und gegen den unveränderten Mineralboden hin eine mehr oder minder langsame
Abnahme zeigen, finden wir in den Podsolprofilen zunächst in der Bleicherde
einen sehr geringen Gelgehalt, dann in der Orterde eine rasche Steigerung und
in der Unterlage zu wieder eine rasche Abnahme. Man kann also sagen, daß die
Podsolkurven Funktionen veranschaulichen mit einem ausgeprägten Minimum
in der Bleicherde — — und einem Maximum — in der Orterde —, während hingegen die Braunerden mehr hervortretender Maxima und Minima des Gelgehaltes
entbehren. Die degenerierten Braunerden zeigen Kurven, deren allgemeiner

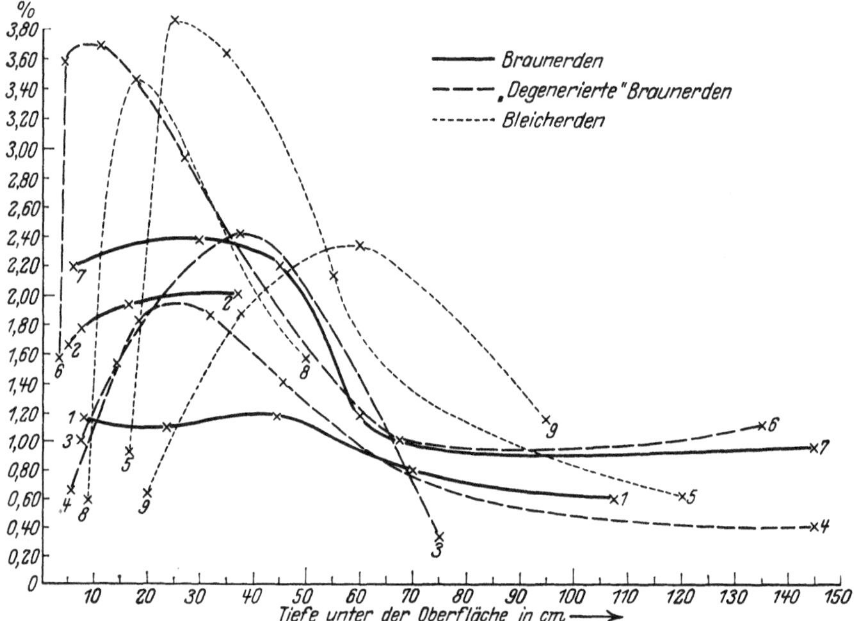

Abb. 15. Gesamtgehalt verschiedener Bodentypen an anorganischen Gelen in Prozent vom Gesamtgehalt
anorganischer Stoffe ausgedrückt. (Nach Karl Lundblad. 1924.)

Charakter am meisten mit dem des Podsols übereinstimmt. Daraus scheint mir
deutlich hervorzugehen, daß man mit derartigen Analysen den Beginn einer
Degeneration mit einem weit früheren Stadium feststellen könnte als das, worauf
sich diese Kurven beziehen. Schon die von Tamm bei Untersuchung im freien
Feld als weniger ‚fett‘ bezeichnete Braunerde Nr. 2 scheint z. B. den Beginn
einer Anreicherung in tiefern Schichten zu zeigen, was nach der hier vorgeführten
Betrachtungsweise als eine Degenerationserscheinung angesehen werden muß.
Die beiden anderen Kurven (für Al$_2$O$_3$ und Fe$_2$O$_3$) zeigen die Erscheinung,
daß der Eisengehalt am höchsten ist in der obersten der Bodenschichten, wo eine
Gelkoagulation stattfindet. Während also im allgemeinen das Eisen schon in
der obersten Schicht der Orterde bzw. der Braunerde sein Maximum hat, findet
man das Aluminium (und Kieselsäure) erst in etwas tieferliegenden Schichten.
Von besonderem Interesse scheint die Kurve für Eisen zu sein, insoweit als man
schon in einem frühen Stadium der Degeneration eine Auslaugung bzw. Anreicherung dieses Stoffes feststellen kann (Nr. 2, 4, 6)[1]."

---

[1] Lundblad, K.: a. a. O., S. 48.

Läßt so die Untersuchung der anorganischen Gele einen recht guten chemischen Unterschied zwischen Braunerde und Podsol erkennen, welcher dem morphologischen entspricht, so ist der Unterschied der Bauschanalysen weit geringer, wie die nachfolgende Nebeneinanderstellung der typischen Braunerde Nr. 1 von

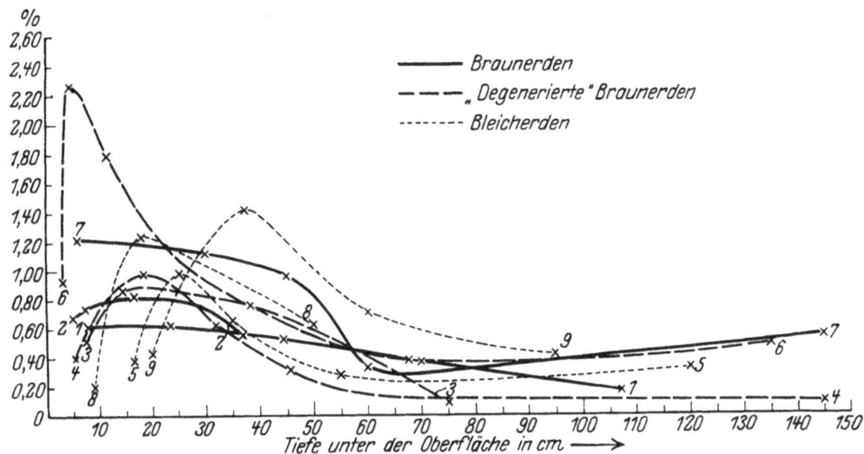

Abb. 16. Gehalt verschiedener Bodentypen an Fe_2O_3-Gel in Prozent des Gesamtgehalts an anorganischen Stoffen.
(Nach Karl Lundblad. 1924.)

Hissön in Småland mit dem Podsol-Ortstein-Profil Nr. 9 von Rokliden in Norrbotten zeigt, ersteres von K. Lundblad, letzteres von O. Tamm analysiert.

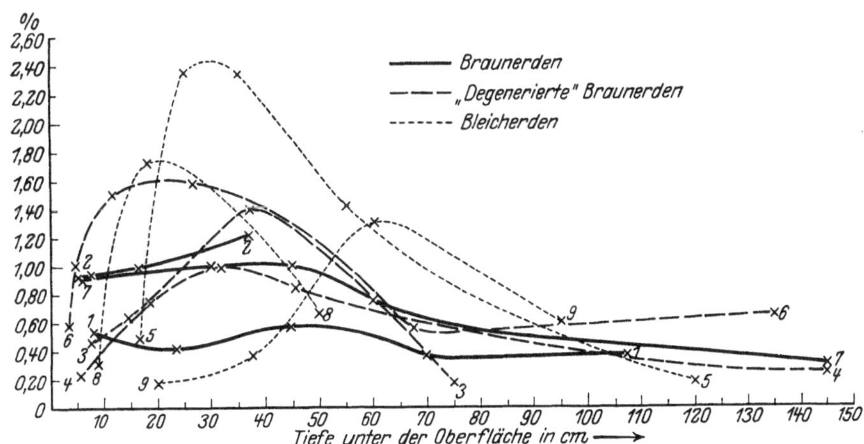

Abb. 17. Gehalt verschiedener Bodentypen an Al_2O_3-Gel in Prozent des Gesamtgehalts an anorganischen Stoffen
(Nach Karl Lundblad. 1924.)

Die Analysenzahlen ohne Wasser und Humus zeigen, daß auch im Braunerdeprofil die typischen Merkmale der Podsolierung bereits vorhanden sind, nur schwächer als beim Podsol: Anreicherung des Quarzes, Verminderung der Sesquioxyde und der meisten Basen im Mull (*A*-Horizont), Anreicherung der Sesquioxyde in der Braunerde (*B*) gegenüber der Moräne (*C*).

	Nr. 1 Braunerde von Hissön			Nr. 9 Bleicherde und Ortstein von Rokliden			
	A Mull	B Obere Braunerde	C Untere Moräne	A_2 Bleicherde	B_1 Oberer Ortstein	B_2 Unterer Ortstein	C Moräne
	3—13 cm	15—32 cm	100—115 cm	10—30 cm 60% Feinerde	30—45 cm 63% Feinerde	45—75 cm 73% Feinerde	90—100 cm 68% Feinerde
Hygroskop. H_2O	1,66	1,00	0,52	} 0,84	1,95	2,57	1,33
Chem. geb. H_2O .	0,83	0,95	0,67				
Humus	9,69	3,96	1,08	1,35	2,48	1,68	0,57
SiO_2	65,42	70,00	72,90	75,30	70,95	71,30	73,28
TiO_2	0,53	0,59	0,55	0,47	0,42	0,38	0,38
Al_2O_3	10,17	11,97	12,25	11,52	12,21	12,61	13,58
Silik. Fe_2O_3 . .	} 2,51	3,31	3,18	1,97	1,99	2,43	2,21
Limon. Fe_2O_3 . .				0,08	0,97	0,23	0,20
CaO	1,58	1,41	1,84	1,54	1,91	1,80	2,03
MgO	0,09	0,12	0,15	0,63	0,98	0,80	0,84
Na_2O	3,16	3,12	2,88	2,70	2,79	2,69	2,87
K_2O	2,77	3,19	3,16	3,14	2,86	2,88	3,10
P_2O_5	—	—	—	Spur	0,02	0,08	0,07
SO_3	—	—	—	0,030	0,024	0,018	0,023
Summe	99,21	99,62	99,18	99,57	99,56	99,47	100,48

Die gleichen Profile ohne Wasser und Humus auf 100 % umgerechnet:

SiO_2	76,18	74,69	75,18	77,32	74,58	74,91	74,34
TiO_2	0,61	0,63	0,57	0,49	0,44	0,40	0,39
Al_2O_3	12,60	12,77	12,65	11,84	12,85	13,25	13,78
Silik. Fe_2O_3 . .	} 2,88	3,53	3,28	2,02	2,09	2,53	2,24
Limon. Fe_2O_3 . .				0,08	1,02	0,24	0,20
CaO	1,82	1,51	1,90	1,58	2,01	1,89	2,06
MgO	0,10	0,13	0,16	0,65	1,03	0,84	0,85
K_2O	3,18	3,41	3,26	3,22	3,01	3,02	3,14
Na_2O	3,63	3,33	2,98	2,77	2,93	2,82	2,91
P_2O_5	—	—	—	Spur	0,02	0,08	0,07
SO_3	—	—	—	0,030	0,020	0,020	0,020

Das Profil selbst wird folgendermaßen beschrieben:

A_0 2—3 cm, Buchenlaubdecke.

A_1 10—12 cm, sehr typische Mullerde, reich an Würmern, ausgeprägte Klumpstruktur und so locker, daß sie „schaukelt", wenn man auf ihr geht. Der Übergang zur Braunerde vollzieht sich sehr allmählich.

B 40—50 cm, Braunerde. Humusdurchmischte Mineralerde von brauner Farbe. Hat besonders oben deutliche Klumpstruktur. Die ganze Schicht ist gelockert, und es ist leicht darin zu graben.

    Die meisten der gröberen Wurzeln gehen in die Braunerde und die Mullschicht über, aber Buchenwurzeln finden sich bis zum Profilgrunde.

B. Aarnio[1] beschreibt aus dem Kirchspiel Laitila in Südwestfinnland eine Braunerde aus einem Haselwalde von der Größe einiger Hektare.

A von 0—7 cm, humusreiche, dunkelfarbige Schicht, Humus in Körnerstruktur, locker.

B_1 von 7—17 cm humos, schmutzigbraun.

B_2 von 17—40 cm humushaltig, graubraun.

C unter 40 cm Moräne.

Hier sind die Merkmale der schwedischen Braunerde nur vorhanden, soweit sie den Humus betreffen. Sonst hat eine Anreicherung der Kieselsäure und der Magnesia im B-Horizont stattgefunden, Eisenoxyd und Kali sind im B-Horizont vermindert. Im A-Horizont haben abgenommen SiO_2, MgO, Na_2O, zugenommen CaO, K_2O, P_2O_5. Nur der A-Horizont hat SO_3.

---

[1] Aarnio, B.: a. a. O., S. 77—84.

Die Analysen ergaben:

	Lufttrockener Boden				Ohne H_2O und Humus auf 100% berechnet			
	A 0—7 cm	B_1 7—13 cm	B_2 13—30 cm	C 50—60 cm	A	B_1	B_2	C
SiO_2	57,25	66,55	70,70	70,95	72,52	74,54	74,62	73,53
Al_2O_3 . . .	9,76	10,50	11,82	11,92	12,36	11,83	12,48	12,36
Fe_2O_3 . . .	3,83	3,91	3,75	4,95	4,86	4,38	3,96	5,13
CaO	2,18	1,70	2,10	1,80	2,76	1,90	2,22	1,87
MgO	0,86	1,27	1,13	1,08	1,08	1,42	1,19	1,12
K_2O	2,68	2,46	2,15	3,02	3,39	2,76	2,97	3,13
Na_2O . . .	1,96	2,65	2,80	2,54	2,49	2,97	2,96	2,63
P_2O_5	0,37	0,18	0,28	0,22	0,47	0,20	0,30	0,23
SO_3	0,05	—	—	—	0,06	—	—	—
H_2O	10,35	5,02	2,35	2,75	—	—	—	—
Humus . .	10,51	5,49	2,60	0,47	—	—	—	—
Summe	99,80	99,70	99,68	99,71				

B. Aarnio hat die Löslichkeit des Humus im Wasser näher untersucht und mit der des Tschernosems und der Podsole verglichen.

	Humusgehalt %	In H_2O löslicher Humus % vom Gesamthumus	Humus aufgelöst pro Liter g
Tschernoseme	bis 15,00 u. m.	0,02—0,05	—
Braunerde von Hissön, A-Horizont . .	9,69	0,85	0,0824
,, ,, ,, B-Horizont . .	3,96	1,05	0,0412
,, ,, Laitila A	10,51	0,79	0,0883
,, ,, ,, B_1	5,49	0,78	0,0432
Eisenpodpol Heinjärvi B	7,28	1,55	0,1130
,, Karjalohja A	9,02	2,05	0,1850
,, ,, B	2,18	0,94	0,0205
Humuspodsol Heinjärvi B	3,17	7,03	0,2059
,, Tikkurilla A	41,87	1,47	0,6178
,, ,, B	2,41	6,83	0,1647

Hieraus ergibt sich, daß in der Löslichkeit des Humus die Braunerde zwischen Tschernosem und Podsol steht.

Aus H. Jennys[1] Zusammenstellung seien die folgenden Daten über das Vorkommen von Braunerde (C. F. Marbuts braunen Waldböden) entnommen. C. F. Marbut[2] hat als allgemeines Profil der braunen Waldböden in den Vereinigten Staaten das nachstehende bezeichnet:

1. Horizont: Waldstreu aus Blättern auf der Bodenoberfläche, darunter Waldmull, gewöhnlich mit dunkler Erde vermischt.

2. Horizont: dunkelbraun, aus braunem Mineralboden und Waldmull bestehend, 7—10 cm mächtig.

3. Horizont: braun, oft gelblich, bis 45 cm mächtig.

4. Horizont: rötlichbraun oder gelbbraun, schwerer als die oberen Horizonte. Der rötlichbraune Farbton ist mehr den leichteren Böden eigen.

5. Horizont: Muttergestein, teilweise zersetzt.

Ein ausführliches Profil, zu welchem M. Baldwin[3] die Aufsammlung und Beschreibung, das Bureau of Soils die Analysen geliefert hat, ist das folgende von Hancock, Indiana, 300 m über dem Meeresspiegel:

[1] Jenny, H.: a. a. O., S. 169—172.

[2] Marbut, C. F.: an mehreren Stellen. Soil Reconnoissance of the Ozark Region of Missouri and Arkansas. N. S. Dep. Agr. Advance Sheets, Field Operations 1911, S. 153, nach H. Jenny,

[3] Baldwin, M.: The Graybrown Podsolic Soils of the Eastern United States. Proc. 1. Internat. Congr. Soil Sci. 4, 276—282 (1928).

A_0 0,5 cm unzersetzte organische Substanz.

A_1 von 0—5 cm stark dunkelgraubraun, reich an organischer Substanz, leichte Lamellen- oder Plattenstruktur.

A_2 5—12 cm, dunkle Farbe, allmählich ausbleichend, viel weniger Pflanzenwurzeln.

A_3 12—30 cm, stärker ausgeblichen.

B_1 30—40 cm ⎱ Änderung in der Bodenstruktur bemerkbar, leicht braun bis gelbbraun,
B_2 40—80 cm ⎰ allmählich in ein mattes Braun übergehend.

B_3 80—90 cm, Bodenteilchen mit einem sehr dunkelbraunen bis schwarzen Überzug versehen.

C unter 90 cm, kalkreicher Geschiebemergel der letzten Vereisung von leicht graugelber Farbe.

	A_1	A_2	A_3	B_1	B_2	B_3	C
SiO_2	71,82	77,08	77,35	—	69,52	65,64	47,93
TiO_2	0,57	0,65	0,65	—	0,65	0,60	0,39
Fe_2O_3	2,91	3,08	3,22	—	5,92	5,60	3,34
Al_2O_3	9,06	9,50	10,09	—	14,06	14,73	8,56
MnO	0,127	0,144	0,119	—	0,077	0,133	0,069
CaO	0,81	0,63	0,53	—	0,70	1,57	13,59
MgO	0,62	0,64	0,62	—	1,20	1,97	6,05
K_2O	2,02	2,03	2,19	—	2,38	2,64	1,93
Na_2O	1,06	1,02	1,16	—	0,97	1,39	0,85
P_2O_5	0,13	0,10	0,08	—	0,09	0,12	0,09
SO_3	0,13	0,07	0,06	—	0,05	0,05	0,05
Glühverlust	11,09	5,00	3,98	—	4,33	5,61	17,33
Summe	100,35	99,94	100,05	—	99,95	100,05	100,18
N	0,335	0,153	0,104	—	0,053	0,069	0,029
CO_2	—	—	—	—	—	—	15,00
p_H	5,78	5,07	5,10	—	5,16	7,21	8,21
Korngrößenbestimmung:							
Feinkies	1,30	1,90	0,70	0,70	0,90	1,20	2,60
Grobsand	4,40	2,70	2,80	2,80	3,40	3,10	5,20
Mittelsand	2,40	2,40	2,60	2,30	2,70	2,80	3,20
Feinsand	12,70	14,10	15,20	14,00	15,80	15,70	17,80
Sehr feiner Sand	11,20	13,90	12,20	13,40	14,60	16,80	17,80
Staub	51,70	47,90	50,40	40,90	34,50	33,40	37,20
Ton	16,60	17,50	16,50	26,30	28,60	27,60	16,40

Hier ist schon ohne Umrechnung zu erkennen, daß es sich um einen podsoligen Boden mit den typischen Kennzeichen handelt: Anreicherung des Quarzes in der Krume, der Sesquioxyde in den B-Horizonten. M. Baldwin nennt auch diese Böden graubraune podsolige Böden. Nach H. Jenny stimmen sie in Farbe und Aufbau mit den Braunerden Süddeutschlands und des schweizerischen Mittellandes vielfach überein.

Zur Kritik der Braunerde.

E. Ramanns Beschreibungen waren nicht so klar und eindeutig, daß man aus ihnen ohne weiteres die Stellung der Braunerden gegenüber anderen Bodentypen erkennen konnte. Es fehlte außer an Analysen namentlich auch an guten morphologischen Profilaufnahmen.

K. Glinka[1] hat darauf hingewiesen und versucht, die Lücken auszufüllen. Mit E. Ramann zusammen hat er gelegentlich der 1. agrogeologischen Konferenz 1909 in Budapest auf einer Exkursion Braunerden aufgesucht. Bei dem Dorfe Solymar, unweit Budapest, fand sich Braunerde unter Wald und unter Acker-

---

[1] Glinka, K.: Über die sog. „Braunerde". La Pédologie (Potschwowedenie) 13, 17—48 St. Petersburg 1911).

land auf einem karbonatreichen Löß. Die Böden zeigten an ihren oberen Horizonten Spuren der Podsolprozesse, darunter einen mächtigen rotbraunen Horizont, der sich nach Farbe, Plastizität und Zähigkeit bedeutend von dem Löß selbst abhob. Auf dem Ackerlande waren die Podsolspuren nur noch in den Senken vorhanden, die höheren Stellen waren auch an der Oberfläche rotbraun. „Diese Böden bezeichnete Prof. RAMANN als ‚Braunerde‘." Die beiden Forscher scheinen darüber diskutiert zu haben, darauf scheint sich E. RAMANNs oben zitierte Anmerkung zu beziehen (s. S. 162).

K. GLINKA hat daraufhin Lößböden der Umgegend von Novo Alexandrija (jetzt Puławy in Polen) näher untersucht, die unzweifelhaft podsoliert waren, aber in den B-Horizonten den rotbraunen Horizont von Solymar aufwiesen. Ein derartiges Profil ist das folgende:

Lößschlucht zwischen Wlastowize und Skoweschin.

A_1 30 cm, hellgrauer Humushorizont des ausgelaugten Podsolbodens.

A_2 18 cm, weißlichgrau, gleichmäßig in allen Teilen podsoliert.

A_3 12 cm, die Podsolierung tritt fleckig auf dem rötlichbraunen Horizont auf.

B_1 38 cm, rötlichbraun, fest, zäh, scharf von den anderen Horizonten abgehoben; stellenweise dunkle, weiche Fleckchen und selten weißliche Flecken und Adern.

B_2 30 cm, die weißlichen Flecken und Adern beginnen allmählich die rotbraune feste Masse zu verdrängen.

B_3 36 cm, die rotbraune Masse tritt nur noch in Form feiner Schichten auf. Sonst besteht der Horizont aus einer weißen bröckligen Masse mit scheinbarer Schichtung, entspricht den weißlichen Flecken und Adern.

B_4 45—47 cm, die scheinbare Schichtung verschwindet, es stellt sich ein gleichmäßiger grauer Ton ein, von dem sich dunkle Fleckchen und Flecken mit unbestimmbaren, verfließenden Konturen abheben.

B_5 3—5 cm, schmaler, schwach ausgeprägter, dunkler Streifen mit Spuren von ausgeschiedenem Humus.

C äußerlich unveränderter Löß, braust mit Salzsäure auf.

Eine ganze Anzahl weiterer Profile zeigt ähnlichen Bau. Auch A. S. GEORGIEWSKY[1] hat den rotbraunen Horizont bereits 1890 aus dem Poltawaer Bezirk beschrieben. Aus seinen analytischen Bestimmungen geht hervor, daß der rotbraune Horizont reicher an Sesquioxyden ist als die übrigen, und daß sein Glühverlust mit dem der humosen Oberkrume übereinstimmt.

	Glühverlust %	Fe_2O_3 %	Al_2O_3 %	$CaCO_3$ %
Oberer Bodenhorizont . .	8,41	3,01	10,36	—
Nußartiger Horizont . . .	7,56	3,17	11,05	—
Rotbrauner Lehmboden .	8,42	3,54	11,84	—
Löß	6,35	1,92	10,35	2,17

K. GLINKA[2] hat von dem oben mitgeteilten Profil zwischen Wlastowize und Skoweschin Analysen ausführen lassen, die nachstehend folgen.

Korngröße mm	Horizonte						
	A_2	A_3	B_1	B_3	B_4	B_5	C nach Entfernung von $CaCO_3$
> 0,25	0,75	—	—	—	—	—	—
0,25—0,05	27,25	24,50	27,50	28,00	16,25	15,50	20,50
Sandstaub . . . . 0,05—0,01	50,00	55,00	45,25	56,25	62,40	60,75	63,25
Tonhaltige Teile (Schlamm) . < 0,01	22,00	25,50	27,25	15,75	21,35	23,75	16,25

---

[1] GEORGIEWSKY, A.: Materialien zur Taxation des Bodens des Gouvernements Poltawa I, S. 116. 1890.

[2] GLINKA, K.: a. a. O., S. 17—48.

B_1 ist am reichsten an Schlamm (tonhaltigen Teilen) und am ärmsten an Staub. Der Schlamm wurde bei A_2 und B_1 noch besonders untersucht. A_2 enthielt 13 % zwischen 0,01—0,005 mm; 2,25 % 0,005—0,001; 6,75 % < 0,001; der Schlamm war hellbraun. Für den rotbraunen Schlamm von B_1 waren die Daten: 7 % zwischen 0,01—0,005 mm, 2,75 % zwischen 0,005—0,001 mm, 17,50 % < 0,001 mm. Die feinsten kolloidartigen Teile sind also bei B_1 stark vertreten.

Die chemischen Analysen ergaben:

	A_2	A_3	B_1	B_3	B_4	B_5	C
Hygrosk. H_2O	0,66	2,50	2,53	1,25	1,34	1,36	1,80
Glühverlust .	0,82	1,86	1,66	1,11	1,25	2,94	2,64 darin 1,20 CO_2
SiO_2	88,23	82,57	80,44	84,70	84,06	80,82	79,63
Al_2O_3	7,37	} 10,90	8,69	7,31	} 11,00	7,18	6,73
Fe_2O_3	0,97		4,03	2,11		2,41	3,01
CaO	0,69	—	1,63	—	—	3,26	3,04 an CO_2 geb. 1,54
MgO	0,49	—	0,78	—	—	0,88	0,63
K_2O	0,81	—	1,61	—	—	1,69	2,07
Na_2O	0,58	—	0,81	—	—	1,03	1,40
	99,96	—	99,65	—	—	100,21	99,15

A_2 ist der typische Podsolhorizont mit der starken Anreicherung der Quarzkieselsäure und der Verarmung an den übrigen Bestandteilen. B_1 ist der typische Illuvialhorizont mit der Anreicherung der Sesquioxyde und einer merkbaren Zersetzung. B_5 ist durch den höchsten Glühverlust (infolge des Humusgehaltes) ausgezeichnet. Ziemlich erheblich ist die Anreicherung an Erdalkalien, die nicht an Kohlensäure, sondern möglicherweise an Humus gebunden sind.

Diesen und vielen anderen ähnlichen Böden, die den rotbraunen Horizont, die Braunerde Ramanns, besitzen, ist die Entstehung unter Wald und das karbonathaltige Muttergestein gemeinsam. Die Braunerde wäre somit ein Überrest der früheren Steppe und ein Degradationsmerkmal. Sie entspricht dem rotbraunen Horizont der Waldsteppe und wäre ein Merkmal von K. Glinkas sekundärer Podsolierung.

K. Glinka hat die Struktur des Horizontes nicht näher bezeichnet. Dies ist von G. M. Murgoci[1] geschehen. Er beschreibt die Braunerde Rumäniens wie folgt: „Die Braunerde ist hier überall durch uralte Eichenwaldungen mit einigen anderen Baumarten charakterisiert, indes der Podsol in Moldava mit Buchenwäldern, in Oltenia und der Walachei mit gemischten Buchen und Eichen bestanden ist. Dieser braune bis rostbraune Boden (Braunerde) enthält 3—5 % Humus, hat eine körnig-eckige Struktur; die löslichen Salze und sogar die Karbonate sind in ihm bis auf 1 m und tiefer ausgelaugt. Seine eckige Struktur (die aber keine sog. nußförmige ist) tritt im Untergrunde deutlicher hervor, und hier ist auch die Färbung durch kleine Konkretionen und Häutchen von Eisenoxyd etwas rötlicher."

Die Ansicht Glinkas, daß die Braunerde Ramanns dem degradierten Tschernosem der Waldsteppen entspräche, ist später auch von vielen anderen Autoren geteilt worden, so von L. N. Afanassiev[2], D. G. Vilensky[3] u. a.

---

[1] Murgoci, G. M.: Die Bodenzonen Rumäniens. C. r. I. Confér. internat. agrogéol. Budapest 1909, 322.

[2] Afanassiev, L. N.: Über die Böden der Tschechoslowakei 2. Potschwowedenie 1926.

[3] Vilensky, D. G.: Concerning the Principles of a Genetic Soil Classification. Contrib. to the study of the soils of Ukraine 6, 129—151 (Charkov 1927).

Gelegentlich der Versammlung der Unterkommission für die Bodenkarte Europas in Danzig 1929[1] fand eine Aussprache über die Braunerden statt, welche mit einem einleitenden Vortrage von A. STEBUTT eröffnet wurde. In diesem führte A. STEBUTT[2] aus, daß die Variabilität der Braunerden zwischen dem Podsol, der Roterde und dem Tschernosem oszilliere. L. F. SMOLIK[3] hatte in einem schriftlichen Bericht die Ansicht begründet, daß die mährische Braunerde sich sehr dem russischen Wald-Suglinok, d. h. dem degradierten Tschernosem, nähere. Eine ähnliche Ansicht über die Braunerde als Ganzes äußerte schriftlich N. FLOROW.

K. GLINKAS Feststellung ist dahin zu erweitern, daß nicht nur karbonathaltige Muttergesteine die Braunerde ausbilden, sondern, wie oben die Untersuchungen von K. LUNDBLAD in Schweden und von B. AARNIO in Finnland gezeigt haben, auch kalkfreie Moräne.

Eine weitere Frage ist die, ob die Braunerdehorizonte in den schon weiter podsolierten Waldböden stets auf eine frühere Steppe hinweisen oder ob bei der normalen Waldbodenbildung auf karbonathaltigem Muttergestein nicht der Karbonatgehalt allein eine ausreichende Erklärung für den Braunerdehorizont gibt. Auf Karbonat- und Gipsgesteinen bildet sich bekanntlich[4] im Walde der Humuskarbonatboden, die Rendzina, heraus, welcher eine dunkle humusreiche Krume von guter Krümel- oder Würfelstruktur über dem Karbonat- oder Gipsgestein hat. Solange sie noch Karbonat enthält, tritt die Rostfleckigkeit der Waldböden nicht auf. Erst mit dem Verschwinden der Karbonate degradiert die Rendzina unter Beibehaltung der Struktur. Ein ganz ähnlicher Vorgang, wenn auch nicht von gleicher Dauer und Intensität, muß bei dem Karbonatgehalt anderer Gesteine, z. B. Geschiebemergel, Tonmergel, Löß, ebenfalls auftreten.

Man findet im norddeutschen Flachlande diesen typischen B-Horizont der Waldsteppen ziemlich häufig im Walde (und naturgemäß auch im Acker), ohne daß das frühere Vorhandensein einer Steppe bewiesen wäre. Aber stets sind es kalkhaltige diluviale Muttergesteine.

Es mögen hier einige solcher Profile folgen, welche P. F. Freiherr v. HUENE bei Kartierungsarbeiten im Sommer 1929 aufgenommen hat.

1. **Westlich Reuschenfeld, Kreis Gerdauen, Ostpreußen** (v. HUENE). Ackerland. Kuppe.

A_1 0—24 cm, grauschwarzer, humoser, lehmiger Sand, feinkörnig, gute Krümelstruktur.

B_1 24—49 cm (Braunerde), sandig-lehmiges Material, Polygonalstruktur, sehr stark durchwurzelt, Wurzel- und Wurmröhren, grobe sandige Bestandteile.

B_2 49—130 cm, braungelber sandiger Lehm, ziemlich mild, porös, krümelig, reich an Wurzelröhren, kalkhaltig.

C geschiebeführender Sand, hellgrau, stark kalkhaltig, Pyritbeimengungen.

2. **Nordöstlich Schildau, Kreis Torgau, Provinz Sachsen** (v. HUENE). 40jähriger Kiefernwald, ganz guter Bestand. Welliges Gelände.

A_0 0—3 cm, Rohhumus.

A_2 3—14 cm, hellvioletter, lehmiger Sand, gut ausgeprägt, ganz gut humos und durchwurzelt.

[1] HÄRTEL, F.: Bericht über die Tagung der 5. Internat. bodenkundl. Kommission in Danzig. Die Ernährung der Pflanze **25**, S. 321—323. Berlin 1929. — Ferner Berichte von H. CARL in Mitt. Internat. bodenkundl. Ges. **1929**.

[2] STEBUTT, A.: Die Braunerde (ein Beitrag zur Theorie der Braunerdebildung). Belgrad 1929 (Manuskript).

[3] SMOLIK, L. F.: Die Charakteristik der mährischen Braunerde. Manuskript 1929. Auch in „Die Pedochemie der mährischen Böden", S. 200, 201. Prag 1928.

[4] STREMME, H.: Grundzüge der praktischen Bodenkunde, S. 95—102. Berlin 1926.

B_1 14—23 cm, grauer Sand, schwach tonig, humushaltig, stark durchwurzelt. (Dieser Horizont ist als Übergangsstufe zur Braunerde zu betrachten.)

B_2 23—40 cm (kastanienbraune Erde), sehr stark durchwurzelt, große Menge von verwesten Wurzeln, deren Umbildung noch nicht ganz abgeschlossen ist, hellgraue humose Flecke, Polygonalstruktur ist noch erkennbar.

G_1 40—66 cm, grauer, toniger Sand mit starken Rostflecken und guter Durchwurzelung, wellig.

C heller, grober Sand.

3. **Mischforst bei Anhalt, Kreis Zerbst** (v. Huene). 50jährige Buchen, Kiefern und Fichten, guter Bestand. Horizontale Lage.

A_0 0—15 cm, Rohhumus.

A_2 15—24 cm, violettweißer, mittelstark podsolierter Sand, Einzelkornstruktur, durchwurzelt, mäßig humos.

B_1 24—42 cm (Braunerde), sandig, mit Humusablagerungen und starker Durchwurzelung, eckig, bröckelig, schwache Rostflecken.

B_2 42—113 cm, gelber mittelkörniger Sand, Einzelkornstruktur, mäßige Durchwurzelung, mäßiger Eisenschuß.

B_3 113—116 cm, rostfarbener Sandkies, zum Teil ziemlich grob mit Humusspuren.

C grauer Kies.

4. **Ostseite der Chausseekreuzung beim Rittergut Klemmen, Kreis Pyritz, Pommern** (v. Huene). Ackerland (Rüben), sehr guter Kulturzustand. Horizontale Lage.

A_1 0—52 cm, grauschwarzer lehmiger Sand mit bräunlichem Schimmer, ausgezeichnete Krümelstruktur, feinkörnig, ganz gut kalkhaltig.

B_1 52—94 cm (Braunerde), sandiger Lehm, kalkhaltig, gute Polygonalstruktur, sehr stark durchwurzelt, Humusablagerung auf den Spaltflächen, Humusflecken, Rostflecken deutlich erkennbar.

C hellgrauweißer?? Deckton über 156 cm sehr stark kalkhaltig, mehlig-staubig.

5. **3 km nördlich Rittergut Wartin, Kreis Randow, Brandenburg** (v. Huene). Ackerland (Weizen), sehr guter Kulturzustand. Kuppe.

A_1 0—19 cm, schwärzlichgraubrauner, stark humoser, sandiger Lehm, gute Krümelstruktur, zahlreiche Wurm- und Wurzelröhrchen, Wurmkrümeln.

B_1 19—43 cm (Braunerde), lehmiges Material, Humus- und Rostablagerungen auf den Spaltflächen, Humusflecke, starke Durchwurzelung, große Menge von Wurm- und Wurzelröhren, kleine Geschiebeeinlagerung.

B_2 43—167 cm, braungelber Geschiebemergel mit großer Menge von Roststreifen in senkrechter Richtung, aber hauptsächlich an den Wurzeln und an den Wurzelröhren, kalkhaltig.

C Geschiebemergel, kalkhaltig.

6. **Westrand des Dorfes Papendorf, Kreis Prenzlau, Provinz Brandenburg** (v. Huene). Kartoffelland, ganz guter Kulturzustand. Kuppe.

A_1 0—27 cm, graubrauner, gut humoser, sandiger Lehm, sehr gute Krümelstruktur.

B_1 27—68 cm (Braunerde), lehmiges Material, schöne Polygonalstruktur, Humus und Rost als Flecke und auf Spaltflächen vorkommend, zahlreiche Wurm- und Wurzelröhren, sehr stark durchwurzelt.

B_2 62—83 cm, braungelber, sandiger Lehm, krümelig, gut durchwurzelt, Mäusegänge.

C grüner, stark kalkhaltiger Ton, mehlig-staubig.

7. **Mergelgrube bei Nieder-Landin, Kreis Angermünde, Provinz Brandenburg** (v. Huene). Anfang der Mergelgrube als Wegeinschnitt. Kartoffelacker mit Disteln, Beifuß, Winde und Schafgarbe. Kuppe.

A_1 0—12 cm, graubrauner, lehmiger Sand, stark humushaltig, Krümelstruktur, zahlreiche Wurzel- und Wurmröhren, kalkfrei.

B_1 12—24—54 cm (Braunerde), sandiger Lehm mit dem Stich ins Graue, von zahlreichen Poren zersetzt, Polygonalstruktur mäßig fest, mit vielen Wurmgängen; zahlreiche

Wurzeln, deutliche Rostfärbung, bald vorherrschend, bald gegen Graubraun zurücktretend, Humusablagerung auf den Spaltflächen, ziemlich starke Humusflecke im oberen Teil, schwach kalkhaltig im oberen Teil, nach unten nimmt der Kalkgehalt zu.

C gelbgrauer Geschiebemergel mit erdigen Anreicherungen, Wurzeln gehen weit in C hinein.

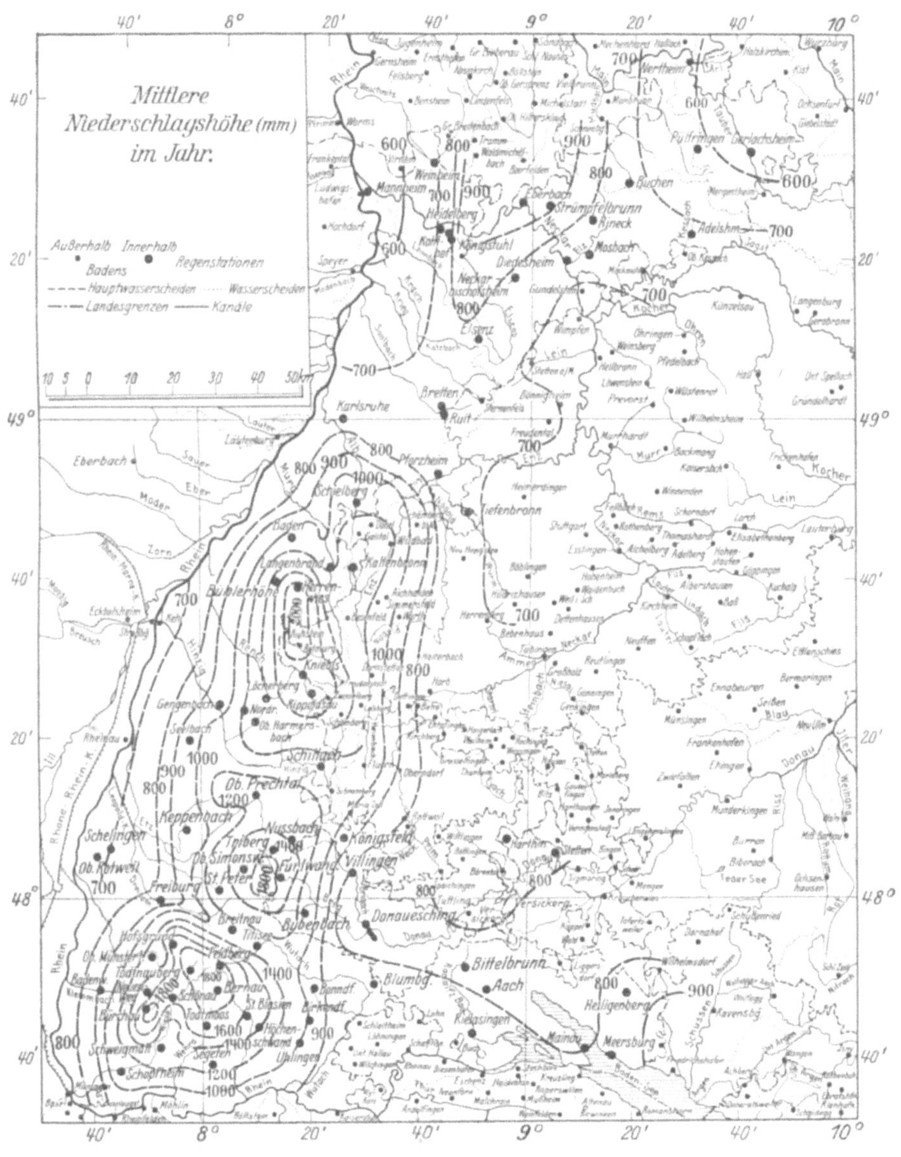

Abb. 18.

8. Südöstlich Falkenberg, Kreis Oberbarnim, Brandenburg. Ackerland Kuppe.

A_1 0—21 cm, graubrauner, schwach kalkhaltiger, sehr gut humoser, sandiger Lehm, gute Krümelstruktur.

B_1 21—63 cm (Braunerde, sandiger Lehm), zahlreiche Wurm- und Wurzelröhren, die voll mit Humus ausgefüllt sind, starke Durchwurzelung, Humus- und Rostflecken, sehr gute Polygonalstruktur.

C weißlichgrünlicher Sand mit zahlreichen Gipskristallen und hellem Glimmer. Alles im Wechsel mit grünem Septarienton, in senkrechten Spalten Kalkablagerung, schräg dazwischen scheiden sich kiesige Sandbänke aus, an deren Flächen viel Rost abgelagert ist.

Über die Braunerde der oberrheinischen Tiefebene berichtet K. Schlacht: Unter Braunerde wird hier ein Typus verstanden, der deutlich in 3 Horizonte gegliedert ist. Unter einer humosen Ackerkrume (A) folgt ein typischer, rostfarbig brauner Illuvialhorizont (B), dessen Hauptcharakteristikum ein fein verteilter Gehalt von Humus und Eisenoxydhydrat ist, meist in feinen Anflügen oder Flöckchen die Bodenpartikel überziehend; zuweilen ist dieser Horizont, besonders auf mehr sandigen Bodenarten, in verschiedene stärker eisenschüssige, humose und mit Ton angereicherte Schichten, von versandeten, humusarmen, weniger eisenschüssigen Zonen getrennt, auseinandergezogen. Auf den rostfarbigen B-Horizont folgt ein zunächst mit Kalk von oben her infiltrierter Untergrund, dann das meist kalkhaltige Muttergestein (C).

Die oberrheinische Tiefebene erstreckt sich in ungefährer SN-Richtung in einer mittleren Höhenlage von etwa 250—80 m über NN. Im Osten und Westen wird sie von Gebirgen eingeschlossen. In ihrem südlichen Teil erhebt sich östlich der

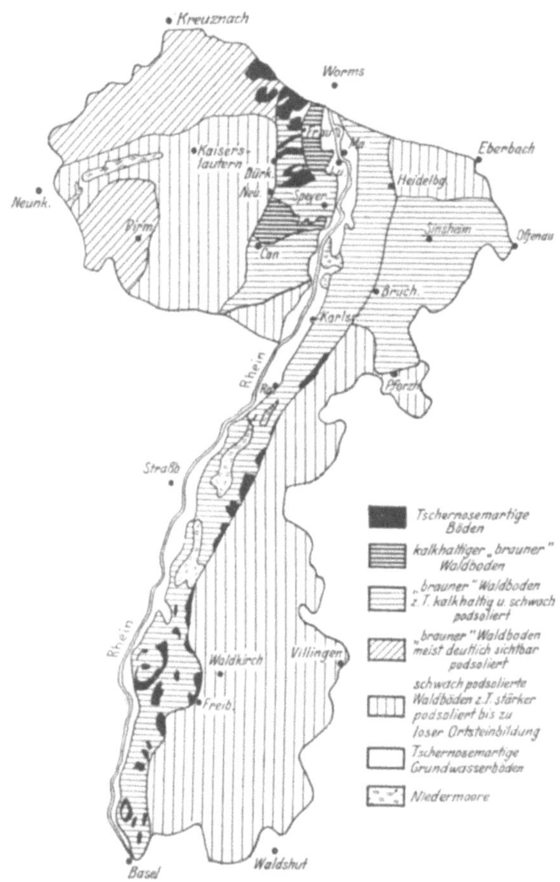

Abb. 19. Bodentypenkarte der Pfalz und von Baden.

Schwarzwald, westlich die Vogesen zwischen 500 bis über 1000 m über NN. Im nördlichen Teil folgt östlich auf die Pfinz = Kraichgausenke der Odenwald mit 300 bis über 500 m, westlich an die Vogesen anschließend die Haardt mit 300 bis über 500 m über NN. Für die Bodenbildung ist diese SN-Richtung zwischen Gebirgen insofern wichtig, als Vogesen und Haardt die überwiegenden regenbringenden Winde aus dem Westen abhalten und die Ausbildung von Regenschattengebieten im westlichen Teil der Ebene begünstigen.

Ein gutes Abbild der orographischen Verhältnisse gibt die Niederschlagskarte (Abb. 18). Sehr hohe Niederschläge von 1000 bis über 2000 mm deuten Schwarz-

wald und Vogesen an, im nördlichen Teil fallen 700—900 mm im Odenwald und
in der Haardt. Dazwischen liegt die Oberrheinebene vorwiegend mit 600—700 mm,

Abb. 20 a. „Braunerde" von Maudach.

Abb. 20 b. „Braunerde" von Maudach.

im Süden bis zu 800 mm ansteigend, im Norden mit einem Minimumgebiet
bis zu 430 mm. Wie sich diese Niederschlagsdifferenzen in der Bodenbildung
ausprägen, zeigt die Bodentypenkarte der Pfalz und von Baden (Abb. 19).

Abb. 21. „Braunerde" von Maudach.

Als Haupttypus der niederschlagsreichen, gebirgigen Teile finden sich verschieden stark ausgebildete Podsolböden, in der Rheinebene „Braunerden".

Abb. 22. Bodentypen von Dirmstein (Klebplattenprofile).
a, b flachgrundige, humusarme, rehbraune „Steppenschwarzerde";
c, d degradierte humusreiche kalkhaltige Steppenschwarzerden mit den Anzeichen der „braunen" Waldböden;
e teils kalkhaltiger, teils kalkfreier brauner Waldboden mit starken Anklängen an degradierte Steppenschwarzerde.

Die geschützte Lage der oberrheinischen Tiefebene begünstigt auch eine relativ hohe mittlere Jahrestemperatur, die zwischen 9° C bis etwa 10,4° C schwankt. Die Sommer sind heiß, Frühling und Herbst warm, die Winter kurz und mild, eine ausdauernde Schneedecke selten.

Neben der klimatisch geringen Laugungsintensität wird die „Braunerde"verbreitung in der oberrheinischen Tiefebene noch durch die verschiedenen kalkhaltigen Muttergesteine sowie kalkhaltige Grundwässer, die vom Rhein und aus den Lößgebieten kommen, begünstigt. Braunerden entwickeln sich auf Löß, auf sehr schwach bis stark lehmigen Sanden, auf schluffigem Sand, Schluff und auf lehmigtonigen Bodenarten. Nur auf den kalkarmen Dünensanden wurden sie bisher nicht beobachtet.

Abb. 20a, b und 21 zeigen zwei typische Braunerden mit mächtigem Illuvialhorizont, der in beiden Fällen kalkarm ist und fein verteilten Humus sowie Eisenoxydhydrat in Anflügen oder Flöckchen enthält; die Reaktion ist neutral. Die humose Ackerkrume (A-Ackerkrume) ist gegen B scharf abgesetzt, der obere Teil von B (ca. 10 cm) ist fein horizontal geschichtet, die Wurzeln wachsen auf und in dieser Schichtung horizontal. Abb. 21 läßt bereits deutlich eine Podsolierung erkennen. In der Ackerkrume finden sich Bleichsandnester, der untere Teil von B ist schichtenförmig auseinandergezogen, die oberen Schichten sind dabei noch deutlich humos und eisenschüssig, die unteren nur eisenschüssig. Die Kalkzonen (weiß) in den Profilen dürften vorwiegend unter dem Einfluß des Grundwassers gebildet sein.

Abb. 22 zeigt die Entwicklung einiger Typen auf Löß, die teilweise die Neigung zur Braunerdebildung erkennen lassen. Alle Profile besitzen eine natürliche Krümelstruktur, die besonders unterhalb der Ackerkrume (16—20 cm) vorwiegend oder strukturbestimmend aus Wurmexkrementen besteht. Der Übergang der Ackerkrume zum liegenden humosen Horizont (der Humus überzieht alle Bodenpartikel gleichmäßig färbend) und zum humusarmen Untergrund (Humusgehalt in Flocken, die abwärts allmählich abnehmen) ist allmählich, der humusfreie Untergrund, d. h. Humusgehalt unter 0,3%, wird bei 60 cm noch nicht erreicht. Unterhalb der Ackerkrume finden sich Spuren und Flächen eines rostbraunen Illuvialhorizontes. Die Reaktion ist schwach alkalisch.

Profil a ist ein echter Tschernosemtypus (wenn auch humusarm, ca. 1%), der auf ausgedehnten Hochplateaus und an Hängen vorkommt. Unter einer rehbraunen Ackerkrume ($A = 17$ cm) folgt A (C) 0—5 cm mäßig humoser Übergang zum humusarmen Muttergestein = Löß (C), Kalkgehalt in der Ackerkrume bis 15 % $CaCO_3$, im Muttergestein ca. 20 % $CaCO_3$.

Profil b unterscheidet sich von a durch eine ausgedehntere Übergangszone A (C) von 15 cm, sonst wie a.

Profil c A 18 cm graubraune, humose Ackerkrume, übergehend in $A_{(B)}$ 40 cm, leuchtend rehbraunen bis umbrabraunen humosen Horizont mit Flöckchen von Eisenrost und reichlichen Kalkanflügen übergehend wie in b mit ca. 15 cm $A_{(B+C)}$ in kalkreichen Löß C. Auch dieser Typus kommt auf Hängen und Hochflächen vor, ist bereits stärker entkalkt, A, unter 4—0,5 % $CaCO_3$, und neigt als offenbares Degradationsprodukt des Tschernosems mit dem A (B)-Horizont zur typischen Braunerde.

Profil d A 20 cm, graubraun, ca. 3 % und weniger $CaCO_3$ (Ackerkrume),
$A_{(B)}$ 10 cm, rehbraun mit einzelnen Rostflecken,
$A_{(B)}$ 30 cm und mehr schwärzlich umbrabraun, stärker humos (bis 2 %), mit einzelnen Rostflecken,
bei 90 cm folgt kalkreicher Löß.

Auch dieses Profil muß ähnlich c als etwas humusreicheres Degradationsprodukt des Tschernosems mit Neigung zum Braunerdetypus gewertet werden; Vorkommen auf Hochflächen.

Profil e Vorkommen in Senken, an Hängen, auch ebenen Tal- und Hochflächen.
A 20 cm, graubraun, humos 0,3 % $CaCO_3$,
B 40 cm und mehr, rostbraun bis rehbraun, mit fein verteiltem Humus und Eisenrost, letzterer häufig in Flocken 0—8 % $CaCO_3$, allmählich in
C kalkreichen Löß übergehend.

Dieser Typus muß als bereits weitgehend degradierter Tschernosem bzw. teils „kalkhaltiger brauner" Waldboden, teils „brauner" Waldboden angesprochen werden.

Abb. 23 zeigt rechts eine Gruppe kalkhaltiger, tschernosemartiger Grundwasserböden, zum Teil mit rostbraunem Anflug unter der Ackerkrume, links eine Gruppe kalkhaltiger und kalkarmer Braunerden. In der ersten Gruppe liegt der heutige Stand des kalkreichen Grundwassers im Mittel um 0,8 m, der

Kalkgehalt der Ackerkrume beträgt 10—15 % CaCO$_3$; in der zweiten Gruppe steht das Grundwasser um 1,8 m und tiefer, der Kalkgehalt der Ackerkrume beträgt 6—0 % CaCO$_3$.

Die Profile a—d haben einen tiefer als die Ackerkrume (16 cm) reichenden gut gekrümelten, schwärzlichgrauen humosen Horizont (A bis zu 50 cm), der meist unter der Ackerkrume humusreicher, kalkhaltiger ist und teils grünliche, teils rostbraune Anflüge zeigt. Der Untergrund C besteht aus Sand-, schluffigem Sand- oder Schluffmergel.

Das Profil e vermittelt insofern zum „kalkhaltigen braunen" Waldboden, als ein Einfluß des Grundwassers bis zu 60 cm Tiefe nicht erkennbar ist, und

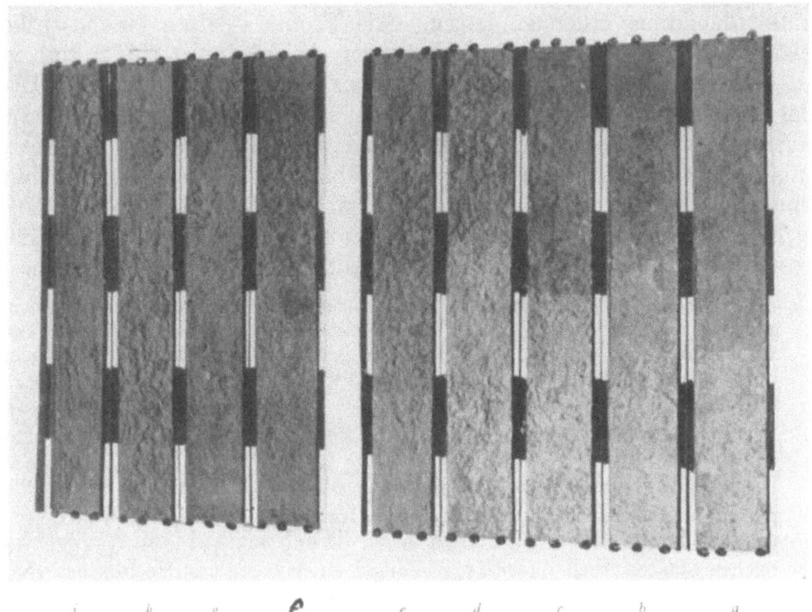

Abb. 23. Boden von Flomersheim. (Klebeplatten nach der Methode K. Schlachts.)
a—d kalkhaltige tschernosemartige Grundwasserböden, f—h kalkhaltiger „brauner" Waldboden,
e Übergang zu kalkhaltigem „braunem" Waldboden, i brauner Waldboden.

unter der Ackerkrume [A = 16 cm B (Ca) 25 cm] rostbrauner, kalkreicher Illuvialhorizont mit lehmigem Sand folgt, darunter C 20 cm kalkreicher Sand.

Profil f ist von vorbeschriebenem Typus, B (Ca) ist jedoch 45 cm mächtig mit lehmigem Sand, darunter folgt C wie vor ohne erkennbaren Grundwassereinfluß. Mittlerer Grundwasserstand um 1,20 m.

Die Profile g, h und i haben einen Grundwasserstand von meist unterhalb 2 m, die Bodenart wechselt von lehmigem Sand zu schwach lehmigem Sand (h), zu kaum lehmigem Sand (i). Alle Profile haben eine scharf abgesetzte, humose, graue Ackerkrume über einem ausgeprägten rostbraunen Illuvialhorizont B von über 40 cm Mächtigkeit, der in Profil g und h schwach und vereinzelt mit n/1 HCl aufbraust, in Profil i bis zu 1,20 m Tiefe für die Salzsäure entkalkt ist. Darunter folgt stark kalkhaltiger Sand. Die Durchschwemmung des Tons ist besonders im Profil g und h im Wechsel der Bodenart ausgeprägt, A = Ackerkrume schwach lehmiger Sand, B = sandiger Lehm bis lehmiger Sand, C = Sandmergel.

Aus dem wechselnden Stand des kalkreichen Grundwassers in den verschiedenen Profilen Gruppe *a—d* einerseits und Gruppe *f—i* andererseits und den

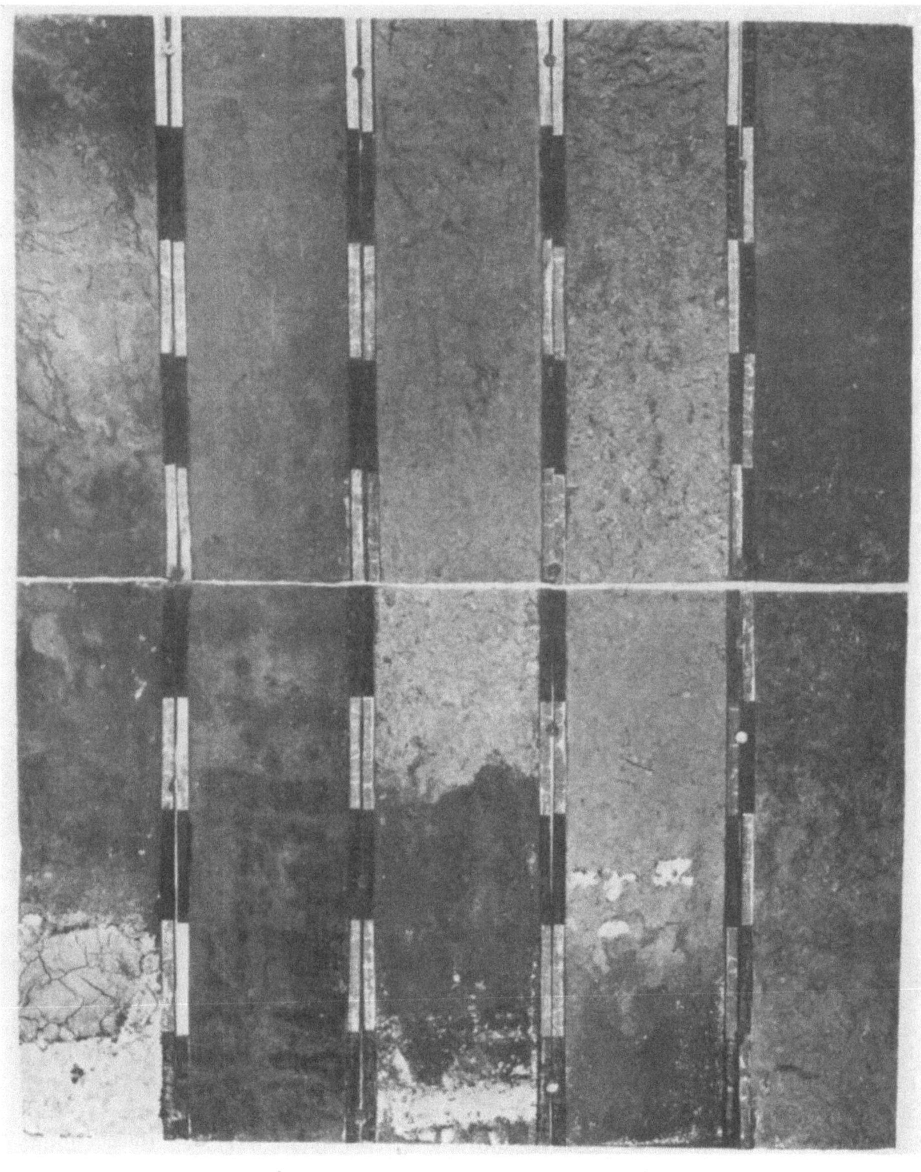

Abb. 24. Böden der Rheinpfalz zwischen Maudach, Haßloch und Dirmstein. (Klebeplatten nach der Methode K. SCHLACHTS.)

a Waldboden mit Bleicherde (A_1 dunkel, A_2 hell, zusammen 40 cm), Rosterde mit Ortsteinknauern (B 40 cm), Dünensand mit Grundwasserabsätzen (CG 10 cm);

b schwachpodsoliger „brauner" Waldboden, A dunkel, humos mit weißen Flecken 15 cm, B_1 „Braunerde" 50 cm, B_2 schwachlehmiger Sand mit dunklen Humusflecken und rostbraunen Streifen;

c „brauner" Waldboden, A humos, dunkelgrau, krumelig 15 cm, B (Braunerde) 35 cm, C Schluffmergel 40 cm, unten aus dem Grundwasser abgesetzter Kalkkarbonatstreifen, darüber Rostflecken aus dem Grundwasser;

d kalkhaltiger „brauner" Waldboden auf sandigem Schluffmergel, A dunkelgraue humose Krume, gut gekrümelt 20 cm, Übergang zu B 10 cm, B „Braunerde" 20 cm, C sandiger Schluffmergel 25 cm, darunter aus dem Grundwasser abgesetzte Kalkflecken, darunter hellrote Eisenrostflecken;

e Steppenschwarzerde auf Löß, A dunkelschokoladebraune, gut gekrümelte Erde 70 cm, Übergang zu C 20 cm, C 10 cm.

damit in Parallele stehenden Kalkgehalten und Ausbildung eines B-Horizontes muß auf eine gewisse Entstehung des „kalkhaltigen braunen" Waldbodens aus einem Grundwassertypus geschlossen werden. Eine weitere Entwicklungsstufe ist der „braune" Waldboden, dessen Entstehung auf tonarmen Böden (Profil i) zuerst in Erscheinung tritt.

Abb. 24 zeigt unter angenähert gleichen klimatischen Bedingungen (500 mm Jahresniederschlag und 10^0 C mittlere Jahrestemperatur auf geographisch kleinem Raum 120 km²) zwischen den Orten Maudach, Haßloch, Dirmstein in der Rheinpfalz die Bodenbildungsstufen auf verschiedenen Bodenarten derart, daß mit abnehmendem Gehalt tonigen Bindemittels die Bodenbildungsstufe vom Tschernosem zum Podsoltypus fortschreitet. Auch hierbei gliedern sich die Braunerdevarietäten deutlich dazwischenliegend ein.

Zusammenfassend ist über E. RAMANNS Braunerde, die braunen Waldböden vieler Autoren, zu sagen: Die Braunerden oder braunen Waldböden entsprechen den verschiedenen Stufen der Degradation der Steppenschwarzerde und K. GLINKAS sekundärer Podsolierung. Die Oberkrume kann eine humose, lockere, wurmreiche Mullerde von dunkler Farbe und Krümelstruktur (Klump LUNDBLADS, Körner AARNIOS) sein oder verschiedene Stufen der Podsolierung aufweisen. Darunter kommt ein „brauner" Horizont, die eigentliche „Braunerde", ein oder mehrere B-Horizonte, welche schokoladenbraune Humusflecken und geringeres oder stärkeres Auftreten der Rostflecken, Einschwemmen von Sesquioxyden und Ton enthalten. Die Struktur der B-Horizonte ist vieleckig-scharfkantig oder nußförmig. Die einzelnen Strukturkörper sind mit vielen kleinen, meist länglichen Poren versehen. In den fortgeschritteneren Stadien ist der Horizont zäh und kolloidreich. Diese „Braunerde" kommt auch in podsoligen Waldböden auf karbonathaltigen Gesteinen, z. B. dem jungdiluvialen Geschiebemergel, vor, ohne daß in jedem Falle eine vorhergehende Grassteppe nachzuweisen wäre.

b) Böden der feuchtwarmen gemäßigten Regionen.

α) Gelberden oder Gelblehme.

Von H. HARRASSOWITZ, Gießen.

Geschichtliches. Der Begriff Gelberde ist wahrscheinlich zuerst von WOHLTMANN[1] gebraucht worden. Er schreibt in seiner Arbeit, die sich mit dem tropischen Laterit beschäftigt, daß der Laterit desto mehr „den Typus der Rot- und Gelberden (Terra roxa)" annimmt, je mehr man sich aus der heißen Zone nach dem Nord- und Südpol entfernt. Ob es WOHLTMANNS Absicht war, Gelberde als besonderen Typus zu unterscheiden, läßt sich schwer sagen. Da er aber an der fraglichen Stelle den Begriff Terra roxa verwendet, wäre es nicht ausgeschlossen, daß ihm schon klar war, daß die Farbenbezeichnung Rot bei subtropischen Böden nicht angebracht ist, sondern daß der Farbton zwischen Rot und Gelb bei Orange (Kreß) liegt.

Ausführliches über den Begriff Gelberde gibt GLINKA zunächst in russischen Arbeiten und danach in seinen „Typen der Bodenbildung" (Berlin 1914). Er rechnet zwar die Gelberde noch zu seiner Gruppe der Böden optimaler Befeuchtung, schreibt aber[2], daß die Gelberden wahrscheinlich den Übergang zu

---

[1] WOHLTMANN, F.: Über den Kulturwert der tropischen Lateritböden. J. Landw. **39**, 149 (1891).

[2] GLINKA, K.: Typen der Bodenbildung, S. 66. Berlin: Bornträger 1914.

den Böden von mittelmäßiger Befeuchtung bilden. Es handelt sich nach ihm um die wenig erforschten braungelben und rötlichgelben Böden· des südlichen Europa, die besonders in Südfrankreich entwickelt sind. Er führt auch ein von Bogoslowski aufgenommenes Profil aus der Gegend zwischen Grenoble und Lyon an (s. u.). Als weiteres Verbreitungsgebiet wird auch Japan angegeben.

Ramann kennt in der 2. Aufl. seiner Bodenkunde 1905 den Ausdruck Gelberde überhaupt noch nicht. In der 3. Aufl. 1911, S. 533 erwähnt er ihn unter Hinweis auf frühere Arbeiten von Glinka. Nach seinen eigenen Erfahrungen sind Laterit, Roterden, Gelberden Böden der Tropen und Subtropen. Am weitesten nach Norden reichen die Rot- und Gelberden. Die Gelberden schließen sich in den Mittelmeerländern an das Gebiet der Roterden an, aber, soweit dies Ramann feststellen konnte, immer in den feuchteren Lagen. Als Verbreitungsgebiet gibt Ramann Südfrankreich und auch den marokkanischen Atlas und Japan an[1]. Ausdrücklich betont Ramann, daß Untersuchungen nicht vorliegen.

Das angebliche Kennzeichen der Gelberden ist: reine Farbe, geringer Gehalt an Humus und eine beträchtliche Menge an Sesquioxyden. Glinka[2] weist auf eine Verschiebung der Sesquioxyde nach unten hin; dadurch bekommen diese Böden etwas Gemeinschaftliches mit denen mittlerer Befeuchtung. Glinka hat übrigens auf seiner russischen Bodenkarte der Erde 1908 Gelberde erwähnt, aber ihre Verbreitung nicht dargestellt. Auf der neuesten Karte von Glinka 1927 wird Gelberde nicht genannt. In der späteren Literatur wird hin und wieder Gelberde erwähnt, aber nie etwas Ausführlicheres darüber gebracht. So kennen z. B. Aarnio und Stremme[3] Gelberde überhaupt nicht. Shantz und Marbut erwähnen[4] Gelberden und machen genauere Angaben, ohne daß ersichtlich ist, worauf sie sich beziehen. In der nordamerikanischen Bodenklassifikation wird zwar von roten und gelben Böden gesprochen, aber Marbut[5] kann ebenfalls nichts Näheres angeben. Er schreibt wörtlich: ,,The Yellow soils are not well defined and the final stablishment of the group not certain." Das Verbreitungsgebiet liegt in Alabama, Georgia, Südkarolina. Auf der Internationalen Bodenkarte von Europa sind in Südfrankreich Gelberden nicht dargestellt, vielmehr wird südöstlich von Lyon Roterde angegeben, und weiter westlich schwach und mäßig podsolierte Böden dargestellt. In ,,Etat de l'Etude de la cartographie des sols"[6] wird von Marokko zwar Roterde, aber keine Gelberde erwähnt. Der einzige, der den Begriff Gelberde ausführlich und wiederholt erwähnt, ist R. Lang[7]. Er kann aber ebenfalls eine echte Gelberdebildung nicht beschreiben und gibt nur eine Reihe Beispiele aus Deutschland, die sich in der Richtung auf Gelberde entwickeln. Schließlich hat Harrassowitz[8] versucht, den Begriff Gelblehm einzuführen.

Es muß die Frage aufgeworfen werden, ob es sinnvoll ist, die Bezeichnung Gelberde überhaupt aufrechtzuerhalten. Wir wissen jetzt, daß die Farbe keineswegs das Kennzeichen von Bodentypen ist, sondern mindestens teilweise vom

---

[1] Ramann, E.: Bodenbildung und Bodeneinteilung, S. 44 u. 97. Berlin: Julius Springer 1908.

[2] Glinka, K.: Typen der Bodenbildung, S. 68.

[3] Aarnio u. Stremme: C. r. pour la nomenclature et la classification des sols 1924, 73/74 (in ,,System der Böden").

[4] Shantz and Marbut: The vegetation and soils of Africa, S. 124, 1923.

[5] Marbut, C. F.: Proc. a. Pap., I. Internat. Congr. Soil Sci. 4, 21 (Washington 1928).

[6] Bukarest 1924, S. 137.

[7] Vgl. R. Lang: besonders ,,Verwitterung und Bodenbildung als Einführung in die Bodenkunde", Stuttgart 1920, und ,,Fortschritte der Mineralogie, Kristallographie und Petrographie", S. 211, 1922.

[8] Harrassowitz, H.: Studien über mittel- und südeuropäische Verwitterung. Geol. Rundsch., Steinmann-Festschr. 17a (1926).

Muttergestein abhängt. So sind keineswegs im Mittelmeergebiet oder in den Tropen alle Böden rot. Die bestimmenden Eigenschaften liegen nicht bei der Farbe. In diesem Sinne ist versucht worden, dem nun einmal bestehenden Begriff eine chemische Unterlage zu geben. Aber es muß betont werden, daß damit keine Unterschiede gegenüber Roterden und Braunerden gegeben sind. Die verschiedenst gefärbten Böden der Mittelmeergebiete zeigen, wie Harrassowitz[1] nachwies, erst im Salzsäureauszug Merkmale, die vielleicht eine Trennung erlauben.

Gelberde bzw. Gelblehm ist nur ein Glied der weitverbreiteten Lehmverwitterung. Es entstehen aus verschiedenen Muttergesteinen, wohl unter Humuseinfluß, plastische, verschieden gefärbte Lehme. Diese erhalten ihr Kennzeichen durch einen Komplex kolloider wasserhaltiger Verbindungen von SiO_2, Al_2O_3, Fe_2O_3, die man als Allophanoide bezeichnet. Gegenüber dem Muttergestein ist eine Anreicherung der Sesquioxyde festzustellen. Durch Ausspülung der Gele ist die Oberfläche meist heller und sandiger, während in einem B-Horizont Anreicherung dieser Gele stattfindet. (Mit Podsolverwitterung hat dies aber nichts zu tun.)

Wir haben bisher von Roterden und Gelberden gesprochen. Im vorliegenden soll dieser Ausdruck aber verlassen werden. Schon Lang nennt die Gelberden gelegentlich Lehme. Es könnte der Eindruck entstehen, als ob damit ganz verschiedene Bildungen bezeichnet werden. Nachdem aber durch Harrassowitz[2] nachgewiesen werden konnte, daß in der Entstehung kein Unterschied vorliegt, erscheint es nicht angebracht, das eine Mal den Ausdruck Erde und das andere Mal den Ausdruck Lehm zu verwenden. Die verschiedene Verwendung der Ausdrücke beruht wohl darauf, daß man die mittelmeerischen Verwitterungsbildungen meist in der trockenen Jahreszeit untersucht hat, wo sie dann einen gekrümelten, erdigen Eindruck machen. In der Regenzeit ist dies aber nicht der Fall, und man sieht schon, abgesehen von der chemischen Ähnlichkeit, daß es sich äußerlich um dasselbe Material wie unsere Lehme handelt. Tatsächlich hat man schon früher von Karstlehm gesprochen. Shantz und Marbut sprechen im tropischen Afrika ebenfalls von Rotlehm. Es wird daher im folgenden nur der Ausdruck Rotlehm bzw. Gelblehm verwandt werden. An sich wäre es richtiger, worauf unten noch hingewiesen wird, den Ausdruck Rot durch Kreß zu ersetzen, doch dürfte es schwierig sein, die nun einmal international angenommene Bezeichnung Rot nicht weiter zu verwenden.

Allgemeine Stellung oder Eingliederung der Gelberden. Den Ausgangspunkt für die Einreihung der Gelblehme in das Schema der Bodentypen hat Glinka in russisch geschriebenen Arbeiten gegeben. Von Ramann ist die Darstellung übernommen worden. Erst aus späteren, nicht russisch geschriebenen Arbeiten ergibt sich genauer, welche Stellung Glinka[3] einnimmt. Unter den humiden Böden sind 2 Haupttypen zu unterscheiden: Laterit und Podsol. (Eine Einteilung, die auch von Marbut in seinem „Schema der Bodenklassifikation" 1928 angenommen wird.) Der Laterit zeichnet sich dadurch aus, daß Kieselsäure, Alkalien, Erdalkalien entfernt werden, und daß die Hydroxyde von Al, Fe und TiO_2 angereichert werden. Während Podsol durch eine starke Humusanreicherung charakteristisch wird, ist der Laterit humusarm.

---

[1] Harrassowitz, H.: Südeuropäische Roterde. Chem. d. Erde **4**, 9 (1928). — Vgl. auch E. Blanck und F. Alten: Beiträge zur Kennzeichnung und Unterscheidung der Roterden. Landw. Versuchsstat. **103**, 41 (1924).

[2] Harrassowitz, H: a. a. O., Geol. Rundsch. **17a**, 200ff. (1926).

[3] Glinka, K: Typen der Bodenbildung, S. 66, 1914, und Classification des sols, C. internat. de Pédologie **4**, 275—277 (1924).

In der Gruppe des Laterit sind folgende Einzeltypen zu unterscheiden:

1. **Lateritboden** als ausgeprägter Typus.

2. **Rotlehme** subtropischer Breiten, in denen die typischen Eigenschaften abgeschwächt sind.

3. **Terra rossa** der Breiten mit warmem, gemäßigtem Klima. In ihnen treten die bezeichneten Eigenschaften noch mehr zurück.

4. **Gelblehme** als Übergang zum Podsol.

Der im Podsol anschließende Typus ist die Braunerde im Sinne RAMANNs.

LANG[1] verfolgt in seinen Arbeiten z. T. eine ähnliche Gliederung. Gelblehm, Rotlehm, Laterit bilden eine einheitliche Bodenreihe, deren Entstehung durch die Temperatur bedingt wird[2]. Dieser Reihe steht die von LANG bezeichnete Solverwitterung gegenüber. Die chemischen Vorgänge der Verwitterung sind in den beiden Hauptgruppen gegensätzlich. Bei den Laterittypen findet Entkieselung statt, die schließlich vollständig werden kann, auch Alkalien und Erdalkalien können fast vollständig ausgelaugt werden. Die Sesquioxyde bleiben aber erhalten. Anders ist es bei der Podsolverwitterung. Hier stellt die Kieselsäure die konstanteste Größe dar, während die Tonerde hinweggeführt wird. Vollständig verschwindet aus der Oberkrume das Eisen. Die Entbasung ist bei dem Podsol nicht so stark wie bei den lateritischen Bodentypen.

Die Ursache für das verschiedene Verhalten der Sesquioxyde beruht auf verschiedenem Verhalten des Humus. Bei dem Podsol findet sich Rohhumus in größerer Menge aufgelagert. Die Laterittypen aber sind humusarm, vielleicht sogar humusfrei. (Es sei betont, daß GLINKA und RAMANN nur von Humusarmut der Laterittypen, also auch der Gelblehme sprechen, während LANG noch 1922 Laterit, Rotlehm, Gelblehm in seine Bodenklasse „Nr I, humusfreie Böden" stellt.)

Nach der Auffassung LANGs soll deutsche Verwitterung in der Richtung auf Gelblehm vor sich gehen. Gelblehm stellt nach ihm den minerogenen Anteil von Braunerde und Schwarzerde dar. An der Oberfläche kann die gelbe Farbe infolge des Humus nicht sichtbar werden. In den humusfreien tieferen Schichten bildet sich aber Gelblehm. Auch in tropischen Gebieten soll dasselbe der Fall sein. Als Mineralanteil der Braun- und Schwarzerden findet man nicht, wie man erwarten sollte, Laterit und Rotlehm, sondern ebenfalls Gelblehm. In Ostindien werden die Böden unter dem dunkelfarbigen Oberboden mit zunehmender Tiefe heller und gehen schließlich in gelben Ton, in Gelblehm über. (Gegenüber dieser 1922 von LANG gemachten Angabe muß darauf hingewiesen werden, daß er ausdrücklich schreibt[3]: „In den Tropen dagegen habe ich keine Entwicklung von humusfreien gelben Böden beobachten können.") Entsprechend dieser Angabe hat HARRASSOWITZ[4] im äquatorial-humiden Gebiet Gelblehm nicht erwähnt. Im nördlich-humiden Gebiet war Gelblehm mit Rotlehm zusammengefaßt worden. Tatsächlich finden sich in den Tropen gelbe Lehme, wie in dem unten angeführten Profil von Rio de Janeiro (s. tropische Böden).

Besondere Kennzeichen. Rotlehm und Gelblehm gelten als unmittelbar benachbarte Typen. Bei beiden ist charakteristisch, daß Eisen nicht abgeführt wird. Der Ausgangspunkt ist von der **Farbe**, also einem äußerlichen Merkmal genommen worden. Zunächst muß darauf hingewiesen werden, daß die Farbe der Rotlehme nach der OSTWALDschen Farbenskala nicht Rot, sondern Kreß ist[5]. Ver-

---

[1] LANG, R.: Verwitterung. Fortschr. d. Min. **1922**, 211 ff.
[2] Vgl. R. LANG: Internat. Mitt. Bodenkde **1915**, 312—346.
[3] LANG, R.: Internat. Mitt. **1915**, 20.
[4] HARRASSOWITZ, H.: Geol. Rundsch. **7**, 207 (1916).
[5] Vgl. H. HARRASSOWITZ: Z. pr. Geol. **30**, 85—93 (1922).

suchen wir nun bei gelben Böden einen genauen Farbton zu bestimmen, so können wir feststellen, daß tatsächlich in manchen Fällen wirklich Gelb vorhanden ist, und zwar handelt es sich um den Ton o8. Sehr interessant ist es aber, daß manche Töne, die man im Gelände als Gelb auffassen möchte, in Wirklichkeit gar nicht hierhin gehören, sondern ein helles Kreß darstellen. So beobachtete ich im rumänischen Bihargebirge auf Glimmerschiefer einen Lehm unter Humusboden, der scheinbar den Eindruck von Gelb machte, sich aber bei der Untersuchung mit Hilfe der Ostwaldschen Farbtonleitern als 1. Kreß 13 erwies. Bei den später zu erwähnenden deutschen Bodenprofilen ergibt sich weiter des öfteren, daß tiefere Teile des Bodenprofiles gelb, höhere aber kreß gefärbt sind. Die Unterschiede in den Farben sollen auf der verschiedenen Hydratisierung des Eisenoxydes beruhen. Während im Laterit sich z. T. Eisenoxyd bildet, finden wir in dem Rotlehm ein wasserarmes Eisenoxydhydrat, das in dem Gelblehm einen hohen Wassergehalt annimmt und dann gelb aussieht.

Chemisch ist der Gelblehm durch einen hohen Gehalt von Kieselsäure gekennzeichnet. Es sollen nach Lang 60—80% SiO_2 vorhanden sein. Dies soll ein ganz deutliches chemisches Kennzeichen sein, so daß Böden unter 60% SiO_2 nicht mehr den Namen Gelblehm verdienen. Charakteristisch für den Gelblehm ist ein wasserhaltiger Kieselsäure-Tonerde-Eisenkomplex, also ein Produkt, das wir nach der von Harrassowitz geformten Namengebung als Siallit zu bezeichnen hätten. Ausdrücklich sei hervorgehoben, daß Lang nach dem Kieselsäuregehalt in der Bauschanalyse vorgeht.

Bei dem Rotlehm nimmt der Kieselsäuregehalt ab und bewegt sich zwischen 60 und 25%. Es liegen dann Bildungen vor, die man nach Harrassowitz als mehr oder weniger allitische Siallite bezeichnen könnte. Lang[1] gibt eine Reihe von Analysenbeispielen, nach denen eine Zuteilung zum Typus Rot- und Gelblehm erfolgt. Die Grenze wird starr bei 60% SiO_2 gezogen. Damit ist aber das Prinzip der Namengebung nach der Farbe der Eisenhydroxydverbindungen vollständig verlassen. Infolgedessen sieht sich Lang bei seinen Analysen genötigt, Rotlehme anderer Autoren, wie z. B. von Blanck, die z. B. einen Kieselsäuregehalt von 66% besitzen, zu den Gelblehmen zu rechnen. Ja er kommt sogar dazu, Böden von Bozen als mehr oder weniger rot gefärbte Gelblehme zu bezeichnen. Im übrigen muß man es als eine gewaltsame Schematisierung bezeichnen, wenn man die Grenze zwischen verschiedenen und immer getrennt aufgeführten Bodentypen schematisch an die Erreichung einer ganz bestimmten Ziffer legen will. Der Erfolg ist der, daß Böden desselben Gebietes, die sich um wenige Dezimalen unterscheiden, ganz verschieden klassifiziert werden. Selbstverständlich kann man bei einheitlichen Bodentypen versuchen, Unterabteilungen auf diese Weise herauszuholen, wie dies etwa bei dem Laterit gemacht wird. Es handelt sich dann aber nicht um getrennte Typen, sondern nur um die Möglichkeit, einen gewissen Überblick zu erreichen. Die Konsequenzen bei der Durchführung der schematischen Grenze nach Lang sind ungeheure. Wenn man die Bauschanalysen von tropischen Rotlehmen betrachtet, so ergeben sich in zahlreichen Fällen Gehalte an SiO_2 bis zu 80%. Werte von 60—70% sind häufig. Ein von Shantz[2] gesammeltes Bodenprofil zeigt von der Oberfläche bis 110 cm Tiefe folgende Werte von SiO_2: 66,32, 62,24, 63,47, 60,91. Nach Lang wären dies aber Gelblehme.

Es ist unmöglich, mit diesem Prinzip eine Klassifikation nur auf Grund von Bauschanalysen durchzuführen. Die von Lang zur Charakterisierung von Gelblehm und Rotlehm benutzten Analysen sind nicht gleichwertig. Die Analysen

---

[1] Lang, R.: Fortschr. d. Min. **1922**, 215.
[2] Shantz u. Marbut, C. F.: The vegetation and soils of Africa, 219, Analyse 9—12.

seiner Rotlehme beziehen sich durchweg auf Verwitterungsprodukte reiner Kalke, bei denen naturgemäß ein größerer Gehalt an Kieselsäure nicht auftreten kann. Anders ist es bei seinen Gelblehmen. Sie sind Verwitterungsprodukte unreiner Kalke oder sichtbar quarzführender Gesteine. Bei diesen ist es natürlich ausgeschlossen, daß ein geringer Kieselsäurewert auftreten kann, da Quarz dabei nicht angegriffen wird. Wenn die tropischen Rotlehme einen höheren Gehalt an SiO_2 aufweisen, so beruht dies darauf, daß die Ursprungsgesteine ebenfalls viel Quarz geführt haben.

Nach eigenen Erfahrungen scheint es darauf hinauszukommen, daß sich rote Farben im tropischen Gebiet so ziemlich auf allen Gesteinen bilden, während im subtropischen und gemäßigten Gebiet nur reine Kalke Rot- (d. h. Kreß-) Färbung besitzen, während schon silikatreiche Kalke gelbe Töne aufweisen. Auch der kreß gefärbte Bauxit erhält durch Verwitterung gelbe Farbe.

Die Rolle des Humus. GLINKA und RAMANN bezeichnen Rot- und Gelblehme als humusarme Typen. In der Folgezeit hat man sich dem immer wieder angeschlossen. Ein Bodentyp ist nun durch ein Bodenprofil mit verschiedenen Horizonten gekennzeichnet. Es war die Meinung, daß im Rot- und Gelblehmgebiet sich Humus in einem Oberflächenhorizont überhaupt nicht bilden kann. Neue Untersuchungen haben aber erwiesen, daß dies nicht richtig ist. Schon STREMME und MURGOCI machen allgemeine Angaben über das Vorkommen eines Humushorizontes über Rotlehm. Ein genaues Profil wurde zum erstenmal von HARRASSOWITZ[1] beschrieben.

Verwitterungsprofil auf Liaskalk bei Tivoli.

A Gelblichbrauner Humusboden mit Kalkschutt durchsetzt . . . . . 5 cm
B_1 Schwach humusgefärbter, trüber Rotlehm. . . . . 40 cm
B_2 Dunkler Rotlehm, stark mit angeätztem Kalkschutt durchsetzt . . . 50 cm
C Heller Liaskalk mit Kieselkonkretionen.

Untersuchungen, die von HARRASSOWITZ im rumänischen Bihargebirge, in Südungarn, Montenegro, Herzegowina, Bosnien, Kroatien, Dalmatien vorgenommen werden konnten, bestätigten durchaus das Vorkommen eines Humushorizontes unter Wald über Rot- und Gelblehm. So wurde auf der Halbinsel Lapad bei Ragusa unter Koniferen folgendes Profil beobachtet:

Verwitterungsprofil auf Kreidekalk bei Ragusa (Süddalmatien).

A Trockentorf . . . . 8 cm
B_1 Leicht humoser Rotlehm . . . . . . 3 cm
B_2 Rotlehm . . . . 10 cm
Tieferer Untergrund nicht erschlossen.

Dieses Profil liegt nur wenig über dem Meeresspiegel. Aber auch in größerer Höhe findet sich dasselbe. So fand ich in der Herzegowina im Gebiet von Rakitno folgendes, abgekürzt wiedergegebenes Profil in 1350 m Meereshöhe:

Verwitterungsprofil auf Kreidekalk bei Tobica (Herzegowina).

A Schwarzer, sehr humusreicher Boden 50 cm
B_1 Gelblehm . . . . 75 cm
B_2 Kreßlehm . . . . 2—3 cm
C Kreidemarmor.

Bei Arzinow-do in Montenegro sammelte ich folgendes Profil:

Verwitterungsprofil auf Kreidekalk bei Arzinow-do (Montenegro).

A Dunkler, humusreicher Boden . . .30—40 cm
B Rotlehm . . . . 50 cm
C Helle Kreidekalke.

---

[1] HARRASSOWITZ, H.: Geol. Rundsch. **17a**, 182 (1926).

Es sei übrigens erwähnt, daß gerade in dem letzten Gebiet oft rote und gelbe Farbe miteinander abwechseln, beruhend auf dem Unterschied verschiedener Muttergesteine. Ganz ähnliche Angaben, wenn auch ohne genaue Profile, machte Blanck[1]. Es wird damit ganz deutlich, daß die Rot- und Gelblehme keineswegs humusfreie Böden darstellen. Sie sind vielmehr Unterhorizonte, die man z. T. als Illuvialhorizonte ansprechen kann, bei denen manchmal auch Bildung durch örtliche Nachfällung möglich ist. Wenn sie in den Mediterrangebieten jetzt so oft unmittelbar an der Tagesoberfläche liegen, so beruht dies darauf, daß der darüberliegende Humushorizont abgetragen, und die Unterhorizonte freigelegt sind. Es handelt sich dabei um eine Profilausbildung, wie sie auch subtropisch und tropisch weitverbreitet ist. Im B-Horizont finden sich dabei Anreicherungen von Fe_2O_3 und Al_2O_3, während SiO_2 zurücktritt.

Über Vorkommen der Gelblehme liegen uns nur wenig Angaben vor. Von den angeblichen Verbreitungsgebieten in Japan und Marokko ist überhaupt nichts Näheres bekanntgeworden. Aus Südfrankreich gibt Glinka[2] an, daß er mehrfach Gelblehm beobachtet hätte. Nur ein einziges Profil führt er an, das Bogoslawski bei der Station Rives zwischen Grenoble und Lyon gesammelt hat. Es scheint, wie Glinka angibt, daß in diesem Profil im zweiten Horizont, der damit als B-Horizont zu bezeichnen wäre, eine Anreicherung von Sesquioxyden stattgefunden hat. Ob es sich um allgemeine Anreicherung von Gelen handelt, kann man nicht feststellen, im Gegenteil macht es den Eindruck, daß dies nicht der Fall wäre, da der Horizont als locker beschrieben wird.

Harrassowitz[3] hat den Versuch gemacht, andere Böden dem Typus der Gelblehme anzufügen. Nur ein kurzer Auszug der ausführlichen Arbeit kann hier gegeben werden.

Mit einiger Sicherheit kann man zu dem Typus der Gelblehme die in dem Sinne des Autors bezeichneten Verwitterungsprodukte der Südalpen bei Lugano stellen. Hier wurde Gelblehm auf Gneis, Liaskalk, Kalkschutt, Moräne mit kalkigen und kristallinen Geschieben in Höhe von 300—700 m über dem Meere beobachtet.

Verwitterungsprofil auf Gneis bei Comano nördlich Lugano.

A Stark humoser, frisch kaffeebrauner Oberboden, gut gekrümelt, zersetzt   20 cm
B Lehmige Gelberde . . . . 20—50 cm
C Frischer Gneis, oberflächlich und an Klüften gelb oder dunkelgelb gefärbt.

Verwitterungsprofil nahe der Kirche S. Bernardo, nördlich Comano, 680 m hoch (Analyse s. S. 191).

A Stark humoser, schwarzgelber Oberboden, gut gekrümelt, schwach sauer . 20 cm
B Gelblehm, von vielen Steinchen durchsetzt . . . . 20 cm
C Frischer Gneis.

Verwitterungsprofil auf Moräne bei Comano nördlich Lugano.

A Humoser, schwachgrauer Oberboden, undeutlich entwickelt . . . 10—15 cm
B Gelblehm mit unverwitterten kristallinen Geschieben . . . . 100 cm
C Frische Moräne mit vielen kristallinen Geschieben.

Auch auf Kalken konnten Gelblehme beobachtet werden. Hier war es aber sehr bezeichnend, daß die gelbe Farbe nur in tieferen Teilen auftrat, während die Kreßfarbe sich erst weiter oben unter dem Humushorizont einstellte. Es handelt sich aber nur um eine sehr helle Kreßfärbung, die keinesfalls mit der

---

[1] Blanck: Chem. d. Erde **3**, 44 ff. (1927).
[2] Glinka, K.: Typen der Bodenbildung, **1914**, 66.
[3] Harrassowitz, H.: Geol. Rundsch. **17a**, 122 ff. (1926).

Terra rossa vergleichbar ist. Die chemischen Analysen sind auf S. 191 zusammengestellt und werden gemeinsam besprochen. Auch in der Umgebung von Rom finden sich Profile mit Gelblehmen.

Verwitterungsprofil auf Tuff bei Tivoli.

A Dunkler, humusreicher, schwarzerdeähnlicher Oberboden . . .   50—100 cm
B Dunkelgelbgefärbter Lehm, frisch rötlich aussehend . . . . .   100—150 cm
C Heller, junger Tuff mit einigen gelblichen und schwach kreß gefärbten Streifen . . . . 100 cm

In anderen Profilen war aber auf Kalk regelrechte Kreßfärbung aufgetreten. Aber ein Verwitterungsprofil auf Basalt an der Via Appia zeigte noch Gelblehmbildung.

Verwitterungsprofil auf Basalt, Via Appia antica bei Rom.

A Schwach humoser, lehmiger Oberboden, Braunlehm . . . . 50 cm
Z Zersatz, hellgelblich, mit Kugeln frischen Gesteins, auf Klüften braunlehmdurchsetzt . . . . 50—150 cm
C Frischer Basalt; auf Klüften schwarzgelbes Gel, z. T. noch feucht und schmierig, also frisch gefällt.

Bei den genannten Verwitterungsprofilen handelt es sich sicher um subtropisches Klima. Es konnten aber Gelblehmbildungen auch in den Alpen festgestellt werden, und zwar am nördlichen Surettamassiv in Graubünden. Bis zu 1800 m Meereshöhe kann man hier Gelblehme beobachten. Ihre Mächtigkeit ist meist nur gering und das Profil ist sehr einfach, indem über dem vergneisten Granitporphyr der Gelblehm und darüber humoser und gebleichter Gelblehm vorliegt (Analyse s. S. 192). Auch in anderen Gebieten der Alpen herrscht gelbe Verwitterung in den Unterhorizonten. Scheinbar liegt topographisch ein Gegensatz zu den subtropischen Gebieten vor. Es muß aber darauf hingewiesen werden, daß die alpinen Gebiete zu größerer Höhe emporragen und im Sommer starker Insolation ausgesetzt sind. Die stärkere chemische Energie der Sonnenstrahlung bedingt intensivere chemische Zersetzung als man ursprünglich vermuten könnte. Das Lichtklima hat hier ausgleichend eingegriffen[1]. Wir werden bei der Besprechung der Analysen sehen, wie sich das Gebiet von Graubünden chemisch noch vollständig dem Süden anschließt.

Bewegen wir uns nördlich der Alpen, so können wir gelb gefärbte Lehme außerordentlich häufig in den verschiedensten Teilen Deutschlands unterscheiden. Genau besprochen und untersucht sind sie von HARRASSOWITZ[2], aber nur in der südlichen Rheinebene und dem südlichen Schwarzwald. In der Rheinebene kann man vor allen Dingen auf Kalken Gelblehme außerordentlich häufig beobachten, und die gelbe Farbe setzt sich stellenweise selbst im Ackerboden noch durch. Ausführliche analytische Daten wurden gewonnen über die Gelblehme auf Gneisen, und zwar am Fuße des Schwarzwaldes bei Freiburg und auf Höhen bis über 1100 m. Auf orthoklasführenden Gneisen bildeten sich Kreßlehme, aber die hellen plagioklasführenden Gneise zeichnen sich durch Gelblehmbildung aus. So wurde bei St. Peter folgendes Verwitterungsprofil aufgenommen:

Verwitterungsprofil auf Gneis nordöstlich St. Peter (Analyse s. S. 192).

A Humoser Wiesenboden . . . . 20 cm
B Kreßlehm . . . . 20—40 cm
C Sillimanit-Cordieritgneis, mäßig frisch.

<hr>

[1] Vgl. H. HARRASSOWITZ: a. a. O., S. 205 ff.
[2] HARRASSOWITZ, H.: a. a. O., S. 131 ff., 175 ff.

Sehr bezeichnend ist es aber, wie ähnlich in der Gegend von Lugano auch hier in den hohen Teilen des Profiles Kreßfärbung auftritt, wie das folgende Profil zeigt.

Verwitterungsprofil auf Gneis am Diescheneck, nördlich St. Märgen.

A Dunkelkreß gefärbter Humusboden . . . . . . 10 cm
B_1 Heller Kreßlehm, übergehend in . . . . . . 20 cm
B_2 Gelblehm . . . . 20—40 cm
Z Zersatz von körnigem Gneis . . . . . über 30 cm
C Nicht beobachtbar.

Wie wir unten sehen werden, sind diese Gelblehme in bestimmter chemischer Beziehung von denen der Alpen deutlich unterschieden. Viel stärker treten diese Unterschiede aber heraus, wenn wir die Analysen betrachten, die LANG angeführt hat. Er bezeichnet sie freilich nicht als echte Gelblehme, sondern sagt nur, daß die Verwitterung in den deutschen Breiten „in der Richtung der Gelblehmverwitterung vor sich geht". Vollständig durchuntersucht sind von den nach ihm angeführten Analysen nur die Lehme, die sich auf Löß bilden. Ihre Farbe ist freilich nur noch ein recht unreines Gelb und, man kann bei den deutlichen chemischen Unterschieden wohl sehr zweifelhaft sein, ob man dieses Verwitterungsprodukt nicht von den echten Gelblehmen vollständig abtrennen muß.

Gelblehme sind außerdem in Deutschland noch im Gebiet von München von BLANCK[1] näher untersucht worden. Sie fügen sich im Chemismus z. T. denen des Schwarzwaldes recht gut ein. BLANCK gab von hier folgendes Profil (chemische Analyse s. S. 193).

Wald bei Mühltal.

A Krume . . . . 5—15 cm
B_1 Gelber Lehm . . . . 27—37 cm
B_2 Roter Lehm . . . . 55—65 cm
C Moränenkies mit großen Steinen und mergeligem
    Zwischenmaterial in beginnender Verlehmung.

Die jetzigen klimatischen Verhältnisse passen aber zu denen des Schwarzwaldes und der Alpen nicht mehr. Noch viel stärker wird dieser Unterschied, wenn wir etwa Gelblehm auf den Höhen der Böhmischen Masse im Gneismassiv beobachten. Hier muß es sehr zweifelhaft erscheinen, ob man derartige Gebilde noch zu dem Typus rechnen kann. Freilich läßt sich nicht mit Sicherheit beweisen, ob alle die Lehme Verwitterungsprodukte der Gegenwart sind. Auf den Höhen des Schwarzwaldes sind jetzt Gelblehme, wie an der Hornisgrinde von mächtigen Podsolprofilen überlagert. Hier wird es klar, daß es sich um fossile Verwitterung handelt, deren Entstehung wohl der letzten warmen Postglazialzeit vor der Gegenwart zuzuschreiben ist. Nur die Tatsache, daß es sich hier um sehr große Klimagegensätze handelt, läßt den Beweis im Profil möglich erscheinen. In tieferen Lagen der Rheinebene wird es vermutlich ausgeschlossen sein, derartige Unterschiede festzustellen.

MARBUT[2] macht Angaben über gelbe Böden, die sich offenbar nur auf Amerika beziehen können. Sie bilden sich in Landschaften, deren Temperaturen praktisch dauernd über dem Gefrierpunkt liegen. Der Boden wird daher ständig ausgelaugt, zumal starke Niederschläge auftreten. Das Profil entspricht genau

---

[1] BLANCK, E.: Beiträge zur regionalen Verwitterung in der Vorzeit. Mitt. d. Landw. Inst. Breslau, **6**, 619—682, (1913).
[2] SHANTZ and MARBUT: Soils of Africa, S. 124.

den etwa vom Schwarzwald beschriebenen. Unter einem leicht sandigen humosen Oberboden befindet sich lehmiger, gelber Unterboden. Alkalien, Erdalkalien, Eisen sind stark hinweggeführt.

Chemismus. Betrachten wir im folgenden die chemischen Analysen von Gelblehmen, so ergibt sich grundsätzlich, daß sie im Vergleich zum Ursprungsgestein durch relativ starke Entkieselung und Entbasung entstanden sind. Der Quotient ki, das molekulare Verhältnis von Kieselsäure zur Tonerde, und der Quotient ba, das molekulare Verhältnis von CaO, Na_2O, K_2O zur Tonerde, geben darüber genügend Auskunft.

Eine weitere Übersicht ergibt sich, wenn man die Quotienten ki und ba der Verwitterungsprodukte durch die der frischen Gesteine dividiert. Dann ergeben sich die Quotienten K und B. Aus ihnen folgt, wenn wir die Mittelwerte nehmen, daß zu den klimatischen Unterschieden keine Parallelität auftritt. Die Entkieselung ist bei Freiburg am geringsten und erreicht ähnliche Werte bei Lugano und München. Die Entbasung aber hat ihre geringsten Werte in Graubünden, Freiburg, denen sich erst in weiterem Abstand Lugano anschließt. Nach den absoluten Werten der Bauschanalyse ergibt sich so überhaupt kein Unterschied, nur zeigen die Lößlehme noch größere Mengen von Alkalien und Erdalkalien. Der einzige Unterschied, der sich bisher herausgestellt hat, liegt in dem Quotienten ki, im Salzsäureauszug. (Bei diesen Salzsäureauszügen muß die gelöste, aber ausgefallene Kieselsäure mit Natronlauge aufgenommen sein und zur Berechnung hinzugezogen werden.) Auf diese Weise ergibt sich, daß die südlich gelegenen Gelblehme von Lugano und Graubünden im HCl-Auszug einen Quotienten ki aufweisen, der unter 2 liegt. Wir können daher wohl diese Gesteine als echte Gelblehme bezeichnen. Im Schwarzwald und Südbaden liegen die Werte rund zwischen 2 und 3, während der Quotient ki bei Lößlehmen noch sehr viel höher liegt. Zum Vergleich sei aber darauf hingewiesen, daß die von BLANCK untersuchten Lehme am Gardasee niedrigere Werte aufweisen, als sie bei Lugano festzustellen sind.

Gelblehm auf Gneis, Lugano[1].
(Profil s. S. 191.)

	C Gneis	B Gelblehm	B (HCl zersetzt)	A Humusboden
SiO_2	75.50	59.22	6.24	53.95
TiO_2	0.10	0.73	0.08	0.58
Al_2O_3	14.11	17.66	6.06	15.70
Fe_2O_3	1.59	3.51	—	3.84
FeO	0.40	2.16	1.40	—
MgO	0.35	1.44	—	0.45
CaO	0.72	0.79	—	0.47
Na_2O	4.08	1.40	—	1.35
K_2O	1.96	2.57	—	1.70
H_2O^+ . . . . (+ organ. Substanz bei A)	1.04	7.95	—	17.15
H_2O^-	0.06	2.99	—	4.90
P_2O_5	ger. Meng.	ger. Meng.	—	0.18
Rückstand			86.22	
	99.91	100.42	100.00	100.27
ki	9.10	5.70	1.75	5.80
K	—	0.63	—	0.64
ba	0.72	0.37	—	0.31
B	—	0.51	—	0.43

---

[1] HARRASSOWITZ, H.: Geol. Rundsch. **17a**, 169 (1926).

Gelblehm auf Gneis, Andeer (Graubünden)[1].

(Profil s. S. 189.)

	C Rofnagneis	B Gelblehm	A Gelblehm gebleicht	HCl-Auszüge	
				B	A
SiO_2	70.25	61.45	72.20	6.25	4.95
TiO_2	0.43	0.44	0.50	0.15	0.10
Al_2O_3	14.01	17.07	12.35	5.87	2.79
Fe_2O_3	1.12	4.91		4.11	2.21
FeO	1.59	1.59	2.74	1.07	
MgO	0.94	2.10	1.19	0.58	0.51
CaO	0.86	0.28	0.55	0.09	0.09
Na_2O	2.63	0.95	1.61	n. b.	n. b.
K_2O	5.97	1.70	1.34	n. b.	n. b.
H_2O^+	1.35	6.38	7.72	9.12	7.72
H_2O^-		2.74			
Rückstand . .				72.25	81.40
	99.15	99.61	99.96	99.49	99.77
ki	8.50	6.10	10.60	**1.80**	3.00
K		0.72	1.25		
ba	0.87	0.23			
B		0.26			

Gelblehm auf Gneis, bei St. Märgen im Schwarzwald[2].

(Profil s. S. 189.)

	C Plagioklasgneis			B Gelblehm		
	Bausch- analyse	HCl- loslich	H_2SO_4 unlöslich	Bausch- analyse	HCl- löslich	H_2SO_4- unlöslich
SiO_2 . .	68.55	5.40	56.08	51.78	10.18	33.18
TiO_2 . .	0.67	Spur	0.43	1.15	0.26	0.25
Al_2O_3 . .	16.48	3.28	11.51	18.81	7.51	2.60
Fe_2O_3 . .	0.82	1.33	0.25	5.36	6.65	0.15
FeO . .	3.46	3.06	—	2.40	1.49	—
MgO . .	1.13	1.40	0.08	1.67	0.75	0.04
CaO . .	1.82	1.35	0.92	0.92	0.09	0.19
Na_2O . .	3.43	0.20	2.49	0.88	0.49	0.79
K_2O . .	1.47	1.42	1.53	1.72	0.35	0.63
H_2O^+ . .	1.90	—	—	12.11	—	—
H_2O^- . .	0.15	—	—	3.59	—	—
	99.88	17.44	73.29	100.39	27.77	37.83
ki . . .	7.10	2.80	—	4.70	**2.30**	—
K . . .	—	—	—	0.66	—	—
ba . . .	0.64	—	—	0.27	—	—
K . . .	—	—	—	0.42	—	—

[1] Harrassowitz, H: Geol. Rundsch. **17a**, 160 (1926).
[2] Harrassowitz, H.: Geol. Rundsch. **17a**, 145 (1926).

Gelb- und Kreßlehm auf Moräne bei München[1].

	C kalkige Moräne	B_2 Kreßlehm	B_1 Gelblehm
SiO_2	22.20	62.12	81.33
Al_2O_3	3.37	16.11	7.42
Fe_2O_3	2.57	10.03	5.39
MgO	0.07	2.06	1.02
CaO	0.12	1.07	0.74
MgO .⎫ geb. a. CO_2	11.50	—	—
CaO .⎬	26.53	—	—
Na_2O	0.30	0.43	0.68
K_2O_5	Spur	0.71	0.88
P_2O_5	0.06	Spur	Spur
CO_2	33.50	—	—
H_2O^+	—	6.54	3.18
	100.22	99.07	100.64
ki	11.44	6.55	18.6
K	—	0.57	1.6
ki in HCl	—	2.75	2.61
ba	0.16	0.21	0.46
B	—	1.3	0.29

Gelber Lehm auf jüngerem Löß[2]. von Münzenberg.

	C jüngerer Löß		B Lößlehm	
	Bauschanalyse	Salzsäureauszug	Bauschanalyse	Salzsäureauszug
SiO_2 . .	66.24	5.27	69.36	9.85
TiO_2 . .	0.85	Spur	1.16	0.14
Al_2O_3 . .	9.57	2.58	10.77	4.47
Fe_2O_3 . .	4.15	1.93	5.10	4.34
FeO . .	—	—	0.72	0.32
MnO . .	—	—	0.07	0.05
MgO . .	1.59	1.13	0.90	0.37
CaO . .	7.92	6.21	1.29	0.49
Na_2O . .	1.68	1.33	1.37	0.28
K_2O . .	0.76	0.50	1.53	0.21
H_2O^+ . .	2.86	1.45	4.61	—
H_2O^- . .	—	—	3.24	—
P_2O_5 . .	—	—	0.14	0.14
SO_3 . .	—	—	0.025	—
CO_2 . .	4.90	4.90	—	—
	100.52	25.30	100.28	20.66
ki . . .	11.42	3.46	10.82	3.75
K . . .	—	—	—	0.95
ba . . .	1.87	5.44	0.58	0.35
B . . .	—	—	—	0.31

---

[1] Analyse von BLANCK siehe HARRASSOWITZ, H.: Geol. Rundsch. **17a**, 185 (1926).
[2] Analyse: Geol. Inst. Gießen, Nr 276, Dr. MÖSER. — Analyse des Löß von S. GOLD-BERG, Dissert., Gießen 1923 „Chemische Untersuchungen über den Löß von Münzenberg in der Wetterau".

β) Die Mediterran-Roterde (Terra rossa).

Von E. BLANCK, Göttingen.

Mit 7 Abbildungen.

Allgemeines und Historisches.

Die Terra rossa ist die in den Ländern des Mittelmeergebietes am häufigsten auftretende Bodenart. Sie stellt eine besondere Bodenform der Roterden dar. Ihren Namen hat sie von dem im Gebiet des Karstes besonders charakteristisch auftretenden tiefrot gefärbten Lehm erhalten, der dort als Terra rossa bezeichnet wird und welche Benennung späterhin auf alle entsprechenden Bildungen übertragen worden ist. Unter-Istrien wird nach dem weitverbreiteten deckenartigen Vorkommen dieses Gebildes geradezu als Istria rossa bezeichnet[1]. Von E. RAMANN[2] sind die Roterden im Jahre 1902 ganz allgemein wie folgt gekennzeichnet worden, und wenn auch heute, nachdem eine umfassendere Kenntnis von ihrer Natur erworben ist, manche besonderen Einzelheiten von grundlegender Verschiedenheit aufgedeckt worden sind, so wird doch immer noch das den Roterden gemeinsame und für sie in Frage kommende typische Gepräge durch diese Worte vollkommen zum Ausdruck gebracht: „Die Roterden charakterisieren sich durch reichlichen Gehalt an Eisenverbindungen und infolge der Armut an humosen Stoffen durch helle, leuchtende Farben, welche zwischen Gelb und Rotbraun schwanken, zumeist aber ein helles Rostbraun zeigen. Die Roterden sind eine verbreitete Bodenart wärmerer Zonen, fehlen aber auch den kühleren Gebieten nicht völlig ... Ihre Eigenschaften weisen darauf hin, daß unter bestimmten klimatischen Bedingungen zwei Prozesse im Boden große Bedeutung gewinnen können: Wegfuhr von Kieselsäure und Abscheidung von kolloiden Eisenoxyden." Im Jahre 1918 hat der Genannte seine Kenntnisse vom Wesen der Terra rossa folgendermaßen zusammengefaßt: „Die als Terra rossa bezeichneten Kalkböden des nördlichen Mittelmeergebietes schließen sich an die Kalkböden Mitteleuropas an". Es „sind zwei Formen der als Terra rossa bezeichneten Böden zu unterscheiden. Die eine Form beherrscht die Hochflächen des Karstes und der Kalkgebirge bis Kroatien und dringt wahrscheinlich auf der Balkanhalbinsel weiter nach Süden vor. Der Oberboden ist fahl, gelbbraun bis rotbraun, der Unterboden braunrot bis dunkelrot. Die zweite Form der Terra rossa sind Randbildungen, die als rote und rotbraune Überzüge auf dem Kalkgestein auftreten und sich in Spalten und Unebenheiten ansammeln und hier braunrote Massen bilden. Die Berghänge und Gebirgsmassen des Gebirges erhalten durch die an rotem Eisenoxydhydrat reichen Abscheidungen auf den Kalkgesteinen die ausgesprochen roten Färbungen, welche jedem Reisenden auffallen. Die erste Form der Karstroterden schließt sich zwanglos den mitteleuropäischen Kalkböden an, von denen sie sich hauptsächlich durch die starke Färbung des Unterbodens unterscheidet. Es ist nicht ausgeschlossen, daß die Böden der Karsthochflächen alte Böden sind, deren Bildung in die Diluvialzeit zurückreicht und die ihre Eigenschaften z. T. einem kühleren und regenreicheren Klima verdanken als zur Jetztzeit herrscht. Die Randroterden erhalten ihre bezeichnenden Eigenschaften durch die hohen Bodentemperaturen und die

---

[1] Siehe MORLOT: Geologische Verhältnisse von Istrien. In HAIDINGER: Naturwissenschaftliche Abhandlungen, S. 3. Wien 1848. — Vgl. E. TIETZE: Zur Geologie der Karsterscheinungen. Jb. k. k. geol. Reichsanst. Wien 1880, 751. — Hier ist auch besonders älteste Literatur über Terra rossa vorhanden.

[2] RAMANN, E.: Das Vorkommen klimatischer Bodenzonen in Spanien. Z. Ges. Erdkde. Berlin 1902, 165.

starke Austrocknung in der warmen Jahreszeit. Die Bildung organischer Substanzen ist auf den im Sommer wasserarmen Hängen nicht bedeutend; die milden Winter gestatten raschen Abbau der organischen Reste. Die Böden haben daher geringen Humusgehalt und zeigen die leuchtenden Farben der humusarmen Böden. Man wird schwerlich fehlgehen, wenn man die Randroterden des Mittelmeergebietes als halbfeuchte (semihumide) Bodenbildungen betrachtet. Die Niederschläge der kalten Jahreshälfte reichen aus, den Boden auszuwaschen; die Sickerwässer dringen durch die Spalten tief ein, die aufsteigenden Wasserströmungen üben nur geringe Wirkungen aus. Die Böden tragen daher den Charakter der Feuchtböden, ihre Beschaffenheit wird jedoch durch hohe Temperaturen und starke Austrocknung während der warmen Jahreszeit beeinflußt"[1].

Hinsichtlich der substantiellen Beschaffenheit der Terra rossa läßt sich etwa folgende Charakteristik derselben geben: Die Terra rossa stellt einen mehr oder weniger tiefrot gefärbten Lehmboden dar, der anderen Bodenarten gegenüber durch eine gewisse starke Anreicherung von Eisenoxyden und Tonerde und demgegenüber durch ein gewisses Zurücktreten der Kieselsäure und eine meist starke Verarmung an Alkalien und Erdalkalien ausgezeichnet ist. An Humusstoffen ist sie im allgemeinen nur arm, und besonders kennzeichnend erweist sich für sie die z. T. kolloide Natur des Eisens und der Tonerde, die namentlich in der Form der Hydratgele neben Ton zugegen sind. Ihr Auftreten ist ständig an Kalk oder an kalkreiche Gesteine gebunden, und Anreicherungen von Kalk und Eisen in Gestalt von Konkretionen kommen oftmals vor[2].

Demgegenüber hat ganz neuerdings A. REIFENBERG nachstehende Definition für die Mediterranroterde aufgestellt: „Die Mediterranroterden entstehen auf Kalkgestein unter den Bedingungen des typischen Mittelmeerklimas. Im Vergleich zu ihrem Ursprungsgestein, dem Kalk, hat in ihnen eine starke Anreicherung der Sesquioxyde und der Kieselsäure stattgefunden. Im Vergleich zu humiden Bodenarten ist ihr Gehalt an Salzen der Alkalien und Erdalkalien ein verhältnismäßig hoher. Eisenreichtum in Verbindung mit Humusmangel verleihen der Mediterranroterde ihre oft leuchtend roten Farben. Es sind zumeist Böden alkalischer Reaktion und lehmigen Gefüges; sie können Kalk- und Eisenkonkretionen führen"[3]. Diese Definition ist, wie man sieht, vom Gesichtspunkt der substantiellen Beschaffenheit des Kalksteins als Muttersubstanz der Roterde aufgestellt worden, und nur hieraus erklärt sich der vermeintliche Gegensatz in der Wiedergabe der charakteristischen Merkmale der Terra rossa beider Bodenbegriffsumgrenzungen. Das ständige Gebundensein der Terra rossa an Kalk oder an daran reiche Gesteine muß ganz besonders als das typischste Merkmal der Mediterranroterde angesehen werden, welchem Umstand wir nicht nur eine feste Umgrenzung des Begriffes der Terra rossa anderen Roterden gegenüber zu verdanken haben, sondern der auch dazu führt, die Terra rossa nicht lediglich als eine klimatische Bodenbildung ansehen zu können. In der Terra rossa liegt auf alle Fälle eine besondere Art der Roterden vor, und wenn man sich auch wohl eine Zeitlang ganz allgemein damit begnügt hat, alle Roterde-

---

[1] RAMANN, E.: Bodenbildung und Bodeneinteilung, S. 85, 86. Berlin: Julius Springer 1918.
[2] Vgl. E. BLANCK: Kritische Beiträge zur Entstehung der Mediterran-Roterde. Landw. Versuchsstat. 87, 254 (1915). — Bodenlehre, S. 100. Berlin: Gebr. Bornträger 1928. — E. BLANCK u. W. GEILMANN: Über die chemische Zusammensetzung einiger Konkretionen tropischer Böden. Landw. Versuchsstat. 101, 217 (1923). — E. BLANCK: Über die Beschaffenheit der in norditalienischen Roterden auftretenden Konkretionen. Mitt. landw. Inst. Univ. Breslau, Berlin 6, 325 (1911).
[3] REIFENBERG, A.: Die Entstehung der Mediterran-Roterde (Terra rossa). Sonderausgabe der Kolloidchem. Beih. 1929, 5. Dresden u. Leipzig: Th. Steinkopff. Im Original gesperrt gedruckt.

formen als unter den besonderen Bedingungen heißer und warmer Klimate hervorgegangene Bodentypen von gradueller Verschiedenheit anzusprechen, so muß eine solche Auffassung schon aus dem Grunde als nicht zu Recht bestehend abgelehnt werden, weil hinsichtlich ihrer Genesis, trotz aller Lückenhaftigkeit der Erkenntnisse, doch recht große und wesentliche Verschiedenheiten bestehen, so daß von einem einheitlichen Entstehungsvorgang, der sich infolge zwar verschiedener, aber nur dem Grade nach veränderter Bedingungen vollzogen haben sollte, nicht gut gesprochen werden kann. Aber in der substantiellen oder stofflichen Beschaffenheit der Roterden bestehen wesentliche Verschiedenheiten, wenngleich dieselben auch nicht unmittelbar durch die Gesamtanalyse der Roterden vor Augen treten[1]. Wenn es somit auch nicht allzu schwer fällt, die Terra rossa von sonstigen Roterden, insbesondere vom Laterit abzutrennen, so liegen die Verhältnisse schon weit schwieriger in Hinsicht auf die sog. tropischen Roterden. Die von M. Bräuhäuser empfohlene Gliederung der Roterden auf Grund der Beschaffenheit des Untergrundgesteins im Sinne seiner nachfolgend angeführten Worte, erscheint ohne weiteres nicht möglich, da die tropischen Roterden durchaus nicht auf Kalkgesteinen zu lagern, noch im Zusammenhang damit zu stehen brauchen. „Es scheint sich zu empfehlen, den Begriff Roterden, dem Begriff Laterit an die Seite zu stellen, ihn aber unter Festhaltung der geologischen Grundlage auf solche Roterden zu beschränken, die in Kalkgesteingebieten unter tropischem oder subtropischem Klima entstanden sind"[2]. Ebensowenig ist es zulässig, die Roterde oder Terra rossa als Vorstufe zum Laterit aufzufassen, wie solches vielfach geschehen ist, indem man für die Entstehung des Laterits die gleichen Faktoren wie für die Roterde, jedoch im erhöhten Ausmaße, annehmen zu müssen geglaubt hat, was sich aber aus dem Grunde wesentlich voneinander abweichender Entstehungsweise beider Bildungen verbietet. Auch liegen im Laterit nach der von H. Harrassowitz[3] geprägten neuen Terminologie Allite vor, während die Terra rossa eine Siallitbildung darstellt.

Was nun zunächst das Auftreten bzw. die geographische Verbreitung der Terra rossa anbelangt, so nimmt nach E. Ramanns[4] schematischer Darstellung der klimatischen Bodenzonen Europas die Terra rossa ein Gebiet ein, welches im Südwesten Europas beginnend, den südlichen Teil von Portugal, das ganze mittlere Spanien bis hinauf zum Busen von Biskaya, sodann den ganzen Süden Spaniens hinaufreichend bis Cartagena ausmacht. Von etwa Valencia an zieht sich eine schmale Zone am Rande des Mittelmeeres über Barcelona nach Marseille hin. Ramann[5] hat die Terra rossa zuerst von Spanien beschrieben, K. Glinka konnte sie nach A. Reifenberg[6] in der Umgebung von Salamanca, Valladolid und im südlichen Teil der Pyrenäenhalbinsel beobachten, auch P. Treitz und W. Wolff haben nach gleichem Gewährsmann[7] über sie berichtet, A. de Ilera[8] und E. H. del Villar[9] geben schließlich nähere Auskunft. Trotz-

[1] Vgl. E. Blanck u. F. Alten: Beiträge zur Kennzeichnung und Unterscheidung der Roterden. Landw. Versuchsstat. 103, 41 (1924).

[2] Bräuhäuser, M.: Die Bohnerzbildung im Muschelkalkgebiet am oberen Neckar. Jh. Ver. vaterl. Naturkde Württemberg 72, 269 (1916). Im Original gesperrt gedruckt.

[3] Harrassowitz, H.: Laterit, Material und Versuch seiner erdgeschichtlichen Auswertung, Berlin: Gebr. Bornträger 1926.

[4] Ramann, E.: Bodenkunde, 2. Aufl. Berlin 1905, S. 394; 3. Aufl. 1911, S. 561.

[5] Ramann, E.: Z. Ges. Erdkde Berlin 1902, 165.

[6] Reifenberg, A.: a. a. O., S. 8.

[7] Reiffenberg, A.: a. a. O., S. 9.

[8] Ilera, A. de: Die Verteilung der Hauptbodenarten und der Bodentypen in Spanien Ernährung der Pflanze 23, S. 392. 1927.

[9] Villar, E. H. del: España en el mapa International de Suelos. Serv. Publ. Agricolas, Madrid 1927.

dem steht aber noch eine eingehende Untersuchung und Kenntnis spanischer Roterdevorkommnisse völlig aus. An der Mündung und am Unterlauf der Rhone schneidet die von Spanien auslaufende Roterdezone tiefer und breiter ins Hinterland ein und findet ihre Fortsetzung bis nach Livorno, von wo an nunmehr das ganze südliche Italien einschließlich Siziliens, Korsikas und Sardiniens mehr oder weniger stark von Roterde bedeckt und eingenommen wird. Von den südfranzösischen Roterdevorkommnissen sind einige von E. BLANCK[1] analysiert worden. Auf den vorgenannten Inseln dürfte die Terra rossa allerdings wohl nur spärlich vertreten sein, da diese vorwiegend aus kristallinen Gesteinen aufgebaut sind. Der nördlichste Vorstoß auf der Ostseite Italiens wird von RAMANN etwa durch das Pomündungsgebiet bezeichnet, und ein weiteres Roterdegebiet zieht sich im Norden ausgehend von Triest die ganze Westseite der Balkanhalbinsel entlang, um in Griechenland die weitgehendste Verbreitung anzunehmen, während andererseits der Süden des Mittelmeergebietes, also die Nordküste Afrikas[2], gleichfalls nach RAMANN in die Zone der subtropischen Roterde fällt. Ergänzend sei darauf hingewiesen, daß auch Kleinasien noch besagter Zone hinzuzurechnen ist. Am eingehendsten sind bisher die Terra-rossa-Vorkommen Italiens, Dalmatiens und Istriens untersucht worden, auf welche Untersuchungen noch des näheren eingegangen wird. Insbesondere sind hier aus neuerer Zeit die Arbeiten von E. BLANCK[3], G. CUMIN[4], HERM. FISCHER[5], H. HARRASSOWITZ[6], E. KRAMER[7], W. Graf ZU LEININGEN[8], VINASSA DE REGNY[9], FR. TUCÁN[10] und G. DE ANGELIS D'OSSAT[11] zu nennen.

---

[1] BLANCK, E.: Beiträge zur Kenntnis der chemischen und physikalischen Beschaffenheit der Roterde. J. Landw. **60**, 59 (1912). — Vgl. auch V. AGAFONOFF: Les types des sols de France. Bodenkundl. Forschgn. **1**, 90 (1928).

[2] Die Karte MARBUTS von der Nordküste Afrikas gibt allerdings keine Roterden an. Vgl. P. KRISCHE: Übersichtskarte über die Verteilung der Hauptbodenarten und deren Beziehung zum Kunstdüngerverbrauch. Ernährung d. Pflanze **23**, 2 (1927).

[3] BLANCK, E.: Beiträge zur Kenntnis der chemischen und physikalischen Beschaffenheit der Roterde. J. Landw. **60**, 59 (1912). — Über die Beschaffenheit der in norditalienischen Roterden auftretenden Konkretionen. Mitt. landw. Inst. Univ. Breslau, Berlin **6**, 325 (1911). — Kritische Beiträge zur Entstehung der Mediterran-Roterde. Landw. Versuchsstat. **87**, 251 (1915); Auszug: Geol. Rdsch. **7**, 57 (1916). — Zum Terra-rossa-Problem. Internat. Mitt. Bodenkde. **7**, 66 (1917). — Vorläufiger Bericht über die Ergebnisse einer bodenkundlichen Studienreise im Gebiet der südlichen Etschbucht und des Gardasees. Chem. d. Erde **2**, 175 (1926). — BLANCK, E., u. F. GIESECKE: Über die Entstehung der Roterde im nördlichsten Verbreitungsgebiet ihres Vorkommens. Ebenda **3**, 44 (1928). — BLANCK, E., u. J. M. DOBRESCU: Weitere Beiträge zur Beschaffenheit rotgefärbter Bodenarten. Landw. Versuchsstat. **84**, 427 (1914). — BLANCK, E., u. F. PREISS: Bei- und Nachträge zur Kenntnis der Roterden. J. Landw. **1921**, 79.

[4] CUMIN, G.: Appunti geologici Sull' Istria. Atti Accad. naz. Lincei, Roma **33**, 174 (1924); Ref. Mitt. internat. bodenkundl. Ges. **1**, 290 (1925).

[5] FISCHER, HERM.: Goethe und die sizilianische Roterde. Internat. Mitt. Bodenkde. **14**, 131 (1924).

[6] HARRASSOWITZ, H.: Südeuropäische Roterde. Chem. d. Erde **4**, 1 (1928).

[7] KRAMER, E.: Über die Bildungsweise der Terra rossa des Karstes. Mitt. Musealver. f. Krain, Agram **1899**.

[8] LEININGEN, W. Graf ZU: Reiseskizzen aus dem Süden. Naturwiss. Z. Land- u. Forstwirtsch., München **5**, H. 10 (1907). — Beiträge zur Oberflächengeologie und Bodenkunde Istriens. Ebenda **9**, H. 1 u. 2 (1911). — Über den Einfluß von äolischer Zufuhr auf die Bodenbildung. Mitt. geol. Ges. Wien **3/4**, 139 (1915). — Entstehung und Eigenschaften der Roterde (Terra rossa). Zbl. ges. Forstwes., Wien **43**, 1 (1917). — Entstehung und Eigenschaften der Roterde. Internat. Mitt. Bodenkde. **7**, 39 (1917). — Die Roterde (Terra rossa) als Lösungsrest mariner Kalkgesteine. Chem. d. Erde **4**, 178 (1929).

[9] REGNY, VINASSA DE: Sull' origine della „Terra rossa". Boll. Soc. geol. Ital., Roma **23**, 158 (1904).

[10] TUCÁN, FR.: Terra rossa, deren Natur und Entstehung. Neues Jb. Min. usw. **34**, 423 (1912).

[11] ANGELIS D'OSSAT, G. DE: Sulla geologica della provincia di Roma. Boll. Soc. geol. Ital. **39** (1920).

Die palästinensische Roterde hat durch E. Blanck und S. Passarge[1] sowie durch A. Reifenberg[2] Behandlung gefunden, die montenegrinische und rumänische durch E. Blanck[3] und G. Murgoci, die bosnische durch E. v. Mojsisovics[4], während wir über das griechische Verbreitungsgebiet bisher kaum über Kenntnisse verfügen. Aber auch noch aus viel nördlicheren Gegenden liegen Roterdebeschreibungen und Analysen vor, so u. a. aus Mähren durch E. Blanck[5], aus Ungarn durch P. Treitz[6] und durch R. Ballenegger[7] und vom Schneeberg bei Wien durch Graf W. zu Leiningen[8]. Böden, die der europäischen Terra rossa ähnlich sind, findet man nach Glinka[9] auch im südöstlichen Teil von Nordamerika und auf den benachbarten Bermudainseln. Auch in Japan sollen solche vorhanden sein.

Die neue allgemeine Bodenkarte Europas, herausgegeben von H. Stremme[10], läßt eigentliche Roterde nur in Südfrankreich und an einigen Stellen Griechenlands als vorhanden erkennen, während die übrigen Vorkommnisse als Skelettböden oder skelettreiche Böden mit Roterde oder mit Roterde und hellkastanienfarbigem Boden oder mit braunem Waldboden und Roterde Bezeichnung gefunden haben, wie überhaupt in den dazugehörigen Erläuterungen darauf hingewiesen wird, daß die Vorstellung vom Wesen der Roterde nicht einheitlich sei[11]. Von Graf zu Leiningen ist das Gebiet der Mediterranroterde ursprünglich noch weiter nach Norden verlegt worden, als Ramann in seiner schematischen Darstellung der klimatischen Bodenzonen Europas angegeben hat. Leiningen[12] war nämlich der Ansicht, daß schon südlich von Bozen bei Neumarkt an der Etsch Roterde auftreten sollte. Auch die von ihm in gleicher Weise gedeuteten Vorkommnisse an der Veroneser Klause sowie solche bei Nago und Fasano am Gardasee[13] haben sich nicht als Roterden erweisen lassen, sondern es kommt ihnen nur die Bezeichnung „rote Erde" zu[14], ähnlich denjenigen rotgefärbten Bodenbildungen, die in letzter Zeit aus verschiedenen Gebieten nördlich der Alpen bekannt geworden sind[15]. Schließlich müssen wir an dieser Stelle noch eine

---

[1] Blanck, E., S. Passarge u. A. Rieser: Über Krustenböden und Krustenbildungen wie auch Roterden, insbesondere ein Beitrag zur Kenntnis der Bodenbildungen Palästinas. Chem. d. Erde **2**, 348 (1926).

[2] Reifenberg, A.: Die Bodenbildung im südlichen Palästina in ihrer Beziehung zu den klimatischen Faktoren des Landes. Chem. d. Erde **3**, 1 (1928). — Reifenberg, A., u. L. Picard: Report of an expedition to Southern Palestine. Jerusalem 1926.

[3] Blanck, E., u. H. Keese: Ein Beitrag zur Kenntnis der Zusammensetzung montenegrinischer Bodenarten. Chem. d. Erde **4**, 157 (1929).

[4] Mojsisovics, E. v.: Westbosnien und Türkisch-Kroatien. Jb. k. k. geol. Reichsanst. Wien 1880, 210.

[5] Blanck, E., F. Kunz u. F. Preiss: Über mährische Roterden. Landw. Versuchsstat. **101**, 246 (1923).

[6] Siehe K. Glinka: Typen der Bodenbildung, S. 65. — P. Treitz: Bericht über die agrogeologischen Aufnahmen des Jahres 1913. Jb. kgl. ungar. geol. Reichsanst. für 1913 II, Budapest **1914**, 482—486.

[7] Ballenegger, R.: Über den Nyirokboden des Tokaj-Heyyaljarer Gebirges. Földtani Közlöni **47**, 136—140 (Budapest 1907).

[8] Leiningen, W. Graf zu: Internat. Mitt. Bodenkde. **7**, 196 (1917).

[9] Glinka, K.: Typen der Bodenbildung, S. 65. — Russel: Unit. States geol. Surv. Bull. **1899**, Nr 52.

[10] Danzig 1927.

[11] Stremme, H.: Allgemeine Bodenkarte Europas, S. 18. Danzig 1927.

[12] Leiningen, Graf W. zu: Naturwiss. Z. Land- u. Forstwirtsch. **5**, 479—481 (1907).

[13] Siehe E. Blanck u. F. Scheffer: Rote Erden im Gebiet des Gardasees. Chem. d. Erde **2**, 149 (1926).

[14] Vgl. E. Blanck u. J. M. Dobrescu: Landw. Versuchsstat. **84**, 427 (1914).

[15] Blanck, E., u. F. Scheffer: Über rotgefärbte Verwitterungsböden der miozänen Nagelfluh von Bregenz am Bodensee. Chem. d. Erde **2**, 141 (1926). — Blanck, E., F. Alten u. F. Heide: Über rotgefärbte Bodenbildungen und Verwitterungsprodukte im Gebiet des Harzes. Ebenda 115.

andere rotgefärbte Bodenart, die stratigraphisch von den bisher behandelten
Roterden immer streng geschieden worden ist, erwähnen, da ihr Verbreitungsgebiet in dasjenige der nördlichst vorkommenden rezenten Roterden hineinfällt
und sie infolgedessen oftmals mit diesen verwechselt worden ist. Es ist der sog.
Ferretto[1], der sich durch geradezu beispiellose Tiefgründigkeit auszeichnet und
auf der Südseite der Alpen, vornehmlich in Piemont, in der Lombardei, in
Venezien und an anderen Stellen häufig angetroffen wird. Er wird als ein zur
Interglazialzeit gebildetes Verwitterungsprodukt glazialer und fluvoglazialer Ablagerungen angesehen. Auf seine Bildung wies zuerst TARAMELLI[2] in der Lombardei hin. Er verstand unter Ferretto jene gänzlich verwitterte Geröllbildung,
die älter ist als die Moränen der Amphitheater und die durch ihre Beschaffenheit
auf glazialen Transport hindeutet. Späterhin ist der Begriff Ferretto häufig
weitgehender gefaßt worden, PENCK nennt zum Unterschied von sonstigen rot
gefärbten Verwitterungsgebilden nur die gänzlich verwitterten Geröllablage-
rungen Ferretto, „in denen aller Kalk gelöst, aller Feldspat kaolinisiert, alles
Hydratisierbare hydratisiert ist". In genetischer Hinsicht dürften aber die
Ferrettobildungen viel Ähnlichkeit mit der Terra rossa aufzuweisen haben,
worauf schon früher vom Verfasser hingewiesen[3] wurde und wofür neuerdings
auch dessen Untersuchungen[4] sprechen, denn auch ihre Entstehungsweise steht
in unzweifelhaftem Zusammenhange mit der Anwesenheit von Kalk, sei es mittel-
oder unmittelbar.

Mit Ausnahme des Laterits gibt es wohl keine Bodenbildung, für welche
jemals so viele verschiedene Möglichkeiten der Entstehungsweise herangezogen worden sind, als gerade für die Terra rossa, so daß es unsere nächste Aufgabe sein muß, einen allgemeinen Überblick über die vielseitigen Hypothesen
und Theorien, die sich mit mehr oder weniger Erfolg der Lösung dieses Problems zugewandt haben, zu erhalten[5]. Vom theoretischen Gesichtspunkt aus
können die Erklärungsversuche des Zustandekommens der Mediterranroterde
etwa in drei Gruppen zerlegt werden. Die eine Richtung sieht gänzlich von
einem Verhältnis der Roterde zu dem unterlagernden Gestein ab oder räumt
diesem Umstande nur eine ganz untergeordnete Rolle ein, während die andere
gerade den kausalen Zusammenhang und die Abhängigkeit der Roterde von
diesem, und zwar einem Kalkgestein, als Muttergestein hervorhebt. Die dritte
Richtung bringt die Roterde zwar gleichfalls in ursächliche Verbindung mit dem
Kalkgestein, jedoch nicht im Sinne der vorigen Auffassung als Muttergestein,
sondern indem sie aus der Gegenwart des Gesteins auf Grund chemisch-geolo-
gischer Überlegungen auf das Auftreten der besagten Bodenbildung als Folgeerscheinung schließt. Man könnte somit sagen, daß wir zwischen einer rein geologischen und einer chemisch-geologischen Erklärungsweise zu unterscheiden
haben, welch letztere entweder als Lösungs- oder Rückstandstheorie die Roterde als Verwitterungsrückstand des unterlagernden Gesteins infolge eines einfachen Lösungs- bzw. Auswaschungsvorganges zu deuten sucht, oder für sie
einen verwickelten Verwitterungsprozeß physikalisch-chemischer Natur in Anspruch nimmt. Eine der frühesten Ansichten, die hinsichtlich der Entstehung der Terra rossa bzw. des Ferrettos geäußert worden sind, ist wohl

[1] Siehe A. PENCK u. E. BRÜCKNER: Die Alpen im Eiszeitalter, S. 749, 767, 774, 789.
Leipzig 1901.
[2] TARAMELLI: Alcune osservazione sul Ferretto della Brianza. Atti Soc. ital. Sci.
nat. 19, 334 (1876).
[3] BLANCK, E.: Beiträge zur regionalen Verwitterung in der Vorzeit. Mitt. landw.
Inst. Univ. Breslau 6, 619.
[4] BLANCK, E.: Chem. d. Erde 3, 87 (1928).
[5] Die ersten Angaben stammen wohl aus der Mitte des vorigen Jahrhunderts.

diejenige von F. Staudigl[1] vor mehr denn einem halben Jahrhundert. Dieser erblickt in ihnen das Produkt einer Meeresbildung, deren Wassermassen und Brandungswellen auch die Modellierung der „ganzen erratischen Formation" der Gegenden ihres Vorkommens hervorgerufen haben soll. Er spricht geradezu von einem Ferrettomeer und stützt sich in seiner Ansicht auf ältere Autoren, wie Paglia und Zollikofer, welch letzterer mit Crivelli und Curioni glaubt, „daß diese Tonerde durch das Meer an dem Fuße der Hügel abgelagert wurde. Sie wäre demnach älter als das Diluvium, und nur die Kolorierung der obersten Schichten der Ebene durch das Auswaschen dieser Bildung gehörte der neuesten Zeit an". Ihre Farbe rührt nach ihm „von der eisenhaltigen Tonerde her, welche die nahen Flysch- und Skagliahügel bedeckt", sie enthalte bis zu 10 % Eisen und werde gewöhnlich als Ferretto benannt.

Taramelli[2] hat sodann wohl zuerst die Ansicht ausgesprochen, daß die Roterde das Zersetzungsprodukt vulkanischer Aschen sei, doch die Unhaltbarkeit seiner Auffassung erkennend hat er späterhin seine Theorie zugunsten der „Lösungstheorie" aufgegeben[3]. Aber noch in neuerer und neuester Zeit hat seine Anschauung Verfechter gefunden, so u. a. in Joh. Walther, in A. Schierl und z. T. auch in Graf W. zu Leiningen. Wenn ersterer allerdings in seinen diesbezüglichen Erörterungen auch nur von der Roterde auf Koralleninseln spricht, so werden diese Vorkommnisse doch von ihm verallgemeinert und mit der Terra rossa identifiziert bzw. gleichgestellt. Indem sich Joh. Walther[4] gegen die weiter unten näher zu behandelnde Lösungstheorie wendet, führt er zunächst folgendes aus: „Mit der Frage nach der Löslichkeit des Kalkes steht endlich noch ein Problem im Zusammenhang, das neuerdings vielfach besprochen worden ist. Man findet nämlich auf vielen einsamen Koralleninseln Anhäufungen einer roten Erde, die als Terra rossa bekannt ist, und man hielt es für zweifellos, daß diese rote Erde der Lösungsrückstand des dort aufgelösten Korallenkalkes sei. Diese Ansicht hat man auf ähnliche Vorkommnisse in Kalkgebirgen übertragen, und im Laufe der Jahre ist es zu einem feststehenden Satz geworden, daß 100 m mächtige Kalklager chemisch vollkommen aufgelöst und durch das Wasser fortgeführt werden können, während die im Kalk fein verteilten unlöslichen Bestandteile liegen blieben". Insbesondere sind es die Untersuchungen von Murray[5] und Guppy[6] gewesen, die ihn gegen die genannte Theorie eingenommen haben und zu folgenden Äußerungen veranlaßten: „Bei den Eruptionen vulkanischer Inseln wird oftmals das Meer auf meilenweite Erstreckung dicht mit Bimsteinen übersät. Lange Zeit treiben dieselben im offenen Meere umher, bis sie endlich zu Boden sinken oder auf einsamen Inseln ans Land gespült werden. Koralleninseln sind oftmals mit mächtigen Strandterrassen solcher Auswürflinge umgeben. Unter dem tropischen Klima werden dieselben rasch zu rotem Laterit zerlegt, und diese aus Bimstein entstandenen Lateritmassen sind es, welche als Terra rossa auf Korallenriffen so oft beobachtet werden." Daran anknüpfend entwickelt der Genannte seine Ansichten gegen die Lösungstheorie.

---

[1] Staudigl, E.: Die Wahrzeichen der Eiszeit am Südrande des Gardasees. Jb. k. k. geol. Reichsanst. Wien 16, 499 (1866).

[2] Taramelli, E. T.: Dell' origine della terra rossa eugli affiori amenti di suolo calcare. R. Inst. Lombardo, Rendic. 1880 (2), XIII, 261; vgl. hierzu Jb. k. k. geol. Reichsanst. Wien 35, 316.

[3] Vgl. B. Fach: Chemische Untersuchungen über Roterden und Bohnerztone. Dissert., Freiburg i. B. 1908.

[4] Walther, Joh.: Einleitung in die Geologie als historische Wissenschaft, S. 561 Jena 1893/94.

[5] Murray, R.: Inst. Great Brit. March 16, 11 (1888).

[6] Guppy: Solomon Islands. Appendix. — Siehe bei Joh. Walther: S. 561.

Daß er aber in seiner Erklärungsweise die Umwandlung der vulkanischen Asche zu Terra-rossa-Lehm als etwas ganz Selbstverständliches hinstellt, muß als recht befremdend angesehen werden, auch wird das Problem der Roterdebildung durch seine Auffassung nur hinausgeschoben, insofern als der Laterit, dessen Zustandekommen das tropische Klima schlechthin besorgt, ohne weiteres mit der Terra rossa gleichgestellt wird. Eine noch weniger befriedigende Beweisführung hat A. SCHIERL[1] zu geben versucht.

Da die Terra rossa schon oftmals mit eruptiven Erscheinungen in Verbindung gebracht worden sei und ABICH in Armenien von einem plutonischen Akt gesprochen habe, so hält es SCHIERL für ausgemacht, daß die Terra rossa „vielleicht nichts anderes, als metamorphosierte, vulkanische Asche" sei, „deren Silikate z. T. verwittert sind unter Verlust von Ca und Mg, welche als primäre Karbonate ausgelaugt und weggewaschen wurden, während Humussubstanzen als organische Reste einer niederen Flora und Fauna später auch höher entwickelter Vegetationsformen aufgenommen wurden". Der vulkanische Ursprung des Materials der Terra rossa muß sich nach ihm jedem unbefangenen Beobachter sogar unmittelbar aufdrängen, doch welcher vulkanischen Epoche und welchen Eruptionszentren sie ihre Entstehung verdankt, wird nach ihm zwar niemals mit Sicherheit festgestellt werden können. Der vulkanische Staub und die Asche sollen seiner Meinung nach „auch an einzelnen Stellen geringerer Entfernung" als dichter Schlammregen auf die Erde niedergefallen sein und die Terra rossa gebildet haben. Ein Vergleich der Bauschanalysen des Basalttuffs von Raase, der Lapilli vom Köhlerberg mit seinen Terra-rossa-Analysen soll nach seinen Ausführungen „jeden kritisch beurteilenden Fachmann zugunsten dieser Anschauung stimmen lassen, vielleicht auch in Verwunderung darüber setzen, wie mitunter rundwegs die Beibringung stichhaltigen Beweismaterials für die Theorie eruptiver Bildungen im Karst angezweifelt werden konnte". Seinen Spekulationen glaubt er durch die Beschaffenheit der Einzelbestandteile der Terra rossa Beweiskraft beilegen zu können, denn nichts sei an diesen aufzufinden, „was auf sedimentäre oder maritime Bildung oder auf die Provenienz aus dem oft nur sehr schwach dolomitischen Kalkstein schließen läßt: im Gegenteil sind die einzelnen Teilchen nie kantig, rissig, spitzig und eckig, wie doch einzelne Kristallfragmente sein müßten, sondern fast immer kavernös, schwammig, kugelig, kleinen Schlackenpartikelchen ähnlicher als den, wenn auch veränderten Trümmern und Resten von Mineralien". Seine auf reine Spekulation aufgebaute Hypothese mußte schon deshalb versagen, weil sie selbst das, was sie zu beweisen suchte, als Beweis für ihre Richtigkeit ansah, so im Falle des Vorhandenseins eruptiver Bildungen im Karst. Bedenken gegen die Richtigkeit seiner Theorie scheinen ihm jedoch selbst aufgetreten zu sein, denn falls dennoch die rote Erde dem Karstgestein entstammen sollte, so meint er, sei „zumindest die Voraussetzung zulässig und notwendig, daß wenigstens bei der seinerzeitigen Bildung des Kalksteines vulkanischer Schlamm oder Staub mit eingeschlossen wurde".

Zum Teil ganz entgegengesetzt urteilt Graf ZU LEININGEN[2] über die Beschaffenheit der Mineralsplitter in der Terra rossa, wenn er sich wie folgt äußert: „Viele dieser Mineralsplitter sind auch zu tadellos in der Erhaltung der Ecken, Kanten und der Farbe, als daß man annehmen könnte, es handle sich um Verwitterungsrückstände von Kalkgesteinen, und aus den gleichen Gründen muß für einen Teil der Minerale auch die Annahme ausscheiden, es habe eine weitgehende Verschwemmung stattgefunden. Allerdings kann die Roterde selbst und mit ihr ein anderer Teil solcher Splitter durch Wasser umgelagert

[1] SCHIERL, A.: 23. Jber. dtsch. Landes-Oberrealschule in Mähr.-Ostrau 1906.
[2] LEININGEN, W. Graf ZU: Mitt. geol. Ges. Wien 3/4, 157 (1915).

worden sein; als zwingenden Beweis hierfür findet man ja in den Roterden auch etwas gerundete Minerale, ja mitunter Quarzrollsteine bis zu Bohnengröße". In Rücksicht auf die tadellose Beschaffenheit derartiger Minerale in den Schlämmrückständen einzelner Roterden scheint ihm daher nichts anderes übrigzubleiben, als die Annahme, daß dieser Anteil durch Wind herbeigetragen und allmählich in die Terra rossa eingelagert worden sei. Für die Schlämmrückstände in der Gelberde von Capri scheint ihm dies nach den von E. Weinschenk und V. de Malherbe durchgeführten mikroskopischen Analysen sicher zu sein, denn „es handelt sich hier großenteils um sog. Kristallsande, intratellurisch, im Magma erstarrte Einsprenglinge, welche aus dem Schmelzfluß bei Eruptionen ausgeschleudert werden. Sie entstammen trachytischen Magmen von Vulkanen auf Ischia oder den Liparen, und man kann sich unschwer vorstellen, daß heftige Südwinde von den Liparischen Vulkaninseln her wehend den Transport auf rund 240 km Entfernung bewerkstelligt haben. Noch eher können wir an eine Zufuhr von der nahen Insel Ischia her denken, welche seit den ältesten Zeiten von furchtbaren Ausbrüchen betroffen wurde". Insbesondere sieht er die Roterden Süditaliens, nicht nur gestützt auf seine Untersuchungen der Erde von Capri, sondern auch anlehnend an die Ansichten Galdieris[1], als äolische Ablagerungen entsprechend dem Löß an, zumal sich dortselbst auch angeblich auf nicht aus Kalk bestehenden Gesteinen Roterde findet, die hier nach der Annahme Galdieris offenbar aufgeweht worden ist. Er schreibt der äolischen Zufuhr während und nach der Bildung der Roterde größte Bedeutung für die Beschaffenheit derselben zu und empfiehlt ganz besonders auf den Erhaltungszustand der Mineralsplitter in den Roterden zu achten, insbesondere ob dieser auf vulkanische Herkunft hindeutet, „nur läßt es sich schwer sagen", fährt er weiter fort, „aus welchem Eruptionsgebiete diese Art von Mineralen stammt. Diesbezüglich könnten selbst ehemals tätige, längst ins Meer versunkene Vulkane in Frage kommen. Solche mögen vielleicht einst innerhalb der Adria vorhanden gewesen sein"[2]. Allerdings ist schon an dieser Stelle zu betonen, daß Graf zu Leiningen einer der eifrigsten Verfechter der Lösungstheorie ist, so daß seine Ansichten über die Anteilnahme von vulkanischer Asche und äolischer Staubzufuhr nicht den Hauptpunkt in seiner Auffassung von der Entstehung der Terra rossa ausmachen, denn es heißt an anderer Stelle wörtlich: „Indes möchte ich die Roterde nicht schlechthin als äolische Bildung ansprechen, solange man nicht Beweise dafür beibringen kann, zumal die im folgenden zu schildernde Annahme ihrer Entstehung näherliegt"[3], womit er die Lösungstheorie meint.

E. Kramer[4] bringt dagegen die Terra rossa ihrer Entstehung nach mit tertiären Tonen und Mergeln in Verbindung. Nach seiner Ansicht soll der Karst mit mächtigen Ablagerungen von Ton- und Sandsteinbildungen überdeckt gewesen sein, die an einzelnen Stellen fast vollständig weggeschwemmt wurden, so daß nur noch teils größere, teils kleinere Mengen dieser Bildungen übriggeblieben sind. Diese Reste sollen nichts anderes sein als die heutige Terra rossa. Von Stache[5] ist die Roterde als Absatz von eisenkieshaltigem Tonschlamm angesehen worden. Graf zu Leiningen bemerkt hierzu ganz richtig, daß eine solche Entstehungstheorie sicherlich bei weitem nicht für alle Roterde-

---

[1] Galdieri, A.: L'origine della terra rossa. Boll. Soc. Naturalisti; Ann. R. Scuola d'Agric. Portici 1913.

[2] Leiningen, W. Graf zu: a. a. O., S. 169.

[3] Leiningen, W. Graf zu: Chem. d. Erde 4, 180 (1929).

[4] Kramer, E.: Mitt. Musealver. f. Krain. 12. — Istraživanja o postanku tako zvane „terre rosse". Rad. jugoslavenske Akademije (Abh. d. südslaw. Akad.) 95 (10), 188 (Agram 1889).

[5] Vgl. Graf zu Leiningen: a. a. O., S. 152.

vorkommen Geltung besitzen könne. Die Auffassung, welche E. WEINSCHENK[1] in der ersten Auflage seiner „Speziellen Gesteinskunde“ über die Entstehung der Terra rossa geäußert hat, berührt dagegen im Grunde das eigentliche Problem überhaupt nicht, denn er stellt die Roterde, wie solches auch von anderer Seite (s. JOH. WALTHER) vielfach geschehen ist, dem Laterit ohne weiteres gleich, denn er sagt wörtlich: „Der meist rote bis rotbraune Höhlenlehm oder die Terra rossa bedeckt oft in nicht unbedeutenden Ablagerungen den Boden der Höhlen in Kalkgebirgen; er wird von mancher Seite als Auflösungsrückstand des unreinen Kalkes angesehen, dürfte aber in vielen Fällen ursprünglich in die Rifflücken eingeschwemmter Laterit sein“. Auch Graf zu LEININGEN hat hinsichtlich der sog. „vorgebildeten Roterde“ im Kalkgestein wiederholt, und zwar ganz besonders wiederum neuerdings[2], einer Einschwemmung von Laterit oder vormals gebildeter Roterde das Wort geredet, welche der von ihm verfochtenen Lösungstheorie zufolge aus dem Kalkstein ausgewittert, die rezente Roterde darstellen soll. Er beruft sich zu diesem Zweck auf eine schriftliche Mitteilung von J. STINY, welcher von den rotklüftigen Kalken annimmt, „daß ein Teil von ihnen seine Roterde (oder seinen Laterit) in offene Klüfte nach dem Landfestwerden der Kalke eingeschwemmt erhalten hat (Beispiele: Riffkalk der oberen Trias von Jassingau). Der größte Teil der rotklüftigen und flaserigen Kalke dürfte aber anderer Entstehung sein. Vom Lande her wurde Roterde eingeschwemmt und nahm an der Gesteinsbildung teil. Manche Kalke haben eine mehrmalige Gebirgsbildung mitgemacht; von solchen Schicksalen wurden auch die Rotstoffe nach ihrer Einlagerung mitbetroffen“. Graf LEININGEN fügt diesen Ausführungen, indem er seinen schon wiedergegebenen Ansichten über äolische Staubzufuhr Rechnung trägt, hinzu: „Nichts hindert uns anzunehmen, daß neben einer Einschwemmung von Roterde (und zwar von Teilchen sehr geringer Korngröße) in küstennahe Meeresteile (Korallenriffe usw.) auch eine Einwehung von rotem Staube stattgefunden hat, wie man das heute noch in tropischen Meeren beobachten kann“. Er weist schließlich noch darauf hin, daß derartige rote Substanzen nach M. FRANK[3] den Verwitterungsmassen der Festländer in der Zeit zwischen Karbon und Tertiär ihre Entstehung verdanken und in küstennahen Gebieten (Riffkalke) zur Einschwemmung gelangten. Die dunkelrote, in derartig gefleckte, gebänderte oder von entsprechenden Zwischenlagen durchzogene Gesteine eingelagerte Substanz, die von Graf LEININGEN als im Gestein vorgebildete Roterde bezeichnet wird, wird sogar von N. KREBS[4] unter Bezugnahme auf die Hirlatzkalke des Dachsteingebietes auch ohne weiteres als „zwischen den Kalkschlamm eingelagerte Terra rossa“ bezeichnet.

Die Lösungs- oder Rückstandstheorie setzt für ihre Anwendbarkeit und Allgemeingültigkeit einen Kalk oder Dolomit oder kalk- und dolomitreiche Gesteine als Muttergesteine voraus, insofern als der Lösungsrückstand dieser Gesteine als Roterde angesprochen wird. Diese Theorie ist die Folge der Feststellung, daß die Terra rossa, wie dieses schon anfangs betonend hervorgehoben wurde, nur auf den genannten Gesteinen oder in deren Nähe angetroffen wird. ZIPPE[5] war wohl der erste, der auf den Zusammenhang zwischen Roterde und

<hr>

[1] WEINSCHENK, E.: Spezielle Gesteinskunde, S. 202. Freiburg i. Br. 1905.

[2] LEININGEN, W. Graf zu: Chem. d. Erde 4, 182 (1929).

[3] FRANK, M.: Lateritische Substanzen. Neues Jb. Min. usw. 1928, 276, 280. — Vgl. auch B. E. KRAUSS: Chemische Untersuchungen über rote Triasmergel. Chem. d. Erde 4, 188 (1929).

[4] KREBS, N.: Die Dachsteingruppe. Z. dtsch. u. österr. Alpenver. 1915, 11. — Vgl. W. Graf zu LEININGEN: a. a. O., Internat. Mitt. Bodenkde. 7, 42 (1917).

[5] ZIPPE, F. X. M.: Über die Grotten und Höhlen von Adelsberg, Lueg, Planina und Laas, S. 214. Wien 1853. — Vgl. hierzu E. TIETZE: Jb. k. k. geol. Reichsanst. Wien 23, 42.

Kalkgestein hingewiesen hat. Er war auch derjenige, der, wie wir später noch näher sehen werden, zuerst den Gedanken entwickelte, daß die Terra rossa der Lösungsrückstand der Kalkgebirge sei, und M. Neumayr[1] brachte mit nachstehenden Worten die vorliegenden Verhältnisse zur Wiedergabe: „Fast in allen Bezirken, in welchen einigermaßen reiner Kalk plateaubildend auftritt, in einer Weise, welche eine rasche Abschwemmung von Detritus von seiner Oberfläche verhindert, findet sich als Bedeckung oder Zusammenschwemmung in Trichtern und Dolinen roter Lehm von großem Eisengehalt. Auf den Hochebenen des Juragebirges[2], auf den wilden Hochflächen der alpinen Kalkmassive, vor allem auf den Karstbildungen des südöstlichen Europa findet sich dieses Gebilde, das wir mit dem Namen, welchen es in dem letztgenannten Distrikte erhalten hat, als ‚terra rossa‘ zusammenfassen. Auch der berühmte rote Knochenlehm von Pikermi ist nichts anderes als in der Miozänzeit in einer Schicht zusammengeschwemmte terra rossa, die zu dem Marmor des Pentelikon in demselben Verhältnisse steht, wie die terra rossa in Istrien und Dalmatien zu den Kalken des Karstes. Der stete Zusammenhang von Kalken und terra rossa hat schon seit lange zu der Anschauung geführt, daß das Auftreten der letzteren durch das Vorhandensein der ersteren bedingt sei, und daß dieselbe der letzte unlösliche Rückstand bei der Auflösung der Kalke durch die Atmosphärilien sei: In der Tat ist kaum ein Zweifel an der Richtigkeit dieser Anschauung möglich, wenn wir bedenken, daß kein Fall bekannt ist, in welchem terra rossa in anderer Weise als mit dem Kalk vergesellschaftet vorkommt; allerdings findet sich z. B. in Dalmatien und Istrien der rote Lehm auch auf Flyschsandstein aber doch nur in der Nähe der Karstkalke, in der Weise, daß dieses Vorkommen leicht durch Verschwemmung auf sekundäre Lagerstätte erklärt werden kann. Genau denselben Ursprung wie dem roten Lehm der Kalkhochebenen müssen wir auch dem roten Höhlenlehm zuschreiben, welcher bekanntlich überall die Grotten der Kalkgebirge auskleidet“.

Nach Th. Fuchs[3] erweist es sich auffällig, daß die Bildung der Terra rossa als nur von mesozoischen Kalksteinen herstammend, beschrieben worden sei, und auch die von Neumayr beigebrachten Beispiele bewegen sich innerhalb des gleichen Rahmens. Eine solche Beschränkung scheint ihm aber in der Natur keineswegs zu bestehen, denn „rote Karsterde bildet sich vielmehr in ganz gleicher Weise auf jurassischen und kretazeischen, so auch auf allen tertiären Kalkgesteinen vom eozänen Nummulitenkalk angefangen bis zu den jüngsten Pliozänkalken am Piraeus, und es ist dabei ganz gleichgültig, ob die Kalke Meereskalke oder Süßwasserkalke, ob sie tierischen oder aber, sowie die Nulliporenkalke, pflanzlichen Ursprungs sind“. Vom kroatischen Karstgebirge berichtet J. R. Lorenz[4], daß hier gleichfalls eine scharfe Grenze in der Bodenbildung der hier auftretenden Kalke und Sandsteine bestehe, insofern die Sandsteine, die gelblich gefärbten tonigen Schiefer sowie die verhärteten Mergelgesteine sehr leicht und rasch in eine fruchtbare lehmige Erde übergehen, die sich scharf von der roten Erde des Kalksteines unterscheiden. Die Auffassung von dem

---

[1] Neumayr, M.: Zur Bildung der terra rossa. Verh. k. k. geol. Reichsanst. Wien 1875, 50, 51.

[2] Das Vorkommen von „Terra rossa“ im deutschen Jura bereitet dem Autor große Schwierigkeit in der Erklärung als rezente Bildung. Er wirft daher die Frage auf, ob diese Terra rossa nicht dem wärmeren Klima der Tertiärzeit ihre Entstehung verdanke. Siehe auch K. Weiger: Beiträge zur Kenntnis der Spaltenausfüllungen im Weißen Jura. Jh. Ver. vaterl. Naturkde Württ. 64, 187 (1908).

[3] Fuchs, Th.: Zur Bildung der Terra rossa. Verh. k. k. geol. Reichsanst. Wien 1875, 194.

[4] Lorenz, J. R.: Bericht über die Bedingungen der Aufforstung und Kultivierung des kroatischen Karstgebirges. Mitt. k. k. geogr. Ges. Wien 4, 115 (1860).

Gebundensein der Terra rossa an Kalk-Dolomit-Gestein ist späterhin ganz allgemein in die Literatur übergegangen, so daß in dieser Beziehung wohl völlige Einigkeit besteht. Belege hierfür bieten u. a. die Darstellungen von J. ROTH[1], R. SACHSZE[2], M. NEUMAYR[3], H. ROSENBUSCH[4], H. CREDNER[5], E. RAMANN[6], H. PUCHNER[7] in ihren Lehrbüchern über das Vorkommen der Roterde Südeuropas.

V. MOJSISOVICS[8] glaubte einen innigen Zusammenhang zwischen der Verbreitung der Terra rossa und der der Karsttrichter zu finden und erblickte gerade in diesem Zusammenhange einen Beweis für seine Ansicht von der Entstehung der Trichter durch rein oberflächlich wirkende mechanische und chemische Kräfte. Auch BOUÉ hat ein derartiges Zusammentreffen betont, jedoch hat E. TIETZE schon darauf hingewiesen, daß Terra rossa und Karsttrichter nicht ständig miteinander in unmittelbarer Beziehung zu stehen brauchen.

E. RAMANN war es namentlich, der in neuerer Zeit die Aufmerksamkeit weiterer Kreise, insbesondere aber die der Bodenkundler, auf die Entstehungsbedingungen der Terra rossa lenkte[9]. Als eine der ersten Arbeiten auf diesem Gebiet erschienen die „Reiseskizzen aus dem Süden" von Graf ZU LEININGEN[10], in welchen dieser ganz entschieden für die Abhängigkeit der Terra rossa, die nunmehr fast nur noch kurz als Roterde bezeichnet wird, vom Kalk-Dolomit-Gestein eintrat, wie schon hervorgehoben worden ist. Von dieser Zeit an erfährt die Behandlung und Untersuchung der Roterde regstes Interesse, und zwar infolge der sich mehr und mehr Geltung verschaffenden Lehre von dem Vorhandensein der klimatischen Bodenzonen, denn während vormals die Roterde nur von rein geologischen Gesichtspunkten aus betrachtet worden war, wurden nunmehr auch Klima und Pflanzenwuchs in ihren Einflüssen und Wechselbeziehungen für das Vorkommen und Zustandekommen der Roterde gewürdigt und mitverantwortlich gemacht. Aber auch jetzt noch bleibt die Forderung nach der Anwesenheit des Kalkes als wesentlich und grundlegend bestehen, wofür die Untersuchungen und die Auffassung der sich mit diesem Gegenstand beschäftigenden neueren Forscher spricht[11]. In seiner Arbeit über die „Oberflächengeologie und Bodenkunde Istriens" nimmt Graf ZU LEININGEN insbesondere Stellung zur vorliegenden Frage und gibt in einer zusammenfassenden Tabelle die Beziehungen der Roterde zum „Muttergestein" oder anstehenden Gestein, zur Vegetation, zur Menge des jährlichen Niederschlages, Exposition usw., für die von ihm bereisten Gebiete wieder. Dasjenige, was den kausalen Zusammenhang von Roterde und Kalkstein deutlich vor Augen führt, sei seinen Beobach-

[1] ROTH, J.: Allgemeine und chemische Geologie 2, S. 574. 1887.

[2] SACHSZE, R.: Lehrbuch der Agrikulturchemie, S. 247. Leipzig 1880.

[3] NEUMAYR, M.: Erdgeschichte 2, S. 495. Leipzig 1887.

[4] ROSENBUSCH, H.: Elemente der Gesteinslehre, S. 421. Stuttgart 1898; S. 548. 1923.

[5] CREDNER, H.: Elemente der Geologie, 7. Aufl., S. 189. Leipzig 1891.

[6] RAMANN, E.: Forstliche Bodenkunde und Standortslehre, S. 384. Berlin 1893.

[7] PUCHNER, H.: Bodenkunde für Landwirte, S. 516. Stuttgart 1923.

[8] Vgl. E. TIETZE: Jb. k. k. geol. Reichsanst. Wien 1880, 727—756ff., 751. — E. VON MOJSISOVICS: Geologie von Bosnien. — BOUÉ: Über Karst- und Trichterplastik. Sitzgsber. Akad. Wiss. Wien, Math.-naturwiss. Kl. 1861; 8. Jb. k. k. geol. Reichsanst. Wien 23.

[9] RAMANN, E.: Bodenkunde, 2. Aufl., S. 390. Berlin 1905. — Das Vorkommen klimatischer Bodenzonen in Spanien. Z. Ges. Erdkde Berlin 1902, 167.

[10] LEININGEN, W. Graf ZU: Naturwiss. Z. Land- u. Forstw. 5, H. 10 (1907).

[11] Siehe P. VAGELER: Physikalische und chemische Vorgänge bei der Bodenbildung in den Tropen. Fühlings landw. Ztg. 59, 873, 876 (1910); Mitt. dtsch. Landw.-Ges. 1913, H. 26, 396. — P. ROHLAND: Die kolloidalen Eigenschaften der Terra rossa. Kolloidz. 15, H. 2 (1914). — H. STREMME: Laterit und Terra rossa als illuviale Horizonte humoser Waldböden. Geol. Rdsch. 5, H. 7. — Ferner die schon angeführten Untersuchungen E. BLANCKS u. a. Siehe Anmerkung 3 S. 197.

tungen an dieser Stelle in tabellarischer Übersicht entnommen[1], trotzdem diese Zusammenstellung neueren Forschungen zufolge als z. T. stark überholt angesehen werden muß. Denn einigen der als Roterde angeführten Bildungen kommt diese Bezeichnung keinesfalls mehr zu.

Fundort:	Umgebung von Bozen	Etschtal, etwa bei Neumarkt, Salurn, Lavis, südlich von Rovercit und Trient	St. Michael a. d. Etsch	Trient, Hügel östlich gegen das Saganertal
Gestein:	Dolomit und Kalkstein	Kalk und Dolomit	kalkreiche Brekzien	anstehend, fast ganz fehlend (Scagliaschichten)
Boden:	Kalkverwitterungsboden, Braunerde	spärlich, nesterweise im Gestein auftretende Roterde	typische Roterde	typische Roterde
Fundort:	Gardasee, Nordostufer um Nago und Straße parallel der Bahn nach Riva	südliche Abhänge der Alpen gegen Brescia und Verona, Veroneser Ebene	Lombardische Tiefebene	Übergang aus dem Karstgebiet zu den nördlichen Teilen der Alpen, etwa Julische Alpen
Gestein:	Nummulitenkalk	Kalk, in der Ebene, kein anstehendes Gestein	anstehendes Gestein fehlend	Kalk, Dolomit und Mergel
Boden:	Kalkverwitterungsboden, fast nur in den Löchern und Klüften und Felsen angehäuft, Übergang zur Roterde, wenn humos Braunerde	tiefgründig, vielfach sehr steinig, oft humos, dann Braunerde, sonst häufig typische Roterde	Schwemmlandboden, Roterde nur sporadisch in Mulden eingeschwemmt	Braunerde

Fundort:	Mittelmeergebiet			
	Küstengebiet von Cannes-Pisa		Istrien, kroatische Küsten, Quarnerische Inseln	
			tiefere Lagen	höhere Lagen (über 700 m)
Gestein:	Kalk, Marmor, Dolomit, Konglomerate und Brekzien hieraus	Mergel, Tonschiefer, Sandstein, Serpentin	Für die Bodenbildung ist ausschlaggebend, ob kalkige Gesteine anstehen oder Sandsteine, tonige und mergelige Schichten; nur erstere geben Roterde	
Boden:	regional Roterde	regional Roterde, keine	regional Roterde, typische, durch eine Pflanzendecke nur wenig beeinflußt, am ausgeprägtesten an den Gebirgsabdachungen gegen das Meer zu	oberflächige Braunerde, mehr oder weniger humos, darunter typische Roterde

[1] Leiningen, W. Graf zu: Naturwiss. Z. Land- u. Forstw. 9, 78—80 (1911).

„Auf Kalk (oder Dolomit) erstreckt sich," so führt Graf ZU LEININGEN weiter aus, „im Karst und seinen für die Bodenbildung vollständig gleichwertigen Ausläufern gegen Dalmatien hin die Roterdebildung vom Meeresspiegel bis hinauf in die Hochlagen. Die ausgeprägteste Rotfärbung trifft man auf der südlichen Abdachung des Karstes, besonders auf seinem Abfall ins Meer; auf dem Wege von Lovrana nach Medvea sammelte ich Roterde von einer so leuchtend roten Farbe, wie ich sie soweit nirgends wieder beobachtet habe. Je mehr man aus dem Kalkgebirge des Karstes nach Norden vordringt, um so ausgesprochener neigen die Böden dann auch in ihren tieferen Schichten zur Braunerde hin ... Wo Flysch mit seinen Sandsteinen und Mergeln oder ähnliches Gestein vorkommt, ist von Roterde oder auch nur einigermaßen ähnlichen Bildungen nicht die Rede, es müßte sich denn um Vermischung mit allochthoner Roterde handeln; dies kommt hie und da vor, und zwar in Gebieten, wo der Flysch noch den Kalk überlagert, so besonders in der Flyschmulde von Triest und Pisino". Diese Zitate, die noch um viele weitere leicht vermehrt werden könnten, lassen das Auftreten der Roterde in ihrem engen Verbande mit dem Kalk unzweifelhaft erscheinen. Aus dieser Erkenntnis mußten sich deutliche Fingerzeige für die Entstehung der Roterde ergeben und diese führten denn auch, weil nichts näher lag, zu der Ansicht, daß die Terra rossa aus dem Kalk oder sonstigen kalkig dolomitischen Gesteinen durch Verwitterung direkt hervorgegangen sei. Es wurden mithin die besagten Gesteine zum Muttergestein der Roterde erklärt, und es entstand in der Lösungs- oder Rückstandstheorie der das Phänomen eindeutig zum Abschluß bringen sollende Erklärungsversuch. ZIPPE[1] hat, wie wir schon erfahren haben, zuerst auf die Bedeutung des Kalksteins für die Terra rossa hingewiesen. Er erklärte ihre Entstehung lediglich durch den Vorgang der chemischen Verwitterung des Kalksteins, insofern er in dem unlöslichen Rückstand dieser Gesteine die Roterde erkannte. Den oft recht beträchtlichen Gehalt der Gesteine an Eisenkarbonat hielt er für die Quelle des Eisenreichtums der Roterde und glaubte den Vorgang der Bildung der Terra rossa aus dem Kalkgestein in der Weise zustande gekommen, daß durch Oxydation des Ferrokarbonats freiwerdende Kohlensäure eine energische Lösung des Kalkes herbeigeführt habe. Man erkennt also, daß trotz der der Lösungs- oder Rückstandstheorie zukommenden, geradezu verblüffenden Einfachheit in der Erklärung, sich diese dennoch schon von Anfang an vor gewissen Schwierigkeiten sah, denn sie hielt es nicht für möglich, die Auflösung des Gesteins durch die kohlensäurehaltigen Tagewässer allein zu erklären, sondern erst unter Zuhilfenahme weiterer Kohlensäurequellen. Derartige Zugeständnisse werden auch noch später im Schrifttum laut[2]. Der Grund dafür ergibt sich aus der Schwierigkeit, die ungeheuer großen Kalkmassen auf möglichst natürlichem Wege verschwinden zu lassen. So zog unter andern auch BOUÉ[3] die Mitwirkung von Säuerlingen für diesen Vorgang heran, desgleichen schloß sich VON HAUER[4] einer derartigen Auffassung an, und auch bei E. TIETZE[5] finden wir diese Ansicht wieder. Letzterer betonte die Neubildung der Terra rossa, indem er sie als ein „Äquivalent der ganzen Neogenzeit" anspricht, und wenn er ihre Bildungsweise auch noch nicht für genügend geklärt

---

[1] ZIPPE, F. X. M.: Über die Grotten und Höhlen von Adelsberg, S. 214. Wien 1853.

[2] Vgl. u. a. JOH. WALTHER: a. a. O., S. 562.

[3] BOUÉ: Über Karst- und Trichterplastik. Sitzgsber. Akad. Wiss. Wien, Math.-naturwiss. Kl. 1861, 291; Jb. k. k. geol. Reichsanst. Wien 23, 42.

[4] HAUER, v.: Geologische Übersichtskarte der österreichischen Monarchie. Jb. k. k. geol. Reichsanst. Wien 18, 454 (1868).

[5] TIETZE, E.: Geologische Darstellung der Gegend von Karlstadt in Kroatien. Jb. k. k. geol. Reichsanst. Wien 1873, 27, 41—43.

ansah, so wandte er sich doch gegen die Ansicht von STACHE[1], der sie für eine
Meeresbildung hielt, obgleich rezente Meereskonchylien in ihr bei Pomer südöstlich von Pola entdeckt worden seien. Allein der rote Lehm dieser Lokalität sei
als auf sekundärer Lagerstätte befindlich anzusehen. Er machte den berechtigten
Einwand, daß es sich nicht einsehen ließe, warum die Terra rossa, wenn sie ein
mariner Absatz sei, nur in den Kalkgebieten des Karstes vorkomme, es müsse
daher die Entstehung des roten Lehmes mit dem Kalk selbst in irgendeinem Zusammenhange stehen. Hierfür spräche u. a., daß FÖTTERLE[2] die durch kessel-
artige Vertiefungen ausgezeichneten, mithin an die Karstgestaltung erinnernden
Kreidekalke Bulgariens teilweise mit roter Erde überlagert gefunden habe,
ferner habe SUESS[3] in den zerklüfteten Kalksteinen des Dachsteins einen dunkel-
roten Lehm in Verbindung mit Bohnerzbildung erkannt und auch ABICH[4] habe
die Klüfte der Kohlenkalke, Kreidekalke und Nummulitenkalke Armeniens z. T.
mit einer kalkig tonigen Brekzie angefüllt gefunden, ,,deren großer Gehalt an
Eisenoxyd die blutrote Färbung der mitunter in wahre Eisenerze übergehenden Massen bedingt". Daher die Bildung des roten Lehms in Verbindung mit
eruptiven Erscheinungen zu bringen, scheint ihm wenig begründet, und er neigte
infolgedessen der von ZIPPE vertretenden Auffassung zu. Der von LIPOLD[5] geäußerten Vermutung, daß die Terra rossa den Gailtaler- oder Werfener Schichten
entstamme, vermochte er sich gleichfalls nicht anzuschließen und sah in den
von diesem für die Altersbestimmung der Terra rossa herangezogenen Funden
von Equus fossilis keinen Beweis für das höhere Alter derselben, da ja in Erwähnung zu ziehen sei, daß sich die rote Erde zuweilen auch auf sekundärer
Lagerstätte befinden könne.

G. STACHE[6] schien die stoffliche Zusammensetzung des Karstkalkes überhaupt nicht günstig für die Lösungstheorie, deren geschworener Gegner er aus
den mannigfaltigsten Erwägungen und Gründen war, zu sein. Schon in dem
geringen Grade der Abwitterung dieser Kalke in historischer Zeit erblickte er
ein wichtiges Argument gegen die Lösung so großer Kalkmengen, wie sie die
genannte Theorie zum Zustandekommen der Roterde verlangt. An letztere
Tatsache knüpfte auch Graf ZU LEININGEN an[7], jedoch um sie im entgegengesetzten Sinne zu verwerten, nämlich indem sie ihm den Beweis des außerordentlich langsam sich vollziehenden Prozesses der Roterdebildung erbrachte.
STACHE hielt es für viel wahrscheinlicher, daß die Rotfärbung der sonst eine
weiße Verwitterungsrinde zeigenden Kalksteine durch eine Einwanderung oder
Zufuhr der auf Spalten und Klüften in das Gestein eindringenden Niederschlagswässer von oben oder seitwärts hervorgebracht werde, nachdem diese die rote
auflagernde Decke durchsickert haben. Auch er entschied sich, wie seiner Zeit
schon BOUÉ, für einen Zusammenhang der Terra-rossa-Bildungen in genetischer
Beziehung mit den Bohnerzen der schwäbischen Alb sowie mit den Bauxit-
vorkommnissen der Wochein. Die roten Lehme sprach er, wie schon einmal
erwähnt, als Absätze eines eisenkieshaltigen Tonschlammes an.

Aber nicht allein die Lösung und Wegfuhr so beträchtlicher Kalkmengen
erwies sich von jeher als etwas Gezwungenes in der Lösungstheorie, auch die

[1] STACHE, G.: Verh. k. k. geol. Reichsanst. 1872, 217.
[2] FÖTTERLE: Verh. k. k. geol. Reichsanst. 1869, 193.
[3] SUESS: Sitzgsber. Akad. Wiss. Wien, Math.-naturwiss. Kl. 40, 432 (1860).
[4] ABICH: Vergleichende Grundzüge der kaukasischen, armenischen und nordper-
sischen Gebiete. Mém. Acad. St. Petersborg, 6. sér., T. 7, 441.
[5] LIPOLD: Jb. k. k. geol. Reichsanst. 1858, 251.
[6] STACHE, G.: Geologische Reisenotizen aus Istrien. Verh. k. k. geol. Reichsanst.
Wien 1872, 217.
[7] LEININGEN, W. Graf ZU: Naturwiss. Z. Forst- u. Landw. 9, 74 (1911).

Herkunft und Beschaffenheit des Rückstandes, der ja direkt nach dieser als
Terra rossa angesprochen wird, vermochte sich den zu fordernden Bedürfnissen
nur unter Heranziehung allerlei Hilfshypothesen anzupassen. Wenn auch schon
einige in dieser Richtung liegende Bemühungen erwähnt worden sind, so sei
doch noch besonders auf die Globigerinenschlammhypothese NEUMAYRS hingewiesen. Trotz aller von ihm beigebrachten Argumente, die Terra rossa als
den Rückstand der Kalksteine darzutun, erschien ihm die Frage nach der Quelle,
aus welcher die Kalke ihr Silikat, und zwar einen roten Ton mit starkem Eisengehalt, erhalten haben, unaufgeklärt. Es zeigt dieser Umstand aufs deutlichste,
daß NEUMAYR noch eines besonderen Beweises für die Gültigkeit der Rückstandstheorie bedurfte, und zwar mußte dieses aus dem Grunde geschehen, weil er
das Problem nicht regional erfaßte, sondern ursächlich nur mit einer ganz bestimmten Kalkgesteinsart verknüpft betrachtete, nämlich mit marinen Kalk-
gebilden, ein Irrtum, gegen den schon FUCHS, wie erwähnt, Stellung nahm. In
den Feststellungen der Challenger-Expedition sah NEUMAYR das erlösende
Wort. Denn da diese erkannt hatte, daß der in der Tiefsee lagernde Globigerinenschlamm nur bis zu 2200 Faden reiche und von einem grauen Schlamm unter-
teuft werde, der seinerseits in noch größeren Tiefen in einen roten Schlamm
übergeht, so war aus diesem Befund geschlossen worden, daß sich die Globigerinen-
gehäuse nur bis zu jener Tiefe erhalten könnten, und daß der in noch weiterer Tiefe
herrschende, noch größere Druck sie aufzulösen beginnt, um schließlich ein unlösliches Silikat, den roten Schlamm, übrig zu lassen. Diese Feststellung benutzte
NEUMAYR, um aus ihr den Beweis abzuleiten, daß sich die Eisensilikate, die
in den Globigerinenkalken nur gering vorhanden sind, zu großen Massen auf-
häufen können. „Damit ist" für ihn „der Ursprung der terra rossa gegeben;
ob der Globigerinenschlamm vom Meerwasser unter einem Druck von 500 Atmo-
sphären oder durch Säure gelöst, oder ob er nach langen geologischen Zeiträumen
als kompakter Kalk von Wasser und Kohlensäure zersetzt wird, immer wird
er denselben roten Ton abgeben, und dieser wird in dem letztgenannten Falle
den roten Lehm der Kalkplateaux bilden"[1]. Damit beschritt er aber eine
Sackgasse, denn das von ihm in dieser Weise behandelte Problem ließ keine
Verallgemeinerung mehr zu, denn das Vorkommen der Terra rossa auf Süß-
wasserkalken läßt seine Theorie in sich zusammenfallen, worauf schon FUCHS
überzeugend hingewiesen hat. Jedoch auch schon NEUMAYR[2] schien es nicht
recht glaubhaft zu sein, daß außerordentlich reine Kalke ein stark eisenhaltiges
Silikat einschließen sollten, wofür er auch experimentelle Belege beibrachte.
FR. TUĆAN[3], der gleichfalls die große Reinheit der Karbonatgesteine des kroatischen Karstgebietes betonte, fand durch analytische Untersuchung von über
150 Gesteinen dieses Gebietes nur durchschnittlich 0,32 % unlöslichen Rückstand, aber trotzdem wurde von diesem Autor die Lösungs- und Rückstandstheorie aus rein mineralogischen Gründen unbedingt vertreten, denn er führt
wörtlich aus: „Wenn wir also die mineralogische Zusammensetzung des unlöslichen Rückstandes und diejenige der Terra rossa vergleichen, werden wir sehen,
daß es hier gar keinen Unterschied gibt. Wie im unlöslichen Rück-
stande, so kommen auch in der Terra rossa ganz dieselben Minerale vor, die vollkommen gleiche Eigentümlichkeiten besitzen.
Diese mineralogische Zusammensetzung ist ein unumstößlicher Beweis, daß
unsere erste Behauptung richtig ist, die Behauptung, daß die Terra rossa

---

[1] NEUMAYR, M.: a. a. O., S. 51.
[2] NEUMAYR, M.: a. a. O., S. 50.
[3] TUĆAN, FR.: Neues Jb. Min. usw. **34**, 420. — Die Kalkgesteine und Dolomite des
kroatischen Karstgebirges. Ann. géol. Péninsula balcanique, Belgrad 1911, H. 6, 600.

ein unlöslicher Rückstand der Kalke und Dolomite ist"[1]. Nach TUĆAN
ist der Hauptgemengteil der Terra rossa der Sporogelit, während alle übrigen
Minerale zurücktreten, er ist das Aluminiummonohydroxydgel ($Al_2O_3 \cdot H_2O$), das
dem Diaspor vollkommen analog ist, von dem er sich aber durch seine kolloide
Beschaffenheit unterscheidet. Das Eisen befindet sich als adsorbiertes Hydroxyd-
gel in dem Sporogelit, und zwar gleichfalls im kolloiden Zustande, ähnliches
gilt von einem Teil der Kieselsäure. Den unlöslichen Rückstand der Kalke
und Dolomite spricht er für eine autigene Beimischung derselben an und weist
damit zugleich die Anschauung verschiedener Forscher bezüglich seiner vulkano-
genen Natur als völlig unbegründet zurück. Die Entstehung des Sporogelits
als autigenes Mineral in den Kalken und Dolomiten steht nach ihm möglicherweise mit der Zersetzung von Eiweiß gleich wie die Entstehung des marinen
kohlensauren Kalkes in Verbindung, denn es sei bekannt, daß sich beim Eiweiß-
zerfall Natrium- und Ammoniumkarbonat bilde, welche die stets im Meerwasser
vorhandenen Aluminiumsalze als Hydroxydgele niederschlagen. Jedoch auch
hierin ist eine einseitige Beweisführung zu erblicken, weil sich dann die Terra
rossa nur auf marinen Kalken bilden könnte. Der spekulative Charakter seiner
Auffassung tritt aber noch deutlicher durch nachstehenden Nachsatz vor Augen:
„Auf diese Weise entsteht Sporogelit gleichzeitig mit Kalkstein, und das ist
die Ursache, warum derselbe in allen Kalken und Dolomiten des kroatischen
Karstes, in jenen des Karbon, der Trias, des Jura, der Kreide, wie in jenen des
Tertiärs, gleichmäßig zerstreut ist[2]." Demzufolge müßte aber geschlossen werden,
daß auch in allen Gegenden auf diesen Gesteinen die Terra rossa auftreten müßte.
Dementsprechend erkennen wir, daß selbst die am sichersten fundamentierten
Beweise für die Rückstandstheorie infolge zu einseitiger Auffassung des Problems
versagen mußten. Immerhin hat TUĆAN doch den Beweis zu erbringen vermocht,
daß der Lösungsrückstand bei der Bildung der Terra rossa eine hervorragende
Rolle mitspielt, indem durch die Auflösung des Kalkgebirges aus diesem Bestandteile frei werden, die zum Aufbau der Roterde mit beitragen. Mehr kann die
Gleichheit des Mineralgehaltes beider Bildungen aber auch nicht dartun. Die
starke Anreicherung des Eisens in den Roterden wird hierdurch keinesfalls
berührt, und doch dürfte gerade dieser Punkt der wesentlichste im ganzen Terra-
rossa-Problem sein, zumal die Rückstände der Kalkgesteine zumeist verhältnismäßig wenig Eisen führen. Aus gleichen Gründen gelangt auch wieder ganz
neuerdings A. REIFENBERG zu der Auffassung, „daß zwar die sog. Rückstandstheorie, die besagt, daß die Sesquioxydanreicherungen im Kalkstein eben das
einzige gewesen sind, was der Verwitterung standgehalten hat, während der
Kalk völlig oder fast völlig ausgewaschen wurde, gewiß z. T. zu Recht besteht. Nur kann die Rückstandstheorie die primäre Löslichmachung und die
Wanderung des Eisens auf Kalkgestein, die sicherlich erfolgen, nicht erklären"[3].

Insbesondere sind es aber von jeher mehr die in den Kalk- und Dolomit-
gesteinen vorhandenen rot gefärbten Adern und Äderchen gewesen, die als
Spender der Roterde dienen sollten, und wenn nun auch als selbstverständlich
zugegeben werden muß, daß solche bei der Verwitterung der Karbonatgesteine
an der Ausbildung der Terra rossa mitbeteiligt sind, so stellen sie doch nur
sekundäre Produkte innerhalb der Kalkgesteine dar, und es bedarf gerade einer
Erklärung ihres Zustandekommens, da sie doch nicht schlechthin als Produkte
der chemischen Verwitterung der reinen Karbonatgesteine, wie solches die
Rückstandstheorie in konsequenter Verfolgung ihrer Auffassung fordern müßte,
gedeutet werden können. Namentlich Graf ZU LEININGEN hat von jeher die

<hr>

[1] TUĆAN, FR.: a. a. O., S. 419, 420.   [2] TUĆAN, FR.: a. a. O., S. 428.
[3] REIFENBERG, A.: Entstehung der Mediterran-Roterde, S. 25. Dresden u. Leipzig 1929.

Ansicht vertreten, daß besonders den rot geaderten Kalksteinen das größte Vermögen, Roterde zu bilden, zukomme. Diese Anschauung, von der man annehmen sollte, daß sie alle Anhänger der Rückstandstheorie teilen müßten, vertrat nun aber z. B. Fuchs, der nicht minder ihr Verfechter war, durchaus nicht. Er gelangte vielmehr auf Grund seiner Beobachtungen zu dem entgegengesetzten Ergebnis, und diese Erkenntnis spricht gleichermaßen nicht sehr für die allgemeine Gültigkeit besagter Theorie. „Bemerkenswert erschien mir", so sagt Fuchs, „immer der Umstand, daß die rote Farbe immer in um so größerer Menge und von um so grellerer roter Färbung vorhanden war, je dichter, reiner und weißer der darunterliegende Kalkstein sich zeigte. In dem Maße, als der Kalkstein dunkler, grauer oder aber weicher, poröser und tuffiger wurde, nahm auch die rote Erde immer mehr ab, und auf weichen, mergeligen oder kreidigen Kalksteinen erinnere ich mich niemals Terra rossa gefunden zu haben." Wenn letzteres nun auch wohl nicht in allen Fällen zutrifft, so geben die Worte Fuchsens doch die bekannte Tatsache wieder, daß mit der Reinheit des Kalkes die Rotfärbung der Terra rossa zunimmt. Es ergibt sich hieraus schon allein, daß doch noch andere Umstände bei der Bildung der Terra rossa mit im Spiele sind. In der Tat hat denn auch E. Blanck[1] in neuester Zeit den sicheren Nachweis erbringen können, daß die chemische Zusammensetzung des unlöslichen Rückstandes der reinen Kalke eine ganz andere als die der Terra rossa ist, und wenn Graf zu Leiningen[2] auch die stoffliche Zusammensetzung des unlöslichen Rückstandes rot geaderter Kalksteine mit der aus ihnen entstandenen Terra rossa als sehr ähnlich oder gleichartig findet, so besagt dieses trotzdem noch nichts für die Geltung der Lösungs- oder Rückstandstheorie, denn die in den Adern vorhandene Substanz ist eben schon Roterde, und ihrem Zustandekommen gilt die Erklärung[3]. Sehr wichtig erschien dagegen schon Fuchs der Umstand, daß die Terra rossa auf Kalkgebirgen, die sonst ihrer petrographischen Beschaffenheit nach sehr geeignet hierfür sein müßten, nicht stets gefunden werde, wie z. B. im mittleren und nördlichen Europa. Auf diese schon frühzeitig erkannte wichtige Tatsache, die für die Erklärung des Terra-rossa-Problems stets einer der wundesten Punkte gewesen ist, soll erst später eingegangen sein, jedoch wird der Einwand von Fuchs durch eine große Anzahl von Kalkgesteinsanalysen nördlicherer Breiten gestützt. Wenn nun auch, worauf gleichfalls später einzugehen sein wird, die Gründe für das Nichtzustandekommen von roterdeartigen Bildungen auf Kalkgesteinen nördlicher Breiten ganz wesentlich anderer Natur sind, so geht doch aus der Tatsache der andersartigen stofflichen Beschaffenheit jener Kalk- und Dolomitgesteine hervor, wie wenig glücklich von rein theoretischen Gesichtspunkten aus die Rückstandstheorie in dem Suchen nach dem das Phänomen erklärenden Agens war.

Infolge des tatsächlich nur geringen Gehaltes der reinen Kalkgesteine an Eisenverbindungen bzw. an Rückständen überhaupt ergab sich als weitere Konsequenz der Lösungstheorie die Annahme einer sehr langen Dauer des Entstehungsvorganges bzw. Herausbildungsaktes der Terra rossa. So sagt schon Neumayr[4]: „Der Beginn der Bildung der Terra rossa hat in verschiedenen Gegenden zu sehr verschiedenen Zeiten stattgefunden, überall aber, wo wir sie in großen Massen auftreten sehen, scheint sie seit einer sehr langen Periode im Gange zu sein. So geben die Wirbeltierbefunde auf dem Plateau und in den Klüften

---

[1] Blanck, E.: a. a. O.: Chem. d. Erde 3, 57 (1928).
[2] Leiningen, W. Graf zu: a. a. O., Chem. d. Erde 4, 180, 184, 185 (1929).
[3] Blanck, E.: Nochmals zur Frage der Entstehung der Terra rossa als Lösungsrest mariner Kalkgesteine. Linck-Festschr. Chem. d. Erde 1930.
[4] Neumayr, M.: a. a. O., Verh. k. k. geol. Reichsanst. Wien 1875, 50.

des Juragebirges Zeugnis für ein Zurückgreifen bis in die Zeit des Paläotherion, der rote Lehm des Karstes enthält in Hippotherion usw. die Reste der zweiten Miozänfauna, in Galo und anderen Vorkommnissen solche der Diluvialzeit; wir können daher in vielen Fällen das Alter einzelner Lagen der terra rossa bestimmen, ohne die Gesamtheit ihrer Bildung einem enger begrenzten Zeitabschnitte zuweisen zu können." Wenn nun auch keineswegs ein lang andauernder Entstehungsvorgang für manche Terra-rossa-Vorkommen bestritten werden soll, so brauchen doch die von Neumayr erwähnten Fossilfunde noch nicht ohne weiteres für eine solche Annahme zu sprechen, denn bei der Auffassung von einem wesentlich andersartigen Entstehungsakt der Roterde ist es sehr wohl möglich, daß die Wirbeltierknochen usw. in den Höhlen erst viel später von der Roterde umhüllt und eingebettet wurden. Der rezente Charakter der Terra rossa kann nicht durch die Tatsache des Eingeschlossenseins einer voreiszeitlichen oder diluvialen Fauna ohne weiteres in Frage gestellt werden[1]. Auch Graf zu Leiningen[2] ist zwar gleichfalls für einen Beginn der Roterdebildung seit der jüngsten Tertiärzeit eingetreten, verwahrt sich aber gegen die Ansicht Staches[3], daß die Roterden lediglich ein Produkt geologischer Vorzeit seien, da letzterer das Klima der Jetztzeit als zur Bildung unlöslicher Rückstände aus Kalken für sehr geeignet hielt, wobei ihm als Beweis die günstige Erhaltung antiker Inschriften diente[4]. Ebenso spricht sich K. Glinka[5] für das z. T. hohe Alter derselben aus, und G. Cumin[6] rechnet die Roterde Istriens zum alten Quartär oder führt sie doch wenigstens teilweise auf frühere Zeitepochen zurück, welche Auffassung in neuerer Zeit vielfach Anklang gefunden hat[7]. E. v. Mojsisovics[8] spricht von einer kontinuierlichen, aus der Neogenzeit bis in die Gegenwart reichenden Bildung, indem er die Vorkommnisse Bosniens in Rücksicht zieht. Dagegen hat E. Blanck[9] für einige Roterdevorkommnisse Norditaliens den Nachweis ihrer rezenten Entstehungsweise erbringen können. Ein Aufschluß an der Straße von Rovereto nach Lizzana in der Nähe des großen Steinbruches bei Castello Dante erwies sich in dieser Beziehung als besonders beachtenswert, so daß hier des näheren die Profilverhältnisse auseinandergesetzt werden mögen.

Die Oberfläche des Gesteins ist dortselbst durch Gletschertätigkeit völlig glatt geschliffen, soweit nicht Gletscherschrammen vorhanden sind. Man hat einen Gletscherschliff in typischer Ausbildung vor sich, an welchen die ganze Gegend überaus reich ist. Auf dem Schliff lagern etwa 30 cm mächtige hell gefärbte, weiße Glazialschotter, die nach oben zu scharf abgegrenzt in braunrote Schotterbildungen übergehen. Zum Teil liegen die letzteren auch direkt dem

---

[1] Vgl. hierzu die schon von E. Tietze gemachte Bemerkung auf S. 207.

[2] Leiningen, W. Graf zu: a. a. O., Naturwiss. Z. Land- u. Forstw. **9**, 73 (1911).

[3] Stache, G.: Die Wasserversorgung von Pola. Wien 1889.

[4] Stache, G.: Die Liburnische Stufe und deren Grenzhorizonte. 70. Abh. k. k. geol. Reichsanst. Wien **13** (1889).

[5] Glinka, K.: Typen der Bodenbildung, S. 65. Berlin 1914.

[6] Cumin, G.: Appunti geologici sull' Istria montana. Atti Accad. naz. Lincei, Rom **33**, 174—177 (1924).

[7] Vgl. O. Abel: Sitzgsber. Akad. Wiss. Wien **1912**, Juli. — F. v. Kerner: Geol. Verh. d. Petrovopolje in Dalmatien; Verh. k. k. geol. Reichsanst. Wien **1894**. — H. Stremme: Die Verbreitung der klimatischen Bodentypen in Deutschland. Branca-Festschr. 1914. — R. Lang: Über Bildung von Roterde und Laterit. 4. Internat. Konferenz Bodenkde Rom 1926. — Kormos, Th.: Über die Resultate meiner Ausgrabungen im Jahre 1913. Jber. kgl. ungar. geol. Reichsanst. **1913**. — Siehe auch bei W. R. Eckardt: Das Klimaproblem der geologischen Vergangenheit usw., S. 94, Braunschweig 1909, worauf noch näher zurückzukommen sein wird.

[8] Mojsisovics, E. v.: Jb. k. k. geol. Reichsanst. Wien **1880**, 210.

[9] Blanck, E.: Chem. d. Erde **2**, 178, 199 (1926); **3**, 68 (1928).

anstehenden Gestein auf, und es fehlt dann die hellweiße, kalkgeröllführende Schotterschicht. Dort, wo die anstehenden Kalksteine durch glaziale Erosion nicht geglättet und geschliffen worden sind, weisen sie eine sehr stark angegriffene, rot gefärbte Oberfläche auf. Es ist hier zu einer Ausscheidung und Anhäufung tonigen und eisenhaltigen Materials gekommen, das sich gewissermaßen in den Kalkstein hineingefressen hat. Ein ganz anderes Bild der Bodenbildung zeigt sich aber dort, wo der Gletscherschliff durch spätere Denudation von seinen überlagernden Glazialbildungen völlig befreit worden ist, denn nur in und auf den Sprüngen, Spalten, Rissen und Schrammen des sonst vegetationslosen Gesteins gewahrt man eine schwarze, rezente Humusanhäufung von geringer Mächtigkeit, auf der sich eine spärliche Vegetation angesiedelt hat. Hieraus wäre der Schluß zu ziehen, daß bei der Verwitterung des Kalksteins zur jetzigen Zeit Humus und Braunerdeböden hervorgehen, nicht aber zur Zeit vor der Ablagerung der glazialen Schotter, falls man sich auf den Standpunkt stellt, daß die Umwandlung der Oberfläche des Kalkgesteins vor der Entstehung des glazialen Schotters geschehen sei. Demnach würde die auf dem Kalk befindliche Roterde als Produkt einer anderen Zeit als der Jetztzeit aufzufassen sein. Jedoch gelangt man bei näherer Betrachtung der Profilverhältnisse zu einer anderen Ansicht, denn dort, wo die umgewandelten Kalkschotter direkt auf dem Gletscherschliff auflagern und nicht von diesem durch eine weiße, also nicht ferrettisierte oder umgewandelte Kalkgeröllschicht getrennt sind, sieht man den unterlagernden Gletscherschliff an seiner Oberfläche auch angegriffen und zu Roterde umgewandelt. Es fällt daher die Möglichkeit, daß die kalkigen geröllführenden Schotter infolge eines besonderen Klimas zu einer besonderen Zeit zu einem rot gefärbten Verwitterungsprodukt aus dem Material der Glazialschicht hervorgegangen sind, fort. Der Gletscherschliff muß seine Formgestaltung vor Ablagerung der Glazialschotter, und zwar vermutlich durch diese selbst, erhalten haben. Findet man nun aber eine Roterdebildung unmittelbar auf dem Gletscherschliff, indem sich die Oberfläche desselben umgewandelt und angegriffen zeigt, so kann sich diese nicht vor dem Absatz der Glazialschotter gebildet haben, denn diese waren ja erst die Veranlassung zur Ausbildung des Gletscherschliffes und hätten die Roterde entfernen müssen, so daß nichts anderes übrigbleibt, als die Roterdebildung auf der Oberfläche des Gletscherschliffes als ein erst nach Ablagerung der Geröllschicht ausgebildetes Produkt zu betrachten. Daß dem so war, geht unzweifelhaft aus der Abwesenheit der Roterdeschicht an den Stellen der Oberfläche des Gletscherschliffes hervor, wo die überlagernden Glazialschotter noch im unveränderten Zustande auftreten. Das Vorhandensein der zu Roterde umgewandelten Oberfläche des Gletscherschliffes besagt infolgedessen, daß diese Umwandlung sich zu viel späteren Zeiten als zu der der Ablagerung der Glazialschotter vollzogen hat.

Tućan[1] unterscheidet, wie dieses wohl zumeist üblich ist, scharf zwischen dem Alter des Bauxits und der Terra rossa, wenn er sagt, „daß es" zwar „zwischen der terra rossa und dem Bauxit (des kroatischen Karstes) gar keinen Unterschied gibt", da beide in Hinsicht auf ihre Beschaffenheit vollkommen identisch seien, aber der „Bauxit ist die ältere terra rossa, und terra rossa ist der jüngere, rezente Bauxit".

Da es sich auf dem Boden der Rückstandstheorie trotz Zuhilfenahme mancherlei Hypothesen nicht möglich erwies, die Entstehung der Roterde restlos aus der stofflichen Zusammensetzung des Gesteins allein zu erklären, so mußten notgedrungen noch weitere Verhältnisse oder Einflüsse als vorhanden ange-

---

[1] Tućan, Fr.: Neues Jb. Min. usw., Beilgbd. **34**, 428, 429 (1912).

nommen werden, um ein solches Gebilde hervorgehen zu lassen. Denn vergegenwärtigt man sich die Tatsache, daß wohl die Rückstandstheorie die Terra rossa als Rückstand von Kalkgesteinen im allgemeinen zu deuten vermocht haben würde, so blieb doch immer noch die Frage offen, warum die Roterde nur aus den Kalkgesteinen der südlichen Länder und nicht auch aus denjenigen des Nordens hervorgehe. Allerdings fand man bald eine Erklärung darin, daß die Ursache in den verschiedenen klimatischen Bedingungen jener Gebiete zu suchen sei. Das Problem der Roterdebildung gewann hierdurch ein völlig neues Aussehen und erhielt die Bedeutung einer regionalen Erscheinung. Sicherlich war hierdurch ein Fortschritt angebahnt worden, wenngleich alle ins Feld geführten und als mitwirksam erkannten klimatischen Faktoren doch noch nicht das Phänomen in seiner Gesamtheit völlig zu deuten vermochten. Th. Fuchs war der erste, der den neuen Weg beschritt, denn er schrieb: „Man kann sich kaum dem Gedanken verschließen, daß das Auftreten oder Fehlen der terra rossa wesentlich durch klimatische Verhältnisse bedingt wird, da sie sich nur dort zeigt, wo ein trockenes Klima und dadurch bedingter spärlicher Pflanzenwuchs sich findet, während sie nicht auftreten kann, wo ein feuchtes Klima, reicher Pflanzenwuchs und eine durch beide bewirkte größere Anhäufung humoser Substanzen vorhanden ist." Es treten bei Fuchs, wenn auch in einer mit der heutigen Erkenntnis nicht ganz übereinstimmenden Form, schon 2 Punkte hinsichtlich des Einflusses des Klimas auf die Bodenbildung hervor, nämlich der durch die Verschiedenheit des Klimas hervorgerufene Wandel in der Menge der Niederschläge und der im Wechsel des Pflanzenwuchses, welch' letzterer wiederum eng mit der Menge des vorhandenen Humusgehaltes verbunden erscheint. Dies sind aber auch diejenigen Punkte, die auch noch heute nach reiferer Erkenntnis als für die Bodenbildung entscheidend angenommen werden.

Zwar unterliegt es keinem Zweifel, daß das Klima allein nicht imstande ist, die Frage nach der Terra-rossa-Bildung zu entscheiden, denn wie wir gesehen haben, kommt der Beschaffenheit des Untergrundes eine entscheidende Rolle für das Auftreten der Terra rossa zu. Um eine rein klimatische Bildung kann es sich daher in der Terra rossa schon an und für sich nicht handeln, trotzdem man die Zuflucht dazu genommen hat, die Roterde der Mittelmeergebiete als eine Art Laterit anzusehen, die sich unter den nördlicheren Breiten nur noch auf Kalk auszubilden vermag. Denn wie sich u. a. R. Lang[1] in Anlehnung an diese Anschauung ausgedrückt hat, liefern „Kalksteine wegen ihrer ‚hitzigen' Eigenschaften, und weil sie vielfach eine Karstlandschaft mit rasch abfließenden Wässern und damit für die Vegetation ungenügende Feuchtigkeits- und oft auch ungenügende übrige Wachstumsbedingungen bilden, die geeignetste Unterlage für die Entwicklung weit nach Norden vorgeschobener Roterden". Schon E. Ramann hat bekanntermaßen den Standpunkt vertreten, daß Bodenformen wärmerer Klimate auf Kalk am weitesten nach Norden vordringen, geradeso wie umgekehrt die Böden höherer Breiten auf quarzreichem Gestein am weitesten nach Süden vorschreiten. Auch noch vom anderen Gesichtspunkte aus ist der Roterde die Berechtigung einer selbständigen Klimabildung abgesprochen worden[2], insofern sie nur als eine Übergangsbildung aufzufassen sei. „Es ist meiner Ansicht nach", so sagt z. B. Chr. Ohly[3], „nun nicht richtig, die Rot-

---

[1] Lang, R.: Über die Bildung von Roterde und Laterit. Verh. 4. Internat. Konferenz Bodenkde., Rom 1926.

[2] Derartige Ansichten haben sich besonders in ganz letzter Zeit, wie noch gezeigt werden wird, mehr und mehr verfestigt.

[3] Ohly, Chr.: Die klimatischen Bodenzonen und ihre charakteristischen Bodenbildungen. Internat. Mitt. Bodenkde. 3, 450 (1913).

und Gelberden als für eine Klimazone typische Bodenbildungen anzusehen, da sie auf der einen Seite ziemlich unvermittelt in den Laterit übergehen, so daß man sie schon direkt als Vorstufe zur Lateritisierung bezeichnet hat, auf der anderen Seite aber zu den Braunerden hinüberleiten." Ihre Stellung im System der klimatischen Bodentypen war daher anfangs auch recht unsicher, denn RAMANN rechnete sie noch zu den ariden Bodenarten[1] und hat sich erst später[2] für ihre Zugehörigkeit zum humiden Gebiet ausgesprochen, indem er zu ihrem Zustandekommen ein humides Gebiet mit heißem Sommer und kühlem, nicht kaltem Winter in Anspruch nahm. RAMANN tritt somit nicht für ein völlig humide Bedingungen aufweisendes Klima ein, denn „während der mäßig warmen, regenreichen Winterszeit der Roterdegebiete des Mittelmeeres werden die Pflanzenreste fast völlig zersetzt. Nach dem Gesamtbild des Auftretens ist Verfasser geneigt, die Roterden den humiden Bodenformationen zuzurechnen. Diese Gegenden haben während eines großen Teiles der warmen Jahreszeit aride Bedingungen, dagegen herrschen während der Winterszeit humide Verhältnisse vor und erlangen, wie es scheint, für die Bodenbildung das Übergewicht. Für diese Auffassung spricht, daß die Roterden auf Kalk am weitesten nach Norden gehen"[3]. Auch Graf ZU LEININGEN[4] nimmt als für die Terra-rossa-Bildung am günstigsten ein Klima mit heißen Sommern und langen, trockenen Zeiten nebst mildem Winter an, betont aber zugleich mit Recht die Wichtigkeit der Gegenwart nur geringer Mengen von Humus für ihr Zustandekommen. Wird innerhalb eines solchen Gebietes das Klima feuchter und kühler und nimmt die Humusmenge zu, wie z. B. in den höheren Lagen des Mittelmeergebietes, so bildet sich nach ihm anstatt der Roterde Braunerde, und in den feuchtesten Hochlagen und Schattenseiten mit starker Anhäufung von Humus entwickelt sich sogar Bleicherde.

Das für die Roterde günstigste Klima müßte sich dementsprechend besonders in der Verteilung der Niederschläge während des Jahres kennzeichnen. Nach J. HANN[5] ist dieses für jene Gegenden auch der Fall, und zwar „speziell in der Tendenz zu regenarmen Sommern und Beschränkung der Niederschläge auf die Winter- oder die Frühlings- und Herbstmonate". Während sich derartige klimatische Verhältnisse aber an anderen Orten der Erde nur auf schmale Küstenzonen beschränken, greift dieses Mittelmeerklima im Mittelmeergebiet tief in die Kontinentalmasse hinein, so daß das gesamte Gebiet einen verhältnismäßig einheitlichen Charakter erhält. Jedoch treten auch gewisse Unterschiede auf, denn die Tendenz zu regenarmen Sommern und niederschlagsreichen Wintern, Herbst- und Frühlingszeiten tritt in dem südlichen Teile des Mediterrangebietes am stärksten hervor und nimmt nach Norden hin ab, so daß die Niederschlagsverteilung allmählich gleichförmiger wird und der Sommer sich immer regenreicher, an den Grenzen sogar zur regenreichsten Jahreszeit entwickelt. Der südlichste Teil hat dagegen nur eigentliche Winterregen. Von A. PHILIPPSON[6] werden 3 Regengürtel im Mittelmeergebiet unterschieden, und zwar 1. Gürtel der fast regenlosen Sommer (weniger als 50 mm in den 3 Sommermonaten), Hauptregenzeit im Vorwinter. Er erstreckt sich von der Grenze im Süden

---

[1] RAMANN, E.: Bodenkunde, 2. Aufl. 1905.

[2] RAMANN, E.: Bodenkunde, 3. Aufl., S. 531. 1911.

[3] RAMANN, E.: Bodenkunde, 3. Aufl., S. 532. 1911.

[4] LEININGEN, W. Graf ZU: a. a. O., Zbl. ges. Forstwes. Wien **43**, 9 (1917).

[5] HANN, J.: Handbuch der Klimatologie **3**, 25. 1897. — Vgl. W. R. ECKARDT: Über die Ursachen der jahreszeitlichen Regenfälle im Mittelmeergebiet usw. Z. Balneol. Klimatol. usw., Berlin u. Wien **9**, 101 (1916/17).

[6] PHILIPPSON, A.: Das Mittelmeergebiet. Leipzig u. Berlin 1922. Zitiert nach A. REIFENBERG: a. a. O. S. 5, 6. 1929.

bis Mittelspanien, Sardinien, Süditalien, Mittelgriechenland, Mittelkleinasien. 2. Gürtel der regenarmen Sommer (50—100 mm), Hauptregenzeit im Frühjahr und Herbst. Er umfaßt das nördliche Spanien (außer der Nordküste), das mediterrane Frankreich, z. T. die Riviera und die Westküste Mittelitaliens, Albanien, Nordgriechenland, die Nordküste des Ägäischen Meeres und das nördliche Kleinasien sowie die Südufer der Krim. 3. Der nördliche Übergangsgürtel, Regen zu allen Jahreszeiten, aber noch ausgesprochenes Minimum im Sommer, Maximum im Frühjahr und Herbst. Ihm gehören die Nordküste Spaniens an, Oberitalien und das Binnenland Mittelitaliens, Istrien und Dalmatien. Das ganze Innere und der Osten der Balkanhalbinsel, abgesehen von dem schmalen Küstenstrich an der Adria und an der Nordseite des Ägäischen Meeres, hat Regen zu allen Jahreszeiten mit dem Maximum im Sommer. Wir haben demnach im Mittelmeergbiet eine klimatische Zone vor uns, in der je nach der Jahreszeit humide mit ariden Bedingungen abwechseln, ein Umstand, der schon, wie wir gesehen haben, von RAMANN als wesentlich für das Zustandekommen der Terra rossa angesehen wurde, insofern weder das rein aride noch das rein humide Klima ihre Entstehung gewährleisten konnten. Ferner sei aber noch auf eine andere Feststellung hingewiesen, die eine Abhängigkeit des Vorhandenseins der Roterde von der Menge der Niederschläge nicht ohne weiteres in irgendeiner Richtung darzutun vermag. Graf ZU LEININGEN[1] hat z. B. die Daten über den jährlichen Niederschlagsfall bekannter Roterdegebiete zusammengestellt und dieselben untereinander und mit denen benachbarter roterdefreier Gebiete verglichen und gelangt auf Grund dieser zu dem Ergebnis, daß sich keine Relationen zwischen den Niederschlagsmengen und dem Vorkommen der Roterde ableiten lassen, so daß er im Sinne RAMANNs den Schluß zieht, daß es bei der Bodenbildung nicht auf die absoluten Niederschlagsmengen, sondern auf die zeitliche Verteilung derselben ankommt. Die Menge der Niederschläge an sich erlaubt also für das Zustandekommen oder Fehlen der Roterde keine bindenden Schlüsse zu ziehen. R. LANG hat schließlich den als für die Entstehung der Gelb- und Roterden (bzw. Laterit) gültigen Regenfaktor bekanntermaßen zwischen 60 und 40 festgelegt.

F. KERNER-MARILAUN[2] hat eine klimatologische Analyse der Terra-rossa-Bildungen vorgenommen, worauf aber nur in aller Kürze eingegangen werden kann. Er findet, daß die Jahresmittel und Jahressummen der klimatischen Faktoren zur wahren Kennzeichnung der Böden ungeeignet sind, und daß man daher die Halbjahreswerte in Betracht zu ziehen habe. Unter der Voraussetzung, daß die mediterrane Roterde eine harmonische Bodenbildung sei, sieht er ihre optimalen Bildungsbedingungen in einem „möglichst gesteigerten Regenfall bei weitestgehender Zusammendrängung desselben auf die kühlere Jahreszeit in Verbindung mit einem Überschuß von Wärme bei großer Temperaturschwankung" gegeben[3] und erhält den Schwellenwert von ungefähr 4,1, d. h. „die klimatischen Bildungsbedingungen der Mediterranroterde sind durch den Ausdruck $\sqrt{R_w} T_s > 4{,}1$ gegeben". Dieser Schwellenwert entspricht der gewohnten Vorstellung, nach der die Terra rossa bis hart an die Grenzen des Mediterrangebietes, im Norden also bis an die Umrandung der Adria, herangeht[4]. Jedoch weist der Autor einschränkend darauf hin, daß der Prüfung der auf klimatologischer Grundlage gewonnenen Werte durch den Bodenbefund der Umstand

---

[1] LEININGEN, W. Graf ZU: a. a. O., Naturwiss. Z. Forst- u. Landw. **9**, 80 (1911).

[2] KERNER-MARILAUN, F.: Sitzgsber. Akad. Wiss. Wien, Math.-naturwiss. Kl., Abt. 1, **132**, 119 (1923).

[3] KERNER-MARILAUN, F.: a. a. O., S. 121.

[4] KERNER-MARILAUN, F.: a. a. O., S. 128.

störend entgegentrete, „daß die Böden das Ergebnis des Zusammenwirkens klimatischer und nichtklimatischer Einflüsse sind. Beide vereinen sich zu einem Produkte, das Null wird, wenn den einen Faktor dieses Schicksal ereilt"[1], denn auf tonerdefreien Silikaten, fluviatilen und marinen Quarzsanden und anderen Nichtkalkgesteinen fehlt die Roterde, selbst auch dann, „wenn ihre klimatischen Bildungsbedingungen voll erfüllt" seien. In einer weiteren Arbeit[2] gibt er eine Zusammenstellung des „Roterdeklimas" zur Jetztzeit im Vergleich zum Klima der Bauxitbildung, letzteres erschlossen aus paläofloristischen Funden und meteorologischen der Jetztzeit usw. durch Vergleiche und Rückschlüsse. Es mag erwähnt sein, daß der Genannte hinsichtlich der Entstehung der Roterde auch auf dem Standpunkt der Lösungs- oder Rückstandstheorie steht. W. R. ECKARDT[3] erklärt die Zugstraße der Minima zur sommerlichen Jahreszeit südlich der Alpen durch die am Südfuß derselben sowie am Westabhange der französischen Alpen gegen das Rhonebecken hin, wie ferner die in Spanien und Rumänien auftretenden Verwitterungsprodukte von karminroter Farbe und läßt die Terra rossa „hauptsächlich infolge von Föhnwirkung" entstehen. Sie sind ihm ein Beweis dafür, daß namentlich zur Sommerszeit, zu der die Bedingungen zur Entstehung des Föhns am ehesten gegeben sind, „die Minima im Diluvium auch zu dieser Jahreszeit dem Mittelmeergebiet häufig Regen brachten". Aus diesen letzteren Hinweisen aber haben wir mit Recht zu entnehmen, wie sehr sich in neuester Zeit die Auffassung von der klimatischen Entstehungsweise der Roterden gefestigt hat, so daß sogar umgekehrt aus ihrer Gegenwart die weitgehendsten Schlüsse auf die Klimaverhältnisse selbst der Vorzeit gezogen werden[4]. Andererseits darf aber auch nicht verschwiegen werden, daß diese Methode nicht allerseits gebilligt wird, wie man überhaupt mit der Deutung rot gefärbter Verwitterungsprodukte in bezug auf klimatische Verhältnisse vorsichtig sein sollte[5].

Eine gewöhnlich mit den Niederschlägen und den Feuchtigkeitsverhältnissen Hand in Hand gehende Erscheinung, da sie abhängig von jenen Faktoren ist, hat schon von jeher dazu gedient, die Entstehung und das Auftreten rot gefärbter Bodenbildungen plausibel zu machen. Es ist die organische oder die Humussubstanz einschließlich Pflanzenwuchs oder Pflanzenbestand in ihrer Gesamtheit. Wie schon angeführt, hat FUCHS für den vorliegenden, besonderen Fall hiervon als erster Gebrauch gemacht, und zwar in dem Sinne, daß das Fehlen der Vegetation und der damit verbundene geringere Humusgehalt die Roterdebildung verständlich mache. Diese Annahme steht in der Literatur aber keineswegs vereinzelt da, sondern sie bildet vielleicht sogar die Regel, denn einem reichen Pflanzenwuchs entspricht im allgemeinen auch eine größere Anhäufung von organischen Substanzen. Zur Erzeugung eines und einer solchen würde aber das humide Klima am geeignetsten sein, während gerade FUCHS das Umgekehrte ver-

[1] KERNER-MARILAUN, F.: a. a. O., S. 141.

[2] KERNER-MARILAUN, F.: Bauxite und Braunkohlen als Wertmesser der Tertiärklimate in Dalmatien. Sitzgsber. Akad. Wiss. Wien, Math.-naturwiss. Kl. 130, 35—70 (1921).

[3] ECKARDT, W. R.: Das Klimaproblem der geologischen Vergangenheit usw., S. 94. Braunschweig 1909.

[4] Vgl. hierzu E. WASMUND: Klimaschwankungen in jüngerer geologischer Zeit, Handbuch 2, S. 126. — E. BLANCK: Beiträge zur regionalen Verwitterung in der Vorzeit. Mitt. landw. Inst. Univ. Breslau 6, 5 (1913). — E. KRAUS: Die Klimakurve in der Postglazialzeit Süddeutschlands. Z. dtsch. geol. Ges. 73 (1921); Mber. 8—10, 223. — Der Blutlehm auf der süddeutschen Niederterrasse als Rest des postglazialen Klimaoptimums. Geognost. Jh., München 34 (1921).

[5] Vgl. E. ZIMMERMANN: Über Buntfärbungen von Gesteinen, besonders in Thüringen. Mber. dtsch. geol. Ges. 67, 161 (1915). — E. BLANCK u. F. SCHEFFER: Chem. d. Erde 2 148 (1926). — E. BLANCK, F. ALTEN u. F. HEIDE: Ebenda 133. — H. HARRASSOWITZ: Ebenda 4, 11 (1929).

langte, nämlich einen geringen Pflanzenwuchs und die damit verbundene geringe Humusanhäufung. Fuchsens Hinweis auf die Mitwirkung bzw. Nichtmitwirkung der organischen Substanz muß also, falls sie dennoch von Einfluß bei der Roterdebildung sein soll, in anderer Richtung verlaufen. Unzweifelhaft steht die Gegenwart organischer Substanzen mit dem Pflanzenwuchs in Verbindung, nicht aber die Anhäufung ersterer ohne weiteres, denn die Zersetzung der organischen Substanz hängt von mancherlei Umständen ab. In einem kalten humiden Klima verläuft die Zersetzung außerordentlich langsam unter Bildung von sog. Humussäuren; in der heißen humiden Zone tritt aber eine sehr schnelle Zersetzung ein, die bis zu einem fast völligen Verbrauch der Humussubstanzen führen kann. Daher kann im humiden Gebiet trotz üppiger Vegetation eine Verarmung bzw. das gänzliche Verschwinden von Humussubstanzen eintreten. Die Wärme, verbunden mit lebhafter Oxydation, wird hier zum besonders kräftig wirksamen Agens. Soll daher eine solche energische Aufbereitung der organischen Massen im humiden Gebiet zustande kommen, so müssen gleichzeitig hohe Temperaturen herrschen, oder es dürfen die herrschenden klimatischen Bedingungen nicht völlig humid und gepaart mit Kälte sein, vielmehr müssen dann Perioden vorhanden sein, welche zeitweilig einen Vorgang der schnellen Zersetzung ermöglichen. Schon F. v. Richthofen nahm für unser in Frage stehendes Verbreitungsgebiet solches an, indem er ausführt: „In Kalifornien und den Mittelmeerländern begünstigt der trockene und heiße Sommer die schnelle Verwesung. Dort sind die Wälder licht und ohne Unterholz, sie enthalten wenig Humus, umgefallene Stämme verwesen schnell und häufen sich nicht an[1]." Dieser Umstand ist es daher auch gewesen, der Ramann veranlaßt hat, jenen Wechsel im Klima als entscheidend für die Terra-rossa-Bildung anzusehen, und in der Tat besteht derselbe, wie wir im vorhergehenden erfahren haben, in der durch Roterdebildung ausgezeichneten Region. Das Mediterrangebiet wird nur während eines Teils des Jahres durch humide Bedingungen beherrscht. Die für die Roterde in Hinsicht auf ihren Entstehungsakt so notwendige Zersetzung der organischen Substanz wird während eines anderen Zeitraums des Jahres, in dem aride Bedingungen zur Geltung kommen, hervorgebracht, denn nur diese vermögen im besagten Fall einen solchen Vorgang zuwege zu bringen. Die kräftige Auswaschung des Bodens geschieht dann wieder zur Zeit der humiden Herrschaft. Deshalb spricht auch Ramann von einem Übergewicht der letzteren über die ariden Bedingungen, indem er die Beschaffenheit der Roterde als ausgelaugte Bodenart zugrunde legt, und E. W. Hilgard[2] gibt in nachstehenden Worten einen Kommentar zu diesem Vorgang. „Man braucht zur Erklärung nur im Sommer das Schicksal der umhergewehten abfallenden Blätter und des trockenen Grases zu beobachten, wie die heißen Winde unter der noch heißeren Sonne die organischen Abfälle geradezu einer langsamen Verbrennung unterwerfen. Wenn die Regen kommen, ist von den gefallenen, meist nur kleinen Blättern wenig mehr als das Skelett zu sehen, und die sanften Regen waschen auch diese nicht tief in den Boden. So kommt die Hauptmasse des Rohhumus in der ariden Region fast allein von der Verwesung der Wurzelsysteme."

Die im allgemeinen vorhandene Geringfügigkeit wildwachsender Flora auf anstehender Roterde ist denn auch eine recht auffällige Erscheinung. Zur Hauptsache kommen die Pflanzengemeinschaften der Macchie und des Waldes in Frage, und Anhäufungen von Pflanzenresten kommen nach Graf zu Lei-

---

[1] Richthofen, F. v.: Führer für Forschungsreisende, S. 468. Berlin 1886.
[2] Hilgard, E. W.: Die Böden arider und humider Länder. Internat. Mitt. Bodenkde. I, 420 (1911).

NINGEN[1] für gewöhnlich kaum vor, da alle organische Substanz schnell der Verwesung anheimfällt. „Nur in ganz geschlossenen Waldbeständen, deren dichte Kronen die südliche Sonne etwas mildern," berichtet der Genannte, „findet man Streu in ansehnlichen Mengen, aber keinen Rohhumus. Die Streu, deren unterste Schicht von den Regenwürmern immer wieder aufgearbeitet wird, betrug nach 2 Aufsammlungen, welche ich bei St. Peter am Karst innerhalb einer gut gedeihenden 27jährigen Schwarzkiefernaufforstung machte, 1,254 bzw. 1,382 kg (in lufttrockenem Zustande). Ganz nahe am Meeresstrande fand ich bei Ragusa auf der Halbinsel Lapad unter Macchie einmal reichliche Ablagerungen von moderartigem Humus, was durch die feuchte Luft und den (insbesondere nahe der Meeresküste) starken Tau zu erklären, aber für diese Gegenden schon als eine ungewöhnliche Erscheinung anzusehen ist." Nach Graf ZU LEININGEN geht die Einwirkung der gesamten Flora und ihrer Reste auf die in wärmeren Lagen befindliche Terra rossa auch nur so weit, daß sie etwas dunkler gefärbt wird, wozu allerdings schon wenig Humus genügt, an eine Degradation zu Braunerde in etwaigen kühleren und feuchten Lagen glaubt er nicht, „denn unter dem dauernden Einfluß einer Walddecke scheint Roterde überhaupt gar nicht zustande zu kommen; man findet an solchen Orten (selbst in ausgesprochenem Roterdegebiet) nur Braunerde inselartig eingestreut[2]". Diese Feststellung eines unserer besten Kenner natürlicher Roterdevorkommnisse steht im scharfen Gegensatz zu der von H. STREMME[3] vertretenen Ansicht der Entstehung der Terra rossa als eines illuvialen Horizontes humoser Waldböden, worauf noch zurückzukommen sein wird. Hier an dieser Stelle sei nur, obgleich Graf ZU LEININGEN diesen Widerspruch nicht zu entscheiden gewagt hat, auf die die gegenteilige Ansicht zum Ausdruck bringenden Worte des genannten Autors hingewiesen: „Wäre die Roterde tatsächlich ein Illuvialhorizont in der Art, wie eben angedeutet, so müßte man ja bei den Verhältnissen im Mittelmeergebiet geradezu annehmen, daß der A-Horizont durch Abtragung verschwunden wäre und der B-Horizont nun die oberste Schicht dieses unvollständig gewordenen Profiles geworden wäre. Das möchte ich aber vorläufig doch nicht glauben, da ich in alten Karstwäldern (unter Eiche usw.), wo das Profil doch wohl sicher noch ungestört ist, keine Anzeichen hierfür gefunden habe[4]." Die Bodenzonenlehre ist somit wohl imstande gewesen, die Terra rossa als ein Produkt des Mediterranklimas zu erfassen, aber sie vermochte nicht befriedigend darzutun, warum die Terra rossa nur auf Kalk zur Bildung gelange, denn der oftmals geltend gemachte Umstand von der „warmen" Natur und Beschaffenheit des Kalkbodens im Untergrund vermag doch wohl nicht allein überzeugend genug zu wirken. Zwar könnte man der Ansicht zuneigen, daß die Bodenzonenlehre überhaupt nicht als geeignet zur Beantwortung nach der Entstehungsfrage zu erachten sei, da schon einer ihrer Begründer, nämlich E. W. HILGARD[5], die Ansicht vertreten hat, daß „beim Studium der rein klimatischen Einflüsse auf Verwitterung und Bodenbildung" die Ausschließung aller auf Kalkgesteinen sich vorfindenden Bodenarten unerläßlich sei, und er bekanntermaßen aus diesem Grunde auch bei der Aufstellung seines die charakteristischen Werte für die Zusammensetzung der ariden und humiden Bodenarten wiedergebenden Vergleichsschemas alle Kalkbodenarten von dieser Zusammenstellung ausschloß.

[1] LEININGEN, W. Graf ZU a. a. O., Internat. Mitt. Bodenkde. 7, 180 (1917).
[2] LEININGEN, W. Graf ZU: a. a. O., Internat. Mitt. Bodenkde. 7, 179 (1917).
[3] STREMME, H.: Laterit und Terra rossa als illuviale Horizonte humoser Waldböden. Geol. Rdsch. 5, 480 (1914).
[4] LEININGEN, W. Graf ZU: a. a. O., S. 180.
[5] HILGARD, E. W.: a. a. O., S. 423.

Immerhin erscheint es recht schwierig, das Problem der Roterdebildung auf Grund dieses Hinweises rein klimatologisch lösen zu wollen.

Wir haben erfahren, daß im ariden Gebiet im Gegensatz zum humiden die Verwesung organischer Substanzen rasch verläuft. Die zurückbleibenden geringen Humusstoffe sind absorptiv gesättigt und nicht kolloidal aufgequollen, während in der humiden Region die humose Substanz meist absorptiv ungesättigt und im kolloiden Zustande vorhanden ist, so daß sie auf die vorhandenen Kolloide, wie z. B. Aluminium- und Eisenoxydhydrat, besondere Einflüsse ausüben kann, die dieselben beweglich, d. h. der Auswaschung und des eventuellen Wiederausfällens fähig machen. Ferner vermag die reduzierende Wirkung der organischen Stoffe in den Boden- und Verwitterungslösungen zur Geltung zu gelangen und dadurch in gleicher Weise lösend auf gewisse Bodenlösungsbestandteile einzuwirken, während in den Lösungen des ariden Gebiets ein solches Geschehen, infolge des Fehlens der organischen Substanz bzw. ihrer geringen Anwesenheit nicht ermöglicht wird. Wesentlich ist ferner für das Eintreten aller dieser Erscheinungen, daß die Lösungen des humiden Gebietes im Gegensatz zu denen der ariden Region von nur schwacher Konzentration sind. Demnach werden schon im allgemeinen relativ geringe Mengen von Humuskolloiden die angedeuteten Reaktionen in den Bodenlösungen der humiden Zone hervorrufen, als es ihnen unter ariden Bedingungen möglich wäre. Das Vorhandensein saurer Humuslösungen ist die Folge dieser Verhältnisse und das charakteristische Merkmal der ausgeprägt humiden Zone. Schon P. Vageler[1] hat diese Tatsachen zur Erklärung der Entstehung des Laterits herangezogen, indem er mit Hilfe kolloidchemischer Betrachtungsweisen die sich hierbei abspielenden Vorgänge gedeutet hat. Er hat das Ergebnis seiner Untersuchungen folgendermaßen zusammengefaßt: „Aus jedem Gestein und unter jeder Vegetation, sofern sie nicht so üppig ist, daß sie durch ihre Zersetzungsprodukte eine saure Reaktion im Boden hervorrufen kann, die die Verwitterungsprozesse in andere Bahnen lenkt, kann nicht nur, sondern muß sogar im humiden Tropenklima Roterde und fortschreitend Laterit entstehen. Ausgenommen sind davon nur selbstverständlich diejenigen Gesteine, die kein Aluminium und Eisen enthalten, deren Zahl aber nicht groß ist. Ausgenommen sind ferner natürlich die klimatisch abweichenden Hochlagen.“ Den Beweis für die von ihm gegebene Bildungsweise der Roterden und Laterite erblickt er aber nicht im Zentrum ihrer Verbreitung gegeben, sondern im Grenzgebiet derselben. Somit ist für ihn das Vorkommen der Mediterranroterde eine Bestätigung der von ihm entwickelten Theorie, denn er führt weiter aus: „Niedrige Temperatur verringert nicht nur die Energie der Lösungs- und Spaltungsvorgänge im Boden, sondern bedingt vor allem durch die Entstehung von Humuskörpern aus den sich zersetzenden Pflanzenteilen das Auftreten saurer Reaktion. Nur auf sehr karbonatreichem Gestein ist im subtropischen und warmen, gemäßigten Klima die Bindung entstehender Säuren und damit alkalische Reaktion des Bodens gewährleistet. Folgerichtig sehen wir denn auch im nördlichen und, soweit heute die leider noch lückenhafte Erfahrung reicht, südlichen Temperaturgrenzgebiet die Roterden auf Kalkgestein beschränkt.“

Eine weitere, gleichfalls kolloidchemische Vorgänge benutzende Erklärungsweise des Zustandekommens der Terra rossa ist von Vinassa de Regny[2] ge-

---

[1] Vageler, P.: Die Entstehung des Laterits und der sonstigen tropischen Böden in Abhängigkeit vom Klima usw. Mitt. dtsch. Landw.-Ges. 1913, 396.

[2] Regny, Vinasse de: Sull' origine della „terra rossa“. Boll. Soc. geol. Ital., Roma 23, 158 (1904).

geben worden, sie leitete gewissermaßen alle jene Untersuchungen ein, die mit Hilfe der Kolloidchemie das vorliegende Problem zu ergründen gesucht haben. Er knüpft an die bekannte Erscheinung des Ausfällens kolloider Eisenoxyd-lösungen durch Basen an und weist erneut nach, daß solche Lösungen auch durch Kalziumkarbonatlösungen wie auch durch fein zerriebene Marmormassen oder Dolomitpulver ausgeflockt zu werden vermögen. Gleiches erfolgt durch Zugabe von Ton und Kaolin, und schon geringe Eisenmengen sind imstande, verhältnismäßig große Mengen dieser Substanzen rot zu färben. Daher sieht er die Roterde als das Fällungsprodukt eisenhaltiger Wässer durch Kalk an und nicht als ein unter allen Umständen hervorgerufenes Erzeugnis der normalen Gesteinsverwitterung, denn er betont ausdrücklich, daß nicht für alle Roterden ein gleicher Ursprung anzunehmen sei, sondern, daß beide Möglichkeiten zutreffen könnten, jedoch welche, das entscheide stets der vorliegende Fall. Die Rückstandstheorie hält er als alleinige Erklärungsweise schon aus dem Grunde für nicht zutreffend, weil nicht alle Kalksteine einen tonigen Rückstand besäßen, Eisen finde sich dagegen aber in jedem Kalkstein als Ferrokarbonat, welches oxydiert, die Veranlassung zur Bildung kolloider Eisenlösungen geben müsse, aus denen dann die Ausscheidung des Eisens und damit die Rotfärbung ausgeschlämmter Tonmassen erfolge. Nach ihm geht die Entstehung der Terra rossa in den trichterförmigen Einsenkungen, Spalten und Dolinen, an welchen die Kalkgebirge des Karstes äußerst reich sind, aus dem Grunde vor sich, weil in denselben die zugeführten Eisenlösungen einerseits am besten zirkulieren und andererseits die Dolinen Sammelbecken für solche Lösungen abgeben. Damit hinge es zusammen, daß gerade in den Spalten und Dolinen die größte Anhäufung von Roterde zu beobachten sei. Auch die zellige Ausbildung des Kalkes begünstige diese Bildungsweise. Seiner Auffassung nach kann daher das Material für die Roterden aus dem unterlagernden Kalkgestein selbst entstammen, jedoch auch aus größeren Entfernungen vermöge es in Gestalt von Lösungen zugeführt zu werden. Diese Erklärungsweise VINASSA DE REGNYS gibt unzweifelhaft viele wichtige Einzelheiten bei der Entstehung der Roterde in zutreffender Weise wieder, aber ein vollkommen abgeschlossenes Bild hat sie gleichfalls noch nicht zu geben vermocht, so daß schon RAMANN, indem er nur an die weite Verbreitung der Roterde erinnert, von ihr sagt: „Derartige Vorkommen können lokale Bedeutung haben, nicht aber den Boden vieler tausend Quadratmeilen Landes beeinflussen[1]." Allerdings wird durch diesen Einwand der wahre Kern der REGNYSCHEN Deutungsweise nicht getroffen, da es sich in dieser zum erstenmal darum handelt, eine ungezwungene, natürliche Anreicherung des Eisens in der Roterde dargetan zu haben, von welcher Seite aus das Problem vorher niemals betrachtet worden war. Nur der Umstand einer etwas unfertigen Behandlung des Problems hat wohl dazu geführt, daß der REGNYSCHEN Erklärungsweise verhältnismäßig wenig Beachtung geschenkt worden ist. Ein weiteres Zugeständnis des Autors, nämlich, daß auch für manche Roterden die Möglichkeit bestehe, ihren Eisenreichtum der Tätigkeit eisenabscheidender Algen zuzuschreiben, vermochte auch keineswegs das Vertrauen zu seiner Theorie zu stärken. Jedoch schon das Aufgeben der sich einseitig an das Kalkgestein und dessen Rückstand anklammernden Rückstandstheorie mußte volle Beachtung verdienen, weil damit gezeigt wurde, daß die Anhäufung von Eisen auch noch anderen Vorgängen zugeschrieben werden konnte. VINASSA DE REGNYS Theorie gibt nur die Erklärung für die Möglichkeit des Auftretens von durch Eisen rot gefärbter Bodenarten auf Kalkgestein, sie vermag aber noch keinen Aufschluß

---

[1] RAMANN, E.: Bodenkunde, S. 532. 1911.

zu erbringen, warum gerade nur diese eine Möglichkeit, und zwar gerade auf dem Kalk südlicher Breiten, zur Eisenanreicherung führt.

Trotz seiner unbedingten Anhängerschaft zur Lösungs- oder Rückstandstheorie hat jedoch auch schon Graf zu Leiningen[1] derartigen Vorgängen Beachtung geschenkt, um die Anreicherung der Roterde an Eisen oder deren Eisenreichtum darzutun, was andererseits wiederum zeigt, daß er die Lösungstheorie für das Zustandekommen so eisenreicher Gebilde, wie es die Roterde ist, allein nicht für ausreichend hielt. Ausgehend von der schon mehrmals hervorgehobenen Tatsache der Beschränkung der Roterde in ihrem Auftreten auf Kalk glaubt er das Eisen in diesem Gestein als in besonders günstiger Form für die Roterdeentwicklung vorhanden annehmen zu müssen. Denn ,,nicht daß in anderen Gesteinen (Flyschsandsteine und Mergel) zu wenig Eisen (und Mangan) enthalten wäre, um Roterde hervorzurufen, sondern weil offenbar die Form, in welcher das Eisen darin vorkommt, Eisenglimmer, silikatische Bindung überhaupt, das Zustandekommen rot gefärbter Verwitterungsprodukte wenigstens in diesen Breiten verhindert. Außerdem nehmen die Böden, welche aus Flyschsandsteinen und sehr tonigen Gesteinen hervorgehen, dank ihrer Tiefgründigkeit, weit mehr aber noch wegen ihrer gleichmäßigen horizontalen Verbreitung, die viel seltener durch Gesteinsrücken (Karren) und Klüfte unterbrochen wird, sehr viel mehr Wasser, damit auch Kohlensäure und mancherorts auch Humussubstanzen auf, wodurch natürlich eine Anhäufung von Eisen im Boden hintangehalten wird. ... Noch viel wichtiger ist aber der Umstand, daß durch im Kalkgebiete vorhandene alkalische Reaktion die Ausfällung von Eisenverbindungen gefördert wird und so sehr leicht oxydische Eisenverbindungen abgelagert und angereichert werden." In den Kalken und Dolomiten findet sich nach ihm das Eisen in Form oxydischer Eisenerze, wie Eisenglanz, Magneteisen und außerdem reichlich als Schwefelkies enthalten, und geben diese bei der Verwitterung Veranlassung zur Bildung von Lösungen von schwefelsaurem und doppelkohlensaurem Eisenoxyd. Da diese ,,im Kontakte mit Kalk, besonders in fein verteilter Form, Niederschläge geben, so wird in der Roterde Eisen durch fortwährend sich wiederholende Eisenausfällungen angereichert". Infolge ihrer Feinkörnigkeit hält die Roterde viel Wasser fest, verdunstet viel und läßt wenig mehr als die leichtlöslichen Verbindungen absickern, so daß nur die von der Roterde absorbierten Mengen an Eisen festgehalten werden. Durch Behandlung von Roterden mit Eisensulfatlösungen weist er schließlich ihr Absorptionsvermögen für Eisen experimentell nach und findet, daß um so mehr Eisen ausgefällt wird, als bei seinen Versuchen Kalk in Lösung geht, woraus er den Schluß zog, daß der Kalk die Ursache des Ausfällens sei. Er glaubt daher, daß es sich nicht lediglich in diesem Vorgange um eine Kolloidwirkung handeln könne, da in der geglühten Roterde die Kolloide durch die Maßnahme des Glühens irreversibel geworden sein müßten. Den Hauptanteil des Eisenoxydes in der Roterde sieht Graf zu Leiningen als in kolloider Form vorhanden an und macht die Austrocknung und Erwärmung dafür verantwortlich, daß der zunächst noch mehr oder weniger wasserhaltige Eisenoxydhydratniederschlag zum irreversiblen Kolloid wird, so daß er nicht mehr von Niederschlägen gelöst werden könne und sich daher anhäufen müsse. Allerdings hält er diese Erscheinung nur für eine dem ariden Gebiet charakteristische. Sicherlich ist es dem genannten Autor auf diese Weise gelungen, die Abhängigkeit des Vorkommens der Terra rossa vom Kalkgestein ihren Bedingungen nach zu würdigen, auch vermochte er, die regionale Verbreitung der Terra rossa festzulegen und den bei allen sich mit

---

[1] Leiningen, W. Graf zu: Naturwiss. Z. Land- u. Forstw. **9**, 82 (1911).

dem Problem vorher befassenden Forschern auftretenden Zwiespalt in der gleichzeitigen Erklärung beider Phänomene zu vermeiden, doch die eigentliche Ursache der Erscheinung in ihren Einzelheiten als notwendige Folge der gegebenen Verhältnisse blieb immer noch aufzudecken. Schon allein die Erklärung des Zustandekommens einer unbegrenzten Eisenanreicherung durch Ausfällung des aus dem Kalkgestein entstammenden und gelösten Eisens kann nicht völlig befriedigen, da sie zu einem Widerspruch führt. Denn bei der von ihm gleichzeitig vertretenen Annahme der Beteiligung des Lösungsrückstandes am Aufbau der Roterde wird ja schon alles Eisen der Kalkgesteine in ihrem Rückstand angehäuft. Es kann daher eine Ausfällung aus einer etwaigen Lösung den absolut vorhandenen Gehalt an Eisen, wie er durch den Gehalt des Kalksteins an Eisen bedingt ist, in der Roterde nicht mehr vermehren. Zudem muß aus rein chemischen Gründen die Möglichkeit der Lösung des Eisens in dem Kalkgestein als sehr unwahrscheinlich betrachtet werden, da der im Überschuß gelöste Kalk eine solche Lösung verhindern müßte, denn gerade dieser Umstand gibt ja doch die Ursache für die Entstehung des eisenhaltigen Rückstandes, wie ihn die Lösungs- und Rückstandstheorie verlangt, ab. Soll durch den von Graf ZU LEININGEN geltend gemachten Vorgang eine Eisenanreicherung der Roterde über den durch das Kalkgestein verfügbaren Gehalt an Eisen hinaus, und um einen solchen kann es sich hier überhaupt nur handeln, erzeugt werden, so kann dies, wie es von VINASSA DE REGNY gezeigt worden ist, nur von außen erfolgen. Aber um diese Möglichkeit zu erklären, fehlten noch bei beiden Autoren die dazu notwendigen Voraussetzungen.

Indem E. BLANCK[1] den in den voraufgegangenen Zeilen erwähnten Verhältnissen gemeinsam Rechnung getragen hat, gelangte er unter Zugrundelegung der sog. Schutzwirkung kolloider Humuslösungen und der Mitbeteiligung metasomatischer Vorgänge bei dem Bildungsvorgang der Roterde zu der nachstehend wiedergegebenen Ansicht von ihrer Entstehung. Während das humide Gebiet durch adsorptiv ungesättigte Humusablagerungen ausgezeichnet ist und die hier zirkulierenden Verwitterungs- und Bodenlösungen kolloiddispers gelösten Humus enthalten, ist solches im Gebiet der ariden Zonen infolge der schnellen Zersetzung der organischen Substanzen nicht oder doch nur untergeordnet der Fall. In den im humiden Gebiet wandernden Bodenlösungen ist das Verhalten des Eisens aber ganz besonders dadurch gekennzeichnet, daß es sich durch den vorhandenen Gehalt an Humus gleichfalls kolloid in Lösung hält und dadurch leicht beweglich wird, da es durch die Kolloidschutzwirkung des Humus vor Ausfällung geschützt bleibt. Im humiden Gebiet befördert die Gegenwart von Kalk die Umwandlung organischer Substanz in Humus und führt zur Ansammlung von diesem, womit für das Eisen und Aluminium eine starke Löslichmachung verbunden ist, woran selbst der Kalk unter solchen Verhältnissen nicht viel zu ändern vermag. Die experimentellen Untersuchungen B. AARNIOS[2] und N. PAPPADAS[3] über Koagulations- und Ausflockungserscheinungen von Eisenhydrosolen bei Gegenwart und Abwesenheit von Humusverbindungen ließen auf dieses Verhalten des Eisens schließen, und sah BLANCK hierin die Möglichkeit, die Wanderung und Zufuhr von Eisen während der humiden Zeit des Mittelmeerklimas zu erklären, ebenso wie das Nichtzustandekommen von Terra rossa auf den Kalkgesteinen nördlicher unter humiden Verhältnissen stehender Breiten.

---

[1] BLANCK, E.: Kritische Beiträge zur Entstehung der Mediterran-Roterde. Landw. Versuchsstat. 87, 303 (1915).

[2] AARNIO, B.: Experimentelle Untersuchungen zur Frage der Ausfällung des Eisens in Podsolböden. Internat. Mitt. Bodenkde. 3, 131 (1913).

[3] PAPPADA, N.: Über die Koagulation des Eisenhydroxydes. Kolloidz. 9, 233.

Für die andere Zeit des Jahres mit vorherrschend ariden Bedingungen nahm er die schnelle Aufbereitung der organischen Substanz als vorhanden in Anspruch, wodurch die Kolloidschutzwirkung zerstört und aufgehoben wird und das Kalk-Dolomit-Gestein seinen basischen, fällenden Einfluß auf die stark mit Eisen und Tonerde angereicherten Boden- oder sonstigen Lösungen geltend machen kann. Auf diese Weise kommt es zu einer Zufuhr von Eisen, indem solche Lösungen in die Adern, Sprünge, Risse oder auch Spalten, Kavernen, Höhlungen und Dolinen des Kalkgesteins eindringen. Durch die Annahme eines sich derartig vollziehenden Vorganges wird aber nicht nur die dauernde Anreicherung von Eisen, die ja den springenden Punkt im ganzen Terra-rossa-Problem ausmacht, gewährleistet, sondern auch zugleich das unterschiedliche Verhalten aufgedeckt, warum nur auf den Kalkgesteinen des Mittelmeergebietes eine Roterdebildung auftritt, nicht aber auf denjenigen nördlicher Breiten. „Denn es ist eben,“ so schreibt BLANCK[1], „die Kolloidschutzwirkung der Humussubstanz der in humiden Gebieten zirkulierenden Bodenlösungen, die einen Absatz von Eisen- und Tonerdeverbindungen nicht zuläßt, trotz der Anwesenheit des Kalkes.“ Jedoch nicht nur hierin allein, sondern noch in einem weiteren Vorgang erblickt BLANCK die mögliche Lösung des Problems, die erst die eigentliche Ursache der permanenten Eisenanhäufung darlegt und von ihm unter der Bezeichnung „geologische Diffusion“ zusammengefaßt wird, indem er auf die diesbezüglichen Ansichten R. E. LIESEGANGS[2] zurückgreift, nach welchem nämlich eine Eisenlösung im Kalkgestein nicht zu diffundieren vermag, und welche Erscheinung der Genannte zur Erklärung des Zustandekommens vieler Erzlagerstätten herangezogen hatte. Die mit Eisensalzen beladenen, aber nicht zumeist aus dem Kalkgestein stammenden Lösungen treffen auf Kalk oder Kalkgestein, und es wird der Säureanteil aus der zuwandernden Eisenverbindung hydrolytisch abgespalten und von dem Kalzium- oder Magnesiumkarbonat neutralisiert, wodurch Eisenoxydhydrat ausfällt und nicht auf dem gewöhnlichen Wege mehr in das Gestein einzudringen imstande ist. Jedoch in einer schon erfolgten Ausscheidung von Eisenoxydhydrat oder Eisenerz vermag das Eisen zu diffundieren, und mithin kommt es zu der von den Geologen als Metasomatose bezeichneten Erscheinung, die R. E. LIESEGANG mit nachstehenden Worten anschaulich beschrieben hat: „Tritt eine Erzlösung an einen dichten Kalkstein heran, so erfolgt eine langsame Umwandlung allein von den Rändern aus. Auch auf dem Diffusionswege kann die Erzlösung herantreten, z. B. durch ein Nebengestein, in welchem keine chemische Fällung möglich ist. Durchzieht der Gang eines solchen Gesteins den Kalkstein, so kann hierdurch eine fortgesetzte Zufuhr ins Innere des letzteren erfolgen. Dann wird der Kalk auch rings um den Gang herum metasomatisch verdrängt. Es braucht hierbei das Erz also gar nicht vom Gangmaterial selbst geliefert zu sein, sondern es kann aus großer Entfernung diesem zugeführt werden. Dadurch, daß der Kalkstein um den Gang herum in Erz verwandelt wird, verbreitert sich der Weg, auf welchem eine Diffusion möglich ist. Damit kann die Zufuhr sich vermehren und die Vererzung sich beschleunigen. Bildet sich ein schmaler offener Spalt im dichten Kalkstein, so kann dieser ebenfalls Anlaß zur Bildung einer festen Diffusionsbahn geben. Es ist prinzipiell ohne Bedeutung, ob er dauernd offen bleibt, oder ob er bald von einem Metallniederschlag erfüllt wird. Auch hierbei werden die Verhältnisse der Nachdiffusion immer günstiger durch die fortschreitende laterale Vererzung[3].“ Ganz in analoger Weise, wenn auch selbstverständ-

---

[1] BLANCK, E.: a. a. O., Landw. Versuchsstat. **87**, 311 (1915).

[2] LIESEGANG, R. E.: Geologische Diffusionen. Dresden u. Leipzig: Steinkopff 1913.

[3] LIESEGANG, R.: a. a. O., S. 148.

licherweise nicht unter Heranziehung von Erzlösungen, läßt BLANCK die Anreicherung des Eisens in den Adern, Sprüngen usw. des Kalkgesteins vor sich
gehen, wodurch der Vorgang der Roterdebildung in bezug auf die Eisenanreicherung dem Verständnis viel näher gerückt wird, als dies irgendeine der bisher
herangezogenen Erklärungsweisen vermocht hatte. Es handelt sich aber, wohl-
gemerkt, in dieser Erklärungsweise nur um das Zustandekommen der Terra rossa
in ihren ersten Stadien der Entstehung, d. h. Ausfüllung und Anreicherung der
Adern, Spalten usw. des Kalksteins mit Eisen. Erst das völlige Verdrängen des
Kalkes durch Eisen bzw. die Auflösung der Karbonate durch kohlensäurehaltiges Wasser bei der Verwitterung des Kalksteins läßt die Roterde in großen
Massen hervorgehen, die, soweit sie nicht auf dem Kalk verbleibt, auf sekundärer
Lagerstätte durch Abschwemmung zum Wiederabsatz kommt. Dieser Erklärungsversuch hat sowohl Wider- als auch Zuspruch[1] erfahren, insbesondere will
ihn A. REIFENBERG[2] nur für oberitalienische Verhältnisse gelten lassen, während
dieser für das eigentliche subtropische Mediterrangebiet Palästinas eine andere
Theorie des Zustandekommens der Roterde aufgestellt hat, worauf noch zurückzukommen sein wird.

H. UDLUFFT[3] hat sodann auf die Schutzkolloidwirkung des Mangandioxydsols auf Eisenoxydhydrat aufmerksam gemacht, wenn die Menge des letzteren
die Menge des ersteren nicht um das 12—15fache übersteigt. Er hält die ursprüngliche Verteilung von Eisen und Mangan in einem Kalkgestein für die Ausbildung
des Verwitterungsrückstandes bedeutungsvoll. „Ist kein Mangan oder nur so viel
vorhanden," so führt es aus, „daß das Fe das Mn etwa 20 mal übersteigt, dann
kann eine Wegführung von Fe nicht stattfinden. Es wird sich dann folgender
Vorgang abspielen. Die Oberflächenwässer werden das anstehende Gestein
angreifen und $Ca(HCO_3)_2$ und $Fe(HCO_3)_2$ [evtl. auch Mg und $Mn(HCO_3)_2$] bilden
und lösen. Das $Fe(HCO_3)_2$ ist nicht stabil; es wird oxydiert und in den Solzustand übergeführt werden. Auf dieses Sol wirken aber der anstehende Kalk
adsorbierend und die (HCO_3)-Ionen ausfällend ein. Ca(Mg) kann dann in Lösung
weggeführt werden, während Fe und das Unlösliche des Kalkes angereichert
werden". Auf diese Art kann seiner Ansicht nach das Bild zustande kommen,
welches E. BLANCK von der Natur und Beschaffenheit der Rotfärbung an der
Oberfläche der in Roterde übergehenden Kalksteine entworfen hat. Nach seinen
experimentellen Untersuchungen sind Oberflächenwässer, die Humussol und
Eisenoxydhydratsol führen, wohl eine Zeitlang beständig, wächst aber der Gehalt an Bikarbonat, so wird Ausfällung eintreten, und ist er sehr hoch, wie in
den Wässern der Kalkgebiete, dann wird eine Fortfuhr des Eisens im Schutz des
Humus nicht möglich sein. Ein Humussol allein wird von Bikarbonatlösungen
nicht ausgeflockt, wenn sich aber nach seinen Versuchen das Filtrat als völlig entfärbt gezeigt hat, so ist dies seiner Ansicht nach nur derart zu erklären, daß das
ausfallende Ferrihydroxydgel die dispers verteilten Humuspartikelchen adsorptiv niederreißt. Hinsichtlich der ausflockenden Wirkung des Mangandioxydsols

---

[1] Vgl. hierzu W. Graf zu LEININGEN: a. a. O., Internat. Mitt. Bodenkde. **7**, 45 (1917). —
Bemerkungen zu „Kritische Beiträge zur Entstehung der Mediterranroterde". Landw.
Versuchsstat. **89**, 455 (1917). — Bemerkungen zu der Abhandlung von Prof. Dr. BLANCK:
Zum Terra-rossa-Problem. Internat. Mitt. Bodenkde. **7**, 247 (1917). — P. EHRENBERG:
Kritische Beiträge zur Beschreibung der Roterde im Mittelmeergebiet. Ebenda **6**, 277
(1916). — E. BLANCK: Zum Terra-rossa-Problem. Ebenda **7**, 66 (1917). — Nochmals zur
Entstehung der Mediterranroterde. Landw. Versuchsstat. **91**, 81 (1918). — M. BRÄUHÄUSER:
a. a. O., Jh. Ver. vaterl. Naturkde. **72**, 224, 267 (1916).
[2] REIFENBERG, A.: Über die Rolle der Kieselsäure als Schutzkolloid bei der Entstehung mediterraner Roterden. Z. Pflanzenernährung usw. A **10**, 159 (1927/28).
[3] UDLUFFT, H.: Zur Entstehung der Eisen- und Manganerze des Oberen Zechsteins
im Spessart und Odenwald. Auszug aus Inaug.-Dissert., Frankfurt a. M.

schreibt er wörtlich: „Werden Humussol und $Fe(OH)_3$-Sol mit MnO_2-Sol versetzt und dann der Einfluß von Karbonat und Bikarbonat beobachtet, dann zeigt sich, daß sich die Schutzwirkungen des Humus- und MnO_2-Sols auf das $Fe(OH)_3$-Sol addieren, daß jedoch das Ausflocken schließlich nur von der MnO_2-Menge abhängig ist. Ist die MnO_2-Menge so groß, daß sie allein zum Schutz des Eisens genügt, dann findet keine Ausflockung durch Bikarbonat statt. Ist aber MnO_2 nur in geringerer Menge vorhanden und Humussol in genügendem Überschuß, um Schutzwirkung auszuüben, dann gelten die Bedingungen, die bei (HCO_3)-Zunahme unbedingt zum Ausflocken führen. Der ausschlaggebende Faktor ist mithin das Mengenverhältnis Fe zu Mn für die Möglichkeit des Transportes von dreiwertigem Fe und vierwertigem Mn in bikarbonathaltigen Wässern." Auch E. Blanck hat in Gemeinschaft mit F. Alten[1] die Ausflockungsverhältnisse kolloider Eisenoxydhydratlösungen bei und ohne Gegenwart von Humussol experimentell geprüft, und zwar bediente er sich als Ausflockungsmittel sowohl des Marmors als auch des Dolomits und Magnesits im pulverförmigen Zustande. Es ergab sich aus seinen Befunden, daß trotz der Anwesenheit sehr reaktionsfähiger Fällungsmittel für Eisen, wie es die besagten Karbonatgesteine sind, die Humuslösung in der Lage ist, über 3 Wochen hinaus eine bestimmte Menge von kolloider Eisenlösung gegen Ausfällung zu schützen. Weder Marmor, Dolomit noch Magnesit brachten eine kolloide Humuslösung zur Ausflockung, so daß damit der experimentelle Nachweis erbracht werden konnte, daß eine Behinderung des Ausfällens von Eisen, selbst bei Anwesenheit von Kalk, durch kolloide Humussubstanz herbeigeführt wird. Sickerversuche mit Eisenlösungen durch Kalkgesteinspulver bei und ohne Gegenwart von Humussol zeigten im letzteren Falle sofortige Ausfällung des Eisens auf der Oberfläche der Karbonatgesteine, während bei Anwesenheit des Humus das Eisen in die Gesteinspulver eindrang. Die Färbung der Ausfällung war die typisch gelbrote des Eisenoxydhydrats auf Kalk bei Abwesenheit des Humus, während sie bei seiner Anwesenheit in schmutzig graubrauner Ausbildung die oberste Marmor- bzw. Karbonatschicht nur überzog.

A. Reifenberg[2] bringt dagegen die Peptisation der Sesquioxyde in der Natur, wie schon einmal erwähnt, mit den Beobachtungen in Verbindung, die er gemeinsam mit A. Fodor[3] bei der Bildung von Metalloxyd-Kieselsäuresol gemacht hat, „wonach das unter Umständen an die Kieselsäuremizelle sogar nur in latenter Weise gebundene Alkali seinen Platz mit dem Eisen bzw. Aluminiumoxyd des Gesteins wechselt", wobei „etwa unabhängig entstehende Eisenoxyd- bzw. Aluminiumoxydsole durch kolloide Kieselsäure vor der Ausfällung geschützt werden." Indem er auf das häufig gemeinsame Auftreten von Kieselsäure und den Sesquioxyden in der Natur hinweist und die eisen- und aluminiumoxydführenden Kalksteinadern kieselsäurereicher als die eisenfreien Partien der Kalksteine findet, was unbestreitbar der Fall ist, zeigt er daß durch Kieselsäure geschützte Eisenoxydsole im Gegensatz zu ungeschützten durch natürliche Kalksteine nicht ausgefällt werden, und dyalisierte SiO_2, besonders bei alkalischer Reaktion, eine stark peptisierende Wirkung auf das im Kalkstein befindliche Eisen ausübt. Da die klimatischen Verhältnisse Palästinas das Vorhandensein nur spärlicher Humusmengen zulassen, die durch meist hohen Salzgehalt zur Koagulation gelangen, so fällt seiner Ansicht nach dort die Möglichkeit

---

[1] Blanck, E., u. F. Alten: Experimentelle Beiträge zur Entstehung der Mediterranroterde. Landw. Versuchsstat. 103, 73 (1924).

[2] Reifenberg, A.: a. a. O., Z. Pflanzenernährg. usw. A 10, 172 (1927/28).

[3] Fodor, A., u. A. Reifenberg: Über die Darstellung kolloider Metalloxyd-Kieselsäuresole aus geglühtem Metalloxyd und Kieselsäurehydrosol. Kolloidz. 42, H. 1 (1927).

ihrer Kolloidschutzwirkung fort, und es ist die Kieselsäure, die diesen Einfluß übernimmt. „Selbst Kieselsäure, die latentes Alkali enthält und noch schwach sauer reagiert, kann diese peptisierende Wirkung ausüben. Dabei findet ein Austausch des in latenter Weise an die Kieselsäuremizelle gebundenen Alkalis statt und Metalloxyd tritt an seine Stelle. Dieser Vorgang führt eine noch stärkere Alkalinisierung der Bodenlösungen herbei. Dabei werden evtl. durch Elektrolyte positiv aufgeladenes Aluminiumoxyd wie auch Eisenoxyd durch die Kieselsäure negativ aufgeladen. Bei der vorherrschenden Art der Verwitterung findet eine Wanderung der Bodenlösungen von unten nach oben statt. Im Gegensatz zu ungeschützten Eisenhydroxydsolen, die meist sehr leicht flockbar sind, sind die durch Kieselsäure geschützten Sole bedeutend beständiger und flocken erst bei höherer Elektrolytkonzentration, der sie beim Aufstieg begegnen, aus. (Selbstredend werden auch Konzentrationsänderungen der Bodenlösung oder andere Adsorptionsvorgänge eine Rolle spielen.) Die Sesquioxyde flocken oft unter Umhüllung der Bodenpartikelchen vollständig und unter Umständen getrennt von der Hauptmasse der Kieselsäure aus, die bedeutend beständiger ist. Aus diesem Umstand wird auch das Vorkommen ‚freier Tonerde‘ bzw. freien Eisenhydrats verständlich. Die entstehenden Koagula werden unter Umständen im Laufe der Zeit sekundär physikalischen und chemischen Umwandlungen unterworfen, unter denen besonders die Verfestigung in neuen stöchiometrischen, unter Umständen sogar kristallinischen, chemisch wohldefinierten Silikaten eine Rolle spielt. Die ‚Rückstandstheorie‘ ist insofern von großer Bedeutung, als das, die Hauptmasse des Gesteins ausmachende, Kalziumkarbonat allmählich völlig ausgewaschen und auch dadurch zu einer Anreicherung von Kieselsäure und Sesquioxyden führt[1].“ H. HARRASSOWITZ[2] hat gegen diese Ansichten den Einwand erhoben, daß sich die Schlußfolgerungen REIFENBERGS gerade nicht auf die reinen Kalkgesteine des Mittelmeergebietes anwenden lassen, da der frische Kalk mit scharfer Grenze gegen die Roterde abschneide und kein Übergangshorizont vorhanden sei, aus dem die Abfuhr von SiO_2, Al_2O_3 und Fe_2O_3 erfolgen könne, zumal die Kalke nur einen geringen Rückstand besäßen. Hiergegen hat sich allerdings A. REIFENBERG[3] verwahrt. Jedoch die Eisenanreicherung aus dem Kalkgestein heraus kann keinesfalls den hohen Gehalt der Terra rossa an Eisen erklären. Die gleichfalls von P. VAGELER[4] und neuerdings auch von A. EICHINGER[5] auf Grund kolloidchemischer Betrachtungsweisen aufgestellten Erklärungen der Ausfällung von Eisen und der Wanderung der Kieselsäure bei der Roterdebildung beziehen sich eigentlich nur auf die Verhältnisse der tropischen Rotlehme, so daß hier des näheren nicht auf sie eingegangen werden braucht. Es sei nur kurz angedeutet, daß EICHINGER die Anreicherung der Sesquioxyde dadurch zu erklären sucht, daß positiv geladenes Eisen- und Aluminiumhydroxydsol beim Aufstieg im kapillaren Boden bald ausflockt, während das negativ geladene Kieselsäuresol beständig bleibt und somit ausgewaschen wird.

Indem H. STREMME[6] die deutschen Rendzinaböden mit den Roterden des Karstes vergleicht und Terra rossa im kroatischen Karst nach K. GORJANOVIC-

---

[1] REIFENBERG, A.: a. a. O., Z. Pflanzenernährung usw. A 10, 183 (1927/28). — (Gesperrt gedruckt.) Entstehung der Mediterranroterde. Kolloidchem. Beih. 28, 133 (1929).

[2] HARRASSOWITZ, H.: Chem. d. Erde 4, 8 (1928). — Vgl. auch dieses Handbuch 3, S. 429.

[3] REIFENBERG, A.: Zur Frage der Roterdebildung. Z. Pflanzenernährung usw. A 14, 257 (1929).

[4] VAGELER, P.: Physikalische und chemische Vorgänge bei der Bodenbildung in den Tropen. Fühlings landw. Ztg. 59 (1910); Mitt. dtsch. Landw.-Ges. 1913, H. 26.

[5] EICHINGER, A.: Die Entstehung der Roterden und Laterite. Z. Pflanzenernährung usw. A 8, 1 (1926/27).

[6] STREMME, H.: a. a. O., Geol. Rdsch. 5, 499 (1914).

Kramberger[1] als Waldboden gefunden wird, wie ferner nach G. Murgoci als *B*-Horizont von Waldböden in Rumänien auftritt, wo z. B. bei Baia de Arama unter Laubwald bei deutlicher Podsolierung und einem Horizont von 15—20 cm grauer bis weißer Humuskrume Terra rossa folgt, erklärt er wenigstens einen Teil der Karstroterden als illuviale Horizonte von Waldböden. Schon Ramann hat sich vor Stremme für die Möglichkeit der Terra-rossa-Bildung als Illuvialhorizont, wenn auch nicht unter Waldbedeckung, ausgesprochen, denn wir lesen in seiner Bodenkunde von 1911 „Die Terra rossa der Karstgebiete ist nur der rot gefärbte Untergrund von Braunerden, die in Istrien bis zum Meere gehen"[2]. Späterhin[3] führte er dann eingehender aus: „In den Kalkböden findet man den Gehalt an Eisenoxydhydrat im Oberboden (*A*) vermindert, im Unterboden (*B*) erhöht. Es hat demnach eine Abwanderung von Eisen aus den höheren in tiefere Lagen stattgefunden. Die Vorgänge, welche diese Umlagerung bewirken, sind noch nicht aufgeklärt, die Tatsache selbst tritt schon in vielen Fällen durch den Unterschied zwischen Oberboden und Unterboden hervor... Der Untergrund (*B*) ist stets dunkler als der Oberboden gefärbt, gelbbraun, braun, häufig rotbraun bis rot", und wenn er dieses auch nur hinsichtlich der mitteleuropäischen Kalkböden ausführt, so sagt er doch an anderer Stelle, indem er 2 Formen der Terra rossa unterschieden wissen will, daß sich die erste derselben zwanglos den mitteleuropäischen Kalkböden anschließt, von denen sie sich zur Hauptsache nur durch die starke Färbung des Unterbodens unterscheide. Der Oberboden sei fahl, gelbbraun bis rotbraun, der Unterboden braunrot bis dunkelrot, so daß für die Terra rossa wohl dasselbe zu gelten habe, was er in Hinsicht auf die Wanderung des Eisens im Kalkboden Mitteleuropas zum Ausdruck gebracht hat. Auch von J. Höfle[4] sind die auf dem Frankendolomit im Gebiet der Eichstätter Alb vorhandenen rot gefärbten Horizonte als Illuvialhorizonte gedeutet worden. „Auf der Albhochfläche durchdringen die Niederschläge den Sand bis zur Lettenunterlage und beladen sich dort mit Eisen- und Tonerdekolloiden. Wo keine aufragenden Felsen den Abfluß verhindern, ergießen sie sich über die Steilhänge; aus den feuchten Tonlagen gelangen sie in die trockenen Gebiete der Fleinserde und werden durch den Dolomit ausgeflockt. Eine Folge dieser Prozesse ist der Übergang der Schwarzerde in braunen Boden und die Bildung der roten Erde in Vertiefungen des Dolomits... Ähnlich wie dies nach Blancks Schilderungen von der Roterde des Karstes gesagt werden darf, kann die Art ihres Auftretens einen Beitrag zur Lehre von den Klimazonen liefern." Graf zu Leiningen hat dagegen, worauf schon hingewiesen wurde, nur stets, wenn überhaupt, eine Dunkelfärbung der Oberschicht der Roterde feststellen können und diese auf Humuszufuhr von oben zurückgeführt. In bezug auf Stremmes Anschauungen äußert er sich infolgedessen dahin, daß er zwar nicht entscheiden möchte, „ob sich das tatsächlich so verhält, oder ob nicht vielleicht doch fertige Roterde durch Wald besiedelt und dann erst in der obersten Schicht ausgebleicht worden ist"[5].

Die eingehende Untersuchung der Terra-rossa-Vorkommnisse in Oberitalien im Gebiet des Gardasees und der südlichen Etschbucht haben nun auch E. Blanck[6] zu der Auffassung von der Natur der Terra rossa als der eines

---

[1] Gorjanovic-Kramberger, K.: Die Klimazonenbodenkarte des Königreichs Kroatien-Slawonien. Verh. 2. Internat. agrogeol. Konferenz Stockholm **1910**, 320.

[2] Ramann, E.: Bodenkunde, S. 601. 1911.

[3] Ramann, E.: Bodenbildung und Bodeneinteilung, S. 84, 85. Berlin 1918.

[4] Höfle, J.: Bodenbildungen auf Frankendolomit und Albüberdeckung in der Umgebung von Kipfenberg. Mitt. geogr. Ges. München 13, 30 (1919).

[5] Leiningen, W. Graf zu: a. a. O., Naturwiss. Z. Land- u. Forstw. **7**, 180 (1917).

[6] Blanck, E.: Chem. d. Erde **2**, 206 (1926). — Blanck, E., u. F. Giesecke: Ebenda **3**, 44 (1928).

vialhorizontes geführt und auch für den sog. Ferretto hält er diese Erklärungsweise für möglich. Die somit von ihm gewonnenen Ergebnisse sind etwa folgendermaßen zusammenzufassen. Die Bildung der Roterde vollzieht sich in der Weise, daß auf Kalk auflagernde Schichten durch von oben aus einer schwach humosen Grasnarbe oder einem sonstigen humusarmen Verwitterungsboden herstammende, schwach humose Bodenlösungen empfangen und diese Lösungen die Oberböden ihres Eisens allmählich durch Auswaschung berauben. Sobald aber dieses Eisen in Gestalt von Lösungen auf die kalkführenden Untergrundsschichten gelangt, wird es zur Ausscheidung gebracht und bildet an der Berührungsstelle beider Schichten den Roterdehorizont. Somit handelt es sich um einen kolloidchemischen Vorgang der an sich nichts mit einem regional verlaufenden Bodenbildungsprozeß zu tun hat. Denn überall dort, wo die obengenannten Bedingungen vorhanden sind, wird er gänzlich unabhängig vom Klima zur Bildung der Terra rossa führen müssen. Nur insofern nimmt das Klima Anteil, als es die Menge der sich ansammelnden organischen Substanz oder des Humus in der obersten Verwitterungsschicht bestimmt. Also nur in dieser Beziehung ist es möglich, von einem klimatisch-regional bedingten Vorgang der Roterdebildung zu sprechen. Dem Kalk fällt aber einzig und allein die Aufgabe zu, die Ausfällung und Anreicherung des Eisens zu bewirken, und zwar in der Weise, wie es schon seit Jahren von ihm angenommen worden ist[1]. Damit erweist sich die Roterde als ein *B*- oder Illuvialhorizont, der mit zunehmender Verwitterungsdauer nach oben anwächst und schließlich, indem er die hangenden Verwitterungsschichten verdrängt, eine Oberflächenbildung darstellt, die er ursprünglich nicht war. Um diesen Fortgang zu ermöglichen, müssen allerdings die Klimabedingungen des Gebietes einer Ansammlung von organischer Substanz und Humus nicht hold sein, und insofern sehen wir abermals den Klimafaktor in den Vorgang der Ausbildung der Roterde als ein entscheidendes Moment eingreifen. Allerdings gibt er zu, daß nur Untersuchungen in noch südlicher gelegenen Gebieten der Roterdevorkommnisse erst zur Entscheidung bringen können, inwieweit die von ihm erkannten Verhältnisse allgemeine Gültigkeit besitzen. Denn es ist wohl denkbar, daß die grundlegenden Faktoren für die Terra-rossa-Ausbildung, nämlich Kalk in der Tiefe, geringe Anwesenheit von organischer Substanz oder Humus an der Oberfläche, durch eine wesentliche Verschiebung des Klimafaktors in ihrer Auswirkung eine Veränderung erfahren, die sich allerdings wohl nur zumeist in Hinsicht auf den Humusfaktor geltend machen wird, da der Kalkfaktor eine an sich vom Klima unabhängige Größe darstellt. Nach seinen neuesten Untersuchungen schließt sich H. HARRASSOWITZ[2] dem Urteil E. BLANCKS an, nämlich, daß die südeuropäische Roterde, die er als Kreßlehm bezeichnet wissen möchte[3], als Illuvialhorizont aufgefaßt werden kann, und daß Verwitterungsprofile auftreten, die mit einem oberen Humushorizont denen deutscher Lehme durchaus entsprechen. Die Roterde bzw. den Kreßlehm hält er dementsprechend für keinen selbständigen Bodentypus, wenn er sie auch nicht als im gewissen Sinne „podsoliert" ansprechen möchte. Im Karst hat die Roterde nach ihm ähnlich wie das Ausgehende von Monohydrallitlagerstätten, nach Zerstörung des ursprünglichen Profils, eine nachträgliche Anreicherung infolge mangelnder, oberflächiger Abtragung erfahren. Da sich die ausgesprochene Terra rossa nur auf reinen Kalken findet und diese vorwiegend im Mittelmeergebiet auftreten, so erscheint sie ihm

---

[1] Vgl. S. 224.

[2] HARRASSOWITZ, H.: Südeuropäische Roterde. Chem. d. Erde **4**, 11 (1928).

[3] Es liegt kein Grund vor, die historisch begründete Benennung Roterde mit Kreßlehm zu vertauschen, wenn auch letztere Bezeichnungsweise den Farbton besagter Bodenbildungen treffender wiedergibt.

zwar als die bezeichnende mittelmeerische Verwitterungsart, doch ist die rote Farbe an sich nicht das Kennzeichen mittelmeerischer Verwitterung. Nach ihm sind die deutschen Lehme siallitisch und die bisher genauer untersuchten mittelmeerischen, unabhängig von ihrer Farbe, allitische Produkte.

Physikalische Beschaffenheit der Terra rossa.

Daß es sich in der Terra rossa um eine lehmig-tonige Bodenart handelt, ist allgemein bekannt und wurde im Verlauf der voraufgegangenen Darlegungen wiederholt hervorgehoben, denn auf welchen Standpunkt man sich auch hinsichtlich der Bildungsbedingungen der Terra rossa stellt, immer kommt es bei ihrem Zustandekommen auf eine Anhäufung von tonigen Bestandteilen und Verwitterungsprodukten heraus. Die mechanische Analyse bestätigt dieses. Allerdings liegt bisher keine allzu große Anzahl von Analysen dieser Art vor, und wenn sie auch alle nach der gleichen Methode (ATTERBERGsche Schlämmanalyse) durchgeführt worden sind, so scheint es doch, als wenn das Ausgangsmaterial hinsichtlich seiner Korngröße nicht immer dasselbe gewesen ist. Graf zu LEININGEN[1] hat sich von jeher bezüglich der Untersuchung der Roterde im Laboratorium auf den Standpunkt gestellt, nur möglichst feines Material, am liebsten sogar Schlämmprodukte, heranzuziehen, um ein gleichartiges von Beimengungen befreites Material zu gewinnen. Wenn man dieser Auffassung bis zu einem gewissen Grade sicherlich beipflichten muß, so tritt doch die sicherlich berechtigte Frage auf, wo und wann unter solchen Verhältnissen die Grenze zu ziehen ist. Man kann doch nicht aus einem Boden, dem Verwitterungs- und Anschwemmungsprodukt von Detritusmassen, willkürlich Teile ausschließen, ohne die Gesamtbeschaffenheit und den Gesamtaufbau desselben zu gefährden. Aus dem Grunde erscheint die bei uns allgemein gebräuchliche Methode der Benutzung des sog. Feinbodens (unter 2 mm Korngröße) auch für die Zwecke der physikalischen und chemischen Bodenanalyse der Roterden die zweckmäßigste zu sein. Die vorliegenden mechanischen Analysen, ausgeführt von Graf zu LEININGEN und von E. BLANCK, denn nur solche finden sich im Schrifttum vor, sind infolgedessen leider nicht vergleichbar, weil die Vermutung besteht, daß Graf zu LEININGEN bei seinen Untersuchungen von den Bodenteilchen unter 1 mm Größe oder noch geringerer Korngröße ausgegangen ist. Infolgedessen tritt in seinen Analysen zugunsten des tonigen der sandige Anteil stark zurück, und es wird der Eindruck erweckt, als wenn die Terra rossa ein äußerst strenger Tonboden sei, der kaum seinesgleichen finden dürfte. Die nachstehend wiedergegebenen Analysen liegen bisher vor, abgesehen von einigen allgemeinen Angaben bei Graf zu LEININGEN[2] (s. S. 230).

Während nach den Schlämmanalysen E. BLANCKs zwar gleichfalls deutlich der nicht unerhebliche Anteil von Rohton (nach ATTERBERG unter 0,002 mm) am mechanischen Aufbau der Terra rossa zum Ausdruck gelangt, überwiegt dieser in Graf zu LEININGENs Analysen alle übrigen Korngrößen ganz beträchtlich. Nach ersterem wird der Hauptanteil durch die Korngrößen zwischen 0,2—0,006 mm gestellt, nach letzterem durch die Anteile unter 0,06, insbesondere unter 0,002 mm. In BLANCKs Analysen treten die Anteile zwischen 0,006—0,002 mm verhältnismäßig stark zurück. Zu bemerken ist zu diesen Befunden, daß Graf zu LEININGEN den Anteil unter 0,002 mm, also den Rohton, nicht bestimmt, sondern aus der Differenz der übrigen Anteile berechnet hat und über den Feuchtigkeits-

---

[1] LEININGEN, W. Graf zu: Siehe u. a. Internat. Mitt. Bodenkde. **7**, 197, 198 (1917); Chem. d. Erde **4**, 179 (1929).

[2] LEININGEN, W. Graf zu: Naturwiss. Z. Land- u. Forstw. **9** (1911), Sonderabdruck, S. 35.

Mechanische Analysen nach E. BLANCK[1].

Korngrößen in mm	Banjani, montenegrin. Karst[2]	Podgorica, Montenegro Spalten ausfüllung[2]	Marsone-Sopra Socco Ferretto[3]	Canalione Sandri Ferretto[3]	Mt. Spaccato, Istrien[4]	Passek in Mähren[5]	Lautsch in Mähren[5]	Cigale auf Lussin im Adriatischen Meer[6]
2,0 —0,2	9,39	6,73	13,27	19,56	7,89	8,90	5,40	13,51
0,2 —0,06.	21,22	14,55	21,62	20,33	23,25	6,35	15,24	17,13
0,06 —0,02.	20,85	31,97	25,12	21,95	27,73	20,14	23,14	27,12
0,02 —0,006	25,93	28,33	14,41	18,60	18,30	12,93	15,13	12,16
0,006—0,002	2,12	3,01	6,49	6,13	9,10	10,83	13,74	8,28
unter 0,002	20,58	15,99	19,54	13,19	8,49	33,10	19,91	13,50
Feuchtigkeit bei 105⁰ C	—	—	—	—	5,17	7,20	7,18	5,62
Summe:	100,07	100,58	100,45	99,76	99,93	99,45	99,74	97,46

Mechanische Analysen nach W. Graf zu LEININGEN[7].

	Abbazia	Lussin	St. Peter am Karst	Tschermembl (Krain)	Loke
> 0,2	0,95	1,20	1,90	3,65	2,45
< 0,2	2,15	7,70	4,20	4,30	4,10
< 0,06 . . .	18,35	20,30	7,20	9,55	9,20
< 0,02 . . .	16,35	20,40	16,45	8,85	10,50
< 0,006 . . .	19,90	17,55	22,25	14,65	17,20
< 0,002 . . .	42,30	32,85	48,00	59,05	56,55
Summe:	100,00	100,00	100,00	100,05 (!)	100,00

	Opcina[7]	Gottschee (Krain)[8]	Gottschee (Krain)[8]	Pikermi Höhlenlehm[7]	St. Canzian Höhlenlehm[7]
> 0,2	1,65	4,80	10,35	2,80	14,55
< 0,2	5,15	10,15	7,70	7,95	24,50
< 0,06 . . .	17,35	9,50	5,30	14,00	21,10
< 0,02 . . .	21,00	11,30	7,30	20,75	13,50
< 0,006 . . .	18,90	16,05	11,45	13,35	21,00
< 0,002 . . .	35,95	48,20	57,90	41,15	—
Summe:	100,00	100,00	100,00	100,00	94,65 (!)

gehalt seiner Proben keine Angabe vorhanden ist, so daß die Feuchtigkeit wohl in dieser Fraktion mit enthalten sein dürfte.

Neben der mechanischen Analyse gibt auch der Hygroskopizitätswert, ermittelt nach MITSCHERLICH, einen Ausdruck für den physikalischen Zustand des Bodens. Allerdings liegen für die Roterde in dieser Beziehung die Verhältnisse etwas besonders, worauf noch zurückzukommen sein wird. Hygroskopizitätsbestimmungen von mediterranen Roterden sind nachstehend wiedergegebene von E. BLANCK und von L. PINNER ausgeführt worden. Auch in diesem Falle sind nur typische Vorkommnisse herangezogen:

Abbazia Untergrund[9]	Cigale	Montborron[10]	St. Marguerithe[10]	St. Canzian[10]	Banjani (Montenegro)[11]	Podgorica (Montenegro)[11]	Ferretto von Marsone-SopraSocco[12]	Ferretto von Canalione Sandri[12]
16,3	10,9	11,1	13,6	17,2	16,08	12,48	12,98	15,63

[1] Nur typische Terra-rossa-Vorkommnisse sind in den Tabellen berücksichtigt worden.
[2] Chem. d. Erde 4, 160, 163 (1929).   [3] Ebenda 3, 75, 77 (1927).
[4] J. Landw. 1921, 81.   [5] Landw. Versuchsstat. 101, 252, 257 (1923).
[6] Ebenda 91, 89 (1918).   [7] Internat. Mitt. Bodenkde. 7, 192 (1917).
[8] Mitt. geol. Ges. Wien 3/4, 149 (1915).
[9] PINNER, L.: Untersuchungen über die Ammoniakadsorption des Bodens, S. 61. Dissert., Halle 1915.
[10] Landw. Versuchsstat. 103, 69 (1924).   [11] Chem. d. Erde 4, 160, 162 (1929).
[12] Ebenda 3, 75, 78 (1927).

Sie zeigen sämtlich eine außerordentliche Höhe und weisen damit unmittelbar auf die Gegenwart großer Kolloidmengen hin. Demzufolge hält die Terra rossa sehr viel Feuchtigkeit als hygroskopisch gebundenes Wasser fest, was insofern von praktischer Bedeutung ist, als nur ein Teil dieser Wassermenge von den Pflanzenwurzeln ausnutzbar ist. „Es haben daher", sagt Graf zu Leiningen, „geringe Niederschläge für die Vegetation kaum eine Bedeutung, falls der Boden schon ausgetrocknet ist. Außerdem dringt Wasser nur schwer in tiefere Schichten ein, da die Roterde sehr undurchlässig ist"[1]. Die Wasserarmut des Bodens wird im Karst noch vermehrt durch die austrocknende Wirkung der Bora, ferner dadurch, daß der Boden im Winter zumeist schneefrei bleibt und die Taubildung in den warmen Teilen des Karstes zur Sommerszeit sehr gering ist. Beim Austrocknen zieht sich die Roterde zu Klumpen von fettig glänzendem Aussehen und unregelmäßigen Absonderungsformen zusammen, sie schwindet und bildet tiefgehende Risse, wodurch der Pflanzenwuchs sehr gefährdet wird.

Mikroskopische Untersuchungen der Schlämmrückstände liegen von E. Weinschenk und V. de Malherbe[2] ebenso wie von Fr. Tućan[3] vor; E. Blanck[4] hat den Rohtonanteil unter 0,002 mm der Roterde von Cigale auf der Insel Lussin im Adriatischen Meer auf seinen Gehalt an Kieselsäure und Sesquioxyden untersucht und fand ihn aus nahezu reinem Ton entsprechend der Forchhammerschen Kaolinformel zusammengesetzt, und Graf zu Leiningen[5] analysierte das Schlämmprodukt des Pikermitons unter 0,002 mm mit nachstehend wiedergegebenem Erfolg: SiO_2 41,62 %, Al_2O_3 21,16 %, Fe_2O_3 12,85 %, CaO 3,82 %, MgO 1,97 % und Glühverlust 15,05 %. E. Blanck[6] hat das gleiche für die mährischen Roterden von Passek und Lautsch getan. Seine Ergebnisse waren die folgenden: Passek: SiO_2 48,39 %, Al_2O_3 26,47 %, Fe_2O_3 12,62 %, CaO 0,95 %, MgO 1,05 %, Alkali 0,32 %, SO_3 0,41 % und Glühverlust 10,21 %, Summe 100,42 %; Lautsch: SiO_2 51,67 %, Al_2O_3 16,08 %, Fe_2O_3 11,40 %, CaO 4,95 %, MgO 0,98 %, Alkali 0,15 %, SO_3 0,26 %, CO_2 2,26 %, P_2O_5 0,40 % und Glühverlust 11,92 %, Summe 100,07 %.

Auch A. Reifenberg[7] hat zwei mechanische Analysen einer Oberflächenroterde und des zugehörigen Untergrundes, der die eigentliche Roterde darstellt, von Nablus in Palästina veröffentlicht und zugleich den Gehalt der einzelnen Fraktionen an Fe_2O_3 und Al_2O_3 bestimmt, was ihn veranlaßt, darauf hinzuweisen, daß, wie schon von anderen Autoren gezeigt, der größte Gehalt an Fe_2O_3 und Al_2O_3 in der den höchsten Dispersionsgrad aufweisenden Fraktion vorhanden ist[8].

Die plastische Beschaffenheit der Terra rossa ist als eine Folge des hohen Gehaltes an feinsten Teilen (Kolloiden) anzusehen[9].

---

[1] Leiningen, W. Graf zu: Naturwiss. Z. Forst- u. Landw. 9 (1911), Sonderabdruck, S. 36.

[2] Vgl. W. Graf zu Leiningen: Internat. Mitt. Bodenkde. 7, 185—191 (1917); Mitt. geol. Ges. Wien 3/4, 158—168 (1915).

[3] Tućan, Fr.: Terra rossa, deren Natur und Entstehung. Neues Jb. Min. usw., Beilgbd. 34, 401 (1912).

[4] Blanck, E.: Über die chemische Zusammensetzung des nach der Schlämmethode von Atterberg erhaltenen Tons. Landw. Versuchsstat. 91, 89 (1918).

[5] Leiningen, W. Graf zu: Internat. Mitt. Bodenkde. 7, 201 (1917).

[6] Blanck, E., F. Kunz u. F. Preiss: Über mährische Roterden. Landw. Versuchsstat. 101, 258 (1923).

[7] Reifenberg, A.: Kolloidchem. Beih. 28, 74, 75 (1929).

[8] Vgl. F. Giesecke: Die Hygroskopizität in ihrer Abhängigkeit von der chemischen Bodenbeschaffenheit. Chem. d. Erde 3, 98 (1928).

[9] Vgl. P. Rohland: Die kolloiden Eigenschaften der Terra rossa. Kolloid-Z. 15, 97 (1914).

Oberflächenroterde.

	Korngröße in mm	%	Enthaltend g Fe_2O_3	Enthaltend g Al_2O_3
Grober Sand . . .	1,0 —0,1	28,29	1,30	0,73
Feiner Sand. . . .	0,1 —0,05	11,68	0,60	0,89
Schluff	0,05—0,01	19,13	1,22	0,61
Feiner Schluff . . .	0,01—0,002	14,17	1,13	1,32
Ton	> 0,002	26,73	2,36	3,46

Untergrund.

	Korngröße in mm	%	Enthaltend g Fe_2O_3	Enthaltend g Al_2O_3
Grober Sand . . .	1,0 —0,1	11,88	0,62	0,79
Feiner Sand. . . .	0,1 —0,05	16,85	1,02	1,32
Schluff	0,05—0,01	20,95	1,49	1,73
Feiner Schluff . . .	0,01—0,002	14,69	1,29	1,49
Ton	> 0,002	35,63	4,02	5,47

Chemische Beschaffenheit der Terra rossa.

Zur chemischen Charakteristik der Mittelmeerroterden seien hier zunächst die im Schrifttum vorhandenen Bauschanalysen wiedergegeben. Allerdings sind nur solche berücksichtigt worden, die sich auf wirkliche Terra-rossa-Vorkommnisse beziehen, ferner sind die wenigen bekannten Ferrettobildungen und auch die nicht mehr zum Mittelmeergebiet gehörende Roterde von Mähren sowie die Spaltenausfüllung des Kalksteins vom Schneeberg bei Wien als Vergleichsmaterial herangezogen worden.

Die älteren von R. Lorenz[1], O. Gutenberg[2], Viertaler[3] und Reitlechner[4] mitgeteilten Analysen sind zu unvollständig ausgeführt, um sie hier anführen und verwerten zu können, z. T. handelt es sich auch in ihnen um keine typischen Roterdevorkommnisse, da der SiO_2-Gehalt bis zu 76% steigt, der Al_2O_3-Gehalt nur bei 5% liegt (Roterde von Cosina). Leider muß auch die einzig vorhandene Analyse sizilianischer Terra-rossa-Bildungen von Herm. Fischer[5] wegen ihrer Unvollständigkeit ausgeschlossen bleiben.

Von südfranzösischen Roterden sind nur nachstehende bekannt geworden:

	SiO_2	Al_2O_3	Fe_2O_3	CaO	MgO	K_2O	Na_2O	P_2O_5	SO_3	Glühverlust
Mt. Borron[6] bei Nizza . .	57,26	15,05	11,60	2,50	3,08	1,92	0,93	Sp.	Sp.	10,29
St.Marguerithe[6] bei Cannes	54,12	15,55	14,50	1,80	3,43	3,40	1,09	Sp.	Sp.	10,12

[1] Lorenz, R.: Mitt. k. k. geogr. Ges. Wien 4 (1860).

[2] Gutenberg, O., siehe P. Rohland: a. a. O., S. 96 und auch Viertaler: Z. dtsch. u. österr. Alpenver. 1881.

[3] Viertaler: Boll. Soc. Adriatica Sci. naturali in Trieste 4 (1879); 5 (1880); 6 (1881). Vgl. B. Fach: Chemische Untersuchungen über Roterden und Bohnerztone. Dissert., Freiburg 1908.

[4] Vgl. A. Schierl: a. a. O., S. 5.

[5] Fischer, Herm.: Internat. Mitt. Bodenkde. 14, 135 (1924).

[6] Blanck, E.: a. a. O., J. Landw. 60, 67 (1912).

Norditalienische Roterden[1].

I.

	Marmite %	Am Wege von Nago nach Arco %	Ferrettis. Glazialschotter von Isera %	Waldboden von St. Arina %	Rovereto-Lizzana bei Cast. Dante %
SiO_2	69,37	68,38	62,37	60,10	63,26
Al_2O_3	13,00	7,48	8,19	13,30	12,36
Fe_2O_3	5,76	8,13	6,94	6,25	5,82
CaO	4,50	4,90	8,58	4,56	4,94
MgO	1,38	1,62	1,93	2,17	2,32
K_2O	1,51	1,49	1,01	0,85	1,46
Na_2O	1,40	1,28	1,26	0,93	1,45
P_2O_5	0,18	0,10	0,12	0,10	0,13
SO_3	0,19	0,16	0,25	0,23	0,14
Organische Substanz . . .			0,87	2,20	0,36
Hydratwasser			2,24	3,33	1,75
CO_2	3,02	6,06	3,79	2,49	1,32
Feuchtigkeit			3,03	3,90	3,91
Mn_3O_4			—	0,22	0,46
Summe:	100,31[2]	99,60[2]	100,58	100,63	99,68

II [3].

	Mt. Budelone Spaltenausfüllung	Mt. Budelone Roterde v. d. Halde	Mt. Budelone Rotbraune Oberflächenerde	Calcinato Auf weißem glazial. Kalkschotter	Marsone-Sopra Socco Ferretto	Canalione Sandri Ferretto	
SiO_2	40,80	50,72	54,80	53,05	54,31	50,97	48,25
Al_2O_3	17,48	9,42	8,09	8,37	14,28	15,12	16,80
Fe_2O_3	14,10	11,68	9,25	11,71	9,65	9,43	10,28
CaO	3,80	3,53	3,72	7,62	3,23	3,03	5,03
MgO	1,32	0,42	0,31	2,06	1,15	2,01	1,61
K_2O	1,47	1,40	1,42	1,73	2,35	2,13	1,86
Na_2O	0,23	0,33	0,28	0,87	0,24	0,05	0,33
P_2O_5	0,24	0,21	0,17	0,14	0,16	0,31	0,26
Organische Substanz .	0,24	1,20	4,31	2,28	0,21	0,16	0,38
Hydratwasser	7,99	5,14	6,44	3,73	2,33	3,36	6,12
CO_2	0,20	1,40	1,07	0,41	0,25	0,24	0,79
Feuchtigkeit	12,26	14,59	10,37	8,11	11,78	13,34	8,35
Mn_3O_4	—	—	—	—	0,14	—	—
Summe:	100,13	100,04	100,23	100,08	100,08	100,15	100,06

III. Roterden (Ackerböden)[4].

	Desenzano-Lonato	Lonato	Sopra Socco-Salo	Ospedaletto	Castello Nuovo	Marsone-Sopra Socco Ferretto
SiO_2	65,03	66,71	64,67	67,63	65,41	52,91
Al_2O_3	8,70	8,68	8,77	7,82	9,09	12,20
Fe_2O_3	6,02	5,02	6,31	5,70	5,25	7,82
CaO	3,89	5,12	2,62	3,80	3,60	6,58
MgO	1,77	1,82	2,00	2,16	1,20	1,45
K_2O	1,44	2,01	1,45	2,27	2,05	2,88
Na_2O	0,69	0,69	0,44	0,99	0,78	0,97
P_2O_5	0,08	0,16	0,10	0,11	0,18	0,26
Organische Substanz .	2,32	1,54	1,66	1,12	1,69	1,85
Hydratwasser	3,94	3,12	6,56	4,58	5,19	6,01
CO_2	1,26	2,57	0,90	1,87	1,58	0,32
Feuchtigkeit	4,92	2,68	4,56	2,06	4,06	6,57
Mn_3O_4	—	—	—	—	—	0,24
Summe:	100,06	100,12	100,04	100,11	100,08	100,06

[1] Blanck, E., u. F. Giesecke: a. a. O., Chem. d. Erde **3**, 65, 67, 68, 57, 68, 69 (1928).
[2] Auf wasserfreie Substanz berechnet.
[3] Blanck, E., u. F. Giesecke: a. a. O., Chem. d. Erde **3**, 79, 83, 71, 76 (1928).
[4] Blanck, E., u. F. Giesecke: a. a. O., Chem. d. Erde **3**, 83, 71 (1928).

Roterden aus Istrien und Dalmatien.

	Planina[1]	Javornik[1]	Aus dem Flußbett der Poik[1]	Volosca[2]	Abbazia Lovrana[3]	Lovrana-Medvea[4]	Cigale[5]	Mt. Spac-cato[6]	St. Can-zian[7]	Karst-roterde[8]
SiO_2 . . .	53,73	35,21	48,73	41,98	47,79	44,70	55,99	48,92	47,10	60,44
Al_2O_3 . . .	21,02	30,26	25,17	26,85	3,15	26,27	18,20	16,47	21,83	20,46
Fe_2O_3 . . .	8,62	13,20	8,97	10,95	32,24	11,56	10,37	9,47	12,93	6,41
MnO . . .	Spur	Spur	—	—	1,35[9]	—	—	—	—	—
CaO . . .	0,96	0,72	0,22	1,57	0,68	Spur	1,75	5,07	0,37	0,69
MgO . . .	1,62	1,50	0,58	1,11	1,37	Spur	2,12	1,42	1,53	1,21
K_2O . . .	Spur	Spur	Spur	0,92	1,15	} 3,15	1,73	—	0,80	2,01
Na_2O . . .	Spur	Spur	Spur	0,26	1,56		1,51	—	0,91	2,01
P_2O_5 . . .	Spur	Spur	Spur	—	0,24	—	0,97	—	—	—
SO_3 . . .	Spur	Spur	Spur	—	Spur	—	—	1,91	—	—
Glühverlust	14,02	19,15	16,29	17,52	11,98	13,84	6,89	17,28	15,93	7,37
Summe:	99,97	100,04	99,96	101,13	101,51	100,10	99,53	100,54	101,40	100,60

Kroatisches Küstenland[10].

	Zlobin	Plase	Grobničko polje	Jalenje	Karlobag	Emino vaselo bei Županjak	
SiO_2 . . .	26,20	35,42	43,61	47,89	46,27	26,47	32,11
TiO_2 . . .	0,51	0,30	Spur	0,96	0,80	Spur	Spur
ZrO_2 . . .	0,81	0,10	Spur	Spur	Spur	Spur	Spur
Al_2O_3 . . .	39,14	32,89	27,80	24,38	26,61	20,19	25,69
Fe_2O_3 . . .	14,03	15,03	11,75	12,63	12,64	18,03	6,20
MnO . . .	1,45	0,93	Spur	1,18	0,12	1,32	—
CaO . . .	Spur	0,43	1,64	0,68	1,13	13,19	14,44
MgO . . .	—	Spur	—	—	—	—	0,48
Alkalien . .	Spur	Spur	Spur	0,32	Spur	Spur	Spur
H_2O . . .	18,14	15,32	15,43	11,86	13,32	11,24	11,33
CO_2 . . .	—	0,23	—	0,39	—	9,12	10,77
Summe:	100,28	100,55	100,23	100,29	100,89	99,56	100,97

Montenegrinische und rumänische Roterden[11].

	Podgor (Nordmontenegro) 1400 m	Nedajno (Nordmontenegro) 1500 m Spaltenausfüllung	Banjani (montenegrin. Karst)	Podgorica (montenegrin. Tiefland)	Tušnad (Komitat Salaj, Siebenbürgen)
SiO_2	52,95	37,06	47,45	54,53	62,41
TiO_2	0,59	0,52	0,06	0,07	0,50
Al_2O_3	9,89	24,26	21,58	14,29	12,76
Fe_2O_3	5,73	14,95	10,35	9,51	7,11
CaO	1,52	1,02	0,63	3,88	0,79
MgO	1,41	0,20	0,19	0,27	2,82
K_2O	1,60	1,22	0,97	2,42	2,23
Na_2O	1,15	1,20	1,51	2,20	0,67
P_2O_5	0,42	0,29	0,04	0,22	0,08
SO_3	Spur	Spur	0,05	0,13	Spur
Glühverlust . .	24,80	19,66	17,22	12,72	10,44
Feuchtigkeit . .	8,03	8,89	6,46	5,61	4,91
Mn_3O_4	—	—	—	0,24	0,52
Summe:	100,06	100,38	100,05	100,48	100,33

[1] SCHIERL, A.: Über die rote Erde des Karstes. 23. Jber. dtsch. Landesoberrealschule in Mähr.-Ostrau 1906, 6.

[2] FACH, B.: a. a. O., S. 17, 22.

[3] LEININGEN, W. Graf zu: Naturwiss. Z. Land- u. Forstw. 9, 88.

[4] SELCH, E.: Terra rossa. Silikat-Z. 1.

[5] BLANCK, E., u. J. M. DOBRESCU: Landw. Versuchsstat. 84, 435 (1914).

[6] J. Landw. 69, 81 (1921).   [7] BLANCK, E.: J. Landw. 60, 64 (1912).

[8] SACHSZE, R.: Lehrbuch der Agrikulturchemie, S. 248. Leipzig 1888.

[9] Mn_3O_4.

[10] TUĆAN, FR.: Terra rossa, deren Natur und Entstehung. Neues Jb. Min. usw., Beilgbd. 34, 423 (1912).

[11] BLANCK, E., u. H. KEESE: Chem. d. Erde 4, 158, 160, 163, 165 (1929).

Roterden von Palästina.

	Waldheim[1] auf Kalkkruste $CaCO_3$-frei berechnet	Waldheim[1] Wühlmaus-haufen $CaCO_3$-frei berechnet	Jerusalem[1]		Jenin[2]	Nablus[2]
SiO_2	47,45	52,54	55,13	40,30	51,07	50,39
Al_2O_3	12,58	9,66	12,37	6,72	12,29	16,50
Fe_2O_3	13,05	16,17	8,78	21,40	7,85	9,19
					FeO 0,14	0,09
CaO	4,41	—	3,83	4,88	6,60	3,39
MgO	1,07	3,14	1,61	1,74	2,27	0,75
K_2O	1,11	1,53	0,35	0,43	0,79	0,81
Na_2O	0,53	0,30	0,58	0,65	0,47	2,91
P_2O_5	0,22	0,22	0,33	—	0,09	0,08
SO_3	0,20	0,09	Spur	Spur	0,32	0,63
Organische Substanz .	} 10,85	7,05	0,22	—	— (?)	— (?)
CO_2			4,63	3,88	4,12	6,03
Hydratwasser			4,22	7,60	5,43	1,01
Feuchtigkeit	8,55	9,30	7,83	11,98	8,32	7,60
Mn_3O_4	—	—	0,94	0,39	Spur	—
Summe:	100,02	100,00	100,82	99,97	99,76	99,38

Mährische Roterden[3] und Roterde vom Schneeberg[4] bei Wien.

	Passek				Lautsch			Schneeberg
SiO_2 . . .	42,72	44,05	43,50	54,37	51,85	51,63	51,67	52,03
Al_2O_3 . . .	20,62	17,58	28,13	18,45	16,47	18,44	16,08	22,99
Fe_2O_3 . . .	11,64	9,25	10,60	8,46	13,04	10,86	11,40	11,30
CaO . . .	6,28	9,29	2,94	3,14	3,54	4,36	4,95	1,13
MgO . . .	1,25	1,33	0,96	1,54	1,10	0,93	0,98	Spur
Alkalien . .	0,37	0,17	0,18	0,25	0,44	0,17	0,15	— (?)
P_2O_5 . . .	—	0,25	0,15	0,12	—	0,38	0,40	—
SO_3	0,58	0,43	0,50	0,41	0,48	0,49	0,26	—
CO_2	4,58	5,96	1,19	0,39	1,67	1,95	2,26	—
Glühverlust	11,35	12,05	11,85	12,96	11,40	11,28	11,92	11,47
Summe:	99,39	100,36	100,00	100,09	99,99	100,49	100,07	98,92

Wie die vorstehenden Bauschanalysen der Terra-rossa-Bildungen erkennen lassen, liegt ihr Gehalt an SiO_2 um etwa 50% herum und dies ist auch für den Ferretto und selbst für die mährischen Roterden und diejenige vom Schneeberg bei Wien der Fall, wennschon die mährische Roterde von Passek weit darunter bleibt. Die eigentlichen Karstroterden gehen z. T. gleichfalls im Gehalt an Kieselsäure weit unter diesen Wert herunter, und ganz besonders ist dieses für die kroatischen Küstengebietsroterden festzustellen, z. T. auch für diejenigen Montenegros und Palästinas, während die norditalienischen Roterden und aus Roterde hervorgegangenen Ackerböden, ebenso wie die eine rumänische Roterde einen Gehalt von rund 65% SiO_2 aufzuweisen haben. Eine Ausnahme davon macht der aus Ferretto entstandene Ackerboden, dessen SiO_2-Gehalt wiederum etwas über 50% hinausgeht. Beachtenswert ist ferner, daß die Spaltenausfüllungen der Karbonatgesteine, die ja gewissermaßen die Terra rossa in ihrem ursprünglichen Zustande wiedergeben, meist durch einen verhältnismäßig niederen Gehalt an Kieselsäure ausgezeichnet sind. Der Gehalt an Tonerde ist ein recht schwankender. Den höchsten Gehalt daran weisen die kroatischen und istrischen Vorkommnisse auf, woselbst er sich meist weit über 20% bewegt. Schon die montenegrinischen Roterden enthalten meist unter 20% Al_2O_3, in

[1] Blanck, E., S. Passarge u. A. Rieser: Chem. d. Erde 2, 365, 373 (1926).
[2] Reifenberg, A: Entstehung der Mediterran-Roterde, S. 73. 1929.
[3] Blanck, E., F. Kunz u. F. Preiss: Landw. Versuchsstat. 101, 258 (1923).
[4] Leiningen, W. Graf zu: Internat. Mitt. Bodenkde. 7, 196 (1917).

den südfranzösischen sinkt er auf 15 % herab, um in den norditalienischen und palästinensischen Erden noch weit darunter zu fallen. Insbesondere sind es wieder die Spaltenausfüllungen, die einen höheren Gehalt an Tonerde im Verhältnis zu den übrigen Roterden ihres Verbreitungsgebietes zeigen, ebenso wie der Ferretto in dieser Beziehung den sonstigen norditalienischen Roterden gegenüber durch seinen Tonerdegehalt überlegen ist. Demgegenüber ist es auffallend, daß die mährischen Vorkommnisse und auch die Roterde vom Schneeberg bei Wien einen zwischen 16 und 28 % schwankenden Gehalt an Tonerde aufweisen.

Für den besonderes Interesse beanspruchenden Eisengehalt liegen die Verhältnisse derartig, daß er gleichfalls größten Schwankungen unterworfen ist. Hier lassen sich kaum allgemeine Regeln aufstellen. Nach dem vorliegenden Analysenmaterial zu urteilen, schwankt der Gehalt an Fe_2O_3 zwischen 5,0 und 32,2 %, der niedrigste Wert wird von einer norditalienischen, der höchste von einer istrischen Roterde gestellt. Im allgemeinen läßt sich wohl erkennen, daß die norditalienischen Vorkommen den niedrigsten Gehalt daran aufweisen, der aber in den Spaltenausfüllungen, im Ferretto und in den unmittelbar auf Kalk auflagernden Roterden doch über 10—14 % steigt und sich damit den südfranzösischen Proben gleichstellt. In den montenegrinischen Roterden liegen die Verhältnisse ähnlich wie im norditalienischen Verbreitungsgebiet, und gleiches trifft für die rumänische Bodenprobe zu. Der Gehalt der mährischen Roterden an Fe_2O_3 bewegt sich annähernd um 10 % herum, die palästinensischen Proben schwanken in ihrem Gehalt daran zwischen 8 und 13 %, erreichen aber auch in einem Fall den hohen Wert von 21,4 %, und die kroatischen Küstenroterden zeichnen sich im allgemeinen durch den höchsten Gehalt an Eisen mit 12—18 % Fe_2O_3 aus, obgleich auch hier eine Probe nur mit 6,2 % ausgestattet ist. Allerdings liegt dieses z. T. daran, daß diese Probe noch stark mit kohlensaurem Kalk aus dem Kalkgestein verunreinigt ist. Die Probe vom Schneeberg bei Wien führt schließlich den verhältnismäßig hohen Gehalt von 11,3 % Fe_2O_3.

Während der Gehalt an Erdalkalien und Alkalien, dessen Höhe entsprechend der Natur der Terra rossa als einer stark ausgewaschenen Bodenart nur stets gering sein sollte, noch in den norditalienischen Proben verhältnismäßig stark hervortritt, und zwar insbesondere für den Kalk, der immer noch mehrere Prozente beträgt, macht sich hierin schon ein fühlbarer Mangel bei den istrischen und ganz besonders kroatischen Roterden bemerkbar. Dies tritt insbesondere im Gehalt an Alkalien hervor, der im letzteren Fall nur noch in Spuren vorhanden ist. Im südfranzösischen Verbreitungsgebiet sind die Verhältnisse in dieser Richtung ähnlich dem norditalienischen, auch für Palästina, Montenegro, Rumänien und die mährischen Proben gilt annähernd dasselbe, nur zeichnen sich die letzteren wieder durch einen verhältnismäßig geringen Alkaligehalt aus. Der sonstigen Bestandteile brauchen wir hier des näheren nicht zu gedenken, da sie für die substantielle Beschaffenheit der Roterden wenig ins Gewicht fallen. Ganz allgemein gesagt, ergibt sich aber wohl aus diesem Überblick, daß die istrischen und kroatischen Vorkommnisse die typischsten Vertreter der Terra rossa darstellen, wie solches ja auch von jeher angenommen worden ist. Es ist außerordentlich zu bedauern, daß aus den hier nicht durch Analysenmaterial belegten weiteren Mediterrangebieten, wie vor allem Mittel- und Süditalien, Spanien, Griechenland usw. gar kein analytisches Material vorliegt, um ein Urteil über die stoffliche Zusammensetzung der Terra rossa nach ihrer regionalen Verbreitung abgeben zu können. Jedoch schon z. T. eingeleitete Untersuchungen über süditalienische, griechische und spanische Terra-rossa-Vorkommen im Institut des Verfassers werden hoffentlich bald in der Lage sein, diesen fühlbaren Mangel abzustellen.

Zur Kennzeichnung der Terra rossa reicht aber die Kenntnis der chemischen Gesamtzusammensetzung derselben nicht aus, wenn man auch wohl den Standpunkt vertreten darf, daß die Bauschanalyse der Roterden für sie besonders typische Merkmale zu erkennen gibt. Aber auch der Salzsäureauszug ist insofern von Bedeutung, als er Aufschluß über die Löslichkeit der einzelnen Bestandteile gibt. Allerdings liegt hier in der Verwertung des vorliegenden Analysenmaterials eine große Schwierigkeit vor, weil die Salzsäureauszüge nicht mit einer Salzsäure von gleicher Konzentration durchgeführt worden sind, so daß eine Vergleichsbasis fehlt, um so mehr als noch der Übelstand hinzutritt, daß die meisten Roterden nicht ganz frei von aus dem Kalk-Dolomit-Gestein stammenden Bruchstückchen sind, welche bei der Behandlung der Roterde mit Salzsäure diese je nach dem Grade ihrer Gegenwart neutralisieren und dementsprechend den Konzentrationsgrad der angreifenden Säure verändern. Aus diesem Grunde wird es nur möglich sein, solche Salzsäureauszüge zum Vergleich heranzuziehen, die wenigstens anfangs der Behandlung von gleicher Konzentration waren. Dieses gilt z. B. für die von E. BLANCK untersuchten norditalienischen Roterdevorkommnisse. Hier wurde eine 10proz. Säure in vierfacher Menge auf den Boden auf dem lebhaft siedenden Wasserbade unter Rückflußkühlung während einer Zeit von 4 Stunden zur Einwirkung gebracht.

HCl-Auszüge[1]. I.

	Marmite	Nago-Arco	Isera	St. Arina	Rovereto-Lizzana
Unlöslicher Rückstand . .	79,23	75,69	72,81	73,02	81,11
SiO_2[2]	1,53	1,39	1,37	0,69	0,84
Al_2O_3	7,21	2,30	3,31	5,63	3,63
Fe_2O_3	3,45	5,85	5,83	4,50	3,90
CaO	0,93	1,06	5,07	3,10	0,98
MgO	0,71	0,42	1,25	1,26	1,17
K_2O	0,22	0,21	0,18	0,17	0,24
Na_2O	0,18	0,10	0,23	0,18	0,28
P_2O_5	0,18	0,10	0,12	0,10	0,13
SO_3	0,19	0,15	0,25	0,23	0,14
CO_2	0,13	0,46	3,79	2,49	1,32
Organische Substanz . . .	0,34	2,34	0,87	} 8,43	0,36
Hydratwasser	2,44	2,85	2,24		1,75
Feuchtigkeit	3,55	6,70	3,03		3,91
Mn_3O_4	—	—	—	0,22	0,46
Summe:	100,29	99,62	100,35	100,02	100,22

II[3].

	Mt. Budelone			Calcinato	Marsone-Sopra Socco Ferretto	Canalione Sandri Ferretto	
	Spalten-ausfüllung	v. d. Halde	Oberflächen-erde				
SiO_2	0,94	1,22	1,16	1,49	1,70	0,81	0,91
Al_2O_3 . . .	7,98	7,35	6,48	4,06	5,51	8,29	6,47
Fe_2O_3 . . .	6,31	5,13	4,67	3,37	5,08	5,17	5,28
CaO	1,54	2,56	2,31	1,33	0,71	1,03	3,01
MgO	0,15	0,18	0,18	0,18	0,43	0,44	0,49
K_2O	Spur	0,22	0,29	0,41	0,18	0,26	0,31
Na_2O . . .	Spur	0,10	0,08	Spur	0,18	0,04	0,04
P_2O_5	0,24	0,21	0,17	0,14	0,16	0,31	0,26
CO_2	0,20	1,40	1,07	0,41	0,25	0,24	0,79

[1] BLANCK, E.: Chem. d. Erde 3, 57, 64, 67, 68, 70 (1928).

[2] Die Kieselsäurewerte sind stets die Summe aus salzsäurelöslicher und karbonatlöslicher Kieselsäure. Letztere wurde erhalten durch Behandlung des in HCl unlöslichen Rückstandes mit einer 5proz. Na_2CO_3-Lösung während der Dauer von 15 Minuten bei 55° C.

[3] BLANCK, E.: Chem. d. Erde 3, 72, 76, 80—81, 83 (1928).

III. (Ackerböden[1].)

	Desenzano-Lonato	Lonato	Sopra Socco-Salo	Ospedaletto	Castello Nuovo	Marsone-Sopra Socco aus Ferretto
SiO_2	1,92	2,06	1,65	1,92	2,07	1,72
Al_2O_3 . . .	4,88	3,39	3,13	3,03	3,49	5,48
Fe_2O_3 . . .	3,98	2,85	4,15	2,41	3,09	4,58
CaO	2,57	3,56	1,40	2,53	2,30	1,04
MgO	1,12	1,03	1,00	1,20	0,95	0,41
K_2O	Spur	Spur	Spur	Spur	Spur	0,25
Na_2O . . .	Spur	Spur	Spur	Spur	Spur	0,15
P_2O_5	0,08	0,16	0,10	0,11	0,18	0,26
CO_2	1,26	2,57	0,90	1,87	1,58	0,32

Man erkennt beim Vergleich dieser Analysen mit den zugehörigen Bauschanalysen[2], daß der in Salzsäure lösliche Anteil an Al_2O_3 und Fe_2O_3, und zwar besonders letzterer, im Verhältnis zur Gesamtmenge daran verhältnismäßig recht hoch ist, schon etwas weniger gilt dieses für den Gehalt an CaO und MgO, obgleich auch hier z. T. eine recht große Löslichkeit besteht, und noch weniger für die Alkalien. Letztere sind zumeist nur recht wenig in HCl löslich. Die Kieselsäure ist nur verschwindend in HCl (bzw. Karbonat) löslich. Es läßt sich aus diesem Verhalten schließen, daß die Tonerde und das Eisen zu einem nicht unerheblichen Teil in freier Form als Oxyde oder Oxydhydrate vorhanden sein müssen, auf welchen Punkt noch zurückzukommen sein wird. Jedoch schon allein aus den Salzsäureauszügen ist zu entnehmen, daß die Terra rossa eine an Al_2O_3 und Fe_2O_3 reiche Bodenart ist.

Von den istrischen Roterden stehen uns nur wenige Salzsäureauszüge zur Verfügung. Bei den nachfolgenden von E. BLANCK ausgeführten Salzsäureauszügen der Terra rossa von Cigale und Monte Spaccato wurde allerdings eine erheblich stärkere Säure benutzt und dieselbe im siedenden Zustande auf den Boden zur Einwirkung gebracht, auch wurde die Kieselsäure mit 5 proz. Natronlauge in Lösung gebracht. Bei der Roterde von St. Canzian wurden noch wesentlich andere Lösungsbedingungen innegehalten, so daß alle diese auf besagte Art und Weise gewonnenen Ergebnisse nicht mit den vorigen und auch nicht unter sich unmittelbar vergleichbar sind. Jedoch hat auch B. FACH, allerdings wiederum in anderer Art, den Salzsäureauszug der Roterde von Volosca bestimmt, und auch von FR. TUĆAN[3] liegen Salzsäureauszüge der kroatischen Roterden vor, die einen sehr hohen Löslichkeitsgrad für Kieselsäure, Tonerde und Eisenoxyd dartun, so daß es den Anschein erwecken muß, als wenn die istrischen

	Roterde von Cigale[4]		Roterde von Mt. Spaccato[5]		Roterde von St. Canzian[6]	
	Gesamt	HCl-löslich	Gesamt	HCl-löslich	Gesamt	HCl-löslich
SiO_2	55,99	12,45	48,92	11,58	47,10	5,17
Al_2O_3	18,20	9,38	16,47	8,53	21,83	3,55
Fe_2O_3	10,37	8,86	9,47	7,99	12,93	9,46
CaO	1,75	0,88	5,07	4,83	0,37	—
MgO	2,12	1,35	1,42	1,00	1,53	—
P_2O_5	0,97	0,15	—	Spur	—	—
K_2O	1,73	0,68	—	0,55	0,80	—
Na_2O	1,51	0,17	—	0,25	0,97	—

[1] BLANCK, E.: Chem. d. Erde 3, 83 u. 72 (1928).
[2] Vgl. S. 334. [3] TUĆAN, FR.: a. a. O., S. 426.
[4] BLANCK, E., u. J. M. DOBRESCU: Landw. Versuchsstat. 84, 435 u. 436 (1914).
[5] BLANCK, E., u. F. PREISS: J. Landw. 69, 81 u. 82 (1921).
[6] BLANCK, E.: J. Landw. 60, 67/68 (1912).

und kroatischen Roterden auch durch einen ganz besonders hohen Anteil an in HCl-löslicher SiO_2 ausgezeichnet sind. Der besseren Übersicht halber seien die Ergebnisse der vorliegenden Salzsäureauszüge mit denjenigen der zugehörigen Bauschanalysen zusammengestellt wiedergegeben (s. vorstehende Tabelle).

Die Befunde B. Fachs[1] lauteten, bezogen auf bei 110° getrocknete und von organischen Stoffen befreite Substanz, wie folgt:

	Bauschanalyse	In verd. HCl löslich	In konz. HCl löslich	In konz. H_2SO_4 unlöslich
SiO_2	46,87	3,85	11,94	13,13
Al_2O_3	29,95	9,63	10,95	} 0,16
Fe_2O_3	12,23	10,83	9,43	
CaO	1,75	1,65	1,28	—
MgO	1,24	0,59	0,54	0,04
K_2O	1,01	0,22	0,38	0,22
Na_2O	0,29	0,26	0,29	In HF unlösl.
H_2O	7,96	1,06	3,16	0,19
Summe:	101,30	28,19	37,97	13,74

Wie man sieht, sind die istrischen Roterden nicht nur durch einen hohen salzsäurelöslichen Kieselsäuregehalt ausgestattet, sondern auch die Tonerde, und wiederum ganz besonders das Eisen zeichnen sich durch hohe Löslichkeit aus. Hinsichtlich der Tonerde gilt das gleiche für die montenegrinische und rumänische Roterde, während die Löslichkeit des Eisens hier z. T. etwas zurücktritt, wie dieses aus nachstehenden Salzsäureauszügen, hergestellt in gleicher Weise wie auf S. 238 wiedergegeben, hervorgeht[2].

	Banjani	Podgorica	Tušnad		Banjani	Podgorica	Tušnad
SiO_2	1,65	1,49	2,21	K_2O	0,90	0,79	Sp
Al_2O_3	10,24	10,24	7,55	Na_2O	0,92	0,96	Sp
Fe_2O_3	9,37	4,23	3,07	SO_3	0,05	0,14	Sp
CaO	0,47	1,31	0,45	P_2O_5	0,04	0,23	0,08
MgO	0,04	0,14	0,83	CO_2	0,07	0,51	—

Die Salzsäureauszüge der palästinensischen Roterden haben folgende Ergebnisse gebracht; der Übersichtlichkeit halber sind die Gesamtanalysen zum Vergleich beigegeben worden:

I [3].

	Waldheim		Waldheim		Jerusalem (Oberflächenroterde)		Jerusalem (Roterde i. Kalk)	
	Gesamt-analyse	HCl-Auszug	Gesamt-analyse	HCl-Auszug	Gesamt-analyse	HCl-Auszug	Gesamt-analyse	HCl-Auszug
SiO_2	35,11	1,52	39,87	1,47	55,13	1,56	40,30	1,61
Al_2O_3	9,31	5,51	7,43	5,16	12,37	6,45	6,72	1,01
Fe_2O_3	9,66	4,45	12,27	5,07	8,78	8,37	21,40	20,77
CaO	18,06	16,34	13,76	13,50	3,83	2,98	4,88	3,29
MgO	0,79	0,84	2,38	0,82	1,61	1,32	1,74	1,32
K_2O	0,82	0,35	1,16	0,32	0,35	0,33	0,43	0,34
Na_2O	0,39	0,11	0,22	0,09	0,58	0,18	0,65	0,53

[1] Fach, B.: a. a. O., S. 22. Dieser behandelte die Roterde je zweimal mit 5 proz. HCl unter Erwärmung und den Rückstand mit 5 proz. Natriumkarbonatlösung. Ein anderer Teil wurde mit konzentrierter Salzsäure ausgekocht und der Rückstand mit 5 proz. Natronlauge behandelt.

[2] Blanck, E., u. H. Keese: Chem. d. Erde. 4, 160, 164 u. 165 (1929).

[3] Blanck, E., S. Passarge u. A. Rieser: Chem. d. Erde 2, 365, 373 (1926).

II[1]. **a)**

	Jenin (Oberflächenroterde)		Nablus (Oberflächenroterde)		Nablus (Untergrund)	
	Gesamt-analyse	HCl-Auszug	Gesamt-analyse	HCl-Auszug	Gesamt-analyse	HCl-Auszug
SiO_2	51,07	0,49	48,08	0,25	50,39	0,40
Al_2O_3	12,29	10,46	14,94	7,01	16,50	10,80
Fe_2O_3	7,85	6,24	7,81	6,61	9,19	8,45
CaO	6,60	6,00	6,35	6,32	3,39	3,22
MgO	2,27	1,83	1,38	1,07	0,75	0,75
K_2O	0,79	0,75	1,08	0,47	0,81	0,11
Na_2O	0,47	0,28	2,16	0,36	2,91	0,02
P_2O_5	0,09	0,07	0,12	0,12	0,08	0,08
SO_3	0,32	0,32	1,88	0,98	0,63	0,20

Auch hier ist eine z. T. recht hohe Löslichkeit von Tonerde und Eisen-oxyd festzustellen, wogegen allerdings die Löslichkeit der Kieselsäure genau so wie in den norditalienischen Vorkommnissen sehr gering zu erachten ist. Die Löslichkeit der Magnesia ist z. T. gleichfalls recht beträchtlich. Auch Kali und Natron weisen manchmal eine ganz erhebliche Löslichkeit auf[2].

Die mährischen Roterden zeigten nachfolgende Salzsäureauszüge[3], jedoch ist zu bemerken, daß die laugelösliche Kieselsäure hier nur in zwei Fällen bestimmt wurde.

	Passek				Lautsch		
Unlöslicher Rückstand	66,27	64,01	73,98	74,63	74,14	72,49	71,80
SiO_2	2,40	0,99[4]	1,14[4]	1,18[4]	1,45	1,21[4]	1,20
Al_2O_3	1,91	1,96	1,51	2,28	1,36	1,33	1,61
Fe_2O_3	7,74	5,39	6,40	6,09	6,63	6,40	5,94
CaO	5,93	8,71	2,94	1,55	2,92	4,03	4,32
MgO	0,22	0,29	0,14	0,32	0,28	0,29	0,24

Eigentümlicherweise lassen diese Vorkommnisse[5] eine sehr geringe Löslichkeit der Tonerde erkennen, während die Löslichkeit des Eisens innerhalb der schon erkannten üblichen hohen Grenzen sich bewegt.

Schließlich hat E. BLANCK[6] noch Salzsäureauszüge der südfranzösischen Roterden und einiger weniger typisch ausgebildeter Terra-rossa-Bildungen sowie roter Erden hergestellt, die aber aus besonderen Gründen mit einer nur sehr verdünnten Salzsäure ausgeführt wurden. Auch aus den hierdurch gewonnenen Ergebnissen ist auf eine erhöhte Löslichkeit der Tonerde und des Eisens zu schließen, wodurch der Nachweis erbracht werden konnte, daß die Bindung der beiden Bestandteile zu einem großen Teil nicht silikatischer Natur sein kann. Noch weitere Feststellungen sprechen hierfür, so u. a. die schon erwähnte hohe Hygroskopizität der Roterdebildungen, so daß E. BLANCK geradezu dieses Ver-

---

[1] REIFENBERG, A.: a. a. O., Entstehung der Mediterran-Roterde, S. 73.

[2] Die von A. REIFENBERG (Die Bodenbildung im südlichen Palästina. Chem. d. Erde **3**, 27 [1928]) wiedergegebenen Roterdeanalysen aus dem Regierungslaboratorium zu Jerusalem sind selbst für Salzsäureauszüge zu unvollständig, als daß sie hier angeführt werden könnten. Ähnliches gilt für die diesbezüglichen mechanischen Analysen, da besagte Untersuchungen wohl lediglich für praktische Zwecke ausgeführt worden sind.

[3] BLANCK, E., F. KUNZ u. F. PREISS: Landw. Versuchsstat. **101**, 254 u. 257 (1923).

[4] Nur salzsäurelösliche Kieselsäure.   [5] Vgl. S. 239.

[6] BLANCK, E.: J. Landw. **60**, 59 (1912). Je 5 g lufttrockene Substanz von der Beschaffenheit des Materials der Bauschanalyse wurden mit je 150 cm³ einer Salzsäure ($^1/_3$ HCl vom spez. Gew. 1,04 und $^2/_3$ H_2O) während einer halben Stunde auf dem Wasserbade erwärmt. Der unlösliche Rückstand wurde mit 50 cm³ einer 5 proz. Na_2O-(Na_2CO_3-)Lösung eine halbe Stunde auf dem lebhaft siedenden Wasserbade behandelt.

halten in Gemeinschaft mit dem Ausfall der Bestimmungen der salzsäurelöslichen Tonerde und des Eisenoxyds zur Charakteristik der Roterden benutzt hat, wovon er allerdings späterhin zugunsten einer anderen Methode etwas abgewichen ist; bevor hierauf zurückzukommen sein wird, sei auf die oben ausgeführten Bestimmungen hingewiesen[1]:

	Roterde von					
	Nago am Gardasee	St. Michele a. d. Etsch	Portofino b. Genua	Mt. Borron b. Nizza	St. Marguerithe b. Cannes	St. Canzian i. Karst
Gesamtgehalt an:						
SiO_2	69,09	66,77	73,15	57,26	54,12	47,10
Al_2O_3	11,92	12,17	9,03	15,05	15,55	21,83
Fe_2O_3	8,40	8,83	7,92	11,60	14,50	12,93
HCl-löslich:						
SiO_2	4,09	3,20	3,25	5,48	6,18	5,17
Al_2O_3	1,72	0,87	0,47	1,53	2,33	3,55
Fe_2O_3	4,24	5,18	6,39	8,15	7,85	9,46
Daraus berechneter prozentualer Löslichkeitsgrad der:						
SiO_2	5,92	4,79	4,44	9,57	11,42	10,98
Al_2O_3	14,43	7,15	5,21	10,17	15,38	16,26
Fe_2O_3	50,48	58,66	80,68	70,26	52,68	73,16

Mit Recht hat schon seit jeher die rote Farbe der Terra rossa und ihre mutmaßliche Ursache bei der Frage nach der Natur und Entstehung der Roterden im Mittelpunkt des Interesses gestanden, und wenn es auch keine Frage sein kann, daß Eisenverbindungen die Ursache hierfür sein müssen[2], so ließ es sich doch schwer entscheiden, welche von diesen hierfür verantwortlich zu machen sind, da es bisher immer noch keine befriedigende Methode gegeben hat, um freies Eisenoxyd oder Hydroxyd neben schwach silikatisch gebundenem Eisen nachzuweisen, worauf schon vor längerer Zeit Graf zu Leiningen hingewiesen hat und die Untersuchungen von R. Sachsse und A. Becker[3] hindeuten. Hier waren es nun die obenerwähnten Untersuchungen E. Blancks[4], welche auf indirektem Wege mit Hilfe der Hygroskopizitätswerte und des in HCl löslichen

---

[1] Desgl. J. Landw. **60**, 67 u. 68.

[2] Zwar erklärt P. Ehrenberg die Rotfärbung der Roterden in sehr einfacher Weise, indem er annimmt, daß der Humus des Bodens durch Sonnenbestrahlung eine Zerstörung erleidet und somit die Rotfärbung zutage tritt. Daß es die Beseitigung des Humus ist, die zu der roten Färbung führt, beweist ihm eine Bemerkung Sappers, nach welcher die Blattschneiderameise den Humus zerstört. „Also", so polemisiert er weiter, „die zerstörende und die Blätter und damit den Humus fortschaffende Tätigkeit der Tiere hat den gleichen Erfolg wie die Sonne, weil auch sie zur Beseitigung der Humusanhäufungen führt, bzw. solche gar nicht erst aufkommen läßt". (Internat. Mitt. Bodenkde **6**, 284 [1916].) Demgegenüber ist aber zu bemerken, daß auch die Roterde nicht völlig frei von Humus ist, sondern unter Umständen, wie die vorliegenden Analysen dartun, einen recht reichlichen Gehalt an organischer Substanz aufzuweisen hat.

[3] Sachsse, R., u. A. Becker: Das Verhalten des Eisenoxyds in dem Boden und der Gesteine. Landw. Versuchsstat. **41**, 453 (1892). — Vgl. auch W. Spring: Über die eisenhaltigen Farbstoffe sedimentärer Erdböden und über den wahrscheinlichen Ursprung der roten Felsen. Neues Jb. Min. usw. **1**, 47 (1899); F. Katzer: Über die rote Farbe von Schichtgesteinen. Ebenda **2**, 177 (1899).

[4] Blanck, E.: Bemerkungen zu den von D. J. Hissink usw. gemachten Bemerkungen. J. Landw. **60**, 397 (1912). — D. J. Hissink: Einige Bemerkungen zu Blancks Beiträgen zur Kenntnis der chemischen und physikalischen Beschaffenheit der Roterden. J. Landw. **60**, 237 (1912). — E. Blanck u. J. M. Dobrescu: Landw. Versuchsstat. **84**, 438—444 (1914).

Anteils der Sesquioxyde (unter Ausschaltung des vorhandenen Eisens in FeO-Form) nicht nur eine Möglichkeit geboten haben, die Gegenwart freien Eisenoxydes bzw. Oxydhydrats als färbendes Agens der Roterden darzutun, sondern auch die verschiedenen Roterden je nach ihrem entsprechenden Verhalten in dieser Beziehung voneinander zu trennen[1]. Allerdings mag nebenbei erwähnt sein, daß es auch Terra rossa von nicht roter Farbe gibt, wie die von Tućan beschriebene weiße Terra rossa von Eminovoselo bei Županjac mit einem Gehalt von nur 6,2% Fe_2O_3, aber 25,7% Al_2O_3. Dies trifft dann zu, wie Tućan mitteilt, wenn der die Hauptmasse der Terra rossa ausmachende Sporogelit keine Eisenverbindung enthält[2].

Die z. T. stark kolloiden Eigenschaften der Terra rossa, die sich, wie wir erkannt haben, aus Hygroskopizitätsausfall und plastischem Verhalten unmittelbar ergeben, und die als Ausfluß der Anwesenheit freier Aluminium- und Eisenoxyde bzw. Oxydhydrate in kolloider Ausbildung zu gelten haben, wurden aber auch noch auf Grund von Absorptions- und Austauschvorgängen[3] sowie Farbstoffreaktionen, insbesondere mit Anilinfarbstoffen, festgestellt, so daß P. Rohland[4] von der Terra rossa geradezu als von einem kolloid veranlagten Silikat gesprochen hat, und diese Festellungen ihn veranlaßten, eine kolorimetrische Methode zur quantitativen Bestimmung der Kolloide auf Roterde und roterdehaltige Böden anzuwenden[5].

Zwar nicht in jeder Terra rossa, jedoch vielfach, finden sich in ihr harte, nierenförmige Knollen ähnlich den Lößmännchen. Sie zeigen sich von hellgelber bis roter Farbe und haben einen Umfang bis Faustgröße. Man bezeichnet sie allgemein als Konkretionen, obgleich sie Graf zu Leiningen nicht für sekundäre Ausscheidungsprodukte hält[6], sondern als Gebilde angesehen hat, die schon fertig im Kalkgestein vorhanden sind und ihre Anwesenheit in der Roterde der Auswitterung aus dem Karbonatgestein verdanken. Es muß zugegeben werden, daß zwar manche unter ihnen aus verwitterten Kalkbruchstücken hervorgegangen sein mögen und durch den Vorgang der metasomatischen Verdrängung des Kalkes durch Eisen (vgl. S. 224) an ihrer Oberfläche das Aussehen von Konkretionen erlangt haben. Jedoch es kommen auch unter ihnen solche Gebilde vor, welche die strukturellen Eigentümlichkeiten[7] wahrer Konkretionen deutlich zeigen und dementsprechend als in der Terra rossa späterhin zur Entstehung gelangte Produkte angesehen werden müssen. Allerdings nähert sich Graf zu Leiningen[8] schon sehr letzterer Auffassung, wenn er von den Konkretionen aus der Terra rossa von Cigale folgendes anführt: „Die hellen Konkretionen bestehen aus ziemlich reinem Kalkspat, die rötlichen sind dadurch entstanden, daß der Kalk des anstehenden Gesteines stellenweise allmählich durch eisenhaltige Lösungen verdrängt wurde, wobei sich ein Gel abschied, das später erhärtete; in die hierbei entstehenden Schwindrisse lagerte sich dann wieder neuerdings Kalk ein." Wenn er sodann mit folgenden Worten auch auf

---

[1] Blanck, E., u. F. Alten: Landw. Versuchsstat. **103**, 66—72 (1924). — Vergl. ferner F. Giesecke: Chem. d. Erde **3**, 136 (1928).

[2] Tućan, Fr.: a. a. O., S. 624.

[3] Leiningen, W. Graf zu: Naturwiss. Z. Forst- u. Landw. **9**, Sonderabdruck S. 39 bis 41 (1911).

[4] Rohland, P.: a. a. O., Kolloid-Z. **15**, 97 (1914).

[5] Rohland, P.: Die quantitative Bestimmung der Kolloidstoffe in den Tonen. Silikat-Z. **1**, 9 (1913).

[6] Leiningen, W. Graf zu: Mitt. geolog. Ges. Wien **3/4**, 151 (1915).

[7] Blanck, E.: Über die Beschaffenheit der in norditalienischen Roterden auftretenden Konkretionen. Mitt. landw. Inst. Univ. Breslau **6**, 333 (1911).

[8] Leiningen, W. Graf zu: Zbl. ges. Forstwes. Wien **43**, 3 (1917).

ihr Vorkommen im Kalkstein hinweist, nämlich „primär im Gesteine enthalten sind auch rötliche, nierenförmige bis traubige Konkretionen, die ebenfalls schon fertig ausgebildet im Gesteine enthalten waren", so deutet dieses doch nur darauf hin, daß sich der betreffende Kalkstein schon im Stadium der Umwandlung zur Roterde befunden hat. Diese Konkretionen bestehen zur Hauptsache aus kohlensaurem Kalk, wie es die nachstehenden Analysen wiedergeben.

	Roterdekonkretionen von		
	Mt. Borron[1]		Cigale[2]
	rot gefärbt %	gelb gefärbt %	braunrot gefärbt %
SiO_2	23,66	8,82	10,07
Al_2O_3	7,98	4,60	3,68
Fe_2O_3	4,47	2,99	2,95
$CaCO_3$	58,54	80,80	79,30
$MgCO_3$	1,70	1,41	1,05
CaO	0,29	0,17	—
MgO	0,49	0,16	—
K_2O	0,24	0,10	—
Na_2O	0,62	0,09	—
SO_3	0,57	0,22	—
P_2O_5	—	0,08	—
Glühverlust	1,04	0,97	H_2O 2,87
Summe:	99,60	100,41	99,92

Außer derartigen Kalkkonkretionen kommen aber auch nach Graf zu Leiningen[3] Bohnerzbildungen in der Terra rossa vor, durch welchen Hinweis die Ähnlichkeit der Terra-rossa-Bildungen mit denen der Bohnerztone nördlicherer Breiten besonders deutlich dargetan wird. E. Blanck und W. Geilmann[4] haben sodann eine größere Anzahl von Konkretionen verschiedenster Herkunft untersucht und kommen hinsichtlich ihrer Beschaffenheit und ihres Vorkommens in den verschiedensten Roterdebildungen zu der Ansicht, daß Eisenkonkretionen mit einem hohen Gehalt an Fe_2O_3 von mindestens über 50 % der Gesamtmasse und mit einem Molekularverhältnis von $Al_2O_3 : SiO_2$ wie etwa 1 : 2 oder enger als typisch für Roterde oder ehemalige Roterdebildungen anzusehen seien. Im Laterit dürften die Konkretionen vorwiegend Eisen- oder Hydrargillitkonkretionen sein, in den übrigen Roterden dagegen Eisen- und auch Kalkkonkretionen, welch' letztere nicht nur auf die Terra rossa beschränkt zu sein brauchen. Aber auch in tropischen Grau- und Braunerden von nicht roterdeartiger Abkunft kommen nach ihren Ermittlungen Eisenkonkretionen vor, die sich aber in ihrer chemischen Zusammensetzung und Beschaffenheit von wesentlich anderer Art erweisen.

Das bisher wohl am eingehendsten untersuchte Terra-rossa-Gebiet ist dasjenige der südlichen Etschbucht und des Gardasees, das aber entsprechend seiner geographischen Lage noch durchaus nicht als ein typisches Verbreitungsgebiet derselben angesehen werden darf, ebenso sehr wie die chemische Zusammensetzung der hier vorkommenden Terra-rossa-Bildungen nicht hierfür spricht, im Gegenteil, wir haben es hier nur mit den nördlichsten Vorkommnissen dieser Bodenart

---

[1] Blanck, E.: Mitt. landw. Inst. Breslau, S. 343.

[2] Leiningen, W. Graf zu: Zbl. ges. Fortswes. Wien, S. 3; Internat. Mitt. Bodenkde. 7, 195 (1917).

[3] Leiningen, W. Graf zu: Mitt. geolog. Ges. Wien 3/4, 151 (1915).

[4] Blanck, E., u. W. Geilmann: Über die chemische Zusammensetzung einiger Konkretionen tropischer Böden. Landw. Versuchsstat. 101, 245 (1923).

in großer zusammenhängender Verbreitung zu tun. Als solches erweist sich aber dieses Gebiet zum Studium der Entstehungsbedingungen der Terra rossa als am geeignetsten, da diese im Übergangsgebiet ihres Vorkommens in ihren Eigenarten und Unterschieden von den benachbarten Bodenbildungen anderer Art am besten erkannt werden kann, wenngleich auch nicht die typischen Vertreter ihrer Art vorhanden sind. E. BLANCK[1] unterscheidet in diesem Gebiet auf Grund örtlicher Studien sowie seiner Untersuchungen im Laboratorium 5 Gruppen von Bodentypen, von denen 3 der Terra rossa zugehören, eine zum Typus der „roten Erden" zu stellen ist und die letzte als Braunerde im Sinne RAMANNS zu gelten hat. Es sind die folgenden: I. Roterden auf anstehendem Kalk. II. Ferretto, III. Roterden auf glazialen Schottern bzw. solche der Ebenen auf glazialen Schottern und Moränen, IV. Rote Erden auf anstehendem Kalk, V. Braunerden auf anstehendem Kalk oder glazialem Material.

I. Gruppe, Roterden auf anstehendem Kalk, wird vertreten durch Nr. 25c und 25a, Roterde von Mt. Budelone in Spalten, Adern usw. des anstehenden Dolomits; Nr. 14, Roterde von Calcinato in und aus glazialem Kalkschotter. Es sind dieses typische Roterdevorkommnisse im Sinne der von RAMANN unterschiedenen Randroterden.

	SiO_2	Al_2O_3	Fe_2O_3	CaO	MgO	K_2O	Na_2O	CO_2	P_2O_5	Organ. Subst.	Hydr. H_2O	Summe
25c	46,42	19,89	16,04	4,32	1,50	1,67	0,26	0,23	0,27	0,27	9,09	99,96
25a	59,32	11,02	13,66	4,13	0,49	1,64	0,39	1,64	0,25	1,40	6,01	99,95
14	57,67	9,10	12,62	8,28	2,24	1,88	0,95	0,46	0,15	2,48	4,05	99,88

II. Gruppe der Ferrettobildungen, 15a Ferretto unter dem braunen Lehm an der Straße von Marsone nach Sopra Socco, 15b ferrettisierter Glazialschotter unter 2 mm Korngröße von gleicher Lokalität, 15 dazugehöriger Feldboden — Roterde —, 24a Ferretto aus der Torre- (Sandri-) Schlucht, 24 desgleichen.

	15a	15b	15	24a	24
SiO_2	61,51	56,80	56,59	58,72	52,62
Al_2O_3	16,17	14,26	13,05	17,42	18,32
Fe_2O_3	10,93	11,43	8,36	10,86	11,21
CaO.	3,66	3,20	7,04	3,49	5,49
MgO	1,30	1,19	1,55	2,32	1,75
K_2O.	2,66	2,52	3,08	2,45	2,03
Na_2O	0,27	0,53	1,03	0,06	0,36
CO_2.	0,28	0,32	0,34	0,28	0,86
P_2O_5	0,18	0,29	0,28	0,35	0,28
Organische Substanz	0,23	0,34	1,99	0,19	0,41
Hydratwasser . . .	2,64	8,98	6,43	3,87	6,67
Mn_3O_4.	0,16	0,25	0,26	—	—
Summe:	99,99	100,01	100,00	100,00	100,00

III. Gruppe der Roterden, bei deren Zustandekommen glaziales Material beteiligt ist, 8b rostrote Schicht aus dem Marmiteprofil, 9 Roterde am Wege von Nago nach Arco, 2 zu einer roten Erde umgewandelter glazialer Schotter oberhalb von Isera am Westabhang des Mt. Lenzima, 4 rote Erde aus den rot gefärbten Glazialschottern am Wege von Rovereto nach Lizzana, 5a rote Walderde von St. Arina, 12 Roterde der jüngeren (?) Moränen bei Lonato, 13 Roterde an der Straße von Lonato nach Calcinato, 16 Roterde an der Straße von Sopra Socco nach Salo, 18 Roterde von Ospedaletto und 19 Roterde von Castello Nuovo.

---

[1] BLANCK, E., u. F. GIESECKE: Chem. d. Erde 3, 84—86 (1928).

	8b %	9 %	2 %	4 %	5a %	12 %	13 %	16 %	18 %	19 %
SiO_2	69,37	68,38	63,97	66,00	62,15	68,45	68,42	67,51	69,01	68,13
Al_2O_3	13,00	7,48	8,40	12,90	13,75	9,16	8,90	9,18	7,98	9,47
Fe_2O_3	5,76	8,13	7,12	6,06	6,46	6,34	5,15	6,61	5,82	5,47
CaO	4,50	4,90	8,80	5,15	4,72	4,09	5,25	2,74	3,88	3,75
MgO	1,38	1,62	2,00	2,42	2,24	1,86	1,86	2,10	2,20	1,25
K_2O	1,51	1,49	1,04	1,52	0,88	1,51	2,06	1,52	2,31	2,13
Na_2O	1,40	1,28	1,30	1,52	0,96	0,72	0,71	0,45	1,01	0,81
CO_2	0,13	0,63	3,89	1,36	2,58	1,32	2,63	0,92	1,91	1,64
P_2O_5	0,18	0,10	0,12	0,13	0,10	0,08	0,16	0,10	0,11	0,19
SO_3	0,19	0,16	0,26	0,14	0,24	—	—	—	—	—
Org. Substanz	0,35	2,52	0,90	0,37	2,28	2,44	1,58	1,74	1,14	1,76
Hydratwasser	2,51	3,04	2,30	1,82	3,44	4,14	3,20	6,87	4,67	5,40
Mn_3O_4	—	—	—	0,47	0,22	—	—	—	—	—
Summe:	100,28	99,73	100,00	99,86	100,02	100,11	99,92	99,74	100,04	100,00

IV. Gruppe der roten Erden, die durch Verwitterung aus rot gefärbtem Kalkgestein hervorgegangen sind: 6 rote Erde von Nago (Scagliaboden), 17a und 17b rote Erde von S. Ambrogio (Ammonitico-rosso-Boden), 1b und 1a rote Erde vom Monte Ghello, und zwar b Naturboden, a Kulturboden (Scagliaboden).

	6 %	17a %	17b %	1b %	1a %
SiO_2	51,77	51,24	59,11	53,31	53,84
Al_2O_3	13,64	16,88	17,67	5,21	5,84
Fe_2O_3	5,69	8,46	7,11	7,39	7,78
CaO	6,04	8,01	4,60	15,74	14,03
MgO	2,12	2,37	2,09	2,56	3,18
K_2O	1,99	1,88	1,64	1,14	0,95
Na_2O	0,52	0,23	0,18	1,23	1,24
CO_2	2,67	3,11	0,65	10,17	8,74
P_2O_5	0,31	0,68	0,31	0,07	0,11
So_3	0,22	0,43	0,74	0,41	0,64
Organische Substanz	7,96	1,89	2,25	1,57	1,02
Hydratwasser	7,69	5,40	4,38	1,11	3,00
Summe:	100,72	100,58	100,73	99,91	100,37

V. Gruppe der Braunerden, und zwar durch Verwitterung aus Kalkstein hervorgegangen: 3a von Pilzante bei Ala (Hauptdolomitboden), 22a von

	3a %	22a %	7a %	25d %	10 %	26 %	15 %	24b %	8c, d %
SiO_2	43,63	51,57	54,16	60,99	36,33	63,21	61,28	48,68	76,91
Al_2O_3	12,79	14,92	18,07	9,00	8,50	9,29	14,64	15,70	8,18
Fe_2O_3	6,01	9,22	6,90	10,30	7,34	6,97	9,36	14,41	3,70
CaO	12,32	5,44	4,12	4,14	20,12	6,23	4,38	2,58	2,93
MgO	6,45	1,16	2,61	0,34	2,14	3,16	2,37	1,18	1,66
K_2O	0,39	1,43	1,09	1,58	0,98	0,33	2,47	2,32	1,31
Na_2O	0,07	0,45	1,02	0,31	0,43	0,27	1,05	0,28	1,45
CO_2	10,45	3,47	1,54	1,19	15,00	3,36	0,51	0,86	0,10
P_2O_5	0,35	0,22	0,50	0,19	0,33	0,03	0,14	0,20	0,22
SO_3	0,31	0,28	—	—	—	—	—	—	0,40
Organische Substanz	4,43	3,76	4,75	4,80	1,83	0,70	1,49	0,17	0,74
Hydratwasser	3,52	8,00	6,12	7,16	6,80	6,54	2,20	13,61	2,43
Mn_3O_4	—	—	—	—	—	—	0,13	—	—
Summe:	100,72	99,92	100,88	100,00	100,00	100,09	100,02	100,00	100,03

Cap S. Vigilio (Liasboden), 7a von Nago an der Straße nach Arco (Nummuliten-kalkboden), 25d vom Monte Budelone (Dolomitboden), durch Verwitterung aus anderen, jedoch nicht reinen Kalkgesteinen entstanden, 10 von Pedemonte (Alluvialschotterboden der Veroneser Ebene), 15 brauner Diluviallehm aus der Schlucht am Wege von Marsone nach Sopra Socco, 24b brauner Diluviallehm aus der Torre- (Sandri-) Schlucht, 26 Verwitterungsboden von Moränenschutt bei Gardone, 8c, d braune Erde des Marmiteprofils.

Überblickt man die fünf aufgestellten Bodengruppen auf die sie kennzeichnenden chemischen Eigenschaften im Gehalt an SiO_2, Al_2O_3 und Fe_2O_3 hin, so ergibt sich für die im und auf Kalkgestein auftretende Terra rossa bzw. „Randroterde nach RAMANN" ein niedriger Gehalt an SiO_2 und ein hoher Gehalt an Sesquioxyden als charakteristisch, wie dies die Analyse von 25c zum Ausdruck bringt. Aber schon in 25a sieht man den Kieselsäuregehalt vermehrt, den Gehalt an Sesquioxyden vermindert, nämlich als Folge einer Verunreinigung durch Vermischung des reinen Roterdematerials mit überlagernder Braunerde. Auch in Probe 14 ist das gleiche Verhalten in bezug auf den SiO_2-, Al_2O_3- und Fe_2O_3-Gehalt festzustellen, weil das Material nicht allein den Spalten, Sprüngen usw. des Kalkgesteins entstammt, wie im Falle von 25c, sondern einem Mischmaterial aus und auf dem weißen Glazialkalkschotter. Probe 25c gibt allein die rote Randroterde in ihrer chemischen Zusammensetzung wieder, während die beiden anderen Proben spätere Entwicklungsstadien vor Augen führen. In der Gruppe der Ferrettobildungen tritt uns ein Roterdetypus, der dem der Randroterde sehr nahe steht, entgegen. Auch hier ist ein verhältnismäßig niedriger Gehalt an SiO_2, ein hoher an Sesquioxyden zu beobachten, jedoch zu einer Ausbildung von der Beschaffenheit der reinen Randroterde ist es nicht gekommen, weil das aus den glazialen Schottern und Moränen durch die Verwitterung hervorgehende, an silikatischen Bestandteilen reiche Material sich mit dem ferrettisierenden Material schon von Anfang an vermischt hat. Je weiter daher die Entwicklung in der Ausbildung solcher Böden, die ihr Material den ferrettisierten Glazialbildungen verdanken, fortschreitet, d. h. je mehr eine Vermischung mit anderweitigem Material eintritt, um so mehr wird sich der Kieselsäuregehalt erhöhen und der Gehalt an Sesquioxyden etwas vermindert werden. Solches sieht man in Gruppe III in Erscheinung treten, denn hier handelt es sich um Bodenbildungen, die ihr Zustandekommen einem derartigen Vermischungsprozeß verdanken, indem sie sich als Abkömmlinge des Ferrettos erweisen. Verfasser stellt sich ihre Bildung in der Weise vor, daß der Ferrettisierungsvorgang, d. i. die Illuvialhorizontausbildung, auch heute noch dauernd vor sich geht, mit welchem Vorgang andererseits gleichzeitig eine Vermischung der oberen mit unteren Bodenschichten parallel verläuft, indem gewissermaßen ein Anwachsen des Illuvialhorizontes von unten nach oben stattfindet. Die ungeheure Verbreitung und Mächtigkeit der Roterdebildungen im Moränengebiet der oberitalienischen Ebene spricht für einen derartigen Vorgang, und der Verfasser nähert sich damit der Auffassung RAMANNs vom Wesen der von letzterem aufgestellten zweiten Form der Terra rossa, die in großen Flächen auftritt, und die einen gelbbraunen bis rotbraunen Oberboden mit unterlagerndem braunrot bis dunkelrot gefärbten Unterboden besitzt[1]. Allerdings steht es noch nicht fest, ob sich diese Auffassung auch auf die südlicher gelegenen Verbreitungsgebiete der Roterde übertragen läßt.

Die chemische Zusammensetzung der Böden der IV. Gruppe, nämlich der roten Erden, läßt demgegenüber wahrnehmen, daß man es in ihnen ganz

---

[1] Vgl. S. 194.

entsprechend den Bildungen von reinem Roterdetypus mit kieselsäurearmen
Böden zu tun hat, daß sich aber der Sesquioxydgehalt sehr verschieden verhalten kann, und zwar als Folge der Natur des Muttergesteins, nämlich des
Kalkgesteins, aus dem diese Böden durch normale Verwitterung und Auflösung
des Kalkes hervorgehen. Ihre rote Färbung verdanken sie ganz allein der roten
Farbe des sie erzeugenden Kalkgesteins, denn die Böden, die in gleicher Weise
aus nicht rot gefärbten Kalken hervorgehen und die ihnen in ihrer chemischen
Zusammensetzung völlig gleichen (vgl. die Analyse von 3a, 22a und 7a), haben,
trotzdem sie unter den gleichen klimatischen Bedingungen erzeugt wurden,
braune Farbe. Diese rührt aber keineswegs von einem erheblich höheren Humusgehalt her, wovon man sich durch einen Blick auf die entsprechenden Analysen
überzeugen kann. Im Gegenteil, es wird die durch das Muttergestein bedingte

Abb 25. Karrenfeld, dessen Spalten zur Aufnahme von Terra rossa dienen können. (Nach Graf zu Leiningen.)

Rotfärbung des Bodens Nr. 6 nicht einmal durch den hohen Humusgehalt von
nahezu 8% überdeckt. Andererseits ist der Boden 22a aus einem rot gefärbten
Kalk hervorgegangen und trotzdem nicht rot, sondern braun gefärbt. Daß alle
diese roten Erden infolge ihrer chemischen Beschaffenheit mit der eigentlichen
Terra rossa vielfach verwechselt worden sind, liegt außerordentlich nahe, desgleichen, daß sie die Veranlassung dazu abgeben mußten, die Roterde als den
„Lösungsrückstand" der Kalkgesteine anzusehen.
    Die Betrachtung der Gruppe V des besagten Gebietes, der Braunerden,
lehrt, daß die aus den Glazialbildungen hervorgegangenen Böden zum Unterschied von denen der Kalkgesteinsverwitterung reicher an Kieselsäure sind, was
aber ganz und gar mit der chemischen Beschaffenheit der Roterdebildungen
glazialen Ursprungs übereinstimmt. Schon Boden 25d zeigt den Übergang, denn
obschon er auf dem Dolomit des Mt. Budelone auflagert und daher dem Kalkgestein sein Material zu verdanken hat, muß doch auch glaziales Schottermaterial
bei seiner Bildung mitbeteiligt gewesen sein, denn es fanden sich in ihm überall
glaziale Gerölle verstreut. Die Analyse des Bodens 3a weist auf einen noch sehr
karbonatreichen Boden hin, desgleichen Analyse 10. Es handelt sich allerdings
im ersteren Fall um einen Dolomitverwitterungsboden, im zweiten um einen

Verwitterungsboden, der aus dem Alluvialschotter der Etsch hervorgegangen ist, und hat man es in diesen augenscheinlich mit sehr jungen Bodenbildungen zu tun. Die Analyse des Bodens 26 läßt die Zusammensetzung einer normalen Braunerde auf Moränenschutt erkennen, sie weicht in ihrer Zusammensetzung kaum von den Roterden auf glazialem Material ab. Ähnliches gilt von der Braunerde 15, nur 24 b und 8 c, d weisen in Hinsicht auf ihren SiO_2-Gehalt eine erhebliche, allerdings nach verschiedener Richtung hin erfolgende Abweichung auf. In dieser im großen und ganzen nicht hinwegzuleugnenden gleichartigen Beschaffenheit der Bodenbildung des besagten Gebietes, wenigstens insofern, als es sich einerseits um die aus glazialem Material hervorgegangenen Böden, andererseits um die aus Kalkstein gebildeten Verwitterungsprodukte handelt, erblickt der Verfasser letzten Endes eine Stütze für die von ihm vertretene Ansicht, daß es die Wanderung der Sesquioxyde, insbesondere die des Eisens, allein ist, die den Terra-rossa-Bildungsvorgang verursacht. Infolge

Abb. 26. Roterdebildung im Kalk bei Opčina, die Karrenfurchen sind mit Terra rossa angefüllt. (Nach N. Krebs[1].)

der vorliegenden Verhältnisse gelangt der Verfasser hinsichtlich der Altersfrage der Ferretto- und Roterdebildungen zu der Auffassung, daß der Ferretto sehr wohl eine Bildung späteren Alters, als gewöhnlich angenommen wird, sein könne, während die Ausbildung der Randroterden sicherlich zur Hauptsache in die gegenwärtige Zeit falle, und die sich über die großen Flächen erstreckenden Vorkommnisse der Roterden des Moränengebietes sich noch dauernd, wenn auch schon in diluvialen Zeiten beginnend, weiterentwickeln dürften. Dementsprechend nimmt er im allgemeinen ein einheitliches Alter für die besagten Bildungen in Anspruch, das vermutlich erst nach dem Rückgang der Vergletscherung einsetzte und noch bis in die Gegenwart reicht.

Das ursprüngliche Vorkommen der Terra rossa in Spalten der Karbonatgesteine, ebenso wie ihr regionales Auftreten als Schwemmlandboden schließen demnach in ihren haupt-

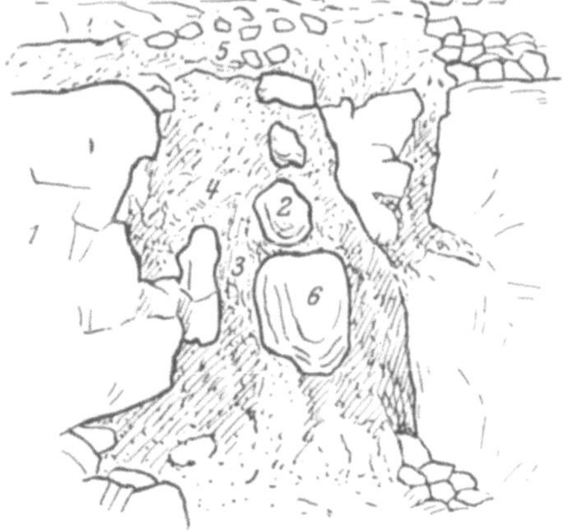

Abb. 27. Ausfüllung der Spalten und Gänge im Kalkgestein mit Roterde. (Nach S. Passarge und E. Blanck.)

1 Anstehender Kalk, 2 Kalksteinblocke, 3 Terra rossa, 4 gelbe, erdige Kalkmassen, 5 braunrote Erde, 6 radialstrahlige Reliktmasse konkretionärer Art.

sächlichsten Ausbildungsformen die Entwicklung eines eigentlichen Bodenprofils aus (Abb. 25, 26 u. 27). Wie aber die neuesten Untersuchungen E. Blancks[2]

---

[1] Krebs, N.: Die Halbinsel Istrien, Leipzig (B. G. Teubner).
[2] Blanck, E.: Chem. d. Erde 2, 175 (1926); 3, 44 (1928).

Abb. 28 u. 29. Roterde-Vorkommen von Lautsch in Mähren.
(Nach F. KUNZ.)

sowie diejenigen von H. HARRASSOWITZ[1] und von H. STREMME[2] sehr wahrscheinlich gemacht haben, ist die Terra rossa als eine Illuvialhorizontbildung anzusprechen, während allerdings Graf ZU LEININGEN den Standpunkt vertritt, daß die Terra rossa keine auffallenden Bodenprofile bildet, sondern daß die oberste, durch Humus braunrot oder schwarzbraun gefärbte Schicht ganz allmählich in lebhafter gefärbte Roterde übergeht[3]. E. BLANCK spricht nun allerdings nur insofern als von einem Illuvialhorizont, als es sich in den Spaltenausfüllungen der Kalk- und Dolomitgesteine um eine Bildung handelt, die ihre Natur und chemische Beschaffenheit durchaus anderen über den Karbonatgesteinen lagernden Materialien im Sinne seiner Diffusionstheorie erhalten hat, und ihn diese Vorstellung und Annahme dazu geführt hat, den Ferretto gleichfalls als ein derartig hervorgegangenes Produkt aufzufassen. Denn seiner Auffassung nach vertritt hier das kalkhaltige Moränen- und Schottermaterial gleichsam die Stelle und den Einfluß des Kalkgesteins, das den hinzutretenden eisenführenden Lösungen nicht hindurchzudiffundieren gestattet und somit die oberste Schicht an Eisen anreichern läßt, und zwar besonders dort, wo schon ver-

---

[1] HARRASSOWITZ, H.: Studien über mittel- und südeuropäische Verwitterung. Steinmann Festschr., Berlin 1926; Geol. Rdsch. 17a, 122; Chem. d. Erde 4, 1 (1929).

[2] STREMME, H.: a. a. O., Geol. Rdsch. 5, 480 (1914).

[3] LEININGEN, Graf ZU: Internat. Mitt. Bodenkde. 7, 179 (1917).

wittertes, nichtkalkiges Material ein tieferes Eindringen in den Kalkhorizont erlaubt. H. Harrassowitz und H. Stremme sprechen dagegen von dem Vorhandensein eines wohlausgebildeten Bodenprofils und führen auch Beispiele dafür an, worauf sogleich zurückzukommen sein wird. Aber auch aus verschiedenen Hinweisen anderer Autoren läßt sich entnehmen, daß wenigstens sehr häufig über der eigentlichen Roterde ein dunkel gefärbter Bodenhorizont auflagert, der sich nicht bloß als eine inselartig eingestreute Braunerde[1] im Roterdegebiet deuten und hinnehmen läßt, wobei sich natürlich darüber streiten läßt, ob die rot gefärbte Unterschicht aus der oberen dunkel gefärbten hervorgegangen ist, oder ob die Roterde in ihrer oberen Schicht durch Humuseinlagerung die Dunkelfärbung erhalten hat.

E. Blanck beschreibt das von ihm untersuchte Ferrettoprofil[2] von der Torre- (Sandri-) Schlucht, das sich im großen und ganzen mit dem an der Straße von Marsone nach Sopra Socco deckt, bestehend zuoberst aus einer dunkelbraun gefärbten, nur gering mächtigen Grasnarbenschicht, darunter folgend ein brauner Lehm, unterlagert von Moränenschotter zentralalpiner Gerölle, ferrettisierter Moräne, und schließlich aus grauen Kalken aufgebaute Nagelfluh. Die mährische Roterde von Passek tritt nach ihm[3] 50—100 cm unter der Erdoberfläche auf. Die Oberfläche bildet eine etwa 10 cm oder mehr mächtige humose Walderde, darunter steht mehr oder weniger stark ausgebleichter Lehm an, und von 1 m Tiefe an finden sich Kalkdetritate in einer Mächtigkeit von etwa 1 m, die dem zuoberst zerklüfteten Kalkfels auflagern und die mit der Roterde innig vermengt sind. Die Roterde erfüllt auch die Spalten des Kalkgesteins, überzieht in Gestalt von roter Eisenblüte die Oberfläche der Kalke und Kalksinter, ja selbst Neuauskristallisationen von Kalkspat, so daß eben nur von oben hinzutretende eisenhaltige Lösungen die Eisenzufuhr und Anreicherung verursacht haben können. H. Stremme[4] hat dieses Profil als Beweis seiner Auffassung von der Terra rossa als Illuvialhorizont humoser Waldböden in Anspruch genommen, indem er die Roterde von Passek als *B*-Horizont eines Waldbodens auf Kalkstein erklärt. H. Harrassowitz[5] teilt sodann folgende Roterdeprofile aus der Umgebung von Rom mit, wobei er betont, daß hier die Terra rossa nicht frei zutage tritt.

Roterde auf Liaskalk bei Tivoli an der Via delle Cascadelle.
A_1 Gelbbrauner Humusboden mit Kalkschutt durchsetzt. . . . . . . 5 cm
B_1 Schwach humusgefärbte trübe Roterde . . . . 40 ,,
B_2 Dunkle Roterde, stark mit angeätztem Kalkschutt durchsetzt. . 50 ,,
C Heller Liaskalk mit Kieselkonkretionen.

Er fügt dieser Profilbeschreibung erklärend hinzu: ,,Aus ihm geht klar hervor, daß an der Oberfläche ein Humushorizont vorhanden ist und gar keine Veranlassung besteht, die Entstehung dieser Roterde anders zu werten als die der Gelb- und Kreßlehme in den schon beschriebenen und weiter unten noch darzustellenden deutschen Gebieten . . . Der beobachtete Humushorizont auf Roterde stellt nicht etwa eine Ausnahme dar, sondern an derselben Straße fand ich folgenden ganz frischen Aufschluß unter Oliven an ganz schwach geneigtem Hang'':

---

[1] Leiningen, W. Graf zu: a. a. O., Internat. Mitt. Bodenkde. 7, 179 (1917).
[2] Blanck, E.: Chem. d. Erde 2, 190 (1926). — Vgl. hierzu A. Penck u. E. Brückner: Die Alpen im Eiszeitalter. 3, S. 871. Leipzig 1909.
[3] Blanck, E., F. Kunz u. F. Preiss: Landw. Versuchsstat. 101, 247 (1923).
[4] Stremme, H.: Allgemeine Bodenkarte Europas, Erläuterungen S. 18. Danzig 1927. Vgl. auch S. 520 in Bd. 3 dieses Handbuches.
[5] Harrassowitz, H.: Geol. Rdsch. 17a, 171 u. 172 (1926).

Verwitterungsprofil auf Tuff bei Tivoli.

A Dunkler, humusreicher, schwarzerdeähnlicher Oberboden . 50—100 cm
B Dunkelgelb gefärbte Erde, frisch rötlich aussehend . . . . 100—150 ,,
C Heller junger Tuff mit einigen gelblichen und schwach
      kreß gefärbten Streifen . . . .   100 ,,

Auch die jungen Puzzolanatuffe vor den Toren Roms zeigen nach ihm unter einem gelblichgrauen, also entfärbten Oberboden, eine schwache Andeutung von Kreßfarben.

Verwitterungsprofil auf Puzzolana, Rom, Porta Furba.

A_1 Schwach humoser, gelblichgrauer Humusboden . . . . . .   5 cm
B_1 Trüb kreß gefärbte, schwach humose, steinarme, wurzeldurch-
        setzte Erde . . . .   20 ,,
B_2 Dunkelkreß gefärbte Erde . . . . 20—150 ,,
C   Frischer Tuff, auf Klüften schwach kreß gefärbt.

Weitere Untersuchungen des Genannten[1] im rumänischen Bihargebirge, in Südungarn, in Kroatien, Dalmatien und Bosnien bestätigten ihm durchaus das Vorkommen eines Humushorizontes unter Wald über Roterde. Er betont die Gleichartigkeit der Profile, obgleich dieselben regional wie zonal weitest voneinander entfernt liegen. Im Bihargebirge fand er Gelb- und Roterde, zwar gelegentlich unmittelbar die Oberfläche einnehmend, meistens aber unter einem deutlichen Humushorizont entwickelt. Wiederholt bildete sich dieser nur durch dunklere Färbung der Kreßerde (Roterde) aus, in anderen Fällen war auch eine gelbe Schicht unter dem gleichfalls gelblichen Humushorizont vorhanden, welche gelblichen Schichten für gebleichte Roterde von ihm angesehen werden. Bei Kalota stellte er in 400 m Höhe nachstehendes Profil fest:

A   Trüb kreß gefärbter Humusboden (Hutung) . . . . 5 cm
B_1 Roterde (trüb-kreß gefärbt) . . . . 20 ,,
B_2 Roterde (schwarz-kreß gefärbt) . . . . 275 ,,
C   Malmkalk.

Nicht anders liegen die Verhältnisse in Dalmatien und Kroatien, bloß die Farben wechseln nach dem Gestein und nur reine Kalke zeigen immer die Roterde. Aber auf Dolomit fand er bei Gracas in Kroatien ausgesprochene Schwarzerde ohne ein sichtbares Bodenprofil. Am Mt. Cavallo zeigte ein auf Kalkschutt mit Wacholder, Eichen und Buchen bestandener Hang einen braunen, steindurchsetzten, wurzelreichen Humusboden, dessen Untergrund dunkle Roterde bildete, während ein unmittelbar daneben gelegener Diorit in seinen Verwitterungsprodukten braune Farbtöne aufwies. Bei Fünfkirchen in Ungarn ließ die Roterde auf Triaskalken die gleiche Entwicklung wie an den übrigen Orten erkennen.

Nach P. Treitz[2] wird hier die Roterde Nyirok genannt, und sie nimmt im allgemeinen die Oberfläche ein, doch finden sich an verschiedenen Teilen des Randgebirges auch unberührte Profile folgender Art:

A 40 oder mehr humoser schwarzer Boden.
   cm mächtig
B 40—100 cm   roter, stark eisenschüssiger Akkumulationshorizont, untere Grenze ohne
   mächtig   Übergang scharf vom Grundgestein abgehoben.

C   Grundgestein äußerst verschieden. Entweder lößartig, kalkhaltig oder
                braun und sehr bindig oder grauer kalkfreier Ton oder gelber kalkhaltiger
                Sand oder Kalkschutt mit Sand vermengt.

Aus diesem Profil folgert P. Treitz, ,,daß der rote Boden ursprünglich niemals eine Oberkrume bildete, sondern im natürlichen unveränderten Boden-

---

[1] Harrassowitz, H.: Chem. d. Erde **4**, 3—7 (1929).

[2] Treitz, P.: Bericht über die agrogeologischen Aufnahmen des Jahres 1913. Jber. kgl. ungar. geol. Reichsanst. f. 1913, II. Budapest **1914**, 282—286.

profile stets den *B*-Horizont darstellte. Infolge der fortgesetzten Bodenbearbeitung, welcher der Weinbau erheischt, wurde die Oberkrume allmählich entweder von den Niederschlägen zu Tal geführt oder bei der Verjüngung der einzelnen Weinstöcke in den Untergrund vergraben, je länger ein Weingebiet unter Kultur stand, um so dünner wurde die dem Gestein auflagernde Bodenkrume. Der ursprüngliche Boden ist ein Steppenwaldboden"[1]. Die Ursache der Rotfärbung erblickt TREITZ in der während des Sommers und Herbstes in den Randgebieten der Ebene herrschenden großen Wärme und starken Trockenheit gegeben. Die Unterbrechung des Ostrandes führt er auf das dort herrschende feuchte Klima zurück. Er sagt: „Je wärmer die Lage des Ortes, um so intensiver rot ist seine Farbe. Weiter liegt unter einem intensiv gefärbten Nyirok immer ein kalkiger Untergrund."

HARRASSOWITZ nähert sich mit obigem stark der Auffassung H. STREMMEs, der die Roterde mit den deutschen Rendzinaböden auf Muschelkalk und Liaskalk verglichen hat[2]. Wenn aber STREMME die Küstenroterden des Mittelmeergebiets auf seiner allgemeinen Bodenkarte von Europa als in verschiedener Intensität podsoliert bezeichnet hat, so vermag sich HARRASSOWITZ dieser Benennung doch nicht anzuschließen. Er möchte vielmehr erst dann von Podsolierung gesprochen wissen, wenn das bekannte dreiteilige Profil zu erkennen ist und die chemischen Kennzeichen der Enttonung festgelegt sind. Nur aus dem äußeren Vorkommen eines ausgebleichten obersten Horizontes allein dürfe man noch nicht auf diesen Vorgang schließen. Demgegenüber ist es aber beachtenswert, daß HARRASSOWITZ bei Kalota im Bihargebirge, wo auf Kalken echte Terra rossa, auf Glimmerschiefer heller Kreßlehm auftritt, auf Quarzsanden ausgesprochene Podsolierung mit dem Profil: Rohhumus, Bleichsand, Fuchserde, Tertiärsandstein feststellen vermochte. HARRASSOWITZ gelangt daher zu dem Schluß, daß die Roterde keinen selbständigen Bodentypus darstelle, sie sei im Karst nur der tiefere Teil eines zerstörten und umgelagerten Verwitterungsprofiles und die Rotfärbung sei somit kein Kennzeichen der mittelmeerischen Verwitterung. Hinsichtlich des Alters kommt er zu dem Ergebnis, daß die Karstlehme z. T. nicht rezent, sondern fossil seien, weil für die Anhäufung so großer Mengen von Roterde in den Vertiefungen des Karstes bei der geringen Menge nichtkarbonatischen Kalkrückstandes lange Zeiträume erforderlich sein müßten. Da aber die Landschaften keine Auflagerung anderer Materialien z. T. aus der Pliozänzeit erlitten haben, sei anzunehmen, daß das Alter der Roterde ähnlich wie das der mächtigen Lateritdecken mindestens bis in das Pliozän zurückreiche, womit aber nicht behauptet werden solle, daß die Roterde nicht auch heutzutage entstehe, im Gegenteil sei dieses mit Sicherheit der Fall.

In seinen Studien über die mittel- und südeuropäische Verwitterung hat H. HARRASSOWITZ[3] schließlich gezeigt, daß gelb und kreß gefärbte Lehme unter einem Humushorizont, auch oftmals gebleicht, in weiter Verbreitung auf verschiedensten Gesteinen des Nieder- und Oberrheines, des Schwarzwaldes und der Alpen, von Lugano bis nach Rom, vorkommen, und daß ihnen allen gemeinsam eine starke Entkieselung, Entbasung und Eisenanreicherung bzw. Erhaltung zukommt. Trotz der klimatisch so verschiedenen Gebiete sei weder im Chemismus noch in dem Aufbau der Profile ein grundsätzlicher Unterschied bemerkbar, und es scheint ihm fast sicher zu sein, daß alle diese Bildungen ihr Zustandekommen der heutigen Verwitterung zu verdanken haben. Für die überraschend starke chemische Verwitterung im hohen Schwarzwald und den Alpen macht

---

[1] STREMME, H.: Grundzüge der praktischen Bodenkunde, S. 138. Berlin 1926.
[2] STREMME, H.: Geol. Rdsch. 5, 495—498 (1914).
[3] HARRASSOWITZ, H.: S. 209 u. 210.

Harrassowitz insbesondere die ausgleichende Wirkung des mit größerer Höhe immer mehr zur Geltung gelangenden „Lichtklimas" verantwortlich. Jedoch dürfte es nach den neuesten, noch unveröffentlichten Untersuchungen des Verfassers nicht zu bezweifeln sein, daß auch im mittleren Deutschland auf Kalkgestein Kreßlehme oder roterdeartige Böden unter Humusbedeckung auftreten, die der südlichen Terra rossa durchaus ähnlich sind und deren Bildung gleichfalls in die Jetztzeit fällt, so daß die Ausbildung von durch Eisenanreicherung usw. ausgezeichneten Roterden ein allgemeiner Vorgang auf Kalksteinen darstellt, dessen Verhinderung nur in besonderen Umständen gesucht werden muß. Die bekannten Bohnerztone, die gleichfalls unzweifelhaft eine sehr große Ähnlichkeit mit den Terra-rossa-Bildungen der Mittelmeerländer zeigen, sind dagegen von den vorliegenden Erörterungen auszuschließen, da sie, wie bisher angenommen, stets fossiler Natur sind*.

Eine für landwirtschaftliche Zwecke brauchbare Kennzeichnung der Terra rossa zu geben, hält schwer, da alle bisher vorliegenden Untersuchungen über Roterdeböden lediglich aus rein wissenschaftlichen Gründen zwecks der Erkenntnis ihrer Entstehungsweise und ihrer chemischen Natur ausgeführt worden sind. Angaben forstbaulicher Art finden sich besonders bei A. v. Guttenberg[1], dann auch bei Graf zu Leiningen[2] und gelegentlich in der Literatur zerstreut, aber schon der Umstand, daß fast bei den meisten Analysen der Terra rossa die Bestimmung des Stickstoffgehaltes unberücksichtigt gelassen worden ist, erlaubt keine Schlüsse auf den gesamten Nährstoffzustand derselben zu ziehen. Eigentlich nur bei E. Blanck[3] finden sich eine Reihe von Angaben über den Stickstoffgehalt norditalienischer Roterden und zeigen, daß dieser dortselbst zwischen $0,1$—$0,2\%$ Gesamtstickstoff schwankt[4]. Er schließt aus diesen Befunden wie auch aus denjenigen für die salzsäurelösliche Phosphorsäure, daß die dortigen Roterden im allgemeinen als recht gut mit diesen beiden Pflanzennährstoffen ausgestattet anzusehen sind. In sehr vielen Fällen trifft solches auch für das Kali zu, jedoch erweisen sich auch andererseits eine große Zahl der untersuchten Böden mit diesem Nährstoff nur sehr mangelhaft versehen, was auf Grund der mitgeteilten Analysen natürlich ganz besonders von den typischen Terra-rossa-Bildungen des Karstes und Kroatiens zu gelten hat. Trotzdem sind im Karst die Grundstücke, die innerhalb der mit Terra rossa erfüllten Dolinen liegen, die vom Landwirt gesuchtesten, jedoch nicht nur, weil darin tiefgründiger Boden vorhanden ist, sondern weil auch dieser hier vor der gefürchteten Bora Schutz genießt. Der Erdboden ist hier, wie Graf zu Leiningen berichtet, so wertvoll, daß Erddiebstähle vorkommen (vgl. Abb. 30 u. 31).

---

[1] Guttenberg, A. v.: Der Karst und seine forstlichen Verhältnisse. Z. d. dtsch. u. österr. Alp.-Ver. 1881; Die Wiederbewaldung des Karstes. Wien 1890.

[2] Leiningen, W. Graf zu: Internat. Mitt. Bodenkde 7, 184 (1917); Naturwiss. Z. Forst- u. Landw. 5, 14 (1907).   [3] Blanck, E.: Chem. d. Erde 3, 83 u. 89 (1928).

[4] Leiningen, W. Graf zu, vermochte sogar 0,46% Stickstoff in einem Oberboden und 0,32% Stickstoff in einem Untergrundboden bei St. Peter im Karst festzustellen und in einem Waldboden den ungemein hohen Stickstoffgehalt von 0,58% zu ermitteln. Internat. Mitt. Bodenkde. 7, 181 (1917). Die vom Regierungslaboratorium in Jerusalem ausgeführten 14 N-Analysen haben einen Mittelwert von 0,08% N bei einem Höchstwert von 0,12 und Niedrigstwert von 0,003% dargetan (vgl. A. Reifenberg: Chem. d. Erde 3, 26 [1928]).

* Ganz neuerdings hat V. M. Goldschmidt auf die Verwitterung basischer Plagioklase in Richtung auf Laterit aufmerksam gemacht, und ist er der Ansicht, daß sie eine allgemeine sich unabhängig vom Klima vollziehende Erscheinung sei. Er gibt für das Verwitterungsprodukt eines basischen Plagioklases von Nålene in Norwegen nachstehende, auf glühverlustfreie Substanz umgerechnete, Zusammensetzung an: 28,40% SiO_2, 0,22% TiO_2, 65,55% Al_2O_3, 2,81% Fe_2O_3, 0,69% MgO, 1,43% CaO, 0,56% Na_2O, 0,36% K_2O, Summe 100,02%. Hierzu ist aber zu bemerken, daß sich diese Zusammensetzung auf den unter 0,002 mm liegenden Anteil des Verwitterungsproduktes bezieht (s. V. M. Goldschmidt, Om Dannelse av Laterit som Forvitringsprodukt av Norsk Labradorsten. Festskrift til H. Sørlie. Oslo 1928).

Am Schluß der vorliegenden Darlegungen über die Mittelmeerroterde sei noch kurz auf ein Roterdevorkommnis aus der ägyptischen Wüste hingewiesen, das zwar wegen seines geographischen Vorkommens wie auch aus anderen Gründen

Abb. 30. Doline bei Buccari, deren Abhänge in Terrassen ausgebaut sind und ebenso wie der Dolinenboden landwirtschaftlich genutzt werden. (Nach Graf zu LEININGEN.)

streng genommen nicht mehr den Terra-rossa-Bildungen zugerechnet werden kann, aber doch der Erwähnung bedarf, da RAMANN[1] seiner Zeit auch von dem

Abb. 31. Landschaft am Tschitschenboden oberhalb Pinguente (Istrien). Nummulitenkalkplateau mit durftiger Viehweide und Wacholdergestrupp; die zahlreichen zum Schutze gegen das Weidevieh mit Mauern umgurteten Dolinen treten deutlich hervor. (Nach N. KREBS.)

Vorhandensein sog. ,,arider Roterden" gesprochen hat. Es handelt sich in diesen Vorkommnissen auch nicht um Lehmböden, sondern um Sande, die aber im Vergleich zu den sog. Wüstensanden immerhin eine ziemlich lehmige Beschaffenheit aufweisen und die vor allem in ihren feinsten Anteilen (feiner Schluff 0,006

---

[1] RAMANN, E.: Bodenbildung und Bodeneinteilung S. 110 u. 111. Berlin 1918.

bis 0,002 mm und Rohton unter 0,002 mm) eine Zusammensetzung zeigen, die selbst den typischsten Terra-rossa-Bildungen sehr nahestehen. Sie treten gemeinsam mit Schotterbildungen des Nils bei Schellal auf, und E. Blanck[1] hat sie des näheren untersucht.

Mechanische Analyse nach Atterberg.

	mm	1 %	2 %	3 %
Sand	2,0 —0,2	56,96	35,16	50,70
Feinsand	0,2 —0,06	15,13	29,02	11,53
Mehlsand	0,06 —0,02	11,42	20,21	14,90
Grober Schluff . .	0,02 —0,006	5,02	5,00	8,65
Feiner Schluff . . .	0,006—0,002	3,17	2,58	10,81
Rohton	unter 0,002	7,15	7,02	2,43
Summe:		98,95	98,99	99,02

Chemische Gesamtanalyse und HCl-Auszug.

	1		2		3	
	%	%	%	%	%	%
Laugelösliche SiO_2 . .	—	0,86	—	2,02	—	1,30
HCl-lösliche SiO_2 . . .	—	0,21	—	0,20	—	0,17
Gesamt-SiO_2	48,38	1,07	69,15	2,22	49,37	1,47
Al_2O_3	5,88	3,32	7,17	3,42	9,54	6,73
Fe_2O_3	8,21	8,20	6,76	6,76	6,76	6,17
Mn_3O_4	Sp	Sp	Sp	Sp	Sp	Sp
TiO_2	0,60	—	0,65	—	0,65	—
CaO	10,19	7,34	4,03	3,38	8,87	6,98
MgO	0,61	0,03	0,94	0,09	0,24	0,11
K_2O	0,83	0,56	0,65	0,62	0,81	0,28
Na_2O	4,87	1,97	1,33	0,97	3,08	1,01
SO_3	10,12	10,12	1,97	1,97	9,67	9,67
Cl	0,18	—	0,25	—	0,64	—
P_2O_5	0,36	0,36	0,34	0,34	0,30	0,30
Glühverlust	10,32	—	7,18	—	10,11	—
CO_2	0,33	—	1,42	—	0,24	—
H_2O bei 105^0	4,26	—	2,15	—	3,59	—
Summe:	100,53	—	100,42	—	100,04	—

Die Gesamtanalyse des feinen Schluffs und des Rohtons stellte sich, wie folgt:

	SiO_2 %	Al_2O_3 %	Fe_2O_3 %	CaO %	MgO %	Glühverlust %	Gesamt %
1							
Feiner Schluff . . .	43,24	32,02	10,85	3,08	0,57	10,95	100,72
Rohton	43,47	36,70	10,38	0,69	0,41	8,93	100,58
2							
Feiner Schluff . . .	46,74	31,00	6,60	2,64	2,60	11,33	100,91
Rohton	47,62	28,56	9,33	3,52	0,87	11,21	101,21
3							
Feiner Schluff . . .	43,62	33,32	10,26	0,78	0,35	12,20	100,20
Rohton	43,60	34,18	10,38	2,48	0,87	9,54	101,05

---

[1] Blanck, E., u. S. Passarge: Die chemische Verwitterung in der ägyptischen Wüste, S. 94—100. Hamburg: L. Friedrichsen & Co. 1925.

Die Bestimmung ihrer Hygroskopizität führte zu den Werten 11,52; 10,18; 12,90, welche als sehr hoch anzusehen sind, sich mit denen der Terra rossa decken und dartun, daß auch hier freies Eisenoxyd und freie Tonerde zugegen sind. Es spricht dieses zwar alles für einen sehr fortgeschrittenen chemischen Verwitterungsvorgang, aber nicht gerade für rein aride Entstehungsbedingungen. Man hat diesen Bildungen erst neuerdings Aufmerksamkeit geschenkt[1], hält sie aber für fossil. Mit Laterit als einem Schwemmprodukt desselben dürften sie aber nichts zu tun haben, da ihre stoffliche Zusammensetzung doch zu sehr von diesem abweicht.

c) Böden der feuchttrockenen gemäßigten Regionen.

α) Die Steppenschwarzerden.

Von H. STREMME, Danzig-Langfuhr.

Mit 3 Abbildungen.

Die schwarze Humusfarbe ist im Waldgebiete häufig. Im Walde selbst ist der Auflagehumus sehr oft schwarz, ebenso die obere humusreiche Bodenkrume. Nicht selten ist ferner der obere Teil des *B*-Horizontes, auch in der Form des Ortsteins, durch Humus schwarz gefärbt. Der besonders in Finnland häufige und gut studierte Humuspodsol zeigt bisweilen ein ziemlich tiefes, schwarzbraunes Humusprofil auch durch den *B*-Horizont hindurch. Sodann hat der Humus in den Senken häufig die schwarze Farbe des anmoorigen Bodens, die im Gegensatz zu der des Auflagehumus und der Krume bleibt, wenn der Waldboden in Ackerboden, Kultursteppe, umgewandelt ist.

In der Tschernosemsteppe überzieht eine schwarze, gut humose Krume die Bodenwellen. In den Niederungen vertieft oft Feuchtigkeitsansammlung die Farbe und beeinflußt die Bodenbildung, aber auf den Hügeln und Erhebungen ist die Krume ebenfalls schwarz und stark humos, ohne daß Wasser hierbei mitgewirkt zu haben scheint. In Taleinschnitten ist der Boden bleicher geworden, wenn Wald ihn bedeckt, der auch sonst in der Tschernosemsteppe die typische Veränderung zum Waldboden entstehen läßt.

Der Gegensatz zwischen diesem tiefen, dunklen Steppenboden und dem Waldboden mit seinen oft so lebhaften Farben — das Profil ist oft von oben nach unten schwarz-weiß-rostrot — hat den Hauptanstoß zu der Lehre von den Bodenentstehungstypen im heutigen Sinne gegeben. In der Tat läßt sich aus ihm sowohl die Bedeutung der morphologischen Bodenaufnahme wie die Hauptfaktoren der Bodenbildung gut ableiten. Fast alle neueren Klassifikationen[2] haben von ihm ihren Ausgang genommen.

Morphologie, Einteilung und Profile.

Wie bereits erwähnt, ist die Steppenschwarzerde durch die tiefe, dunkle, humose Krume über dem eigentlichen Gestein ausgezeichnet. Die Farbe ist nicht immer ein tiefes Schwarz, sondern hat häufig einen kaffee- oder schokoladenbraunen Ton oder ist etwas nach grau aufgehellt. Zumeist ist innerhalb des Profils

---

[1] Vgl. JOH. WALTHER: Das geologische Alter und die Bildung des Laterits. Pet. Mitt. **62**, 49 (1916). — M. BLANCKENHORN: Ägypten. Handbuch der regionalen Geologie VII, **9**, S. 178. 1921. — S. PASSARGE: Die Kalahari, S. 624. Berlin 1904.

[2] STREMME, H.: Über einige Systeme der natürlichen Bodeneinteilung nebst dem Vorschlage einer für Feldgeologen verwendbaren. Actes IV. Conf. int. Pédol. Rom 1924 **3**, 326—342 (1926). — NEUSTRUEV, S. S.: Genesis of Soils. Ac. of Sc. U.S.S.R Russ. Ped. Inv. **3**. Leningrad 1927. — AFANASIEV, I. N.: The Classification Problem in Russian Soil Science. Ebenda **5**.

ein Farbwechsel vorhanden: so kann es zunächst schwarz mit bräunlich grauer Schattierung anfangen, wechselt dann zu grauschwarz, graubraun, dunkelbraun, fleckig, dunkel mit weißen Anflügen oder Augen hinüber, oder es beginnt mit hellgrau, wird dann dunkler, dann bräunlich oder rotbräunlich, dann dunkel- und weißgefleckt. Auch die Farbe des Muttergesteins kommt wenigstens in den tieferen Teilen sehr häufig in Flecken vor. Die dunklen Farben sind regelmäßig Humusfarben, während bei den Waldböden wenigstens im *B*-Horizont oft auch Mangansuperoxyd die dunkle Färbung hervorruft. Bei den Grundwasserböden ist es außer Humus und Mangansuperoxyd häufig auch Eisensulfid. Ganz allgemein spielt Eisenoxyd bei der Färbung der Steppenschwarzerde keine Rolle. Auch die bräunlichen und rötlichbraunen Farben sind Humusfarben und keine durch Rosteinfluß bedingten. Weiter ist als Ursache von Farbnuancen und Farbmischungen der Absatz von kohlensaurem Kalk in den tieferen Profilteilen zu erwähnen, wo weißlicher, oft schimmelartiger Anflug oder weiße „Augen", Konkretionen, Kugeln oder ein weißer schichtartiger Absatz auftreten.

Die Mächtigkeit der Krume schwankt naturgemäß sehr. Die Schwankungen sind lokal wie regional und stehen in Zusammenhang mit den Bodenwühlern, mit dem Charakter des Muttergesteins oder der Bodenart, mit der Geländebildung und schließlich auch mit klimatischen Faktoren. Die vielleicht typischste Ausbildung, verbunden mit bedeutender Mächtigkeit, findet man auf dem Löß, der oft — aber mit Unrecht — für das eigentliche Substrat der Steppenschwarzerde gehalten wird. Sowohl Eruptivgesteine wie viele Arten von Sedimentgesteinen kommen als Muttergesteine vor. Auch hier gilt wieder wie bei den Waldböden: je größer die Durchlässigkeit und die natürliche Lockerheit, desto mächtiger das Profil. Die Karbonat- und Sulfatgesteine haben zwar ebenfalls in der Steppe eine schwarze Krume, welche sie aber unter der Walddecke beibehalten. Auch hier hat die starke chemische und physikalische Wirkung des Muttergesteins in Struktur und Mächtigkeit Abweichungen, welche im Walde bestehen bleiben, so daß die Abtrennung zum Typus Rendzina gerechtfertigt ist.

Die Oberflächengestaltung hat ganz ähnliche Bedeutung für die Mächtigkeit der Horizonte wie bei den Waldböden. Auf den Kuppen und Bodenerhebungen ist sie geringer als an den Hängen und Tälern bzw. Senken. Von den Kuppen wird der Boden abgeschwemmt und fortgeblasen und z. T. in die Täler und Senken geführt. Allerdings ändert sich in den Senken oft der Charakter des Typus durch das darin häufig angesammelte Wasser. Besonders in den kühleren Gebieten kommt es oft im Schwarzerdegebiet zur Ausbildung von anmoorigen und selbst Moorböden. Man findet dann sogar nicht selten torfartige Zwischenlagen in der humosen Feinerde, so daß hier unbedingt ein Übergang zu den feuchten Grundwassertypen festzustellen ist. An quelligen Hängen werden naturgemäß ebenfalls feuchte Schwarzerden gebildet. Aus solchen Beobachtungen ist nicht selten auf die Entstehung der Steppenschwarzerde aus feuchten, anmoorigen Schwarzerden oder selbst Mooren geschlossen worden, jedoch im ganzen wohl mit Unrecht. Die Hauptursache der Steppentschernosembildung ist unmittelbar der Pflanzen- und Tierverein und mittelbar, letzten Endes, das Klima. In Gebieten hochentwickelten Ackerbaues sind nicht selten anmoorige Böden, selbst mit einzelnen torfartigen Bildungen, durch künstliche Entwässerung und durch die Ackerkultur, welche ja die Kultursteppe schafft, zu Böden umgewandelt worden, welche der richtigen Steppenschwarzerde sehr nahestehen.

Der Einfluß des Klimas auf die Mächtigkeit der dunklen Bodenhorizonte ist in der weiten russischen Tschernosemzone[1] zu erkennen. Die trockenen südlichen Streifen haben etwa 40—45 cm Mächtigkeit, die bereits etwas feuchteren

---

[1] Glinka, K.: Genesis und Geographie der russischen Böden. Petrograd 1923.

des gewöhnlichen oder mittleren Tschernosems, welche nach Norden zu darauf folgen, 60—75 cm. Weiter folgt nach Norden der „mächtige" Tschernosem mit 90—110 cm, an welchen sich bereits der ebenfalls sehr mächtige „degradierte" Tschernosem der Vorsteppe anschließt.

Die Krume ist im allgemeinen nicht scharf vom unveränderten Gestein abgesetzt, sondern geht mit Zungen, Flecken, Wurm- und Wurzelröhren, Tierhöhlen in den unveränderten Gesteinsuntergrund über. Bisweilen ist ein scharfer Schnitt vorhanden, und zwar dann, wenn das Muttergestein ein hartes Eruptivgestein oder auch ein hartes Sedimentgestein ist (Kalkstein bildet auch im Walde die der Steppenschwarzerde in vielen Punkten entsprechende Rendzina, die bei ebener Lage ebenfalls scharf vom Kalkstein abgesetzt ist). Grundwassereinfluß bringt durch Ablagern von Kalkkarbonat bisweilen ebenfalls einen scharfen Schnitt zwischen Boden und Gesteinsuntergrund zustande.

In bezug auf die Struktur ist die Steppenschwarzerde wesentlich von den Waldbleicherden verschieden. Bei diesen herrscht Horizontalstruktur vor. Als Ackerböden verkrusten sie nach dem Regen, falls sie nicht durch erhebliche Kultur verbessert sind. Demgegenüber ist die Steppenschwarzerde „offen". Sie verkrustet weniger leicht. Dies liegt daran, daß der Humus in ihr nicht leicht beweglich ist wie im Waldboden. Er bildet mit den Mineralindividuen Krümel, die im Boden anstatt der Mineralien als Einheit wirken. Die Krümel sind oft scharfrandig, oft aber auch rundlich und sehen dann manchmal so aus, als wenn sie nur aus Wurmkot beständen. Die Krümel sind porös (die Rendzina hat meist ausgesprochen plattige oder plattwürfelige Krümel, die nicht oder weniger porös sind). Dazu kommen senkrechte Risse in den Steppenböden, die ebenso wie die senkrecht herunterlaufenden Wurzelröhren, Wurmgänge usw. den Eindruck der senkrechten Absonderungen hervorrufen, gegenüber der wagerechten in den Podsolböden. Die große Zahl der Wurm- und Wurzelröhren und Tierlöcher, Tiergänge lockert den Boden stark auf und durchlöchert ihn geradezu siebartig sogar noch in den erst in der Bodenbildung begriffenen Übergangshorizonten zum Untergrundgestein. Demgegenüber neigt der Waldboden in den B-Horizonten zur Verdichtung.

Übersichtlich lassen sich die vorstehend beschriebenen morphologischen Merkmale zu der nachstehenden Tabelle[1] zusammenstellen:

Anordnung und Folge der Horizonte	A $\quad A\,$Ca $\quad A$ $\qquad\qquad$ (Ca bedeutet ausgeschiedenes C $\quad A\,$Ca $\quad A\,$Ca $\quad A$ $\qquad A$ $\qquad$ Kalkkarbonat) $\qquad C\,$Ca $\quad C\,$Ca $\quad C\,$Ca $\quad A\,C$Ca $\qquad C\,$Ca $\quad C\,$Ca $\quad C\,$Ca $\quad C$
Ausbildung der Horizonte	A geht zumeist unregelmäßig in C über, nur bei harten Gesteinen und Grundwasserwirkung schärferer Absatz
Mächtigkeit der Horizonte	je nach Durchlässigkeit und Zusammenhang der Boden- und Untergrundgesteine und auch nach dem Klima verschieden, selten mehr als 1 m
Farben der Horizonte	schwarz, schwarzbraun, kaffee- oder schokoladenbraun, grauschwarz, grau, graubraun, rötlichbraun u. ä. Humusfarben, oft fleckig durch Kalkkarbonatausscheidung weißlicher Anflug, Ausscheidung, Augen. Durch Grundwasser schwarze, weiße, grüne, selten rostige Absätze
Struktur	scharfrandige oder rundliche Krümel, porös; nicht oder wenig verkrustet, senkrechte Risse. Kalkabscheidungen pilzartig, konkretionär usw. Grundwasserabsätze schichtartig
Textur	sehr locker, zahlreiche Wurzel-, Wurm-, Tierröhren, Tierlöcher
Stoffbildung und Umlagerung	starke Humusbildung; Umlagerung der Karbonate von oben nach unten, schwaches Durchschwemmen von Ton
Veränderung bei der Ackerkultur	Hellerwerden des umgepflügten Teiles. Unter Umständen entsteht eine Pflugsohle. Keine wesentliche Veränderung

<hr>

[1] STREMME, H.: Erläuterung zur Allgemeinen Bodenkarte Europas, S. 15. Danzig 1927.

In Rußland[1] wird die Steppenschwarzerde in Zonen gegliedert, welche zugleich eine Einteilung geben. Die Zonen sind von Norden nach Süden:

Nördlicher oder degradierter Tschernosem 4—6 % Humus,
ausgelaugter Tschernosem (z.T. in Niederungen des mächtigen Tschernosems),
mächtiger Tschernosem 90—110 cm Mächtigkeit,
    nördliche Teile 6—10 % Humus,
    südliche Teile 10—13 und mehr Prozent Humus,
gewöhnlicher oder mittlerer Tschernosem, 60—75 cm Mächtigkeit, 6—10 % Humus,
südlicher Tschernosem, 40—45 cm Mächtigkeit, 4—7 % Humus.

Der nördliche Tschernosem hat mehr graue Farbe. A_1 ist schichtig oder lamellenförmig, A_2 von ungleichmäßiger Farbe und nußförmiger Struktur[2].

Der ausgelaugte Tschernosem nimmt Niederungen des mächtigen Tschernosems ein und verbreitet sich auch im Gebiete des nördlichen Tschernosems. Die Humushorizonte sind weniger mächtig. Unter ihnen ist bereits ein bräunlicher, etwas verdichteter, kalkloser Illuvialhorizont gebildet. Die Krümelstruktur ist weniger gut entwickelt. Auch der ausgelaugte Tschernosem geht wie der nördliche in podsolige Typen über.

Der mächtige Tschernosem hat nicht überall die gleiche Mächtigkeit, sie wird nach Osten geringer, nach Westen größer. Z. B. im Gouvernement Woronesch ist die Mächtigkeit im Osten zwischen 92—95 cm und geht nach Westen zu allmählich etwa auf 110 cm über. Der Humushorizont ist außerordentlich gleichmäßig ausgebildet. Die Farbe wird allmählich nach unten etwas bräunlicher. Bei den tonigen Varietäten ist in den oberen Teilen eine körnige (krümelige) Struktur vorhanden, die nach unten gröber wird und schließlich in eine klumpige übergeht. Die Krümelung ist bei den lehmigen Varietäten weniger deutlich und verschwindet bei den lehmigsandigen und sandigen. Die Kalkkarbonatausscheidung ist am häufigsten in der Form des schimmelartigen Durchwachsens der Krümel, sog. Pseudomyzelium. In den tieferen Teilen des Profils unter dem eigentlichen Humushorizont findet man mehr Augen und Konkretionen. Groß ist die Zahl der Tierlöcher, sog. Krotowinen-,,Maulwurfs''-höhlen, obwohl Cricetus, Arktomys, Spermophylus, Spalax und andere Säuger, auch Mausarten, mindestens so häufig sind wie Talpa. Die Tierlöcher finden sich sehr zahlreich auch unter dem Humushorizont. Naher Grundwasserspiegel von etwa 4—6 m unter der Oberfläche bringt bereits Besonderheiten hervor. Über ihm sind dunkle, zerflossene Humusflecken, eine mehr oder weniger ununterbrochene Schicht pulverförmigen Kalkkarbonates und zuweilen grüne Flecken reduzierten Eisenoxydes zu beobachten. Der Humus durchsickernder Lösungen und das Kalziumkarbonat des Grundwassers fällen sich gegenseitig aus.

Nach Südost geht der mächtige Tschernosem allmählich in den mittleren oder gewöhnlichen über, der eine durchschnittliche Mächtigkeit von etwa 60—70 cm (im Dongebiet 60—75 cm) hat. Der Humushorizont hat zwei deutliche Teile, obwohl sie auch ineinander übergehen. A_2 ist fleckig gefärbt und zungenartig. Die oberen Teile des Profils haben körnige Struktur, nach unten zu sind die Körner mehr aneinandergepreßt und werden allmählich gröber bis klumpig. Die unteren Teile sind rissig, und zwar mit deutlichen senkrechten und undeutlichen wagerechten Rissen versehen. Längs der senkrechten Risse, die oft von den Tierhöhlen ausgehen, wird Humus oft in das Muttergestein eingeschwemmt,

---

[1] Glinka, K.: Genesis und Geographie der russischen Böden, S. 26—31. Petrograd 1923.
[2] Wird in dem Kapitel über die degradierten Böden behandelt.

in welchem dann verschieden tief ein zweiter, zungenartig nach oben und nach unten verzweigter Humushorizont entstehen kann. Dieser zweite Humushorizont wird von manchen Forschern für eine alte Bodenbildung gehalten, über welcher sich auf neuem Gestein später die zweite einstellte. Die Auffassung des Illuviums geht auf WYSSOTZKI[1] zurück. Das Kalziumkarbonat ist selten als Pseudomyzelium vorhanden, häufiger in Adern, Anflügen an den Flächen der Klüfte, welche den im Profil zu erkennenden Rissen entsprechen, und in runden, etwas zerflossenen Flecken.

Die Mächtigkeit des südlichen Tschernosems ist noch geringer. Er hat im Dongebiet zwei ziemlich deutlich getrennte Horizonte, einen oberen hellgrauen, schichtigen, der durch senkrechte Spalten in grobprismatische Klumpen zerlegt wird. Nach unten zu wird er allmählich dunkler und schwach verdichtet, dabei aber porös und zerfällt zu kleinen Klümpchen. Die Mächtigkeit dieses Horizontes ist 10—14 cm. Darunter folgt, ziemlich deutlich getrennt, wenn auch dunkle Humuszungen von oben hinunterziehen, der 20—25 cm mächtige, untere Teil von bräunlicher bis rotbräunlicher Farbe. Er ist mehr oder weniger verdichtet und zerbröckelt leicht zu feinen Strukturelementen. Nach unten zu ist wieder eine undeutliche Grenze gegen einen humusarmen, stark verdichteten Horizont vorhanden. Er ist scharf rissig in wagerechter und senkrechter Richtung und dadurch in prismatische Klumpen zerlegt. An den senkrechten Rissen ziehen sich Humuszungen aus dem oberen Teile des Humushorizontes hinunter. Die Wände der Klüfte sind glänzend und dunkler als die innere Masse der Klumpen. In 60—90 cm Tiefe von der Oberfläche des Gesamtbodens aus tritt in diesem verdichteten Horizonte eine Zone von rundlichen Kalkkarbonataugen mit 1—2 cm Durchmesser auf (Beloglaska — weiße Äuglein genannt). Die Augen sind grellweiß, zerreiblich oder ziemlich dicht. In 115—180 cm Tiefe (durchschnittlich 150 cm) kommt ein gipsreicher Horizont mit großen blatt- oder plattenförmigen Kristallen vor. Die Kristalle sind gelblich und bilden Klumpen von 3—4 cm Durchmesser. Sie können auch zerbröckelnde Adern und schichtartige Anhäufungen bilden. Der südliche Tschernosjem ist arm an Tierhöhlen.

Außer diesen Haupttypen des russischen Tschernosems findet sich im Don-Asowschen Gebiet und in Vorkaukasien (Kuban) der von PRASSOLOV[2] als Asowscher bezeichnete Untertypus, der eine beträchtliche Mächtigkeit (bis 140 cm) hat. Er ist grauschwarz oder graubräunlich und hat eine nußförmig-klumpige Struktur, die locker und bröckelig ist. Filzige Anflüge von nadeligen Kalkkarbonatkristallen sind von oben an zu bemerken. Die Kalkspataugen sind schwach entwickelt und beginnen in etwa 95 cm, bisweilen sogar erst in 145 cm Tiefe. Der Humushorizont hat viel Wurmkot.

Der tierreiche, mächtige und gewöhnliche Tschernosem ist bisweilen derart von Tierhöhlen durchsetzt, daß man keine Gliederung des Humusbodens vornehmen kann. Die Tiere haben von unten her so viel Kalkkarbonat heraufgebracht, daß auch die Oberfläche aufbraust. Diese Varietät findet sich hauptsächlich auf Wasserscheiden, wohin die Tiere vor der Beackerung geflohen zu sein scheinen, da die Steppen von den Flußufern gegen die Wasserscheiden zu beackert worden sind. Die Varietät wird Krotowinentschernosem genannt.

Nach P. KOSSOWITSCH[3] kommt Steppenschwarzerde auch in den trockenen Steppen vor, welche an Böden sonst die kastanienfarbigen und in den Wüsten-

<hr>

[1] WYSSOTZKI, N.: Pedologie 1899—1900. — Geologische Untersuchungen in der Tschernosemzone des mittleren Sibirien. Mitt. geol. Comité 13.

[2] PRASSOLOV: Pedologie 1916.

[3] KOSSOWITSCH, P.: Die Schwarzerde. Internat. Mitt. Bodenkde 1, 340—349 (1911). — Zitiert sind hier Arbeiten von BOGDAN, DIMO, NEUSTRUEV, BESSONOW, TSCHAIANO.

steppen die graubraunen haben, und zwar in den Vertiefungen und Mulden, in welchen eine natürliche größere Wasseransammlung stattfindet. Von der regelrechten zonalen Schwarzerde ist sie in manchen Punkten etwas verschieden, obwohl sie im allgemeinen gut mit ihr übereinstimmt. Im Frühjahr nach der Schneeschmelze bleibt oft längere Zeit das Wasser in den Vertiefungen stehen und führt dann zur Bildung einer anmoorigen Oberfläche. In solchen anmoorigen Typen kommt eine deutlichere Trennung in Horizonte zustande als es sonst gewöhnlich der Fall ist. Die Krümelung ist schwächer ausgeprägt und kann selbst bei stärker anmoorigem Charakter völlig fehlen. An ihrer Bildung sind Tiere nur wenig beteiligt. Diese Varietät, eine Analogie zu den Podsolböden der Wüstensteppen, wird Tschernosem der Vertiefungen oder Mulden in den Wüstensteppen genannt.

Auch auf den Bergabhängen im Wüstensteppengebiet kommen Tschernosemböden vor, welche in vieler Hinsicht denen der Vertiefung[1] gleichen. Sie sind ebenso wie diese bald mehr normale Tschernoseme, bald mehr Grundwasserböden. Die Humusstoffe haben, wenn heraussickerndes Grundwasser bei diesen Tschernosemen der Bergabhänge eine Rolle spielt, an der Oberfläche oft torfartigen Charakter. Es ist ein von Wurzeln durchflochtener, schwarzbrauner, grober Filz von 4—6 cm Mächtigkeit. Darunter folgt ein dunkler, fast schwarzer Horizont mit ziemlich deutlich ausgeprägter körniger Struktur und 30—40 cm Mächtigkeit. Der Kalkkarbonathorizont liegt hoch. Auch bei dieser Art fehlt die Tätigkeit der Tiere, die in andern Tschernosemen der Bergabhänge von typischem Tschernosembau festgestellt ist. In Rumänien hat G. Murgoci[2] außer dem gewöhnlichen Tschernosem mit etwa 8% Humus einen schokoladenfarbigen in den trockeneren Gebieten unterschieden. In Deutschland sind ebenfalls mehrere Varietäten von Steppenschwarzerde zu unterscheiden. Ostdeutschland (z. B. Pyritz) hat z. T. Schwarzerde, die mit anmoorigen Typen in naher Verbindung steht. Z. T. ist dies auch in den Senken der großen Steppeninsel westlich der Elbe im Regenschatten des Harzes der Fall, von Schöppenstedt über Magdeburg nach Halle. Die trockene Schwarzerde dieser Gebiete hat schwarz oder schwarzbraune Farbe und ziemlich bedeutende Mächtigkeit bis 90 cm. Die Oberfläche ist entkalkt. Die Kalkabscheidungen sind in Form von Konkretionen und Schichten vorhanden. Viele Tierlöcher. Das rheinhessisch-rheinpfälzische Steppengebiet hat kaffee- und schokoladebraunen Steppenboden, oft fast nur aus rundlichen Wurmkrümeln bestehend. Zahlreiche Tierlöcher. Kohlensaurer Kalk oft bis zur Oberfläche und häufig als schimmelartiger Anflug noch im Humushorizont. Große Mächtigkeit von mehr als 1 m ist beobachtet. Grundwassereinwirkung fehlt im allgemeinen. Weiter südlich im Rheintal sind die Steppenböden heller, noch weniger entkalkt; oft ist keine Kalkausscheidung sichtbar, sondern wird erst mit Salzsäure am stärkeren Aufbrausen erkannt. Die Mächtigkeit des humosen Horizontes ist bis 80 cm festgestellt, der Humusgehalt mäßig (2—2,5%).

Wir haben auf unserer neuen Bodenkarte Europas die folgenden Varietäten der Steppenschwarzerde unterschieden, die sich über größere Strecken verfolgen lassen:

1. flach, humusarm, z. T. schokoladebraun (z. B. in Rumänien und Westdeutschland), *A*-Horizont 40—60 cm, Humus 4—7%, in Deutschland weniger;

2. mäßig mächtig, mäßig humusreich, *A*-Horizont 60—80 cm, Humus 6—10%;

---

[1] Kossowitsch, P.: Die Schwarzerde. Internat. Mitt. Bodenkde 1, 349—354 (1911). — Zitiert sind Arbeiten von Neustreuv und Bessonow, Glinka, Prassolov.

[2] Murgoci, G.: Romănia. In L'Etat de l'Etude et de la Cartographie du Sol dans divers pays etc., S. 181—193. Bukarest 1924.

3. mächtig, humusarm, A-Horizont etwa 1 m und mehr;

4. mächtig, humusreich, A-Horizont etwa 1 m und mehr, Humus 6—13% und mehr;

5. auf kalkhaltigem Grundgestein A-Horizont mit ursprünglichem Kalkgehalt;

6. mächtig ausgelaugt;

7. degradiert und ausgelaugt.

Profile.

Aus der großen Zahl der vorhandenen Profilbeschreibungen werden einige wenige verschiedener Vorkommen des flachen, humusarmen Tschernosems ausgesucht, die z. T. besonders charakteristisch, z. T. durch Analysen zu ergänzen sind.

Flacher, humusarmer Tschernosem der Ukraine.

1. (zu der Analysenserie N. FLOROWS gehörig) Profil von Usin, Gouv. Kiew.

A 0—50 cm Humushorizont, dunkelgrau, krümelig,

A—C 60—140 cm Übergangshorizont, reich an schimmelähnlichen Karbonatausscheidungen, zahlreiche Tiergänge.

C 140—220 cm, etwas verschmutzter Löß, von Tiergängen stark durchgraben.

300—380 cm, hellgelber Löß mit dunkelfarbiger Punktierung.

2. **Profil beim Dorfe Lukaschewka. Gouvernement Kiew**[1]. **Horizont** A, 0—45 cm. Humushorizont, dunkelgrau, vollkommen gleichartige Färbung. In dem Teile, welcher vom Pfluge aufgeworfen wird, ist die Struktur unausgesprochen oder ein wenig krümelig bis pulverig; tiefer, wo der Pflug nicht hinkommt, ist die Struktur krümelig. Die einzelnen Krümel haben 1—7 mm Durchmesser. Die Seitenflächen dieser Krümel sind nicht glatt und flach, sondern zuweilen hervorstehend und konvex, zuweilen konkav, ohne scharfe Konturen und Ecken, wodurch die Fläche weich wellenartig erscheint. Eine große Anzahl dieser unregelmäßig zerstreuten Seitenflächen eines jeden Krümels geben dem Krümel das Aussehen eines vielkantigen Gebildes mit einer durchwühlten schwammzellenartigen Oberfläche. Die größeren Krümel zerfallen leicht beim Anstoßen in kleinere Krümel mit ebensolchen Konturen. Die Dimensionen des Krümels in verschiedenen Richtungen sind mehr oder weniger gleich. Die untere Grenze des Horizontes tritt nicht markiert hervor, so daß der Horizont allmählich und unscheinbar in den folgenden Horizont übergeht. In der Tiefe von 25 cm fängt der Boden an aufzubrausen, wobei die hier vorhandenen $CaCO_3$-Anhäufungen mit dem Auge nicht bemerkbar sind und erst in der Tiefe von 35—40 cm treten die Karbonate in Form von zahlreichen Schimmelanhäufungen (Pseudomyzelium) auf. Der Kalkschimmel überzieht wie mit weißlichen Federn die Klumpen des Bodens, indem er sich in besonders großer Menge in den hohlen Räumen längs den Wurmgängen usw. ansammelt.

Horizont A—C, 45—120 cm. Übergangshorizont. In betreff der Humusfärbung gekennzeichnet durch allmählicheres Hellerwerden der dunkelgrauen Färbung, die nach unten hin ganz verschwindet. Der Horizont vermengt sich ganz unmerkbar mit dem dritten Horizont. Überall eine Menge Karbonatschimmel, wie auf der Fläche der einzelnen Strukturkrümel, so auch längs den Wurzeln und den vielen Wurmgängen. Der Horizont ist durch Maulwurfsgänge (Krotowine) stark durchgraben. Die Krümeligkeit des ersten Horizontes (A) ist auch hier bemerkbar, aber nach unten hin vergrößern sich die Krümel, welche die

---

[1] FLOROW, N.: Über die Degradierung des Tschernosioms in den Waldsteppen. Ann. Inst. Geol. al Romaniei **11**, 76/77, 1925. Bukarest 1926.

Größe einer Haselnuß erreichen, auf diese Weise geht die feine Krümelstruktur in eine gröbere über. Die Konturen dieser groben Krümel entsprechen im allgemeinen den kleinen Krümeln des Horizontes A_1, und wir bemerken hier dieselben weichen wellenartigen Konturen wie im Horizont A. Nach unten hin mit der Vergrößerung des Umfanges der groben Krümel entsteht auch häufig eine verschiedene Vergrößerung der Durchmesser dieser Krümel, infolgedessen die Nußform eine nach unten hin verlängerte Form erhält. Die Fläche aber dieser ein wenig ausgedehnten „Säulchen" bleibt dieselbe, wie bei den Krümeln, d. h. sie hat ebensolche weichen Konturen, die konvexen Flächenteilchen wechseln häufig, wenn auch nicht scharf, mit den konkaven ab. Es fehlen große, gleiche, glatte Flächen wie auch die scharf ausgeprägte Geradläufigkeit der Kanten und Berührungslinien. Infolge der unregelmäßigen Form und einer zufälligen Verteilung einzelner Teile haben die Berührungslinien der Teilflächen das Aussehen unregelmäßiger Muster und Zeichnungen, die sich unregelmäßig verflechten, in deren Zellen bald konkave, bald konvexe Teilchen vorkommen. Wie die Krümel so besitzen auch die „Säulchen" keine große Festigkeit und zerfallen beim Anstoß in kleine Stücke, welche auch die Form von „Säulchen" oder Krümel haben.

Horizont C_1, 120—160 cm. Löß, stark von Krotowinen durchgraben, von dem Durchgesickerten aus dem oberen, dunkleren Gestein leicht verschmutzt und darum von einer schmutziggrauen, hellgelben Schattierung. Einige Stellen des Profils unverschmutzt, hellgelb, nach unten hin kommen sie häufiger vor. Der Löß zerfällt in Säulchen mit einer unregelmäßig durchwühlten Fläche. Menge von Karbonatschimmel und Karbonatröhrchen.

Horizont C_2, 160—200 cm. Hellgelber Löß mit Karbonatröhrchen, Krotowinen selten. Dunkelfarbige Punktierung.

Flacher, humusarmer, kaffeebrauner Tschernosem des Rheinlandes.

1. **Undenheim, Rheinhessen. Jungblutsche Ziegelei[1]. Unter Roggenstoppeln. Horizont A_1, 0—35 cm.** Kaffeebrauner, humoser, kalkhaltiger Löß, braust mit Säure; krümelig, zuunterst Tierlöcher mit gesprenkeltem Boden angefüllt.

Horizont A_2, 35—50 cm. Schwarzbraun, stark humos, etwas fest; zahlreiche Wurmkrümel; in Tierlöchern gesprenkelter Boden.

Horizont A_3, 50—70 cm. Dunkelbraun bis hellbraun gesprenkelt; weniger humos; grauweiße, feinschimmelige Kalkausscheidungen auf Krümel und in Wurmgängen, so daß der Horizont aussieht wie „schimmelig angelaufen"; in Tierlöchern kaffeebrauner Boden.

Übergang von A_3 zu C, 70—200 cm. Gelber Löß, fest, ungeschichtet, senkrechte fingerdicke Wurmröhren, oben auch Tierlöcher mit dunklem Humus ausgekleidet und angefüllt.

Horizont C, 200—280 cm. Gelber Löß.

2. **Steppenprofil der Rheinpfalz, aufgenommen von K. Schlacht** (zu den Analysen des Laboratoriums Oppau der I. G. Farbenindustrie gehörig). Dieses Profil liegt nordwestlich von Groß-Niedersheim auf einem vom Dorf aus ansteigenden Gelände, rechts von der Straße nach Heuchelheim. Die Oberflächengestaltung, in weiterem Umkreis gesehen, ist hügelig. Die Lage des Profils selbst ist eben.

---

[1] Stremme, H.: Die Verbreitung der klimatischen Bodentypen in Deutschland. Branca-Festschrift, S. 60. Berlin 1914. — Hohenstein, V.: Die Löß- und Schwarzerdeböden Rheinhessens. Jber. u. Mitt. d. oberrhein. geol. Ver., N. F. **9**, 90.

A_1, 15 cm. Oberkrume gut humos von graubrauner Färbung und normaler Krümelstruktur. Allmählich übergehend in:

A_2, 20 cm. Ebenfalls sehr humos von brauner Färbung, jedoch von ausgeprägter Krümelstruktur und reichlichem, deutlich erkennbarem Wurmkot. Kalk- und Wassergehalt ist mäßig, ebenso die Durchlüftung. Zum Liegenden hin tritt der Wurmkot in vermehrter Menge auf, so daß ganze rollenartige Linien sichtbar sind. Hier beginnt auch vereinzelt Kalkschimmel. Bei näherer Betrachtung des vorhandenen Wurmkotes bemerkt man, daß einige in der Färbung von den übrigen abweichen, sie sind heller, woran man leicht erkennen kann, daß nach unten Löß lagert, welcher durch Würmer nach oben geschleppt wurde. Der Übergang ist fast allmählich zu:

$A(C)$, 30 cm. Löß mit sehr hohem Humusgehalt und sehr guter Krümelstruktur von graugelber Färbung, was auf den starken Wurmkotbestand zurückzuführen ist. Der Kalkgehalt ist sehr hoch, nach dem äußeren Aussehen, da reichlicher Kalkschimmel vorhanden ist. Was den Wassergehalt betrifft, so ist dieser Horizont meist sehr trocken; nur nach längeren Regenperioden kann hier eine Befeuchtung eintreten. Allmählich übergehend in:

C, 35 cm. Löß in verfestigter Lagerung. Beim Bruch schwammartig porös. Die Körnigkeit ist sehr fein. Zum Liegenden hin zeigen sich noch zahlreiche Humusflecken (Wurmkot). Der Kalkgehalt ist hier sehr hoch. Struktur ist schwach, mit Ausnahme der vorhandenen humosen Stellen.

Flacher, humusarmer Tschernosem der Magdeburger Börde.

Olvenstedt bei Magdeburg[1]. Nordwand des Grauwackensteinbruches, fast ebenes Gelände. Horizont A, 0—55 cm. Humoser entkalkter Löß, durchweg locker und porös; bei starker Trockenheit Neigung zu staubigem Zerfall. Unter dem z. T. feinfilzigen Wurzelhorizont (bis 6 cm) folgt bis ca. 30 cm eine graubraune Zone mit stellenweise gut ausgeprägter Klümpchenstruktur, darunter mit deutlicher Grenze ein im feuchten Zustande fast schwarzer, humoser Horizont mit Neigung zu unregelmäßig polyedrischer Absonderung; Maximum der Dunkelfärbung etwa in der Mitte; weiße Anflüge sehr selten; im unteren Teil häufen sich kleinste Flecken von entkalktem, graugelbem Löß, die mit einer gelblichweißen, plötzlich sehr karbonatreichen Zone den Übergang zum Löß bilden. Horizont C, 55—175 cm. Gelber bis graugelber, ungeschichteter Löß.

Mechanische und chemische Analysen[2].

Der Tschernosem ist nicht an bestimmte Bodenarten gebunden. P. Kossowitsch[3] hat die zahlreichen mechanischen Analysen, welche von russischen Varietäten ausgeführt sind, zusammengestellt. In einer Tabelle mit 11 Analysen schwankt die Zusammensetzung, wenn Feinsand von 0,25—0,07 mm Korngröße gleich 1 gesetzt wurde, zwischen 0,007—0,21 Grobsand (3—0,25 mm) : 1 Feinsand : 0,63—2,7 Staub (0,07—0,0015 mm) : 0,19—1,2 Schlamm (0,0015 mm). In einer zweiten Tabelle mit 22 Analysen kommt einmal ein Gehalt an Kies von 3 mm vor, 10mal Grobsand von 3—1 mm mit 0,03—4,77%, 15mal Sand von 1—0,25 mm mit 0,3—69,8%; in allen 22 Fällen Sand von mehr als 0,25 mm mit 0,1—72,6%, Feinsand zwischen 0,25—0,05 mm mit 7,2—53,5%, Staub zwischen 0,05 und 0,01 mm mit 4,7—53,3%, Ton kleiner als 0,01 mm mit 3,5—47,5%.

---

[1] See, K. v.: Beitrag zur Kenntnis zweier Schwarzerdevorkommen in Deutschland. Internat. Mitt. Bodenkde 8, 123—152 (1918).
[2] Vgl. H. Stremme: Grundzüge der praktischen Bodenkunde, S. 90—94. Berlin 1926.
[3] Kossowitsch, P.: Die Schwarzerde (Tschernosjem). Internat. Mitt. Bodenkde 1, 301—302 (1911).

Danach ist eine gewisse Bevorzugung der feinen Korngrößen von dem Feinsande abwärts, welche von dem in den Steppen als Mineralverfrachter besonders bedeutsamen Winde leicht bewegt werden, unverkennbar. Die feinsten Korngrößen aus der Schlammgruppe werden im Gegensatz zu den Waldböden nur wenig bewegt, wie die folgenden, von P. KOSSOWITSCH wiedergegebenen Zahlen aus den „Arbeiten des Landwirtschaftlichen Chemischen Laboratoriums zu St. Petersburg" zeigen:

Tschernosem aus der Kamennaja-Steppe, Kreis Bobrowsk·Gouv. Woronesch.

	1 mm	1 bis 0,25 mm	0,25 bis 0,01 mm	0,01 bis 0,005 mm	0,005 bis 0,0015 mm	unter 0,0015
Boden aus 0,27 cm Tiefe	0,012	0,82	23,85	42,38	8,72	22,35
Untergrund aus 90 cm Tiefe	0,016	1,18	21,49	37,58	9,34	25,13

Immerhin wird man die vorstehenden Zahlen für nicht recht beweiskräftig halten können, da die Summe der Bodenprozente 98,13, die der Untergrundprozente 94,74 beträgt. Aber die Untersuchung, welche R. BALLENEGGER[1] an dem Tschernosem von Pußtakamaras in der natürlichen Steppe (Mezöseg) von Siebenbürgen ausgeführt hat, lassen den gleichen Schluß zu:

	Grobsand (1—0,2 mm) %	Feinsand (0,2—0,02 mm) %	Schluff (0,02—0,002 mm) %	Rohton (0,002 mm) %
Boden aus 0—20 cm Tiefe	14,7	27,3	29,9	28,1
Untergrund aus 120—140 cm Tiefe . .	26,0	17,8	31,7	24,7

In dem „Rohton" des Bodens sind die Humusprozente z. T. mit enthalten.

R. BALLENEGGER hat auch eine Reihe chemischer Untersuchungen der beiden Horizonte ausgeführt. Der Untergrund ist ein bräunlichgelber kalkfreier „Ton", der als Äquivalent des Löß der ungarischen Tiefebene angesehen wird.

	Horizont A 0—20 cm	Horizont C 120—140 cm	Auf wasser- und humusfreie Substanz berechnet: A	C
SiO_2	61,93	65,57	71,5	72,0
Al_2O_3	13,79	14,40	15,9	15,8
Fe_2O_3	5,28	5,77	6,1	6,3
MnO	0,12	0,14	0,1	0,1
MgO	1,42	1,65	1,6	1,8
CaO	1,00	0,73	1,2	0,8
Na_2O	0,37	0,31	0,4	0,3
K_2O	2,20	2,01	2,5	2,2
CO_2	0,00	0,00	—	—
TiO_2	0,40	0,41	0,5	0,5
P_2O_5	0,08	0,08	0,09	0,09
SO_3	0,12	0,16	0,14	0,18
Glühverlust . . .	13,85	8,00	—	—
	100,56	99,23	—	—
Humus	5,32	1,15	—	—
darin Stickstoff . .	0,27	0,07	—	—
hygrosk. Wasser .	44,1	3,56	—	—

[1] BALLENEGGER, R.: Die Schwarzerde der Mezöseg in Ungarn. Jber. Kgl. Ungar. Geol. Reichsanst. 1914, S. 461—469. Budapest 1915. — TIMKO, E. (ebenda 486) beschreibt das Profil des „gewöhnlichen Tschernosems" der Steppe Siebenbürgens: $A_1 + A_2$ 70—80 cm. A_1 krümelig, unten schollig. A_2 schollig bis prismatisch. Der Übergang zu C ist schollig und kalkhaltig. C gelber Lehm.

Die Unterschiede zwischen A und C sind so, daß sie innerhalb der Variationsbreite des Gesteins in Oberkrume und Untergrund liegen. Die einzige merkbare Umlagerung könnte die des SO_3 sein, von welchem die Oberkrume über $^1/_5$ weniger hat als der Untergrund. Allerdings zeigt der Salzsäureextrakt, welcher etwaigen Gips oder andere Sulfate gelöst haben müßte, mehr SO_3 im Boden als im Untergrund.

Den Salzsäureauszug hat R. BALLENEGGER[1] nach der Methode E. W. HILGARDS ausgeführt:

	A_1 0—20 cm		A_2 80—100 cm		C 120—140 cm	
	%	Mol-Zahlen	%	Mol-Zahlen	%	Mol-Zahlen
SiO_2	10,31	2,03	10,57	1,91	10,20	1,99
Al_2O_3	8,64	1,00	9,38	1,00	8,71	1,00
Fe_2O_3	5,19	0,38	5,39	0,37	5,39	0,39
MgO	0,96	0,28	1,17	0,32	1,46	0,43
CaO	0,73	0,15	0,75	0,15	0,61	0,13
Na_2O	0,39	0,08	0,29	0,05	0,29	0,05
K_2O	1,14	0,14	1,17	0,14	1,03	0,13
P_2O_5	0,07	—	0,07	—	0,07	—
SO_3	0,04	—	0,04	—	0,01	—
MnO	0,13	—	0,14	—	0,14	—
Gelöst	27,60	—	28,97	—	28,97	—
Gebundenes H_2O ..	3,85	—	3,22	—	3,22	—
Feuchtigkeit......	4,41	—	5,63	—	3,56	—
Humus	5,32	—	5,01	—	1,15	—
Ungelöst	99,45	—	99,07	—	63,63	—
	99,45	—	99,07	—	99,54	—

Die Mol-Zahlen-Summen in Klammern: für A_1 2,03; für A_2 1,91; für C 1,99.

Auch hier kann man von einer wirklichen Umlagerung nicht sprechen. Etwaiger Gips müßte in der Salzsäure gelöst sein. Davon zeigt aber die Oberkrume mehr als der Untergrund, also wären nicht einmal etwa vorhandene Sulfate umgelagert.

Der wäßrige Auszug ergab:

Tiefe	Farbe	Elektr. Leitfähigkeit	Wasserlöslich sind von 100 Teilen Boden-Alkalinität		
cm		$x \cdot 10^6$	insgesamt	ber. als HCO_3	Ca''
A_1 0—20 ..	blaßgelb	51,9	0,0194	0,0164	0,0044
A_2 20—40 ..	,,	41,3	0,0155	0,0164	0,0038
C 110—120 ..	farblos	62,7	0,0235	0,0240	0,0031

Leichtlösliche Salze sind demnach nicht angereichert; wenn etwas ausgelaugt ist, so ist es fortgeführt. Die Bodenbildung geht in einem schwach alkalischen Medium vor sich.

Versucht man mit Hilfe von A. HARKERS[2] Tabellen zur Berechnung von Gesteinsanalysen den Mineralgehalt der Bodenprobe und des „Tones" zu berechnen, so erhält man:

---

[1] BALLENEGGER, R.: Über die chemische Zusammensetzung ungarischer Bodentypen. Jber. Kgl. Ungar. Geol. Reichsanst. 1916, S. 602. Budapest 1920.

[2] HARKER, A.: Tabellen zur Berechnung von Gesteinsanalysen. Zbl. Min. 1911, 103—105.

	A		C	
	Bausch-analyse	Auf H_2O und humusfreie Substanz umgerechnet	Bausch-analyse	Auf H_2O und humusfreie Substanz umgerechnet
Quarz	43	49	47	49
Orthoklas	6	7	6	6,5
CaMgAl-Augit	3	3	1,5	1,5
Kaolin.	7	8	10	11,5
Salzsäurelösliche Tone, Silikate, Humate . .	23	26	23	24,5
Lim. Fe_2O_3	5	6	5	5,5
Humus	5	—	1	—
H_2O	7	—	5	—
	99	99	98,5	98,5

Die Mineralgehalte zeigen ebenfalls nur geringfügige Unterschiede zwischen den beiden Horizonten. Der Salzsäureextrakt, der nach der stark auslaugenden Hilgardschen Methode ausgeführt wurde, ist mit berücksichtigt. An unzersetzten Silikaten, die nicht in Salzsäure löslich sind, enthält der A-Horizont mehr, an zersetzten der C-Horizont. Der salzsäurelösliche Anteil ist in A etwas größer, weil die vom hohen Humusgehalt absorbierten Stoffe mit dazukommen. Man wird höchstens eine gewisse Durchschlämmung von kaolinartigem Ton als einzige bemerkenswerte Umlagerung gelten lassen können, obwohl die mechanische Analyse mehr „Rohton" einschließlich des feinkörnigen Humus im A-Horizont nachweist. Aus dem A_2-Horizont, einem tieferen, schwarzen Krumenteil, ist fast $^3/_4\%$ mehr salzsäurelösliche Tonerde nachgewiesen, was man auch im Sinne einer geringen Umlagerung von Tonerde deuten könnte, während sich das Eisenoxyd nur ganz wenig in dem gleichen Sinne bewegt hat.

Der Boden von Pußtakamaras ist ebenso wie das Gestein, auf dem er entstanden ist, karbonatfrei. Bei den karbonathaltigen Tschernosemarten sind stets die Karbonate aus den oberen Teilen ausgelaugt und in den unteren Teilen der Krume und darunter konzentriert. Damit zugleich kann auch eine Umlagerung anderer Bestandteile, eine gewisse Durchschwemmung feiner Stoffe, stattfinden, wie die nachstehenden sehr eingehenden Untersuchungen des Profils des kaffeebraunen Steppenbodens von Groß-Niedersheim in der Rheinpfalz zeigen, welche die Leitung des Ammoniaklaboratoriums Oppau der I. G. Farbenindustrie in Ludwigshafen zur Verfügung stellte. Das Profil selbst ist von K. Schlacht aufgenommen.

Auch die Oberkrume (0—15 cm) ist nicht völlig karbonatfrei, sondern hat noch über 5% $CaCO_3$. Im A_3- und im C-Horizont wurden über 15% und über 30% $CaCO_3$ festgestellt. Hier ist die Hauptanreicherung, und zwar in A_3 als Pseudomyzelium.

Der Humusgehalt ist sehr gering trotz der kräftigen Färbung. A_2 und A_3 haben mehr davon als die Ackerkrume, die in uralter Kultur ist und dadurch stark an Humus verarmt sein dürfte. Sehr bemerkenswert ist der hohe Stickstoffgehalt im Humus, der ein gemeinsames Kennzeichen aller Steppenschwarzerden ist, in welchen die Stickstoff sammelnden Bakterien und besonders auch die Nitrit- und Nitratbakterien gut gedeihen.

Aus dem Verhältnis von $SiO_2 : Al_2O_3$ kann man schließen, daß mit der Umlagerung der Karbonate auch etwas Ton in den A_3-Horizont umgelagert ist, was mit den Zahlen für die feinsten Korngrößen, für die Benetzungswärme und die Wasserkapazität übereinstimmt. Daß es basenarmer Ton ist, zeigt das Verhalten des K_2O.

Profil von Groß-Niedersheim, Rheinpfalz.

	A_1 aus 0—15 cm Tiefe	A_2 aus 25—35 cm Tiefe	A_3 aus 45—50 cm Tiefe	C (Löß) aus 90—100 cm Tiefe
SiO_2	70,77	71,14	61,10	49,58
Al_2O_3	8,84	8,75	8,42	6,30
Fe_2O_3	3,31	3,27	3,15	2,55
CaO	3,93	4,09	9,79	18,38
MgO	1,53	1,64	1,74	2,86
Na_2O	0,09	0,07	0,07	0,02
MnO	0,06	0,06	0,05	0,02
SO_3	0,06	0,05	0,05	0,05
CO_2	2,68	2,57	7,16	15,38
Cl	Sp	Sp	Sp	Sp
H_2O bei 105^0	1,86	1,86	2,18	0,98
N	0,14	0,08	0,09	0,04
P_2O_5	0,14	0,12	0,11	0,09
K_2O	0,33	0,43	0,29	0,15
Humus	0,65	0,96	1,03	0,36
Glühverlust	5,85	5,13	5,71	3,11
	100,24	100,22	100,94	99,87
Bestimmung der Korngrößen:				
2—0,2 mm	11,40	11,00	4,00	2,30
0,2—0,1 mm	9,20	7,50	4,04	3,70
0,1—0,05 mm	16,50	16,80	17,30	22,50
0,05—0,02 mm	31,20	32,20	36,00	38,60
Abschlämmbares < 0,02 mm	31,70	32,50	38,66	32,20
Benetzungswärme:				
gcal in Wasser	4,06	3,69	4,54	2,24
Wasserdurchlässigkeit:				
cm³ H_2O pro Std.	167 ± 2	154 ± 2	129 ± 3	27 ± 1
Wasserkapazität . . . . %	41,69	41,84	48,29	37,89
Pufferungen:				
gegen $\frac{n}{10}$ H_2SO_4 . . . . . cm³ 5	6,91	7,00	7,14	7,20
2	7,10	7,18	7,26	7,30
1	7,46	7,46	7,62	7,49
0	7,58	7,74	7,85	7,94
gegen $\frac{n}{10}$ NaOH . . . . . cm³ 1	8,56	8,72	8,96	8,65
2	9,18	9,22	9,28	9,64
5	10,08	10,04	10,04	10,48

Die Wasserdurchlässigkeit ist in den drei A-Horizonten hoch, wenn sie auch von A_1 bis A_3 etwas abnimmt. Sie ist viel größer als im Löß, der zudem noch durch die Karbonateinlagerung fest und hart geworden ist. Die Ursache der hohen Wasserdurchlässigkeit liegt an dem starken Durchwühlt- und Durchwachsensein der A-Horizonte und an ihrer guten, durch den Karbonatgehalt verursachten Krümelstruktur. Alle Horizonte sind naturgemäß infolge des Karbonatgehaltes alkalisch.

Die nachfolgenden Zahlen der Bauschanalysen N. FLOROWs[1] bestätigen die aus den beiden vorigen gewonnenen Schlüsse.

Die zahlreichen Tiere durchwühlen die Tschernosemböden stark. Die besonders die oberen Horizonte durchziehenden Pflanzenwurzeln befördern ebenfalls die Auflockerung. Infolgedessen und auch infolge der alljährlichen Austrocknung ist die Porosität der Tschernosemböden groß, und zwar besonders

---

[1] FLOROW, N.: Über die Degradierung des Tschernosjems in den Waldsteppen. Ann. Inst. Geol. al Romaniei 11, Tab. 7. Bukarest 1926.

Profil von Usin, Gouv. Kiew.

	A_1 (0—50 cm) dunkelgrau, krümelig		A_2—C (60—140 cm) Übergang, reich an Karbonatpseudomyzelium und Tiergängen		C (140—222 cm) Löß etwas schmutzig, von Tiergängen durchzogen		C (300—380 cm) hellgelber Löß mit dunkler Punktierung	
	luft-trocken	ohne Humus, Karbonat und H_2O	luft-trocken	ohne Humus, Karbonat und H_2O	luft-trocken	ohne Humus, Karbonat und H_2O	luft-trocken	ohne Humus, Karbonat und H_2O
SiO_2	73,67	81,81	68,40	80,43	68,19	80,13	69,89	79,93
Al_2O_3	8,30	9,21	7,75	9,11	8,33	9,78	9,51	10,87
Fe_2O_3	2,82	3,13	2,97	3,49	2,61	3,06	3,09	3,53
Mn_3O_4	0,06	—	—	—	0,04	—	0,06	—
CaO	1,19	1,26	6,19	2,17	6,97	2,12	5,30	1,72
MgO	0,34	0,36	0,81	0,29	1,39	0,43	1,92	0,64
K_2O	1,89	2,09	1,75	2,05	1,81	2,12	1,93	2,20
Na_2O	1,02	1,13	0,97	1,14	0,98	1,15	1,09	1,24
$CaCO_3$	0,09	—	7,76	—	9,23	—	6,78	—
$MgCO_3$	0,01	—	1,18	—	2,15	—	2,86	—
CO_2	0,05	—	4,04	—	5,20	—	4,49	—
Humus	6,02	—	3,11	—	1,30	—	0,70	—
N	0,46	—	0,16	—	0,05	—	0,07	—
H_2O hygrosk.	3,84	—	2,91	—	2,23	—	2,23	—
H_2O chem. geb.	1,40	1,55	0,94	2,10	1,27	1,49	1,57	1,79
Glühverlust	11,26	—	6,96	—	4,80	—	4,50	—
P_2O_5	0,09	0,10	0,08	0,09	0,06	0,07	0,06	0,07
Summe	100,69	—	99,92	—	100,38	—	101,84	—

in den oberen Horizonten. Das Volumgewicht ist im Zusammenhange mit der
hohen Porosität niedrig. Das absolute spezifische Gewicht ist um so niedriger,
je höher der Humusgehalt ist, da der Humus eine spezifisch leichte Masse ist.
P. KOSSOWITSCH stellt eine Tabelle hierher gehöriger Werte zusammen, der die
folgenden entnommen sind.

Porosität, Volumgewicht und spezifisches Gewicht von Tschernosemböden.

	Tiefe in cm	Porosität (Volumproz. der Poren)	Volum-gewicht	Spezifisches Gewicht
1. Kreis Mariupoli, Gouv. Jekaterinoslav (nach G. WYSSOTZKI)	Oberfläche	58	1,10	
	10—25	54	1,20	2,60
	25—50	50	1,30	
	50—75	49	1,35	2,65
	75—100	47	1,40	
2. Toniger Tschernosem, mehrere Jahre nicht bearbeitet. Schatilowsche landwirt. Versuchsstation, Kreis Nowosili, Gouv. Tula (nach W. WIENER). (In Tschernosem zurückverwandelter Waldboden?)	12,5—25	61,8	1,00	2,60
	37,5—50	59,2	1,09	2,68
	62,5—75	51,0	1,34	2,74
	87,5—100	48,5	1,40	2,71

Flora und Fauna der Tschernosemgebiete[1].

Im Gegensatz zu den Floren der Halbwüsten, welche durch Artemisia und
andere Kräuter, durch Sträucher, vieljährige Pflanzen und nur wenige Gräser
gekennzeichnet ist, wird die Flora der Tschernosemgebiete durch die Gräser
beherrscht. Teils haben Stipa-, teils Festucaarten den Hauptanteil, so daß man
Stipa- und Festucasteppen unterscheiden kann. An Stipaarten kommen in
Eurasien Stipa pennata, capillata, stenophylla u. a. vor, ferner an anderen

---

[1] KOSSOWITSCH, P.: Die Schwarzerde. Internat. Mitt. Bodenkde 1, 221—226 (1912).

Gräsern Koeleria cristata, Festuca sulcata, ovina, Poa bulbosa, Bromus inermis, Avena desertorum. An anderen Pflanzen fehlt es naturgemäß nicht, doch herrschen die Gräser vor. Häufig sind an Sträuchern Cytisus biflorus, Amygdalus nana, Prunus chamaecerasus.

Sehr eingehend hat sich P. KOSSOWITSCH[1] über die Steppenvegetation geäußert. Seine Zusammenstellung möge hier im Wortlaut folgen.

„Die Bildung von Tschernosemböden ist sehr eng mit besonderen Pflanzengemeinschaften (Formationen) verknüpft, und zwar mit den Gräser- und Sträuchergräsersteppen. Unter Waldmassiven bilden sich diese Böden nicht nur nicht, sondern sie verlieren, wenn sie vom Walde eingenommen werden, sogar allmählich die für sie charakteristischen Züge, verändern ihre Struktur, werden humusärmer und gehen allmählich in graue Waldböden über, oder, wie man sich ausdrückt, sie degradieren.

In biologischer Beziehung setzt sich die Flora, die bei der Entstehung des Tschernosems beteiligt gewesen ist und ihn bekleidet, aus Pflanzenformen mit kurzer Entwicklungszeit zusammen, welche längere Perioden der Dürre und der Trockenheit des Bodens überstehen können und einen gewissen Überschuß mineralischer Salze in der Bodenlösung, mit anderen Worten bis zu einem gewissen Grade Salzböden zu vertragen imstande sind. Unter der Vegetation der Gräsersteppen überwiegen zwei- und mehrjährige Vertreter mit verkürzten überwinternden unterirdischen und oberirdischen Teilen; in diesen Teilen werden Reservenährstoffe abgelagert, die es den Pflanzen möglich machen, im Frühjahr, beim Eintreten der Wärme und bei der ersten Feuchtigkeit, rasch einjährige Triebe zu entfalten, in kurzer Frist die Entwicklung zu beenden und sie durch Reifen der Samen zum Abschluß zu bringen. Mit dem Anbrechen der Sommerdürre erstirbt das Leben in der Steppe, die krautigen Halme vertrocknen und verleihen dann den Steppen ein graubräunliches Kolorit. Nochmals lebt die Steppe mehr oder weniger merklich erst im Herbste auf. Im Winter sammelt sich zwischen den Halmen des vertrockneten Grases (besonders in der Bürste der Stipa capillata) Schnee. Im Frühjahr bildet diese dichte, trockene und hohe Decke aus Halmen der Stipaarten (der sog. „Kalkan“) und anderer Gräser ein ernstes Hindernis für das freie Wachstum der jungen Frühjahrstriebe; damit hängt auch ein bei den Viehzüchtenden angenommenes Verfahren zusammen, das Brennen der Steppe.

Die Zusammensetzung der Flora der Tschernosemsteppen ist, selbst wenn man nur das europäische Rußland ins Auge faßt, durchaus gleich. In ganz allgemeinen Zügen können wir für das europäische Rußland zwei Arten von Steppen unterscheiden: die Stipasteppen, von denen der Tschernosem der trockeneren, fast vollständig waldlosen Gebiete bedeckt ist, und die Wiesensteppen, die an weniger trockene Tschernosemgebiete gebunden sind, wo an der Pflanzendecke des Landes in bedeutendem Maße auch Waldgemeinschaften im Wechsel mit Steppen beteiligt sind.

In der Stipasteppe herrschen am meisten vor und sind für sie am charakteristischsten: Stipa capillata, Stipa pennata, Stipa Lessingiana, Festuca ovina und Festuca sulcata; zu ihnen gesellen sich in bedeutender Menge Koeleria cristata, Triticum, Poa bulbosa var. vivipara, Carex stenophylla, Medicago falcata, Tulipa Gesneriana, Iris pumila u. a.; zwischen den Horsten der Steppengräser, die den Boden nicht mit einer ununterbrochenen Decke überziehen, entwickeln sich im Schatten der Blätter noch Flechten, Moose und Algen (Nostoc commune). An trockeneren Standorten und auf weniger ausgelaugten Böden

---

[1] KOSSOWITSCH, P.: Die Schwarzerde. Internat. Mitt. Bodenkde **1**, 221—226 (1912).

schließen sich den schon genannten Vertretern der Stipasteppen in bedeutender Menge Linosyris villosa, Artemisia austriaca, Veronica incana u. a. an; sie bilden reichliches Untergras und verleihen der Steppe von der Mitte des Sommers an einen grauen Farbenton.

Die Flora der ‚Wiesensteppen‘ ist bedeutend artenreicher als die der ‚Stipasteppen‘; an ihrem Bestande sind, außer mannigfaltigen Gramineen, reichlich Dicotyledonen beteiligt, durch welche die Pflanzendecke eine größere Buntheit erlangt; zu den oben aufgezählten Pflanzen der Stipasteppen, deren Zahl hier abnimmt, kommt eine ganze Reihe neuer Formen, die eine wesentliche Rolle in der Grasdecke spielen; davon sind sehr charakteristisch: Adonis vernalis und wolgensis, Salvia nutans und austriaca, Astragalus pubiflorus und asper, Onobrychis austriacus, Gypsophila paniculata, Centaurea marschaliana und trivernia, Phlomis tuberosa, Aster amellus, Cambre tatarica, Statice latifolia, Paenia tenuifolia, Phleum Boehmeri, Triticum ramosum usw. An den feuchteren Stellen der Steppe, in leichten Bodenvertiefungen erhalten folgende Gramineen die Vorherrschaft: Poa pratensis, Triticum repens, Hierochloa adorata unter Vermischung der Dicotyledonen: Libanotis montana, Trifolium pratense, Inula salicina, Filipendula Ulmaria u. a.

Außer krautigen Pflanzen gehören zum Bestande der Steppendecke, vorzugsweise der Wiesensteppen, dichte Gebüsche, welche als kleine Parzellen über die krautige Pflanzendecke verstreut sind.

Die Gebüsche erheben sich gewöhnlich nicht über 70—100 cm, und ihr Durchmesser beträgt einige Meter; in der Steppe sind sie unter dem Namen ‚Deresniaki‘ oder ‚Wischarniki‘ bekannt; zu ihrem Bestand gehören überwiegend Caragana frutescens, Amygdalus nana, Prunus chamaecerasus und Spiraea crenifolia; bisweilen werden die ‚Deresniaki‘ von Cytisus biflorus, Prunus spinosa und Prunus insticia gebildet.

Oft dringen in die von Buschwerk besetzten Parzellen einerseits Steppengräser ein, andererseits treten darin nicht selten auch starke Sträucher und Bäume, wie Rhamus cathartica, Apfelbaum, Birnbaum, Ulmus campestris u. a., auf.

Die Vegetation der sibirischen Tschernosemsteppen besitzt zwar viele eigenartige Züge, ihre Grundbestandteile werden jedoch vorwiegend von denselben Arten zusammengesetzt wie die südrussischen Steppen. Von den am meisten charakteristischen Pflanzen müssen für die feuchtere Zone der sibirischen Steppen, wo die letzteren mit Birkenhainen abwechseln, Libanotis montana und sibirica erwähnt werden, welche im Sommer die Steppenflächen mit ihren weißen Schirmen bedecken. Für die trockeneren typischen Tschernosemsteppen Sibiriens wollen wir die große Rolle, die in ihrem Bestande Avena desertorum spielt, anführen; außerdem stellen in der Landschaft einiger sibirischer Steppen Umbelliferen ein wesentliches Element dar, darunter Peucedanum officinale. Strauchgruppen fehlen auf den sibirischen Tschernosemböden fast ganz.

Die oben angeführten Angaben über die Steppengemeinschaften charakterisieren die Flora der jungfräulichen, vom Pfluge unberührten Steppen, d. h. die Vegetation, welche, wie wir annehmen, an der Bildung der Tschernosemböden unmittelbar teilgenommen hat. Gegenwärtig sind, was das europäische Rußland betrifft, jungfräuliche Tschernosemsteppen in natürlichem Zustande nur in den seltensten Fällen erhalten geblieben; größtenteils sind die Steppen aufgepflügt, während die Flora anderer, vom Pfluge unberührter Steppenflächen mit seltenen Ausnahmen durch das verstärkte Weiden des Viehes wesentlich verändert werden mußte. Unter dem Einfluß des Weidegangs verschwinden von der Steppe zuallererst die ‚Deresniaki‘ und die Stipaarten. Auf längere Zeit bearbeiteten oder beweideten Steppen ist die Vegetation vorzugsweise durch

Festuca ovina, Poa bulbosa, Koeleria cristata u. a. gebildet. Noch schärfer sticht die Flora an den Stellen ab, wo das Land als ständige Weide ausgenutzt wird; hier wachsen hauptsächlich Euphorbia Gerardiana und glareosa, Artemisiaarten, Ceratocarpus arenarius, Echinopsilon sedoides, Lynosyris villosa u. a."

In Deutschland besteht die Steppenflora (pontische Flora) in den Gebieten, in welchen auch Tschernosemvarietäten vorkommen, nach W. WANGERIN[1] aus Stipa pennata und capillata, Poa bulbosa, Carex supina, humilis, aristata, ferner aus Arenaria graminifolia, Anemone silvestris, Adonis vernalis, Draba nemorosa, Prunus fruticosa, Cytisus ratisbonensis, Trifolium lupinaster, Onobrychis arenaria, Lathyrus pisiformis, Thymelaea passerina, Omphalodes scorpioides, Dracocephalum Ruychiana, Thesium intermedium, Isopyrum thalictroides, Alyssum montanum, Oxytropis pilosa, Campanula sibirica, Inula hirta, Scorzonera purpurea. In Mitteldeutschland kommen hinzu Muscari tenuiflorum, Iris nudicaulis, Veronica spuria, Lactuca quercina.

Nach H. L. SHANTZ[2] sind in Nordafrika die entsprechenden Böden durch dichte Bestände von Bromus, Festuca, Oryzopsis, Ampelodesma tenax und die kleine Palme Chamaerops humilis ausgezeichnet. In den Bergsteppen des mittleren Afrika kommen vor an Gräsern Hyparrhenia filipendula, Trichopteryx, Sporobolus pyramidalis, Atenium concinuum, Themeda triandra, Eragrostisarten, Microchloa, Aristida, Digitaria, Tricholaena. Das Grasland Südafrikas hat Themeda triandra als wichtigstes Gras, ferner Hyparrhenia, Heteropogon, Cymbonogon, Monocymbium, Andropogon, Tristachya, Eragrostis- und Andropogonarten, außerdem treten nach dem Brennen und vor dem Frühlingsregen stark hervor Elephantorrhiza, Hypoxis, Aster serrulatus, Clerodendron, Indigofera. Nach dem Regen treten hintereinander die folgenden Vegetationen auf: Zuerst ein Krautstadium mit vorherrschender Tagetes minuta, weniger Erigeron canadensis, dann ein kurzes Perennierendstadium mit Gnaphalium, drittens ein Kurzgrasstadium mit Cynodon incompletus, viertens ein Langgrasstadium mit Eragrostis curvula; schließlich die Themeda-Vegetation. Auch die Akaziensteppe Afrikas gehört wohl noch hierher. Sie führt an Bäumen außer Acaciaarten Terminalia sericea, Tarchonanthus camphoratus, Zizyphus mucronata und an Gräsern Aristidaarten, Schmidtia bulbosa, Panicum nigropedatum.

Die großen Ebenen der Vereinigten Staaten[3] zwischen den Felsengebirgen und den Längengraden des Ozarkgebirges haben im Westen Halbwüstenböden, in der Mitte und nach Osten zu die Steppenschwarzerde und die durch Grundwasser beeinflußten Prärieböden, ferner degradierten Tschernosem. Im Bereich dieser drei letzteren Bodentypen sind Langgras- und Kurzgrasfloren vertreten. Die Langgrasfloren sind hauptsächlich Präriefloren mit Andropogon furcatus und scoparius und Sorghastrum nutrum (Bluestem sod grass) oder Andropogon scoparius allein (Bluestem bunch grass). Aber im Norden (Nebraska, Dakota, Minnesota) kommen Stipa spartea und Andropogon tenerum (Needle grass slender wheat grass) als Hauptgräser, von welchen das erstere auf den trockeneren Stellen steht, welche Steppenschwarzerde haben. Im pazifischen Grasland ist ebenfalls Langgrasflora vorhanden, welche durch drei verschiedene Varietäten gekennzeichnet ist: im Osten von Oregon und Washington Agropyron spicatum, Festuca idahoensis, Poa sandbergii und Balsamorrhiza sagittata; im Westen

---

[1] WANGERIN, W.: Die deutsche Landschaft in ihrem pflanzengeographischen Wesen. In: Deutschland, die natürlichen Grundlagen seiner Kultur, S. 162—249. Leipzig 1928.
[2] SHANTZ, H. L., u. C. F. MARBUT: The Vegetation and Soils of Africa. Amer. geogr. Soc. Res. Ser. Nr 13, New York 1923, 55—73.
[3] BAKER, O. E.: Atlas of American Agriculture I E. Natural Vegetation (H. L. SHANTZ u. R. ZOON). Washington 1924.

Agropyron spicatum und Poa sandbergii; in den großen Tälern Kaliforniens Bromus rubens, hordeaceus, tectorum, Avena fatua, barbata, Hordeum murinum, Erodium cicutarium, Medicago hispida, ferner Poa scabrella und Stipa pulchra. Im allgemeinen überwiegen danach bei den Langgrasfloren die halbfeuchten Gräser. Die Kurzgrasvegetation findet sich mehr auf den trockenen Böden. Sie ist hauptsächlich durch das Gramagras Bouteloua gracilis gekennzeichnet. Hervorragende Frühlingsblüter sind darin Leucocrinum montanum, Pulsatilla hirsutissima, Phloe hoodii, Allium textile, Townsendia exscapa. Im Norden findet sich Artemisia frigida dazu. Im Norden sind reichlich beigemengt Carex filifolia und Koeleria cristata. Im nördlichen Neu-Mexiko und in Arizona ist Hilaria jamesii das charakteristische Gras, das bis in die Utahwüste hineinzieht. In Nebraska, Kansas, Oklahoma, Ostcolorado und Teilen von Neu-Mexiko und Texas wird die Kurzgrasflora durch gleichmäßige Bestände von Bouteloua gracilis und Bulbilis dactyloides gebildet. Hier kommen auch Plantago purstii, Festuca octoflora, Hedeoma hispida, Lappula occidentalis, in feuchten Jahren Erigeron canadense, Grindelia squarrosa, Stipa comata, Sporobolus cryptandrus vor. Nach Osten zu kommen in Gebieten mit größerem Niederschlag oder leicht durchlässigem Land Aristida longiseta, Psoralea tenuiflora, die zusammen mit Ipomoea leptophylla auch eine Zone zwischen dem Grasland der Ebenen mit Bouteloua und Bulbilis und der Prärie bilden, vor. Im westlichen Norddakota und Teilen von Süddakota sind Bouteloua gracilis und Stipa comata die Hauptgräser.

Aus den südamerikanischen Tschernosemsteppen gibt P. Kossowitsch nach F. Wohltmann und E. Lapin Melica mocra, Stipa, Aristida, Andropogon, Gynereum argenteum, Arena barbata, Melilotus, Medicago, Casium an.

Auf Hayeks Vegetationskarte der Erde, welche dem Abschnitt Podsolböden beigegeben ist, sind die Floren als Steppenfloren gekennzeichnet.

Von großer Bedeutung für das Verständnis der Steppenschwarzerde ist die Rolle, welche die bodenbewohnenden Tiere in ihnen spielen. Es gibt keinen Bodentypus, der einen so großen Reichtum an Tieren hätte. Die Ursachen dieses Reichtums sind Klima und Vegetation. Das Klima ist trocken genug, um den Tieren, die sämtlich gegen Nässe empfindlich sind, nicht zu schaden, und feucht genug, um eine reichhaltige Flora entstehen zu lassen. In dieser sind besonders die Gräser mit ihren Körnerfrüchten wichtig, die manchen Tieren (Hamster) sogar eine gewisse Vorratswirtschaft gestatten.

Den Nagern unter den Tieren kommt noch eine besondere Rolle gegenüber dem Baumwuchs zu. An sich ist das Klima der Steppenschwarzerde noch nicht waldfeindlich. Aber die in so großer Zahl vorhandenen Nager verhindern das Aufkommen des Baumwuchses durch das Zernagen der jungen Pflänzchen und das Abnagen der Rinde. Fast nur die Eiche mit ihrem Gerbsäuregehalt der Rinde wird verschmäht, daher sind die Steppenwälder fast ausschließlich Eichenwälder.

An der eigentlichen Horizontbildung der Schwarzerde sind die Bodenwühler ebenfalls hervorragend beteiligt. Sie bringen beständig Material von oben nach unten und von unten nach oben, durchmischen also die Horizonte und sind infolgedessen sehr stark die Ursache der verhältnismäßig großen Gleichartigkeit der Schwarzerdekrume.

Ausführlich hat P. Kossowitsch[1] die Tätigkeit der Tiere im Tschernosem behandelt. Seine Mitteilungen folgen nachstehend im Wortlaut:

,,Bei der Entstehung und im Leben der Tschernosemböden gehört eine sehr wesentliche Rolle der Tierwelt. Diese ist in den Steppen durch eine große Anzahl

---

[1] Kossowitsch, P.: Die Schwarzerde. Internat. Mitt. Bodenkde I, 244—252 (1912).

von wühlenden Tieren, die im Boden und Untergrund leben, vertreten. Dank ihrer Tätigkeit findet man die Tschernosemböden auf eine bedeutende Tiefe durch Hänge von verschiedenem Durchmesser durchzogen, die zum Teil leer, in der Mehrzahl der Fälle aber bereits zugeschüttet sind. Diese Tiere bringen einerseits beim Bau ihrer Gänge aus den unteren Schichten wenig verändertes Muttergestein an die Oberfläche des Bodens herauf, andererseits aber tragen sie Pflanzenteile in ihre Gänge, verbrauchen sie dort und bereichern auf diese Weise die tieferen Horizonte an organischen Substanzen. Die von den Tieren verlassenen Gänge füllen sich mit erdigem Material aus den Bodenschichten und dem Untergrund. Im allgemeinen besteht die Rolle der wühlenden Tiere im ständigen Durchmischen des Materials verschiedener Bodenschichten und des Untergrundes untereinander, sowie in einer engeren Vermengung organischer Stoffe mit mineralischen.

Aus der Gruppe der niederen Tiere sind die Bewohner des Tschernosems hauptsächlich durch Regenwürmer, Ameisen und eine Menge verschiedener anderer Insekten (Käfer, Vielfüßler) und ihrer Larven usw. vertreten.

Unter den niederen Tieren gebührt die erste Stelle den Regenwürmern. Durch deren Gänge sind die oberen Schichten der Tschernosemböden oft in allen Richtungen durchfurcht; mit der Tiefe wird die Zahl der Gänge geringer. Die kleineren Würmer dringen nicht tiefer als $1\frac{1}{2}$ m, aber es gibt auch solche, wie der große, von WYSSOTZKY in der Weliky-Anadolschen Oberförsterei gefundene (Allolobophora mariupoliensis), die ihre Gänge bis zur Tiefe von 8 m anlegen. Die Gänge der Würmer werden von der Steppenvegetation benutzt, und ihre Wurzeln dringen mit deren Hilfe leicht in große Tiefen. Die Zahl der von Regenwürmern gebahnten Gänge erreicht auf Tschernosemböden eine sehr bedeutende Größe. So kamen, nach Beobachtungen von G. WYSSOTZKY, in Weliky-Anadoli auf die Fläche eines horizontalen Schnittes von 1 Quadratmeter in der Tiefe von 1 m 525 leicht sichtbare Gänge von Allolobophora vor. Außer der Beteiligung an der Durchmischung der Böden spielen die Regenwürmer noch eine wesentliche Rolle an der Entstehung der eigentümlichen Krümelstruktur der Tschernosemböden; die Würmer sondern ihre Ausscheidungen (verschluckte Bodenteilchen und Reste pflanzlicher Nahrung) in Form von mehr oder weniger großen Kügelchen und Würstchen aus, die durch eine besondere schleimige Substanz zementiert sind. Diese Ausscheidungen sammeln sich im Boden an, indem sie ganz bleiben oder in kleinere eckige Körnchen zerfallen, und verleihen den Tschernosemböden in ihren oberen Schichten eben die feine Krümelstruktur. Auch die Ameisen können, indem sie ihre unterirdischen Gänge bahnen und die Erde daraus in Form von Hügeln an die Oberfläche bringen, im Leben der Tschernosemböden von wesentlicher Bedeutung sein.

Die zweite Gruppe der Wühler auf den Tschernosemböden wird durch zahlreiche Nagetiere, welche Bodenmuttergesteine der Steppen bewohnen, gebildet. Unter ihnen spielen bei der Bodenbildung die relativ größte Rolle und sind daher besonders zu erwähnen: die kleine Blindmaus, die man zuweilen Maulwurf nennt (Spalax typhlus), die Zieselmaus (Spermophilus guttatus), der Bobak (Arctomys bobac), der Hamster (Cricetus frumentarius) und verschiedene Arten von Mäusen.

Die gesamte Bevölkerung, die, wie man annehmen muß, in den jungfraulichen Steppen sehr zahlreich gewesen ist und nach und nach mit der Verbreitung der Kultur verschwindet, richtet sich in den Böden der Steppen in der bedeutenden Tiefe von $1—1\frac{1}{2}$ m und tiefer ihre Behausungen (Schlafkammern) ein, legt zu ihnen Gänge in großer Zahl an, durchzieht also den Boden in verschiedenen Richtungen mit Tunnelbauten, schleppt dabei den Untergrund in großen Mengen an die Oberfläche und ladet ihn hier in Form von gelbbraunen Hügeln ab. Die letzteren verleihen der jungfräulichen Steppe eine gewisse Scheckigkeit. Nach dem Aufpflügen der Steppe aber heben sich auf dem schwarzen Grunde des Acker- landes gelbbraune, salzführende Flecke ab.

Die Gänge der Wühler füllen sich mit der Zeit mit Erde von den Wänden der Gänge und von der Oberfläche des Bodens. Das Anfüllen geschieht besonders rasch, wenn die Steppe zum Ackerland gemacht wird. Einzelne Abzweigungen ihrer Gänge verstopfen die Tiere selbst zu Schutzzwecken. Die Gänge können relativ locker ausgefüllt sein, wenn die Anfüllung sich durch Zuschütten vollzieht und fester, wenn die Gänge allmählich durch Material ausgefüllt werden, welches durch hineinfließendes Wasser herbeigebracht wird. In dem zweiten Falle kann das die Gänge ausfüllende Material längs den Wandungen der Gänge in mehr oder weniger regelmäßigen konzentrischen Schichten von verschiedener Färbung und ungleichem Gefüge angeordnet sein.

Je nach den Tieren, denen die Gänge gehört haben und je nachdem, ob sie ausgefüllt sind oder nicht, ferner je nach der Art des Ausfüllens, des Charakters des Füllmaterials und der Richtung des Schnittes, beobachten wir auf einem Bodenschnitt durch Tschernosem Hohlräume und Flecke, die nach Größe, Form und Aussehen verschieden sind. Diese Flecken zeichnen sich vom Boden und Muttergestein sowohl durch Farbe als auch durch ihr Gefüge ab. Für Bildungen, die an die Tätigkeit der wühlenden Nagetiere gebunden sind, ist in Rußland die Bezeichnung „Maulwurfsgänge" („Krotowina") üblich, was allerdings, wie aus dem Gesagten hervorgeht, ihrer Entstehung nicht entspricht. Seltener nennt man sie Murmeltiergänge (russisch: „Ssurtschina"). Auf der dunklen Humus- schicht der Tschernosemböden heben sich die Maulwurfsgänge am grellsten bei hellgrauer Farbe ab, wenn sie hier durch das Grundgestein ausgefüllt sind, und umgekehrt, auf den gelbbraunen, unter dem Humus liegenden Horizonten fallen sie bei dunkler Färbung ins Auge, wenn dem Füllmaterial Humusboden aus den oberen Schichten beigemischt ist. An Schnitten durch zugeschwemmte Maul- wurfsgänge beobachten wir konzentrische Schichtung („geschichtete" und „umsäumte" Maulwurfsgänge). Zu bemerken ist noch, daß der konzentrische Rand in Maulwurfsgängen auch einen von einem Tiere selbst hergestellten Bewurf darstellen kann.

Die Ausmaße der Gänge und Schlafkammern der wühlenden Nagetiere und demgemäß auch die Größe der entsprechenden „Maulwurfsgänge" sind recht verschieden. Spermophilus guttatus baut die schmalsten Gänge; ihr Durch- messer schwankt von 4—7 cm bei einer Kammer von $\frac{18-22}{13-18}$ cm; Spalax typhlus hat Gänge von 8—11 cm im Durchmesser und Kammern von $\frac{20-28}{18-24}$ cm; von annähernd denselben Abmessungen sind auch die Baue des Cricetus frumentarius. Bedeutend größere Zahlen gelten für den Arctomys bobac: 18—21 cm für den Durchmesser der Gänge und $\frac{22-31}{18-22}$ cm für die Kammern.

Gewöhnlich sind die Maulwurfsgänge in großer Zahl nicht tiefer als 1,3—1,5 m anzutreffen; in bedeutenderer Tiefe kommen am häufigsten die größten Kammern vor, dem Anschein nach die des Bobak (2,5 m). Die dichteste Anhäufung von Maulwurfsgängen entfällt, nach Beobachtungen von M. TKATSCHENKO, auf die Zone von 75—100 cm Tiefe.

Bemerken wollen wir, daß G. WYSSOTZKY Maulwurfsgänge im Gouvernement Samara in einer bedeutend größeren Tiefe, nämlich von ungefähr 3—4 und mehr Metern beobachtet hat. Dabei stellte sich das sie ausfüllende Material als sehr verdichtet heraus und unterschied sich in dieser Beziehung nur wenig von dem umgebenden Gestein. Das Vorkommen von Maulwurfsgängen in so bedeutender

Tiefe, bis auf welche die jetzigen Wühler ihre Gänge gewöhnlich nicht hinab-
führen, die große Dichtigkeit des Füllmaterials und der Umstand, daß sie unter
einer besonderen, dunklen, an Humusstoffen angereicherten Schicht, unter dem
sog. Humushorizont, liegen, führten WYSSOTZKY zu der Vermutung, daß wir
in dieser dunklen Schicht einen begrabenen Boden vor uns haben, und daß die
Maulwurfsgänge der so tiefen Schichten Überreste von Gängen nicht derjenigen
Tiere sind, die auf der jetzigen Oberfläche leben oder gelebt haben, sondern von
Wühlern, die einst den begrabenen Boden bewohnt haben, d. h. daß es hier ehemals eine Steppe mit Tschernosem gegeben hat, die später verschüttet worden
ist, und daß erst auf dem dabei aufgetragenen Material sich der gegenwärtige
Tschernosem gebildet hat.

Einen analogen Fall lernten wir selbst im Schipowforst (Gouvernement
Woronesh) kennen, wo der „Humushorizont" in einer Tiefe von 4—5 m liegt.
Hier wurden relativ zahlreiche Maulwurfsgänge in der oberen humosen Bodenschicht sowie unter ihr beobachtet; tiefer im Muttergestein fehlten „Maulwurfsgänge" fast ganz. Die letzteren traten dann wieder auf, und zwar in besonders
großer Zahl, in dem dort vorkommenden „Humushorizont" und unter demselben, somit in einer Tiefe von ca. $5^3/_4$ m.

Von Tieren verlassene Maulwurfsgänge dienen als Bahnen, auf denen die
Pflanzenwurzeln in die Tiefe dringen und können von ihnen ausgefüllt werden
(M. TKATSCHENKO). Im Zusammenhang damit wollen wir erwähnen, daß schon
1871 HELMERSEN und dann in der letzten Zeit W. TALIEW die Ansicht ausgesprochen haben, daß die „Maulwurfsgänge" selbst in vielen Fällen durch Baumwurzeln hervorgebracht sein können. Diese Ansicht steht mit der Vermutung,
die Steppe könnte im Süden Rußlands z. T. den Wald abgelöst haben, im Zusammenhang. Die Entstehung der Maulwurfsgänge auf diese Art zu erklären,
dazu konnten am ehesten die geschichteten und die umsäumten Maulwurfsgänge
Veranlassung geben; aber dank späteren Beobachtungen hinsichtlich der Entstehungsweise von Maulwurfsgängen dieser Art (W. SUKATSCHEW) ist die Vermutung über ihre Bildung unter Beteiligung von Baumwurzeln gegenwärtig
vollständig fallen gelassen. Übrigens weisen auch andere Autoren auf Reste
von Wurzelspuren hin, die in einigen Gegenden des Steppengebietes anzutreffen
sind; jedoch sind diese Spuren kleiner wie Maulwurfsgänge. Man findet sie nur
unter der Humusschicht; sie werden nach unten zu allmählich enger, lassen eine
für Wurzeln charakteristische Verzweigung erkennen und haben, mit einem Wort,
mit den gewöhnlichen Maulwurfsgängen nichts gemein; man nennt sie auch
„Wurzelgänge" (russisch Kornëwinuy)."

Verbreitung und Klima.

W. HOLLSTEINS Bodentypenkarte der Erde, welche dem Abschnitt „Podsolböden" beigegeben ist, zeigt die Verbreitung der Steppenschwarzerde auf den
einzelnen Kontinenten. Nach den russischen Autoren beginnt die große Zone
Eurasiens nordwestlich des Schwarzen Meeres. Von Rumänien über die Ukraine
bis an den Ural, dann durch Südsibirien und Zentralasien (Kirgisensteppe) mit
Unterbrechungen zur Mongolei. In Vorderindien gehören die schwarzen Regurböden wahrscheinlich hierher. Australien hat nach den neuen Untersuchungen
von W. GEISLER, welcher Autor uns seine Bodentypenskizze für HOLLSTEINS
Bodenkarte zur Verfügung stellte, keine Steppenschwarzerde.

In Afrika haben H. L. SHANTZ und C. F. MARBUT mehrere große Steppen-
schwarzerdegebiete ausgeschieden. Ein langer Streifen beginnt im Senegal und
zieht sich durch den Sudan bis gegen das Bergland von Abessinien. Östlich
dieses westost gerichteten Streifens beginnt eine ungefähr nordsüd gerichtete Zone

in Britisch-Somaliland, sie zieht durch Südost-Abessinien in die britische Kolonie Kenia und mit einem sich nach Norden zurückbiegenden Zipfel durch das frühere Deutsch-Ostafrika. Eine südliche Zone beginnt in Portugiesisch-Ostafrika und geht durch Südrhodesien, Matabeleland nach Transvaal. Vom Matabeleland geht ein westlicher Zipfel nördlich der Kalahari durch Angola hindurch.

Nordamerika hat eine nordsüdlich gerichtete Zone, welche in Kanada (Saskatschewan und Manitoba) beginnt, durch Dakota, Minnesota, Nebraska, Iowa, Kansas, Missouri (z. T.), Oklahoma und Texas zieht.

In Südamerika verläuft eine solche Zone von der nordöstlichen Pampas beiderseits des Silberstroms an durch die Gebiete beiderseits des unteren Parana bis in den Gran Chaco. Kleinere Inseln liegen in Brasilien.

Dies alles sind nur die großen Zonen, welche auf der Bodenkarte der Erde mit dem Mittelpunktsmaßstab 1 : 60 Millionen darstellbar sind. Außerdem gibt es noch viele kleinere Gebiete.

In Deutschland ist eine Reihe von Inseln vorhanden, welche teils die schwarze, teils die kaffeebraune Varietät der Steppenschwarzerde haben. Eine größere Insel beginnt im Norden bei Wolfenbüttel im Braunschweigischen und zieht sich durch die Länder im Regenschatten des Harzes (Magdeburger Börde) über Halle bis in den Leipziger Kreis hinein. Eine zweite Insel befindet sich im Thüringer Becken. Eine dritte mit den dunkelbraunen Böden liegt im Rheintal (Rheinhessen, nördliche Rheinpfalz, badische und elsässische Rheinebene z. T.). In Bayern sind nach Fr. Münichsdorfer mehrere kleinere Inseln westlich von Regensburg und nördlich von Nördlingen vorhanden.

Auch viele andere Länder Europas (Polen, Österreich, Jugoslavien, Bulgarien u. a.) haben Schwarzerdevorkommen.

Vergleicht man die Bodenkarte mit W. Köppens Klimakarte, so fällt auf, daß die Gebiete der Steppenschwarzerde nicht auch zugleich die Gebiete mit Steppenklima sind. Diese sind weit regelmäßiger durch die kastanienfarbigen Böden ausgezeichnet.

In Eurasien liegt die Schwarzerde z. T. im feuchtwinterkalten subarktischen Klima gegen die Grenze vom Steppenklima hin, z. T. schon in diesem. Die Gebiete des Regurs in Vorderindien, der Schwarzerden in Afrika haben überwiegend die periodisch trockenen Savannenklimate. In Amerika sind es z. T. die feuchttemperierten der warmgemäßigten Regenklimate, z. T. deren warmewintertrockene Teile (Südamerika), z. T. die feuchtwinterkalten subarktischen Klimate (Nordamerika).

W. Hollstein[1] hat sich im einzelnen darüber folgendermaßen geäußert:

„Der Jahreslauf des Klimas zeigt in den großen Tschernosemgebieten der Erde sehr erhebliche Unterschiede ...

Das südrussische Schwarzerdegebiet hat 5 Monate hindurch Temperaturen unter 0^0, z. T. stark unter 0^0 und scheidet daher während dieser Zeit für die Erzeugung von Pflanzenmasse völlig aus. Zwei bis drei Monate haben Mitteltemperaturen von $0—10^0$ und etwa fünf von 10 bis über 20^0. Diese kommen für lebhaftes Pflanzenwachstum in Betracht. Dabei ist die jährliche Regenmenge so gering, daß nur die günstige Verteilung des Regens über das Jahr geregelten Ackerbau ermöglicht, der sich aber auf Pflanzen mit verhältnismäßig geringem Wasserbedarf beschränken muß und solche mit höherem, wie z. B. den Mais, sehr zurücktreten läßt. Der Anbau von Stoppelfrüchten oder auch von Winterfrüchten ist infolge des geringen Niederschlages und der Kürze der Wachstumszeit in einem großen Teil so gut wie unmöglich oder sehr erschwert.

---

[1] Hollstein, W.: Eine allgemeine Bonitierung der Erdoberfläche. Geogr. Abh. 1930.

Im Schwarzerdegebiet südlich der Sahara würden die Temperaturverhältnisse den Anbau auch der wärmebedürftigsten Gewächse das ganze Jahr hindurch gestatten, doch sind hier 6—8 Monate praktisch regenlos, während in der Regenzeit die Feuchtigkeit so reichlich ist, daß auch wasserbedürftige Pflanzen gedeihen können. Das Schwarzerdegebiet im mittleren Argentinien erfreut sich eines vergleichsweise sehr ausgeglichenen Klimas. Die Mitteltemperatur des kältesten Monats sinkt nicht oder nur wenig unter 10^0, während die des wärmsten 20^0 übersteigt. Dabei genügt der Regenfall im größten Teil des Gebietes das ganze Jahr hindurch für das pflanzliche Wachstum. Die Verteilung des Regens über das Jahr ist insofern noch besonders günstig, als der wärmeren Jahreszeit die größere Regenmenge zukommt. Diese Verhältnisse geben die Möglichkeit, in den meisten Jahren bei entsprechender Bewirtschaftung dem Boden zwei Ernten zu entnehmen.

Das Schwarzerdegebiet von Nordamerika erstreckt sich in N-S.-Richtung vom $28—54^0$ n. Br. und weist daher große Unterschiede in der mittleren Jahrestemperatur auf. In seinem nördlichen Teil, in Kanada, beträgt die Wachstumszeit etwa 4—5 Monate mit strenger Beschränkung des Niederschlags auf den Frühsommer. Die Verhältnisse entsprechen also denen von Südrußland und Westsibirien. Nach Süden zu werden sie schrittweise günstiger, die Wachstumszeit nimmt zu, die Beschränkung des Niederschlags auf den Sommer dauert aber an, so daß auch in den südlichsten Teilen der Zone, wo die Temperaturverhältnisse schon doppelte Ausnutzung des Ackerlandes ermöglichen würden, darauf verzichtet werden muß, da die nötige Feuchtigkeit fehlt. Unangenehm ist für den Ackerbau des nordamerikanischen Schwarzerdegebiets das häufige Auftreten von Spätfrösten im Frühjahr und von Frühfrösten im Herbst, die in dem allmählichen, durch keine Bergschranke unterbrochenen Übergang der großen Ebenen in das subarktische Gebiet ihre Ursache haben. Die Spätfröste belasten besonders den Maisbau, der bis nach Südkanada betrieben wird, und machen, in Verbindung mit dem Fehlen einer ausreichenden winterlichen Schneedecke, den Winterweizenbau bis etwa zum 40. Breitengrad so gut wie unmöglich. So gibt es in Nordamerika ein Gebiet des Maisbaues ohne Winterweizen, in Osteuropa ein Gebiet des Winterweizenbaues ohne Mais."

K. GLINKA[1] gibt nach ADAMOW die nachstehenden Tabellen über das Klima des europäischen Rußlands wieder.

In Millimetern ausgedrückte durchschnittliche Niederschlagsmenge der Steppenregion.

	Januar	Februar	März	April	Mai	Juni	Juli	August	September	Oktober	November	Dezember	Jährlich
Simbirsk	19,8	14,3	18,3	24,0	35,3	53,8	69,1	47,8	46,0	29,9	26,5	23,9	408,7
Samara .	23,2	17,7	17,1	24,1	32,7	44,0	48,1	32,1	34,2	29,8	32,7	24,9	360,6
Pensa .	30,4	30,6	22,0	31,2	46,3	60,2	60,8	35,0	43,0	34,8	36,8	33,6	464,7
Wolsk .	40,2	38,3	27,8	36,7	41,3	44,8	53,0	36,0	49,8	42,6	50,4	45,2	506,1
Tambow	30,0	28,0	36,0	32,5	45,2	58,1	53,0	50,0	41,9	45,5	41,2	44,1	505,5
Orel . .	31,3	28,7	39,3	39,3	47,8	62,3	77,3	58,1	50,8	43,4	33,5	35,2	540,7
Saratow.	24,6	23,6	19,0	28,5	29,6	37,1	40,6	30,6	27,6	36,3	35,0	38,8	371,3
Woronesh	37,9	32,7	35,8	38,7	48,2	66,5	50,1	50,0	42,6	40,8	42,0	46,5	531,8
Charkow	29,8	33,8	36,0	34,4	42,4	62,8	64,7	47,9	35,9	35,6	30,3	36,5	490,1
Poltawa .	20,8	25,5	33,5	36,9	47,3	68,8	58,8	49,1	43,1	47,2	32,5	37,2	500,7
Luganj .	21,2	18,9	23,8	28,8	44,6	51,3	49,6	35,0	28,3	29,3	31,6	26,9	389,3

Durchschnittlich | 461,4

[1] GLINKA, K.: Die Typen der Bodenbildung, 259. Berlin 1914.

Durchschnittliche Lufttemperatur in der Steppenregion.

	Januar	Februar	März	April	Mai	Juni	Juli	August	September	Oktober	November	Dezember	Jährlich	Vegetationsperiode April—Oktober
Simbirsk	−13,72	−12,36	−6,37	−2,96	13,58	17,34	19,96	17,35	11,04	3,71	−3,77	−10,61	2,76	12,2
Samara	−13,45	−12,63	−6,41	4,66	14,46	18,85	21,48	19,55	12,62	4,97	−3,17	−10,02	4,24	13,8
Pensa	−12,03	−11,51	−5,99	3,88	13,75	17,93	20,14	18,76	11,65	4,86	−2,83	−8,62	4,17	12,9
Wolsk	−12,88	−11,41	−5,02	5,10	15,45	18,61	22,35	19,87	13,29	5,77	−2,77	−9,99	4,86	14,3
Tambow	−11,85	−9,49	−5,32	4,39	14,27	18,25	20,44	18,52	12,35	5,70	−1,90	−7,75	4,80	13,4
Orel	−10,15	−8,89	−4,43	3,95	13,68	17,37	19,94	18,24	12,33	5,93	−1,99	−7,42	4,88	13,1
Saratow	−11,39	−9,82	−4,72	5,11	14,94	19,70	22,25	20,52	14,13	6,20	−1,55	−8,20	5,59	14,7
Woronesh	−10,19	−8,76	−3,61	5,56	13,88	18,39	20,52	18,56	12,55	5,80	−1,72	−7,18	5,32	13,6
Charkow	−8,75	−5,75	−1,48	6,92	14,40	18,39	20,82	19,31	13,76	7,54	0,59	−4,98	6,73	14,4
Poltawa	−8,05	−6,50	−1,33	6,97	15,14	18,73	20,92	20,39	14,39	8,14	0,56	−4,81	7,13	14,9
Luganj	−8,30	−6,78	−1,07	8,08	16,00	20,04	22,69	21,63	15,41	8,38	1,36	−4,66	7,73	16,0
Durchschnittlich													5,29	

Für die Tschernosemzone des westlichen Sibiriens (Tobolsk, Akmolinsk) gibt K. Glinka[1] nach Gordjagin die folgenden Daten:

Mittlere Jahrestemperatur . . . . . 0,5°
Temperatur der Vegetationsperiode 14,7°
Jährliche Niederschlagsmenge . . . 321 mm
Niederschlagsmenge zur Zeit der
Vegetationsperiode . . . . 220 mm

In der Vorsteppe mit degradiertem Tschernosem herrschen:

Mittlere Jahrestemperatur . . . . 0,7°
Temperatur der Vegetationszeit . . 14,2°
Jährliche Niederschlagsmenge . . . 417 mm
Niederschlagsmenge zur Vegetationszeit . . . . 262 mm

Sehr eingehend wird das Klima auch von P. Kossowitsch[2] gekennzeichnet. Es ist kontinental, d. h. die Niederschläge sind unzulänglich, die Luft ist trocken, die Sommer heiß, die Winter kalt, die Temperaturschwankungen erheblich. Diese Züge treten besonders im östlichen Teil der Tschernosemzone hervor. Aber auch Kossowitsch weist darauf hin, daß weniger die Gesamtmenge der Niederschläge (400—500 mm im europäischen Rußland) als ihre Besonderheit und ihre Verteilung im Jahre für die Tschernosemgegend von Bedeutung sind. Der größte Teil fällt im Sommer als Platzregen, der schnell abläuft und in den Boden nicht eindringt. Infolge der hohen Sommertemperatur ist die relative Feuchtigkeit der Luft gering, daher die Verdunstung des Bodenwassers und die Austrocknung im Sommer groß.

Die mittlere Jahrestemperatur schwankt im europäischen Rußland zwischen 3 und 7,5°, erreicht in den südlichen und südwestlichen Gebieten 10°, während in Sibirien z. T. unter 0° herrscht (es gibt in Sibirien Tschernoseme, welche auf ewig gefrorenem Boden liegen). Der Sommer ist im allgemeinen heiß (17—20°), der Winter kalt (— 4 bis — 12°), in Sibirien sogar — 18°. Die Niederschlagsmenge sinkt von West nach Ost. Im Sommer etwa 160 bis

---

[1] Glinka, K.: Die Typen der Bodenbildung, S. 311. 1914.
[2] Kossowitsch, P.: Die Schwarzerde. Internat. Mitt. Bodenkde 1, 208—211 (1912).

180 mm, im Herbst 100—110 mm, im Winter 50—90 mm, im Frühjahr 70—90 mm. In Sibirien sind die Unterschiede besonders kraß, die Winter sind schneearm und stürmisch.

Die relative Luftfeuchtigkeit beträgt im Jahresmittel 70—80%, im Sommer 60—70%. Am trockensten ist der August mit etwa 45%.

Im einzelnen gibt noch K. GLINKA für das Schwarzerdegebiet des europäischen Rußlands 2,8—7,4° mittlere Jahrestemperatur und 360—540 mm Niederschlag, für das des asiatischen Rußlands 0,5—7° und 321—417 mm an. Die deutschen Tschernosjeminseln haben unter 500 mm Niederschlag bei etwa 8° mittlerer Jahrestemperatur. Das der kaffeebraunen Varietät im Rheinland hat fast 10° und unter 450 mm.

Die Ukraine (hierzu die Karten A, B, C). Zu den am besten untersuchten Gebieten der russischen Schwarzerde gehört die Ukraine, in welcher zahlreiche der besten russischen Forscher gearbeitet haben. In den letzten Jahren sind von G. MACHOW die Hauptergebnisse kartenmäßig zusammengestellt worden, von welchen hier drei Übersichtskarten im Maßstab 1 : 3 800 000 wiedergegeben seien.

Karte A gibt die Verteilung der Bodenzonen wieder. Im Norden und Nordosten herrscht das Waldgebiet I mit Podsolzonen. Nach Süden und Südosten schließt sich die Waldsteppe mit dem Nebeneinander verschiedener Tschernosemtypen und degradiertem Tschernosem an. In der Zone III überwiegt der Tschernosem, die degradierten Varietäten beschränken sich mehr auf den Osten. Ganz im Süden am Schwarzen und am Asowschen Meer kommen die trockeneren schokoladebraunen und kastanienfarbigen Varietäten IV mit Alkaliböden vor. Vom Gebiet der Waldsteppe II an sind die verschiedenen Stipaarten (Federoder Pfriemengräser) verbreitet. Ihre Nordgrenze fällt nicht genau mit der der Waldsteppe zusammen, sondern schneidet deren Gebiet. Einzelne Arten gehen nicht auf die trockene Schwarzerde IV über, eine auch nicht auf die Waldsteppenzone II.

Karte B zeigt die Verbreitung der quartären Ablagerungen, der Bodenarten, auf welchen sich die verschiedenen Typen bilden. Im Norden die Moräne mit glazialen, fluvioglazialen und äolischen Sanden. Noch innerhalb der Vereisungsgrenze verlehmter Löß mit kleiigen Grundwasserabsätzen. Außerhalb des Vereisungsgebietes zumeist Löß.

Karte C enthält die physikalisch-geographischen Hauptkoordinaten der Böden. Dazu gehören die Linien gleicher Jahresniederschläge und gleicher Juli-Mitteltemperatur, die Verbreitung der Vegetationen, der verschiedenen Arten der Karbonatausscheidung, des Gipses, die Höhen über dem Meeresspiegel. Eingezeichnet sind auch die Lößgrenze, die südliche Vereisungsgrenze und die Bodenzonen.

Mitten durch die Podsolzone des Nordens schneidet die Linie des 600 mm-Niederschlags. Die 500 mm-Linie geht durch die Waldsteppen- und Schwarzerdezonen hindurch. Die 400 mm-Linie befindet sich in den dunkelbraunen und den kastanienfarbigen Varietäten. Eine genaue Übereinstimmung zwischen den Isohyeten und den Bodenzonen besteht nicht. Der Verlauf beider hat nur sehr entfernte Beziehungen zueinander. Die Juliisothermen von 23 und 24° schneiden ungefähr den südlichen schokoladebraunen und den kastanienfarbigen Tschernosem ab. Die Ausdehnung der größeren und kleineren Wälder in den Bodenzonen II und III der Karte A (Waldsteppen- und halbtrockene Steppenzonen) ist besonders in II erheblich. Der Mischwaldbestand schneidet fast ganz mit der Podsolzone ab, die Steppenwälder und Wäldchen sind Laubwälder, und zwar meistens Eichenwälder.

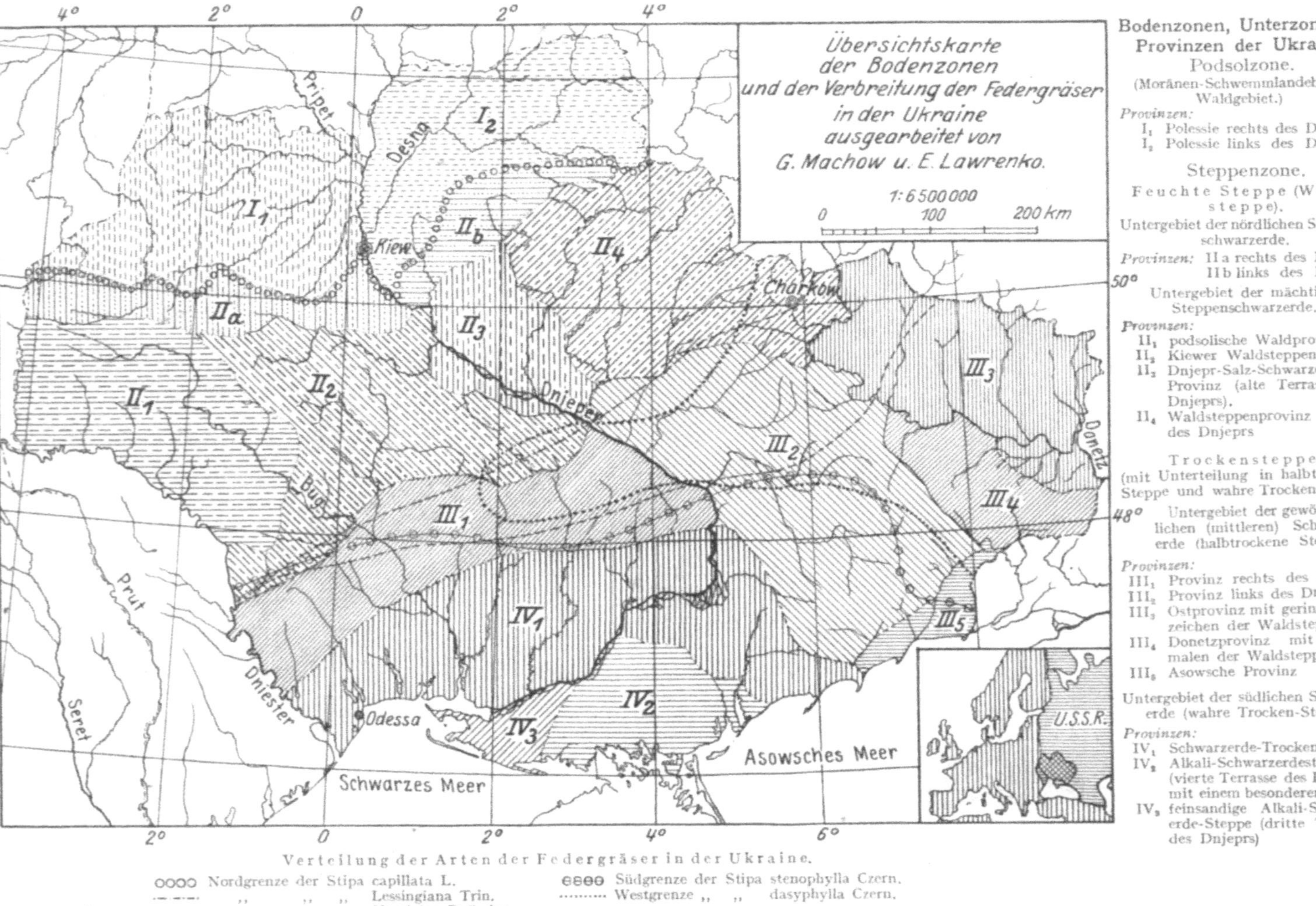

Abb. 22.   Karte A

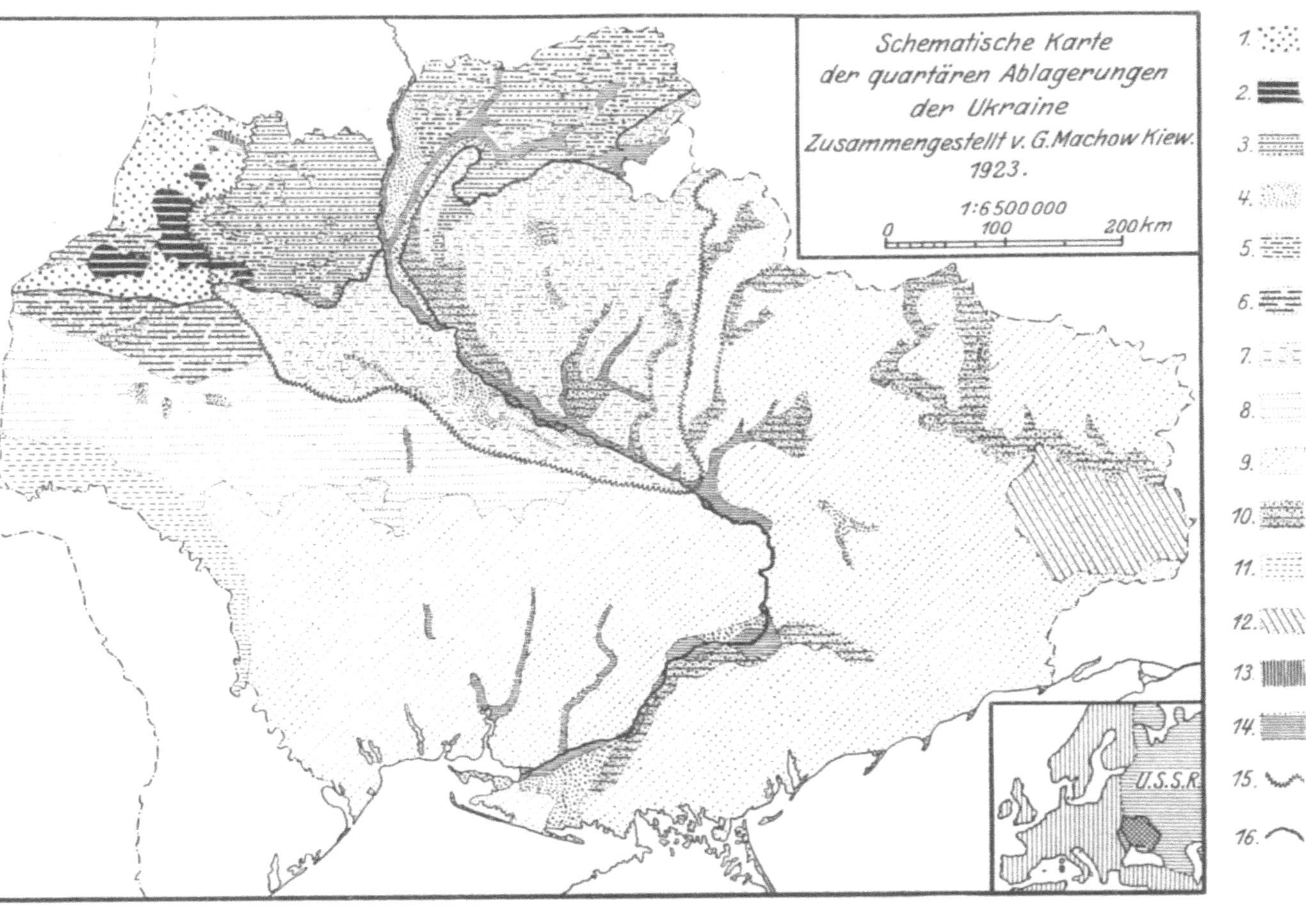

Abb. 33. Karte B.

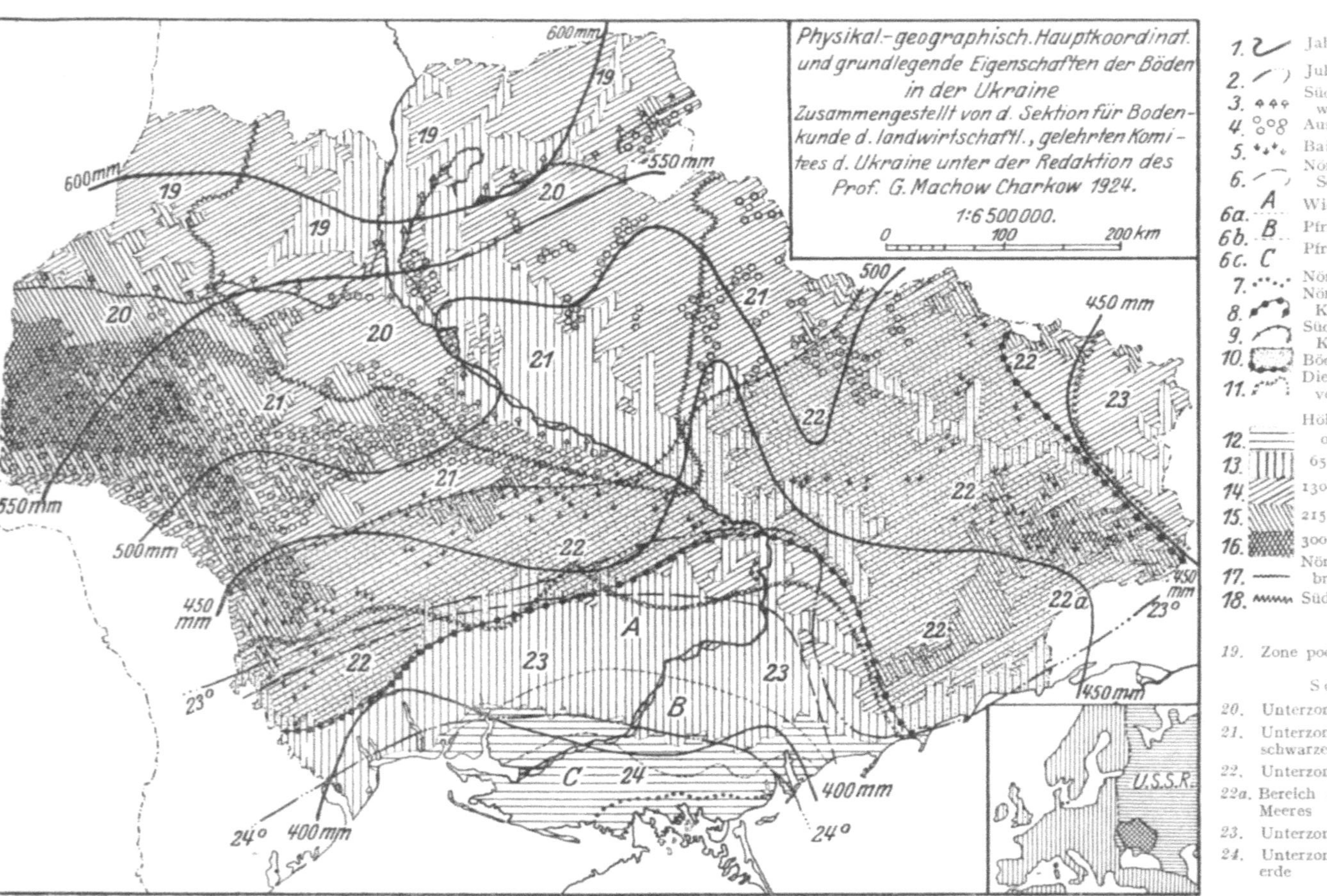

Abb. 34.   Karte C.

Die trockenen Steppen sind durch die reine Festuca- (Wiesen-) Formation, die Festuca-Stipa-Formation und die kastanienfarbige Zone durch die Stipaformation gekennzeichnet. Der südliche Teil der kastanienfarbigen Zone ist schon Artemisiasteppe.

Sehr bemerkenswert ist die Verteilung der Kalkausscheidungen. Im Gebiet der überwiegenden Waldsteppe ist die Pseudomyzelbildung allein vorhanden, während die trockenen braunen Varietäten mehr die konkretionären Kalkabsätze haben. In dem eigentlichen Gebiet des Überwiegens der halbtrockenen Schwarzerdesteppe kommen beide Arten der Kalkausscheidung vor. Die Gipsgrenze fällt ungefähr mit der der alleinigen Vorherrschaft der Kalkkonkretionen zusammen.

Die Höhenunterschiede sind stark von Dnieper und dem Donetz beeinflußt. Sie beeinflussen die Verteilung der Bodenzonen wenig.

Man darf bei diesen Übersichten nicht außer acht lassen, daß der Maßstab mit $1 : 3\,800\,000$ schon sehr klein ist. Dadurch werden die Einzelzüge vergröbert. Es muß vieles unterdrückt werden, was lokal von großer Bedeutung ist. Je größer man die Karten wählt, desto mehr mischen sich die Zonen und alle übrigen Einzelheiten.

Die Entstehung der Schwarzerde[1].

Die so merkwürdige tiefschwarze, humose Erde hat sehr lange Zeit schon zu Vorstellungen über ihre Entstehung angeregt, die schließlich zu den modernen Anschauungen über die Bodenbildung im allgemeinen und zur Einteilung der Bodentypen geführt haben. W. W. DOKUTSCHAJEFF[2] hat in seinem Werk über den russischen Tschernosem (1883) die Hypothesen über seine Entstehung in drei Gruppen gebracht, je nachdem sie marinen Ursprung oder Versumpfung oder Landpflanzentätigkeit zum Gegenstande haben.

Die Auffassung des Tschernosems als Meeresbildung stammt von R. MURCHISON (1849)[3]. Er sah in ihm einen schwarzen Meeresschlamm, der hauptsächlich aus schwarzem Juraton gebildet wurde. Die Schlammablagerung geschah während der Epoche, die der gegenwärtigen vorangeht. Die schwarzen Juratone, die im nördlichen und mittleren Rußland weit verbreitet sind, hätten das Material dazu geliefert. Diese Hypothese hat nur wenige Anhänger gehabt und ist jetzt gänzlich verlassen.

Sehr viel zahlreicher waren die Autoren, welche den Tschernosem für eine ausgetrocknete Sumpfbildung hielten. Sie verwiesen auf die Ähnlichkeit mit Moorerde und das Vorkommen von Diatomeen und Phytolitarien im Tschernosem. Ferner auf die Beobachtung, daß schlammige Böden, die durch Austrocknen von Seen entstehen, sich in ganz ähnliche Schwarzerde umwandeln. Man verglich ihn mit dem Marschboden oder der Dammerde in Deutschland. Diese Anschauungen gehen auf PALLAS[4] zurück, der ähnliches schon am Ende des 18. Jahrhunderts äußerte.

Die Entstehung aus Landpflanzenresten wurde ebenfalls schon im 18. Jahrhundert, und zwar durch GÜLDENSTÄDT (1769)[5] vermutet. „Es ist gewiß schwer,

---

[1] Die historische Übersicht nach P. KOSSOWITSCH, K. GLINKA, S. NEUSTRUEV u. a. zusammengestellt.

[2] DOKUTSCHAJEFF, W. W.: Die russische Schwarzerde. St. Petersburg 1883.

[3] MURCHISON, R.: Geologische Beschreibung des europäischen Rußlands 2, 546 (1849); auch J. Minist. d. Reichsdomänen 8, 119—138 (1843).

[4] PALLAS, P. S.: Bemerkungen auf einer Reise in die südlichen Statthalterschaften des russischen Reiches 1 (1799).

[5] GÜLDENSTÄDT, J.: Reise durch Rußland und im kaukasischen Gebirge 1 u. 2. Herausgegeben von P. PALLAS 1887.

den Ursprung dieses der schönsten Gartenerde gleichen Mulms zu bestimmen. Nicht ganz unwahrscheinlich könnte man sie daherleiten, daß in diesem vielleicht von jeher wenig bewohnten Gegenden die von Tieren nicht verzehrten und ungestört wuchernden Pflanzen jährlich ganz haben verfaulen und dadurch den Mulm so beträchtlich anhäufen können." Erst 100 Jahre später ist die entsprechende Ansicht von Ruprecht[1] eingehend entwickelt worden. Ruprecht verglich den Tschernosem mit dem nördlichen Rasenboden, der nach äußeren Merkmalen, chemischer Zusammensetzung und mikroskopischem Bau ganz ähnlich, nur nicht so schwarz sei. Dieser Vergleich und das Studium der Wald- und Sumpfböden, deren Verschiedenheit vom Tschernosem er erkannte, führten ihn zu der heute herrschenden Vorstellung von seiner Entstehung unter dem Einfluß der krautigen Steppenvegetation. F. Ruprecht erkannte auch bereits, daß das Vorkommen des Tschernosems nicht an ein bestimmtes Gestein gebunden sei, welches andere Autoren im Löß oder in Mergel sahen. Diese Ansichten Ruprechts sind später von Dokutschajeff[2] weiter ausgebaut worden, der außerdem noch das Klima für einen der allerwichtigsten Faktoren der Bodenbildung erklärte. Dokutschajeff benutzte die kartographische Methode zu seiner Beweisführung. Er kartierte die Verbreitung des Tschernosems und besonders auch die Verteilung des Humusgehalts und verglich seine Karten mit klimatischen und Vegetationskarten. Dabei fand er die Übereinstimmung zwischen dem Vorkommen des Tschernosems mit bestimmten klimatischen Linien (Isothermen und Niederschlägen) und der Steppenvegetation. P. Kostytschew[3] stellte später richtig, daß nicht die oberirdischen Teile der Steppenpflanzen, sondern ihre Wurzeln den Hauptanteil am Humusgehalt hätten. Er wies auch darauf hin, daß überall mitten im Tschernosemgebiet Inseln von degradierten und von Waldböden vorkämen, also das Klima allein doch nicht ausschlaggebend sein könne. Auf die große Bedeutung, welche dem Kalziumkarbonat bei der Entstehung des Tschernosems zukommt, hat dann namentlich Sibirtzew[4] verwiesen. Sicher ist, daß ohne Kalzium der Humusgehalt des Tschernosems nicht die ihm eigene Unlöslichkeit haben würde (nur $1/200$ bis $1/250$ des ganzen Humus des A-Horizonts sind wasserlöslich). Bemerkenswert ist noch die Ansicht Krassnoffs[5] über die Bildung der Steppen. Danach bedarf es dazu einer ebenen Gegend, die schwach dräniert ist und einen für die Baumwurzeln schädlichen Wasserüberfluß hat.

S. Neustruev[6] erklärt die Entstehung des Tschernosemprofils folgendermaßen: Infolge des vergleichsweise niedrigen Niederschlags und der hohen Verdunstung ist die Auswaschung des Bodens im Tschernosemgebiet gering. Die Zersetzung der organischen und mineralischen Stoffe schreitet nicht schnell vorwärts und ergibt keine intensive Hydrolyse. Die Durchfeuchtung des Bodens ist gering, infolgedessen enthält die Bodenlösung die Karbonate des Kalziums und Magnesiums, während die leichter löslichen Salze so tief hinuntergewaschen werden, daß sie keinen Einfluß auf das Bodenprofil ausüben können. Sie sind aus dem Profil entfernt. Der Humus ist unter dem Einfluß des Kalziums im Boden fixiert und erleidet einen langsamen Zersetzungsprozeß in situ. Die

---

[1] Ruprecht, F.: Sur la formation du Tschernosème. Bull. Acad. Imp. Sci., Petersbourg 1864.

[2] Dokutschajeff, W. W.: Die russische Schwarzerde. St. Petersburg 1883.

[3] Kostytschew, P.: Die Böden des Tschernosemgebietes Rußlands. I. Die Bildung des Tschernosems. 1886.

[4] Sibirtzew, N.: Bodenkunde (russisch). 1889. 3. Aufl. 1914.

[5] Krassnoff, A.: An essay on the history of the development of the flora in the southern part of eastern Tian-Shan. Mem. Russ. Geogr. Ges. 19 (1888).

[6] Neustruev, S.: Genesis of Soils. Ac. Sc. U.S.S.R. Russian Pedol. Invest. 3, 53, 54. Leningrad 1927.

Mineralkolloide sind koaguliert; Sole, die sich neu bilden, koagulieren in situ. Nach K. GEDROIZ[1] besitzt der absorbierende Mineralkomplex, der mit Ca und Mg gesättigt ist, Stabilität und unterliegt nur geringer Zersetzung. Die Abwesenheit der Humussole, die als Schutzkolloide auf die Mineralsole wirken, begünstigt die Unbeweglichkeit der Mineralkolloide.

Auf diese Weise kommt ein Gleichgewicht der Alumosilikatkomplexe des Bodens zustande. Der Gehalt an SiO_2, Al_2O_3, Fe_2O_3 schwankt im Profil nur wenig. Die Basen werden nicht über die Wurzelzone hinaus entfernt. —

Im ganzen kann man die Entstehung in der folgenden Weise erklären. Das Klima wäre an sich für die Waldbildung geeignet. Aber es ist trocken genug, um den bodenbewohnenden Tieren ein Optimum des Aufenthalts und der Ernährung zu bieten. Diese verhindern die Entstehung des Waldes. Die Vegetation ist in der Hauptsache durch Gräser gekennzeichnet, von denen die meisten einjährig sind. Ihr absterbender, büschelartiger Wurzelschopf dient den Kleinlebewesen und den Würmern als Nahrung. Der Humus besteht zu einem großen Teil aus jenen im lebenden Zustande, aus Wurmschleim u. dgl. Das Grundwasser steht bei manchen schwarzen Varietäten zeitweise bis in den A-Horizont oder steigt infolge der hohen Kapillarität in ihn hinein. Die schwarze Farbe entsteht dann wie bei den anmoorigen Böden unter dem Einfluß dieser Feuchtigkeit. Was in der feuchten Jahreszeit etwa durch die Niederschlagswässer hinuntergeführt wird, steigt in der trockenen z. T. wieder auf. Infolgedessen kommt im ganzen keine größere Auslaugung zustande. Trotz Umlagerung der Karbonate bleibt genug Kalzium im Boden, um den Humusschleim koaguliert zu halten. Die Krümelung beruht z. T. auf der Durchwühlung durch Tiere (Wurmkot), z. T. dürfte sie vielleicht auf Bakterienkolonien zurückgehen. Die Austrocknung im Sommer ist daran weniger beteiligt, sie führt in der Hauptsache zu Rißbildung und zu grob säulenförmigen Absonderungen.

β) Die Prärieböden.
Von H. STREMME, Danzig.

Zwischen Steppe und Prärie ist ein Unterschied. Der Kerntyp der Steppe ist die ukrainische[2], deren Flora durch Gräser, wie die Stipaarten (St. pennata, capillata, stenophylla), ferner Koeleria cristata, Festuca sulcata und ovina, Poa bulbosa, Bromus inermis u. a., gekennzeichnet wird. Der Kerntyp der Prärie ist die nordamerikanische, die durch Gräser, wie Andropogon furcatus und scoparius, Sorghastrum nigrum u. a., gekennzeichnet wird[3]. Dies sind Gräser der feuchteren Standorte, während jene die der trockeneren sind.

Abgesehen vom Wüstengrasland, das durch die Mesquitevegetation (Prosopis juliflora) und Gräser, wie Bouteloua, Aristida, Bulbilis, gekennzeichnet wird, unterscheidet H. L. SHANTZ im zentralen Graslandgebiet der Vereinigten Staaten das Präriegrasland und das Grasland der Ebenen. Dieses ist durch Trockengräser charakterisiert, und zwar hauptsächlich Kurzgräser, wie Bouteloua, Bulbilis, Aristida u. a., aber zum Teil auch Langgräser, wie Stipaarten, besonders

---

[1] GEDROIZ, K. K.: Der adsorbierende Bodenkomplex und die adsorbierten Bodenkationen als Grundlage der genetischen Bodenklassifikation. Veröff. Nosowka agrikulturchem. Versuchsstat. 1925, Nr 38.

[2] VILLAR, E. H. DEL: Sur l'emploi du mot „Steppe" et de ses dérivés en pédologie. Bodenkundl. Forschgn, Beih. Mitt. internat. bodenkundl. Ges. 1, S. 189—199 (1929). — GLINKA, K.: Die Typen der Bodenbildung, S. 263. Berlin 1914.

[3] Atlas of amer. Agriculture I E Natural Vegetation. — SHANTZ, H. L.: Grasland and Desert Shrub, S. 17, insgesamt S. 15—19. Washington 1924.

Stipa comata. Dagegen haben die Präriegrasländer zumeist die genannten Gräser feuchter Standorte, nur eine Gruppe der Präriegrasländer ist durch Stipa spartea und das Weizengras Agropyron tenerum ausgezeichnet, in eine zweite mischen sich die Kurzgräser hinein. Stipa und Agropyron sind Gräser des trockeneren Standortes, die aber H. L. Shantz mit den anderen vereinigt hat, weil es Langgräser sind.

H. L. Shantz unterscheidet als solche Langgrasvegetationen hauptsächlich drei: die Blaustengel-Rasenvegetation, die Blaustengel-Büschelvegetation und die Nadel-Weizengrasvegetation. Daneben sind noch mehrere andere Arten weniger verbreitet: die Schilfprärie, die Sandsalbei-Sandgrasvegetation, die „Schienerei" (shinnery)[1] und die Besenschilf-Wassergrasvegetation. Von diesen sind die erste und die vierte naß, die beiden mittleren gehen aber in die Trockengrasvegetation hinüber.

Die drei anderen werden des näheren wie folgt beschrieben:

Blaustengel-Rasengras. Dieses ist die ausgebreitetste der Langgrasgruppen. Sie kommt in dem größeren Teil von Illinois, Iowa und dem östlichen Kansas vor, ferner in Missouri, Oklahoma, Texas, im Westen von Minnesota und dem östlichen Norddakota, Süddakota und Nebraska. Die hervorragenden Gräser sind Blaustengel (Andropogon furcatus), Büschelgras (Andropogon scoparius) und indianisches Gras (Sorghastrum nutans), die von anderen Arten begleitet werden. Mit diesen Gräsern kommt zuweilen ein großer Reichtum an blühenden Pflanzen vor. Zu diesem Typ gehört die große Prärie des Mississippitales, in welcher ihre Erforscher mehrere Tage hindurch über üppige Grasflächen hinweg fuhren.

Auf dieser Fläche ist der Boden ungewöhnlich reich, von guter Textur und schwarzer Farbe als Folge des hohen Humusgehaltes. Der Oberflächenboden im Bereich der tiefwurzeligen Gräser ist in jedem Jahr ausgetrocknet, aber der Untergrund ist dauernd feucht. Die Regenmenge von 20—40 Zoll fällt reichlich im frühen Frühjahr und Sommer. Im Spätsommer und Herbst folgen Trockenzeiten, welche für die vernichtenden Präriebrände jener Gegenden zweifellos stark verantwortlich gemacht werden können. Diese Dürren waren wahrscheinlich ebenso die Folge des üppigen Wachstums und der dadurch entstehenden schnellen Verschwendung der Feuchtigkeit wie des Mangels an Regen. Ein großer Teil des besten Ackerlandes der Vereinigten Staaten war früher mit diesem Vegetationstyp bedeckt. Der mittlere Teil dieser Fläche schließt ein großes Stück des Bodens ein, der jetzt im allgemeinen landwirtschaftlich als Corn Belt (Maisgürtel) bekannt ist.

Blaustengel-Büschelgras. Weiter nach Westen wird der Vorrat an Feuchtigkeit unzureichender, und die Pflanzen nehmen die Gewohnheit an, in Büscheln zu wachsen. Im Mittelkansas und Oklahoma wird dieser Typus hauptsächlich vom Büschelgras (Andropogon scoparius) gebildet, zusammen mit Gräsern des Blaustengel-Rasentyps und einer leichten Beimischung der Kurzgräser der Ebenen. Im Vorkommen ist dieser Typ verschiedenartiger als der Blaustengelrasen und zeigt eine offene gemischte Decke. Der Typus erstreckt sich über die Grenzlinie der kurzen und langen Gräser von Nebraska nach Texas und kommt in vereinzelten Flächen weiter nach Westen auf sandigem Boden und auf freiem steinigem Grund vor. Stellenweise beherrscht tatsächlich reines Büschelgras fast vollständig die Landfläche. Die allgemeinen Bedingungen für die Landwirtschaft sind, hauptsächlich wegen des geringen Feuchtigkeitsvorrates, in diesem Typus nicht so gut wie in dem Blaustengelrasen. Der jährliche Niederschlag

---

[1] Gekennzeichnet durch Andropogon scoparius und die Schieneiche (Quercus havardii).

beträgt durchschnittlich im allgemeinen 20—30 Zoll. Die Oberflächenschicht der feuchten Erde reicht 2—4 Fuß tief, und es entsteht kein Verlust an Feuchtigkeit an den Untergrund, der dauernd trocken ist. Die größte Winterweizenfläche der Vereinigten Staaten liegt innerhalb des durch diese Vegetation gekennzeichneten Landes.

Nadelgras = dünnes Weizengras. Weiter nach Norden, in Nebraska, Dakota und Minnesota, gewinnen das Nadelgras (Stipa spartea) und das dünne Weizengras (Agropyron tenerum) verhältnismäßig an Wichtigkeit. Dieser Typus bildet eine feste Rasendecke, aber die Pflanzen sind nicht so kräftig wie die Blaustengel-Rasengräser weiter südlich. Der Niederschlag ist ebenfalls etwas geringer (18—30 Zoll), aber gleichzeitig ist die Verdunstung gering. Der Boden ist schwarz und bis zu einer Tiefe von 3 Fuß und mehr feucht. Der Untergrund eines großen Teiles der Zone ist dauernd trocken. Hier sowie bei dem Blaustengelrasen spielen krautartige Pflanzen eine bedeutende Rolle. Das größte Gebiet für Sommerweizen in den Vereinigten Staaten hat sich auf einem Boden entwickelt, der durch diesen Vegetationstypus charakterisiert wird.

Die Profile der zugehörigen Böden sind nach C. F. MARBUT[1] die folgenden Nr. IV und V, wohingegen VI und VII mehr die Steppenböden darstellen, die sich westlich an die Prärieböden anschließen.

IV. 1. Dunkelbrauner bis schwarzer Horizont erfüllt von Graswurzeln, wenig oder keine Anreicherung von Mull auf der Oberfläche. Die tieferen Teile des Horizonts werden brauner infolge Abnahme der organischen Substanz. Mächtigkeit bis 38 cm (15 Zoll).

2. Brauner bis gelbbrauner Horizont, im allgemeinen 1 in der Textur ähnlich.

3. Braun, schwerer als die höheren Horizonte, wird bis 1 m (3 Fuß) oder mehr mächtig,

4. Muttergestein, teilweise verwittert.

V. Ähnlich Nr. IV, weniger dunkel im obersten Horizont als dieser. Horizont 3 rötlichbraun. Tiefe des Muttergesteins etwas größer als IV unter sonst gleichen Bedingungen. (Die beigegebene Karte zeigt Nr. V südlich von IV bis zum Golf von Mexiko.)

VI. 1. Schwarzer Horizont, gewöhnlich ohne oberflächige Anhäufung unzersetzter organischer Substanz. Von Graswurzeln durchsetzt. Wird bis 1,5 Zoll (38 cm) mächtig.

2. Gelblichbrauner bis brauner Horizont, bis 1 m (3 Fuß) mächtig.

3. Gelblichbraun bis grünlichbraun oder grünlichgelb mit Streifen und Flecken von grauem Kalziumkarbonat erfüllt. 1 m (3 Fuß) und mehr mächtig.

4. Muttergestein.

VII. Etwas ähnlich VI, verschieden durch die dunkel schokoladenbraune Farbe in 1. und die rötliche Farbe bei gewöhnlich höherer Konzentration der Karbonate in 3. Auch 2. im allgemeinen rötlich. (Wieder südlich von VI.)

Vergleicht man die Skizze der Verbreitung dieser Typen mit der der Verbreitung der Grasvegetationen bei SHANTZ, so erhält man ungefähr folgende Übereinstimmung. IV und z. T. auch V stimmen ziemlich gut zur Verbreitung des Blaustengelrasens, V geht z. T. zur Sumpfgrasvegetation hinüber. VI ist im Norden durch die Nadel-Weizengras- und z. T. die Grama-Nadelgras-Vegetation (diese aus der Kurzgrasflora) gekennzeichnet. Daran schließen sich nach Süden die Sandsalbei-, Sandgras- und die Blaustengelbüffelgrasflora. VII stimmt in der Hauptsache zur Sumpfgrasvegetation.

Böden mit Profil IV und V sah die große Exkursion des 1. Internat. Bodenkongresses 1927 in Missouri bei Kansas City, in Winnipeg (Kanada), in Norddakota und in Minnesota. In der Hauptsache waren es feuchte Grundwasserböden. Bei Kansas City und in Minnesota waren auch einige typische degradierte Tschernoseme zu sehen, die in Bau und Struktur ganz den russischen und

---

[1] MARBUT, C. F.: Soil Classification. Amer. Soil Survey Assoc. Bull. 3, 24—32 (1921).

deutschen glichen, aber karbonatfrei waren. N. Florov[1] hat diesen degradierten Tschernosemen und den feuchten Grundwasserböden eine Mitteilung gewidmet, der nachstehendes entnommen sei:

Dunkelfarbige Böden des nördlichen Gebietes von Nordamerika. Die amerikanische Exkursion durchschnitt diese Böden hauptsächlich in Kanada und im Staate Minnesota und im benachbarten Gebiet. Vom Tschernosem der Steppen unterscheiden sie sich genetisch, obgleich sie auch einige ähnliche morphologische Merkmale mit dem Tschernosem aufweisen. Ihre Entstehung steht entschieden im Zusammenhang mit der Nähe des Grundwassers zur Oberfläche, da sie in allen Horizonten sichtbare Spuren der durch diese Gewässer hervorgerufenen Versalzung und Versumpfung usw. tragen. Diese Böden erinnern sehr ihrer Morphologie nach an diejenigen, welche in der russischen Literatur unter dem Namen „die Böden der übermäßigen Durchfeuchtung“, „die dunkelfarbigen, durch Grundwasser überfeuchteten Böden“, „die tschernosemartigen Böden“, „die feuchten Wiesenböden“ usw. beschrieben sind, und sie sollen im weiteren kurz „Wiesenböden“ genannt sein[2]. Daß diese Böden in eine besondere, von der Gruppe des Tschernosems verschiedene Gruppe abgeteilt werden müssen, geht aus einer Reihe von morphologischen Merkmalen des Profils hervor, von denen nur die wesentlichen angeführt sein mögen.

1. Im Humushorizont des „Wiesenbodens“ fehlt die dem Tschernosem eigene typische, körnige Struktur. Anstatt dieser hat hier der Humushorizont oft eine weiche, zuweilen sogar fast torfartige, in verschiedenen Gegenden übrigens sehr verschieden ausgebildete Konsistenz, welche eine Reihe von Übergängen von dieser Konsistenz zur kompakten körnigen Struktur aufweist.

2. Der „Wiesenboden“ hat in allen Horizonten rostockerige Flecken, blaugrüne Flecken, schwarze und rote Bohnerze und überhaupt alle diejenigen Merkmale, welche sich im Prozeß der Versumpfung der Horizonte durch das Stauwasser bilden.

3. Der Untergrund des „Wiesenbodens“ ist ein kompakter, zäher, grauer oder grünlicher Lehm mit rostockerigen Flecken und dunkelfarbigen Bohnerzen und überhaupt mit Merkmalen der Versumpfung.

Auf diese Weise haben die dunkelfarbigen Böden von Kanada die Merkmale einer „hydrophilen“ Bildung, d. s. Merkmale, welche durch die Versumpfung hervorgerufen werden, und da wir diese Merkmale fast überall bemerkten, wo wir stehenblieben, um die Profile zu erforschen, so glaubt der Verfasser, daß wir es hier mit einer „zonalen“ Verbreitung dieser Merkmale zu tun haben. Infolge dieser Merkmale tritt der Unterschied dieser Böden vom Typus des Tschernosems klar hervor; andererseits kann man in diesen Böden auch einige morphologische Merkmale der Tschernosemböden beobachten, nämlich:

1. Das Profil dieser Böden zerfällt wie auch im Tschernosem in drei Horizonte: den oberen dunklen *A*, den Übergangshorizont *B*, welcher allmählich seine Humusfärbung verliert, und endlich den Horizont des Muttergesteins *C*, wobei die Übergänge zwischen allen diesen Horizonten ganz allmählich sind.

---

[1] Florov, N.: Zur Frage der Degradierung der dunkelfarbigen Böden von Nordamerika. Bodenkundl. Forschgn, Beih. Mitt. internat. bodenkundl. Ges. 1, 200—224 (1 Tafel), zitiert 207—221 (1929).

[2] In den Ukrainer Waldsteppen kommen auch analoge Böden vor, und gewöhnlich haben sie sich unter dem Einfluß des der Oberfläche nahen Grundwassers gebildet. Die Nähe dieses letzteren zur Oberfläche hängt wieder von der Nähe undurchlässiger Gesteine zur Oberfläche und von der großen Menge der atmosphärischen Niederschläge ab. Diese beiden Bedingungen sind besonders stark an der nördlichen Grenze der Ukrainer Waldsteppen ausgedrückt, dort, wo sie an Polen grenzen: hier liegt unter dem Boden eine kompakte, mehr oder weniger undurchlässige Moräne.

2. Gewöhnlich fängt bei einer Tiefe von ca. 50 bis 60 cm das Aufbrausen an.

3. Das Profil hat die typischen Maulwurfsgänge.

4. Zwischen dem „Wiesenboden" und den tschernosemartigen Böden gibt es vielfache Übergänge; dabei erlischt allmählich in solchen Übergangsvarianten der weiche (torfartige) Charakter des Humushorizontes und verschwindet endlich vollständig; es bildet sich jetzt eine kompakte körnige Struktur, welche an die Struktur des Tschernosems erinnert; die grauen, ockerfarbigen Flecken und Bohnerze im Profil verringern sich; anstatt der grünlichen Färbung des Muttergesteins tritt eine hellgelbe Färbung auf, wie man es z. B. im Profil westlich von Fargo (im Staate Dakota) sehen kann; dieses Profil wird weiter unten beschrieben werden.

5. Endlich sind die „Wiesenböden" gleich dem Tschernosem dem Degradierungsprozeß ausgesetzt, wobei sich ganz dieselben morphologischen Merkmale bilden, welche wir im Prozeß der Degradierung des Tschernosems haben. Die Ähnlichkeit ist hier so groß, daß die fünf oben erwähnten und von STREMME für den Tschernosem festgestellten Stadien auch im Prozeß der Degradierung der „Wiesenböden" beobachtet werden; wenn man diese Stadien erforscht, so kann man leicht die allmähliche Vermehrung und das Zunehmen der Merkmale der Degradierung von einem Stadium zum anderen bemerken, bis sich aus dem „Wiesenboden" ein hellgrauer podsolierter Lehm bildet. Wie auch in der Waldsteppe hat letzterer einen deutlich ausgebildeten weißlichen Horizont von SiO_2-Anhäufung unmittelbar unter dem Humushorizont, dann folgt unter dem weißlichen Horizont ein rotbrauner Horizont von Fe_2O_3-Anhäufungen, und endlich darunter ein hellgelber Horizont von Karbonatanhäufungen. Die Spuren der Entstehung dieses hellgrauen podsolierten Lehmes aus dem „Wiesenboden" sind klar zu sehen, da die den „Wiesenböden" eigenen Merkmale der Versumpfung sich gewöhnlich in allen Horizonten mehr oder weniger erhalten haben. — Die Merkmale der Versumpfung sind in den Anfangsstadien der Degradierung sehr stark ausgeprägt und scheinen in den weiteren Stadien, wo sie durch den Prozeß der Bildung des rotbraunen Horizontes ein wenig maskiert sind, schwächer zu sein.

Es mögen einige Beispiele folgen, um die obenerwähnten Schlüsse zu veranschaulichen: Ein typisches Profil eines „Wiesenbodens" sah die Exkursion z. B. bei Brandon (15. Juli). Der Humushorizont ($A + B$) hat hier eine Mächtigkeit von 55 cm mit einem ganz allmählichen Übergang von A zu B; der Horizont A ist locker, strukturlos, ein wenig torfartig. Das Aufbrausen beginnt bei 50 cm Tiefe. Unter dem Humushorizont liegt ein lößartiges, poröses, hellgelbes Karbonatgestein mit reichlichen Karbonatröhrchen. Bei Indian Head (14. Juli 1927) zeigte der „Wiesenboden" in seinem ganzen Profil große Anhäufungen von Karbonaten (es werden auch weiße Flecken bemerkt, vielleicht war es Gips). Unter dem Humushorizont ($A + B$) von einer Mächtigkeit bis 50 cm befindet sich hier ein kompakter, zäher, feuchter, grauer Lehm. Bei Fargo (16. Juli) hat der Humushorizont des Bodens ($A + B$) von einer Mächtigkeit bis zu 40 cm ebenfalls eine Unterlage von einem grauen, kompakten, zähen Lehm mit Karbonaten. In der Tiefe von 25 cm braust der Karbonathorizont auf, er hat aber keine sichtbare Karbonatanhäufungen, welche erst tiefer als 75 cm beginnen.

Endlich sei noch ein Profil westlich von Fargo angeführt, woselbst die Böden die Merkmale der „Wiesenböden" schon verlieren und sich dem Typus des Tschernosems nähern, wie es aus folgender Beschreibung zu ersehen ist:

Horizont $A + B$ von 0—50 cm, dunkler Humushorizont mit körniger Struktur. Übergang ganz unbemerkbar; der Übergang von B zum tiefergelegenen Horizont C ist rapid, die Berührungslinie schlängelt sich und ist auf dem Profil gut bemerkbar.

Horizont C 50 cm, lößartiger, poröser Lehm mit Karbonaten. Geringe Spuren von Rostflecken.

Es scheint, daß somit ein allmähliches Verschwinden der Merkmale der Versumpfung der „Wiesenböden" im Staate Dakota dahin führt, daß die Böden einen tschernosemartigen Typus erhalten. Wie schon bemerkt wurde, ist der „Wiesenboden" dem Degradierungsprozeß ausgesetzt. Der Autor hatte Gelegenheit, alle aufeinanderfolgenden Stadien der Degradierung zu beobachten, und zwar in den Gegenden von Edmonton, Fargo, Ames und anderen. Besonders typisch ist die Erscheinung im Gebiete von Edmonton ausgeprägt, wo die Bodendecke sehr mannigfaltig infolge der raschen Abwechslung der verschiedenen Degradierungsstadien ist. Auf diese Weise kann man häufig sogar auf kurzen Strecken die Grade der Übergänge des „Wiesenbodens" in den podsolierten Lehm wahrnehmen, was, wie bekannt, für die Erscheinung der Degradation so kennzeichnend ist.

Autor möchte hier Beispiele verschiedener Degradierungsstadien anführen. Im Bezirk von Brandon und Ames beobachtet man Profile, in denen der Degradierungsprozeß erst angedeutet ist, indem er sich nur in der Senkung der Karbonate und in leicht ausgesprochenen Anzeigen eines im Begriff der Bildung stehenden rotbraunen Horizontes (1. Stadium der Degradierung) äußert. An anderen Orten in den Bezirken von Edmonton, Fargo, Ames ist der rotbraune Horizont im Profil deutlich ausgeprägt, obgleich alle seine Merkmale und besonders die prismatische Struktur des rotbraunen Horizontes auf das Anfangsstadium der Bildung dieses Horizontes hindeuten; außerdem ist der obere Teil des Horizontes noch stark von Humus gefärbt, und unter dem rotbraunen Horizont tritt ziemlich deutlich, wenn auch nicht stark, der hellgelbe Horizont der Karbonatanhäufungen hervor (2. Stadium der Degradation). Weiter erkennt man im Bezirk Edmonton Böden, in welchen die Spuren der Humusfärbung im rotbraunen Horizont sehr gering sind; aber der rotbraune Horizont und der Karbonathorizont zeigen sich sehr deutlich ausgeprägt (3. Stadium der Degradierung). Darauf findet man Böden, wo die Humusfärbung im rotbraunen Horizont vollkommen verschwunden ist, und der rotbraune Horizont, gleichwie auch der tieferliegende Karbonathorizont sich deutlich gebildet haben (4. Stadium), und endlich solche Böden, wo unter dem Humushorizont neben dem rotbraunen und hellgelben Horizont auch der weißliche Horizont der SiO_2-Anhäufungen sich gebildet hat (5. Stadium)[1]. Soweit N. Florov.

C. F. Marbut legt besonderes Gewicht darauf, daß die Prärieböden bei äußerst schwacher Oberflächenpodsolierung bereits keinen Kalziumkarbonat-

---

[1] Dieses letzte Stadium kann man gut bei der Brücke der Stadt Edmonton (Kanada) sehen. Das Profil ist folgendes:

Horizont *A* 0—10 cm, grauer Humushorizont mit Mehlstaub und SiO_2-Flecken.

Horizont *BG* 10—60 cm, stark ausgeprägter karbonatloser Horizont mit R_2O_3-Anhäufungen und prismatischer Struktur. Im oberen Teil tritt, dank seiner weißlichen Färbung, eine Schicht von geringer Mächtigkeit hervor; seine Farbe verdankt er der großen Menge weißer Flecken der SiO_2-Anhäufungen. Ähnliche Flecken (in geringerer Menge) kommen übrigens längs des ganzen rotbraunen Horizontes vor.

Horizont C_1G 60—140 cm, hellgelber Horizont von Karbonatanhäufungen. Der Horizont hat eine lößartige Struktur, ist porös und enthält kleine Geschiebe; hat überall graue und rostockerige Flecken.

Horizont C_2G 140 cm, lößartiger, poröser Karbonatlehm mit Geschieben, grauen, rostockerigen Flecken und geringen dunkelfarbigen Bohnerzen.

Aus dieser Beschreibung ist zu ersehen, daß hier alle dem 5. Degradierungsstadium eigenen Horizonte, das ist a) der graue Humushorizont, b) der weißliche, c) der rotbraune und d) der hellgelbe Horizont, entwickelt sind. Andererseits zeigt das Vorhandensein der Merkmale einer Versumpfung im Muttergestein, daß dieses Profil das Derivat der oben beschriebenen dunkelfarbigen „Wiesenböden" vorstellt.

horizont mehr haben, während die Tschernoseme und die degradierten Tschernoseme ihn aufweisen. Das ist in der Tat für viele sehr merkwürdig, auch z. T. für die nordamerikanischen degradierten Tschernoseme, die es dem Bau und der Struktur nach sind, z. B. am Hohlweg östlich und oberhalb Kansas City, von wo N. FLOROV die Profile mitteilt. Eine einwandfreie Erklärung ist dafür gegenwärtig nicht zu geben. Aller Wahrscheinlichkeit nach hängt es mit dem Grundwasser und dadurch gebildeter Schwefelsäure zusammen.

Analysen solcher Prärieböden hat C. O. ROST[1] aus Minnesota beschrieben:

CARRINGTON: Staublehm von Rice in Minnesota
(Temperatur 7°, Niederschlagsmenge ca. 700 mm).

Profil: bis 40 cm gräulichschwarzer oder schwarzer, schwerer, staubreicher Lehm,
von 40—60 cm gelblichgrauer oder bräunlichgrauer, staubreicher Ton,
unter 60 cm dunkelgelber Ton.

	2,5—15 cm	Ohne Karbonat und Glühverlust	18—30 cm	Ohne Karbonat und Glühverlust	33—61 cm	Ohne Karbonat und Glühverlust	63—91 cm	Ohne Karbonat und Glühverlust
SiO_2	72,89	80,42	73,62	79,86	75,24	79,68	73,65	77,80
Al_2O_3	10,46	11,52	10,87	11,79	11,35	12,01	12,13	12,81
Fe_2O_3	2,99	3,30	3,21	3,48	3,42	3,62	3,81	4,02
MgO	0,72	0,80	0,74	0,80	0,88	0,93	1,21	1,28
CaO	1,24	1,25	1,18	1,21	1,24	1,13	2,08	0,77
Na_2O	1,39	1,53	1,35	1,46	1,33	1,41	1,31	1,38
K_2O	1,66	1,83	1,74	1,89	1,86	1,97	1,87	1,97
TiO_2	0,50	0,55	0,52	0,57	0,54	0,57	0,53	0,56
P_2O_5	0,18	0,20	0,17	0,18	0,14	0,15	0,11	0,12
CO_2	0,07	—	0,05	—	0,13	—	1,06	—
Glühverlust	9,38	—	7,80	—	5,34	—	2,99	—
	101,48	101,40	101,25	101,24	101,47	101,47	100,75	100,71
N	0,33							
Org. C	4,29							
Azidität 10 Proben (Truog)	sehr schwach bis mittel sauer							

Die Zahlen ohne Karbonat und Glühverlust zeigen nur eine sehr geringe Bewegung der einzelnen Bestandteile. Eine regelmäßige Abnahme von oben nach unten haben SiO_2, CaO, Na_2O, P_2O_5, (Glühverlust), eine regelmäßige Zunahme Al_2O_3, Fe_2O_3, MgO, K_2O, ($CaCO_3$). Eine Anreicherung im Mittelhorizont hat nicht stattgefunden. Die geringe Anhäufung von Tonerde (Ton?) und Eisenoxyd im dunkelgelben Ton sprechen für eine Grundwasserbildung. Die von C. O. ROST vermutete Zugehörigkeit zum degradierten Tschernosem läßt sich nicht erkennen. Die weiter mitgeteilte Analyse eines Waldbodens läßt den gleichen Schluß zu.

R. BRADFIELD[2] hat eine Anzahl Untersuchungen solcher Böden des Staates Missouri ausgeführt, von denen nach H. JENNY die folgenden Zahlen des Marschall-Staublehms mitgeteilt seien.

---

[1] ROST, C. O.: Parallelism of the soils developed on the Gray drift of Minnesota. Dissert. Univ. Minnesota 1918. 68 S. Zitiert nach H. JENNY: Klima und Klimabodentypen in Europa und in den Vereinigten Staaten von Nordamerika. Bodenkundl. Forschgn 1, 165 bzw. 168 (1929).

[2] BRADFIELD, R.: Variations in chemical and mechanical composition in some typical Missouri profiles. Amer. Soil. Surv. Assoc. Bull. 6, 127—145 (1925); nach H. JENNY: Klima und Klimabodentypen in Europa und den Vereinigten Staaten von Nordamerika. Bodenkundl. Forschgn, Beih. Mitt. internat. bodenkundl. Ges. 1, 165, 168 (1929).

	o—45 cm	45—75 cm	75—120 cm	120—150 cm
Austauschbare Basen (auf 100 g Boden) . Milliäq.	16,6	16,9	17,5	26,0
Austauschbarer H (auf 100 g Boden) . . ,,	6,54	7,81	8,29	6,48
Sättigungskapazität (auf 100 g Boden) . . ,,	23,1	24,7	25,8	32,5
p_H	6,31	5,67	5,55	6,33
N . . . . %	0,176	0,135	0,078	0,044
Sand . . . . %	0,3	0,2	0,6	0,5
Staub . . . . %	74,0	70,0	67,0	69,0
Ton . . . . %	24,0	30,0	32,0	30,0

Das Sauerwerden in der Tiefe kann man ganz ähnlich in Grundwasserböden finden, während es beim degradierten Tschernosem in dieser Weise unbekannt ist.

H. Jenny nennt die Zone der Prärie die Waldsteppenzone und gibt als Niederschläge zwischen 684 und 1086 mm, als Jahrestemperaturen zwischen 8,72 und 13,11° an. Diese seien hoch genug, um üppigen Baumwuchs zu ermöglichen. Das ist in der Tat richtig. Aber die Böden selbst sind in der Hauptsache nicht Waldsteppenböden, sondern feuchte Böden mit den Kennzeichen des Grundwassereinflusses (wobei unter Grundwasser nicht nur die eigentlichen, nutzbar zu machenden Ansammlungen in Kiesschichten, sondern jede Art der Wasseransammlung in den verschiedenen Bodenhorizonten zu verstehen ist). Die Ursache des Fehlens des Waldes und des Baumwuchses dürfte in der Fauna der Prärie liegen. Zu dieser haben ursprünglich die Wisente (Bison americanus) gehört, deren Weidegang den Wald nicht hat aufkommen lassen. Die verhältnismäßig großen Niederschlagsmengen sind damit hauptsächlich in den Bodenhorizonten angereichert worden. Zusammenfassend läßt sich somit feststellen, daß die Prärieböden in der Hauptsache die Böden feuchter Wiesen sind.

d) Böden trockener Gebiete.

Von A. A. J. von 'Sigmond, Budapest.

Zu den Böden trockener Gebiete kann man folgende Bodentypen rechnen: 1. Kastanienfarbige Böden (Steppenbraunerden). 2. Steppenbleicherden (graue Steppenböden). 3. Salzböden (Solonetz, Szikböden, Alkaliböden, Hardpan, Reh).

Tatsächlich findet man diese drei Bodentypen nebeneinander gemeinsam vor, ihnen allen ist die Xerophytenflora charakteristisch. Bezüglich des Typus der Bodenbildung, d. h. also genetisch, müssen aber die Salzböden der trockenen Gebiete von den kastanienfarbigen und grauen Steppenböden getrennt werden. Denn wie schon Glinka in seinem klassischen Werk „Die Typen der Bodenbildung" 1914 dargelegt hat, sind die Salzböden trockener Gebiete in die Klasse der zeitweise übermäßig befeuchteten Böden einzureihen. Dies scheint zwar auf den ersten Blick mit der Auffassung Hilgards, nach welcher die Alkaliböden, d. h. die kontinentalen Salzböden, zu den typischen Bodenformationen der ariden (trockenen) Gebiete hinzuzurechnen sind, im Widerspruch zu stehen. Salzböden dieser Art sind tatsächlich nur in den trockenen und halbtrockenen Klimaregionen vorzufinden. Jedoch konnte sich der Verfasser durch ein mehr als 25jähriges Studium der ungarischen Alkali (Szik-) Böden davon überzeugen, daß zur Bildung eines Szikbodens drei Hauptfaktoren zusammenwirken müssen, und zwar 1. trockenes Klima, 2. ein wasserundurchlässiger Untergrund und 3. hydrologische Verhältnisse, die die zeitweise übermäßige Befeuchtung der Böden ermöglichen. Damit wurde auch die Richtigkeit der GLINKAschen Klasseneinteilung bestätigt, und man kann eigentlich die Salzböden der trockenen Gebiete auf genetischer Basis nicht in dieselbe Klasse wie die anderen Böden der trockenen Gebiete einreihen. Wenn wir aber das Vorkommen und die Verteilung dieser Salzböden auf der neuen ,,Allgemeinen Bodenkarte Europas" (herausgegeben im Auftrage der V. Kommission der Internationalen Bodenkundlichen Gesellschaft nach den Karten verschiedener Bodenforscher von H. STREMME, Danzig 1927, bearbeitet) betrachten, so finden wir diese Salzböden überall in den Bodenregionen der trockenen Gebiete aufgetragen und wie wir noch weiter unten näher sehen werden, können sie auch in anderen Erdteilen, unter denselben Verhältnissen vorkommen. Wir können also diese Salzböden mit gutem Recht als Bodentypen der trockenen Gebiete behandeln, wenn auch die bodenbildenden Faktoren von den der anderen hierher gerechneten Bodentypen grundsätzlich verschieden sind.

Es muß weiter bemerkt werden, daß graue Böden auch unter den Sziksteppen Ungarns vorkommen, welche aber ihrem Ursprunge nach zu den Salzböden der trockenen Gebiete gerechnet werden müssen und nicht mit denen der grauen Steppenböden Rußlands verwechselt werden dürfen. Auch muß betont werden, daß sich die Salzböden der trockenen Gebiete, wie auch GLINKA bemerkt, durch eine ganze Reihe von Übergängen mit den Böden der trockenen und halbtrockenen Gebiete vereinigen, je nachdem sie in der Umgebung anderer Bodentypen vorkommen. So finden wir diese Salzböden nicht nur in den Gebieten der kastanienfarbigen resp. grauen Steppenböden, sondern auch im Tschernosjemgebiete Rußlands oder im Gebiet der hellkastanienfarbigen Trockenwaldböden Spaniens. Die Übergangsformen zwischen diesen Bodentypen der trockenen Gebiete und der ihnen benachbarten Salzböden sind recht verschieden und stellen Übergangsstufen der einen zu der anderen Bodenbildungsart dar, denn die Salzböden der trockenen Gebiete entstehen, worauf GLINKA gleichfalls hinweist, in den gleichen Reliefformen wie die Moor- und Wiesenböden in den an Feuchtigkeit reichen Gegenden, und aus den Arbeiten der ungarischen Bodenforscher kann tatsächlich festgestellt werden, daß die Salzböden Ungarns vormals Überschwemmungsgebiete der trockenen Gebiete gewesen sind. Wenn also solche Verhältnisse in einem feuchten Klima eingetreten wären, so hätten sich anstatt der Szikböden (Salzböden) Moor- oder Wiesenböden gebildet.

Verfasser hat auch ganz jüngst gefunden, daß bei der Ausbildung dieser Szikböden eine Bodenauslaugung im alkalischen Medium stattfindet, hingegen in den Steppenböden eine Bodenauslaugung in neutralem Medium, in welchem die Ca-Ionen vorherrschen. Auf dem Ersten Internationalen Bodenkundlichen Kongreß zu Washington 1927 (im Monat Juni) hat der Verfasser seine vorläufigen Mitteilungen über die chemischen Merkmale der Bodenauslaugung mitgeteilt und hat drei Haupttypen der Auslaugungsprozesse aufstellen können, nämlich die saure, die neutrale und die alkalische Auslaugung. Schon GLINKA hat darauf hingewiesen, daß die Salzböden der trockenen Gebiete in einem alkalischen Medium gebildet werden[1]. GEDROIZ hat die Hauptbodenarten nach dem Sättigungszustand der Böden in ungesättigte, neutral, d. i. mit Kalzium gesättigte und in alkaligesättigte Böden gruppiert. Verfasser hat nun auf Grund früherer Arbeiten und neuer Untersuchungen die Gesetze dieser Auslaugungsprozesse näher charakterisiert und ist der Auffassung, daß sich auf dieser wissenschaftlichen Basis die Bodengruppierung der Zukunft aufbauen lassen wird. Allein die Erfahrungstatsachen sind noch nicht zahlreich genug, um allgemeine Regeln aufstellen zu

---

[1] GLINKA, K.: Typen der Bodenbildung, S. 203. Berlin: Gebr. Bornträger 1914.

können. Die obenerwähnten Übergänge der Böden der trockenen Gebiete in die Salzböden stellen Übergangsprodukte der neutralen Bodenauslaugung zur alkalischen dar.

α) Kastanienfarbige Böden (Steppenböden).

Die kastanienfarbigen Böden stellen schon in der ersten, im Jahre 1879 publizierten Bodenklassifikation von Dokutschajeff[1] eine besondere Bodenklasse dar, welche als die dritte (c) Unterklasse der 1. Klasse (die festländisch-vegetabilischen Böden) nach den Tschernosjemböden (Unterklasse b) folgte. In der neu bearbeiteten zonalen Bodenklassifikation von Sibirzeff[2] werden die kastanienfarbigen Böden unter die Typen der Wüstensteppenböden oder die Böden der trockenen Steppen eingereiht, die unter einem trockenen Klima als die Tschernosjeme gebildet werden. In Glinkas Typen der Bodenbildung finden wir die kastanienfarbigen wie auch die braunen und grauen Böden als Typen der Böden von ungenügender Befeuchtung angegeben, wogegen die Tschernosjeme zu den Böden von mäßiger Befeuchtung gerechnet werden.

E. Ramann[3] bemerkt dazu, daß Glinka die kastanienfarbenen Böden bereits zur Halbwüste rechnet; nach dem, was er aber davon gesehen habe, scheine es ihm zweckmäßiger, in den kastanienfarbigen Böden eine Form der Steppenböden, und zwar eine gut abgegrenzte Unterabteilung der humosen Steppenböden zu erblicken. Es ist immer schwierig, einen dehnbaren Begriff, wie den der „Halbwüste" scharf abzugrenzen. Für die Bodenbildung würden die „Halbwüstenböden" mit dem Auftreten von Kalkkrusten und ähnlichen Abscheidungen beginnen. Dementsprechend stellt Ramann in seinem System die kastanienfarbigen Böden als Untergruppe in die Hauptgruppe der Steppenschwarzerden ein[4]. Die Grauerden der Steppen hingegen stellt er als die 2. Hauptklasse der Steppenböden auf, und zwar als Übergang zu den Salzsteppen, d. s. Alkaliböden. Ramann tritt ganz entschieden gegen die Bezeichnung Glinkas „Braunerden" für die durch braune Humusstoffe gefärbten Trockenböden auf, da die Abgrenzung zwischen kastanienfarbigen und Steppenbraunerden nicht scharf genug ist, und sie daher mit den Braunerden der humiden Gebiete verwechselt werden können. Der erste Einwand scheint dadurch begründet, daß Glinka selbst meint, daß der Unterschied zwischen den kastanienfarbigen und den „braunen Steppenböden" nur in der helleren braunen Farbe der letzteren besteht. Die hellere Farbe stammt von der geringeren Menge der Humussubstanzen her, welche kaum 1,8—2,0% übersteigt, wogegen in den kastanienfarbigen Böden der Humusgehalt bis zu 4—5% anzuwachsen vermag, Glinka bemerkt noch, daß „auch hier gewöhnlich an der Oberfläche die allen Wüstensteppenböden der gemäßigten Zone eigene graue Nuance zu beobachten ist".

H. Stremme[5] hat die Haupteigenschaften der Wüstensteppen und Steppenböden tabellarisch zusammengestellt und gelangt zu dem Ergebnis, daß „mit zunehmender Feuchtigkeit, von welcher in allen 4 Fällen" (graue und braune Halbwüstenböden, kastanienbraune und Tschernosjemböden) „der Hauptteil im Frühjahr fällt, das Profil mächtiger, der Humusgehalt höher, die Auslaugung der Karbonate aus den obersten Krumenteilen stärker" wird. Auch Stremme be-

---

[1] Dokutschajeff: Arb. d. St. Petersb. Naturforschergesellsch. 10 (russ.); zitiert von K. Glinka, a. a. O., S. 21.

[2] Sibirzeff: Bodenkunde (russ.) 3, 28; zitiert von K. Glinka, a. a. O., S. 27.

[3] Siehe E. Ramann: Bodenbildung und Bodeneinteilung, S. 91. Berlin: Julius Springer 1918.

[4] Ramann, E.: a. a. O., S. 111.

[5] Stremme, H.: Grundzüge der praktischen Bodenkunde, S. 85. Berlin: Gebr. Bornträger 1926.

merkt, daß die Benennung der Böden nach den Farben unerfreulich ist, denn sie ist z. T. recht unsicher, z. T. gibt sie leicht Veranlassung zur Verwechselung mit den Braunerden der feuchten Gebiete.

Nach den ungarischen Bodenkundlern werden die kastanienbraunen wie auch die helleren braunen Steppenböden als eine Abstufung der Steppenschwarzerden, der Tschernosjeme, betrachtet[1], und Verfasser glaubt, daß alle oben erwähnten Schwierigkeiten und Unsicherheiten wegfallen würden, wenn bei der Benennung dieser Bodenarten der Nachdruck auf „Steppenböden" gelegt wird, und die Farbe nur als ein Kriterium zweiter Ordnung benutzt wird, wie solches von den ungarischen Bodenkundlern schon seit mehr als zehn Jahren im Gebrauch ist. BALLENEGGER[2] hat schon im Jahre 1917 über die chemische Zusammensetzung der ungarischen Bodentypen berichtet, und bei dieser Gelegenheit die verschiedenen Steppenböden nach der Farbe näher gekennzeichnet, aber diese nicht als ein Merkmal grundsätzlich voneinander verschiedener Bodentypen behandelt. Nach den neueren Untersuchungen A. v. SIGMONDS[3] sind auch die Verhältnisse der Bodenauslaugung in den schwarzen und braunen Steppenböden prinzipiell die gleichen, nur der Grad der Auslaugung ist in den Tschernosjemböden stärker. In diesen vollzieht sich die Auslaugung in einem mit Kalzium-Ion gesättigten, neutralen Medium, während sich diese bei den grauen Steppenböden oder Halbwüstenböden, wie auch bei den Salzböden trockener Gebiete, in einem alkalischen Medium abspielt, und damit fallen ihre chemischen und physikalischen Typeneigenschaften zusammen. Dementsprechend werden wir die kastanienfarbigen und die helleren braunen Steppenböden nicht getrennt, als selbständige Typen, sondern als mehr oder weniger entferntere Abstufungen der schwarzen Steppenböden zu behandeln haben. Ihr Vorkommen schließt sich dem der schwarzen Steppenböden, und zwar nach den trockenen Klimagebieten zu, an. Im europäischen wie asiatischen Rußland finden wir die braunen Steppenböden der Schwarzerdenzone nach Süden angegliedert, in den Vereinigten Staaten von Nordamerika den Prärieböden im Westen, also der ariden Seite zu. In Ungarn finden wir die Klimagebiete nicht in einer zonalen, sondern regionalen Folge. Aber auch hier kommen die braunen Steppenböden in den trockeneren Regionen häufiger als die Schwarzerden vor. Der allgemeine Charakter der Profile der braunen Steppenböden kann dadurch gekennzeichnet werden, daß auch hier, wie bei dem Tschernosjem, eigentlich nur zwei Horizonte (A und C) vorliegen, d. h. der Humushorizont (A) und das Muttergestein (C). Die evtl. vorhandenen weiteren Abstufungen sind mehr oder weniger Ortscharaktere, aber stets fehlt der mittlere Anhäufungshorizont (B) der Böden feuchterer Klimagebiete.

Den Bau der kastanienfarbigen Böden beschreibt GLINKA wie folgt[4] „Horizont A_1. Im oberen Teile (5—7 cm) ist dieser Horizont geschichtet; von hellerem Farbton und relativ locker. Sein unterer Teil ist dicht und besitzt die für den südlicheren Tschernosem so charakteristische körnige Struktur nicht. Beim Zerquetschen und Zerschlagen eines trockenen Klumpens zerfällt derselbe in einzelne schießpulverförmige Teile. Dieser Horizont macht nur ein Drittel der ganzen Mächtigkeit aus". Horizont A_2. Hellgefärbt, dicht, untere Teil des Horizontes A_1; weder körnige, noch nußförmige Struktur. Die

---

[1] TREITZ, P.: Erklärung zur klimazonalen Übersichts-Bodenkarte Ungarns (ungar. „Magyarázó az Orsz. Atnézetes klimazonális Talajtérkephez"). Budapest 1924.

[2] BALLENEGGER, R.: Adatok magyarországi talajok chemiai összetételének ismeretéhez. Jber. d. kgl. ung. geolog. Inst. 1916.

[3] 'SIGMOND, A. A. J. VON: The Chemical Characteristics of Soil Leaching. In der Plenarsitzung d. I. Internat. Kongreß f. Bodenkde in Washington, D. C., Juni 1927, vorgelesen.

[4] GLINKA, K.: a. a. O., S. 133—134.

Farbe verschwindet nach unten allmählich und tritt in Form von Flecken und Zungen auf. „Die Mächtigkeit dieser Horizonte reicht bis zu 60 cm, wenn man nicht einzelne Humuszungen und Taschen, die manchmal auch weiter in die Tiefe gehen, mitrechnet. Die Horizonte A_1 und A_2 haben zuweilen gut ausgebildete oder verdeckte, senkrechte 5—8 cm voneinander entfernte Spalten. Infolge dieser Spaltung und der Dichte des Bodens kann man die Teile der beiden Horizonte als prismatische Klumpen herausnehmen".

Eine mechanische oder chemische Einschlämmung der Bodenkonstituenten, abgesehen von den Karbonaten und wasserlöslichen Bodensalzen, wird hier nicht beobachtet, wie es die mechanische bzw. chemische Zusammensetzung der Böden zeigt. GLINKA gibt als Beispiel die mechanische Zusammensetzung der einzelnen Horizonte eines lehmigen, kastanienfarbigen Bodens wie folgt an[1]:

| Tiefe in cm | Sand | | | Sandiger Staub | | | | Schlamm <0,0015 mm | Summe | Verhältnis des Tones zum Sande |
	grobkörniger 3—1 mm	mittlerer 1 bis 0,5 mm	feiner 0,5 bis 0,25 mm	0,25 bis 0,05 mm	0,05 bis 0,01 mm	0,01 bis 0,005 mm	0,005 bis 0,0015 mm			
0—5	1,767	0,930	3,006	9,530	6,728	44,706	9,796	19,849	96,355	1 : 0,30
5—25	2,242	0,840	3,781	13,892	6,920	34,288	12,830	19,210	94,003	1 : 0,42
25—55	2,198	0,955	3,723	13,644	8,985	36,214	16,903	14,302	96,897	1 : 0,45
55—72	2,305	1,016	2,714	12,164	8,466	38,799	21,607	8,477	95,548	1 : 0,38
72—100	1,750	0,822	2,794	12,173	8,779	37,013	24,407	7,607	95,345	1 : 0,38

BALLENEGGER hat vier verschiedene dunkelbraune Steppenböden Ungarns der mechanischen Analyse unterworfen und folgende Werte erhalten:

| Ort des Vorkommens | Horizont | Korngrößen der einzelnen Fraktionen | | | |
		2,0—0,2 mm	0,2—0,02 mm	0,02—0,002 mm	unter 0,002 mm
1. Csorvás (Kom. Békés)	A_1	0,8	32,9	33,3	33,0
	A_2	1,6	32,0	33,4	33,0
	C	2,2	36,5	34,8	26,5
2. Homokos (Kom. Torontál) . . .	A_1	1,4	45,4	26,4	26,8
	A_2	0,9	53,4	23,3	22,4
	C	1,8	56,4	22,7	19,1
3. Bajnok (Kom. Bács-Bodrog) . .	A_1	1,4	60,5	21,9	16,2
	A_2	4,2	58,4	22,9	14,5
	C	2,6	62,7	20,8	13,9
4. Adony (Kom. Fejér)	A_1	2,4	58,7	20,4	18,5
	A_2	4,3	59,6	21,4	14,7
	C	4,6	59,0	19,0	18,4

Wie aus diesen Angaben hervorgeht, ist eine mechanische Einschwemmung von A_1 zu A_2 gar nicht zu bemerken, vielmehr kann in einzelnen Fällen auf eine Zunahme der mechanischen Verwitterung in den oberen Horizonten geschlossen werden. Die nächstfolgenden chemischen Analysen beweisen denn auch, daß die mineralische Substanz im ganzen Bodenprofil, abgesehen von $CaCO_3$, dieselbe bleibt, also auch eine chemische Anhäufung gegen die tieferen Horizonte nicht eintritt. Ein hierfür zutreffendes Beispiel gibt GLINKA in der Zusammensetzung eines kastanienfarbigen Bodenprofils des Gouvernements Jennisseisk.

---

[1] GLINKA, K.: l. c., S. 135.

Tiefe in cm	CO_2	H_2O bei 100° C	Glühverlust	SiO_2	Al_2O_3	Fe_2O_3	CaO	MgO	K_2O	Na_2O	P_2O_5	Summe
0,5—4	—	2,89	8,25	62,78	15,01	5,09	2,45	2,14	1,72	2,18	0,150	99,992
5—12	—	2,49	6,14	61,07	15,41	6,15	2,72	1,40	1,64	2,12	0,125	99,815
11—17	1,13	1,80	4,26	65,20	15,46	5,60	2,97	1,98	1,73	2,32	0,140	99,748
C 57—63	0,63	1,77	3,42	65,69	15,63	6,42	3,42	1,22	1,43	2,13	0,137	99,533

Rechnet man die Werte der Bauschanalysen auf karbonatfreie mineralische Substanz um, so erhält man folgende charakteristische Zahlen:

Tiefe in cm	CO_2	H_2O bei 100° C	Glühverlust	SiO_2	Al_2O_3	Fe_2O_3	CaO	MgO	K_2O	Na_2O	P_2O_5	Summe
0,5—4	—	—	—	68,42	16,36	5,55	2,67	2,33	1,87	2,38	0,163	—
5—12	—	—	—	68,26	16,42	6,55	2,90	1,49	1,75	2,26	0,133	—
11—17	—	—	—	69,98	16,59	6,01	1,64	2,13	1,86	2,49	0,150	—
C 57—63	—	—	—	69,04	16,43	6,75	2,75	1,28	1,50	2,24	0,144	—

Diese Zahlen sprechen für sich, denn sie zeigen fast keinen merkbaren Unterschied in der mineralischen Zusammensetzung der einzelnen Horizonte des Bodenprofils. Im Boden der kastanienfarbigen Steppen ist also weder eine merkbare Auslaugung noch eine Anhäufung der mineralischen Bestandteile wahrzunehmen, nur die Karbonate der Erdalkalien werden aus den oberen Horizonten mehr oder weniger ausgelaugt, und es werden die Humusstoffe in entgegengesetzter Richtung in den oberen Horizonten angehäuft angetroffen.

Die Untersuchungen von R. BALLENEGGER[1] hinsichtlich der ungarischen dunkelbraunen Steppenböden bestätigen ähnliche Gesetzmäßigkeiten auch für den in Salzsäure zersetzbaren Teil des Bodens. BALLENEGGER hat drei dunkelbraune Steppenböden nach HILGARDS Verfahren mit konz. HCl vom spez. Gew. 1,115 zerlegt und dadurch folgende Ergebnisse gewonnen:

Dunkelbrauner Steppenboden von Bajnok (Kom. Bács-Bodrog).

	Horizont A_1 0—18 cm tief %	Horizont A_2* 40—50 cm tief %	Horizont C 150 cm tief %
SiO_2	4,84	5,44	4,80
Al_2O_3	4,52	4,40	3,60
Fe_2O_3	3,77	3,68	2,76
MgO	2,64	2,72	4,89
CaO	6,86	12,98	16,55
Na_2O	0,12	0,19	0,26
K_2O	0,73	0,51	0,48
CO_2	5,86	10,89	16,78
P_2O_5	0,09	0,07	0,04
MnO	0,02	0,01	0,01
Summe des zerlegbaren Teiles	29,45	40,89	50,17
Feuchtigkeit	2,72	2,35	2,77
Chem. geb. H_2O	3,25	3,20	3,05
Organ. Substanz	4,83	2,59	0,54
Unzersetzter Rest	59,75	50,97	43,47
Summe	100,00	100,00	100,00

* Es sei hierzu bemerkt, daß in der Originalabhandlung dieser Horizont mit B bezeichnet worden ist, da es sich jedoch hier um keinen Akkumulationshorizont handelt, so ist die Bezeichnung A_2 eingesetzt worden.

[1] BALLENEGGER, R.: Adatok magyarországi talajok chemiai összetételének ismeretéhez. Jber. d. kgl. ungar. geolog. Inst. 1916.

Dunkelbrauner Steppenboden von Homokos (Kom. Torontál).

	Horizont A_1 0—22 cm tief %	Horizont A_2* 22—30 cm tief %	Horizont A_3* 50—60 cm tief %
SiO_2	4,70	6,04	5,24
Al_2O_3	5,97	6,38	6,07
Fe_2O_3	4,50	4,31	4,04
MgO	1,78	1,91	2,21
CaO	2,96	3,76	8,73
Na_2O	0,18	0,20	0,45
K_2O	0,72	0,76	0,64
CO_2	1,66	2,11	7,10
P_2O_5	0,14	0,09	0,06
MnO	0,02	0,03	0,02
Summe des zersetzten Teiles	22,63	25,59	34,56
Feuchtigkeit	3,02	3,17	2,45
Chem. geb. H_2O	3,25	3,70	3,05
Organ. Substanz	5,37	3,60	2,77
Unzersetzter Rest	65,73	63,94	57,17
Summe	100,00	100,00	100,00

* Auch hier sei gleichfalls bemerkt, daß in der Originalabhandlung anstatt A_2 resp. A_3, B_1 resp. B_2 steht, jedoch auch hier gibt es keinen Akkumulationshorizont, und der dritte Horizont ist nicht humusfrei und tief genug, um denselben als C-Horizont zu kennzeichnen.

Dunkelbrauner Steppenboden von Csorvás (Kom. Békés).

	Horizont A_1 0—18 cm tief %	Horizont A_2* 60—80 cm tief %	Horizont A_3* 100—120 cm tief %
SiO_2	5,93	5,86	5,35
Al_2O_3	8,10	7,98	6,93
Fe_2O_3	4,83	4,86	4,60
MgO	1,71	1,81	2,24
CaO	3,22	5,11	9,84
Na_2O	0,13	0,15	0,15
K_2O	1,21	1,16	0,91
CO_2	0,46	2,11	6,62
SO_3	0,08	0,07	0,06
P_2O_5	0,20	0,18	0,13
MnO	0,90	0,08	0,08
Summe des zersetzten Teiles	25,96	29,37	36,91
Feuchtigkeit	1,95	1,69	0,83
Chem. geb. H_2O	4,47	4,30	4,08
Organ. Substanz	5,96	5,42	2,50
Unzersetzter Rest	61,46	59,22	55,68
Summe	100,00	100,00	100,00

* Im Original B_1 resp. B_2. Begründung für die Umstellung wie oben.

Werden die Werte der organischen Substanz resp. die des CO_2-Gehaltes in den drei obigen Bodenprofilen vergleichsweise zusammengestellt, so gelangt man zu folgenden Werten:

Boden	Horizont	Bodentiefe cm	Organ. Substanz %	CO_2 %
Bajnok	A_1	0—18	4,83	5,86
	A_2	40—50	2,59	10,89
	C	150	0,54	16,78
Homokos	A_1	0—22	5,37	1,66
	A_2	22—30	3,60	2,11
	A_3	50—60	2,77	7,10
Csorvás	A_1	0—18	5,96	0,46
	A_2	60—80	5,42	2,11
	A_3	100—120	2,50	6,62

Wie ersichtlich ist, fällt in allen 3 Bodenprofilen die Menge der organischen Substanz mit der Bodentiefe und im Gegensatz dazu nimmt die Menge der gebundenen Kohlensäure, also die der Bodenkarbonate zu. Der Boden Csorvás ist am reichsten an organischer Substanz und enthält zugleich die geringste Karbonatmenge. Der Boden Bajnok ist hingegen am reichsten an Karbonat und am ärmsten an organischer Substanz: Es kann also eine gewisse Bodenauslaugung für die Karbonate festgestellt werden. Desgleichen zeigt sich (vgl. die drei voraufgehenden Tabellen), daß mit dem Anwachsen des CO_2-Gehaltes auch die Menge des zersetzten Kalks Schritt hält, weit weniger die Magnesia, dagegen bleiben die Alkalien in jedem Horizont praktisch unverändert. Es folgt daraus, daß die Bodenauslaugung der Karbonate zur Hauptsache als in der Form der Kalkkarbonate erfolgend angenommen werden muß. Berechnet man aus dem in cm³ HCl zersetzten Bodenanteil unter Rücksichtnahme auf die an CO_2 gebundenen Basen den karbonatfreien, zumeist aus Alumosilikaten und Eisenoxyd bestehenden, zersetzten Bodenkomplex, so erhält man für diesen folgende Werte:

Bajnok	A_1	20,4 %	
	A_2	22,9 %	Summe des in cm³ HCl
	C	20,8 %	zersetzten Bodenkomplexes auf Wasser-, Humus- und karbonatfreien
Homokos	A_1	21,5 %	Boden umgerechnet.
	A_2	23,5 %	
	A_3	23,4 %	
Csorvás	A_1	27,4 %	
	A_2	27,9 %	
	A_3	26,9 %	

Es zeigt sich somit, daß der verwitterte Silikatkomplex mit dem Eisenoxydgehalt zusammen in den 3 Bodenprofilen durchweg kaum eine merkbare Verschiebung erlitten hat, und da auch sonst keine Auslaugung von Eisenoxyd wahrnehmbar ist, so kann der Verwitterungssilikatkomplex, im Ganzen genommen, keine besondere Auslaugung erlitten haben. Es kann somit als festgestellt gelten, daß in den ungarischen dunkelbraunen Steppenböden kein Akkumulationshorizont vorkommt, und daß dieses Ergebnis durch den Salzsäureauszug des Bodens ermittelt werden kann. BALLENEGGER hat auch die Molekularverhältniszahlen nach GANSSENS[1] Methode berechnet und dabei folgende Werte für den Silikatkomplex erhalten:

Nach GANSSENS Theorie müßten demnach alle 3 Böden als alkalische bezeichnet werden, denn das Molekularverhältnis von $Al_2O_3 : RO$ ist größer als 1 : 1. Es soll jedoch auf diese Frage hier nicht weiter eingegangen werden, um sie einem späteren Kapitel vorzubehalten. Doch sei bemerkt, daß entgegengesetzt der GANSSENschen Theorie die zersetzte SiO_2-

		SiO_2	Al_2O_3	RO
Bajnok	A_1	1,82	1	1,47
	A_2	2,10	1	1,41
	C	2,27	1	1,28
Homokos	A_1	1,34	1	1,20
	A_2	1,61	1	1,19
	A_3	1,47	1	1,07
Csorvás	A_1	1,25	1	1,32
	A_2	1,25	1	1,33
	A_3	1,31	1	1,30

Menge zu niedrig ausgefallen ist, woraus in gegebenem Falle zu folgern wäre, daß Basen und die Tonerde durch die benutzte Methode vielleicht in stärkerem Maße gelöst werden als die Kieselsäure.

---

[1] Vgl. R. GANSSEN: Die Charakterisierung des Bodens usw. Jb. Preuß. Geol. Landesanst. 35, H. 2 (1914); ferner „Boden und Düngung". Z. Pflanzenernähr. u. Düng. 2, Teil A, 370 (1923).

Für die Charakterisierung der kastanienfarbenen oder dunkelbraunen Steppenböden finden wir in der Literatur die Angabe, daß sie keinen Akkumulationshorizont (B) besitzen, so daß der karbonatfreie, mineralische Anteil in jedem Horizont (A und C) gleich sein muß. Die Auslaugung steht also mit der kapillaren Anreicherung sozusagen, abgesehen von den Karbonaten, im Gleichgewicht. Es ist nämlich für alle echten Steppenböden charakteristisch, daß die Sesquioxyde in ihnen keine Wanderung erleiden. Die Auslaugung der Karbonate ist hingegen um so größer, je mehr Bodenfeuchtigkeit bei der Bodenbildung vorhanden war. STREMME[1] hat denn auch nach GLINKAS Angaben die Haupteigenschaften der Wüstensteppen- und Steppenböden wie folgt tabellarisch zusammengestellt.

Bezeichnung des Typus	Mächtigkeit des Profils	Humusgehalt	Auslaugung der Karbonatkohlensäure aus den obersten Teilen des Profils	Reaktion	Klima
Graue ⎱ Halb- wüsten- Braune ⎰ böden	etwa 50 cm 40—50 cm	1,6—2 % (2 Analysen) 1,8—2 % (3 Analysen)	auf $^1/_2$ (2 Analysen) auf $^1/_5$ (3 Analysen)	alkalisch alkalisch	europäisches Rußland 4,8—9,4°; 270 bis 370 mm; asiatisches Rußland > 10°; < 300 mm
Kastanienbraune Böden	bis 60 cm	3,5—7,5 %	ganz oben ausgelaugt, erst in 11 cm CO_2 (1 Analyse)	alkalisch	asiatisches Rußland 1,9°; 309 mm
Tschernosjemböden	bis etwa 1 m	4—15 % und mehr	auf $^1/_{50}$—$^1/_{150}$ (4 Analysen)	alkalisch	europäisch. Rußland 2,8—7,74°; 360 bis 540 mm, asiatisches Rußland, 0—0,7°; 321—417 mm

GLINKA[2] teilt mit, daß im Humushorizonte der kastanienfarbigen Böden wasserlösliche Substanzen nur ärmlich vorkommen, jedoch in den tieferen Horizonten zuweilen bedeutende Mengen von Salzen angetroffen werden. Als Beweis führt er folgende Angaben für den wasserlöslichen Teil der Böden des Gouvernements Jennisseisk an:

Tiefe	Farbe	Alkalität 2(HCO_3)	Trockenrückstand	Glühverlust	Mineral. Subst.	Cl	SO_3	K_2O	Na_2O
0—3	gelb	0,0192	0,0544	0,0316	0,0228	Sp.	—	—	—
3—9	gelblich	0,0216	0,0548	0,0316	0,0232	Sp.	Sp.	—	—
11—18	schwach gelb	0,0192	0,0580	0,0340	0,0240	Sp.	Sp.	—	—
19—28	fast farblos	0,0403	0,0732	0,0434	0,0298	0,0002	0,0058	—	—
35—45	farblos	0,0537	0,0744	0,0242	0,0502	0,0004	0,0044	—	—

Nach diesen Befunden scheint also dennoch eine Bodenauslaugung in diesen Steppenböden stattfinden zu können, die sich allerdings hauptsächlich nur auf die wasserlöslichen Bodensalze und Erdalkalikarbonate beschränkt, während die in der Bodenfeuchtigkeit schwerer zersetzbaren bzw. schwerer löslichen Verwitterungsprodukte augenscheinlich an ihren Bildungsorten verbleiben. Dies erhellt schon daraus, daß der durch konz. Salzsäure zersetzbare Anteil des Bodens ziemlich groß ist und im ganzen Bodenprofil sozusagen gleichbleibt. A. v. 'SIGMOND hat nun die Analysenwerte des Bodenprofils von Csorvás nach seiner Um-

[1] STREMME, H.: a. a. O., S. 85.   [2] GLINKA, K.: a. a. O., S. 136.

rechnungsmethode[1] in Äquivalentprozenten der positiven resp. negativen Bodenbestandteile zusammengestellt und dadurch folgende Werte zur chemischen
Charakterisierung des Verwitterungskomplexes erhalten:

	Horizont		
	A_1	A_2	A_3
Summe der mg-Äquivalente der Kationen	906,6	973,0	1076,5

Äquivalentprozente auf die Summe = 100 bezogen.

	A_1	A_2	A_3	
Na^I	0,46	0,48	0,44	
K^I	2,89	2,58	1,82	
Ca^{II}	12,93	19,30	32,90	
Mg^{II}	9,57	9,25	10,40	100 %
Mn^{II}	0,03	0,02	0,02	
Fe^{III}	20,32	19,17	16,26	
Al^{III}	53,80	49,20	38,16	
SO_4^{II}	0,22	0,19	0,14	
PO_4^{III}	0,93	0,78	0,49	
CO_3^{II}	2,38	10,10	28,15	100 %
SiO_4^{IV}	44,20	40,70	33,22	
$= O_x^{III}$	52,27	48,23	38,00	

Die Totalmenge der Milligrammäquivalente der Kationen ist schon im
oberen A_1-Horizont sehr beträchtlich und nimmt gegen die Tiefe hin ständig zu.
Die Gesamtmenge der ein- und zweiwertigen Kationenäquivalente im Horizont A_1
nähert sich 30% (26), sie steigt im zweiten Horizont (A_2) auf 32%, im dritten
(A_3) auf 46%. Dieses Anwachsen der ein- und zweiwertigen Kationen ist ausschließlich durch die Anhäufung des Ca- und Mg-Kations herbeigeführt, und da wir bei
den Anionen nur eine Anreicherung des CO_3-Anions mit rund 18% wahrnehmen,
so ist es klar, daß im Verwitterungskomplex hauptsächlich die Karbonate des
Ca und Mg nach der Tiefe verschoben wurden. Der Oxydrest, der sich aus der
Differenz der Summe der Äquivalente der Kationen und der Anionen ergibt,
ist ein Maßstab der Basizität. Der ganze Verwitterungskomplex hat also einen basischen
Charakter. Er wird jedoch nicht durch die
Alkalimetalle, sondern durch die Erdalkalien
bedingt, was gleichfalls durch die p_H-Werte der
Horizonte bestätigt wird:

Horizont	p_H in Wasser-Suspension	p_H in n. KCl-Suspension
A_1	8,04	7,60
A_2	8,20	7,49
C	8,69	7,62

Wenn wir die p_H-Werte der Wassersuspension mit dem p_H des reinen Wassers
vergleichen, so könnte man diese Böden für alkalisch bezeichnen. Führt man
aber die p_H-Bestimmung in derselben Weise mit $CaCO_3$-Suspension durch,
so erhält man solche von etwa 8—8,4. Ähnliche Werte erhält man, wenn man
mit Ca resp. Mg gesättigte künstliche Zeolithe oder Azetate, Borate, Triphosphate,
Malate der zweiwertigen Kationen untersucht. Das ist auch verständlich, denn
der chemische Äquivalentpunkt der Erdalkalimetalle mit schwachen Säuren
ist stets höher als der Neutralpunkt des Wassers[2]. Folglich kann ein Boden mit
einem p_H-Wert von 8—8,4 nicht alkalisch bezeichnet werden, wenn diese hohe

---

[1] Siehe A. A. J. v. 'SIGMOND: The chemical characteristics of soil leaching. Vorgetragen am I. Internat. Kongreß f. Bodenkde zu Washington 1927.

[2] WIEGNER, G.: Anleitung zum quant. agrikulturchemischen Praktikum, S. 151—157.
Berlin 1926.

Reaktionszahl von Erdalkalisalzen herrührt; nur wenn Alkalikarbonate im Boden nachzuweisen sind, bzw. die Alkalikationen im Absorptionskomplex zur Herrschaft gelangen, dürfte ein Boden als alkalisch angesehen bzw. Alkaliboden genannt werden. Wir werden weiter unten bei der Besprechung der Alkaliböden ein Gegenstück dieser Erscheinung antreffen, indem die Reaktionszahl eines Alkalibodens nahezu den p_H-Wert 7 erreicht und der Boden dennoch als Alkaliboden, wenn auch nicht „alkalisch", bezeichnet werden muß. Die Reaktionszahl ist also nicht immer entscheidend dafür, ob ein Boden neutral ist oder als Alkaliboden bezeichnet werden darf. Auch die oben mitgeteilten Wasserauszüge sowie die in der auf Seite 302 angegebenen Tabelle von Stremme mitgeteilte alkalische Reaktion ist in diesem Sinne nicht richtig und daher irreführend. Glinka gibt in seiner Tabelle nur die Alkalität von HCO_3 an. Da keine andere Angabe vorliegt, kann auch nicht entschieden werden, ob im gegebenen Fall außer $Ca(HCO_3)_2$ auch $NaHCO_3$ zugegen ist. Im großen und ganzen könnte man sagen, daß, wenn der Wasserauszug mit Phenolphthalein rot gefärbt erscheint, der Boden alkalisch ist, wenn aber keine Färbung eintritt, als neutral betrachtet werden muß. Immerhin kann, wie schon oben bemerkt wurde, ein Alkaliboden Reaktionszahlen unter $p_H = 8$, ja sogar unter 7 aufweisen, aber wenn der Boden Soda enthält, so liegt der p_H-Wert gewöhnlich weit über 8—8,4.

Der neutrale Charakter der Steppenböden kann am besten auf Grund der Kenntnis des Sättigungszustandes des Absorptionskomplexes beurteilt werden. Von A. v. 'Sigmond[1] wurden in der letzten Zeit ähnliche Studien durchgeführt. Unter andern wurde auch der Boden von Csorvás untersucht. In nachfolgender Tabelle bedeutet T die Gesamtwertigkeit des Absorptionskomplexes in Milligrammäquivalenten ausgedrückt, S die Summe der Milligrammäquivalente der absorbierten Kationen, V den Sättigungsgrad nach Hissink $\left(V = \dfrac{100\,S}{T}\right)$. Es wurde bei letzterer Bestimmung stets die konduktometrische Titration mit $n/10$ $Ba(OH)_2$ angewandt[2].

Horizont	T	Ca	Mg	K	Na	H	S	V
		in Prozenten des $T = 100$						
A_1	36,91	68,1	3,4	2,8	2,2	23,5	28,21	76,5
A_2	34,38	70,7	6,2	3,7	3,2	16,2	28,78	83,8
A_3	23,71	78,4	2,7	4,4	14,7	0,0	23,71	100,0

Wie hieraus hervorgeht, ist der Absorptionskomplex nur im dritten Horizont (A_3) vollkommen gesättigt, A_1 und A_2 sind noch ungesättigt.

Gedroiz behauptet, daß die Tschernosjeme und Steppenböden als vollkommen durch Ca gesättigt zu betrachten seien, jedoch verwendet er zur Bestimmung des absorbierten H eine Methode, die nach den Erfahrungen des Verfassers nicht die Gesamtmenge des absorbierten Wasserstoffes anzugeben vermag, denn durch eine n-$BaCl_2$-Lösung kann höchstens ein sehr geringer Teil des absorbierten Wasserstoffes verdrängt werden. Titriert man hingegen den Boden mit $n/10$ $Ba(OH)_2$-Lösung konduktometrisch, so erhält man ein Diagramm, aus dem der Knickpunkt, dem Äquivalentpunkte entsprechend, unschwer konstruiert werden kann. J. di Gleria hat diesbezügliche vergleichende Bestimmungen ausgeführt und für den Steppenboden von Csorvás folgende Wasserstoffwerte erhalten:

---

[1] Siehe Akadémiai értekezés: A talajkilugzás chemiai ismérvei. Kgl. ung. Akademie 1927. Math. u. naturw. Anz. d. ung. Akad. d. Wissenschaften **44**.
[2] Siehe Näheres darüber kgl. ung. Akad. 1927.

Grad der Ungesättigkeit nach GEDROIZ[1] auf H berechnet.

	Horizont A_1	Horizont A_2	Horizont A_3
GEDROIZ' Methode mit Methylorange	0,00	0,00	0,00
GEDROIZ' Methode potentiometrisch titriert.	0,06	0,00	0,00
Konduktometrisch titriert.	8,70	5,60	0,00

Man erkennt, daß der Steppenboden von Csorvás nach den Bestimmungen
des Verfahrens von GEDROIZ im ganzen Profil gesättigt zu sein scheint, wogegen die konduktometrische Titration im oberen und mittleren Horizont das
Ungesättigtsein des Bodens wiedergibt, was nicht vernachlässigt werden darf.
Für karbonatfreie Steppenböden hat A. v. SIGMOND mit diesem Verfahren einen
noch stärkeren Grad des Ungesättigtseins nachgewiesen, in welchem Fall die
Methode von GEDROIZ wenig befriedigende Resultate ergab. Wenn man er-
wägt, daß der Umschlagspunkt der Methylorange zwischen 3—4 p_H liegt und der
p_H-Wert der Steppenböden sich gewöhnlich über 7—8 p_H bewegt, so ist es
leicht verständlich, daß nach GEDROIZ' qualitativer Prüfung mit Methylorange
alle diese Böden, die in n · KCl-Suspension ein p_H von über 4—5 aufweisen,
schon als gesättigt angesehen und von weiteren Prüfungen ausgeschaltet werden
müssen. Wendet man Lackmuspapier an, so können noch Bodenlösungen mit
einem p_H von 6—7 zur näheren Untersuchung herangezogen und potentiometrisch
titriert werden. Allein bei dieser Art des Verfahrens ist es schwer zu entscheiden,
bei welchem p_H-Wert der Neutralpunkt für den gesättigten Boden angenommen
werden muß, denn der p_H-Wert 7 scheint nach den oben mitgeteilten unrichtig
und zu niedrig. Daher ist die Neutralisation mit einer freien Base allein das einzige
Mittel, um den chemischen Äquivalentpunkt (nach WIEGNER), d. i. die Äqui-
valenz stöchiometrischer Verhältnisse zwischen Base und Säure, bei der Titration
zu bestimmen und nach den Erfahrungen des Verfassers und J. DI GLERIAS kann
man zu diesem Zweck mit n/10 Ba(OH)$_2$ konduktometrisch titrieren. Die Methode von HISSINK[2] gibt stets zu hohe Werte, was nach der Ansicht des Verfassers
auf weitere physikalische Adsorption des Ba(OH)$_2$ zurückzuführen ist.

Schon aus der vorstehenden Tabelle S. 304 wird ersichtlich, daß, wenn wir
vom absorbierten Wasserstoff absehen, das Ca das allgemein führende Kation
im Absorptionskomplex ist. Noch augenscheinlicher wird dieses, wenn wir die
absorbierten Kationen in Prozenten der Gesamtmenge der Kationen (S) berechnen, wie dieses nachstehende Übersicht wiedergibt:

Horizont	Die austauschbaren Kationen in mg-Äquivalenten				
	Ca	Mg	K	Na	Summe = S
A_1	25,14	1,25	1,02	0,80	28,21
A_2	24,29	2,14	1,25	1,10	28,78
A_3	18,58	0,63	1,00	3,50	23,71
	Die austauschbaren Kationen in Prozenten der Summe (S)				
A_1	88,8	4,8	3,6	2,8	100
A_2	84,5	7,4	4,3	3,8	100
A_3	78,4	2,7	4,2	14,7	100

---

[1] GEDROIZ, K. K.: Chemische Bodenanalyse, S. 139—142. Berlin 1926. — Ferner
A. A. J. v. 'SIGMOND und J. DI GLERIA: A humus zeolitkomplexum különbözö telitettségének
mértékéröl. Über den verschiedenen Grad der Gesättigkeit des Absorptionskomplexes
des Bodens. Kgl. ung. Akad. — Ferner englisch vorgelesen am I. Internat. Kongreß
f. Bodenkde. zu Washington, D. C., 13.—22. Juni 1927.
[2] HISSINK, D. J.: Der Sättigungszustand des Bodens. Z. Pflanz. u. Düng. A. 4, H. 3
(1925).

Es ergibt sich hieraus, daß sich im braunen Steppenboden von Csorvás der Absorptionskomplex bis auf rund 80 % durch Ca gesättigt erweist und aus den beiden Tabellen auf S. 300 und S. 304 zeigt sich, daß mit dem Anwachsen des $CaCO_3$-Gehaltes der Absorptionskomplex gegen Entbasung geschützt wird. Für karbonatfreie Steppenböden in Ungarn hat der Verfasser eine viel größere Ungesättigtheit gefunden, trotzdem auch hier das Ca die absorbierten Kationen weit übertrifft. Der beträchtliche Gehalt an absorbiertem Na im dritten Horizont läßt auf geringe Alkalinität schließen, was auch durch den hohen p_H-Wert Bestätigung findet. Wenn wir endlich aus der Menge der vorhandenen Kationen im Salzsäureauszug und in austauschbarer Form das prozentuale Verhältnis des austauschbaren zum Gesamtgehalt berechnen, so gelangen wir zu nachstehendem Überblick:

Horizont	mg-Äquivalente der Kationen in 100 g trockenem Boden			Horizont	mg-Äquivalente der Kationen in 100 g trockenem Boden		
	Ganz löslich in konz. HCl	Austauschbar	Austauschbar in % des Ganzen		Ganz löslich in konz. HCl	Austauschbar	Austauschbar in % des Ganzen
	Kalzium				Natrium		
A_1	117,0	25,14	21,4	A_1	4,2	4,7	4,7
A_2	186,0	24,29	23,1	A_2	0,8	1,1	3,5
A_3	354,0	18,58	5,25	A_3	19,0	23,4	74,5
	Magnesium				Kalium		
A_1	86,7	1,25	1,44	A_1	26,2	25,1	19,6
A_2	91,0	2,14	2,35	A_2	1,02	1,25	1,0
A_3	112,0	0,63	0,56	A_3	3,9	4,98	5,1

Schon aus den Werten der dritten Rubrik ergibt sich, daß der größte Teil des Ca-Kations durchweg in austauschbarer Form vorliegt. Der hohe Prozentsatz für austauschbares Na im dritten Horizont (A_3) bestärkt die Auffassung, daß hier eine Alkalisation des Absorptionskomplexes begonnen hat. Für das Kalium liegt die Vermutung nahe, anzunehmen, daß ein beträchtlicher Teil desselben im oberen A_1-Horizont im Absorptionskomplex gebunden ist, was in pflanzenernährungs-physiologischer Hinsicht recht interessant zu sein scheint. Überlegen wir uns aber, daß der Boden von Csorvás karbonathaltig ist und rechnen den berechneten $CaCO_3$-Gehalt vom Gesamtgehalt an Ca ab, so kommen wir für das Ca-Kation zu noch höheren Werten:

	In HCl gelöstes Gesamt-Ca abzüglich des Ca der Karbonate	Austauschbares Ca	in Prozent des austauschbaren Ca im gesamten karbonatfreien Komplex
A_1	95,6 mg-Äquiv.	25,14 mg-Äquiv.	26,3
A_2	88,2 ,,	24,29 ,,	27,5
A_3	51,0 ,,	18,58 ,,	36,5

Allerdings würde es richtiger sein, wenn wir auch noch das Magnesium in Form des Karbonates berechnen könnten, was jedoch nur willkürlich geschehen könnte. Nur die Vermutung, daß das $MgCO_3$ aus dem oberen Horizont A_1 ganz ausgelaugt worden ist, besitzt einige Wahrscheinlichkeit. Nehmen wir ferner an, daß das Mg im Silikatkomplex in den darunterfolgenden Horizonten beständig geblieben ist und führen die Zunahme des $MgCO_3$ hierauf zurück, so erhalten wir für das Ca im Silikatkomplex folgende Wertverhältnisse:

		Austauschbares Ca in %
A_2	92,5 mg-Äquiv.	26,2
A_3	76,3 ,,	24,3

Dementsprechend liegen praktisch genommen die Verhältnisse ganz gleichartig wie im Horizont A_1, und es scheint dem Verfasser daher für die Steppenböden sehr naheliegend, als allgemein charakteristisch hinzustellen, daß das Ca-Kation die übrigen Kationen im Absorptionskomplex weit überragt, und zwar um etwa 75—80 %, umgerechnet auf äquivalente Verhältnisse. Die im Boden vorhandenen Karbonate gewährleisten infolgedessen den jeweiligen Sättigungsgrad des Komplexes. Der Behauptung von GEDROIZ, daß alle Steppenböden mit Basen vollkommen gesättigt seien, kann der Verfasser daher auch nicht beipflichten.

Hinsichtlich der humusarmen braunen Steppenböden ohne Verdichtung hegt er die Ansicht, daß dieselben nur eine weitere Abstufung der humosen Steppenböden darstellen, und daß sie im wesentlichen durch die schon oben geschilderten Haupteigenschaften der braunen Steppenböden charakterisiert werden können. GLINKA[1] meint zwar, daß der Farbton des Bodens für die Böden verschiedener Zonen ein beständiges Merkmal sei, weshalb er die hellbraunen Steppenböden von den kastanienfarbigen getrennt behandelt wissen möchte. Zwar sondert er alle diejenigen, welche einen deutlich entwickelten Verdichtungshorizont B besitzen, aus und rechnet diese zu den Solonetzböden, also zu den Salzböden. Als ein Beispiel für diese beschreibt er nach TUMIN zwei Profile der hellbraunen Lehme des Balchasch-Bassins im Semiretschje Gebiet des asiatischen Rußlands folgendermaßen:

„I. Am Ili, in der größten Senke der Steppe mit Artemisia und Ceratocarpus. Horizont A_1 bis 5 cm. Feinzellig, ungeschichtet von unbedeutender Dichte, Tiefe bis 15 cm, schwach geschichtet und schwach verdichtet. Die Mächtigkeit der Schichten beträgt bis 1 mm. Die obere und untere Fläche der Schichten ist gleichgefärbt. Die ganze Mächtigkeit des Horizontes beträgt 15 cm. Der Übergang zum Horizont A_2 ist allmählich und schwierig festzustellen. Horizont A ungeschichtet, schwach verdichtet. Die Kalziumkarbonatflecken fehlen. 25 cm mächtig. Horizont B ist von stärkeren, weißlicherem Farbton als der Horizont A_2, es werden deutlich ausgebildete Kalziumkarbonatflecke beobachtet.

II. In der höher gelegenen Gegend dieser Region (in der Nähe des Anrakajskigebirges) gibt das Bodenprofil folgendes Bild: Horizont A_1 bis zu 2—3 cm porös und geschichtet, oft auch zellenförmig und ungeschichtet. Tiefe bis 8 cm schwach geschichtet, und noch tiefer, bis 19 cm, fehlt die Schichtung gänzlich; schwach verdichtet, nicht körnig. Die Mächtigkeit des ganzen Horizontes beträgt 19 cm. Der Übergang zum Horizont A_2 ist allmählich. Horizont A_2 etwas bräunlicher als der obere, bis 35 cm schwach verdichtet, nicht körnig, tiefer, denn 56 cm erscheinen Kalkkarbonatflecken, und die Dichte nimmt zu. Der ganze Horizont ist 37 cm mächtig. Horizont B hellbrauner Lehm, mit unbedeutender Menge von Kalziumkarbonatflecken.

Die soeben beschriebenen Böden brausen an der Oberfläche mit Säure auf, d. h. sie gehören der Karbonatgruppe an, aber es werden auch braune Lehme, die an der Oberfläche nicht aufbrausen, beobachtet. Die sandig-lehmigen und sandigen Varietäten der braunen Böden sind in der am Kaspischen Meere liegenden Niederung sowie auch in dem Steppen-Generalgouvernement recht stark entwickelt und werden auch im nördlichen Teile des Semiretschje beobachtet. Hier bilden die hellbraunen Lehme den Übergang zu den südlichen Grauerden. In den braunen Lehmen schwankt der Humusgehalt zwischen 1—2 %, wobei die Humusmenge, wie in den kastanienfarbigen Böden, mit der Tiefe allmählich abnimmt.

---

[1] GLINKA, K.: a. a. O., S. 138—139.

Wir führen einige Zahlen an, die die Verteilung des Humus, des hygroskopischen und chemisch gebundenen Wassers und der Kohlensäure in den braunen Lehmen des nördlichen Semiretschje[1] charakterisieren.

Gegend	Tiefe	Humus	H_2O bei 100° C	Chem. geb. Wasser	Glühverlust	CO_2
	cm	%	%	%	%	%
Unter dem Tarbogataj nördl. von Bachty. $\big\{$ C.	0—7	1,878	1,625	2,987	6,649	0,859
	10—26	1,210	1,528	2,536	7,335	2,061
	40—45	0,844	1,662	2,001	9,233	4,726
Hinter dem Alakul in der Nähe von Kara-agatsch $\big\{$ C.	0—8	1,750	1,275	2,729	6,156	0,401
	10—22	0,936	1,875	3,377	7,776	1,512
	45—50	0,690	2,991	3,065	8,710	1,964
	70—80	0,349	1,650	3,016	—	1,949
In der Nähe des Tauke-Kulsees $\big\{$ C.	0—6	2,04	1,06	0,41	4,89	1,41
	8—24	1,41	1,61	0,88	7,50	3,60
	26—40	0,495	2,29	1,52	12,85	8,04
	60—80	0,240	1,06	1,06	19,67	17,31
	90—95	0,207	0,87	0,80	9,30	7,42

Die den braunen Lehmen entnommenen Wasserauszüge zeigen, daß die braunen Lehme gleich dem Tschernosjem und den kastanienfarbigen Böden von geringem Salzgehalt sind. Um das zu beweisen, wollen wir Daten anführen, die dem braunen Lehm am Semiretschje angehören.

Tiefe	Farbe des Auszuges	Trockene Rückstände	Glüh-rückstände	Alkalinität (HCO_3)	Cl	SO_3	CaO	MgO
0—8	schwach gelb	0,0565	0,0330	0,0343	0,0014	Sp.	sichtbare Sp.	Sp.
13—50	farblos	0,0410	0,0276	0,0274	0,0007	—	,,	,,
C. 65—75	,,	0,0323	0,0241	0,0206	0,0017	—	Sp.	schw. Sp.

„Leider besitzen wir keine vollständigen Analysen der braunen Böden, aber wir können doch a priori behaupten, daß aus diesen Analysen, wie aus denen der kastanienfarbigen Böden, keine merkbaren Auswanderungen der verschiedenen Verbindungen aus dem oberen in die tieferen Horizonte zu ersehen sind[2]."

Nach der aus GLINKAS Buch entnommenen Beschreibung der hellbraunen Steppenböden dürfte ein Unterschied nur in dem beträchtlich geringeren Humusgehalt der Bodenhorizonte und in der Gegenwart von Karbonatflecken in den tieferen Horizonten zu erblicken sein. Es ist also, wie gesagt, eine weitere Abstufung des Humusgehaltes und eine Vermehrung der Karbonate feststellbar. Die wahren Grenzen sind jedoch heute kaum noch nachweisbar. Es werden daher auch in Ungarn die braunen Steppen gemeinsam zusammengefaßt behandelt und örtlich als hell- bzw. dunkelbraune Steppenböden unterschieden. Solange keine besseren Unterscheidungsmerkmale, die eine typische Abgrenzung zulassen, bekannt sind, können wir nur von braunen Steppenböden mit verschiedenen Farbennuancen, aber kaum von verschiedenen Bodentypen der braunen Steppenböden sprechen.

Hinsichtlich ihrer mechanischen Zusammensetzung und ihres physikalischen Verhaltens erweisen sich die Braunerden der Steppen als zumeist Lehmböden von verschiedener Bindigkeit, je nach ihrem Gehalt an Ton bzw. Sand. Da der

---

[1] PRASSOLOW: Die Arbeiten der Bodenexpeditionen zur Erforschung der zu kolonisierenden Regionen des asiatischen Rußlands. Bodenexpedition 4. St. Petersburg 1909 (russisch).

[2] GLINKA, K.: a. a. O., S. 140.

„Humuszeolitkomplex" nahezu gesättigt ist und das austauschbare Kalzium alle übrigen absorbierten Kationen weit übertrifft, nämlich bis zu 80—90 Äquivalentprozenten, so ist auch die physikalische Beschaffenheit des Bodens eine günstige, d. h. von dauernder Krümelstruktur. Die Wasserdurchlässigkeit ist mäßig aber genügend, um eine Überfeuchtung des Bodens zu vermeiden. Die Kapillarität ist groß, jedoch die wasserhaltende Kraft nicht übermäßig entwickelt. In Ungarn gehören zu diesen Böden die besten Weizenfelder, auf welchen der altberühmte Theißweizen gedeiht und sich nach den neueren Erfahrungen auch der amerikanische „Marquis"weizen angepaßt hat. Biologisch ist dieser Boden allen Bodenbakterien, welche in neutralem oder schwach alkalischem Medium aerob gedeihen, äußerst gut angepaßt und auch für organische Dünger (Stallmist, Gründünger usw.) besonders dankbar, wenn auch der Boden selbst nicht sehr humusreich ist und seinen jungfräulichen Charakter schon durch jahrelange Kultur verloren hat. Die dunkelbraunen Varietäten sind anfangs sehr reich an Stickstoff und können bei direkter Stallmistdüngung ein übermäßig üppiges Wachstum, verbunden mit späterer Lagerung des Weizens, hervorrufen. Aus diesem Grunde wird in Ungarn die direkte Stalldüngung für Weizen möglichst vermieden. Als Vorfrucht wird gewöhnlich eine Hackfrucht oder ein Wicken-Hafer-Gemisch gewählt und der Boden nachher mit Superphosphat gedüngt und zur Einsaat vorbereitet. Da diese Böden für Weizen besonders geeignet sind und das halbtrockene Klima dieser Gebiete für die Halmfrüchte ausgesprochen günstig ist, was ja auch die Ursache dafür abgibt, daß unter natürlichen Verhältnissen die Stipaarten und die anderen Grasarten der trockenen und halbtrockenen Steppe überhandnehmen, so wird der Landwirt leicht verleitet, stets Weizen nach Weizen anzubauen. Auch in den Vereinigten Staaten von Nordamerika ist solches heute noch vielfach üblich. Die Erfahrung lehrt aber, daß sich nach ungefähr 50 Jahren eine derartig einseitig betriebene Wirtschaftsmaßnahme praktisch nicht bewährt hat. Wenn sie auch in Ungarn in dieser extremen Form nicht ausgeübt wird, so veranlaßt doch die trockene Witterung, daß der Weizen stets die Hauptfrucht dieser Gebiete bleiben wird. Da ferner der Phosphorsäurevorrat bei der üblichen Fruchtfolge des Bodens verhältnismäßig gut ausgenutzt wird, so kann beim Weizen meistens eine gute Wirkung der schnell wirkenden Phosphatdünger erzielt werden. Diese Böden sind auch gewöhnlich reich an Ka li, und wenn guter Stalldünger alle 3—4 Jahre gereicht wird, so ist auch eine Ver armung an Kali kaum zu befürchten. In den Vereinigten Staaten weisen die neueren Düngungsversuche auf ähnliche Verhältnisse hin, jedoch entwickelt sich die Düngerwirtschaft im Westen nicht so schnell als im Osten, was aber mehr den wirtschaftlichen als den Bodenverhältnissen zu verdanken ist. Wie die Verhältnisse in Rußland liegen, kann Verfasser auf Grund eigener Erfahrungen nicht beurteilen, aber es behandeln die russischen Forscher diese Frage auch kaum. Soweit von Bodenreichtum überhaupt gesprochen wird, wird stets an die Schwarzerde (Tschernosjem) als an das Ideal desselben gedacht. In Amerika werden desgleichen die schwarzen Prärieländer als solche gelobt. Über die Halbsteppenböden ist aber kaum etwas in dieser Richtung veröffentlicht worden. Allerdings ist für diese Böden die Trockenwirtschaft („Dry farming") oder die Bewässerung von äußerst großer Bedeutung. In diesen Gebieten kann es nämlich oft der Fall sein, daß die Bodenfeuchtigkeit zu gering ist, was dann in der Ernte natürlich zum Ausdruck kommt. Die zielbewußte Bodenbearbeitung wird also hier besonders lohnend sein, da die ungünstige Verteilung der Niederschläge durch sie doch noch am besten ausgenutzt werden kann. Es muß dafür gesorgt werden, daß der Boden durch tiefe Bearbeitung die Niederschlagsmengen der feuchteren Monate aufnehmen kann und daß der Verdunstung durch die stets locker gehaltene

Oberkrume möglichst vorgebeugt wird. Da die dunkelbraunen Steppenböden gewöhnlich genügend tief sind und ihr Kalkreichtum auch selbst für Luzerne ausreicht, so ist diese Pflanze eine der besten Futterpflanzen dieser Bodenart, zumal sie sich auch von sehr gutem Einfluß auf den physikalischen Zustand des Bodens zeigt. Von den Hackfrüchten kommen für den Boden am meisten Mais und Rüben in Frage. Allein die große Dürre im Sommer kann sehr oft schädlich sein, wenn nicht eine künstliche Bewässerung auszuhelfen vermag, wie solches in den Vereinigten Staaten sehr oft für Zuckerrüben angewendet wird. Für Gerste ist der Boden nicht schlecht, aber die trockene Witterung erweist sich für die Qualität einer Braugerste nicht günstig. Bei rationeller Bewässerung kommt der Boden für fast jede Kulturpflanze in Frage, u. a. auch für Obst- und Gemüsebau. Es darf jedoch nicht vergessen werden, daß eine derartige intensive Bodenausnutzung den natürlichen Bodenreichtum schnell erschöpft, so daß die reichen Ernten der ersten Jahre sehr schnell zurückgehen werden, wenn nicht genügend gedüngt wird.

Je humusärmer und leichter der Steppenboden ist, um so mehr wird er organische Dünger verlangen. Da schon die lichtbraune Farbe darauf schließen läßt, daß die Bodenfeuchtigkeit geringer als in den dunkelbraunen Gebieten vorhanden ist, so werden die Ernten gewöhnlich auch schon deshalb kleiner ausfallen, weil hier das Wasser als Produktionsfaktor im stärkeren Ausmaße fehlt. Hier wird also die Wichtigkeit des „Dry farming" bzw. der Wasserwirtschaft in erhöhtem Maße hervortreten. Im Reichtum an mineralischen Nährstoffen steht er den dunkleren braunen Steppenböden nicht nach, jedoch vermag er an Stickstoffmangel zu leiden, und eine gute Bodengare ist wegen ungenügend vorhandener organischer Substanz schwerer zu erhalten. Dementsprechend ist auch sein physikalischer Zustand ungünstiger und seine Bearbeitung, falls er nicht von Natur aus locker, d. i. sandig, ist, mithin mühsamer. Ebendeshalb ist die Stalldüngerzufuhr in diesen Gebieten viel notwendiger als bei den dunkleren Varietäten des Bodens. Rationelle Düngerwirtschaft und Bodenbearbeitung erlauben jedoch, auch diese Böden gut zu bewirtschaften.

β) Steppenbleicherden (graue Steppenböden).

Die Steppenbleicherden oder grauen Steppenböden sind, wie dieses schon oben bemerkt worden ist, z. T. Übergangsformen der Steppenböden zu den Alkaliböden, d. h. zu den Salzböden der trockenen Gebiete. Sie müssen jedoch prinzipiell von den grauen Bleicherden der Salzsteppen oder Alkaliländereien getrennt und unterschieden werden. Denn wie wir im Kapitel über die Salzböden näher kennenlernen werden, gibt es in Ungarn und Rußland ausgelaugte Alkaliböden, die in ihrem Bodenprofil in vieler Hinsicht den podsolierten Böden ähnlich sind, und in Rußland als „Soloti" bis in neuerer Zeit zu den salzhaltigen Waldböden gerechnet wurden, nach Gedroiz[1] jedoch als ungesättigte ausgelaugte Alkaliböden aufzufassen sind. Die ausgelaugten, karbonatfreien Szikböden Ungarns entsprechen ferner in ihrem Bodenprofil wie auch in ihrer chemischen und physikalischen Beschaffenheit am meisten den russischen Solonetzböden. Sie sind also mit einem gut ausgebildeten Akkumulationshorizont (B), unter dem Auslaugungshorizont (A), versehen. Letzterer zeigt sich als Folge der Auslaugung im alkalischen Medium typisch grau, manchmal auch ganz weiß gefärbt, und täuscht den Charakter einer Salzkruste vor. Er ist jedoch beinahe salzfrei und

---

[1] Gedroiz: Soil absorbing complex and the absorbed soil cations as basis of genetic soil classification. Peoples Comm. of Agricult., Nossov Agricult. Exp. Stat., Agricult. Div., Paper Nr 38 (russ.). Leningrad 1925. In Englisch übertragen von Dr. S. A. Waksman, publ. U. S. Dep. of Agricult. Work D. C. Ime 30, 1925.

seine gebleichte Farbe verdankt er lediglich der Auslaugung seiner Humusstoffe und Eisenverbindungen. Diese Böden gehören also schon nach ihrem typischen Bodenprofil zu den strukturförmigen Salzböden der trockenen Gebiete, und ihre nähere chemische Zusammensetzung läßt darauf schließen, daß sie genetisch zu jenen Bodentypen zu zählen sind, welche von GLINKA[1] in die VI. Klasse der ektodynamomorphen Böden als Böden von zeitweise übermäßiger Befeuchtung gestellt werden.

Nach GLINKA[2] wurden die Grauerden zum erstenmal im Syr-Darja-Gebiet studiert. „Sie finden sich an welligen Orten, die den Oberflächengewässern einen Abfluß gestatten." Dieses Auftreten erweist sich auch nach der Ansicht des Verfassers als höchst charakteristisch und entscheidend für sie, denn die oben erwähnten grauen Szikböden Ungarns treffen wir im Gegensatz dazu nur in solchen Niederungen an, wo ein Abfluß der Oberflächengewässer von Natur aus verhindert wurde und auch der Untergrund wasserundurchlässig ist. Folglich dürfte die Bildung der grauen Steppenböden dort, wo sie vorkommen, durch den unbehinderten Abfluß der Oberflächengewässer bedingt gewesen sein. Die sich bei der Verwitterung bildenden Alkalisalze werden auf diese Weise fortgeschwemmt oder durch den Boden mit dem Untergrundwasser weggeführt, so daß keine Anhäufung dieser Salze geschehen konnte. Dort aber, wo dies nicht der Fall gewesen ist, haben sich typische Alkaliböden entwickeln können, was schon aus der Verteilung der Bodentypen auf der Übersichtskarte von Europa entnommen werden kann, indem die grauen und braunen Wüstensteppen ebenso wie die kastanienfarbigen Böden mit Salzböden durchspickt erscheinen[3].

Die Grauerden finden nach GLINKA außer in Turkestan auch noch in Transkaukasien Verbreitung, nach RAMANN[4] sind sie in Mittelspanien vorherrschend und weit im ariden Westen Nordamerikas verbreitet.

Sie bedingen dort den vorherrschend grauen Farbton der Landschaft. Nach der internationalen Bodenkarte Europas finden sich keine grauen Steppenböden in Mittelspanien, wohl aber sind sie an dem südöstlichen Rande der spanischen Halbinsel bis zum Ufer des Mittelmeeres anzutreffen. Auch gehen die im europäischen Rußland eingezeichneten Grauerden bis zum Kaspischen Meere hinunter. Für die weitere Verbreitung und Verteilung der grauen Steppen Nordamerikas sowie anderer Erdteile liegen keine näheren Angaben vor. Allerdings treten im Westen oftmals aschengraue Böden auf, ob diese jedoch denjenigen in Rußland oder Spanien entsprechen, kann aus Mangel an näheren Angaben nicht entschieden werden. Früher hielt man die Grauerden von Turkestan für äolische Bildungen, Lößböden. Allein schon GLINKA[5] weist darauf hin, daß, wenn auch die Grauerde von Turkestan hauptsächlich auf Löß und lößähnlichen Gesteinen lagere, so doch auch Vorkommnisse auf anderen Muttergesteinen bekanntgeworden seien. Das Bodenprofil der Grauerden kann nach GLINKAS Beschreibung wie folgt charakterisiert werden:

Die oberen Horizonte sind hellgrau und werden nach der Tiefe bräunlicher; in einer Tiefe von 30—50 cm treten schon häufig Karbonatadern und -flecke auf, die den Farbton wiederum ins Graue überführen. Sodann folgt der Karbonathorizont und darunter das Muttergestein, der graubraune Löß. Die oberen Horizonte scheinen mehr oder weniger geschichtet, worunter eine durch Würmer und Insekten aufgelockerte, manchmal ganz löcherige Zone bis zum steinharten Karbonathorizont folgt. Unter dem Karbonathorizont erscheinen Gipsadern

<hr>

[1] GLINKA, K.: a. a. O., S. 42. [2] GLINKA, K.: a. a. O., S. 141.
[3] Siehe die Allgemeine Bodenkarte Europas, im Auftrage der V. Komm. d. internat. bodenkundl. Ges. herausgegeben.
[4] RAMANN, E.: a. a. O., S. 604. [5] GLINKA, K.: a. a. O., S. 141.

(130—200 cm tief). Die mechanische Zusammensetzung der aufeinanderfolgenden Horizonte ist nach den Angaben Neustruev[1] stets die gleiche, nämlich wie folgt:

Ort, an dem die Probe genommen wurde	Tiefe in cm	>3 mm	3—1 mm	1—0,5 mm	0,5 bis 0,25 mm	0,25 bis 0,05 mm	0,05 bis 0,01 mm	$<0,01$ mm
Im Norden von Wrewskoe im Tschimkent-Kreise	0—7	—	—	0,06	0,04	19,15	33,04	47,71
	12—26	—	—	0,01	0,02	19,66	33,01	47,30
	50—60	—	—	0,06	0,02	14,77	35,47	49,68
	103—110	—	—	0,02	0,02	27,57	31,89	40,50
	172—180	—	—	—	0,01	17,32	40,85	41,82

Die Verteilung des Humus und der Karbonate erläutert folgende Analysenübersicht:

Ort, an dem die Probe genommen wurde	Tiefe in cm	CO_2	Humus	H_2O bei 100° C	Chemisch geb. Wasser	Glühverlust
Wrewskoe im Tschimkent-Kreise	0—3	4,93	2,00	1,34	1,68	3,68
	13—26	6,72	0,45	1,62	1,68	2,04
	50—60	8,92	0,26	1,61	1,41	1,67
	103—110	10,74	0,22	1,31	1,33	1,56
	172—180	8,52	0,13	1,48	1,20	1,33
Östlich von der Station Arys in demselben Kreise	0—7	5,10	1,61	1,32	1,02	2,63
	8—15	5,52	1,09	1,29	1,40	2,49
	15—22	6,20	0,38	1,38	1,62	2,00
	90—100	10,30	0,23	1,42	0,96	1,19
	137—145	9,32	0,21	1,45	1,40	1,62

Die nachstehenden Tabellen geben die Wasserauszüge der Grauerden und die Bauschanalyse eines Profils östlich von der Station Arys wieder:

Ort, an dem die Probe entnommen wurde	Tiefe in cm	Trockener Rückstand	Glührückstand	Glühverlust	Löslichkeit des Humus	Farbe der Auszüge	Alkalinität als $NaHCO_3$
Östlich von der Station Arys	0—7	0,0566	0,0354	0,0212	1/76	gelblich	0,0344
	8—15	0,0576	0,0465	0,0111	1/98	farblos	0,0344
	15—20	0,0445	0,0364	0,0081	—	,,	0,0344
	90—100	0,0324	0,0283	0,0041	1/55	,,	0,0344
	137—145	0,0365	0,0314	0,0051	1/41	,,	0,0365
Nördlich von Wrewskoe	0—7	0,0552	0,0281	0,0271	1/77	gelblich	0,0355
	13—26	0,0345	0,0254	0,0091	1/50	farblos	0,0344
	50—60	0,0351	0,0290	0,0061	1/43	,,	0,0368
	103—110	0,0273	0,0188	0,0085	1/27	,,	0,0307
	172—180	0,0386	0,0267	0,0119	1/11	,,	0,0376

	Tiefe in cm			
	0—7	8—15	90—100	137—145
H_2O bei 100° C	1,34	1,31	1,44	1,47
Humus	1,61	1,08	0,23	0,21
Chem. geb. Wasser	1,02	1,41	0,95	1,41
CO_2	5,10	5,52	10,31	9,34
SiO_2	59,84	59,66	52,86	53,76
Al_2O_3	11,18	11,33	10,25	10,18
Fe_2O_3	5,19	5,35	4,89	5,30
CaO	7,24	7,66	13,06	12,11
MgO	3,08	2,82	3,01	2,82
P_2O_5	0,201	0,23	0,104	0,130
SO_3	0,553	0,160	0,223	0,059
Alkali nach der Differenz . .	4,98	4,84	4,11	4,68

[1] Siehe Glinka, K.: a. a. O., S. 142.

Aus diesen Befunden geht zunächst hervor, daß der Humus nur in den obersten Horizonten bis etwa 15 cm Tiefe, und zwar nur in geringer Menge (1—2) % vorkommt. Charakteristisch ist der Karbonatgehalt und die Verteilung der Karbonate im Bodenprofil. Wenn auch die Karbonate noch in den obersten Horizonten aufzufinden sind, so ist ihre Menge doch geringer als im Muttergestein und wird in dem Karbonathorizont angehäuft angetroffen. Eine Auslaugung der Karbonate ist also auch hier, genau so wie in den anderen Steppenböden, nachweisbar, nur ist der Grad der Auslaugung vielleicht geringer. Leider verfügen wir bisher nicht über Analysen, die die chemischen Bodenauslaugungsverhältnisse erkennen lassen. Die bei den Wasserauszügen in der Form einer $NaHCO_3$-Menge angegebene Alkalität läßt auf die nahe Zugehörigkeit der Böden zu den Alkaliböden schließen. Eine Wanderung der Sesquioxyde macht sich jedoch auf Grund des Ausfalls der Bauschanalyse aller Horizonte nicht bemerkbar, wogegen in den echten Alkaliböden eine Einwaschung der Sesquioxyde und auch der löslichen Kieselsäure stets vorkommt.

RAMANN unterscheidet die Steppenbleicherden von den humosen Steppenböden durch den in den oberen Schichten der erstgenannten vorkommenden geringeren Gehalt an löslichen Salzen. Auch die Humusstoffe und das Eisenoxyd erweisen sich nach ihm dortselbst durch die Wirkung geringer Mengen Natriumkarbonat ausgelaugt, und die Entbleichung dieser Böden ist dieser Erscheinung zuzuschreiben[1]. Leider liegen keine analytischen Belege für RAMANNs Theorie vor, denn aus den oben beigebrachten Angaben kann diese Behauptung nicht als berechtigt angesehen werden. Zunächst ist aus den Analysenergebnissen eine Verschiebung der Humusstoffe wie des Eisenoxyds nach der Tiefe zu gar nicht zu entnehmen, sondern es wird im Gegenteil der höchste Humusgehalt stets in den obersten Horizonten gefunden, und der Eisenoxydgehalt bleibt sich im ganzen Bodenprofil nahezu gleich. Eine Auslaugung dagegen scheint nur für Kalziumkarbonat und eventuell für Kalksulfat vorzuliegen. Nach den in der letzten Tabelle mitgeteilten Bauschanalysen ist eine schwache Ansammlung der Sulfate im dritten Horizont (90—100 cm Tiefe), wo sich auch die Karbonate angesammelt haben, wahrzunehmen. Bei GLINKA heißt es jedoch, daß unter dem Karbonathorizont Gipsadern auftreten, was aber aus den Bauschanalysen nicht feststellbar erscheint. Wenn solches jedoch anderswo vorkommt, so deutet dies darauf hin, daß diese Kalksalze von oben nach unten transportiert worden sind, und zwar zunächst das Karbonat als weniger lösliches Salz, späterhin das Sulfat als leichter lösliche Verbindung in der Tiefe Ausscheidung und Absatz gefunden haben. Wo also diese Reihenfolge der Salzausscheidungen vorliegt, kann man nur auf eine Auslaugung nach der Tiefe zu schließen. Wo die Gipskonkretionen dagegen in höheren Bodenhorizonten als die Karbonatkonkretionen vorkommen, dürfte auf eine kapillare Aufwärtsbewegung der Kalksalze geschlossen werden.

Nach den vorliegenden wenigen Angaben über echte graue Steppenböden scheint dieser Bodentypus besonders dadurch charakterisiert zu sein, daß eine deutliche Bodenauswaschung der karbonatfreien mineralischen Bodenstoffe nicht vorliegt, wohl aber eine starke Ansammlung der Karbonate in den tieferen Horizonten eintritt, und eine schwache Ansammlung von 1—2 % Humus in den oberen Horizonten bis zu etwa 15 cm Tiefe stattfindet. Allem Anschein nach geht auch hier die Bodenauslaugung wie bei den anderen Steppenböden in einem mit Ca-Ionen gesättigten neutralen Medium vor sich. Alkalisalze spielen dabei nur eine untergeordnete Rolle und Soda ist nicht nachweisbar. Bezüglich der

---

[1] RAMANN, E.: Bodenbildung und Bodeneinteilung, S. 93.

Formationsbedingungen scheint arides Klima und guter Abfluß der Oberflächengewässer die Bildung dieser grauen Steppenböden zu begünstigen, stockt aber der Wasserabfluß oder ist der Boden undurchlässig, so werden sich unter ähnlichen Verhältnissen Steppensalzböden ausbilden. In wirtschaftlicher Beziehung läßt sich über diese Böden nichts Sicheres aussagen.

γ) Salzböden (Alkaliböden, Szikböden, Sodaböden, Salniterböden, Solonetz, Solontschak, Hardpan, Reh).

Die Salzböden sind in verschiedenen klimatischen Regionen der ganzen Erde weit verbreitet. Der berühmte amerikanische Forscher E. W. Hilgard aus Kalifornien war der erste[1], der die Aufmerksamkeit der Bodenforscher auf die grundsätzliche Verschiedenheit der Salzböden der humiden und der ariden Gebiete lenkte und die Salzböden der ganzen Welt in 2 Hauptgruppen einteilte. Er wies darauf hin, daß sich die litoralen Salzböden als durch Meerwasser unmittelbar durchtränkte Bodenarten erweisen, in denen alle Salze des Meerwassers unverändert aufgefunden werden. Die sog. kontinentalen Salzböden, die unabhängig von jedem Meereseinfluß inmitten größerer Trockengebiete vorkommen, sind jedoch als echte Klimaprodukte anzusehen. In ihnen sind die im Meere vorkommenden Salze nicht nachzuweisen, sondern es häufen sich jene wasserlöslichen Bodensalze in ihnen an, die unter gewöhnlichen feuchten Klimaverhältnissen durch die natürliche Durchwaschung der Böden fortgeführt werden, d. h. also durch die normale Bodenauslaugung in die Grundwässer gelangen. Im trockenen Klima werden diese Salze hingegen sowohl durch Kapillarität als auch starke Wasserverdunstung nicht nur an der Bodenoberfläche zurückgehalten, sondern sogar in beträchtlichen Mengen in den oberen Bodenhorizonten angehäuft. Da diese wasserlöslichen Bodensalze größtenteils Salze der Alkalimetalle, und zwar hauptsächlich des Natriums sind, benannte er diese Salzböden der trockenen Gebiete ungeachtet dessen, ob der Boden eine alkalische Reaktion besaß oder nicht, Alkaliböden. Er unterschied sogar die weißen Alkaliböden („white alkali") von den schwarzen Alkaliböden („black alkali"), indem er diejenigen Alkaliböden, deren Bodensalze keine Soda, sondern nur Alkalisulfate bzw. Chloride enthalten, und somit auf den Humus des Bodens nicht lösend einwirken und ihn daher im ungetrockneten Zustande weiß gefärbt erscheinen lassen, als Weißalkaliböden benannte, während er die auf Humus lösend einwirkenden sodahaltigen Böden infolge ihres hiermit im Zusammenhang stehenden schwarzen Aussehens als Schwarzalkaliböden bezeichnete. Eine solche Benennung dürfte allerdings nicht allgemein anwendbar sein, denn die echten Sodaböden des ungarischen Tieflands („Alföld") sind z. B. vollkommen weiß gefärbt und unter den sodafreien Sulfatböden Ungarns finden sich viele, welche dunkelbraune, ja sogar schwarze Farbe annehmen. Es ist auch die Frage aufgeworfen worden, ob die Bezeichnung Alkaliböden nicht durch eine bessere ersetzt werden könnte, da dieselbe große Ähnlichkeit mit dem Begriff der Alkalinität hat und weil z. B. in Ungarn und in Rußland die Salzböden der trockenen Gebiete nicht selten einen p_H-Wert unter 7 erkennen lassen, also unter Umständen ganz entschieden in das Gebiet der Böden von saurer Reaktion fallen, aber trotzdem den typischen Charakter des Alkalibodens tragen, und es sicherlich eigenartig klingen dürfte, von sauren Alkaliböden zu sprechen. Allein der Begriff Alkaliboden ist sozusagen international geworden, besitzt ein historisches Recht infolge der Forschungen des Altmeisters Hilgard auf diesem Gebiet, auch ist es nicht leicht, eine bessere allgemein anerkannte Bezeichnung zu finden, so daß man gut tun wird, vorläufig hieran

---

[1] Hilgard, E. W.: Soils S. 371 ff. New York 1910.

festzuhalten. Ohnehin können die eingebürgerten, landläufig bekannten Bezeichnungen nicht vertilgt werden. So werden die in Ungarn vorkommenden Salzböden „Szik-" oder „Szék"böden, die russischen „Solonetz" und „Solontschak"böden genannt und in weitere ortsübliche Untergruppen eingeteilt. Nach N. GANGULEE[1] werden die Alkaliböden der verschiedenen Teile Indiens mit besonderen Namen, wie „Reh-", „Kalar-" und „Usar"böden bezeichnet. In Ägypten heißen sie „Trona"boden u. dgl. m. Es scheint also nicht einmal so dringend notwendig zu sein, einen allgemeingültigen, wissenschaftlichen Namen ausfindig zu machen, wenn man nur weiß, daß die obengenannten sowie noch sonstige andere landläufige Benennungen der Salzböden trockener Gebiete dem allgemeinen Charakter der Alkaliböden im Sinne HILGARDs entsprechen.

Wie schon dargelegt wurde, haben des Verfassers langjährige Erfahrungen und Forschungen dargetan, daß zur Bildung der Alkaliböden nicht allein das trockene Klima, sondern noch weitere örtliche Verhältnisse notwendig sind. Namentlich hat es sich herausgestellt, daß die Alkaliböden in den trockenen Gegenden nur dort vorkommen, wo undurchlässiger Untergrund und solche hydrologischen Verhältnisse herrschen, die eine zeitweise Anhäufung bzw. Aufstauung der Bodenfeuchtigkeit ermöglichen, denn eine Salzanhäufung im Boden vermag durch die Trockenheit allein nicht erzeugt zu werden. Zunächst müssen sich die wasserlöslichen Salze bilden und in der Bodenfeuchtigkeit auflösen, um dann vermöge der Kapillarität und Wasserverdunstung die Anhäufung der Bodensalze zu bewirken. In absolut trockenen Gebieten kann weder die Salzbildung durch Bodenverwitterung, noch die Salzwanderung im Boden sich vollziehen. Die Salzanhäufungen kommen also nur an jenen Orten der trockenen Gebiete vor, wo entweder an der Bodenoberfläche oder im Untergrund zeitweise Wasser aufgestaut wird, das die Bodensalze bzw. die Salze der Sickerwässer der Umgebung auflöst und welches in der trockenen Periode an der Bodenoberfläche zur Verdunstung gelangt. Wenn aber die Niederschläge so gering sind, daß sie schneller verdunsten als sie in tiefere Bodenhorizonte eindringen können, so kann höchstens das Salz der oberen Horizonte gelöst und an der Bodenoberfläche konzentriert werden. Der Boden der Wüste ist stets etwas salzhaltig, jedoch Salzböden kommen nur an Stellen vor, wo die zeitweise herunterfließenden Gewässer zusammenlaufen und nicht ablaufen oder durchsickern können. Deshalb sind die Alkaliböden bis zu einem gewissen Grade Ortsböden, d. h. Böden, deren Vorkommen mit den örtlichen bodenbildenden Faktoren zusammenhängt. Man findet sie daher überall in trockenen Klimagebieten, wo örtliche Verhältnisse eine zeitweise Anhäufung übermäßiger Bodenfeuchtigkeit begünstigen. Das liegt gewöhnlich in der Undurchlässigkeit des Untergrundes oder in der übermäßigen Erhöhung des Untergrundwassers gegeben. Solche Verhältnisse stellen sich gewöhnlich dort ein, wo die Kulturländereien übermäßig aus der Umgebung bewässert werden und die Sickerwässer in den Untergrund der tieferliegenden Täler so hoch steigen, daß die Kapillarität das Bodenwasser bis zur Bodenoberfläche heraufzieht, die trockene Witterung das Wasser verdunstet und die im Wasser gelösten aus großen Bodenflächen ausgelaugten Bodensalze in den Tälern angehäuft werden. Ein treffendes Beispiel für letztere Bildungsart finden wir in der Entwicklung der Alkaliböden bei Fresno in Kalifornien. Nach W. W. MACKIE[2] waren noch vor 1873 keine Alkaliböden in dieser Gegend. Damals, als man mit der Bewässe-

[1] GANGULEE, N.: The Alkali Soils of India. Actes de la IV-me Conf. Intern. de Pedol. **2**, 644. Rome 12—19. Mai 1924.
[2] MACKIE, W. W.: Reclamation of white-ask lands affected with alkali at Fresno, California. U. S. Dept. of Agric., Bur. of Soils, Bul. 42. Washington 1907.

rung aus dem Kingfluß anfing, lag das Niveau des Untergrundwassers noch 65 Fuß tief. Jedoch während der ersten 5 Jahre der Bewässerung hat sich das Bodenwasser um 6 Fuß gehoben und im Jahre 1888 stand es nur noch 2—3 Fuß tief. Die günstigen Konjunkturen für den Obst- und Weinbau haben viel dazu beigetragen, die Bewässerung in den höher gelegenen Wein- und Obstgärtnereien zu übertreiben, so daß das Niveau des Bodenwassers dortselbst in den tieferliegenden Becken nahe der Oberfläche heraufgedrückt worden ist. Auch hier haben die Bodenwässer die Salze der Umgebung ausgelaugt und konzentriert, so daß sich nach Mackie Alkaliböden in Fresno ausgebildet haben, und ähnliche Alkalibodenbildungen können in den Bewässerungsgebieten im Westen der Vereinigten Staaten stets verfolgt werden. Ähnliche Verhältnisse findet man auch in Indien[1] und Ägypten[2]. Die indische „Reh"kommission hat festgestellt, daß durch die indische Agrikultur nach alter Weise die löslichen Salze kaum zur Bodenoberfläche gebracht wurden. Seitdem aber die modernen Wasserkanäle eingeführt worden sind und die Bodenbewässerung übertrieben wurde, läßt sich eine rasche Vermehrung der Alkaliländereien feststellen. Hill[3] hebt besonders hervor, daß dort, wo die Bewässerung nicht mit gehöriger Dränierung des Bodens verbunden ist, die „Reh"salze im Obergrund angehäuft und weite Ländereien dadurch kulturunfähig gemacht werden. Henderson[4] hat desgleichen festgestellt, daß seit der Einführung der beständigen Bewässerung durch Eröffnung des Kanals in Sindh große Flächen wegen Salzauswitterungen unfruchtbar geworden sind. Mann[5] beweist für Nira Tal, daß während der ersten 5 Jahre der systematischen Bewässerungen ausgezeichnete Ernten erzielt wurden, worauf jedoch späterhin etwa 5000 acres ganz kahl und unbrauchbar wurden. Ja, es sind sogar Anzeichen vorhanden, die auf eine weitere Versalzung der Böden hindeuten. Auch Lucas[6] gibt an, daß noch zur Zeit von Mohammed Ali (1806 bis 1849) das Wady-Tumilat-Gebiet in Ägypten frei von Alkali war, mit der Eröffnung des Ismaila-Kanals im Jahre 1863 aber die Versalzung des Gebietes begann.

Die angeführten Beispiele lassen die Salzanhäufung der Alkaliböden sowohl in Ungarn, Amerika als auch in Indien und Ägypten durch eine sich zeitweise wiederholende übermäßige Wassermenge des Bodens verursacht erscheinen, und auch ähnlich müssen die Verhältnisse in Rußland gewesen sein, denn Glinka[7] teilt die Solonetz- und Solontschakböden den Typen jener Böden zu, bei deren Entstehung sich zeitweise übermäßige Befeuchtung Geltung verschafft hat. Er trennt also von genetischem Gesichtspunkt aus die Salzböden der trockenen Gebiete von den Böden der Gebiete mit ungenügender Befeuchtung, nämlich den kastanienfarbigen sowie braunen bzw. grauen Steppenböden. Er unterscheidet sie aber auch von den Sumpfböden der feuchten Gegenden, indem er für letztere eine fortwährende Einwirkung der übermäßigen Feuchtigkeit auf die sich zersetzenden Pflanzenreste und Mineralteile verlangt, während er für die Alkaliböden eine zeitweise übermäßig hohe Bodenbefeuchtung gepaart mit großer Verdunstung und oft wiederholtem Austrocknen des Bodens als abwechselnd wirksam in Anspruch nimmt, so daß auf diese Weise die Bodensalze auch von den tiefen Horizonten zur Oberfläche bewegt werden konnten. Da solche oder ähnliche Verhältnisse aber nur in trockenen Gebieten vorkommen

---

[1] Gangulee, N.: The Alkali Soils of India. a. a. O., S. 648.

[2] Lucas, A.: A. report on the soil and water of the Wadi Tumilat lands under Reclamation. Cairo 1903.

[3] Hill: Analysis of Rek. London Chem. Soc. Proc. **19**, Nr 262, 58—61 (1900).

[4] Henderson: Alkali Experiments and Reclamation in Sindh. Dep. of Agr. Bull. **64**. Bombay 1914.

[5] Mann a. Tamhane: Salt Lands of the Nira Valley, Dep. of Agricult. Bul. **39**. Bombay 1915.

[6] Lucas: a. a. O., S. 7.   [7] Glinka, K.: a. a. O., S. 42.

können, wo die örtlichen Bodenverhältnisse eine zeitliche Wasseraufstauung zulassen, so sind die Alkaliböden als echte Ortsböden anzusehen und wurden dementsprechend von SIBIRZEFF[1] zu den intrazonalen Böden (Klasse B) geteilt. Tatsächlich kommen die Salzböden der trockenen Gebiete in mehreren Bodenzonen örtlich verteilt vor, so z. B. im Tschernosjemgebiet, in den braunen und grauen Steppengebieten und in den echten Wüsten. Daher sind die Alkaliböden aus den oben geschilderten genetischen Gründen in den trockenen Erdteilen überall verbreitet. In Europa finden wir sie in den Steppen Ungarns, Rußlands und Spaniens, in Asien außer in den russischen Gebieten in Kleinasien[2], Syrien, Mesopotamien, Persien, im nordwestlichen Indien und in den großen Steppen von Zentralasien östlich der Mongolei und im westlichen China. In Amerika treten sie im westlichen Teil des Kontinents schon in Montana und Colorado beginnend und sich bis nach Washington, Oregon und Kalifornien hinziehend, auf. Südlich reichen sie bis nach Mexiko und auch in Peru, Chile, Argentinien im westlichen Teil Brasiliens treffen wir sie wiederum an. Auch in Afrika und Australien findet man ausgedehnte Alkaliländereien. Deshalb ist denn auch ihre Erforschung und Fruchtbarmachung eine die ganze Welt interessierende Frage. Besondere Wichtigkeit und Aktualität besitzt diese Frage in jenen Gegenden, wo die Bevölkerung dicht und die Verbreitung der Alkaliböden im Vergleich zu dem angebauten Lande verhältnismäßig groß ist, wie solches z. B. für Ungarn, Indien zutrifft.

Wenn man auch heute noch nicht in der Lage ist, alle Vorkommnisse besagter Art zu beherrschen und sie endgültig zu kennzeichnen und einzuteilen, so scheint doch wohl schon eine Kennzeichnung der Alkaliböden in ihren Prinzipien möglich, denn man verfügt doch immerhin über eine große Zahl von Beschreibungen, Untersuchungen und Arbeiten auf dem Gebiete der Alkaliböden. Wie wir allerdings später sehen werden, stehen die Salzböden der feuchten Gebiete den Alkaliböden in gewisser Beziehung nahe, so daß die prinzipielle Scheidung der beiden großen Gruppen nicht leicht durchführbar erscheint. An diesem Orte werden wir uns jedoch auf die Charakterisierung der Salzböden trockener Gebiete zu beschränken haben.

Bis vor noch nicht kurzer Zeit bestand fast allgemein die Auffassung, daß die Salzböden der trockenen Gebiete als mit wasserlöslichen Salzen einfach durchtränkte Böden anzusehen seien, die von den litoralen Salzböden nur in der Zusammensetzung der wasserlöslichen Salze unterschieden werden können. Nach CLARKE[3] setzt sich das Seewasser aus folgenden Salzen zusammen:

$NaCl$	77,76 % der Gesamtsalze	
$MgCl_2$	10,88 % ,,	,,
$MgSO_4$	4,74 % ,,	,,
$CaSO_4$	3,60 % ,,	,,
K_2SO_4	2,46 % ,,	,,
$MgBr_2$	0,22 % ,,	,,
$CaCO_3$	0,34 % ,,	,,
	100,00	

Die Zusammensetzung der wasserlöslichen Salze in den Alkaliböden kann jedoch eine sehr verschiedene sein. Zunächst hat HILGARD[4], wie dieses nachstehende Tabelle zeigt, eine große Anzahl von Analysen aus den verschiedenen Teilen der Erde zusammengestellt, wozu noch einige neuere von HARRIS[5] aus den Vereinigten Staaten von Amerika gesammelte Werte hinzutreten.

[1] SIBIRZEFF: Bodenkunde (russ.) 3, 28, und ,,Kurze Übersicht der wichtigsten Bodentypen von Rußland". Die Nov. d. Inst. Novo-Alexandria 11 (1898) (russ.); zitiert aus K. GLINKA, Typ. d. Bodenbildung, S. 28.
[2] Vgl. F. GIESECKE: J. Landw. 77, 201 u. 223 (1929).
[3] CLARKE, F. W.: The Data of Geochemistry U. S. Geol. Survey Bull. 616, 22—35 (1916).
[4] HILGARD, E. W.: Soils, S. 442—443. Newyork 1910.
[5] HARRIS: Soil alkali, its origin, nature and treatment. New York: John Wiley & Sons, Inc. 1920.

| | Debrecen | Kalocsa | Aral-Kaspische Tiefebene, Salzkruste | | | Aden „Hurka" „Kara" | Gursikar Aligarh, 6 Füße | | Jellalabad Panjab, 1,5 Füße | Bayamati (Regur) Deccan, 2 Füße | Trona (Kommerziell) | | Alkali L. Abukir | Fezzan Trona (Kommerziell) |
	Europa — Ungarische Tiefebene		Asien								Afrika — Ägypten			
K_2SO_4	—	—	—	—	—	—	11,1	—	—	—	—	—	6,49	—
Na_2SO_4	0,2	1,6	10,4	18,2	15,5	—	7,0	15,5	58,5	2,3	23,6	38,3	0,82	0,6
Na_2CO_3	48,1	92,5	14,7	12,1	69,0	67,2	79,0	56,9	22,9	—	28,2	47,7	1,13	98,7
NaCl	51,7	4,4	74,6	69,7	15,5	32,8	2,9	27,6	18,6	97,7	48,2	14,0	89,74	0,7
Na_3PO_4	—	1,5	—	—	—	—	—	—	—	—	—	—	—	—
$CaCl_2$	—	—	—	—	—	—	—	—	—	—	—	—	1,82	—
	100,0	100,0	100,0	100,0	100,0	100,0	100,0	100,0	100,0	100,0	100,0	100,0	100,00	100,0

| | Merced Falls | Overhiser San Joaquin, Co. | Visalia | Exp. Stat. Tulare | Kern Island | Mojave Plateau | Hunts near San Bernardino | Westminster near Santa Ana | Imperial | Yakima Co. on Atahnam Creek | Kittitas Valley | Whitman Co., Lake Creek | Spokane Co. Cotton wood Springs |
	California		Tulare County							Washington			
KCl	—	—	—	—	—	—	—	—	1,15	3,90	0,16	4,53	6,27
K_2SO_4	—	—	20,23	3,95	10,13	0,92	5,31	20,62	—	18,44	15,17	15,90	—
K_2CO_3	—	—	—	—	—	—	—	6,59	—	—	—	—	—
Na_2SO_4	4,67	13,00	—	25,28	88,42	43,34	66,08	—	—	—	—	—	—
$NaNO_3$	12,98	—	—	19,78	—	—	—	—	8,21	75,61	80,36	77,10	87,14
Na_2CO_3	75,95	52,22	65,72	32,58	0,42	15,38	15,85	62,22	0,58	0,52	1,76	1,34	4,03
NaCl	1,46	33,00	3,98	14,75	0,51	39,34	11,47	10,57	31,82	1,53	2,55	1,13	2,56
Na_3PO_4	4,94	1,78	8,42	2,25	—	1,02	—	—	—	—	—	—	—
$MgSO_4$	—	—	1,65	—	0,52	—	0,59	—	—	—	—	—	—
$CaCl_2$	—	—	—	—	—	—	—	—	58,42	—	—	—	—
$MgCl_2$	—	—	—	—	—	—	—	—	2,81	—	—	—	—
$(NH_4)_2CO_3$	—	—	—	1,41	—	—	—	—	—	—	—	—	—
	100,00	100,00	100,00	100,00	100,00	100,00	100,00	100,00	100,00	100,00	100,00	100,00	100,00

| | Montana | | | | | Nevada | | | Wyoming | | | |
| | Upper Missouri Valley | | | | | | | | Sweet Water Valley | | Laramie Farm | |
	Upper Missouri Valley near Centerville	Prickly Pear Plain, Helena	Ford on Sun River	Fort Benton	Robert's Creek, Musselshell Valley	Near Reno		Churchill County	Independence Rock Lake	Saint Marv's Station	Alkali	Waste Irrigation Water
K_2SO_4	2,37	3,07	1,77	8,59	3,07	—	—	—	—	—	—	—
Na_2SO_4	56,54	43,38	83,35	47,10	76,79	52,15	80,30	0,55	73,17	88,93	59,29	41,19
$NaNO_3$	9,39	—	—	—	—	—	—	—	—	—	—	—
Na_2CO_3	—	—	—	0,71	13,99	45,37	15,24	96,78	22,98	—	—	—
$NaCl$	27,47	14,60	0,91	0,18	6,15	2,48	4,46	2,67	3,85	11,63	17,01	2,18
$MgSO_4$	4,23	38,94	13,97	43,42	—	—	—	—	—	—	23,70	43,82
KCl	—	—	—	—	—	—	—	—	—	—	—	12,81
	100,00	100,00	100,00	100,00	100,00	100,00	100,00	100,00	100,00	100,00	100,00	100,00

	Colorado				New Mexico				
					Pecos Valley				
					Roswell Region			Carlsbad Region	
	Near Denver	Grand Junction	Rocky Ford	Rocky Ford	Bremond	Michelet	Roswell	Carlsbad	Delaware River
K_2SO_4	—	—	0,10	13,74	—	—	—	—	—
Na_2SO_4	93,40	56,05	62,54	17,36	54,61	2,62	67,46	35,16	37,11
Na_2CO_3	—	18,97	2,08	5,53	—	—	—	—	—
$NaCl$	6,60	24,98	3,86	11,53	51,60	65,16	10,00	26,88	34,31
$MgSO_4$	—	—	31,42	44,43	13,79	32,22	22,54	38,06	28,58
$MgCl_2$	—	—	—	5,76	—	—	—	—	—
$Mg_3(PO_4)_2$	—	—	—	1,65	—	—	—	—	—
	100,00	100,00	100,00	100,00	100,00	100,00	100,00	100,00	100,00

Salze	Colorado	Washington	Montana		Arizona	
			Kruste	Oberfläche 10 in.	Kruste	0—72 in.
KCl	1,64	5,61	—	—	4,00	22,10
K_2SO_4	—	—	1,60	21,41	—	—
K_2CO_3	—	9,73	—	—	—	—
Na_2SO_4	—	—	85,57	35,12	—	—
$NaNO_3$	33,07	—	—	—	—	—
Na_2CO_3	—	13,86	—	7,28	—	—
NaCl	6,61	—	0,55	—	81,15	13,77
Na_2HPO_4	—	—	—	—	—	—
$MgSO_4$	—	—	8,90	4,06	—	6,88
$MgCl_2$	12,71	—	—	—	7,71	3,98
$CaCl_2$	17,29	—	—	—	0,25	—
$NaHCO_3$	—	36,72	0,67	22,06	0,28	21,02
$CaSO_4$	21,48	1,87	2,71	10,07	6,61	32,25
$Ca(HCO_3)_2$	—	16,48	—	—	—	—
$Mg(HCO_3)_2$	—	15,73	—	—	—	—
$(NH_4)_2CO_3$	—	—	—	—	—	—

Vom Staate Albert in Kanada gibt SHUTT[1] folgende Zusammensetzungen an:

Tiefe in Füßen	Wachstum	Na_2SO_4	$MgSO_4$	$CaSO_4$	Summe
0,0—0,5	gut	0,178	0,087	0,163	0,440
0,5—1,5		0,877	0,132	0,447	1,572
1,5—3,0		0,973	0,563	2,926	4,640
3,0—5,0					
3,0—5,0	ärmlich	0,123	—	—	0,180
		0,701	0,247	0,491	1,480
		0,719	0,309	0,588	1,680
		0,799	0,062	0,192	1,060
3,0—5,0	gar kein	1,741	0,900	0,648	3,260
		1,001	0,323	0,364	1,700
		0,701	0,222	0,220	1,164
		0,579	0,084	0,192	0,900

Einige neuere Analysen über die Zusammensetzung von Salzkrusten aus Ungarn hat A. VON 'SIGMOND[2] in seiner Monographie über die ungarischen Szikböden wie folgt mitgeteilt:

Die Zusammensetzung der Salzkruste in Békéscsaba.

	Von der Parzelle Nr. 38		Von der Parzelle Nr. 17	
	100 g Kruste enthält	Äquivalenten	100 g Kruste enthält	Äquivalenten
	mg	%	mg	%
K . . .	31,38	23,04	10,94	7,56
Na . . .	59,76	73,27 } 100	73,76	86,63 } 100
Ca . . .	—	—	3,21	4,32
Fe . . .	2,45	3,69	1,04	1,49
Cl . . .	19,47	15,48	17,70	13,48
SO_4 . .	28,84	16,95 } 100	20,32	11,46 } 100
CO_3 . .	71,88	67,57	83,37	75,06
Summe	213,78	—	210,34	—

[1] SHUTT, F. T., und E. A. SMITH: The Alkali Content of Soils as related to Crop Growth. Trans. roy. Soc. Canada III. s, 12 (1918).
[2] 'SIGMOND A. A. J. VON: A Hazai szikesek és megjavitási módjuk, S. 191 u. 196. Budapest 1923; englisch übertragen: Hungarian Alkali Soils and their Reclamation. Berkeley, California 1927.

Die Zusammensetzung der Salzkruste Nagymaka der Pußta-Tetétlen.

	In 100 g der trockenen Salzkruste gefunden g		Äquivalenten %
Na^I	0,7487	Na	87,10 ⎫
K^I	0,1126	K	7,70 ⎪
Ca^{II}	0,0163	$^1/_2$ Ca . . .	2,19 ⎬ 100
Fe^{II}	0,0317	$^1/_2$ Fe . . .	3,01 ⎭
Cl^I	0,6540	Cl	49,40 ⎫
HCO_3^I	0,0489	HCO_3 . . .	2,12 ⎪
CO_3^{II}	0,3690	$^1/_2$ CO_3 . . .	32,93 ⎬ 100
SO_4^{II}	0,2788	$^1/_2$ SO_4 . . .	15,55 ⎭
SiO_2	0,0026	—	—
Summe	2,2626	—	—

Für russische Solontschakböden gibt GLINKA[1] den Wasserauszug des sulfat-chloridreichen Solontschakbodens aus dem Syr-Darja-Gebiet an (s. S. 322).

Allerdings könnte man noch weitere Analysen beibringen, jedoch läßt sich aus dem vorliegenden Material schon genügend beurteilen, daß die Zusammensetzung der Salze der Alkaliböden sich von den im Seewasser enthaltenen Salzen scharf unterscheidet, weil in den Alkaliböden außer den im Seewasser befindlichen Salzen auch noch andere in großer Mannigfaltigkeit und oft überragender Menge vorkommen. Um sich jedoch in den so verschieden zusammengesetzten Alkaliböden etwas besser zurechtfinden zu können, sind wir gezwungen, gewisse Typen der Alkalisalzmischungen aufzustellen.

HILGARD[2] hat die Alkaliböden je nach der Qualität ihrer Salze, wie wir schon erwähnt haben, in 2 Gruppen eingeteilt, nämlich in „Black Alkali-" und „White Alkali"-Böden.

CAMERON[3] hat auf Grund der Lösungstheorie 4 Typen der Bodensalzmischungen festgestellt, und zwar: 1. den Pecostypus ($Na_2SO_4 + NaCl$); 2. den Fresnotypus ($Na_2CO_3 + NaCl$); 3. den Salt-Lake-Typus ($Na_2SO_4 + Na_2CO_3 + NaCl$); 4. den Billingstypus (Na_2SO_4).

Im Pecostale (New Mexiko) enthielt der Boden nach CAMERON viel Gips und Kochsalz. Das im Tal zusammengeführte Grundwasser löste zunächst das Kochsalz und dann etwas Gips, wobei folgende umkehrbare Reaktion stattfand:

$$CaSO_4 + 2\,NaCl \;\rightleftarrows\; Na_2SO_4 + CaCl_2.$$

Da aber Na_2SO_4 und $CaCl_2$ viel löslicher als $CaSO_4$ sind, so wurde der Gips in viel größerer Menge als seiner Löslichkeit entspricht gelöst, und das $CaCl_2$ zerfloß seinem hygroskopischen Charakter gemäß im Wasser und wurde auf diese Weise in die tieferen Bodenhorizonte gewaschen. Der in Lösung gegangene Gips wurde bei der Sättigung der Bodenlösung mehr und mehr in unlöslicher Form ausgeschieden, und so kommt es, daß im Pecostal die Bodensalze hauptsächlich aus Na_2SO_4 und $NaCl$ bestehen. An einzelnen Stellen ist allerdings auch $CaCl_2$ in den Salzauswitterungen aufzufinden. In Fresno hingegen ist der Boden reich an Kalziumkarbonat, so daß die Kochsalzlösung auf $CaCO_3$ einwirken mußte, und zwar nach CAMERON wie folgt:

$$2\,NaCl + CaCO_3 \;\rightleftarrows\; Na_2CO_3 + CaCl_2 \quad\text{oder}$$
$$2\,NaCl + Ca(HCO_3)_2 \;\rightleftarrows\; 2\,NaHCO_3 + CaCl_2.$$

[1] GLINKA, K.: a. a. O., S. 207.   [2] HILGARD, E. W.: Soils, S. 441. Newyork 1910.
[3] CAMERON, F. K.: Application of the theory of solution to the study of Soils. U. S. Dep. Agric. Dis. Soils 1900; ferner Soil Solutions etc. U. S. Dep. Agric. Dis. Soils 1901, Bull. No 17.

Tiefe in cm	Trockener Rest	Glüh-verlust	Mineralischer Rest	R_2O_3	CaO	MgO	K_2O	Na_2O	Alkalinität Na_2CO_3	Alkalinität $NaHCO_3$	SO_3	Cl
Rinde . .	0,813	0,011	0,802	0,0020	0,0402	0,0013	0,0111	0,2997	0,0015	0,05565	0,430	0,0070
1—4 . .	5,369	0,062	5,303	0,0056	0,1126	0,0078	0,0249	2,0938	0,0024	0,0419	2,948	0,0310
10—20 .	1,982	0,095	1,887	0,0020	0,1107	0,0043	0,0291	0,7378	0,0004	0,02259	0,543	0,5810
103—110	0,790	0,009	0,780	0,0012	0,0114	0,0079	0,0076	0,3576	0,0015	0,0341	0,334	0,2671
130—140	0,378	0,001	0,337	0,0016	0,0049	0,0055	0,0058	0,1887	0,0025	0,0372	0,815	0,1331

In beiden Fällen wurde im oberen Bodenhorizont hauptsächlich Soda mit mehr oder weniger Kochsalz angehäuft, das $CaCl_2$ wird ausgelaugt. In der Umgebung von Salt Lake (Utah) enthielt der Boden sowohl $CaCO_3$ wie $CaSO_4$, es bildeten sich daher infolge der Einwirkung von Kochsalz nebeneinander Na_2CO_3 und Na_2SO_4, und zwar letzteres in überwiegender Menge. Endlich finden sich bei Billings (Montana) nur Sulfate im Boden, was wahrscheinlich mit dem Pyritgehalt der umgebenden Gebirgsschichten zusammenhängen dürfte.

Sehen wir uns die oben angeführten Salzanalysen näher an, so finden wir auch Böden, in welchen sich Nitrate anhäufen. Das sind die echten Safiterböden. Diese kommen jedoch nur dort vor, wo genügend zersetzungsfähige organische Substanz vorhanden ist und wo eine wirksame Nitrifikation Hand-in-Hand damit geht. In Ungarn hat man noch im vorigen Jahrhundert zur Zeit des Freiheitskrieges (1848) diese Saliterböden zur Schießpulververarbeitung herangezogen. In Colorado trifft man Böden an, in denen die Nitrifikation so stark ist, daß der erzeugte Salpeter den Kulturpflanzen schadet. Auch heute scheint es noch nicht klar, ob diese Anhäufung der Nitrate durch stickstoffsammelnde Bodenbakterien (Headden[1], Sackett und Isham[2]) verursacht wird oder aus der Umgebung durch Zufuhr von Bodenwässern abgeleitet werden muß (Stewart, Greaves und Peterson[3]). Wie dem aber auch sei, jedenfalls findet man Nitrate gewöhnlich nur vereinzelt in größeren Quantitäten, zumeist fehlen sie ganz.

Ferner ergibt sich aus den obigen Analysen, daß nur Salze des Natriums die größte Menge der Salze der meisten Alkaliböden darstellen, und zwar spielen Na_2CO_3, $NaHCO_3$, Na_2SO_4 und NaCl die wichtigste Rolle. In einzelnen Fällen schließen sich auch wohl $MgSO_4$, $CaSO_4$ und $CaCl_2$ in geringerer Menge an. Man könnte daher diese Böden ganz gut „Natronböden" nennen. Wie wir später sehen werden, ist diese Benennung um so zutreffender, als der chemische Gesamtcharakter der Alkaliböden gerade durch den verhältnismäßig hohen Natriumgehalt gekennzeichnet wird.

In Ungarn findet man große Flächen der Szikböden, die überhaupt nur arm (0,10% und weniger) an wasserlös-

---

[1] Headden, W. P.: The Fixation of Nitrogen in some Colorado Soils. Colorado Sta. 1913, Bull. 186.

[2] Sackett, G., und R. M. Isham: Origin of the „Niter Spots" in certain Western Soils. Science N. s. 42, 452—453 (1915).

[3] Stewart, R., und W. Peterson: The Nitric Nitrogen Content of the Country Rock. Utak Son. Bull. 134, 421—465 (1914); ferner Further Studies of the Nitric Nitrogen Content of the Country Rock. Utak Sta. Bull. 150, 20 (1917); ferner The origin of „Niter Spots" in certain Western Soils. J. amer. Soc. Agron. 6, 241—248 (1915). — Stewart, R., und J. E. Greaves: The Movement of Nitric Nitrogen in Soil and its Relation to „Nitrogen Fixation". Utak Sta. Bull. 114, 331—353 (1911).

lichen Salzen sind, aber trotzdem den echten Charakter eines Szikbodens aufweisen. Wir haben uns zu fragen, wie solches zu erklären ist?

HILGARD charakterisiert die Alkaliböden nach dem Aussehen der natürlichen Vegetation, die zumeist aus wildwachsender Salzflora besteht. Sie hat viel Ähnlichkeit mit der Salzflora der litoralen Salzböden. Da jedoch, wie wir schon dargelegt haben, der Bodencharakter bei den Alkaliböden mit dem trockenen Klima in Verbindung steht, so prägt sich dieser Umstand auch in der Flora wieder aus. Nicht nur HILGARD weist auf die Vermischung der Halophyten mit den Xerophyten in den Alkalifloren hin, sondern auch die ungarischen Botaniker, wie J. TUZSON und A. THAISZ[1], haben festgestellt, daß auf den Szikländereien ähnliche Assoziationen von trockener und salzliebender Flora auftreten. Gewöhnlich ist die Vegetationszeit jedoch nur sehr kurz, denn der Boden trocknet schnell aus und die Pflanzen verbrennen durch die Dürre, bis wieder im Herbst, wenn Niederschläge fallen, eine neue Vegetation aufkommen kann. Da die Sziksteppen selten ganz oben liegen, so werden sie gefleckt. Im Frühjahr werden dann die aus dem aufgestauten Wasser emporragenden Bänke zuerst grün, sodann folgen die niedrigeren Senken, aber inzwischen sind die ersteren schon wieder kahl geworden und ausgetrocknet. Später verdunstet das Wasser auch aus den tiefsten Wasserläufen und Becken, und es bilden sich weiße kahle Bänke, so daß der ganze Boden ein buntscheckiges Aussehen erhält, bis endlich im trockenen Sommer alles kahl wird. Derartig verhalten sich sowohl die salzreichen als auch salzarmen Varietäten der Szikböden, denn die Ausrottung der Flora ist nicht nur eine Folge des Salzgehaltes, sondern auch der großen Dürre, wodurch deutlich zum Ausdruck kommt, daß wir es hier mit typischen Böden der trockenen Gebiete zu tun haben. Im feuchten Klima erhalten die Salzböden höchstens durch die hohe Salzkonzentration ein kahles Aussehen, während sie gewöhnlich nur von Salzpflanzen bewachsen werden. Aber auch auf den Alkaliböden kann man Salzpflanzen finden, die eine ziemlich hohe Salzkonzentration vertragen[2]. Doch würde es zu weit führen, wenn wir hier die natürliche Vegetation der Alkaliländereien näher beschreiben wollten, zumal es von wenig praktischem Werte sein dürfte, denn wie schon HILGARD[3] ganz richtig hervorhob, sind die Alkalisalze indizierenden Pflanzen von Ort zu Ort andere, so daß für jedes pflanzengeographische Gebiet die charakteristischen Pflanzenassoziationen für sich ermittelt werden müßten. So ist die Flora der ungarischen Salzsteppen (Szikländer) z. B. nicht dieselbe wie die der kalifornischen und anderer Alkaliländereien. Damit soll natürlich nicht gesagt sein, daß es nicht wissenschaftlich wie praktisch wertvoll sei, die natürliche Flora dieser Salzsteppen zu erforschen. Die ungarischen Bodenkundler haben im Gegenteil bei ihren Bodenaufnahmen und Bodenkartierungen die natürliche Vegetation als Indikator für die Beurteilung der einzelnen Varietäten der Salzsteppen mit Erfolg herangezogen, und je mehr der nähere Zusammenhang zwischen Bodencharakter und natürlicher Flora erforscht wird, um so leichter wird sich die Bodenkartierung dieser Gebiete durchführen lassen. Allein die phenologischen Aufnahmen sind noch nicht genügend durchgearbeitet, um aus ihnen allgemeine Regeln ableiten zu können.

Zur allgemeinen Charakterisierung der Salzsteppen der trockenen Gebiete gehört die Morphologie des Bodenprofils sowie die nähere Kenntnis von der chemischen Zusammensetzung des ganzen Profils. GLINKA[4] teilt die Salzböden in solche mit und ohne Struktur ein. A. VON 'SIGMOND hat dagegen die Klassifizie-

---

[1] TUZSON, I. DE: A Magyar Alföld növényföldrajzi tagozodasa; THAISZ, L.: Az alföldi gyepek fejlödéstörténete és ezék minösitése gazdosági szempontból, S. 19. Budapest 1921.
[2] Siehe HILGARD: Soils, S. 549; ferner HARRIS: Soil Alkali, S. 60—80.
[3] HILGARD: Soils, S. 534—535.　　[4] GLINKA, K.: a. a. O., S. 41.

rung der ungarischen Szikböden nicht nur auf Grund des Bodenprofils, sondern auch nach ihrem chemischen und physikalischen Charakter vorgenommen, er hat dadurch in vieler Hinsicht ähnliche Verhältnisse festgestellt. Als Grundlage für eine allgemeine Einteilung der verschiedensten Alkaliböden auf der gesamten Erdoberfläche dürften jedoch folgende Grundprinzipien geltend gemacht werden.

I. Einteilung nach der Art der bodenkundlich wichtigen Klimafaktoren, wie Bodenfeuchtigkeit, Verdunstung und Temperaturverhältnisse. Das Zusammenwirken dieser Klimafaktoren kommt am besten in der natürlichen Vegetation zum Ausdruck, so kann man z. B. von Salzböden der Tschernosjemgebiete bzw. der trockenen oder halbtrockenen Steppengebiete, der tropischen, subtropischen wie der gemäßigten Klimagebiete sprechen.

II. Einteilung auf Grund der allgemeinen chemischen Beschaffenheit des Bodens, insofern als es Alkaliböden gibt, in denen den Alumosilikaten eine besondere Rolle zufällt, während in anderen eine Vorherrschaft der Erdalkalikarbonate zu verzeichnen ist. Außerdem kommen viele Übergänge beider Haupttypen vor.

III. Eine weitere Einteilung der Alkaliböden kann auf Grund der verschieden starken Einwirkung der Alkalisalze auf den Absorptionskomplex vorgenommen werden, denn von dem Grade dieser Einwirkung, die wir als „Alkalinisierung" bezeichnen wollen, hängt im großen Maße die Verschiedenheit der Alkaliböden ab. Auch kommt es vor, daß die Alkalisalze unter gewissen Umständen aus dem Boden ausgelaugt wurden (natürliche bzw. künstliche Auslaugung der Alkaliböden), wobei der Humuszeolithkomplex seinen alkalischen Charakter noch beizubehalten oder auch teilweise einzubüßen vermag. Benutzen wir alle diese Möglichkeiten, dann können wir vier gut charakterisierte Perioden in der Entwicklung der verschiedenen Alkaliböden unterscheiden:

1. Anhäufung der Alkalisalze im Boden, d. i. eine Salinisation der Böden. 2. Einwirkung der Alkalisalze auf den Absorptionskomplex (Humuszeolithkomplex), d. i. Alkalinisation des Bodens. 3. Auslaugung der Alkalisalze, d. i. Desalinisation des Alkalibodens. 4. Hydrolisierung des alkalinisierten Humuszeolithkomplexes durch Wasser und Kohlensäure, d. i. Degradation des Alkalibodens, und dementsprechend können wir die Alkaliböden in folgende Unterabteilungen gliedern:

a) Saline Böden, mit Anhäufung von Alkalisalzen in unverändertem Boden.

b) Saline Alkaliböden oder salzreiche Alkaliböden.

c) Desalinisierte Alkaliböden oder salzarme Alkaliböden.

d) Degradierte Alkaliböden oder versauernde Alkaliböden in Rußland auch „Soloti" genannt.

IV. Eine noch weiter gehende Klassifizierung der Alkaliböden kann auf Grund der mechanischen Zusammensetzung und der physikalischen Eigenschaften sowie Strukturverhältnisse durchgeführt werden.

V. Schließlich kann bei einer örtlichen Einteilung auch noch der biologische und der praktische Wert der Alkaliböden herangezogen werden. Hierfür kommen die Beziehungen der Kulturpflanzen zu dem Salzgehalt und der Qualität der Bodensalze in Frage.

Diese allgemeinen Prinzipien der Einteilung sämtlicher Alkaliböden der Erdoberfläche mußten vorausgeschickt werden, um ihre nähere Charakterisierung in einer allgemein gültigen Form durchführen zu können. Denn wenn auch diese Bodenarten im äußeren Aussehen einander ziemlich ähnlich erscheinen, so sind ihre weiteren Eigenschaften doch recht verschieden. Man kann daher auch nicht alle Alkaliböden gemeinsam charakterisieren, sondern kann nur die bisher näher bekannten Typen an einzelnen Vorkommnissen ausführlicher besprechen.

In Europa kennt man die Alkaliböden in Ungarn und Rußland am meisten. In Ungarn werden sie „Szik-" oder „Szék"böden genannt und nach A. VON 'SIGMOND werden sie je nach Vorkommen und charakteristischen Eigenschaften in 2 Hauptgruppen, 1. strenger toniger Szikboden und 2. Sodaböden, eingeteilt. Die Böden der 1. Hauptgruppe finden sich im Flachlande der Theiß und seiner Nebenflüsse; die Sodaböden treten vorwiegend im Gebiet zwischen Theiß und Donau auf. Die strengen tonigen Szikböden haben eine mehr oder weniger ausgebildete Struktur mit einem Auslaugungshorizont (A), einem Anhäufungshorizont (B) und einem sozusagen gemeinsam vorkommenden Untergrund, der aus wasserundurchlässigen Tonschichten gebildet wird. Zwischen Untergrund und den verschiedenen Abstufungen der A- und B-Horizonte stellen sich verschiedene Zwischen- und Übergangshorizonte, die in physikalischer und chemischer Hinsicht nach den örtlichen Verhältnissen recht verschieden sein können, ein. Auch kommt es vor, daß vor der Ausbildung der Alkalihorizonte sich zuerst eine Waldvegetation und darunter ein Wald- oder Sumpfboden mit den dazugehörigen Horizonten entwickelt hat. Dieser hat sich später infolge von Wasserüberschwemmungen mit neuem Bodenmaterial bedeckt und ist durch zeitweise eintretende Austrocknung alkalinisiert worden. Diese Hauptgruppe der Alkaliböden benannte Verfasser[1] „strenge tonhaltige Szik- oder Székböden". Sie stimmen in großen Zügen mit den russischen Solonetzböden überein. Die 2. Hauptgruppe zeigt sich zumeist als strukturlos und kann mit dem Solontschak der Russen verglichen werden. Der chemische Charakter der 1. Hauptgruppe wird durch die im Verwitterungskomplex vorwiegend vorhandenen positiven Bestandteile Al und Fe, sowie durch die negative Kieselsäure gekennzeichnet. Als Beispiel hierfür mögen einige Analysen des in konz. HCl vom spezifischen Gewicht 1,115 nach HILGARD zersetzbaren Anteiles angeführt sein:

	Szikboden von Pusztadécs	Szikboden von Ösipuszta	Szikboden von Békés-Csaba
	%	%	%
Na$_2$O	0,335	0,276	0,554
K$_2$O	1,017	0,916	0,742
CaO	0,630	0,325	2,270
MgO	0,706	0,058	1,267
Fe$_2$O$_3$	0,653	2,725	4,200
Al$_2$O$_3$	8,897	7,871	5,037
Cl	0,125	0,058	0,137
SO$_3$	n. b.	0,092	0,092
P$_2$O$_5$	—	—	1,330
SiO$_2$, lösl. in { HCl u. Na$_2$CO$_3$	4,294	25,186	9,608
Glühverlust	6,120	7,601	4,410
Unlöslicher Rückstand . .	73,792	50,140	64,048
Feuchtigkeit	4,290	4,032	6,590
Summe	100,859	99,280	100,285

Viel besser kommt jedoch der chemische Charakter zum Vorschein, wenn wir die Analysenwerte des Verwitterungskomplexes auf positive bzw. negative

---

[1] 'SIGMOND, A. A. J. VON: Hungarian Alkali Soils and Methods of their Reclamation. Spec. Public., Calif. Agric. Exp. Sta. Univ. Calif. Berkeley, Californien 1927, 9—12.

Bestandteile nach A. VON 'SIGMOND[1] umrechnen und die Milligrammäquivalente der Bestandteile in Prozenten der Summe der positiven Äquivalente zum Ausdruck bringen, wie solches nachstehend geschehen ist.

	Szikboden Pusztadécs	Szikboden Ösipuszta	Szikboden Békés-Csaba	
Summe der mg-Äquivalente in 100 g Boden	622,92	571,96	542,44	
Äquivalentprozente				
Na^I	1,74	1,56	2,05	
K^I	3,47	3,40	2,46	
Ca^{II}	3,62	2,03	14,19	100,00
Mg^{II}	5,69	5,01	11,09	
Fe^{III}	2,62	11,93	18,38	
Al^{III}	82,86	80,57	51,53	
SO_4^{II}	0,50	0,25	0,60	
PO_4^{III}	—	0,68	0,51	
CO_3^{II}	—	—	10,58	100,00
SiO_4^{IV}	46,00	99,07	88,31	
Oxydrest in O^{II}	53,50	—	—	
SiO_2-Überschuß in 100 g Boden	—	16,698	2,035	
Summe der positiven				
I wertigen Äquiv.-$^0/_0$ . .	5,21	4,96	4,81	
II wertigen Äquiv.-$^0/_0$ . .	9,31	7,04	25,28	
III wertigen Äquiv.-$^0/_0$ . .	85,48	92,50	69,91	

Die Böden von Pusztadécs und Ösipuszta repräsentieren die karbonatfreien strengen Szikböden, in denen die Hauptmenge des Verwitterungskomplexes aus Alumohydrosilikaten (Tonsubstanz und zeolithischem Komplex) besteht. Der Boden aus Békés-Csaba enthält dagegen schon nicht unbedeutende Mengen an Karbonaten und im Alumosilikatkomplex viel mehr zweiwertige positive Äquivalente. In dieser Hinsicht stellt er einen Übergang von den karbonatfreien zu den karbonatreichen Szikböden, den echten Sodaböden, dar. Andererseits steht dieser Boden in seinen physikalischen Eigenschaften und Strukturverhältnissen den karbonatfreien Szikböden gleich. Im Gehalt an wasserlöslichen Bodensalzen ist insofern ein Unterschied vorhanden, als in den karbonatfreien Szikböden keine Soda nachzuweisen ist, und die Bodensalze hauptsächlich aus Na_2SO_4 bestehen, wogegen im karbonatführenden Szikboden von Békés-Csaba außer Na_2SO_4 auch noch Na_2CO_3 sehr oft in beträchtlicher Menge vorkommt, wozu manchmal noch NaCl hinzutritt. Im allgemeinen ist jedoch in allen diesen Böden das Na_2SO_4 das weitaus vorherrschende Bodensalz, was mit der sumpfartigen Entstehung dieser Böden zusammenzuhängen scheint. Die chemische Natur der Sodaböden (2. Hauptgruppe) wird durch folgende Analysenzahlen gekennzeichnet:

---

[1] 'SIGMOND, A. A. J. VON: On a new method expressing the chemical composition of minerals and soils. Internat. Mitt. Bodenkd. 1912 II, H. 2; Über die Charakterisierung des Bodens auf Grund des salzsauren Bodenauszuges usw. Internat. Mitt. Bodenkde. 1915.

In HCl von 1,115 spez. Gew. zersetzbar und löslich	Sodaboden Tetétlen %	Sodaboden Szeged %		Äquivalentprozente im Sodaboden Tetétlen	Szeged
Na_2O	0,022	0,298	Na^I	0,06	1,75
K_2O	1,503	0,623	K^I	2,82	2,41
CaO	10,950	7,450	Ca^{II}	34,62	48,43
MgO	3,636	2,539	Mg^{II}	16,09	23,10
Fe_2O_3	4,785	1,500	Fe^{III}	15,88	10,23
Al_2O_3	5,905	1,325	Al^{III}	30,53	14,08
Cl	0,037	0,080	Cl^I	0,09	0,41
SO_3	0,125	0,020	SO_4^{II}	0,28	0,09
P_2O_5	n. b.	n. b.	PO_4^{III}	—	—
CO_2	9,352	7,218	CO_3^{II}	37,60	59,67
SiO_2	2,736	2,289	SiO_4^{IV}	16,13	27,74
Glühverlust	5,804	1,263	Oxydrest in O^{II}	45,90	12,09
Unlöslicher Rückstand	53,700	75,541	Summe der pos.		
Feuchtigkeit	3,291	0,932	I wertigen Äquiv.-%	2,88	4,16
Summe	101,846	101,078	II wertigen Äquiv.-%	50,71	61,53
			III wertigen Äquiv.-%	46,41	24,31
Dem Cl $=$ O abg.	0,008	0,018	Summe der mg-Äquiv.		
Rest	101,838	101,060	in 100 g Boden	1132,43	550,74

Der Sodaboden in Tetétlen ist ein tonreicher seiner Art, der Boden in Szeged ein sodareicher Sandboden. Beide sind durch den hohen Gehalt an Erdalkalikarbonaten gekennzeichnet, und es überwiegen in ihren wasserlöslichen Bodensalzen die Karbonate des Natriums ($NaHCO_3$ und Na_2CO_3) mit stets vorhandenem NaCl bzw., wie im Boden von Tetétlen, mit etwas Na_2SO_4. In den Böden der 1. Hauptgruppe ist stets eine alkalische Bodenauslaugung wahrzunehmen, worauf GLINKA zuerst hingewiesen hat[1]. Er hat dies durch den Nachweis einer stets alkalisch auftretenden Reaktion der Bodenlösung sowie durch die Beweglichkeit der dunklen Humussubstanzen in den Bodenhorizonten dargetan. Von seinen Analysenangaben mögen hier nur auf die sich auf einen kastanienfarbigen Solonetz des Gouvernements Jenisseisk beziehenden Werte hingewiesen werden:

Horizont und Tiefe (cm)	Farbe des Wasserauszuges	Allgemeine Alkalinität (HCO_3)	Alkalinität der Alkalien	Alkalinität der Erdalkalien	Sämtliche Stoffe	Glühverlust
A_1 (0—3)	gelb	0,0264	0,0144	0,0120	0,0756	0,0432
A_2 (15—21)	braungelb	0,0240	0,0154	0,0086	0,0872	0,0430
B_1 (21—29)	braunrot	0,0840	0,0768	0,0072	0,2412	0,1056
B_2 (32—41)	braungelbrot	0,0932	0,0893	0,0039	0,2840	0,0580

Hierzu bemerkt der Genannte: „Die Wasserauszüge reagieren immer alkalisch, nicht nur infolge der Anwesenheit von Bikarbonaten, sondern auch von normalen Karbonaten." Da einige Autoren[2] der Meinung waren, daß der A-Horizont der Solonetzböden den Podsolhorizonten, die in sauren Medien entstehen, ähnlich seien, so hielt es GLINKA für notwendig festzustellen, ob auch die Böden im Frühjahr im mit Feuchtigkeit gesättigten Zustande alkalisch reagieren. Untersuchungen SKALOWS[3] brachten die erwünschte Bestätigung: „Damit ist die Bildung der Solonetzböden in alkalischem Medium bewiesen.

---

[1] GLINKA, K.: a. a. O., S. 201—204.
[2] DIMO: Halbwüstenbildungen im Süden des Kreises Tsarizin (Saratow 1907 [russisch]).
[3] Zitiert von GLINKA, K. Typen der Bodenbildung, S. 203.

Sie haben also mit den Podsolen nichts Gemeinschaftliches." „Die größte Alkalinität kommt dem Horizont B der Solonetzböden zu, dessen Wasserauszüge gewöhnlich dunkler und zuweilen auch ganz schwarz gefärbt sind."

Glinka hat auch die Behauptung aufgestellt, daß die Huminsäure nur durch das normale Karbonat des Natriums (Na_2CO_3) in den Solzustand versetzt werden könne. Und da dieselbe in den Solonetzböden stets in derartigem Zustande aufgefunden wird, so ist trotz nicht alkalischer Reaktion der Solonetzböden in einzelnen Fällen zu vermuten, daß Soda bei der Ausbildung der Bodenhorizonte mitgewirkt hat, da man sonst die Anhäufung der Huminsäure und verschiedener mineralischer Salze nicht erklären könnte. A. von 'Sigmond hat diese Verhältnisse eingehender studiert und in den karbonatfreien Szikböden niemals alkalische Reaktion feststellen können. Aber trotzdem erwiesen sich die Horizonte A und B sehr stark ausgebildet. Trotz ziemlicher Dunkelfärbung der Bodenlösungen war keine alkalische Reaktion vorhanden, oft sank sogar der p_H-Wert der Wassersuspension unter 7. Es fragt sich daher, wie die Peptisierung der Huminsäure in diesen Böden zu erklären ist, wenn die Huminsäure nach Glinka nur durch die alkalisch reagierende Soda in Solzustand gebracht werden kann? Die ausführlichen Untersuchungen A. von 'Sigmonds (Über das Basenaustauschvermögen des Humuszeolithkomplexes im Boden), Hissinks, Gedroizs und Sokolovskys haben die Erklärung gebracht. Wird nämlich ein mit Kalk gesättigter neutraler Boden, wie der Tschernosjemboden im Versuch von Glinka mit verschiedenen Natronsalzlösungen behandelt, so vermag die gewöhnliche Sodalösung nur allein die braunen und schwarzen Humussubstanzen in Lösung und Wanderung zu versetzen, da der Humuskomplex des Tschernosjembodens mit Kalzium gesättigt und der Humus in dieser Form nur in alkalischer Lösung peptisierbar ist. Allein in den oben erwähnten karbonatfreien Szikböden ist der Humuskomplex schon selbst mehr oder weniger mit Natrium gesättigt und damit schon in reinem Wasser peptisationsfähig. Das ist eine Folge des in den Alkaliböden durch Austausch konzentrierter Natriumsalze verursachten Basenaustausches, zu diesem Vorgang ist aber überhaupt keine Soda notwendig, denn wir können einen neutralen Boden mit normaler Koch- oder Glaubersalzlösung gleichfalls alkalinisieren, d. h. die zweiwertigen Basen im Humuszeolithkomplex gegen Natriumkation austauschen. Unter diesen Verhältnissen ist es nicht unbedingt erforderlich, daß die Bodenlösung, um die Humussubstanzen zu peptisieren, auch normale Soda enthält. Das tatsächliche Eintreten eines derartigen Alkalinisationsprozesses in den Alkaliböden ist von verschiedenen Forschern mit Bestimmtheit festgestellt worden. Es mögen hier nur die bezüglichen Arbeiten von Gedroiz, Kelley und A. von 'Sigmond[1] erwähnt sein. Zur Erläuterung diene nachfolgende Übersicht[2] auf Seite 329.

Aus den Mengenverhältnissen der austauschbaren Kationen geht sofort hervor, daß das Natrium im Absorptionskomplex (Humuszeolithkomplex) eine vorherrschende Rolle spielt. Wie wir aber schon bei den braunen Steppenböden gesehen haben, ist die Menge des austauschbaren Natriums in neutralen gesättigten Böden sehr gering, hier spielt das Kalzium, wie Gedroiz für die russischen Steppenböden und Tschernosjeme festgestellt hat, die Hauptrolle. Für nicht alkalisierte Böden hat sich überhaupt ermitteln lassen, daß etwa 85—90% der

---

[1] Gedroiz, K. K.: Soil Absorbing Complex and the Absorbed Soil Cations as a Basis of Genetic Soil Classification. Org.-russ. in engl. Publ. U. S. Dep. Agric. Wash., S. 13. — Kelley, W. P., und S. M. Brown: Base exchange in relation to Alkali soils. Soil. Sc. **20**, No 6 (6. Dez. 1925). — 'Sigmond, A. von: A sziktalajok képződésében szereplö chemiai folyamatok. Math. u. naturwiss. Anz. d. Ung. Akad. d. Wissensch. **35**, H. 5 (1918).

[2] 'Sigmond, A. von: The chemical characteristics of soil-leaching. Vorgetr. am I. Internat. Kongreß f. Bodenkde zu Washington 1927.

Menge der austauschbaren Kationen im Bodenprofil zu Hortobágy.

Horizont und Tiefe (cm)	In 100 g Boden in mg-Äquivalenten					mg-Äquivalentprozente in der Gesamtmenge der austauschbaren Kationen			
	Ca	Mg	K	Na	Summe	Ca	Mg	K	Na
A_1 (0—9) . . .	6,2	5,5	1,2	7,7	20,6	30,1	26,7	5,8	37,4
B_1 (9—29) . . .	9,6	6,2	1,0	14,6	31,4	30,6	19,7	3,2	46,5
B_2 (29—55) . . .	10,3	7,3	0,9	23,8	42,3	24,4	17,2	2,1	56,3
B_3 (55—70) . . .	9,9	9,5	1,0	20,5	40,9	24,2	23,2	2,4	50,2
C_1 (70—100) . .	14,4	8,8	1,8	14,6	39,6	36,4	22,2	4,5	36,9
C_2 (100—125) . .	15,5	8,6	2,9	12,4	39,1	38,9	22,0	4,4	31,7
C_3 (125—137) . .	16,1	8,0	2,4	14,0	40,5	39,8	19,7	5,9	34,6
D (137—150) . .	15,9	8,4	2,0	12,8	39,1	40,6	21,5	5,1	32,8

Kationenäquivalente im Absorptionskomplex von dem zweiwertigen Kalzium und Magnesium gestellt werden. KELLEY[1] hat die Durchschnittswerte dafür wie folgt zusammengestellt:

Durchschnitt von	Äquivalentprozente der Kationen			
	Ca	Mg	K	Na
7 kalifornischen Böden .	63	25	4	8
2 russischen Böden . .	82	11	7	0
26 holländischen Böden .	79	13	2	6

In den sauren Bodenarten kann die Menge des austauschbaren Kalziums manchmal durch Magnesium zurückgedrängt werden, jedoch auch in diesen Böden ist die relative Menge des austauschbaren Natriums ganz unbedeutend. GEDROIZ ist sogar geneigt, diese geringe Menge ganz zu vernachlässigen und sie der geringen Angreifbarkeit der unverwitterten Natriumsilikate zuzuschreiben. Deshalb könnte man auch, wie schon früher erwähnt wurde, die Alkaliböden einfach Natriumböden nennen, denn nur in diesen Böden finden wir das Natrium in austauschbarer Form vor. Der Grad der Einwirkung konzentrierter Natriumsalzlösungen auf den Humuszeolithkomplex kann recht verschieden sein. Als extreme Fälle mögen hier einige Angaben von KELLEY[2] für amerikanische Alkaliböden Platz finden:

Nr	Fundort	Tiefe in Inches	Äquivalentprozente der Kationen			
			Ca	Mg	K	Na
4585	Fresno, Cal.	0—12	0	0	15	85
5190	Salt Lake, Utah	0—12	0	0	38	62
5696	Fallon, Nev..	0—6	0	0	3	97
6145	Tucson, Ariz.	0—6	0	0	19	81
6376	San Jacinto, Cal. . . .	0—12	0	0	9	91
6377	,, ,, ,, . . .	12—24	0	0	3	97
6539	Davis, Cal.	0—12	12	14	7	67
6540	,, ,, ...	12—24	8	21	6	65
6541	,, ,, ...	24—36	11	31	5	53
6809	Los Alamitos, Cal. . . .	0—6	0	0	23	77
7070	Logan, Utah	11—15	0	0	40	60
7073	Los Alamitos, Cal. . . .	0—6	11	0	21	68
6139	Chino, Cal.	12—24	9	21	20	50
6140	,, ,, ...	24—36	14	17	18	51

[1] KELLEY, W. P., u. S. M. BROWN: Replaceable Bases in Soils. Univ. California Publ. Agric. Exp. Stat. Berkeley. California 1924.; Techn. Paper, Nr 15, S. 12.
[2] KELLEY, W. P., u. S. M. BROWN: Base Exchange in Relation to Alkali Soils. Soil Sc. 20, No 6, 484 (6. Dez. 1925).

Wie aus diesen Angaben ersichtlich wird, kann die Alkalinisierung in dem sehr trockenen und warmen Klima von Kalifornien, Nevada, Utah und Arizona so weit führen, daß die zweiwertigen Kationen vom Humuszeolithkomplex vollkommen verdrängt werden. Ist jedoch der Boden an löslichen Kalzium- bzw. Magnesiumsalzen reich, so kann es vorkommen, daß trotz der starken Konzentration der Natriumsalzlösungen des Bodens das Natrium nur in geringen Mengen oder gar nicht in den Humuszeolithkomplex eingedrungen ist. KELLEY[1] hat ähnliche nachstehend wiedergegebene Beispiele mitgeteilt:

Nr	Fundort	Tiefe in Inches	Äquivalentprozente der Kationen			
			Ca	Mg	K	Na
6157	Sutter Basin, Cal. . . .	0—12	53	38	3	6
6158	Mendota, Cal.	36—72	70	26	1	3
6288	Imperial, Cal.	0—12	57	32	5	6
6372	,, ,, ...	0—12	70	24	2	4
6373	,, ,, ...	12—24	80	16	2	2
6374	Holtville, Cal.	0—12	76	21	1	2
6375	,, ,, ...	12—24	69	28	2	1
6522	Santa Ana, Cal. . . .	0—12	73	22	2	3

In diesem Fall kann man eigentlich nicht von Alkaliböden sprechen, denn eine Alkalinisation liegt gar nicht vor. In Ungarn findet man jedoch unter den strengen Szikböden ähnliche Böden, die scheinbar nicht oder kaum alkalinisiert und dabei noch kalkarm sind. Folgende Beispiele mögen dieses erläutern:

Nummer und Herkunft des Alkalibodens	mg-Äquivalente					Äquivalentprozente			
	Ca	Mg	K	Na	Summe	Ca	Mg	K	Na
3. Kompolt, $CaCO_3$ u. $CaSO_4$ nicht vorhanden	18,45	5,52	1,46	2,63	28,1	65,8	19,6	5,2	9,4
4. Kétutköz, karbonat- u. sulfatfrei	12,65	3,31	1,86	3,65	21,5	58,8	15,4	8,6	17,2
5. Puszta-Hidvégh, karbonatfrei, Sulfatreaktion schwach, Tiefe 0—25 cm	22,50	6,03	K + Na 5,42		33,95	66,3	17,7	K + Na 16,0	

Fügen wir noch hinzu, daß die Menge der wasserlöslichen Natriumsalze in diesen Böden kaum 0,1—0,2 % beträgt und ihr p_H-Wert oftmals als unter 7 liegend erkannt worden ist, so dürfte es interessant sein, die Azididätsverhältnisse und den Sättigungszustand dieser Böden zu erfahren. In nachstehender Tabelle sind einige diesbezügliche Zahlenwerte mitgeteilt[2]:

Nummer und Herkunft des Bodens	p_H in Wasser-Suspension	S	$T \sim S$	T	$V = \dfrac{100 \cdot S}{T}$
3. Kompolt	5,93	28,1	26,1	54,2	51,8
4. Kétutköz	7,60	21,5	10,5	32,0	67,2
5. Puszta-Hidvégh, 0—25 cm .	6,75	36,0	26,2	62,2	57,9

Die Werte S, $T—S$, T und V entsprechen den von D. J. HISSINK eingeführten Begriffen[3], nach welchen S die Summe der Milligrammäquivalente der austausch-

---

[1] KELLEY, W. P., u. S. M. BROWN: a. a. O., S. 485.

[2] 'SIGMOND, A. VON: Einige vergleichende Untersuchungen über die Bestimmung der austauschfähigen Kationen usw. Verh. d. II. Komm. d. Internat. bodenkundl. Ges. Groningen (Holland) 1926, T. A, 55—69.

[3] HISSINK, D. J.: Der Sättigungszustand des Bodens. Z. Pflanzenernährg. u. Düngung 4, T. A, 137—158.

baren Kationen ist, T das Maximum der Absorptionsfähigkeit in Milligrammäquivalenten ausgedrückt, $T—S$ die Summe der mit den Kationen nicht gesättigten
Äquivalente wiedergibt und V den Grad der Sättigung des Absorptionskomplexes
in Prozenten ausdrückt. Die Werte von $T—S$ wurden konduktometrisch mit
n/10 Ba(OH)$_2$-Lösung bestimmt und nicht nach der Methode von HISSINK ermittelt,
da letztere nach den Erfahrungen des Verfassers stets zu hohe Werte gibt, wogegen diejenige von GEDROIZ zu niedrige Werte aufweist[1]. Durch den Ausfall
der V-Werte wird unmittelbar die Frage, weshalb diese Böden sauer reagieren
können, beantwortet, denn sie erweisen sich alle als ungesättigt. Den Humuszeolithkomplex darf man sich derart vorstellen, daß er nach MICHAELIS[2] aus
einem „Azidoid" besteht, das Verfasser mit T^m bezeichnet[3], und sich als unlösliches
Säureradikal mit „m"-Äquivalenten behandelt denkt. Diese negativ geladenen
Äquivalente sind im gegebenen Falle teils mit ein- und zweiwertigen Kationen,
teils mit Wasserstoffionen gesättigt, was in folgender Weise ausgedrückt werden
kann:

$$T^{m\,(-)} \begin{cases} \dfrac{m-n}{2}\,R^{++} \\[2mm] (n-p)\,R^+ \\[2mm] p_{\mathrm{H}^+} \end{cases}$$

Hier ist $m = (m-n) + (n-p) + p^-$ und R^{++} stellt die zweiwertigen,
R^+ die einwertigen Kationen und H die Wasserstoffionen dar. Vernachlässigen
wir aber bei den neutral-gesättigten Böden die einwertigen Kationen, dann
kann der Absorptionskomplex in einfacher Weise wie folgt ausgedrückt werden:

$$T^{m\,(-)} \cdot \frac{m}{2}\,R^{++}$$

Wird ein solcher Boden durch konzentrierte Alkalisalzlösungen mehr oder
weniger alkalinisiert, dann gelangen wir zu der Formel:

$$T^{m\,(-)} \begin{cases} \dfrac{m-n}{2}\,R^{++} \\[2mm] n\,R^+ \end{cases}$$

Wird nun ein derartiger Komplex durch die Einwirkung von Wasser und
Kohlensäure teilweise hydrolysiert, so wird ein Teil (p) der Alkaliäquivalente
durch Wasserstoff ersetzt und wir gelangen zu der obigen allgemeinen Formel.
Diese Verhältnisse entsprechen den von GEDROIZ für die russischen „Soloti"-
böden mitgeteilten Befunden. Er hat zuerst darauf aufmerksam gemacht, daß
die sauer reagierenden und podsolähnlichen Böden der trockenen Gebiete nicht
Produkte einer echten Podsolierung, sondern der Degradierung eines Alkalibodens
darstellen, denn in diesen Gebieten können nur Alkaliböden leicht hydrolisiert

---

[1] 'SIGMOND, A. VON, u. J. DI GLERIA: On the different scale of saturation of the absorbing complex (humus-zeolithe) of the soil and methods of their determination. Vorgelesen
auf dem I. Internat. Kongreß. Washington. 1927.

[2] Näheres s. darüber H. J. PAGE: The nature of soil acidity. Verh. d. II. Komm. d.
Internat. Ges. f. Bodenkde. Groningen (Holland) 1926, T. A, S. 232—244.

[3] 'SIGMOND, A. VON: Tanulmány a talaj humusz-zeolith-komplexumáról és a talaj-
reakciokról (Studien üb. d. Humuszeolithkomplex im Boden u. üb. die Bodenreaktion).
Math. u. naturwiss. Anz. d. Ung. Akad. d. Wissensch. 43. (Budapest 1926); siehe ferner
die praktische Bedeutung des Absorptionsvermögens im Boden. Chem. Rdsch. 3, Nr 13,
15, 16, 17.

werden. Der Ersatz der Erdalkalikationen durch Wasserstoffionen geht viel schwieriger und langsamer vonstatten, als daß sich dieser Vorgang in den trockenen Gebieten praktisch vollziehen könnte. Deshalb schlägt er vor, diese nach Ursprung und Ausbildung von den primären Podsolen verschiedenen Böden „Soloti" zu nennen und ihren Degradationsprozeß mit „Solotisation" zu bezeichnen[1]. GED-ROIZ unterscheidet 3 Entwicklungsstadien und Arten der Alkalibodenbildung, 1. Salineböden, in denen der Boden mit Natriumsalzen getränkt und das Natrium in den Absorptionskomplex schon eingetreten ist. Sie entsprechen dem zweiten Stadium des von A. VON 'SIGMOND angegebenen Entwicklungsvorganges; 2. Desalinierte Alkaliböden, in denen der Absorptionskomplex zwar noch Natrium enthält, die Natriumsalze jedoch schon aus dem Boden ausgewaschen sind; 3. Degradierte Alkaliböden, in welchen nicht nur die Salze, sondern auch das absorbierte Natrium ausgelaugt worden sind. Die beiden letzteren Bodenarten entsprechen dem dritten bzw. vierten Stadium der Entwicklung nach 'SIGMOND.

Der einzige Unterschied zwischen dem System von GEDROIZ und A. VON 'SIGMOND besteht darin, daß letzterer schon aus theoretischen Gründen das erste Stadium, nämlich den noch unveränderten und nur mit Alkalisalzen durchtränkten Boden als reine Salinenbildung ansieht. Die oben von KELLEY angeführten Analysen beweisen ein unter Umständen auch in ariden Gebieten auftretendes Vorkommen solcher Alkalitypen. In humiden Salinenböden ist dieses Entwicklungsstadium wahrscheinlich noch viel häufiger zu vermuten, wenn auch vorläufig wenig Erfahrungen darüber vorliegen. Falls wir diese theoretischen Betrachtungen auf natürliche Vorkommnisse zu übertragen wünschen, so müssen wir berücksichtigen, daß die oben definierten Reaktionen in der Natur nebeneinander ablaufen können, und wir sind daher zum Zwecke einer Klassifikation gezwungen, gewisse Grenzwerte für die einzelnen Alkaliboden-typen aufzustellen. Verfasser hat es auf Grund der bisher noch nicht sehr zahlreichen analytischen Angaben versucht, eine solche Einteilung in folgender Weise vorzunehmen:

1. Saline- oder salzführende Böden werden solche genannt, in denen die Salzinfiltration zwar beträchtlich sein kann, nicht aber die Alkalinisierung das Maß der normalen neutralen Böden übertrifft. Nachdem er gefunden hat, daß in den normalen neutralen Böden die relative Menge der einwertigen $(K + Na)$-Kationen 6,4—11,2 Äquivalentprozente der gesamten Menge (S) beträgt und die entsprechenden Werte bei KELLEY zwischen 6,4 und 8,7% schwanken, hat er als untere Grenze der eigentlichen Alkalinisierung den Wert von rund 12% aufgestellt. Die in der obersten Tabelle auf S. 330 enthaltenen amerikanischen Alkaliböden gehören alle in diese 1. Gruppe.

2. Saline-Alkaliböden werden solche genannt, welche nicht nur Alkali-salze führen, sondern in ihrem Absorptionskomplex mehr als 12% Äquivalente Alkalikationen aufweisen. Dies kann bis zu 100% geschehen.

3. Desalinisierte Alkaliböden werden solche genannt, die zumeist ihres Salzgehaltes beraubt, allein den Alkalikationengehalt noch ziemlich enthalten. Da aber die Gegenwart der Alkalisalze im Absorptionskomplex gegen die hydrolysierende Wirkung schützt, und mit der Auslaugung der Salze eine schwache Hydrolysierung Hand in Hand geht, so mußte eine Grenze gefunden werden, bei welcher der entsalzte Alkaliboden noch als entschieden alkalinisch

---

[1] GEDROIZ, K. K.: Soil Absorbing Complex and the absorbed Soil Cations as a Basis of Genetic Soil Classification. Peoples Commissariat of Agriculture. Nossov Agric. Exp. Stat., Agrochem. Division, Paper Nr. 38. Leningrad 1925. Orig.-russisch ins Engl. übertragen von WAKSMAN, S. A. Pub. U. S. Dep. Agric. Wash., S. 13.

bezeichnet werden kann. Nach den bisherigen Ermittlungen des Verfassers dürfte dieselbe etwa bei 15% Nichtsättigung und einem Gesamtsalzgehalt von etwa 0,1—0,2% zu suchen sein.

4. Degradierte Alkaliböden oder Solotiböden werden solche genannt, welche zwar äußerlich den entschiedenen Charakter eines Alkalibodens tragen, aber in deren Absorptionskomplex der Ersatz der Alkalikationen durch Wasserstoff schon ziemlich stattgefunden hat und in denen besonders der Grad der Ungesättigtheit mehr als 15% beträgt. In Ungarn gibt es eine ganze Reihe solcher Vorkommnisse, und die nach GEDROIZ zitierte Beschreibung läßt vermuten, daß die „Soloti"böden auch in Rußland nicht selten vorkommen. Ihre Verbreitung in anderen Erdteilen ist schwer zu beurteilen, da man sich bisher mit dieser Frage kaum beschäftigt und die Alkaliböden meistens nur nach ihrem Salzgehalt beurteilt hat.

In den meisten Fällen haben sich also tiefgreifende Änderungen im Verwitterungskomplex dieser Böden vollzogen, so namentlich in Hinsicht auf die austauschbaren Kationen und den Sättigungszustand des Humuszeolithkomplexes, wodurch die nähere Zusammensetzung des Bodens beeinflußt erscheint. Diese Einflüsse erklären auch den von GLINKA betonten Unterschied zwischen der Auslaugung in saurem bzw. alkalischem Medium. Andererseits legen diese Verhältnisse klar, daß der Humuszeolithkomplex um so leichter dispergiert, je mehr Alkalikationen in ihm enthalten sind. Hierin liegt die Ursache für die Wanderung des Humus aus dem oberen Horizont A in den darunterliegenden (B). Er vermag so tief zu wandern, bis entweder die Elektrolytkonzentration als solche oder die in den tieferen Horizonten angehäuften Kalziumsalze die entgegengesetzte Wirkung, also Ausflockung der Humussubstanz bewirken. Es ist daher, wie GLINKA behauptet, nicht unbedingt notwendig, daß die Reaktion des Bodens alkalisch (Na_2CO_3) sein muß, um die Humussubstanzen in Bewegung zu setzen. Der Humus ist vielmehr im ausgelaugten und kalkfreien, alkalinisierten Böden so leicht dispergierbar, daß schon die Humusstoffe durch das Regenwasser suspendiert werden, wodurch die braune Farbe der Wasserpfützen und die blätterige Absplitterung der Bodenkruste verursacht wird, und wenn in diesen Böden sehr oft keine Spur von Soda nachgewiesen werden kann, so ist der Humus doch beweglich.

Nebenbei bemerkt, vermag der mit Natrium z. T. gesättigte Humuszeolithkomplex leicht zur Sodabildung beizutragen. GEDROIZ[1] und KELLEY[2] sind der Ansicht, daß die Sodabildung auf diese Art und Weise im Boden meistens vor sich geht. HILGARDs sowie CAMERONs Erklärungsweisen, nach welchen die Sodabildung durch Wechselwirkung zwischen NaCl bzw. Na_2SO_4 und $CaCO_3$[3] oder durch Ionenreaktionen der verschiedenen Natrium- und Kalziumsalze erfolgen soll, dürften im Boden nur untergeordnete Rolle spielen. Beide Forscher nehmen an, daß die Sodabildung im Boden der Vermittlung des Humuszeolithkomplexes zuzuschreiben sei, und es wird nach dem soeben mitgeteilten Vollzug des Kationenaustausches im Boden leicht verständlich, daß die Natriumsalze (NaCl, $NaNO_3$, Na_2SO_4 usw.) zunächst Natrium an den Absorptionskomplex ab-

---

[1] GEDROIZ, K. K.: Colloidal Chemistry as Related to Soil Science. Orig.-russ. in Zhurnal Opitnoi Agr. 13, 363—412. Engl. übertragen von S. A. WAKSMAN, publ. C. S. SCOFIELD: U. S. Dep. Agric. Washington D. C. 1923.

[2] CUMMINS, A. B., u. W. P. KELLEY: The Formation of Sodium Carbonate in Soils. Univ. California Publ. Techn. Paper 3. Berkeley, California. 1923.

[3] Dieser Prozeß wurde eigentlich schon vor HILGARD von BRANDES (1824), BERTHELOT, J. RUSEGGER (1842) und A. MÜLLER (1859) festgestellt, und HILGARD hat diese Theorie auf die Alkaliböden angewendet.

geben und nach Entfernung oder Verdünnung der Elektrolyte die Hydrolyse der
,,Natriumzeolithe" bzw. Humate mit dem $CaCO_3$ bzw. $Ca(HCO_3)_2$ des Bodens
oder selbst der CO_2 der Bodenfeuchtigkeit unter Bildung von Na_2CO_3 bzw.
$NaHCO_3$ hervorrufen. Die Sodabildung kann jedoch auch in anderer Weise
vor sich gehen. J. SZABÓ hat z. B. darauf hingewiesen, daß durch die Einwirkung
der Atmosphärilien auf Natriumsilikate Soda im Boden entstehen dürfte[1].
CUMMINS und KELLEY stellten fest[2], daß selbst das im Granit enthaltene Natrium
(von Riverside Calif.) sowie unverwitterte Anhydro- und Hydro-Alumosilikate
die Fähigkeit besitzen, entweder unmittelbar alkalische Reaktion im Wasser
hervorzurufen oder die Kationen mit NaCl auszutauschen, um später nach
ihrer Auswaschung mit Wasser ebenfalls alkalisch zu wirken. Es ist auch leicht
verständlich, wenn TREITZ und GLINKA meinen[3], daß ein Teil der Soda infolge
des Humuszerfalls gebildet werde. Nach TREITZ[4] sollen auch Gasexhalationen
mitbeteiligt sein. HARRIS weist auch auf Befunde hin, nach welchen aus $NaNO_3$
und $CaCO_3$ Soda gebildet werden kann[5]. Schon HILGARD erwähnt besondere
Fälle aus Kalifornien, New Mexiko, Colorado und Wyoming, wo Salzquellen
aus der Umgebung der Gebirge die Salzanhäufung des Boden herbeigeführt
haben[6]. Verfasser ist jedoch der Meinung, daß die Bildung der Salze bzw. der
Soda im allgemeinen sehr verschieden sein kann. In den ungarischen Szikländereien kommt die Soda sicherlich nur in den kalkkarbonatreichen Böden in größeren Mengen vor, woraus sich für ungarische Verhältnisse ergibt, daß das $CaCO_3$
eine entscheidende Rolle bei der Sodabildung spielt. Ob nun dieser Prozeß
nach HILGARD oder CAMERON durch direkte Reaktion der Natriumsalze mit
Kalk oder unter Mitwirkung des Humuszeolithkomplexes oder auf beiden Wegen
erfolgt, bedarf noch eines eingehenden Studiums. Allerdings haben auch 'SIG-
MONDS Erfahrungen bestätigt, daß der alkalinisierte Absorptionskomplex sowie
die künstlichen ,,Natriumzeolithe", wenn sie mit reinem Wasser versetzt werden,
schwach alkalisch reagieren, was nicht immer auf Sodabildung zurückgeführt
werden kann, sondern seine Erklärung auch durch einfache Hydrolyse und
NaOH-Bildung findet. Damit ist auch die Erklärung der alkalischen Bodenauslaugung möglich geworden[7].

Die neuesten diesbezüglichen Erfahrungen hat A. VON 'SIGMOND auf dem
1. Internat. Bodenkundl. Kongreß in Washington D. C. 1927 vom 13. bis 22. Juni
mit folgenden Endergebnissen zusammengefaßt vorgetragen[8]:

1. Die Erdalkalikarbonate werden von den oberen Horizonten in die tieferen
mehr oder weniger stark ausgelaugt, so daß es Alkaliböden mit teilweiser oder
gänzlicher Auslaugung der Horizonte A und B entsprechend der Auslaugung in
saurem Medium gibt. In dieser Hinsicht verhält sich die Entstehung und

---

[1] SZABÓ, J.: J. d. K. K. Geol. Reichsanst. 1850, 334.

[2] Univ. California Publ. Techn. Paper 3, 16 (1923).

[3] TREITZ, P.: Die Alkaliböden des großen Tieflandes von Ungarn (ungar.). Földtani
Közlöny 1908, 106—131. — GLINKA, K.: Typen der Bodenbildung, S. 204.

[4] TREITZ, P.: A szikes talajok javitasa, S. 47—51.

[5] HARRIS: Soil alkali, its orig. nature and treatment. Newyork 1920.

[6] HILGARD, E. W.: Soils, S. 423.

[7] 'SIGMOND, A. VON: A sziktalajok képzödésében szereplö chemiai átalakulások. Über
die chemischen Veränderungen bei der Bildung der Alkaliböden. Math. Természettumányi
Ertesitö 35, H. 5, 733; ferner: A beziskicserelödés szerepe a talajok keletkezisiben. Über
die Rolle des Basenaustausches bei der Bodenbildung. Magy. Chem. Floyóirat 23, H. 12. —
Siehe auch 'SIGMOND, A. VON: A hazai szikesek és megjavitási módjaik, S. 49—56. Budapest 1923; ferner: Hungarian Alkali Soils and Methods of their Reclamation, S. 25—29.
Berkeley, California 1927.

[8] 'SIGMOND, A. VON: The Chemical Characteristics of Soil-Leaching. Kgl. Ung.
Akad. 1927.

chemische Zusammensetzung der Alkaliböden sehr ähnlich der der echten Podsole.

2. Im Gegensatz hierzu finden sich die einwertigen Alkalikationen nur in den oberen Horizonten, namentlich im B-Hrizont angehäuft vor, was bei den Podsolen nicht der Fall ist.

3. Gewöhnlich wird in den tonreichen Alkaliböden eine beträchtliche Anhäufung von in konz. HCl zersetzbaren Fe_2O_3, Al_2O_3 und SiO_2 im Horizont B wahrgenommen. In dieser Hinsicht stehen diese Alkaliböden wieder den sauren Podsolböden nahe. Diese Bewegung der entsprechenden Sole wird jedoch bei den Alkaliböden teils durch das alkalische Medium, teils durch die stark dispergierende Fähigkeit des mit Alkali gesättigten Humuszeolithkomplexes herbeigeführt.

4. Im Absorptionskomplex übernimmt das Natriumkation anstatt des Kalziumkations die führende Rolle, was für den Gesamtcharakter der meisten Alkaliböden entscheidend sein kann.

5. Da jedoch die Alkalikationen des Humuszeolithkomplexes durch Wasser bzw. kohlensäurehaltiges Bodenwasser leicht hydrolysiert werden, so sind die Alkaliböden nur dann mit Kationen äquivalent gesättigt, wenn der Alkalisalzgehalt des Bodens genügt, um diese hydrolysierende Wirkung der Bodenfeuchtigkeit zurückzudrängen. Wenn aber der Alkaliboden ausgelaugt wird und der Salzgehalt bis auf eine gewisse Grenze (etwa 0,15—0,20 %) herabgedrückt ist, beginnt die Degradation der Alkaliböden und es entstehen mehr oder minder ungesättigte Böden (Solotiböden). Diese Degradierung kann so weit führen, daß schon sauer reagierende, den Podsolen sehr ähnliche, obere Horizonte hervorgehen, in denen der ursprüngliche Alkalicharakter kaum noch nachzuweisen ist.

Als Beispiel hierfür mag die chemische Zusammensetzung eines Bodenprofils des Szikbodens von Hortobágy, dessen Absorptionskomplex schon in den obigen Tabellen näher gekennzeichnet worden ist, wiedergegeben werden.

	Horizont							
	A	B_1	B_2	B_3	C_1	C_2	C_3	D
Prozente auf trockene Böden bezogen								
Na_2O	0,90	2,32	**3,00**	1,96	0,78	0,81	0,67	0,89
K_2O	0,36	0,43	0,55	**0,70**	0,27	0,29	0,26	0,29
CaO	0,63	0,77	1,09	0,69	10,26	**16,00**	14,53	14,40
MgO	0,27	0,70	0,67	**1,65**	1,42	0,23	0,24	0,35
MnO.	—	—	—	—	0,02	0,98	**1,04**	0,78
Al_2O_3	3,60	5,77	8,15	8,33	6,65	6,63	**8,95**	8,25
Fe_2O_3	0,57	3,32	6,81	**7,00**	4,14	3,60	4,63	4,50
SO_3	0,18	0,26	**0,58**	0,46	0,01	0,23	0,27	0,17
P_2O_5	0,21	0,13	0,12	0,20	0,15	0,07	0,05	0,04
CO_2	—	—	—	—	7,20	**11,55**	10,62	10,45
SiO_2 löslich in HCl und 5 % KOH	5,83	10,88	20,75	**21,20**	12,94	12,75	13,50	13,36
Glühverlust	**10,90**	2,02	2,24	2,25	1,96	1,46	1,61	2,15
Unlöslicher Rückstand. .	**76,50**	73,75	55,75	55,15	54,80	46,00	44,00	44,95
Summe	99,95	100,35	99,71	99,59	100,60	100,60	100,37	100,59

In dieser Tabelle ist der in konz. HCl (nach VAN BEMMELEN-HISSINK bestimmt) zersetzbare Teil niedergelegt. Zur näheren chemischen Charakterisierung möge die nächstfolgende Tabelle dienen:

	A	B_1	B_2	B_3	C_1	C_2	C_3	D
Summe der mg-Äquivalente der Kationen .	306,1	607,9	916,7	940,1	1008,4	1159,9	1283,4	1234,7
Äquivalentprozente auf die Summe = 100 bezogen								
Na^I	9,50	12,24	10,56	6,74	2,50	2,22	1,68	2,35
K^I.	2,50	1,53	1,30	1,58	0,57	0,55	0,43	0,49
Ca^{II}	7,30	4,60	4,24	2,65	36,08	48,93	40,45	41,38
Mg^{II}	4,40	5,70	3,63	8,95	6,95	4,94	0,95	1,48
Mn^{II}	—	—	—	—	0,05	2,38	2,29	1,76
Fe^{III}	7,00	20,44	27,92	28,05	15,35	11,59	13,43	13,60
Al^{III}	69,30	55,48	52,35	52,00	38,50	33,39	40,77	38,94
SO_4^{II}	1,50	1,06	1,58	1,22	0,02	0,49	0,52	0,32
$P_2O_5^{III}$	3,50	0,90	0,55	0,90	0,63	0,25	0,16	0,14
CO_3^{II}	—	—	—	—	32,33	45,03	37,37	38,24
SiO_4^{IV}	95,00	98,04	97,87	97,88	67,02	54,23	61,95	61,30
Überfluß an SiO_2 . . .%	1,47	1,83	7,32	7,33	2,66	3,21	1,42	1,87

Der Salzgehalt und die Menge der gesamten organischen Substanz (durch Verbrennung bestimmt) sind in der folgenden Tabelle für jeden Horizont angegeben:

Horizont	Gesamtsalz % im lufttrockenen Boden	Na_2CO_3 % im lufttrockenen Boden	Organische Substanz $C \cdot 0{,}471$ in bei 100° C getrocknetem Boden
A	0,0—0,1	—	8,52
B_1	0,1—0,2	—	2,78 (?)
B_2	0,3—0,4	—	1,74
B_3	0,4	Spuren	1,27
C_1	0,25—0,30	0,14	0,49
C_2	0,20—0,25	0,17	0,23
C_3	0,20—0,25	0,20	nicht bestimmt
D	0,20—0,25	0,09	,, ,,

Leider handelt es sich hier nur um ein Beispiel, denn wir verfügen heute noch nicht über genügend ausführliche analytische Belege, um eine zusammenfassende Übersicht für sämtliche Alkaliböden der Erde bringen zu können. Späterer Forschung muß dieses vorbehalten bleiben. Vorderhand hat A. von 'Sigmond für die ungarischen Szikböden folgende Einteilung als Beispiel für eine spätere allgemeine vorgeschlagen:

Zur näheren Erklärung der Klassifikation auf biologisch-praktischer Grundlage mögen die nach der Erfahrung zusammengestellten Pflanzenassoziationen der verschiedenen Klassen folgen:

1. Klasse: Alopecurus pratensis, auch ohne Bewässerung im Frühjahr vorhanden; Poa trivialis; Poa angustifolia; Trifolium repens, Trifolium hybridum; die gewöhnliche Luzerne und jede erstklassige Grasvegetation, wenn für entsprechende Berieselung gesorgt wird.

2. Klasse: Lotus corniculatus, auch ohne Bewässerung im Frühjahr vorhanden, mit Berieselung nimmt Trifolium repens Überhand, Poa angustifolia und Bromus mollis vereinzelt, jedoch Alopecurus pratensis fehlt gänzlich und Luzerne geht sehr rasch ein.

3. Klasse: Festuca pseudovina auch ohne Bewässerung stark verbreitet, wird jedoch durch Hordeum Gossinianum sehr oft ersetzt; bei Bewässerung gedeiht noch Medicago lupulina und Artemisia monogyna.

4. Klasse: Camphorosma ovata, Matricaria chamomilla und Hordeum Gossinianum, auch ohne Bewässerung stark verbreitet.

Wie aus dieser Einteilung hervorgeht, sind schon die Arten der ungarischen Szikböden sehr verschieden, und ihre landwirtschaftliche Verbesserung und Nutzbarmachung hängt mit der Zusammensetzung des Bodens eng zusammen. Die Aufnahme der Szikböden innerhalb des Trianoner Grenzgebiets hat für sie eine Gesamtverbreitung von etwa 750000 ha dargetan, das sind ungefähr 8% der 9290000 ha einnehmenden Gesamtfläche des Landes. Auf 5610000 ha Ackerland berechnet sind es 13,4%, welche durch Verbesserung des Ackerlandes gewonnen werden könnten. Wenn auch nicht die ganze Fläche für die Landwirtschaft erobert werden kann, so hat man doch berechtigte Hoffnung auf wenigstens die Hälfte davon.

Die Verschiedenheit dieser Böden erweist sich noch weit größer, wenn die verschiedenen Vorkommnisse der Alkaliböden in allen Ländern der Erde herangezogen werden. Der Salzgehalt, der Grad der Alkalinisierung bzw. Degradierung, der Kalkreichtum bzw. die Kalkarmut, die besonderen hydrographischen und physikalischen Bodenverhältnisse, sind sämtlich maßgebende Faktoren, die bei der Melioration in Erwägung gezogen werden müssen. Ein allgemeingültiges Meliorationsverfahren gibt es daher nicht.

Dort, wo im Boden durch Salzanhäufung die Nutzbarmachung gefährdet ist, soll allerdings für die Entfernung der wasserlöslichen Salze gesorgt werden. Dies wird auch in vielen Fällen durch Bewässerung und Dränage möglich sein, allein nicht immer werden solche Maßnahmen genügen, denn sehr oft wird der im Anfang durchlässige Alkaliboden während der Bewässerung wasserdicht. Nach GEDROIZ[1], SCOFIELD[2] und KELLEY[3] können hierfür 2 Ursachen in Frage kommen. Solange nämlich die Elektrolytkonzentration der neutralen Natriumsalze im Boden hoch genug ist, rufen sie eine Koagulation des alkalinisierten Bodens hervor. Je mehr aber die Elektrolytkonzentration durch Auswaschung der Salze abnimmt, um so mehr verschafft sich die Dispersionsfähigkeit des mit Alkalikationen gesättigten Absorptionskomplexes Geltung, und der anfänglich durchlässige Boden wird undurchlässig und damit physikalisch schlechter. In solchen Fällen ist eine chemische Einwirkung von Gips, Schwefelsäure, Schwefel, Aluminium- oder Eisensulfat unerläßlich. Schon HILGARD hat darauf hingewiesen, daß man bei solchen Alkaliböden, namentlich „Black Alkali"böden, wenn ihr Boden wasserundurchlässig ist, die Bodenauswaschung mit der Gipsbehandlung verknüpfen soll. Die neuren Versuche von KELLEY in Fresno (Kalifornien) haben desgleichen bewiesen, daß sich die obengenannten Sulfate sowie auch der Schwefel hierfür gut bewähren. Die Wirkung dieser Stoffe dürfte auch hier darauf beruhen, daß das Kalziumkarbonat im Boden durch ihre saure Reaktion zersetzt wird und Kalkionen in Lösung gebracht werden, die sich gegen Alkalikationen austauschen. Es gibt aber in Ungarn Alkaliböden, die von Anfang an undurchlässig sind; bei ihnen ist eine Durchwaschung unmöglich. In solchen Fällen hat sich eine oberflächliche Auswaschung durch Berieselung als rationell gezeigt. Allein mit diesem Mittel können auch nur solche Böden verbessert werden, deren Salzgehalt den der Klasse III. A. nicht übertrifft. Wo mehr Salze vorhanden

---

[1] GEDROIZ, K. K.: Saline Soils and their Improvement. J. of exper. Agric. 18, 122—140 (1917). Org.-russ. in engl. publ. U. S. Dep. Agric. Washington, D. C. 1923.

[2] SCOFIELD, C. S.: The Movement of Water in irrigated Soils. J. agricult. Res. 27, No 9, 618. Washington, D. C. 1924.

[3] KELLEY, W. P., and ED. E. THOMAS: The Removal of Kalium Karbonate from Soils. Univ. California Publ. Techn. Paper 1 (1923); ferner W. P. KELLEY u. S. M. BROWN: Base Exchange in Relation to Alkali Soils. Soil Sc. 20, 477.

Einteilung der ungarischen Szikböden (Alkaliböden) auf Grund allgemei

I. Klima
Halbtrockenes Steppengebie

II. Chemischer Charak

A. Erste Hauptgruppe: Aluminosilikate vorherrschend. Strenge tonige Szikböden.

III. Entwicklungsstadiur

1. Alkalinisiert mit wechselndem   2. Degradierte Alkaliböden
   Salzgehalt   mit geringem Salzgehalt
   a) Mit $CaCO_3$ und Na_2CO_3 b) ohne Karbonate.   karbonatfrei.

IV. Physikalisch

Stets reich an Ton und Schlamm, wasserundurchlässig, schwer zu bearbeiten, starke Neigung zur Krustenbildung, die Bodenkruste gewöhnlich keine Salzkruste. In den meisten Fällen ist im B-Horizont eine gut ausgebildete säulenförmige oder prismatische Struktur wahrzunehmen.

V. Biologisch-praktische Klassifi

		Gesamtsalzgehalt %	Sodagehalt %
1. Klasse	I/I	0,00—0,10 (I)	0,00—0,05 (I)
2. Klasse	II.A. II/I	0,10—0,25 (II)	0,00—0,05 (I)
	I/II	0,00—0,10 (I)	0,05—0,10 (II)
	II.B. II/II	0,10—0,25 (II)	0,05—0,10 (II)
	III/I	0,25—0,50 (III)	0,00—0,05 (I)
3. Klasse	III.A. III/II	0,25—0,50 (III)	0,05—0,10 (II)
	II/III	0,10—0,25 (II)	0,10—0,20 (III)
	III.B. III/III	0,25—0,50 (III)	0,10—0,20 (III)
	IV/II	über 0,50 (IV)	0,05—0,10 (II)
4. Klasse	IV.A. IV/III	über 0,50 (IV)	0,10—0,20 (III)
	III/IV	0,25—0,50 (III)	über 0,20 (IV)
	IV.B. IV/IV	über 0,50 (IV)	über 0,20 (IV)

sind, dort müssen chemische Mittel benutzt werden. Mit Sulfaten hat man auch in Ungarn gute Erfolge erzielt, jedoch die Wirtschaftlichkeit der Maßnahme hängt von dem Preise dieser Verbesserungsmittel ab.

Bei der Auswaschung der Alkaliböden kommt noch die chemische Zusammensetzung des Wassers in Betracht, denn es können im Wasser die Alkaliäquivalente die Erdalkaliäquivalente übertreffen. In solchen Fällen kann ein Boden, der nicht alkalinisiert war, sehr leicht durch die Bewässerung undurchlässig und alkalisch werden. Dann kann man natürlich mit Kalksalzen abhelfen, oder noch besser, vorbeugen, indem entweder eine andere Wasserquelle benutzt wird oder das alkalische Wasser gehörig mit Kalk versetzt wird. In vielen Gegenden fehlt es jedoch an dieser notwendigen Wasserquelle ganz und man wird auf die natürlichen Niederschläge angewiesen sein. Durch entsprechende Maßnahmen kann man in der gemäßigten Zone noch immer Abhilfe schaffen, und so hat sich z. B. in gewissen Gebieten Ungarns die Eindeichung der Szikwiesen

gültiger, wissenschaftlicher Grundsätze. (Nach A. A. J. von 'Sigmond.)

region.

der gemäßigten Klimazone.

ter des Bodens.

  B. Zweite Hauptgruppe: Erdalkalikarbonate vorherrschend. Sodaböden.

der Alkalibodenbildung.

1. Salzreiche Sodaböden	2. Salzarme Sodaböden
alkalinisiert.	ohne Alkalinisierung.

Beschaffenheit.

Mechanische Zusammensetzung:

	1. Tonreicher Sodaboden	2. Lehmiger Sodaboden	3. Sandiger Sodaboden
Sand	15—35 %	55—70 %	85—90 %
Schlamm . . .	30—50 %	10—20 %	4— 8 %
Ton	20—50 %	15—20 %	weniger als 1 %

Sand gröber als 0,5 mm sehr gering.

Die Sodaböden sind zumeist ohne Struktur und mehr oder weniger undurchlässig für Wasser. Unter den sandigen, manchmal auch unter den lehmigen Sodaböden, ist Wiesenkalk als wasserdichter Untergrund zu finden.

kation nach dem Salzgehalt:

Pflanzenvegetation mit Berieselung erstklassig, bei Trockenwirtschaft mit $CaCO_3$ bzw. $CaSO_4$ melioriert gibt vorzügliche Weizenfelder.

Pflanzenvegetation mit Berieselung zweitklassig, durch Bewässerung schnell verbessert, Trockenwirtschaft unsicher.

Die Verbesserung mit Bewässerung braucht mehr Zeit als bei II. A., Trockenwirtschaft aussichtslos.

Pflanzenvegetation mit Berieselung drittklassig, die Verbesserung mit Berieselung noch möglich, aber dauert lange, deshalb Berieselungsweide oder Fischerei angezeigt. Trockenwirtschaft unmöglich.

Verbesserung als Berieselungswiese kaum wirtschaftlich, als Berieselungsweide oder Fischerei wirtschaftlich.

Solange der Salzgehalt nicht gehörig herabgedrückt wird, ist allein die künstliche Teichwirtschaft angezeigt.

(Kasettierung genannt) gut bewährt. Für dieses Verfahren gilt die Regel, die Niederschläge auf oder noch besser im Boden zurückzuhalten, also eine jede Maßnahme, die die Wasseraufnahme des Bodens begünstigt und die Verdunstung desselben herabsetzt, kann für diesen Zweck erfolgreich herangezogen werden. Andererseits kommt es aber auch vor, daß in vielen kalkfreien, von Natur aus ausgelaugten Alkaliböden der Salzgehalt den Kulturpflanzen überhaupt nicht schadet, nur ist die physikalische Beschaffenheit des Bodens so schlecht, daß seine Bearbeitung und Beschleusung unsicher und sehr mühsam ist. In solchen Fällen hat sich in Ungarn die Anwendung von Scheideschlamm oder von gepulvertem Kalkkarbonat mit reichlichem Stallmist und fleißiger Bearbeitung der oberen Bodendecke als sehr nützlich erwiesen. Ein derartiger Eingriff hat wohl schon im ersten Jahr pro Hektar etwa 26 Doppelzentner Weizen auf einem Boden hervorgebracht, auf dem sonst in besten Jahren kaum 10 Doppelzentner erzielt werden konnten. Daß in diesem Falle der Kalk auf den alkalinisierten

Bodenabsorptionskomplex eingewirkt hat, ergibt sich aus den Untersuchungen von A. Arany in Karczag[1]. Dieser bestimmte zunächst die austauschbaren Kationen im ursprünglichen Boden und erhielt in Äquivalentprozenten folgende Werte für die austauschbaren Kationen:

Bodentiefe cm	Ca	Mg	K	Na
0—20	26,149	13,304	3,796	56,751
20—40	29,213	16,561	2,416	51,790
40—60	34,775	15,289	0,943	48,993
60—80	37,745	36,513	2,001	23,741
80—100	36,591	47,206	1,190	15,013

Aus diesen Angaben läßt sich der alkalinisierte Zustand des Szikbodens von Karcag nach dem oben auseinandergesetzten Sachverhalt deutlich erkennen. Ferner hat der Genannte den Boden jener Parzellen, die mit Kalkschlamm aus Zuckerfabriken vor 1 bzw. 3 Jahren behandelt und verbessert wurden, mit nachstehendem Resultat untersucht:

Parzelle, die vor 1 Jahr Kalkschlamm erhielt.

Bodentiefe cm	Ca	Mg	K	Na
0—20	54,240	26,839	2,393	16,528
20—40	50,589	27,834	1,609	19,968
40—60	53,597	24,635	1,429	20,339
60—80	46,032	21,149	0,696	32,123
80—100	31,112	40,437	1,061	27,390

Parzelle, die vor 3 Jahren Kalkschlamm erhielt.

0—20	53,111	36,859	3,548	6,482
20—40	55,415	28,401	1,057	15,127
40—60	55,595	24,898	1,065	18,442
60—80	46,223	33,861	1,113	18,803

Wenn wir die Werte der mit Kalkschlamm verbesserten Parzellen mit den der unbehandelten Parzellen vergleichen, so erscheint es klar, daß die Kalkwirkung die Folge der Verdrängung des Natriums durch die Kalziumkationen aus dem Humuszeolithkomplex ist. Tatsächlich geht die Koagulation bei Kalkzugabe in kohlensäurehaltigem Wasser sofort vonstatten und der dadurch verbesserte Boden nimmt das Wasser nicht nur auf, sondern läßt es auch hindurch. Eine systematische und ausführliche Behandlung dieser Fragen muß an dieser Stelle unterbleiben. Die in diesem Kapitel zitierten Arbeiten geben nähere Auskünfte, und eine systematische Zusammenstellung findet sich in einer monographischen Darstellung dieses Gegenstandes von A. von 'Sigmond[2], worauf verwiesen sein möge. Allerdings ist auch diese Zusammenstellung nicht ganz vollständig. Anläßlich der Konferenz der Alkali-Subkommission der Internationalen Bodenkundlichen Gesellschaft im Jahre 1929 wurde die erreichbare Literatur in einer Bibliographie[3] veröffentlicht, die 757 Arbeiten anführt. Diese ziemlich umfangreiche Zusammenstellung wird fortgesetzt und stets ergänzt.

---

[1] Arany, A.: The effect of lime cake on our Alkali Soils. Mitt. Versuchsstat. Ungarns **29**, 83—115 (1926).

[2] 'Sigmond, A. von: Hungarian Alkali Soils and Methods of their Reclamation **1927**, 114—156. Berkeley, California.

[3] 'Sigmond, Ballenegger u. Telegdy-Kováts: Verh. Alkalisubkomm. Internat. Bodenk. Ges., Budapest 1929.

3. Böden der subtropischen und tropischen Übergangsregion.

α) Subtropische Schwarzerden.

Von F. GIESECKE, Göttingen.

Mit 1 Abbildung.

Die grundlegenden Untersuchungen DOKUTSCHAJEFFS[1] haben die Frage nach der Entstehung und Bildungsweise des Tschernosjems dahin geklärt, daß es sich in ihm um einen „klimatischen" Boden handelt, und es ist erwiesen, daß sich der Tschernosjem wie jeder andere Bodentypus auf den verschiedenartigsten Gesteinen bilden kann. Die Studien DOKUTSCHAJEFFS erstreckten sich im wesentlichen auf die russischen Schwarzerden. Möglich ist naturgemäß auch das Vorkommen der Schwarzerde in anderen Gebieten, und zwar in solchen gleicher oder ähnlicher Klimabedingungen. Recht verbreitet ist die Schwarzerde denn auch in den Subtropen, so in Nord- und Südindien unter dem Namen Regur (Cotton Soil), in Marokko (Tirs), Andalusien, Calabrien, in den subtropischen Gebieten der Südstaaten Nordamerikas (black adobe Californiens) und an vielen anderen Orten. Trotz gewisser Ähnlichkeiten dieser subtropischen Schwarzerde mit dem russischen Tschernosjem im Aussehen, Habitus, chemischen wie physikalischen Eigenschaften ist eine Identität dieser beiden noch nicht mit Sicherheit nachgewiesen, wie auch die Frage der Zugehörigkeit gewisser, in den Subtropen vorkommender, schwarz aussehender Böden zum Bodentypus Schwarzerde noch nicht geklärt ist.

Von den angegebenen Schwarzerdevorkommen ist man am besten über den Regurboden Indiens unterrichtet. Schon die Tatsache, daß der Regur mindestens 200 000 englische Quadratmeilen Fläche[2] einnimmt, weist darauf hin, daß diesem Boden eine nicht zu unterschätzende Bedeutung im Rahmen der klimatischen Bodenzonen zukommt. Aber trotz dieser als verhältnismäßig groß zu bezeichnenden Verbreitung vermißt man eingehende zusammenfassende Studien, die uns die Möglichkeit geben würden, die Frage nach der Stellung im System der Böden und im besonderen nach einer Verwandtschaft mit den russischen Tschernosjem endgültig zu klären[3].

Schon WOEJKOW[4] glaubte an eine Verwandtschaft der Tschernosjeme mit den Regurböden und zugleich an ihre gleichartige Entstehung, doch bestritt DOKUTSCHAJEFF[5] die Identität. Einige Jahre später beschrieb VON RICHTHOFEN[6] die Regurböden und stellte sich durchaus auf den gleichen Standpunkt wie WOEJKOW. Er gibt als Hauptargumente für die Verwandtschaft an: 1. daß die vom Regur eingenommenen Regionen mit hoher Grasvegetation bedeckt sind; 2. daß diese Gebiete keine Waldungen aufweisen; 3. daß die jährliche Feuchtigkeitsmenge kleiner als 1200 mm und 4. ein scharfer Wechsel zwischen Trocken- und Regenzeit zu beobachten sei[7]. Diese äußeren Bedingungen sind mithin die

---

[1] DOKUTSCHAJEFF: Der russische Tschernosjem. 1883 (russ.).

[2] Siehe auch K. GLINKA: Die Typen der Bodenbildung, S. 114. Berlin 1914. — Nach F. WOHLTMANN, Handbuch der tropischen Agrikultur 1, S. 173, 1892, bedeckt der Regur ungefähr ein Drittel des südlichen Indiens und tritt auch im Norden der Halbinsel auf.

[3] RAMANN, E.: Bodenbildung und Bodeneinteilung (System der Böden), S. 98. Berlin: Julius Springer 1918.

[4] WOEJKOW, A.: Tschernosjem in Indien. Arb. kais. freien ökon. Ges. 3, 21—40 (1880) (russ.).

[5] DOKUTSCHAJEFF: vgl. Anm. 1.

[6] RICHTHOFEN, FRHR. VON: Führer für Forschungsreisende. Berlin 1886 (Ausgabe 1901, S. 476).

[7] Siehe auch K. GLINKA: a. a. O., S. 115. — Vgl. H. B. MEDLICOTT a. H. F. BLANDFORD: A manuel of the Geology of India 1, 429 (Calcutta 1887) und P. KOSSOWITSCH: Die Schwarzerde. Internat. Mitt. f. Bodenkde. 1, 335 (1911).

gleichen, die auch für die Entstehung der Tschernosjeme die wesentlichsten Merkmale abgeben und die von Richthofen als Beweis für die Verwandtschaft dieser beiden Böden angeführt worden sind, zumal auch das Vorkommen kalkiger Konkretionen unter dem Humushorizonte für ihre Identität sprach. Trotz dieser Hervorhebung besonders auch klimatischer Vorbedingungen für die Entstehung der Regurböden und die damit sich ergebende Einordnung in das klimatische System der Böden, ist die Bedeutung des Klimas für die Entstehung des Regurs späterhin nicht immer genügend gewürdigt, z. T. sogar gänzlich verworfen worden. Es scheint diese Tatsache im engsten Zusammenhang damit zu stehen, daß man unter dem Namen Regur (auch regar, regada oder cotton soil) alle schwarz aussehenden Böden Indiens zusammenfaßte, geradeso wie solches auch früher für den Tschernosjem geschehen ist. So verwechselte man, wie schon Wohltmann[1] angibt, offenkundig den eigentlichen Regur mit alluvialen tonreichen, humusreichen Bildungen in Flußtälern, Morastbildungen und Sümpfen, die späterhin trocken geworden waren.

Die Frage nach der Herkunft der schwarzen Farbe stand von jeher im Vordergrund des Interesses, so daß hierüber eine Reihe von Arbeiten bekanntgeworden sind. Es beschäftigte sich Leather[2] mit der Untersuchung der Regurböden und teilte eine Anzahl von Analysen mit, während Annet[3] über die Ergebnisse von Humusbestimmungen in denselben Mitteilung machte. Die Untersuchungen von Leather einerseits und von Annet andererseits, bei denen nur die den Trapp überlagernden Böden berücksichtigt wurden, hatten zu der Ansicht geführt, daß die Farbe des Regurs durch den Gehalt an mehreren Prozenten magnetischen Titaneisens und durch die Anwesenheit von 1—2 % löslichem Humus verursacht wird. Zusammenfassend berichten Harrisson und Ramaswanni[4] über die früheren Theorien der Farbentstehung und beschäftigen sich auch selbst mit dieser Frage. Sie kommen zu dem Ergebnis, daß die Färbung, die zwischen schwarzgrau und tiefschwarz wechselt, wohl im wesentlichen durch organische, an kohlenstoffreichen Stoffen verursacht wird, die sich durch schwere Angreifbarkeit von dem Humus anderer Klimate unterscheiden[5].

Wir wissen durch die grundlegenden Forschungen namentlich russischer Forscher, daß der Humusgehalt des Tschernosjems zwischen 4—13 und mehr Prozenten schwankt. Aber der Humusgehalt scheint nicht allein maßgebend für die Farbe und die physikalischen Eigenschaften der Regurböden zu sein, denn Oldham[6] kommt auf Grund seiner Untersuchungsergebnisse zu dem Schluß, daß zwei Ursachen für diese Eigenschaften maßgebend seien: „Die eine ist wahrscheinlich ein hydratisches Eisentonerdesilikat, welches die Bodenkrümel verkittet — die andere hat organischen Charakter und kann möglicherweise eine Verbindung von Eisen und Aluminium sein." Jedenfalls scheint nach diesen Untersuchungen Titaneisen nicht die Ursache der dunklen Färbung zu sein, denn Oldham unterscheidet geradezu zwischen titaneisenhaltigen (in der Gegend von Bombay und in den Zentralprovinzen) und titanfreien Schwarz-

---

[1] Wohltmann, F.: a. a. O., S. 175.

[2] Leather, J.W.: The composition of Indians soils. The agricult. Ledger 1898, Nr. 2. — Vgl. auch Chr. Ohly: Die klimatischen Bodenzonen und ihre charakteristischen Bodenbildungen. Internat. Mitt. Bodenkde. 3, 431 (1913).

[3] Annet, H. E.: The nature of the colours of black cotton soils. Mem. Dep. Agricult. India 1, Nr 9 (1910).

[4] Harrisson, W. H., u. Siwan, M. R. Ramaswanni: A contribution to the knowledge of the black cotton soils of India. Mem. Dep. Agricult. India 11, Nr. 5, 261 (1912).

[5] Ramann, E.: a. a. O., S. 98.

[6] Oldham: A manuel of the Geology of India, S. 413. — Siehe hierzu das ausführliche Referat E. Ramanns. Internat. Mitt. Bodenkde 1916, 255.

erden (in den Distrikten Bellary, Kurnool und Tinnevally). Die Ansicht ANNETS ist damit widerlegt. OLDHAM hat besonders die titaneisenfreien Schwarzerden untersucht und seine Ergebnisse sprechen nicht nur für eine Unabhängigkeit der Farbentstehung beim Regurboden von dem Gehalt an Titaneisen, sondern sogar auch für eine solche von der Art des Muttergesteins, wie auch zugleich die Meinung LEATHERS, daß der färbende Bestandteil vielleicht aus Graphit bestehe, als nicht richtig erkannt wurde. OLDHAM stellt weiterhin engste Beziehungen zwischen den Bodenteilchen mit niederem spezifischen Gewicht und der Farbe wie auch den physikalischen Eigenschaften der schwarzen Baumwollböden Indiens fest, und zwar sind nach ihm diese Teilchen selbst oder aber das sie verkittende Bindemittel schwarz oder doch dunkel gefärbt. Das Bindemittel stellte sich als amorpher, kolloider Eisenaluminiumkomplex dar.

Eine besondere Eigentümlichkeit der Regurböden ist weiterhin das stete Vorhandensein von Ton und von mehr oder weniger Kalk oder Kalkkonkretionen in denselben. E. RAMANN[1] weist auf den Gegensatz, der sich bei Betrachtung der kalkreichen Böden im warmen gemäßigten Klima zu denen in anderen klimatischen Gebieten ergibt, hin. Die Schwarzerde und der Regurboden gehören nicht zu den „tätigen" Böden, was wohl bei den Klimaverhältnissen, unter denen diese Böden entstehen, auf den Mangel an Wasser zurückzuführen ist, so daß eine rasche Zersetzung der Humusstoffe nicht stattfinden kann.

Als eine weitere Auffälligkeit der Regurböden erweist sich das Auftreten tiefer Risse und Spalten bei eintretender Trockenheit. Über diese starken Volumänderungen wird von fast allen Forschern gleichmäßig berichtet und im besonderen darauf hingewiesen, daß die angrenzenden Rot- oder Gelberden diese Eigenschaft niemals zeigen. E. RAMANN[2] gibt die Breite der Risse auf 12—15 cm und deren Tiefe mit 1—2 m[3] an, während OLDHAM sogar solche bis zu 18 cm Breite beobachtete. HILGARD[4] führt die Bildung der Spalten und Risse auf den hohen Tongehalt der Böden zurück (Abb. 35). Andererseits wird vielfach hervorgehoben, daß die Regurböden nach Regenfall oder Bewässerung verhältnismäßig schnell für die landwirtschaftliche Bearbeitung zugänglich sind.

Nach den Beobachtungen RICHTHOFENS und den Untersuchungen OLDHAMS haben wir es in den Regurböden mit einem Bodentypus von der Art des Tschernosjems zu tun. Für die Bildung des Tschernosjems ist aber das Klima in erster Linie maßgebend, was besonders von DOKUTSCHAJEFF hervorgehoben worden ist, der eine Verteilung des Tschernosjems parallel den Isothermen, also einer bestimmten Verteilung der atmosphärischen Niederschläge und einem bestimmten Charakter der Wildgras- und Waldvegetation nach feststellte. In dem Hinweis auf diese Übereinstimmung in den klimatischen und sonstigen Verhältnissen liegt die grundlegende Bedeutung der Angaben VON RICHTHOFENS. Andererseits darf aber der Einwand GLINKAS[5] nicht unerwähnt bleiben, der von einer Sicherheit der Identität nicht sprechen will, da die Morphologie der Regurbödenprofile nicht genügend bekannt sei. Auch in den letzten Jahren ist das Problem der Entstehung dieser Böden und deren Zugehörigkeit zu einem bestimmten Bodentypus nicht Gegenstand der Untersuchung gewesen. Doch ist wohl mit Sicherheit festgestellt, daß an eine Entstehungsweise der Regurböden im Sinne von NEW-

[1] RAMANN, E.: Bodenkunde, S. 141. Berlin: Julius Springer 1911.
[2] RAMANN, E.: Bodenbildung und Bodeneinteilung, a. a. O., S. 98.
[3] WOHLTMANN, F.: a. a. O., S. 173, gibt nur eine Tiefe von 0,1—0,3 m an, während F. GIESECKE in schwarzerdeähnlichen Böden in Adana und Adapasar ebenfalls Spalten bis über 1 m Tiefe feststellen konnte.
[4] HILGARD, E. W.: Soils, S. 414. New York 1921.
[5] GLINKA, K.: a. a. O., S. 114.

Bold[1], King[2] und Foote und Walther[3] u. a. m., die einen Zusammenhang in der Bildung gewisser Moorböden oder schwarzer Waldböden und der des Regurs sehen, nicht gedacht werden kann. Auch die von Wohltmann[4] aufgestellte Theorie scheint das Problem nicht zu klären. Er sucht die Entstehung des Regurs als einen auf zeitweise feuchtem Grunde erfolgten Staubabsatz, Hand in Hand gehend mit einer Anreicherung organischer Stoffe infolge Absterbens von Pflanzenteilen zu erklären. Dieser Bildungsweise entspricht die Lößentstehung, sie ist für die Regurbildung von keiner anderen Seite als feststehend bestätigt worden[5]. Nach Beobachtungen des Verfassers[6] wehen die Staubstürme auch dann, wenn in den Schwarzerdegebieten Trockenheit herrscht, d. h. die von Wohlt-mann unbedingt geforderten Vorbedingungen Feuchtigkeit scheinen nicht er-

Abb. 35. Bodenrißbildung. Adapazar (Kleinasien).

füllt zu sein. Daß sich aber die Schwarzerde unter den gegebenen Verhält-nissen auf Löß bildet, ist mehrfach berichtet worden.

Ehe zur Betrachtung der übrigen subtropischen Schwarzerden übergegangen werden soll, muß noch kurz auf die außerordentlich große Fruchtbarkeit des Regurbodens hingewiesen werden. Hilgard[7] deutet darauf hin, daß der

---

[1] Newbold: J. As. Soc. of Beng. 13 (1884).

[2] King, siehe A. Woejkow: a. a. O., S. 21.

[3] Walther, Joh.: Lithogenesis der Gegenwart. Jena 1893/94.

[4] Wohltmann, F.: Trop. Agrikultur, I, S. 175. 1892.

[5] Kossowitsch, P.: a. a. O., S. 337, schreibt hierüber: „. . . aber wichtig ist auch eine andere Voraussetzung, nämlich die, daß an der Bildung des Regurs in bedeutendem Maße die Zuführung von äolischem Staub beteiligt gewesen ist, d. h. daß die unteren humosen Schichten des Regurs begrabene Schichten eines Tschernosjembodens darstellen, und daß sie auf diese Weise als ein ‚Humuslöß‘ anzusehen sind, während der Regurs seiner Bildung nach als ‚äolisch-lößartiger Tschernosjemboden‘ aufzufassen wäre, und zwar im Sinne einer wesentlichen Beteiligung des äolischen Staubes zur Zeit seiner Bildung, nicht aber im Sinne der Bildung dieses Bodens aus Löß.‘‘

[6] Giesecke, F.: vgl. Anm. 3, S. 343.

[7] Hilgard, E. W., a. a. O., S. 414, u. F. Wohltmann, a. a. O., S. 173, berichtet, daß außer der Düngung auch keine Brache und keine künstliche Bewässerung seit der genannten Zeit nötig gewesen sei.

Regur seit 2000 Jahren ohne Zuführung von Nährstoffen in Kultur steht, wie auch von ihm bemerkt wird, daß durch die schon erwähnte Spaltenbildung ein Teil der Bodenoberfläche nach unten fällt, worauf LEATHER die große und langandauernde Fruchtbarkeit zurückführte. In diesem Zusammenhange ist auch noch die außerordentliche hohe Hygroskopizität erwähnenswert, denn nach F. WOHLTMANN[1] vermochte der Regur, feuchter Atmosphäre ausgesetzt, $10\,\%$ seines Gewichtes an Feuchtigkeit aufzunehmen. Während, wie schon erwähnt, Bäume auf Regur nicht gedeihen und im natürlichen Zustand dieser Boden nur Gräser (mit 0,75—1,20 m mittlerer Länge nach WOHLTMANN[2]) stellt er nach zweckmäßiger Bearbeitung ein ganz vorzügliches Ackerland dar, das sich besonders zur Kultur der Baumwolle eignet (Cotton soil), wobei natürlich die der Vegetation dieser Pflanze geeigneten klimatischen Bedingungen auch eine große Rolle spielen (ausgeprägt nasse und trockene Jahreszeiten). Das Vorhandensein kalkiger „Hardpans" im Regur (in Indien guvarayi genannt) läßt HILGARD darauf aufmerksam machen, daß auch bei den Böden im Great Valley von Kalifornien das Vorkommen derartiger Konkretionen festgestellt worden ist. Es erscheint notwendig, darauf hinzuweisen, daß F. WOHLTMANN[3] unter dem 2—3 m tiefen Regur lößartigen Untergrund vorfand, der von größeren Einschlüssen nur Mergelknauer, sog. Kunkur- oder Kankarbildungen — also auch eine Art Konkretion — enthielt. Die kalifornischen Böden haben auch sonst viel Ähnlichkeit mit den indischen Schwarzerden. Um sich eine Vorstellung der chemischen Eigenschaften der Regurböden machen zu können, sei auf die von F. WOHLTMANN[4] angeführten und von TWEEN ausgeführten Untersuchungen verwiesen, die folgende Ergebnisse hatten:

	I		II		III	IV	V
	Aufgenommen nahe Seoni		Aufgenommen nahe Seoni I. Bonität		Aufgenommen im Narbadatal bei Indore	Aufgenommen im Narbadatal bei Barwani	Aufgenommen im Tapitatal bei Burkanpur
	Oberkrume	Untergrund 5′ tief	Oberkrume	Untergrund 3′ tief	wenige Zoll tief		
unlöslich[5] . . .	62,7	47,6	62,8	63,7	68,6	57,9	61,8
organ. Substanz	9,2	8,4	9,0	8,7	7,2	8,7	7,7
Wasser	8,4	7,6	8,2	6,5	9,4	9,9	7,4
Fe_2O_3	11,0	15,9	10,9	11,4	6,8	4,4	5,7
Al_2O_3	7,5	8,6	7,6	8,4	5,8	8,8	7,7
$CaCO_3$	1,2	11,9	1,5	1,3	1,6	9,3	8,5
SO_3	Spur	—	Spur	Spur	—	—	—
Summe:	100,0	100,0	100,0	100,0	99,4	99,0	98,8

HILGARD vergleicht an dieser Stelle die Regurböden mit dem „black adobe" Kaliforniens; und gelangt zu dem Schluß, daß sich die Böden nicht nur in bezug auf das Vorkommen der kalkigen Konkretionen, sondern auch in Hinblick auf den physikalischen Charakter, auf chemische Beschaffenheit und Kulturfähigkeit sehr ähnlich seien.

---

[1] WOHLTMANN, F.: a. a. O.. S. 173.
[2] WOHLTMANN, F.: a. a. O., S. 174.
[3] WOHLTMANN, F.: a. a. O., S. 173.
[4] WOHLTMANN, F.: a. a. O., S. 174.
[5] Mit welcher Säure der Boden aufgeschlossen wurde, ist nicht ersichtlich.

Hilgard[1] gibt Analysen von Regurböden wie folgt an[2]:

Regur.

	Regur Mittel von 18 Böden	Trichinopoli Parambular Taluk	Kistna Narsaopet
Insoluble matter	68,41	65,16	68,29
Soluble silica	—	—	—
K_2O	0,41	0,14	1,14
Na_2O	0,31	0,01	1,30
CaO	2,90	2,18	3,43
MgO	2,27	2,47	1,94
Mn_3O_4	0,17	0,25	0,09
Fe_2O_3	7,13	9,27	6,96
Al_2O_3	10,14	13,76	10,28
P_2O_5	0,06	Trace	0,00
SO_3	—	Trace	Trace
CO_2	1,62	0,91	1,88
Water and org. matter .	6,58	5,85	3,96
Total	100,00	100,00	99,27
Nitrogen	0,03	0,024	0,012

Hinsichtlich vergleichender Untersuchungen russischer Schwarzerden und schwarzer Böden aus Louisiana und Kalifornien kommt Hilgard[3] zu dem Ergebnis, daß die russischen Tschernosjeme reicher an organischer Substanz, aber bedeutend ärmer an Sequioxyden sind[4].

Der Humusgehalt beträgt[5]:

Bodenart	Ort	Humus im Boden %	Stickstoff im Humus %	Stickstoff im Boden %
1. black adobe	in der Nähe von Stockton, San Joaquin . . .	1,05	18,66	0,196
2. ,, ,,	Virgin Soil, Univ. Grounds, Berkeley	1,20	18,58	0,203
3. ,, ,,	Ramie plot, Univ. Ground, 10 Jahre kultiviert	1,80	4,17	0,075
4. ,, ,,	Grass plot, Univ. Ground, 10 Jahre kultiviert	1,65	3,40	0,056

Da die Böden 3 und 4 während der Zeit von 10 Jahren kultiviert waren, aber keine Düngung erhalten hatten, so zeigt sich mithin eine Anreicherung an Humus, während der Stickstoffgehalt im Humus sich wesentlich verringert hat.

Nach H. Puchner[6], der sich auf die Angaben Coffeys[7] bezieht, haben die subtropischen Prärieböden Nordamerikas gleiches Profil und gleiche Eigenschaften wie die europäisch-asiatischen Schwarzerden und lassen viel Ähnlichkeit mit ihnen erkennen, trotzdem nach dem gleichen Autor[8] diese nordamerikanischen Schwarzerden noch besser mit den subtropischen übereinstimmen.

Der „black adobe" zeichnet sich auch wie die Tschernosjeme und der Regur durch hohe Wasserkapizität und hohen Gehalt an Tonteilchen aus; so fand

[1] Hilgard, E. W.: a. a. O., S. 412.

[2] Außerdem haben noch außer den schon genannten Autoren über Regurböden gearbeitet: Voelcker, Rep. of Indian Agricult. 1892; Mann, H. H., Rep. Ind. Tea. Assoc. 1901.

[3] Hilgard, E. W.: a. a. O., S. 363/64.

[4] Der Tschernosjemboden der halbtrockenen Prärien Nordamerikas ist nach Hilgard a. a. O. S. 377, weniger scharf ausgeprägt als in Rußland, und seine Verbreitung ist relativ beschränkt. Vgl. auch Kossowitsch, a. a. O., S. 340.

[5] Hilgard, E. W.: a. a. O., S. 361.

[6] Puchner, H.: Bodenkunde für Landwirte, S. 510. Stuttgart 1926.

[7] Coffey, C. F.: U. A. Bur of Soils Bull. 85 (leider war mir die Arbeit nicht zugänglich).

[8] Puchner, H.: a. a. O., S. 517.

Hilgard bei Berkeley-adobe-soil 44,27 % Tonteilchen bei der Schlämmanalyse[1] und folgende Wassermengen in verschiedenen Höhen[2]:

bei 1 inch	44,41	bei 12 inches . . .	33,04
,, 3 inches	38,49	,, 18 ,, ...	29,48
,, 6 ,, ...	38,47	,, 24 ,, ...	10,26

Auch in Südamerika kommt Schwarzerde vor, und zwar im südlichen Argentinien, und es entsprechen die Bedingungen, unter denen sich hier die Schwarzerde bildet, denen der europäischen Tschernosjeme[3]. Diese tschernosjemähnlichen Böden Argentiniens sind hauptsächlich in den „Pampas" anzutreffen, und zwar in einer gewaltigen Ausdehnung[4].

Besser orientiert sind wir über die Schwarzerden Marokkos. Th. Fischer[5] gibt eine sehr gute Zusammenstellung derselben. Die Schwarzerde zieht sich in Marokko in meist 50—60 km Breite an der Küste des Atlantischen Ozeans hin, während das Hinterland dieses Gürtels von der Steppe gebildet wird. Während die Schwarzerden in Europa den Atlantischen und in Asien den Großen Ozean nicht erreichen, nimmt also dieser Boden in Marokko gerade die Tiefenlagen der Küstenstriche ein; aber auch hier ist bei der Bildung von Schwarzerden immer ein Wechsel zwischen Trocken- und Regenzeit festzustellen.

L. Gentil brachte aus der Umgebung von Casablanca eine Tirsprobe (marokkanischer Name für die schwarzerdeähnlichen Böden) mit, die von Müntz analysiert wurde[6]. Die Untersuchung ergab 0,146 % P_2O_5, 0,458 % K_2O und 1,385 % $CaCO_3$. Ein Vergleich mit den von Hilgard angegebenen Untersuchungen zeigt, daß die „black prairie"-Böden Südamerikas ähnliche Zusammensetzung in bezug auf die Pflanzennährstoffe haben, denn Hilgard[7] fand 0,104 % P_2O_5 und 0,333 % K_2O. Ferner veröffentlichte G. Gin[8] eine Abhandlung über marokkanische Schwarzerden, in der die Analysen dreier verschiedener Proben wiedergegeben sind, wie auch über einige physikalische Versuchsergebnisse berichtet wird. Die Befunde der diesbezüglichen Analysen sind folgende:

	I	II	III
Silice	296,3	318,2	364,1
Alumine	656,3	609,4	562,5
Oxyde de fer.	3,8	4,2	4,3
Acide phosphorique	1,2	1,4	1,3
Acide carbonique	5,4	5,8	5,8
Chaux	5,8	6,1	6,3
Magnésie	2,9	3,1	3,0
Potasse	4,1	4,7	4,3
Matières organiques	24,6	26,6	30,1
Perte à 110°	8,2	7,9	7,4
Eau de combinaison	10,2	9,2	8,4
Totaux	998,8	996,6	997,5
Azote des matières organiques .	1,52	1,72	1,84

[1] Hilgard, E. W.: a. a. O., S. 204, und Ohly: a. a. O., S. 437.

[2] Hilgard, E. W.: a. a. O., S. 208. [3] Glinka: a. a. O., S. 114.

[4] Wohltmann, F.: a. a. O., S. 178. — Vgl. ferner E. Lapin: Die Viehzucht Argentiniens. Landw. u. Waldb. 204, 695 (1902) (russ.) und P. Kossowitsch: a. a. O., S. 337. — Über den landwirtschaftlichen Nutzwert der Böden Argentiniens orientiert E. Pfannenschmidt: Die argentinische Landwirtschaft. Ber. Landw., N. F., 2. Sonderheft (1926).

[5] Fischer, Th.: Z. prakt. Geol. 18, 105 (1910). Hier werden folgende Arbeiten einer kritischen Besprechung unterzogen: Schwandtke, A., Z. prakt. Geol. 18, 114 (1910); Pfeil, I. von, Mitt. geogr. Ges. 1902, 53; Lemoine, Min. dans le Maroc occidental, S. 162. Paris 1905.

[6] Gentil, L.: C. r. 1908, 3. [7] Hilgard, E. W.: a. a. O., S. 497.

[8] Gin, G.: C. r. 19, 1166 (1912).

Leider lassen sich diese Werte nicht mit denen von Hilgard bei der Untersuchung der Regurböden gefundenen vergleichen, da Gin die Bauschanalyse heranzog, während sich die Zahlen Hilgards auf Bodenauszüge beziehen. Th. Fischer vergleicht aber die Böden mit den indischen Baumwollböden des Dekan und führt die schwarze Farbe auf den hohen Prozentgehalt an organischer Substanz zurück. Besonders erwähnenswert ist noch die Feststellung des genannten Autors, daß man die marokkanischen Schwarzerden auf Kalktuff aufgelagert vorfindet, und daß der Kalktuff zuweilen durch eine Kalkkruste abgeschlossen ist, der dann die Schwarzerde auflagert. Auch hier ist die sehr hohe Wasserkapazität der Böden zu verzeichnen.

Auch aus einem anderen Gebiete Afrikas, nämlich dem Sudan, liegen Angaben und Analysen tschernosjemähnlicher Böden vor. Nach einer schriftlichen Mitteilung von O. W. Snow haben Shantz und Marbut[1] bei Shikaba am Weißen Nil Böden gefunden, die dem Tschernosjem gleichen. Ferner sind wir über die Böden des Sudangebietes durch die Tätigkeit der Khartumer Institute (Wellcome Tropical Research Laboratories) gut unterrichtet. Unter diesen Böden ist der „Badob" oder „Cotton Soil" wahrscheinlich den Schwarzerden zuzurechnen, denn seine Eigenschaften stimmen mit denen anderer Schwarzerden überein, wie auch der Name „Cotton Soil" schon an den ebenso benannten Regurboden Indiens erinnert. Der „Badob" enthält auch die für Schwarzerden anderer subtropischer Gebiete charakteristischen Kalkkonkretionen[2]. Das Vorkommen dieser Böden auf Löß[3] läßt ebenfalls Analogien mit dem Tschernosjem zu, wie auch die ungeheure Fruchtbarkeit[4] dieser Böden bekannt ist, wenngleich bemerkt werden muß, daß Getreide zwar ohne Bewässerung gut gedeiht, doch zur Sicherstellung der Baumwollernte eine Bewässerung ratsam erscheint. Ferner ist die Riß- und Spaltenbildung und die hohe Wasserkapazität noch erwähnenswert[5]. Das hauptsächliche Vorkommen der „Cotton Soils" erstreckt sich auf das Gebiet zwischen dem Blauen und Weißen Nil in der „Blue Nile"-Provinz[6]. Eine bisher unveröffentlichte Bodenkarte[7], die das Verbreitungsgebiet dieser Böden sehr gut erkennen läßt, verdankt der Verfasser der Liebenswürdigkeit O. W. Snows. Gleich den Tschernosjem- und Regurböden zeichnet sich auch der „Badob" durch einen sehr hohen Gehalt an Tonteilchen aus, wie folgende Untersuchungsergebnisse erkennen lassen[8]:

Badob Gezira-Blue Nile.

Stones and gravel	Coarse sand	Fine sand	Silt	Clay	Soluble salts
2,7 %	10,0 %	19,2 %	10,8 %	57,2 %	0,100 %

Auch der verhältnismäßig hohe Kalkgehalt ist den drei genannten Böden gemeinsam. Die nachfolgende Übersicht enthält die Analysenergebnisse der einzelnen Fraktionen des vorgenannten „Badob".

---

[1] Shantz, H. L., and C. F. Marbut: The vegetation and soils of Afrika. New York 1923.

[2] Joseph, A. F.: The composition of some Sudan Soils. J. agricult. Sci. Cambridge 14, 492 (1924).

[3] Joseph, A. F.: Examinations of the soils of the Sudan. 4. Internat. bodenkdl. Konf. 4. Komitee, S. 3. Rom 1926 (Sonderabdruck).

[4] Greene, H.: Soil profile in the Eastern Gezira. J. agricult. Sci. Cambridge 18, 518 (1928).

[5] Joseph, A. F.: Rep. Gouv. Chemist 1926; Sudan-Gouv. Publikation 43, 7.

[6] Joseph, A. F.: a. a. O. (Examinations usw.), S. 1.

[7] Joseph, A. F.: Preliminary soil Map of the Anglo-Egyptian Sudan.

[8] Joseph, A. F.: a. a. O., S. 493 (The composition usw.).

Badob Gezira-Blue Nile.

	Stones and gravel %	Coarse sand %	Fine Sand %	Silt %	Clay %
SiO_2	7,69	10,38	75,62	53,67	46,70
Al_2O_3 . . .	5,67	6,49	6,34	12,76	20,22
Fe_2O_3 . . .	1,23	1,32	7,98	10,32	12,44
TiO_2	0,57	0,50	2,30	5,95	2,03
MnO . . .	2,32	1,18	0,50	—	—
CaO	46,36	44,86	4,49	6,25	1,10
MgO . . .	0,29	0,62	0,76	2,31	1,59
Wasser und org. Subst.	—	—	0,97	6,42	15,16
CO_2	36,33	34,65	0,56	1,52	—
Na_2O . . .	—	—	0,50	0,36	0,48
K_2O	—	—	0,03	0,21	0,54
Total . . .	100,46	100,00	100,05	99,77	100,26

Andere Proben dieser Bodenart[1] hatten bei 45—65% Ton einen Salzgehalt von 0,05—0,53%. Naturgemäß war auch bei diesen Böden die Frage nach der Herkunft der schwarzen Farbe Gegenstand besonderer Untersuchungen, zumal der Humusgehalt kein besonders hoher ist[2]. Der färbende Bestandteil, löslich in verdünnten Alkalien, wurde isoliert und mit nachfolgendem Erfolge analysiert[3]:

$$\text{Mineral Matter } 39,2 \begin{cases} \text{Silica . . . . 21,4\%} \\ \text{Aluminia etc. . . . . 6,5\%} \\ \text{Ferri oxide . . . . 7,9\%} \\ \text{Lime . . . . 1,1\%} \\ \text{Magnesia . . . . 1,9\%} \end{cases}$$

$$\text{Organic Matter } 60,8 \begin{cases} \text{Carbon . . . . 36,4\%} \\ \text{Hydrogen . . . . 3,1\%} \\ \text{Oxygen (by difference) . . 21,3\%} \end{cases}$$

An Hand dieser Untersuchungsergebnisse glaubt JOSEPH die Beschaffenheit des Humus für die dunkle Färbung des Bodens verantwortlich machen zu müssen. Bei einem Vergleich dieser Böden mit den kalifornischen Schwarzerden fällt der geringe Gehalt beider an Humus auf, wie auch der niedrige Regenfaktor von 13 für das Verbreitungsgebiet dieser beiden Bodenarten als bemerkenswert erscheint. Trotz aller Andeutungen auf die Zugehörigkeit dieser Böden zum Schwarzerdetypus im Rahmen der Bodenzonenlehre muß die definitive Einordnung des „Badob" in dieses System weiteren Untersuchungen vorbehalten bleiben. Da vom Standpunkt der regionalen Bodenkunde neben einer gewissen Ähnlichkeit der Bodeneigenschaften unbedingt in erster Linie das Klima entscheidend in der Frage nach der Zugehörigkeit eines Bodens zu einem Bodentypus ist, so seien einige diesbezügliche Faktoren für die Gebiete, in denen das Vorkommen von tschernosjemähnlichen Böden festgestellt wurde, zusammengestellt[4]:

---

[1] JOSEPH, A. F.: Rep. Gouv. Chem. Sudan Gouv. Public. Nr 22, Tab. 1, S. 22—36; Nr 35, S. 13, u. Nr 39, S. 5.

[2] JOSEPH, A. F., u. O. W. SNOW: J. agricult. Sci. Cambridge 19, 113, 115 (1929).

[3] JOSEPH, A. F.: Rep. Gouv. Chem. Sudan Gouv. Public. Nr 50, S. 15 (1927).

[4] Es wurden hierzu die von W. KÖPPEN, Klimate der Erde, Berlin u. Leipzig 1923, angegebenen Zahlen benutzt (mit Ausnahme von Nr. 6).

Ort	Jahresmittel-Temperatur °C	Jahres-regenmenge mm	Regenfreie Zeit	Langscher Regenfaktor
1. Bellary (Indien)	27,1	450	ja	17
2. Bombay	26,3	1880	ja	71
3. Madras	27,7	1240	nein	44
4. Casablanca (Nordafrika) . .	17,3	420	ja	24
5. Safi (Nordafrika)	18,2	440	ja	24
6. Wad Medani (Sudan)[1] . . .	31,0	400	ja	13
7. Buenos Aires (Argentinien) .	16,6	930	nein	56
8. Cordoba (Argentinien) . . .	16,9	700	nein	41
9. Fresno (Amerika)	16,3	230	ja	13
10. San Franzisko (Amerika) . .	12,7	600	ja	47

Die Langschen Regenfaktoren schwanken in den angeführten, schwarzerdeführenden Gebieten innerhalb eines ziemlich großen Intervalls. Während reine Schwarzerden bei Regenfaktoren von 100—160 entstehen sollen, liegen diese vorgenannten bedeutend tiefer. Recht eingehend hat sich Lang[2] mit diesen von ihm als aklimatisch bezeichneten Schwarzerden beschäftigt. Für die Entstehung verschiedener Arten von Schwarzerden unterscheidet er zwischen Salz-, Kalk und reinen Schwarzerden und führt die Bildung der beiden erstgenannten auf „die sterilisierende, bakterientötende oder wenigstens die Bakterientätigkeit hemmende Einwirkung von gewissen, im Überschuß vorhandenen Mineralsalzen", die mithin der Zerstörung des — wenn auch zeitweilig nur in recht geringen Mengen vorkommenden — Humus vorbeugen, zurück.

Nach Lang[3] entstehen bei extremem Salzüberschuß:

bei den Regenfaktoren   bis 40   die Salzschwarzerden
,, ,,   ,,   40—100   die Kalkschwarzerden
,, ,,   ,,   100—160   die reinen Schwarzerden.

Bei der Besprechung der Kalkschwarzerden verweist Lang darauf, daß diese „zweifellos vielfach die Bildungen eines zwischen Trockenheit und Feuchtigkeit wechselnden Klimas" sind[4]. Wie aus der obigen Zusammenstellung hervorgeht, stehen tatsächlich die Gebiete, in denen die genannten Schwarzerden vorkommen, zum größten Teil unter der Einwirkung eines Wechselklimas[5]. In den drei Fällen, in denen diese völlige Trockenzeit zu gewissen Jahreszeiten nicht vorhanden ist, handelt es sich um Gebiete, die eine Anzahl recht regenarmer Monate aufzuweisen haben, und da es fernerhin in diesen Monaten hohe Temperaturen gibt, so kann wohl angenommen werden, daß durch eine schnelle Verdunstung des wenigen Regenwassers einer schnellen Zersetzung des Humus vorgebeugt wird, wobei auch noch zu beachten ist, daß das meteorologische Stationsnetz in einigen der hierher gehörigen Gebiete nicht eng genug ist, um alle klimatischen Unterschiede, die schon auf engstem Raum auftreten können, zu erfassen. Für die Böden aus dem Sudan ist das Auftreten von Salz (Gips und alkalisch reagierende Salze[6])

---

[1] Der Regenfaktor für Nr. 6 wurde nach den bei H. Greene, J. agricult. Sci. Cambridge 18, 531 (1928), angegebenen Klimazahlen berechnet, wobei jedoch das Jahresmittel lediglich aus Maximal- und Minimaltemperaturen errechnet ist, also die angegebene Temperatur entspricht nicht dem wirklichen Jahresmittel.

[2] Lang, R.: Verwitterung und Bodenbildung als Einführung in die Bodenkunde, S. 131 ff. Stuttgart 1920.

[3] Lang, R.: a. a. O., S. 136.

[4] Lang, R.: a. a. O., S. 135.

[5] Siehe auch E. Ramann: Bodenbildung und Bodeneinteilung, a. a. O., S. 86.

[6] Greene, H.: J. agricult. Sci. Cambridge, 520—522 (1928). — Joseph, A. F.: Recent studies in heavy alkaline soils. Sep.-Druck 4. internat. bodenkundl. Konferenz, 2. Komitee, S. 5. Rom 1926.

bekannt, wodurch das Vorkommen von Schwarzerden nach LANGS Erklärungsweise (LANGsche Salzschwarzerden) bei einem so geringen Regenfaktor erklärlich erscheint. Leider fehlt es an geeigneten Arbeiten und Veröffentlichungen, die einen Vergleich zwischen Klima, Humusgehalt und -beschaffenheit, Salzreichtum und -armut und den Schwarzerdeeigenschaften zulassen. Jedenfalls ist die Anwendung des LANGschen Regenfaktors in der angegebenen modifizierten Form geeignet, für die Entstehung der subtropischen Schwarzerden herangezogen zu werden. Jedoch wird aber auch durch diese Modifizierung der Allgemeinwert desselben insofern etwas herabgesetzt, als neben der Kenntnis der klimatischen Verhältnisse auch eine solche der chemischen Eigenschaften erforderlich ist.

In bezug auf die kleinasiatischen Verhältnisse findet sich bei FRECH[1] folgende Angabe: „Auf weite Strecken hin, besonders zwischen Hamidié und Osmanié gleicht der Boden an Fruchtbarkeit und humoser Beschaffenheit dem Tschernosjem Südrußlands". Auch hier — es handelt sich um die kilikische Ebene — fehlt es bisher an Untersuchungen über Schwarzerdevorkommnisse; für das von FRECH angegebene Gebiet gelten folgende klimatische Faktoren: Temperatur 18,7 und Niederschläge 610 mm[2], was einem Regenfaktor von ca. 33 entsprechen würde, was bei gleichzeitigem Auftreten von Nummulitenkalk[3] als Untergrundgestein sehr gut für das Vorkommen von Schwarzerde sprechen könnte, zumal in diesem Gebiet auch sehr regenarme Monate bei gleichzeitig hohen Temperaturen zu verzeichnen sind. Auf einer Studienreise durch die asiatische Türkei konnte der Verfasser[4] in den verschiedensten Gebieten gleichfalls Böden von schwarzerdeähnlicher Beschaffenheit wahrnehmen. Schließlich sei an dieser Stelle noch auf einen Hinweis des Vorkommens von Schwarzerde in Abessinien aufmerksam gemacht, der uns von KOSTLAN[5] übermittelt wird. KOSTLAN stellte gewisse Analogien gewisser abessinischer Böden mit den fruchtbaren Regurböden fest, im besonderen weist er aber auf die starke Rissigkeit dieser abessinischen schwarzen Erden während der Trockenzeit hin. KOSTLAN, der die Böden mit dem Regur und dem Tschernosjem Rußlands zu vergleichen sucht, hat die Entstehung und Bildung wie folgt zu deuten versucht: einerseits glaubt er die von F. WOHLTMANN angegebene Entstehungsweise für diese schwarzen Böden heranziehen zu können oder aber das unterlagernde Trappgestein als maßgebend dafür betrachten zu müssen. Das Klima ist von ihm nicht als Grundlage zur Lösung des Problems herangezogen worden, wobei darauf hingewiesen werden muß, daß der Genannte zu den beabsichtigten experimentellen Untersuchungen nicht kommen konnte, da das gesammelte Material verlorenging. Es kann auch für dieses Gebiet nach Maßgabe der dort herrschenden Klimafaktoren an eine Entstehung von Schwarzerden gedacht werden.

Auch von Kuba wird berichtet, daß dort eine Reihe von Vorkommnissen tschernosjemähnlicher Böden bekannt sind[6]. Diese Böden sind ebenfalls mit den für die subtropischen Schwarzerden als charakteristisch erkannten Eigenschaften, wie Fruchtbarkeit, Rissigkeit u. dgl., ausgestattet, aber es ist nicht klargestellt, ob wir sie definitiv in diese Gruppe eingliedern können. GLINKA[7] weist darauf

---

[1] FRECH, F.: Geologie Kleinasiens, S. 8. Stuttgart 1916.

[2] ZISTLER, P.: Die Temperaturverhältnisse der Türkei. Leipzig 1926. — Auch die an Hand der allerneuesten Klimazahlen (bis zu Beginn des Jahres 1929) berechneten Regenfaktoren haben nach F. GIESECKE für die kilikische Ebene (Adana, Mersina) den Wert von 33 ergeben.

[3] FRECH, F.: a. a. O., Routenkarte XXIII.

[4] Vgl. hierzu F. GIESECKE: J. Landw. 77, 223 ff. (1929).

[5] KOSTLAN, A.: Die Landwirtschaft in Abessinien. Inaug.-Dissert., Berlin 1913.

[6] BENNETT, H. H., u. R. V. ALLISON: The soils of Cuba. Washington 1928.

[7] GLINKA, K.: a. a. O., S. 114.

hin, daß „beim Übergang der subtropischen, feuchten Regionen in die subtropischen Halbwüsten man große grasbewachsene Flächen mit einer Temperatur
und einer Feuchtigkeit findet, welche zur Anhäufung des Humus wie in unseren
Tschernosjemsteppen notwendig sind". D. h. mit anderen Worten, die Möglichkeit des Vorfindens subtropischer Schwarzerden in anderen als den genannten
Gebieten ist durchaus nicht ausgeschlossen, sondern sogar wahrscheinlich.

Daß die Frage der Zugehörigkeit mancher schwarzen Böden der subtropischen Gebiete zu dem umfassenden Tschernosjemtypus noch nicht geklärt ist[1],
erhellt aus den gegenteiligen Ansichten MARBUTS[2] und MARCHANDS[3] über den
„schwarzen Turfböden" Transvaals, wie auch aus der nur rein beobachtungs-
gemäßen Feststellung verschiedener schwarzerdeähnlicher Böden in den Subtropen und nicht zuletzt aus dem Mangel an vergleichenden Untersuchungen aller
in Frage kommenden Böden, bei deren Ausführung die Anwendung gleicher
Untersuchungsmethoden Voraussetzung sein müßte.

β) Krustenböden.
Von E. BLANCK, Göttingen.
Mit 6 Abbildungen.

Die Krustenböden, die vom wirtschaftlichen Gesichtspunkt geradezu von
verhängnisvollen Folgen begleitet sein können, stellen sich als Umwandlungs-
produkte des Grundgesteins an der Oberfläche mehr oder weniger ausgeprägter
arider Klimagebiete, wie der Wüsten, Halbwüsten und Subtropen, dar. GLINKA
rechnet sie zu den Böden mit ungenügender Befeuchtung. Während jedoch von
den Rindenböden oder Schutzrinden[4] der Wüste infolge ihrer geringen Mächtigkeit als Gesteinsüberzug im Sinne von Boden überhaupt nicht gesprochen werden
kann, nehmen sie in den Halbwüsten schon an Mächtigkeit zu, um besonders
in den Subtropen stark entwickelt zu sein. Allerdings fehlen sie auch nicht
ganz den humideren Gegenden, so daß sie nicht schlechthin als Produkte arider
Klimabedingungen gelten können. Die Kenntnis dieser Bildungen ist aber nur
sehr gering, man findet sie wohl in der weitverzweigten Reiseliteratur fremder
Länder hier und da erwähnt, aber eingehende Beschreibungen oder sogar chemische Untersuchungen liegen über sie nur ganz vereinzelt vor.

E. RAMANN hat sich über sie gleichfalls nur sehr kurz, und zwar folgendermaßen, geäußert, obschon alle wesentlichen Merkmale ihrer Entstehungsbedingungen von ihm hervorgehoben werden: „Rindenböden, Krustenböden
sind bisher vorwiegend aus den südlichen Mittelmeerländern beschrieben worden.
Unter dem Einfluß des austrocknenden Klimas steigt die Bodenflüssigkeit
rasch und bis zur Oberfläche des Bodens; die löslichen und zersetzbaren Stoffe
scheiden sich aus und bilden oft dicke Rinden auf dem früheren Mineralboden.
In den Rinden herrscht Kalkkarbonat vor, aber auch Gips und eisenreiche
Oberflächenschichten fehlen nicht[5]." In seiner Auffassung von ihrem Wesen
stützt er sich vornehmlich auf die Mitteilungen S. PASSARGES, die dieser auf
dem 17. Geographentage zu Lübeck im Jahre 1909 gemacht hat. Soweit das
eigentlich bodenkundliche Schrifttum auf sie bisher Rücksicht genommen hat,

---

[1] Auch die sog. Hannaböden Mährens werden als Schwarzerden von mäßiger Auslaugung angesehen. Vgl. V. NOVÁK, Beitrag zur Charakteristik der Hannaböden. Intern.
Mitt. f. Bodenkde. **16**, 86 (1924).

[2] SHANTZ, H. L., and C. F. MARBUT: The vegetation and soils of Africa, S. 263. New York 1923.

[3] MARCHAND, B.: South African. J. Sci. **21**, 162—181.

[4] Vgl. G. LINCKS Beitrag im vorliegenden Bande des Handbuchs.

[5] RAMANN, E.: Bodenbildung und Bodeneinteilung, S. 99. Berlin 1918.

greift es auf die Ausführungen RAMANNS zurück, so z. B. bei H. PUCHNER[1] in seiner Bodenkunde, oder man erkennt dasselbe durch die weit ausführlicheren Angaben K. GLINKAS beeinflußt[2].

R. LANG, der ein Tiefenzonenprofil der Verwitterung für das aride Gebiet entworfen hat, räumt besagten Ausbildungsformen in Gestalt der Zementationszone eine besondere Stellung ein und vergleicht den Vorgang ihrer Entstehung mit demjenigen, der sich vollzieht, wenn man den Inhalt eines mit „hartem Wasser" angefüllten Glases auf dem geheizten Ofen der Verdunstung aussetzt, indem sich dann am oberen Rand des Glases „allmählich eine Kruste von Kalk oder Gips absetzt und immer mehr sich über den Rand hinaus erhöht, obwohl die Oberfläche des Wassers nie bis dahin reicht". „Wie hier," so fährt er fort, „so findet sich in den ariden Gebieten, in denen die Verdunstung aus dem Boden eine wichtige Rolle spielt, an der Bodenoberfläche eine allmähliche Anreicherung der bei der Lösungsverwitterung entstandenen leichtlöslichen Produkte statt, und es bilden sich schließlich ganze Krusten und Rinden, die den oberflächlich daliegenden Sand und Staub verkitten oder auch als besondere Anreicherungen diese überlagern. Auch kommen häufig Verkittungen in Lagen des Bodens vor, die in wechselnder Tiefe unter der Oberfläche liegen. Auf solche Weise entsteht die Eisenkruste (Eisenrinde) auf Graniten und anderen, Eisenverbindungen enthaltenden Gesteinen, so entwickelt sich die Kalk- und Gipskruste und ist die Salzkruste zu erklären, die aus den Wüstengebieten von vielen Autoren beschrieben sind[3]." LANG spricht diese Zone für identisch mit der des humiden Gebietes an, doch erkennt er einen prinzipiellen Unterschied beider Zementationszonen darin, daß sie im ariden Gebiet an der Erdoberfläche, im humiden Gebiet in der Tiefe, und zwar an der Grenze der Zone der Verkittung oder Diagenese auftritt. Hinsichtlich ihrer substantiellen Beschaffenheit äußert er sich ganz allgemein folgendermaßen: „Durch die gelösten mineralischen Substanzen an der Bodenoberfläche werden die oberflächlichen Lagen der Detritate immer mehr an Mineralsalzen angereichert, während sie den tieferen Schichten entzogen werden. Der tieferliegende Teil der Detritate und Oxydate wird daher allmählich immer ärmer an leichtlöslichen Mineralstoffen, auch ärmer als das bergfrische Gestein, während die obersten Lagen einen Überschuß erhalten[4]." Das von ihm für das aride Gebiet aufgestellte Tiefenzonenprofil gliedert sich zuoberst in die Zementationszone, d. i. die Salz-, Gips-, Kalk- oder Eisenkruste, dann folgt die Detritationszone, die den durch mechanische Zerkleinerung und Zermürbung, durch chemische Verwitterung und Auslaugung umgewandelten Anteil darstellen, unter welchem sich die Oxydationszone, gekennzeichnet durch unzermürbte, oxydierte Gesteinsmasse einstellt und die Grenze äußerer Einwirkungen bildet. Unter der Oxydationszone folgt das bergfrische Gestein, das unter dem Einfluß der Diagenese steht. Im „weniger schroff ariden" Gebiet erfolgt nach LANG die Abfuhr der leicht im Wasser löslichen Salze des Natriums, Kaliums und Magnesiums, soweit sie als Ausblühungen an der Oberfläche vorhanden sind, und es häufen sich daher nur die schwerer löslichen Minerale Gips und Kalk dortselbst an.

Eine nähere Einsicht in die Verhältnisse der Krustenbildungen sowie der Beschaffenheit und des Auftretens der Krusten haben erst die Untersuchungen S. PASSARGES gebracht. Er weist darauf hin, daß die Kalkkrusten im sub-

---

[1] PUCHNER, H.: Bodenkunde für Landwirte, S. 517. Stuttgart 1923.
[2] GLINKA, K.: Die Typen der Bodenbildung, S. 146—157. Berlin 1914.
[3] LANG, R.: Verwitterung und Bodenbildung, S. 38. Stuttgart 1920.
[4] LANG, R.: Ebenda S. 39.

tropischen Gebiet des Küstenatlas eine Mächtigkeit von 0,5—2 m, ja unter
Umständen noch eine viel größere Stärke erlangen können, indem sie sich unter
der Erdoberfläche anreichern. „Nach der Tiefe zu verwandelt sich die harte
Kruste in weichen Kalkmergel, der oft lediglich ein vom Kalk imprägnierter,
ursprünglicher Erdboden ist. Es scheint, daß der in den obersten Lagen aus-
kristallisierende Kalk die Fähigkeit besitzt, die fremden, sandig-erdigen Massen
nach oben hin auszustoßen und relativ reinen Kalk zu bilden. Jedenfalls liegt
über den Krusten da, wo keine Abtragung erfolgt ist, eine hand- bis fußhohe
Erdschicht. Die Stärke der Kalkkrustenbildung hängt ab einmal von dem
Kalkgehalt der Schichten, sodann von der physikalischen, für die Wasserzirkulation mehr oder weniger geeigneten Beschaffenheit. Demgemäß überziehen sich kalkhaltige Sande und Sandsteine, Lehme und Mergel, aber auch
loser Gehängelehm und Schutt am energischsten mit Kalkkrusten, werden am
stärksten infiltriert, festes Gestein dagegen in viel geringerem Grade. Auf reinen,
dichten Kalksteinen können z. B. Krusten völlig fehlen[1].“ Außerdem soll nach
ihm noch eine andere Art der Kalkkrustenbildung nach dem Vorgange von
TH. FISCHER möglich sein, worauf noch eingehend zurückzukommen sein wird,
indem kalkreiches Regenwasser beim Abfließen und späteren Verdunsten
Kalk abscheidet. Anschließend hebt PASSARGE die Bedeutung der Kalkkrusten
für den Verwitterungs- und Abtragungsvorgang hervor, indem bei ihrem Zustandekommen nicht nur die Gesteine eine chemische Zersetzung erfahren,
sondern auch vor Abtragung in wirkungsvollster Weise geschützt werden, denn
er sagt wörtlich, „einmal wird der Gehängeschutt und -lehm verkittet und
damit ein Abrutschen unmöglich gemacht, sodann aber wird durch die Kalkkrusten ein Schutzpanzer gegen die Erosion geschaffen, wie er wirkungsvoller
nicht gedacht werden kann. Denn dieser Kalkpanzer ergänzt sich nicht nur
von innen heraus, sondern ist am stärksten entwickelt gerade auf sonst leicht
erodierbaren, losen, kalkhaltigen Sanden, Lehmen, Mergel und Gehängelehm.
Infolgedessen leisten diese weichen, erdigen Massen der Erosion denselben
energischen Widerstand wie festes Gestein. Sie werden daher ebenso langsam
abgetragen wie jene[2]“. Aus der Region der Hochsteppen und des Saharaatlas
beschreibt PASSARGE die Kalkkrusten gleichfalls. Er betont, daß sie auch hier
den Gehängeschutt bedecken und verkitten und unter der roten Lehmdecke
der Steppenebenen, wo immer kalkhaltige Gesteine den Boden bilden, liegen.
Auch hier bilden sie einen Schutz gegen Erosionswirkungen und begünstigen
die Flächenspülung. Nach ihm sind sie in der Sahara der einzige Ausdruck
chemischer Verwitterungstätigkeit, und es läßt sich schwer beurteilen, wieweit
„die Gipskalkkrusten der quartären Schichten rezent sind“[3]. Mit ROLLAND
entscheidet er sich jedoch für ihr Zustandekommen zwischen Pluvialzeit und
Gegenwart, während sie heutzutage mehr oder weniger der zerstörenden Winderosion anheimfallen. Im gleichen Sinne bewegen sich A. PENCKS[4] Ausführungen
über diesen Gegenstand.

Nach TH. FISCHER[5] kommen vergesellschaftet mit der Schwarzerde in
Marokko Kalkkrusten häufig vor. Über ihre Beschaffenheit und mutmaßliche
Entstehung äußert sich der Genannte: „Die Kalkkruste macht häufig, nament-

---

[1] PASSARGE, S.: Verwitterung und Abtragung in den Steppen und Wüsten Algeriens.
Verh. des 17. dtsch. Geographentages Lübeck 1909, S. 105. Berlin 1910.
[2] PASSARGE, S.: a. a. O., S. 106.
[3] PASSARGE, S.: a. a. O., S. 114.
[4] PENCK, A.: Die Morphologie der Wüste. Verh. 17. dtsch. Geographentages, S 124.
Berlin 1910.
[5] FISCHER, TH.: Schwarzerde und Kalkkruste in Marokko. Z. prakt. Geol. 18, 113
(1910).

lich wenn sie eine größere Mächtigkeit hat, vielleicht sogar mit Flechten über-
kleidet ist, den Eindruck einer Kalkfelsbank. Ein Aufschluß belehrt aber bald
über diesen Irrtum. Man sieht, daß es sich nur um eine Art Schutzrinde handelt,
die aus lauter dünnen Lagen besteht, ähnlich dem Karlsbader Sprudelstein.
Nach innen wird das Gestein rasch mürbe und bröckelig, ja es kann aus lauter
nur lose verkitteten Geröllen bestehen, wie in der Umgebung von Marrakesch,
in die es sich unter mechanischen Einflüssen, wie den Hufen der Lasttiere, auch
wieder auflöst. Gelegentlich kann man auch beobachten, daß einzelne Gerölle
aus einem weicheren Kern und umschließenden festeren dünnen Lagen bestehen.
Bei Marrakesch beobachtete ich sowohl größere geschlossene Flächen wie einzelne flache Schalen, in denen sich das Regenwasser sammelte. Auf der unteren
Stufe des Atlasvorlands bilden sie auch geschlossene Flächen, noch häufiger
aber sanfte Bodenschwellungen. In Abda sah ich, daß die Bauern die Kruste,
wo sie wenig mächtig ist, sprengen und die Brocken und Tafeln zu Wällen und
Haufen auftürmen, um steinfreies Ackerland aus dem darunterliegenden weichen
Boden zu gewinnen. Wie jung diese Bildung ist, beobachtete ich an den Dünen
von Mogador[1]. Diese bestehen aus feinem Quarzsand, noch mehr aber aus
den Trümmern von Meermuscheln. Ihre Befestigung und damit die außerordentliche Höhe bis zu 130 m, die sie erreichen, beruht vorzugsweise darauf,
daß die Winterregen bei verhältnismäßig hoher Temperatur einen Teil der
kalkigen Muscheltrümmer auflösen und bei der Verdunstung der kohlensaure
Kalk als Bindemittel eine plattenartige Decke bildet. Diese wird im Sommer
von neuem von Sand überschüttet. Es bildet sich dann eine neue Kruste und
so fort.“ Dieselbe Erklärung hat auch schon POBEGUIN[2] vor FISCHER gegeben.
FISCHER[3] führt diese Bildung auf die für das Winterregengebiet der südlichen
Mittelmeerländer kennzeichnenden relativ warmen und heftigen Regengüsse
zurück, die im raschen Wechsel mit intensiver Besonnung aufeinander folgen,
so daß aus dem durch keine Vegetation geschützten ebenen Boden bei mangelndem
Abfluß eine schnelle und energische Verdunstung erfolgt. Dabei wird ein gewisser
Kalkgehalt des Bodens von dem kohlensäurehaltigen Regenwasser aufgelöst
und bei der Verdunstung in Gestalt dünner Schichten von kohlensaurem Kalk
ausgeschieden. Auch C. DE STEFANI[4] hat nach TH. FISCHER die gleiche Erklärungsweise herangezogen, und POMEL[5] führt die Bildung der Kalkkruste
darauf zurück, daß die große Sonnenhitze den kohlensauren Kalk aus der Tiefe
emporsaugt und an der Oberfläche nach der Verdunstung Schicht für Schicht
zum Absatz bringt. Demnach handelt es sich nach TH. FISCHER[6] „auf jeden
Fall … um eine klimatische Erscheinung, die überall wiederkehren wird, wo,
wie im Winterregengürtel der südlichen Mittelmeerländer, die Bedingungen zu
ihrer Bildung gegeben sind“.

M. BLANCKENHORN[7] hat auf Grund der Niederschlagsverhältnisse und der
Ausbildungsart der Kalk-, Gips- und Schutzrinden wie Krustenbildungen eine
geographische Verteilung dieser Bildungen an der Erdoberfläche in der Weise vor-

---

[1] FISCHER, TH.: Meine dritte Forschungsreise im Atlas-Vorlande von Marokko. Mitt.
geograph. Ges. Hamburg 18. 1902.

[2] POBEGUIN: Sur la Côte ouest du Maroc. Renseignements coloniaux S. 257. 1907.

[3] FISCHER, TH.: Wissenschaftliche Ergebnisse einer Reise im Atlas-Vorlande von Marokko. Pet. Mitt. Erg.-H. 133, 85. Gotha 1900.

[4] STEFANI, C. DE: Cennri geologici sul Djebel Aziz in Tunisia. Atti Ac. dei Linc, S. 864.
1907.

[5] Vgl. TH. FISCHER: Schwarzerde und Kalkkruste in Marokko, S. 114.

[6] FISCHER, TH.: Ebenda S. 114.

[7] BLANCKENHORN, M.: Neues zur Geologie und Paläontologie Ägyptens. Z. dtsch.
geol. Ges. 53, 479—484 (1901).

genommen, daß er die ägyptische Wüste in drei Zonen zerlegt. Da aber das Deltagebiet des Nils und der nördlichste Küstenstreifen der Lybischen Wüste ebenso wie Syrien, Tunis, Algerien und Marokko der Region mediterraner Winterregen angehören, so zeigen sich die Bodenbildungen dieser Länder recht ähnlich, und es werden die leichtlöslichen Bodensalze, wie Gips und Kochsalz, ausgewaschen. Die durch die starken Seewinde erzeugte Verdunstung, die der in der Wüste herrschenden gleich ist, bringt aber auch in diesen Gebieten das Grundwasser auf kapillarem Wege an die Oberfläche, und da die leichter löslichen Salze schon entfernt sind, so werden schwerer lösliche Verbindungen mit emporgebracht und in Gestalt einer Kruste abgeschieden. „So entstehen", äußert sich der Genannte, „die harten Krusten von hellrötlichem bis bräunlichem, grauem oder weißem, schwach kieseligem Kalk. Sie setzen sich aus kohlensaurem Kalk, gebundener Kieselsäure, Eisenoxyd und Wasser mit Spuren von Chlornatrium zusammen". Sie erreichen eine Mächtigkeit von 0,5—1 m. In Nordsyrien (Aleppo) kommt ihnen folgende chemische Zusammensetzung zu: Chemisch gebundene SiO_2 3,2—7,2 %, Al_2O_3 1,0—2,1 %, Fe_2O_3 0,8—1,2 %, $CaCO_3$ 85,2 bis 88,4 %, NaCl 1,0—1,3 % und H_2O 2,4—4,2 %. Dort, wo die Kalkkruste auftritt, beträgt die jährliche Regenmenge 20—60 cm, so daß BLANCKENHORN die Kalkkruste für die Halbwüste im Sinne WALTHERS als kennzeichnend anspricht. „An die Stelle dieser kalkigen Bodenkruste tritt nun im übrigen, weniger drainierten Ägypten die Gipskruste oder -breccie. Die oberflächlich vorhandenen Quarzkörner werden durch ein genetisches Zement von Gips und Kalk oder bloß durch Gips zu einem kavernösen Gestein verbunden." Im Gegensatz zum Gips erscheint Steinsalz hier mehr in den Fugen des schieferigen Kalkes und Tons. Sowohl Gips wie Salz erneuern sich dauernd, falls sie entfernt werden. Die Grenze der Gipskrusten ist nach BLANCKENHORN südlich von Theben zu suchen, „da, wo mediterrane Winterregen gar nicht mehr hinkommen und auch in der pluvialen Vergangenheit die Regenmenge nicht viel größer war als etwa am 25° n. Br."[1]. E. BLANCK[2] hat aber zeigen können, daß sich diese Grenze noch weiter nach Süden, nämlich bis in die Gegend von Assuan, verschiebt. Der nördlichste Punkt ihrer Verbreitung[3] ist nach BLANCKENHORN der Gart Muluk im Wadi Natrun, die Gegend von Heluan und Suez. Vom südlichsten Verbreitungsgebiet an sollen unverkittete einförmige Trümmeranhäufungen an der Oberfläche vorherrschen, bis vom 18. Parallelkreis an allmählich das Gebiet der Schutzrinde in der südlichen regenlosen und der nördlichen regenarmen Wüste beginnt.

Über die Kalkkrusten und ihre Bildungsbedingungen in Syrien, Arabien und Mesopotamien äußert sich im besonderen BLANCKENHORN[4] mit folgenden Worten: „Das heutige trockene Klima von Syrien, Arabien, Mesopotamien, dessen Charakteristikum das Übermaß von Verdunstung über die Niederschlagsmenge ist, herrscht schon mindestens seit dem Beginn des Oberdiluviums, existierte aber auch schon vorher vorübergehend, zweimal im Mitteldiluvium und Unterdiluvium während der zwei interpluvialen Trockenepochen. Mit diesem Trockenklima hängt eine charakteristische Oberflächenbildung ursächlich zusammen, die

---

[1] BLANCKENHORN, M.: Ägypten. Handbuch der regionalen Geologie VII, **9**, S. 178.

[2] BLANCK, E., u. S. PASSARGE: Über die Verwitterung in der ägyptischen Wüste, S. 103. Hamburg 1925.

[3] Vgl. hierzu E. BLANCK u. A. RIESER: Über Verwitterungs- und Umwandlungserscheinungen des eozänen Kalksteins von Heluan. Chem. d. Erde **2**, 489 (1926). Hier werden die sich dortselbst vollziehenden Umwandlungserscheinungen von kohlensaurem Kalk in Gips und Kalksilikat behandelt.

[4] BLANCKENHORN, M.: Syrien, Arabien und Mesopotamien. Handbuch der regionalen Geologie V, **4**, S. 40.

anogen subaerisch eluvial entstandene Kalkkruste, das Kennzeichen der Halbwüste oder Kalksteppe. Wo kalkhaltige Schichten den Untergrund einnehmen — und in Syrien ist das, abgesehen von den basaltischen Regionen, fast immer der Fall —, findet man auf der Oberfläche eine sich meist gleichbleibende Kalkkruste bis zu 50 cm oder 1 m Dicke, einen unregelmäßig mehr oder weniger rötlich gefärbten, dichten, harten, splitterigen Kalkstein, der zahlreiche eckige Gesteinsfragmente, besonders Feuerstein, Basalt sowie vereinzelte Schalen von Landschnecken ... einschließt. Es sind hier also die oberflächlich liegenden Trümmer von Gesteinen durch ein unreines Kalkbindemittel breccienartig verkittet. Die Kalke zeigen nur zonale Anordnung verschiedener Färbung und Dichte parallel der welligen oder flachbuckligen Erdoberfläche. Die Kruste

Abb. 36. Kalkkrustenbildung in Palästina.

verdankt ihre Entstehung der sukzessiven Verdampfung der Wässer, welche die Kapillarität des Bodens aus der Tiefe an die Oberfläche emporsteigen ließ. Das Wasser zog hierbei leichtlösliche Bestandteile, wie Kalk, nach der Oberfläche und setzte sie hier, selbst verdunstend, ab. Es sind also Ausblühungen des Kalkelements aus dem Boden, und ihre Bildung, die sich heute noch fortsetzt, ist gebunden an das Vorhandensein von starken Regengüssen und noch stärkerer Verdunstung bei intensiver Sonnenbestrahlung. In Mesopotamien, wo in dem verbreiteten miozänen Untergrund der Gips eine so große Rolle spielt, wird die rezente Kalkkruste durch eine Gipsbreccie ersetzt, die vielfach alles überzieht, ja auch im Basalt nachträglich Zwischenlagen einzuschalten vermocht hat."

In der Umgebung von Jerusalem tragen die Kalkrinden die Bezeichnung „Nari". In Nordamerika (Texas, Neumexiko) sind sie unter dem Namen „Hardpan" bekannt. Dort, wo sie auftreten, fallen die gleichen Niederschlagsmengen wie in Syrien und im südlichen Atlasgebiet[1].

---

[1] Vgl. K. GLINKA: a. a. O., S. 151.

Die gemeinsam mit Roterde überaus häufig auftretenden Kalkkrusten Palästinas sind von E. BLANCK, S. PASSARGE und A. RIESER[1] des näheren untersucht worden. Die sog. „Lehmgrube" bei dem deutschen Dorf Waldheim, östlich von Hâifa, zeigt nachstehend wiedergegebenes Profil, das durch beistehende Abbildungen (36 u. 37) erläutert wird. Zuoberst liegt steinige Roterde (a), ca. 30 cm mächtig, sie wird vom anstehenden senonen Kalkstein (b) durchragt. Unter der Roterde befindet sich eine äußerlich rötlich-gelbbraune, im Innern weiße Kalkkruste (c), leicht zu zerschlagen, aber doch relativ fest, von 30 bis 50 cm Mächtigkeit. (d) ist ein weißer, weicher, erdiger Kalk bis Kalkmergel,

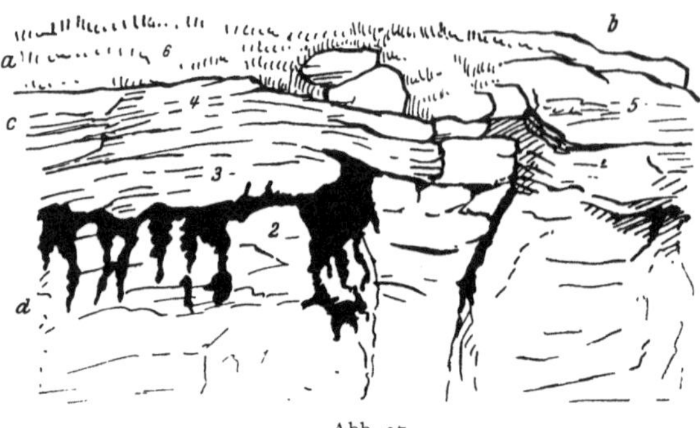

Abb. 37.

$1^{1}/_{2}$ m aufgeschlossen, feucht und grabbar wie „Lehm". Er wird für Bauzwecke gewonnen. Die Baumwurzeln liegen über der Kalkkruste, durchbrechen sie aber nicht. Zur Untersuchung wurden dem Profil entnommen 1. die zuunterst liegende senone Kreide, 2. die Kreide unterhalb der beginnenden Kalkkruste, 3. der untere Teil der Kalkkruste, 4. die Oberfläche der Kalkkruste, 5. ein an der Oberfläche liegender Block der Kalkkruste, der schon lange der Luft ausgesetzt war, und 6. Roterde mit Kalkstücken vermengt, oberhalb der Kalkkruste, 7. hellrot gefärbte Erde aus der Schicht unter der humushaltigen Oberflächenerde. Die Kalkbildungen, die hier nur besprochen werden sollen, wiesen nachstehende Zusammensetzung auf:

	1. Kreidegestein %	2. Gestein unter der Kalkkruste %	3. Unterer Teil der Kalkkruste %	4. Oberfläche der Kalkkruste %	5. Rinde %	6. Kern %
					des an der Luft liegenden Kalkblocks	
In HCl unlöslicher Rückstand ...	2,44	1,18	1,72	1,37	1,03	0,84
SiO_2	0,74	0,62	0,50	0,23	0,19	0,16
Al_2O_3, Fe_2O_3 ...	1,26	0,86	0,24	0,81	0,45	1,38
CaO	50,76	52,40	53,88	53,60	53,90	54,16
MgO	0,46	0,28	0,47	0,34	0,27	0,17
K_2O	0,86	0,20	0,26	0,68	0,33	0,25
Na_2O	0,77	0,38	0,09	0,18	0,53	0,40
SO_3	0,56	0,17	Sp	0,09	0,12	0,11
CO_2	40,74	42,34	41,42	42,36	42,75	42,77
H_2O	1,43	0,88	0,68	0,72	0,64	0,18
Summe:	100,02	99,31	100,25	100,38	100,21	100,42

Hiernach bestehen nur recht geringe Unterschiede in der Zusammensetzung des Kreidekalkes und seiner Kruste. Einer geringen Zunahme des Kalkes in der Kruste steht eine geringe Abnahme an sämtlichen sonstigen Bestandteilen, vielleicht mit Ausnahme an Magnesia, gegenüber, d. h. daß der Kalk der Kruste reiner geworden ist, weniger Verunreinigungen enthält, was aber bei der Wanderung des Kalkes in Lösung von unten nach oben sehr verständlich wird. Die

---

[1] BLANCK, E., S. PASSARGE u. A. RIESER: Über Krustenböden und Krustenbildungen wie auch Roterden, insbesondere ein Beitrag zur Kenntnis der Bodenbildungen Palästinas. Chem. d. Erde **2**, 360—364 (1926).

Abnahme der schwerer löslichen Bestandteile erfolgt zunehmend nach oben. Die geringe Zunahme an Sesquioxyden, Alkalien und Schwefelsäure in Probe 4 läßt sich ungezwungen durch die Überlagerung dieser Schicht mit Roterde erklären. Auch der oberflächlich an der Luft gelegene Kalkblock läßt das nämliche Verhalten erkennen.

Im Bereich der grauen Erden des Senons sind gleichfalls Kalkkrusten stark verbreitet. S. PASSARGE[1] schildert ihr Vorkommen, gesehen vom Kamm des Ölberges aus, folgendermaßen: „Großartig ist der Blick über die Wüste Juda bis zum Spiegel des Toten Meeres und auf den geradlinigen Kamm des Ostjordanlandes. Die gerundeten, glatten Rücken und Kuppen der Judawüste sind wie mit einem dicken Brei überstrichen — das ist die Kalkkruste, der Kalkkrustenpanzer. Das ganze Gebiet ist mit einer grauweißen, steinigen Kalkerde bedeckt, auf der kein Baum, kein Strauch und jetzt, d. h. im April 1925, auch keine Frühlingstrift mehr gedeiht. Ihre verdorrten Reste sind aber allenthalben erkennbar — aber nur aus nächster Nähe, nicht aus der Ferne." Die Kalkkruste selbst ist 2—3 m dick und wird auch hier von weichem Kalktuff unterlagert. In diesem weichen Tuff hat man Höhlen angelegt und benutzt sie als Ziegenställe. Solche Höhlenställe sind in dem ganzen Gebiet der Kalkkrusten stark verbreitet, und auch der „Stall" von Bethlehem, in dem Christus geboren wurde, ist eine solche Höhle mit Kalkkrustendach. Eine solche Stallhöhle unweit des Gartens der Kaiserin-Augusta-Viktoria-Stiftung zeigt folgenden Querschnitt: Die harte Kalkkrustenbank besteht aus einer Kalkbreccie, die von fingerdicken Kalklamellen durchzogen ist. Diese Lamellen liegen parallel zum Abhang, d. h. senken sich mit diesem herab. Unter der 2 m hohen festen Bank befindet sich der weiche Kalktuff. An anderen Stellen ist die Kalkbank 3—4 m mächtig, und neben parallelen Lamellen durchschwärmt ein Zellwerk von solchen Lamellen die harte Bank und auch den weichen Tuff (vgl. hierzu die Abb. 38, 39 u. 40).

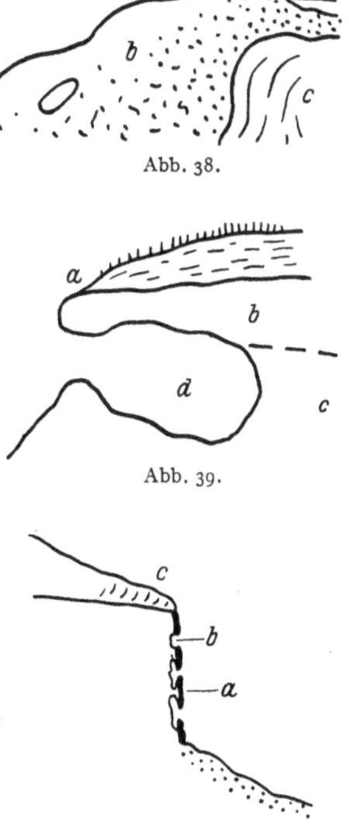

Abb. 38.

Abb. 39.

Abb. 40.

Es bedeuten in Abb. 38: *a* harte Kalkkrustenbank, *b* eckiger Kalkschutt in weichem Kalktuff, *c* anstehender weißer Kalkstein; in Abb. 39: *a* hellgraue Kalkerde mit spärlichem Getreidebestand, *b* Kalkkrustenbank, *c* weicher, feuchter Kalktuff, *d* die Höhle. Abb. 40 gibt den Gitterlochfelsen am Ölberg wieder, *a* zeigt die Kruste, *b* die Höhlung darin, *c* die Oberflächenerde des Felsens. Der Salzsäureauszug der drei Proben aus letzterem Profil ließ nachstehende Zusammensetzung derselben erkennen (s. Tabelle nächste Seite).

Auch diese Befunde lassen erkennen, daß Kalkkruste und Gestein in ihrer Zusammensetzung wenig voneinander verschieden sind, trotzdem ist aber die Kruste als aus reinerem Kalk bestehend anzusehen, woraus sich wiederum ergibt, daß sie durch Ausscheidung aus einer Lösung hervorgegangen ist.

Auf und in den Basalten oberhalb von Tiberias finden sich wohl Kalkerde und Kalkgänge, jedoch zu einer Kalkkrustenbildung kommt es hier nicht. Hin-

---

[1] BLANCK, E., S. PASSARGE u. A. RIESER: a. a. O., S. 375.

	1. Oberflächenerde %	2. Harte Kruste %	3. Weiche Erde der Löcher %
Unlöslich in HCl	7,67	5,85	5,84
Löslich in HCl: SiO_2	0,52	0,16	0,39
,, ,, ,, : Al_2O_3, Fe_2O_3 .	0,44	0,47	0,71
,, ,, ,, : CaO	50,72	51,73	50,82
,, ,, ,, : MgO	0,37	0,24	0,18
,, ,, ,, : K_2O	0,07	0,03	0,07
,, ,, ,, : Na_2O	0,12	0,12	0,48
,, ,, ,, : SO_3	0,09	0,09	0,17
,, ,, ,, : CO_2	39,54	40,12	39,25
Feuchtigkeit	0,39	0,68	1,18
Totaler Glühverlust	39,94	41,49	41,49
Summe:	99,94	100,18	100,15

Zusammensetzung des unlöslichen Rückstandes.

SiO_2	72,00	64,00	67,50
Al_2O_3, Fe_2O_3	22,70	32,25	27,65
CaO	3,20	2,00	2,70
MgO	2,31	2,07	2,19
Summe:	100,21	100,32	100,04

sichtlich der Frage nach dem Alter der Kalkkrustenbildung gelangt S. Passarge zu der Auffassung, daß es sich in ihnen augenscheinlich um Vorzeitbildungen auf dem Kalksteinbergland handle, denn nirgends beobachte man Spuren von frischer Krustenbildung, wie solches z. B. in Algerien unzweifelhaft der Fall sei. Auch dem Habitus nach sei die „Nari" in Palästina nicht rezent. An vielen Stellen ist die Kruste in Zerstörung begriffen, häufig finden sich noch die letzten Reste einer einst geschlossenen Kalkkrustendecke, wie solches Abb. 41 erkennen läßt. Demgegenüber hat allerdings F. Frech die Ansicht von der rezenten Bildung der Kalkkrusten in diesem Gebiet[1] vertreten. Jedenfalls haben aber die Untersuchungen der Kalkkrustenbildungen Palästinas dargetan, daß zu ihrem Zustandekommen zur Hauptsache reine Kalkkarbonatlösungen, vielleicht auch kleine Mengen Kalksulfat, beitragen.

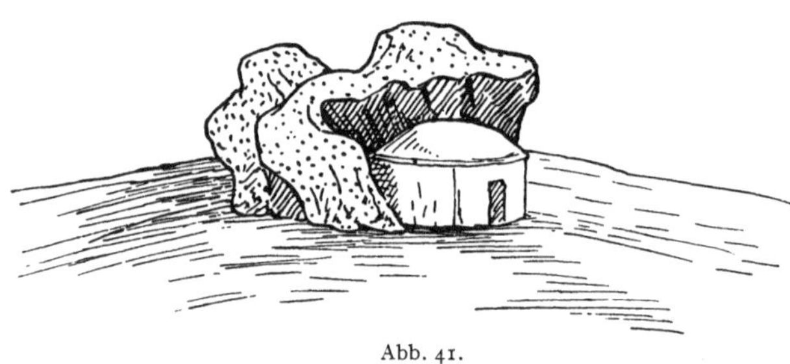

Abb. 41.

Keinesfalls sind andere Lösungen an diesem Vorgange unmittelbar mitbeteiligt gewesen, so daß dabei von einem Mitemporbringen anderer Bestandteile, wie solches von einigen Autoren behauptet worden ist, wohl nicht gesprochen werden kann. Ebensowenig kann aber auch nach diesen Untersuchungen von einem Ausstoßen sandig-erdiger Massen durch den Kalk die Rede sein.

Für die ausübende Landwirtschaft erweisen sich die Kalkkrusten, wie schon angedeutet, als sehr lästig insofern, als sie den unterlagernden Boden verschließen. Th. Fischer[2] äußert sich hierüber für marokkanische Verhältnisse

---

[1] Frech, F.: Geologie Kleinasiens, S. 319. Stuttgart 1916.
[2] Fischer, Th.: Z. prakt. Geol. 18, 107 u. 112 (1910).

wie folgt: „Mitten in der von den üppigsten Feldern bedeckten Schwarzerde kahler Felsboden, der kaum in den Sprüngen und Vertiefungen so viel Vegetation hervorbringt, daß man von Steppe sprechen kann. Diese namentlich in Nordafrika ungeheuer verbreitete Kalkkruste verschließt den Boden förmlich und macht ihn wertlos." Daß die Kalkkruste unter der Schwarzerdedecke meist in sehr flacher, kaum merkbarer Aufwölbung des Bodens auftritt, gibt nach ihm Veranlassung dazu, daß „landschaftliche Gegensätze, Gegensätze der Bodenverwertung, der Besiedelung, der Volksdichte geschaffen" werden, „wie man sie sich greller nicht denken kann". Aber auch noch nach anderer Seite hin ist die Kalkkruste nach FISCHERS[1] Ausführungen bedeutungsvoll, insofern, als sich in den von den Krusten gebildeten Hohlformen und kleinen Felsbecken das Regenwasser ansammelt und damit zur Ausbildung künstlicher Sammelteiche beiträgt. „Anderwärts und in vielen Gegenden von Marokko", berichtet der Genannte, „ist diese feste Decke über weichem Gestein von größter Bedeutung, indem sie die Anlegung von Matamoren, den unterirdischen Getreidekammern, ermöglicht. Auch bei der Schaffung der Chattaras, der unterirdischen Sammelkanäle von Rieselwasser in der Ebene von Marrakesch, dürfte sie eine Rolle spielen, sie ist die ödeste Steppe, völlig verschlossenen Boden inmitten üppiger Berieselungsoasen bedingend".

Eine Krustenbildung von Kalk oder Gips kommt aber, wie schon erwähnt, auch in humiden Gebieten vor, wenn auch von weit geringerer Mächtigkeit. Bekannte Beispiele hierfür sind die Krustenüberzüge frei stehender Sandsteinfelsen im Gebiet der Sächsisch-Böhmischen Schweiz, sowie auch des Buntsandsteins Mittel- und Süddeutschlands. Allerdings handelt es sich hier nicht nur um aus Gips bestehende Krusten, sondern zur Hauptsache um eine Imprägnierung des Sandsteins mit Ausscheidungen von Gips- und anderen sulfathaltigen Lösungen. Auch spielt die poröse Beschaffenheit des Gesteins eine hervorragende Rolle beim Zustandekommen solcher Rinden oder Mäntel, die das Gestein gegen Denudation schützen und ihnen gewissermaßen den Charakter von Schutzrinden verleihen[2]. Mit diesen Gebilden stehen genetisch eng verknüpft Gitter- und Wabenstrukturen in Verbindung, ebenso wie auch Salzsausscheidungen, die selbst im arktischen Gebiet beobachtet worden sind[3]. Hier handelt es sich meist um Ausscheidungen von Natriumsulfat. Jedenfalls zeigen aber auch diese Vorkommnisse, daß Rindenbildungen und Salzausscheidungen in sehr verschiedenen Klimaten zur Entwicklung gelangen können, denn letzten Endes handelt es sich ja in den Rindenbildungen um nichts anderes als um Ausscheidungen von Salzen, die zumeist eine Verkittung mehr oder weniger gelockerten Gesteinsmaterials übernehmen, wenn auch zugegeben werden muß, daß in allen Fällen eine starke Verdunstung die Ursache ihres Zustandekommens ist. Diese Erscheinungen sind im Band 2 des Handbuches im Kapitel über die biologische Verwitterung des näheren auseinandergesetzt worden.

---

[1] FISCHER, TH.: Z. prakt. Geol. **18**, 112 (1910).

[2] Vgl. hierzu O. BEYER: Alaun und Gips als Mineralneubildungen und als Ursache der chemischen Verwitterung in den Quadersandsteinen. Z. dtsch. geol. Ges. **63** (1911/12). — E. BLANCK: Die ariden Denudations- und Verwitterungsformen der Sächsisch-Böhmischen Schweiz als Folge organischer Verwitterungsfaktoren im humiden Klimagebiet. Tharandter Forstl. Jb. **73**, 38 (1922). — E. BLANCK u. W. GEILMANN: Chemische Untersuchungen über Verwitterungserscheinungen im Buntsandstein. Ebenda **75**, 89 (1924). — D. HÄBERLE: Über Kleinformen der Verwitterung im Hauptbuntsandstein des Pfälzerwaldes. Verh. naturwiss.-med. Ver. Heidelberg, N. F. **11**, 193 (1911).

[3] Vgl. B. HÖGBOM: Wüstenerscheinungen auf Spitzbergen. Bull. Geol. Inst. Upsala, **11**, 245 (1912). — O. NORDENSKJÖLD: Studien über das Klima am Rande jetziger und ehemaliger Inlandeisgebiete. Ebenda **15**, 114 (1916).

4. Böden der tropischen Regionen.

Von **H. Harrassowitz**, Gießen.

Mit 1 Abbildung.

Allgemeines.

Einführung.

Die Tropen sind diejenigen Gebiete der Erde, die durch größte Intensität der auf die Erde einwirkenden äußeren Faktoren ausgezeichnet sind. Hier herrschen die höchsten Temperaturen oft in vollständigem Gleichmaß und geringen jahreszeitlichen Unterschieden. Die Regenmengen gehen über die der gemäßigten Gebiete außerordentlich weit hinaus, so daß nicht nur die Gesamtmengen, sondern auch die in einer bestimmten Zeiteinheit fallenden Niederschläge ein hohes Ausmaß erreichen. In einem Teil der Tropen ist infolgedessen die Atmosphäre sehr feucht. In vegetationsärmeren Gebieten erreicht die Sonnenstrahlung einen hohen Wert, so daß nicht nur die Luft-, sondern auch die Bodentemperaturen außerordentlich hoch sind. Die elektrolytische Dissoziation des Wassers ist sehr viel höher als in anderen Klimabereichen, also seine Einwirkung viel intensiver. Organische Substanzen können sich nur in manchen Gebieten als Rohhumus anreichern; sie werden sonst schnell zersetzt und, abgesehen von sumpfigen Böden und bestimmten Waldgebieten, werden die Zersetzungsprodukte organischer Massen zu keiner besonderen Wirkung kommen können.

Der Erfolg aller dieser Eigenschaften ist, daß die chemische Verwitterung in den Tropen ihr höchstes Ausmaß erreicht. Dies drückt sich darin aus, daß die Abhängigkeit der Verwitterungsböden vom Gestein vollständig verwischt werden kann. Die Ursachen dafür liegen im weitgehenden Eingriff in den Aufbau der frischen Mineralien. Auf der einen Seite findet eine vollständige Aufspaltung der Moleküle statt, indem Kieselsäure und Tonerde vollständig getrennt werden und zu der Bildung des Laterit Veranlassung geben. Auf der anderen Seite werden alle nur irgendwie löslichen Mineralien vollständig zerstört, so daß Böden entstehen, die zwar gelreich sind, aber sonst einförmig aus Quarz aufgebaut werden und sich durch vollständige Nährstoffarmut auszeichnen. Nur die außerordentlich üppige Vegetation, die z. T. infolge der dauernden Befeuchtung möglich ist, bewirkt, daß trotzdem Fruchtbarkeit auftritt. Die Wurzeln der Bäume können in größere Tiefen gehen und aus ihnen Nährstoffe herausholen. Die schnelle Produktion pflanzlicher Substanzen und deren schneller Umsatz, nachdem sie dem Boden einverleibt sind, bewirkt, daß an der Oberfläche Nährstoffe, besonders Stickstoff immer wieder zur Verfügung gestellt werden. Freilich ist N in den Böden wärmerer Klimate nach Jenny[1] nur in geringer Menge vorhanden, da er mit steigender Temperatur abnimmt.

Zwei gegensätzliche Gebiete stehen in den Tropen einander gegenüber. Sie sind durch die Pflanzenformationen des tropischen Regenwaldes und der Savanne gekennzeichnet. Die absoluten Niederschlagsmengen sind in beiden Gebieten sehr hoch. Aber ein grundsätzlicher Unterschied findet sich. Im Gebiet der tropischen Regenwälder herrscht großes Gleichmaß der Niederschläge, während die Savannen durch ausgesprochene Trockenzeiten gekennzeichnet sind, die bis ungefähr die Hälfte des Jahres einnehmen können. Daraus ergibt sich für die beiden Klimatypen bei der Bodenbildung ein grundsätzlicher Unterschied. Im tropischen Regenwald wird an der Oberfläche eine ganz gleichmäßige

---

[1] Jenny, Hans: Relation of temperatur to the amount of nitrogen in soils. Soil Sci. **27**, Nr 3, 169—188 (1929).

Einwirkung stattfinden. Dieselben Faktoren wirken tagaus, tagein und Jahr für Jahr. Infolge der hohen Temperaturen und der gleichmäßigen Feuchtigkeit wird intensive Auslaugung eintreten. Der Grundwasserspiegel wird immer dieselbe Höhe bewahren. Anders verlaufen die Vorgänge im Gebiet der Savannen. In dem einen Teil des Jahres nimmt die Verwitterung genau denselben Verlauf wie im Urwald; in den Trockenzeiten wird der Gang der Verwitterung sich ändern. Die Verwitterungslösungen wandern nicht mehr von oben nach unten, sondern umgekehrt und kommen zum Verdunsten. Infolgedessen werden sich die durch Wechselklima ausgezeichneten tropischen Gebiete von den anderen dadurch unterscheiden, daß an der Oberfläche Anreicherung eintritt. Diese Anreicherung kann aber naturgemäß nur solche Stoffe betreffen, die ein hohes Löslichkeitsprodukt haben. Stoffe, deren Löslichkeitsprodukt schnell überschritten wird, wie Kalziumkarbonat oder Salze der Alkalien, sind nicht existenzfähig oder höchstens in den Grenzgebieten. Die Savannen erhalten auf diese Weise eine besondere Eigenart, wie sie keinem anderen Gebiet der Erde eigentümlich ist: an der Oberfläche des Bodens reichert sich Tonerdehydrat im Laterit an. (In der Tiefe ist aber nicht ohne weiteres zu erwarten, daß ein grundsätzlicher Unterschied zwischen Regenwald und Savanne sichtbar werden muß.) Damit ist aber nicht gesagt, daß eine vollständig scharfe Trennung zwischen Regenwald und Savanne auftritt. Vielmehr kennen wir Übergangsgebiete. In gewissen Gebieten der heißen Zone finden wir auf beschränktem Raum trotz einer scharf ausgeprägten Trockenzeit hochstämmigen Urwald, den Monsunwald. Offenbar ist die Regenmenge genügend groß, daß dem Boden auch für die regenlose Zeit ein ausreichender Wasservorrat zugeführt wird. KÖPPEN[1] hat auf diese Zusammenhänge besonders aufmerksam gemacht. An der Malabaküste, wo die Jahresmenge über 200 cm beträgt, kann dabei die Trockenzeit selbst 4 Monate dauern, bei einer Regenmenge von 150—200 cm, wie in Lagos, 1—2 Monate. Solche Bedingungen kommen besonders bei Monsunwechsel in Frage. Ähnliche Gebiete beschreibt auch SCHÜRMANN[2] aus Ostsumatra.

Auf diese Zwischengebiete muß ganz besonders hingewiesen werden. In der regenlosen Zeit trocknen die Gebiete oberflächlich vollständig aus, und die Bodenbildung wird ähnlich wie in den Savannen verlaufen. Wenn nun Beobachter die Landschaft nur in dem einen oder anderen Teil des Jahres passiert haben, so wird ihr Eindruck ein ganz verschiedener sein, und so erklären sich wohl daraus z. T. die Verschiedenheiten in den Angaben, besonders über die Entstehung des Laterit mit seinen oberflächlichen Anreicherungen von freier Tonerde. Außerdem besteht nicht nur eine Einwirkung der Pflanzenformation auf die Verwitterung, sondern auch umgekehrt, und es unterliegt wohl keinem Zweifel, daß eine Verkrustung der Oberfläche, wie sie in den Lateritgebieten beobachtet worden ist, die Vegetation maßgebend beeinflußt und dadurch aus einem Urwald eine Savanne entstehen kann.

Das äußere Kennzeichen tropischer Bodenbildung ist das Auftreten von Hydraten der Tonerde und des Eisens. Infolgedessen werden Roterde und Rotlehm zu der bezeichnenden, auffallenden Bodenart. Auf älteren Karten findet man daher das Gebiet der Tropen gleichmäßig als Roterde bezeichnet.

Gewiß ist Rotlehm außerordentlich weit verbreitet. Es gibt Urwälder, die unter einer schwachen Laubschicht sofort Rotlehm zeigen. Es gibt aber zahlreiche

---

[1] KÖPPEN, W.: Klassifikation der Klimate nach Temperatur, Niederschlag und Jahreslauf. Pet. Mitt. **64**, 200 (1918).

[2] SCHÜRMANN, H. M. E.: Über die neogene Geosynklinale von Südsumatra und das Entstehen der Braunkohle. Geol. Rdsch. **14**, 247 (1924).

Gebiete, wo dies keineswegs der Fall ist, in denen, selbst in dem ganzen Boden-profil, Kreßfarbe überhaupt nicht zu finden ist. Viele trübe Farben, die als braun oder gelb oder als grau bezeichnet werden, können auftreten. Van Baren[1] wies vor kurzem darauf hin, daß im ostindischen Archipel auf Kalken neben Kreßfarbe Gelb, Grau, Braun und Schwarz auftritt. Das gleiche ergibt sich aus der eingehen-den Bodenbeschreibung von Kuba. Das Braun stellt zwar oft ein trübes Kreß 13 dar, also den Farbton, den wir in größerer Reinheit in ausgesprochenen Rotlehmen beobachten können, aber es läßt sich damit nicht das Geringste beweisen, denn auch deutsche braune Böden können genau denselben Farbton aufweisen[2]. Man kann aus dem Vorkommen des gleichen Farbtones nur den Schluß ziehen, daß ähnlich färbende Substanzen vorhanden sind, aber keineswegs, daß gleiches Klima bei der Verwitterung tätig gewesen ist.

Als typisches tropisches Verwitterungsprodukt ist der Laterit bekannt. Soweit es sich aber nicht um eine Verwechslung von Laterit und Rotlehm handelt, sondern um echten Allit mit freier Tonerde, muß festgestellt werden, daß er nur eine sehr geringe Verbreitung besitzt. Dies ergibt sich ohne weiteres aus einem Blick auf die Bodenkarte von Afrika, die Marbut ent-worfen hat. Laterit ist zwar ein kennzeichnendes Produkt tropischer Verwitterung, das unter anderen Klimaten nicht entsteht, er stellt aber keineswegs das Verwitterungsprodukt der Tropen dar.

Früher glaubte man, daß Anreicherung von Humus in den Tropen nicht vorkäme. Auch das hat sich als falsch erwiesen. Wir kennen ausgesprochene Rohhumusbildungen, teils unter Urwald, teils in Torfmooren. Im Zu-sammenhang damit steht das Auftreten von ausgesprochenen Podsolprofilen. Der oft wiederholte Satz, daß Humusanhäufungen in den Tropen nicht stattfinden, ist jetzt als falsch zu bezeichnen.

In gleicher Weise ist es auch falsch, wenn früher angenommen wurde, daß in den Tropen keine tonige Verwitterung auftrete. Von verschiedensten Böden kennen wir Analysen, die von mitteleuropäischen nicht zu unterscheiden sind und als kennzeichnendes Produkt wasserhaltige Tonerdesilikate aufweisen. Dies sind einmal siallitische Lehme. Demgegenüber haben wir allitische Lehme, die unter anderem Klima nicht bekannt sind. Siallitisches Material ist selbst in ausgesprochenen Lateritprofilen zu finden und kann in Hohlräumen der Zellen der Eisenkruste von Lateritprofilen nachgewiesen werden.

Die Tiefgründigkeit der Verwitterung ist ein Kennzeichen der chemischen Verwitterung, die mit der hohen Intensität der einwirkenden äußeren Faktoren zusammenhängt. Sapper[3] schilderte anschaulich, wie im tropischen Urwald anstehendes Gestein nicht zu finden ist, weil die Verwitterung das zugängliche Material bis in große Tiefen zersetzt hat. Selbst an Berghängen kommt das an-stehende Gestein nicht zum Vorschein. Nur in Gebieten reiner Kalke können zerfressene, oft hohe Kalksteinblöcke und Felsen herausragen. Die Landschafts-formen sind infolgedessen außerordentlich gleichförmig, nur sanft auf- und absteigende Kammlinien können beobachtet werden.

Die Mächtigkeit der Verwitterungsbildungen beträgt oft 40—50 m. Vageler[4] sprach von Roterden bis zu einer Mächtigkeit von 400 m. Es wäre aber falsch, anzunehmen, daß es sich hier in jedem Falle um eine anstehende

[1] Baren, J. van: Microscopical, Physical and Chemical Studies of Limestones and Limestone-Soils from the East-Indian Archipelago. Comm. geol. Inst. Agricult. Univ., Wageningen 1928, Nr. 14.

[2] Harrassowitz, H.: Laterit, S. 135—137. Berlin: Gebr. Bornträger 1926.

[3] Sapper, K.: Geologischer Bau und Landschaftsbild, 2. Aufl., S. 109. 1922.

[4] Vageler, P. W. E.: Z. Pflanzenernährg usw. A. 1928, 201.

Verwitterungsrinde handelt. Aus zahlreichen Reisebeschreibungen der Tropen geht hervor, daß starke Rutschungen, Versetzungen und Bodenfluß eine Umlagerung der Profile hervorbringen. In Urwaldgebieten bleibt der Boden ja dauernd feucht und regelrechte Fließerden können sich entwickeln. Man kann infolgedessen in den Profilen manchmal große Unregelmäßigkeiten bemerken, die nur durch solche Erscheinungen zu erklären sind. In anderen Fällen wieder finden sich Profile, in denen nur geringe Veränderungen der mechanischen und chemischen Eigenschaften zu bemerken sind. Die tiefgründigen Böden sind im allgemeinen stark entbast, also nährstoffarm, soweit es sich nicht um mächtigere alluviale Böden handelt. Neben den tiefgründigen Böden finden sich zahlreiche flachgründige. In der Sammlung des Geologischen Instituts der Universität Gießen liegen Bodenprofile aus Südamerika und Südafrika, die schon bei 2 m das anstehende Gestein erreicht haben. Die zahlreichen Profile, die von Kuba beschrieben worden sind, ergeben das gleiche. Unter diesen Umständen sind die flachgründigen Böden im allgemeinen reich an Basen und von solchen des gemäßigten Klimas kaum zu unterscheiden.

In der offenen Tropenlandschaft, in den Savannengebieten tritt die chemische Verwitterung an Hängen oft zurück. Unter der intensiven Besonnung in Verbindung mit den während der Trockenzeit bedeutenden Temperaturschwankungen kann eine recht ansehnliche mechanische Verwitterung stattfinden, so daß die Berghänge oft von losen Gesteinsbruchstücken bedeckt sind. Alles feine Verwitterungsmaterial wird in der Regenzeit ausgespült und kann sich dann in den Senken anhäufen, wo dunkle, dichte, schlammige Böden entstehen[1]. Anders wird die Bodenbildung in den Savannen sich dann verhalten, wenn es sich um ein eingeebnetes Gebiet handelt. Hier wird die mechanische Verwitterung keine Rolle mehr spielen können, da kein Abtransport stattfindet und es kann eine tiefgründige Verwitterung einsetzen, die im Wechsel von Trocken- und Regenzeit zur Bildung des Laterits Veranlassung gibt.

Nur von wenigen Ländern der Erde sind wir in der Lage, eine gute und eingehende Beschreibung der Böden zu liefern. Nicht einmal in Deutschland ist eine vollständige und systematische Übersicht möglich. Naturgemäß liegen die Verhältnisse in den Tropen noch sehr viel schwieriger, und nur sehr wenig eingehende Beobachtungen sind gemacht worden. Wir kennen nur eine geringe Anzahl von Profilen, vor allen Dingen aus Urwaldgebieten. Verhältnismäßig gut bekannt ist der Laterit, obgleich sein Verbreitungsgebiet nur beschränkt ist.

Die älteren Mitteilungen über tropische Böden sind nur schwer verwendbar. Manchmal sind nur auffällig gefärbte Tiefenhorizonte wiedergegeben oder Angaben über Humushorizonte fehlen. Oft sind nur Farben angegeben oder es ist alles, was kreß gefärbt ist, als Laterit bezeichnet worden, während man bei weißen Farben von Kaolin sprach. Aus diesem Grunde sind die Angaben, die LANG[2] aus Vorderindien machte, nicht verwertbar (chemische Untersuchungen fehlen), auch v. FREYBERG[3] machte neuerdings Angaben über angebliche, brasilianische Laterite, die sich nur auf die Farbe gründeten und infolgedessen zu falschen Ergebnissen kamen. In der älteren Literatur sind nur wenig Bauschanalysen vorhanden. Es sind damals meistens nur Salzsäureauszüge gemacht worden, die aber jetzt als wertlos zu bezeichnen sind. Vor allen Dingen fehlen gute Einzelbeschreibungen, wie sie von KÖRT[4] und VAGELER[5] örtlich vorgenom-

---

[1] SAPPER, K.: a. a. O., S. 125.
[2] LANG, R.: Geologisch-mineralogische Beobachtungen in Indien. Zbl. Min. usw. 1914, 257, 513, 641.
[3] FREYBERG, B. v.: Leopoldina 2, 122—131 (1926).
[4] KÖRT, W.: Beitr. geol. Erforschg dtsch. Schutzgeb., Berlin 1916, H. 13.
[5] VAGELER, P. W. E.: Beih. z. Tropenpflanzer 11, 4/5 (1910); 13, 1/2, 1—127 (1912).

men sind. Nur ein einziges Gebiet ist vollständig beschrieben und stellt die erste Monographie eines tropischen Gebietes dar, und zwar handelt es sich um Kuba, das Bennett und Allison[1] monographisch in ausgezeichneter Weise beschrieben. Von Afrika besitzen wir eine Zusammenstellung von Shantz und Marbut[2]. Sie zeigt aber, ohne daß der Wert der Zusammenstellung damit beeinträchtigt werden soll, doch wie ungeheuer groß die Lücken sind. Zudem hat Marbut das Gebiet nicht selbst bereist, sondern nach mitgebrachten Profilen und der Literatur bearbeitet. Infolgedessen kann an dieser Stelle eine streng analytische Untersuchung nicht gegeben werden. Es kann nur der Versuch einer Zusammenfassung des bisher Bekannten gemacht werden. Verfasser empfindet es als schmerzlich, daß er nicht auf Grund eigener Beobachtungen in den Tropen arbeiten konnte. Immerhin stehen ihm Untersuchungen an einem Gebiet fossiler tropischer Verwitterung zur Verfügung, das sich in jeder Weise als Vergleichsobjekt glänzend bewährt hat. Es darf aber an dieser Stelle betont werden, daß Marbut in gleicher Weise ohne eigene Geländeanschauungen die Böden Afrikas bearbeitet hat[3].

Allgemeines über die Entstehung tropischer Böden.

Wenn man in Europa Böden untersucht, so handelt es sich in den meisten Fällen um anstehende Verwitterungsrinden. Dies erscheint so selbstverständlich, daß man es in der Regel nicht besonders hervorhebt. Es handelt sich um die Böden, die man als Eluvium bezeichnet. Sie sind es, die in erster Linie über die Verwitterung einer Landschaft Auskunft geben und werden daher auch im folgenden wesentlich beschrieben. In den Tropen liegen die Verhältnisse anders als bei uns. Selbstverständlich sind autochthone Böden in der Form des Eluviums dort weitverbreitet. Wie wir aber schon oben allgemein geschildert haben, treten zu ihnen in großer Zahl Böden, die nicht mehr als anstehende Verwitterungsrinden zu bezeichnen sind. In zahlreichen Profilen ergeben sich Einschaltungen verschiedenfarbiger oder sonst anders ausgebildeter Horizonte, die durch Bodenfluß und Rutschungen zustande gekommen sind. Ist es in diesen Fällen klar, daß sekundäre Einflüsse eine Rolle gespielt haben, so kann umgekehrt in einem ge-

---

[1] Bennett u. Allison: The Soils of Cuba. 1928.

[2] Shantz u. Marbut: The Vegetation and Soils of Africa, S. 221. 1923.

[3] Es kann sich im folgenden nur um eine allgemeine Übersicht handeln. Eine Beschreibung von einzelnen Gebieten wäre z. T. vielleicht schon zu ermöglichen. Ein großer Teil ausländischer Literatur ist aber in Deutschland nicht erreichbar, so daß schon aus diesem Grunde davon Abstand genommen werden muß.

Die im folgenden wiedergegebenen zahlreichen neuen chemischen Analysen sind mit Mitteln der Notgemeinschaft der deutschen Wissenschaft gefertigt. Auch an dieser Stelle sei dafür geziemender Dank warm ausgesprochen. Die Ausführung geschah durch Herrn Dr. Möser in Gießen.

Für die folgende Darstellung wurden sämtliche in Deutschland erreichbaren tropischen Bodenprofile herangezogen. Der Verfasser darf dem Direktor des Landwirtschaftlichen Instituts der Universität Halle, dem Direktor des Geologischen Instituts der Landwirtschaftlichen Hochschule Berlin und dem Präsidenten der Preußischen Geologischen Landesanstalt danken, daß sie ihm die Benutzung des reichen Sammlungsmaterials ermöglicht haben. Eine ganze Reihe tropischer Roterdeprofile, die sich jetzt im Geologischen Institut der Universität Gießen befinden, sind Herrn Professor Schröder, Uruguay, und Herrn Dr. H. Vageler zu verdanken. Ganz besonders dankbar ist der Verfasser aber Herrn Dr. P. W. E. Vageler, der ihm die Möglichkeit einer mündlichen Besprechung über die wichtigsten Fragen tropischer Bodenbildung gab. Es stellte sich heraus, daß die aus Literatur und Profiluntersuchungen gewonnenen Anschauungen durchaus mit den von P. W. E. Vageler übereinstimmen. Auch die Abbildung S. 436, die die Zusammenhänge tropischer Bodenprofile wiedergibt, wurde von Vageler mit geringfügigen Veränderungen anerkannt. Der Verfasser glaubt daher, da seine Anschauungen mit denen eines so bewährten Tropenkenners, wie Vageler, übereinstimmen, die Darstellung tropischer Böden wagen zu dürfen.

schlossenen, scheinbar einheitlichen Profil auch eine Umlagerung stattgefunden haben, man wird aber oft nicht erkennen können, daß ein Colluvium hier vorliegt. Es wird daher sicher manches als anstehende Verwitterungsrinde beschrieben, was in Wirklichkeit durch Bodenversetzung zustande gekommen ist.

Von großer Bedeutung ist in den Tropen das Alluvium. Die hohen Niederschläge bedingen starke Wasserführung der Flüsse. Der dauernde Transport abgeschwemmten Materials ist außerordentlich groß. Der Wechsel von Trocken- und Regenzeit bedingt ein sehr starkes Anschwellen der Flüsse, Vermehrung der Transportkraft und Übertreten über das Ufer. Vor allem der Unterlauf tropischer Flüsse und die breiten Mündungsgebiete zeigen infolgedessen in oft großer Mächtigkeit junge Anschwemmungen, die meistens außerordentlich fruchtbar sind. KATZER[1] gab vom Mündungsgebiet des Amazonas gute Beschreibungen. Aus Kolumbien besitzt das Geologische Institut der Universität Gießen Profile sehr feiner alluvialer Sande, bei denen selbst im obersten Horizont noch recht frische dunkle Glimmer zu sehen sind. Diese Alluvialböden werden im folgenden im allgemeinen nicht berücksichtigt. Sie treten meist als sehr feinkörnige schwere Böden auf. Selbstverständlich unterliegen diese Anschwemmungen sofort der Verwitterung, und auf ihnen bilden sich die bezeichnenden Profile aus, die deutlich illuviale Horizonte aufweisen. Man erkennt das Illuvium an Bildungen von schweren Lehmen und an starker Färbung durch Eisenverbindungen. Wir kommen unten gleich darauf zurück.

Bodenarten.

Die Bodenarten der Tropen sind außerordentlich mannigfaltig. Man kann von Skelettböden über grobe und feine Sande bis zu den schwersten Lehmen kommen. Für sehr viele Böden ist der Charakter als Lehm bezeichnend. Es handelt sich um steife, plastische Lehme, die häufig so gleichmäßig sind, daß sie sogar als Ton bezeichnet werden. Im Durchschnitt ist ihr Gehalt an Gelen in Mittelamerika[2] 72,7 %. Es handelt sich um Gesteine, die unter der Einwirkung der Sonnenstrahlung sehr scharf austrocknen und zu großen Trockenrissen Veranlassung geben können. Sie brechen beim Pflügen nur in große Schollen auseinander. Ihre Wasserführung ist eine außerordentlich ungünstige. Sie sind sehr dicht gelagert und die Wasserzirkulation findet nur langsam statt. Unter der im Sommer trockenen Oberschicht bleibt der Boden in der Tiefe feucht und plastisch.

Neben dieser Gruppe plastischer Böden kann eine andere Gruppe unterschieden werden, die ebenfalls reich an Gelen ist und zunächst keinen besonderen Unterschied darbietet. Es fällt aber auf, daß die Böden nicht gleichmäßig dicht erscheinen, sondern eigenartig bröcklig und zerreiblich sind. Man kann sie zwischen den Fingern vollständig zerkleinern. Im Anstehenden besitzen sie überdies, wie dies auch aus den fossilen Lehmen des Vogelsberges bekannt ist, einen eigenartig feinstückigen Charakter. BENNETT bezeichnet sie als friable soils. Diese eigenartig physikalische Struktur, die den Böden die Bezeichnung Roterde zuteil werden lassen sollte, drückt sich in der guten Wasserführung aus; sie leiten das Wasser gut fort. Ein auf eine Bodenprobe gesetzter Tropfen versinkt sofort, ganz im Gegensatz zu den plastischen Lehmen (s. unten S. 386).

Die Ursachen dieses verschiedenen Chemismus liegen in der chemischen Zusammensetzung. Bei den zerreiblichen Böden handelt es sich um Allite und bei den plastischen Böden um Siallite[3].

---

[1] KATZER: Grundzüge der Geologie des unteren Amazonasgebietes. Leipzig 1903.
[2] Vgl. BENNETT: Soil Sci. **21**, 349—374 (1926).
[3] Die Erklärung dieser Ausdrücke siehe unten S. 399.

Bodentypen.

Über die tropischen Bodentypen liegen bisher wenig eingehende Arbeiten vor. Für das tropische Afrika unterscheidet Marbut[1] folgende Gruppen:

1. Rotlehme; besonders in Zentralafrika vorhanden. Sie besitzen einen hohen Prozentsatz von gebundener Kieselsäure; freier Quarz kann auftreten oder fehlen. Tonerdehydrat fehlt vollständig und Aluminium ist entweder als wasserhaltiges Aluminiumsilikat oder in Form frischer Mineralien vorhanden. Ferrioxydhydrat ist in beträchtlicher Menge vorhanden. Der Prozentsatz an Alkalien und Erdalkalien ist gering, aber immer in einer gewissen Höhe ausgeprägt. Typische Gebiete dieser Rotlehme liegen im südlichen Teil des belgischen Kongo, im Nordteile von Nordrhodesia und auch in Portugiesisch-Westafrika.

2. Eisenhaltige Rotlehme. Ihre Farbe wechselt von Grau über Braun bis Rot. Die Böden sind durch Eisenkonkretionen und Krusten im unteren Horizont gekennzeichnet und von älteren Reisenden oft ohne weiteres als Laterit bezeichnet worden. Offenbar handelt es sich in dieser Gruppe teils um die Eisenkrusten, die mit Laterit zusammenhängen oder in seiner Nachbarschaft auftreten, teils liegen Savanneneisensteine vor. In Rhodesia besitzen sie einen dichten, dunkelgefärbten Oberboden und einen karbonatführenden Unterboden. Die größte Verbreitung haben diese eisenschüssigen Lehme im Südteil des belgischen Kongo, wo sie in Waldgebieten auftreten. Hier und in anderen Gebieten befinden sie sich meistens in ziemlich ebenem Gelände. Ihre Fruchtbarkeit ist geringer als die der unter 1 beschriebenen Rotlehme.

3. In hohen Lagen und Gebirgen des zentralen Afrika finden sich unreife Rotlehme. Die Wasserführung dieser Profile ist gut, da im Unterhorizont keine Bodenverdichtungen bekannt sind. Unter den unreifen Rotlehmen versteht Marbut offenbar teils solche, die man als junge Rotlehme bezeichnet, bei denen, wie dies Kört[2] von Amani angab, noch bei geringer Profilmächtigkeit Stücke frischer Mineralien und Gesteine vorhanden sind. Andererseits rechnet er aber offenbar dazu auch Lehme, die zu den folgenden Gruppen gehören.

4. Marbut unterscheidet schließlich noch lateritische Rotlehme, deren Stellung zwischen den unter 1 genannten Rotlehmen und der 5. Gruppe, dem Laterit, liegt. In den lateritischen Rotlehmen ist freie Tonerde vorhanden. Wir haben sie unten als allitische Rotlehme im Zusammenhang mit Laterit beschrieben.

Die Grundlage der von Marbut gewählten Einteilung ist eine chemische und schließt sich an eine von Fermor und Lacroix[3] gegebene an. Als Laterit bezeichnet er Böden mit 90—100 % Lateritelementen (Al_2O_3 und Fe_2O_3, beide nicht gebunden), lateritischen Lehm mit 25—90 % Lateritelementen und Rotlehm mit weniger als 25 %.

Wohl die gründlichsten tropischen Bodenuntersuchungen liegen aus Niederländisch-Indien vor. Hier sind für praktische Zwecke Untersuchungen in außerordentlich großer Zahl gemacht worden, wie Verfasser einer freundlichen Mitteilung von P. W. E. Vageler entnimmt. Freilich ist hier weniger die allgemeine Zusammensetzung in Bauschanalysen als die für die Praxis wichtigen Eigenschaften, wie: mineralische Zusammensetzung, Gelgehalt, Hygroskopizität, Adsorption bestimmt worden. Leider ist von diesen Untersuchungen fast nichts veröffentlicht. Vageler gibt aber in seiner dem Verf. in freundlicher Weise zur Verfügung gestellten Veröffentlichung (Batavia 1928) im Anschluß an Mohr[4]

[1] Marbut, C. F., s. Shantz u. Marbut: a. a. O., S. 190.
[2] Kört, W.: Ber. Land- u. Forstwirtsch. Deutsch-Ostafrika 2, H. 3, 143—164 (1904).
[3] Fermor: Geol. Mag. V 8, 454, 507, 559 (1911); VI 2, 28, 77, 123 (1915). — Lacroix, A.: Minéralogie de Madagascar 3. 1923.
[4] Mohr, E., s. Vageler, P. W. E.: Batavia, S. 160. 1928.

eine Bodeneinteilung wieder, der wir uns allgemein unten angeschlossen haben.

Gruppe 1: Subhydrische Grauerden. Es handelt sich hier um Böden, die unter dauernder Wasserbedeckung entstanden sind. Je nach der Beschaffenheit des Grundgesteins entstehen ganz verschiedene Böden von Sanden bis zu Lehmen. Meist sind die Basen vollständig ausgewaschen, was besonders durch sauren Humus bewirkt wird. In submarinen, unter Seewasser gebildeten Böden sind Reduktionsprozesse eingetreten. Soweit nun zeitweise überschüssiges Wasser vorhanden ist, bilden sich oberflächlich Anhäufungen von Rohhumus aus, im Untergrund zur Bildung von ausgesprochenen Bleicherden Veranlassung gebend. Oft finden sich in diesen Böden limonitische Eisenkonkretionen, die sich zu vollständigen Bänken zusammenschließen können. Das Bezeichnende dieser Böden ist also die Beeinflussung durch sauren Humus. Bisher ist von diesen Böden nur sehr wenig bekannt geworden und bis in die neueste Zeit kann man immer wieder lesen, daß Rohhumusansammlungen in den Tropen (abgesehen von Mooren) nicht auftreten.

Gruppe 2: Höhen-Grauerden. Sie finden sich in kühlen Berggegenden, spielen aber eine unbedeutende Rolle. Ihr Gehalt an Basen ist groß. Im folgenden werden die Böden höherer tropischer Gebiete, die also nicht mehr unter tropischem Klima liegen, nicht behandelt werden. Es ist auch über sie viel zu wenig bekannt geworden.

Gruppe 3: Schwarzerden. Sie entstehen in heißem Klima durch abwechselnde Auswaschung und Konzentration und schließen sich an aride Böden an. Sie werden im folgenden nicht weiter betrachtet, da sie an anderer Stelle des Handbuches behandelt werden und in der Gesamtheit im engeren Sinne nicht mehr als echte tropische Böden zu bezeichnen sind.

Gruppe 4: Torfböden.

a) Flachmoore mit hohem Gehalt an Basen, durch Verlandung von Wasserflächen entstehend und Waldmoore mit mittelmäßigem bis niedrigem Gehalt an Basen, häufig mit eisenhaltigem Untergrund.

b) Hochmoore durch Sphagnaceen gebildet, in großer Meereshöhe bei starken Niederschlägen entstehend.

c) Trockenmoore unter Gras und Farnkraut, entstanden auf alkalischen Böden durch nicht zureichende Auswaschung als Übergangsgebiet zu Alkaliböden.

Gruppe 5: Silikat- und Laterit-Gelberden.

Gruppe 6: Silikat-Roterden und Silikat-Braunerden.

Die als silikatisch bezeichneten Erden entsprechen den Rotlehmen von MARBUT. Sie werden ausführlicher unten beschrieben.

Gruppe 7: Terra rossa. Es handelt sich um Verwitterungsböden von Kalk, die physikalisch-chemisch der folgenden Gruppe näherstehen.

Gruppe 8: Lateritische Roterden und Laterit.

Weitere durchgehende Einteilungen sind in der Literatur im allgemeinen nicht bekannt. In der ausführlichen Untersuchung Kubas durch BENNETT sind zwar eine ganze Menge von Familien unterschieden, doch ist eine Einteilung nach Bodentypen nicht erfolgt. Vergleicht man die besprochenen Einteilungen, so ergibt sich in bezug auf die Rotlehme verschiedener Art eine recht gute Übereinstimmung. Schwarzerden werden auch von MARBUT angeführt, während die subhydrischen Grauerden und die Moorböden nicht berücksichtigt sind.

Im folgenden soll nun versucht werden, einen Überblick über die verschiedenen Bodentypen, vor allen Dingen nach ihren Zusammenhängen und ihrer Ausbildung zu geben.

Einzelbeschreibung tropischer Bodentypen.
α) Rohhumus.

Die hohe Intensität der Verwitterung bewirkt, daß Humus im allgemeinen in den Tropen sehr schnell abgebaut wird. So kommt es, daß Rohhumusanhäufungen, abgesehen von höheren Lagen, früher vollständig bestritten wurden. Seitdem Potonié[1] zum erstenmal aus Mittel-Sumatra über das Vorkommen tropischer Moore Nachricht erhielt, sind unsere Kenntnisse wesentlich erweitert worden, besonders durch Lang[2] und Krenkel[3]. Aus folgenden Gebieten sind rezente und subrezente Torfmoore der Tropen bisher bekannt geworden: Ostafrika, Kongobecken; Vorderindien, Ceylon; Hinterindien; Sumatra, Java, Borneo; Neuguinea, Brasilien; Kuba; Süd-Florida. Zum Teil sind es Gebiete riesiger Ausdehnung, wobei wir die Mangroven von vornherein ausnehmen. So entspricht allein der Tropenanteil des Torfes, der die ganze Halbinsel Florida überdeckt, etwa dem Ruhrgebiet. Von Ostsumatra beschrieb Schürmann[4] aus der Residenz Palembang Torflager, die sich an der Küste auf eine Erstreckung von 350 km bei einer durchschnittlichen Breite von 125 km verfolgen lassen. Ein Gebiet von etwa 25 000 qkm wird von den Waldmooren fast geschlossen bedeckt. Der Boden solcher Moore ist hier gewöhnlich ein grauer Brei von einigen Metern Mächtigkeit; er wird meist überlagert von einer 1 m mächtigen Rohhumusschicht.

Sehr wesentlich ist, daß die Torfmoore unter verschiedenen Umständen entstehen können und selbst dann, wenn eine ausgeprägte Trockenzeit auftritt. Schürmann spricht anschaulich von dem Monsunwechselklima, das die Torfgebiete zeitweilig austrocknen läßt. Es sind also nicht nur die tropischen Regenwaldgebiete ausgesprochene Torfbildner. Eine gute Beschreibung von den auf Kuba auftretenden Torfen gaben Bennett und Allison[5]. Der in mehreren Metern Mächtigkeit auftretende Torf kann hier Einlagerungen von rein weißen Mergeln zeigen.

Neben die Torflager stellen sich diejenigen Rohhumusauflagerungen, die in Wäldern unter zeitweiliger übermäßiger Feuchtigkeit entstehen. Noch einmal sei hervorgehoben, daß sie früher ganz unbekannt waren. Zwar haben Lang[6] und Stremme[7] auf Rohhumuseinwirkungen in den Tropen hingewiesen, indem sie an die schon lange bekannten Schwarzwässer dachten, aber exakte Angaben standen ihnen nicht zur Verfügung. Es unterliegt aber keinem Zweifel, daß sie weitverbreitet sind, wie aus der oben angegebenen Einteilung nach Mohr und Vageler hervorgeht.

Genau wie unter mitteleuropäischen Wäldern, die an starker Durchfeuchtung leiden, kann sich aufgelagerter Humus bilden. H. Vageler[8] nennt sogar die Humusablagerungen, die er im Flußgebiet des Rio Magdalena fand, ausgesprochene Urwaldböden. P. W. E. Vageler verdanke ich die Mitteilung,

[1] Potonié, H.: Die Entstehung der Steinkohle, 5. Aufl., S. 154. 1910.
[2] Lang, R.: Jb. Hallesch. Verb., H. 2.
[3] Krenkel, E.: Moorbildungen im tropischen Afrika. Cbl. Min. usw. 1920, 371—380, 429—438.
[4] Schürmann, H. M. E.: Über die neogene Synklinale von Südsumatra und das Entstehen der Braunkohle. Geol. Rdsch. 14, 247 (1924).
[5] Bennet u. Allison: a. a. O., 1928.
[6] Lang, R.: Jh. Ver. vaterl. Naturkde. Württ. 71, 115—123 (1915).
[7] Stremme, H.: Laterit und Terra rossa als illuviale Horizonte humoser Waldböden. Geol. Rdsch. 5, H. 7, 480—499 (1914). — Zur Kenntnis der Bodentypen. Ebenda 7, H. 7/8, 330—339 (1917). — Profile tropischer Böden. Ebenda 8, H. 1/2, 80—88 (1917).
[8] Vageler, H.: Das Flußgebiet des Rio Magdalena. Z. Ges. Erdkde. Berlin 1927, Nr. 1/2, 17—30.

daß es sich um weitverbreitete Erscheinungen handelt. Der Erfolg der Anreicherung von saurem Humus ist dann das Auftreten ausgesprochener Podsolprofile. P. W. E. VAGELER hat sie z. B. in Palembang, im südlichen Moçambique und in Guinea beobachtet. Unter dem Rohhumus befindet sich ein Bleichsand, der 1 m und mehr umfassen kann. Darunter folgt ein ausgesprochener Ortstein, der auf Palembang in riesiger Ausdehnung über viele Quadratkilometer zu verfolgen ist. Das Auftreten des Ortsteins ist darum von sehr großer Bedeutung, weil er uns zeigt, daß Ortstein und Lateriteisenstein, die STREMME vergleichen wollte, tatsächlich etwas ganz Verschiedenartiges darstellen (s. u. S. 409). Dies ergibt sich auch aus dem weiter unten folgenden Bodenprofil. Unter dem Ortstein liegt, nach mündlichen Angaben von P. W. E. VAGELER, gelber Lehm, der allmählich in roten Lehm übergehen kann. Der Übergang ist kein allmählicher, sondern geht in unregelmäßigen Flecken und Flammen vor sich. Neben den mächtigen Profilen, wo der Ortstein sich zu einer vollständigen Eisenplatte zusammenschließen kann, gibt es schließlich ganz winzige Profile, die sich in geringster, zentimeterstarker Mächtigkeit unter bestimmten Pflanzen bilden. Es entsteht hier der Eindruck, daß das anstehende Gestein zunächst entbast wurde, verlehmte, daß dann eine Ausspülung der Kolloide einsetzte und nun eine Podsolierung entstand. Dies entspricht dem Auftreten geringmächtiger Ortsteinprofile, wie sie von München und Graubünden beschrieben wurden[1].

Auf den gleich näher zu besprechenden Lehmen bildet sich oft eine Zone oberflächlicher Bleichung. Man darf aber diese Bleicherde keineswegs einer Podsolierung gleichsetzen. Es handelt sich vielmehr um die auch in Deutschland und im Mittelmeergebiet zu beobachtende oberflächliche Ausspülung färbender Gele unter Einfluß von Niederschlägen, wie sie von HARRASSOWITZ[2] angegeben wurde.

β) Braun- und Rotlehme.

Allgemeines. Der überwiegende Teil tropischer Böden dürfte lehmigen Charakter besitzen. Es handelt sich also um gelreiche Böden wie schon oben erwähnt. Ihre Bezeichnung wechselt. VAGELER spricht z. B. nur von Roterden, während MARBUT die Bezeichnung Lehm verwendet. BENNETT bevorzugt das Wort clay. Die Bezeichnung Lehm scheint wohl die richtigste zu sein, schon um die grundsätzliche Gleichheit mit europäischen Bodenbildungen hervorzuheben. HARRASSOWITZ[3] führte aus, daß es richtiger wäre, auch bei den mittelmeerischen Roterden von Rotlehmen zu sprechen, da sie sich sowohl nach Chemismus als auch Auftreten im Profil nicht wesentlich von mitteleuropäischen Verwitterungsbildungen unterscheiden. Der plastische Charakter, den viele der roten Böden haben, läßt die Bezeichnung Lehm auch passender erscheinen. Mit der Bezeichnung „Erde" verbindet man mehr den Begriff eines bröcklig-zerreiblichen Materials. Der Ausdruck „Erde" könnte auf die nicht plastischen Böden beschränkt werden, die wir unten als allitische Böden kennenlernen werden.

Wenn im folgenden Braunlehm und Rotlehm unterschieden werden, so sind diese Farbenbezeichnungen allgemein gedacht und bezeichnen das Vorherrschen bestimmter Töne. Die Braunlehme finden sich hauptsächlich unter Wald und treten im hangenden Teil der Profile auf. Rotlehme können darunter auftreten. Dabei sei gleich erwähnt, daß Rotlehme auch bis an die Oberfläche gehen können. Die hierher gehörigen Böden werden oft als gelb bezeichnet. Aber tatsächlich ist dieser Farbton nicht häufig vorhanden und stellt sehr oft

---

[1] Vgl. HARRASSOWITZ: a. a. O., S. 162, 182 u. 196. 1926.
[2] HARRASSOWITZ, H.: Südeuropäische Roterde. Chem. d. Erde 4, 2 (1928).
[3] HARRASSOWITZ, H.: Chem. d. Erde 4, 4 (1928).

ein trübes Kreß dar, für das die allgemeine Bezeichnung braun am angebrachtesten erscheint. Es kann aber auch wirkliches Gelb auftreten, wie bei dem unten folgenden Profil von Rio de Janeiro (s. S. 376). Die Rotlehme finden sich mehr im Gebiet von Monsunwäldern, in den Savannen und schließlich sogar noch in den Steppen. Die Farbe kann in den verschiedensten Schattierungen auftreten. Man findet reines Kreß, das durch Humusbeimengungen in Braun und sehr dunkle Töne übergehen kann. Auf der anderen Seite kann der Farbton aber auch ganz verschwinden und graue Böden treten auf. Sehr häufig ist Rotlehm an der Oberfläche heller, der lehmige Charakter tritt zurück und macht sich erst in einem illuvialen Horizont bemerkbar. Während im Mittelmeergebiet auf reinen Kalken immer — abgesehen von den oberflächlichen Humushorizonten — ausgesprochene Kreßfarbe erscheint, wechselt dies in tropischen Landschaften. Auf Kuba finden wir die verschiedensten Farbtöne. Ähnliches geht aus den Untersuchungen hervor, die VAN BAREN[1] an Kalkböden im ostindischen Archipel anstellte. Die Farben waren hier grau, rot, gelb schwarz, braun. Eine sichere Gesetzmäßigkeit ließ sich hier nicht feststellen, aber in vielen Fällen war die Farbe vom Muttergestein beeinflußt.

Die Ausbildung der Profile. Sehr häufig finden sich ausgesprochene Profile mit mehreren Horizonten. Bei Annäherung an das Lateritgebiet sind diese in den Rotlehmen oft nicht vorhanden. Von der Matanzasfamilie auf Kuba wird berichtet, daß selbst Bohrungen bis zu 30 m keine Unterschiede zeigten. Dies drückt sich darin aus, daß die Fruchtbarkeit der Rotlehme gänzlich unabhängig von der Tiefe ist.

Wenn wir von der Nachbarschaft des Lateritgebietes absehen, so kommen wir allerdings zu ausgebildeten Horizonten. Vor allem berichtet MARBUT aus Afrika, was auch den dem Verfasser mündlich mitgeteilten Erfahrungen VAGELERS entspricht, daß der Oberflächenhorizont oft leichtere Böden zeigte, die sandig entwickelt sind. Hier können sogar durch oberflächliche Ausspülungen graue Farben entstehen. MARBUT[2] gab eine Abbildung eines Profiles aus dem Trockenwald, wo dies deutlich zu erkennen ist. Diese Ausspülung unter dem Einfluß der Regen macht sich nach MARBUT besonders dann geltend, wenn das Muttergestein Gneis oder Sandstein darstellt. Chemisch wird dies in der Zunahme des Kieselsäure-Tonerde-Quotienten ki deutlich bemerkbar. Ein angeführtes Profil von Moshi aus Deutschostafrika zeigte an der Oberfläche $ki = 5,4$, darunter bis zu 180 cm Tiefe aber nur rund 2,3. Ein Profil von Elisabethville in Kongo zeigt an der Oberfläche 6,96 gegenüber 5,3 und 5,93 in der Tiefe. Im Untergrund befindet sich dann ein illuvialer Horizont, der sich durch größere Plastizität auszeichnet und eine Anreicherung von Tonerde aufweist. Offenbar sind Profile dieser Art, die durchaus solchen im gemäßigten und subtropischen Klima gleichen, außerordentlich häufig. Von Daressalam beschrieben KÖRT und LOMMEL[3] das folgende Profil:

A_1 humose mit Küchenresten durchsetzte Oberkrume . . . . o—0.4 m
A_2 bräunlicher, loser Sand . . . . 0.4—1 m
A_3 schwach lehmiger, gelber Sand . . . . 1 —1.5 m
B_1 stark lehmiger, rotbrauner Sand . . . . 1.5—2.5 m
B_2 rotbrauner, lehmiger Sand, durchsetzt mit Streifen weißen Sandes . 2.5—3.5 m
C unverwitterter weißer Sand . . . . 3.5—4.8 m

Leider wurden von diesem Profil nur kalte Salzsäureauszüge gemacht. Deutlich ergab sich darin eine Anreicherung von SiO_2, Fe_2O_3, Al_2O_3, CaO, MgO in

[1] BAREN, J. VAN: Comm. geol. Inst., Agricult. Univ. Wageningen 14 (1928).
[2] MARBUT, C. F., s. SHANTZ u. MARBUT: a. a. O., Fig. 46.
[3] KÖRT, W., u. LOMMEL: Ber. Land- u. Forstwirtsch. Deutsch-Ostafrika 1, 334 (1903).

dem Horizont B_1. Auf Kuba beobachtete BENNETT eine ganze Reihe von derartigen Profilen. Wir geben eines aus der Truffinserie wieder, daß sich dadurch auszeichnet, daß der Unterhorizont beim Trocknen infolge seines Gelreichtums außerordentlich stark erhärtet. Interessant ist es, daß dieses Profil aus einer Gegend stammt, wo oft kieselsäureärmere Böden der Matanzasfamilie auftreten, die keinen so ausgeprägten Unterhorizont aufweisen.

Zahlentafel 1. Profil der Truffinserie auf Kuba[1]:

A rötlichbrauner bis brauner Lehm, unten braungelblich oder rot 15—20 cm
B_1 braungelber oder rötlichbrauner bis gelblichbrauner Ton, feucht, sehr plastisch, trocken außergewöhnlich hart, mit Eisenkonkretionen bis 10% der ganzen Masse, keine scharfen Grenzen des Horizontes . . . . 15—20 cm Mächtigkeit
B_2 gelblichroter oder gelblich oder rötlich gefärbter Lehm von ähnlicher physikalischer Beschaffenheit wie B_1 . . . . 40—300 cm Tiefe
C frischer Kalkstein.

	A 0—10 cm	B_1 18—37 cm	B_2 37—65 cm	C 65—220 cm
SiO_2	36.21	38.67	38.88	39.23
TiO_2	1.74	0.81	0.67	0.81
Al_2O_3	27.16	29.92	31.80	31.10
Fe_2O_3	15.13	14.70	13.89	14.92
MnO	0.24	0.15	0.08	0.11
MgO	0.23	0.26	0.31	0.42
CaO	0.51	0.43	0.37	0.31
Na_2O	0.38	1.59	1.61	1.58
K_2O	0.31	0.41	0.39	0.43
P_2O_5	0.24	0.21	0.22	0.08
Glühverlust . .	17.79	14.02	13.00	12.12
N	0.35	0.10	0.08	0.03
Org. Substanz .	6.47	3.84	1.28	0.36
H_2O 110° . . .	4.64	3.75	3.35	3.45
ki	2.25	2.20	2.08	2.20
ba	0.069	0.13	0.118	0.116

Bezeichnend ist bei diesen Profilen, daß im Untergrund infolge der Anreicherung der genannten Stoffe eine intensivere Färbung eintritt als weiter oben. Sehr oft ist es so, daß unter einem gebleichten Oberhorizont erst gelbliche Töne oder ein helles Kreß und dann ein intensiver gefärbtes Kreß folgt. Es ist das genau dieselbe Erscheinung, wie sie in Mitteleuropa auftritt und von HARRASSOWITZ[2] beschrieben wurde. Wiederholt ist der Versuch gemacht worden, derartige Horizonte als fossil zu erklären. Es läßt sich aber in Mitteleuropa ohne weiteres zeigen, daß es sich hier um eine rezente Anreicherung handelt. Genau dieselben Profile können wir auch in subtropischen Roterden beobachten, wie sie im Mittelmeergebiet und im südlichen Teil der Vereinigten Staaten von Nordamerika auftreten. In dem Quotienten ki drückt sich die oberflächliche Ausspülung und der folgende Anreicherungshorizont auch hier am besten aus. Ein Profil aus Mecklenbourg County in Nordkarolina, aus Diorit entstanden, zeigte bis 90 cm Tiefe folgende Werte ki: 3,61, 2,94, 3,14. Ein Cecilclay aus derselben Gegend, über Granit entwickelt, zeigte an der Oberfläche $ki = 6,59$, weiter unten 2,73. Ein aus Kalkstein gebildeter Lehm aus Alabama zeigte oben $ki = 15,30$, unten 9,94. Die an der Oberfläche stark eintretende Auswaschung von Sesquioxyden macht sich auch in den Basen sehr gut bemerkbar, wie wir unten noch sehen werden.

---

[1] BENNET u. ALLISON: a. a. O., S. 32 (Analysen Nr. 32 756, 32 758/59, 327 560/61, 327 562).
[2] HARRASSOWITZ: Laterit, a. a. O., S. 133. 1926.

Daß es sich hier im subtropischen Gebiet um genau dieselbe Erscheinung wie in den Tropen handelt, sei mit einigen Ziffern van Barens[1] belegt. Es handelt sich um die Verwitterung eines Kalkes auf Java, wo unter einem sehr dunklen, stark humosen Oberboden gelbbrauner Unterboden in 2 Horizonten folgt. Die *ki*-Werte sind von oben nach unten: 3,04, 2,59, 4,08, im frischen Kalk 4,47. Deutlich sieht man, wie sich im mittleren Horizont genau so wie bei den besprochenen Profilen die Sesquioxyde anreichern.

In den tropischen Böden, vor allen Dingen soweit sie sich nicht unter dauernd feuchtem Urwald befinden, kommen sehr häufig Eisenkonkretionen vor. In geringer Größe und Zahl sind sie schon gelegentlich im Urwald zu beobachten, nehmen aber an Größe nach dem Monsunwald und besonders nach der Savanne zu, bis sich schließlich ausgesprochener Lateriteisenstein entwickelt. Schon in dem oben wiedergegebenen Profil (S. 373) ist ja ihre Lagerung angegeben. Vor allen Dingen sind sie uns von Kuba sehr sorgfältig beschrieben worden. Sie liegen meist nicht an der Oberfläche und können sich hier, wie in manchen anderen Gebieten, schließlich so anhäufen, daß eine geschlossene Eisenplatte entsteht. Auf Kuba ist es besonders die Mocarrerofamilie. Ein Profil sei nach Bennett und Allison angeführt[2]. Unter einem braunen, feinsandigen Lehm (15 bis 20 cm) findet sich zunächst ein ähnlicher Lehm mit vielen Eisenkonkretionen, die bis 35 cm reichen. Darunter folgt ein 140 cm mächtiger Eisenstein, dessen oberer Teil rötlichbraun, schwarz oder gelblich aussieht und vollständig verfestigt ist. Manchmal kann er auch spongiös ausgebildet sein. Der tiefere Teil besteht aus weichem Eisenstein, der mit bläulichschwarzen und gelben Tönen abwechselt, darunter folgen mehr oder weniger gefleckte, rötliche, gelbliche und graue, plastische Tone, etwa 70 cm mächtig. Darunter liegt der anstehende Kalk.

Auch in anderen Gebieten kommen derartige Eisenanreicherungen vor. Vageler machte dem Verfasser mündlich Mitteilung von einer regelrechten Eisenplatte, die sich unter Rotlehm mit etwas Zwischenlagerung von Braunlehm in Abessinien nur auf Trachyt befindet. Diese Eisensteine scheinen sich nur in Savannen zu bilden. Sie zeigen aber nach den chemischen Analysen gar keine Ähnlichkeit mit Laterit, im Gegenteil ist ihr Tonerdegehalt sehr gering. Über ihre unmittelbaren Bildungsumstände ist nichts Näheres bekannt. Vielleicht bilden sie sich in Landschaften, in denen aus irgendwelchen Gründen ein Aufsteigen bis zur Oberfläche nicht stattfindet und für die Abfuhr der Kieselsäure keine alkalischen Lösungen zur Verfügung stehen. In einem bis 150 cm heruntergehenden Profil der Mocarrerofamilie auf Kuba[3] war p_H von oben nach unten 5,98, 5,70, 5,60, 6,15. Allerdings läßt sich daraus nichts Sicheres schließen, da die Basenarmut bei Vollendung des Bodenbildungsprozesses naturgemäß zu sauren Reaktionen Veranlassung geben muß.

Der Chemismus der Konkretionen ist ein ganz verschiedener, und zwar je nach dem Bodentyp. Soweit es sich um trockene Gebiete handelt, die schon im Übergang zur Steppe liegen, sind sie als Kalkkonkretionen anzusprechen. Blanck und Geilmann[4] gaben eine Analyse davon an. Oft zeigen, nach mündlicher Mitteilung Vagelers, diese Konkretionen oberflächlich eine Färbung durch Eisenhydroxyd, und es entsteht infolgedessen der Eindruck, daß es sich um Eisenkonkretionen handelt. Im Savannengebiet der Laterite finden sich Konkretionen, die neben dem hohen Gehalt an Fe_2O_3 viel Al_2O_3 besitzen. Auch Konkretionen reiner Tonerde sind bekannt, doch scheinen sie ziemlich

[1] Baren, J. van: a. a. O. S. 77.   [2] Bennet u. Allison: a. a. O., S. 66.
[3] Nach Bennett u. Allison: a. a. O., S. 81.
[4] Blanck, E., u. W. Geilmann: Über die chemische Zusammensetzung einiger Konkretionen tropischer Böden. Landw. Versuchsstat. 51, 217—245 (1923).

selten zu sein. Wie unten beim Laterit näher ausgeführt, sind manche in der Literatur angegebenen Konkretionen in Wirklichkeit nichts weiter als Stücke lateritisierten Gesteins.

Verlassen wir das Lateritgebiet, so finden sich Konkretionen anderer Art, wie sie durch Blanck und Geilmann und besonders durch Bennett von Kuba bekanntgegeben sind. Vor allen Dingen zeichnen sie sich dadurch aus, daß freie Tonerde nicht vorhanden ist, sondern vielmehr siallitisches Material auftritt. Auf Kuba ergab sich, daß in den Konkretionen, deren Gehalt an Fe_2O_3 zwischen 10—64% wechselte, fast regelmäßig mehr Fe_2O_3 vorhanden war als im Boden selbst. Der Gehalt an Aluminium ist nicht so regelmäßig ausgebildet und kann teils größer, teils kleiner als in dem dazugehörigen Boden sein. CaO kann stellenweise auch noch eingerechnet sein, ist aber in den meisten Fällen nur in sehr geringer Menge vorhanden. P_2O_5 ist oft angereichert.

Unreife Profile. Tiefgründigkeit ist im allgemeinen das Kennzeichen der tropischen Verwitterung. Keineswegs ist dies aber überall der Fall und so finden sich flachgründige Profile ebenfalls recht häufig. Äußerlich werden sie daran kenntlich, daß Brocken frischen Gesteins in großer Menge auftreten und unter geringer Bodenbedeckung schon Zersatz oder frisches Gestein vorliegt. Zwei Profile seien als Beispiele angeführt:

Urwald Rio de Janeiro, Brasilien (gesammelt von Professor Schröder).
    A Humusboden, schwach lehmiger Sand . . . . o— 30 cm
    B_1 Lehm, gelreich, dunkelgelb . . . . 30— 50 cm
    B_2 Lehm, gelreich, hellgelb . . . . 50—100 cm
    Z Gneiszersatz, weiß mit z. T. noch frischen Feldspäten.
    Z Gneiszersatz, kreß mit z. T. noch frischen Feldspäten.
Analyse s. Zahlentafel 2.

Urwald Longje, Kamerun (Sammlung der Landwirtschaftlichen Hochschule Berlin).
    A Humusboden, schwach lehmiger Sand . . . . o—10 cm
    B Trübkreßfarbener Lehm . . . . 10—35 cm
    Z_1 Trübkreßfarbener verlehmter Glimmerschiefer . . . . . . 35—60 cm
    Z_2 Hellkreßfarbener verlehmter Glimmerschiefer . . . . . . 60—85 cm

Noch geringer ist die Bodendecke im folgenden Profil, das Bennett und Allison[1] von Kuba beschreiben.

Limonesserie auf Kuba:
    dunkelroter oder purpurroter Lehm . . . .   7—12 cm
    blaßroter Lehm mit mehr oder weniger zersetzten Gesteins-
      brocken . . . . 12—30—75 cm
    Zersatz von Serpentin und Diorit.
Analyse s. Zahlentafel 3.

Die Flachgründigkeit bedeutet unvollkommene Zersetzung und eine geringere Stufe der Verwitterung. Man erkennt dies ohne weiteres an dem Mineralgehalt. In dem Profil von Rio enthält *A* noch bräunlichen gebleichten Glimmer. In B_1 findet sich neben dem Glimmer schon Feldspat, der weiter nach unten sehr reichlich auftritt. (Es sei erwähnt, daß von Freyberg dieses Profil als Laterit beschrieben hat. Es besteht nicht die geringste Veranlassung, hier von Laterit zu sprechen. Von Freyberg teilte dem Verf. auf Anfrage mit, daß er an seiner ursprünglichen Bestimmung nicht mehr festhalte.) In dem Profil von Longje besitzt *B* ebenfalls noch frischen Feldspat. Auch an zahlreichen anderen dem Verfasser zur Verfügung stehenden Profilen, vor allen Dingen solchen aus Brasilien (gesammelt von Prof. Schröder) und aus Kolumbien (gesammelt von H. Vageler) konnte er genau dasselbe feststellen. Im übrigen sind diese Profile, trotz der un-

---

[1] Bennett u. Allison: a. a. O., S. 31.

Zahlentafel 2. Unreife tropische Böden.

	Rio de Janeiro[1]					Singapore[2]
	A	B_1	B_2	Z	Z	
SiO_2	70.88	67.90	63.54	70.23	69.63	49.30
TiO_2	0.27	0.28	0.45	0.13	0.05	01.40
Al_2O_3	15.89	18.44	22.14	17.22	18.23	15.08
Fe_2O_3	1.47	2.59	2.46	1.37	1.14	12.90
FeO	Spur	Spur	0.16	0.08	Spur	0.75
MgO	0.18	0.15	0.18	0.12	0.32	1.85
CaO	0.32	0.24	0.17	0.10	0.14	3.60
Na_2O	0.20	0.27	0.09	0.16	0.08	0.28
K_2O	1.34	1.86	0.97	2.81	3.09	0.60
H_2O^+	5.24	5.81	7.57	4.53	4.14	—
H_2O^-	1.56	1.43	2.14	2.76	3.05	—
Glühverlust	—	—	—	—	—	14.24
N	—	—	—	—	—	0.05
P_2O_5	0.09	0.10	0.07	0.12	0.03	Spur
SO_3	0.09	0.05	0.11	0.10	—	—
Humus	2.25	0.68	—	—	—	0.70
	99.78	99.80	100.05	99.73	99.90	100.75
ki	7.59	6.26	5.04	7.14	6.56	5.59
ba	0.15	0.16	0.07	0.21	0.21	0.509
$100\,ba$	15	16	7	21	21	50.9

Zahlentafel 3. Unreife tropische Böden.

	Limoneslehm Kuba[3]		Kamerun[4]	Schwarzwald[5] (Baden) Gneislehm	Georgia[6]	Para[7] reifer Boden
	Lehm 0—40 cm	Zersatz 40—110 cm				
SiO_2	51.25	45.85	78.35	55.93	70.66	75.62
TiO_2	0.96	0.63	0.87	1.02	1.12	1.38
Al_2O_3	17.40	13.62	9.51	18.74	13.18	13.10
Fe_2O_3	10.69	7.84	2.97	8.09	5.03	1.41
FeO	—	—	—	2.59	—	0.10
MnO	—	—	—	—	—	—
MgO	3.35	4.20	0.26	2.16	0.30	0.08
CaO	3.56	13.19	0.74	0.27	0.26	0.12
Na_2O	1.29	1.12	0.40	1.07	0.20	Spur
K_2O	2.06	1.74	2.65	1.62	1.38	Spur
H_2O^+	9,14	11.34	3.85	6.42	7.80	6.84
H_2O^-	6.13	4.89	1.64	1.81	1.40	0.90
N	0.17	0.01	—	—	0.09	—
P_2O_5	0.22	0.30	—	—	0.10	0.04
SO_3	—	—	—	—	0.12	0.08
CO_2	—	7.24	—	—	—	—
Humus	1.96	—	—	—	—	0.22
	100.19	99.85	101.24	99.72	101.64	99.89
ki	5.00	6.06	—	5.4	9.1	9.8
ba	0.62	2.04	0.52	0.21	0.175	0.017
$100\,ba$	62	204	52	21	17.5	1.7

[1] A—Z Rio de Janeiro. Analysen: Geologisches Institut Gießen, Nr. 375—377, 381, 382, Dr. Möser, Gießen.

[2] Roterde, Singapore. Blanck, E., u. F. Alten: Beiträge zur Kennzeichnung und Unterscheidung der Roterden, Die landwirtschaftlichen Versuchsstationen Nr. 2, S. 57 (1924).

[3] Limoneslehm, Kuba. Analysen aus Bennet: Soils of Cuba, 1928, Nr. 32 700 und 32 701.

[4] Kamerun, Mukonje. Dissert. Schwarz, Freiburg (Baden), S. 31. 1910.

[5] Schwarzwald. Harrassowitz: Geol. Rundsch. 17a, B III, S. 146 (1926).

[6] Georgia. Shantz and Marbut: Vegetation and Soils of Africa Nr. 30, 221 (1923).

[7] Para: Analyse Geologisches Institut Gießen, Nr. 382, Dr. Möser.

vollkommenen Zersetzung durch den unten zu besprechenden Reichtum an Gelen dennoch als tropisch zu erkennen. Chemisch drückt sich dies darin aus, daß im Salzsäureauszug erhebliche Mengen von SiO_2 und Al_2O_3 auftreten.

In der chemischen Zusammensetzung zeigen die unreifen Profile infolge des Auftretens noch frischer Mineralien einen hohen Reichtum an Basen. Der Quotient *ba* ist z. T. außerordentlich hoch, wie vor allen Dingen auf Zahlentafel 3 aus den Böden von Kuba und Kamerun hervorgeht. Um den Gegensatz zu kennzeichnen, ist auf dieser Zahlentafel 3 in der letzten Spalte ein vollständig reifer tropischer Boden gegeben, in dem die Alkalien nur noch in Spuren und die Erdalkalien in sehr geringen Mengen vorhanden sind. Infolgedessen ist der Quotient *ba* außerordentlich gering.

Der chemischen Analyse nach sind derartige Profile nur schwer von solchen nichttropischer Klimate zu unterscheiden. Zum Vergleich sind in Zahlentafel 3 ein Lehm aus dem Schwarzwald und ein Lehm aus dem subtropischen Georgia gegeben. Der Entbasung und der Entkieselung nach ist tatsächlich kein Unterschied zu sehen. Es fällt aber auf, daß die Schwarzwaldlehme und andere ähnliche von HARRASSOWITZ untersuchte Lehme sich durch einen hohen Gehalt an FeO auszeichnen.

Die Böden aus dem Schwarzwald und Georgia sind in der dortigen Landschaft als reife Böden zu bezeichnen. Es ergibt sich damit, daß **reife Böden gemäßigten und subtropischen Klimas unreifen im tropischen Klima recht ähnlich sind**[1]. Als Unterschied kann man nur das Auftreten der tropischen Siallitgele und in Mitteleuropa das Auftreten großer Mengen FeO hervorheben. **Der Unterschied der tropischen Verwitterung gegen die der Subtropen und des gemäßigten Klimas beruht also mehr auf verschiedenem Grade als verschiedener Art der Verwitterung** (in den humiden Tropen arbeitet die Verwitterung mit großer Intensität).

Chemisch-mineralogische Kennzeichen tropischer Lehme. In den reifen tropischen Profilen kommt die hohe Intensität der Verwitterung gegenüber dem gemäßigten Klima deutlich zum Ausdruck. Starke Entkieselung tritt meist ein. In der Bauschanalyse macht sich dies bei quarzreichen Gesteinen nicht ohne weiteres bemerkbar. So ist der Quotient *ki* bei der in Zahlentafel 3 u. 8 wiedergegebenen Analyse von Para sehr hoch (s. S. 376 u. 381). Anders ist es bei quarzarmen Gesteinen. So lieferte ein von Herrn Dr. MÖSER analysierter Basaltboden von Mundame in Deutschostafrika unter jungfräulichem Urwald (Landwirtschaftliches Institut der Universität Halle) bei einem Gehalt an SiO_2 33,65 %, Al_2O_3 26,53 % *ki* = 2,12. Hier hat also gegenüber dem frischen Gestein eine Abfuhr von Kieselsäure und Anreicherung von Tonerde (und auch von Fe_2O_3) stattgefunden (s. Zahlentafel 8).

In allen Bauschanalysen tritt ohne weiteres die **starke Entbasung** heraus. Der Quotient *ba* bewegte sich bei Schwarzwaldlehmen auf Gneis und Granit nach HARRASSOWITZ zwischen 0.16 bis 0.37 %. Ähnlich verhalten sich alpine Lehme aus Graubünden. Bei München sind Werte von 0.2 bis 0.75 % vorhanden. Fast gleich verhalten sich auch mittelmeerische Rotlehme. Tiefer liegt der Quotient *ba* aber in den Tropen. Zum Belege dafür seien die folgenden Quotienten einiger Profile wiedergegeben, die SHANTZ und MARBUT[2] anführen (S. 378).

Auch auf dem später zu besprechenden Lateritzersatz können unreife Profile auftreten. Dann ist aber Basenarmut vorhanden. Derartige Profile sind eigentlich nicht als unreif zu bezeichnen, sondern offenbar ist hier über dem Boden der Zersatz nachträglich durch Abtragung entfernt worden.

---

[1] Schon MARBUT wies in seiner Behandlung der Böden Afrikas, S. 193/94, darauf hin. Auch BENNETT war dies schon aufgefallen.

[2] SHANTZ u. MARBUT: a. a. O., S. 219—220.

Man erkennt hier und bei anderen Profilen, daß der Quotient *ba* im allgemeinen 0.1 oder darunter ist. Selbstverständlich finden sich hierbei Übergänge zu größerem Basenreichtum, vgl. das Profil von Lualaba. (Es sei übrigens erwähnt, daß in illuvialen Horizonten subtropischer Böden durch die Anreicherung von Tonerde manchmal auch geringere Werte auftreten. So besitzt der in der Analyse Georgia Zahlentafel 3 vorliegende Illuvialhorizont von Georgia *ba* = 0.175.)

Zahlentafel 4. Quotienten aus Zentralafrika[1].

Ungefähre Tiefe	1 Soga (Ostafrika)		2 Rusoka (Kongo)		3 Elisabethville (Kongo)		4 Moshi (Ostafrika)		5 Lualaba (Kongo)	
cm	*ki*	*ba*	*ki*	*ba*	*ki*	*ba*	*ki*	*ba*	*ki*	*ba*
Oberfläche ..	5.3	0.015	2.80	0.024			5.4	0.87	16.3	0.26
15					6.96	0.077				
30					5.3	0.11	2.3	0.11		
45									7.6	0.12
60			3.05	0.048	5.93	0.105				
75	5.5	0.093								
90							2.26	0.09	13.6	0.18
105										
120					5.3	0.108				
135										
150									10.4	0.23
165										
180							2.3	0.08	8.8	0.105

Bei Annäherung an das Lateritgebiet geht der Quotient noch weiter herunter. Die in Zahlentafel 4 unter Nr. 1 und 2 angeführten Böden gehören hierher und stellen, wie vor allen Dingen Nr. 2 schon allitische Rotlehme dar, die sogar in einem Lateritprofil vorkommen könnten. Als Beispiel stärkster Entbasung sei nochmals auf Zahlentafel 3 u. 8, Para, hingewiesen. Im allgemeinen fällt bei den meisten derartigen Böden auf, daß K_2O in größerer Menge als Na_2O vorhanden ist.

Einen Gesamtüberblick über stark entbaste Böden aus Afrika gibt die folgende Zahlentafel 5, deren Quotienten schon teilweise in 4 wiedergegeben sind.

Zahlentafel 5. Analysen aus Zentralafrika[2].

	1 Soga (Ostafrika)		2 Rusoka (Kongo)		3 Elisabethville (Kongo)			
	XXIII Oberfläche	XXIV 75 cm	XXI Oberfläche	XXII 60 cm	IX 15 cm	X 30 cm	XI 60 cm	XII 120 cm
SiO_2	61.86	65.38	44.73	45.46	66.32	62.24	63.47	60.91
TiO_2	2.89	0.56	1.43	1.57	1.32	1.20	1.17	1.67
Al_2O_3	19.90	20.38	26.89	25.35	16.10	20.06	19.11	19.62
Fe_2O_3	5.76	4.38	13.66	12.60	7.05	7.53	7.52	8.32
MnO	0.27	0.04	0.21	0.44	0.06	Spur	0.03	0.03
MgO	0.40	0.16	0.28	0.46	0.85	0.25	0.23	0.23
CaO	0.09	0.40	0.05	0.39	0.07	0.08	0.27	0.10
Na_2O	Spur	0.59	Spur	Spur	0.01	0.32	0.20	0.12
K_2O	0.12	0.22	0.51	0.47	1.01	1.37	0.93	1.32
Glühverlust	9.58	8.17	12.15	13.21	7.66	7.73	6.68	8.08
Feuchtigkeit	(1.56)	(1.50)	(2.89)	(3.18)	(1.27)	(1.34)	(2.07)	(1.22)
P_2O_5	0.38	Spur	0.21	0.33	0.06	0.07	0.12	0.03
SO_3	0.09	0.02	0.03	0.05	0.07	0.05	0.02	0.02
N	0.16	0.06	0.08	0.14	0.08	0.07	0.05	0.05
	101.50	100.36	100.23	100.47	100.66	100.97	99.80	100.50
ki	5.30	5.50	2.80	3.05	6.96	5.30	5.93	5.30
ba	0.015	0.093	0.024	0.048	0.077	0.11	0.105	0.108

[1] Analysen aus Shantz and Marbut: S. 219—221.
[2] Analysen aus Shantz and Marbut: S. 219—221.

Vielleicht handelt es sich schon um allitische Lehme. Weniger stark entbast sind die Profile der Zahlentafel 6 und 7.

Zahlentafel 6. Analysen aus Zentralafrika[1].

	Moshi (Ostafrika)			
	XXV Oberfläche	XXVI 30 cm	XXVII 90 cm	XXVIII 180 cm
SiO_2	39.30	37.90	38.20	38.94
TiO_2	1.40	3.98	4.04	3.61
Al_2O_3	12.44	28.08	28.74	28.63
Fe_2O_3	4.84	14.82	14.60	14.98
MnO	0.16	0.32	0.29	0.30
MgO	0.93	0.33	0.11	0.37
CaO	4.64	0.78	0.59	0.50
Na_2O	0.61	0.47	0.44	0.36
K_2O	1.29	1.00	0.82	0.81
Glühverlust . .	32.81	12.16	11.73	11.36
Feuchtigkeit . .	(7.03)	(3.43)	(3.06)	(3.36)
P_2O_5	0.43	0.70	0.84	0.72
SO_3	0.31	0.08	0.08	0.07
N	1.19	0.07	0.05	0.04
	100.35	100.69	100.53	100.69
ki	5.40	2.30	2.26	2.30
ba	0.87	0.11	0.09	0.08

Zahlentafel 7. Analysen aus Zentralafrika[2].

	Lualaba (Kongo)				
	XIII Oberfläche	XIV 45 cm	XV 90 cm	XVI 150 cm	XVII 180 cm
SiO_2	80.95	66.56	79.73	75.91	67.06
TiO_2	0.74	0.98	0.80	0.80	0.88
Al_2O_3	9.35	14.89	9.94	12.46	12.94
Fe_2O_3	3.29	10.21	3.85	4.68	6.36
MnO	0.08	0.04	0.07	0.08	7.09
MgO	0.08	0.24	0.05	0.04	0.13
CaO	0.26	0.09	0.28	0.92	0.09
Na_2O	0.46	0.28	0.14	0.16	0.01
K_2O	0.86	1.06	1.00	0.84	1.09
Glühverlust . . .	4.45	6.31	4.56	5.18	5.32
Feuchtigkeit . . .	(1.06)	(1.61)	(1.24)	(1.20)	(1.44)
P_2O_5	0.08	0.10	0.11	0.09	0.05
SO_3	0.03	0.01	0.04	0.03	0.02
N	0.05	0.03	0.03	0.07	0.03
	100.68	100.80	100.60	101.26	101.07
ki	16.30	7.60	13.60	10.40	8.80
ba	0.26	0.12	0.18	0.23	0.105

Trotzdem der Gesamtgehalt an Nährstoffen z. T. gering ist, sind diese Böden unter dem tropischen Klima doch als fruchtbar zu bezeichnen. Dies dürfte vor allen Dingen auf dem starken Gehalt an Gelen beruhen, auf den wir gleich eingehen werden. Die Zersetzung ist, wie mehrere Autoren übereinstimmend hervorhoben, so stark, daß dadurch den Pflanzen noch genügende Mengen an Nährstoffen zur Verfügung stehen. Vermutlich sind die Nährstoffe in diesen Böden leicht zugänglich, da sie von den Gelen adsorptiv gebunden sind. Es macht sich aber in trockenen Gebieten an der Oberfläche eine Anreiche-

---

[1] SHANTZ and MARBUT: S. 219—221.   [2] SHANTZ and MARBUT: S. 219—221.

rung von Basen bemerkbar. So steigt *ba* in dem Profil von Moshi deutlich von unten nach oben an. In Lualaba besitzt ebenfalls der Oberflächenhorizont mehr Basen als der tiefere Horizont. Offenbar wandern die Nährstoffe in der trockenen Jahreszeit nach oben und werden festgehalten. Dadurch erklärt sich auch die Fruchtbarkeit, da immer wieder ein Nachschub von Basen, wenn auch in geringer Menge, erfolgt. Keineswegs handelt es sich um eine vereinzelte Erscheinung. P. W. E. VAGELER teilte dem Verfasser mündlich mit, daß er auch in Niederländisch-Indien dieselbe Beobachtung gemacht habe.

Der Stickstoffgehalt tropischer Böden ist vergleichsweise hoch. Unter den von BENNETT[1] wiedergegebenen Analysen tropischer Böden von Mittelamerika sind nur wenige vorhanden, die N erst an der zweiten Stelle nach dem Komma nachweisen. Der höchste Gehalt war 0.66. Der überwiegende Teil der Werte liegt um 0.1 herum. Auf Kuba, wo es sich nicht um ein ausgesprochenes Urwaldklima handelt, liegen die Werte meist tiefer. Vor allen Dingen enthalten, wie nicht anders zu erwarten ist, sandige Böden nur sehr wenig davon. Die sandigen Lehme der Estrellafamilie wiesen unter 16 Böden als höchsten Wert in einem Falle 0.1 auf. Alle übrigen Werte waren beträchtlich darunter. In den Lehmen und Tonen ist als höchster Wert 0.35 zu verzeichnen, wie in der in Zahlentafel 1 wiedergegebenen Analyse der Oberfläche aus der Truffinfamilie. Im allgemeinen sind keine besonders hohen Werte zu erwarten, nachdem JENNY[2] auf die interessanten Beziehungen zwischen Temperatur und der Menge an Stickstoff in amerikanischen Böden überzeugend hingewiesen hat. Während der N-Gehalt bei niederen Temperaturen von etwa 7^0 im Durchschnitt bei 0.3 liegt, sind bei 15^0 durchschnittlich nur noch 0.1 % N und weniger vorhanden (s. Zahlentafel 11 S. 387).

Der Gehalt an Phosphorsäure ist in tropischen Böden z. T. recht hoch und erreicht oft Werte von 0.3—0.4 %. Er hängt aber von dem Auftreten verschiedener Bodenarten ab. Wir kommen unten darauf noch einmal zurück (s. Zahlentafel 11 S. 387).

Über die Wasserstoffionenkonzentration in tropischen Böden läßt sich noch kein genügender Überblick geben. Hohe Säuregrade kommen einerseits auf sandigen Böden vor, wie dies BENNETT und ALLISON[3] von Kuba nachwiesen, andererseits müssen sie bei Rohhumusbildung zu finden sein. Die von VAN BAREN[4] aus Niederländisch-Indien untersuchten Böden auf Kalk waren zum überwiegenden Teil deutlich alkalisch mit Reaktionen bis 8.6, doch fand sich auch eine Reihe saurer Böden mit 6.6, 6.5, 6.1, 6.0, 4.6.

Der Mineralbestand der reifen tropischen Lehme ist außerordentlich einförmig. Wie die Entbasung zeigt, sind alle Alkali-Erdalkali-Silikate zersetzt. Infolgedessen ist Quarz der Hauptgemengteil zu dem sich wenige andere, schwer angreifbare gesellen. So zeigte eine im Geologischen Institut in Gießen von Herrn Dr. KREKELER untersuchte Probe eines dunklen, humosen, lehmigen Sandes von Usambara außer Quarz nur Zirkon, Magnetit und Turmalin. Bei Gesteinen, die viel Quarz führen, wird infolgedessen die Verwitterung einem Quarzsand als Bodenskelett zustreben.

Als bezeichnender Bestandteil tropischer Lehme treten Gele in großer Menge auf. Die physikalischen und chemischen Eigenschaften hängen von ihnen besonders ab. Untersuchen wir eine Bodenprobe mikroskopisch, so fallen uns die Gele als unregelmäßige wolkige, mehr oder weniger helle, gelbliche oder auch

---

[1] BENNETT u. ALLISON: a. a. O., S. 354 ff.
[2] JENNY, H.: Klima und Klimabodentypen in Europa und in den Vereinigten Staaten von Nordamerika. Bodenkdl. Forschgn. 1, 140 u. 141 (1929).
[3] BENNETT u. ALLISON: a. a. O. S. 81.   [4] BAREN, J. van: a. a. O. S. 158.

kreß gefärbte Haufen, auch als Überzüge auf Quarzkörnern auf. Das Bild ist an Materialien von verschiedensten Fundpunkten ein ganz übereinstimmendes, wie z. B. aus Brasilien, Kamerun, Para, Ecuador. Dabei brauchen die Gele nicht die Farbe aufzuweisen, die der Boden besitzt. Oft verschwindet bei kreß gefärbten Böden die Farbe in dünner Schicht auf dem Objektträger vollständig. Vermutlich handelt es sich um verschiedenen Dispersitätsgrad. An sich sind Gele immer die Bestandteile, welche die Eigenschaften aller Lehme bestimmen. Sie treten aber bei deutschen Lehmen keineswegs in der Menge auf wie in den Tropen.

Einen Überblick über die chemische Zusammensetzung eines solchen gelreichen reifen Lehmes gab schon die in Zahlentafel 3 wiedergegebene Analyse von Para. Die Analyse ist in der folgenden Zahlentafel noch einmal mit dem dazugehörigen, aus 75—100 cm Tiefe stammenden Boden zusammengestellt. Man erkennt aus dem Vergleich der beiden Bauschanalysen, daß an der Oberfläche noch eine Verarmung von Al_2O_3, Fe_2O_3 und der geringen Menge von Alkalien stattgefunden hat. Aus dem Salzsäureauszug ergibt sich, daß eine geringe Menge der Tonerde löslich ist, daß aber der überwiegende Teil erst von Schwefelsäure gelöst wird. Der Schwefelsäurerückstand mit 58,95 % besteht fast nur aus Quarz! Nach Abzug dieser Menge ergibt sich, daß der Boden einen Quotienten *ki* von 1.9 besitzt, also schon geringe Mengen freier Tonerde vorliegen.

Eine weitere Analysenserie ist in der Zahlentafel 8 von Mundame in Deutsch-ostafrika von einer Basaltverwitterung gegeben. Der unter jungfräulichem Urwald vorkommende Boden erwies sich bis zur Tiefe von 1 m als recht reiner, gelreicher Boden, dem nur wenig Mengen eines Skelettes beigemengt waren. Eine Schlämmanalyse durchzuführen war vollständig ausgeschlossen, da der Boden in

Zahlentafel 8. Tropenlehme aus Para und Kamerun

	Para				Mundame, D. Ost-Afrika		
	Bausch-analyse Oberfläche Nr. 382	Bausch-analyse 75 cm Tiefe Nr. 378	Salzsäure-auszug Nr. 379	Schwefel-säureauszug Rückstand bez. aus ursprüngl. Substanz Nr. 380	Bausch-analyse 75 cm Tiefe Nr. 385	Salzsäure-auszug Nr. 386	Schwefel-säureauszug Rückstand bez. aus ursprüngl. Substanz Nr. 387
SiO_2 . . .	75.62	73.32	3.62	57.616	33.65	6.50	7.141
TiO_2	1.38	1.48	0.04	0.365	03.45	1.36	0.036
Al_2O_3 . . .	13.10	15.91	3.19	0.760	26.53	11.88	0.289
Fe_2O_3 . . .	1.41	2.45	1.32	0.212	13.82	12.22	0.028
FeO	0.10	Spur	Spur	—	2.88	1.53	—
MnO . . .	0.01	Spur	Spur	—	0.56	0.52	—
MgO . . .	0.08	0.04	Spur	Spur	0.32	0.10	Spur
CaO	0.12	Spur	Spur	Spur	0.18	0.09	Spur
Na_2O . . .	Spur	0.12	0.06	Spur	0.10	0.02	0.067
K_2O	Spur	0.17	0.10	Spur	0.28	0.08	0.093
H_2O^+ . . .	6.84	5.85	6.37	—	12.76	17.54	—
H_2O^- . . .	0.90	0.52		—	4.78		—
N	—	—	—	—	—	—	—
P_2O_5 . . .	0.04	Spur	Spur	—	0.11	0.11	—
SO_3	0.08	Spur	Spur	—	0.17	0.17	—
CO_2	—	—	—	—	—	—	—
Humus . .	0.22	—	—	—	0.17	—	—
Rückstand .	—	—	85.10	—	—	48.05	—
	99.90	99.86	99.80	58.953	99.76	100.17	7.654

[1] Analysen Geologisches Institut Gießen, Dr. Möser.

natürlichem Zustand, wie dies auch Vageler aus anderen Gebieten mündlich berichtet hat, eine regelrechte Gallerte dargestellt haben muß und beim Eintrocknen in feine scharfkantige Bröckchen zerfiel. An den im Landwirtschaftlichen Institut der Universität Halle aufbewahrten Proben war bis zu 1 m, abgesehen von einer leichten humosen Färbung an der Oberfläche, kein Unterschied zu sehen. Einige Eisenkonkretionen kamen zur Beobachtung. Die Farbe des Bodens war grünlich, vielleicht deutet der hohe Gehalt an FeO darauf hin. Die Untersuchung des Bodens ist darum von besonderem Interesse, weil Quarz nur in geringer Menge auftritt. Schon die Bauschanalyse zeigt, daß neben der Entbasung auch Entkieselung stattgefunden hat, $ki = 2.15$. Rechnet man aus dem durch den Schwefelsäureauszug nachgewiesenen Quarz SiO_2 noch ab, so ergibt sich $ki = 1.7$, d. h. freie Tonerde ist in etwas größerer Menge vorhanden als in dem Boden von Para.

Die Gele werden, wie erwähnt, aus aufsteigenden Lösungen die Basen absorbieren können. Daraus erklärt es sich vielleicht, wenn z. B. aus dem Savannenklima berichtet wird, daß über viele Jahrzehnte Kultur ohne jede Düngung betrieben werden konnte, obgleich der Boden sehr nährstoffarm war. Es entzieht sich allerdings der Kenntnis, wieviel Nährstoffe aus abgestorbenen Pflanzenresten gelöst und den Wurzeln unmittelbar zugeführt werden. Immerhin müssen es eben erhebliche Mengen sein, die sich hier in einem dauernden Kreislauf befinden. In den Gelen handelt es sich um einen Komplex, der aus SiO_2, Al_2O_3, Fe_2O_3 besteht. Ob gemengte oder gemischte Gele oder auch sogar eine einheitliche Verbindung besteht, läßt sich nicht nachweisen. Der letzte Fall dürfte jedenfalls wohl nicht in Frage kommen. Wenn festgestellt werden kann, daß beim Zurücktreten von SiO_2 schließlich freies Eisenoxydhydrat oder freies Tonerdeoxydhydrat vorliegt, so ist wohl anzunehmen, daß die Stoffe als solche auch in kieselsäurereicheren Böden vorkommen. Dazu wird die Hygroskopizität offenbar von Fe_2O_3 beeinflußt. Auch dies deutet darauf hin, daß nicht eine feste Verbindung vorliegt. Auch die Basenabsorption hängt von den verschiedenen Mengen Al_2O_3 und Fe_2O_3 ab. Die allitischen Lehme, die fast immer neben Al_2O_3 auch viel Fe_2O_3 besitzen, zeigen nur geringe Basenabsorption und Austausch. Wenn in den Gelen mehr SiO_2 vorhanden ist, steigen die Basenaustauschwerte sofort wesentlich an. Das Basenaustauschvermögen, das eine für die Praxis hervorragende Eigenschaft darstellt, hängt also nicht vom Gesamtgehalt der Gele, sondern von deren Zusammensetzung ab. Gerade bei den tropischen Böden mit ihrer vorherrschenden Nährstoffarmut, werden Untersuchungen dieser Eigenschaft von ganz besonderer Bedeutung sein, da sie zeigen, ob Düngung in irgendeiner Form Bedeutung besitzen kann.

Von Bedeutung ist die Hygroskopizität, weil sie uns ein Unterscheidungsmerkmal tropischer Böden gegenüber anderen liefert. Blanck und Alten[1] wiesen nach, daß die Hygroskopizität zunächst mit den Mengen löslicher Sesquioxyde steigt, aber bei Zunahme löslicher Al_2O_3 wieder fällt. Dies beruht genau so, wie die Verschiedenheit im Basenaustausch darauf, daß die gefällten und getrockneten Gele von Al_2O_3 eine geringere Oberfläche besitzen als solche von Fe_2O_3. Die von Blanck und Alten[2] veröffentlichte Tabelle gibt diese Eigenschaften außerordentlich gut wieder (s. Zahlentafel 9).

Die Ausbildung der Lehme hängt vom Grundgestein an sich ab. Scheinbar herrscht an der Oberfläche großes Gleichmaß, aber einer mündlichen Äußerung von P. W. E. Vageler ist zu entnehmen, daß verschiedene Gesteine

---

[1] Blanck, E., u. F. Alten: Beiträge zur Kennzeichnung und Unterscheidung der Roterden. Landw. Versuchsstat. 103, 68 (1925).
[2] Blanck, E., u. F. Alten: a. a. O., S. 69.

Zahlentafel 9. **Hygroskopizität und Sesquioxyde, Mittelmeer und Tropen.**
(Nach BLANCK und ALTEN.)

	Hygroskopizität	HCl-lösliche Fe_2O_3	HCl-lösliche Al_2O_3	Summe beider Sesquioxyde
Mittelmeer:				
Gelberde, Singapore	5.0	3.14	2.68	5.82
Roterde, Nago	5.1	4,24	1.72	5.96
Roterde, S. Michele	5.2	5.18	0.87	6.05
Roterde, Portofino	6.0	6.39	0.47	6.86
Blutlehm, Abbazia O.	6.1	4.07	2.80	6.87
Brauner Blutlehm	6.5	3.60	2.83	6.43
Brauner Blutlehm	6.6	3.60	2.83	6.43
Altpliozäne Roterdebild, Münzenberg	6.8	7.65	0.11	7.76
Blutlehm	8.8	4.15	4.75	8.90
Blutlehm	8.8	4.15	4.75	8.90
Roterde, Cigale	10.9	8.86	9.30	18.24
Roterde, Montborron	11.1	8.15	1.53	9.68
Roterde, St. Marguerithe	13.6	7.85	2.33	10.18
Roterde, Abbazia U.	16.3	6.89	4.46	11.35
Roterde, S. Canzian	17.2	9.46	3.65	13.11
Tropen:				
Roterde (Lat.Verw.), Ceylon	2.9	4.84	8.79	13.63
Roterde (Lat.Verw.), Singapore	3.9	2.31	14.07	16.38
Roterde, Ceylon	6.1	7.07	7.20	14.27
Laterit, Morogorro	7.0	5.97	2.19	8.16
Brasilianische Roterde O.	8.2	18.31	10.19	28.50
Brasilianische Roterde U.	8.3	17.25	11.33	28.58
Roterde, Singapore	9.3	13.62	15.01	28.63
Zu Laterit verw. Gelberde, Ceylon	11.9	11.62	25.65	37.27
Laterit, Celebes	40.1	14.46	12.67	27.13

sich durch kleine Farbunterschiede im Boden dennoch bemerkbar machen. Vom Grundgestein hängt auch der Chemismus der Böden allgemein ab. Ist das Grundgestein reich an Quarz, so wird viel SiO_2 vorhanden sein, da Quarz nicht gelöst wird. Dies ergibt sich deutlich aus dem Unterschied der Analysen von Para und Kamerun in Zahlentafel 8. Erst wenn die später zu besprechende Lateritisierung auftritt, können die Unterschiede des Grundgesteins vollständig verwischt werden.

Kalkböden.

Von besonderem Interesse ist die Verwitterung von Kalken unter tropischem Klima. Trotzdem die Kalkverwitterung schon von einer ganzen Reihe von Punkten bekannt ist, ist festzustellen, daß sich nur siallitische oder allenfalls sehr schwach allitische Lehme bilden. Nie ist bisher Laterit auf Kalk beobachtet worden. Nur in kleinen Konkretionen ist eine geringe Anreicherung von Tonerde festgestellt. Die Farben, die sich auf Kalken einstellen, sind oft kreß, aber VAN BAREN[1] stellte in Niederländisch-Ostindien fest, wie schon oben erwähnt, daß die verschiedensten Farbtöne auftreten können. Selbst reine Kalke zeigten keine Kreßfarbe. Auffällig ist bei den Kalken immer ihre äußerst unregelmäßige Oberfläche und die Auflösung in scharfe kantige Grate und Zacken. Selbst in ebenem Gelände können sie bis an die Oberfläche kommen und unvermittelt aus dem Boden aufragen. Soweit Kalkfelsen an der freien Oberfläche liegen, erscheinen sie in den bizarrsten und unregelmäßigsten Formen, wie sie LACROIX[2] von Madagaskar abbildete. Dabei zeigt die frei aus dem Boden

---

[1] Siehe S. 364.   [2] III, Tafel 7, Abb. 1.

herausragende Felsoberfläche genau so wenig wie die von Graniten oder anderen Gesteinen eine Andeutung einer Rotlehmbildung. (Genau dasselbe gilt übrigens auch für das Mittelmeer.) Da sich wegen des Vergleiches mit der Terra rossa des Mittelmeeres großes Interesse an die Kalkverwitterung knüpft, seien einige Analysen wiedergegeben (Zahlentafel 10). Bezeichnend ist in ihnen immer der hohe Gehalt an CaO. Gelegentlich mag er auf Kalkpartikelchen zurückzuführen sein, wie bei Curaçao. Aber die Analyse von Westjava zeigt kein CO_2.

Zahlentafel 10. Tropische Lehme auf Kalk.

	Curaçao[1] Rotlehm auf Korallenkalk	Westjava[2] brauner Lehm auf reinem Kalk	Zentraljava schwarzer Lehm auf ziemlich reinem Kalk
SiO_2	30.59	42.48	44.21
TiO_2	1.36	1.20	0.80
Al_2O_3	17.40	24.38	20.16
Fe_2O_3	10.38	9.57	14.53
MnO	0.19	0.38	1.50
MgO	2.34	2.33	1.02
CaO	3.63	2.67	4.31
Na_2O	0.60	1.14	0.47
K_2O	1.85		
Glühverlust . .	—	11.40	12.09
H_2O^+	7.38	—	—
H_2O^-	10.02	11.68	7.58
P_2O_5	0.40	0.05	0.13
CO_2	3.85	0.00	1.42
SO_3	0.17	0.18	0.09
Humus	9.20	4.79	1.69
	99.36	95.55	99.09
ki	2.98	2.17	3.75
ba	0.15	0.33	0.40

Bei den beiden Analysen von Java ist der Boden gegenüber dem Kalk entkieselt, freilich in ganz verschiedener Menge, da K in dem einen Fall 0.4, in dem anderen Falle 0.80 ist. Keineswegs verhalten sich aber die von van Baren untersuchten 9 Kalke in dieser Beziehung gleichmäßig. K besitzt folgende Werte:

$$K = 0.04,\ 0.50,\ 0.68,\ 0.80,\ 0.90,\ 1.32,\ 1.40,\ 2.51.$$

Man erkennt aus diesen Ziffern, daß zwar Entkieselung überwiegt, aber in einigen Fällen Kieselsäure zugenommen hat. Aus keiner der Bauschanalysen läßt sich auf das Vorhandensein freier Tonerde schließen; *ki* hat als niedrigsten Wert 2.62 und steht in drei von den neun angeführten Fällen auf über 10—15.01. Irgendeine Regelmäßigkeit liegt also nicht vor. Auch für einzelne Profile gilt das nicht. So zeigten drei Bodenhorizonte von oben nach unten[3] *ki* = 3.04, 2.59, 4.08, das darunter befindliche frische Gestein zeigte *ki* = 4.47. Ein Zusammenhang der Entkieselung mit der Bodenreaktion ließ sich nicht nachweisen. Einige Böden sind sauer, der überwiegende Teil aber alkalisch. In einigen Fällen war die Wasserstoffionenkonzentration an der Oberfläche kleiner, in den meisten Fällen aber größer als unten. Es ließen sich keinerlei Zusammenhänge zwischen allgemeinem Chemismus und Bodenreaktion und besonders zwischen Entkieselung und Reaktion nachweisen. Auch aus Vegetation, Höhenverhältnis und

[1] Curaçao: Proben gesammelt von Dr. Dufour, Analysen Geologisches Institut Gießen. Nr. 283, Dr. Möser.
[2] Java: J. van Baren, a. a. O. S. 149.
[3] Van Baren, J.: a. a. O. S. 76/77.

Niederschlägen ergab sich kein Zusammenhang. Vielleicht ist saure Reaktion bei stärkerem Andauern von Durchfeuchtung vorhanden, aber die ausführlichen Tabellen, die VAN BAREN gegeben hat, lassen auch darauf keinen sicheren Schluß zu. Es zeigt sich damit, daß es noch weiterreichender Untersuchungen bedarf, um über die Einzelentstehung genauere Klarheit zu bekommen.

VAN BAREN[1] wies auch auf Analysen von Roterden hin, die HARRISON[2] von Korallenkalken von Barbados machte. Sehr wesentlich ist, daß er auch Salzsäure- und Schwefelsäureauszüge anfertigte, so daß über den Gehalt an Quarz Genaueres zu sagen ist. Aus den Analysen ergibt sich unter Vernachlässigung des nicht in Salzsäure und Schwefelsäure löslichen Teiles, daß in den vier Beispielen der Quotient ki zwischen 2 und 2.3 schwankt. Aus dem hohen Gehalt an gebundenem Wasser ergibt sich, daß freie Tonerde vorhanden sein muß. Bei den von VAN BAREN untersuchten Proben war ki immer höher. Die Entkieselung ist also auf Barbados sehr viel weiter vorgeschritten, obgleich die Muttergesteine z. T. viel Kieselsäure enthielten. Keines der Gesteine stellt einen reinen Kalk dar.

Besondere Einteilung tropischer Lehme.

Ein Versuch einer Einteilung der tropischen Lehme ist schon mehrfach unternommen worden. Aber über das Stadium des Versuches ist man noch in keiner Weise hinausgelangt. Es ist nur vollständig sicher, daß die Farbe als Einteilungsprinzip bestimmt nicht gewählt werden kann. Wenn man das Bezeichnende reifer tropischer Verwitterung kennzeichnen will, so kann es sich nur um eine chemische Einteilung handeln. Eine Durchführung derselben ist aber dadurch ungeheuer erschwert, daß an sich verhältnismäßig viel zu wenig Bauschanalysen und noch weniger die zur Bestimmung der mineralogischen Zersetzung nötigen Salzsäure- und Schwefelsäureauszüge vorliegen. Vor allem ist dabei der Schwefelsäureauszug nötig, um die etwa vorhandene Menge an Quarz festzustellen. Ohne diese Feststellung ist es nicht möglich, das bezeichnende Verhältnis Kieselsäure-Tonerde zu berechnen und über die Bindung der Tonerde etwas auszusagen. Soweit dem Verfasser bekannt, sind außer Untersuchungen von HARRISON[2] nur die hier vorliegenden auf Zahlentafel 8 gegebenen vollständigen Analysen bekannt.

Es unterliegt keinem Zweifel, daß die Tropenlehme bei Annäherung an das Lateritgebiet durch zunehmende Mengen freier Tonerde gekennzeichnet sind. In sehr vielen Fällen tritt dies schon ohne weiteres aus der Bauschanalyse heraus, da manchmal schon in dieser weniger Kieselsäure als Tonerde vorhanden ist. Dies bedeutet dann, daß freies Tonerdehydrat auftritt. Man kann diese Lehme als **allitische Lehme** bezeichnen. Sie sind ausführlich weiter unten beim Laterit beschrieben worden. Sie finden sich nur in den Gebieten mit ausgesprochenen Trockenperioden, wo kein Rohhumus sich bildet, und sind in besonderem Maße arm an frischen Mineralien. Ihre Reaktion ist schwach sauer oder alkalisch. Äußerlich zeichnen sie sich dadurch aus, daß sie nicht plastisch sind, sondern das Wasser gut durchlassen. Dies ist durch Untersuchungen von VAGELER[3] in Westindien und durch solche von BENNETT[4] an zentralamerikanischen Böden bekanntgeworden. Die vorherrschenden Bestandteile sind, abgesehen von Quarz,

---

[1] VAN BAREN, J.: a. a. O. S. 183ff. 1928.
[2] HARRISON, J. B.: Westindian Bull. 18, 77—99 (1921).
[3] VAGELER, P. W. E.: De Analysemethoden van het Agrogeologisch Laboratorium van het Proefstation voor Thee, te Nuitenzorg. Arch. Theecult. Nederlandsch-Indië, Batavia 1928, Nr. 2, 167.
[4] BENNETT: a. a. O., S. 1926.

gemengte Gele von Aluminiumhydroxyd und Eisenhydroxyd, zu denen Kieselsäure hinzutritt. Der Prozentsatz an SiO_2 kann dabei zu recht geringen Werten heruntergehen. Das Basenbindungsvermögen dieser Gesteine ist infolge des Vorherrschens von Al_2O_3 außerordentlich gering, aber Phosphorsäure kann in großer Menge gebunden werden, worauf gleich zurückzukommen sein wird. Vageler bezeichnet diese Böden als lateritische Rot- und Braunerden, während Bennett die physikalische Eigenschaft der fehlenden Plastizität in den Vordergrund stellt und, wie schon oben erwähnt, von friable soils spricht.

Im Gegensatz zu dieser Gruppe steht eine zweite, die Vageler als silikatische Rot- und Braunerden, und Bennett als „plastics soils" bezeichnet. Im Gegensatz zu den allitischen Lehmen bezeichnen wir diese als siallitische Lehme. Sie bilden sich in reinster Form unter vollhumidem Tropenklima, ohne Trockenperioden. Es ist das Gebiet, in dem Humus gebildet wird und infolgedessen eine mäßig bis stark saure Reaktion herrscht. Die Lehme können, wie schon oben erwähnt, unter einem Podsolprofil vorkommen. Das äußere Kennzeichen dieser Lehme ist ihre Plastizität, die sich umgekehrt beim Austrocknen in außerordentlich starker Schrumpfung äußert. Betrachten wir derartige Lehme mikroskopisch, so finden wir neben dem Hauptgemengteil Quarz in großer Menge die oben beschriebenen Gele, die als Allophanoide anzusprechen sind. Diese Gele bewirken, daß ein starkes Bindungsvermögen für Basen vorhanden ist. Sie können infolgedessen durch Düngung verbessert werden, während dies bei den allitischen Lehmen nicht der Fall ist.

Der Quotient ki der Bauschanalyse gibt ein wichtiges Kennzeichen dieser zwei Gruppen von Lehmen ab, die, wie nochmals betont sei, offenbar überall in den Tropen vorkommen. Bei den allitischen Lehmen liegt der Quotient sehr niedrig. Man kann annehmen, daß er in der Regel über 2.3 nicht hinausgeht. Im Gegensatz dazu beginnt er bei den siallitischen Lehmen etwas höher und kann bis über 10 hinausgehen. Bennett hat 1926 die Einteilung insbesondere auf Grund von Bauschanalysen durchgeführt. Nun unterliegt es keinem Zweifel, daß der Quotient, soweit er höhere Werte erreicht, über die Bindung der Tonerde nichts Sicheres aussagt, da in den fraglichen Lehmen eine ganze Menge Quarz enthalten ist. Leider standen Bennett keine Schwefelsäureauszüge zur Verfügung, so daß nicht klar ist, wieviel Quarz auftritt.

Bennett benutzte zur Kennzeichnung des Unterschiedes den Quotienten $SiO_2 : Al_2O_3 + Fe_2O_3$. Dies ist in der Tat ganz richtig. Aber die Kennzeichnung dieser Böden ist schon gegeben, wenn der Quotient ki allein berechnet wird. Die Sesquioxyde gehen, abgesehen von wenig Ausnahmen, die erst bei dem echten Laterit auftreten, bei der Verwitterung immer zusammen. Wir haben den von Bennett angegebenen Quotienten neu berechnet und mit dem Quotienten ki verglichen. Das Verhältnis beider bewegte sich zwischen den Grenzen 1.07—1.62. Da die Quotienten also ein ziemlich konstantes Verhältnis zueinander haben, ist nur die Berechnung des Quotienten ki erforderlich. Der Quotient ki hat gegenüber dem Quotienten $SiO_2 : Al_2O_3 + Fe_2O_3$ den großen Vorteil, daß er ohne weiteres über die Bindung der Kieselsäure Auskunft gibt und den Vergleich mit dem frischen Gestein schnell ermöglicht.

Daß der Unterschied dieser Lehme ein tiefgründiger ist, zeigt sich auch in dem verschiedenen Gehalt von Stickstoff und ganz besonders von Phosphorsäure. Im folgenden seien zwei Übersichtstabellen gegeben (Zahlentafel 11), die die Verteilung der fraglichen Werte in mittelamerikanischen Böden auf Grund der Angaben von Bennett zeigen. Deutlich erkennt man, daß die Phosphorsäure in den allitischen Lehmen sehr hohe und umgekehrt in den siallitischen Lehmen sehr niedrige Werte erreicht. Beim Stickstoff ist eine ähnliche

Verschiedenheit im umgekehrten Sinne vorhanden, doch tritt sie nicht so deutlich in Erscheinung.

Zahlentafel 11.

P_2O_5 in mittelamerikanischen Böden[1].

	Allitische Lehme	Siallitische Lehme
0.50—0.60 %	0.51 0.52 0.54 0.56 0.56 0.59	
0.40—0.50 %	0.40 0.48 0.48	0.46
0.30—0.40 %	0.31 0.32 0.32 0.32 0.35	
0.20—0.30 %	0.24 0.24 0.28	0.21 0.25 0.26
0.10—0.20 %	0.12 0.19	0.10 0.10 0.12 0.13 0.13 0.14 0.14
0.01—0.09 %	0.02 0.02 0.07	0.04 0.04 0.04 0.04 0.06 0.06 0.06 0.08 0.08
Spur		Sp. Sp.

N in mittelamerikanischen Böden[2].

	Allitische Lehme	Siallitische Lehme
0.50—0.60 %		0.66
0.40—0.50 %	0.43	
0.30—0.40 %	0.39	0.33
0.20—0.30 %	0.26	0.22 0.26 0.27 0.29
0.10—0.20 %	0.12 0.13 0.15 0.17 0.19	0.13 0.14 0.14 0.15 0.17
0.01—0.09 %	0.02 0.02 0.03 0.03 0.04 0.04 0.04 0.07 0.07 0.08 0.09 0.09 0.003	0.02 0.02 0.03 0.03 0.03 0.05 0.05 0.05 0.08 0.08 0.001
Spur	0	0

γ) Laterit und allitischer (lateritischer) Rotlehm.

Geschichtliches und allgemeine Profilbeschreibung.

Der Name Laterit ist im Jahre 1807 von BUCHANAN[3] für bestimmte vorderindische Oberflächengesteine gegeben worden, weil sie zur Fabrikation von Luftziegeln dienten. Der zellige Oberflächenlaterit hat die Eigenschaft nach Entnahme aus dem natürlichen Verband zu erhärten und ist daher zum Bauen zu verwenden. Der Name ist also weder deswegen gegeben worden, weil das Material zum Brennen von Ziegeln verwandt wird, noch weil die Farbe der unserer europäischen gebrannten Ziegel ähnelt. Eine Fülle von deutschem und fremdländischem Schrifttum ist über den Laterit entstanden. Es seien nur die Namen POSEWITZ, BLANFORD, LAKE, MEDLICOTT, PECHUEL-LOESCHE, PASSARGE, SCHENK, HOLLAND, WARTH, CAMPBELL, ARSANDAUX, WALTHER genannt[4].

Während schon aus den Angaben BUCHANANs deutlich hervorging, daß das zellige konkretionäre Oberflächengebilde mit dem Begriff gemeint war, ist dies in folgender Zeit oft übersehen worden. Trotz so klarer Einteilungen der Laterite, wie sie etwa von SCHENK[5] gegeben worden sind, kann man feststellen, daß im großen und ganzen eine ziemliche Verwirrung herrschte, und schließlich die in den Tropen so weitverbreiteten kreß gefärbten Böden ganz allgemein als Laterit bezeichnet wurden. Die rote Farbe war für WALTHER[6] durchaus bei der Bestimmung maßgebend und noch in allerneuester Zeit ist ihm sein Schüler v. FREYBERG[7] darin

---

[1] Nach BENNETT: a. a. O., S. 353, 357.   [2] Nach BENNETT: ebenda.
[3] BUCHANAN, H.: Journey from Madras through Mysore, Canara and Malabar 2, 440. 1807; Mem. geol. Surv. Ind. 1, 285.
[4] Literatur bei DU BOIS, GUILLEMAIN, MEIGEN. Vgl. d. Handb. S. 388, Anm. 5—7.
[5] SCHENK, K.: Gebirgsbau und Bodengestaltung von Deutsch-Südwestafrika. Verh. 10. dtsch. Geogr.-Tages Stuttgart 1893, 170.
[6] WALTHER, J.: Verh. Ges. Erdkde. Berlin 16, 318 (1889).
[7] FREYBERG, B. v.: a. a. O.

gefolgt. Aber schon seit den klassischen Untersuchungen von Bauer[1] ward klar, daß das Kennzeichen des Verwitterungsprozesses, der uns Laterit liefert, in der Bildung größerer Mengen freier Tonerde liegt. Damit war eine exakte chemische Kennzeichnung möglich. Es stellte sich dabei dann freilich heraus, daß nicht nur zellig-schlackige Oberflächengebilde durch größere Mengen freier Tonerde gekennzeichnet sind, sondern daß auch in der Tiefe schon eine Verwitterung des anstehenden Gesteins unter Bildung von freier Tonerde stattfindet. Seit der klaren Erkenntnis Bauers ist das Lateritproblem vor allen Dingen durch die Arbeiten von Arsandaux[2], Lacroix[3] und Fox[4] gefördert worden. Insbesondere gab Lacroix von Guinea und Madagaskar eingehende mineralogisch-petrographische Beschreibungen mit zahlreichen Analysen, die zum ersten Male eine tiefergehende Kenntnis vermittelten.

Es soll an dieser Stelle davon abgesehen werden, eine eingehende, geschichtlich gegliederte Darstellung des bisherigen Schrifttums zu geben. Ausführliches kann man in den Arbeiten von Guillemain[5] und Meigen[6] nachlesen. Eine ausgezeichnete Literaturübersicht bis zum Jahre 1902 gab auch Du Bois[7] unter kurzer Charakterisierung fast aller damals vorliegenden einschlägigen Arbeiten. Eine Zusammenstellung der bisherigen Kenntnisse des Laterit mit der ersten Darstellung einwandfreier Profile gab Harrassowitz[8]. Die folgenden Auseinandersetzungen schließen sich dieser Arbeit nur teilweise an. Vieles ist dort ausführlicher und unter anderem Gesichtspunkt erörtert, insbesondere das Auftreten zahlreicher fossiler Laterite. Im einzelnen sind die dort vertretenen Anschauungen oft weiter entwickelt.

Wenn wir einen Blick auf eine ältere bodenkundliche Karte werfen, so erscheint Laterit als ein Verwitterungsprodukt weitester Verbreitung. Das gesamte Gebiet des tropischen Afrika und Südamerika wird von ihm eingenommen. Dies beruht darauf, daß Lateritgebiete an der Oberfläche oft nicht unmittelbar kenntlich sind, da sich nur Rotlehm vorfindet und dieser von nichtlateritischen Rotlehmen makroskopisch nicht zu unterscheiden ist. Erst dann wird das Lateritgebiet deutlich kenntlich, wenn sich in den Rotlehmen die bezeichnenden Oberflächenanreicherungen vorfinden. Sie beginnen mit einer fleckenartigen Anreicherung von Eisenverbindungen und führen über kleine bohnerzartige Konkretionen, die sich immer mehr zusammenschließen, zu einer vollständigen Eisenkruste. Diese Eisenkruste ist freilich nur dann als lateritisch anzusprechen, wenn sich auch freie Tonerde darin findet. Es gibt auch tropische, oberflächliche Eisenanreicherungen die nichts mit Laterit zu tun haben, aber oft mit ihm verwechselt worden sind (siehe unten). Infolgedessen kommt es, wie bei allen Bodenbildungen, auf das vorhandene Bodenprofil an, das beim Laterit in sehr bezeichnender Weise entwickelt ist. Die Lateritprofile gehören zu den mächtigsten

---

[1] Bauer, M.: Beiträge zur Geologie der Seyschellen, insbesondere zur Kenntnis des Laterits. Neues Jb. Min. usw. 2, 163—219 (1898).

[2] Arsandaux, A.: Bull. Soc. franç. Min. 36, 70—110 (1913); C. r. 148, 936 (1909); 1115 (1910).

[3] Lacroix, A.: a. a. O., 1923. — Les Latérites de la Guinée. Nouv. Arch. Mus. d'hist. nat., 5. ser. 5, 255ff. (1913).

[4] Fox, C. S.: Mem. geol. Surv. Ind. 49, 1 (1923).

[5] Guillemain, W.: Beiträge zur Geologie von Kamerun. Abh. preuß. geol. Landesanst., N. F. H. 62. 1909.

[6] Meigen, W.: „Eßbare Erde" von Deutsch-Neu-Guinea. Mber. dtsch. geol. Ges. 1905, Nr 12, 557—564. — Laterit. Geol. Rdsch. 2, H. 4, 197—207 (1911).

[7] Du Bois, G. C.: Beitrag zur Kenntnis der surinamischen Laterit- und Schutzrindenbildungen. Tschermaks Min. u. petrogr. Mitt. 22, H. 1 (1902).

[8] Harrassowitz: Laterit. Berlin: Gebr. Bornträger 1926.

Verwitterungsbildungen, die wir auf der Erde kennen. Sie können bis über 60 m Tiefe erreichen.

Ein vollständiges Lateritprofil, wie es uns z. B. von LACROIX, MACLAREN[1], SIMPSON[2], JOH. WALTHER, HARRASSOWITZ beschrieben worden ist, zerfällt in mehrere Teile: Eisenkruste, Fleckenzone, Zersatz- oder Bleichzone, frisches Gestein. Über dem frischen Gestein liegt die Bleichzone oder Zersatzzone, bei WALTHER „Bleichzone", bei LACROIX „zone de départ". In Australien ist sie 5—15 m mächtig, in Vorderindien 12—25 m. Eine weiße, bröckelige und zerreibbare, oft tonig erscheinende Masse liegt vor, in der noch mehr oder weniger kugelförmige Reste frischen oder halbzersetzten Gesteins auftreten. In den Profilbeschreibungen wird sehr oft von Ton gesprochen. Dieser Ausdruck ist aber besser zu vermeiden, denn das Bezeichnende dieser Zone ist, daß zwar eine starke chemische Umwandlung eintrat, aber die Textur des frischen Gesteins noch durchaus erhalten ist. Unter dem Mikroskop erkennt man bei gewöhnlichem Licht manchmal gar keinen Unterschied gegen unverwittertes Material. Schieferungsflächen, Einschlüsse, Quarzgänge sind oft wie im frischen Gestein zu sehen. Auf Klüften können Eisenhydroxydverbindungen auftreten. Nach oben verliert sich die ursprüngliche Struktur langsam. Allmählich stellen sich Flecken in allen möglichen Farben wie rot, violett, gelb, blau ein, und wir kommen in den Bereich der Anreicherungszone (WALTHER, „Fleckenzone", LACROIX, „zone de concrétion"). In den einfachsten Fällen wandelt sich das Gestein in einen hochdispersen Rotlehm um. In diesem Rotlehm finden sich ausgezeichnete Erbsensteine von Eisenoxydhydrat oder von hellem oder rötlichem Alumogel. Allmählich schließen sich diese Bildungen zusammen und eine regelrechte zellige Eisenkruste bildet sich, die schließlich den Rotlehm vollständig verdrängt. Diese Eisenkruste ist das bezeichnende Oberflächengestein des Laterits, und viele Autoren haben nur dann von Laterit gesprochen, wenn diese Eisenkruste sichtbar war. Es muß aber hervorgehoben werden, daß eine ganz ähnliche Eisenkruste wie sie KÖRT[3] als Savanneneisenstein beobachtete, ganz unabhängig vom Laterit auftreten kann. So beschrieb etwa MENNELL[4] aus Rhodesia als Laterit Eisenkrusten, die, wie die chemische Analyse nachweist, nichts damit zu tun haben.

Von dem Rotlehm muß erwähnt werden, daß er oft Einschlüsse des tieferen Gesteins in sich birgt. Diese erscheinen vollständig unregelmäßig gestaltet und ganz zerfressen. Da sie manchmal von Brauneisen umrindet sind, können sie den Eindruck von Konkretionen erwecken. Tatsächlich ist dies aber nicht der Fall. So konnte der Verf. bei Untersuchungen der in der Geologischen Landesanstalt in Berlin befindlichen, von KÖRT aus Deutschostafrika stammenden Sammlungen feststellen, daß, abgesehen von Eisenoxydhydratkonkretionen, alles andere nur Stücke lateritischen Zersatzes darstellt, der in weiterer Umwandlung zu Rotlehm begriffen ist. Im hessischen Vogelsberg, der ein bezeichnendes Lateritgebiet der Tertiärzeit darstellt, lassen sich die ganz entsprechenden Beobachtungen machen.

Die Eisenkruste wird auch als Zellenlaterit bezeichnet. Das in frischem Zustande weiche und abstechbare, später aber feste und meist kompakte Gestein wird von zahlreichen, eigenartig gewundenen, röhrenartigen Hohlräumen durchzogen, die sich verzweigen und unregelmäßig durch das Ganze laufen. Oft stehen die Röhren mehr oder weniger senkrecht, sie können aber auch horizontal liegen.

---

[1] MACLAREN, M.: Geol. Mag. V 3, 536—547 (1906).
[2] SIMPSON, M. S.: Geol. Mag. V 9, 399—406 (1912).
[3] KÖRT, W.: a. a. O., 1916.
[4] MENNELL, F. P.: Geol. Mag. V 6, 350—352 (1909).

Der Röhreninhalt besteht oft aus weißem Ton, der an der Oberfläche meist ausgewaschen ist, so daß die Röhren zellenartig zutage liegen. Die Anreicherung des Eisens kann so groß sein, daß regelrechte Eisenerze entstehen, wie sie uns z. B. aus Surinam durch Voit[1] in 4—15 m Mächtigkeit anschaulich beschrieben sind. In der Eisenkruste kann man oft kleine Partien von Alumogel finden, die manchmal als Bauxit bezeichnet worden sind. Das Alumogel ist oft vom Eisen ganz abgesondert, liegt scharf begrenzt unter der Eisenkruste und wird als Aluminiumerz abgebaut. In dem Alumogel wie in der Eisenkruste findet man oft typische Gelstrukturen. Manchmal wird der Eindruck von Breccien und Konglomeraten erweckt, da Bruchstücke der gerissenen Oberfläche aufs neue durch Eisen- und Aluminiumverbindungen verkittet sind. An Hängen kann Schuttmaterial des primären Laterits abwärts gleiten und wieder verfestigt werden. So entstehen die „lowlevel"-Laterite Vorderindiens, die wie eine Alveole den Rand des Lateritplateaus begleiten und heute noch entstehen. Die Eisenhydroxyd- und Tonerdeverbindungen sind so beweglich, daß frisch gestochene Lateritblöcke sich mit einer Eisenkruste überziehen und die Bildung von Eisenkrusten überhaupt direkt beobachtet werden kann. Die Farbe der Eisenkrusten, wie der genannten Rotlehme ist bei genauer Bezeichnung nicht rot, sondern kreß (früher orange genannt).

Zwei Profile seien zur Erläuterung angeführt. Fox[2] führte von Vorderindien das folgende allgemeine Profil an, das wir nach unserer Nomenklatur wiedergeben:

Kreßfarbener oder gelber Lehm	etwa 3 m
Eisenkruste, darunter Alumogel	0,3— 2,5 m
Fleckenzone (siallitisch zersetzter Basalt mit beginnender Eisenanreicherung)	2,5— 7,5 m
Zersatzzone (siallitisch zersetzter Basalt)	4,4—15 m
Frischer Basalt	
	10,2—25 m

Von Madagaskar beschrieb Lacroix[3] das folgende Profil:

Eisenkruste	1 m
Rotlehm, konkretionsreich	2 m
Zersatz (allitischer Siallit)	8—10 m
Frischer Basalt	

In manchen Fällen ist über der Eisenkruste noch ein Humushorizont bekannt, wie ihn Lacroix[4] aus Madagaskar vom Plateau von Antanimena beschrieb. Wieder in anderen Fällen wird von regelrechten Sanden berichtet. Aus anderen Gebieten wird von braunem, humosem Boden als Oberflächenhorizont gesprochen. Diese Unterschiede beruhen darauf, daß es Lateritprofile verschiedenen Alters und verschiedener Ausbildung gibt. Sowohl bei in Bildung begriffenen als bei ganz abgeschlossenen ist es durchaus möglich, daß Vegetation darüber liegt und dann natürlich irgendein Humushorizont ausgebildet wird. Auf vollständigen, ausgereiften Profilen, die unter gegenwärtigen Bedingungen entstanden sind, dürfte sich aber Humus nicht finden. Mehrfach wird darauf hingewiesen, daß mit starker Ausbildung der Eisenkruste die Vegetation ganz zurückgeht. Die Anfänge der Eisenkruste mit der Bildung von Bohnerzen sind aber noch unter Urwald beobachtet, und es ist daher nicht erstaunlich, wenn ein Humushorizont zu finden ist.

---

[1] Voit, F. W.: Die Eisenerzlateritlagerstätte des Donderbary und die Möglichkeit einer Hochofen- bzw. Eisenindustrie in Surinam (Niederländisch-Guyana). Z. prakt. Geol. **30**, H. 2, 20 (1922).
[2] Fox, C. S.: a. a. O., Taf. 10.   [3] Lacroix, A.: a. a. O., S. 127. 1923.
[4] Lacroix, A.: a. a. O., S. 128. 1923.

Das beschriebene vollständige Lateritprofil bezeichnen wir als Ausbildung *C*. In Vorderindien, Afrika, Sumatra, Australien findet sich eine derartige Ausbildung. Die Eisenkruste kann dabei auf mehrere Meter Mächtigkeit anwachsen, so daß Rotlehm überhaupt nicht mehr vorhanden ist. So gilt dies etwa von einem Profil vom Mount Lavinia von Kolombo, wovon ein dem Verfasser von Herrn van Baren, Wageningen, freundlicherweise zur Verfügung gestelltes Profil Zeugnis ablegt.

Viele Lateritprofile Madagaskars zeichnen sich dadurch aus, daß die Eisen- oder Aluminiumkruste fehlt. An der Tagesoberfläche liegt nur ein hochdisperser Rotlehm. Wir bezeichnen diese Ausbildung, die wahrscheinlich sehr viel weiterverbreitet ist, als die Ausbildung *B*. Die Ausbildung *B* stellt gegenüber *C* ein noch nicht voll ausgereiftes Profil dar.

Schließlich finden sich auch Gebiete, bei denen nur die Zersatzzone an der Oberfläche festzustellen ist. Soweit dies ohne Humusboden der Fall ist, liegt hier ein unvollständiges Profil vor. Entweder handelt es sich um die Anfänge der Lateritisierung oder, was sehr viel wahrscheinlicher ist, um ein Profil, bei dem die Hangendteile abgetragen sind. Wir sprechen hierbei von der Ausbildung *A*.

Wie wir oben erwähnten, ist der Laterit durch die Bildung größerer Mengen freier Tonerde ausgezeichnet, wie Bauer[1] zum ersten Male zeigen konnte. Wie wir unten genauer sehen werden, findet sich nun Tonerdehydrat in zwei Teilen des Profils. Der Zersatz, der in vielen Fällen nur als Siallit (Kaolin) ausgebildet ist, kann als Allit entwickelt sein, d. h. vorherrschend aus freier Tonerde bestehen. Außerdem findet sich freie Tonerde in der Anreicherungszone. In beiden Fällen spricht man in engerem Sinne von Laterit. Während es sich aber in der Teufe um ein anstehend zersetztes Gestein handelt, erweist es sich in der Anreicherungszone um Tonerdehydrat, das mit dem Eisen nach oben gewandert ist und eine konkretionsartige Ausscheidung aus Lösungen darstellt.

Allgemeine chemische und mineralogische Zusammensetzung.

Innerhalb des Lateritprofils ist die Anreicherung von Tonerde der bezeichnende chemische Vorgang. Er erklärt sich aus dem tropischen Klima, das von vornherein starke chemische Eingriffe in den Bestand frischer Gesteine begünstigt. Diese eingreifenden Vorgänge bewirken es, daß der Laterit unter allen Bodenbildungen eine besondere Stellung beansprucht. Dies drückt sich auch darin aus, daß die Lateritisierung über den verschiedenartigsten Gesteinen zu ganz gleichmäßigen Neubildungen führen kann, ohne daß man das Untergrundgestein erkennt. Es bildet sich daher für den Laterit im engeren Sinne, also für die Tonerdeanreicherungen im Zersatz oder an der Oberfläche, eine ganz bezeichnende chemische und mineralogische Zusammensetzung aus.

Die chemischen Bestandteile des Laterits.

Zur chemischen Kennzeichnung des Laterits müssen unter allen Umständen folgende Bestandteile immer bestimmt werden: Aluminium, Eisen, Silicium, Titan, Wasser (letzteres muß immer in Wasser über und unter 100° getrennt sein). Neben diesen Elementen kommen noch andere vor, aber bei einem echten Laterit machen sie meistens nur wenige Prozent aus. Dies gilt vor allen Dingen für die Alkalien und Erdalkalien, die oft sogar vollständig fehlen können.

---

[1] Bauer, M.: Vgl. d. Handb. S. 388, Anm. 1.

H₂O. Abgesehen von der Feuchtigkeit besitzt der Allit wechselnde Mengen gebundenen Wassers. Dieses bildet einen wichtigen Bestandteil, da Al und Fe als Hydrate vorhanden sind und bestimmte Mengen Wassers dadurch gebunden werden, wie aus dem Folgenden noch näher hervorgehen wird. Ein Teil Wasser wird auch für die Bindung von wasserhaltigen Aluminiumsilikaten verbraucht. Im allgemeinen zeichnet sich der Laterit, da Tonerdetrihydrat meist überwiegt, durch Mengen gebundenen Wassers von 25—30% aus. Der extremste beobachtete Wert waren 38%. Schon der Wassergehalt ist auf diese Weise ein außerordentlich bezeichnender Bestandteil.

Al₂O₃. Die Tonerde besitzt in den meisten Fällen die höchsten Werte und bewegt sich im allgemeinen zwischen 50 und 60%. Über 85% kann sie nicht hinausgehen, da reines Tonerdemonohydrat 85% Al_2O_3 führt. Durch Beimengung vorhandener Bestandteile, vor allen Dingen Quarz oder Fe_2O_3, kann der Tonerdegehalt herabgesetzt werden. In Vorderindien ist 56% der häufigste Wert, doch sind bis 67% Al_2O_3 beobachtet worden.

SiO₂ soll bei einem reinen Laterit nur ganz geringe Werte besitzen und kann sogar manchmal fehlen. Allerdings sind diese Fälle seltener, und geringe Mengen sind immer feststellbar. Das Verhältnis von SiO_2 zu $Al_2O_3 = ki$ stellt immer das Charakteristikum des Laterits dar und bewegt sich bei reinem Material in ganz geringen Werten. Dabei muß natürlich immer berücksichtigt werden, das daß Auftreten von Quarz den Wert für SiO_2 stark erhöhen kann. Infolgedessen ist es bei sehr vielen Analysen nötig, sich durch einen Säureauszug darüber zu vergewissern, wieviel Kieselsäure als Quarz vorhanden ist.

TiO₂ kann manchmal ganz fehlen, in den meisten Fällen sind aber Werte über 2% vorhanden. Der höchste Wert mit 18% wurde in einer Analyse von Vorderindien gefunden, wo sonst 6—10% vorherrschen.

Fe₂O₃ kann ganz verschiedenartig auftreten. Es gibt Laterite, in denen 1—2% vorhanden sind, wo dann Tonerde besonders stark angereichert ist, und dem gegenüber wieder Gesteine, die fast Eisenerze darstellen, so daß Al_2O_3 zurücktritt. Aber immer wird man in diesen Fällen zugleich festzustellen haben, ob der Wert für SiO_2 im Verhältnis zu Al_2O_3 auf das Vorhandensein freier Tonerde hindeutet.

Eisen wird in zahlreichen Analysen nur als Fe_2O_3 bestimmt. Tatsächlich muß man aber auch auf FeO prüfen, das meistens in geringerer Menge auftritt und in manchen Analysen durch alle Horizonte hindurch verfolgt werden kann. Sein Auftreten beruht auf dem Vorhandensein von Magnet- oder Titaneisenerzen, die bei der Verwitterung nicht angegriffen worden sind.

Mn fehlt zwar oft vollständig, kann aber in den Eisenkrusten in verschiedener Menge auftreten.

Infolge des lebhaften chemischen Eingriffs, der bei der Lateritisierung stattgefunden hat, sind diese Gesteine vor allen Dingen arm an **Alkalien** und **Erdalkalien.** Geringe Mengen sind freilich zumeist festzustellen, aber über 1% gehen sie kaum hinaus. Meist werden sie schon von Salzsäure gelöst, aber stellenweise gehen sie auch in den Schwefelsäurerückstand über und müssen teilweise eine feste Verbindung in schwer verwitterbaren Silikaten haben.

Auch **CO₂** gehört zu den Bestandteilen, die seltener vorhanden sind.

P₂O₅ ist recht häufig zu beobachten, freilich manchmal nur in Spuren.

Interessant ist das Vorkommen von **Cr** und **V.** Besonders die Verwitterungsprodukte von Peridotiten, wie sie etwa von Kuba oder Guinea bekannt sind[1], können größere Werte von Cr_2O_3 bis 3,14 % besitzen. Der Gehalt an V_2O_5 kann bis auf 0,55 % gehen. Interessant ist es, daß Au, Ag und Zn in manchen Gebieten bekanntgeworden sind.

Lateritmineralien.

Laterit bildet sich nur unter tropischem Klima aus, wo von vornherein starke chemische Eingriffe in den Bestand frischer Gesteine stattfinden. Dadurch, daß es sich um ein Wechselklima handelt, werden die Reaktionsprodukte nur zu einem Teil abgeführt und reichern sich im übrigen Teil in Oberflächenkrusten an. Aus diesen Einwirkungen erklärt es sich, daß der Laterit unter allen Bodenbildungen eine besondere Stellung beansprucht. Die Verwitterung greift sehr tief hinunter, und es bilden sich vollständig selbständige Mineralien aus, wie sie in gleicher Weise sonst nicht zur Beobachtung gelangen. Dies drückt sich auch darin aus, daß die Lateritisierung über den verschiedenartigsten Gesteinen zu ganz gleichmäßigen Bildern führen kann, ohne daß man die Untergrundsgesteine erkennt. Nur ganz bestimmte Mineralien bleiben vom Untergrund übrig.

Auf diese Weise ergibt sich eine deutliche Zweiteilung der im Laterit auftretenden Mineralien. Wir haben einerseits zu unterscheiden: Verwitterungsrückstände, Frachtreste und andererseits: Neubildungen, die das kennzeichnende Mineral des Laterits abgeben und mit LACROIX[2] und FERMOR als lateritische Elemente zu bezeichnen sind.

Frachtreste: Die bei der Lateritbildung eintretende chemische Zersetzung ist so intensiv, daß nur widerstandsfähige Mineralien zurückbleiben und fast alle für Eruptivgesteine kennzeichnenden Mineralien vollständig verschwinden. Infolgedessen sind die unter frischen Gesteinen weitverbreiteten Alkalitonerdesilikate, wie Feldspat, Feldspatvertreter, Glimmer, Augit, Hornblende, nicht mehr zu finden. Nur in der Zersatzzone kann man manchmal noch Glimmer beobachten, aber auch dies nur dann, wenn die Zersetzung noch nicht zu weit vorgeschritten ist. Chemisch macht sich dies darin geltend, daß im Laterit die Erdalkalien und Alkalien bis auf Spuren verschwunden sind.

Zu den häufigsten Verwitterungsrückständen im Laterit gehört der Quarz. Wenn gelegentlich angegeben ist, daß er bei der Lateritisierung angegriffen wurde, so ist dies u. W. bisher noch nicht bewiesen worden. Umgekehrt sei aber schon hier betont, daß Quarz auch neu gebildet werden kann.

Von weiteren Frachtresten seien Spinell, Zirkon, Rutil, Anatas, Titanit, Silimanit, Zyanit, Turmalin erwähnt.

Zu sehr häufigen Mineralien gehören Magneteisen und Titaneisen. GUILLEMAIN[3] hob hervor, daß in Kamerun Titaneisen der deutlich hervortretende Bestandteil des Laterits ist. Er kann sich besonders im sekundären Laterit zu ganz beträchtlichen Mengen anhäufen, so daß jeder Regen ihn in Wasserrinnseln in natürlicher Aufbereitung anschwemmt. In den Flüssen bilden sich daher oft schwere, schwarze Flußsande aus. Schon BAUER[4] wußte dies und wies auf einen Oberflächenlaterit aus Surinam hin, in dem DU BOIS nicht weniger als 14,08 % TiO_2 anführte. In vorderindischen Lateriten kann man oft gegen 7 % TiO_2 beobachten. Es sei aber schon jetzt erwähnt, daß Titanverbindungen auch als Neubildungen auftreten können. Das Magnet-

---

[1] Siehe S. 417.
[2] LACROIX, A.: a. a. O., S. 93. 1923.   [3] GUILLEMAIN: a. a. O., S. 275.
[4] BAUER, M.: Beitrag zur Kenntnis des Laterits, insbesondere dessen von Madagaskar. Neues Jb. Min. usw. 1907, Festbd., 56.

eisen verhält sich ganz ähnlich und kommt oft mit dem Titaneisenerz zusammen vor. Schon dem genannten Autor war dies aufgefallen. Dies wird in der chemischen Analyse daran kenntlich, daß FeO durch das ganze Profil immer wieder festzustellen ist. Während die Eisenoxydulsilikate vollständig zersetzt und oxydiert werden und dadurch Fe_2 frei wird, bleiben also Magnet- und Titaneisen ganz unberührt bestehen. Sie haben ja, worauf auch Tammann[1] hinwies, eine besondere chemische Passivität.

Neubildungen als Lateritelemente. Die bei der Lateritisierung neu entstehenden Mineralien sind zu einem großen Teil Gele und darum sehr schwer zu erkennen und mineralogisch nicht ohne weiteres zu definieren. Daraus erklärt sich die Tatsache, daß Tonerdehydrate erst sehr spät als kennzeichnender Bestandteil erkannt wurden. Gelstruktur vor allen Dingen in Form von Bohnerzen und Erbsensteinen und den eigenartigen Verkrustungen und Verrindungen, wie man sie zusammengefaßt wohl als kolloform bezeichnet, ist außerordentlich häufig. Sie trägt dazu bei, daß das Oberflächenbild sehr einförmig wirkt. Zum Teil sind diese Stoffe aber schon in kristalline Modifikation übergegangen; dabei bilden sich auf der einen Seite wasserreiche Mineralien, andererseits aber auch wasserärmere. Besonders bezeichnend ist der letzte Vorgang, der offenbar sogar zur Bindung von Magneteisen führen kann.

I. Aluminiumoxydhydrat ist der wichtigste und kennzeichnendste Stoff im Laterit, wie wir seit Bauer wissen. Unter den hierher gehörigen Mineralien lassen sich zwei Gruppen unterscheiden: Monohydrate und Trihydrate. Es bestand früher insofern eine gewisse Schwierigkeit, als man glaubte, auch natürliche Dihydrate nachweisen zu können. Dies gründete sich auf die äußerliche Tatsache, daß der Wassergehalt mancher Allitgesteine scheinbar $Al_2O_3 \cdot 2H_2O$ entspricht. Die fortschreitende mineralogische Untersuchung, vor allen Dingen die röntgenographische Durchmusterung, hat aber gezeigt, daß nur Monohydrat und Trihydrat vorkommen. Wenn die Gesamtanalyse scheinbar der Formel $Al_2O_3 \cdot 2H_2O$ entspricht, so beruht dies darauf, daß Mischungen von Monohydrat und Trihydrat auftreten. (Aber aus der reichen Literatur, wobei die zahlreichen Analysen von Fox[2] aus Vorderindien sämtlich berücksichtigt sind, erkennt man nur gegen 10 Analysen, bei denen mehr als $50\,^0/_0$ Monohydrat vorhanden sind; es herrscht sonst immer das Trihydrat vor.) Wenn Rao[3] behauptet, daß im Laterit ein Dihydrat auftritt, so muß darauf hingewiesen werden, daß seine eigene Analyse dafür in keiner Weise beweiskräftig ist, da die Formel keineswegs auf ein Dihydrat stimmt, sondern auf eine Mischung von ungefähr $62\,^0/_0$ Trihydrat und $38\,^0/_0$ Monohydrat hinweist. Die wenigen von Fox angeführten Analysen, die tatsächlich auf mehr Monohydrat als Trihydrat hinweisen, sind ihm unbekannt geblieben. Es wurde schon erwähnt, daß auf Grund der modernen mineralogischen Untersuchungen, die Rao ebenfalls unbekannt geblieben sind, die mineralogische Existenz eines Dihydrates nicht mehr zu vertreten ist.

Aluminiumtrihydrat findet sich also vorwiegend, und man kann den Laterit infolgedessen als einen Allit mit 3 Molekülen Wasser bezeichnen, abgekürzt Trihydrallit. Das Aluminiumtrihydrat findet sich in kristalliner und in Gelform. Das kristalline Mineral ist Hydrargillit (auch Gibbsit genannt) $Al_2O_3 \cdot 3H_2O$. Im Lateritzersatz sieht man vielfach die ursprünglichen Feldspäte ganz in ein Haufwerk von Hydrargillitkriställchen umgewandelt. An der Oberfläche finden

---

[1] Tammann, G.: Z. anorg. Chem. 113, 149—162 (1920).
[2] Fox, C. S.: Vgl. d. Handb. S. 388, Anm. 4. [3] Rao, T. V. M.: Min. Soc. 21, 425 (1928).

sich oft dabei Massen von reinem Hydrargillit, die manchmal wie Kalksinter oder Stallaktiten aussehen. Klüfte und Risse zeigen auskristallisierten Hydrargillit. Manchmal tritt Hydrargillit auch in zellenkalkähnlichen Gebilden auf. Lateritisierte Basalte können wolken- und streifenförmig von dichtem Gel durchzogen sein. Vielfach erkennt man unter dem Mikroskop ein Aggregat von Hydrargillitkriställchen. Aber man findet auch manchmal Stellen, die sich selbst bei Verwendung der Ölimmersion als isotrop erweisen und als Hydrargillitgel anzusprechen sind. Röntgenographische Untersuchungen haben nachgewiesen, daß aber auch in diesen ausgesprochenen kolloiden Flocken Hydrargillit vorliegt und ein selbständiges, nichtkristallisiertes Gel des Aluminiumtrihydrates nicht bekannt ist.

Das Monohydrat der Tonerde, $Al_2O_3 \cdot H_2O$, findet sich in der Natur mineralogisch als kristallisierter Diaspor und als selbständiges Gel, Sporogelit. Die kristalline Form des Diaspors ist im Laterit nicht bekannt, wie oft behauptet wurde. Schon 1906 wies MACLAREN[1] darauf hin, daß das spezifische Gewicht von vermutlichem Diasporgestein nicht vorhanden ist. Das Monohydrat ist also nur als Gel bekannt und zeigt, wie BÖHM[2] nachwies, ein anderes Röntgendiagramm als Diaspor. Es handelt sich also bei dem Gel um ein Mineral, das gegenüber dem Diaspor auch kristallographisch vollständig selbständig auftritt. Von dem Hydrargillitgel läßt es sich weder durch äußere Betrachtung noch durch mikroskopische Untersuchung unterscheiden. Auf sein Vorkommen können wir vielmehr nur aus der chemischen Analyse schließen. Während es eine große Menge von Lateriten gibt, die einwandfrei nur das Trihydratgel besitzen, gibt es zahlreiche andere, bei denen Sporogelit bis 30% der vorhandenen Tonerdehydrate ausmacht. Weniger häufig sind die Fälle, bei denen 30 und mehr Prozent Sporogelit auftreten. Bezeichnenderweise gilt dies fast nur für Laterit mit mehr als 58% Al_2O_3. Es ergibt sich somit, daß der Laterit ein Gestein ist, das wesentlich aus dem Tonerdetrihydrat besteht und den Namen Trihydrallit mit Recht führt.

2. Eisenoxyd- und Eisenoxydulmineralien. Eisenoxydhydratmineralien spielen neben den entsprechenden Aluminiumverbindungen eine große Rolle im Laterit. Die häufige Kreßfarbe und der Name Eisenkruste zeigen dies ohne weiteres an. Das äußere Kennzeichen der Lateritbildung liegt aber, wie immer wieder betont werden muß, weder in der Farbe noch in der Eisenanreicherung, wenn diese auch z. T. kennzeichnende Eigenschaften darstellen. Sind doch die reinen Anreicherungen von Tonerde vollständig hell und gerade wegen des Fehlens einer Eigenfarbe früher nicht erkannt worden. Unter den KÖRTschen Sammlungen, die sich in Berlin befinden, sind verschiedene Stücke infolgedessen falsch gedeutet worden, was bei der damaligen Kenntnis ohne weiteres entschuldbar ist. Als kristallines Eisenoxydhydrat ist der Limonit als wichtigster Bestandteil zu nennen. Er ist schon immer faserig und deutet damit auf die Entstehung aus einem Gel. In der Nähe der Oberfläche und auf derselben findet sich ausgesprochen reine Kreßfärbung des sonst schwarzgelben, braunen Hydrates. Man hat oft behauptet, daß es sich bei dem kreß gefärbten Material um ein besonderes Hydrat, Turgit oder Hydrohämatit $2 Fe_2O_3 \cdot H_2O$, handelt. Tatsächlich ist nun festgestellt worden, daß Limonit kryptokristalliner Goethit ist, und daß ihm damit eigentlich die Formel $Fe_2O_3 \cdot H_2O$ zukommt. Wenn Limonit nun einen wechselnden Wassergehalt besitzt, so hängt dies wohl damit zusammen, daß kolloides Eisenoxydhydrat mit größeren Wassermengen beigemengt ist. Wahrscheinlich haben wir einen voll-

---

[1] MACLAREN: a. a. O., S. 545. 1906.
[2] BÖHM, J.: Z. anorg. u. allg. Chem. **149**, 203 (1925).

ständigen Übergang von wasserreicheren über wasserärmere bis schließlich zu
wasserfreien Gliedern. Dies bedeutet, daß schließlich Fe_2O_3 entsteht und von
Hämatit zu reden ist. In den Oberflächenanreicherungen von Eisenverbindungen
in der Savanne ist durch Reinheimer[1] in der Tat Eisenglanz in größerer Menge
festgestellt worden. Fox[2] spricht davon, daß Hämatit in kristalliner Form
ebenfalls beobachtet worden ist. Tatsächlich zeigen Analysen von eisenreichen
Eisenkrusten, wie sie beispielsweise Simpson[3] veröffentlichte, daß es unmöglich
ist, die übliche Formel $2\,Fe_2O_3 \cdot 3\,H_2O$ zur Anwendung zu bringen. Wenn hier ein
lateritischer Eisenstein 80,02 % Fe_2O_3 bei 7,06 % Wasser enthält, so ergibt sich
ohne weiteres, daß die übliche Formel nicht angewendet werden kann, da bei
der üblichen Berechnung als Limonit 13,4 % Wasser vorhanden sein müßten.
Bei zahlreichen Berechnungen des Mineralbestandes von Laterit wurde infolgedessen auch auf Fe_2O_3 umgerechnet.

Von großer Bedeutung ist es nun aber, daß nicht nur eine vollständige Entwässerung des Eisenoxydhydrates stattfindet, sondern daß darüber hinaus sich
offenbar sogar Eisenoxydul bildet. Schon Rinne[4] machte Angaben, die darauf
hindeuten, daß an der Oberfläche von Lateriteisenstein sich Magneteisen befindet. Einwandfreie Verwendung erlauben aber die Angaben von Voit[5]. Er
behauptet, daß bei lateritischen Bohnerzen in Surinam oft eine Rinde von
schwarzem, stark magnetischem Magneteisen über dem Kern von Roteisen
auftrete. Herrn N. Wing Easton verdankt Verfasser noch weitergehende Nachrichten. In einer Dissertation von Groothoff[6] werden erzführende, pyritreiche
Eisenerzgänge beschrieben, die an der Oberfläche eine mehrere Meter hohe, über
die Umgebung aufragende Mauer bilden, die ausschließlich aus Magnetit mit
etwas Limonit und Hämatit besteht. Schon in geringer Tiefe konnte Limonit
und Pyrit, aber kein Magnetit oder Hämatit mehr gefunden werden. Herr
Easton hat daraufhin schon vermutet, daß aus diesem Pyrit zunächst Limonit
entstanden ist, aus dem an der Oberfläche schließlich Magnetit entstand. Eine
von C. Schouten vorgenommene Untersuchung in auffallendem Lichte zeigte
nun, daß diese Magnetite nach Ätzung mit HCl nicht die dem Magnetit eigentümliche Struktur, sondern noch ganz genau die Struktur besitzen, wie sie z. B.
die Pyrite von Huelva zeigen. Verfasser scheint damit einwandfrei bewiesen,
daß tatsächlich Magnetit neu entsteht.

Im Zusammenhang damit sei darauf hingewiesen, daß Erich Kaiser[7] darauf
aufmerksam machte, daß aus Titaneisen entstandener Titanit bei der Lateritisierung wieder in Titaneisen zurückverwandelt wird.

Zunächst erscheinen alle diese Beobachtungen sehr eigenartig, weil wir
bei der Verwitterung selbst Ähnliches bisher nicht haben beobachten können.
Magnetit und Titaneisen erscheinen nach ihrer Entstehung als Mineralien
großer Tiefenstufen. Wenn wir aber daran denken, daß ja nicht das Vorkommen an der Oberfläche oder in der Tiefe für die Entstehung eines Minerals
maßgebend ist, sondern die verschiedenen Druck-, Temperatur- und Konzentra-
tionsbedingungen, so erscheint es verständlich, daß unter den hohen Temperaturen und der intensiven Sonnenstrahlung in den Lateritgebieten Magnetit ent-

---

[1] Reinheimer, S.: Beitrag zur Kenntnis der Zinnerzvorkommen im nördlichen Nigeria.
Z. prakt. Geol. **29**, 18, 21 (1921).
   [2] Fox, C. S.: a. a. O., S. 28. 1923.   [3] Simpson: a. a. O., S. 404. 1912.
   [4] Rinne, F.: Über eine Magneteisenerzlagerstätte bei Paracale in Nord-Camarines
auf Luzon. Z. prakt. Geol. **10**, 116 (1902).
   [5] Voit, F. W.: a. a. O., S. 20. 1922.
   [6] Groothoff: Die primären Zinnerzlagerstätten Billitons. Dissert., Delft 1916.
   [7] Kaiser, E.: Beiträge zur Petrographie und Geologie der deutschen Südseeinseln.
Jb. preuß. geol. Landesanst. **24**, 96—97 (1903).

steht. Ausgeschlossen wäre es nicht, daß die schnelle Zersetzung organischer Substanzen dabei eine Rolle spielt. Voit[1] gab an, daß das von ihm beobachtete Magneteisen sich im Urwald vorfindet. Es wäre vorstellbar, daß die schnelle Zerstörung der organischen Substanzen zu Reduktionserscheinungen führt.

Der Limonit ist wohl ursprünglich als Gel entstanden, hat sich aber dann in die kristalline Phase umgelagert. Neben ihm kommt aber noch ein kolloides Eisenoxydhydrat vor, das mit Lacroix[2] als Stilpnosiderit bezeichnet wird. Lacroix konnte das Material an einer Stelle in Madagaskar in großer Reinheit gewinnen. Bei schwarzer Färbung paßt der Name „Eisenpecherz" oft sehr gut. Konzentrisch-schalige Erbsensteine werden oft von dem Kolloid gebildet. Gern vermengt es sich in den Erbsensteinen mit dem Alumogel bzw. mit dem Hydrargillit.

Erwähnt sei schließlich, daß die Eisenverbindungen sich oft so rein anhäufen, daß sie regelrecht als Eisenerz anzusprechen sind. Simpson[3] gab mehrere Analysen von Westaustralien, die 78—80 % Fe_2O_3 enthalten. Tatsächlich ist das Material in den verschiedensten Landschaften von den Eingeborenen zur Gewinnung von Eisen benutzt worden.

3. **Manganmineralien.** Im allgemeinen sind die Laterite arm an Manganverbindungen, da sich in der Natur Eisenoxyd- und Manganoxydmineralien in der Regel trennen. Nur örtlich finden sich Anreicherungen des Elementes in Form von Psilomelan, Pyrolusit, Wad, Manganit. Aus Vorderindien, Celebes, aus Brasilien und von der Goldküste sind entsprechende Vorkommen bekannt. Ihre Anreicherung erfolgt in ähnlicher Form wie die der Eisenhydroxydmineralien, daher sind Konkretionen eine häufige Form.

4. **Titanmineralien.** TiO_2 ist ein wichtiger Bestandteil von vielen Lateriten und kann, wie oben erwähnt, oft in großer Menge vorhanden sein. Schon aus der chemischen Analyse wird aber kenntlich, daß der überwiegende Teil zu den obenerwähnten Rückstandsmineralien gehört, da Schwefelsäurelöslichkeit nicht vorhanden ist. Andererseits kann man aber bei Lateriten, die kein Limonit führen, in der Salzsäurelösung ebenfalls schon Titan finden. Es ist anzunehmen, daß Titan zum Teil als Gel auftritt und dadurch das oft wechselnde Verhalten in den Profilen veranlaßt wird. Lacroix[4] hat für diese Gele den Namen „Doelterit" vorgeschlagen. Sehr auffällig ist es, daß Titan in der Eisenkruste z. T. nur schwefelsäurelöslich ist; vermutlich tritt an der Oberfläche eine Entwässerung ein, und eine unlösliche Mineralart wird dadurch geschaffen. Schon oben wies der Verfasser darauf hin, daß aus Titaneisen entstandener Titanit bei der Lateritisierung wieder in Titaneisen zurückverwandelt wird.

5. **Wasserhaltige Al-Si-Mineralien.** Während auf der einen Seite freie Tonerde das Charakteristikum des Laterits darstellt, findet sich aber auch Aluminium in der Form von wasserhaltigen Silikaten. Sie herrschen in der Zersatzzone, kommen aber selbst in den höchsten Teilen der Profile vor.

Als kristallines Silikat ist Kaolin $Al_2O_3 \cdot 2\,SiO_2 \cdot 2\,H_2O$ vorhanden. Er ist nicht salzsäurelöslich, sondern erst durch Schwefelsäure zu zerstören. In der Zersatzzone kann er ein häufiges Mineral darstellen. Man hüte sich aber, helle, gebleichte Gesteine ohne weiteres als Kaolin zu bezeichnen. In der Literatur ist dieses leider immer wieder geschehen und dadurch entstand die peinliche Verwechslung der bei der Podsolbildung gebleichten Gesteine mit Kaolin. In

---

[1] Voit, F. W.: a. a. O., S. 18.   [2] Lacroix, A.: a. a. O., S. 330. 1913.
[3] Simpson: a. a. O., S. 403.   [4] Lacroix, A.: a. a. O., S. 334. 1913.

verschiedenen Arbeiten ist aber mit voller Deutlichkeit darauf hingewiesen, daß bei der Podsolierung keine Rede von Kaolin ist[1].

Da ein Teil der wasserhaltigen Aluminiumsilikate salzsäurezersetzlich ist, müssen auch Allophane anwesend sein, von denen Halloysit und Montmorillonit öfters genannt werden. Es ist aber dabei zu berücksichtigen, daß es sich insgesamt hierbei um Stoffe von wechselnder Zusammensetzung handelt, die gemengte oder gemischte Gele sind. Schon aus früheren Analysen ergab sich, daß öfters das Kieselsäuretonerdeverhältnis 1:2 unterschritten wird und freie Tonerde vorhanden sein muß. RINNE[2] hat dies röntgenographisch bestätigen können und zugleich nachgewiesen, daß Allophane kristalline Gele sind.

Die Allophane stellen bezeichnende Elemente der Lehme aller Klimate dar. Infolgedessen finden sie sich auch im Rotlehm in größerer Menge. Sie sind salzsäurezersetzlich, also läßt sich schon durch die chemische Analyse wesentliches über ihre Verteilung feststellen.

In der Zersatzzone findet sich Kaolin aus Orthoklas gebildet, Allophan aber aus Plagioklas entstanden. Sehr oft sind beide Mineralien auch zusammen beobachtet worden, da aus Kaolin bei weitergehender Verwitterung offenbar auch Allophane entstehen können.

Ausdrücklich sei hervorgehoben, daß serizit- und zeolithähnliche kristalline Silikate bisher nicht mit Sicherheit nachgewiesen worden sind. HARRISON konnte z. B. bei seinen mikroskopischen Beobachtungen nichts davon finden. ARSANDAUX[3] glaubte in doppelbrechenden Lamellen von kieselsäurereichen Zersatzgesteinen wasserhaltige Alkalisilikate gefunden zu haben. Er will dies besonders an dem Rückstand von Salzsäureauszügen nachweisen.

6. Kieselsäure. Das Kennzeichen der Lateritbildung ist Entkieselung. Wenn infolgedessen in Lateritanalysen reine Kieselsäure als Mineral auftritt, so handelt es sich überwiegend um Quarz. Unter bestimmten Umständen ist aber auch Kieselsäure als Neubildung vorhanden. Wenn wir eben bei den Allophanen von dem Auftreten gemengter Gele sprachen, so besteht die Möglichkeit, daß auch reines Kieselsäuregel auftritt, das mineralogisch als Opal und Chalcedon anzusprechen ist. Auf Madagaskar beobachtete LACROIX[4] Kieselsäurekonkretionen in Rotlehm. DU BOIS[5] fand in Lateritbohnerzen auf Surinam sekundäre Kieselsäure z. T. als Chalcedon. In Hohlräumen von Alliten wies ERICH KAISER[6] Opal und auch Chalcedon nach. Von besonderem Interesse sind die Untersuchungen von HARRISON[7]. Bei Lateritisierung von quarzfreien Diabasen stellte er fest, daß im Rückstand neu gebildeter Quarz zu finden war. Die äußere, kreß gefärbte Rinde von Diabasstücken, die 40,33% Al_2O_3 und 18,28% Fe_2O_3 bei einem Gehalt an gebundenem Wasser von 19,90% aufwies, enthielt 7,7% neu gebildeten Quarz.

Handelt es sich bei diesen Vorkommen in der Regel nur um geringe Mengen, da der Hauptteil restlos fortgeführt wird, so ist dies anders bei den Beobachtungen, die Fox[8] aus Vorderindien wiedergab. Zwischen der Lateritdecke und dem siallitisch verwitterten Basalt scheint die oben weggeführte Kieselsäure in größerer Menge angereichert zu werden. Fox möchte dies durch Zufuhr von SiO_2 von

---

[1] Vgl. HARRASSOWITZ: Laterit, S. 304 ff. 1926.
[2] RINNE, F.: a. a. O., S. 116. 1902.
[3] ARSANDAUX: a. a. O., S. 81 ff. 1913.
[4] LACROIX, A.: a. a. O., S. 137. 1923.
[5] DU BOIS, G. C.: a. a. O., S. 32. 1902.
[6] KAISER, E.: Bauxit- und lateritartige Zersetzungsprodukte. Z. dtsch. geol. Ges., Mber. **56**, 17 (1904).
[7] HARRISON, J. B.: Geol. Mag. V **8**, 120, 353 (1911).
[8] Fox, C. S.: a. a. O., S. 29. 1923.

oben her erklären. In Katni findet sich sogar Quarz in außerordentlich zahlreichen, wasserhellen, gut ausgebildeten Kristallen, die bis zu der stattlichen Größe von 5 cm kommen. Ihre Bildung hat offenbar im Late
ituntergrunde stattgefunden. Es läßt sich vorläufig nicht mit Sicherheit sagen, ob hier nicht ganz besondere Umstände mitgewirkt haben. Wenn im Untergrund Sulfide vorhanden gewesen wären, so wäre es durchaus möglich, daß durch die frei werdende Schwefelsäure eine Ausfällung von Kieselsäure in Gelform stattgefunden hat, wie wir dies auch sonst bei anderen Verwitterungsprozessen kennengelernt haben. Es sei nur an die Kieselsäuregele erinnert, die bei der Sulfidzersetzung in den Alaunschiefern der Feengrotten zu Saalfeld i. Thür. entstehen.

Manchmal findet sich Quarz auch in feinen Gängen, die ausgesprochene Rasenläufer darstellen, die die Fleckenzone durchsetzen. Auf Madagaskar führen sie Gold, und es kann keinem Zweifel unterliegen, daß es sich hier um lateritische Neubildungen handelt.

Einteilung der Produkte lateritischer Verwitterung.

Je nach dem Vorhandensein und Vorherrschen verschiedener Lateritelemente werden mit LACROIX verschiedene Arten von Laterit zu unterscheiden sein. Eine chemische Einteilung muß dabei im Vordergrunde stehen, da für einen Teil der Stoffe, wie wir oben auseinandergesetzt haben, ihre Bindung gar nicht bekannt ist. Dabei muß aber trotzdem eine mineralogische Bezeichnung versucht werden, die insbesondere darauf Rücksicht zu nehmen hat, ob die Stoffe gelförmig oder kristallin auftreten. Die unten folgenden Bezeichnungen sind im Anschluß an LACROIX gewählt worden, ohne deren Namen ganz beibehalten zu können. Insbesondere sind die 1926 von HARRASSOWITZ aufgestellten Begriffe Allit und Siallit verwandt worden. Mit Allit bezeichnet Verfasser ein Gestein, das wesentlich aus Tonerdehydraten besteht. Siallit ist ein Gestein, das wesentlich aus wasserhaltigen Al-Si-Mineralien zusammengesetzt ist. Durch die Bildung von Adjektiven „allitisch" und „siallitisch" läßt sich auch noch wiedergeben, ob einem Allit auch schon siallitisches Material oder umgekehrt beigemengt ist.

Für die Benennung ist der Gehalt an Aluminiumoxydhydrat und Eisenoyxd bzw. Eisenoxydhydrat im Gegensatz zur Menge der Kieselsäure maßgebend. Dabei darf natürlich nur das quarzfrei berechnete Gestein in Rücksicht gezogen werden. Wenn etwa ein quarzreiches Ausgangsgestein vorhanden ist, dann kann auch in dem Laterit noch viel Quarz vertreten sein, ohne daß das Gestein dadurch seine Bezeichnung als Allit verliert.

In erster Linie ist dabei das Verhältnis SiO_2 zu Al_2O_3 maßgebend und danach die Menge an Eisenverbindungen. Wenn als Lateritelemente die Aluminium- und Eisenoxydhydrate zusammengefaßt werden, so darf nicht vergessen werden, daß freie Tonerde immer vorhanden sein muß, wenn auch nur in geringer Menge. Oberflächenanreicherungen, die zwar reich an Eisenoxydhydrat sind, aber keine freie Tonerde besitzen, darf man nicht mehr als lateritisch bezeichnen. Dies ist darum wichtig, weil, wie oben schon betont, auch Eisenanreicherungen außerhalb des Lateritgebietes an der Tagesoberfläche möglich sind. Das Vorhandensein freier Tonerde ist nach unseren bisherigen Kenntnissen immer dann anzunehmen, wenn das Verhältnis $ki = SiO_2 : Al_2O_3$ unter 2 ist. Soweit es sich um quarzfreies Gestein handelt, wie etwa Basalt, wird die Bauschanalyse des Verwitterungsproduktes an sich schon einen sicheren Schluß gestatten. Bei anderen Gesteinen ist der Lateritcharakter erst dann festzustellen, wenn große Mengen freier Tonerde vorhanden sind. Im übrigen ist es selbst nötig, die etwa vorhandenen Quarzmengen durch Schwefelsäureauszug festzustellen.

In amerikanischen Arbeiten, z. B. von Bennett[1], wird ein Quotient gebraucht, den Verfasser schon früher als Sq bezeichnet hat. $SiO_2 : Al_2O_3 + Fe_2O_3$. Die Einführung dieses Quotienten ist nicht nötig. Die Sesquioxyde gehen, abgesehen von wenigen Ausnahmen, in der Anreicherungszone bei der Verwitterung immer zusammen. Bei 63 Analysen, die Bennett von tropischen Böden Mittelamerikas gab, haben wir den Quotienten Sq neu berechnet, da er abgekürzt gegeben war und auch einige Fehler vorhanden waren. Das Verhältnis von $ki : Sq$ bewegte sich zwischen den Grenzen 1.07 und 1.62. Die häufigsten Werte waren 1.22—1.39 und fanden sich bei 41 von 58 Analysen. Da die beiden Quotienten also ein ziemlich konstantes Verhältnis zu einander haben, ist nur die Berechnung des Quotienten ki erforderlich, die am einfachsten nach folgender Formel geschieht: $ki = \dfrac{SiO_2}{Al_2O_3} \cdot 1.7$. Wenn man entsprechend dieser Formel auf dem Rechenschieber proportional einstellt, so läßt sich sehr einfach rechnen. Der Quotient ki hat gegenüber dem Quotienten Sq den großen Vorteil, daß er ohne weiteres über die Bindung der Kieselsäure Auskunft gibt und gut den Vergleich mit dem frischen Gestein ermöglicht.

Das weitere chemische Kennzeichen ist die Entbasung. Sie läßt sich am klarsten wiedergeben, wenn man das Verhältnis der Feldspatbasen CaO, Na_2O, K_2O zur Tonerde berechnet. Eine Anschauung über die mineralogische Bindung läßt sich dadurch ohne weiteres gewinnen. Man rechnet nach folgender Formel am schnellsten:

$$ba = \frac{CaO \cdot 1.822 + Na_2O \cdot 1.646 + K_2O \cdot 1.085}{Al_2O_3}$$

Der von verschiedenen Seiten gemachte Versuch, einen Überblick über Verwitterungsvorgänge dadurch zu gewinnen, daß man auf einen konstant gebliebenen Bestandteil umrechnet, ist ausgeschlossen. Weder die zu diesem Zweck herangezogene Al_2O_3 noch TiO_2 sind von der Verwitterung unbeeinflußt.

Chemische Hauptgruppen.

Besondere Bezeichnung		Allgemeine Bezeichnung
Allitlaterit (Laterit im engeren Sinne)		
	mit 100—90 % Al + Fe-Hydrat	Allit
Siallitlaterit . . . . mit	90—50 % Al + Fe-Hydrat	siallitischer Allit
lateritischer Siallit . . . . . mit	50—10 % Al + Fe-Hydrat	allitischer Siallit
Siallit . . . . mit	< 10 % Al + Fe-Hydrat	schwach allitisch reiner Siallit

Mineralogische Untergruppen.

Al-Hydrat		Al-Silikat	
hydrargillitisch. . . .	kristallinisch	kaolinisch	kristallinisch
Alumogel	kolloid	tonig	kolloid

Fe-Hydrat
eisenhaltig.

In der folgenden Tabelle sind Analysen der wichtigsten Typen gegeben. Sie beziehen sich zumeist auf Salzsäureauszüge unter Abrechnung des unlöslichen Teils, der mehr oder weniger Quarz und unverwitterte Silikate darstellt. Verfasser hat absichtlich nur Analysen von Lacroix wiedergegeben, weil sie mineralogisch durchgearbeitet und noch nicht so bekannt sind, wie andere schon mehrfach wiedergegebene.

---

[1] Bennett: a. a. O., S. 360. 1926.

Zahlentafel 12. Lateritanalysen.

	Anreicherungszone			Zersatz				Rotlehm	
	1	2	3	4	5	6	7	8	9
SiO_2	—	0.78	2.26	6.98	13.50	35.14	43.90	29.06	21.19
Al_2O_3 . . .	4.80	26.03	45.58	42.37	31.93	40.08	38.80	24.41	32.27
TiO_2	—	0.06	2.79	—	0.06	0.70	—	4.03	0.55
Fe_2O_3 . . .	83.50	0.46	17.69	13.04	1.9	4.12	—	21.33	3.76
FeO	—	0.12	0.54	—	0.29	—	—	0.44	0.49
MgO . . .	—	0.03	0.09	Sp.	Sp.	0.21	0.10	Sp.	0.07
CaO	—	0.20	0.22	0.03	0.06	0.45	0.03	0.12	0.20
Na_2O . . .	—	—	—	—	—	—	—	—	—
K_2O	—	0.05	Sp.	—	Sp.	—	—	0.05	0.28
P_2O_5 . . .	—	0.10	Sp.	—	0.11	—	—	0.13	0.28
H_2O^+ . . .	10.18	9.95	28.73	21.78	15.10	17.84	14.30	11.18	15.09
H_2O^- . . .	—	3.13	1.45	—	0.76	—	1.87	2.25	1.10
Unlöslich, meist Quarz	1.70	59.35	1.00	15.79	36.64	1.46	0.48	7.34	24.66
	100.18	100.16	100.35	99.99	100.35	100.00	99.48	100.34	99.94
ki	—	0.058	0.084	0.28	0.719	1.46	1.94	2.02	1.13
ba	—	0.034	—	—	—	—	—	0.0311	0.0207

Nr. 1 Allitische Eisenkruste aus Peridotit. Guinea, S. 296, Nr. d. Dazu 0,2 % Cr_2O_3.
Nr. 2 Hydrargillitischer Allit aus Pegmatit. Madagaskar **3**, 111, Nr. 423.
Nr. 3 Alumogelallit. Madagaskar **3**, 130, Nr. 440.
Nr. 4 Hydrargillitischer Allit auf Amphibolit. Madagaskar **3**, 114, Nr. c.
Nr. 5 Alumogelsiallit aus Granit oder Gneis. Madagaskar **3**, 120, Nr. 429.
Nr. 6 Alumogelsiallit aus Nephelinsyenit. Guinea, S. 282.
Nr. 7 Kaolinischer Siallit aus Pegmatit. Madagaskar **3**, 131, Nr. 445.
Nr. 8 Toniger Siallit aus Basalt (Rotlehm). Madagaskar **3**, 124, Nr. 432.
Nr. 9 Toniger allitischer Siallit (Rotlehm) über hydrargillitischem Allit von Ambatofotsikely. Madagascar **3**, 126, Nr. 435.

Berechnete mineralogische Zusammensetzung der analysierten Laterite.

Nr.	Al-Silikat	Limonit	Hämatit	Doelterit	Al-Hydrat
1	—	30	61	—	7
2	4	—	1	—	95
3	7	21	—	—	68
4	18	3	13	—	66
5	47	4	—	—	49
6	76	5	—	—	16
7	98	—	—	—	2
8	70	19	7	4	—
9	64	6	—	1	29

Einzelbeschreibung der Horizonte.

Allitischer (lateritischer) Rotlehm.

Rotlehm ist das allgemeine Kennzeichen tropischer Verwitterung. Auch im Lateritgebiet sind zahlreiche Gebiete an der Oberfläche durch Rotlehm gekennzeichnet. Erst chemische Nachweise erlauben in der Regel die Feststellung, daß das Material als lateritisch anzusprechen ist. Genau wie in den anderen Teilen der Tropen ist das Material hochdispers und zeigt Farben, die von einem reinen Kreß in Dunkelkreß und andererseits auch in Gelb übergehen.

Die Bildung allitischer Konkretionen oder das Auftreten von allitischen Gesteinsstücken gibt die Möglichkeit einer äußeren Bestimmung. Offenbar entspricht der von KÖRT[1] in Ostafrika unterschiedene ältere Rotlehm dem Produkt,

---

[1] KÖRT, W.: Ber. Land- u. Forstwirtsch. Deutsch-Ostafrika **2**, H. 3, 143—164 (1904).

das wir hier im Auge haben. In dem älteren Rotlehm fehlen alle frischen Minaralien, dafür sieht man den Beginn der Konkretionsbildung und findet manchmal Stücke zerfressenen und vollständig allitischen Gesteins. Es handelt sich hierbei um Stücke von allitischem Zersatz, der durch Bodenversetzung offenbar in höhere Horizonte hinaufgekommen ist. Derartige Stücke sind wiederholt als Konkretionen beschrieben worden. Tatsächlich kann man an der äußeren Rinde dieser Stücke konkretionären Absatz von Eisenhydroxyd und gemengten Gelen feststellen. Schlägt man die Knollen aber auf, so sieht man deutlich, daß es sich um Material handelt, das z. T. noch die Ursprungsstruktur der Gesteine besitzt und mit Konkretionen nichts zu tun hat. Die durch Erich Kaiser mineralogisch näher untersuchten Stücke von Kört[1] gehören hierher. Erich Kaiser stellte in ihnen Hydrargillit und verschiedene Gelmineralien fest. Man erkennt damit, daß sich der Rotlehm selbst aus Allit noch bilden kann, wie dies auch im hessischen Vogelsberg der Fall ist.

Über die chemische Zusammensetzung der allitischen Rotlehme unterrichten die Analysen auf der Zahlentafel 13. Es sind Rotlehme verschiedenster Landschaften wiedergegeben. Dabei muß hervorgehoben werden, daß es sich durchweg um reine Lehme handelt und nicht etwa um Gesteine, die noch teilweise die Struktur des Ursprungsgesteines besitzen und nur bei oberflächlichem Zusehen einen erdig-lehmigen Eindruck machen. In der chemischen Zusammen-

Zahlentafel 13. Allitischer Rotlehm.

	Madagaskar				Neuguinea		Guyana	Hessen
	1	2	3	4	5	6	7	8
SiO_2 . . .	29.06	31.25	28.40	21.19	32.83	33.79	22.70	25.56
TiO_2 . . .	4.03	4.34	0.60	0.55	—	—	2.35	3.08
Al_2O_3 . . .	24.41	26.24	47.40	32.27	34.03	32.08	33.37	32.19
Fe_2O_3 . . .	21.33	22.94	12.70	3.76	13.94	20.62	26.73	19.90
FeO . . .	0.44	0.47	—	0.49	—	—	—	1.83
MgO . . .	Sp.	Sp.	—	0.07	0.23	0.15	0.60	0.40
CaO . . .	0.12	0.13	—	0.20	0.38	0.32	0.07	0.20
K_2O . . .	} 0.05	0.05	—	0.28	—	—	0.25	Sp.
Na_2O . . .							0.04	Sp.
P_2O_5 . . .	0.13	0.14	—	0.28	—	—	Sp.	0.29
H_2O^+ . . .	11.18	12.02	10.90	15.09	13.62	12.78	10.83	14.41
H_2O^- . . .	2.25	2.42	—	1.10	5.41	—	—	2.23
Unlöslich (Quarz)	7.34	—	—	24.66	—	—	3.48	—
	100.34	100.00	100.00	99.94	100.44	99.74	100.42	100.09
ki	2.02	2.02	1.02	1.10	1.60	1.80	1.10	1.40
ba	0.01	0.01	—	0.03	0.02	0.013	0.017	0.011

Nr. 1 Lacroix, A.: Madagaskar 3, 124, Nr. 432.
Nr. 2   ,,   ,,   3, 126, Nr. 436.
Nr. 3   ,,   ,,   3, 126, Nr. 434.
Nr. 4   ,,   ,,   3, 126, Nr. 435.
Nr. 5 Meigen, W.: Z. Geol.Ges., Mon.-Ber. 561 (1905).
Nr. 6 Fach, B.: Chemische Untersuchungen über Roterde und Bohnerztone., S. 29. Diss. Freiburg i. Br. 1908.
Nr. 7 Harrison: Geol. Mag. 5, 7, 445 (1910).
Nr. 8 Harrassowitz, H.: Laterit, S. 442 (1926). Fossiler Rotlehm der jüngeren Tertiärzeit.
    Nr. 1—4, 6, 8 zeigen die übliche Kreßfarbe.
    Nr. 5 ist gelb.
    Nr. 7 ist gelbbraun.

---

[1] Kört, W.: a. a. O., S. 156.

setzung der Lehme fällt vor allen Dingen der Gehalt an Alkalien und Erdalkalien auf. Er ist ein wichtiges Kennzeichen dieser Lehme und bewirkt die Unfruchtbarkeit der fraglichen Landschaften. Vor allen Dingen sind die Alkalien oft nur in Spuren nachzuweisen, wie dies auch sonst bei tropischer Verwitterung eintritt. Mit der Nährstoffarmut ist aber kein absolutes Urteil über die Böden zu sprechen. Sie sind reich an Gelen; infolgedessen wird eine Düngung doch Fruchtbarkeit hervorrufen können.

Solange die Rotlehmdecke nur dünn ist und als unreif zu bezeichnen wäre, können vom Untergrund noch nicht vollständig verwitterte Mineral- und Gesteinsbruchstücke vorhanden sein. Es liegt dann das Material vor, das KÖRT als jüngeren Rotlehm bezeichnet hat. Dieser ist naturgemäß fruchtbar.

Das eigentliche chemische Kennzeichen der allitischen Rotlehme liegt in dem molekularen Verhältnis von Kieselsäure und Tonerde $= ki$. Dieser Quotient zeigt, wenn er unter 2 ist, an, daß freie Tonerde vorhanden ist. Gesteine, die weniger Kieselsäure haben, also der Bindung des Kaolins entsprechen ($ki = 2$), enthalten nach unserer bisherigen Kenntnis mit Sicherheit freie Tonerde. Dabei muß aber darauf hingewiesen werden, daß auch bei einem Quotienten, der höher als 2 ist, ebenfalls freie Tonerde möglich ist. Dies beruht darauf, daß freie Kieselsäure zugegen sein kann. Tritt sie als Quarz auf, dann wird ein Schwefelsäureauszug zeigen, wieviel Prozent für diesen in Abrechnung zu bringen sind. Es kann aber neben freier Tonerde auch kolloide und leicht lösliche Kieselsäure in bestimmten Mengen vorhanden sein. Dann wird oft ein Salzsäureauszug eine Auskunft darüber geben. Aber nicht in jedem Falle ist dies möglich und dann zeigt allein hoher Wassergehalt an, daß offenbar wasserreiches Tonerdehydrat vorliegt. Aus diesem Grunde sind die Analysen von LACROIX Zahlentafel 12, Nr. 1 und 2 als allitische Rotlehme bezeichnet worden, da ihr Wassergehalt höher ist, als einer kaolinartigen Bindung entspricht. Man kann daher freie Tonerde annehmen. Genaue Berechnungen sind vorläufig noch nicht möglich, da nicht feststellbar ist, welche Wassermengen von Fe_2O_3 gebunden werden, zumal auch Eisenoxyd wie oben erwähnt, auftreten kann. Hier können erst genaue Untersuchungen Auskunft geben.

Das Kieselsäure-Tonerde-Verhältnis $= ki$ weist Werte zwischen 1 und 2 auf; die Lehme sind daher als allitische Siallite anzusprechen. Lehme, die einen geringeren Quotienten ki aufweisen, sind dem Verfasser bisher nicht bekannt geworden. Wenn der Tonerdegehalt steigt und der Quotient weiter sinkt, handelt es sich offenbar um Gesteine, die keine Lehme sind. Einerseits kann dann lateritischer Zersatz vorliegen oder andererseits eine Tonerdeanreicherung durch Konkretionsbildung erfolgen. Dann ist der physische Charakter der Gesteine aber nicht mehr der eines Lehmes.

Die allitischen Rotlehme haben physikalisch einen sehr eigenartigen Charakter. Sie sind nicht plastisch, sondern lassen sich ganz gleichmäßig zerreiben. Sie sind hochdispers und färben daher in intensiver Weise ab. Ganz im Gegensatz zu echten Tonen quellen sie nicht, und so kann das Material trotz des ausgesprochenen kolloiden Charakters auf Halden mit steiler Böschung aufgesetzt werden. Untersucht man sie mikroskopisch, so kann man bei hohen Vergrößerungen feststellen (am deutlichsten bei einer Vergrößerung von 1000—1200), daß sie keineswegs aus Gelhaufen zusammengesetzt sind, wie dies für tropische Urwaldlehme gilt. Man erkennt, daß die vorhandenen Klümpchen aus einzelnen Körnern bestehen[1]. BENNETT[2] hat in Kuba und Mittel-

---

[1] Vgl. HARRASSOWITZ: Laterit, S. 440. 1926.
[2] BENNETT: a. a. O., S. 361. 1926.

amerika festgestellt, daß es sich hier um allgemein verbreitete Eigenschaften bestimmter tropischer Böden handelt (s. S. 386). Es ist auch sehr bezeichnend, daß der Rotlehm im Gegensatz zu vielen anderen tonigen Böden beim Trocknen nur schwach reißt. Bennett unterschied diese Böden als zerreiblich und nicht zerreiblich (plastisch). Die Ursache suchte er· in dem chemischen Verhalten und hob als besonders kennzeichnend den Quotienten von $SiO_2 : Al_2O_3 + Fe_2O_3$ hervor. Dies ist in der Tat ganz richtig. Aber die Kennzeichnung dieser Böden ist schon gegeben, wenn der Quotient ki SiO_2/Al_2O_3 allein berechnet wird (s. oben S. 386). Es ergibt sich dann, daß es sich durchaus um echte lateritische Rotlehme handelt, deren Quotient ki sich in den vom Verf. für einen Rotlehm angegebenen Grenzen bewegt (s. a. Zahlentafel 13).

Die allitischen Rotlehme finden sich, soweit es sich um kristalline Gesteine handelt, auf allitischem Zersatz. Dies gilt beispielsweise für die Analysenzahlentafel 13 Nr. 1 und 2. Die allitischen Rotlehme können aber auch auf nichtallitischem Zersatz auftreten. Umgekehrt kommen aber Rotlehme, die keine freie Tonerde führen, auf allitischem Zersatz vor. Infolgedessen muß deutlich darauf hingewiesen werden, daß die Bezeichnung allitischer Rotlehm von der chemischen Eigenschaft ausgeht und nur auf diese Rücksicht nimmt. Man kommt daher zu dem Gegensatz, daß ein Rotlehm, der auf allitischem Zersatz und unter allitischer Anreicherungszone liegt, seiner Lage und Zugehörigkeit nach wohl als lateritisch anzusprechen wäre, daß er aber der chemischen Nomenklatur nach diese Bezeichnung nicht verdient. Es dürfte infolgedessen richtig sein, daß man die Bezeichnung allitisch als rein chemische anwendet und die Bezeichnung lateritisch benutzt, um das Vorkommen in einem Lateritprofil zu kennzeichnen.

Soweit allitische Rotlehme auf reinen Kalken auftreten, bildet sich, wie immer auf diesen Gesteinen, keine Zersatzzone aus. Mit scharfer Grenze schneidet der Rotlehm an dem Kalk ab. Soweit bisher bekannt, bilden sich in diesen Rotlehmen nur eisenoxydreiche Konkretionen aus, und starke Anreicherungen von Tonerde sind nicht nachweisbar. Lacroix gab die folgenden Analysen (Zahlentafel 14). Trotzdem scheint die Bildung reiner Tonerdekonkretionen in Rotlehm über Kalk dennoch möglich zu sein, wie dies durch fossile Laterite in Georgia und Alabama bewiesen wird. Es wäre freilich auch möglich, daß hier die Konkretionsbildung nicht unmittelbar unter dem Einfluß der Verwitterung, sondern erst später stattfindet.

Zahlentafel 14.

Pisolithe in Kalkroterden[1].

SiO_2	3.80	10.98
Al_2O_3	5.11	13.08
Fe_2O_3	68.72	46.05
FeO	1.53	0.46
MgO	Spur	0.09
CaO	0.24	0.22
Na_2O	0.20	0.19
K_2O	0.09	0.11
TiO_2	Spur	0.59
P_2O_5	0.27	Spur
H_2O^+	12.87	14.42
H_2O^-	1.23	1.96
Unlöslich	5.80	12.28
	99.86[2]	100.43[2]
ki	1.30	1.40
$Al_2O_3 \cdot 3H_2O$	3,0 %	6,5 %
$Al_2O_3 \cdot 2\,SiO_2 \cdot 2\,H_2O$	10,0 %	31,0 %

Die Anreicherung von Eisen- und Tonerde.

In den Rotlehmen können sich an und nahe an der Oberfläche Konkretionen ausbilden. Dies beginnt damit, daß sich zunächst farbige Flecken in dem Material zeigen, die zu konzentrisch umlagerten Bohnerzen führen, die sich allmählich zu einer festen Kruste zusammenschließen. In anderen Fällen beobachtet man

---

[1] Lacroix: Madagaskar 3, 147.
[2] Lacroix gibt hier andere Summen (100.26 bzw. 100.44); es scheinen Druckfehler vorzuliegen.

diese Bohnerze nicht, sondern die Flecken fangen an, sich miteinander zu verbinden, indem ihre Farbe immer dunkler wird und allmählich entsteht eine zellig-schlackige Verhärtung des Materials durch zunehmende Eisenanreicherung. Es entsteht auf diese Weise der typische Zellenlaterit, der von den verschiedensten Autoren allein als Laterit angesprochen worden ist. In den Zellen und Hohlräumen finden sich noch weiße Massen, die durchaus weich bleiben. Nach der Oberfläche zu können dann schließlich feste, harte Krusten entstehen, die oft eine große Mächtigkeit besitzen. Die Farbe hat sich inzwischen von dem ursprünglichen Gelb über Rot in Schwarzrot bis Schwarz geändert. Diese ausgesprochenen Bankerze können bis 2 m Mächtigkeit erreichen. Die ganze Anreicherungszone ist bis 20 m mächtig beobachtet worden.

Besonders mächtig wird die Eisenanreicherungszone auf basischen Gesteinen, wie sie uns KOOMANS[1] von Celebes geschildert hat. Aus seinen Analysen ist folgende Tabelle 15 wiedergegeben, die deutlich zeigt, wie die Anreicherung des Eisens nach der Oberfläche immer größer wird. In der Tabelle geht der Gehalt an Fe_2O_3 nicht über 50 % heraus. Es ist aber schon oben in Zahlentafel 12 unter Nr. 1 eine Eisenkruste über Peridotit aus Guinea wiedergegeben, die nicht weniger als 83,5 % Fe_2O_3 aufweist (s. a. Zahlentafel 21, S. 412). Es entstehen also reine Eisenerze, deren Menge allein in Zentralcelebes über eine Milliarde Tonnen hinausgeht. Sehr wesentlich ist, daß in diesen Eisenkrusten der Quotient *ki* festgelegt wird. Aus der Tabelle 17 (s. S. 406) ergibt sich ohne weiteres, daß ein wesentlicher Überschuß von Tonerde über Kieselsäure vorhanden ist. Das Material ist daher als allitisch anzusprechen.

In den Hohlräumen der zellig-schlackigen Eisenkruste befindet sich, wie erwähnt, oft eine helle Substanz. Diese Substanz kann verschiedene Zusammensetzung haben, wovon die beiden folgenden Analysen (Zahlentafel 16) Zeugnis

Zahlentafel 15. Bohrung im Felde La Rona auf Celebes[2].

Probe entnommen bei einer Tiefe von	Glühverlust	SiO_2	Fe	Al_2O_3	MnO_2	Ni
2 m	16.8	0.80	47.6	7.49	1.09	0.61
4 m	16.5	1.10	48.2	6.49	0.97	0.67
6 m	16.3	1.27	48.2	7.10	0.80	0.75
8 m	15.9	1.30	46.8	7.60	0.64	1.07
10 m	15.2	1.40	47.6	4.91	1.28	1.03
12 m	14.4	2.66	47.8	5.30	0.93	1.01
14 m	18.6	6.00	42.2	1.10	1.12	1.05
16 m	—	17.60	41.0	0.40	—	—
17 m	—	16.60	37.0	4.50	—	—

Zahlentafel 16. Helle Füllmasse von Hohlräumen der Eisenkruste.

<table>
<tr><td>a) Kolombo</td><td>b) Harnai</td></tr>
<tr><td>Anal. Dr. MÖSER, Geol. Inst. Gießen, Nr 112.</td><td>Fox, S. 16. 1923.</td></tr>
</table>

a) Kolombo		b) Harnai	
SiO_2	48.79	SiO_2	3.66
Al_2O_3	30.76	Al_2O_3	56.88
Fe_2O_3	2.19	Fe_2O_3	5.52
TiO_2	1.37	TiO_2	2.56
CaO	0.60	MgO	0.44
MgO	0.14	H_2O geb.	30.12
Alkalien als Na_2O	0.31		99.18
Feuchtigkeit	3.74		
Glühverlust	11.96		
	99.86		

---

[1] KOOMANS: Versl. Meded. betr. Ind. Delfst. usw., Batavia **1919**, Nr 8.
[2] Aus KOOMANS: 1919.

ablegen. Die Analyse der weißen Masse einer Eisenkruste von Kolombo zeigt den Quotienten $ki = 2{,}7$ und weist unter Berücksichtigung des Wassergehaltes darauf hin, daß nur geringe Mengen freier Tonerde vorhanden sind. Damit ist klar, daß in der Eisenkruste siallitisches Material angereichert werden kann. In anderen Fällen aber, und dies weist die Analyse von Fox nach, kann schon reines Alumogel vorliegen. In der Eisenkruste findet sich also als Neubildung sowohl siallitisches wie allitisches Material.

Zahlentafel 17. Anreicherungszone I. (Eisenkruste und Übergang (Nr. 5, 6, 7) zur Tonerdekruste).

	Niederl.-Indien	West-australien	Niederl.-Indien	Mada-gaskar	Celebes	Vorder-indien	Mada-gaskar	Vorder-indien
	1	2	3	4	5	6	7	8
SiO_2	0.80	2.67	2.10	0.62	0.84	0.90	1.62	14.13
TiO_2	—	2.01	—	1.57	—	1.59	4.00	2.27
Al_2O_3 . . .	7.20	9.92	11.21	9.80	14.72	26.27	30.38	36.85
Fe_2O_3 . . .	88.57	78.38	71.67	69.96	67.50	56.01	37.08	29.81
FeO	—	—	—	—	—	—	0.27	—
MnO . . .	Spur	0.07	Spur	—	0.18	—	—	—
MgO . . .	—	0.35	—	—	0.38	0.20	0.06	0.27
CaO	—	—	—	—	Spur	0.64	0.20	0.73
Na_2O . . .	—	—	—	—	—	—	0.16	fehlt
K_2O	—	—	—	—	—	—		fehlt
P_2O_5 . . .	0.007	—	0.004	—	0.09	—	Spur	—
H_2O^+ . . .	2.55	6.00	9.86	14.40	—	14.39	19.67	16.43
H_2O^- . . .	0.61	—	2.51	1.90	15.	—	3.66	—
Cr_2O_3 . . .	0.34	0.01	1.60	—	1.47	—	—	—
NiO	—	—	—	—	0.38	—	—	—
V_2O_5 . . .	—	0.40	—	—	—	—	—	—
Unlöslich .	0.28	—	—	2.67	—	—	3.22	—
	100.357	99.81	98.954	100.92	100.56	100.00	100.32	100.49
ki	0.19	0.46	0.32	0.107	0.10	0.06	0.09	0.65

Nr. 1 Verslagen en Mededeelingen betr. Ind. delfst. en hare toep. Nr. 7, 50 (1919).
Nr. 2 Simpson: Geol. Mag. 9 V, 404 (1912).
Nr. 3 Verslagen en Mededeelingen betr. Ind. deflst. en hare toep. Nr. 7, 50 (1919).
Nr. 4 Lacroix: Madagaskar 3, 128, Nr. 437.
Nr. 5 Verslagen en Mededeelingen betr. Ind. delfst. en hare toep. Nr. 8, Koomans 1919.
Nr. 6 Warth: Geol. Mag. 10 IV, 155 (1903), Nr. 13.
Nr. 7 Lacroix: Madagaskar 3, 130, Nr. 441.
Nr. 8 Harrassowitz: Laterit, S. 337, F. 1926.

Wir haben bisher wesentlich nur von der Anreicherung der Eisenverbindungen gesprochen. Daneben kann sich aber auch Tonerde an der Oberfläche anreichern. Teils geht sie mit den Eisenverbindungen mit, wie sich aus dem Kieselsäure-Tonerde-Verhältnis klar ergibt, teils findet sie sich selbständig. Dabei handelt es sich weniger um ausgesprochene Einzelkonkretionen als um flächenhaft auftretende Anreicherungen, die, wie Fox in Vorderindien nachwies[1], dort eine sehr bezeichnende Lage unter der Eisenkruste besitzen. Hier kann reines Tonerdehydrat in Mächtigkeiten von 2,4—3,7 m auftreten. Diese Anreicherungen sind es, die man technisch als Bauxit bezeichnen kann und die einer nutzbaren Verwendung unterliegen. Einige Analysen von diesen Anreicherungen zeigen, daß das Material stellenweise außerordentlich rein auftreten kann (Zahlentafel 18).

Sehr bezeichnend ist die chemische Zusammensetzung des Materials, wenn man Wasser- und Tonerdegehalt miteinander vergleicht. Man erkennt dann,

---

[1] Fox, C. S.: a. a. O., Taf. 10.

Zahlentafel 18. Anreicherungszone II. (Tonerdekruste.)

	Vorderindien			Guinea	Surinam	Vorderindien		
	1	2	3	4	5	6	6a HCl-Auszug	6b H_2SO_4-Rückstand
SiO_2	33.87	1.79	0.93	0.37	3.1	0.45	0.35	0.09
TiO_2	1.23	3.30	1.04	0.90	—	9.24	0.18	3.42
Al_2O_3 ...	26.57	64.64	67.88	57.12	52.5	60.65	26.10	2.42
Fe_2O_3 ...	19.69	6.21	4.09	7.41	14.4	2.52	1.35	0.29
FeO	0.65	—	—	—	—	0.14	—	—
MgO ...	fehlt	0.02	—	—	Spur	0.04	0.04	—
CaO	fehlt	0.04	0.36	0.17	1.5	0.06	0.06	—
Na_2O ...	Spur	—	—	0.26	—	0.12	0.10	—
K_2O	Spur	—	—	0.37	—	0.11	0.08	—
P_2O_5 ...	—	—	—	—	—	0.07	0.07	—
H_2O^+ ...	17.01	24.00	26.47	33.71	27.6	25.96	—	—
H_2O^- ...	0.81	—	—	—	—	0.73	—	—
Cr_2O_3 ...	—	—	—	—	—	0.06	—	—
V_2O_5 ...	—	—	—	—	—	0.02	—	—
SO_3	—	—	—	—	—	0.04	0.04	—
Unlöslich .	—	—	—	0.30	—	—	—	—
	99.83	100.00	100.77	100.61	99.10	100.21	28.37	6.22
ki	2.20	0.047	0.023	0.011	0.10	0.013	—	—
ba	—	—	—	0.019	—	0.007	—	—

Nr. 1 HARRASSOWITZ: Laterit, S. 338. 1926, Nr. 1. Übergang zur Eisenkruste zum Vergleich.
Nr. 2 u. 3 WARTH: Geol. Mag. **10** IV, 154 (1903), Nr. 2 u. 3. (Nr. 3 besitzt einen Gehalt an Al_2O_3, der höher ist, als reinem Hydrargillit entspricht. Daraus ergibt sich ohne weiteres, daß Monohydrat anwesend sein muß. Es sind ungefähr 63 % Trihydrat, 31 % Monohydrat vorhanden. Es handelt sich um einen der tonerdereichsten Laterite, die überhaupt bekannt sind.)
Nr. 4 LACROIX: Guinea, 280, b.
Nr. 5 DU BOIS: Tschermaks Min. u. petrogr. Mitt. **22**, 37 (1902), Nr. XII (s. a. Zahlentafel, S. 422).
Nr. 6 Hellgrauer, pisolithischer Allit von Belgaum. Analysen Nr. 313—15, Gießen, Geol. Inst., Dr. MÖSER. (Das Stück verdanke ich der Liebenswürdigkeit der Geol. Surv. of India.)

daß es eine große Menge Analysen gibt, deren Wassergehalt dem **Tonerdetrihydrat** entspricht. Auch das spezifische Gewicht der Masse liegt dem des Hydrargillits mit 2.5—2.6 sehr nahe. Aber in vielen Fällen ist weniger Wasser vorhanden und man ist infolgedessen gezwungen, auch eine Beimengung von Monohydrat anzunehmen. Es braucht an dieser Stelle nur noch darauf hingewiesen zu werden, daß die Menge Monohydrat nur in wenigen Fällen über 50 % geht. Infolgedessen ist es unangebracht, die Gelanreicherung im wissenschaftlichen Sinne als Bauxit zu bezeichnen. Der **Bauxit**, wie er in den verschiedensten Formationen auf mittelmeerischen Kalken bekannt ist, führt wesentlich **Monohydrat** und zeigt nur untergeordnete Beimengungen von wasserreicherem Tonerdehydrat. Wissenschaftlich muß daher Bauxit und Laterit voneinander getrennt werden[1]. Bauxite, die wie die französischen oder istrischen meist einen Tonerdegehalt von 55—65 % Al_2O_3 bei einem Wassergehalt zwischen 10 und 15 % aufweisen, sind aus Laterit nicht bekannt. Ein Vergleich eines größeren Analysenmaterials zeigt ohne weiteres, daß hier ganz verschiedene Bildungen vorliegen.

Das Charakteristische dieser Tonerdeanreicherungen ist, daß diese hellen Massen oft ausgezeichnet pisolithische Struktur besitzen. Aus dem Profil von Fox[2]

---

[1] HARRASSOWITZ: Naturwissenschaften **17**, 928, 1929. [2] Fox, C. S.: a. a. O., Taf. 10.

geht hervor, daß sich diese Struktur nur nahe dem Ausbiß bildet. Manchmal kann man auch noch Andeutungen zellig-röhriger Struktur finden.

Bei mikroskopischen Untersuchungen kann man feststellen, daß es sich wesentlich um gelförmige Pisolithe in kristalliner Matrixe handelt, die Lacroix als bauxitische Laterite bezeichnet. Daneben finden sich aber andere Gesteine, in denen Gele zurücktreten und vorwiegend Hydrargillit zu finden ist. Da Hydrargillit nun in Gelen oft auf Klüften auskristallisiert auftritt, entstand die Vermutung, daß sich die Tonerde erst als Gel ausscheidet und dann in Hydrargillit umgelagert wird. Dabei sollte die Umkristallisierung von einer Zunahme des Wassergehaltes begleitet sein, da sich in den Gelen Tonerdemonohydrat findet. Verfasser kann sich dieser z. B. von Lacroix und Arsandaux[1] ausgesprochenen Meinung, daß sich erst gelförmiges Monohydrat und dann kristallines Trihydrat bildet, nicht anschließen. Lacroix hat selbst schon darauf hingewiesen, daß gelförmiges Trihydrat bekannt ist, und eine Umlagerung nicht einzutreten braucht. Vor allen Dingen aber muß immer wieder darauf hingewiesen werden, daß Monohydrat in größerer Menge nicht bekannt ist. Es wäre außerordentlich auffällig, daß es das Anfangsstadium darstellt, aber immer schon verschwunden sein soll. Wenn wir bei den Eisenverbindungen starke Entwässerung feststellen können, dann ist zu vermuten, daß dies auch bei der Tonerde ähnlich verläuft. Wir würden dann auch viel eher verstehen können, daß nur ein Teil des Materials in Monohydrat umgelagert ist, und zwar wesentlich solches mit höherem Gehalt an Tonerde.

Unter welchen Umständen in der Anreicherungszone mehr kristallines oder gelförmiges Tonerdehydrat entsteht, läßt sich nicht sicher sagen. In Guinea hatte Lacroix festgestellt[2], daß Zersatz- und Anreicherungszone sich immer gleich verhalten. In Madagaskar konnte diese Regelmäßigkeit aber nicht festgestellt werden. Lacroix hob schon selbst hervor, daß die Anreicherungszone auf Madagaskar von dem Zersatz durch Rotlehm getrennt war.

Wir haben die Bildung der Anreicherungszone innerhalb des Rotlehmes verfolgt. In manchen Fällen, wie dies z. B. in Vorderindien gilt, kann man feststellen, daß die Anreicherungszone von Rotlehm nichts mehr zeigt und unmittelbar auf dem Zersatz aufruht. Es ist bisher nicht klar zu übersehen, ob eine Anreicherungszone sich unmittelbar über dem Zersatz ausgebildet hat, ohne daß ein ursprünglicher Rotlehm vorhanden war. Es scheint wahrscheinlicher, daß die Anreicherung an der Oberfläche so stark geworden ist, daß der Rotlehm vollständig verschwunden ist.

Über die Entstehung der Anreicherungszone bestanden früher Meinungsverschiedenheiten. Dies beruht darauf, daß man nicht deutlich genug den Allitlaterit der Zersatzzone von dem der Oberfläche unterschied. Allit als Zersatz zeigt, wie wir unten noch sehen werden, an Struktur und Textur und seiner ganzen Lagerung an, daß er einen Verwitterungsrückstand oder besser einen Frachtrest darstellt. In der Anreicherungszone kann aber Fe_2O_3 und Al_2O_3 nur durch Zuwanderung von unten oder von der Seite entstanden sein. Das häufige Profil, wie es z. B. von Madagaskar beschrieben wurde (s. u. S. 416), beweist dies. Lacroix bezeichnet die Zone daher folgerichtig als ,,zone de concrétion''.

Profil von Ankazobe auf Madagaskar[3].
Eisenkruste mit 1% SiO_2, 46.30 Al_2O_3, 20.70 Fe_2O_3
Rotlehm mit kleinen Fe-Konkretionen
Allitzersatz
Gneis.

[1] Lacroix, A.: a. a. O., S. 344. 1913. — Arsandaux: a. a. O., S. 95. 1913.
[2] Lacroix, A.: a. a. O., S. 141. 1913; S. 99. 1923.
[3] Lacroix, A.: a. a. O., S. 110. 1923.

Erst nach Bildung des Rotlehmes hat sich hier Al_2O_3 und Fe_2O_3 konkretions-artig an der Oberfläche anreichern können. Auch unmittelbar an Bausch-analysen kann man dies zeigen. Lateritanalysen mit etwa 4.61 % SiO_2 aus Granit zeigen deutlich, daß der selbst nicht angegriffene Quarz durch Zuführung fremder Substanz zurückgedrängt ist. Im Profil von Ettakot (Zahlentafel 23, S. 413) hat die Eisenkruste nur 0.43 % Quarz, der darunterliegende Zersatz aber 21—26 %. Handelte es sich um Verwitterungsrückstand, dann müßte der Quarz-gehalt der Kruste größer sein.

STREMME[1] hat als Einziger versucht, die Anreicherung durch Zuführung von oben her erklären zu wollen. Die Lateritprofile zeigen aber über der An-reicherungszone keinen Horizont, aus dem Fe_2O_3 und Al_2O_3 ausgesondert sind, so daß der Vergleich von Laterit mit Ortstein durchaus hinfällig ist[2]. Nur im Urwald ist Podsolvereisenung möglich, aber unter ganz anderen Profilbedingungen.

Wenn nun Al_2O_3 und Fe_2O_3 und mit ihnen auch gemengte Gele mit SiO_2 zur Oberfläche wandern, so müssen in den darunterliegenden Horizonten Ver-armungen an diesen Stoffen kenntlich sein. In vorderindischen Profilen, die keinen Rotlehm aufweisen, läßt sich dies im Zersatz sehr schön zeigen, wie unten auseinandergesetzt wird. Soweit die Eisen- und Aluminiumkruste Rotlehm auf-lagert, kann sie natürlich nicht aus dem Zersatz entstanden sein, sondern hat sich aus Rotlehm gebildet. In diesem ist ja schon normalerweise freie Tonerde und viel Fe_2O_3 vorhanden, so daß genügend Material zur Verfügung steht. In dem porösen Zersatz wird nur die diffuse Bewegung des wohl in Solform wandern-den Materiales besser möglich sein.

Savanneneisensteine. Die geschilderte Anreicherung von Eisenoxyd-hydrat findet sich nicht nur im Lateritgebiet, sondern unabhängig von den Lateritprofilen in Savannen. KÖRT[3] beschrieb sie aus Togo, Deutschostafrika, Kamerun, Deutschsüdwestafrika als Krusteneisensteine. REINHEIMER[4] beob-achtete Ähnliches in den Savannen von Nigeria. Beobachtungen, die MENNELL[5] in Rhodesia und HOLMES[6] in Moçambique anstellten, scheinen auf dasselbe hinzu-deuten. Als Rinden um fremde Gesteinsstücke, als Konkretionen, als Schutt-verkittungen und zellige Eisenkruste bilden sich hier in oberflächlichen Hori-zonten Eisenoxydhydrat, gemengte Gele von Kieselsäure-Tonerde- und auch Manganverbindungen. Freie Tonerde ist nicht vorhanden. Äußerlich besteht vielfach eine recht große Ähnlichkeit mit Lateritprofilen. An der Oberfläche befinden sich genau dieselben Zellenbildungen mit heller grauer Füllmasse, wie sie auch die Oberfläche im Lateritgebiet kennzeichnen. REINHEIMER[7] schilderte anschaulich, wie in Nigeria frischer Schutt an der Oberfläche fortlaufend ver-kittet wird und folglich nach oben wächst. Kleine Gewässer können durch eine regelrechte Hülle von Eisenstein umkleidet werden und schließlich wie in einer Rinne laufen. Der Eisenstein kann sogar über kleine Bäche hinübergreifen und diese ganz zudecken.

Mineralogisch ist wichtig, daß von freier Tonerde bisher nichts bekannt-geworden ist. REINHEIMER konnte aber feststellen, daß der Eisenstein aus Eisen-glanz besteht und glaubt, daß sogar Quarz und Biotit neu gebildet werden. KÖRT[8] gab aus einer Tiefbohrung von Togo das folgende Profil:

<hr>

[1] STREMME, H.: Geol. Rdsch. **5**, 493 (1914); **8**, 80—88 (1917).
[2] Eine ausführliche Erörterung über Laterit- und Podsolvereisenung siehe HARRASSO-WITZ: Laterit, S. 365—69. 1926.
[3] KÖRT, W.: a. a. O., 1916.
[4] REINHEIMER, S.: Zeitschr. prakt. Geol. **29** (1921).
[5] MENNELL: Geol. Mag. **V 6**, 1 (1909).
[6] HOLMES, A.: Geol. Mag. **VI 1**, 529—537 (1914).
[7] REINHEIMER, S.: a. a. O., S. 18, 21.   [8] KÖRT, W.: a. a. O., S. 28. 1916.

Humoser Verwitterungsgrus . . . . 0,5 m
Krusteneisenstein in Konkretionen . . . . . . 0,5 m
Sandiger Verwitterungsgrus des Gneises . . . . 1,2 m
Verwitterter Biotitgneis . . . . 3,2 m
Frischer Biotitgneis.

Schon die Bezeichnung sandiger Verwitterungsgrus weist darauf hin, daß eine Ähnlichkeit mit Laterit nicht vorhanden ist. In den fraglichen Gebieten findet sich die Eisenanreicherung im Zusammenhang mit Wasserläufen oder periodischen Sümpfen. In der Regenzeit schwellen die Flüsse außerordentlich an. Weite Teile werden überflutet und verwandeln sich in vollständige Sümpfe. Auf dem tonigen Boden kann das Wasser nicht abfließen, zumal die üppige Savannengrasvegetation den Abfluß hindert. In der Trockenzeit verschwindet das Wasser vollständig, und nicht nur die periodischen Flüsse und Teiche, sondern auch das Bodenwasser verdunstet bis in bedeutende Tiefe. Das Wasser wird infolgedessen reich an organischen Substanzen sein. Gruner[1] machte besonders darauf aufmerksam, daß unter diesen Umständen Kieselsäure- und Eisenverbindungen stark transportiert werden. Sie wandern mit dem Grundwasserstand, werden aber infolge der periodischen Trockenheit mehr oder weniger an der Oberfläche angereichert. Die Mächtigkeit dieser Bildungen ist nicht allzu groß. Mehr als $^1/_2$ m ist bisher nicht beobachtet worden.

Es ist sehr wohl möglich, daß wir von diesen Savanneneisensteinen Übergänge zum Lateriteisenstein finden. Mennell[2] hob aus Rhodesia hervor, daß sich die fraglichen Eisensteine in dem Boden von Tälern bilden, die im Sommer, November bis März, morastartig sind, in der übrigen Jahreszeit aber austrocknen. Campbell[3] betrachtet offenbar diese Landschaft auch als Lateritgebiet. Wenn er allerdings die Meinung ausspricht, daß das Eisen als Bikarbonat transportiert wird, so widerspricht dem ein Versuch von Gruner[4]. Dieser wies nach, daß die Gegenwart von Karbonaten in natürlichen organischen Wässern die Lösung von SiO_2 und Fe verhindert. Holmes[5] betonte zwar, daß der Laterit in der Nachbarschaft von Sümpfen nicht bekannt ist, aber andererseits hob er die enge Verbindung des Laterits mit austrocknenden Wasserläufen hervor. Auf den Talhängen soll hier Eisenanreicherung durch kapillares Aufsteigen des Wassers in bestimmten Lagen des Gneises, dem Streichen folgend, entstehen. Dadurch macht es den Eindruck, als wäre der Eisenstein dem Gneis eingelagert. Leider sind aus diesen Gebieten keine Analysen bekannt. Vielleicht sind aber die tertiären Eisensteine des hessischen Vogelsberges damit vergleichbar. Sie finden sich in einem Zersatz, der über das Stadium eines schwach allitischen Siallites nicht hinauskommt. Wir haben unten auf dieses Vorkommen noch einmal hingewiesen. Auch die Eisensteine als solche sind nur als schwach allitisch anzusprechen; *ki* bewegt sich zwischen 1.4 und 2.9, also handelt es sich hier insgesamt um ein Gebiet, in dem nur schwache Lateritisierung auftritt, das daher mit dem Vorkommen auf Moçambique vergleichbar ist. Bezeichnend ist, daß die Vogelsbergeisensteine in schmalen Zügen auftreten, die dem Verf. schon früher den Vergleich mit Tälern nahegelegt haben[6].

Zersatz.

Auf dem frischen Gestein der Tiefe bildet sich im Lateritprofil eine Zone aus, die dadurch ausgezeichnet ist, daß die Textur des Ursprungsmateriales

[1] Gruner, John W.: The Origin of sedimentary iron formations: the Biwabik formation of the Mesabi Range. Econ. Geol. 17, 435—454 (1922).
[2] Mennell: a. a. O., S. 350.
[3] Campbell, J. M.: Geol. Mag. V 9, 47, 48 (1922).
[4] Gruner, M.: Econ. Geol. 17, 435—454 (1922).
[5] Holmes: a. a. O., S. 533.　　[6] Vgl. Harrassowitz: Laterit, S. 428. 1926.

vollständig erhalten ist. Selbst im Dünnschliff kann man bei gewöhnlichem Licht und geringer Vergrößerung zunächst keinen Unterschied erkennen. Nach oben verwischt sich die primäre Struktur freilich mehr und mehr, eisenschüssige Flecken bilden sich aus (Fleckenzone) und das Gestein geht in Rotlehm und die Anreicherungszone über. Die Grenze ist, wenn der Zersatz Allit darstellt, fast haarscharf. Man kann Gesteinsbrocken finden, die innen einen ganz frischen Kern besitzen, um den herum mit deutlicher Grenze kreßfarbener oder gelber Zersatz liegt. Wie auch unter anderen Klimaten trifft man oft kugelförmige Verwitterung; auf den Klüften kann Brauneisen ausgeschieden sein. Chemisch erkennt man als vorwiegende Vorgänge der Zersatzzone Entkieselung und Entbasung (Zahlentafel 19—23). Besonders gut erkennt man dies an den einzigen vollständigen Profilen von Vorderindien (Zahlentafel 22 und 23).

Zahlentafel 19. Kombiniertes Lateritprofil auf Nephelinsyenit, Insel Kassa und Roume[1].

	Nephelinsyenit	Zersatz Hydrargill. Allit	Anreicherungszone	
			Eisensch. Zement	Hydrargill. Allit
	1	2	3	4
SiO_2	56.88	2.21	9.66	0.37
TiO_2 . . .	0.29	0.12	0.63	0.90
Al_2O_3 . . .	22.60	55.83	31.26	57.12
Fe_2O_3 . . .	0.97	5.22	26.91	7.41
FeO	2.19	—	—	—
MgO . . .	0.56	0.19	0.87	—
CaO	1.33	0.24	0.37	0.17
Na_2O . . .	8.30	0.49	—	0.26
K_2O	5.57	0.27	—	0.37
H_2O	0.98	30.47	20.50	33.71
Unlöslich . .	0.34	5.74	9.80	0.30
	100.01	100.78	100.00	100.61
ki	4.30	0.067	0.52	0.01
ba	0.90	0.030	0.02	0.02

Zahlentafel 20. Lateritprofil, Bougourou, Guinea[2].

	Diabas	Zersatz Hydrargill. Allit	Anreicherungszone Hydrargill. Allit
	1	2	3
SiO_2	51.27	5.83	1.30
TiO_2	0.70	1.29	1.03
Al_2O_3 . . .	12.36	37.03	60.19
Fe_2O_3 . . .	3.29	31.73	3.91
FeO	6.16	—	—
MgO . . .	13.26	0.06	—
CaO	10.66	0.19	0.17
Na_2O . . .	1.60	—	—
K_2O	0.41	—	—
P_2O_5 . . .	0.11	—	—
H_2O	0.40	23.02	32.00
Unlöslich .	—	0.96	1.40
	100.22	100.11	100.00
ki	7.10	0.27	0.037

[1] LACROIX, A.: Guinea, 280.
[2] LACROIX, A.: Guinea, S. S. 290.

Zahlentafel 21. Kombiniertes Lateritprofil, Kakoulima, Guinea[1].

	Peridotit	Zersatz Allit. eisenreicher Siallit	Anreicherungszone Eisenkruste
	1	2	3
SiO_2	38.32	12.67	—
TiO_2	0.28	0.55	—
Al_2O_3 . . .	2.66	12.59	4.80
Fe_2O_3 . . .	4.35	46.84	83.50
FeO	11.78	—	—
MgO . . .	36.22	1.26	—
CaO	2.74	0.04	—
Na_2O . . .	0.16	—	—
K_2O	0.06	—	—
H_2O	3.38	15.32	10.18
Cr_2O_3 . . .	0.16	—	0.20
Unlöslich .	—	10.73	1.70
	100.11	100.00	100.38
ki	2.45	1.70	0.00

Zahlentafel 22. Lateritprofil von Mount Lavinia, Kolombo.

	Gneis	Zersatz Allitischer Siallit				Anreicherungs- zone Siallitischer Allit
	10 m	7 m	5 m	3 m	2 m	1 m
SiO_2	64.42	63.89	51.24	48.73	46.91	33.87
TiO_2	0.88	0.67	0.91	0.88	0.83	1.23
Al_2O_3	17.25	18.87	28.84	16.07	25.77	26.57
Fe_2O_3	4.21	2.33	1.04	18.88	7.10	19.69
FeO	3.95	0.72	0.45	0.70	0.86	0.65
MgO	0.49	0.36	0.24	—	—	—
CaO	2.10	—	—	—	—	—
Na_2O	2.42	1.13	0.35	0.10	0.08	Spur
K_2O	2.99	3.84	0.96	0.24	0.15	Spur
H_2O^+	0.87	7.30	14.30	11.94	17.80	17.01
H_2O^-	0.07	0.56	1.18	2.41	1.08	0.81
	99.65	99.67	99.51	99.95	100.58	99.83
ki Bauschanalyse . .	6.40	5.70	3.00	5.20	3.10	2.20
ki ohne H_2SO_4-Rückstd.	1.70	0.59	0.54	1.50	0.47	0.28
ba	0.64	0.32	0.056	0.026	0.007	—
B	—	0.50	0.088	0.041	0.011	0.000

Kurze Profilbeschreibung:

10. Frischer Gneis, orthoklas- und plagioklasführend, feinkörnig.

Zersatzzone:

9. Grau gefärbt, Feldspat hell, pulverig, dunkle Gemengteile frisch. Das Gestein ist hier quarzärmer und basenreicher, daher die auffälligen Abweichungen dieser Analyse gegen die anderen.

8—6. Feldspäte hell zersetzt, dunkle Gemengteile stark zurücktretend, z. T. porös.

2—5. Alle Stücke mehr oder weniger eisenschüssig gefärbt.

5. Zelliger Hydrargillit, in großer Menge an Stelle der Feldspäte, in zelliger Struktur, helles Gel.

4. Ähnlich 5, die zellige Struktur z. T. zerstört und durch Lösung umgewandelt.

3. Reich an Gel, Hydragillit in derben weißen Partien als unregelmäßige Bänder.

2. Kristalliner Hydragillit, viel Gel.

Anreicherungszone:

1. Reich an Gel, fein-poröse Strukturen mit Eisenhydrat und Hydrargillit.

---

[1] Lacroix, A.: Guinea, S. 296. — Die gesamten Analysen des im ganzen zehnteiligen Profiles mit Schwefelsäureauszügen finden sich in Harrassowitz, Laterit, S. 338. 1926.

Zahlentafel 23. Lateritprofil von Ettakot, Vorderindien[1].

	Gneis	Zersatz				Anreicherungs-zone
		Siallit			Allitischer Siallit	Siallitischer Allit
	A	B	C	D	E	F
1. Bauschanalysen.						
SiO_2	64.76	69.47	47.62	58.60	52.80	14.13
TiO_2	0.57	0.31	2.20	0.77	0.54	2.27
Al_2O_3	18.85	18.11	18.25	25.23	28.37	36.85
Fe_2O_3	3.76	2.28	18.98	5.89	7.23	29.81
MgO	0.91	0.47	3.46	0.15	0.19	0.27
CaO	5.16	3.76	3.84	0.66	0.27	0.72
Na_2O	4.64	2.99	—	—	—	—
K_2O	1.55	1.08	—	—	—	—
H_2O^+	0.31	2.08	6.49	9.20	10.76	16.43
H_2O^-	(0.20)	(0.34)	(2.06)	(0.94)	(0.51)	(1.51)
	100.51	100.55	100.84	100.50	100.16	100.49
2. Salzsäureauszüge.						
Unlösl. Rückstand . .	88.35	86.95	54.11	67.48	70.20	19.08
Lösl. SiO_2	2.57	3.35	8.92	6.47	5.58	7.25
TiO_2	0.27	0.18	0.77	0.35	0.11	0.46
Al_2O_3	5.67	5.15	13.70	9.42	6.72	31.31
Fe_2O_3	1.41	1.37	13.63	6.25	6.57	26.11
MgO	0.54	0.44	0.75	0.14	0.16	0.27
CaO	1.65	0.96	2.12	0.65	0.25	0.72
3. Nur in konzentrierter Schwefelsäure, nicht in HCl löslich.						
SiO_2	5.49	0.82	15.32	30.77	21.12	6.97
TiO_2	—	—	1.42	0.42	0.43	1.77
Al_2O_3	—	—	3.99	15.81	22.21	5.55
FeO_3	1.30	0.35	5.25	—	0.59	3.69
MgO	0.08	—	2.71	0.01	0.03	—
CaO	0.56	—	1.72	0.01	0.02	—
4. In konzentrierter H_2SO_4 unlöslich.						
SiO_2	56.70	65.30	23.28	21.36	26.10	0.43
TiO_2	Spur	—	0.01	—	—	—
Al_2O_3	14.22	14.47	0.56	—	0.27	—
Fe_2O_3	1.05	0.56	0.10	—	0.06	—
MgO	0.29	0.16	—	—	—	—
CaO	3.76	2.80	—	—	—	—
Na_2O	4.22	2.73	—	—	—	—
K_2O	0.84	0.65	—	—	—	—
ki } Bauschanalyse . . K	5.80	6.50 1.10	4.40 0.76	3.90 0.67	3.20 0.55	0.65 0.11
ki quarzfrei	—	—	2.40	2.50	1 60	0.63
ki ohne H_2SO_4-Rückstd.	—	—	1.40	1.50	1.60	0.63
$ba = B$	1.00	0.72	0.39	0.048	0.017	0.036

Kurze Profilbeschreibung:

A. Frischer, feinkörniger Quarz-Epidot-Gneis.

Zersatzzone:

B. Mürbe, fast weiß, Feldspat weiß zersetzt, Glimmer schon gebleicht.

C. Starke Hydrargillitbildung unter Strukturerhaltung, Glimmer stark zersetzt, fest. Epidot noch frisch.

D. Sehr leicht und weich, keine dunklen Mineralien (Epidot) mehr, Glimmer hell und ganz weich, viel helles Gel, an Stelle der Feldspäte kristallines Pulver.

E. Dasselbe helle Gel wie in D, helle, kleine Kristalle, wohl von Hydrargillit, von Glimmer nichts mehr zu sehen.

Anreicherungszone:

F. Typischer Zellenlaterit, helles Gel, feinste Kristalle als Hohlraumüberzug, wohl Hydrargillit darstellend.

---

[1] HARRASSOWITZ, H.: Laterit, S. 337. 1926.

Die Basen sind in den tieferen Teilen noch z. T. erhalten, man findet Feldspat und Glimmer, aber schnell treten sie zurück. Auf Zahlentafel 22 sind es die Erdalkalien, die sich zunächst vermindern, bis schließlich aber auch die Alkalien bis auf Spuren verschwinden. Auf Zahlentafel 23 ist es umgekehrt. Einen klaren Überblick geben die Quotienten ba und B. Der Quotient ba bedeutet das molekulare Verhältnis der Feldspatbasen CaO, Na_2O, K_2O zur Al_2O_3, B erhält man durch Division von b der einzelnen Verwitterungsstufen durch b des frischen Gesteins. Wenn sich Reste von Basen noch in den höchsten Horizonten finden, so beruht dies wohl zumeist auf der Absorption durch die Gele, sie sind schon salzsäurelöslich. In den tieferen Teilen sind die Basen offenbar noch an frische oder halbverwitterte Mineralien gebunden. Die Bildung von wasserhaltigen zeolithartigen Silikaten hat sich mineralogisch noch nicht nachweisen lassen. Dünnschliffuntersuchungen von Harrison[1], Lacroix[2] und Harrassowitz[3] zeigten keine Übergänge zwischen den frischen Mineralien und dem Siallitzersatz.

Die Entkieselung macht sich allgemein durch Abnahme von SiO_2 von unten nach oben geltend, wie dies die Zahlentafeln 19—23 zeigen. Genauere Untersuchungen zeigen aber, daß dies nicht so regelmäßig geschieht wie bei den Basen. Der Quotient ki des genauen, in Zahlentafel 22 nur teilweise dargestellten Profiles verteilt sich unter Berücksichtigung aller Analysen wie folgt:

Der Quotient ki nimmt nicht gleichmäßig ab. Bei 6 m zeigt er schon einen geringen Wert, nicht zu verschieden von dem der Oberfläche. Bei 3 m aber ist er fast so hoch wie im frischen Gestein. Dies kann man dadurch erklären, daß von 10—6 m in der Tat eine gleichmäßige Entkieselung stattfindet, ki sinkt durch Abwanderung von SiO_2. Darüber aber wandert Al_2O_3 zur Oberfläche,

Zahlentafel 24. Verhalten von SiO_2 und Fe im Profil von Mount Lavinia.

Tiefe in cm	ki ohne H_2SO_4-Rückstand	Fe_2O_3 + FeO im Verhältnis zum frischen Gestein = 1, bezogen auf die wasserfrei berechneten Analysen
1	0.28	3.00
2	0.47	1.20
3	1.50	2.70
4	0.53	0.72
5	0.54	0.21
6	0.41	0.25
7	0.59	0.40
8	0.58	0.40
9	2.40	1.10
10	1.70	1.00

zur Anreicherungszone, SiO_2 wird kaum bewegt und dadurch muß ki sinken. An der Oberfläche wird Al_2O_3 schließlich so angehäuft, daß ki seinen geringsten Wert erreicht. Horizont 3 ist, wie die mineralogische Untersuchung zeigte, reich an Gel, das durch Abfuhr von Al_2O_3 entstand. Bei 9 m ist ki höher als bei 10, dies beruht aber darauf, daß hier die Grenze frisches Gestein — Zersatz liegt. Fox[4] gab von Vorderindien Ziffern, die dies noch viel deutlicher zeigen[5]. Er stellte Analysen zusammen, die der Folge der Profile ungefähr entsprechen; sie stammen aber nicht von einem geschlossenen Profil. Leider sind die Analysen unvollständig, so daß ihre volle Wiedergabe nicht lohnt (Zahlentafel 25).

Wie am Mount Lavinia ist der Quotient ki im höheren Teil des Zersatzes angestiegen und entspricht ungefähr dem des frischen Gesteins. Der Zersatz, der auch hier ein gelreiches Gestein darstellt, ist dicht und bunt gebändert; er

---

[1] Harrison: a. a. O., S. 353. 1911.	[2] Lacroix, A.: S. 332. 1913; S. 94. 1923.
[3] Fox, A. G.: Bauxite, S. 31. London 1927.
[4] Fox: Bauxit, S. 31. 1927.
[5] Von ihm anders gedeutet, vgl. die ausführliche Besprechung in Harrassowitz, Laterit, S. 349/50. 1926.

Zahlentafel 25. *ki* (Bauschanalyse), kombiniertes Lateritprofil, Vorderindien.

		ki	
A	Eisenkruste	0.52	} Anreicherungszone
B	Pisolithischer Allit	0.02	
C	Allit	0.11	
D	Zelliger, weicher Allit	0.09	
E	Weißer Zersatz (ohne Struktur)	5.00	} Zersatz
F	Blaßroter Zersatz (ohne Struktur)	3.33	
G	Siallitischer Zersatz (mit Struktur) . . .	2.28	
	Basalt	gegen 5.00	Frisches Gestein

wird „Lithomarge" genannt und kann neu gebildete Quarzkristalle enthalten; er stellt einen wasserundurchlässigen Horizont dar. Fox wollte diese Anhäufung von SiO_2 durch Zufuhr von oben deuten. Da die Anreicherung der Tonerde an der Oberfläche aber nur durch Wanderung von unten her erklärt werden kann, müssen in tieferen Teilen tonerdeärmere Partien auftreten. Das Bezeichnende der Lateritisierung ist ja, daß Tonerde einerseits als Rückstand, andererseits als Ausfällung aus Lösung angereichert wird.

Bei Betrachtung der Eisenverbindungen findet man dieselben Erscheinungen. Zunächst verschwindet FeO zu einem großen Teil, aber eine bestimmte Menge, die auf Magneteisen zu beziehen ist, bleibt durchaus erhalten, wie Zahlentafel 22 wiedergibt. Verfolgen wir nun die Gesamtmenge $Fe_2O_3 + FeO$, so ergibt sich ohne Weiteres die Anreicherung an der Oberfläche. Dann sind tiefer, wie bei Al_2O_3, eisenärmere Partien zu erwarten. Da Fe_2O_3 in der Natur viel beweglicher ist, müssen die Unterschiede aber viel deutlicher werden. Schon eine ältere Tabelle BLANFORDS[1] wies aus einer Bohrung bei Daltola auf die wechselnden Fe-Mengen hin[2].

Zahlentafel 26. Gehalt an Fe_2O_3 in einer Bohrung bei Daltola (Vorderindien).

Tiefe in m	Eisengehalt in %	Tiefe in m	Eisengehalt in %
ca. 1	24,5	ca. 9	4,8
,, 2,5	18,7	,, 10	4,0
,, 4	15,3	,, 12	5,3
,, 5	16,1	,, 13	3,8
,, 6,5	10,0	,, 16	4,4
,, 8	8,3	,, 18	7,1
Grundwasserstand		,, 20	5,6
		,, 22	5,6

Deutlich hebt sich mit ansteigender Menge die Anreicherungszone heraus. Tiefer sehen wir ein unregelmäßiges Verhalten und bei 10 und 13 sehr geringe Werte. Noch besser können wir die Eisenverarmung in tieferen Horizonten in dem Profil von Mount Lavinia beobachten. Aus Zahlentafel 24 (S. 414) ist dies zur Darstellung gebracht. Die Analysen wurden wasserfrei berechnet, die Summe von $Fe_2O_3 + FeO$ genommen und im frischen Gestein gleich 1 gesetzt; auf diese Weise ergibt sich eine gute Übersicht. Noch deutlicher als in der Bauschanalyse erkennt man, daß in den mittleren Teilen des Zersatzes Eisen in erheblicher Menge fortgeführt worden ist.

Eigenartig ist, wie bei 2 m weniger Fe vorhanden ist als bei 3 m. Auch im Profil von Ettakot ist im Horizont *C* (Zahlentafel 23) schon einmal Anreicherung erfolgt. Dies hängt wohl mit dem wechselnden Grundwasserstand zusammen,

---

[1] Vgl. J. WALTHER: Einleitung in die Geologie, S. 808.
[2] Vgl. H. HARRASSOWITZ: Laterit, S. 347.

wie ihn Fox[1] anschaulich beschreibt. Die fossilen Laterite im hessischen Vogelsberg zeigen ein entsprechendes Bild. In der Zersatzzone finden sich die Eisenverbindungen in wiederholten mehr oder weniger horizontalen Lagen angereichert, nachdem sie ursprünglich nur auf Klüften abgesetzt waren.

Der allgemeinen Zusammensetzung nach kann der Zersatz in zweierlei Form auftreten: als Allit und als Siallit. (Übergänge sind selbstverständlich möglich.) Im Falle des Allites ist die Grenze zum frischen Gestein, wie oben beschrieben, ganz scharf. Der Allit ist oft ganz hell und zeigt keine Kreßfarbe. Unter dem Mikroskop erkennt man das Vorherrschen des Hydrargillits in unregelmäßigen Körnern. Die ursprünglichen Feldspäte sind der Lage nach noch angedeutet, aber ganz durch Tonerdehydrat ersetzt. Auf Hohlräumen ist Hydrargillit auskristallisiert. Manchmal, wenn es sich um ein feldspatreiches Ursprungsgestein handelt, liegt eine recht gleichmäßig helle, feinkörnige Masse vor, die an Magnesit erinnert und früher meist verkannt wurde. In ihr kann sich die Ursprungsstruktur schließlich vollständig verwischen, oft wird das Gestein dabei porös, zellig, an Rauchwacke erinnernd. Dies gilt besonders für die Allitstücke, die sich im Rotlehm befinden und allmählich ganz zerstört werden. Im Anfangsstadium der Zersetzung findet man an Stelle der Feldspäte ausgesprochene Gele; Biotit kann in diesem Stadium noch frisch sein. Olivin liefert anfangs ein wasserhaltiges Al-Mg-Silikat, Bowlingit, geht aber bald in Tonerdehydrat über. Augit liefert braune bis kreß gefärbte limonitische Massen mit Al-Silikat.

Auf Madagaskar bei Ankazobe fand Lacroix[2] folgendes Profil:

<pre>
Alumogelreiche Eisenkruste . . . .   bis 2 m
Derber Rotlehm, reich an kleinen Konkretionen . . . gegen 2 m
Weißer hydrargillitreicher Allit der Zersatzzone . . . . 20—50 m
Gneis.
</pre>

Der Unterschied des als Zersatz auftretenden Allites gegen die über Rotlehm liegende Oberflächenanreicherung tritt aus diesem Profil gut heraus. Leider sind von hier keine Analysen bekannt. Auf Zahlentafel 19 und 20 ist aber Zersatz von Guinea im Profil wiedergegeben. Bei 19 hebt sich die Anreicherungszone nur durch Struktur und Ausbildung vom Zersatz ab. Bei 20 ist im Zersatz viel Fe_2O_3 vorhanden. Ist der Zersatz als Siallit ausgebildet, so findet sich ein allmählicher Übergang. Das frische Gestein verwittert kugelförmig, zunächst sind noch frische Kerne vorhanden, die nach oben aber ganz verschwinden. Schon mit der Lupe erkennt man viele Gele, was auch durch mikroskopische Untersuchung bestätigt wird. Im polarisierten Licht ist infolgedessen ein ganz anderes Bild vorhanden als bei dem Allit. Das Gestein ist ganz weich, mit dem Messer schneidbar, es ist hell bis grau, nach oben hin kreß gefärbt. Im tieferen Teil ist oft reiner Siallit (bei Orthoklasgestein Kaolinit) vorhanden, oben stellt sich aber Hydrargillit ein, den man u. d. M. in feinen Blättchen aufleuchten sieht. Zunächst ist er in so kleinen Mengen vorhanden, daß er in der Analyse nicht heraustritt (vgl. Zahlentafel 23 C—D mit Hydrargillit, aber ki noch über 2, E aber mit $ki = 1.6$). Auf Zahlentafel 22 ist ki nur bei dem nicht dargestellten Horizont 9 m über 2, dann aber, abgesehen bei 3 m, unter 1 (immer quarzfrei berechnet).

Eisenreicher Siallit oder Allit findet sich über Peridotit. Auf Zahlentafel 21 handelt es sich um schwach allitischen Siallit mit 46,82 % Fe_2O_3, darüber liegt eine allitische, kieselsäurefreie Eisenkruste mit überwiegend Fe_2O_3. In dem fossilen Lateritprofil auf serpentinisiertem Peridotit von Kuba ist das Verhältnis etwas anders.

---

[1] Fox, N. S.: Mem. Geol. Surv. India 1923, 13; Bauxit, 1927, 28.
[2] Nach A. Lacroix: a. a. O., S. 110. 1923; s. auch oben S. 408.

Zahlentafel 27. Lateritprofil auf Serpentin (Serpentin Peridotit)[1].

	Oberfläche	,6 m	1,20 m	2,7 m	5,8 m	8,8 m Serpentin
	1	2	3	4	5	6
SiO_2	2.58	2.38	1.42	2.44	3.66	39.80
Al_2O_3 . . .	15.71	20.81	14.23	6.91	6.51	1.39
Fe_2O_3 . . .	66.20	64.70	68.70	72.40	69.20	10.14
MgO	—	—	—	—	Spur	33.69
H_2O	10.20	10.63	9.50	12.35	12.73	13.31
Fe	46.37	45.34	48.09	50.63	48.42	7.10
Cr	0.92	0.96	1.04	2.08	2.43	0.20
Ni und Co .	0.38	0.33	0.36	1.21	1.34	0.97
P	0.016	0.022	0.019	0.005	0.005	0.001
S	0.12	0.12	0.16	0.16	0.06	0.06
ki	0.28	0.19	0.17	0.58	0.95	48.60
Fe_2O_3/Al_2O_3	2.70	2.00	3.10	6.70	6.80	4.70

Bemerkenswert ist hier die plötzliche Entbasung bei Nr. 5, höher ist Mg überhaupt nicht mehr nachweisbar. Zugleich nimmt SiO_2 stark ab, nachdem es aus seiner Bindung befreit ist. Die Anreicherungszone macht sich in Al_2O_3 von 3—1 gut bemerkbar. (Wenn 1 und 2 höheres SiO_2 haben, so beruht dies vielleicht auf jetziger Verwitterung, da es sich ja um ein fossiles Profil handelt). Der Gehalt an Fe_2O_3 erleidet keine wesentlichen Verschiebungen. In 4 und 5 ist das Verhältnis Al_2O_3/Fe_2O_3 nicht sehr von dem im frischen Gestein verschieden.

Ausführlicher ist das in Zahlentafel 28 wiedergegebene Profil, weil es nach der Beschreibung festzustellen ermöglicht, wie Zersatz- und Anreicherungszone

Zahlentafel 28. Lateritprofil auf Serpentin, Nipe-Gebirge, Kuba[2].

	Serpentin	Zersatz	Zersatz	Lehm	Lehm
	A	B	C	D	E
SiO_2	41.93	1.55	1.83	2.25	3.28
TiO_2	0.05	0.80	0.80	0.26	0.80
Al_2O_3	2.00	14.66	12.36	11.13	18.46
Fe_2O_3	7.84	68.10	71.12	69.56	63.04
MgO	34.02	0.60	0.64	0.48	0.33
CaO	1.50	0.15	0.01	Spur	0.12
Na_2O	0.36	0.39	0.48	0.30	0.47
K_2O	0.08	0.05	0.02	0.08	0.06
P_2O_5	Spur	Spur	Spur	Spur	0.03
H_2O^+	11.75	12.74	12.33	12.38	12.74
H_2O^-	1.66	2.77	3.00	2.03	2.54
Cr_2O_3	0.10	—	—	3.14	—
N	0.001	—	—	0.002	0.02
Organ. Substanz .	—	—	0.37	—	1.02
ki	42.00	0.18	0.25	0.34	0.30
K	—	0.0043	0.0059	0.0081	0.0071
ba	1.70	0.066	0.069	0.051	0.057
B	—	0.039	0.041	0.03	0.034
Fe_2O_3/Al_2O_3 . . .	2.50	3.00	3.70	4.00	2.200

E. Tiefroter L e h m mit Fe-Konkretionen . . . . 0 —0,65 m
D. Rotbrauner L e h m mit wenigen Konkretionen . . . . 0,65—1 m
C. Gelber, sehr bröckeliger, ockeriger Z e r s a t z . . . . 1 —4 m
B. Rötlichgelber oder gelblicher, meist schwarzer, zerreibbarer Z e r s a t z . . 4 —5 m
A. Serpentin.

---

[1] Mem. Geol. Surv. India **49**, Teil I, 193 (1923).
[2] BENNETT and ALLISON: Soils of Cuba **1928**, S. 29 u. Tafel IV.

liegen. Die schnelle Entbasung, die im Zersatz eintritt, ist ohne weiteres kenntlich. Der Gehalt an Fe_2O_3 erleidet ebenfalls nur geringe Verschiebungen. Al_2O_3 zeigt seine höchsten Werte an der Oberfläche, wo sich zugleich Eisenkonkretionen gebildet haben. Wesentlich ist dabei, daß an der Oberfläche Eisenkonkretionen vorhanden sind, aber der Gehalt an Fe_2O_3 nicht größer ist.

Zusammenfassung.

Das Bezeichnende der beschriebenen Ausbildung der Lateritprofile liegt darin, daß die Oberflächenhorizonte nicht unmittelbar auf frischem Gestein liegen, sondern daß sich bezeichnende Übergangsbildungen dazwischenschieben. Auf dem frischen Gestein ruht die Zersatzzone, die das Ursprungsgestein zunächst noch mit primärer Textur aufweist. Es ist aber Umwandlung zu Siallit oder Allit eingetreten. Darüber finden wir einen zweiten Horizont, der äußerlich durch die Ausscheidung von Eisenoxydhydrat kenntlich ist. Zum Teil ist er als Rotlehm entwickelt. Chemisch ist er meist als allitischer Siallit zu bezeichnen. Wie die im Rotlehm vorhandenen zerfressenen Gesteinsstücke besonders zeigen, ist der Rotlehm durch weitere Umwandlung des Zersatzes entstanden. Dabei ist wesentlich, daß der Rotlehm seinen Charakter als Siallit auch dann besitzt, wenn er auf Allitzersatz liegt. War der Zersatz chemisch dadurch gekennzeichnet, daß neben der sofort einsetzenden Entbasung die Kieselsäure weggeführt wurde und Tonerde zurückblieb, so zeigt die Bildung des Rotlehmes, daß jetzt auch Tonerde gelöst wird. Die allitischen, zerfressenen Gesteinsstücke im Rotlehm beweisen dies ebenfalls. Aus den gelösten Stoffen entsteht durch Ortsfällung der Lehm, der aus Gelen von Al_2O_3, Fe_2O_3 und SiO_2 zusammengesetzt ist. Ob es sich dabei um eine komplexe Verbindung oder ein Gemenge von Gelen handelt, ist noch nicht sicher. Die Bildung der Anreicherungszone spricht vielleicht dafür, daß es sich um gemengte Gele handelt, weil sich nur an der Oberfläche Eisenhydroxyd, Tonerde und auch ein Aluminium-Kieselsäure-Komplex anreichern kann. Bei starker Entwicklung der Anreicherungszone kann man feststellen, daß sich eine Tonerdekruste unter einer Eisenkruste entwickelt. Ob dies auf chemischen Ursachen oder auf physikalischen Gründen (Ultrafiltration, wie sie aus Versuchen von Schornstein[1] hervorgeht) beruht, ist vorläufig unsicher. An der Oberfläche tritt eine Entwässerung des Eisenoxydhydrates ein, die schließlich zu Eisenoxyd und sogar zu Magneteisen führt. Im Savanneneisenstein wurde sogar die Bildung von Quarz und Biotit vermutet.

Wenn die Eisenkruste, wie in Vorderindien, unmittelbar auf der Zersatzzone ruht, kann man die nach oben gerichtete Wanderung von Fe_2O_3 und Al_2O_3 an Verarmung in tieferen Horizonten nachweisen. Die Alkalien und Erdalkalien verschwinden bei der Lateritisierung fast vollständig. Eine Bildung von zeolithartigen Silikaten ist bisher nicht bewiesen. Die frei gewordene Kieselsäure wird zu einem überwiegenden Teil abgeführt, ein weiterer Teil wird in den Nahfällungen der Rotlehme festgehalten und schließlich kann eine kleine Menge als Kieselsäure, Opal, Chalcedon und Quarz entstehen. Eine Anreicherungszone braucht sich nicht immer auszubilden, sondern das Profil kann mit Rotlehm oder auch vielleicht mit aus dem Zersatz entstandenen Erden abschließen. Es sind also verschiedene Profilausbildungen möglich. Bei diesen werden wir in Erweiterung der oben (S. 391) gegebenen Einteilung zu unterscheiden haben

---

[1] Schornstein, W.: Die Rolle kolloider Vorgänge bei der Erz- und Mineralbildung. insbesondere auf den Lagerstätten der hydrosilikatischen Nickelerze. Abh. prakt. Geol. u. Bergwirtschaftslehre **9** (1927).

zwischen solchen, bei denen der Zersatz einen Siallit darstellt und sich dann allmählich aus dem frischen Gestein entwickelt und solchen, bei denen der Zersatz
als Allit mit scharfer Grenze über dem frischen Gestein auftritt.

Zersatz als Siallit entwickelt	Ausbildung A	Zersatz bis zur Oberfläche gehend.
	,, B	Zersatz—Rotlehm.
	,, C	Zersatz—Rotlehm—Anreicherungszone (Rotlehm auch fehlend).
Zersatz als Allit entwickelt	Ausbildung D	Zersatz—Rotlehm—Anreicherungszone (Rotlehm auch fehlend)
	,, E	Zersatz—Rotlehm.
	,, F	Zersatz bis zur Oberfläche gehend.

Die Bildung des Allites, also des Gesteins, das im engeren Sinne als Allit
zu bezeichnen ist, findet in zwei Horizonten statt. Einerseits als Rückstands-
bildung im Zersatz und andererseits als konkretionäre Neubildung in der Anreicherungszone. Im Allitzersatz ist das Tonerdehydrat als Hydrargillit entwickelt, es handelt sich also um Tonerdetrihydrat; wir können das Gestein als
Trihydrallit bezeichnen. In der Anreicherungszone findet sich die Tonerde
teilweise ebenfalls als Hydrargillit, teilweise ist das Tonerdehydrat in Gelform
vorhanden. In den meisten Fällen handelt es sich hierbei um ein Gel mit drei
Molekülen Wasser. Teilweise ist auch weniger Wasser vorhanden und an der
Oberfläche liegt ein Gemenge von Trihydrallit und Monohydrallit vor. Reiner
Monohydrallit ist nicht bekannt, überhaupt ist nur in sehr wenig Fällen
mehr als 50 % Monohydrallit nachweisbar. Es kann daher auch in der Anreicherungszone insgesamt nur von Trihydrallit gesprochen werden.

Die Verbreitung des Laterits.

Bei Besprechung der verschiedenen Ausbildung der Lateritprofile haben
wir hervorgehoben, daß nur teilweise eine Anreicherungszone an der Oberfläche
existiert. Die Anreicherungszone ist nur örtlich ausgebildet und tritt fleckenweise auf. In den Gebieten, wo sie fehlt, braucht nur Rotlehm an der Oberfläche zu liegen. Erst tiefere Aufschlüsse werden zeigen können, ob es sich um
lateritische Rotlehme handelt. In manchen Gebieten tritt die Anreicherungszone ganz allgemein zurück, wie dies beispielsweise von Madagaskar gilt. Auch
für Afrika dürfte dasselbe anzunehmen sein. Die Anreicherungszone findet sich
meistens auf Plateaugebieten und tritt an ihrem Rand zutage. Besonders schön
ist dies in Vorderindien nachweisbar, wo die Anreicherungszone im allgemeinen
gleichmäßiger entwickelt ist.

Über die regionale Verbreitung der Lateritverwitterung als solche läßt
sich ein sicheres Bild noch nicht geben. Sehen wir uns ältere Karten an, so hat
der Laterit scheinbar eine sehr große Verbreitung. Dies beruht aber darauf,
daß man alle Rotlehme als Laterit bezeichnete. Inzwischen hat sich aber herausgestellt, daß die Rotlehme nur z. T. lateritisch sind und außerdem ihre Verbreitung wesentlich einzuschränken ist. Unsere Kenntnisse über die Verbreitung
des Laterites sind also noch lückenhaft. Selbst auf der Übersichtskarte der Böden
von Afrika, die MARBUT gegeben hat, ist die Einzeichnung des Laterits zum
Teil auf Grund von Vegetations- und klimatischen Bedingungen erfolgt. Lateritgebiete werden hier einerseits in Westafrika angegeben, und zwar haben wir
ein 1. Verbreitungsgebiet von Portugiesisch-Guinea bis zur Goldküste. Ein
2. Verbreitungsgebiet liegt an der Westküste und an der Bucht von Biafra.
Außerdem ist noch ein kleineres Gebiet in Ostafrika eingezeichnet. Lateritische
Rotlehme werden in weiterer Verbreitung angegeben. Ein größeres Gebiet

liegt in Nigeria nach Norden bis zum 12. Breitengrad reichend. Als schmaler Streifen zieht es um die Bucht von Biafra herum und erstreckt sich nach Süden noch über die Mündung des Ogowe hinaus. Fast das ganze Flußgebiet des Kongo ist dann als lateritischer Rotlehm bezeichnet, dem sich westlich des Victoria-Nyanza ein größeres Gebiet anschließt. In Ostafrika und am Nyassasee finden sich noch kleinere Vorkommen. MARBUT[1] hat außerdem als eisenschüssigen Rotlehm offenbar solche Gebiete zusammengefaßt, wo teils lateritische Oberflächenanreicherung, teils selbständige Eisenkrustenbildung stattfindet. Nördlich des Kongo bis nach Kamerun finden sich diese meist fleckenhaft, während im Süden des Kongo bis nach Portugiesisch-Westafrika eine große Fläche vorhanden ist. Das übrige Gebiet des zentralen Afrika wird nach MARBUT von gewöhnlichen siallitischen Rotlehmen eingenommen. Auch an der Küste von Portugiesisch-Ostafrika findet sich ebenfalls ein Rotlehmgebiet. Auf zahlreichen Inseln, wie Madagaskar oder Seychellen, Fernando Po, ist echter Laterit bekannt geworden.

An zahlreichen Stellen sind Tonerdeanreicherungen größerer Reinheit bekannt, die z. T. technisch die Möglichkeit zur Gewinnung als Aluminiumerz bieten. Hier ist vor allen Dingen das Gebiet an der Goldküste zu erwähnen, wo die Lateritdecke 9—22 m mächtig ist und recht reine Allite bis 67 % Al_2O_3 gefunden worden sind. Ein Durchschnitt von 17 Mustern zeigte: 60.55 Al_2O_3, 9.75 Fe_2O_3, 1.42 SiO_2 und 25.59 H_2O. In Südafrika finden sich Allite in Nyassaland und im Gebiet von Usambara. Von Amani gebe ich im folgenden zwei Analysen. In beiden Fällen handelt es sich um Zersatz, der zum größten Teil in derben kristallinen Hydrargillit umgewandelt erscheint. Die analysierten Muster kommen als vereinzelte angefressene Gesteinsstücke in Rotlehm vor.

Auf die durch LACROIX[2] analysierten Allite von Madagaskar, Seychellen und Nigeria sei noch einmal hingewiesen. Auch in der Sierra Leone ist Allit mit 51.08 Al_2O_3 bekannt geworden. In Moçambique tritt ebenfalls Allit auf.

Für die Entstehung des Laterits sind die nördlichsten Vorkommnisse von besonderer Bedeutung. DOELTER[3] machte ihn schon 1884 von Cap Verden bekannt. Von den Azoren beschrieb MÜGGE[4] weiße Massen, zu denen die Feldspäte zersetzt waren, bei denen der Quotient $ki = 1,5$ ist. Von Madeira veröffentlichte GAGEL[5] 1910 folgende Analysen:

Zahlentafel 29 Allit-Zersatz aus Gneis, Amani, Deutsch-Ostafrika.

	1	2
SiO_2	10.62	18.65
TiO_2	—	0.87
Al_2O_3 . . .	54.24	46.65
Fe_2O_3 . . .	4.26	8.55
FeO	—	0.29
MnO . . .	—	0.07
MgO . . .	Spur	0.07
CaO	Spur	0.13
Na_2O . . .	1.36	0.18
K_2O	0.78	0.42
P_2O_5 . . .	0.04	0.29
SO_3	Spur	Spur
H_2O^+ . . .	27.94	23.40
H_2O^- . . .	—	0.75
	99.24	100.32
ki	0.33	0.68
ba	0.05	0.02

Analyse 1: Aus Ber. Land- u. Forstw. Deutsch-Ostafrika **2**, 157 (1904).

Analyse 2: Gießen, Geol. Inst., Analyse Nr. 351, Dr. MÖSER.

[1] MARBUT, C. F., s. SHANTZ u. MARBUT: a. a. O., S. 199.

[2] LACROIX, A.: a. a. O., Guinea.

[3] DOELTER, C.: Über die Capverden nach dem Rio Grande und Fjutal Djallon, S. 221. Leipzig 1884.

[4] MÜGGE, O.: Petrographische Untersuchungen an Gesteinen von den Azoren. Neues Jb. Min. usw. 1883, **2**, 189—244.

[5] GAGEL, C.: Beobachtungen über Zersetzungs- und Verwitterungserscheinungen in jungvulkanischen Gesteinen. Cbl. Min. usw. **1910**, 279.

Zahlentafel 30. Analysen von lateritischen Verwitterungsprodukten auf Madeira.

	Trachydolerit von der Bocca dos Corregos	Braunroter Zersetzungsboden zwischen Porto-Moniz und Calheta	Rotgelber Zersetzungsboden aus dem oberen Janellatal
SiO_2	42.71	29.37	29.20
TiO_2	3.38	4.50	4.41
Al_2O_3	14.62	24.15	24.26
Fe_2O_3	3.21	23.88	24.54
FeO	9.34	—	0.74
MnO	—	—	0.63
CaO	16.68	Spur	0.48
MgO	8.91	1.04	0.68
K_2O	1.54	0.12	} 0.35
Na_2O	3.11	0.79	
H_2O	1.55	15.33	14,18 + 0,43 % Org. Subst.
SO_3	0.19	0.36	0.10
P_2O_5	0.74	0.20	0.39
	99.90	99.74	100.39
ki	4.97	2.07	2.05
ba	1.27	0.06	0.07

Diese Analysen zeigen zwar in der Bauschanalyse keinen Überschuß an Tonerde; ihr hoher Wassergehalt weist aber schon darauf hin, daß diese doch aufgetreten sein muß. Unter Berücksichtigung eines Schwefelsäureauszuges ergibt sich aber, daß 4,42 % unzersetzte Silikate vorhanden sind. In dem Rest ist das Verhältnis $ki = 1.82$. Wenn also in der Hauptsache hier auch Siallit als Zersetzungsprodukt auftritt, so weisen doch die geringen Mengen freier Tonerde darauf hin, daß es sich um die nördlichsten Ausläufer des Lateritgebietes handelt. Die Entbasung ist eine recht starke. Die Analyse paßt durchaus zu denen allitischer Rotlehme (Zahlentafel 13, S. 402).

Ein weites großes Verbreitungsgebiet von Laterit liegt in Vorderindien vor. Das eine Verbreitungsgebiet zieht sich an der Küste vom Golf von Cambay über Bombay bis Belgaum entlang, wo überall reiner Laterit gefunden worden ist. Ein zweites Verbreitungsgebiet liegt im Hochland von Dekan und den Zentralprovinzen westlich ungefähr von Bhopal bis östlich nach Ranchi. Nach Süden erstreckt sich von hier ein Ausläufer in die Landschaft Dency. Schließlich ist auch von Kolombo auf Ceylon Laterit bekannt geworden. Ein Teil des Laterits ist hier sicher fossil, wie wir später noch sehen werden. Aus Indochina besitzen wir nur wenige Nachrichten über Laterit. In Niederländisch-Indien treffen wir ein weiteres großes Verbreitungsgebiet an. Von Banka und Billiton, von Celebes und Borneo sind hier vor allen Dingen mächtige Eisenanreicherungen lateritischer Art bekannt geworden, wie schon oben erwähnt.

Von Hawai kennen wir durch Lyons[1] lateritische Rotlehme, die schon in der Bauschanalyse auf freie Tonerde hinweisen. Aus Australien sind verschiedenste Fundpunkte bekannt geworden. Sie finden sich vor allen Dingen in Westaustralien, dann auch im Nordgebiet auf der Halbinsel Coburg und Queensland, Neu-Südwales, Victoria und Tasmanien. Vermutlich sind sämtliche Vorkommnisse fossil.

In Südamerika haben wir ein großes Verbreitungsgebiet, das ungefähr vom Orinoko bis zum Amazonas zieht. In den verschiedenen Teilen von Guyana sind Allite in sehr großer Mächtigkeit und Reinheit bekannt geworden. Sie werden zur Zeit abgebaut und stellen vor allen Dingen durch die geringe Eisenmenge

---

[1] Lyons: Amer. J. Sci. 1896, 152.

ein sehr wertvolles Metall dar. Aus dem Betrieb Nr. 17 der Surinaamschen Bauxite Maatschappij sind dem Verfasser durch die Liebenswürdigkeit der Gesellschaft mehrere Stücke zur Verfügung gestellt worden. Eines der reinsten Stücke, das einen gleichmäßig dichten, weißen, auch rot gefärbten Allit mit zahlreichen großen Hydrargillitblättchen darstellt, ergab folgende Analyse.

Zahlentafel 31. Allit aus Surinam, Guiana[1].

	Bauschanalyse Nr. 388	Salzsäureauszug Nr. 389	Schwefelsäureauszug Ruckstand bezogen auf urspr. Substanz Nr. 390
SiO_2	1.78	0.54	1.140
TiO_2	0.85	0.04	0.500
Al_2O_3	64.02	56.69	0.307
Fe_2O_3	0.49	0.12	0.010
FeO	—	—	—
MnO	Spur	Spur	—
MgO	0.03	Spur	Spur
CaO	0.05	Spur	Spur
Na_2O	0.02	0.01	0.004
K_2O	0.12	0.08	0.012
H_2O^+	32.22	32.63	—
H_2O^-	0.41		
P_2O_5	0.03	0.02	—
CO_2	—	—	—
SO_3	0.03	0.03	—
Cr_2O_3	0.06	—	—
V_2O_5	0.007	—	—
Rückstand . . .	—	9.61	—
	100.117	99.77	1.973
CnO, PbO, NiO .	—	—	—
ZnO	Spuren?	—	—
Seltene Erden .	—	—	—
ki	0.047	—	—
ba	0.004	—	—

In Brasilien tritt ebenfalls Laterit auf. Aus Minas Geraes sind hier schon lange Krusten von derbem Hydrargillit bekannt, die wie in den anderen Gebieten, von der lebhaften Wanderung der Tonerde Zeugnis ablegen. In Venezuela soll ebenfalls Allit vorkommen. In Mittelamerika findet sich Laterit und lateritischer Rotlehm in Panama, Costa Rica, Nicaragua. Im Norden ist schließlich, wie schon erwähnt, Laterit auf Kuba bekannt geworden. Die hier bekannten Rotlehme zeigen schon in der Bauschanalyse ki bis 1.5 heruntergehend. Von den Eisenanreicherungen auf Serpentin war schon oben die Rede. Vielleicht finden sich Ausläufer lateritischer Verwitterung noch in Südgeorgia, doch ist noch nichts Näheres darüber bekannt. — Die weiter nördlich liegenden und im Abbau begriffenen Allite von Georgia, Alabama und Arkansas sind fossil und interessieren an dieser Stelle nicht. Nach JENNY[2] liegt auf der Halbinsel Florida Eisenlaterit vor. JENNY wies an gleicher Stelle auch auf ausgezeichneten Zusammenhang des Quotienten k_i mit der Jahrestemperatur in Nordamerika hin.

Die klimatischen Bildungsumstände des Laterits.

Schon aus der Aufzählung der Verbreitung des Laterits ergibt sich, daß er eine rein tropische Bodenbildung darstellt. Zwar hat man früher behauptet, daß

---

[1] Analyse Geologisches Institut, Gießen, Dr. MÖSER.
[2] JENNY, H.: Bodenkundliche Forschungen 1, S. 153, 179, 181. 1929.

ähnliche Tonerdeanreicherungen auch unter anderem Klima stattfinden, wie beispielsweise im hessischen Vogelsberg. Es hat sich aber inzwischen mit Sicherheit nachweisen lassen, daß diese Verwitterungsprodukte fossil sind. **Laterit ist daher einer der kennzeichnendsten Verwitterungsböden, der unbedingt auf tropisches Klima hinweist.** Die Grenze der Tropen gegen die Subtropen stellt auch die Grenze des Laterits dar, infolgedessen sehen wir auf Madeira und den Azoren eine Verwitterung, bei der nur noch geringe Menge freier Tonerde auftritt, aber so, daß die Böden nicht mehr als echter Laterit anzusprechen sind.

Innerhalb der Tropen unterscheiden wir schon seit alters her, und neuerdings besonders durch KÖPPEN[1] Urwaldklima und Savannenklima. Das Urwaldklima zeichnet sich dadurch aus, daß alle Monate über 18^0 Mitteltemperatur haben und alle Monate feucht sind. Es gibt allerdings dabei eine Untergruppe, das Monsunwaldklima, wo trotz einer Trockenheit Urwald vorhanden ist. Im Savannenklima haben wir im Winter der betreffenden Halbkugel eine Trockenzeit. Die Trockenzeit, bzw. die Regenzeit, kann dabei noch eine Gabelung aufweisen.

Vergleichen wir nun die sicheren Lateritfundpunkte, so ergibt sich, daß sie wesentlich dem Savannenklima angehören, also einem Klima, wo Trockenzeit und Regenzeit miteinander abwechseln. In dem einen Teil des Jahres wird unter dem Einfluß großer Niederschläge und hoher Temperaturen an der Oberfläche eine starke Zersetzung stattfinden, die hydrolytische Spaltung des Wassers kann besonders zur Geltung kommen. Die Bodenlösungen steigen in dieser Zeit von oben nach unten. Mit dem Einsetzen der Trockenzeit beginnt die umgekehrte Wanderung und die Bodenlösungen wandern nach oben, bis es zur Ausfällung der gelösten Stoffe und damit zur Bildung der Anreicherungszone kommt. Mit KERNER VON MARILAUN[2] kann man daher die Bedingungen der Lateritbildung an den vereinten Eintritt zweier Optima geknüpft denken: möglichst große **Regenmenge** bei größtmöglicher (jahreszeitlicher) Ungleichmäßigkeit ihrer Verteilung und möglichst hohe **Luftwärme** bei größtmöglicher Gleichmäßigkeit ihrer Verteilung über das Jahr. P. W. E. VAGELER gab folgende Tabelle über die fraglichen klimatischen Verhältnisse. Als Verwitterungsfaktor bezeichnete er das Produkt von Sickerwassermenge mit Temperatur der Bodenoberfläche.

Zahlentafel 32.

Grenzgebiet	Niederschläge mm	Oberflächen- Temperatur	Gesamt- verlust mm	Sicker- wasser mm	Verw. Faktor
Busch‒‒Savanne:					
Busch	1350	$25,6^0$	600	750	19200
Savanne		$37,8^0$	700	600	22680
Savanne—Monsunwald:					
Savanne		$37,8^0$	700	1200	45360
Monsunwald	1900	$27,7^0$	860	1040	28880
Monsunwald—Urwald:					
Monsunwald		$27,7^0$	860	1390	38503
Urwald	2250	$25,6^0$	1500	750	19200

Die Wanderung von Eisen und Aluminiumverbindungen zur Oberfläche ist nur möglich, wenn an der Oberfläche eine genügende Verdunstung herrscht,

---

[1] Vgl. besonders die schöne Klimakarte der Böden von KÖPPEN und GEIGER.

[2] KERNER V. MARILAUN, F.: Die klimatischen Bildungsbedingungen der deutschen Kaoline und Bauxite. Sitzgsber. Akad. Wiss. Wien, Math.-naturwiss. Kl., Abt. I, **137**, H. 8 (1928). — Der klimatische Schwellenwert des vollständigen Lateritprofiles. Sitzgsber. Akad. Wiss. Wien, Math.-naturwiss. Kl., Abt. IIa, **136**, H. 7 (1927).

wo hohe Niederschläge und hohe Temperaturen so intensiv einwirken können, wie dies nirgends auf der Erdoberfläche der Fall ist.

Einige Lateritgebiete, wie diejenigen von der Goldküste oder im Innern des Kongogebietes liegen im Bereich des Monsunwaldklimas. Auch hier haben wir eine ausgesprochene Trockenzeit und ähnliche Bedingungen werden sich einstellen. Die Ausbildung mächtiger Panzerdecken ist aber, wie Vageler[1] in letzter Zeit noch besonders betont hat, durchaus waldfeindlich. Lacroix[2] beschrieb dies z. B. aus Madagaskar, und genau so ist dies aus Vorderindien bekannt. Es ist für Madagaskar, das auf seiner Ostseite dem Bereich tropischer Urwälder angehört, außerordentlich bezeichnend, daß ausgesprochene Konkretionszonen sehr stark zurücktreten. Soweit sie vorhanden sind, sind sie aber waldfeindlich. Für das übrige Gebiet ist aber, nach dem, was der Verf. über die Entstehung von Zersatz ausgeführt hat, durchaus möglich, daß er unter Urwald entsteht.

Nun wird aber über das Vorkommen von Laterit auch aus ausgesprochenen, dauernd feuchten Urwaldgebieten berichtet. Auf zwei Tatsachen ist dabei hinzuweisen. Einerseits hat man Laterit mit Rotlehm verwechselt und unter schwach humosen Oberboden kann im Urwald Roterde liegen. Wenn hier von der Entstehung von Laterit gesprochen worden ist, so ist dies weiter nichts als eine Verwechslung. Anders wird dies aber, wenn Laterit als Zersatz gemeint ist. Der Zersatz ist nur durch dauernde Abfuhr von bestimmten Bestandteilen zu erklären, und dann muß es ohne weiteres möglich erscheinen, daß auch unter Urwald eine sehr starke Abfuhr von Kieselsäure eintritt, die ja in den Lehmen schon bewiesen ist (s. oben S. 382). Daß eine Entbasung stattgefunden hat, ist selbstverständlich, da sie ja schon unter europäischen Wäldern in Erscheinung tritt. Die schnelle Zersetzung des Humus, die es in einem Teil des Gebietes nicht zu sauren Lösungen kommen läßt und immer wieder neue Basen aus den abgestorbenen Pflanzenteilen liefert, wird zu alkalischen Reaktionen Veranlassung geben, und es ist nicht einzusehen, warum nicht in der Tiefe vollständige Allitisierung eintritt. Vageler betonte dies in neuerer Zeit ganz besonders. Er hob auch hervor, daß es dann natürlich gänzlich unangebracht ist, bei einem derartigen Bodenprofil von einer fossilen Lateritisierung zu sprechen. Walther[3] und Lang[4] haben besonders von derartigen fossilen Lateriten gesprochen. Zum Teil beziehen sich ihre Aussagen freilich auf Rotlehme. Aber auch bei diesen ist keine Veranlassung, wenn sie von einem braunen Oberboden überlagert werden, den kreßfarbenen Unterboden als fossil zu bezeichnen. Es handelt sich hier um reine Illuvialhorizonte, wie sie in ganz ähnlicher Weise und z. T. mit denselben Farben sogar in Deutschland möglich sind.

Sehr interessante Untersuchungen über das Lateritklima führte Kerner von Marilaun[5] aus. Aus den oben erwähnten klimatischen Bildungsbedingungen stellte er eine Formel zusammen und errechnete daraus eine Lateritzahl, die für die Entstehung gewisse Anhaltspunkte geben soll[6]. Es stellte sich im allgemeinen eine sehr gute Übereinstimmung über die Verbreitung der Laterite mit den Rechnungsergebnissen heraus. Nur für das Gebiet auf Kolombo ergab sich eine erhebliche Differenz. Es ist hier zwar ein Monsunwaldgebiet, aber die Bildungs-

---

[1] Vageler, P. W. E.: a. a. O., S. 198. 1928.

[2] Lacroix, A.: a. a. O., S. 348. 1913.

[3] Walther, J.: Verh. Ges. Erdkde. Berlin 16, 318 (1889); Pet. Mitt. 62, 1—7, 46—53 (1916).

[4] Lang, R.: a. a. O. 1914.

[5] Kerner v. Marilaun, F.: a. a. O. 1927.

[6] Für die Ableitung der Formel muß auf die Originalarbeit verwiesen werden.

bedingungen scheinen sonst nicht erfüllt zu sein. Es liegt daher wohl die Möglichkeit vor, daß das Lateritprofil hier tatsächlich fossil ist. Sehr eigenartig liegen die klimatischen Verhältnisse in Westaustralien. Die klimatischen Verhältnisse sind, wie KERNER ausführte, von denen aller Lateritgebiete verschieden. Es herrschen Regen bei kühlem Winterklima und die Regenmengen sind z. T. sehr gering. Infolgedessen ist die klimatisch maßgebende Lateritzahl hier nicht hoch, sondern wegen der geringen Regenhöhe umgekehrt sehr gering. KERNER deutete schon an, daß hier vielleicht ein Klimawechsel eingetreten ist. Aber andererseits muß die klimatische Stellung dieser Landschaften nicht einfach zu erfassen sein. KÖPPEN[1] stellt sie auf seiner Klimakarte der Erde in das Steppenklima, allerdings mit Temperaturen mit einem Jahresmittel über 18°. OLBRICHT[2] bezeichnete die fraglichen Landschaften auf seiner Karte der Landschaftsgürtel der Erde, aber teils als Grassteppen, teils als Savannen. Erst genauere Untersuchungen können hier einmal Klarheit schaffen.

Mehrfach ist von fossilen Lateriten die Rede gewesen. Hierbei muß darauf hingewiesen werden, daß gerade beim Laterit die Entscheidung über das Alter des Profils schwer zu fällen ist[3]. In der Lateritbildung haben wir eine tiefgreifende chemische Einwirkung vor uns, und es ist ohne weiteres klar, daß es außerordentlich langer Zeiträume bedarf, um ein vollständiges Profil zu erhalten. Haben wir nun Gebiete vor uns, die seit längerer Zeit keine wesentliche qualitative Klimaänderung durchgemacht haben — wie es doch in vielen Teilen der Tropen der Fall war — so kann der Bildungsbeginn einer Lateritfolge weit zurückbleiben. VAGELER[4] wies auf Rotlehmdecken von nicht weniger als 400 m hin. Wenn die Lateritisierung bis zu einem starken Abbau geführt hat und die äußeren Umstände sich nicht geändert haben, so kann eine weitere chemische Umbildung nicht mehr stattfinden. Das Profil wird abgeschlossen liegenbleiben und höchstens abgetragen werden. Wir haben dann den Fall vor uns, wie er ja in Vorderindien verwirklicht ist, daß nur in den Tälern lateritische Verwitterung und Verkittung feststellbar ist. Es entstehen hier die Tal- und Niederungsbildungen, auf die Verf. im allgemeinen nicht eingegangen ist, da sie an sich nichts besonderes darstellen. Auf den Hochflächen können wir aber nichts von gegenwärtiger Entstehung bemerken, und so wird in ihrem Bereich, wo die Bildungsmöglichkeit vorhanden ist, doch kein Laterit mehr entstehen.

Die Ursache liegt darin, daß ausgesprochene Anreicherungsrinden sich nur in einem eingeebneten Gebiet von einer gewissen Tiefenlage bilden können. Es muß ein Stillstand in der mechanischen Abtragung eingetreten sein und nur die chemischen Vorgänge arbeiten allein weiter. Es handelt sich um einen Landschaftstypus, den man morphologisch als „reif" bezeichnet[5]. Erst wenn eine Hebung eintritt, wird die Weiterbildung des Profils aufhören, weil dann der Grundwasserspiegel zu tief zu liegen kommt. Wenn es sich um die typischen Lateritdecken handelt, die geschlossen Hochländer überziehen, so kann man sie wohl meist als abgeschlossen bezeichnen. Noch viel mehr ist dies der Fall, wenn es sich nur noch um Krönung einzelner Kuppen handelt, die auf das ursprüngliche Vorhandensein einer ausgebreiteten und zusammenhängenden Decke hinweisen. Trotzdem würde es aber falsch sein, aus dem Vorkommen von Lateritdecken, die sich in Abtragung befinden, darauf zu schließen, daß nun in dem Gesamtgebiet keine Lateritisierung mehr stattfindet.

[1] KÖPPEN, W., s. KÖPPEN u. GEIGER: Klimakarte der Erde. Gotha: J. Perthes 1928.
[2] OLBRICHT, K.: Landschaftsgürtel der Erde. Gotha: J. Perthes 1928.
[3] Vgl. HARRASSOWITZ: Laterit, S. 377. 1926.
[4] VAGELER, P. W. E.: a. a. O., S. 201. 1928.
[5] WOOLNOUGH, 1918; DIXEY, 1918; DAVIS, 1918. — Geol. Mag.

Die zwei unterschiedenen Arten, der Allit als Zersatz und Oberflächenanreicherung, können also unter verschiedenen äußeren Bedingungen entstehen. Es mag sein, daß sich die erste Stufe der Lateritbildung unter Wald vollzieht, wobei an der Oberfläche unter schwach humoser Oberkrume sich Roterden bilden. In der Tiefe ist Zersatzbildung, Entbasung, Siallitbildung möglich. Die durch die Entbasung entstehende Nährstoffarmut der tiefgründigen Verwitterung wird dem Wald das Dasein immer mehr erschweren; dieser geht daher zurück. Falls eine Trockenzeit vorhanden ist, werden in ihr die Bodenlösungen in einem Teil des Jahres aufsteigen und eine Eisenkruste wird sich bilden. Je mehr diese aber zunimmt, desto ungünstiger wirkt sie auf die Vegetation ein, die mehr und mehr verschwindet. Dabei werden die örtlichen Umstände eine große Rolle spielen.

Die chemischen Bildungsumstände des Laterits.

Mehr als ein Versuch kann in dem folgenden Kapitel nicht gesehen werden. Die vorhandenen physikalisch-chemischen Schwierigkeiten sind außerordentlich groß. Schreibt doch Zsigmondy[1], daß wohl kaum eine andere Gruppe der Kolloide eine so große Mannigfaltigkeit aufweist, wie die der kolloidischen Oxyde und Oxydhydrate. Die Kolloide dieser Art sind außerordentlich veränderlich unter den verschiedensten Beeinflussungen. „Gerade diese Veränderlichkeit der Kolloide je nach den Entstehungsbedingungen, der Konzentration usw. erschwert ungeheuer ihre korrekte Beschreibung. Der Referent steht hier vor einer fast undurchdringlichen Fülle von Tatsachen, deren eingehende Wiedergabe vorläufig mehr Verwirrung als Aufklärung schaffen würde."

Über die fraglichen Stoffe herrscht noch vollständige Uneinigkeit. Ganssen[2] sieht in einem Teil des Materials chemische Individuen vom Charakter der Zeolithe, während der überwiegende Teil der Autoren, wie Wiegener[3], Stremme[4] und Blanck[5], in ihnen nur Gelgemische erblickt. Weiter kommt dazu, daß über wichtige Fragen erst in neuerer Zeit Klärungen erfolgt sind. So wurde bisher Eisenhydroxyd immer als positiv bezeichnet, während sich jetzt ergibt, daß dies den Tatsachen nicht entspricht, sondern auf der Herstellung des künstlichen Stoffes beruht. Während es sich bei den Eisenverbindungen teils um das Oxyd oder das Oxydhydrat handelt, finden sich bei der Tonerde nur Oxydhydrate (der Ausdruck freie Tonerde, der in der Literatur gebraucht wird, ist also immer auf Oxydhydrat zu beziehen). Bei diesen Tonerdeverbindungen ist außerdem festzustellen, daß chemisch verschiedene Typen auftreten, die in der Natur nicht bekannt sind, da wir nur die Reaktionsprodukte kennen. Ihr Auftreten ist aber trotzdem möglich. So schrieb Vageler[6], „daß es nahezu hoffnungslos ist, auf chemischem Wege, der für diese feinen Verbindungen ein geradezu barbarisches Verfahren vorstellt, jemals zu einer klaren Entscheidung der Streitfrage zu kommen". Erst die eingehende Anwendung der Röntgendiagnostik wird zur Erreichung von wesentlichen Fortschritten berufen sein.

Bei den chemischen Umständen, die zur Bildung des Laterits führen, hat man früher an außergewöhnliche Einwirkungen geglaubt. So wies Holland[7]

---

[1] Zsigmondy: Kolloidchemie, 5. Aufl., 2. Teil, S. 62/63. 1927.

[2] Ganssen, R.: Die klimatischen Bodenbildungen der Tonerdesilikatgesteine. Die Entstehung und Herkunft des Löß. Mitt. Labor. preuß. geol. Landesanst. 1922, H. 4.

[3] Wiegener, G.: Boden und Bodenbildung in kolloidchemischer Betrachtung, 3. Aufl. 1924.

[4] Stremme, H.: Über Feldspatresttone und Allophane. Mber. dtsch. geol. Ges. 62, Nr 2, 122—128 (1910).

[5] Blanck, E.: Die Entstehung und das Alter des Laterits. Pet. Mitt. 63, 233—235. 1927.

[6] Vageler, P. W. E.: a. a. O., S. 195. 1928.

[7] Holland, T. H.: Geol. Mag. IV 10, 59—69 (1903).

auf die Mitwirkung von Bakterien hin, konnte aber nur die Vermutung aussprechen, daß dies der Fall wäre. VERNADSKY und COUPIN[1] zeigten, daß in großen Niederungen Rußlands in stagnierenden Wässern nach den Frühjahrsregen aus Tonen freies Tonerdehydrat gebildet wurde. Die Ursache sind siallitspaltende Diatomeen. Aber COUPIN[2] stellte auch schon fest, daß nun nicht etwa ein besonderes tonerdereiches Gestein entstanden war[2a]. In neuerer Zeit hat THID[3] auf Untersuchungen über Einwirkung von Mikroorganismen wieder hingewiesen. Es zeigte sich dabei, daß Tonerde in größerer Menge gelöst wurde als Kieselsäure. Die Ursache beruht auf freier Kieselsäure, die durch die Tätigkeit der Bakterien entsteht. Auf diese Weise werden aber örtlich nicht die Bedingungen zur Anreicherung, sondern umgekehrt zur Wanderung der Tonerde gegeben sein. Für die Allitbildung im Zersatz werden diese Untersuchungen keine Rolle spielen. Es ist aber nicht ausgeschlossen, daß sie bei den Wanderungen an der Oberfläche gelegentlich in Frage kommen. Die fraglichen Bakterien sind allerdings auf Ammoniak und Stickstoff angewiesen. THID konnte in einer weiteren Arbeit ganz allgemeine Untersuchungen über Bakterieneinwirkungen anführen und wies darauf hin, daß unter ihrem Einfluß 53% mehr gelöst werden als unter gewöhnlichen Bedingungen. Die Verschiebungen treten allerdings wesentlich bei den Basen ein. THID wies bei dieser Gelegenheit aber auf etwas anderes hin. Der isoelektrische Punkt von Aluminiumhydroxyd liegt bei einer Wasserstoffionenkonzentration p_H 6,7. Das Tonerdehydrat ist erst bei einer sauren Reaktion unter 4.7 und einer alkalischen über 8 in merkbarer Weise löslich. Diese Bemerkung THIDS läßt sich in folgender Weise praktisch ausdeuten. Da alkalische Lösungen mit einem hohen p_H recht selten sind, findet sich lösliche Tonerde in den natürlichen Wässern fast nur bei saurer Reaktion. Werte von 4.7 können sehr leicht unterschritten werden.

DU BOIS[4] wollte die Wanderung der Tonerde mit Zuhilfenahme von Schwefelsäure erklären. Diese kann aber nur eine geringe Rolle spielen, da die nötigen großen Mengen in der Natur nicht vorhanden sind. Pyrit, der als Lieferant in Frage kommt, wird ja so schnell zersetzt, daß er für das Endstadium der Lateritisierung keine Bedeutung besitzt. Immerhin können kleinere Mengen Schwefelsäure, auf deren Entstehen aus organischen Resten BLANCK[5] vor kurzem hinwies, örtlich einmal in Frage kommen.

PASSARGE[6] betonte die großen Mengen von Salpetersäure in den Tropenregen. Er vermutete, daß die Salpetersäure durch Zersetzung eisenhaltiger Gesteine gebildet wird und daß aus der Lösung die Kohlensäurelösungen Eisenoxydhydrat ausfällen. Genauere Belege dafür, die in einer größeren Arbeit in Aussicht gestellt waren, sind von PASSARGE nicht beigebracht worden. Es hat sich auch in neuerer Zeit kein Anhaltspunkt für die Mitwirkung der Salpetersäure ergeben.

MACLAREN[7] hob den Reichtum der Bodenluft an CO_2 hervor, entstanden durch die starke Zersetzung der organischen Reste. In neuerer Zeit kam auch KITSON[8] darauf zurück und hob von der Goldküste hervor, daß in den Grubenbauen sehr viel Kohlensäure festgestellt worden wäre. Eine grundsätzliche Mit-

[1] VERNADSKY: C. r. 175; M. 1922 II, 450—452. — COUPIN: C. r. 175; M. 1922 II, 12—127.

[2] COUPIN: a. a. O., 1922.   [2a] Vgl. HARRASSOWITZ: Laterit, S. 403. 1926.

[3] THID, G.: J. Geol. 35, 647—652 (1927).

[4] DU BOIS, G. C.: a. a. O., S. 25.

[5] BLANCK, E., u. W. GEILMANN: Chemische Untersuchungen über Verwitterungserscheinungen im Buntsandstein, insbesondere über die Natur der im Gestein wandernden Lösungen und deren Ausscheidungen. Tharandter Forstl. Jb. 75, H. 3, 89—112 (1924).

[6] PASSARGE, S.: Ber. 6. Internat. Geogr.-Kongr., London 1895.

[7] MACLAREN, M.: Geol. Mag. V 3, 536—547 (1906).

[8] KITSON, A. M.: Mining Mag. 33, 265—270 (1925).

wirkung von CO_2 dürfte nicht ausgeschlossen sein, da sie jedenfalls, wie wir durch Ramann[1] wissen, auf alkalische Reaktion hinauskommt.

Im Gegensatz zu diesen Autoren betonte Vageler[2], daß keine besonderen Umstände hineingezogen zu werden brauchten, sondern vielmehr das, was wir sonst von der Verwitterung kristalliner Gesteine wissen, auch für die Tropen genügt. Vageler brachte wohl auch als erster kolloidchemische Gesichtspunkte hinein. Von großer Bedeutung ist, daß die Anschauungen von Wiegner denen von Vageler ziemlich ähnlich sind[3,4]. Verfasser schließt sich dem grundsätzlich an.

Bei der Entstehung des Lateritprofils haben wir die 3 Glieder getrennt zu untersuchen. 1. Die Bildung von Allit oder Siallit als Zersatz mit den Vorgängen der Entbasung und Entkieselung. Tonerde ist hier als Rückstand vorhanden, wenn sie auch örtliche Wanderung zeigt. 2. Die Entstehung der darüber möglichen Zone, des Rotlehms, 3. Die Anreicherung von Fe und Al an der Oberfläche.

Die Entstehung des Zersatzes.

Entbasung und Entkieselung sind die Vorgänge, die zur Bildung von Siallit und Allit führen. Sie stellen zugleich die üblichen Vorgänge der Verwitterung dar, wenn sie auch nicht in allen Gebieten so eingreifend sind wie in den Tropen. Die hydrolytische Spaltung des Wassers dürfte die Einleitung zu dem Eingriff geben. Da es sich aber um Alkalisilikate handelt, tritt sofort alkalische Reaktion ein, die sich übrigens auch einstellt, wenn es sich um Einwirkung von CO_2 handelt, wie wir durch Ramann wissen. Die hohen Temperaturen werden dabei besonders wirken, da die Hydrolyse des Wassers davon stark beeinflußt wird. Schon wenn alkali-silikat-führende Gesteine in Wasser gelegt werden, kann man die alkalische Reaktion bald nachweisen, wie Harrison[5] hervorhob. Wie immer in der Natur unter alkalischen Reaktionen, wird SiO_2 abgeführt werden. Die Flußwässer der Tropen sind ja bekannterweise relativ reich an SiO_2. Durch die damit eintretende Aufspaltung der Silikate werden aber Basen in Lösung gehen, die teils frei oder vielleicht auch als Alkalikarbonate den Charakter der einwirkenden Lösungen verstärken werden. Schon bei uns in Deutschland kann man, soweit es sich nicht um das Podsolgebiet handelt, feststellen, daß ein Zersatz durch Entbasung und Entkieselung entsteht[6]. In der folgenden Tabelle sind die Verwitterungsquotienten ki und ba für frischen Basalt und Zersatz von Gießen und Rom wiedergegeben[7].

Zahlentafel 33. Basaltverwitterung bei Gießen und Rom.

	Frischer Basalt	Zersatz	K
ki Gießen	5.8	3.9	0.68
Rom	4.5	2.9	0.64
ba Gießen	1.76	1.15	0.65
Rom	1.68	0.68	0.41

[1] Ramann, E.: Kohlensäure und Hydrolyse bei der Verwitterung. Cbl. Min. usw. 1921, 233, 266.

[2] Vageler, P. W. E.: a. a. O., S. 196. 1928.

[3] Ehrenberg, P.: Bodenkolloide, 3. Aufl., S. 431ff. 1922.

[4] Auch die Anschauungen Ehrenbergs sind in manchen Beziehung ähnliche. Er versteht aber unter Laterit nicht dasselbe wie wir (Rotlehm!), nimmt die nicht vorhandene dauernde Alkalinität an, Wanderung der Tonerde war ihm nicht bekannt. Er hat aber als erster darauf hingewiesen, daß der Ladungssinn der fraglichen Stoffe nicht sicher bekannt ist.

[5] Harrison: a. a. O. 1910, 561.

[6] Vgl. Harrassowitz: Geol. Rundsch., Steinmann-Festschr. 1927, 153, 173.

[7] Vgl. die Originalanalysen an der erwähnten Stelle.

Zwischen Gießen und Rom ist zwar die Entkieselung nicht wesentlich verschieden, aber die Entbasung hat hier unter dem wärmeren Klima ein größeres Ausmaß erreicht. Man kann ohne weiteres annehmen, daß die starke Alkalinität der Bodenlösungen und hohe Temperatur bei Rom stärker gewirkt haben. Durch Verwitterungsversuche ist schon in Übereinstimmung mit dem Vorkommen in natürlichen Lösungen wiederholt bewiesen worden, daß die Kieselsäure unter alkalischen Einwirkungen zum Wandern kommt[1]. In neuerer Zeit hat RAO[2] Versuche mit Alkalikarbonaten angestellt und zeigen können, daß bei einem Basalt von Antrim nach neunmonatlicher Einwirkung von Alkalikarbonaten ki von 5.95 auf 4.55 gesunken war. Die Wirkung der Alkalien beruht auf den OH-Anionen. Da diese auf negative Zerteilungen dispergierend wirken, wird das hierher gehörige SiO_2 hochdispers ausgewaschen. Bei Siallitbildung wird nur ein Teil von SiO_2 entfernt, während bei der Allitbildung der überwiegende Teil verschwindet. Die Tonerde- und Eisenkolloide werden durch alkalische Reaktion, die auf den noch vorhandenen Elektrolyten beruht, offenbar umgekehrt beeinflußt, sie werden durch die Basen ausgefällt. An sich müssen sie löslich geworden sein, aber infolge der Elektrolyte fallen sie topochemisch aus, und die pseudomorphe Umwandlung von Feldspäten in Tonerdehydrat wird dadurch ohne weiteres verständlich. Dabei werden vermutlich geringe Mengen Basen von der Gelfällung durch Adsorption mitgerissen. Infolgedessen sind sie selbst bei scheinbar reinem Hydrargillit immer noch festzustellen. So enthielt die Hohlraumausfällung eines lateritisch verwitterten Basaltes im fossilen Vogelsbergprofil noch 0,43 % Erdalkalien.

Die Entstehung von tonerdereichem Zersatz dürfte der Erklärung somit die geringsten Schwierigkeiten bieten, da sie sich unter den klimatischen Extremen des Lateritgebiets als nichts anderes herausstellt, als die Weiterwirkung von Vorgängen, die schon unter gemäßigtem Klima einsetzen.

Die Entstehung des Rotlehms.

Wenn die Basen im Zersatz aus ihrer ursprünglichen Bindung in den Alkali-Erdalkali-Tonerde-Silikaten befreit sind, werden Fe_2O_3 und Al_2O_3 vorübergehend in Solform auftreten. SiO_2 wird unter dem Einfluß der Basen als Emulsionskolloid fortgeführt. Fe_2O_3 und Al_2O_3 fallen, wie oben geschildert, unter derselben Einwirkung der Basen als positiv geladene Kolloide sofort aus. (Der amphotere Charakter des Tonerdehydrats darf freilich nicht vergessen werden.) Wenn die Basen aber stark zurücktreten, wird das verschiedene Verhalten der Sesquioxyde und von SiO_2 nicht möglich sein, das Kieselsäuresol als solches ist nicht mehr beständig. Als entgegengesetzt geladen, werden sich die drei Stoffe gegenseitig ausfällen, soweit derartige Aufladungen vorhanden sind. Die Entstehung des Rotlehms dürfte auf diese Weise grundsätzlich ziemlich einfach zu erklären sein.

In neuerer Zeit hat REIFENBERG[3] für die Roterden des Mittelmeergebietes eine andere Erklärung versucht. Er wies nach, daß Kieselsäuresol eine Schutzwirkung auf die Sole der Sesquioxyde ausüben könnte. Wenn man eine Wanderung der Sesquioxyde damit erklären will, so wird sicher SiO_2 auf diese Weise wirken können. Gemeinsam nach oben wandernd, sollen sie an der Oberfläche durch reichlicher vorhandene Elektrolyte gemeinsam ausgefällt werden. Die Schlußfolgerung REIFENBERGS ist auf die reinen Kalke des Mittelmeeres, auf

---

[1] Vgl. HARRASSOWITZ: Laterit, S. 288. 1926.
[2] RAO: Min. Soc., Vol. **21**, 407—430 (1928).
[3] REIFENBERG, A.: Z. Pflanzenernährg. usw. A **10**, H. 3, 159—186; Kolloidchem. Beih. **28**, H. 3—5, 55—147 (1929).

denen dort allein Roterden entstehen[1], nicht anwendbar. Der frische Kalk schneidet mit scharfer Grenze an der Roterde ab. Irgendein Übergangshorizont ist nicht bekannt und auf den Kalken, die ja nur sehr geringe Mengen Rückstand besitzen, auch nicht möglich. Es ist also kein Horizont bekannt, aus dem SiO_2, Al_2O_3 und Fe_2O_3 gemeinsam abgeführt werden könnten.

Sehr schwer lassen sich die Schlüsse Reifenbergs auf die Lateritgebiete anwenden. Zwar liegt hier im Zersatz ein Horizont vor, aus dem heraus eine Abfuhr der drei Stoffe möglich wäre. Nun soll aber die gemeinsame Ausfällung der durch SiO_2 geschützten Sesquioxyde durch Elektrolyte bewirkt werden, gerade an der Oberfläche ist der Gehalt aber sehr gering, während er in der Tiefe größer sein muß. In der Natur scheinen die Entstehungsbedingungen für die Theorie nicht ohne weiteres gegeben zu sein. Man könnte daran denken, daß die Basen, die bei der Zersetzung pflanzlicher Substanzen frei werden, eine gewisse Wirkung ausüben. Dies kann sich aber nur an der äußersten Oberfläche abspielen. Bei den gewaltigen Mächtigkeiten, in denen Rotlehm aber in den Tropen vorliegt, kann die Einwirkung einer so geringmächtigen Oberflächenschicht gar keine Rolle spielen.

Immerhin gibt es einige Angaben, die auf ähnliche Möglichkeiten hindeuten. Bennett[2] gab z. B. Analysen verschiedener Profile von Mittelamerika. Während im allgemeinen nach der Oberfläche zu die steigende Entbasung deutlich zu beobachten ist, sind aber zwei Profile vorhanden, bei denen tatsächlich an der Oberfläche eine Anreicherung stattfindet. Andere Fälle sind in Zahlentafel 4, S. 378, angeführt. In Zahlentafel 34 hat der Verf. nur die Quotienten der Analyse wiedergegeben. Aus dem Quotienten ki ergibt sich bei dem Profil von Costa Rica deutlich, daß allitischer Rotlehm und in der Tiefe sogar echter Allit vorliegt. Die Basen nehmen (s. Reihe 2) von unten nach oben zu. Zwar ist ihre Menge in dem tiefsten aufgeschlossenen Horizont an sich nur außerordentlich gering, K_2O und Na_2O sind nur in Spuren vorhanden, MgO, K_2O. 1%. (An der starken Entbasung sehen wir deutlich, daß es sich um echte Lateritisierung handelt. Nach dem Quotienten ki scheint es, als ob es sich hier um den höchsten Teil des Zersatzhorizontes handelt.) Nach oben hin nehmen die Basen dauernd zu und erreichen in den unter der Oberfläche befindlichen 25—50 cm den fast achtfachen Wert

Zahlentafel 34. Nach Analysen von Bennett, Soil science 20, 354 (1926).

m	1 ba	2 B bezogen auf Tiefstes	3 ki	4 Sq	5 ki/Sq
		Aragon Clay Costa Rica.			
0—0.28	0.0048	1.4	1.44	1.16	1.24
0.25—0.50	0.026	7.7	1.47	1.19	1.23
.50—1.00	0.019	5.6	1.44	1.16	1.24
1.00—2.30	0.018	5.3	1.18	0.94	1.26
2.30—2.75	0.016	4.7	1.07	0.86	1.24
2.75—3.66	0.017	5.0	1.09	0.89	1.225
3.66—4.12	0.01	2.8	0.36	0.29	1.24
4.12—5.08	0.0028	0.81	0.18	0.14	1.285
11	0.0034	1.0	2.04	1.58	1.29
		Cukra clay Nicaragua.			
0—0.18	0.0485	1.24	2.02	1.40	1.44
0.18—1.50	0.0392	1.00	1.92	1.32	1.45

[1] Vgl. Harrassowitz, 1928.
[2] Bennett: a. a. O., S. 354. 1926.

von dem der Tiefe. Es sind zwar selbst unter Berücksichtigung des Mg nur 0.9%, aber die Anreicherung ist doch unverkennbar. Nur die äußerste Oberfläche macht eine Ausnahme. Hier scheint eine Ausspülung eingetreten zu sein. Bei der aus Laboratoriumsuntersuchungen bekanntgewordenen Empfindlichkeit der Sesquioxyde auf Elektrolyte wäre es nicht ausgeschlossen, daß die REIFENBERGsche Anschauung hier begründet erscheint. In dem kleinen Profil von Nicaragua ist die Zunahme der Basen nur eine sehr geringe. Immerhin deutet sie auf das Bestehen grundsätzlich ähnlicher Erscheinungen hin.

Die Entstehung des Rotlehms aus Siallit scheint dem Verfasser so keine wesentlichen Schwierigkeiten zu bieten, da noch immer genügend SiO_2 vorhanden ist. Soweit noch irgendwelche Basen vorhanden sind, wird SiO_2 immer zur Wanderung kommen. Ist es doch selbst bei Laboratoriumsversuchen schon möglich gewesen, aus Kaolin SiO_2 abzubauen[1]. Soweit es sich nur um den Zersatz als Allit handelt, scheint zunächst eine Schwierigkeit zu bestehen, da nicht genügend Kieselsäure vorhanden wäre. Es ist aber zu berücksichtigen, daß Allit als Zersatz nur selten frei von SiO_2 ist. Verf. weist hier nur auf die Zahlentafeln 20, 21, 22 hin, die Zersatz aus quarzarmen Gesteinen gebildet haben, wo dennoch 2—13% SiO_2 vorhanden sind. Damit dürfte doch wohl SiO_2 in ausreichender Menge vorhanden sein.

Wenn der Rotlehm als solcher vorliegt und über das Stadium des sog. „jüngeren Lehms" mit mehr Basen und unzersetzten Gesteinsstücken in das des „älteren" mit dem Fehlen von frischen Materialien und Gesteinen übergeht, dann fängt allmählich eine Konkretionsbildung an. Sie kann, wie aus Zahlentafel 28 hervorgeht, eintreten, ohne daß der Gesamtgehalt eine besondere Verschiebung erleidet, wie die Horizonte D und E des Profils auf Serpentin, Kuba, zeigen.

Die Wanderung von Fe_2O_3 und Al_2O_3 zur Oberfläche und die Bildung der Anreicherungszone.

Das oberflächliche Kennzeichen der Laterite sind die mächtigen Anreicherungen von Fe_2O_3 und Al_2O_3. Sie lassen sich von der Fleckenzone, in der nur eine Andeutung der Anreicherung stattfindet, bis zu mächtigen Bänken von Eisenstein und Alumogel an der Oberfläche verfolgen. Sie sind das, was in den meisten Fällen als Laterit bezeichnet wird (soweit nicht etwa Rotlehm = Laterit gesetzt war). Wir haben ausführlich dargelegt, daß diese Anreicherungen durch eine Wanderung zur Oberfläche zustande kommen und sich tiefer Verarmungszonen finden. Mit dieser Annahme über die Entstehung der Wanderung befinden wir uns im Einklang mit zahlreichen Autoren. An dieser Stelle sei noch besonders darauf aufmerksam gemacht, daß eine Erklärung der oberflächlichen Anreicherungszone als Rückstand besonders schwierig erscheint, wenn es sich um Profile handelt, bei denen Rotlehm entwickelt ist. Der Rotlehm kann oben an Allit der Anreicherungszone und unten an Allit der Zersatzzone angrenzen. Wenn der Allit der Anreicherungszone Rückstand wäre, dann steht man vor der großen Schwierigkeit, daß oben und unten Abfuhr von SiO_2 stattfindet, in der Mitte aber nicht. Eine Erklärung dafür dürfte sich kaum finden lassen. Daß die Tonerde zur Wanderung kommt, läßt sich schon in tieferen Teilen des Profils beweisen. Schon im Zersatz bilden sich, soweit er allitisch ist, die eigenartigen, zellenkalkähnlichen Gesteine aus, die aus reiner Tonerde bestehen. Die im Rotlehm vorkommenden zerfressenen Stücke von Allit zeigen, daß randlich eine Lösung von Tonerde stattfindet. Entsprechend weisen die Hohlraumerfüllungen von Alliten

---

[1] Vgl. HARRASSOWITZ: Laterit, S. 288. 1926.

mit reinem Hydrargillit auf dieselbe Erscheinung hin. Nachdem die Tonerde zunächst unlöslich ausgefallen war und dadurch die Pseudomorphosen von Feldspat nach Tonerdehydrat entstanden, ist später eine Wanderung eingetreten.

Die allgemeine ursächliche Veranlassung zur Wanderung wird der Wechsel von Regen- und Trockenzeit sein, auf den besonders anschaulich Campbell[1] hingewiesen hat. Der Grundwasserspiegel wechselt stark. In der Regenzeit liegt er der Oberfläche nahe, in manchen Savannengebieten ist die Oberfläche sogar vollständig überflutet. In der Trockenzeit ist der Grundwasserspiegel tief versenkt. Im allgemeinen dürfte das Verhältnis so sein, daß die Zersatzzone sich überwiegend unter dem Grundwasser befindet. Der Grundwasserspiegel stellt also in diesem Gebiet keineswegs die Unterkante der Verwitterung dar. In der Regenzeit werden die Lösungen von der Oberfläche nach unten absteigen und es bilden sich am Plateaurand Quellen aus. In der Trockenzeit wird die Wanderungsrichtung umgekehrt, sie geht zur Oberfläche und die Quellen verschwinden. Wenn daher die Bodenwässer gelöste Stoffe enthalten, so werden sie im Bereich der Oberfläche infolge Verdunsten des Lösungsmittels ausfällen müssen. Da die Basen schon in der Tiefe ausgewaschen sind, können sie nicht mehr bis an die Oberfläche kommen und die einzelnen Stoffe, die allgemein für eine Wanderung in Frage kommen, sind nur noch SiO_2, Al_2O_3 und Fe_2O_3. Es ist dabei zu bemerken, daß trockenere Gebiete in der Nähe der Lateritlandschaft tatsächlich Kalkanreicherung an der Oberfläche zeigen. Dafür sprechen Beobachtungen von Lacroix[2] auf Madagaskar und von Holland in Vorderindien. Holland[3] hob hervor, daß in den Western Ghats auf der Westseite starke, auf der Ostseite aber nur sehr geringe Regenfälle vorkommen und sich oberflächlich Laterit und Kalkkonkretionen einander entsprechen. Er gibt sogar an, daß nach Entfernen des Kalkes aus den Konkretionen Laterit übrigbleibt.

Bei dem Aufsteigen der Lösungen mögen die kapillaren Wirkungen, auf die Eichinger[4] besonders hinwies, sehr wohl eine Rolle spielen. Er hob im Anschluß an Untersuchungen anderer Autoren hervor, daß die positiv geladenen Sole, also die von Eisenhydroxyd und Aluminiumhydroxyd schon durch kapillare Wirkungen ausgefällt werden; das negativ geladene Kieselsäuresol kann aber die Kapillaren des Bodens durchlaufen, ohne ausgefällt zu werden. Das eigenartige physikalische Verhalten der Rotlehme gegenüber dem Wasser (s. oben S. 403) dürfte dabei eine besondere Rolle spielen. Mit Vageler[5] möchte Verfasser annehmen, daß die Ausfällung durch reine kapillare Wirkungen wohl möglich ist und eine sehr fruchtbare Hilfsvorstellung darstellt, aber als einziges Erklärungsprinzip dürfte dies nicht ausreichend sein. Vor allen Dingen muß, was ja auch Eichinger selbst tut, erst klargelegt werden, unter welchen Umständen diese Sole überhaupt entstehen.

Soweit die Anreicherungszone unmittelbar auf Zersatz liegt, wie bei den oben wiedergegebenen Profilen von Vorderindien (Zahlentafel 22 und 23, S. 412), dürfte die Erklärung der Anreicherungszone relativ einfach sein. Verfasser kann sich hier vollständig Vageler[6] anschließen. Bei Abnahme der Wasserstoffionenkonzentration durch zunehmende Entbasung werden die Gele der Sesquioxyde wiederum peptisiert. Nach unten können sie nicht weiter wandern, weil hier die in tieferen Bodenschichten noch vorhandenen Salzreste als „Drosselventil“ wirken und ihr Absickern in tiefere Bodenschichten weitgehend verhindern.

[1] Campbell, J. M.: Geol. Mag. V 9, 47/8 (1922).
[2] Lacroix, A.: a. a. O., S. 148. 1923.   [3] Holland: a. a. O., S. 62. 1903.
[4] Eichinger, A.: Z. Pflanzenernährg usw. 8, 1—13 (1926).
[5] Vageler, P. W. E.: a. a. O., S. 197 (1928).
[6] Vageler, P. W. E.: a. a. O., S. 196. 1928.

Dagegen ist der Aufstieg der Sole nach oben hin ungehemmt. Die Oberflächenschichten sind extrem basenarm. Eine Koagulation erfolgt hier durch die hohe
Temperatur und den Wasserverlust durch Verdunstung. Komplizierte Hilfs-
annahmen sind offenbar nicht nötig. (Zur Vermeidung von Irrtümern sei
hervorgehoben, daß VAGELER diese Erklärung für das Vorkommen der Anreicherungszone auf Rotlehm geltend machen wollte. VAGELER geht dabei offenbar
von der Annahme aus, daß in den lateritischen Rotlehmen keine Kieselsäure mehr
vorhanden ist. Dem Verf. ist aber bisher keine Analyse bekannt geworden, die
darauf hinweist. Es wäre möglich, daß VAGELER als Rotlehm hier einen kreß
gefärbten, krümeligen Zersatz meint, den wir nach unserer Nomenklatur aber
nicht als Rotlehm bezeichnen dürfen.)

Sehr viel schwieriger werden die Verhältnisse, wenn es sich um die Folge
Zersatz—Rotlehm—Anreicherungszone handelt. Nachdem im Rotlehm der
Komplex SiO_2, Al_2O_3, Fe_2O_3 zur Ausfällung gekommen war, kommen die Sesqui-
oxyde wieder zur Wanderung. Sie werden entweder peptisiert oder kommen
molekular dispers zur Lösung. Zur Erklärung dieser Erscheinung ist ein ähnlicher
Gedankengang einzuschlagen, wie er von HARRASSOWITZ[1] schon versucht wurde.
Er deckt sich ziemlich mit den im gleichen Jahre erschienenen Ausführungen
EICHINGERs, die auf Grund dessen Untersuchungen in den Tropen eine genauere
Ausführung erlauben. Versuchen wir uns statistisch in der Natur einen Überblick
darüber zu verschaffen, unter welchen Umständen Fe_2O_3 und Al_2O_3 wandern, so
kann man leicht feststellen, daß dies wesentlich in sauren Lösungen der Fall ist,
während Kieselsäure umgekehrt in alkalischen Lösungen wandert. Das den hier
vorgetragenen Anschauungen zugrunde liegende, sehr ausführliche Material will
der Verf. an dieser Stelle nicht wiedergeben. Man kann eine Reihe Angaben schon
aus CLARKE[2] herausholen. Auch EMMONS[3] und LINDGREN[4] wiesen auf ähnliches
hin. Vor allem kann man zeigen, wie saure Grubenwässer in großer Menge mit Tonerde beladen sind. Hier kommen allerdings Einflüsse von Schwefelsäure in Frage,
die aber, wie oben erwähnt (s. S. 427), wohl nur eine untergeordnete Rolle spielen
werden.

Der Nachweis, daß saure Reaktionen im Lateritgebiet vorkommen, ist
leicht zu führen. Zunächst kann man ohne weiteres aus der durch die Bauschanalyse nachweisbaren Basenarmut im Vergleich mit anderen Böden den Schluß
ziehen, daß saure Reaktionen vorhanden sein müssen. In den zur Verfügung
stehenden Lateritprofilen konnte schon nachgewiesen[5] werden, daß hier Reaktionen von 5—6$^1/_2$ vorhanden waren. BENNETT[6] gab an, daß in den lateritischen
Böden auf Kuba meistens Reaktionen um p_H 6 zu finden sind. Nur in einem Falle
gab er 7.13 an. Die Ursachen der sauren Reaktion liegen einerseits, wie eben erwähnt, in der starken Entbasung, und man könnte versucht sein, schon daraus
unmittelbar den Schluß zu ziehen, daß eine Peptisierung der Sesquioxyde stattfinden könnte. Wir haben aber oben die Basenarmut dafür verantwortlich
gemacht, daß die gemengten SiO_2-, Al_2O_3- und Fe_2O_3-Gele im Rotlehm entstehen.
Der Rotlehm stellt aber nur das Produkt einer Reaktion aus Lösungen dar, und wir
wissen nicht, was in diesen Lösungen unausgefällt zurückgeblieben ist. Es wird möglich sein, daß ein Teil der Sole sich in dem angedeuteten Sinne als verschieden geladen gegenseitig ausfällt, und daß der anders geladene Rest allein weiterwandert.

---

[1] HARRASSOWITZ, H.: a. a. O., S. 359. 1926.
[2] CLARKE: Data of Geochem. U. S. Geol. Surv. Bull. 770 (1924).
[3] EMMONS, W. H.: Enrichment of Ores, S. 480.
[4] LINDGREN, W.: Mineral deposits, 3. Aufl., S. 71. 1928.
[5] HARRASSOWITZ: Laterit, S. 359. 1926.
[6] BENNETT: a. a. O. — BENNET u. ALLISON: S. 81.

Vermutlich werden die von Eichinger[1] entwickelten Umstände noch weiter zur Wanderung beitragen. Aus nördlicheren Breiten wissen wir, daß die Sesquioxyde unter dem Einfluß von Humussäuren wandern, die zudem als Schutzkolloid wirken können. Eichinger hat nun feststellen können, daß dies tatsächlich auch hier der Fall ist. Eine Anhäufung von gesättigtem Humus ist infolge der Basenarmut des Rotlehms nicht möglich. Es wurden von Eichinger drei Rotlehme aus Ost-Usambara untersucht.

1. handelt es sich um einen lateritischen Rotlehm mit kleinen Eisenkonkretionen, auf dem Mais trotz einer Volldüngung nicht hoch kam. 2. handelt es sich um einen älteren Rotlehm mit einer mittleren Fruchtbarkeit, und 3. um einen jüngeren Rotlehm von sehr großem agronomischen Wert. Unzersetzte Gesteinspartikel waren noch vorhanden. Eine Ausschüttelung der Böden mit verdünntem Ammoniak ergab in den Fällen zu 1 und 2 eine tiefdunkelbraune Lösung, im 3. Fall aber nur eine leicht gelbliche Färbung. Damit ist nachgewiesen, daß ungesättigter Humus vorhanden ist, und daß im lateritischen Rotlehm und älterem Rotlehm nicht mehr genügend Basen vorhanden sind, um die Humussäuren zu neutralisieren. Um nun einen Maßstab über die ungefähre Menge an sauren Humuskolloiden zu finden, schlug Eichinger folgenden Weg ein: 50 g des lufttrockenen Bodens wurden mit 100 ccm einer 2proz. Lösung von Natriumazetat 24 Stunden unter öfterem Schütteln stehengelassen. Von dem Filtrat wurden 50 cm^3 mit einer $^1/_{10}$-Normalnatronlauge mit Phenolphtalein als Indikator auf freie Essigsäure titriert. Der Verbrauch der Natronlauge war folgender: lateritischer Rotlehm 7.85 cm^3, älterer Rotlehm 2.35 cm^3, jüngerer Rotlehm 0.40 cm^3. Eichinger hob hervor, daß er eine ganze Menge Roterden in derselben Weise untersucht und überall ähnliche Beziehungen gefunden hätte. Wenn damit nachgewiesen ist, daß neben der sauren Reaktion an sich auch ungesättigter Humus vorhanden ist, so dürfte allgemein die nötige Erklärung für das Wandern der Tonerde gegeben sein.

Unter dem Einfluß der Trockenzeit und der sauren Reaktionen vermuten wir die Wanderung der Sesquioxyde zur Oberfläche. Mit dem Beginn der Trockenzeit muß jeweils ein neues Ausfallen aus den Bodenlösungen einsetzen. (Campbell[2] meinte, daß das Ausfällen der Eisenverbindungen bei hohem Grundwasserstand stattfinde, weil der Sauerstoff der Oberfläche nötig wäre, wenn die Eisenverbindungen als Ferrokarbonat transportiert werden. Bei der von uns vertretenen Erklärungsweise spielt dies aber gar keine Rolle.) Die gelösten Sesquioxyde, denen auch kleine Mengen SiO_2 beigemengt sein können, fallen zuerst, genau wie im Laboratorium, als Gele aus. Vor allem die Tonerde zeigt dann aber die Neigung zur Auskristallisation, und so finden wir den kristallinen Hydrargillit. Allgemein altern die Gele schnell und werden irreversibel, so daß sie an der Oberfläche nicht mehr entfernt werden können. Dazu tritt dann eine allmähliche Entwässerung, die zu geringeren Mengen Tonerdemonohydrat und in großem Maßstab zur Bildung von Eisenoxyd und Magneteisen Veranlassung gibt.

Die Bildung der Anreicherungszone ist demnach mit dem Auftreten der Vegetation verknüpft. Selbst auf sehr nährstoffarmen lateritischen Rotlehmen kann Urwald stocken. Man kann nicht etwa aus dem Auftreten von Urwald an sich auf größeren Nährstoffreichtum schließen. Eichinger[3] hob hervor, wie auffällig es ist, daß auf agronomisch sehr schlechten Böden, auf denen Kulturpflanzen oft gar nicht oder sehr schlecht gedeihen, ein geradezu prächtiger Urwald steht. Wird der Wald abgeholzt, so bildet sich nie wieder Urwald, sondern der Boden

---

[1] Eichinger, A.: a. a. O., S. 9.
[2] Campbell: a. a. O., S. 47.   [3] Eichinger, A.: a. a. O., S. 11.

bedeckt sich mit einer äußerst kümmerlichen Gras- und Buschflora. Die Ursache liegt darin, daß der Urwald nur als historisches Gebilde zu verstehen ist. Die Wurzeln der Bäume gehen in große Tiefe und können aus ihnen noch Nährstoffe herausholen. Durch abfallende Blätter, durch niederbrechende Äste und Stämme werden der Oberfläche immer wieder geringe Mengen von Nährstoffen zugeführt, so daß auch an der Oberfläche eine gewisse Vegetation neu entstehen kann. Die Gele bewirken eine Aufspeicherung. Ist dieser Kreislauf aber gestört, dann kann die gleiche Vegetation höchstens nach sehr langen Zeiten wieder entstehen. EICHINGER wies besonders darauf hin, daß nicht etwa die Abholzung und eine daran anschließende Ausspülung den Boden verändert. Auf einem in Bildung begriffenen Lateritprofil wird ein Urwald sich nur so lange halten können, als die Eisenkruste noch in Bildung begriffen ist. Sowie sie aber zu einer geschlossenen Bodendecke zusammenwächst, ist das Schicksal des Waldes besiegelt, und es entstehen dann vegetationsarme Landschaften, die nur noch dürftige Vegetation tragen.

Im Vorstehenden ist versucht worden, eine Erklärung für die Entstehung des Lateritprofils, als des kompliziertesten Bodenprofils überhaupt, zu geben. Mehr als ein Versuch kann darin nicht erblickt werden. Zunächst muß darauf hingewiesen werden, daß die Vorgänge sich in der Natur nicht so getrennt vollziehen, wie wir dies für die einzelnen Horizonte dargelegt haben, sondern in den verschiedenen Tiefen z. T. gleichmäßiger vor sich gehen. Die verschiedenen Stadien werden sich überdecken und örtlich einen verschiedenen Ablauf haben. Der periodische Wechsel im Auf- und Absteigen von Lösungen wird zunächst eine in einer Richtung laufende Zersetzung wieder verhindern und sie erst nach einer Unterbrechung weiterführen. In den komplizierten Gelstrukturen und deren verschiedenartiger Ausbildung sieht man ohne weiteres schon oft am einzelnen Handstück, wie schwierig die Verhältnisse sind. Was uns vorliegt, sind außerdem immer nur die Reaktionsprodukte, und den eigentlichen Vorgang können wir nicht erfassen. Die ausgesprochene Kolloidnatur der fraglichen Stoffe bedingt, daß die einzelnen Vorgänge von geringen Änderungen der Konzentrations- und Reaktionsintensität abhängen werden. Zudem ist die Kenntnis der kolloiden Sesquioxyde noch keineswegs geklärt. Es wird daher noch lange schwierig bleiben, eine genau zutreffende Erklärung zu finden. Die Bildung der Lateritprofile erstreckt sich sicher über große Zeiträume und ihr Auftreten in den Landschaften mit Abtragungsruhe wird noch auf lange Zeit vieles als rätselhaft erscheinen lassen.

Die Verteilung der wichtigsten Bodentypen in den Tropen.

Einen Überblick über die Verteilung der wichtigsten tropischen Bodentypen gibt Seite 436. Auf ihr ist zum erstenmal ein Versuch über die Verteilung im Zusammenhang mit dem Klima gegeben worden. Die Profile sind nur allgemein maßstäblich zu verstehen. Im Interesse der zeichnerischen Darstellung waren wiederholt Übertreibungen nötig. So konnte das Podsolprofil nicht in seinem richtigen Maßstabe dargestellt werden. In Kürze lassen sich die wichtigsten Bedingungen in folgender Weise zusammenfassen.

In den dauernd feuchten Tropen bildet sich Rohhumus, der zu einem vollständigen Podsolprofil führt. Im Untergrund liegen meist braun oder auch gelb gefärbte Lehme, die durchaus als siallitisch anzusprechen sind. Die Lehme zeichnen sich durch starke Entbasung und Entkieselung aus. Offenbar haben sich kieselsäurearme Allophanoide gebildet. In der Richtung auf den periodisch trockenen Monsunwald hin verschwinden die Podsolprofile und kreß gefärbte Lehme machen sich stärker bemerkbar. An der Oberfläche befindet sich keine

Humusauflagerung, aber eine Bleichzone, die wie in mitteleuropäischen Böden auf einer Ausspülung der Allophanoide beruht. In der Richtung auf die Savannen hin machen sich Eisenanreicherungen immer mehr bemerkbar; sie treten zuerst in der Form von kleinen Konkretionen auf. Beim Betreten des Lateritgebietes macht sich in diesen Konkretionen das Zurücktreten von Kieselsäure bemerkbar und an der Oberfläche reichern sich in dem scharf ausgeprägten Wechsel von Trocken- und Regenzeit Al_2O_3 und Fe_2O_3 an. Fe_2O_3 kann dabei vollständig entwässert werden, und es kann sich sogar Magneteisen bilden. In diesem Gebiet herrscht stärkste Entkieselung. Dies macht sich nicht nur in der oberflächlichen Anreicherungszone bemerkbar, die durch Wanderung von unten nach oben zustandegekommen ist, sondern auch im Untergrund, wo sich allitischer Zersatz des anstehenden Gesteins in großer Mächtigkeit breitmachen kann. Oft liegt die Anreicherungszone unmittelbar auf dem Zersatz oder allitischer Rotlehm kann noch dazwischen liegen. Aller

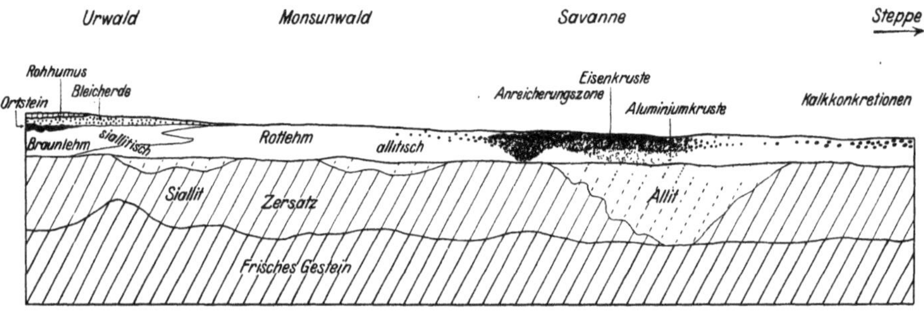

Abb. 42. Schematischer Überblick über die Verteilung der wichtigsten tropischen Bodentypen.

Wahrscheinlichkeit nach bildet sich der allitische Zersatz nicht nur in der Tiefe des Lateritgebietes, sondern auch schon in den feuchteren Gebieten der Tropen. Mit Annäherung an die Steppen verschwindet die Anreicherungszone, da das Klima zu trocken ist, um die Bewegung der Sesquioxyde zu ermöglichen und es finden sich nur noch Kalkkonkretionen mit geringem Eisengehalt. Schließlich verschwinden auch die Rotlehme und es bilden sich die typischen Grauerden der Steppe aus.

5. Wüstenböden und Schutzrinden.

a) Die Wüstenböden.

Von H. MORTENSEN, Göttingen.

Mit 15 Abbildungen.

Einleitung. Begriff der Wüste und des Wüstenbodens.

Wenn wir im folgenden das Wenige, was wir über die Wüstenböden wissen, zusammenfassen wollen, müssen wir uns zunächst darüber klar sein, daß es einen eindeutig definierten Begriff „Wüste" nicht gibt. Nicht nur nach der verschiedenen Betrachtungsweise, z. B. des Botanikers, des Geologen, des Klimatologen, des Anthroprogeographen, gehen die Definitionen auseinander[1], sondern auch nach den verschieden hohen Ansprüchen, die innerhalb der einzelnen Betrachtungsweisen gestellt werden. Am weitesten haben wohl die Nordamerikaner (und auch die Engländer) den Wüstenbegriff gefaßt, indem sie eigentlich alles als Wüste bezeichnen, was wegen zu großer Regenarmut landwirtschaftlich nicht mehr verwertbar ist. Gebiete befinden sich darunter, die von WAIBEL als semiaride Dornstrauchsteppe bezeichnet werden[2]. Ähnlich scheint es nach den vorliegenden Beschreibungen und Abbildungen mit den sog. australischen Wüsten bestellt zu sein, in denen u. a. undurchdringlicher Scrub weite Flächen einnimmt. Einen nicht allzu stark abweichenden Standpunkt vertritt A. SCHULTZ, der aus seiner Kenntnis der asiatischen Wüsten die Grenze der Wüste zur Steppe dort zieht, wo, ohne Rücksicht auf die sonstige Vegetation, der Graswuchs beginnt[3]. In seinen Wüsten gibt es nicht nur Büsche und Bäume, sondern richtige Haine. Etwas anders, aber auch sehr weit, z. T. in Übereinstimmung mit der nordamerikanischen Nomenklatur, faßt KULTIASSOW den Wüstenbegriff auf, wenn er von „Lehmwüsten" spricht, die einen „ununterbrochenen Pflanzenteppich" (Grasdecke!) besitzen[4]. Er beruft sich dabei auf die Definition von KRASSNOW, der zwar baumbestandene Gebiete (abgesehen von Flußufern) aus dem Wüstenbegriff ausscheidet, im übrigen aber alle Gebiete, in denen Getreidebau nur mit künstlicher Bewässerung möglich ist und deren Vegetation auf das Ertragen größter Dürre eingestellt ist, zur Wüste rechnet und von „Steppe" erst dann

---

[1] GRADMANN, R.: Wüste und Steppe. Geogr. Z. **1916**, 417 ff.

[2] WAIBEL, L.: Die Inselberglandschaft von Arizona und Sonora. Sonderband der Ges. Erdkde. Berlin, S. 73. 1928.

[3] Vgl. z. B. A. SCHULTZ: Morphologische Beobachtungen in der östlichen Kara-kum-Wüste (Turkestan) 1927. Z. Geomorph. **3**, 249—294 (1927/28), nebst den dazugehörenden Abbildungen. — Auch auf der Hamburger Naturforscherversammlung 1928 hat SCHULTZ diesen Standpunkt sehr energisch vertreten.

[4] KULTIASSOW, M.: Die vertikalen Vegetationszonen im westlichen Tian-schan. (Aus den Arbeiten des Pedologischen und Geobotanischen Instituts der Mittelasiatischen Universität), S. 59 (Taschkent 1927) (russ.; deutsche Zusammenfassung).

spricht, wenn das Klima Kultur ohne Bewässerung gestattet[1]. Das entgegengesetzte Extrem vertritt Mortensen, der fast nur völlig vegetationslose Gebiete als Wüste aufgefaßt wissen möchte und Gebiete mit merklicher Vegetation nur mit Widerstreben in seine Darstellung der chilenischen Wüste einbezogen hat[2]. Die Atacamawüste (d. i. der südlichste Teil des nordchilenischen Wüstengebietes), deren Zentrum Copiapó noch 1906 von H. Wiszwianski als der Ort mit der kleinsten Niederschlagsmenge von allen Orten der Erde bezeichnet wird[3], wird dementsprechend von Mortensen gerade noch als „Randwüste" bezeichnet[4]. Wenn wir diesen extremen Standpunkt einnehmen wollten, so könnten wir über die Wüstenböden so gut wie nichts aussagen, da wir dann fast alle vorliegenden Beobachtungen und Untersuchungen aus unserer Betrachtung ausscheiden müßten. Immerhin muß festgestellt werden, daß dank fortschreitender Erkenntnis verschiedener Wüstengebiete der Wüstenbegriff im ganzen eine merkliche Einengung erlitten hat. Die Kalahari[5], die man früher als Wüste bezeichnet und gewertet hat, charakterisiert man heute als Buschwald-Salzsteppensandfelder[6], und ebenso sagt Lütgens von der Sahara und Arabien, sie seien überwiegend Salzsteppen[7], was allerdings im Sinne der Ausführungen Gradmanns (s. unten) zu weit gegangen sein dürfte.

Eine mittlere Linie, wie wir sie in den folgenden Betrachtungen ungefähr einnehmen wollen, vertritt Gradmann[8], der als Wüsten klimatisch bedingte Trockengebiete mit sehr geringen (meist weit unter 250 mm bleibenden), episodischen Niederschlägen bezeichnet, in denen eine extrem xerophytisch ausgerüstete Vegetation zwar nicht zu fehlen braucht, aber äußerst lückenhaft ist[9]. Die Beschränkung des Wüstenbodens auf nur völlig vegetationslose Gebiete lehnt er als den tatsächlichen Verhältnissen der meisten Wüsten widersprechend ausdrücklich ab. Die Definition Kaisers, der die extrem ariden Wüstengebiete mit episodischen Niederschlägen den normalariden Gebieten mit periodischen Niederschlägen gegenüberstellt[10], kommt, obwohl sie nicht eigentlich eine Definition ist, sondern nur ein begleitendes Merkmal in den Vordergrund stellt, in der Anwendung ungefähr auf dasselbe heraus. Den beiden zuletzt genannten Begriffsbestimmungen wollen wir uns für die Zwecke vorliegender Arbeit anschließen, ohne uns allerdings unbedingt daran gebunden zu fühlen[11]. Z. B. werden wir die „semiariden"

---

[1] Krassnow, A. N.: Die Grassteppen der nördlichen Halbkugel. 1894. Zitiert nach Kultiassow, M., a. a. O., S. 60.

[2] Mortensen, H.: Der Formenschatz der nordchilenischen Wüste. Ein Beitrag zum Gesetz der Wüstenbildung. Abh. Ges. Wissensch. Göttingen, N. F. 12 I, 149 (1927).

[3] Wiszwianski, H.: Die Faktoren der Wüstenbildung. Veröff. Inst. Meereskde. u. Geogr. Inst. Univ. Berlin, H. 9, 48 (1906).

[4] Mortensen, H.: a. a. O., S. 148.

[5] Passarge, S.: Die Kalahari. Berlin 1904.

[6] Passarge, S.: Vergleichende Landschaftskunde. H. 4: Der heiße Gürtel, S. 146. Berlin 1924.

[7] Lütgens, R.: Allgemeine Wirtschaftsgeographie. Einführung und Grundlagen. S. 29. Breslau 1928.

[8] Gradmann, R.: a. a. O., S. 509.

[9] Nach Gradmann so lückenhaft, daß Steppenbrände keine Verbreitung finden können. Auf die Wiedergabe der Begründung dieser zunächst eigenartig erscheinenden Forderung muß hier verzichtet werden.

[10] Kaiser, E.: Was ist eine Wüste? Mitt. Geogr. Ges. München 1923. — Die Diamantenwüste Südwestafrikas, 1, 35. Berlin 1926.

[11] Bezüglich weiterer Definitionsversuche sei auf die Ausführungen und Literaturangaben in den bisher zitierten Arbeiten verwiesen. — Auch J. Walther (Das Gesetz der Wüstenbildung in Gegenwart und Vorzeit, S. 4ff., Leipzig 1924) und F. Machatschek (Die Oberflächenformen der Binnen- und Hochwüsten. Düsseldorfer geograph. Vortr. u. Erörterungen, Teil 3, S. 79, Breslau 1927) setzen sich mit dem Wüstenbegriff auseinander.

Gebiete wohl doch nicht in dem Umfange in die Betrachtungen einbeziehen, wie es GRADMANN[1] tut[2].

Wie schwer eine lückenlose und befriedigende Definition des Wüstenbegriffs ist, möge man daran erkennen, daß ein so guter Wüstenkenner wie PASSARGE in seiner „Vergleichenden Landschaftskunde"[3] infolge der Schwierigkeiten, die einer exakten Definition im Wege stehen, überhaupt auf eine scharfe Grenzziehung zwischen Wüste und Salzsteppe verzichtet. Soviel ist jedenfalls sicher und bezüglich der morphologischen Auswertung von MORTENSEN sehr energisch betont worden[4], daß Beobachtungen, die in einem sehr weitherzig definierten Wüstengebiet angestellt worden sind, nicht ohne weiteres verglichen werden dürfen mit Feststellungen in anders und enger definierten Wüsten oder etwa gar zur Widerlegung solcher Feststellungen herangezogen werden dürfen. Das ist auch der Grund, weshalb der Verfasser sich trotz aller Bedenken für eine der vorliegenden Wüstendefinitionen entscheiden mußte.

Leider ist es nicht möglich, in unseren Betrachtungen nur die wirklich wüstenhaften Böden zu berücksichtigen, d. h. nur die Böden, die zweifelsfrei unter wüstenhaften Bedingungen entstanden sind. Wir müßten nämlich in diesem Falle alle diejenigen Böden ausschalten, von denen wir auch nur vermuten, daß ihre Bildung möglicherweise auf ein früheres feuchteres Klima, wie es für viele Wüsten angenommen wird, zurückzuführen sei. Dann würden wir jedoch mangels ausreichender Spezialuntersuchungen jede Grundlage für eine zusammenfassende Darstellung verlieren. So sollen denn unter Wüstenböden diejenigen Böden verstanden werden, die in der heutigen Wüste auftreten, so lange wir nicht mit Bestimmtheit wissen, daß sie unter einem Vorzeitklima entstanden sind.

Für die Wüste mit ihrem besonders großen Anteil an lockeren oder halblockeren Ablagerungen jüngeren und jüngsten Datums ist es wichtig, im Auge zu behalten, daß wir im Sinne der Definition BLANCKs[5] unter Boden nicht etwa jegliches Lockermaterial verstehen dürfen, sondern nur diejenigen Lockergebilde, die an Ort und Stelle durch Verwitterung und ähnliche Vorgänge entstanden sind. Zusammengeschwemmtes oder -gewehtes Material ist nach BLANCK ein Gestein, das erst durch Verwitterung wieder zu Boden werden kann. Die Forderung BLANCKs[6], daß auch organische, in Zersetzung begriffene oder schon zersetzte Bestandteile an der Zusammensetzung des Bodens beteiligt seien, werden wir allerdings für die Wüste mit ihren besonderen biologischen und klimatischen Verhältnissen nicht übernehmen können. Ob alles, was wir als Wüstenböden behandeln wollen, als Träger einer Vegetation dienen kann, wie es BLANCK für den Boden allgemein angibt[7], ist ebenfalls nicht sicher. Hier wie auch weiterhin noch öfter[8] dürfen wir immer nicht vergessen, daß die bei uns üblichen Definitionen sehr stark aus den in unseren und ähnlichen Klimaten bekannten Zuständen entwickelt sind, wobei bestimmte Eigenschaften als zwangsläufige Begleiterscheinung anderer Eigenschaften aufgefaßt werden durften. In Extremgebieten, z. B. in der Wüste, ist diese Parallelität einer Reihe von Eigenschaften nicht mehr überall vorhan-

---

[1] GRADMANN, R.: a. a. O., S. 506, Tabelle.

[2] Der Ausdruck „semiarid" ist im übrigen durch die mancherlei Definitionen des Begriffs „arid" seit einiger Zeit so unscharf geworden, daß wir ihn am besten ganz vermeiden.

[3] PASSARGE, S.: a. a. O., H. 4, S. 102.

[4] MORTENSEN, H.: Der Formenschatz, a. a. O., S. 190f.

[5] Siehe E. HASELHOFF u. E. BLANCK: Lehrbuch der Agrikulturchemie. 3. Teil: Bodenlehre, S. 28f. Berlin 1928.

[6] BLANCK, E.: a. a. O., S. 6.

[7] BLANCK, E.: a. a. O., S. 10f.

[8] Vgl. z. B. unten S. 465 die Ausführungen über den Feingrus und unten S. 475 über den Ton.

den. Wir dürfen dann für solche Gebiete nicht allzu scharf an gegebenen Definitionen festhalten, die den Gesamtkomplex der in unseren Klimaten üblichen Erscheinungen umfassen. Andernfalls müßten wir für derartige Extremgebiete eine völlig neue Nomenklatur schaffen, was natürlich kaum angängig ist. Auch auf die Betrachtung des allochthonen Lockermaterials wollen wir, entgegen der Bodendefinition, nicht ganz verzichten. Denn einmal handelt es sich dabei infolge der überaus weiten Verbreitung jugendlicher Akkumulationen in der Wüste um ein besonders wichtiges und regional-klimatisch bedingtes Ausgangsmaterial für die Bodenbildung, und zum anderen werden wir gelegentlich aus der Beschaffenheit des allochthonen Lockermaterials gewisse Schlüsse auf die Bodenbildung machen können.

Klima der Wüste, Wasserhaushalt, Vegetation usw.

Um ein volles Verständnis für die Bodenbildung zu erhalten, müssen wir zunächst eine kurze landschaftliche Charakterisierung der Wüste, besonders hinsichtlich des Klimas und des Wasserhaushaltes, geben, soweit es sich um bodenkundlich wichtige Tatsachen handelt. Bei dem großen Interesse, dessen sich die Wüste seit langen Jahren bei Forschern der verschiedensten Disziplinen und bei anderen Reisenden erfreut, sind die diesbezüglichen Erkenntnisse zu einem erheblichen Teil fester und unbestrittener Bestand der Wissenschaft geworden und haben ihren Niederschlag in einer Reihe zusammenfassender Darstellungen gefunden. Die überaus weitschichtige Originalliteratur wird daher nur dort von uns herangeholt werden, wo neuartige oder aber strittige Auffassungen behandelt werden. Für die im engeren Sinne bodenkundlichen Fragen bestehen keine maßgeblichen Zusammenfassungen.

Die beherrschende Eigenschaft aller Wüsten ist die Regenarmut. Gradmann nennt als meist bei weitem nicht erreichte Höchstgrenze 250 mm Niederschlag im Jahr[1]. A. Schultz erwähnt für die zentralasiatischen Hochwüsten u. a. 62 mm Niederschlag im Jahr[2], und ähnlich dürften nach den Zusammenstellungen Kaisers[3] die Verhältnisse in der südlichen Namib sein. Fast völlig regenlos sind nach den von Mortensen[4] zusammengestellten Beobachtungen große Teile des chilenischen Wüstengebietes. Knoche hat kürzlich für die „reine Wüste" in Nordchile eine Höchstmenge der jährlichen Niederschläge von 10 mm angegeben[5], wobei er allerdings den Wüstenbegriff enger faßt, als wir es (oben S. 438) tun wollen. Jaeger nennt entsprechend für den vollwüstenhaften Teil der Sahara 100 mm jährlichen Niederschlag als Höchstbetrag[6]. Im übrigen ist nicht die absolute Niederschlagsmenge entscheidend, sondern das Verhältnis von Niederschlagsmenge zur Temperatur. Köppen gibt als Höchstniederschläge für die Wüsten an (bzw. grenzt seinen Wüstenbegriff so ab), daß sie (in Zentimetern gemessen) unter $t + 16^{1}/_{2}$ liegen, wobei t die Zahl der Celsiusgrade der Jahresmitteltemperatur bedeutet[7]. Darin ist allerdings eine so weite Fassung des Wüstenbegriffs einbegriffen, wie wir sie nach dem oben Gesagten für unsere Darlegungen nicht verwenden wollen. So gibt Passarge für die Gegend um Khartum, die bei einer Jahrestemperatur von 28,8° 131 mm Jahresniederschlag

---

[1] Vgl. oben S. 438.

[2] Schultz, A.: Morphologische Probleme der Hochwüsten Zentralasiens. Pet. Mitt. 1924, 168f.

[3] Kaiser, E.: Die Diamantenwüste, a. a. O., S. 172ff.

[4] Mortensen, H.: Der Formenschatz, a. a. O., S. 162ff.

[5] Knoche, W.: Jahres-, Januar- und Juli-Niederschlagskarte der Republik Chile. Z. Ges. Erdkde. Berlin 1929, 211.

[6] Jaeger, F.: Die Gewässer Afrikas. Sonderband Ges. Erdkde. Berlin, S. 164. 1928.

[7] Köppen, W.: Die Klimate der Erde. S. 122. Berlin u. Leipzig 1923.

aufweist, und für die noch trockenere Bajudasteppe an, daß sie Salzsteppencharakter besitzen, und daß dort sogar ein lichter und ziemlich hoher Dornsteppenwald gedeihe[1], daß es sich also auf keinen Fall um eine Wüste handele.

Daß die Niederschläge in der Wüste episodisch und sehr unregelmäßig fallen, ist, wie oben bereits erwähnt, eine sehr wichtige Begleiterscheinung des Wüstenklimas, die jedoch nicht überall erfüllt zu sein braucht. So haben die Gebiete um Copiapó-Coquimbo, die nach dem Landschaftsbilde im Sinne GRADMANNS (und wohl auch KAISERS) unbedingt als Wüste zu bezeichnen sind, zwar stark wechselnde und im ganzen spärliche (Copiapó im Mittel 17,8 mm, Coquimbo im Mittel 133,2 mm jährlich) Niederschläge; diese fallen jedoch ganz periodisch, und zwar handelt es sich um ausgesprochene sommertrockene Gebiete mit Winterregen. Auch KNOCHE[2] erwähnt für Nordchile, südlich des 21. Breitengrades, also für einen noch größeren Teil der chilenischen Wüste, den „höchst ausgeprägten" etesialen Charakter der Niederschläge. Ebenso sollte man die Niederschläge am Pomonahügel in der Namib, die KAISER graphisch darstellt[3], trotz ihrer stark wechselnden Höhe eher als periodische Winterregen, denn als episodisch bezeichnen. Die durchschnittliche Häufigkeit der Niederschläge ist in den verschiedenen Wüsten durchaus verschieden. In der zentralen Sahara sind in 4 Monaten immerhin 11 Regenfälle beobachtet worden[4], was mit den allerdings das gebirgige Tibesti betreffenden Angaben NACHTIGALS über die relative Häufigkeit von Regenfällen und die große Seltenheit absolut regenloser Jahre[5] übereinstimmt. Nach den Messungen in der südlichen Namib scheint es in jedem Jahr ungefähr zwischen 15- und 80mal zu regnen. Die am häufigsten auftretenden Zahlen sind 20—40 Regenfälle im Jahr. MORTENSEN erwähnt für das Zentrum der chilenischen Kernwüste, daß die Regen nur in Jahrzehnten einmal fallen, während in den Randgebieten kaum ein Jahr ohne Regen ist[6]; nur das Küstengebiet unmittelbar bei Arica ist ebenfalls besonders regenarm[7]. Auch in der ägyptischen Wüste südlich der Breite von Minje soll es oft jahrelang überhaupt nicht regnen[8], und ebenso gibt CHUDEAU für die westliche Sahara (In Salah) an, daß es zwischen 1903 und 1913 nur im Jahre 1910 geregnet habe[9]. Über die Stärke der Niederschläge ist aus den meisten Wüsten bekannt, daß sie sehr erheblich sein kann. So ist z. B. in der Sahara ein Niederschlag von 93 mm innerhalb einer Stunde beobachtet worden[10]. Die katastrophalen Wirkungen der seltenen Regen in der Wüste werden oft beschrieben. Man darf aber daneben nicht vergessen, daß auch Regen geringer Intensität keineswegs fehlen, ja in vielen Wüsten sogar die große Mehrzahl der Fälle von Niederschlag auszumachen scheinen. Für die Beurteilung des Wasserhaushaltes im Boden und die damit Hand in Hand gehenden bodenbildenden Vorgänge ist dieser Wechsel seltener starker und häufigerer schwacher Regen wahrscheinlich von größter Bedeutung.

<hr>

[1] PASSARGE, S.: Vergleichende Landschaftskunde. H. 4, a. a. O., S. 101 f.

[2] KNOCHE: Jahres-, Januar- und Juli-Niederschlagskarte, a. a. O., S. 214.

[3] KAISER, E.: Diamantenwüste, a. a. O., 2, 170, Abb. 25.

[4] Vgl. H. WISZWIANSKI: a. a. O., S. 49.

[5] NACHTIGAL, G.: Sahara und Sudan, 1, 411 f. Berlin 1879.

[6] MORTENSEN, H.: Der Formenschatz, a. a. O., S. 162.

[7] KNOCHE, W.: Jahres-, Januar- und Juli-Niederschlagskarte, a. a. O., S. 211; vgl. auch H. MORTENSEN: Der Formenschatz, a. a. O., S. 162.

[8] STROMER, E.: Geographische Beobachtungen in den Wüsten Ägyptens. Mitt. des Ferdinand-von-Richthofen-Tages 1913, Sonderabdruck S. 7. Berlin 1914.

[9] CHUDEAU, R.: Le climat de l'Afrique occidentale et équatoriale. Ann. Géogr. 25, 455 (1916).

[10] CHUDEAU, R.: a. a. O., S. 455.

Über die Bewölkung, die u. a. für die Stärke der Insolation usw. von besonderer Wichtigkeit ist, wissen wir leider nur sehr wenig. Insbesondere liegen kaum exakte Beobachtungen über den jährlichen und täglichen Gang vor[1]. Im allgemeinen kann man sagen, daß geringe Bewölkung eine charakteristische Begleiterscheinung des Wüstenklimas ist[2]. Nur engbegrenzte Wüstengebiete, z. B. manche Teile der Küstenwüsten, scheinen durchschnittlich stärkere Bewölkung aufzuweisen.

Bezüglich der Luftfeuchtigkeit verhalten sich die verschiedenen Wüsten recht verschieden. Nach Zusammenstellungen von H. Wiszwianski[3] sind in den persischen Wüsten etwas über 10 %, in Death Valley etwa 25 %, in der Gobi knapp 30 % und in der nordchilenischen Wüste 30—40 %, gelegentlich aber auch weit darunter beobachtet worden. In der Sahara liegt eine Messung von nur 2 % vor. Chudeau hat sogar so gut wie völlig dampffreie Luft (Dampfdruck 0 mm) in der zentralen Sahara beobachtet[4]. Höhere Werte teilt Mortensen auf Grund der amtlichen Messungen für den südlichen Teil (ca. 60 %) und für den gesamten küstennahen Streifen (60—80 %) der chilenischen Wüste mit.

Die Zahl der Tau- und Nebeltage ist natürlich verschieden je nach den sonstigen Verhältnissen der betreffenden Wüste. Als Extreme seien genannt eine Küstenstation in der Namib mit durchschnittlich 23 Tautagen im Monat[5] und das Innere der chilenischen Kernwüste, wo Tau so gut wie gar nicht aufzutreten scheint[6]. Der Nebel, der ebenso wie der Tau zu einer Durchfeuchtung der Oberfläche führt, fehlt in der Wüste keineswegs. Die Küsten- und Gebirgswüsten sind naturgemäß meist nebelreicher; doch gilt das nicht überall. Die chilenische Wüste, als Ganzes noch als Küstenwüste zu bezeichnen, ist in Teilen des Inneren außerordentlich nebelarm[7]. Von sehr großer Wichtigkeit ist, wie Meinardus mit Recht betont, das Vorhandensein hygroskopischer Salze im Boden, da sie Feuchtigkeitsniederschlag auch dann bewirken können, wenn der eigentliche Taupunkt noch lange nicht erreicht ist. Ganz in Übereinstimmung damit halten hygroskopische Salze an der Oberfläche die Feuchtigkeit besonders lange fest[8].

Sehr wichtig für die Entstehung der Wüstenböden ist wahrscheinlich die Verdunstungshöhe. Sie ist nicht nur von der relativen Feuchtigkeit, von der Bewölkung und der Temperatur abhängig, sondern auch von der Windgeschwindigkeit und dem Luftdruck. Nach den Angaben von H. Wiszwianski[9] dürfte die jährliche Verdunstung in den verschiedenen Wüsten sich ungefähr zwischen 2000 und 3000 mm bewegen. Knoche hat für die chilenische Wüste nach der Bigelowschen Formel Werte zwischen 1000 und über 4000 mm berechnet[10]. Der in den meisten Wüsten sehr große „Austrocknungswert"[11] ist in seiner Bedeutung für

[1] Als Ausnahme sei die chilenische Wüste genannt, über die wir durch die Untersuchungen von W. Knoche (zuletzt: Karten der Januar- und Julibewölkung in Chile, Z. Ges. Erdkde. Berlin 1927, 220ff.) besonders gut unterrichtet sind.

[2] Wiszwianski, H.: Faktoren der Wüstenbildung, a. a. O., S. 40.

[3] Wiszwianski, H.: Faktoren der Wüstenbildung, a. a. O., S. 39f.

[4] Chudeau, R.: a. a. O., S. 450.

[5] Kaiser, E.: Die Diamantenwüste, a. a. O., S. 171; auch weiter im Innern der südlichen Namib sind immer noch 8 Tautage im Monat beobachtet worden (a. a. O.).

[6] Mortensen, H.: Der Formenschatz, a. a. O., S. 173f.

[7] Mortensen, H.: Der Formenschatz, a. a. O., S. 175.

[8] Vgl. dazu die schöne Photographie von W. Wetzel (Die Salzbildungen der chilenischen Wüste. Chem. Erde 3, 380, Abb. 2 [1928]).

[9] Wiszwianski, H.: a. a. O., S. 52ff.

[10] Knoche, W.: Verteilung des Niederschlagsüberschusses bzw. -defizits in Chile. Meteorol. Z. 1923, 343ff.

[11] Knoche, W.: Der „Austrocknungswert" als klimatischer Faktor. Arch. Dtsch. Seewarte 48, 1 (Hamburg 1929).

die wüstenhafte Bodenbildung noch nicht im einzelnen untersucht, wird jedoch bei zukünftigen Spezialuntersuchungen über Wüstenböden herangezogen werden müssen.

Nicht unwichtig ist für alle genannten bodenkundlich wichtigen klimatischen Elemente die Tatsache, daß sie in manchen Wüsten merklichen jahreszeitlichen Schwankungen unterliegen. Es würde hier zu weit führen, die verschiedenen Möglichkeiten zusammenzustellen; es sei nur betont, daß die diesbezüglichen, lokal und regional sehr verschiedenen Verhältnisse bei bodenkundlichen Untersuchungen jeweils in Betracht gezogen werden müssen.

Das Entsprechende gilt für die Temperaturverhältnisse, die in allen Wüsten verschieden sind. In allen Wüsten, mit Ausnahme der Hochwüsten, ist der Sommer recht heiß, und Temperaturen über 40^0, ja über 50^0[1] am Mittag sind keine Seltenheit. In den tropischen Wüsten ist auch der Winter noch warm, während in den dem gemäßigten Klima angehörenden Wüsten Innerasiens die Winter sehr kalt sein können. Temperaturen weit unter 0^0 sind dann die Regel. Allerdings darf man die jährliche Wärmeschwankung auch in den tropischen Wüsten, z. B. in der Sahara, nicht unterschätzen. Sie beträgt nach H. WISZWIANSKI[2] ungefähr 25^0 gegenüber allerdings 40^0 und darüber in Innerasien. Eine ziemlich geringe jährliche Schwankung bei relativ niedriger Jahresmitteltemperatur besitzen die Küstenwüsten, besonders wenn sie durch eine kühle Meeresströmung abgekühlt werden. In den Hochwüsten ist der Sommer nicht warm und der Winter meist sehr kalt. Die tägliche Wärmeschwankung in der Wüste ist sehr groß, allerdings nicht in dem Maße größer als die jährliche Wärmeschwankung, wie man meistens annimmt. Die mittlere tägliche Schwankung beträgt in der Sahara nur ungefähr $15—25^0$. Die absolute tägliche Schwankung ist merklich größer, in der Sahara bis 35^0, in der persischen Wüste sollen sogar ungefähr 50^0 Schwankung an einem Tag gemessen worden sein[3].

Die Temperatur der Bodenoberfläche ist in der Sonne meist merklich höher als die der Luft. Temperaturen des bestrahlten Bodens von ungefähr $60—70^0$ sind häufig gemessen worden, während gleichzeitig die Lufttemperatur im Schatten nur $40—45^0$ betrug[4]. Sogar bis 80^0 Bodentemperatur sind beobachtet worden[5]. Dementsprechend ist die tägliche Schwankung der Bodentemperatur recht erheblich und beträgt bis 55^0[6]. Wichtig ist die Tatsache, daß Wind die Bodentemperatur merklich herabsetzt bzw., genauer gesagt, die Überhitzung des Bodens so gut wie völlig aufhebt. Für die bodenkundliche Ausdeutung der bei Windstille erheblichen Erwärmung des Bodens in der Sonne sind die Beobachtungen WALTHERS[7] zu beachten, der öfters festgestellt hat, daß in Sandboden nur die obersten 10 cm von der Sonne stärker erwärmt werden. Die jährliche Schwankung der Lufttemperatur macht sich natürlich noch wesentlich tiefer im Boden bzw. Fels bemerkbar, allerdings wohl auch im allgemeinen nur bis höchstens 20 m Tiefe[8].

Der Wasserhaushalt der Wüsten entspricht den Niederschlägen. Als Folge der nicht seltenen „Ruckregen" (WALTHER) sind „torrentes", „avenidas" usw., d. h. also katastrophale Wasserfluten, öfter beobachtet worden. Nach kurzem Lauf ist das Wasser teils verdunstet, teils eingesickert, um jedoch

---

[1] Vgl. die Messungen in In Salah (Sahara) in R. CHUDEAU: Le climat de l'Afrique occidentale et équatoriale, a. a. O., S. 431.

[2] WISZWIANSKI, H.: a. a. O., S. 22.

[3] Über die Temperaturverhältnisse der Wüste vgl. neben WISZWIANSKI, H.: a. a. O., S. 21 ff. — W. KÖPPEN: Die Klimate der Erde, a. a. O.

[4] WISZWIANSKI, H.: a. a. O., S. 28 ff.

[5] WALTHER, J.: Gesetz der Wüstenbildung, a. a. O., S. 26.

[6] WALTHER, J.: Gesetz der Wüstenbildung, a. a. O., S. 29.

[7] WALTHER, J.: Gesetz der Wüstenbildung, a. a. O., S. 65.

[8] BRYAN, K.: Erosion and sedimentation in the Papago Country, Arizona. U. S. Geol. Surv., Bull. 730 B, 37 (1922).

häufig schließlich durch die Verdunstung wieder nach oben gezogen zu werden. Es gilt nach dem Vorgange A. Pencks[1] als der entscheidende Unterschied zwischen den ariden und den humiden Gebieten, daß in den ariden Gebieten mit ihrem Niederschlagsdefizit Aufsteigen des Boden- bzw. Grundwassers herrscht, während im humiden Gebiet bekanntlich absteigendes Grundwasser die Regel ist. Die ariden Gebiete gelten dementsprechend als abflußlos. Ganz so einfach sind die Verhältnisse allerdings nicht. Kaiser hat in der Namib kontinuierliche Quellen festgestellt, die zwar sehr schwach sind und nicht einmal zu einem Abfluß führen, nichtsdestoweniger jedoch auf ein ziemlich kontinuierlich absteigendes Grundwasser im benachbarten, extrem ariden Raum schließen lassen[2]. Ein Teil der Salzausblühungen in der Namib wie auch in der nordchilenischen Wüste lassen ebenfalls auf autochthones Grundwasser schließen, das nicht etwa sofort wieder an die Oberfläche gezogen wird, sondern bis zum Austrittsort einen gewissen Weg zurückgelegt hat; ein Überschuß an absteigendem Grundwasser ist für derartige Grundwasseraustritte die Voraussetzung. In der Iquiquewüste (Nordchile) hat Mortensen einige Tage nach einem Regen sogar einen derartigen Sickerwasseraustritt in Form eines deutlich feuchten Streifens am Fuße von Hügeln beobachtet[3]. Auch dort muß in der Nachbarschaft mehr Wasser ab- als aufgestiegen sein. Überdies hat Mortensen auf die Existenz perennierender Süßwasserquellen und perennierenden Abflusses in der chilenischen Hochwüste, also ebenfalls im extrem ariden Gebiet, hingewiesen, womit ebenfalls ein sogar stark absteigender Grundwasserstrom dort erwiesen ist[4]. Auch Jaeger erwähnt, sich auf Canon und Dru stützend, daß in der Sahara durch unmittelbar versickerndes Niederschlagswasser gespeichertes und nicht wieder aufsteigendes Grundwasser auftritt[5]. Im Zusammenhang mit der Tatsache, daß einmal die starken Niederschläge eine andere Grundwasserbewegung bewirken dürften als die ebenfalls auftretenden schwachen Niederschläge, und daß zum anderen die verschiedenen im Grundwasser gelösten Stoffe offenbar verschieden schnell wandern[6], sind diese Abweichungen von dem als allgemeingültig angenommenen Gesetz möglicherweise von größter bodenkundlicher Bedeutung[7].

Daß in manchen Wüsten, besonders wenn sie in der Nachbarschaft feuchterer Gebirgsgegenden liegen, auch allochthones, von den Hochgebieten kommendes Grundwasser eine erhebliche Rolle spielen kann, ist selbstverständlich. Sogar die Oasen der Sahara werden zu einem erheblichen Teil von dem vom Sudan mit seinen größeren Niederschlägen kommenden Grundwasser beliefert, wie John Ball[8] kürzlich zusammenfassend nachgewiesen hat[9].

Die Frage nach dem Auftreten von Vegetation in der Wüste muß natürlich verschieden beantwortet werden, je nach der engeren oder weiteren Fassung des Wüstenbegriffs. In der Wüste unserer Definition ist die Vegetation sehr

---

[1] Penck, A.: Versuch einer Klimaklassifikation auf physiogeographischer Grundlage. Sitzgsber. preuß. Akad. Wiss. 1912, S. 236ff.

[2] Kaiser, E., u. W. Beetz: Die Wassererschließung in der südlichen Namib Südwestafrikas. Z. prakt. Geol. 1919, 165ff., u. E. Kaiser: Die Diamantwüste, a. a. O. 2, S. 199ff., machen sehr interessante und exakte Angaben über das Verhalten des einsickernden Wassers.

[3] Mortensen, H.: Der Formenschatz, a. a. O., S. 140f.

[4] Mortensen, H.: Über den Abfluß in abflußlosen Gebieten und das Klima der Eiszeit in der nordchilenischen Kordillere. Naturwiss. 17, 245f. (1929).

[5] Jaeger, F.: Die Gewässer Afrikas, a. a. O., S. 165f.

[6] Vgl. die unten S. 489 wiedergegebene Beobachtung Wetzels.

[7] Vgl. unten S. 451ff.

[8] Ball, J.: Problems of the Libyan Desert. Geogr. J. 70, 21ff., 105ff., 209ff. (1927). — Vgl. auch F. Jaeger: Gewässer Afrikas, a. a. O., S. 167.

[9] Über das Grundwasser vgl. auch die unten S. 485ff. bei der Betrachtung der Salzkrusten gemachten Ausführungen.

spärlich. Gebiete ganz ohne Vegetation haben gegenüber der Gesamtausdehnung der Wüsten auf der Erde allerdings nur geringe Bedeutung[1]. Nur das nord-chilenische Wüstengebiet ist auf weite Erstreckung pflanzenleer[2]. Bodenkund-lich ist die wüstenhafte Vegetation, meist sehr lückenhaft stehende Zwerg- und Halbsträucher, wohl nur von geringer Bedeutung, wenn zwar sie als Indi-kator für vorangegangene chemische Verwitterung nicht übersehen werden darf.

Die Tierwelt der Wüste hat wohl noch geringere Bedeutung, darf allerdings nicht völlig vernachlässigt werden. Großtiere spielen natürlich nur in den Rand-gebieten eine gewisse Rolle. Von größerer Wichtigkeit sind die in manchen Wüstengebieten massenhaft auftretenden Wühlratten usw. Sie graben ihre Bauten in den lockeren Boden und wühlen ihn dabei um, so daß er den ver-witternden Kräften in ganz besonderer Weise ausgesetzt wird.

Die Bodenbildung durch physikalische Wirkung.

Bei den extremen klimatischen Verhältnissen der Wüste, besonders hin-sichtlich Temperatur, Sonnenbestrahlung und Niederschlagsarmut, ist es nicht verwunderlich, daß die physikalische Verwitterung den Hauptanteil an der Gesteinsaufbereitung trägt. Wir können uns, da die physikalische Verwitterung gesondert an anderer Stelle dieses Werkes behandelt worden ist[3], auf eine kurze Zusammenfassung der bekannten Haupttatsachen beschränken. Auf den ent-stehenden Detritus soll erst unten, bei der speziellen Behandlung der einzelnen auftretenden Wüstenböden (S. 460 ff.), eingegangen werden.

Selbstverständlich ist es die Insolation, die in der Wüste mit ihrem meist heiteren Himmel besonders wirksam ist. Der Boden kann sich bei Tage, besonders bei Windstille, sehr stark erhitzen und kühlt nachts infolge der Ausstrahlung, die infolge der großen Lufttrockenheit meist erheblich ist, stark ab. Der somit immer wiederkehrende Temperaturwechsel bewirkt immer wieder auftretende Spannungen im Gestein nahe der Oberfläche und damit eine allmähliche Locke-rung des Gefüges. Grusiger Zerfall, besonders Abschuppung und schaliges Ab-platzen, sind die Folge. Es ist wahrscheinlich, daß die Lockerung des Gefüges dort am größten ist, wo das Gestein aus Mineralien sehr verschiedener Wärmeleitfähigkeit und -ausdehnung zusammengesetzt ist[4], und wo die einzelnen Gemengteile nicht allzu klein sind. Die geringe Abgrusung, die an den größeren Steinen der chile-nischen Kernwüste bemerkbar ist, ist vielleicht, allerdings sicher nur z. T., darauf zurückzuführen, daß die vielen vulkanischen Gesteine dort starkes Vorwiegen einer homogenen Grundmasse zeigen; allerdings spielen andere Ursachen in noch stärkerem Maße mit. Auf die Wichtigkeit der verschiedenen Farbe der einzelnen Gesteinsgemengteile und die damit verbundene sehr verschiedene Er-wärmung bei direkter Bestrahlung macht WALTHER[5] aufmerksam. Die Wirkung der regelmäßig wiederkehrenden nächtlichen Abkühlung des am Tage überhitzten Bodens kann ersetzt bzw. verstärkt werden durch die abkühlende Wirkung der gelegentlichen Regen. Selbst wenn diese Regen auch meist nicht besonders kalt sind, so sind sie doch wesentlich kühler als der heiße Stein, und, was das Ent-scheidende ist, die Abkühlung geht außerordentlich plötzlich vor sich. Die Kernsprünge (SCHULTZE-JENA), die auch größere Steine fast wie mit einem Messer durchschnitten erscheinen lassen, werden von WALTHER im Anschluß an PECHUEL-LÖSCHE nicht auf die regelmäßige nächtliche Abkühlung zurück-geführt, sondern auf die durch plötzliche Regenfälle bewirkten Temperatur-

[1] GRADMANN, R.: a. a. O., S. 433, 509.
[2] MORTENSEN, H.: Der Formenschatz, a. a. O., S. 187f.
[3] Vgl. Bd. 2.
[4] BRYAN, K.: Erosion and sedimentation. U. S. Geol. Surv., Bull. 730 B, 41 (1922).
[5] WALTHER, J.: Gesetz der Wüstenbildung, a. a. O., S. 159, 267.

stürze[1]. In den Hochwüsten und auch in den Binnenwüsten mit ihren zeitweise (in der Nacht bzw. im Winter) auftretenden negativen Temperaturen und mit ihren winterlichen Schneefällen spielt sicher auch die Frostsprengung eine Rolle. Sie ist, wo die Niederschläge nicht allzu gering sind, relativ größer als in anderen, an sich kälteren Klimaten, weil der Wechsel von Frost und starker Sonnenbestrahlung viel häufiger als in irgendeinem anderen Klima vor sich gehen dürfte.

Eine sehr wichtige Rolle bei der physikalischen Verwitterung spielen auch die Salze, die in den Wüsten in weitester Verbreitung auftreten. Alle Feuchtigkeit, die im Gestein oder im Lockermaterial zirkuliert, ist mit Salzen mehr oder minder angereichert. Kommt es infolge Verdunstung zum Auskristallisieren der Salze, so ist damit eine „Salzsprengung"[2] verbunden, die in ihrer Wirkung der Frostsprengung kalter Gebiete verglichen werden kann. Die Häufigkeit des Wechsels von Durchfeuchtung und Austrocknung, die von der Häufigkeit des Taufalls, der Nebel und der Niederschläge abhängt, ist für das Ausmaß der physikalischen Wirkung der Wüstensalze besonders wichtig. Wahrscheinlich hängt es zu einem erheblichen Teil damit zusammen, daß in der besonders trockenen Kernwüste Nordchiles die Lockerung des Gesteinsgefüges, besonders auch die Abgrusung, kaum zu sehen ist, und man fast immer unverwitterte Gesteinsbruchstücke findet, während in der weniger trockenen Mittelwüste der oberflächliche Zerfall der Steine, die Abgrusung, merklich häufiger zu beobachten ist[3]. Allerdings ist auch die infolge der gleichen klimatischen Verschiedenheiten verschiedene chemische Verwitterung für diese regionalen Unterschiede verantwortlich zu machen (s. unten S. 454). Wetzel[4] hat offenbar die entsprechende Beobachtung bezüglich des Zusammenhanges zwischen feuchterem Klima und Gesteinszerfall gemacht.

Die mechanische Zertrümmerung durch Wind- oder Wasserwirkung darf bekanntlich nicht eigentlich als bodenbildend betrachtet werden. Immerhin sei erwähnt, daß in vielen Wüsten ein merklicher Teil des Lockermateriales, ohne daß es immer unmittelbar bewiesen werden kann, aus auf diese Weise entstandenem Lockermaterial bestehen kann.

Die Bodenbildung durch chemische Verwitterung.

Bei der großen und sofort ins Auge fallenden Wirkung der physikalischen Verwitterung ist es kein Wunder, daß diese lange Zeit insofern überschätzt worden ist, als man nämlich glaubte, sie sei die einzige in der Wüste wirksame gesteinsaufbereitende Kraft. Manches wird auch noch in neuerer Zeit als Wirkung allein der physikalischen Verwitterung bezeichnet, was, wie wir sehen werden, zu einem merklichen Teil der chemischen Verwitterung zuzuschreiben ist, so z. B. die Vergrusung[5]. Die chemische Verwitterung in der Wüste ist in ihren Auswirkungen nicht so auffällig wie die physikalische und ist deshalb zunächst überhaupt nicht beachtet worden. Eine Zusammenstellung und Diskussion der herrschenden oder bis vor kurzem herrschenden Ansichten gibt E. Blanck unter gründlicher Heranziehung der einschlägigen Literatur[6]. Man erkennt aus

---

[1] Walther, J.: Das Gesetz der Wüstenbildung, a. a. O., S. 154.

[2] Passarge, S.: Geologische Beobachtungen in den Tropen und Subtropen. In Keilhack: Lehrbuch der praktischen Geologie, 4. Aufl., S. 267. Stuttgart 1921. — Vgl. auch E. Stromer: Geographische Beobachtungen in den Wüsten Ägyptens, a. a. O., S. 18, und M. Blanckenhorn: Ägypten. Handbuch der regionalen Geologie VII, 9, S. 178 (Heidelberg 1921).

[3] Mortensen, H.: Der Formenschatz, a. a. O., S. 130.

[4] Wetzel, W.: Beiträge zur Erdgeschichte der mittleren Atacama. Pompeckj-Festband. N. Jb. Min. usw. Beilagebd. 58, Abt. B, 571 (1927).

[5] Vgl. unten S. 464.

[6] Abschnitt „Unsere Kenntnisse von der chemischen Verwitterung in der Wüste" aus Blanck-Passarge, Die chemische Verwitterung in der ägyptischen Wüste, S. 27 ff. Hamburg 1925.

dieser Zusammenstellung einmal, daß heute der chemischen Verwitterung im allgemeinen mehr Bedeutung zugemessen wird[1] als früher, und zum anderen, daß ein großer Teil der Ansichten über die chemische Verwitterung mehr oder minder theoretisch abgeleitet ist, nicht aber auf eigentlicher Untersuchung in dieser Richtung basiert ist. Sicher wären wir in der Kenntnis der chemischen Verwitterung in der Wüste wesentlich weiter, wenn weniger Ansichten darüber geäußert und mehr wirkliche Untersuchungen darüber angestellt worden wären. So ist denn leider das wirklich exakte Beobachtungsmaterial, auf das wir uns für die folgenden Ausführungen stützen können, zur Zeit noch so gering, daß ein geschlossenes Bild nicht entwickelt werden kann.

Daß die chemische Verwitterung in der Wüste nicht völlig fehlen kann, ist nach BLANCK zunächst aus dem starken Salzreichtum vieler Wüsten zu erschließen[2]. Die Salze sind in der Form, wie wir sie heute in der Wüste finden, sicher nur zum allergeringsten Teil in den anstehenden Gesteinen vorhanden; chemische Umbildungen irgendwelcher Art sind also erwiesen. Leider können wir aus den fertigen Salzen, wie wir sie, meist erst nach einem gewissen Transportweg, zu Gesicht bekommen, nur in den seltensten Fällen mit einiger Sicherheit Rückschlüsse machen, welcher Art diese zur Salzbildung führenden chemischen Umsetzungen gewesen sind[3]. Ebensowenig ist die Frage, in welcher Weise die chemische Verwitterung von dem Salzvorkommen in der Wüste abhängig ist, völlig geklärt. PASSARGE schreibt den Salzen bei der chemischen Verwitterung, wie sie heute an der Oberfläche zu beobachten ist, die Hauptrolle zu[4] und stellt sich den Vorgang so vor, daß angewehter und in die Gesteinsfalten eingewehter Salzstaub die Zersetzung des Gesteins einleitet, die sich dann selbständig fortsetzt[5]. Das dürfte häufig der Fall sein; doch kann man Sicheres noch nicht sagen. So wichtig die Salze als Bestandteil des Wüstenbodens sind und so sehr sie aus diesem Grunde in unsere bodenkundlichen Betrachtungen hineingehören, so wenig können sie uns somit in der Regel Aufschlüsse über die wirklich bodenbildenden Vorgänge geben. Ein weiterer, unbedingt zwingender Beweis für das Vorhandensein chemischer Verwitterung in der Wüste ist das Vorhandensein von Vegetation, die ohne vorangegangene chemische Verwitterung gar nicht entstehen könnte[6].

Vorhandensein und besonders Umfang der chemischen Verwitterung werden am sichersten festgestellt einmal durch die chemische Analyse mit allen ihren Möglichkeiten der Untersuchung, zum anderen durch die mikroskopische Untersuchung. Letztere erscheint besonders dort verwertbar, wo es sich um positive Angaben über Vorhandensein und Charakter chemischer Verwitterung handelt. Negative Angaben (also Leugnen chemischer Verwitterung) auf Grund mikroskopischer Untersuchungen dürfen jedoch nach dem unten S. 469 Ausgeführten anscheinend nur mit gewisser Vorsicht gemacht werden.

---

[1] Vgl. auch W. PENCK: Die morphologische Analyse, S. 37. Stuttgart 1924.

[2] BLANCK-PASSARGE: a. a. O., S. 32. — E. KAISER: Die Diamantenwüste, a. a. O. 2, S. 283.

[3] Vgl. auch unten S. 480 ff.

[4] Auch STROMER (Geographische Beobachtungen in den Wüsten Ägyptens, a. a. O., S. 17) ist dieser Ansicht und zitiert unter Berufung auf BORCHARDT, FUTTERER u. WALTHER den Ausspruch SCHWEINFURTHS, daß das Salz die „Seele der Wüstenverwitterung" sei. — Vgl. auch W. PENCK (Morphologische Analyse, a. a. O., S. 37), der, sich auf E. KAISER stützend, ebenfalls die lösende bzw. zersetzende Wirkung der im Boden zirkulierenden Salze als wichtig erwähnt.

[5] BLANCK-PASSARGE, a. a. O., S. 12, 15f., 22. — Vgl. auch unten S. 469.

[6] KAISER, E.: Die Diamantenwüste, a. a. O., 2, 245.

Bezüglich der für die chemische Verwitterung maßgebenden Faktoren sei auf die oben S. 440ff. gemachten Ausführungen verwiesen, aus denen erkennbar ist, daß das für die chemische Verwitterung notwendige Wasser (Regen, Schnee, Nebel, Tau usw.) selbst in der trockensten Wüste keineswegs völlig fehlt. Wie stark die in manchen Wüsten doch immerhin nicht allzu seltenen Niederschläge sicherlich den Boden zu durchfeuchten vermögen, ist kürzlich von Saalfeld[1] beobachtet worden. Er hat in der peruanischen Wüste festgestellt, daß Vegetation, die auf Grund gehäufter Regenfälle im Jahre 1925 herausgekommen war, sich, ohne daß weitere Regen gefallen waren, z. T. bis 1928 gehalten hat. Erst innerhalb dreier Jahre war der Boden so völlig trocken geworden, daß die Vegetation nunmehr abstarb. In diesen drei Jahren kann mancherlei chemische Umsetzung im Boden bewirkt worden sein!

An sich sind die die chemische Verwitterung bewirkenden Agentien natürlich nicht gerade sehr bedeutend, und wir würden sie sicher, wie man es früher ja auch dementsprechend getan hat, nicht so stark in Rechnung stellen, wenn wir nicht die Beweise für eine immerhin merkliche chemische Verwitterung in der Wüste haben würden. Daß die chemische Wirkung der absolut recht geringen Feuchtigkeitsmengen so merkbar ist, ist einmal in den hohen Temperaturen begründet, die in der Wüste häufig auftreten, und zum anderen in der sehr wichtigen Tatsache, daß die physikalische Verwitterung der chemischen in so besonderem Maße den Weg bereitet, indem sie eine starke Zerkleinerung der Gesteinspartikelchen bewirkt. Die gelegentlich vorhandene Feuchtigkeit findet somit stets günstige Angriffsflächen. Ohne die starke physikalische Verwitterung würde wohl auch die chemische Verwitterung in der Wüste nicht die Bedeutung erlangen können, die wir ihr nach unserer heutigen Kenntnis zuschreiben müssen.

Als besonders charakteristisch für die chemische Verwitterung in der ägyptischen Wüste wird von Blanck die starke Kieselsäureverarmung der Verwitterungsprodukte angesehen. Bei der Verwitterung der Silikate ist die leichte Zerlegbarkeit der Kalisilikate im Gegensatz zu der relativ schweren Angreifbarkeit der Natronsilikate bemerkenswert[2]. Das Verhältnis von $Al_2O_3 : SiO_2$ liegt bei den 20 von Blanck chemisch untersuchten Böden in 19 Fällen unter 1:3 (nämlich bei 6 Böden unter 1:1, bei 9 Böden unter 1:2, bei 4 Böden unter 1:3), und nur bei einem Boden beträgt es 1:3,6. Das bedeutet, wie Blanck betont, daß in 19 von 20 untersuchten Fällen der Verwitterungsvorgang ein Laterisierungsprozeß gewesen ist, wenn man sich der Interpretierung des Tonerde-Kieselsäure-Wertes nach van Bemmelen anschließt. Wenn man von den 20 Böden die zwei ausschließt, die offensichtlich ohnehin eine nicht wüstenhafte (nämlich vorzeitbedingte) Verwitterung durchgemacht haben, so kommt man sogar dazu, daß von 18 untersuchten Böden alle eine starke Laterisierung durchgemacht haben, indem dann nämlich das Verhältnis $Al_2O_3 : SiO_2$ sich zwischen 1:0,3 und 1:2,2 bewegt. Die Tonerdesilikate haben also offenbar eine sehr starke Aufbereitung erfahren[3]. Blanck hält es infolgedessen für möglich, daß die von ihm untersuchten Böden überhaupt sämtlich nicht unter wüstenhaften, sondern vorzeitlich unter feuchteren Klimabedingungen entstanden sein mögen. Ein „Pluvialklima" mit heftigeren und häufigeren Niederschlägen ist nach Passarge[4] sogar wahrscheinlich; wir brauchen jedoch deswegen noch nicht an ein nicht wüstenhaftes Klima zu

---

[1] Mündliche Mitteilung an den Verfasser.
[2] Blanck-Passarge: a. a. O., S. 103.   [3] Blanck-Passarge: a. a. O., S. 102.
[4] Z. B. S. Passarge: Die Ausgestaltung der Trockenwüsten im heißen Gürtel. Düsseldorfer geographische Vorträge und Erörterungen, Teil 3, S. 60f. Breslau 1927. — Über das Klima der ägyptischen Wüste vgl. auch M. Blanckenhorn: Ägypten, a. a. O., u. E. Stromer: Geographische Beobachtungen in den Wüsten Ägyptens, a. a. O.

denken. Mit BLANCK[1] müssen wir es bedauern, daß die bisher vorliegenden Vergleichsuntersuchungen noch nicht ausreichen, um diese eigentlich grundlegende Frage zu beantworten.

Während, wie dargelegt, BLANCK aus seinen die ägyptische Wüste betreffenden Analysen eine Laterisierung folgert, beschreibt KAISER[2] ausführlich die vorher auch schon von SCHULTZE-Jena beobachtete[3], für die Namib charakteristische Kaolinisierung, die wir im Sinne BLANCKS[4] allerdings neutraler als Tonverwitterung bezeichnen wollen. KAISER erwähnt die „Konvergenz" der Verwitterungserscheinungen, die an den verschiedenen Silikatgesteinen stets nach einem gleichartigen Verwitterungsprodukt hinarbeiten[5].

Parallel mit der Tonverwitterung in der südlichen Namib geht eine starke Kieselsäureanreicherung in den Lockermaterialien und auch im anstehenden Gestein[6]. M. STORZ unterscheidet[7] in Verfeinerung der früheren, grundlegenden Definition KALKOWSKYS[8] neben Kieselsäureneubildungen (Gelite und Kluftausfüllung) drei Arten der „Silicifikation": Verkieselung, Durchkieselung und Einkieselung. „Verkieselung findet dann statt, wenn ein vorhandenes Mineral in seinem physikalisch-chemischen Zustand im Gestein unter gleichzeitigem Hinzutreten von Kieselsäure gestört wird", derart, daß das Material des verkieselten Minerals ganz oder teilweise entführt wird. Bei der Durchkieselung findet eine Durchtränkung fein- und feinstkörniger Gesteine mit zugeführter löslicher Kieselsäure ohne Wegfuhr von Material statt; das Entscheidende ist dabei die geringe Größenordnung der mit Kieselsäure ausgefüllten Poren. Bei der Einkieselung handelt es sich um Ausfüllung vorhandener größerer Hohlräume eines Gesteins oder Gesteinskomplexes; die Kieselsäure kann dabei aus dem Gestein selbst stammen oder zugeführt sein. Die Grenzen der Einkieselung gegen die als Neubildung bezeichnete Gangausfüllung sind fließend und willkürlich.

Die Kieselsäure ist nach den von STORZ bestätigten Feststellungen KAISERS authigen, d. h. sie stammt aus der Verwitterung der anstehenden Kieselsäure führenden Gesteine. Die ausgedehnten Kieselsäureanreicherungen in der Namib sind verständlich, wenn man beachtet, daß, wie STORZ betont[9], bei der Tonverwitterung in den humiden Gebieten — und prinzipiell die gleiche wird ja, wie gesagt, von KAISER in der Namib angenommen — der Orthoklas z. B. $2/_3$ der gesamten Kieselsäure gleich 43 Gewichtsprozent abgibt. Daß es in der Namib zu der starken Kieselsäureanreicherung kommt, liegt in den geringen Wassermengen begründet, die in der Wüste wirksam werden können. STORZ bezeichnet dementsprechend auch die Verwitterung in der Namib nicht eigentlich als Tonverwitterung, sondern als „hydratische" Verwitterung, für die bezeichnend die geringe Menge freier Kieselsäure und die relative Kieselsäureanreicherung sei. Die hydratische Verwitterung sei kennzeichnend für das extrem aride (wüstenhafte) Klima[10].

Diese Ergebnisse von KAISER und STORZ scheinen in vollem Gegensatz zu den Resultaten BLANCKS zu stehen. In Wirklichkeit dürften die Verschiedenheiten zwischen der südafrikanischen Diamantenwüste und der ägyptischen

---

[1] BLANCK-PASSARGE: a. a. O., S. 104; vgl. auch unten S. 451.

[2] KAISER, E.: Die Diamantenwüste, a. a. O., 2, 290 ff.

[3] SCHULTZE, L.-Jena: Aus Namaland und Kalahari, S. 680. Jena 1907.

[4] BLANCK, E., u. E. HASELHOFF: Lehrbuch der Agrikulturchemie, a. a. O., 3, 30.

[5] KAISER, E.: Die Diamantenwüste, a. a. O., 1, 236.

[6] KAISER, E.: Die Diamantenwüste, a. a. O., 2, 297. — Als neueste Arbeit zu diesen Fragen vgl. die das Sammlungsmaterial KAISERS verarbeitende Schrift M. STORZ: Die sekundäre authigene Kieselsäure in ihrer petrogenetisch-geologischen Bedeutung. Berlin 1928.

[7] STORZ, M.: a. a. O., S. 4 ff.   [8] Vgl. S. PASSARGE: Die Kalahari, a. a. O., S. 138.

[9] STORZ, M.: a. a. O., S. 44   [10] STORZ, M.: a. a. O., S. 53 u. Abb. 26 (S. 52).

Wüste nicht so grundsätzlicher Art sein, wie es auf den ersten Anblick scheint. Sehen wir zunächst ab von der sekundären Kieselsäureanreicherung, so haben wir in beiden Wüsten auf jeden Fall eine Zersetzung der Tonerdesilikate unter Abspaltung von Kieselsäure. Der Unterschied zwischen der Tonverwitterung Kaisers und der Laterisierung Blancks ist also, wenn man so will, nur graduell, insofern als die Verwitterung der Tonerdesilikate in der ägyptischen Wüste erheblich weiter fortgeschritten zu sein scheint als in der Namib. Gerade eine solche Möglichkeit wird jedoch von Kaiser, zunächst allerdings wohl nur in beschränktem Umfange, auch für die Namib[1] zugegeben. Er erschließt nämlich die Kaolinisierung (bzw. besser Tonverwitterung) außer aus dem naturgemäß unzuverlässigen makroskopischen Bilde des Verwitterungsproduktes nur aus dem Verhältnis $SiO_2:Al_2O_3:H_2O$, das in den Analysen der Kaolinformel entspräche[2]. Da jedoch ein Zuwandern von Kieselsäure in vielen Fällen sicher ist, so ist nicht immer zweifelsfrei zu entscheiden, ob nur der in der Analyse den Kaolin- bzw. Tonanteil überschreitende Kieselsäureanteil zugewandert ist, oder ob auch noch freie Alumogele neben freier Kieselsäure in den Verwitterungsprodukten vorhanden sind[3]. Für das Verwitterungsprodukt des Amphibolmonchiquits wird die Möglichkeit freier Tonerdehydrate nach Kaisers Analyse XXXIVb ausdrücklich zugegeben[4], und beim Verwitterungsprodukt eines tinguaitischen Ganggesteins wird das sichere Vorhandensein freier Tonerdehydrate sogar besonders betont[5]. Da die Hydrate der Tonerde wesentliche Bestandteile des tropischen Laterits sind[6], so müssen wir nach diesen Angaben Kaisers sowie auch nach der starken Ausscheidung von Kieselsäure eine Laterisierung auch für die Namib zugeben, womit der scheinbare Widerspruch zwischen den Ergebnissen Kaisers und Blancks verschwindet.

Ob, ganz abgesehen von den gemachten Ausführungen, die Tonverwitterung in der Namib so außerordentlich verbreitet ist, wie es Kaiser annimmt, ist übrigens fraglich. Zwar hat Kaiser viel Kaolin beobachtet, und eine starke Verbreitung der diesbezüglichen Verwitterungsprodukte ist somit natürlich nicht zu bezweifeln. Jedoch ist es vorläufig nur eine Hypothese, aus der beobachteten Vergesellschaftung von Ton und Silicifikaten[7] den Schluß zu ziehen[8], daß überall, wo heute Kieselsäureausscheidungen beobachtbar sind, ursprünglich auch Kaolin (bzw. Ton) gewesen sein dürfte und durch die Deflation abtransportiert sei. Im übrigen erwähnt Storz[9], daß bei der Verwitterung der Feldspäte Kaolin und Kieselsäure gerade nicht nebeneinander vorkommen; derartige Fälle seien „außerordentlich selten".

Noch nicht diskutiert haben wir bisher die Verschiedenheiten, die zwischen der sekundären Kieselsäureanreicherung in der Namib und der starken Kieselsäurefortführung in der ägyptischen Wüste bestehen. Auch sie brauchen

---

[1] Kaiser, E.: Die Diamantenwüste, a. a. O. **2**, 291.

[2] Kaiser, E: Die Diamantenwüste, a. a. O. **1**, 245, u. **2**, 291. — M. Storz (Die sekundäre authigene Kieselsäure, a. a. O., S. 58 u. 72 ff.) erwähnt zwar Fälle von Hornblende- und Feldspatverwitterung, wo auch der Dünnschliff das Bild kristallinen Kaolins zeigt. Hier mag es sich jedoch, wahrscheinlich, um eine „säkulare" Verwitterung (E. Blanck im Lehrbuch der Agrikulturchemie, a. a. O. **3**, 31 f.) handeln, die wir nicht als bodenbildend bezeichnen dürfen.

[3] Kaiser, E.: Die Diamantenwüste, a. a. O. **2**, 292.

[4] Kaiser, E.: Die Diamantenwüste, a. a. O. **2**, 291.

[5] Kaiser, E.: a. a. O., S. 293.

[6] Blanck, E.: Lehrbuch der Agrikulturchemie, a. a. O. **3**, 53.

[7] Als Silicifikate bezeichnet Storz (a. a. O., S. 3) Gesteine, die als wesentlichen Gemengteil sekundäre authigene Kieselsäure führen.

[8] Kaiser, E.: Die Diamantenwüste, a. a. O. **2**, 297.

[9] Storz, M.: Die sekundäre authigene Kieselsäure, a. a. O., S. 58.

nicht so grundsätzlich zu sein, wie es auf den ersten Anblick scheint. Übereinstimmend ist in beiden Gebieten die Löslichmachung eines erheblichen Kieselsäureanteils und die Wanderung großer Mengen von Kieselsäure im Boden festgestellt worden, was zu der Angabe STORZ', daß die Kieselsäure zu den leicht wanderungsfähigen Kolloiden gehört[1], durchaus paßt. Während in der ägyptischen Wüste diese Kieselsäure jedoch offenbar weit fortgeführt wird, wie es nach unserer bisherigen Kenntnis mehr den humiden Bedingungen entspricht[2], haben wir in der Namib, entsprechend den aus vielen Wüsten bekannten extrem ariden Bedingungen (interne Wasserführung; Elektrolytreichtum der Verwitterungslösungen), die Tatsache, daß die zunächst disperse Kieselsäure schon sehr bald, wenn nicht unmittelbar nach der Bildung des Kieselsäuresols ausgefällt wird.

Worin nun diese Unterschiede bezüglich Kieselsäureausfuhr einerseits und -ausfällung andererseits in den verschiedenen Wüstengebieten begründet sind, kann vorläufig nicht entschieden werden. Wie erwähnt, hält es BLANCK, ausgehend von den üblichen Vorstellungen über den Wasserhaushalt in der Wüste, für möglich, daß die von ihm untersuchten Böden gar nicht wüstenhaft sind, sondern einer feuchteren Vorzeit zuzuschreiben sind. Sicher erscheint dies jedoch dem Verfasser nicht. Wenn man unsere bisherigen Anschauungen zugrunde legt, müßte man nämlich für die ägyptische Wüste ein sehr humides Vorzeitklima annehmen, wie es nach dem sonstigen Befund wohl kaum wahrscheinlich ist. Eine nur geminderte Aridität reicht nämlich nach den Feststellungen z. B. in der Kalahari, wo PASSARGE erhebliche Kieselsäureanreicherung festgestellt hat[3], nicht aus, um die starke Kieselsäureausfuhr zu erklären, die durch die Analysen BLANCKs erwiesen ist[4]. Aus der feuchteren, d. h. nicht so extrem wüstenhaften Vorzeit wäre somit zwar die sehr starke chemische Verwitterung durchaus erklärbar, nicht aber der eigenartige Verlauf derselben. Ganz geklärt wird das Problem also auch bei Annahme eines weniger extrem ariden Vorzeitklimas für die ägyptische Wüste nicht.

Wir hatten nun oben S. 444 schon ausgeführt, daß die Grundwasserführung in der Wüste nicht so einfach zu sein braucht, wie man es in der Regel annimmt, und daß sie sich keinesfalls auf die allgemeine Formel: aufsteigendes Bodenwasser und interner Wasserhaushalt bringen läßt. Absteigendes Bodenwasser in größerem Maße darf heute für die Wüste nicht mehr geleugnet werden. Wenn nun STORZ in Übereinstimmung mit KAISER[5] sagt, daß das Problem der Kieselsäureanreicherung nur eine Frage des Wasserhaushaltes sei[6], der im Wüstengebiet „intern" sei[7], so brauchen wir, sowie wir nicht mehr unbedingt internen Wasserhaushalt als gültig in allen Wüsten annehmen, die Kieselsäureentführung in der ägyptischen Wüste nicht mehr als unlösbares Rätsel zu betrachten. Vielleicht sind für die Verschiedenheit zwischen ägyptischer und südwestafrikanischer Wüste Klimaunterschiede verantwortlich zu machen, die hier nur angedeutet

---

[1] STORZ, M.: Die sekundäre authigene Kieselsäure, a. a. O., S.133. — Auch PASSARGE betont, daß in der Wüste Kieselsäure „in größtem Umfange" gelöst wird (Kalahari, a. a. O., S. 616).

[2] KAISER, E.: Die Diamantenwüste, a. a. O. 2, 297, Anm. 2. — E. BLANCK: Agrikulturchemie 3, 101.

[3] PASSARGE, S.: Die Kalahari, a. a. O., S. 507 und 621.

[4] Auch nach den in Anlehnung an E. W. HILGARD (Die Böden humider und arider Länder, Internat. Mitt. Bodenkde 1, 415 (1911), und Über den Einfluß des Klimas auf die Bildung und Zusammensetzung des Bodens, WOLLNYS Forschungen auf dem Gebiete der Agrikulturphysik 16, 82. 1893) gemachten Angaben BLANCKS (BLANCK-PASSARGE, Die chemische Verwitterung, a. a. O., S. 100ff.) müßte man die ägyptischen Böden geradezu als „überhumid" bezeichnen.

[5] KAISER, E.: Die Diamantenwüste, a. a. O. 2, 297.

[6] STORZ, M.: Die sekundäre authigene Kieselsäure, a. a. O., S. 53.

[7] STORZ, M.: a. a. O., S. 53; über den Begriff „intern" vgl. Anm. 2 der folgenden Seite.

werden können. In Wüsten, die im ganzen seltene, jedoch überwiegend heftige Niederschläge erhalten, wird wahrscheinlich ein Absickern des Wassers in größere Tiefen eine größere Rolle im Gesamtwasserhaushalt spielen als in Wüsten, die häufigere und dafür schwächere Niederschläge und womöglich gleichzeitig Tau und Nebel erleben. In letzteren wird von der gesamten zur Verfügung stehenden Wassermenge viel mehr an die Oberfläche gezogen als in den Wüsten mit selteneren, aber stärkeren Niederschlägen. Die Namib ist nun nach den Angaben Kaisers[1] eine solche recht feuchte Wüste, in der also infolge häufigen Aufsteigens geringerer Mengen von Bodenwasser bzw. Zurücktretens von absteigendem Bodenwasser eine Kieselsäureanreicherung erwartet werden kann, während in der extremen ägyptischen Wüste, die sich durch Niederschlagsseltenheit und Mangel an Tau und Nebel auszeichnet, die wenigen, aber relativ oft starken Regen eine Kieselsäureentführung bewirken.

Mit dieser Vermutung, die sich den Anschauungen Storz' durchaus einfügt[2], würde der Befund in anderen Wüsten durchaus übereinstimmen. Die Verbreitung von Silicifikaten ist nämlich anscheinend nicht so universell, wie man es erwarten sollte, wenn man die hydratische Verwitterung als ein Erfordernis des extrem ariden Klimas schlechthin auffaßt. Ausgedehnte Kieselsäureanreicherungen sind eigentlich nur in den weniger extremen Wüsten oder gar Halbwüsten beobachtet worden, so außer in der Namib auch in Nordamerika und in der Kalahari. In der nordchilenischen Wüste jedoch, über deren extremes Klima wir besonders gut unterrichtet sind, sind die Kieselsäureanreicherungen in den uns bisher zugänglichen, oberen Bodenhorizonten relativ selten. Storz erwähnt ausdrücklich[3], daß er in dem aus der chilenischen Wüste stammenden Sammlungsmaterial von Professor Klute, Gießen, kaum Vergleichsobjekte für die Silicifikate der Namib finden konnte. Auch von Wetzel[4] sind in Nordchile Kieselsäureausscheidungen nur in sehr geringem Maße beobachtet worden. Nach Wetzel verbleibt die Kieselsäure im heutigen Klima dort ungelöst in den staubigen Zerfallsprodukten der Feldspäte und anderer Silikate[5], eine Auffassung, die allerdings insofern noch nicht gesichert ist, als Wetzel damit eigentlich jede chemische Verwitterung leugnet[6]. Die mangelnde Kieselsäureanreicherung steht auf jeden Fall auch für die chilenische Wüste fest. Wie stark Wetzel die Möglichkeit einer Kieselsäureausscheidung in der heutigen nordchilenischen Kernwüste ablehnt, mag man daran erkennen, daß er fein verteilte Kieselsäure, die er im Anhydrit der Kernwüste findet, und ebenso lokale Kieselsäureausscheidungen an den Hängen der Mittelkordillere als nicht rezent, sondern prärezent bezeichnet[7], sie also auf ein allerdings hypothetisches früher feuchteres Klima zurückführen will.

Zusammenfassend müssen wir es als durchaus möglich erklären, daß die Unterschiede im Verhalten der Kieselsäure in den verschiedenen Wüsten durchaus in Verschiedenheiten des Klimas bedingt sein können. Es können die einen Wüsten (mit häufigerer Feuchtigkeit) sich typisch arid im Sinne unserer bisherigen Anschauungen verhalten, die anderen (in denen vorwiegend stärkere, wenn auch

---

[1] Vgl. oben S. 441 f.

[2] Storz, M.: a. a. O., S. 53: „Reicht der auffallende Niederschlag gerade zur Hydrolyse aus (hydratische Verwitterung), so tritt Zersetzung ohne Fortführung an Stoffen ein, oder letztere erfolgt nur in engster Nachbarschaft der Verwitterungszone, weshalb die Wasserführung als „intern" bezeichnet wurde. Weitere Zunahme der Wassermengen bedingt dann ein Absinken des Wassers durch die Schwerkraft und ein Wandern der Lösungen ..."

[3] Storz, M.: a. a. O., S. 131.

[4] Wetzel, W.: Die Salzbildungen der chilenischen Wüste. Chem. d. Erde 1928, 396 ff.

[5] An anderer Stelle (Erdgeschichte, a. a. O., S. 570) führt Wetzel die fehlende Überführung der Kieselsäure in Solform allerdings weniger auf das Klima als auf die starke Konzentration der im Wüstenschutt zirkulierenden Lösungen zurück.

[6] Vgl. auch unten S. 469.   [7] Wetzel, W.: Die Salzbildungen, a. a. O., S. 397 f.

seltenere Regen wirksam werden) dagegen den humiden Gebieten nahestehen[1]. Die „hydratische" Verwitterung STORZ' ist nach unserer bisherigen Kenntnis nur auf einen Teil der Wüsten beschränkt, und die interessanten Feststellungen KAISERs und STORZ' aus der Namib dürfen vorläufig nicht auf alle Wüsten verallgemeinert werden. Im übrigen darf über all diesen klimatischen Zusammenhängen die Möglichkeit nicht vergessen werden, daß daneben auch die Gesteinsunterschiede wenigstens modifizierend wirken können. Es ist immerhin bemerkenswert, daß STORZ für die Bildung der Silicifikate in der Namib vorwiegend die dortigen sandigen Ablagerungen verantwortlich macht, während er den Eruptivgesteinen eine geringere Rolle zuschreibt[2].

Ein Unterschied in der Zerlegbarkeit der Kali- und der Natronsilikate, wie ihn BLANCK festgestellt hat, wird von KAISER nicht hervorgehoben. Den relativ großen Anteil an Na_2O, den die chemische Analyse in manchen Verwitterungsprodukten zeigt, erklärt KAISER aus dem Zuwandern von Kochsalz[3]. WETZEL erwähnt[4] von der wüstenhaften „Säureverwitterung", daß sie die Alkalifeldspäte schneller angreife als die Kalkalkali- bzw. genauer Kalknatronfeldspäte. BRYAN betont für Arizona die relative Frische der Feldspäte gegenüber der besonders starken chemischen Verwitterung von Hornblende und Biotit. Lösung der glasigen Grundmasse vulkanischer Laven spielt ebenfalls in Arizona eine beträchtliche Rolle[5]. — Auf die Einzelheiten der chemischen Verwitterung soll bei der speziellen Betrachtung der Verwitterungsprodukte eingegangen werden. Soweit die chemische Verwitterung zur Bildung von Wüstensalzen führt, wird sie in dem diesbezüglichen Abschnitt behandelt werden.

Über den Wirkungsbereich chemischer Verwitterung, besonders nach der Tiefe zu, liegen verschiedene Beobachtungen vor. PASSARGE hat in der ägyptischen Wüste festgestellt[6], daß unter Wollsackgranit das anstehende Gestein tiefgehend verwittert ist, z. T. zu Grus und sogar zu Lehm. Die Verwitterung war so allgemein, daß in der dortigen Gegend (östlich der Station Schellal) es nicht möglich ist, einen Steinbruch im gesunden Gestein anlegen zu können, so daß man die von der Tiefenverwitterung noch verschonten intakten Gesteinskerne abbauen muß, um überhaupt Steine für den Bau eines Staudammes zu erhalten. Auch sonst hat er überall unter den Steinen der Hamada eine starke Verwitterung gefunden, die die auf der Oberfläche liegenden Steine von unten her angreift[7]. Die Beobachtungen KAISERs in der Namib stimmen damit gut überein. Auch KAISER beschreibt die tiefgründige chemische Verwitterung von Eruptivgesteinen (an zwei Stellen, wo eine Beobachtung in dieser Richtung möglich war, bis 17 bzw. 26 m Tiefe unter der Oberfläche[8]) und ebenso von Sedimentgesteinen[9]. In Arizona sind Kupfersulfide in 20—150 Fuß Tiefe oxydiert (JORALEMON)[10]. WALTHER hält allerdings die chemische Verwitterung in der Wüste nur für oberflächlich wirksam und will beobachtete Tiefenverwitterung als Vorzeitbildung aufgefaßt wissen[11]. Nach unserer jetzigen Kenntnis ist ein solcher

<hr>

[1] Eine gewisse morphologische Parallele zu solchem Verhalten haben wir in der Tatsache, daß die in den semiariden Gebieten stark formende Wirkung des Wassers, die in der mäßig extremen Wüste gegenüber der Formung durch Wind und Schwerkraft zurücktritt, gegen jede Erwartung in der extremen Wüste wieder sehr stark gegenüber der relativ geringen Windwirkung in den Vordergrund tritt (H. MORTENSEN, Der Formenschatz, a. a. O.).

[2] STORZ, M.: Die sekundäre authigene Kieselsäure, a. a. O., S. 77.

[3] KAISER, E.: Die Diamantenwüste, a. a. O. 2, 291.

[4] WETZEL, W.: Erdgeschichte der mittleren Atakama, a. a. O., S. 570.

[5] BRYAN, K.: Erosion and sedimentation, a. a. O., S. 42.

[6] BLANCK-PASSARGE: a. a. O., S. 10.   [7] BLANCK-PASSARGE: a. a. O., S. 10, 18.

[8] KAISER, E.: Die Diamantenwüste, a. a. O. 2, 285.   [9] KAISER, E.: a. a. O., S. 286.

[10] Zit. in K. BRYAN: Erosion and sedimentation, a. a. O., S. 41.

[11] WALTHER, J.: Das Gesetz der Wüstenbildung, a. a. O., S. 252f.

Schluß kaum erlaubt. Er ist auch nicht mehr innerlich begründet, da nach dem oben S. 444 und S. 451 über das Grundwasser Gesagten die Voraussetzung dafür, nämlich die Annahme Walthers, daß die Wüste nur aufsteigendes Bodenwasser kenne, nicht mehr als zutreffend bezeichnet werden kann. Die weitgehende Verwitterung des lockeren Detritus unter dem Hamadaschutt und der chemische Angriff von unten her auf die halb im Boden steckenden Steine usw. ist ebenfalls von Kaiser beobachtet worden[1].

Eine Verfeinerung dieser übereinstimmenden, auch in anderen Wüsten gelegentlich gemachten Beobachtungen über die chemische Verwitterung ist vielleicht durch die mit den Beobachtungen Wetzels in dieser Beziehung anscheinend übereinstimmenden Feststellungen Mortensens möglich. Mortensen fand nämlich in der chilenischen Kernwüste eine nur sehr geringe chemische Verwitterung des anstehenden Gesteins und der Gesteinsbruchstücke und betont mehrfach die auffallende Intaktheit des Gesteins[2]. Die Beobachtung, daß der Hamadaschutt von unten her angefressen und zu Staub oder sonstigem Feinmaterial zersetzt wird, hat er ebenfalls in der Kernwüste nicht machen können. Dagegen sah er in der merklich weniger extremen Mittelwüste von Tacna die gleiche Verwitterung von unten her, wie Passarge und Kaiser in den von ihnen untersuchten Gebieten. Er hat die Unterschiede der verschiedenen chilenischen Wüstengebiete, die auch in anderer Hinsicht bestehen, auf den mehr oder minder extremen Charakter des Klimas, insbesondere auch auf die verschiedene Verdunstungshöhe zurückgeführt[3]. Da nach den Klimadaten Kaisers die Namib sicher nicht extremer ist als die Tacnawüste, und auch die ägyptische Wüste nicht ganz so extrem zu sein scheint wie die chilenische Kernwüste, so können wir nach unserer bisherigen Kenntnis sagen, daß die Verwitterung des Hamadaschuttes von unten her und auch die sonstige chemische Verwitterung in den mäßig extremen Wüsten relativ hoch ist gegenüber den stark extremen Wüstengebieten.

Auf derartige Unterschiede des Grades der Wüstenhaftigkeit kann man vielleicht auch die Unterschiede der Intensität der Verwitterung in der ägyptischen und in der südwestafrikanischen Wüste zurückführen. Passarge vermutet, wie Kaiser erwähnt[1], zur Erklärung der morphologischen Form der Wannennamib in Südwestafrika für die Namib einen größeren Salzgehalt und aus diesem Grunde stärkere chemische Verwitterung als in der ägyptischen Wüste. Kaiser erhebt dagegen Einspruch und behauptet, daß der Salzgehalt und damit auch die chemische Verwitterung der ägyptischen Wüste offenbar nicht geringer sei als der der Namib[1]. Da nach den Verhältnissen in der chilenischen Wüste jedoch Salzgehalt und chemische Verwitterung keineswegs, wie es in diesem Falle Passarge anscheinend unterstellt, proportional zu sein brauchen, so ist es trotz des Einwandes von Kaiser möglich, daß die Namib eine stärkere chemische Verwitterung aufweist als die ägyptische Wüste, eben weil sie bei sonst gleichen Verhältnissen ein feuchteres Klima, besonders hinsichtlich Nebel- und Taubildung, besitzt. Besonders für die küstennahe Wannennamib dürfte das feuchtere Klima zutreffen[4].

---

[1] Kaiser, E.: Die Diamantenwüste, a. a. O. 2, 287.

[2] Mortensen, H.: Der Formenschatz, a. a. O., S. 22, 52. — Vgl. auch W. Wetzel: Erdgeschichte der mittleren Atakama, a. a. O., S. 571.

[3] Auch Wetzel macht, unabhängig von Mortensen, einen Unterschied zwischen extremer Wüstenverwitterung und feuchterer Verwitterung in der Wüste (vgl. oben S. 446, Anm. 4); doch ist nicht ganz erkennbar, ob er nur an Unterschiede hinsichtlich der physikalischen oder auch der chemischen Verwitterung denkt. Unterschiede der Salzbildungen je nach dem verschieden extremen Charakter sind von Wetzel auf jeden Fall festgestellt worden (Die Salzbildungen, a. a. O., z. B. S. 395), so daß wir die diesbezüglichen Schlüsse Mortensens für die chilenische Wüste als gesichert ansehen dürfen.

[4] Vgl. auch Kaiser, E.: Die Diamantenwüste, a. a. O. 2, 283 f.

Wir haben im vorhergehenden erkannt, daß neben einer sehr starken physikalischen Verwitterung eine immerhin merkliche chemische Verwitterung an der Gesteinsaufbereitung in der Wüste beteiligt ist. Allerdings müssen wir die Einschränkung machen, daß der Ausdruck „sehr stark" nur relativ gemeint ist, nämlich einmal im Verhältnis zur chemischen Verwitterung und zum anderen im Verhältnis zum Abtransport der Verwitterungsprodukte. Absolut genommen geht möglicherweise die Bodenbildung sowohl durch die physikalische als auch durch die chemische Verwitterung in der Wüste recht langsam vor sich. Beide Verwitterungskomponenten sind wohl deshalb der Beobachtung so deutlich zugänglich, weil die abtragenden und umlagernden Kräfte, die in anderen Klimaten zu schnellem Abtransport der Verwitterungsprodukte führen, in der Wüste ungefähr ebenso langsam arbeiten wie die Verwitterung. Solange wir die Geschwindigkeit der Wirkung der abtragenden und umlagernden Kräfte nicht kennen, können wir über das absolute Maß der Verwitterungsgeschwindigkeit keine Aussagen machen[1].

Festhalten müssen wir nur, daß die Verwitterungsgeschwindigkeit in den verschiedenen Wüsten, soweit sie Klimaverschiedenheiten aufweisen, höchstwahrscheinlich nicht die gleiche ist, was sich einmal in der mehr oder minder großen Anhäufung verwitterten Materials ausdrückt, zum anderen aber auch Auswirkungen auf den Charakter der Verwitterungsprodukte und des Ablaufs der Verwitterungsvorgänge haben kann. Es muß, wie nochmals hervorgehoben werden mag, das Fortschreiten der Erkenntnis in stärkstem Maße aufhalten, wenn man immer wieder versucht, in dem einen Wüstengebiet gewonnene Erkenntnisse auf alle anderen Wüsten zu verallgemeinern, nur weil der Sprachgebrauch und das allgemeine Landschaftsbild die betreffenden Gebiete unter dem Ausdruck „Wüste" zusammenzufassen gestattet. Wie man heute in immer stärkerem Maße die „Trockengebiete" in normal aride und extrem aride Gebiete aufteilt und die Unterschiede zwischen ihnen erkennt, so wird man zur Erkenntnis der wüstenhaften Gesetzmäßigkeiten nur kommen, wenn man noch innerhalb des extrem ariden Raumes klimatische Unterschiede gelten läßt und sie jeweils in Rechnung stellt.

Die durch die Verwitterung entstandenen Böden.

a) Geordnet nach den Ausgangsgesteinen.

Da wir die allgemeinen Gesetzmäßigkeiten der wüstenhaften Bodenbildung im Sine der zonalen bzw. regionalen Bodenlehre bei dem augenblicklichen Stand der Forschung noch nicht kennen und auch möglicherweise nie genügend erkennen werden, so müssen wir uns, um eine Übersicht über die entstehenden Böden zu erlangen, zunächst an die Ausgangsgesteine halten und deren Verwitterungsprodukte in jedem Einzelfalle betrachten. Wieweit diese Gesteine, deren Verwitterung uns zufällig bekannt ist, sich nun wirklich typisch verhalten, können wir allerdings leider nicht sagen. Der Charakter der bisher veröffentlichten Untersuchungen bewirkt es, daß wir zunächst besonders den Anteil der chemischen Verwitterung an der Bodenbildung berücksichtigen werden. Eine gewisse Abgrenzung des Anteils physikalischer und chemischer Verwitterung an der Entstehung der Böden wird im folgenden Abschnitt (S. 460 ff.) versucht werden.

Von den Sedimentgesteinen ist uns besonders gut bekannt das Verhalten des Nubischen Sandsteins in der ägyptischen Wüste[2]. Unter dem Hamada-

---

[1] Die wenigen Angaben über die Verwitterung an Bauwerken, deren Entstehung datiert werden kann, geben bisher ebenfalls keinen Anhalt zur Beantwortung dieser Frage. Wichtig, wenn auch nur einen relativ kurzen Zeitraum betreffend, erscheint die Arbeit K. Bryan u. E. C. La Rue: Persistence of features in an arid landscape. The navajo Twins, Utah. The Geogr. Review, XVII, 251—257 (1927).

[2] Blanck-Passarge: Die chemische Verwitterung, a. a. O., S. 17 ff., 61 ff.

schutt desselben befindet sich roter, violetter oder weißer Staub, der z. T. stark mit Salzen durchsetzt ist. Eine gerade beendete Umwandlung von anstehendem Sandstein in Staub konnte beobachtet werden[1]. Die chemische Untersuchung durch E. Blanck bestätigt und ergänzt dieses Bild. Sie zeigt, daß der Staubboden in der Tat aus dem „gelben Sandstein", der als Ausgangsgestein in diesem Falle von Passarge angegeben war, hervorgegangen ist[2]. Obwohl der Bindemittelanteil im Ausgangsgestein relativ gering ist, ist das Aufbereitungsprodukt des Sandsteins reich an nicht aus Quarz bestehenden Anteilen (vgl. die Analyse).

Verwitterung des Nubischen Sandsteins nach Blanck[3].

	Gelbe Sandsteinbruchstücke		Gelber Sand unter 2 mm	
	Gesamtanalyse %	HCl-Auszug %	Gesamtanalyse %	HCl-Auszug %
SiO_2	95,03	—	71,65	—
Laugelösl. SiO_2 . .	—	0,51	—	0,56
HCl-lösl. SiO_2 . .	—	0,20	—	0,37
Ges. lösl. SiO_2 . .	—	0,71	—	0,93
Al_2O_3	0,22	0,06	8,56	6,13
Fe_2O_3	2,13	0,69	5,04	4,97
Mn_3O_4	0,02	0,02	0,21	0,03
CaO	0,56	0,41	4,50	0,44
MgO	0,57	0,19	0,95	0,24
K_2O	0,07	Spur	0,56	0,19
Na_2O	1,23	0,02	2,01	0,74
SO_3	0,20	0,20	0,46	0,46
CO_2	0,17	0,17	2,72	2,72
H_2O bei 100^0 . . .	0,04	0,04	0,97	0,97
Rest d. Glühverl. .	0,47	0,47	2,74	2,74
	100,71		100,37	

Übereinstimmend mit den Ausführungen oben S. 448 ist die Kieselsäure stark herabgedrückt, während alle übrigen Bestandteile, insbesondere Al_2O_3, CO_2, CaO, auch Eisen und K_2O, stark vermehrt sind. Auffallend ist die leichte Löslichkeit der Tonerde. Aus der Analyse in Verbindung und Übereinstimmung mit anderen Analysen ist erkennbar, daß die Löslichmachung der Kieselsäure durch alkalische Verwitterungslösungen bewirkt worden ist. Die Schlämmanalyse bestätigt den Befund der chemischen Analyse — Zurücktreten des Quarzes im Aufbereitungsprodukt — insofern, als sie ebenfalls zeigt, daß, im Gegensatz zu den primären Verwitterungsprodukten der Sandgesteine in unseren gemäßigten Klimabreiten, in der Wüste aus Sandsteinen Bodenbildungen von mehr oder weniger lehmigem Charakter hervorgehen können[4].

Auf die Wiedergabe der Untersuchung der Rindenbildung am Nubischen Sandstein kann hier verzichtet werden. Erwähnt sei nur[5], daß die Zersetzung halb aus dem Boden aufragender Gesteinsstücke in der Tat von unten her vor sich geht in der Form, daß Lösungen im Stein von unten nach oben wandern und oben zur Verkittung und Rindenbildung führen, während der im Boden steckende Gesteinsteil eine Lockerung des Verbandes erleidet. Die in den oberen Gesteinspartien abgeschiedenen Bestandteile stammen offenbar aus dem betreffenden Stein selbst; der Vorgang ist also intern.

Von der Grauwacke beschreibt Passarge die Verwitterung zu Lehm. Insbesondere ein als „Salzlehm" bezeichnetes Gebilde findet sich in weitester Verbreitung unter der Grauwackehamada[6]. Die chemischen Analysen[7] ergeben im

---

[1] Blanck-Passarge: a. a. O., S. 19. [2] a. a. O., S. 70. [3] a. a. O., S. 71.
[4] a. a. O., S. 72. [5] a. a. O., S. 63ff. [6] a. a. O., S. 24f. [7] a. a. O., S. 84f.

wesentlichen dasselbe Bild wie beim Sandstein, wenn zwar die Verhältnisse nicht so durchsichtig sind. Besonders der aus der Grauwacke entstandene Salzlehm ist in mancher Hinsicht noch problematisch.

Kalkmergelverwitterung in der ägyptischen Wüste nach BLANCK[1].

	Schiefriger, fester Anteil uber 2 mm %	Löslich in HCl %	Körniger, weicher Anteil uber 2 mm %	Löslich in HCl %	Anteil unter 2 mm %	Löslich in HCl %	Stärker zersetzt %	Löslich in HCl %
SiO_2	49,54	0,45	37,41	0,56	53,87	0,41	50,08	0,40
TiO_2	0,41	—	0,18	—	0,44	—	0,43	—
Al_2O_3	16,36	2,11	6,81	0,42	13,63	0,47	12,62	0,86
Fe_2O_3	3,75	3,37	6,01	5,54	4,39	3,41	4,74	3,88
Mn_3O_4	0,015	0,015	0,023	0,023	0,045	0,045	0,045	0,045
CaO	4,53	3,46	18,89	15,40	5,53	4,41	6,15	5,27
MgO	1,06	0,14	0,77	0,24	0,80	0,20	0,87	0,27
K_2O	1,16	0,44	1,07	0,23	1,63	0,26	1,90	0,44
Na_2O	5,78	3,39	3,78	1,40	3,68	1,65	4,08	2,53
Cl	1,06	1,06	0,91	0,91	0,56	0,56	0,92	0,92
SO_3	0,25	0,25	10,55	10,55	1,08	1,08	1,69	1,69
P_2O_5	0,79	0,79	0,42	0,42	0,32	0,32	0,54	0,54
Glühverlust .	15,72	—	13,94	—	14,90	—	17,05	—
CO_2	2,08	—	3,44	—	2,67	—	2,88	—
CO_2 aus organ. Substanz . .	—	—	—	—	0,58	—	0,39	—
H_2O bei 105⁰ .	4,15	—	8,25	—	6,42	—	7,15	—
	100,425		100,763		100,875		101,115	

Die Verwitterung des von PASSARGE so bezeichneten eozänen Kalkmergels zeigt, wie es die Analysen erkennen lassen, keinen einheitlichen Verlauf. Der „körnige, weiche Anteil" kann wohl als eine Art Konkretionsbildung, im Sinne einer Verkittung von Verwitterungsbruchstücken durch Gips unbekannter Herkunft, angesehen werden[2]. Bemerkenswert ist der Zuwachs von SiO_2, den die Feinerden erfahren haben, wobei allerdings nicht sichtbar ist, ob es sich um eine absolute oder nur relative Vermehrung des SiO_2 handelt. Aus der Art der Konkretionen und ihrer chemischen Beschaffenheit schließt BLANCK auf einen häufigeren Wechsel auf- und absteigender Bodenwässer[3]. Er schließt deshalb auf nicht rein aride Klimabedingungen zur Zeit der Bildung der Konkretionen. Nach den oben S. 451 f. gemachten Ausführungen brauchen wir heute einen solchen Schluß nicht mehr zu machen, sondern brauchen für die Zeit der Bildung nur etwas weniger extrem aride Bedingungen anzunehmen, wenn nicht etwa gar das von der Norm abweichende Verhalten des Kalkmergels einfach in seinen petrographischen Eigenschaften begründet sein sollte. Wie dem jedoch sei, so ist es im Zusammenhange mit den oben über die Kieselsäureanreicherung gemachten Ausführungen bemerkenswert, daß wir einen Zuwachs an Kieselsäure gerade in den Böden haben, wo wir aus anderen Gründen eine häufigere Durchfeuchtung annehmen müssen.

Die Sedimentgesteine in der Namib verwittern nach KAISER sehr stark, und zwar z. B. die Glimmerschiefer zu einem tonigen Verwitterungsprodukt[4]. Und zwar unterscheiden sich die Verwitterungsprodukte der Sedimentgesteine in der Namib (Tonschiefer, Schiefertone, Phyllite usw.) durch ihren mehr „tonigtalkigen" Charakter von den „reiner kaolinisierten" Verwitterungsprodukten der Eruptiva[5].

<hr>

[1] BLANCK-PASSARGE: a. a. O., S. 88.   [2] a. a. O., S. 89.   [3] a. a. O., S. 89.
[4] KAISER, E.: Die Diamantenwüste, a. a. O. **2**, 285.
[5] KAISER, E.: a. a. O. **1**, 236.

Storz hat festgestellt[1], daß Gneis- und Granitsandsteine, die interner Verwitterung unterliegen, also sich noch im ersten Stadium der Verwitterung befinden, durch Umwandlung eines Teils der Feldspäte in Kaolin mindestens 10 kg Kieselsäure pro Kubikmeter Gestein an die Umgebung abgeben müssen. Quarz und Feldspäte werden im Zusammenhang mit den vor sich gehenden chemischen Umsetzungen im Gestein in feinklastische Bestandteile zerlegt. Verwitterung von $CaCO_3$ zu $CaSO_4$ durch Hinzutreten von H_2SO_4 zu sedimentären Kalken ist von Wetzel in der nordchilenischen Wüste beobachtet worden[2]. In der peruanischen Wüste hat Salfeld u. a. die Verwitterung eines rotbraunen tonigen Schiefers zu tiefgründigem Lehm beobachtet[3].

Von den Massengesteinen sind besonders gründlich untersucht aus der ägyptischen Wüste Granit und Pegmatit. Die Bodenbildung aus einem sedimentären Gneis steht der Verwitterung der beiden genannten Massengesteine so nahe, daß wir sie, übereinstimmend mit Blanck, auch in diesem Zusammenhang behandeln wollen. Von den anderen Massengesteinen der ägyptischen Wüste liegen nur die unmittelbaren Beobachtungen im Gelände, nicht aber chemische Analysen vor.

Für den Granit und die ihm ähnlichen Gesteine ist nach Passarge[4] typisch die teils physikalisch, teils chemisch (insbesondere durch angewehten Salzstaub) bedingte Entstehung von Wollsackformen, Sprüngen, Schalenbildung und die Verwitterung zu Grus oder zu gelblicher und rötlicher, staubig-sandiger Erde. Die Ganggesteine neigen mehr zum Zerfall in eckige Trümmer. Bei den Ganggesteinen hat Passarge die durch eingedrungene Staubmassen eingeleitete chemische Zersetzung gut beobachten können. Bei anderen Massengesteinen (Diabasen und Dioriten) gehen schaliges Abplatzen und Zerfall in eckige Trümmer nebeneinander her. Andere von Passarge beobachtete Gesteine, z. B. der Gneis, zeigen bezüglich des Zerfalles ein deutlich ihrer Struktur angepaßtes Verhalten. Alle Gesteine zeigen übereinstimmend das schon oben erwähnte Verwittern zu Feinboden unter einer Hamadaschuttdecke. Die chemischen Analysen der Granit-, Pegmatit- und Gneis- (Paragneis-) Stufen ergeben in ihrer Zusammenfassung[5] folgendes Bild:

	Granit			Pegmatit				Gneis		
	Frisch	Grus	Fein-erde	Frisch	Zer-setzt	Grus	Fein-erde	Frisch	Zer-setzt	Fein-erde
Absoluter Gehalt an SiO_2 .	66	67	63	76	60	72	59	69	69	50
Löslichkeitsgrad in HCl .	5	$3^1/_2$	6	1	7	1	$6^1/_2$	4	$4^1/_2$	7
Desgl. für Al_2O_3 {	15	20	17	13	14	16	15	16	16	16
	15	7	22	0	28	1	25	17	19	41
Desgl. ,, Fe_2O_3 {	$4^1/_2$	$1^1/_2$	6	1	5	1	5	4	4	9
	67	83	87	30	75	70	69	55	71	50
Desgl. ,, CaO {	3	3	4	1	6	1	6	2	4	10
	22	9	21	1	69	22	63	42	$23^1/_2$	36
Desgl. ,, MgO {	1	1	1	1	2	1	2	1	1	5
	30	27	45	30	28	40	30	57	47	9
Desgl. ,, K_2O {	$5^1/_2$	4	2	4	2	5	2	4	$2^1/_2$	$1^1/_2$
	14	12	39	3	20	20	25	15	$40^1/_2$	71
Desgl. ,, Na_2O {	4	1	4	3	2	4	$2^1/_2$	3	3	2
	5	9	6	5	22	3	16	15	9	$26^1/_2$

---

[1] Storz, M.: Die sekundäre authigene Kieselsäure, a. a. O., S. 75 f.

[2] Vgl. unten S. 481. — Vgl. hierzu E. Blanck u. A. Rieser: Über Verwitterungs- und Umwandlungserscheinungen des eozänen Kalksteins von Heluan in der ägyptischen Wüste. Chem. d. Erde **2**, 489 (1928).

[3] Mündliche Mitteilung an den Verfasser.

[4] Blanck-Passarge: a. a. O., S. 10 ff.   [5] Blanck-Passarge: a. a. O., S. 83.

Bei allen drei Gesteinen zeigt sich die oben bereits diskutierte Abnahme des SiO_2-Gehaltes in der Feinerde und die damit parallel gehende Zunahme der Löslichkeit der Kieselsäure. Es handelt sich, besonders beim Pegmatit, um eine ausgesprochene Feldspatverwitterung. Auswaschungen wie im humiden Gebiet haben — abgesehen von der Kieselsäureverminderung — im Laufe der Verwitterung nicht stattgefunden. Der Verwitterungsvorgang ist im wesentlichen der, daß der bei der Zersetzung des Gesteins weniger in Mitleidenschaft gezogene Gesteinsanteil als Grus übriggeblieben ist, während der chemisch stärker angegriffene Anteil den Staubboden bzw. die Feinerde bildet[1].

Um den Unterschied zwischen der Verwitterung im humiden Gebiet und in der ägyptischen Wüste zu zeigen, stellt BLANCK[2] das Mittel der Verwitterung (vom Anfangs- bis zum Endstadium) von Granit und Pegmatit in der ägyptischen Wüste den von STREMME berechneten Werten der Verwitterung von Granit und Porphyr in den humiden Gebieten (Braunerdeverwitterung) gegenüber:

Verwitterung von Granit und Pegmatit in der ägyptischen Wüste (nach BLANCK).

	SiO_2	Al_2O_3	Fe_2O_3	FeO	CaO	MgO	K_2O	Na_2O	SO_3	CO_2
Frisch bis nahezu frisch	69,2	14,8	0,7	2,0	2,2	0,9	5,3	3,5	0,9	0,1
Verwittert	61,8	16,5	5,1	0,5	4,4	1,5	2,1	3,2	0,6	1,1

Verwitterung von Granit und Porphyr im Braunerdegebiet (nach STREMME).

	SiO_2	Al_2O_3	Fe_2O_3	CaO	MgO	K_2O	Na_2O
Unverwittert .	74,4	14,0	1,75	1,0	0,4	5,2	3,2
Verwittert . .	75,5	14,5	2,5	0,4	0,8	4,5	1,5

Es ergibt sich[3], daß sämtliche Stoffe des Granit-Pegmatits im extrem ariden Gebiet einen erheblichen Zuwachs durch den Verwitterungsvorgang erfahren haben mit Ausnahme der Alkalien, die eine geringe Einbuße erlitten haben[4], und natürlich der SiO_2. Im humiden Gebiet dagegen erleiden CaO und Na_2O eine starke Auswaschung; Al_2O_3 und SiO_2 bleiben nahezu gleich. Das Eisen nimmt im humiden Gebiet längst nicht in dem Maße zu wie im extrem ariden Gebiet; es wird im humiden Gebiet stärker ausgewaschen.

Über die Entstehung der Böden aus den Massengesteinen in der Namib sind wir leider nicht ganz so gut unterrichtet wie gerade über die ägyptische Wüste. Die Analysen KAISERs, an Zahl ohnehin geringer, sind nicht so ins Einzelne gehend, und die ihnen zugrunde liegenden Proben sind anscheinend nicht immer von genau der gleichen Fundstelle, so daß sie ein so geschlossenes Bild wie die Analysen BLANCKs nicht ergeben. Auch die neuerlichen, sehr gründlichen mikroskopischen Untersuchungen von M. STORZ[5] sind für unsere Zwecke nicht immer verwertbar, weil sie vorwiegend mit der Fragestellung: Umwandlung und Verbleib der Kieselsäure in relativ intakten Gesteinen gemacht sind, während uns mehr der weitere Verlauf der Verwitterung bis zur richtigen Bodenbildung interessiert. Immerhin sind selbstverständlich auch die Feststellungen aus der Namib von großem Wert für uns.

Daß aus den Massengesteinen ein tonähnliches Verwitterungsprodukt hervorgeht, wurde bereits oben erwähnt. So hat KAISER beobachtet, daß ein

<hr>

[1] BLANCK-PASSARGE: a. a. O., S. 83f.

[2] BLANCK-PASSARGE: a. a. O., S. 78f.

[3] BLANCK-PASSARGE: a. a. O., S. 79.

[4] Die Einbuße an K_2O ist in Wirklichkeit kleiner, als sie hier erscheint; der weniger stark zersetzte Grus, der hier nicht berücksichtigt ist, zeigt nämlich so gut wie gar keine Verminderung von K_2O (a. a. O., S. 79).

[5] STORZ, M.: Die sekundäre authigene Kieselsäure, a. a. O.

Amphibolmonchiquit tiefgründig in ein weiches, erdiges, hellgraues bis weißliches (bei größerem Eisengehalt gelbliches bis hellbräunliches) Verwitterungsmaterial umgewandelt war[1]. Folgende chemische Analysen gehören dazu:

Verwitterung des Amphibolmonchiquits in der Namib (nach Kaiser[2]).

	SiO_2	TiO_2	P_2O_5	Al_2O_3	Fe_2O_3	FeO	MnO	MgO	CaO	Na_2O	K_2O	H_2O über 110^0	H_2O unter 110^0	Cl in H_2O löslich	Cl in HNO_3 löslich
Frisches Gestein . . .	41,65	2,75	0,51	16,80	3,95	7,70	—	8,70	5,40	3,65	3,00	5,20		—	—
Verwitterte Grundmasse	43,60	5,04	0,15	21,84	3,25	—	—	2,68	2,39	1,75	2,68	14,44	1,79	0,66	0,06

Neben der gewissen Fortführung der Kieselsäure aus der von Kaiser außerdem gesondert untersuchten Hornblende ist, in Übereinstimmung mit den Ergebnissen Blancks, bemerkenswert das auch von Blanck vermutete Auftreten alkalischer Verwitterungslösungen, das aus dem Verhalten von Na und auch von Cl zu erschließen ist[3]. Sehr auffallend ist die starke Auswaschung der meisten anderen Bestandteile; sie sind offenbar in das zirkulierende Bodenwasser übergegangen. Wie oben erwähnt, sind bei der Pegmatit- und auch der Gneis- und Granitverwitterung in der ägyptischen Wüste die Verhältnisse in dieser Beziehung völlig andere. Bei dem von Kaiser ebenfalls gesondert untersuchten Olivin ist zu erwähnen die starke Zuwanderung von Kieselsäure[4]. Die Darstellung der Verwitterung einiger anderer Ganggesteine durch Kaiser zeigt keine grundsätzlichen Abweichungen von dem hier gezeichneten Bilde.

Auf die Verwitterungsvorgänge, die Blanck an den jugendlichen Schotterablagerungen in der ägyptischen Wüste studiert hat[5], brauchen wir in diesem Zusammenhange nicht einzugehen, da es sich hier um sicher fossile, nicht unter wüstenhaften Bedingungen entstandene Böden handelt.

b) Geordnet nach der äußeren Beschaffenheit.

Als eluviale Böden bzw. bodenähnliche Verwitterungsprodukte sind aus den Wüsten bekannt Schutt, Grus, Feingrus, Sand, Staub, Lehm und Ton. Diese Bezeichnungen beziehen sich, entsprechend der Fragestellung dieses Abschnittes, nur auf die äußere Beschaffenheit der Böden. Insbesondere der Begriff „Ton" bezeichnet hier nur die Konsistenz ohne Bezug auf die chemische Zusammensetzung[6]. Schotter und Kiesel brauchen wir hier nicht zu berücksichtigen, da es sich nicht um Böden in unserer eingangs gegebenen Definition handelt.

Der eckige Schutt bildet in gröberer oder etwas feinerer Ausbildung in vielen Wüsten die Oberfläche (Abb. 43, 44, 45); er wird, wenn er eine geschlossene Decke bildet, als Hamada (Abb. 45) bezeichnet. Die Hamada ist wahrscheinlich die verbreitetste, zum mindesten die universellste Oberflächenausbildung der Wüste. Aus allen bisher bekannten Wüstengebieten wird die Hamada wenigstens als lokale Erscheinung beschrieben. Selbstverständlich ist die Hamada in ihrer extremen Form nicht nur ein Produkt der Verwitterung, sondern auch der selektiven Abtragung. Das gleichzeitig mit den größeren Steinen entstehende Feinmaterial wird als leichter beweglich immer wieder entführt, sei es durch Windabhebung[7] oder aber durch oberflächlich abfließendes Wasser.

[1] Kaiser, E.: Die Diamantenwüste, a. a. O. 2, 290.

[2] Kaiser, E.: Die Diamantenwüste, a. a. O. 1, 304, und die dazugehörige Tabelle.

[3] Kaiser, E.: Die Diamantenwüste, a. a. O. 2, 291.

[4] Kaiser, E.: Die Diamantenwüste, a. a. O. 1, 245; 2, 292. — M. Storz (Die sekundäre authigene Kieselsäure, a. a. O., S. 57) will allerdings die Frage, ob die Kieselsäure zugewandert ist oder aus dem Olivin selbst stammt, offen lassen.

[5] Blanck-Passarge: a. a. O., S. 91 ff.

[6] Vgl. dazu unten S. 475.

[7] Walther, J.: Das Gesetz der Wüstenbildung, a. a. O., S. 209.

Der grobe Schutt ist im allgemeinen wohl auf die Wirkung der physikalischen Verwitterung einschließlich der Salzsprengung zurückzuführen. Kern- und

Abb. 43. Schuttwuste am Gipfel des „Langen Heinrich" (Namib; Sudwestafrika). Phot. F. Jaeger.

Trümmersprünge, plattiger Zerfall der Gesteine usw. führen zur Bildung von Schutt. Auch die stellenweise an den einzelnen Gesteinsstücken bemerkbare che-

Abb. 44. Schuttwuste an der Küste nordl. Taltal (Nordchile). Phot. Mortensen und Berninger.

mische Verwitterung ist kein Gegenbeweis, da das gegenüber dem kompakten Anstehenden zerkleinerte Material chemischen Angriffen stärker ausgesetzt sein wird

als das Anstehende selbst. Allerdings darf man die chemischen Einflüsse bei der
Entstehung des Schuttes nicht unterschätzen. An der Entstehung des Wollsack-
granits ist nach Passarge[1] die chemische Verwitterung stark beteiligt; die
gesamte Gesteinsmasse verwittert, während einzelne Gesteinskerne übrigbleiben.
Auch sonst dürften chemisch verwitternde Gesteinspartien vor der endgültigen
Umwandlung zu Feinboden z. T. zunächst in größere Trümmer zerfallen, die
dann als Blockschutt im Landschaftsbilde erscheinen. Auch Kaiser faßt die
Schuttdecke stellenweise als frischere Gesteinskerne auf, die bei der chemischen
Verwitterung erhalten geblieben sind[2]. Besonders ist dafür wichtig die Beob-
achtung Passarges, daß die chemische Verwitterung Sprüngen und anderen
Schwächelinien des Gesteines folgt[3]. Ein Zerfall in mehr oder minder groben Schutt

Abb. 45. Typische Hamada. Schutt verschiedener Korngröße und Grus. Nordchile. Phot. Mortensen u. Berninger.

wird dadurch unbedingt bewirkt. Interessant ist in diesem Zusammenhang der Hinweis Passarges, daß sogar Kernsprünge größeren Ausmaßes im Granit nicht
etwa unbedingt physikalisch bedingt zu sein brauchen, sondern mitunter auf
chemische Wirkungen zurückzuführen sind. Die nachmaligen Kernsprünge sind
z. T. nämlich als Schwächelinien im intakten Gestein vorgezeichnet; dort arbeitet
die chemische Verwitterung besonders stark, das entstehende Feinmaterial wird
entführt, und es entsteht das Bild eines normalen Kernsprunges[3]. Oft wird
man allerdings nach dem Charakter der Bruchfläche entscheiden können, ob
es sich um einen wirklichen, physikalisch bedingten Kernsprung oder um chemisch bewirkten Zerfall handelt.

Im übrigen ist es überhaupt nicht tunlich, die Wirkungen der physikalischen und der chemischen Verwitterung allzu dogmatisch voneinander trennen zu wollen. Wie Passarge mit Recht hervorhebt, arbeiten beide dauernd
Hand in Hand[4]. Es wird sich, auch bei den weiteren Betrachtungen, mehr darum

---

[1] Blanck-Passarge: a. a. O., S. 10.
[2] Kaiser, E.: Die Diamantenwüste, a. a. O. **2**, 286.
[3] Blanck-Passarge: a. a. O., S. 14.
[4] Blanck-Passarge: a. a. O., S. 13, 15, 22.

handeln, ungefähr den Anteil der beiden Verwitterungsarten an der Entstehung des Lockermaterials gegeneinander abzuwägen und so eine Entscheidung über das relative Vorwiegen der einen oder der anderen Komponente zu versuchen. Ganz eindeutige Angaben werden in den seltensten Fällen möglich sein.

Als Grus soll der gegenüber dem Schutt merklich feinere Detritus bezeichnet werden. Er unterscheidet sich vom Sande weniger durch das gröbere Korn als besonders auch dadurch, daß beim Grus die einzelnen Partikelchen nicht wie beim Sande meist gerundet, sondern scharfkantig und splitterig sind. Die verschiedenen Korngrößen kommen in den verschiedensten Mischungen vor; Feingrus und Staub sind dem Grus oft beigemischt. Ebenso findet sich natürlich in dem Grus auch oft gröberer Schutt. Als Beispiel einer solchen Mischung der verschiedensten Korngrößen sei das Ergebnis einer an chilenischem Calicheschutt vorgenommenen mechanischen Analyse WETZELS angeführt[1]. Es handelt sich dabei allerdings um nicht eluviales, sondern zusammengeschwemmtes Material. Bei der Eigenart wüstenhaften Wassertransportes können wir jedoch annehmen, daß die Zusammensetzung dem eluvialen Material einigermaßen ähneln dürfte. WETZEL fand, daß ein mehrere Kilogramm schweres Stück Calicheschutt nach Abzug der Salze aus folgenden Anteilen bestand: 361 g Kies[2] und grobe Trümmer über 3 mm = 9,6 %, 228 g Feinkies[3] (3—1,5 mm) = 6,1 %, 72 g Grobsand (1,5—1,25 mm) = 1,9 %, 694 g mittelgroben Sand (1,25—0,5 mm) = 18,5 %, 826 g Feinsand (unter 0,5 mm) = 22 %, 1570 g Staub und Ton = 41,9 %. Die Endständigkeit der Korngrößenmaxima ist nach WETZEL in der unvollkommenen Sortierung (kurzer, katastrophaler Wassertransport) begründet, würde also demnach als wichtiges Charakteristikum des eluvialen Gruses bzw. Grus-Schutt-Gemisches anzusehen sein, was mit dem Augenschein im Gelände übereinstimmt. Untersuchungen über die Korngröße völlig eluvialen Schuttes wären allerdings noch nötig.

Der Grus in seinen verschiedenen Korngrößen hat zweifellos eine sehr große Verbreitung, wenn auch oft unter Hamadaschutt begraben oder, wie in dem eben angeführten Beispiel, als Beimischung von gröberen Trümmern und Staub. Auch als Oberflächenbildung fehlt er nicht (Abb. 46), wenn er auch zwar in diesem Falle meist ebenso wie der gröbere Schutt seiner feinsten Anteile durch selektive Kräfte beraubt sein dürfte. An manchen Stellen findet man unter einer dünnen Grusdecke denselben Salzlehm bzw. -staub wie unter der eigentlichen Hamada. Der „Steinchenpanzer" MORTENSENS[4] ist eine derartige als Restprodukt selektiver Abtragung zu betrachtende dünne Grusdecke.

Über den Anteil der chemischen und der physikalischen Verwitterung an der Entstehung des eluvialen Gruses besteht noch keine volle Einigkeit. Früher hat man wohl den Grus für eine rein physikalisch bedingte Bildung gehalten, die insbesondere auf Temperaturschwankungen zurückzuführen sei. Die Tatsache, daß der Grus ziemlich genau die Zusammensetzung des noch nicht zerfallenen Gesteines widerspiegelt, gab die Berechtigung dazu. Die Erklärung eines nicht nur äußerlichen grusigen Zerfalls eines Steines aus Temperaturschwankungen ist allerdings in Anbetracht der oben angeführten Beobachtung über das geringe Eindringen von Temperaturschwankungen in das Gestein nicht ganz einfach. Inzwischen haben sich nun die Ansichten verfeinert. Nicht nur, daß man die Bedeutung der Salzsprengung immer mehr erkannte, man hat auch dem chemischen Anteil an der Zergrusung mehr Beachtung geschenkt. PASSARGE führt zwar „feinplat-

---

[1] WETZEL, W.: Beiträge zur Erdgeschichte der mittleren Atacama, a. a. O., S. 567f.
[2] Das Wort Kies soll hier offenbar nur die Korngröße und nicht die Form bezeichnen.
[3] Vgl. Anm. 2.
[4] MORTENSEN, H.: Formenschatz, a. a. O., S. 24.

tiges Abschuppen" und „grusigen Zerfall" bzw. „Abgrusung" als mechanische
Verwitterung an[1], aber er erwähnt gleichzeitig die chemische Zersetzung von
Kristallgrus[2] und beschreibt das Hand-in-Hand-Arbeiten von chemischer und
physikalischer Verwitterung beim grusigen Zerfall des Granits[3]. Aus der Beschreibung des Vorganges erkennt man ganz deutlich, daß der Unterschied zu
Kaiser, der besonders energisch den chemischen Anteil am grusigen Zerfall betont[4], nicht gar so groß ist. Selbstverständlich ist zum grusigen Zerfall, soweit
er durch Salzsprengung und durch chemische Verwitterung bedingt ist, die Anwesenheit von Feuchtigkeit nötig. Die oben bereits erwähnte Beobachtung
Mortensens, daß in der chilenischen Wüste die weniger trockenen Gebiete
ziemlich kräftige Abgrusung und grusigen Zerfall zeigen, während das in den
Kernwüstengebieten nicht der Fall ist, stimmt damit gut überein, ganz gleich,
ob man den mechanischen oder den chemischen Anteil am Gesteinszerfall für

Abb. 46. Dunne Grusdecke uber vulkanischem Ergußgestein. Hochwuste oberhalb Tacna. Phot. Mortensen u. Berninger.

entscheidender hält. Die chemische Analyse bestätigt die über den grusigen
Zerfall im Gelände gemachten Beobachtungen, gestattet allerdings keine un-
bedingte Antwort auf die Frage nach der relativen Größenordnung der chemischen
Verwitterung. Insbesondere aus den Löslichkeitsverhältnissen der Pegmatit-
anteile[5] schließt Blanck, daß bei der Entstehung des Pegmatitgruses nicht nur
mechanischer Zerfall, sondern auch chemischer Eingriff stattgefunden hat. Wie
bereits erwähnt, stellt der Grus den bei der chemischen Verwitterung weniger,
aber doch merklich angegriffenen Gesteinsanteil dar, der Staub bzw. die Feinerde den stärker angegriffenen. Bei dem heutigen Stande unserer Kenntnis ist
das, wie wir unten, bei der Betrachtung des Staubes, noch sehen werden, eins der
wichtigsten überhaupt gefundenen Ergebnisse über die wüstenhafte Bodenbildung[6].
    Dem Grus in seiner Beschaffenheit sehr nahesteht der Feingrus, für den
sicherlich auch die gleichen Bildungsbedingungen vorliegen wie für den Grus.

---

[1] Blanck-Passarge: a. a. O., S. 9.   [2] Blanck-Passarge: a. a. O., S. 10.
[3] Blanck-Passarge: a. a. O., S. 10ff.
[4] Kaiser, E.: Die Diamantenwüste. a. a. O. **2**, 300.
[5] Vgl. die Analysen oben S. 458.
[6] Über die davon abweichenden Anschauungen Wetzels betreffend die Entstehung
von Grus und Feinerde vgl. die unten (S. 469) über die Staubbildung gemachten Ausführungen.

Wenn in unseren Betrachtungen überhaupt ein Unterschied gemacht wird, so ist das nur darin begründet, daß man bisher in den Begriff Grus nicht nur die Beschaffenheit, sondern auch die Korngröße einzubeziehen pflegt, die für die Beurteilung der wüstenhaften Böden zwar weniger wichtig ist, aber zur Vermeidung von Mißverständnissen berücksichtigt werden mußte. Der Feingrus entspricht in seiner mittleren Korngröße dem Sande und dem Grande, unterscheidet sich jedoch von ihm durch seine Beschaffenheit: splitteriger Charakter und Zusammensetzung aus ungefähr den gleichen Bestandteilen wie das anstehende Gestein. Ebenso wie beim Grus ist bezeichnend die Verschiedenheit der Korngrößen, d. h. die Mischung mit Staub, Grus und auch gröberen Gesteinstrümmern (Abb. 47). Es handelt sich um ungefähr das gleiche Gebilde, das WALTHER durchaus plastisch als „Embryonalsand" bezeichnet[1], wobei er offenbar an die nachfolgende Umbildung durch Selektion und Verfrachtung denkt. Für unsere Zwecke ist dieser Ausdruck WALTHERs deshalb nicht empfehlenswert, weil er einmal den nicht überall vorhandenen Durchgangscharakter der Bildung und zum anderen überhaupt die Verwandtschaft zum Sande unserer Definition (vgl. unten) zu stark betont, während vom Standpunkte der Bodenbildung aus die Verwandtschaft mit dem Gruse viel wichtiger ist.

Für den Feingrus gilt genau das gleiche wie für den Grus, nicht nur hinsichtlich der Entstehung, sondern auch hinsichtlich der Verbreitung. Vieles, was in der wissenschaftlichen Literatur und auch in Reisebeschreibungen als „Sand" beschrieben worden ist, ist, sofern man nicht nur die Korngröße als Maßstab ansetzt, in Wirklichkeit Feingrus, wie man immer wieder feststellen kann. Auch der Feingrus behält, wo er an der Oberfläche auftritt, nicht immer seine ursprüngliche Beschaffenheit. Selektive Kräfte, beim Feingrus wohl vorwiegend der Wind, arbeiten an ihm und entführen die feineren Bestandteile, was sich in einer relativen Anreicherung der gröberen Korngrößen und auch in der Änderung der mineralischen Zusammensetzung äußert. WALTHER beschreibt, daß aus seinem aus Granit entstandenen „Embryonalsand" am Ras Muhammed (südliche Sinaiwüste) die einzelnen Teile verschiedener mineralogischer Zusammensetzung ausgeweht werden, so daß ein ziemlich reiner Quarzsand zurückbleibt[2]. Auch KAISER hat die Auswehung der feineren Bodenteilchen aus einem Bodengemisch verschiedener Korngrößen sehr häufig beobachtet[3].

Der Sand ist der Anteil am Wüstenboden, der in weiteren Kreisen wohl als kennzeichnend für die meisten Wüsten angesehen wird. Zu einem erheblichen Teil ist für diese Überschätzung der Bedeutung des Sandes wohl die obenerwähnte Verwechslung bzw. Gleichsetzung mit grusartigen Gebilden, also dem Feingrus, verantwortlich zu machen. Überdies pflegt die ausgesprochene Sandwüste meist einen besonders starken Eindruck auf den Reisenden zu machen, so daß schon aus diesem Grunde die Sandwüsten sich stets besonderer Beachtung und Hervorhebung erfreut haben. In Wirklichkeit ist nur ein verhältnismäßig geringer Teil der bekannten Wüsten als Sandwüste zu bezeichnen. Der Unterschied des Sandes vom Feingrus besteht nach unseren oben gemachten Ausführungen darin, daß der Sand aus mehr oder minder abgerollten oder abgeschliffenen Körnern besteht und nicht aus eckig-splitterigen. Die einheitliche Zusammensetzung und die ungefähre Gleichartigkeit der Korngröße ist dagegen nicht etwa ein Merkmal des Wüstensandes. Gerade die Wüstensande unterscheiden sich von den Sanden unseres Meeresstrandes dadurch, daß sie sich aus den verschiedensten Gemengteilen zusammensetzen können. Unsere Sanddefinition setzt in

---

[1] WALTHER, J.: Das Gesetz der Wüstenbildung, a. a. O., S. 267.
[2] WALTHER, J.: Das Gesetz der Wüstenbildung, a. a. O., S. 267 u. Abb. 123.
[3] KAISER, E.: Die Diamantenwüste, a. a. O. **2**, 221 f.

der Regel voraus, daß der Sand der Wüste in seiner heutigen Form bereits Umlagerung erlebt hat, da er sonst keine Abrollung und Glättung der einzelnen
Körner aufweisen könnte. Das morphologische Bild der ausgesprochenen Sandwüsten (meist Dünen) zwingt zu demselben Schluß[1]. Die Fälle, wo ein Sandstein zu eluvialem Sand verwittert, wo also das Produkt seiner Entstehung
nach als Feingrus, seiner Beschaffenheit nach doch als Sand zu bezeichnen ist,
sind wohl nicht häufig. Daß sie vorkommen, belegen die Beobachtungen
Passarges am Nubischen Sandstein[2].

Da der Sand somit in den meisten Fällen allochthon ist, z. T. sogar von
außen her in die Wüste hineingeweht sein mag, brauchen wir ihn nicht weiter
zu betrachten. Beobachtungen über die Verwitterung bereits zusammengewehten
oder -geschwemmten Sandes unter wüstenhaftem Klima liegen u. W. kaum vor.

Abb. 47. Feingrus-Staub-Ebene östl. Toco (Nordchile). Im Hintergrund Blockschutt. Phot. Mortensen u. Berninger.

Eine Verlehmung zusammengewehten Sandes im Zusammenhang mit Vege-
tationsbedeckung hat A. Schultz in der Kara-kum beobachtet[3]; doch ist es
nach den Ausführungen oben S. 437 nicht sicher, ob es sich wirklich um eine
richtige Wüste handelt. Vielleicht kann man die auf Eisenausscheidung der
einzelnen Quarzkörner beruhende Rotfärbung von Dünen, die Walther beobachtet hat[4], als Andeutung eines bodenbildenden Vorganges bezeichnen, obwohl der eigentliche Bildungsvorgang in die Kategorie der Rindenbildung gehören dürfte.

Bei dem Staub handelt es sich sicher um eins der interessantesten und
entgegen früheren Ansichten am meisten verbreiteten Produkte der Wüsten[5].
Zu einem Teil fällt allerdings der Staub der Deflation anheim und wird aus der
Wüste herausgeweht[6] oder aber wenigstens zu wüstenhaften Staubdünen auf-

---

[1] Machatschek, F.: Die Oberflächenformen der Binnen- und Hochwüsten, a. a. O., S. 84.
[2] Blanck-Passarge: a. a. O., S. 18 f.
[3] Schultz, A.: Morphologische Beobachtungen in der Kara-kum-Wüste, a. a. O., S. 256 f.
[4] Walther, J.: Das Gesetz der Wüstenbildung, a. a. O., S. 266.
[5] Auch Walther (Gesetz der Wüstenbildung, a. a. O., S. 288) hebt die früher über-
sehene Bedeutung des Staubes hervor.
[6] Walther, J.: Das Gesetz der Wüstenbildung, a. a. O., S. 288.

geschüttet. Das gilt jedoch nicht für den gesamten Wüstenstaub. Wie stark
oder schwach man die Deflation auch ansetzt, so ist doch so viel sicher, daß sie
nicht ins Ungemessene wirken kann, sondern lahmgelegt wird, sowie die zurückbleibenden größeren Bodenanteile eine schützende Decke bilden[1]. Unter der
Hamada bleibt der Staub, oft gemischt mit gröberen Anteilen (vgl. oben
S. 463), aber auch völlig rein, erhalten und kann sich neu bilden. Das Bodenprofil: Staub unter Hamada ist sehr häufig[2] (Abb. 48). „Wie auf einem Smyrna-
teppich" (PASSARGE) geht man auf solchem Boden (Abb. 49). Auch WETZEL
hebt die „staubige Verwitterung" in der Wüste hervor[3]. Oberflächliche Decken
eluvialen reinen Staubes, die nicht durch einen Steinpanzer geschützt werden,
sind allerdings wohl selten. Nur in der nordchilenischen Kernwüste kommen

Abb. 48. Salzstaubboden unter Hamada in der ägyptischen Wüste (Fayum). Phot. S. Passarge.

sie in weiter Verbreitung vor (Abb. 51, unten S. 474). Dort wird der Staub vor
dem Angriff des Windes durch eine „Staubhaut" geschützt[4]. Das Bodenprofil ist
derart, daß unter der Schuttdecke sofort der helle Salzstaub folgt oder aber unter
der Schutt- oder Grusdecke bzw. der Staubhaut zunächst grauer Staub (ca.
10—20 cm) folgt, unter dem sich weißer Salzstaub befindet[5].

Vorläufig ist es nicht möglich, den Begriff des Wüstenstaubes genau zu
definieren, zum mindesten nicht hinsichtlich der unteren Grenze der Korngröße.
Die üblichen Definitionen nach der Korngröße[6] wollen wir nicht übernehmen, da
es uns nur auf die Beschaffenheit ankommt, und in der Wüste ganz sicher auch
kleinere Korngrößen als 0,02 mm staubige Beschaffenheit besitzen können.

---

[1] WALTHER, J.: Das Gesetz der Wüstenbildung, a. a. O., S. 209.
[2] PASSARGE, S.: Die Grundlagen der Landschaftskunde 3, 156f. Hamburg 1920.
[3] WETZEL, W.: Beiträge zur Erdgeschichte, a. a. O., S. 568.
[4] MORTENSEN, H.: Der Formenschatz, a. a. O., S. 24ff.
[5] Vgl. H. MORTENSEN: Der Formenschatz, a. a. O., S. 24ff. und die dazugehörigen
Figuren.
[6] Vgl. z. B. S. PASSARGE: Grundlagen der Landschaftskunde, a. a. O. 3, 141: „Staub:
0,2—0,02 mm".

Auch nach oben ist die Grenze nicht ganz einfach zu ziehen, wenn man sich an das hält, was der Feldbeobachter als Staub bezeichnet. Bildungen, die von Passarge als „Staubböden" bezeichnet worden sind, bestanden, nachdem bereits ca. 25% Anteile über 2 mm von vornherein abgetrennt worden waren, nach der Schlämmanalyse immer noch fast $2/_3$ aus Anteilen zwischen 2 und 0,2 mm, waren also eigentlich eher feingrusig oder grobsandig. Auch die Staubböden, die Verfasser in der Puna de Atacama gesehen und in seinem Tagebuch unbedenklich als Staubböden bezeichnet hat, hatten einen merklichen Anteil an etwas gröberem Material. Trotzdem war der Ausdruck „Staub" immer noch der beste. Sehr rein scheint, abgesehen von den gelegentlichen, deutlich bemerkbaren Grusbeimischungen, in der Regel der Staub der chilenischen Kernwüste zu sein; Schlämmanalysen liegen allerdings noch nicht vor. Bis genauere

Abb. 49. Feiner Schutt in dünner Lage über Staubboden in der chilenischen Kernwüste. In dem lockeren, nur durch den luckigen Schutt und die Staubhaut geschützten Staubboden sind die Hufeindrücke des Pferdes deutlich zu erkennen. Phot. Mortensen und Berninger.

Untersuchungen und darauf aufgebaute Definitionen vorliegen, müssen wir als Wüstenstaub diejenigen lockeren Böden bezeichnen, die durch merkliches Auftreten kleiner und kleinster Korngrößen dem normalen Beobachter als besonders feinerdig gegenüber dem Sand oder dem Feingrus erscheinen.

Über die Entstehung des Staubes wissen wir leider noch recht wenig; immerhin kann einiges gesagt werden. Zunächst muß betont werden, daß makroskopisch gleich aussehende Staubböden die verschiedenste Zusammensetzung haben können, wie besonders von Wetzel für die chilenische Wüste hervorgehoben wird[1]. Die starken Salzanteile des Staubes sind nämlich mit bloßem Auge oft nicht zu erkennen. Auch Diatomeen können dem Staub in erheblicher Menge beigemischt sein, und überdies kann er die verschiedensten Gesteinspartikelchen kleinster Korngrößen enthalten. Wenn somit der Staub in vielen Fällen nicht als ein regionaler Boden im wörtlichen Sinne bezeichnet werden darf, so kann man ihn jedoch einem regionalen Boden insofern an die Seite stellen, als die Tendenz zur Staubbildung überall in der Wüste in erheblichem Maße, und zwar steigend mit

---

[1] Wetzel, W.: Die Salzbildungen, a. a. O., S. 384.

dem extremen Charakter der Wüste, vorhanden zu sein scheint, während sie in anderen Klimaten bei weitem nicht so stark ausgeprägt ist[1].

Auf Grund der mikroskopischen Untersuchungen eines allerdings wohl allochthonen, im Prinzip jedoch wahrscheinlich dem autochthonen ähnelnden Staubes[2] scheint Wetzel der Ansicht zu sein, daß die Entstehung des Staubes nur der physikalischen Verwitterung zuzuschreiben ist, und er spricht in diesem Zusammenhange häufiger von thermischer Verwitterung. So einfach dürften die Verhältnisse jedoch nicht liegen. Wetzel schildert an anderer Stelle eine gewisse chemische Verwitterung der Gesteine[3], und es ist, auch nach Wetzel, wohl wahrscheinlich, daß immerhin ein Teil der dabei entstehenden Verwitterungsprodukte in den Staub übergeht, so daß dieser nicht nur physikalisch bedingt ist. Überdies darf, wie oben schon ausgeführt, auf Grund der mikroskopischen Untersuchung die chemische Verwitterung ohnehin keinesfalls völlig geleugnet werden. Dadurch, daß Wetzel einen erheblichen Teil von Gesteinsanteilen des Anstehenden unverwittert im Staube wiedergefunden hat[4], hat er zweifellos einen erheblichen Betrag physikalischer Verwitterung sichergestellt[5]. Nicht erfassen konnte er jedoch die ganz feinen Anteile, und in diesen müssen wir in allererster Linie die Produkte chemischer Verwitterung suchen. In der Tat glaubt Wetzel ebenfalls[6], daß der aus der Verwitterung der Feldspäte zu postulierende Restton und die ,,ganz trüben, ja undurchsichtigen Körner und Aggregate, die man beim Mikroskopieren der Schuttproben reichlich beobachtet", identisch seien. Auch Wetzel hält somit, obwohl er es an den entscheidenden Stellen nicht ausdrücklich sagt, die chemische Verwitterung offenbar für mitbeteiligt an der Staubentstehung.

Auf Grund seiner Beobachtungen in der ägyptischen Wüste ist Passarge der Ansicht[7], daß es sich bei der Entstehung des Staubbodens unter der Hamada ,,augenscheinlich um eine Verwitterung unter dem Einfluß von Salzen" handele. Über das Verhältnis chemischer und physikalischer Verwitterung erfahren wir daraus allerdings nichts. Die von ihm beobachtete Bildung roten Staubes in Klüften und Fugen des Granits stellt er sich, wie oben bereits angedeutet, so vor, daß von außen an- und eingewehter grauer Staub die chemische Zersetzung einleitet, die dann längs der Gesteinspalten rotbraunen bis blutroten, von dem angewehten grauen deutlich unterscheidbaren Staub entstehen läßt[8]. Blanck schreibt dem Staubanflug anscheinend eine geringere, der unmittelbaren Zersetzung im Gestein eine größere Rolle zu[9], eine Anschauung, die auch für die chilenische Wüste die größere Geltung haben dürfte. Einmal ist dort (in der Kernwüste) der Staubtransport durch Wind sehr gering, und zum anderen findet man auch in den verstecktesten Fugen der Steine gelbgrauen Staub, der sich, anders als in der ägyptischen Wüste, von dem sonstigen gelbgrauen Staub nicht zu unterscheiden scheint. Auf jeden Fall steht fest, daß der von Passarge in Gesteinssprüngen gefundene Staub zu einem erheblichen Teil der chemischen

[1] Vgl. dazu H. Mortensen: Über Vorzeitbildungen und einige andere Fragen in der nordchilenischen Wüste. Mitt. Geogr. Ges. Hamburg 1929, 209f.

[2] Wetzel, W.: Petrographische Untersuchungen an chilenischen Salpetergesteinen. Z. prakt. Geol. 1924, 139f.

[3] Wetzel, W.: Erdgeschichte, a. a. O., z. B. S. 570.

[4] Wetzel, W.: Petrographische Untersuchungen an chilenischen Salpetergesteinen, a. a. O., S. 139.

[5] Auch Kaiser (Die Diamantenwüste, a. a. O. 2, 375) erwähnt den starken Gehalt an unverwitterten Silikatresten.

[6] Wetzel, W.: Beiträge zur Erdgeschichte, a. a. O., S. 570.

[7] Blanck-Passarge: a. a. O., S. 21 und auch S. 8.

[8] Blanck-Passarge: a. a. O., S. 11.

[9] Blanck-Passarge: a. a. O., S. 105.

Verwitterung sein Entstehen verdankt. Kaiser[1] hält offenbar die normale chemische Verwitterung für entscheidend bei der Bildung des Staubes unter der Hamada; er betont allerdings auch die Wirkung der Salzsprengung. Stromer erwähnt die Beteiligung chemischer Verwitterung (durch Salzlösungen) und mechanischen Zerfalls an der Bildung des feineren Lockermateriales, versucht jedoch keine gegenseitige Abgrenzung[2].

Welche physikalischen Wirkungen im einzelnen verantwortlich zu machen sind, kann nach unserer bisherigen Kenntnis nur vermutet werden. Wetzel denkt, wie gesagt, in erster Linie an thermische Einflüsse, also wohl an die oben beschriebene Zerkleinerung des Gesteins bzw. der gröberen Bodenpartikel durch häufigen Temperaturwechsel. Daneben dürfen wir vermuten, daß auch die Salzsprengung eine merkliche Rolle spielt[3]. So wäre ein Zusammenhang des starken Staubauftretens in der chilenischen Kernwüste mit dem von Wetzel festgestellten Auftreten hochdispersen Anhydrits[4] in den hangenden Staubschichten immerhin möglich. Wieweit die von Storz erkannte Zerkleinerung der Gesteinsgemengteile im ersten Stadium der chemischen Verwitterung möglicherweise für die Entstehung des feinklastischen Staubes verantwortlich zu machen ist, möchte Verfasser nicht entscheiden; es würde sich hier um eine durch chemische Vorgänge in besondere Bahnen geleitete physikalische Verwitterung handeln können.

Im übrigen ist der Anteil der physikalischen Verwitterung an der Staubentstehung wahrscheinlich nicht in allen Wüsten der gleiche, soweit man aus der Farbe des Staubes Schlüsse ziehen darf. Als eine Stütze seiner Annahme rein thermischer Verwitterung sieht nämlich Wetzel die Tatsache an, daß der Staub der chilenischen Wüste graue Farbtöne aufweise; die graue Farbe sei „die Mischfarbe verschiedenfarbiger melanokrater Massengesteinsmineralien"[5]. Mit der oben gemachten Einschränkung, daß ein gewisser Anteil chemischer Verwitterung trotz Feststellung starker physikalischer Verwitterung noch keineswegs widerlegt ist, können wir dieser Schlußfolgerung zustimmen. Auch Mortensen beschreibt die überwiegend gelbgraue Farbe des chilenischen Kernwüstenstaubes mit jeweils wechselnder stärkerer Komponente zu grau oder gelb[6]. Die Böden der Sahara (also einschließlich allerdings auch des Gruses usw.) werden ebenfalls als grau bis hellbraun bezeichnet[7]. Blanckenhorn erwähnt daneben allerdings auch gelbweiße, gelbrote und schneeweiße Bodenfarbe (nur die eigentliche karmoisinrote Farbe hält er für nicht wüstenhaft)[8], während Passarge in Ägypten außerdem auch dunkelbraunen und selbst rotbraunen und blutroten Staub in der ägyptischen Wüste gesehen hat; auch grünliche und violette Böden kommen vor[9]. Er führt diese in der Regel nicht mit dem Ausgangsgestein übereinstimmenden Farben auf chemische Verwitterung zurück. Ebenso ist auch die von

<hr>

[1] Kaiser, E.: Die Diamantenwüste, a. a. O. **2**, 286 f.

[2] Stromer, E.: Geographische Beobachtungen in den Wüsten Ägyptens, a. a. O., S. 18.

[3] Vgl. oben S. 446.

[4] Mortensen (Der Formenschatz, a. a. O., S. 173) gibt versehentlich statt Kalziumsulfat Natriumsulfat an, was jedoch auf einem Schreibfehler beruhte. Die chemische Untersuchung hatte auch für die Bodenproben Mortensens den mit Wetzels Befund übereinstimmenden starken Anteil von $CaSO_4$ ergeben.

[5] Wetzel, W.: Petrographische Untersuchungen, a. a. O., S. 139. — Vgl. auch W Wetzel: Beiträge zur Erdgeschichte, a. a. O., S. 559.

[6] Mortensen, H.: Der Formenschatz, a. a. O., S. 23.

[7] Shantz, H. S., u. C. F. Marbut: The vegetation and soils of Africa. Amer. Geogr. Soc., Res. ser. Nr. 13, 180, 124 (1923).

[8] Blanckenhorn, M.: Der Hauptbuntsandstein ist keine echte Wüstenbildung. Z. Geol. Ges. **12**, 297 ff. (1907); Autoreferat in Geol. Zbl. **12**, 345 f. (1909).

[9] Blanck-Passarge: a. a. O., S. 19.

SCHULTZE-Jena beobachtete weiße Farbe des „Kaolins" in der Namib (bzw. Tons, vgl. oben S. 449) auf chemische Verwitterung zurückzuführen. Es ist nun immerhin bemerkenswert, daß die einzige Stelle, wo in der chilenischen Wüste rezenter (oder subrezenter) nicht gelbgrauer, sondern roter Staub bisher beobachtet worden ist, nicht in der Kernwüste, sondern in der Mittelwüste liegt, und zwar an einer relativ feuchten Stelle[1]. In den meisten Wüsten scheinen somit gelbgraue Böden aufzutreten, was auf stärkeren Anteil physikalischer Verwitterung schließen läßt, in den etwas feuchteren Wüsten gelegentlich auch bunte Böden, was auf einen immerhin größeren Anteil chemischer Verwitterung hindeutet.

Der chemische Anteil an der Staubentstehung läßt sich im übrigen nicht nur vermuten, sondern für die ägyptische Wüste exakt beweisen[2]. Die relativ hohen Löslichkeitsverhältnisse der Feinerdeanteile (vgl. auch die Analysen oben S. 458) sprechen nach BLANCK ganz deutlich dafür, daß an der Entstehung der Staubböden starke chemische Einflüsse beteiligt gewesen sind. Die von BLANCK erkannte Trennung in Grus und Staub je nach der Stärke der chemischen Einwirkung wurde bereits oben (S. 459 u. 464) erwähnt. Die chemischen Analysen einiger von BLANCK untersuchter Staubböden, deren Ausgangsgesteine allerdings nicht bekannt sind und die auch nicht mehr eluvial sind, sollen hier angeführt werden, da sie ein noch deutlicheres Bild hinsichtlich der hohen Löslichkeit geben als die übrigen Analysen. Auf die Tatsache der auch hier offenbar lateritischen Verwitterung soll nicht noch einmal und auf den starken Anteil an $CaSO_4$ noch nicht (vgl. unten S. 479 u. 481) eingegangen werden. Bemerkt sei nur, daß auch hier, und hier wegen des ziemlich erheblichen Anteils an organischer Substanz vielleicht in besonderem Maße, die Möglichkeit besteht, daß die Böden nicht unter extrem aridem Klima entstanden sind; sichere Beweise dafür haben wir nicht.

Chemische Beschaffenheit ägyptischer Staubböden (nach BLANCK[3]).

	Probe Nr. 18 Staubboden unter 2 mm		Probe Nr. 19 Staubboden unter 2 mm	
	Gesamtanalyse %	HCl-Auszug	Gesamtanalyse %	HCl-Auszug
Laugelösl. SiO_2	—	2,44	—	3,61
HCl-lösl. SiO_2	—	0,25	—	0,67
Gesamtes SiO_2	46,40	2,69	37,65	4,28
Al_2O_3	5,32	4,55	6,49	3,78
Fe_2O_3	1,08	1,05	1,39	1,08
CaO	14,64	14,10	20,26	14,14
MgO	0,78	0,65	0,86	0,56
K_2O	0,96	0,40	1,00	0,55
Na_2O	2,54	0,77	2,36	0,72
TiO_2	0,35	—	0,35	—·
P_2O_5	0,22	0,22	0,22	0,22
SO_3	18,66	18,66	15,96	15,96
Cl	0,41	—	0,33	—
Glühverlust	9,12	—	13,28	—
CO_2	2,15	2,15	6,54	6,54
CO_2 aus organischer Substanz .	0,47	—	0,40	—
H_2O bei 105°	5,26	5,26	6,37	6,37
	100,48		100,15	

Bemerkenswert ist die Beobachtung, daß an vielen Steinen die eigentlichen Übergänge zwischen relativ unverwittertem Gestein und dem in den Spalten

<hr>

[1] MORTENSEN, H.: Der Formenschatz, a. a. O., S. 117.

[2] Die Untersuchung der chilenischen Bodenproben des Verfassers ist leider noch nicht abgeschlossen; nach den vorläufigen Resultaten scheint es, als ob auch dort eine merkliche chemische Verwitterungskomponente vorhanden ist. Vgl. auch oben S. 469.

[3] BLANCK-PASSARGE: a. a. O., S. 93.

befindlichen feinen Staub fehlen, daß also der verwitternde Stein nicht unbedingt das Vergrusungsstadium zu durchlaufen braucht, wie Verfasser in Nordchile beobachtet hat. Nur die unmittelbar an den stauberfüllten Spalten befindlichen Gesteinspartien sind dort stärker verwittert.

Nicht nur der Anteil chemischer Verwitterung und damit stellenweise die Farbe hängt vom Klima der betreffenden Wüste ab, sondern auch, zum mindesten im nordchilenischen Wüstengebiet, das Auftreten des Staubes überhaupt. Mortensen[1] konnte den Nachweis führen, daß die Gebiete mit besonderem Vorherrschen von oberflächlichen Staubböden sich ziemlich genau mit Gebieten besonders extremen Wüstenklimas (den Kernwüsten) decken, während in den weniger extremen Gebieten, den Mittel- und besonders den Randwüsten, der Anteil des Staubes am Lockerboden offenbar geringer war. Die Beobachtungen Wetzels scheinen sich im Prinzip damit zu decken[2]. Wenn zwar der Zusammenhang zwischen Staub und Klima zu einem erheblichen Teil in den vom Klima abhängenden Abtragungsbedingungen begründet sein dürfte (geringer Windangriff und damit Erhaltung des gebildeten Staubes in der Kernwüste), so ist doch auch eine verschieden starke Tendenz zur Staubbildung immerhin wahrscheinlich, so daß der nachgewiesene Zusammenhang zwischen Klima und Staub unmittelbar von bodenkundlichem Interesse sein dürfte. Es ist nun allerdings die Frage und besonders für die bodenkundliche Auswertung wichtig, ob die Beobachtungen Mortensens überhaupt richtig interpretiert worden sind und ob nicht die starke Staubverbreitung in der Kernwüste viel entscheidender als vom Klima von Gesteinsunterschieden, also letzten Endes von lokalen Umständen abhängt. Mortensen hat diese Möglichkeit diskutiert und hält sie für unwahrscheinlich, insbesondere auf Grund der Tatsache, daß ganz ähnliche Gesteine in der extremen Kernwüste nur Staub liefern, in der Mittelwüste jedoch keinen reinen Staub, sondern Grus und Feingrus oder Lehm. Umgekehrt lieferten Gesteine (Feldspatsandsteine), die eigentlich immerhin recht stark zur sandigen Verwitterung neigen sollten, reine Staubböden. Überdies wäre es äußerst merkwürdig, wenn sich, wie man es bei Voranstellung der Gesteinsbedingtheit annehmen müßte, die Grenzen staubliefernder Gesteine zufällig so weitgehend mit klimatischen Grenzen decken sollten, wie es Mortensen für die Grenzen der flächenhaften Staubvorkommen feststellen konnte. Es sei noch erwähnt, daß sich, soweit man aus den bisher vorliegenden Beobachtungen überhaupt Schlüsse ziehen darf, die klimatische Deutung des mehr oder minder starken Auftretens reinen Staubes in der Wüste mit dem aus anderen Wüsten Bekannten immerhin zu decken scheint. Die recht extreme ägyptische Wüste zeigt ebenfalls ein immerhin merkliches Auftreten von Staub — sogar Sandsteine verwittern dort zu Staub (vgl. oben S. 456) —, während in der nicht so extremen Namib der Staub meist nur als Anteil an Grus- und Sandgemischen aufzutreten scheint[3]. Immerhin kann eine Modifizierung der klimatischen Abhängigkeiten nicht geleugnet werden. An den Grenzen der Kernwüste, wo also die Tendenz zur Staubbildung insgesamt geringer sein dürfte, setzt sich nämlich die Staubbedeckung nicht unbekümmert über die verschiedensten Gesteine hinweg, wie es im Innern der Kernwüste der Fall ist, sondern folgt stellenweise auffallend genau den Gesteinsgrenzen (Abb. 50). Auch das Fehlen ausgedehnter Staubdecken in der westlichen Tocowüste, das Verfasser vermutungsweise auf das nicht mehr ganz extreme Kernwüstenhafte des Klimas

---

[1] Mortensen, H.: Der Formenschatz, a. a. O., S. 179 ff.

[2] Vgl. die diesbezüglichen Ausführungen in H. Mortensen: Über Vorzeitbildungen, a. a. O., S. 211 ff.

[3] Vgl. die Beschreibung der Wirkung zunehmenden Windes auf den Wüstenboden in E. Kaiser: Die Diamantenwüste, a. a. O. 2, 221.

zurückzuführen versuchte[1], mag in entscheidender Weise durch das von Wetzel[2] hier festgestellte Auftreten von Grauwacke bedingt sein. Wir würden dann das Ergebnis haben, daß zwar die Tendenz zur Staubbildung mit dem extremen Charakter des wüstenhaften Klimas steigt, daß jedoch die verschiedenen Gesteine dieser Tendenz verschieden stark zu folgen vermögen, so daß wir im Innern der Kernwüste eine weitgehende Abhängigkeit vom Klima und an den Grenzen eine immerhin merkliche Abhängigkeit vom Gestein haben, während in der Mittel-wüste für alle Gesteine die Tendenz zur Staubbildung so gering ist, daß es zur Ausbildung reiner Staubböden überhaupt nicht mehr kommt. Die Überschnei-dung regionaler (klimatischer) und lokaler Einflüsse besonders an den Grenzen

Abb. 50. Westrand der Puna de Atacama (Kordillere Domeyko; Nordchile). Abhängigkeit der Verwitterung und Bodenbildung vom Gestein an der Grenze Wuste-Hochwüste. Der kernwüstenhafte Staub befindet sich nur über den (jurassischen) Kalken und Feldspatsandsteinen; derPorphyr hinten links zeigt keine Staub- sondern Schuttbedeckung. Phot. Mortensen und Berninger.

von Klimagebieten ist ja nicht nur der Bodenkunde, sondern auch anderen Diszi-plinen (z. B. der Pflanzengeographie) durchaus geläufig. Das Nebeneinander von flächenhaftem Staub- und flächenhaftem Feingrusvorkommen in der ziemlich stark kernwüstenhaften Mittelwüste von Taltal, das Mortensen auf Zufällig-keiten der zerstörenden Kräfte zurückgeführt hat[3], würde man somit auch aus der verschiedenen Staubbildungstendenz der verschiedenen Gesteine erklären können; genauere Untersuchungen wären allerdings zur sicheren Entscheidung notwendig. Daß neben der klimatischen Bedingtheit des Staubes auch das Ausgangsgestein eine Rolle spielt, wird übrigens auch von Wetzel vermutet[4].

Eine interessante, bodenkundlich allerdings noch nicht gedeutete Begleit-erscheinung des in der nordchilenischen Kernwüste auftretenden Staubes ist die „Staubhaut"[5], die allein den oberflächlichen Staub vor dem deflatorischen An-

---

[1] Mortensen, H.: Der Formenschatz, a. a. O., S. 179.
[2] Wetzel, W.: Beiträge zur Erdgeschichte, a. a. O., S. 511ff.
[3] Mortensen, H.: Der Formenschatz, a. a. O., S. 182f.
[4] Wetzel, W.: Geologische und geographische Probleme des nördlichen Chile. Z. Ges. Erdkde. Berlin 1928, 284.
[5] Mortensen, H.: Der Formenschatz, a. a. O., S. 24ff.

griff des Windes schützt (Abb. 51). Es handelt sich um eine verhältnismäßig schwach ausgeprägte und auch nur wenige Millimeter starke oberflächliche Verhärtung des im übrigen völlig lockeren Staubes. Zerdrückt man die „Staubhaut" mit der Hand, so ist ein Unterschied zu dem übrigen lockeren Staube mit bloßem Auge nicht zu bemerken. Mit den bekannten Krusten arider Gebiete darf diese Staubhaut, wenigstens nach ihrem ganzen Habitus, nicht verwechselt werden[1]. Möglicherweise wird die geringe Verhärtung des Staubes an seiner Oberfläche durch gelegentliche Durchfeuchtung mit nachfolgender schneller Verdunstung bewirkt; die immerhin nicht fehlenden schwachen Regen der Kernwüste wären dafür vielleicht verantwortlich zu machen. Es ist auch möglich, daß chemische Umsetzungen des Staubes an der Oberfläche zur Bildung der Staubhaut führen oder wenigstens mit ihr Hand in Hand gehen; doch können wir darüber so lange nichts sagen, bis die Ergebnisse chemischer Analysen vorliegen[2].

Abb. 51. Staubböden mit Staubhaut in der Mittelkordillere östl. Toco (Nordchile). Der lockere Staub ist infolge Zerstörung der Staubhaut durch Wassererosion stellenweise an den steilen Hängen abgerutscht.
Phot. Mortensen und Berninger.

Wir haben bisher noch nicht die Frage beantwortet, warum die wüstenhaften Feinböden gerade die staubige Konsistenz so häufig haben und nicht die tonig-plastische, wie sie bei sonst gleicher Korngröße in den feuchteren Gebieten normalerweise auftritt. Es hängt das mit dem Auftreten der Salze zusammen. Durch die Adsorption der in ariden Böden vorhandenen Salze an die kolloidalen Stoffe entsteht nämlich „eine Vereinigung zahlreicher Einzelteilchen zu allerkleinsten Gesamtkomplexen, es tritt die Bodenkrümelung ein, die den nicht durch Salze beeinflußten Kolloiden fehlt, welche dann Einzelkornstruktur zeigen"[3]. So kommt es, daß die Böden dem Beschauer nicht als dichte schollige Tonböden, sondern als lockere Staubböden entgegentreten. „Die Tonböden werden somit im ariden Gebiet durch die Staubböden vertreten[4]."

---

[1] Mortensen, H.: Über Vorzeitbildungen, a. a. O., S. 208.

[2] Verfasser hat einige seiner chilenischen Bodenproben mit dieser Fragestellung entnommen; doch sind, wie bereits erwähnt, die von Herrn Prof. Blanck vorgenommenen Untersuchungen noch nicht abgeschlossen.

[3] Lang, R.: Verwitterung und Bodenbildung als Einführung in die Bodenkunde, S. 41. Stuttgart 1920.

[4] Lang, R.: a. a. O., S. 42. — Vgl. auch W. Penck: Morphologische Analyse, a. a. O., S. 35.

Die von WETZEL[1] unter dem Mikroskop beobachtete Zusammenballung der ganz feinkörnigen „Tonsubstanz" zu „bräunlich gefärbten Flöckchen" könnte eine Bestätigung für diese Auffassung sein.

Über eluviale Lehm- und Tonböden in der Wüste liegen wenig Beobachtungen vor, was nach dem soeben über die Wirkungsweise der Salze im ariden Gebiet Gesagten nicht erstaunlich ist. BLANCK beschreibt manche der von PASSARGE mitgebrachten Staubböden als „Lehme"[2], so daß wir einen kleinen Teil der bereits diskutierten Staubböden eigentlich vielleicht zu den lehmigen Böden rechnen müssen, falls BLANCK nicht überhaupt nur die Tatsache der sehr verschiedenen Korngrößen mit dem Wort Lehm zum Ausdruck bringen wollte. Die bereits erwähnten Beobachtungen SALFELDS über Verlehmung von Tonschiefern und von KAISER über das Auftreten von mehr oder minder reinem Ton wären hier zu nennen. Da KAISER häufiger die deflatorische Wirkung des Windes auf den Ton beschreibt[3], ist die tonige Konsistenz allerdings fraglich. Auch WALTHER macht übrigens zwischen Staub und Ton eigentlich keinen Unterschied, sondern beschreibt die (allochthonen) wüstenhaften Tonebenen in dem Kapitel „Der Wüstenstaub"[4]. In der nordchilenischen Tacnawüste (mittelwüstenhaft) hat MORTENSEN beobachtet, daß nach einem Regen auf einem größeren Block eine schmierige, zugleich salzige Verwitterungsmasse entstanden war, die man vielleicht als Lehm bezeichnen kann. Allerdings scheint dieses Gebilde beim Austrocknen zu einem Grus-Staub-Gemisch zu werden[5]. Daß mit den Bezeichnungen lehmig und tonig nur die Konsistenz bezeichnet werden soll, sei im übrigen nochmals hervorgehoben. Wie wenig chemische Beschaffenheit und Konsistenz miteinander zu tun haben brauchen, zeigt eine Schlämmanalyse BLANCKS[6]. Er unterzog nämlich den Anteil unter 0,002 mm der erwähnten Staubböden bzw. Lehme gesondert einer chemischen Analyse und fand, daß der überwiegende Anteil keineswegs etwa Ton ist, sondern sich aus Quarz, außerdem Eisenoxyd und Silikatresten zusammensetzt. Für den Anteil über 0,002 mm bis 0,006 mm war die Zusammensetzung ähnlich.

Die eigentlichen Ton- und Lehmwüsten, die man in der Literatur erwähnt findet, brauchen in diesem Zusammenhange nicht betrachtet zu werden, da es sich dabei nach allen Beschreibungen stets um zusammengeschwemmtes Material zu handeln scheint, das wir nicht ohne weiteres als Boden betrachten dürfen.

Die jugendlichen Lockerablagerungen in der Wüste.

Wir haben die sog. „Aufschüttungsböden" bisher nicht betrachtet, weil der Bodenkundler sie nicht als Böden im eigentlichen Sinne betrachtet. In der Wüste spielen jedoch flächenhafte lockere Ablagerungen eine so bedeutende Rolle[7] und stehen in ihren Eigenschaften den richtigen Verwitterungsböden so nahe, daß wir sie nicht ganz übersehen können. Auch ist ihre Betrachtung für den Bodenkundler deshalb von Wert, weil die Wanderungen von Lösungen, die zu bodenkundlich wichtigen Salzausscheidungen führen, sich zum großen Teil in den Lockerablagerungen abspielen.

Als transportierende und somit ablagernde Kräfte kommen in der Wüste der Wind, das Wasser und die Schwerkraft in Frage. Über das gegenseitige

<hr>

[1] WETZEL, W.: Die Salzbildungen, a. a. O., S. 421.

[2] BLANCK-PASSARGE, a. a. O., z. B. S. 91.

[3] z. B. E. KAISER: Die Diamantenwüste, a. a. O. **2**, 222.

[4] WALTHER, J.: Das Gesetz der Wüstenbildung, a. a. O., S. 288 ff.

[5] MORTENSEN, H.: Der Formenschatz, a. a. O., S. 131.

[6] BLANCK-PASSARGE: a. a. O., S. 92.

[7] WALTHER, J. (Gesetz der Wüstenbildung, a. a. O., S. 9 f.) hält das Überwiegen von Aufschüttungsböden sogar für das charakteristischste Merkmal der Wüste.

Verhältnis dieser Kräfte in der Wüste besteht noch keine volle Einigkeit. Für unsere Fragen ist das jedoch nicht allzu wichtig, da es uns weniger auf die Entstehung der Aufschüttungsböden ankommt als auf ihre Eigenschaften.

Für einen großen Teil der Wasserablagerungen ist charakteristisch die geringe Sortierung des Materials. Es hängt das mit dem oft katastrophalen Charakter des Wassertransportes zusammen. So plötzlich kann das Wasser kommen und gehen, daß es, wie Wetzel festgestellt hat, nicht einmal zur Lösung der im transportierten Material befindlichen Salze zu kommen braucht[1]. Eine gewisse, feine oder grobe Schichtung ist allerdings doch oft vorhanden. Es hängt das wohl damit zusammen, daß schwächere Wasserfluten eine gewisse Selektion bewirken. Außerdem spiegelt natürlich der sedimentierte Schutt die

Abb. 52. Tonebene östl. Toco (Nordchile). Polygonale Trockenrisse. Phot. Mortensen und Berninger.

verschiedene Schuttzusammensetzung des Einzugsgebiets der Wasserfluten wieder. Die einzelnen Schuttlagen werden vom Wasser schichtweise übereinander abgelagert. Oft keilen in solchen Fällen grober Sedimentierung die zusammengehörenden Schuttpakete in geringer Horizontalentfernung wieder aus, wie Wetzel insbesondere aus der Salzführung des sedimentierten Schuttes erschlossen hat[2]. An manchen Stellen kann die selektive Wirkung des Wassers sehr stark sein, und in diesem Falle kann es zu sehr gut geschichteten Ablagerungen kommen. Insbesondere in Becken, die weit vom Produktionsgebiet des Schuttes entfernt liegen und deren Sohle gleichzeitig ein geringes Gefälle hat, kann nur noch das allerfeinste Material zusammengeschwemmt werden. Die oben angedeuteten Ton- und Lehmablagerungen und ebenfalls auch ausgezeichnet geschichtete Staubablagerungen entstehen auf diese Art. Der sehr harte Ton oder Lehm zeigt nicht selten die bekannten polygonalen Trockenrisse (Abb. 52). Typisch für die wüstenhaften Wasserablagerungen ist auch die geringe Ab-

---

[1] Wetzel, W.: Die Salzbildungen, a. a. O., S. 428.
[2] Wetzel, W.: Die Salzbildungen, a. a. O., S. 416ff.

rollung des Materials, die ebenfalls in der Plötzlichkeit und Seltenheit der Wassertransporte ihren Grund hat. Eine gewisse Zertrümmerung des Materials während eines solchen Transportes soll natürlich nicht bestritten werden. Es fehlt aber die dauernde schleifende Wirkung, der die Steine in einem Fluß mit perennierender Wasserführung ausgesetzt sind. Der eckige, mehr oder minder grobe Schutt (einschließlich Grus und Staub) in seiner sehr unterschiedlichen Schichtung ist überaus bezeichnend für die Wüstengebiete, und er kann geradezu als Leitablagerung für wüstenhaftes Klima betrachtet werden. Daran ändert es nichts, daß man durch Wasser abgelagerten eckigen Schutt gelegentlich auch in anderen Klimaten, z. B. in den Tälern von Hochgebirgen, findet. Die Schneeschmelze kann dort, ähnlich wirken wie die katastrophalen Wasserfluten in der Wüste, und wenn der dabei zum Transport gelangende Schutt nicht schon vorher abgerollt war, so wird er es auch während des Transportes nicht mehr. Die auf diese Weise entstandenen, aus eckigem Material aufgebauten Schuttfächer ähneln dann zwar den wüstenhaften Schuttfächern[1], besitzen jedoch immer nur geringe Ausdehnung und können daher mit den wüstenhaften Schuttfächern wohl nicht verwechselt werden. Diese wüstenhaften Wasserablagerungen, untermischt mit den Ablagerungen von Wind und von trockenen Massenbewegungen, die infolge der Beschaffenheit des sie aufbauenden Schuttes von den Schottern mit ihren abgerollten Bestandteilen streng getrennt werden müssen, sind von E. KAISER im Anschluß an die amerikanische Nomenklatur als „Fanglomerate" in die deutsche Literatur eingeführt worden[2]. Ohne den Ausdruck KAISERS zu kennen, hat MORTENSEN auf einen Vorschlag BERNINGERS den deutschen Ausdruck „Schwemmschutt" für die wüstenhaften Wasserablagerungen benutzt[3], der einmal die Beteiligung des Wassers betont und zum anderen durch das Wort Schutt den Unterschied vom abgerollten Schottermaterial hervorhebt. WAIBEL findet diesen Ausdruck allerdings „wenig glücklich"[4].

Über die Wirkung des Windes ist noch weniger zu sagen. Das vom Winde abgehobene Material wird an anderer Stelle wieder abgelagert, z. T. als Dünen (Sand-, Staub-, auch Salzdünen[5]), zum anderen Teil in Form von ebenen „Sandtennen"[6]. Ein Teil des verwehten Materiales kommt noch in der Wüste wieder zur Ablagerung, ein sicher sehr erheblicher Teil wird endgültig aus der eigentlichen Wüste herausgeweht und kommt in den Nachbargebieten zur Ablagerung. Die Windablagerungen sind besser geschichtet als die meisten Wasserablagerungen. Immerhin ist, verglichen mit den Küstendünen der gemäßigten Klimate, die Saigerung des Materials ziemlich gering. Insbesondere ist die petrographische Beschaffenheit der Dünen oft erheblich vielseitiger als die unserer ausgesprochenen Quarzsanddünen. Daß unter günstigen Umständen Wind- und Wasserablagerung in Wechsellagerung auftreten können, sei erwähnt. Im ganzen scheint die Wirkung des Windes in der Wüste nicht so groß zu sein, wie man früher dachte[7].

---

[1] PENCK, A.: Die Morphologie der Wüsten. Verh. 17. Dtsch. Geogr.-Tages Lübeck 1909, S. 138. Berlin 1910.

[2] KAISER, E.: Die Diamantenwüste, a. a. O. 2, 319.

[3] MORTENSEN, H.: Der Formenschatz, a. a. O., S. 45; vgl. F. SENFT, Bd. 2 des Handbuches, S. 165.

[4] WAIBEL, L.: Die Inselberglandschaft von Arizona und Sonara. Z. Ges. Erdkde. Berlin, Sonder-Festband 1928, 80.

[5] WALTHER, J.: Das Gesetz der Wüstenbildung, a. a. O., S. 269.

[6] WALTHER, J.: Das Gesetz der Wüstenbildung, a. a. O., S. 212.

[7] Vgl. S. PASSARGE: Grundlagen der Landschaftskunde, a. a. O. 3, 337. — H. MORTENSEN und W. WETZEL sind in der chilenischen Wüste zum gleichen Resultat gekommen (vgl. die bisher zitierten Arbeiten). — Vgl. auch W. PENCK: Der Südrand der Puna de Atacama. Abh. Sächs. Ak. Wiss., math.-phys. Kl. 37, 400f. (Leipzig 1920), der allerdings nur die Entstehung von Großformen durch Windwirkung leugnet.

Auf die Frage des Verhältnisses zwischen Deflation und Korrasion brauchen wir hier nicht einzugehen; erwähnt sei nur, daß Kaiser ebenso wie Walther den Hauptton auf die Deflation, Passarge dagegen den Hauptton auf die Korrasion legt[1].

Für den Bodenkundler wichtiger als Wind- und Wassertransport ist der trockene Massentransport in der Wüste, der sich unter dem Einfluß der Schwerkraft vollzieht. W. Penck möchte ihn sogar als die wichtigste Kraft auffassen[2]. Das trifft für alle Wüsten jedoch nicht zu; insbesondere dürfte eine Bewegung trockenen Lockermaterials unter dem Einfluß der Schwerkraft bei den von W. Penck genannten geringen Winkeln von 5^0 oder gar $2—3^0$ [3] kaum möglich

Abb. 53. Abgerutschter Schutt (Kolluvium) in der ägyptischen Wüste. Phot. S. Passarge.

sein[4]. An steileren Hängen kommt jedoch — besonders in weniger extremen Wüsten ist das beobachtet worden — lockerer Wüstenschutt aller Korngrößen meist in eine langsame Abwärtsbewegung, die in ihrer Wirkung dem Abwärtsrücken des Bodens in unseren gemäßigten Klimaten zu vergleichen ist. Machatschek spricht von „Feinbewegungen infolge der Temperaturschwankungen"[5]. Nach Niederschlägen ist sogar richtiges Bodenfließen von Passarge und Kaiser beobachtet worden[6]. Das Fließen von durchfeuchtetem, breiartigem Locker-

---

[1] Vgl. z. B. S. Passarge: Grundlagen der Landschaftskunde, a. a. O. 3, 375 ff. — J. Walther: Gesetz der Wüstenbildung, a. a. O., S. 192 ff. — E. Kaiser: Die Diamantenwüste, a. a. O. 2, 221 ff.

[2] Penck, W.: Die morphologische Analyse, S. 79. Stuttgart 1924.

[3] Penck, W.: Die morphologische Analyse, a. a. O., S. 80.

[4] Vgl. auch S. Passarge: Ist der Trockenschutt der Puna eine Jetztzeitform? Pet. Mitt. 69, 23 ff. (1923).

[5] Machatschek, F.: Die Oberflächenformen der Binnen- und Hochwüsten, a. a. O., S. 80.

[6] Passarge, S.: Die Ausgestaltung der Trockenwüsten im heißen Gürtel. Düsseldorfer Geogr. Vorträge, a. a. O., Teil III, S. 59. — E. Kaiser: Die Diamantenwüste, a. a. O. 2, 213.

material unter einer Salzkruste, das NIEDERMAYER[1] aus dem Iranischen Hochland beschreibt, gehört ebenfalls hierher. Das abwärts wandernde Material mischt sich fortwährend mit eluvialem Schutt, und überdies wird es immer recht dicht in der Nähe des Produktionsortes zur Ruhe kommen. Es wäre somit nicht ganz richtig, derartige Schuttbildungen als rein allochthon zu bezeichnen, während sie andererseits autochthon ebenfalls nicht sind. Am besten gibt der von KAISER in die Wüstenliteratur eingeführte Ausdruck kolluvial[2] die Mittelstellung dieser Bildungen (Abb. 53) wieder. Die Unterscheidung zwischen eluvialem und derartigem kolluvialen Detritus ist nicht immer ganz einfach.

Die Salzbildungen in der Wüste.

Salze aller möglichen Zusammensetzungen sind ein wichtiger Bestandteil der Wüstenböden. Sie sind fast überall den Bodenpartikeln beigemischt; mancherorts verdrängen sie sogar die normale Bodenkrume und bilden Krusten oder Salzhorizonte dicht unter der Erdoberfläche. Eine Trennung dieser Salze nach ihrer Herkunft, also eine Scheidung etwa nach eluvialen und alluvialen Salzen ist bei dem augenblicklichen Stande unserer Kenntnis noch nicht möglich. Es handelt sich bei den Wüstensalzen meist um Verbindungen von Na, K, Mg, Ca, auch Ba, Mn, Fe usw. mit den verschiedensten Säuren, wie z. B. H_2SO_4, H_2CO_3, H_3PO_4, HCl, HBr und HNO_3 usw. Nicht nur einfache Salze, sondern auch Doppelsalze kommen vor, und ebenso treten auch verschiedene Ausbildungen der gleichen Verbindungen auf, so daß der Reichtum an in der Wüste vorkommenden Salzen überaus groß ist. Die Vielseitigkeit der Möglichkeiten ist mit Hilfe der chemischen Analysen allein keineswegs völlig erfaßbar, und hier hat der in seiner allgemeinen Fassung natürlich zu weit gehende Ausspruch WETZELS, ,,daß die Wüste naturwissenschaftlich nur mit dem voll ausgestatteten mineralogischen Mikroskop erobert werden kann[3]," in der Tat große Berechtigung.

Eins der häufigsten Wüstensalze ist das Kalziumsulfat in seinen beiden Ausbildungen, dem Gips und dem Anhydrit. BLANCKENHORN[4] und BLANCK-PASSARGE[5] beschreiben es aus der ägyptischen Wüste; K. FUTTERER[6] hat es in der Pe-schan-Wüste in allerdings nicht erheblicher Menge gefunden; O. v. NIEDERMAYER[7] kennt es aus dem Hochland von Iran; WALTHER[8] erwähnt Gips u. a. für die Kara-kum-Wüste, für Tunis, die arabische Wüste, für die allerdings kaum noch wirklich wüstenhaften nordamerikanischen und südaustralischen ariden Gebiete, KAISER[9] hat Gips, in allerdings nur lokaler Verbreitung, in der südlichen Namib beobachtet; WETZEL[10] und MORTENSEN[11] kennen $CaSO_4$, z. T. in der Form des Anhydrits[12], aus der nordchilenischen Wüste, und PASSARGE[13] erwähnt, daß die Kalkkrusten im winterregenhaften Nordafrika in der Sahara durch Gipskrusten vertreten werden.

[1] NIEDERMAYER, O. v.: Die Binnenbecken des Iranischen Hochlandes. Mitt. Geogr. Ges. München 14, 57 f. (1920).
[2] KAISER, E.: Die Diamantenwüste, a. a. O. 2, 321, 324/25.
[3] WETZEL, W.: Die Salzbildungen, a. a. O., S. 384.
[4] BLANCKENHORN, M.: Ägypten, a. a. O., S. 178, 204.
[5] BLANCK-PASSARGE: Die chemische Verwitterung, a. a. O., S. 6, 89, 103.
[6] FUTTERER, K.: Der Pe-schan als Typus der Felsenwüste. Geogr. Z. 8, 326 ff. (1902).
[7] NIEDERMAYER, O. v.: Die Binnenbecken, a. a. O., S. 47.
[8] WALTHER, J.: Das Gesetz der Wüstenbildung, a. a. O., S. 73 ff., 299 f.
[9] KAISER, E.: Die Diamantenwüste, a. a. O., 2, 307 f.
[10] WETZEL, W.: Die Salzbildungen, a. a. O., S. 386 f., 394 ff.
[11] Vgl. oben S. 470, Anm. 4.
[12] WETZEL, W.: Die Salzbildungen, a. a. O., S. 386 f., 396 ff.
[13] PASSARGE, S.: Die Grundlagen der Landschaftskunde, a. a. O., 3, 157. — Vgl. auch M. BLANCKENHORN: Ägypten, a. a. O., S. 177 f.

Wesentlich weniger häufig als Kalziumsulfat scheint das Natriumsulfat zu sein, obwohl auch dieses Salz aus vielen Wüsten beschrieben wird und z. B. in der Pe-schan-Wüste[1] eine große Rolle spielt. Als Wüstensalz zu nennen ist auch das Magnesiumsulfat. Das Kalziumkarbonat kann nicht eigentlich als spezifisch wüstenhaft bezeichnet werden, wie ja auch die anderen genannten Salze keineswegs etwa nur in der Wüste vorkommen. Passarge hält in Nordafrika die Kalkkrusten mehr für ein Charakteristikum der Wüstenrandgebiete[2], was mit den in der Namib gewonnenen Ansichten Kaisers[3] durchaus übereinstimmt. Immerhin fehlt auch das $CaCO_3$ in seinen verschiedenen Ausbildungen in der Wüste nicht.

Die allergrößte Bedeutung unter den Wüstensalzen scheint das Steinsalz zu haben. Aus allen Wüsten wird es uns in mehr oder minder großer Verbreitung geschildert; zu fehlen scheint es in keiner einigermaßen bedeutenden wüstenhaften Salzausscheidung. Im Pe-schan hat Futterer festgestellt, daß in Höhlungen im Granit, in Bröckellöchern usw. das NaCl in besonders hohen Prozentsätzen auftrat, während es auf den zusammengewehten vegetationsbedeckten Hügeln merklich gegenüber dem dort überwiegenden Na_2SO_4 zurücktrat[4]. Das ebenfalls in der Wüste gefundene KCl scheint im allgemeinen gegenüber dem NaCl nur geringere Bedeutung zu haben. Auch das $MgCl_2$ spielt in bezug auf die absolute Menge keine große Rolle, ist jedoch ebenso wie die anderen Mg-Salze wichtig durch seine leichte Löslichkeit, die bei schon geringer Luftfeuchtigkeit auch dort zu einer Durchfeuchtung des Bodens führen kann (vgl. oben S. 442), wo der absolute Gehalt des Bodens an Mg-Salzen keineswegs hoch ist.

Wenn wir noch das wegen seiner praktischen Verwertung wichtige $NaNO_3$ nennen, das in Nordchile in erheblicher Verbreitung und Menge auftritt, haben wir eine kurze Übersicht der wichtigsten Wüstensalze gegeben. Die Aufzählung weiterer Wüstensalze und die Behandlung der nicht seltenen Doppelsalze würde hier zu weit führen. Die zitierten Arbeiten von Futterer, Walther, Blanckenhorn, Blanck-Passarge, Kaiser und Wetzel sind für diese Fragen von besonderer Wichtigkeit. Besonders in der Untersuchung Wetzels über die Salzbildungen der chilenischen Wüste besitzen wir eine zwar von gewagten und widerspruchsvollen Schlüssen nicht ganz freie, aber so vielseitige und eingehende Darstellung der Salzverhältnisse, wie sie von keiner anderen Wüste bekannt ist.

Über den eigentlichen Entstehungsvorgang der in der Wüste auftretenden Salze wissen wir leider noch sehr wenig. Es ist das nicht erstaunlich, wenn wir berücksichtigen, daß nur ein sehr kleiner Teil der Salze am Entstehungsorte beobachtet werden kann, während der weitaus größere Teil uns erst zu Gesicht kommt, nachdem er kleinere oder größere Wanderungen durchgemacht (unten S. 485 ff.) und mannigfaltige Umwandlungen erlebt hat. Rückschlüsse aus diesen an sekundärer oder gar tertiärer usw. Stelle gefundenen Salzen sind bisher kaum möglich, so daß wir bezüglich unserer Kenntnisse auf Zufallsbeobachtungen angewiesen sind, von denen wir nicht wissen, ob sie typisch sind. Es können daher im folgenden nur einige wenige Angaben gemacht werden. Der größte Teil der Salzbestandteile stammt natürlich aus den Gesteinen, die im Untergrund der näheren und weiteren Umgebung anstehen. Aus ihnen entstehen sie durch Zersetzung und können durch Grundwasser mehr oder weniger weit verfrachtet werden. Das Wasser selbst nimmt natürlich ebenfalls an den Umsetzungen teil. Auch Zufuhr von Stoffen aus der Luft kommt in Frage (z. B. Kohlensäure).

---

[1] Futterer, K.: Der Pe-schan als Typus, a. a. O., S. 327.
[2] Vgl. oben S. 479.
[3] Kaiser, E.: Die Diamantenwüste, a. a. O., 2, 304.
[4] Futterer, K.: Der Pe-schan als Typus, a. a. O., S. 236 f.

Auf die mögliche Bedeutung des Luftstickstoffes für die Salpeterbildung soll unten kurz eingegangen werden. WALTHER denkt auch an erhebliche Beteiligung von äolisch verfrachteten Meeressalzen[1]. Daß sich die Salze im ariden Gebiet und somit auch in der Wüste anreichern, ist nicht verwunderlich, wenn man beachtet, daß die im Grundwasser vorhandenen Salze nicht so wie im feuchteren Klima das Gebiet verlassen können, sondern zu einem erheblichen Teil durch Verdunstung an die Oberfläche gezogen werden. WALTHER spricht aus dieser Überlegung heraus davon, daß die starke Versalzung der Wüsten „nur scheinbar" sei[2]. Damit ist jedoch der Kernpunkt der Frage nach den Wüstensalzen noch nicht beantwortet. Es ist nämlich sehr auffallend, daß die Säuren und Metalle sich oft in einem Prozentsatz an den Salzausscheidungen beteiligen, wie er den anstehenden Gesteinen bei weitem nicht entspricht. Elemente, die in den anstehenden Gesteinen nur in Spuren auftreten, können in den oberflächlichen Salzen eine überragende und somit kaum verständliche Rolle spielen. Im übrigen ist es, auch nach dem oben Gesagten, nicht sicher, daß der Umfang der Salzentstehung in der Wüste an sich der gleiche ist wie in den humiden Gebieten, und daß der Unterschied wirklich allein in der verschieden starken Fortführung der Salze begründet ist. WETZEL z. B. nimmt für das extrem aride Gebiet eine ausgesprochene „Säureverwitterung" an, die von der anderer Klimate abweicht[3].

Die Bildung des Gipses führt WETZEL für die chilenische Wüste auf im Untergrund anstehende Kalksedimente und auf den Kalziumgehalt der Porphyre zurück[4]. Allerdings wissen wir damit noch nicht, woher die Schwefelsäure herkommt, die die von WETZEL beschriebenen Sulfatisierungsvorgänge bewirkt. FUTTERER erwähnt vom Pe-schan, daß bei der Verwitterung von „massigen Gesteinen und kristallinen Schiefern" u. a. Sulfate und sogar freie Schwefelsäure entstehen können[5]. Ob dieses Verhalten für alle Wüsten typisch ist, können wir leider nicht sagen. Aus den Analysen BLANCKs[6] können wir insofern eine gewisse Bestätigung dafür finden, als der S-Gehalt des unverwitterten Gesteins in recht vielen Fällen im Verwitterungsprodukt eine merkliche Verminderung aufweist, was auf eine Entführung durch Bodenwasser hinweist, die sich dann an anderen Stellen als Sulfatisierung auswirken dürfte.

Die Entstehung des Anhydrits ist noch nicht geklärt. Nach WETZEL handelt es sich nur um ein Umwandlungsprodukt des ursprünglich unter feuchterem Klima zur Ausscheidung gelangten Gipses[7]. WETZEL geht sogar so weit, den Gips, wo er ihn in den tiefsten Schichten des chilenischen Schwemmschuttes als alleiniges Salz findet, als „Leitfossil" nicht extremer Aridität zu bezeichnen[8]. Einer solchen Annahme widerspricht allerdings die klare Aussage KAISERs, der die Ausscheidung von Gips ausdrücklich „ein deutliches Zeichen extrem ariden Klimas" nennt, zum Unterschiede vom Kalk, der häufig auf weniger extremes Klima hinweise[9]. Auch nach unserer sonstigen Kenntnis der Gipsverbreitung dürfen wir den Gips keinesfalls aus den wirklich wüstenhaften Salzen ausscheiden. Daß auch in Nordchile der Gips sogar dem extrem wüstenhaften

---

[1] WALTHER, J.: Das Gesetz der Wüstenbildung, a. a. O., S. 303.
[2] WALTHER, J.: Das Gesetz der Wüstenbildung, a. a. O., S. 303.
[3] WETZEL, W.: Erdgeschichte, a. a. O., z. B. S. 569 f.
[4] WETZEL, W.: Die Salzbildungen, a. a. O., S. 399 f.
[5] FUTTERER, K.: Der Pe-schan als Typus, a. a. O., S. 324 f.
[6] Vgl. z. B. die oben S. 459 wiedergegebene Zusammenfassung der Granit-Pegmatit-Analysen.
[7] WETZEL, W.: Die Salzbildungen, a. a. O., S. 386, 394 ff.
[8] WETZEL, W.: Die Salzbildungen, a. a. O., S. 394.
[9] KAISER, E.: Die Diamantenwüste, a. a. O. 2, 307.

Klima nicht fremd ist, zeigen Beobachtungen Wetzels auf diluvialen Loa-
terrassen[1], wo Wetzel rezenten, also sicher unter extrem wüstenhaftem Klima entstandenen Gips zugibt. Das Auftreten des Gipses in den tieferen Schichten braucht
nicht unbedingt auf eine zeitliche Aufeinanderfolge der Ausscheidungen, wie sie
Wetzel auch sonst für viele Salze der nordchilenischen Wüste annimmt, und erst
recht nicht auf ein nicht wüstenhaftes Klima schließen zu lassen, sondern
kann ebensogut aus den Löslichkeitsverhältnissen des Gipses erklärt werden,
was jedoch hier nur angedeutet werden kann. Ganz abgesehen von der nach
dem Gesagten kaum haltbaren Beschränkung der reinen Gipsausscheidungen
auf ein nicht wüstenhaftes Klima ist es ohnehin nicht bewiesen, daß der Anhydrit,
ganz gleich, ob er gelegentlich durch Umwandlung des Gipses entstehen kann
und stellenweise auch entsteht, nicht auch von vornherein unter extrem wüstenhaftem Klima in größtem Maße unmittelbar an der Oberfläche zur Ausscheidung
zu gelangen vermag. Die von Wetzel als einziger Gegengrund gegen eine solche
Auffassung angeführte äußerst feinkristalline Beschaffenheit der meisten Anhydrit-
vorkommen[2] dürfte kaum dagegen, während andere Tatsachen sehr stark dafür
sprechen. Einmal ist es, wenn man sich die inneren chemischen Gründe für die
von Wetzel vermutete Umwandlung von Gips in Anhydrit klarmacht, so gut
wie sicher, daß in einem Klima, das die Umwandlung früher abgeschiedenen
Gipses in Anhydrit erzwingt, Anhydrit auch primär abgeschieden werden kann.
Zum anderen ist scheinbar geradezu auf die Verhältnisse in der chilenischen
Kernwüste der experimentelle Nachweis zugeschnitten, daß aus in konzentrierter Kochsalzlösung gelöstem $CaSO_4$ über $35.0°$ C und aus konzentrierter Chlor-
magnesiumlösung bei Zimmertemperatur sich überhaupt kein Gips, sondern nur
Anhydrit abzuscheiden vermag[3]. Sackur gibt sogar nur $30°$ C als Grenztempe-
ratur für Anhydritausscheidung aus Kochsalzlösung an und erwähnt überdies,
daß aus Lösungen, die mit NaCl und einem beliebigen anderen Salz gesättigt
sind, schon bei $25°$ eine Gipsbildung ausgeschlossen ist und es zur Bildung von
Anhydrit oder von Doppelsalzen komme[4]. Alles das sind Fälle, die in der extremen und durchschnittlich salzreichen Wüste recht häufig sein dürften[5]. Da
die Anwesenheit von mehr als zwei Salzen in der betreffenden $CaSO_4$-Lösung
die Unmöglichkeit der Gipsausscheidung und den Zwang zur unmittelbaren Anhydritausscheidung noch vergrößern dürfte, so müssen wir bei den Salzverhält-
nissen der chilenischen Kernwüste eine primäre Anhydritausscheidung nicht nur
für möglich halten, sondern müssen sie in vielen Fällen geradezu fordern[6].

Für das Natriumsulfat gilt bezüglich der Herkunft der Schwefelsäure
das Entsprechende wie für das Kalziumsulfat. Der Natriumgehalt ist aus den
fast stets Na-haltigen Mineralien des Untergrundes leicht zu erklären, ebenso wie
der Na-Gehalt des NaCl. Blanckenhorn beschreibt für Ägypten die Umwandlung von NaCl in Na_2SO_4 unter Mitwirkung von H_2S, die durch Bakterien aus dem
Gips gebildet wird[7]. Über die Entstehung des Na_2CO_3 in Ägypten vgl. die von

---

[1] Wetzel, W.: Die Salzbildungen, a. a. O., S. 395.
[2] Wetzel, W.: Die Salzbildungen, a. a. O., S. 386.
[3] Rinne, F.: Gesteinskunde, 5. Aufl., S. 100. Leipzig 1920.
[4] Abegg, R.: Handbuch der anorganischen Chemie. **2**, 2. Abtlg., S. 133. Leipzig 1905.
[5] W. Wetzel erwähnt in seinen Arbeiten (besonders: Die Welt der konzentrierten
Lösungen. Ein Einblick in die Natur der Salpeterwüste. Natur **17**, 530ff., 1926 und Die
Salzbildungen, a. a. O.) sehr häufig die Wanderungen hochkonzentrierter Lösungen und
spricht dementsprechend nicht selten von „Laugentransporten".
[6] Auf die interessante Erweiterung und Vertiefung, die die klimatische Deutung des
Staubvorkommens in der chilenischen Kernwüste (vgl. oben S. 472 und H. Mortensen:
Der Formenschatz, a. a. O., S. 179ff.) durch die Auswertung dieser chemischen Zusammenhänge möglicherweise erfährt, kann Verfasser zur Zeit noch nicht eingehen.
[7] Blanckenhorn, M.: Ägypten, a. a. O., S. 176.

BLANCKENHORN[1] angegebene Literatur. Woher der Cl-Gehalt des so häufigen NaCl kommt, ist im Einzelfalle natürlich nicht zu sagen. An sich gibt es ja genügend Cl-haltige Gesteine, aus denen man das Vorhandensein dieses Elements ableiten kann; allerdings ist ihre Menge an Cl stets sehr gering.

Eines besonderen Interesses hat sich, zwar weniger aus bodenkundlichen, als vielmehr aus praktisch-wirtschaftlichen Gründen, seit langem der Chilesalpeter $(NaNO_3)$ erfreut, über dessen Bildung über 25 verschiedene Hypothesen bestehen. Nach der von WETZEL[2] im wesentlichen von SUNDT übernommenen „atmosphärischen" Hypothese[3], die trotz mancher Einwände[4] einiges für sich hat, würde der Salpeter entstehen durch Einwirkung des Luftstickstoffes auf das anstehende Gestein, wie sie unter wüstenhaften Klimabedingungen möglich sein soll. Auch vulkanische Herkunft des Salpeters wird von manchen Forschern angenommen, während die Zurückführung des Salpeters auf marine Ablagerung wohl kaum mehr Vertreter hat. BRÜGGEN nimmt Salpeterbildung durch Bakterien an[5].

Über die Verbreitung der Wüstensalze können wir Gesetzmäßigkeiten, z. B. hinsichtlich der Abhängigkeit vom mehr oder minder wüstenhaften Klima des Gebietes, nur andeutungsweise aufstellen. Im ganzen müssen wir beachten, daß ein merklicher Teil der in den Wüsten auftretenden Salze auch in den normal ariden Gebieten nicht fehlen, ja sogar unter Umständen viel verbreiteter sein kann als in der Wüste. Eine gewisse Gesetzmäßigkeit besteht wohl in der Richtung, daß die leicht und sehr leicht löslichen Salze aus verständlichen Gründen in der Wüste relativ häufiger sind als in den Salzsteppen. Damit ist jedoch keineswegs gesagt, daß schwer lösliche Salze in den Wüsten etwa völlig fehlen oder auch nur stets eine untergeordnete Rolle spielen. Innerhalb der Wüstengebiete scheinen die Kalkausscheidungen mehr auf die feuchteren Gebiete beschränkt zu sein, entsprechend ihrem besonders starken Auftreten in den Steppengebieten. Die Gipsausscheidungen dürften in den normal wüstenhaften Gebieten die beherrschende Rolle spielen, während der Chilesalpeter fast nur auf die ganz extreme Wüste beschränkt erscheint, ebenso wie der Anhydrit. Das Kochsalz scheint universell aufzutreten, allerdings wohl stärker in den normal wüstenhaften als in den extrem wüstenhaften Gebieten. Es sei bemerkt, daß, nach den von ihm selbst allerdings anders ausgewerteten Beobachtungen WETZELS[6] in der nordchilenischen Wüste zu schließen, dem regionalen Nebeneinander der verschiedenen Salze in den verschieden extremen Wüsten ein Untereinander im Boden bzw. Schwemmschutt in ein- und derselben Wüste entsprechen kann, wie es der verschieden starken und verschieden häufigen Durchfeuchtung des Bodens in verschiedener Tiefe unter der Oberfläche durchaus entspricht.

Bodenkundlich ebenso wichtig wie die einzelnen Salze selbst ist der Charakter ihres Vorkommens. Über diese Frage sind wir ganz wesentlich besser unterrichtet als über Entstehung und Zusammensetzung der Salze. Wohl am bekanntesten sind die Salzkrusten, die aus verschiedenen Wüsten beschrieben werden. Wenn

---

[1] BLANCKENHORN, M.: Ägypten, a. a. O., S. 176.

[2] WETZEL, W.: Die Salzbildungen, a. a. O., S. 377, 409 ff., 426.

[3] SUNDT, L.: El origen del salitre. Caliche 5, 385 f. (1923).

[4] BRÜGGEN, H.: La geología de los yacimientos de salitre de Chile y las teorías que tratan de explicar su origen. Caliche 6, 438 ff., 483 ff. (1925).

[5] Über die verschiedenen Salpeterhypothesen unterrichten besonders gut H. BRÜGGEN: a. a. O., und W. WETZEL: Petrographische Untersuchungen an chilenischen Salpetergesteinen. Z. prakt. Geol. 32, 113 ff. (1924). — Vgl. auch A. PLAGEMANN: Geologisches über Salpeterbildung vom Standpunkte der Gärungschemie. Hamburg: 1896.

[6] WETZEL, W.: Die Salzbildungen, a. a. O., S. 394 ff.; W. WETZEL: Geologische und geographische Probleme, a. a. O., S. 281.

wir unter Krusten oder Verkrustungen oberflächliche und verfestigte Salzausscheidungen verstehen, so sind sie in der Wüste doch seltener als gemeinhin angenommen zu werden pflegt, eine Tatsache, die von Passarge[1] und besonders Kaiser[2] stark betont wird[3]. In den Salzsteppen sind die Krusten ganz wesentlich verbreiteter, während sie in der Wüste meist nur lokal beschränkt sind und die Oberfläche in der Regel von lockerem Detritus oder aber auch dem anstehenden Fels gebildet wird. Meist handelt es sich bei diesen lokalen Gips-, Kochsalz-, auch Kalkkrusten um Bildungen, die durch lokales Grundwasser bedingt sind und daher zu den Salzpfannen überleiten (vgl. unten). Der Grund dafür, daß die oberflächlichen Krusten in der eigentlichen Wüste relativ selten sind, ist offenbar die besonders große Wasserarmut. Die aufsteigende Tendenz des Bodenwassers ist an sich zwar wahrscheinlich stärker als in den normal ariden Gebieten mit ihrer starken Verkrustung. In der Wüste gelangt jedoch die aufsteigende Salzlösung nur selten bis zur Oberfläche, weil das Wasser in der Regel verdunstet, ehe es die Oberfläche erreicht[4]. Es kommt auf diese Weise nicht zur Krustenbildung an der Oberfläche, sondern zur Durchsalzung des Lockermaterials in mehr oder minder großem Abstand von der Oberfläche. Ebenso selten wie die oberflächlichen Krusten scheinen harte, krustenartige Salzausscheidungen in geringem Abstande von der Oberfläche zu sein, wie wir sie ebenfalls aus Steppengebieten kennen[5]. Verfasser hat sie, in allerdings nur lokaler Verbreitung, in der nordchilenischen Wüste gesehen, jedoch keine genaueren Untersuchungen darüber angestellt. Aus der Darstellung Wetzels[6] kann man über diese Bildungen leider verhältnismäßig wenig entnehmen, da er zwischen den verschiedenen Arten der Salzeffloreszenzen und Zementierungen nicht scharf unterscheidet, ja sogar lockere Salzbildungen gelegentlich als Kruste bezeichnet[7]. Eine Art der oberflächlichen Verkrustung ist die von Passarge beschriebene, nur Millimeter dünne Rinde auf den salzdurchsetzten sandigen Lockerablagerungen der Wüste[8]. Auch Mortensen hat diese dünne, durch ihre Salzkristalle deutlich als Verkrustung erkennbare Rinde beobachtet[9]. Obwohl diese Rinde dort, wo sie auftritt, in ihrer morphologischen Wirkung der früher geschilderten Staubhaut ähnelt, ist sie doch in ihrem ganzen Aussehen durchaus verschieden und darf nicht mit ihr verwechselt werden.

Mit oberflächlichen Krusten bedeckt sind in der Regel die Salzpfannen. Es handelt sich hier um eine lokal und nicht unmittelbar klimatisch bedingte Krustenbildung im extrem ariden und auch im normal ariden Raum. Die Salzpfannen im eigentlichen Sinne sind vorwiegend an Beckenformen gebunden, in denen das gelegentlich fallende Regenwasser oberflächlich zusammenläuft, wobei die Verdunstung so stark sein muß, daß es zu einem Abfluß nicht kommt und sogar statt einer Seefläche eine Salzkruste entsteht. Es ist für die Entstehung einer solchen Salzkruste an sich gleichgültig, ob sie durch genügend schwachen Dauerzufluß beliefert wird oder aber durch die ephemeren Wüsten-

---

[1] Passarge, S.: Geologische Beobachtungen in den Tropen und Subtropen. In Keilhack: Lehrbuch der praktischen Geologie 2, 268, 4. Aufl.

[2] Kaiser, E.: Die Diamantenwüste, a. a. O. 2, 302.

[3] Desgl. W. Penck: Die morphologische Analyse, a. a. O., S. 49, und F. Machatschek: Die Oberflächenformen der Binnen- und Hochwüsten, a. a. O., S. 81.

[4] Vgl. auch die diesbezüglichen Feststellungen Kaisers (Die Diamantenwüste, a. a. O. 2, 191.)

[5] Vgl. z. B. S. Passarge: Geologische Beobachtungen, a. a. O., S. 260, 264.

[6] Wetzel, W.: Die Salzbildungen, a. a. O.

[7] Dagegen H. Mortensen: Über Vorzeitbildungen, a. a. O., S. 206ff.

[8] Passarge, S.: Geologische Beobachtungen, a. a. O., S. 268.

[9] Mortensen, H.: Der Formenschatz, a. a. O., S. 129.

überschwemmungen. — Selbst wenn sich nach Regen und Salzkrustenbildung Staub und Sand auf einer solchen Salzpfanne ablagert, kann der nächste Regen den Boden so durchfeuchten, daß die unter dem oberflächlichen Lockermaterial befindlichen Salze gelöst und mit dem Bodenwasser kapillar erneut an die Oberfläche gezogen werden. Es kann so vorkommen, daß in der Regel die Salzkruste an der Oberfläche gar nicht zu sehen ist und immer nur nach einem Regen für kurze Zeit an der Oberfläche erscheint[1]. Nicht nur oberflächlich zusammenströmendes Wasser bewirkt die Bildung von Salzpfannen; auch das Grundwasser kann, entweder allein oder im Zusammenwirken mit Oberflächenwasser, Salz in die wannenförmigen Vertiefungen führen, wo es infolge kapillaren Aufstiegs des Bodenwassers dann zu Salzausblühungen kommt. Man kann sogar annehmen, daß an allen oberflächlich belieferten Salzpfannen das Grundwasser zeitweilig mitbeteiligt

Abb. 54. Salzpfanne. Salar de Pintados (Nordchile). Scholliges Aufpressen der Salzkruste. Phot. Mortensen und Berninger.

ist, ohne daß man allerdings bei dem augenblicklichen Stande der Kenntnis genaue Angaben über den Umfang der Grundwasserbeteiligung machen kann. So viel ist sicher, daß es eine Reihe von Salzpfannen gibt, deren Bildung allein auf das Grundwasser und nicht oder nur in verschwindendem Maße auf oberflächlich zusammenfließendes Wasser zurückzuführen ist. Ist in solchem Falle die Grundwasserführung stark genug, so besteht äußerlich kein Unterschied zwischen den beiden verschieden bedingten Arten von Salzpfannen. Es ist nämlich dann die Oberfläche des Grundwassersalars ebenso horizontal wie die eines häufiger durch oberflächliches Wasser belieferten. Das Salar de Pintados in Nordchile besitzt diese Oberfläche[2] (Abb. 54). Etwas anders sieht eine solche Grundwassersalzpfanne jedoch dann aus, wenn die Grundwasserzufuhr nur schwach ist und das Grundwasser schon während des Aufsteigens die Oberfläche in stärkerem Maße verdunstet. Es entsteht dann eine Oberfläche der Salzkruste, die sich, obwohl die Salzpfanne als ganzes durchaus noch Beckenform besitzt, im einzelnen an die Unregelmäßig-

---

[1] KAISER, E.: Die Diamantenwüste, a. a. O. 2, 378f.

[2] Vgl. H. BRÜGGEN: El Salar de Pintados i sus Yacimientos de Potasa. Publicaciones del Servicio Jeológico. Foll. Num. 2. Santiago de Chile 1918. — H. MORTENSEN: Der Formenschatz, a. a. O., S. 121.

keiten des Geländes anpaßt. E. Kaiser hat derartige Formen in der Namib genauer untersucht. Für die Grundwassersalzpfannen, anscheinend besonders der zweiten Art, hat er den von Dr. Beetz vorgeschlagenen Ausdruck Verdunstungspfannen eingeführt[1].

Mit diesen Verdunstungspfannen haben wir schon den Übergang zu anderen, ebenfalls lokal begrenzten, jedoch nicht unbedingt mehr an Becken gebundenen Salzkrustenbildungen. Wir finden solche nämlich auch an gewöhnlichen Hängen, am Fuße von Bergen usw., kurz dort, wo es in feuchterem Klima zu einem direkten Grundwasseraustritt kommen würde. Die Untersuchungen Kaisers über „Feuchtigkeitshorizonte" in der Namib[2] und Mortensens in der nordchilenischen Wüste, besonders im nördlichsten Teil derselben über die dortigen oberflächlichen Ver-

Abb. 55. Wulstige Kochsalzausbluhungen an einem lokalen „Feuchtigkeitshorizont" östlich Tacna. Breite des als Größenmaßstab dienenden Tagebuchs (links) 12 cm. Phot. Mortensen und Berninger.

krustungen usw.[3] ergeben das übereinstimmende Bild, daß es sich um Salzkrusten handelt, die entstehen, wenn Grundwasser in der Nähe des eigentlich zu erwartenden Austrittes schon im Boden verdunstet, so daß es zu einem richtigen Wasseraustritt nicht kommt und statt dessen Salz ausblüht (Abb. 55). Bezüglich der verschiedenen Möglichkeiten des Auftretens sei auf die beiden zitierten Arbeiten verwiesen.

Handelt es sich in letzterem Falle um rein lokales Grundwasser, das unter Umständen aus der allernächsten Umgebung stammt, wie man stellenweise beweisen kann, so darf man bei der Beurteilung der Salzvorkommen nicht vergessen, daß auch weit hergekommenes, möglicherweise von außen in die Wüste hineingekommenes Grundwasser für die Entstehung einer Salzkruste verantwortlich sein kann. Das obenerwähnte Salar de Pintados z. B. wird vorwiegend von Grundwasser, das von der Hochkordillere kommt, beliefert. Diese verschiedenen

---

[1] Kaiser, E.: Die Diamantenwüste, a. a. O. **2**, S. 191. — Vgl. auch E. Kaiser und W. Beetz: Die Wassererschließung, a. a. O., S. 167 f.

[2] Kaiser, E.: Die Diamantenwüste, a. a. O., **2**, 190 ff.

[3] Mortensen, H.: Der Formenschatz, a. a. O., S. 138 ff.

Möglichkeiten der Belieferung einer Salzpfanne (durch oberflächliches Wasser, durch lokales und durch mehr oder minder ortsfremdes Grundwasser) sind wohl der Grund dafür, daß man gerade in der Wüste, aber auch in normal ariden Gebieten, dicht nebeneinander Salzpfannen findet, die die verschiedensten Salzzusammensetzungen aufweisen, was zunächst, wie PASSARGE[1] betont, sehr auffallend ist. Denn es ist ja selbstverständlich, daß in den verschiedenen Fällen des Transportes ganz verschiedene Salze zum Transport und damit zur Ausscheidung gelangen können[2]. Beachtet man noch, daß auch während des Transportes die Salze sich nach WETZELS Feststellungen bezüglich Wanderungsgeschwindigkeit und Durchdringungsfähigkeit verschieden verhalten (vgl. unten), so ist das bunte Bild, das die Salzpfannen trotz einheitlicher Klimabedingungen

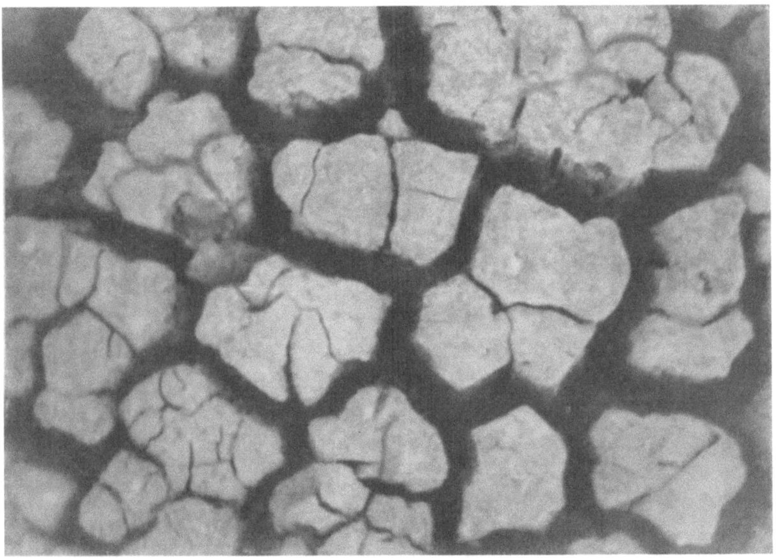

Abb. 56. Salzpfanne im Zentrum der Lykaonischen Wüste (Kleinasien). Durchmesser der Polygone ca. 50 cm. Durch die Polygonalrisse quillt der dunkle Schlamm empor. Aufnahme senkrecht von oben. Phot. F. Giesecke.

bieten, im Prinzip nicht mehr verwunderlich, auch wenn es im Einzelfalle nicht immer ganz leicht sein wird, die verschiedenen Einflüsse exakt zu erfassen.

Die Oberfläche einer Salzkruste ist oft nicht völlig ungegliedert. Es bilden sich nämlich polygonale Risse, die eine Art Trockenrisse sind. Oft dringt durch die Risse der unter der Kruste vorhandene feuchte Salzschlamm nach oben, und es entstehen längs der polygonalen Risse die bekannten Aufwulstungen[3]. Allerdings dürfte das mehr ein Sonderfall der Entstehung von Wülsten sein; das Salz des Wulstes müßte in diesem Falle auch dann stark durch Schlamm-

---

[1] PASSARGE, S.: Geologische Beobachtungen, a. a. O., S. 261.

[2] Über den Zusammenhang zwischen geringer Reichweite der Salzwanderungen und die damit zusammenhängende lokale Bedingtheit der Salze vgl. W. WETZEL: Die Salzbildungen, a. a. O., S. 420; über den verschiedenen Salzgehalt des Grundwassers verschiedener Herkunft vgl. die beiden Analysen WETZELS, ebenda S. 433f. Der WETZELschen Altersdeutung dieser Analysen brauchen wir uns nicht anzuschließen. KAISERS Ausführungen und Analysen (E. KAISER: Die Diamantenwüste, a. a. O. 2, 199ff.) müssen in diesem Zusammenhange ebenfalls genannt werden.

[3] KAISER, E.: Die Diamantenwüste, a. a. O. 2, 379 u. Stereobild Nr. 27, und KAISER-BEETZ, Die Wassererschließung, a. a. O., S. 191. — O. v. NIEDERMAYER (Die Binnenbecken a. a. O., S. 58f.) hat Ähnliches beobachtet.

beimengungen verunreinigt sein, wenn die Kruste selbst aus ziemlich reinem Salz besteht[1] (Abb. 56). Wo das Salz der Aufwulstung genau die gleiche Reinheit aufweist wie die Kruste, wo sogar die Kruste längs der polygonalen Risse sich schollig aufwirft und die Schollen dann z. T. wieder neu verkittet werden (Abb. 54, oben S. 485), muß der Vorgang ein anderer sein. Wie Wetzel für das Kochsalz gezeigt hat[2], handelt es sich dabei um Spannungserscheinungen unter der zunächst gebildeten Kruste durch später folgendes und auskristallisierendes Salz, dem der Ausweg nach der Oberfläche versperrt ist und das nun von unten herauf die Kruste in Schollen zerbricht. In der Tat scheinen diese polygonalen Schollenbildungen sich besonders auf Steinsalzkrusten zu finden. Die Seitenlänge der beobachteten Polygone ist verschieden. Eine Abhängigkeit von der Salz-

Abb. 57. Dünne Rinde aus salzverkittetem Grus, aufgewulstet. Loaterrasse unterhalb Calama (Nordchile). Rechts oben Taschenuhr als Größenmaßstab. Phot. Mortensen und Berninger.

zusammensetzung ist möglich, von der Dicke der Kruste ziemlich sicher. 30 bis 50 cm und auch mehr dürfte ein häufiger Mittelwert für die Seitenlänge der Polygone sein. Die dünne und stark durch Sand verunreinigte Salzrinde, die Verfasser auf einer Loaterrasse sah, besaß stellenweise aufgewulstete polygon-ähnliche Formen von zirka 15—20 cm Seitenlänge (Abb. 57).

Nicht immer brauchen die Salzefflореszenzen Krustencharakter zu besitzen. Ebensogut finden wir oberflächliche oder dicht unter der Oberfläche befindliche Salzhorizonte, die durchaus locker sind und demnach nicht als Kruste bezeichnet werden dürfen. Der obenerwähnte Anhydrit ist eine solche durchaus lockere Salzbildung[3]. Der „weiße Salzstaub“, den Passarge in der ägyptischen Wüste gefunden hat, gehört möglicherweise in dieselbe Kategorie, obwohl es nicht sicher

---

[1] Das Stereobild Kaisers (vgl. Anm. 3 auf S. 487) läßt in der Tat einen solchen Unterschied zwischen Wulst und eigentlicher Kruste erkennen.

[2] Wetzel, W.: Die Salzbildungen, a. a. O., S. 404 f.

[3] Über nicht krustenhafte Salzausscheidungen vgl. besonders H. Mortensen: Über Vorzeitbildungen, a. a. O., S. 207 f.

ist, ob es sich um eine richtige Salzausblühung handelt. Wo sich Krusten befinden, ist natürlich auch das Lockermaterial darunter stets mehr oder minder stark mit Salz durchsetzt, wie auch aus dem jeweiligen Bildungsvorgang unmittelbar verständlich ist. Unter Salzpfannen, die von Oberflächenwasser beliefert werden, finden sich in der Regel zusammengeschwemmte Salztone oder ähnliche Bildungen. Die Poren des abgelagerten Detritus sind in diesem Falle mit Salzen ausgefüllt; wir sprechen nicht mehr von Verkrustung, sondern von Durchsalzung. Wo die Durchsalzung zu einer starken Verfestigung des Lockermaterials führt, ist der Ausdruck Zementierung plastischer; das oft steinharte Material[1] bezeichnet man als Salzzement. Salzzement und einfache Durchsalzung stehen ungefähr im gleichen Verhältnis zueinander wie die Krusten und die lockeren Salzausscheidungen an der Oberfläche; allerdings wird durchsalzenes Material, auch wenn es nicht zur Zementierung kommt, meist wenigstens eine gewisse Verbackung zeigen, was beim oberflächlichen Lockermaterial nicht der Fall zu sein braucht.

Über die Salzkonzentration durchsalzenen bzw. zementierten Schwemmschuttes gibt eine von WETZEL[2] vorgenommene Analyse Auskunft, die einen Salzanteil von ungefähr 60 % ergab. Selbstverständlich gelten derartige Zahlen nur für die besonders begünstigten Konzentrationszonen, also für die Sohlen der weiten Talungen usw. Ihnen stehen in der chilenischen Wüste weite Gebiete gegenüber, wo der Schwemmschutt nur eine geringe Durchsalzung und eine Zementierung überhaupt nicht aufweist[3]. Im übrigen ist der Grad der Verhärtung nicht nur von der Salzkonzentration abhängig, sondern in erster Linie auch von dem Charakter der auftretenden Salze. Besonders dicht und zäh ist z. B. das Salzzement dort, wo Kochsalz den Hauptanteil an den zementierenden Salzen ausmacht[4]. Ein Bild von der Reichhaltigkeit der Salze, die an der Durchsalzung bzw. Zementierung des Schwemmschuttes beteiligt sein können, geben für die chilenische Kernwüste die Profile WETZELS[5]. Es hat jedoch keinen Zweck, die beteiligten Salze alle hier aufzuführen, da sie rein lokal bedingt sein können. Die Hauptsache sind in unserem Zusammenhange auch nicht die einzelnen Salze, sondern die prinzipielle Art ihres Auftretens. Sehr komplizierte und die Verfolgung des Ausscheidungsvorganges sehr erschwerende Verhältnisse, die jedoch für das Verständnis der Verteilung der Salze sehr wichtig sein können (vgl. oben S. 487), treten dann auf, wenn bestimmte Salze, z. B. das Kochsalz, den Schutt so dicht durchsalzen, daß weiteren Laugen das Einsickern verwehrt wird[6], so daß sie sich andere Wege suchen müssen. Auch das verschiedene adsorptive Verhalten der gelösten Salze kann das an sich zu erwartende Bild insofern ändern, als manche Salze langsamer, manche besonders schnell im gleichen Lösungsmittel wandern. Schnelles Wandern vermutet WETZEL z. B. beim Kochsalz[7] und ebenso beim Natronsalpeter[8]. So ist es nicht verwunderlich, daß das Neben- und Durcheinander der schließlichen Durchsalzungen außerordentlich vielseitig sein kann, wodurch die erwähnte Regellosigkeit der in Salzpfannen auftretenden Salze noch vermehrt werden kann.

Zu einem Teile ist allerdings das unübersichtliche Nebeneinander der verschiedenen Salzzemente nicht in der Eigenart des Grundwassers und der sekun-

---

[1] Die Salzzemente des chilenischen Salpetergebietes müssen zwecks Gewinnung des Salpeters mit Dynamit gesprengt werden.

[2] WETZEL, W.: Die Salzbildungen, a. a. O., S. 421 f.

[3] MORTENSEN, H.: Über Vorzeitbildungen, a. a. O., S. 206 ff.

[4] WETZEL, W.: Die Salzbildungen, a. a. O., S. 404.

[5] WETZEL, W.: Die Salzbildungen, a. a. O., Tafel am Schluß.

[6] WETZEL, W.: Die Salzbildungen, a. a. O., S. 404.

[7] WETZEL, W.: Die Salzbildungen, a. a. O., S. 405 f.

[8] WETZEL, W.: Petrographische Untersuchungen, a. a. O., S. 141.

dären Salzausscheidung, sondern in dem Charakter der wüstenhaften Überschwemmungen begründet. Die Durchsalzung des Schwemmschuttes braucht nämlich, bezogen auf den abgelagerten Schutt, keineswegs immer sekundär zu sein. Wir hatten oben schon gesehen, daß in Salzpfannen zusammengeschwemmtes Lockermaterial durchsalzen ist, weil das Wasser auf seinem Wege eine gewisse Menge von Salzen auflöst und mit sich führt. Innerhalb einer solchen Salzpfanne kommt es auf diese Weise zu einer ziemlich gleichartigen Durchsalzung, besonders dann, wenn spätere Durchfeuchtung die im Lockermaterial vorhandenen Salze immer wieder in der gleichen Weise in Lösungswanderung übergehen läßt. Erlahmt die Transportkraft des Wassers jedoch vor Erreichen einer Mulde, so haben wir an sich zwar den gleichen Effekt, nämlich ein gleichartig durchsalzenes Schuttpaket. Hier braucht es indes keineswegs zu einer Lösung der im liegenden Schutt befindlichen Salze zu kommen, so daß die einzelnen, in langen Zeiträumen nacheinander zur Ablagerung gelangenden Schuttmassen eine voneinander relativ unabhängige Salzführung aufweisen können. Wetzel hält es, wie oben S. 476 bereits erwähnt, sogar für möglich, daß derartige Schutttransporte so plötzlich sein können, daß es nicht einmal zur Lösung der im transportierten Schutt vorhandenen hohen Salzanteile kommt und auch leichtlösliche Salze als feste Körper im Wasser transportiert werden können. Auf diese Besonderheiten der wüstenhaften Wasserführung führt Wetzel den Wechsel linsenartiger Salzschuttnester geringer Mächtigkeit und kleinster Horizontalerstreckung zurück[1]. Es ist klar, daß solche Vorgänge nur in besonders extremen Wüsten möglich sind bzw. sich in der Salzzusammensetzung auswirken können; in feuchteren Wüsten wird der häufigere Lösungstransport relativ bald zu einem gewissen Ausgleich der verschiedenen Durchsalzung führen. Bodenkundlich handelt es sich im übrigen bei diesen gewissermaßen primären Salzablagerungen um allochthone Bildungen. Sie sind jedoch für den Bodenkundler wichtig und hier verhältnismäßig ausführlich erwähnt worden, weil die Nichtbeachtung derartiger Möglichkeiten leicht zu falschen Vorstellungen über Herkunft und Charakter der auftretenden Salze und zu falschen Schlüssen über den Grundwasserhaushalt der Wüste führen kann.

b) Die Schutzrinden.

Von G. LINCK, Jena.

Der Name „Schutzrinden", bei den Franzosen „Manteau protecteur", ist von Joh. Walther[2] geprägt. Er geht von der Vorstellung aus, daß die mit Rinden überzogenen Gesteine, da die Rinden härter und widerstandsfähiger sind, das unterliegende Gestein weiterhin vor der Verwitterung und dem Angriff des Sandgebläses schützen. Diese Vorstellung ist, wie weiterhin gezeigt wird, nicht ganz zutreffend. Die Rinde ist vielmehr ein Verwitterungsprodukt besonderer Art. Deshalb haben andere sie einfach als „dunkle Rinden" oder „Wüstenrinden" bezeichnet. Aber auch der letztere Begriff umfaßt nicht alles, denn es hat sich gezeigt, daß auch in nicht wüstenhaften, sondern nur periodisch trockenen tropischen Gebieten, so z. B. in den Savannen und auch in der Zone der Uferwälder tropischer Flüsse, dieselben dunklen Rinden erscheinen. Man würde also zweckmäßigerweise einfach von dunklen Rinden tropischer Gebiete der Erde

---

[1] Wetzel, W.: Die Salzbildungen, a. a. O., S. 427f.

[2] Walther, Joh.: Die Denudation in der Wüste usw. Abh. math.-physik. Klasse kgl. sächs. Ges. Wiss. 16, 3 (1891).

reden. Es ist jedoch zu beachten, daß dieselben Rinden auch in der Umgebung von Gletschern erscheinen (s. S. 504).

Diese Rinden stehen nach BLANCKENHORN[1] gerade in den Gebieten der trockenen Tropen, also in den Wüsten, im engsten Zusammenhang mit den durch Lösungserscheinungen hervorgerufenen Mäanderfurchen der Kalkgerölle, mit den durch Winderosion erzeugten Kantengeröllen und mit dem sog. Wüstenlack, die unter Umständen alle an demselben Geröll beobachtet werden können.

Unsere Aufgabe ist es hier, nur die Verwitterungserscheinungen zu betrachten, die über die Politur des Gesteins zum Wüstenlack und schließlich zur grauen, gelben, braunen und schwarzen „Schutzrinde" führen. Es kann demnach nicht unsere Aufgabe sein, die Kalk-, Gips- und Kieselrinden der tropischen regenreicheren Gebiete zu betrachten. Hingegen müssen die schwarzen Rinden, wie man sie vielfach an den Flüssen tropischer Gebiete findet, und die Verkrustung bzw. Braun- und Rotfärbung der Wüstensande an ihrer Oberfläche wegen ihrer gemeinsamen Entstehungsursache mit herangezogen werden. Wir können demnach unseren Artikel so umgrenzen, daß wir uns beschränken auf diejenigen Rinden, die wesentlich aus oxydischen Eisen- und Manganerzen bestehen.

Solche Rinden sind zuerst beschrieben von DE ROZIÈRE[2] und dann von J. RUSSEGGER[3] am Sandstein verschiedener Fundorte Ägyptens und später am Granit von Assuan. Die Rinde ist, so sagt Letzterer, an den ersteren Gesteinen dick, „ganz geschmolzen, eine glasige Masse, eine wahre glasige Lava" an den Graniten „als ein ganz dünner dunkelschwarzer, stark glänzender Überzug, der den Gesteinen ein Aussehen gibt, als wenn sie gepecht wären". Er erwähnt auch bereits das Vorkommen der Rinde auf den Granitfelsen des Katarakts. Nach ihm berichtet SCHOMBURGK[4], daß er in Guinea Gerölle und eckige Stücke sowohl in der Nähe von Flüssen, als weitab davon mit schwarzem Manganerz überzogen fand. OVERWEG[5] findet im Hinterland von Tunis den hellen Untergrund der Hamada mit glänzend schwarzen Steinchen (Feuerstein?) bedeckt, und zwischen Wadi el Hessi und Wadi Schiati war ein Eisensandstein durch eine dünne glänzende Rinde ganz schwarz gefärbt. Die Felsen und auch Stücke der Gesteine von Sokna sind unten oft ganz weiß und oben schwarz wie Basalt.

E. VOGEL[6] schreibt: „,die schwarzen Berge' von Soudah, die aus hellgelbem Sandstein bestehen, haben eine schwarze, im Sonnenschein bläulich erscheinende Rinde mit darin eingestreuten durch Abspringen entstandenen kreisrunden gelben oder braunen Flecken." Ein gleiches Bild findet er im Tibbuland und in der ganzen Sahara, überall wo er einen Mangel an animalischem und vegetabilischem Leben antraf. A. v. HUMBOLDT[7] traf am Ufer des Hafens von Encaramada 40—50 Fuß hoch übereinander getürmte Granitblöcke, deren weißes, grobkörniges Gestein überall an der der Luft und dem Licht ausgesetzten Oberfläche mit einer nur $1/5$ Linie dicken, bleigrauen, oft schwarzen Rinde von Manganoxyd überzogen war. Gleiches sah er an den Gesteinen der Katarakte des Orinoco und überall da, wo der Fluß periodisch den Granit bespült, aber auch an Stellen, wo der Fluß bei höchstem Wasserstand nicht hinkommt. Er

[1] BLANCKENHORN, M.: Ägypten. Handb. d. reg. Geol. 7, H. 3, 179. 1921.
[2] ROZIÈRE, DE: Description de l'Egypte 1813, nach BLANCK in E. BLANCK u. S. PASSARGE: Die chemische Verwitterung in der ägyptischen Wüste. Abh. Ges. Auslandskde. Univ. Hamburg 17; Naturwiss. 6, 50 (1925).
[3] RUSSEGGER, J.: Geognostische Beobachtungen in Ägypten. N. J. 1838, 623; Reisen, 2, 2. 1844.
[4] SCHOMBURGK, R. S.: Reisen in Guiana und am Orinoco 1841, S. 273.
[5] OVERWEG A.: Geognostische Bemerkungen usw. Z. dtsch. geol. Ges. 3, 100 (1851).
[6] VOGEL, E.: Reise nach Zentralafrika. Pet. Mitt. 1855, 237.
[7] HUMBOLDT, A. v.: Reise in die Äquinoktialgegenden 1860.

erzählt, daß solche Rinden auch an den Stromschnellen des Kongo, aber bis jetzt nur an Flüssen der heißen Zone vorkommen, deren Wassertemperatur 24—28 Grad beträgt, und die nicht über Sandsteine, sondern über Granit, Gneis, Hornblendegesteine laufen, deren dunkle Gemengteile (Glimmer, Hornblende, Augit) bis zu 15—20% Eisen- und Manganoxyd enthalten. In größerer Entfernung vom Orinoco und am bräunlichen Wasser des Rio Negro kommen sie nicht vor. BU DERBA[1] berichtet, daß das ganze Plateau des Azgar eine dunkle Färbung besitzt, die es dem von der Sonne geschwärzten und verkalkten Sandstein zu verdanken hat, der die Oberflächen bedeckt. O. FRAAS[2] teilt in seinem Reisebericht mit, daß die eozänen Kalksteine in der Gegend von Suez mit glänzend brauner, violett leuchtender Oberfläche überzogen sind, während die Marmorarten blank und weiß erscheinen. Die Sandsteine Oberägyptens sind an der Oberfläche schwarzbraun, glasartig und glashart. Im ganzen regenlosen Gebiet bei Suez, Kairo, am Nil und am Toten Meer haben weiche Tertiärgesteine eine graue bis lichtgelbe oder eine braungelbe bis braune Kruste und unter dieser harten Kruste nimmt der Zusammenhang des Gesteins von außen nach innen ab, bis das Gestein pulverförmig verwittert ist. Auch ROHLFS[3] sind die an der Oberfläche geschwärzten Sandsteine der Sahara aufgefallen und WHEELER[4] findet es merkwürdig, daß im südlichen Kalifornien oft auf weite Strecken Felsen und Geröll an der Luftseite schwarz gefärbt und wie mit schwarzem Firnis überzogen sind. v. BARY[5], der die gleichen Gegenden bereiste wie BU DERBA, findet auf den Sandsteinen eine zolldicke schwarze Rinde von Brauneisenstein, die ganze Hamada auf dem Wege von Ghât wie mit schwarzen Lavakegeln bedeckt und die schwarzen Gipfel und Kanten des Gesteins aus dem Flugsand herausragend, den Boden aber mit abgesprungenen schwarzen Scherben bedeckt. PECHUEL-LÖSCHE[6] sah die Sandsteine am Kuilu in Loango an allen vom Hochwasser berührten Stellen blauschwarz und K. A. v. ZITTEL[7] berichtet, daß an eisenschüssigen Kalk- und Sandsteinen in der Libyschen Wüste eine dunkelbraune oder schwarze, harte Rinde entsteht, welche durch Sandwehen bald eine glänzende Beschaffenheit annimmt. GÜRICH[8] sah in der Gegend von Rhat am Hohen Atlas Sandsteine mit schwarzer Überkrustung und macht darauf aufmerksam, daß NACHTIGAL ähnliches vom Hochland von Tibesti und Borku bis nördlich des Tsadsees und BARTH das gleiche vom Niger beschreibt. K. MARTIN[9] erwähnt, daß in Surinam ein Uralitdiabas mit einer glänzend schwarzen Verwitterungsrinde, wie mit einem Harnisch, bedeckt ist, und daß die gleichen Erscheinungen im tropischen Südamerika, z. B. in Brasilien, häufig beobachtet wurden. Auch die nur zeitweise vom Wasser bedeckten Gesteine der archäischen Schichtenreihe zeigen dieselben Rinden, während sie den Graniten durchaus fehlen. Sie treten aber auch an Sandsteinen von Surinam auf und verzögern dann deren Verwitterung. Die Oberfläche der Granite ist nur vergrust. JOHANNES WALTHER[10] teilt mit,

[1] RAVENSTEIN, E. G.: BU DERBAS Reise nach Ghât. Z. allg. Erdkde, N. F. 8, 468 (1860).
[2] FRAAS, O.: Aus dem Orient. Stuttgart 1867.
[3] ROHLFS, G.: Reise durch Nordafrika. Pet. Mitt., Erg.-H. 25, 18 (1868).
[4] Löw, O.: Leutnant WHEELERS Expedition durch das südliche Kalifornien im Jahre 1875. Pet. Mitt. 22, 327 (1876).
[5] BARY, E. v.: Reisebriefe aus Nordafrika. Z. Ges. Erdkde Berlin 12, 161 (1877).
[6] PECHUEL-LÖSCHE, M. E.: Das Kuilu-Gebiet. Pet. Mitt. 23, 12 (1877).
[7] ZITTEL, K. A. v.: Beiträge zur Geologie und Paläontologie der Libyschen Wüste. Palaeontographica 30, III (1883).
[8] GÜRICH, G.: Überblick über den geologischen Bau des afrikanischen Kontinents. Pet. Mitt. 33 257 (1887).
[9] MARTIN, K.: Bericht über eine Reise nach Niederländisch-Westindien, S. 152. Leiden 1888.
[10] WALTHER, JOH.: Die Denudation in der Wüste usw. Abh. math.-physik. Klasse kgl. sächs. Ges. Wiss. 16, III (1891).

daß die nabatäischen Inschriften auf den Sandsteinen Oberägyptens nur dadurch erhalten sind, daß sich darauf eine schwarze Schutzrinde gebildet hat, daß auch die Pilzformen der Oberfläche in Oberägypten nur durch die Schutzrinden bedingt erscheinen, daß die Rinde sich sowohl auf Kalk als auf Kieselgesteinen in relativ kurzer Zeit bildet. Auch die Quadern auf dem Gipfel der Cheopspyramide zeigen beginnende Bräunung, ebenso die Blöcke aus den Steinbrüchen von Turra, aus denen das Material der Pyramiden von Gizeh stammt. Die Eigenfarbe des Gesteins soll ohne Einfluß auf die Intensität der Färbung der Rinde, aber diese um so dunkler sein, je kieselsäurereicher das Gestein ist. Auf rotbraunem Sandstein ist sie nicht dunkler als auf weißem, aber auf Kalk weniger dunkel als auf Sandstein, Jaspis oder Flint. Auf gewissen Kreidekalken ist gar keine Rinde, dagegen ist ein tertiärer Korallendolomit mit 6,88 % Kieselsäure dunkelbraun. Die weißen Verwitterungsrinden der Feuersteine sollen sich gar nicht färben. In den Nummulitenkalken sind die Nummuliten stärker gefärbt als die Grundmasse. Schließlich macht er noch darauf aufmerksam, daß bei frei liegenden Geröllen diese an der Luftseite sehr stark, an der Unterseite sehr schwach oder gar nicht gefärbt sind.

Nach OBRUTSCHEW[1] haben die dunklen Rinden die stärkste Verbreitung im vegetationslosen Gebiet, und er machte in Zentralasien die Beobachtung, daß die Insolation auf der Sonnenseite ohne Einfluß ist, daß vielmehr die unmittelbare Berührung mit der Luft zur Rindenbildung führt. Harte und feinkörnige Gesteine haben die schönsten Rinden, ebenso die Adern von Quarz im Kalkstein. Die Politur ist nicht durch Sandschliff, sondern durch Lößstaub hervorgerufen. Auf grobkörnigen Gesteinen erscheint die Rinde nur stellenweise, auf weichen Tonen und tonigen Sandsteinen nie. R. SACHSE[2] fand in Palästina eine schwarze Rinde auf stark zerfressenem und grobporösem Dolomit. JOH. WALTHER[3] glaubt feststellen zu können, daß die schwarzen und braunen Schutzrinden zu den charakteristischen Wirkungen eines regenarmen Klimas gehören, daß sie überall auf der Erde unter gleichartigen Umständen erscheinen, und zwar um so häufiger, je pflanzenärmer und je trockener das Klima ist. Nach Regengüssen werden die glänzenden Rinden matt. In der Mohavewüste hat er beobachtet, daß ein tief schwarzer Ring Ober- und Unterseite des Gerölls trennt. Die nur Bruchteile eines Millimeters dicke Rinde ist dem Gestein fest „angeschmolzen". An den Katarakten von Assuan bedeckt die Rinde nur die vom Hochwasser berührten Stellen. Der Speckglanz entsteht durch Sandschliff. Heftiger Regen schuppt die Rinde ab. Die Sandsteine der Wüste erscheinen selten in ihrer eigenen Gesteinsfarbe, sondern sind fast regelmäßig mit dünnem, firnisähnlichem Überzug von braunem oder schwarzem Wüstenlack überzogen. Auch der rote Sand scheint seine Farbe einer Eisenoxydrinde zu verdanken. G. LINCK[4] beschreibt ebenfalls schwarze Rinden der Gesteine Oberägyptens, und M. BLANCKENHORN[5], der treffliche Kenner Ägyptens, beschäftigt sich eingehend mit ihrem Vorkommen, indem er die Landschaften Ägyptens nach der Regenmenge in drei Zonen teilt: a) Das Delta und der nördliche Küstenstreifen der Libyschen Wüste mit regelmäßigen mediterranen Winterregen, wie in Syrien, Tunis, Algerien, Marokko und Palästina mit meterdicken Kalkkrusten. b) Die weniger durch-

[1] OBRUTSCHEW, W.: Über die Prozesse der Verwitterung und Deflation in Zentralasien. Verh. russ. mineralog. Ges. St. Petersburg 33 II, 229 (1895); Ref. N. J. 1897 II, 469.

[2] SACHSE, R.: Beitrag zur chemischen Kenntnis der Gesteine, Mineralien und Gewässer Palästinas. Inaug.-Dissert., Erlangen 1896.

[3] WALTHER, JOH.: Das Gesetz der Wüstenbildung. Berlin 1900.

[4] LINCK, G.: Über die dunklen Rinden der Gesteine der Wüsten. Jena. Z. Naturwiss. 35, 1 (1900).

[5] BLANCKENHORN, M.: Neues zur Geologie und Paläontologie Ägyptens. Z. dtsch. geolog. Ges. 53, 479 (1901).

wässerte Wüste mit unregelmäßigen periodischen Winterregen, wo man statt Kalk Gipskrusten findet. c) Die regenlose Wüste, welche mit der regenarmen die braunen Schutzrinden (Wüstenrinden) gemeinsam hat. Die letztere Rinde hat nur eine Dicke von 0,2 mm bis 5,0 mm. Sie erscheint weniger auf den ebenen Plateauflächen, sondern überzieht mehr die einzelnen frei liegenden Steine oder Blöcke und die am meisten der Luft exponierten Stellen des anstehenden Felsens. Die Farbe und Dicke der Rinde richtet sich nach dem jeweiligen Gestein. Auf weißem Kreidekalk, Kreidemergel, Kalkspat (Alabaster) und Gips ist sie nicht vorhanden, auf reinem Quarz nur bräunlich, auf rotem Quarz dunkel, auf schwarzem Feuerstein erscheint sie auch nicht, eher auf weißem und porösem, und am schönsten ist sie auf Gesteinen gemischter Zusammensetzung, wenn sie auch nur wenig Kieselsäure enthalten, also auf unreinem Feuerstein, Hornstein, Kieselkalk, Dolomit, Sandstein, Quarzit oder den daraus hergestellten Artefakten, dann auch auf grauem oder gelblichem Kalk oder Mergelkalk, welche eine schmutziggelbe, braune oder violettbraune, zwar nicht reine, aber um so dickere Kruste zeigen. Lortet und Hogounenq[1] beschreiben die schwarzen Rinden an Gesteinen der Nilkatarakte bei Assuan und Wadi Halfa. Am ersteren Ort sind es Granite und Porphyre, am letzteren Sandsteine. Alle sind zwischen Nieder- und Hochwasserzone mit einer schwarzen glänzenden Rinde bedeckt. G. Böhm[2] fand auf den Molukken an Mündungen der Bäche der Südküste viele, in der Sonne speckig glänzende, wie mit einem Lack überzogene Rollstücke, deren Gestein ein etwas tonhaltiger, dunkelgrauer Kalk ist, auch ein lichtbrauner Mergel ist mit einer ähnlichen Kruste überzogen. K. Futterer[3] schildert Wüstenrinden aus dem Pe-schan. Sie treten dort an den Gesteinen sämtlicher großer Gesteinsgruppen in mehr oder minder starker Weise auf und haben bei harten Gesteinen einen hohen, durch die Politur mit Wüstenstaub erzeugten Glanz. Am schönsten sind sie an verkieselten Tuffen saurer oder basischer Eruptivgesteine und auch an Sandsteinen, die nur wenig unter dem Sandschliff zu leiden haben. Doch ist hier die Politur nur schwach. Wo starker Sandschliff vorhanden ist, sind gar keine Rinden; sie erscheinen höchstens in Höhlungen. In weiten Talmulden ist alles dunkel und schwarz. Im fließenden Wasser findet man keine Rinde, auf der Schattenseite an geschützten Stellen ist sie oft stärker als auf der Sonnenseite. Ihre Dicke ist an verschiedenen Gesteinen unter sonst gleichen Bedingungen verschieden. Endlich erwähnt Futterer, daß er den Beginn der Rindenbildung auch auf den Marmoren der Akropolis von Athen gefunden hat.

G. C. du Bois[4] hat, wie Martin, Surinam bereist und dessen Angaben im wesentlichen bestätigt. Er hat die Rinden angetroffen auf Graniten, Diabasen, Amphiboliten, kristallinischen Schiefern, Quarziten und Quarzen und beobachtet, daß sie sich hauptsächlich während der Trockenzeit in einem Gebiet bilden, daß im Mai und Juli bis 344 mm Regenhöhe hat, daß verschiedene Mineralien in verschiedener Weise zur Rindenbildung neigen, daß die Rinde während der Regenzeit zerstört wird und sich nachher wieder bildet, daß an den Flüssen die Rinde um so dunkler ist, je mehr man sich von dem niedrigsten Wasserstand nach oben entfernt, daß die verschiedenen Wasserstände durch scharfe dunkle Linien markiert erscheinen, daß die Quarzblöcke und der Savannensand ebenso wie Gold-

[1] Lortet et Hugounenq: Coloration noir des rochers formant les cataractes du Nil. C. r. **134**, 1091 (1902).

[2] Böhm, G.: Aus den Molukken. Z. dtsch. geolog. Ges. **53**, briefl. Mitt. 5 (1901).

[3] Futterer, K.: Der Pe-schan als Typus der Felsenwüste. Hettners geog. Z. **8**, 331 (1902).

[4] Du Bois, G. C.: Beitrag zur Kenntnis der surinamischen Laterit- und Schutzrindenbildung. Tschermaks mineral.-petr. Mitt., N. F. **22**, 41 (1903). (Mit ziemlich vollständiger Literaturangabe.)

blöcke von einer Eisenoxydrinde bedeckt sind. G. SCHWEINFURTH[1] fand die Rinde (Patina) von grauer und ledergelber, durch braun zu schwarz gehender Farbe auch auf den Artefakten (Manufakten) und den bei ihrer Herstellung entstandenen Splittern in Ägypten, und zwar konnte man an der Farbe die Zeit der Absprengung feststellen. Auch der Obelisk der Königin Makere von Karnak ist mit Rinde bedeckt, aber nur im oberen Drittel, wo das Denkmal über die Pylone emporragt. Auch auf Kieseln mit dicker weißer Rinde hat er sie auf dieser beobachtet und so findet man öfters Artefakte, an denen man die ursprüngliche Oberfläche des Gesteins von den künstlichen Absplitterungen unterscheiden kann. Auch alte Tongefäßscherben sind berindet, wie alle Gesteine der Wüstenregion. Weiter teilt SCHWEINFURTH mit, daß die Patinierung nur an den der Luft ausgesetzten Stellen erscheint, daß die Stücke an ihrer Unterseite nicht patiniert sind, daß die Farbe dort am dunkelsten ist, wo sich Ober- und Unterseite berühren, daß sich die Patinierung auch über den ganzen Sandboden ausbreitet, und daß dort, wo man ein Artefakt vom Boden wegnimmt, auf dem Boden ein heller Fleck entsteht. Nur frei liegende Kiesel zeigen Berindung, die in Ablagerung eingeschlossenen nie. E. PHILIPPI[2] erwähnt Wüstenrinden am Tafelbergsandstein bei Kapstadt und M. BLANCKENHORN[3] macht mit SCHWEINFURTH darauf aufmerksam, daß auch alte Topfscherben in Oberägypten mit Rinde überzogen sind. Er hält den sog. Wüstenlack nur für Politur, der durch Regen, Staub und Tau leicht zerstört wird, wenn sich nicht an der Oberfläche eine Kieselhaut gebildet hat.

E. KAISER[4] unterscheidet in seinem Werk über die Diamantenwüste zwischen Politur, Wüstenlack und Schutzrinde. Die Politur ist nur Glättung durch Sandschliff, der Wüstenlack ist eine dünne Schutzrinde. Die Politur ist schön an Phonoliten und anderen feinkörnigen Gesteinen, weniger gut an grobkörnigen, besonders gut an Quarziten und Quarzen, an Hornstein und Chalzedon sowie an verkieselten Gesteinen. Auch in der Namib sind einzelne Bestandteile des trockenen Schuttes von feinen Eisenoxyd- bzw. feinen Eisenoxydhydrathäuten überzogen und dadurch ist der Sand rot oder gelb gefärbt. Eisenschüssiger Sandstein hat oft dicke Rinden von Brauneisen. Die Rindenbildung wird um so stärker, je mehr man in das normal aride Klima übertritt.

Aus den vorstehenden Mitteilungen ergibt sich sonach, daß die dunklen Rinden (Schutzrinden) eine weltweite Verbreitung in den tropischen Gebieten der Erde besitzen, daß sie in gleicher Art und Weise in den ariden Gebieten, die vollkommen frei von Vegetation sind, wie auch in Gebieten mit langer Trockenzeit und periodischen Regengüssen, sowohl fernab von fließenden Gewässern als auch an diesen, und da besonders in der Zone zwischen Nieder- und Hochwasser vorkommen, daß die Rindenbildung sowohl an den Felsen als an losen Geröllen jeder beliebigen Größe wie auch an Sandkörnern vorkommt, wo sie dunkle, rote und braune Oberfläche des Bodens bedingt, daß die Rinden nicht bloß auf der Sonnenseite (Seite der Insolation), sondern an allen der Luft ausgesetzten Stellen, also unter Umständen auch an der Schattenseite und in Klüften aufzutreten vermag, daß sie in rein ariden Gebieten eine sehr lange Bildungszeit hinter sich haben, in den feuchten Tropen aber, oder an den Flußufern, durch Wasser leicht zerstört werden und sich in der Trockenzeit fast ebenso schnell wieder

---

[1] SCHWEINFURTH, G.: Kieselartefakte in der diluv. Schotterterrasse und auf den Plateauhöhen von Theben. Z. Ethnol. 34 (1902), Verh. anthropolog. Ges., S. 293; Steinzeitliche Forschungen in Oberägypten. Z. Ethnolog. 35, 798 (1903).

[2] PHILIPPI, E.: Über Windwirkungen. Z. dtsch. geolog. Ges. 56, Monatsber. S. 65 (1904).

[3] BLANCKENHORN, M.: vgl. S. 491 des Handbuches.

[4] KAISER, E.: Die Diamantenwüste Südwestafrikas 2, 301. 1926.

bilden, daß sie in manchen Fällen fest und dauernd mit dem Gestein verbunden bleibt, während in anderen Fällen ein Abspringen der Rinde oder eine Desquamation[1] (d. h. ein Abblättern) des Gesteins in dünnen Schalen stattfindet, daß sie ebensowohl auf dem flachen Lande wie auf den Plateaus und den Gebirgen erscheint, daß sie endlich fast alles Gestein überzieht und nur Tone, stark tonige Sandsteine, weiche Kreidekalke, Mergel, auch Kalkspat (Alabaster), reinen Marmor und Gips davon verschont bleiben, daß feinkörnige, kieselsäurehaltige Gesteine die schönsten und härtesten Rinden besitzen, und daß verschiedene Mineralien bei der Rindenbildung bevorzugt werden, so Quarz gegenüber Feldspat, gefärbte Quarze gegenüber farblosen.

G. Bischof[2] macht übrigens darauf aufmerksam, daß Überzüge von Manganhydroxyd auch auf Rollsteinen im Seinetal bei Paris und auf Quarzgeröllen der Kreide und des Diluviums in der Normandie vorkommen.

Was ihre Bildungs- und Lebensdauer anlangt, so sind diese außerordentlich verschieden in klimatisch verschiedenen Gegenden und auch an verschiedenen Gesteinen. So findet man meist auf Sandsteinen eine dickere Rinde, auf Eruptivgesteinen und Kalken eine dünnere. So hat man beobachtet, daß an den Flüssen die Rinden sich in der 8—10 Monate dauernden Trockenzeit bilden und in der kurzen Regen- oder Hochwasserzeit zerstört werden. Andererseits hat Joh. Walther[1] gezeigt, daß bei Inschriften auf Sandstein, die vor etwa 3 oder 4000 Jahren in den Sandstein gegraben sind, auch die Inschrift von Rinde überzogen ist, während Schweinfurth[3] und Blanckenhorn[4] bei Inschriften auf Granit feststellten, daß die Inschrift bereits in einem mit Rinde überzogenen Granit eingegraben wurde und heute noch der nicht überrindete rosa gefärbte Grund zu sehen ist. Dieselben Forscher teilen aber auch mit, daß sich die Rinde auf vieltausendjährigen Artefakten (Steinwerkzeugen) ebenso wie auf mehrtausendjährigen Topfscherben vorfindet, und daß ihre Bildungszeit mindestens bis ins zweite quartäre Interglazial zurückreicht. Daraus folgt, daß das Alter der Rinde, also ihre Bildungszeit und Lebensdauer sehr verschieden ist nach Gesteinsart und Klima.

Die Rindendicke schwankt von der kaum erkennbaren hauchdünnen Lage des sog. Wüstenlacks von grauer, gelblicher oder bräunlicher Färbung bis zu etwa 5,0 mm (nach Blanckenhorn[5]) bei den meisten Gesteinen mit Ausnahme von Sandsteinen, bei denen sie bis zu 4 cm Dicke beobachtet worden ist. Man unterscheidet gewöhnlich (nach Blanckenhorn[6] und Joh. Walther[7]) die Politur, den Wüstenlack und die Wüstenrinde. Die Politur erscheint gewöhnlich zunächst auf jedem Gestein und verdankt ihre Entstehung dem Sand- und Staubschliff. Mehrfach scheint die Politur auch gleich überzugehen in eine Art Lack oder Firnis, indem sich z. B. auf Kalkstein eine Verdichtung des Kalkes an der Oberfläche, oder, wie auch bei manchen anderen Gesteinen eine feine Kieselhaut[8] einstellt. Das zweite Stadium ist alsdann die Bildung des eigentlichen Wüstenlacks, der sich im Laufe der Zeit zu einer dickeren Rinde entwickelt. Diese Rinde soll dann ebenfalls, nach vielen Autoren, noch eine Politur durch Sandgebläse oder Staubgebläse erfahren, während nach G. Linck[9] die Oberfläche von Haus aus glatt ist wie die eines Glaskopfs. Allerdings wird von anderen angegeben,

---

[1] Walther, Joh.: vgl. S. 493 des Handbuches.
[2] Bischof, G.: Lehrbuch der chemischen und physik. Geologie 2 II, 1366. 1855.
[3] Schweinfurth, G.: vgl. S. 495 des Handbuches.
[4] Blanckenhorn, M.: vgl. S. 493 des Handbuches.
[5] Blanckenhorn, M.: vgl. S. 493 des Handbuches.
[6] Blanckenhorn, M.: Ägypten. Handb. reg. Geol. 7, H. 23, 179 (1921).
[7] Walther, Joh.: vgl. S. 493 des Handbuches.
[8] Kaiser, E.: vgl. S. 495 des Handbuches.   [9] Linck, G.: vgl. S. 493 des Handbuches.

daß der Oberflächenglanz, also die Politur, durch heftigen Regen sowohl wie durch Sandschliff zerstört wird.

Die Farbe der Rinde und Verlauf der Bildung geht von grau über ledergelb zu braun und schwarz und richtet sich (nach BLANCKENHORN) nach dem chemischen Bestand des Muttergesteins.

Mit dem Muttergestein ist die Rinde meist untrennbar verbunden, indem sie in die feinen Poren und Spältchen des Gesteins eindringt, bzw. dort ihren Anfang nimmt, so daß man zu Beginn der Bildung auf der Oberfläche des Gesteins zunächst nur dunkle Punkte und Strichelchen sieht, die sich dann zu Flecken und Dendriten vereinigen, bis schließlich das ganze Gestein von Rinde überzogen ist[1]. Von anderen Orten, insbesondere aber von Sandstein, wird erwähnt, daß die Rinde auch für sich von dem Gestein abspringt[2-4] und daß dann der Boden übersät ist von schwarzen Splittern[5]. Aber nicht bloß anstehende Felsen oder größere Gerölle und Bruchstücke werden von der Rinde bedeckt, sondern auch der ganze Sandboden in seinen einzelnen Quarzkörnchen zeigt Rot- oder Braunfärbung[6], die dort nicht auftritt, wo ein Geröll auf dem Sande liegt (SCHWEINFURTH[7], JOH. WALTHER[8]). In anderen Fällen wird die Rinde scheinbar durch heftige Regengüsse und Hochwasser aufgelöst[9] und verschwindet, und man sieht dann nur noch den geschliffenen nackten Felsen.

Von dem Muttergestein unter der Rinde geben die meisten Autoren an, daß es unzersetzt und frisch sei. Dagegen lesen wir bei FRAAS[10], daß bei weichen Tertiärgesteinen, die mit Rinde überzogen sind, die Härte und der Zusammenhang von außen nach innen abnimmt und im Innern eine pulverförmige Verwitterung eingetreten ist. MARTIN[11] berichtet, daß in überrindeten, kristallinischen Schiefern von Surinam an die Stelle des Glimmers erdiges Roteisen getreten ist. JOH. WALTHER[12] hält die Rinde nicht für Verwitterungserscheinungen, hingegen sagt LINCK[13], daß sich unter der Rinde eine mehrere Millimeter dicke Imprägnationszone von gelber, brauner oder braunroter Farbe findet. DU BOIS[14] unterscheidet zweierlei Rinden, nämlich sog. „epachorische", bei denen es sich um eine oberflächliche Oxydation des Eisens und Mangans im Gestein oder um von außen zugeführtes Eisen und Mangan handelt und „anachorische" Rinden, bei denen eine tiefgehende Zersetzung des Gesteins stattgefunden hat. Granit ist in der Regel wenig zersetzt. Am meisten fallen der Zersetzung dunkle Mineralien und auch der Feldspat anheim. Die Unterseite der Granitschale ruht in der Regel auf einem weicheren und zersetzteren Gesteinskern, nur selten ist die Rinde auf relativ unzersetztem Gestein. Meistens zeigt das Gestein auch weitab von der Rinde Verwitterungserscheinungen. Bei Granit kann man unter der Rinde eine 4—6 mm dicke, zersetzte, rötlichgelbe Zone beobachten, während in 10—15 mm Tiefe das Gestein wieder hart und fest ist. Nach außen hin ist Augit und Biotit ganz dunkel gebräunt. In einem Olivindiabas ist der Olivin und Ilmenit stark, der Augit wenig zersetzt. HUME[15] hat mikroskopisch keine Wanderung von

---

[1] SCHWEINFURTH, G.: vgl. S. 495 des Handbuches.

[2] VOGEL, E.: vgl. S. 491 des Handbuches.   [3] PHILIPPI, L.: vgl. S. 495 des Handbuches.

[4] KAISER, E.: vgl. S. 495 des Handbuches.   [5] BARY, V.: vgl. S. 492 des Handbuches.

[6] WALTHER, JOH.: vgl. S. 493 des Handbuches.

[7] SCHWEINFURTH, G.: Über altpaläolithische Manufakte aus dem Sandstein von Ober-Ägypten. Z. Ethnol. H. 5, 735 (1909).

[8] WALTHER, JOH.: vgl. S. 490 des Handbuches.   [9] DU BOIS: vgl. S. 494 des Handbuches.

[10] FRAAS, O.: vgl. S. 492 des Handbuches.   [11] MARTIN, K.: vgl. S. 492 des Handbuches.

[12] WALTHER, JOH.: vgl. S. 490 des Handbuches.   [13] LINCK, G.: vgl. S. 493 des Handbuches.

[14] DU BOIS: vgl. S. 494 des Handbuches.

[15] HUME bei A. LUCAS: The blackenes rocks of the Nil Cataracts and of the Egyptian desserts. Public. of the Survey Depart. Cairo 1905 (Ref. N. J. 1913 I, 258). Soll ausführliche Literaturangaben enthalten.

Stoffen von innen nach außen wahrnehmen können. Blanck[1] sagt: Entweder
verhärtet die Oberfläche und das Innere behält seine Konsistenz — das ist der
Fall bei der Bildung der schwarzen Schutzrinden — oder aber die Atmosphärilien
suchen sich einen Weg in das Innere des Felsstückes und zerstören dasselbe ohne
die Oberfläche anzugreifen — das ist der Fall bei der Verwitterung im Schatten.
Im übrigen stellt Blanck fest, daß fast alle Sandsteine Ägyptens relativ reich an
Eisen und Mangan sind. E. Kaiser[2] meint, daß die unter der Rinde befindlichen
Gesteine in bezug auf die chemische Verwitterung zu wenig untersucht seien,
weil der chemische Zerfall nicht so wie die Rinde in die Augen fällt. Manche
Autoren sprechen nicht von einem Zusammenhang der Rinde mit dem Gestein,
sondern von einer scharfen Grenze. Andere, wie Linck[3] und Schweinfurth[4],
sagen, daß die Rinde in die Poren und Spalten des Gesteins eindringt, und Russegger nennt die Gesteinsmasse mit der Rinde unmittelbar „verflossen". Joh.
Walther[5] spricht sogar davon, daß die Rinde dem Gestein fest „angeschmolzen"
ist, daß es unmöglich wäre, sie davon zu lösen. Auch Blanckenhorn[6] sagt,
daß die Rinde mit dem Muttergestein eng verwachsen sei.

Über den chemischen Bestand der Wüstenrinden sind wir eigentlich seit
Russegger[7], der sie für Eisenoxydul erklärte und seit Berzelius[8], der neben
Eisen Mangan gefunden hat, unterrichtet. Wheeler[9] fand dann in der Rinde
Mangan und Eisen, und daß das Eisen auch von Nickel vertreten sein kann und
bestimmte neben diesen Stoffen 0,086% Kali, 0,168% Phosphorsäure. Wenn
Sickenberger[10] behauptet, daß der Kalkspat bei Erwärmung (Insolation auf
90 Grad) Kohlensäure verliere, so ist das natürlich nicht ganz richtig, und man
kann die Entstehung von Kieselrinden auf Kalk, die ein Kalksilikat enthalten
sollen, nicht dadurch erklären. Nach Joh. Walther[11] soll ein ägyptischer tertiärer
Korallendolomit mit dunkelbrauner Rinde im Gestein 6,88% Kieselsäure enthalten, und die Feuersteine sollen auf ihren weißen Verwitterungsrinden keine
Schutzrinde haben, weil vielleicht darin „eine andere Kieselsäure enthalten sei",
eine durch nichts gerechtfertigte Behauptung, Sachsse[12] beschreibt die schwarze
Rinde eines Dolomits aus Palästina, die aus Manganhydroxyd und Brauneisen
bestehen soll und auf einem Dolomit folgender Zusammensetzung auftritt:

$(Mg, Fe)Ca C_2O_6$	78,54 %		SiO_2	0,42
$CaCO_3$	16,58 %		H_2O	2,43
Al_2O_3	1,52 %		Organische Substanz	Spur
Fe_2O_3	Spuren		MnO_2	nicht bestimmt.

Joh. Walther[13] berichtet, daß die Strichfarbe der ägyptischen Rinden
blutrot oder gelb oder grau wäre, blutrot oder gelb durch mehr oder minder
wasserhaltige Eisenverbindungen, grau durch Manganverbindungen. Der blutrote
Strich wird beim Befeuchten braun oder gelb. In der Oase Dakhel habe man
in der Rinde sogar 8% Kobalt (CoO) gefunden, was mit den dortigen Thermal-
quellen zusammenhängt. Alle Gesteine Ägyptens enthalten Spuren von Chlornatrium; Kohlensäure und Phosphorsäure aus dem Muttergestein sollen als

[1] Blanck, E. u. S. Passarge: Die chemische Verwitterung in der ägyptischen Wüste.
Abh. Geb. Auslandskde, Univ. Hamburg, Bd. 17; Naturwiss. 6, 48 (1925).
[2] Kaiser, E.: Ref. über die vorherg. Arbeit. N. J. 1926 II, Abt. B, 178.
[3] Linck, G.: vgl. S. 493 des Handbuches.   [4] Schweinfurth, G.: vgl. S. 495 des Handb.
[5] Walther, Joh.: vgl. S. 493 des Handb.   [6] Blanckenhorn, M.: vgl. S. 493 des Handb.
[7] Russegger: vgl. S. 491 des Handbuches.
[8] Berzelius bei Humboldt: vgl. S. 491 des Handbuches.
[9] Wheeler in Löw: a. a. O., S. 492.
[10] Sickenberger, E.: Natürliche Zementbildungen bei Cairo. Z. dtsch. geolog. Ges.
41, 312 (1889).
[11] Walther, J.: vgl. S. 490 des Handbuches.   [12] Sachsse: vgl. S. 493 des Handbuches.
[13] Walther, Joh.: vgl. S. 493 des Handbuches.

Lösungsmittel eine Rolle spielen. In den Rinden der Kalke vom Mokattam sollen nach Piccard[1] und Sickenberger[1] 2,5 % Phosphorsäure enthalten sein, und v. Streeruwitz[1] soll ein gleiches Ergebnis an den mexikanisch-texanischen Schutzrinden gehabt haben. Nach Futterer[2] findet man in den asiatischen Gesteinen mit Schutzrinden im Muttergestein stets geringe Mengen von Eisen und Mangan. Die härteren Lagen der Schichtgesteine haben eine stärkere Rinde, weil sie eisen- und manganreicher sind. Eine solche härtere Lage hat die Zusammensetzung unter a, eine weichere die unter b:

a) SiO_2 . . . . 74,56 %
   $(Mg, Ca)CO_3$. 9,36 %
   Fe_2O_3 . . . 1,08 %
   Mn . . . . . vorhanden, nicht bestimmt

b) $CaCO_3$ . . . 69,82 %
   $MgCO_3$ . . . 22,13 %
   Fe_2O_3 . . . 0,74 %

Nach Glinka[3] sollen die Rinden vom Mokattam bis zu 25 % Phosphorsäure enthalten. Diese Angabe scheint aber auf einem Druckfehler zu beruhen, indem es heißen soll 2,5 %.

Blanckenhorn[4] teilt mit, daß die Rinden Ägyptens wesentlich aus Oxyden bzw. Hydroxyden von Mangan und Eisen mit etwas Tonerde, Kalk, Phosphorsäure und Kieselsäure bestehen.

Aus all diesen Beobachtungen ergibt sich, daß die eigentlichen Wüstenrinden aus Eisenhydroxyd und in wechselnden Mengen Manganhydroxyd oder Pyrolusit, d. h. aus braunem oder schwarzem Glaskopf bestehen, dem eine geringe Menge von Tonerde, Kieselsäure, Phosphorsäure, Kalk und vereinzelt Nickel und Kobalt, auch Spuren von Chlornatrium beigemengt sind. Dieses alles entspricht aber dem, was man in der Mineralogie unter braunem Glaskopf versteht[5].

Über die Entstehung der Schutzrinden sind die Autoren verschiedener Meinung, wenn sie auch alle darin übereinstimmen, daß das tropische Klima bzw. das Licht und jedenfalls mindestens periodische Trockenheit eine Rolle spielen. Russegger[6] sah die Rinde wohl zunächst für eine Schmelzrinde an. Später sagte er, er halte sie für ein Produkt „der durch den gemeinsamen Einfluß des Wassers und der Atmosphäre bedingten langsamen Zersetzung des Gesteins". Humboldt[7] hält die Rinde am Orinoco für einen Niederschlag aus dem Flußwasser, in welchem die Rindenbestandteile aufgelöst seien. An den humussubstanzreicheren bräunlichen Gewässern des Rio Negro zeigt sich keine Rinde. Berzelius[7] glaubt ebenfalls, daß die Rindenbestandteile aus Quellen kommen „und wie durch Zementation" infolge eigentümlicher Affinität auf dem Gestein niedergeschlagen werden. O. Fraas[8] ist der Meinung, daß die Ursache der Schutzrinden, Regengüsse und Sonnenbrand seien. Rohlfs[9] macht die Verwitterung für die Entstehung der Rinde verantwortlich. Nach Wheeler[10] hinterlassen die kalifornischen Gewässer Mangankarbonat, das durch Oxydation in Mangansuperoxyd übergeht. Das Licht ist, wie sich aus der nicht gefärbten Unterseite des Gerölls ergibt, von ausschlaggebender Bedeutung. Aber auch der Mangangehalt des Muttergesteins ist beteiligt, wie sich z. B. daran zeigen soll, daß der amethystfarbene Quarz häufiger und stärker berindet ist als der farblose (die Amethystfarbe wird also hier auf Mangan zurückgeführt, was durchaus noch nicht erwiesen ist). Er hat auch in den Gewässern der Wüste Mangan ge-

[1] Walther, Joh.: vgl. S. 493 des Handbuches.   [2] Futterer, K.: vgl. S. 494 des Handb.
[3] Glinka, K.: Die Typen der Bodenbildung. Berlin 1914.
[4] Blanckenhorn, M.: vgl. S. 493 des Handbuches.
[5] Vgl. Hintze, C.: Handbuch der Mineralogie, I II, 1072. 1915.
[6] Russegger, J., vgl. S. 491 des Handbuches.
[7] Humboldt, A. v.: vgl. S. 491 des Handbuches.
[8] Fraas, O.: vgl. S. 492 des Handbuches.
[9] Rohlfs, G.: vgl. S. 492 des Handbuches.   [10] Wheeler bei Löw: vgl. S. 492 des Handb.

funden. K. A. v. Zittel[1] glaubt, daß die Rinden erzeugt sind durch atmosphärische Einwirkungen, wie z. B. Oxydation und dann Wegführung geringer Mengen der übrigen Bestandteile. Auch Martin[2] macht Verwitterung der dunklen Gemengteile der Gesteine für die dunklen Rinden verantwortlich. Joh. Walther[3] spricht in seiner ersten Schrift von der chemischen Verwitterung in der Wüste, die durch den Ozongehalt der Wüstenluft wesentlich unterstützt wird. Er glaubt, daß die Wüstenrinden nicht vergleichbar seien mit den Rinden an den Ufern tropischer Flüsse und spricht dem Kieselsäuregehalt der Gesteine eine besondere Bedeutung bei der Entstehung der Rinden zu. Die aus dem Gestein hervorragenden Nummuliten sollen wegen ihres Kieselsäure- und Phosphorsäuregehalts besonders schön berindet sein. Die intensive Hitze der Wüstenluft könne die lösende Hilfe des Wassers ersetzen (wie? ist allerdings nicht nachgewiesen). So faßt er die Ursache für die Bildung der Wüstenrinden wie folgt zusammen: 1. Besonnung (Insolation) 2. Ein gewisser Kieselsäuregehalt. 3. Vorhandensein von Mangan und Eisen, die nicht aus dem berindeten Gestein zu stammen brauchen. 4. Kein Einfluß wässeriger Lösungen.

R. Sachse[4] vermutet, daß die Schutzrinde auf dem Dolomit aus Palästina auf dem Wege der Sekretion aus einer zugeführten Lösung gebildet sei, und Obrutschew[5] sagt, die Rinden seien entstanden auf Kosten des Eisengehalts und des Kieselsäuregehalts der Gesteine. In einer späteren Arbeit betont Joh. Walther[6], daß manche Verbindungen chemisch mit dem Gesteinsmaterial verschmolzen wären, daß die Bildung der Schutzrinde, die Zementierung lockerer Sandsteine und die Färbung mancher Wüstensande hierher gehöre. Bei der Rindenbildung soll auch das in den Kalksteinen des Mokattam stets vorhandene Chlornatrium eine Rolle spielen, wie alle Gesteine Ägyptens Spuren von Kochsalz führen, und seine Lösungen sollen Eisen und Mangan teils aus dem Muttergestein, teils aus dem Staub aufnehmen. Nach der Ausscheidung der Rinde soll das Kochsalz teils durch Sandgebläse, teils durch Wasser weggeführt werden. Ein Wüstenklima soll für die Rindenbildung ein unbedingtes Erfordernis sein. Die Rinde ist dem Gestein fest „angeschmolzen". Auch die Kohlensäure und die den Versteinerungen entstammende Phosphorsäure, die in den Schutzrinden auf Kalk gefunden wurden, sollen als Lösungsmittel für die Rindenbestandteile von Bedeutung sein, und diese Lösungen sollen unter dem Einfluß der Sonnenbestrahlung durch Kapillarität an die Oberfläche gezogen werden. Er sagt weiter, die Kieselsäure in kristallinischen Gesteinen und die Phosphorsäure in den Kalken haben zu frisch gefällten Eisen- und Manganoxyden eine solche Affinität, daß an der Berührungsstelle sofort eine chemische Verbindung zustande kommt, welche zementierend die Oxyde festigt, während die ausgeschiedenen Chloride vom Winde abgeblasen werden. Starke Regen zerstören die Schutzrinde oder machen sie matt, aber trockene ozonreiche Luft stellt sie in wenigen Tagen wieder her.

G. Linck[7] vergleicht die Rinde der Sandsteine mit schwarzem Glaskopf und macht darauf aufmerksam, daß die Klüfte des Gesteins oft einen Beschlag von lockerem, braunem oder schwarzem Staub von Eisen- und Manganoxyden aufweisen. Die Rinden weichen in ihrem Bestand wesentlich von dem des Gesteins ab und die Besonnung spielt bei ihrer Bildung eine Rolle. Er meint, daß der Tau der Wüste, der besonders reich an den wirksamen Bestandteilen der Atmosphäre, an Kochsalz, Salpeter- und salpetriger Säure, Ammoniak und Ozon ist, eine schnelle Oxydation des Eisens und Mangans bewirken und daß die Sonnen-

---

[1] Zittel, K. v.: vgl. S. 492 des Handbuches.   [2] Martin, K.: vgl. S. 492 des Handbuches.
[3] Walther, Joh.: vgl. S. 490 u. 493 des Handbuches.
[4] Sachse: vgl. S. 493 des Handbuches.   [5] Obrutschew: vgl. S. 493 des Handbuches.
[6] Walther, Joh.: vgl. S. 493 des Handbuches.   [7] Linck, G.: vgl. S. 493 des Handbuches.

bestrahlung dabei eine beschleunigende wasserentziehende Wirkung habe. Er faßt seine Meinung über die Entstehung der Rinde wie folgt zusammen: „Ich betrachte somit die Rinde der Wüstengesteine als Produkt der chemischen Verwitterung unter den besonderen Verhältnissen des tropischen Wüstenklimas". 1. Imprägnation der Gesteinsoberfläche mit Tauwasser. 2. Auflösung und Zersetzung vorhandener Mineralien unter der erhöhten Wüstentemperatur. 3. Oxydation der Lösung unter Beihilfe der im Tau gelösten Elektrolyte und des Ozons. 4. Austrocknung und Kristallisation. Die bessere Rindenbildung auf den aus dem Gestein hervortretenden Nummuliten und der verkieselten Kalke mit stark hervortretenden quarzigen Geröllen, schreibt er der größeren Härte dieser Teile zu, weil auf die Umgebung die Sanderosion stärker wirkt. Die kaum sichtbare Rinde an Kalksteinen soll durch oberflächliche Imprägnation mit kohlensaurem Kalk entstanden sein. Er hat auch die künstliche Nachahmung versucht, indem er verschiedene Gesteine an der Oberfläche mit einer schwachen Lösung von Eisen- und Manganchlorid befeuchtete, dem etwas Chlornatrium oder Ammoniaksalpeter beigesetzt war, und diese Gesteine einige Stunden einer Temperatur von etwa 100 Grad aussetzte. Es entstanden dann an den befeuchteten Stellen dünne schwarze Überzüge auf dem Gestein.

M. BLANCKENHORN[1] unterscheidet, wie schon erwähnt wurde, bei den Oberflächenkrusten drei Arten oder Zonen entsprechend der gefallenen Regenmenge. 1. Das Delta und der nördliche Küstenstreifen der Libyschen Wüste mit regelmäßigen mediterranen Winterregen, wie in Tunis, Syrien, Algerien, Marokko mit bis 1 Meter dicken, bräunlichen, grauen oder weißen Krusten aus kieseligem Kalk. 2. Die weniger durchwässerte Wüste, wo an Stelle der Kalkkruste die Gipskruste tritt. Sie hört dort auf, wo die Winterregen aufhören. 3. Die Zone der braunen Schutzrinde in der regenarmen und regenlosen Wüste. Allen diesen Zonen ist nur gemeinsam die Mitbeteiligung von Minerallösungen, die ja örtlich verschieden sind und bei der Schutzrindenbildung Eisen- und Manganoxyde darstellen, welche sich an der Oberfläche des Gesteins ansammeln und die dünne, metallische, harte Rinde bilden, welche die einzelnen frei liegenden Gesteine und Blöcke oder die exponiert liegenden Teile der anstehenden Felsen überzieht. Er meint auch, daß die kieselsäurehaltigen Gesteine besonders für die Rindenbildung geeignet seien.

LORTET und HUGOUNENQ[2] halten bei den Rinden der Nilkatarakte eine Zufuhr des Mangans durch den Fluß für unmöglich. Dieses Element sei schon im Muttergestein vorhanden und könne daraus mit Salzsäure ausgezogen werden. Für die Entstehung der Rinden sei das Klima, der Stand von Hoch- und Niederwasser, die Sonnenbestrahlung und die Vegetationslosigkeit von Bedeutung. FUTTERER[3] neigt zu der Meinung, daß die Sonnenbestrahlung nicht von ausschlaggebender Wirkung sei, denn es seien in Zentralasien die Rinden manchmal auf der Schattenseite dunkler als auf der Sonnenseite, auf der geschützten Stelle dunkler als wo das Sandgebläse wirkt. Es findet wahrscheinlich keine Zufuhr von Stoffen von außen, sondern aus dem Gestein selbst durch eine Art von Exsudation statt. Er glaubt weiter, daß die Rinden von außen nach innen wachsen, aber sie seien auf Kosten des Gesteins gebildet. Der höhere und niedrigere Eisen- und Mangangehalt des Gesteins sei auf die Dicke der Rinde von Einfluß, aber nicht die Kieselsäure an sich bedinge die dickere Rinde, sondern nur die größere Härte. SCHWEINFURTH[4] spricht auch die Meinung aus, daß die Patinierung der Artefakte dem Alter derselben und den klimatischen Bedingungen (je heißer und je trockener

---

[1] BLANCKENHORN: vgl. S. 493 des Handbuches.
[2] LORTET et HUGOUNENQ: vgl. S. 494 des Handbuches.
[3] FUTTERER, K.: vgl. S. 494 des Handbuches.
[4] SCHWEINFURTH, G.: vgl. S. 495 des Handbuches.

um so brauner) entspreche, daß sie wahrscheinlich der durch Taubenetzung,
Wärme und Licht begünstigten Ausscheidung von Manganoxyd zu verdanken
sei. Der Gehalt der Kiesel an Tonerde sei wahrscheinlich in allen Fällen zugleich Träger von Eisen und Mangan. Die stärkere Bräunung oder Schwärzung
am Rande rund um die bleicheren Stellen der Unterseite, sowie die Bräunung
des hell gefärbten Sandes an nicht bedeckten Stellen seien ein sprechender Beweis
für die Einwirkung des Lichtes und der Nässe des Taufalls auf die Mangan- und
Eisenteile der Masse. Du Bois[1] bemerkt bei seinen Ausführungen über die surinamischen Schutzrinden, daß dieselben nicht allein der chemischen Wirkung der
atmosphärischen Niederschläge, sondern hauptsächlich der Kapillarwirkung durch
Insolation zu verdanken wären, daß die Verwitterung um so schneller vor sich
gehe, je intensiver und länger das Material von der Lösung berührt wird und je
höher die Temperatur ist. Die Krusten entstehen vorwiegend während der
Trockenzeit und beziehen ihr Material teils nur aus der Oberfläche (epachorische
Rinden), teils aus größerer Tiefe des Gesteins (anachorische Rinden). Die Rinden
verschwinden in der Regenzeit und bilden sich wieder in der Trockenzeit, und
zwar auch an Gesteinen, in denen kein Eisen ist. Es enthalten aber die atmosphärischen Niederschläge nicht unbeträchtliche Mengen von Eisen. Die Rinden
seien von innen nach außen gewachsen. Die epachorischen Rinden seien entstanden durch schnelle Oxydation der oberflächlichen eisenhaltigen Mineralien
des Muttergesteins und intensive Zuführung des in den atmosphärischen Niederschlägen enthaltenen Eisens. Sie sollen in den feuchten wie in den trockenen
Tropen vorkommen, in den letzteren aber häufiger. Die anachorischen Rinden
verdanken aber ihr Material wesentlich dem tief zerstörten Muttergestein und
der Kapillarwirkung. Sie entstehen hauptsächlich in den feuchten Tropen nur
während der Trockenzeit. Die Kapillarwirkung ist im allgemeinen um so stärker,
je größer die Erwärmung der Oberfläche ist, und dazu kommt noch die ozonreiche
Luft. Schweinfurth[2] schließt sich der Auffassung von Linck an, sowohl was
die Entstehung als die Glättung (Glaskopf bei Linck) anlangt. Er meint noch,
daß die Ablagerung des Mangansuperoxyds eine äußerst feinkörnige sein müsse,
weil an den Artefakten die feinsten Retuschen (Dengelung) erhalten geblieben
seien. Nur die frei liegenden Kiesel zeigen Patina. Hume[3] konnte bei seinen mikroskopischen Untersuchungen eine Wanderung der betreffenden Stoffe von
innen nach außen nicht nachweißen. Fourtau[4] führt die Rindenbildung wie
Lortet und Hogounenq hauptsächlich auf die klimatischen Bedingungen bei
der Oxydation der manganeisenhaltigen Silikate des Granits und Porphyrs von
Assuan zurück. Durch Verwitterung bildet sich ein Eisen- bzw. Mangansilikat,
das letztere leichter, da die Affinität des Mangans zur Kieselsäure größer sei.

Blankenhorn[5] schließt sich der Erklärung von Linck und Schweinfurth
an und glaubt, daß das Rindenmaterial z. T. aus der Atmosphäre stamme. Er
glaubt, daß die Kataraktrinden Ägyptens nicht ebenso aufgefaßt werden dürfen
wie die anderen Rinden. Die Rinden entsprechen nach der Analyse von Lucas[3]
einem schwarzen Glaskopf und nicht einem Eisenmangansilikat wie Fourtau
meint. Blanck[6] meint auch, daß die Kieselsäure als solche nichts mit der Färbung der Schutzrinde zu tun hat, ebensowenig der Kalk „aber die kieselsäurereicheren Gesteine haben im allgemeinen auch den höheren Gehalt an Eisen-
und Manganverbindungen, welche färbend zu wirken vermögen". Wäre aber

---

[1] Du Bois, G. C.: vgl. S. 494 des Handbuches.
[2] Schweinfurth, G.: vgl. S. 495 des Handbuches.
[3] Hume bei Lucas: vgl. S. 497 des Handbuches.
[4] Fourtau: La cataracte d'Assuan. Bull. Soc. Khed. Geogr. (6) 7, 325 (1905).
[5] Blanckenhorn, M.: vgl. S. 491 u. 493 des Handbuches.   [6] Blanck, E.: a.a.O., S. 52.

von außen her das färbende Agens zugeführt, so dürfte a priori die chemische Beschaffenheit der Gesteine ohne Bedeutung für das Zustandekommen der Erscheinung sein, soweit nicht kolloidchemische Vorgänge mit im Spiel sind. E. KAISER[1] sagt in seinem Referat über das Buch von BLANCK und PASSARGE: „Die Wüstenrindenbildung ist doch nur eine Folgeerscheinung der chemischen Verwitterung in der Wüste, welche Rinden allerdings viel eher auffallen als der darunter stattfindende chemische Zerfall und deshalb besonders, aber zu Unrecht, hervorgehoben wird". Und in seinem größeren Werk über die Diamantwüste Südwestafrikas[2] spricht er einerseits von Verwitterungshäutchen, die durch Fortnahme eines Bestandteils, z. B. des Kalkes entstehen, von dem Wüstenlack, der seither „auf eine aus dem Gestein herausdiffundierende oder äußerlich aufgetragene Rinde" zurückgeführt wird. Ein solcher Lack ist tatsächlich manchmal vorhanden. In der Namib sind die einzelnen Bestandteile des lockeren Schutts ebenfalls von feinen Eisenoxyd- oder Eisenoxydhydrathäuten umgeben und dadurch ist der Sand gelb oder rot gefärbt. Während die reine Glättung, die Politur ohne chemischen Angriff erfolgt, ist der typische Wüstenlack entstanden durch das Zusammenwirken chemischer und mechanischer Vorgänge.

Schlußbetrachtung. Aus den vorhergehenden Ausführungen ergibt sich unzweifelhaft, daß sämtliche Schutzrinden, sowohl die in den nur periodisch trockenen Tropen als auch die in den eigentlichen tropischen Wüsten eine ähnliche Zusammensetzung, nämlich die eines braunen Glaskopfs mit wechselnden Mengen von Mangan und wechselnden Nebenbestandteilen, besitzen. Sie haben demnach auch eine ähnliche Entstehung, nur wachsen sie in ariden Gebieten viel langsamer und fallen der Zerstörung nicht so leicht anheim wie in den nur periodisch trockenen Tropen.

Der Absatz der Rinden erfolgt wohl zumeist in kolloidal amorpher Form und darum können sie auch durch Regengüsse und Hochwasser in nicht ganz ariden Gebieten, wenn sie verhältnismäßig jung sind, leicht wieder entfernt (peptisiert) werden. Ältere Rinden dürften kristalloid und damit widerstandsfähiger geworden sein.

Die Bestandteile der Rinden stammen wohl größtenteils aus dem unterliegenden Gestein, doch ist auch eine Zuführung durch Flüsse, durch Staub und durch atmosphärische Niederschläge nicht von der Hand zu weisen. Deshalb ist auch die Rinde in weniger ariden Gebieten und auf eisen- und manganreichen Gesteinen dicker als in ariden Gebieten und auf eisen- und manganärmeren Gesteinen und Mineralien. Die Vorgänge der chemischen Verwitterung dürften in ihren Anfangsstadien in ariden und humiden Gebieten ziemlich gleich sein (Hydratisierung, Oxydation, Karbonatbildung usw.), nur im weiteren Verlauf oder in den Endprodukten ist ein Unterschied. Im humiden Klima entstehen verdünnte Lösungen und Sole, im ariden konzentrierte. Im ariden tropischen Klima führen sie zur Laterit- und Beauxitbildung einerseits und zur Verkieselung andererseits, während im humiden gemäßigten Klima im wesentlichen Aluminiumsilikate (Kaolin, Ton) neben Eisen, bzw. Maganhydroxyd entsteht. Im ariden tropischen Klima führen die Vorgänge wesentlich zur Bildung der Schutzrinde und zur Bildung von Verkieselungen, Kochsalz, Gips. Ein wesentlicher Unterschied zwischen den tropischen Gebieten, sei es mit jährlich lang dauernder Trockenzeit, sei es bei solchen von dauernder Trockenzeit einerseits und im humiden gemäßigten Klima andererseits, besteht in der Richtung des Transportes der durch Verwitterung entstehenden Lösungen und Sole. Während in den letztgenannten Gebieten diese Lösungen und Sole dem Gesetz der Schwere

---

[1] KAISER, E.: N. J. B. **1926** II, 187.   [2] KAISER, E.: vgl. S. 495 des Handbuches.

folgend nach unten wandern und so gegebenenfalls in einer gewissen Tiefe im lockeren Gestein zu Ausscheidungen und Diagenesen oder Metasomatosen Veranlassung geben (Ortstein, Raseneisenstein) oder sich in Höhlungen und Spaltenabscheiden (Glaskopf), wandern sie in den tropischen Gebieten mit hohen Luft- und Bodentemperaturen infolge der außerordentlich vermehrten Kapillarität nach außen und oben, und ihr Gehalt kommt an der Oberfläche des Gesteins als Rinde zur Abscheidung.

Die Lösung der durch Verwitterung gebildeten Stoffe erfolgt teils durch die nebenbei entstehenden Säuren (z. B. Schwefelsäure aus Eisenkies), teils durch die starken Säuren der Atmosphärilien (Schwefelsäure, Salzsäure, Salpetersäure) teils durch die Kohlensäure, vielleicht unter Mitwirkung der stark reduzierend wirkenden Sonnenstrahlen. Die Peptisation der amorphen Kolloide des Eisens und Mangans erfolgt durch gewisse Säuren oder Säure-Ionen oder durch organische Substanzen. Frisch gefälltes Eisenhydroxyd wird ja bekanntlich durch Eisenchlorid leicht peptisiert, aber auch Phosphorsäure peptisiert dasselbe ziemlich vollkommen, und Mangansesquioxyd scheint sich ganz ähnlich zu verhalten[1]. So kann man sich vielleicht den Phosphorgehalt, vielleicht auch den Chlorgehalt einiger Rinden erklären.

Die Ausfällung von Mangan und Eisen aus ihren Lösungen kann man auf die Wirkung der sich am Wüstenboden bildenden Karbonate, der Alkalien und alkalischen Erden[2] oder durch die Wirkung der basischen Bestandteile der Atmosphärilien erklären. Die Ausflockung (Koagulation) der Sole mag zurückzuführen sein einerseits auf die eben erwähnten Salze und auf die Wärme. So wurde beobachtet, daß ein durch Phosphorsäure peptisiertes vollkommen klar braun durchsichtiges Sol von Eisenhydroxyd, bei mehrtägigem Stehen an der Luft, sowohl im Licht als im Dunkeln bei etwa 30 Grad Celsius vollkommen ausflockte[1]. Eine solche Ausflockung könnte aber auch bewerkstelligt werden durch Hinzutreten eines entgegengesetzt geladenen Kolloids oder durch Vorhandensein eines Kristalloids wie bei der Beobachtung, daß Quarze sich besonders gern und leicht mit Rinden überziehen. Endlich könnte man daran denken, daß auch die Adsorption eines amorphen Kolloids an einem Kristalloid in Frage kommt, und da scheint wiederum der Quarz auf die Hydroxyde des Eisens und Mangans eine besonders starke Wirkung zu haben. Die Wiederlösung bzw. Peptisation bei der Zerstörung junger Rinden scheint im wesentlichen durch organische Peptisationsmittel zu erfolgen, weshalb am humusreichen Rio Negro keine Rindenbildung zu beobachten ist. Die Politur der Rinde dürfte z. T. auf die von Natur glatte Beschaffenheit des Glaskopfs und z. T. auf Staubgebläse zurückzuführen sein.

Nach Abschluß des vorstehenden Artikels sind noch zwei Arbeiten erschienen, welche unsere Schlußbetrachtungen bestätigen und erweitern.

Gletscherrinden. G. v. ZAHN[3] hat gelbe, braune bis schwarze Rinden aus der Gletscherregion zahlreicher Stellen der Alpen zwischen Bernina- und Venedigergruppe auf Graniten, Gneißen, Glimmerschiefer und Amphiboliten beschrieben. Sie sind auf der der Luft ausgesetzten Seite der Felsen und Geschiebe bis zu 5 mm dick, und unter der Rinde ist eine verfärbte Zone. Längs Spalten dringt die Rinde in das Gestein ein. Dort, wo sie dem Wind ausgesetzt ist, ist sie besonders glatt und glänzend, eine Erscheinung, die v. ZAHN auf das Schneegebläse zurückführt. Die Rinde tritt nur in der Gletscherregion auf. Nach den Untersuchungen von G. LINCK[4]

---

[1] LINCK, G.: Über Schutzrinden. Chem. d. Erde **4**, 67 (1928).
[2] Vgl. F. W. LAUER: Chemische Untersuchungen über ägyptische Wüstenböden. Inaug.-Dissert., Gießen 1928.
[3] ZAHN, G. v.: Wüstenrinden am Rand der Gletscher. Chem. d. Erde **4**, 145 (1929).
[4] LINCK, G.: Über Schutzrinden. Chem. d. Erde **4**, 67 (1928).

hat die Rinde die Zusammensetzung eines manganhaltigen Glaskopfs, ist also den Wüstenrinden durchaus ähnlich.

Beide Forscher sind der Ansicht, daß die trockene Gletscherluft die Ursache der Bildung ist und daß es sich um den durch Kapillarität bedingten Zustrom von Eisen- und Manganhydroxydsolen[1] aus dem Gesteinsinnern handelt. Es gehört die Gletscherwelt zu den wenigstens zeitweise ariden Gebieten der Erde[2]. Wir haben also ein vollkommenes Analogon zu den Rinden in tropischen dauernd oder zeitweilig ariden Gebieten und damit wird unsere Anschauung von der Entstehung der Schutzrinden bestätigt: Sie entstehen infolge des geringen Feuchtigkeitsgehaltes der Luft und dadurch bedingter Wanderung der Lösungen und Sole aus dem Gestein nach seiner Oberfläche.

Degradierte Böden.
Von H. STREMME, Danzig.
Mit 4 Abbildungen.

Unter der „Degradation" verstehen die russischen Bodenforscher eine bei der Steppenschwarzerde zu beobachtende Erscheinung, welche einen Übergang von der Steppenschwarzerde zu Waldbodentypen darstellt und sich am häufigsten in der Waldsteppe befindet. Während die Auffassung der hierher gehörigen Böden als „Übergang"[3] eine neutrale Beobachtung ist, gibt die Bezeichnung „Degradation" zugleich ein Urteil ab, denn sie bedeutet „Wertminderung". Eine solche ist in der Tat bei den fortgeschritteneren Stadien der Veränderung vorhanden, während die Anfangsstadien sie weniger zeigen.

Nach K. GLINKA[4] erwähnt bereits RUPRECHT 1866, daß der Obergärtner der Universität Kasan, Plagge, die Eigenart der Waldsteppenböden erkannte. Ihre Morphologie wurde erst 1883 von DOKUTSCHAJEFF beschrieben. Die Bezeichnung „Degradation" scheinen 1888 KOSTYTSCHEW und KORSCHINSKI[5] gegeben zu haben. Später schloß sich eine ausgedehnte Literatur[6] an diese ersten Arbeiten an. Eine neuere Zusammenfassung rührt von N. FLOROV[7] her.

Die allgemeinen Vorgänge.

Die Steppenschwarzerde ist der Bodentypus der Grassteppe. Die Gräser zeichnen sich durch ein weitverzweigtes, aber nicht tiefgehendes Wurzelsystem aus, das den oberen Bodenhorizont stark auflockert. Die Gräser sind zumeist einjährig. Ihre Wurzeln sterben mit den Halmen ab und unterliegen der typischen Steppenhumifizierung, welche anscheinend hauptsächlich durch aerobe Bakterien ausgeübt wird und bei welcher die Humuszehrung nicht allzu groß ist. Für die Gräser der feuchten Wiesen gilt etwas Ähnliches, nur sind hier mehr

---

[1] KNAUST, W.: Eine demnächst in der Chem. d. Erde 4 (1930) erscheinende Arbeit über die Sole des Mangans und Eisens.

[2] Vgl. auch BLANCK, E.: Beitrag zur Kenntnis arkt. Böden. Chem. d. Erde 1, 450 (1919).

[3] STREMME, H.: Grundzüge der praktischen Bodenkunde, S. 102. Berlin 1926.

[4] GLINKA, K.: Die Typen der Bodenbildung, S. 86. Berlin 1914.

[5] KOSTYTSCHEW: Arb. naturforsch. Ges. St. Petersburg 20. — Die Forst- und Landwirtschaft in Rußland. 1903. — KORSCHINSKI: Arb. naturforsch. Ges. Kasan 17, Nr 6 (1887); 18, Lief. 5 (1888).

[6] GLINKA, K.: Ebenda, S. 87.

[7] FLOROV, N.: Über die Degradierung des Tschernosems in den Waldsteppen. Ann. Inst. Geol. României 11, 141—144 (1925).

anaerobe Bakterien und z. T. wohl auch die humuszehrenden Pilze beteiligt. Der Wasserverbrauch der Steppengräser ist schon angesichts ihrer kurzen Vegetationszeit niedrig, so daß sich außerordentlich häufig in ziemlich geringer Tiefe Wasseransammlungen finden, die oft auch in die humosen Horizonte hineinreichen. Vom Regenwasser kommt in der Steppe ein großer Teil auf den Boden, aber es verdunstet wieder viel. Die Bodenlösung ist neutral oder alkalisch und enthält nur wenig organische Stoffe.

Wo Wald im Steppengebiet hochkommt, treten sehr starke Verschiebungen im Wasserhaushalt ein. Die Wurzeln dauern aus und gehen allmählich immer tiefer. Der Wasserbedarf der Bäume hält das ganze Jahr hindurch, wenn auch in verschiedenem Grade, an. Die Wurzeln saugen das Wasser auf, und zwar richtet sich die saugende Wirkung nach allen Seiten. Der Grundwasserspiegel wird gesenkt. Die Wasserverdunstung ist groß. Das auf die Bäume fallende Regenwasser kommt nur zu einem kleinen Teil auf den Boden. Von diesem ist aber die Verdunstung in die meist feuchte Waldatmosphäre hinein gering. Wenn im Walde eine Streu liegt, so hält diese zumeist die Feuchtigkeit zurück. Sie bildet eine ausgezeichnete Nahrungsquelle für Pilze, insbesondere Schimmelpilze, die im Steppenboden sehr spärlich sind. Die starke Austrocknung, welche der Steppenboden in der wärmeren und trockeneren Jahreszeit erfährt und welche zur Bildung senkrechter Trockenrisse führt, kommt im Waldboden viel weniger zustande. Im allgemeinen bleibt der Waldboden fast das ganze Jahr hindurch, wenigstens während der ganzen Vegetationszeit, welche länger dauert als in den Steppen, feucht. Ist tropfbare, flüssige Feuchtigkeit im Waldboden vorhanden, so fließt diese nicht nur vermöge ihrer Schwere nach unten, sondern sie wird auch durch die Wurzelkanäle und durch das Ansaugen schneller hinunter befördert. Dabei ist das Waldwasser der Oberfläche zumeist eine Streulösung, in welcher die organischen Stoffe und die durch die feuchte Zersetzung gebildeten anorganischen überwiegen. Infolge der Umsetzung des Eiweißschwefels zu Schwefelsäure ist die Lösung sauer.

Sehr bemerkenswert ist hier ein Versuch Kostytschews, welchen K. Glinka[1] zitiert. Kostytschew brachte je 300 g Steppenschwarzerde aus dem Gouvernement Ekaterinoslaw in zwei zylinderförmige Gefäße, in denen sie eine 6 Zoll mächtige Schicht bildeten. Eines der Gefäße wurde mit einer Schicht von 150 g Eichenstreu bedeckt. Diese Bodenproben wurden beständig mit mehr Wasser begossen als vom Boden absorbiert werden konnte, so daß ein Teil des Wassers in die untergestellten Bechergläser ablief. Im allgemeinen verbrauchte man zu diesem Experiment folgende Wassermengen: für die Steppenschwarzerde mit Blätterdecke 10100 cm³, für die Steppenschwarzerde ohne Blätterdecke 10125 cm³. Das in den Bechergläsern befindliche Filtrat war farblos, aber bald schied sich eine weiße Substanz aus, die sich als Kalziumkarbonat erwies. Die Versuche dauerten ein Jahr; das durch den Boden gesickerte Wasser wurde gesammelt, in Platinschalen verdampft und der Rückstand analysiert. Man erhielt folgende Resultate:

	Im trockenen Boden %	In den Lösungen	
		Boden mit Blättern %	Boden ohne Blätter %
Humus	8,461	—	—
Chemisch gebundenes H_2O	3,258	—	—
Glühverlust	11,719	1,9012	1,2530

---

[1] Glinka, K.: a. a. O., S. 89.

	Im trockenen Boden %	In den Lösungen	
		Boden mit Blättern %	Boden ohne Blätter %
HCl-löslich SiO$_2$	16,508	0,3128	0,1705
,, Al$_2$O$_3$	6,337	0,2704	0,0204
,, Fe$_2$O$_3$	4,984		
,, Mn$_2$O$_3$	0,234	0,1018	0,0219
,, CaO	2,088	1,3569	1,7618
,, MgO	1,715	1,3483	0,3667
,, K$_2$O	0,736	0,0726	0,0496
,, Na$_2$O	0,103	0,0654	0,0593
,, P$_2$O$_5$	0,168	0,0053	Spur
,, SO$_3$	Spur	0,0839	0,1611
,, CO$_2$	0,424	—	—

Als man die Humusmenge nach dem Versuch im Gefäß bestimmte, erhielt man im Boden mit Blätterdecke 7,30%, im Boden ohne Blätterdecke 6,57%. Da jede Probe vor dem Versuch 253,83 g Humus erhielt, so wurden im Verlauf von einem Jahre zersetzt im Boden mit Blätterdecke 34,8 g, im Boden ohne Blätterdecke 56,7 g. Folglich verminderte die Blätterdecke den Humusverlust bedeutend, was verständlich ist, weil sie selbst Humusmaterial enthält. Nach dem Versuche war die Farbe des Tschernosems geändert und der der grauen Waldböden ähnlich. Aus dem mit Blätterdecke versehenen Boden erhielt man ungefähr 6 g Trockensubstanz, aus demjenigen ohne Blätterdecke 4 g, d. h. 0,2 und 0,13%. Zugleich verringerte sich die Zähigkeit des Bodens. Nach dreijährigen Versuchen war im Boden nur 2,5% Humus zurückgeblieben. Damit ist die Degradationsfähigkeit der Steppenschwarzerde bewiesen. Die Vergrößerung der von den Bodenprozessen verbrauchten Feuchtigkeitsmengen muß als Hauptursache der Degradation betrachtet werden. Hieraus schließen wir, daß dem Walde eine um so größere Bedeutung in den Degradationsprozessen zukommt, je größer die Feuchtigkeitsmenge in den oberen Horizonten ist. Es sind auch Fälle denkbar, in denen die Degradation auch ohne Mitwirkung des Waldes, nur unter dem Einflusse größer gewordener Feuchtigkeitsmengen stattfindet.

N. FLOROVS Ausführungen gehen ähnliche Wege wie die vorstehenden. N. FLOROV faßt seine Schlüsse in der folgenden Weise zusammen: 1. Der Boden unter den Holzgewächsen in den oberen Horizonten befindet sich in Bedingungen einer intensiveren Durchfeuchtung als der Boden unter den Gräsergewächsen. 2. Der Boden unter den Holzgewächsen häuft auf seiner Oberfläche eine Menge von abgestorbenen, lockerliegenden, organischen Stoffen an, im Innern des Bodens sammelt sich jedoch nur eine geringe Menge davon, während bei den Gräsergewächsen die Menge des organischen Stoffes mehr oder weniger überall gleichmäßig verteilt ist und dabei den Charakter einer dichten Masse hat. 3. Der abgesonderte organische Stoff im Boden der Waldformationen besitzt eine permanente saure Reaktion, und im Boden der Gräserformen eine neutrale oder annähernd neutrale Reaktion.

Die Morphologie der Degradation.

Typisch für die Morphologie der Steppenschwarzerde sind der unregelmäßige Übergang der humosen Krume in das unveränderte oder wenig veränderte Gestein, die dunklen (schwarzen, grauen, schokolade- oder kaffeebraunen) Humusfarben, die zahlreichen Wurm-, Wurzel- und Maulwurfsgänge, die 1—7 mm starke Krümelung des oberen humosen Horizontes, die gröbere Krümelung des übrigen humosen Horizontes, die Säulchenstruktur des Übergangshorizontes, die Anhäufung des Kalkkarbonats in den unteren Teilen des humosen, in den Übergangshorizonten und den oberen Teilen des Untergrundes. Im Gegensatz dazu ist der ausgesprochene primäre Waldboden (Podsol) durch deutlich voneinander abgegrenzte, zumeist auch farbig sehr verschiedene Horizonte (schwarz, weiß, rostrot u. a.), durch den Mangel an Tierlöchern, den Mangel an Krümelung, die Versandung der Krume, die horizontale, schichtige, plattige Struktur, die eigentümliche Klebekraft des bleichen Humus der Bleicherde, die Verdichtung des rostfarbenen Horizontes, der keine oder geringe Klebekraft besitzt, das Verschwinden des kohlensauren Kalkes, ausgezeichnet. Übergänge müssen naturgemäß von beiden einige Eigenschaften haben. Es fragt sich, wieweit besonderes auftritt. N. Florov faßt die morphologischen Merkmale der Degradation in folgender Weise zusammen:

Das erste Stadium der Degradierung bildet solche Böden, welche eigentlich von dem typischen Tschernosem sich noch nicht scharf unterscheiden, und in denen die Kennzeichen des Podsolbildungsprozesses noch schwach wahrzunehmen sind. Jedenfalls sehen wir hier noch nicht den rotbraunen Horizont der Sesquioxydanhäufungen. Aber andererseits kann man diese Böden auch zu dem typischen Tschernosem nicht hinzurechnen, da sie entschieden den Charakter und die typischen Merkmale des Steppentschernosems verloren haben. Dieses äußert sich in folgendem: 1. Die typische Krümelstruktur haben sie verloren. Die Krümel sind wohl erhalten geblieben, aber haben ihr äußeres Ansehen verloren und eine matte trübe Färbung erhalten, die wellenartigen Konturen und ihre Vielkantigkeit fehlen, anstatt dessen haben sie eine gewisse Scharfkantigkeit erhalten und sind in einer Richtung länglicher geworden, welcher Umstand sie der Prismenstruktur annähert. In anderen Fällen haben sie ihr ausgesprochenes Gefüge verloren. 2. Auf der Fläche der Krümel ist Mehlstaub von SiO_2 zu bemerken, was deutlich anzeigt, daß der Degradierungsprozeß schon begonnen hat. 3. Gewöhnlich erscheint in einiger Tiefe von der Oberfläche eine klar bemerkbare Plattenstruktur. 4. Endlich senken sich die Karbonate im Vergleich zu den typischen Tschernosemböden. Derartige Böden nennt N. Florov die degradierten Tschernoseme im engeren Sinne.

Das zweite Stadium der Degradierung bilden die Böden, welche schon Horizonte der Eluvialanhäufung von SiO_2 und Illuvialanhäufung von Sesquioxyden und Karbonaten haben, obgleich diese Horizonte noch nicht scharf ausgeprägt sind. N. Florov nennt diese die dunkelgrauen podsolierten Lehmböden der Waldsteppe. Ein typisches Durchschnittsprofil ist das folgende, das bei der Stadt Uman an einem schwachen Abhang aufgenommen wurde.

Horizont *A*, 0—45 cm. Humushorizont, gleichartige Färbung, leicht entfärbt, sichtbare Plattenstruktur. Die Platten besitzen keine große Festigkeit. Beim Drücken zerfallen sie und ergeben a) Teilchen von unregelmäßiger Form, b) viele staubpulverige Elemente, c) Teilchen von krümelartiger Struktur. Diese letzteren können aber nicht zu den für den Tschernosem typischen Krümeln hinzugezählt werden, da ihnen die weichen und wellenartigen Konturen fehlen, außerdem sind sie nicht vielkantig, haben keine poröse Beschaffenheit, wobei die Berührungslinien der einzelnen Seitenflächen zuweilen lange scharfe Kanten darstellen. Übrigens kommen auch die typischen Tschernosemkrümel vor, besonders im unteren Teil des Horizontes. Überall ist Anhäufung von SiO_2-Mehl, wenn auch nicht reichlich. Nach unten hin werden die Einzelteilchen im Umfange größer und nehmen den Charakter der von SiO_2 reichlich beschütteten Nußkrümelstruktur an. Der Übergang zum folgenden Horizont ist nicht scharf ausgeprägt, aber im Profil leicht bemerkbar.

Horizont *B*, 45—110 cm. Rotbrauner Horizont; der obere Unterhorizont (ungefähr bis 70 cm tief) hat noch seine Humusfärbung behalten, welche neben der rotbraunen Färbung stark hervortritt und nach unten hin schnell verschwindet. Der untere Unterhorizont hat keine Humusfärbung, ist vielmehr rotbraun gefärbt. Dem Charakter dieser Farbschattierungen nach zerfällt der rotbraune Horizont in zwei Unterhorizonte, den oberen humushaltigen und den unteren, eigentlichen rotbraunen Unterhorizont. Diese beiden Unterhorizonte scheiden sich voneinander nach der Struktur. In dem humushaltigen sind die Strukturteilchen ein wenig länglich und gleichen der Prismenstruktur; die Prismen sind nur schwach zementiert, nicht dauerhaft und zerfallen in formlose Stücke oder in Teilchen von krümelartiger und kleinprismatischer Struktur. In dem unteren Unterhorizonte dagegen sind die Prismen weit typischer und dauerhaft; sie haben eine dunkelbraune Färbung, ein wenig glänzende glatte Fläche, sind scharfkantig und stark nach einem Diameter hingezogen. Staubpulverige und strukturlose Elemente sehr wenig; überall viele Maulwurfs- und Wurmgänge. Nach unten wird die Fläche der Prismen weich, wellig und ein Übergang zur Säulchenstruktur wahrnehmbar.

Horizont *C*, 110—200 cm. Hellgelb mit einem roten Anstrich, karbonatreicher Löß, nicht scharf, aber sichtbar vom rotbraunen Horizonte durch eine hellgelbe wellenartige Linie (die Linie des Aufbrausens) abgegrenzt. Säulchenstruktur; Maulwurfs- und Wurmgänge, dunkelfarbige Punktierung. Der Löß ist von Karbonatröhrchen und -schimmel durchzogen.

Die dunkelgrauen podsolierten Lehmböden haben also alle morphologischen Merkmale der Eluvial- und Illuvialhorizonte, obgleich diese Kennzeichen nicht sehr scharf ausgeprägt sind. In bezug auf die Deutlichkeit dieser Merkmale und die Ausprägung des rotbraunen Horizontes beobachtet man verschiedene Varianten, die der verschiedenen Intensität der Wirkung des Podsolbildungsprozesses auf den Boden entsprechen. Infolgedessen hat N. FLOROV die Böden dieser Gruppe in zwei Untergruppen geteilt. Als Vertreter der ersten Untergruppe erscheinen die Böden, welche den soeben beschriebenen Böden der Stadt Uman ähnlich sind. Zur zweiten Untergruppe werden Böden gerechnet, welche noch mehr als die vorigen degradiert sind; sie haben einen stärker entwickelten rotbraunen Horizont von sehr deutlicher Zähigkeit, mit einer stark ausgeprägten prismatischen Struktur, intensiv rot gefärbt. Weiter ist der gleichartig gefärbte Humushorizont in dieser Untergruppe bedeutend weniger mächtig als bei den Böden der vorhergehenden Untergruppe, enthält sehr wenig Humus, in der Tiefe von ungefähr 60 cm tritt an seine Stelle plötzlich und schroff der untere Unterhorizont des rotbraunen Horizontes (der eigentliche rotbraune, humuslose Unterhorizont) auf. Auf diese Weise lassen sich die Böden der Gruppe der dunkelgrauen podsolierten Lehmböden nach der Mächtigkeit und der Ausbildung des rotbraunen Horizontes, und zwar seiner beiden Unterhorizonte einteilen. Wenn in der ersten Untergruppe der dunkelgrauen Böden der untere Unterhorizont des rotbraunen Horizontes eine geringe Mächtigkeit besitzt und jedenfalls in dieser Hinsicht dem oberen Unterhorizont (Humusunterhorizont) nachsteht, so erreicht umgekehrt in der zweiten Untergruppe der dunkelgrauen Lehmböden der untere Unterhorizont (der eigentliche rotbraune Unterhorizont) eine bedeutende Mächtigkeit, indem er in fortschreitenden Degradierungsprozessen sich nach oben in der Richtung zum Humusteil des Profils hin und sozusagen auf Kosten desselben entwickelt. Die Mächtigkeit des rotbraunen Unterhorizontes im Verhältnis zu derjenigen des ganzen von Humus gefärbten Teiles des Bodenprofils (d. i. also des Humushorizontes und des Humusunterhorizontes des rotbraunen Horizontes) ist in der zweiten Gruppe bedeutend größer als in der ersten

Untergruppe des dunkelgrauen Lehmes. Bei den morphologischen Felduntersuchungen des Bodens kann also dieses Merkmal leicht dazu dienen, um die beiden Untergruppen der dunkelgrauen Lehmböden zu unterscheiden. Die Böden der ersten Untergruppe der dunkelgrauen Lehmböden bezeichnet N. Florov als: dunkelgrauer, wenig podsolierter Lehm der Waldsteppe, und die Böden der zweiten Untergruppe als: dunkelgrauer podsolierter Lehm der Waldsteppe.

Als letztes Glied in der Reihe der degradierten Böden (drittes Stadium der Degradierung) erscheinen die grauen podsolierten Lehmböden der Waldsteppe mit nachstehendem typischen Profil:

Horizont A_1 0—20 cm. Humusarm, farblos, aschgrau, Plattenstruktur, die Fläche der Platten mit Mehlstaub von SiO_2-Ablagerungen bestreut, scharf vom niedriger liegenden Horizont abgegrenzt.

Horizont A_2, 20—40 cm. Weißlicher Horizont, nußartige und prismatische Struktur, ohne Humusfärbung, stellenweise aber Einwaschungen von Gestein aus der Oberschicht. Die Färbung der nußartigen Teilchen ist bräunlich. Auf den Flächen der Nüsse in den Vertiefungen reichliche SiO_2-Anhäufungen. Beim Auseinanderdrücken zerfallen die Nüsse in kleine Teilchen, die durch ihre Scharfkantigkeit und durch ihre in einer Richtung verlängerte Form an das Strukturprisma erinnern. Die Grenze zum rotbraunen Horizont ist sichtbar, aber nicht allzu scharf.

Horizont B, 40—130 cm. Rotbrauner stark zementierter Horizont mit prismatischer Struktur; in seinem oberen Unterhorizonte kleine Prismen. In feuchtem Zustande zäh. Die Strukturprismen haben eine glänzende Fläche und sind mit Dendritenmustern bedeckt. Der untere Unterhorizont hat eine grobe prismatische Struktur.

Horizont Ca, 130—200 cm. Sehr hellgelber Löß (Karbonatilluvium). Die Karbonate sind an den Wänden der Löß-Röhrchen und -Poren abgelagert; kein Karbonatschimmel, überall Karbonatröhrchen. Die Grenze zwischen diesem und dem höhergelegenen Horizonte in Form einer hellen wellenartigen Linie tritt scharf hervor.

Horizont C, unter 200 cm. Hellgelber Löß mit geringerem Karbonatgehalt, keine bemerkbare Grenze gegen den vorigen Horizont.

Die Veränderung des Tschernosems unter dem Einflusse des Podsolbildungsprozesses ist hier noch stärker ausgeprägt als in den dunkelgrauen Böden, und auf dem senkrechten Profil sehen wir fünf Horizonte, von denen einige deutlich und andere sehr scharf abgegrenzt sind. Von der vorigen Gruppe der dunkelgrauen Lehmböden unterscheiden sich diese Böden dadurch, daß die Humusfärbung in dem rotbraunen Horizont vollständig abhanden gekommen ist. Wie die vorige Gruppe, so teilt N. Florov auch diese in zwei Untergruppen, und zwar nach dem Grade der Podsolierung, insbesondere nach der Menge der SiO_2-Anhäufung und der Bildung der weißlichen Podsolflecke. Die erste Untergruppe, der graue podsolierte Lehm der Waldsteppe, zeigt eine bedeutende Anhäufung von SiO_2, aber dennoch nicht in dem Grade, daß auf dem Profil ein deutlich fixierter weißlicher Horizont hervortritt. In der zweiten Untergruppe, dem hellgrauen podsolierten Lehm der Waldsteppe, gibt es einen solchen weißlichen Horizont (zwischen dem Humushorizont und dem rotbraunen Horizont), und wenn er nicht immer durch eine ausschließlich weiße Farbe gefärbt ist, so ist er doch in jedem Falle durch seine weißlichen Flecke der SiO_2-Anhäufung auf dem Profil sichtbar. Gleichfalls ist auch der rotbraune Horizont in der zweiten Untergruppe, was die Färbung, wie auch die Zementierung und die Struktur anbetrifft, stärker ausgeprägt als in dem grauen podsolierten Lehm der Waldsteppe.

So dienen als Grundlage zu N. Florovs Klassifikation die morphologischen Merkmale, nach denen man den Degradierungsgrad bestimmen kann, und zwar sind diejenigen hervorgehoben, mit denen die größte Anzahl der anderen Merkmale am besten verbunden ist. Diese sind 1. Das Fehlen oder Vorhandensein des rotbraunen Horizontes; 2. die vollkommene oder die mehr oder weniger gestörte Krümelstruktur im Humushorizonte; 3. Vorhandensein oder Fehlen der Humusfärbung im rotbraunen Horizonte; 4. das Fehlen oder Vorhandensein der weißlichen SiO_2-Anhäufung.

Die ganze Gruppierung lautet:

1. Steppenschwarzerde (Varianten nach Humusgehalt und Bodenart).

2. Degradierte Steppenschwarzerde. Erstes Degradierungsstadium, in welchem die Krümelstruktur durch den begonnenen Podsolbildungsprozeß gestört ist, auf den Flächen der Strukturelemente zeigt sich ein kaum merkbares SiO_2-Mehlpulver usw., aber der rotbraune Horizont (Illuvialhorizont von R_2O_3-Anhäufung) fehlt noch ganz oder ist kaum bemerkbar.

3. Dunkelgrauer, wenig podsolierter Lehm der Waldsteppe (zweites Degradierungsstadium; erste Untergruppe); der rotbraune Horizont der R_2O_3-Anhäufung und der hellgraue Horizont von Karbonaten im Profil deutlich wiedergegeben. Die Mächtigkeit des rotbraunen Unterhorizontes des rotbraunen Horizontes ist gering. Der obere Unterhorizont, d. i. der Humusunterhorizont, ist vorhanden.

4. Dunkelgrauer podsolierter Lehm der Waldsteppe (zweites Degradierungsstadium, zweite Untergruppe). Die soeben erwähnten Merkmale sind stärker ausgeprägt. Die Mächtigkeit des humusfreien Unterhorizontes des rotbraunen Horizontes ist bedeutend und übertrifft die des humushaltigen Unterhorizontes.

5. Grauer podsolierter Lehm der Waldsteppe (drittes Degradierungsstadium, erste Untergruppe); die morphologischen Merkmale der Eluvial- und Illuvialschichten sind sehr scharf ausgeprägt, wobei im rotbraunen Horizont die Humusfärbung fehlt.

6. Hellgrauer podsolierter Lehm der Waldsteppe (drittes Degradierungsstadium, zweite Untergruppe). Die soeben erwähnten Merkmale sind noch schärfer zum Ausdruck gelangt, wobei unmittelbar unter dem Humushorizont ein weißlicher Horizont mit SiO_2-Anhäufungen sich gebildet hat.

N. FLOROV geht bei seinen Beobachtungen stets von der Annahme des Waldes als Degradationsverursacher aus, welcher in der Gegenwart oder früher die degradierten ukrainischen Böden bedeckt habe. Auch ein so gründlicher Beobachter wie A. NABOKICH[1] kennt keine andere Ursache. Das Nebeneinander der verschiedenen Stufen erklärt er dadurch, daß die Waldbedeckung nicht gleichzeitig gewesen sei und auch nicht überall gleich lange gedauert habe.

Neuerdings glaubt M. SELLKE[2] bei Kartierungsarbeiten in Mitteldeutschland feststellen zu können, daß ein frühes Stadium der Degradation auch ohne Wald, allein durch stärkeren Regenfall zu erklären sei. Er beschreibt ein Profil von Bavenstedt bei Hildesheim, an welches er seine Bemerkungen anknüpft:

Bavenstedt bei Hildesheim.

A_1	40 cm, schwarzbrauner Lößlehm, krümelige und polyedrische Teilstruktur, schichtige Gesamtstruktur, keine Eisenausscheidungen.
A_2	80 cm, dunkelgraubrauner Lößlehm, polyedrische Teilstruktur, schichtige Gesamtstruktur, schwache Eisenausscheidungen, schwach porös.
	Übergangszonen mit unzähligen, mit Humuserde ausgefüllten Tierlöchern und -gängen.
B	fahlgelblich rötlicher, wenig verfestigter Lößlehm mit etwas diffus verteiltem Humus, stark kalkhaltig, etwas rostfleckig durch Grundwasserabsätze, mäßig porös.
C	nicht erreicht.

---

[1] NABOKICH, A.: Ergebnisse der Bodenuntersuchungen in Südwestrußland von 1906 bis 1911. 1915. Zit. nach S. S. NEUSTRUEV, Genesis of Soils. Ac. of Sciences. Russ. Pedol Investigations III, S. 55. Petersburg 1907.

[2] SELLKE, M.: Die Degradierung des Steppenbodens, Ing. Dissert., Danzig 1930.

Die Absetzung der Horizonte gegeneinander ist hier etwas stärker als in der Schwarzerde.

Die Krümelstruktur und die vertikale Gesamtstruktur sind durch Kalkhinunterwaschung zerstört. Die größere Feuchtigkeit hat bewirkt, daß durch stärkere Hydratation einerseits und energische Zersetzung des Humus, also Kohlensäurebildung, andererseits eine schnellere Zersetzung der Silikate beginnt. Das frei werdende Eisenhydroxyd ist imstande, den unteren Teil der Krume zu färben. Auch Umlagerungserscheinungen zeigen sich bereits, da durch die Gegenwart der Kohlensäure ein Teil des Humus einen genügend hohen Dispersitätsgrad erreicht, um auf die Sesquioxyde als Schutzkolloid wirken zu können. Als Resultat dieses Vorganges erscheint unter der Krume ein unreifer, ersichtlich im Formierungsstadium befindlicher *B*-Horizont. Dessen Einzelteile sind etwas von Humus umkleidet. Beim Zerdrücken kommt eine schwach gelbliche Eisenfarbe des Innern zum Vorschein. Später, d. h. bei zunehmender Menge des umlagerten Eisens, schlägt die Färbung in ein sattes Rotbraun mit humusgrauem Einschlag um.

Den Beweis, daß eine stärkere Regenmenge hier allein, ohne Waldbedeckung, die Degradierung hervorgerufen habe, sieht M. Sellke in folgenden Beobachtungen und Überlegungen: 1. Die meisten degradierten Schwarzerdeböden der Hildesheimer Gegend zeigten an der Basis der bodenartigen Krume mehr oder weniger stark Grundwasserabsätze. Die Ausscheidungen des Grundwassers sind häufig neben den zahlreichen humusgefüllten Gängen der Steppentiere zu sehen. Sie müssen also später als der Steppenboden entstanden sein, da die trockenheitliebenden Wühler sich niemals in so starkem Maße in einem Grundwasserhorizont betätigt hätten. 2. Es finden sich im ganzen Gebiet der Steppenwaldböden — also fast überall — Grundwasserböden, denen der frühere Charakter als Steppenwaldboden noch deutlich anzusehen ist. Mitunter sind die Horizonte des klimatischen Typs noch vollständig erhalten, und nur rote Eisenzusammenflockungen beweisen, daß hier nachträglicher Grundwassereinfluß verändernd gewirkt hat. Die zunehmende Regenmenge hat also zunächst die Bewaldung und Degradierung der Steppenböden, dann aber auch teilweise eine Auffüllung des Untergrundes hervorgerufen. Die Ursache hierfür ist z. T. in der schlechten Entwässerung weiter nordwestdeutscher Gebiete infolge ebener Oberflächengestaltung und zu geringer Höhenlage über dem Meeresspiegel zu suchen. Teilweise sind auch hochliegende, undurchlässige Schichten (besonders Tone der unteren Kreide und des Schwarzjura) die Veranlassung für die Veränderung der regionalklimatischen Typen in der regenreichen Zeit. 3. Die degradierten Schwarzerden, die braunen und zuweilen auch die gebleichten Steppenwaldböden sind dort, wo sie nachträglich durch hochsteigendes Grundwasser verändert sind, durch den überwiegend aufsteigenden Wasserstrom wiederum schwächer oder stärker kalkhaltig geworden. Aber auch in einem Teil der trockenen Böden konnte er freien Kalk in den oberen Horizonten feststellen. Das Grundwasser hatte hier, ohne bereits die charakteristischen Sedimentierungserscheinungen zu zeigen, die bereits entkalkten Horizonte durch Zurücklassung der Bikarbonate (Ausfällung als Karbonate) wieder kalkhaltig gemacht. 4. Die Klimatologen W. Köppen, A. Wegener, L. Berg u. a. sind auf Grund geologischer, botanischer und Strahlungskurven-Untersuchungen ebenfalls zu dem Schluß gelangt, daß unserem feuchten Klima eine warme und trockene Zeit voraufging. Der Klimawechsel dürfte damit bewiesen und auch auf das (absichtlich besonders trocken ausgewählte) Profil von Bavenstedt anzuwenden sein. Nun habe er unter Wald übereinstimmend stets eine von oben beginnende Degradation gefunden. Infolgedessen bleibt für das Bavenstedter Profil nur noch die Annahme einer Degradation unter Steppe durch stärkeren Regenfall übrig.

Es gibt aber noch einen weiteren, nämlich 5. Beweis. Im Sandgebiet von Nordhannover besitzen wir auf den Binnenlanddünen eine natürliche Steppenvegetation (Weingartneria, Carex arrhenaria, Festuca ovina, Thymian u. a.). Der regionalklimatisch dorthin gehörige Wald kann sich nicht ansiedeln, weil die Dünen viel zu trocken sind. Hier zeigt sich etwa folgendes Profil:

A	8—10 cm, dunkelgrauer Sand.
	A übergehend in B, 100—120 cm, oben mehr rötlichgrau, dann gelblicher und heller werdend, zuweilen etwas humose Schichten, sehr locker.
C	weißer Sand. Struktur ist nirgends vorhanden.

Es zeigt sich dieselbe Erscheinung wie bei dem Bavenstedter Profil: durch Aufspaltung der Silikate kann das Eisenoxyd färbend wirken. Der Übergang von A zu B ist infolge der geringen Verlehmung schwer festzustellen. Die Degeneration infolge des feuchten Klimas zeigt sich jedenfalls im unteren Teil des Profils. —

Es bleibt zu überlegen, ob nicht das nach der Entwaldung eintretende Höhersteigen des Grundwassers und dadurch erfolgende Bodenprozesse allein die von M. Sellke beobachteten Erscheinungen bewirkt haben können, ohne daß eine verstärkte Regenmenge in Frage käme.

Im ganzen ist die Degradation der Schwarzerde unter Wald, besonders Laubwald, in Deutschland überaus häufig und in allen Stadien zu beobachten. Darüber geben die folgenden Profile Auskunft:

a) Ackerböden.

Lößlehmgrube bei Schweinfurt in Franken. (Aufgen. H. Stremme 1914.) Von weitem schien nur eine 0,75 bis 1 m mächtige dunkle, humose Oberkrume auf dem gelben Löß vorhanden zu sein. Die genauere Untersuchung ergab unter Getreidestoppeln:

Horizont A_1 etwa 25 cm mächtig	Graugelbbraune, krümelige Oberkrume, von Wurmröhren durchzogen. Vereinzelte Kalkstückchen (vom Mergel?).
Horizont A_2	7—8 cm deutlich schichtig. Braust nicht mit Salzsäure auf.
Horizont B_1 etwa 80 cm mächtig	Rötlich kaffeebraun. In Längsprismen gespalten, die zumeist von queren oder schrägen Sprüngen durchsetzt sind. Die einzelnen Polyeder an der Oberfläche mit Flecken von rotbraunem Humus, rotgelbem Eisenoxyd und schwarzem Mangansuperoxyd; senkrechte Wurmröhren, in welchen rostgelbe Streifen hinunterlaufen. Obere Partie braust nicht auf mit Salzsäure; keine Lößschnecken, selten Konkretionen. Nach unten nehmen die braunen Flecken ab.
Horizont B_2	Weißer, stark mit Salzsäure brausender Karbonatstaub tritt an ausgetrockneter Stelle auf; Lößschnecken vorhanden.
Übergang in C	(etwa 50 cm aufgeschlossen). Gelber, kalkhaltiger Löß mit Lößschnecken (Pupa, Helix, Bythinia); einzelne Wurm- und Wurzelröhren.

Tongrube Schultz zwischen Pyritz und Sabow in Pommern. (Aufgen. V. Hohenstein.) 40 m über N. N. Blatt Pyritz der Pr. Geolog. Landesanstalt.	
Horizont A_1 20 bis 25 cm mächtig	Kaffeebrauner, humoser, sandiger Lehm, krümelig.
Horizont A_2, 25 cm mächtig	Schwarzbrauner, humoser, sandiger Lehm, krümelig.
Horizont B_1, 20 cm mächtig	Dunkelschmutzigbrauner, schwach humoser, sandiger Lehm, prismatisch, mit schwarzbraunen bis schwach rotbraunen Häutchen auf Klüften und Rissen.
Horizont B_2, 20 cm mächtig	Schmutzigbrauner, sandiger Lehm.
Horizont C, 1 m mächtig	Schmutziggrauer Geschiebemergel, oben 40 cm weißgrauer Karbonathorizont mit vielen kleinen Kalkkonkretionen.

Lehmgrube bei Kuschlau in Schlesien. (Aufgen. V. Hohenstein.)

Horizont A, 20 cm mächtig	Hellkaffeebrauner bis dunkelbrauner, humoser, sandiger Lehm.
Horizont B_1, 20 cm mächtig	Dunkelbrauner, schwach humoser, sandiger Lehm, zu unterst mit Steinsohle.
Horizont B_2, 40 cm mächtig	Schmutzigbrauner bis brauner, sandiger Geschiebelehm, fest, klotzig, bis längsprismatisch; schwarzbrauner Lack auf Klüften und Wurzelröhren.
Horizont C_1, 60 cm	Gelbbrauner bis brauner Geschiebemergel mit sehr vielen Kalkkonkretionen.
Horizont C_2	Grünlichgrauer Ton, zuoberst kalkhaltig mit Kalkkonkretionen.

b) Waldböden.

Aus Mitteldeutschland gibt M. Sellke[1] die nachstehende Stufenfolge der Degradation an, die im großen und ganzen zu M. Florovs Feststellungen paßt: Es ist die stufenweise Podsolierung der Schwarzerde, die so weit gehen kann, daß oben bereits ein regelrechtes Podsolprofil mit Bleichsand und Orterde vorhanden ist, während im unteren Teile des B-Horizontes noch schokoladebraune, sichtlich in der Umlagerung begriffene Humusflecken neben Rostflecken und eine scharfkantige Vieleckstruktur mit zahlreichen, wohl von Wurzeln herrührenden Poren die letzten Überreste der ursprünglichen Steppenschwarzerde sind.

Eichenhainbuchenwald von Borsum bei Hildesheim und zwischen Groß-Eickta und Cramlingen bei Wolfenbüttel. (Aufgen. M. Sellke 1929.) Sämtliche Horizonte locker.

A_0	Laub Faserhumus.
A	3—5 cm, dunkelbrauner, humoser Lößlehm, Teilstruktur polygonal, Gesamtstruktur blättrig-schichtig, wenig porös.
	30 cm, grauer Lößlehm mit etwas braunviolettem Farbton. Dieselbe Struktur, stärker porös.
	40 cm, pechschwarzer Lößlehm, Teilstruktur: Krümel, Nüßchen und Klümpchen, Gesamtstruktur blättrig. Die Spaltflächen sind mit Kieselsäurepulver wie mit Schimmel bedeckt.
	Übergangsschicht mit Tierlöchern und -gängen.
B	z. T. graugelber, z. T. fahlgraubraunroter, etwas verfestigter diffus humoser Lößlehm, wagerecht schichtig, polyedrische Teilstruktur, sehr porös, etwas Grundwasserflecken. Zwischen den Braunerdepolyedern zeigen sich (besonders im oberen Teil) Anhäufungen von durchgesickertem, weißem Feinsande.

Rotbuchenwälder zwischen Wiehengebirge und Teutoburger Wald, in Braunschweig durchgehend Lößlehm. (Aufgen. M. Sellke 1929.)

A_0	2—5 cm, Laub Faserhumus.
A_1	3—6 cm, dunkel rotgraubraun, polyedrische Teilstruktur, undeutliche Gesamtstruktur, wenig porös, ziemlich locker, Tiefe und Ausbildung vom Bodenwuchs abhängig.
A_2	fehlt.
A_3	50—80 cm, satt rötlich gelbgrau, porös, locker, Struktur wie A_1. Nach unten zu finden sich mehr helle Flecken von dem beschriebenen, durchgewaschenen Feinsand, etwas versandet. Der ganze Horizont erhält durch die Schwemmsande im unteren Teil eine ausgesprochen hellere Farbe.

Hierunter folgt in den Übergangsgebieten:

A_4	10—30 cm, weißer, weißgelber oder weißgraugelber, wenig verfestigter Feinsand, von B-Horizontflecken (Zusammenballungen von typischen Braunerdepolyedern) zuweilen auch von einer Art Ortsteinkörnern, die sich aber als fest zusammen-

---

[1] Sellke, M.: vgl. diesen Bd. d. Handb. S. 511.

gepreßte und sehr harte Braunerdepolyeder feststellen lassen, in nach unten zunehmendem Umfange durchsetzt. In den Gegenden länger stabilisierten Bodenklimas folgt direkt unter A_3: B rotgraubraun, mäßig bis ziemlich stark verfestigt, sehr porös, Struktur wie oben, aber bedeutend stärker ausgeprägt und einfacher (mehr der prismatischen Form angenähert). Beim Zerdrücken der Krümel zeigen sie stärkere Eisenfarbe, das Eisen sitzt also wieder mehr im Innern der Polyeder, der Humus überwiegend auf den Spaltflächen. Zwischen den Braunerdepolyedern lagern wiederum Flecken von durchgewaschenen, zusammengeballten hellen Schwemmsanden.

Wo B durchsunken wurde, zeigt sich am unteren Rande der bekannte dünne Karbonatstreifen, und es folgt darauf:

C weißgelbgrauer, pulveriger, stark kalkhaltiger Löß.

Northeim (Hannover). Eichen-Hainbuchen, Lößlehm. (Aufgen. M. SELLKE 1929.)

A_0 3 cm, Laub / Faserhumus.

A_1 o—2 cm, humôs, dunkelgraubraun mit wenigen gebleichten Körnern.

A_2 3 cm, violettgrau, beide Horizonte schwach polyedrisch mit undeutlich plattiger Gesamtstruktur.

A_3 50—80 cm, graugelb, porös, wenig deutlichere Struktur wie oben. Wurzelröhren der Bäume und des Bodenwuchses treten jetzt durch ihre dunkle Färbung deutlich aus dem Bodengefüge hervor. Locker bis sehr locker, sehr deutlich versandet.

B oben sehr viel mäßig verfestigter, weißlicher, violetter Schwemmsand mit dazwischen eingebetteten harten, ortsteinkörnerartigen Braunerdepolyedern. Nach unten zu nehmen die Braunerdepolyeder mehr und mehr den ganzen Raum ein. Diese sind graurotbraun, sehr porös, sehr verfestigt. Mehr Humus als in A_3. Teilstruktur sehr scharf ausgeprägt, teils einfach-polyedrisch, teils schon mehr prismatisch. Gesamtstruktur undeutlich schichtig.

C nicht erreicht.

Ferner: Eichen-Hainbuchen-Wald Ronnerberg (Hann.), Lößlehm. (Aufgen. M. SELLKE 1929.)

A_0 3 cm, Laub / Faserhumus.

A_1 3 cm, dunkelgrau.

A_2 15 cm, violettgrau.

A_3 30 cm, weißgraugelb.

B wie oben mit bedeutend weniger (sichtbarer) Sanddurchschwemmung.

C nicht erreicht. Sonst wie oben.

Eichen, Lößlehm, sandgemischt.

A_0 8—15 cm, Laub / sehr viel Faserhumus.

A_1 fehlt, da kein Bodenwuchs vorhanden.

A_2 2—5 cm, dunkelviolett ⎧ strukturlos,
    40 cm, hellviolett ⎨ locker,
    ⎩ stark versandet.

A_3 10—15 cm, graugelb, versandet, schlecht ausgeprägte polyedrische Struktur, teilweise bereits violett gebleicht, locker.

30 cm, weißgraugelb mit viel Bleichhumus, etwas verfestigt, Struktur noch undeutlicher, stark versandet.

A_4 und B Grundsubstanz: fest schneeweißer, durchgeschwemmter Feinsand ohne Struktur, oben mit lockeren, graugelben Flocken und leicht violettfarbigen Einschlüssen, nach unten zu mit steinharten, rötlichgelbgrauen wagerechten Bändern und großen ebensolchen Konkretionen. Die Bänder weisen sehr ausgeprägte blättchendünne Schichtung auf. Daneben kleinere weißgraue Konkretionen. Beim Auseinanderbrechen erweisen sich die Bänder, wie auch die Konkretionen als Zusammenballungen von Braunerdepolyedern.

Die chemischen Erscheinungen.

In chemischer Hinsicht ist die durch die Profile gekennzeichnete allmähliche Podsolierung der Steppenschwarzerde nach fast jeder Richtung zahlenmäßig belegt. Darüber hat der Verfasser[1] nach der ihm damals zugänglichen Literatur folgende Zusammenstellung gegeben: Die Analysen lassen erkennen, daß bei der Degradation der Tschernoseme außer dem schon äußerlich sichtbar umgelagerten Eisenoxyd auch die Tonerde aus der Oberkrume etwas ausgelaugt und in den B-Horizont umgelagert ist. Die Reaktion der Oberkrume ist schwach sauer, die Farbe des wässerigen Auszuges nicht wie beim Tschernosem gelblich, sondern bräunlich. Der Humusgehalt der degradierten Tschernoseme ist niedriger als der der Tschernoseme, so im Gouvernement Poltawa, in welchem die Tschernoseme 5—8—12,6 % Humus haben, nur 2—4 %, im Gouvernement Orel, in dem die Tschernoseme 6—10 % haben, 2,5 bis bzw. 6 %. Die Abnahme des Humusgehaltes, welche in den Waldböden der feuchten Gebiete vom A- bis zum B-Horizont in der Regel plötzlich erfolgt, geschieht in den Waldböden auf ehemaligem Tschernosem allmählich z. B. von 2,18 % an der Oberfläche auf 1,93 % in 16—19 cm und 1,50 % in 26—27 cm Tiefe. Die Löslichkeit des Humus ist, wie schon die Farbe des Wasserauszuges erkennen läßt, besser als bei den Tschernosemen, aber geringer als bei den Podsolen. Die Unterschiede sind:

	Wasserlöslichkeit des Humus		
	bei Tschernosemen	bei Tschernosem- waldböden	bei Podsolen
im Horizont A_1	$^1/_{240}$	$^1/_{44}$	$^1/_{30}$
im Horizont A_2	$^1/_{137}$—$^1/_{116}$	$^1/_{20}$	$^1/_{16}$—$^1/_{12}$

Besonders eingehende chemische Untersuchungen hat N. Florov[2] angestellt. Aus schichtenweisen Bauschanalysen der verschiedenen Degradierungsstufen hat er durch den Vergleich des jeweils niedrigsten mit den übrigen Gehalten der einzelnen Bestandteile die nachstehenden Zahlen für deren Anhäufung erhalten:

Anhäufung			Steppen- schwarzerde	Degradierte Schwarzerde	Dunkelgrauer podsolierter Lehm der Waldsteppe	Grauer podsolierter Lehm
			Durchschnitt fur			
			2 Profile	2 Profile	4 Profile	3 Profile
Im oberen Teil des Profils (oberer A-Horizont)	infolge Aus- scheidung (eluvial)	SiO$_2$	0,90	2,19	3,67	5,91
	vegetativ	K$_2$O	0,02	0,28	0,20	—
		Na$_2$O	0,05	0,05	0,02	—
		P$_2$O$_5$	0,04	0,03	0,03	0,03
Im unteren Teil des Profils (unterer A- bzw. B-Horizont)	infolge Ein- schwem- mung (illuvial)	Al$_2$O$_3$	0,92	1,25	1,53	2,46
		Fe$_2$O$_3$	0,48	0,51	0,73	1,31
		CaO	0,80	1,20	1,09	1,00
		MgO	0,20	—	0,10	0,20
		K$_2$O	0,08	—	0,28	0,28
		Na$_2$O	0,12	0,06	0,15	0,28
		P$_2$O$_5$	0,01	—	0,01	0,01

Daraus folgt ein schrittweises Anhäufen der ausgeschiedenen Kieselsäure im oberen A-Horizont mit der Zunahme der Podsolierung, desgleichen die schrittweise Umlagerung der Sesquioxyde aus dem A-Horizont mit der zunehmenden

---

[1] Stremme, H.: Grundzüge, a. a. O., S. 104/05. 1926.   [2] Florov, N.: a. a. O., S. 130.

1. Bodentypus: Tschernosem (Usin, Gouv. Kiew).

100 Teile des humuslosen, karbonatlosen und trockenen Bodens enthalten:

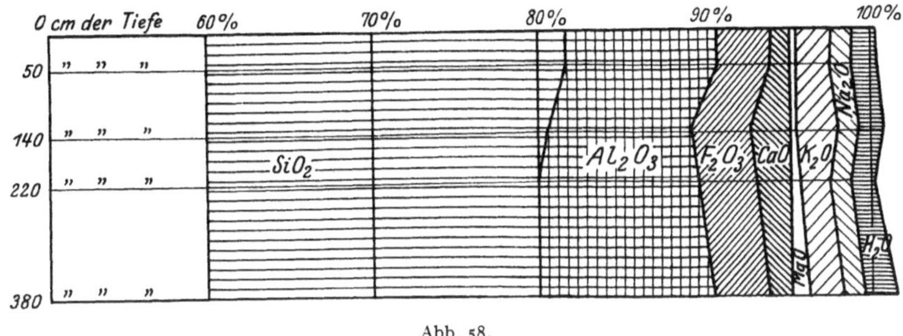

Abb. 58.

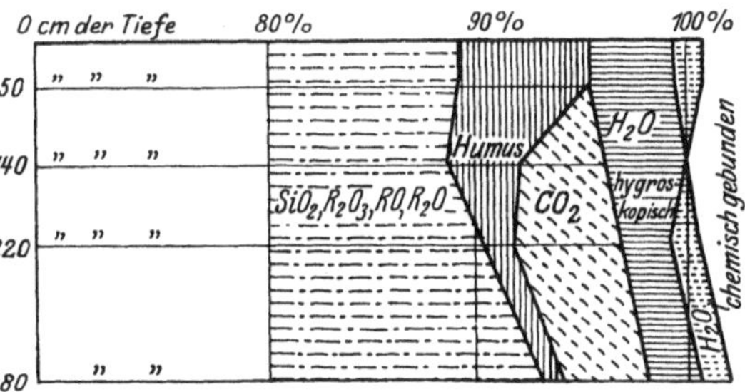

Abb. 59.

100 Teile des lufttrockenen Bodens enthalten:

2. Bodentypus: Hellgrauer podsolierter Lehm der Waldsteppen. (Kotschersjhinsi, Gouv. Kiew).

100 Teile des humuslosen, karbonatlosen und trockenen Bodens enthalten:

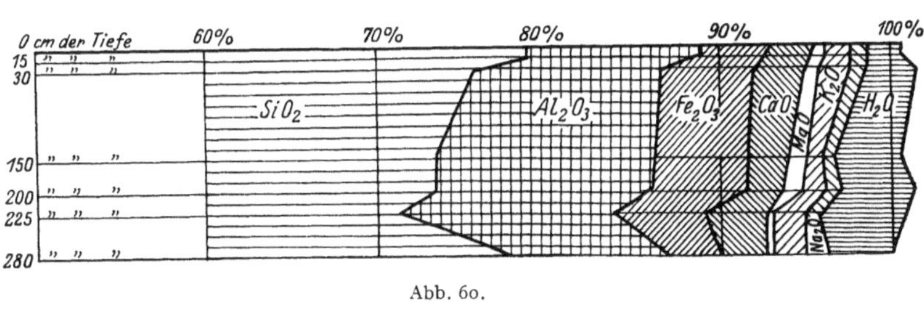

Abb. 60.

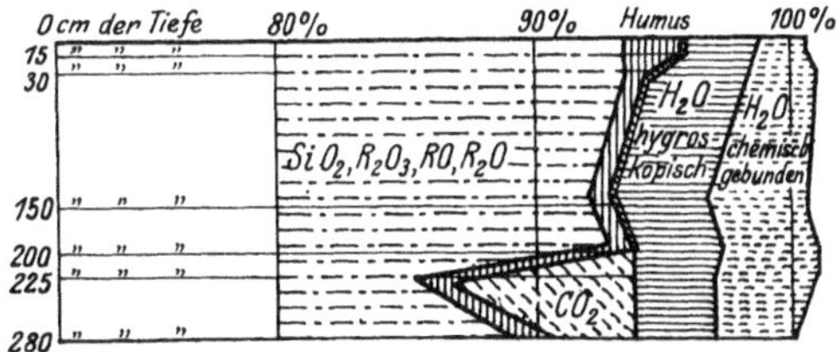

Abb. 61.

100 Teile des lufttrockenen Bodens enthalten:

Abb. 58—61. Resultate der schichtenweisen Bauschanalysen des Tschernosems und des hellgrauen podsolierten Lehmes der Waldsteppen. N. FLOROV.

Ausbildung des *B*-Horizontes. Die Sesquioxyde sind leichter löslich und beweglich als die Kieselsäure, daher ist die Anhäufung prozentual nicht gleich. Die Vorgänge bei den anderen Oxyden sind nicht so gleichmäßig, sondern sie schwanken.

Eindrucksvoll ist N. Florovs Gegenüberstellung der Bauschanalysen des Tschernosems mit denen des Endstadiums der Degradation, des hellgrauen podsolierten Lehms der Waldsteppen, besonders in der vorstehenden graphischen Darstellung (Abb. 58—61).

Daraus ist ersichtlich, wie von dem Tieferwandern der Karbonatzone alle übrigen Vorgänge abhängig sind.

Die zugehörigen Zahlen werden in der folgenden Tabelle angegeben.

| | Steppenschwarzerde von Usin, Gouv. Kiew. | | | | | | | |
| | Lufttrockener Boden aus cm Tiefe | | | | Auf humus-, karbonat-, wasserfreie Substanz umgerechnet aus cm Tiefe | | | |
	0 bis 50	60 bis 140	140 bis 220	300 bis 380	0 bis 50	60 bis 140	140 bis 220	300 bis 380
Humus	6,02	3,11	1,30	0,70	—	—	—	—
CO_2	0,05	4,04	5,20	4,49	—	—	—	—
H_2O (hygrosk.)	3,84	2,91	2,23	2,23	—	—	—	—
H_2O (chem. geb.)	1,40	0,94	1,27	1,57	1,55	2,10	1,49	1,79
Glühverlust	11,26	6,96	4,80	4,50	—	—	—	—
N	0,46	0,16	0,05	0,07	—	—	—	—
SiO_2	73,67	68,40	68,19	69,89	81,81	80,43	80,13	79,93
P_2O_5	0,09	0,08	0,06	0,06	0,10	0,09	0,09	0,07
Al_2O_3	8,30	7,75	8,33	9,51	9,21	9,11	9,78	10,87
Fe_2O_3	2,82	2,97	2,61	3,09	3,13	3,49	3,06	3,53
Mn_3O_4	0,06	—	0,04	0,06	—	—	—	—
CaO	1,19	6,19	6,97	5,30	1,26	2,17	2,12	1,72
MgO	0,34	0,81	1,39	1,92	0,36	0,29	0,43	0,64
K_2O	1,89	1,75	1,81	1,93	2,09	2,05	2,12	2,20
Na_2O	1,02	0,97	0,98	1,09	1,13	1,14	1,15	1,24
$CaCO_3$	0,09	7,76	9,23	6,78	—	—	—	—
$MgCO_3$	0,01	1,18	2,15	2,86	—	—	—	—
Summe	100,69	99,92	100,38	101,84				

Die Profile sind in morphologischer Betrachtungsweise:

Steppenschwarzerde von Usin, Gouvernement Kiew.

A   0—50 cm, dunkelgrau, krümelig.

A—C   60—140 cm, Übergangshorizont, reich an schimmelartiger Karbonatausscheidung von Tierhöhlen und -gängen (Krotowinen) durchzogen.

C   140—220 cm, etwas schmutziger Löß, von Tieren stark durchgraben,
          300—380 cm, hellgelber Löß mit dunkler Punktierung.

Hellgrauer podsolierter Lößlehm der Waldsteppe, Kotschersjhinsi, Gouvernement Kiew.

A_1 von 0—15 cm hellgrau, humos, Plattenstruktur.

A_2 von 15—30 cm weißlicher Podsolhorizont, nußartig, weiche rostige Flecken häufig.

B_1 von 30—150 cm rotbraun, prismatisch, ohne Karbonat.

B_2 von 150—200 cm rotbraun, keilartige Struktur, ohne Karbonat.

Ca   von 200—225 cm hellgelb mit eingeschwemmtem Karbonat.

begrabener
Boden   von 225—280 cm dunkler Löß.

C   von 330—480 cm hellgelber Löß mit Lößpuppen.

Die Degradation der Humuskarbonatböden (Rendzina).

Wie die Böden der Schwarzerdesteppe, so erleiden auch die der trockeneren Steppen unter dem Einfluß des Waldes die Degradation. Die sekundäre Podsolierung unter Waldbäumen schreitet überall in der gleichen Weise fort. Ebenso ist sie bei den Humuskarbonatböden zu finden, die auf Kalk-, Dolomit-, Gipsgestein als ein in morphologischer und chemischer Hinsicht den Steppenböden ähnlicher Boden auch im Walde zunächst entstehen. Ihre humose Krume hat selten größere Mächtigkeit und ist in der Regel durchsetzt von Gesteinsbrocken (Skeletteilen), aber sie haben einen hohen Humusgehalt von dunkler Farbe und eine ausgesprochene Krümelung. In der Regel haben die Krümel keine rundliche Form wie bei den Steppenböden, sondern eine eckig-plattige. Sie sehen zusammengedrückten Würfeln ähnlich. Sehr lange enthalten sie Karbonat und

| Hellgrauer, podsolierter Lehm der Waldsteppe auf Löß. Kotschersjhinsi, Gouv. Kiew. | | | | | | | | | | | | | |
| Lufttrockener Boden aus cm Tiefe | | | | | | | Auf humus-, karbonat-, wasserfreie Substanz umgerechnet aus cm Tiefe | | | | | | |
0 bis 15	15 bis 30	30 bis 150	150 bis 200	200 bis 225	225 bis 280	330 bis 480	0 bis 15	15 bis 30	30 bis 150	150 bis 200	200 bis 225	225 bis 280	330 bis 480
2,80	0,82	0,70	0,52	0,73	0,90	0,36	—	—	—	—	—	—	—
0,045	0,062	0,072	0,072	7,98	3,03	6,93	—	—	—	—	—	—	—
2,77	3,79	3,84	4,03	3,41	3,19	1,19	—	—	—	—	—	—	—
1,66	2,91	3,84	3,70	3,76	3,31	1,96	1,75	3,05	4,02	3,88	4,81	3,70	2,33
7,31	7,52	8,38	8,25	7,90	7,40	3,51	—	—	—	—	—	—	—
—	—	—	—	—	—	—	—	—	—	—	—	—	—
74,23	72,17	70,02	70,19	55,78	69,11	71,69	78,74	75,74	73,45	73,64	71,34	77,42	85,29
0,117	0,182	0,101	0,095	0,094	0,062	0,050	0,12	0,09	0,10	0,10	0,12	0,07	0,06
9,63	10,62	12,18	12,02	9,56	8,26	6,05	10,21	11,14	12,78	12,61	12,21	9,26	7,20
3,84	5,04	5,23	5,11	4,38	3,60	2,52	4,07	5,29	5,48	5,36	5,60	4,03	2,99
—	—	—	—	—	—	—	—	—	—	—	—	—	—
2,31	2,51	2,06	2,09	11,67	4,95	7,12	2,40	2,58	2,10	2,14	3,43	2,10	0,32
0,86	1,06	1,15	1,11	1,07	0,90	1,08	0,90	1,10	1,18	1,14	0,33	0,39	0,07
1,51	1,80	0,92	1,41	1,68	1,73	1,31	1,60	1,88	0,96	1,47	2,15	1,93	1,55
0,77	0,65	0,54	0,92	0,81	1,06	0,89	0,81	0,68	0,56	0,96	1,03	1,18	1,05
0,07	0,09	0,09	0,09	15,97	5,49	12,25	—	—	—	—	—	—	—
0,01	0,03	0,05	0,05	1,71	1,16	2,15	—	—	—	—	—	—	—
100,61	101,51	110,66	101,26	100,94	100,11	101,76							

haben infolgedessen alkalische Reaktion. Aber bei sehr lange dauernder Waldbedeckung oder in ziemlich feuchtem Klima bei kürzerer Dauer wird das Karbonat allmählich ausgewaschen, und wie bei den Steppenböden setzt dann die Podsolierung ein. Dabei bleibt oft die Krümelung zunächst noch erhalten, es bildet sich im unteren Teile des humosen Horizontes ein rostfleckiger oder rötlicher Illuvialhorizont heraus, dessen Krümel rostige oder rötliche Farben annehmen, nicht selten diese als Zusatzfarbe zu den dunklen Humusfarben zeigend.

Aber allmählich geht auch die Krümelung bis auf geringfügige Reste verloren, und es bildet sich ein Profil heraus, das die deutlichen Kennzeichen der Podsolierung hat.

Die Degradation der Rendzina ist noch nicht so eingehend studiert und beschrieben worden wie die der Steppenschwarzerde. Aus der Zusammenstellung über diese Böden in STREMMES „Grundzügen der praktischen Bodenkunde" (S. 106 bis 110) seien nachstehende Profile wiedergegeben, die einen guten Einblick in den Vorgang erlauben.

Langenberg im Ohmgebirge[1]. Böden auf Wellenkalk (unter Muschelkalkformation).
Unter Fichtenbestand.

Horizont A_0　　Dünne, locker gelagerte Decke von Fichtennadeln.
Horizont A_1 6 bis　Lichtgrauer, schwach gekrümelter oder staubig zerfallender Ton, mit einzelnen winzigen Kalktrümmern, stellenweise auch fast ganz davon erfüllt.
8 cm mächtig

---

[1] SEE, K. v.: Beobachtungen an Verwitterungsböden auf Kalkstein. Internat. Mitt. Bodenkde. 11, 95—96 (1921).

Horizont A_2 8 bis 10 cm mächtig	Lichtbräunlicher, humoser Ton, ziemlich dicht gelagert.
Horizont B 25 bis 35 cm mächtig	Rötlichbrauner bis gelbgrauer Ton von sehr feinbröckeligem Zerfall bei gelindem Austrocknen, sehr locker im ganzen Profil gelagert. Die einzelnen Bröckchen im Innern durchweg gelbgrau bis lichtbraun, außen meist rostfarben und sehr häufig mit zahlreichen, rötlich braunen Pünktchen von Eisenrost.
Überrest von A_3	Besonders im unteren Teile größere, tief bräunliche bis bräunlich-schwarze, humose, vor der Flamme stark verglühende Partien. Kalkbröckchen sehr selten.
Horizont C	Fast ohne Übergang von B das zunächst bröckelige, dann plattige Gestein des Wellenkalkes, dessen einzelne Brocken in hellgelben, fast karbonatfreien Ton eingehüllt sind. Zumeist dieser, weniger der rostfarbene, sehr selten der humose Ton dringen auch 1—1,5 m tief in die Klüfte ein.

Unter Buchenbestand.

Horizont A_1 8 bis 10 cm mächtig	Grauer, sehr feinkrümeliger bis fast staubiger, magerer Ton mit zahlreichen kleinen Kalkbröckchen.
Horizont A_2 12 bis 18 cm mächtig	Gleichmäßig hellgelber bis weißlichgelber, etwas feinsandiger Ton bzw. Lehm, fast steinfrei, scharf im Profil hervortretend, oben schwach gekrümelt, unten feinbröckelig; völlig entkalkt; brennt gelb bis licht rötlichgelb.
Horizont B 10 bis 16 cm mächtig	Rostfarbener bis tief rötlichbrauner, an der Luft feinbröckelig zerfallender Lehm. Stellenweise der Horizont mehr humus- bis schwärzlichbraun, welche Farbe die einzelnen Lehmbröckchen gleichmäßiger durchdringt als die mehr oberflächlichen Eisenfarben. Weiße, noch harte Kalkbröckchen häufig, brennt rötlichgelb bis leuchtend rot.
Überrest von A_3 6—10—15 cm mächtig	Von B scharf abgehoben. Hellgrauer bis licht graugelber Lehmmergel, etwas klumpig.
Horizont C	Plattiger, wenig zerklüfteter Wellenkalk.

Die vorstehenden Profile zeigen noch deutlich die Spuren des ehemaligen humosen Karbonatbodens durch die Verteilung des Humus im B-Horizont und den darunter vorkommenden Überrest eines A_3-Horizontes. Vielfach sind aber auch solche Spuren und Überreste verschwunden. Der A_2-Horizont des Buchenwaldes ist sogar eine Bleicherde eines Podsolbodens. Die Podsolierung ist also auf dem Humuskalkboden erfolgt.

Während die Böden des Ohmgebirges rostfarbene und rötlichbraune B-Horizonte aufweisen, hat ein B-Horizont auf einem karbonischen Kalkstein des nördlichen Mährens rote Farbe. E. Blanck, F. Kuntz und E. Preiss[1] beschreiben den Boden von Passek bei Mährisch-Neustadt wie folgt:

Horizont A_1 etwa 10 cm	Humose Walderde.
Horizont A_2 40—90 cm	Ausgebleichter Lehm.
Horizont B etwa 1 m	Zerbröckelter Kalkstein mit Roterde zwischen und auf den Gesteinsbrocken. Auf Klüften rote, eisenblütenähnliche Bildungen, bisweilen auf dem Kalksinter, welcher die Spalten erfüllt.
Horizont C	Karbonischer Kalkstein.

Die folgenden Analysen C. Counclers[2] haben einen Wellenkalkboden der Hainleite in Thüringen zum Gegenstand, welcher recht gut den Profilaufnahmen

---

[1] Blanck, E., F. Kunz u. F. Preiss: Über mährische Roterden. Landw. Versuchst., S. 246—247. Berlin 1923.

[2] Councler, C.: Untersuchungen über Waldstreu, I. Z. Forst- u. Jagdwesen 15, 121—136 (1883).

	A	$A-B$	B	C
SiO_2	63,57	67,74	54,13	2,06
Al_2O_3	9,83	12,13	17,60	0,90
Fe_2O_3	3,82	2,90	6,53	0,51
Mn_3O_4	0,33	0,20	Spur	0,42 MnO
CaO	1,14	1,16	1,16	52,98
MgO	0,94	0,99	0,83	0,76
K_2O	2,32	2,64	2,65	0,39
Na_2O	0,66	1,09	0,93	0,30
P_2O_5	0,21	0,22	0,20	0,03
SO_3	Spur	0,64	Spur	0,17
CO_2	0,14	0,58	1,11	41,74
Glühverlust . .	17,04	9,71	14,86	—
	100,00	100,00	100,00	100,26
H_2O bei 100° .	7,59	4,26	8,70	0,21
C im Humus . .	4,82	2,58	1,24	—
N	0,51	0,33	0,25	—

K. v. Sees im Ohmgebirge entspricht. Das Profil ist allerdings morphologisch nicht durchgearbeitet. Es läßt sich aus C. Counclers Angaben etwa folgendermaßen ergänzen:

Horizont A
2 cm   Durch Humus gefärbter Ton. Wurzelverbreitung schwach, steinfrei.

Horizont $A-B$
33 cm   Graubrauner Ton. Wurzelverbreitung ziemlich stark, steinfrei.

Horizont B
16 cm   Gelbbrauner Ton. Wurzelverbreitung ziemlich stark, steinfrei.

Horizont C Oberer Wellenkalk.

Der Humusgehalt ist bis in den B-Horizont hinein recht hoch, ebenso der Stickstoffgehalt. Die Analysen geben noch gewisse Mengen an Karbonaten an, die aus kleinen Kalksteinbröckchen bestehen dürften. Die Oberkrume A zeigt gegenüber den anderen Horizonten eine sehr erhebliche Zunahme der SiO_2 im Vergleich mit der Tonerde. Das Gewichtsverhältnis von $Al_2O_3:SiO_2$ ist in A 1:6,5, in $A-B$ 1:5,5, in B 1:3,8, in C 1:2,3.

Nachtrag: E. Ramanns Braunerden entsprechen z. T. den degradierten Böden. Im Anhang zu dem Kapitel „Braunerden" sind Lichtbilder von Profilen degradierter Steppenschwarzerde wiedergegeben.

Namenverzeichnis.

Sachverzeichnis.

Additional material from *Handbuch der Bodenlehre,*
ISBN 978-3-642-47122-3, is available at http://extras.springer.com